1 MONTH OF
FREE
READING

at
www.ForgottenBooks.com

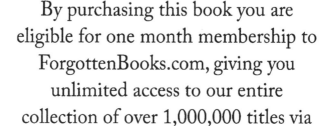

By purchasing this book you are eligible for one month membership to ForgottenBooks.com, giving you unlimited access to our entire collection of over 1,000,000 titles via our web site and mobile apps.

To claim your free month visit:

www.forgottenbooks.com/free926954

ISBN 978-0-260-08719-5
PIBN 10926954

COMPTES RENDUS

HEBDOMADAIRES

DES SÉANCES

DE L'ACADÉMIE DES SCIENCES.

PARIS. — IMPRIMERIE GAUTHIER-VILLARS ET Cie, QUAI DES GRANDS-AUGUSTINS, 55.

COMPTES RENDUS

HEBDOMADAIRES

DES SÉANCES

DE L'ACADÉMIE DES SCIENCES,

PUBLIÉS,

CONFORMÉMENT A UNE DÉCISION DE L'ACADÉMIE

EN DATE DU 13 JUILLET 1835,

PAR MM. LES SECRÉTAIRES PERPÉTUELS.

———

TOME CENT-SOIXANTE-SIXIÈME.

JANVIER — JUIN **1918**.

———

PARIS,

GAUTHIER-VILLARS et Cie, IMPRIMEURS-LIBRAIRES

DES COMPTES RENDUS DES SÉANCES DE L'ACADÉMIE DES SCIENCES,

Quai des Grands-Augustins, 55.

—

1918

ÉTAT DE L'ACADÉMIE DES SCIENCES
AU 1ᵉʳ JANVIER 1918.

SCIENCES MATHÉMATIQUES.

Section Iʳᵉ. — *Géométrie.*

Messieurs:

JORDAN (Marie-Ennemond-Camille), o. ✻.
APPELL (Paul-Émile), c. ✻.
PAINLEVÉ (Paul), ✻.
HUMBERT (Marie-Georges), o. ✻.
HADAMARD (Jacques-Salomon), ✻.
N. . . . .

Section II. — *Mécanique.*

BOUSSINESQ (Joseph-Valentin), o. ✻.
DEPREZ (Marcel), o. ✻.
SEBERT (Hippolyte), c. ✻.
VIEILLE (Paul-Marie-Eugène), c. ✻.
LECORNU (Léon-François-Alfred), o. ✻.
N. . . . .

Section III. — *Astronomie.*

WOLF (Charles-Joseph-Étienne), o. ✻.
DESLANDRES (Henri-Alexandre), o. ✻.
BIGOURDAN (Guillaume), ✻.
BAILLAUD (Édouard-Benjamin), c. ✻.
HAMY (Maurice-Théodore-Adolphe), ✻.
PUISEUX (Pierre-Henri), ✻.

Section IV. — *Géographie et Navigation.*

GRANDIDIER (Alfred), o. ✻.
BERTIN (Louis-Émile), c. ✻.
LALLEMAND (Jean-Pierre, *dit* Charles), o. ✻.
FOURNIER (François-Ernest), G. C. ✻, ⚓.
BOURGEOIS (Joseph-Émile-Robert), c. ✻.
N. . . . .

Section V. — *Physique générale.*

Messieurs :
LIPPMANN (Jonas-Ferdinand-Gabriel), C. ✳.
VIOLLE (Louis-Jules-Gabriel), O. ✳.
BOUTY (Edmond-Marie-Léopold), O. ✳.
VILLARD (Paul-Alfred), ✳.
BRANLY (Désiré-Eugène-Édouard), ✳.
N. . . . .

SCIENCES PHYSIQUES.

Section VI. — *Chimie.*

GAUTIER (Émile-Justin-Armand), C. ✳.
LEMOINE (Clément-Georges), O. ✳.
HALLER (Albin), C. ✳.
LE CHATELIER (Henry-Louis), O. ✳.
MOUREU (François-Charles-Léon), O. ✳.
N. . . . .

Section VII. — *Minéralogie.*

BARROIS (Charles-Eugène), O. ✳.
DOUVILLÉ (Joseph-Henri-Ferdinand), O. ✳.
WALLERANT (Frédéric-Félix-Auguste), ✳.
TERMIER (Pierre-Marie), O. ✳.
LAUNAY (Louis-Auguste-Alphonse DE), ✳.
HAUG (Gustave-Émile), ✳.

Section VIII. — *Botanique.*

GUIGNARD (Jean-Louis-Léon), O. ✳.
BONNIER (Gaston-Eugène-Marie), O. ✳.
MANGIN (Louis-Alexandre), C. ✳.
COSTANTIN (Julien-Noël), ✳.
LECOMTE (Paul-Henri), ✳.
DANGEARD (Pierre-Augustin-Clément), ✳.

SECTION IX. — *Économie rurale.*

Messieurs :

SCHLŒSING (Jean-Jacques-Théophile), C. ✳.
ROUX (Pierre-Paul-Émile), G. O. ✳.
SCHLŒSING (Alphonse-Théophile), O. ✳.
MAQUENNE (Léon-Gervais-Marie), ✳.
LECLAINCHE (Auguste-Louis-Emmanuel), O. ✳.
N. . . . .

SECTION X. — *Anatomie et Zoologie.*

RANVIER (Louis-Antoine), O. ✳.
PERRIER (Jean-Octave-Edmond), C. ✳.
DELAGE (Marie-Yves), O. ✳.
BOUVIER (Louis-Eugène), O. ✳.
HENNEGUY (Louis-Félix), O. ✳.
MARCHAL (Paul-Alfred), ✳.

SECTION XI. — *Médecine et Chirurgie.*

GUYON (Casimir-Jean-Félix), C. ✳.
ARSONVAL (Jacques-Arsène D'), C. ✳.
LAVERAN (Charles-Louis-Alphonse), C. ✳.
RICHET (Robert-Charles), C. ✳.
QUÉNU (Édouard-André-Victor-Alfred), O. ✳.
N. . . . .

SECRÉTAIRES PERPÉTUELS.

PICARD (Charles-Émile), O. ✳, pour les Sciences mathématiques.
LACROIX (François-Antoine-Alfred), ✳, pour les Sciences physiques.

ACADÉMICIENS LIBRES.

Messieurs :

FREYCINET (Charles-Louis DE SAULSES DE), O. *.
HATON DE LA GOUPILLIÈRE (Julien-Napoléon), G. O. *.
CARNOT (Marie-Adolphe), C. *.
BONAPARTE (le prince Roland).
CARPENTIER (Jules-Adrien-Marie-Léon), C. *.
TISSERAND (Louis-Eugène), G.O. *.
BLONDEL (André-Eugène), *.
GRAMONT (le comte Antoine-Alfred-Arnaud-Xavier-Louis DE), *.
N.......................................
N.......................................

MEMBRES NON RÉSIDANTS.

SABATIER (Paul), O. *, à Toulouse.
GOUY (Louis-Georges), *, à Lyon.
DEPÉRET (Charles-Jean-Julien), *, à Lyon.
N....................
N....................
N....................

ASSOCIÉS ÉTRANGERS.

ALBERT Ier (S. A. S.), prince souverain de Monaco, G. C. *.
RAYLEIGH (lord), O. *, à Witham (Angleterre).
VAN DER WAALS (Joannes-Diderik), à Amsterdam.
LANKESTER (sir Edwin Ray), à Londres.
LORENTZ (Hendrik Antoon), à Leyde.
SCHWENDENER (Simon), à Berlin.
GEIKIE (sir Archibald), O. *, à Haslemere, Surrey.
VOLTERRA (Vito), à Rome.
N...............
N...............
N...............
N...............

CORRESPONDANTS.

SCIENCES MATHÉMATIQUES.

Section Ire. — *Géométrie* (10).

Messieurs :

SCHWARZ (Hermann Amandus), à Grünewald, près Berlin.

ZEUTHEN (Hieronymus Georg), à Copenhague.

MITTAG LEFFLER (Magnus Gustaf), C. ✳, à Stockholm.

NŒTHER (Max), à Erlangen.

GUICHARD (Claude), à Paris.

HILBERT (David), à Göttingen.

COSSERAT (Eugène-Maurice-Pierre), à Toulouse.

LIAPOUNOFF (Alexandre), à Pétrograd.

LA VALLÉE POUSSIN (Charles-Jean-Gustave-Nicolas DE), à Louvain, actuellement à Paris.

N...

Section II. — *Mécanique* (10).

VALLIER (Frédéric-Marie-Emmanuel), O. ✳, à Versailles.

WITZ (Marie-Joseph-Aimé), à Lille.

ZABOUDSKI (Nicolas), à Pétrograd.

LEVI CIVITA (Tullio), à Padoue.

VOIGT (Waldemar), à Göttingen.

BOULVIN (Jules), à Gand.

SCHWOERER, à Colmar.

SPARRE (le comte Magnus-Louis-Marie DE), à Lyon.

PARENTY (Henry-Louis-Joseph), O. ✳, à Lille.

ARIÈS (Louis-Marie-Joseph-Emmanuel), O. ✳, à Versailles.

Section III. — *Astronomie* (16).

LOCKYER (sir Joseph Norman), à Sidmouth (Angleterre).

STEPHAN (Jean-Marie-Édouard), O. ✳, à Marseille.

VAN DE SANDE BAKHUYZEN, C. ✳, à Leyde.

CHRISTIE (William Henry), à Greenwich (Angleterre).

Messieurs :

WEISS (Edmund), O. *, à Vienne.
PICKERING (Edward Charles), à Cambridge (Massachusetts).
GAILLOT (J.-B.-Aimable), O. *, à La Varenne-Saint-Hilaire (Seine).
TURNER (Herbert Hall), à Oxford.
HALE (George Ellery), à Mount Wilson (Californie).
KAPTEYN (Jacobus Cornelius), *, à Groningue.
VERSCHAFFEL (Aloys), à Abbadia (Basses-Pyrénées).
LEBEUF (Auguste-Victor), *, à Besançon.
DYSON (F. W.), à Greenwich.
GONNESSIAT (François), *, à Alger.
N. . . . .
N. . . . .

SECTION IV. — Géographie et Navigation (10).

TEFFÉ (le baron DE), à Rio-de-Janeiro.
NANSEN (Fridtjof), C. *, à Bergen.
HELMERT (Friedriech Robert), à Potsdam.
COLIN (Édouard-Élie), à Tananarive.
BRASSEY (lord Thomas), C. *, à Londres.
HEDIN (Sven Anders), C. *, à Stockholm.
HILDEBRAND HILDEBRANDSSON (Hugo), O. *, à Upsal.
DAVIS (William Morris), *, à Cambridge (Massachusetts).
N. . . . .
N. . . . .

SECTION V. — Physique générale (10).

BLONDLOT (Prosper-René), O. *, à Nancy.
MICHELSON (Albert-Abraham), à Chicago.
BENOÎT (Justin-Miranda-René), O. *, à Courbevoie.
CROOKES (sir William), à Londres.
BLASERNA (Pietro), C. *, à Rome.
GUILLAUME (Charles-Édouard), O. *, à Sèvres.
ARRHENIUS (Svante August), à Stockholm.
THOMSON (Joseph John), à Cambridge (Angleterre).
RIGHI (Augusto), à Bologne.
N. . . . .

SCIENCES PHYSIQUES.

Section VI. — *Chimie* (10).

Messieurs ·

FORCRAND DE COISELET (Hippolyte-Robert DE), O. *, à Mont-pellier.

GUYE (Philippe-Auguste), *, à Genève.

GUNTZ (Nicolas-Antoine), *, à Nancy.

GRAEBE (Carl), à Francfort-sur-le-Main.

BARBIER (François-Antoine-Philippe), O. *, à Lyon.

CIAMICIAN (Giacomo), *, à Bologne.

CHARPY (Augustin-Georges-Albert), *, à Montluçon.

GRIGNARD (François-Auguste-Victor), *, à Nancy.

WALDEN (Paul), à Riga.

SOLVAY (Ernest), à Bruxelles.

Section VII. — *Minéralogie* (10).

TSCHERMAK (Gustav), à Vienne.

OEHLERT (Daniel), O. *, à Laval.

BRÖGGER (Waldemar Christofer), C. *, à Christiania.

HEIM (Albert), à Zurich.

KILIAN (Charles-Constant-Wilfrid), *, à Grenoble.

LEHMANN (Otto), à Carlsruhe.

GROSSOUVRE (Félix-Albert Durand DE), O. *, à Bourges.

BECKE (Friedrich Johann Karl), à Vienne.

FRIEDEL (Georges), *, à Saint-Étienne.

N. . . . .

Section VIII. — *Botanique* (10).

PFEFFER (Wilhelm Friedrich Philipp), à Leipzig.

WARMING (Johannes Eugenius Bülow), à Copenhague.

FLAHAULT (Charles-Henri-Marie), O. *, à Montpellier.

BOUDIER (Jean-Louis-Émile), *, à Montmorency.

ENGLER (Heinrich Gustav Adolf), à Dahlem, près Berlin.

VRIES (Hugo DE), à Amsterdam.

VUILLEMIN (Jean-Paul), à Malzéville, près Nancy.

FARLOW (William Gilson), à Cambridge (Massachusetts).

N. . . . .

N. . . . .

Section IX. — *Économie rurale* (10).

Messieurs :

GAYON (Léonard-Ulysse), O. *, à Bordeaux.
WINOGRADSKI (Serge), à Pétrograd.
GODLEWSKI (Emil), à Cracovie.
PERRONCITO (Edouardo), O. *, à Turin.
WAGNER (Paul), à Darmstadt.
IMBEAUX (Charles-Édouard-Augustin), *, à Nancy.
BALLAND (Joseph-Antoine-Félix), O. *, à Saint-Julien (Ain).
N. . . . .
N. . . . .
N. . . . .

Section X. — *Anatomie et Zoologie* (10).

RETZIUS (Gustaf), C. *, à Stockholm.
SIMON (Eugène-Louis), *, à Lyons-la-Forêt (Eure).
FRANCOTTE (Charles-Joseph-Polydore), à Bruxelles.
YUNG (Émile-Jean-Jacques), à Genève.
LŒB (Jacques), à New-York.
RAMON CAJAL (Santiago), C. *, à Madrid.
BOULENGER (George-Albert), à Londres.
BATAILLON (Jean-Eugène), *, à Dijon.
N. . . . .
N. . . . .

Section XI. — *Médecine et Chirurgie* (10).

LÉPINE (Jacques-Raphaël), O. *, à Lyon.
CALMETTE (Léon-Charles-Albert), C. *, à Lille.
MANSON (sir Patrick), à Londres.
PAVLOV (Jean Petrovitz), à Pétrograd.
YERSIN (Alexandre-John-Émile), C. *, à Nha-Trang, Annam.
BERGONIÉ (Jean-Alban), O. *, à Bordeaux.
MORAT (Jean-Pierre), *, à Lyon.
DEPAGE (Antoine), à Bruxelles, actuellement à la Panne, Belgique.
N . . . .
N . . . .

COMPTES RENDUS

DES SÉANCES

DE L'ACADÉMIE DES SCIENCES.

SÉANCE DU LUNDI 7 JANVIER 1918.

PRÉSIDENCE DE M. EDMOND PERRIER, PUIS DE M. PAUL PAINLEVÉ.

M. Edmond Perrier, ancien Président, fait connaître à l'Académie l'état où se trouve l'impression des recueils qu'elle publie et les changements survenus parmi les Membres et les Correspondants pendant le cours de l'année 1917.

État de l'impression des recueils de l'Académie au 1er janvier 1918.

Comptes rendus des séances de l'Académie. — Les tomes 161 (2e semestre de l'année 1915) et 162 (1er semestre de l'année 1916) sont parus avec leurs tables et ont été mis en distribution.

Le tome 163 (2e semestre de l'année 1916) est paru avec ses tables et sera prochainement mis en distribution.

Les numéros des 1er et 2e semestres de l'année 1917 ont été mis en distribution, chaque semaine, avec la régularité habituelle.

Mémoires de l'Académie. — Le tome LIV, 2e série, est paru et a été mis en distribution.

Le tome LV, 2e série, est sous presse et sera prochainement mis en distribution.

Procès-Verbaux des séances de l'Académie des Sciences, tenues depuis la fondation de l'Institut jusqu'au mois d'août 1835. — Le tome VII, années 1820-1823, a été mis en distribution.

Le tome VIII, années 1824-1827, est sous presse et sera prochainement distribué.

Membres décédés depuis le 1ᵉʳ janvier 1917.

Section de Géographie et Navigation. — M. **Bassot**, le 17 janvier.

Section d'Économie rurale. — M. **Chauveau**, le 4 janvier; M. **Müntz**, le 20 février.

Section de Médecine et Chirurgie. — M. **Dastre**, le 22 octobre.

Secrétaires perpétuels. — M. **G. Darboux**, le 23 février.

Académiciens libres. — M. **Landouzy**, le 10 mai.

Membres non résidants. — M. **Henry Bazin**, le 14 février.

Membres élus depuis le 1ᵉʳ janvier 1917.

Section de Géographie et Navigation. — M. **Ernest Fournier**, le 7 mai, en remplacement de M. **Guyou**, décédé; M. **Robert Bourgeois**, le 18 juin, en remplacement de M. **Hatt**, décédé.

Section de Minéralogie. — M. **Émile Haug**, le 19 mars, en remplacement de M. **A. Lacroix**, élu Secrétaire perpétuel.

Section de Botanique. — M. **Henri Lecomte**, le 26 février, en remplacement de M. **Prillieux**, décédé; M. **P.-A. Dangeard**, le 21 mai, en remplacement de M. **Zeiller**, décédé.

Section d'Économie rurale. — M. **Emmanuel Leclainche**, le 11 juin, en remplacement de M. **Chauveau**, décédé.

Section de Médecine et Chirurgie. — M. **Édouard Quénu**, le 23 avril, en remplacement de M. **Bouchard**, décédé.

Secrétaires perpétuels. — M. **Émile Picard**, le 2 avril, en remplacement de M. **Darboux**, décédé.

Associés étrangers. — Sir **Archibald Geikie**, le 26 novembre, en remplacement de M. **Edward Suess**, décédé; M. **Vito Volterra**, le 3 décembre, en remplacement de M. **Wilhelm Hittorf**, décédé.

Membres à remplacer.

Section de Géométrie. — M. **Émile Picard**, élu secrétaire perpétuel le 2 avril 1917.

Section de Mécanique. — M. **Léauté**, mort le 5 novembre 1916.

Section de Géographie et Navigation. — M. **Bassot**, mort le 17 janvier 1917.

Section de Physique générale. — M. **Amagat**, mort le 15 février 1915.

Section de Chimie. — M. **Jungfleisch**, mort le 24 avril 1916.

Section d'Économie rurale. — M. **Müntz**, mort le 20 février 1917.

Section de Médecine et Chirurgie. — M. **Dastre**, mort le 22 octobre 1917.

Académiciens libres. — M. **Labbé**, mort le 21 mars 1916; M. **Landouzy**, mort le 10 mai 1917.

Membres non résidants. — M. **Gosselet**, mort le 20 mars 1916; M. **Duhem**, mort le 14 septembre 1916; M. **Henry Bazin**, mort le 14 février 1917.

Associés étrangers. — M. **von Baeyer**, dont l'élection a été annulée par décision de l'Académie en date du 15 mars 1915; le décret qui avait approuvé l'élection a été rapporté par un nouveau décret en date du 28 mai 1915.

M. **Dedekind**, mort le 12 février 1916; M. **Metchnikoff**, mort le 15 juillet 1916; sir **William Ramsay**, mort le 23 juillet 1916.

Correspondants décédés depuis le 1ᵉʳ janvier 1916.

Pour la Section de Géographie et Navigation. — M. **Helmert**, à Potsdam, le 15 juin.

Pour la Section de Botanique. — M. **Grand'Eury**, à Malzéville, le 22 juillet; M. **Ch.-Eug. Bertrand**, à Lille, le 10 août.

Pour la Section d'Économie rurale. — M. **Yermoloff**, à Pétrograd, en janvier.

Pour la Section d'Anatomie et Zoologie. — M. **Renaut**, à Lyon, le 26 décembre.

Pour la Section de Médecine et Chirurgie. — M. **Julius Bernstein**, à Halle-sur-Saale, au début de 1917.

Correspondants élus depuis le 1ᵉʳ janvier 1916.

Pour la Section de Chimie. — M. **Ernest Solvay**, à Bruxelles, le 18 juin, en remplacement de sir **Henry Roscoe**, décédé.

Pour la Section de Minéralogie. — M. **Georges Friedel**, à Saint-Étienne, le 24 décembre, en remplacement de M. **Vasseur**, décédé.

Pour la Section de Botanique. — M. **W. G. Farlow**, à Cambridge, États-Unis, le 19 novembre, en remplacement de M. J. **Wiesner**, décédé.

Correspondants à remplacer.

Pour la Section de Géométrie. — M. **Vito Volterra**, à Rome, élu associé étranger le 3 décembre 1917.

Pour la Section d'Astronomie. — M. **Auwers**, mort à Berlin, le 25 janvier 1915; M. **Oskar Backlund**, mort à Poulkovo, le 29 août 1916.

Pour la Section de Géographie et Navigation. — M. **Th. Albrecht**, mort à Potsdam, le 31 août 1915; le général **Gallieni**, mort à Versailles, le 27 mai 1916; M. **Helmert**, mort à Potsdam, le 15 juin 1917.

Pour la Section de Physique générale. — M. **Gouy**, à Lyon, élu membre non résidant le 28 avril 1913.

Pour la Section de Minéralogie. — Sir **Archibald Geikie**, à Haslemere, Surrey, élu associé étranger, le 26 novembre 1917.

Pour la Section de Botanique. — M. **Grand'Eury**, mort à Malzéville, le 22 juillet 1917; M. **Ch.-Eug. Bertrand**, mort à Lille, le 10 août 1917.

Pour la Section d'Économie rurale. — M. **Édouard Heckel**, mort à Marseille, le 20 janvier 1916; M. **Yermoloff**, mort au commencement de janvier 1917; M. **Emmanuel Leclainche**, élu membre titulaire le 11 juin 1917.

Pour la Section d'Anatomie et Zoologie. — M. **Émile Maupas**, mort à Alger, dans la nuit du 17 au 18 octobre 1916; M. **Renaut**, mort à Lyon, le 26 décembre 1917.

Pour la Section de Médecine et Chirurgie. — M. **Czerny**, mort à Heidelberg, le 3 octobre 1916; M. **J. Bernstein**, à Halle-sur-Saale, mort au début de l'année 1917.

En prenant possession du fauteuil de là Présidence, M. **Paul Painlevé** s'exprime en ces termes :

Mes chers Confrères,

Mon premier devoir est de vous exprimer ma reconnaissance pour l'honneur que vous m'avez fait — le plus grand que puisse connaître un savant — en me choisissant pour présider cette année à vos travaux. La tâche dont vous m'avez chargé me sera rendue facile par la compétence et l'activité de nos deux éminents Secrétaires perpétuels et, j'ose ajouter, par la sympathie que vous m'avez toujours bien voulu témoigner depuis dix-sept ans que j'ai été appelé à siéger parmi vous.

En votre nom à tous, mes chers Confrères, j'adresse à notre Président sortant, M. d'Arsonval, les remercîments affectueux de l'Académie, et j'exprime le vœu que sa santé qui, trop souvent à son gré comme au nôtre, l'a tenu éloigné de nos séances, se rétablisse rapidement. Mais, qu'il fût présent ou éloigné, son jugement pénétrant et sa bienveillance accompagnaient toutes les tentatives susceptibles d'accroître les ressources militaires ou industrielles du pays.

Votre mission est la recherche de la vérité scientifique, sur laquelle n'ont de prise ni le temps, ni la mort, ni les passions humaines. Au plus fort des orages, votre raison ne saurait se départir de ses règles inflexibles. Mais, dans Syracuse assiégée, Archimède appliquait la rigoureuse justesse de la Géométrie à la construction de catapultes géantes : quel est donc le savant dont l'esprit resterait sourd à l'appel de la patrie en danger ?

Si je jette les yeux dans cette salle, à côté de ceux de nos confrères que leurs fonctions mêmes ont placés à la tête de grands services de la Défense nationale, j'aperçois (je cite au hasard, et combien l'énumération serait longue si elle était complète) tel astronome qui s'est révélé artilleur inventif et tenace, tels physiciens qui ont contribué à développer les applications militaires de la T. S. F. ; tels chimistes qui, dans la guerre des gaz, ont accru nos moyens de protection et d'attaque ; tel mathématicien, tel géodésien dont les calculs ont servi à repérer et à détruire les batteries ennemies. Vous avez encouragé ou récompensé de nombreux travaux dont les résultats ont dû être tenus secrets. Vos élèves, dont beaucoup sont déjà des maîtres, les plus jeunes au front, les autres dans les universités, dans les arsenaux, dans les usines, se sont attaqués efficacement à tous les problèmes nouveaux qu'a soulevés la guerre sur terre et sur mer. Il y a quinze mois, un de nos grand chefs employait une journée entière à visiter des laboratoires de science pure, qui spontanément s'étaient consacrés à la Défense nationale, et il ne dissimulait pas les sentiments d'admiration que lui inspirait cette mobilisation scientifique; son œil aigu d'observateur avait discerné la variété et la délicatesse des recherches, leur ténacité allant des premiers tâtonnements jusqu'à la réalisation en série des instruments pratiques; le merveilleux rendement de ressources bien restreintes, obtenu grâce à l'ardeur désintéressée de tous, des initiateurs comme des collaborateurs les plus modestes. Pour tous, un tel jugement, s'ils l'avaient entendu, eût constitué la plus belle des récompenses.

Mais ce n'est pas seulement par ses recherches directes que la Science Française a servi la nation en guerre; c'est encore par l'esprit dont elle a animé nos ingénieurs et notre industrie. Notre enseignement scientifique a été l'objet de nombreuses, sévères et parfois justes critiques; on lui a reproché sa durée, ses développements théoriques, et nous en étions venus à oublier ses hautes vertus. C'est la guerre qui nous les a rappelées. Notre culture à nous n'est pas une culture « sans âme »; elle ne vise pas à l'utilitarisme immédiat (pas assez peut-être), mais elle respecte, elle développe l'individualité, les facultés originales et inventives des intelligences. Ce sont ces qualités-là qui, industriellement, ont sauvé la France envahie, menacée dans sa capitale, privée de ses aciéries, désorganisée à l'intérieur par la mobilisation; c'est grâce à elles qu'ont été réalisés, dans l'ordre des productions chimiques et métallurgiques, d'incroyables prodiges qu'aucun pays au monde n'a égalés.

Cette éclatante union de la science et de l'industrie, l'Académie se propose de la sceller, en faisant une place dans son sein à la science industrielle.

Il y a un an, notre Président, parlant du génie inventif reconnu par tous à notre race, évoquait l'effort tenté pour « l'organiser en faveur de la victoire », et il me faisait le trop grand honneur d'attacher mon nom à cet effort. Le mérite en revient uniquement à cette légion de chercheurs, qui, silencieusement, ont trouvé, réalisé, créé. Plus tard, quand nos armées auront vu triompher leur héroïsme, ces armées du Nord-Est, d'Orient, d'Italie, auxquelles vont toutes nos pensées; quand la France meurtrie, pâle encore de son sang versé, mais rayonnante d'une gloire impérissable, pourra enfin laisser tomber ses armes victorieuses, elle reconnaîtra la part qu'auront prise à son salut ceux de ses enfants dont l'activité devait rester nécessairement mystérieuse et secrète; et les générations prochaines, j'en suis sûr, reconnaîtront qu'aux heures des suprêmes périls, la Science Française, étroitement associée à notre industrie comme aux exploits de nos soldats, a bien mérité de la patrie.

MÉMOIRES ET COMMUNICATIONS

DES MEMBRES ET DES CORRESPONDANTS DE L'ACADÉMIE.

M. F. HENNEGUY donne lecture de la Notice suivante :

Un nouveau deuil vient de frapper l'Académie. JOSEPH-LOUIS RENAUT, correspondant pour la section d'Anatomie et Zoologie, vient de s'éteindre, à Lyon, le 26 décembre 1917.

Né à La Haye-Descartes, en Indre-et-Loire, le 7 décembre 1844, après avoir fait ses études médicales à Tours puis à Paris, et avoir été pendant cinq ans, au Collège de France, le disciple de Cl. Bernard et de notre confrère Ranvier, Renaut fut nommé professeur, en 1877, lors de la création de la chaire d'Anatomie générale et d'Histologie à la Faculté de Médecine de Lyon. Peu de temps après il devenait en même temps, à la suite d'un brillant concours, médecin des hôpitaux et était nommé, en 1896, associé national de l'Académie de Médecine. Esprit des plus cultivés, il ne se confina pas dans le domaine exclusif de la Science; poète délicat à ses heures de loisir, il publia, sous le pseudonyme de Sylvain de Saulnay, un recueil de Vers couronné par l'Académie française.

Élève de M. Ranvier, Renaut a apporté dans ses recherches l'habileté technique et la rigueur scientifique de son maître. Ne pouvant passer en revue les travaux nombreux et variés qu'il a publiés, je me bornerai à signaler les principaux d'entre eux, ceux qui ont élucidé des questions encore controversées ou qui ont apporté de nouvelles contributions à nos connaissances en Histologie.

Le caractère des épithéliums est d'être constitué par des cellules soudées par un ciment pour former des surfaces de revêtement continues. Les épithéliums des Vertébrés ne sont jamais pénétrés par des vaisseaux sanguins et lymphatiques; quand un tissu, primitivement épithélial, subit cette transformation, il devient ce que Renaut a appelé un *para-épithélium*. Chez la Lamproie la moelle épinière tout entière, avec ses cellules ganglionnaires, ses fibres nerveuses, sa névroglie et son épithélium épendymaire, se forme aux dépens du névraxe épithélial primitif, sans qu'à l'intérieur de cette masse pénètre un seul vaisseau sanguin. La névroglie considérée, depuis Virchow, comme de nature conjonctive est donc de nature épithéliale et résulte d'une prolifération des cellules de l'épendyme. Mais, pour jouer dans le système nerveux un rôle analogue à celui du tissu conjonctif dans les autres organes, cette production épithéliale s'est modifiée par sa fonction et a pris, dans ce but, une constitution se rapprochant autant que possible de celle du tissu conjonctif. De là, la formation d'un réseau de mailles dans lesquelles peuvent se répandre les sucs nutritifs, puis la pénétration secondaire de vaisseaux dans les parties du système nerveux qui doivent présenter la plus grande activité. Pour effectuer ce remaniement, la production épithéliale n'a pas changé de nature, elle n'a fait que se plier et s'adapter aux nécessités fonctionnelles survenues. Cette notion fondamentale, introduite dans la Science, en 1881, par Renaut pour les centres nerveux amyéliniques, étendue l'année suivante par M. Ranvier aux centres nerveux myéliniques, est adoptée aujourd'hui par la grande majorité des histologistes.

L'étude de la névroglie a conduit Renaut à entreprendre des recherches sur la constitution du tissu conjonctif et de ses dérivés, tissus cartilagineux et osseux. Il a démontré, au sein du tissu conjonctif diffus, l'existence d'une substance fondamentale collagène, de constitution variable, mais continue dans toute l'étendue de ce tissu. Là où elle n'existe pas préalablement, il ne se développe pas de trame conjonctive figurée. Cette trame prend naissance, dans la substance amorphe, sous forme de lames pellucides, dans les intervalles des cellules conjonctives fixes et de leurs prolongements anastomotiques; elle y apparaît d'abord sous forme de fines fibrilles élémentaires, *fibrilles tramulaires*. Par un groupement progressif de ces fibrilles en séries parallèles, résultent les faisceaux conjonctifs. On n'est donc pas autorisé à faire provenir, comme le soutiennent certains histologistes, les fibrilles conjonctives d'une transformation directe des expansions filaires du cytoplasma des cellules fixes.

On savait déjà que les cellules conjonctives élaborent des graisses et que certaines d'entre elles se transforment en vésicules adipeuses. Renaut a découvert que, en outre, elles peuvent exercer un autre mode de l'activité sécrétoire et renfermer, dans des vacuoles de leur cytoplasma, des grains de substance protéique, ou *grains de ségrégation*. Ces grains s'accroissent, mûrissent, puis se redissolvent pour passer dans les espaces intercellulaires à l'état dissous. Ils se comportent exactement comme ceux de la cellule d'une glande séreuse; ils prennent naissance en réalisant le mode d'activité sécrétoire que l'auteur a qualifié de *mode rhagiocrine* : élaboration d'un grain de ségrégation ou préproduit albuminoïde, au centre d'une vacuole spéciale du cytoplasma, où se concentre autour de lui un liquide sélectionné parmi les constituants du plasma ambiant.

Les cellules conjonctives dérivent des leucocytes dont Renaut a pu suivre toute l'évolution et qui présentent déjà l'activité sécrétoire du mode rhagiocrine. Elles ne cessent de fonctionner comme cellules glandulaires que lorsque tous les éléments de la trame conjonctive ont, dans la sphère de leur action, pris leur constitution et leur développement définitifs. Il paraît donc très probable que la sécrétion rhagiocrine fournit des constituants très importants à la substance fondamentale collagène, soit amorphe, soit évoluant en fibrilles tramulaires, puis en faisceaux conjonctifs, et aux fibres élastiques. Dans le tissu conjonctif adulte, on peut toujours expérimentalement, par irritation mécanique ou microbienne, ramener les cellules à l'activité glandulaire et réveiller chez elles l'action phagocytaire qu'elles possédaient à l'état jeune.

Il résulte des faits découverts par Renaut que, chez l'embryon et chez le jeune individu, pendant toute la durée de son développement, le tissu conjonctif diffus, qui occupe tous les espaces interorganiques, doit être considéré comme la plus vaste glande interstitielle que possède l'organisme des Vertébrés. Cette conception est entièrement nouvelle, car jusqu'ici les biologistes regardaient le tissu conjonctif comme un tissu de remplissage ou de soutènement.

- A côté de ces recherches de longue haleine, dont les résultats présentent le plus grand intérêt au point de vue de l'anatomie générale, il convient de citer certains Mémoires importants de Renaut, tels que ceux relatifs au développement du tissu cartilagineux, au tissu fibro-hyalin des Gastéropodes et des Cyclostomes, à la structure du tissu osseux adulte et du tissu adamantin, à la croissance des nerfs, au myocarde, à la vascularisation de la peau, aux capillaires du glomérule du rein, à la variation modelante des vaisseaux sanguins, au pancréas des Ophidiens, etc.

Ces travaux se trouvent exposés en substance dans le grand *Traité d'Histologie*, à la rédaction duquel Renaut a consacré douze années et qui est rempli de faits inédits. Cet Ouvrage, devenu rapidement classique, n'est pas, comme beaucoup d'autres, un travail de compilation; il constitue une œuvre essentiellement originale.

Par ses travaux personnels, ses découvertes et ses idées générales pleines d'originalité, Renaut n'était pas seulement l'un de nos histologistes les plus distingués, il était un véritable chef d'École. Il avait attiré autour de lui une pléiade de travailleurs dont les recherches font le plus grand honneur au maître qui les a suscitées et dirigées. Grâce à lui, la Faculté de Médecine de Lyon était devenue, au point de vue de l'anatomie générale et de l'histologie, l'un des centres les plus actifs que nous ayons actuellement en France. Les brillants élèves qu'il avait su former auront à cœur d'honorer sa mémoire en continuant l'œuvre qu'il avait si bien commencée.

Au nom de l'Académie, j'adresse à la famille du professeur Renaut et en particulier à son gendre M. Guilliermond, le savant botaniste, ses condoléances bien sincères.

MÉCANIQUE RATIONNELLE. — *Mouvements aériens gauches de sphères pesantes légères.* Note de M. **Paul Appell**.

I. Dans une Note intitulée *Expériences de M. Carrière sur le mouvement aérien de balles sphériques légères tournant autour d'un axe perpendiculaire au plan de la trajectoire* (¹), j'ai indiqué une façon de représenter l'effet global de la résistance de l'air, qui rend compte des résultats de ces expériences (²).

L'hypothèse indiquée dans cette Note peut être étendue au cas où la balle possède une rotation instantanée de direction connue quelconque et où la trajectoire du centre de gravité est une courbe gauche. L'hypothèse que nous faisons pour représenter l'action globale de la résistance de l'air sur le mouvement du centre de gravité G de la balle sphérique est alors la suivante : *la résistance de l'air, au lieu de donner lieu à une force* $R' = mg\varphi(V)$ *dirigée en sens contraire de la vitesse* V *du point* G, *s'obtient en faisant tourner le vecteur* GR', *opposé à* V, *d'un angle aigu* α *autour de l'axe instantané* Gω, *en sens contraire de la rotation instantanée; cet angle* α *est une fonction croissante de la valeur absolue* ω *de la rotation instantanée, nulle avec* ω. De cette façon, si la rotation est nulle ou si l'axe instantané est tangent à la trajectoire, la résistance est opposée à la vitesse. J'indiquerai, dans un autre recueil, les conséquences de cette hypothèse, qui doivent être soumises à l'expé-

---

(¹) *Comptes rendus*, t. 165, 1917, p. 694.
(²) *Journal de Physique*, 5ᵉ série, mai-juin 1916, t. 5, p. 175, et janvier 1917, t. 6, p. 1.

rience. D'après les équations du mouvement qu'on en déduit, en supposant α constant, il est probable dans le cas où $\varphi(V)$ est une fonction croissante quelconque, il est certain dans le cas où l'intensité de la résistance est proportionnelle à V que, quelles que soient les conditions initiales, le mouvement tend vers un mouvement rectiligne et uniforme, dans lequel la vitesse a une grandeur et une direction telles que la résistance soit égale et opposée au poids.

II. Depuis que ma première Note a paru, j'ai eu connaissance d'un article de Lord Rayleigh ([1]); l'auteur, sans étudier le mouvement de la balle, pénètre profondément dans la question, en cherchant à déterminer les lois de la résistance, par l'étude du mouvement relatif de l'air par rapport à la balle. Il détermine l'effet de la résistance de l'air sur un cylindre circulaire droit supposé immobile dans de l'air animé d'un mouvement plan parallèle aux sections droites du cylindre.

La question du mouvement du solide a ensuite été étudiée par M. Greenhill ([2]); l'auteur montre que, dans les conditions supposées, l'air étant immobile, le centre du cylindre décrit un cercle, quand on néglige la pesanteur, et une trochoïde, quand on en tient compte.

CORRESPONDANCE.

M. A. CLAUDE adresse des remercîments pour la distinction que l'Académie a accordée à ses travaux.

M. le SECRÉTAIRE PERPÉTUEL signale, parmi les pièces imprimées de la correspondance :

La gangrène gazeuse, par ANDRÉ CHALIER et JOSEPH CHALIER. (Présenté par M. Quénu.)

([1]) *On the irregular flight of a tennis-ball* (*Messenger of Mathematics*, New Series, n° 73, 1877).

([2]) *Messenger of Mathematics*, t. 9, 1880, p. 113.

ANALYSE MATHÉMATIQUE. — *Sur les fonctions hyperabéliennes.*
Note ([1]) de M. GEORGES GIRAUD.

Une grande partie des résultats contenus dans les Notes insérées
aux *Comptes rendus* des 5 et 19 mars dernier peuvent s'étendre aux fonctions que M. Picard a nommées *hyperabéliennes*. Ils s'étendent aussi
vraisemblablement à beaucoup d'autres catégories de fonctions assujetties
à ne pas changer par certaines substitutions effectuées sur les variables,
fonctions qu'on pourrait réunir sous le nom de *fonctions automorphes de
plusieurs variables*.

On peut trouver le polyèdre fondamental d'un groupe hyperabélien de
substitutions droites ou gauches,

$$\left(x, y\,;\, \frac{ax+b}{cx+d},\, \frac{a'y+b'}{c'y+d'}\right);\quad \left(x, y\,;\, \frac{ay+b}{cy+d},\, \frac{a'x+b'}{c'x+d'}\right)$$

$$(a,\, b,\, c,\, \ldots,\, d'\text{ réels},\ ad - bc = a'd' - b'c' = 1),$$

au moyen d'une méthode de rayonnement en se servant des *multiplicités de
centre* (ξ, η)

$$\alpha[(x-\xi)(x_0-\xi_0)(y-\eta)(y_0-\eta_0) + (x-\xi_0)(x_0-\xi)(y-\eta_0)(y_0-\eta)]$$
$$+ \gamma(x-x_0)(y-y_0)(\xi-\xi_0)(\eta-\eta_0) = 0,$$

m_0 désignant le conjugué de m; c'est, si l'on veut, le lieu du système de
deux cercles

$$(x-\xi)(x_0-\xi_0) + (x-\xi_0)(x_0-\xi) + (x-x_0)(\xi-\xi_0)\,\mathrm{ch}\,\delta = 0,$$
$$(y-\eta)(y_0-\eta_0) + (y-\eta_0)(y_0-\eta) + (y-y_0)(\eta-\eta_0)\,\mathrm{ch}\,\delta' = 0,$$

où δ et δ' varient en étant assujettis à la condition

$$\alpha\,\mathrm{ch}\,\delta\,\mathrm{ch}\,\delta' + \alpha + 2\gamma = 0.$$

Considérons un groupe tel qu'une de ses fonctions Θ ait son prolongement analytique arrêté par la surface $(x-x_0)(y-y_0) = 0$, tel encore
que le polyèdre fondamental dont on vient de parler n'ait qu'un nombre
fini de faces; alors, si celui-ci atteint le domaine réel, c'est uniquement par
des sommets; s'il atteint le domaine (x réel, y complexe), c'est unique-

---

([1]) Séance du 17 décembre 1917.

ment par des portions à deux dimensions de multiplicités $x = $ constante réelle.

Si le polyèdre fondamental a le sommet réel $x = \infty$, $y = \infty$, ce sommet est transformé en lui-même par les transformations $S'^m S''^n$, où

$$S' = (x, y; x + h, y + k), \qquad S'' = (x, y; x + h', y + k'),$$

$h : h'$ et $k : k'$ étant rationnels, ou bien par les substitutions $S^m S'^n S''^p$, S' et S'' ayant la même expression que plus haut et S étant la substitution

$$S = (x, y; rx + l, r'x + l'),$$

où r et r' sont les racines d'une équation $s^2 + \lambda s + 1 = 0$, λ étant entier; $h : h'$ et $k : k'$ ne sont plus rationnels, mais assujettis à d'autres conditions. Éventuellement il faut ajouter une substitution gauche aux précédentes.

Si le polyèdre fondamental a pour arête une portion de la multiplicité $x = \infty$, cette portion est le polygone fondamental d'un groupe fuchsien isomorphe au sous-groupe des transformations qui font revenir l'arête sur elle-même; on peut encore écrire les substitutions fondamentales de ce dernier sous-groupe.

Ces renseignements permettent de discuter la nature des singularités des fonctions hyperabéliennes du groupe, et de conclure que trois d'entre elles sont liées par une relation algébrique, et par suite qu'elles s'expriment toutes en fonctions rationnelles de trois d'entre elles.

Soient X, Y, Z ces trois dernières fonctions, et soient

$$z_1 = 1 : \sqrt[4]{\left(\frac{\partial x}{\partial X}\frac{\partial y}{\partial Y}\right)^2 - \left(\frac{\partial x}{\partial Y}\frac{\partial y}{\partial X}\right)^2}, \qquad z_2 = x z_1, \qquad z_3 = -y z_1, \qquad z_4 = xy z_1;$$

considérons les z comme des fonctions de X, Y; ils satisfont à un système de deux équations aux dérivées partielles

$$r = as + bp + cq + gz,$$
$$t = a's + c'p + b'q + g'z,$$

déjà rencontré, à peu près de la même façon, par M. Picard et considéré également, dans certains cas, par M. Appell. On peut considérer ce système comme faisant connaître les différentielles totales des fonctions s, p, q, z, car, si X, Y sont convenablement choisis, $aa' \neq 1$. Les coefficients de ces équations sont algébriques. Les courbes singulières présentent des particularités analogues à celles que j'ai indiquées pour le cas hyperfuchsien.

ANALYSE MATHÉMATIQUE. — *Sur l'itération des substitutions rationnelles et les fonctions de Poincaré.* Note de M. **S. Lattès.**

Soient $z_1 = R(z)$ une substitution rationnelle à points invariants distincts; α un point invariant de multiplicateur S, avec $|S| > 1$: il y a toujours au moins un pareil point ([1]). Il existe alors une fonction $\theta(u)$ méromorphe [ou entière si $R(z)$ est un polynome] vérifiant, quel que soit u, l'équation fonctionnelle

$$(1) \qquad\qquad \theta(Su) = R[\theta(u)]$$

et prenant pour $u = 0$ la valeur α. L'existence de $\theta(u)$, que nous appellerons *fonction de Poincaré* relative au point invariant α, a été établie par Poincaré ([2]).

Poincaré impose toutefois à la fonction $\theta(u)$ cherchée la condition $\theta'(0) \neq 0$. Si $\theta'(0)$ est nul et si la première dérivée non nulle pour $u = 0$ est d'ordre p, on trouve encore une fonction $\theta(u)$ méromorphe vérifiant l'équation (1), mais le nombre S qui figure dans cette équation, et qu'on peut encore appeler le *multiplicateur*, est lié à $R'(\alpha)$ par la relation $S^p = R'(\alpha)$; la fonction $\theta(u)$ est alors une fonction méromorphe ou entière de u^p. Par exemple, si la substitution donnée est $z_1 = 2z^2 - 1$, on peut poser $z = \cos u$, $z_1 = \cos 2u$; ici $\theta(u)$ est une fonction entière de u^2 et $R'(\alpha) = 4 = S^2$.

La fonction de Poincaré $\theta(u)$ n'est pas autre chose que la fonction inverse de la fonction de Schrœder $\varphi(u)$ dont l'existence dans le domaine du point α a été établie par M. Kœnigs et qui vérifie l'équation

$$\varphi[R(z)] = S\varphi(z).$$

Mais, tandis que la fonction de Poincaré prolongée analytiquement à partir de $u = 0$ donne naissance à une transcendante uniforme méromorphe ou entière, son inverse, la fonction de Schrœder, prolongée à partir de $z = \alpha$, est par cela même une fonction analytique multiforme. De là l'avantage qu'il y a à substituer la fonction de Poincaré à la fonction de Schrœder, si l'on veut étudier l'itération à partir d'un point initial z quelconque dans le plan.

([1]) Cf. Fatou, *Sur les substitutions rationnelles* (Comptes rendus, t. 165, 1917, p. 993).

([2]) Poincaré, *Sur une classe nouvelle de transcendantes uniformes* (Journal de Mathématiques pures et appliquées, 1890).

Pour chaque valeur de z, la relation $z = \theta(u)$ fournit au moins une valeur de u, sauf au plus pour deux valeurs *exceptionnelles* de z, d'après le théorème de M. Picard. On a alors, sous forme paramétrique, pour le point z et ses conséquents z_n, les valeurs suivantes :

$$z = \theta(u), \qquad z_1 = \theta(Su), \qquad z_2 = \theta(S^2 u), \qquad \ldots, \qquad z_n = \theta(S^n u).$$

Ces mêmes formules, pour n entier et négatif, fournissent une suite d'antécédents successifs z_{-n} du point z qui, pour n infini, a une limite égale à $\theta(o)$, c'est-à-dire à α. Ainsi, *on peut choisir, parmi les antécédents successifs possibles d'un point quelconque z, une suite d'antécédents successifs z_{-n} tendant, pour n infini, vers l'un quelconque α des points invariants à multiplicateur supérieur à 1 en module.*

Les points exceptionnels possibles α, β de la fonction $\theta(u)$ sont, ou bien des points invariants de la substitution ('), ou bien deux points formant un cycle de points périodiques d'ordre 2.

Les problèmes relatifs à l'itération de la substitution donnée sont ainsi transformés en des problèmes relatifs à la croissance de la fonction $\theta(u)$. Pour avoir des catégories de substitutions rationnelles dont l'itération soit facile à étudier, il convient de choisir des substitutions admettant une fonction de Poincaré prise parmi les fonctions méromorphes (ou entières) les plus usuelles. C'est ainsi que, si l'on suppose S entier, et $\theta(u)$ égal à l'une des fonctions, $\tan u$, $\cos u$, pu, ou à une transformée homographique de ces fonctions, on obtient des substitutions rationnelles pour lesquelles la méthode de l'*itération paramétrique* permet de résoudre complètement le problème fondamental de l'itération. Ce problème, sous sa forme générale, peut être énoncé ainsi :

Déterminer l'ensemble E' dérivé de l'ensemble E des conséquents z d'un point z arbitrairement donné.

L'ensemble E' contient les conséquents de ses divers points; d'autre part, on sait que E', ensemble fermé, est la somme d'un ensemble parfait E_1' et d'un ensemble dénombrable E_2' : l'ensemble E_1' contient, lui aussi, les conséquents de ses divers points; quant aux points de E_2', leurs conséquents peuvent appartenir à E_1'. Dans les divers exemples qu'on vient d'énumérer, ou

('). Par exemple, pour la substitution $z_1 = \dfrac{2z}{1-z^2}$, la fonction de Poincaré est $z = \tan u$, avec le multiplicateur 2; cette fonction admet les valeurs exceptionnelles $+i$, $-i$ qui sont des points invariants de la substitution.

sait déterminer complètement E'_1, E'_2, voir quelles conditions doit remplir z pour que l'un ou l'autre des ensembles E'_1, E'_2 soit nul, pour qu'un point donné du plan fasse partie de E', ... : ces diverses conditions dépendent de propriétés arithmétiques du nombre z.

Soit par exemple la substitution

$$(2) \qquad z_1 = \frac{(z^2 - 1)^2}{4\,z(z^2 - 1)}$$

qu'on obtient en posant

$$z = pu, \qquad z_1 = p(2u) \qquad \text{avec} \qquad g_2 = 4, \qquad g_3 = 0.$$

Si 2ω désigne la période réelle, l'autre période est $2i\omega$. Si l'on pose

$$z = pu = p(2\omega v + 2i\omega w),$$

v et w étant réels, pour déterminer E', il faut connaître les représentations de v et de w dans le système de numération à base 2. L'ensemble E'_1 est formé en traçant le réseau orthogonal des courbes $v = \text{const.}$, $w = \text{const.}$ (*ovales de Descartes*) et en excluant du plan les points intérieurs à une infinité dénombrable de quadrilatères, contigus ou non, limités par des courbes de ce réseau, la frontière commune à deux quadrilatères contigus exclus devant être elle-même exclue en général; c'est pour la détermination des arcs d'ovales qui limitent les domaines exclus qu'il faut connaître les représentations binaires de v et de w. On peut ainsi résoudre complètement les divers problèmes d'itération relatifs à (2).

La méthode de l'itération paramétrique, par des *fonctions de Poincaré généralisées*, peut être appliquée, dans des cas très étendus, aux substitutions rationnelles à deux variables.

ANALYSE MATHÉMATIQUE. — *Sur quelques propriétés des polynomes de Tchebicheff.* Note (¹) de M. JACQUES CHOKHATE, présentée par M. Appell.

1. Désignons par

$$\varphi_k(x) \qquad (k = 0, 1, 2, \ldots)$$

une suite orthogonale et normale de polynomes de Tchebicheff correspondant à l'intervalle donné (a, b) et à la fonction caractéristique $p(x)$, non négative dans (a, b). Posons

$$\varphi_{n+1}(x) = a_{n+1}x^{n+1} + a_{n+1,1}x^n + a_{n+1,2}x^{n-1} + \ldots \qquad (a_{n+1} > 0)$$

(¹) Séance du 31 décembre 1917.

et proposons-nous de trouver les limites supérieure et inférieure pour a_{n+1}. Soit une autre suite orthogonale et normale de polynomes

$$\psi_k(x) \qquad (k = 0, 1, 2 \ldots)$$

avec la fonction caractéristique $q(x)$ non négative dans (a, b). Nous avons, en posant

$$\psi_{n+1}(x) = b_{n+1} x^{n+1} + \ldots \qquad (b_{n+1} > 0),$$

$$\varphi_{n+1}(x) = \sum_{k=0}^{n+1} A_k \psi_k(x), \qquad A_k = \int_a^b q(x)\,\varphi_{n+1}(x)\,\psi_k(x)\,dx,$$

$$\int_a^b q(x)\,\varphi_{n+1}^2(x)\,dx = \sum_{k=0}^{n+1} A_k^2 > A_{n+1}^2 = \frac{a_{n+1}^2}{b_{n+1}^2},$$

$$(1) \qquad \left\{ \begin{array}{c} \sqrt{\left(\dfrac{q}{p}\right)_{\min}} < \dfrac{a_{n+1}}{b_{n+1}} < \sqrt{\left(\dfrac{q}{p}\right)_{\max}}, \\[3mm] \dfrac{a_{n+1}}{b_{n+1}} = \sqrt{\dfrac{q_1}{p_1}}, \end{array} \right.$$

$\dfrac{q_1}{p_1}$ désignant un nombre compris entre le maximum $\left(\dfrac{q}{p}\right)_{\max}$ et le minimum $\left(\dfrac{q}{p}\right)_{\min}$ de $\dfrac{q(x)}{p(x)}$ dans (a, b). *C'est la formule* (1) *qui donne les limites cherchées, si* $\psi_{n+1}(x)$ *y signifie un polynome de Tchebicheff.*

2. Ramenons (a, b) à $(-1, +1)$, nous aurons, en posant dans (1),

$$q(x) = 1 \qquad \text{ou} \qquad q(x) = \frac{1}{\sqrt{1 - x^2}},$$

$$(2) \qquad \left\{ \begin{array}{c} a_{n+1} = \dfrac{1.3.5 \ldots (2n+3)}{(n+1)!} \sqrt{\dfrac{2n+3}{2p_1}}, \\[3mm] 2^{n+1} \sqrt{\dfrac{1}{\pi\,p_{\max}}} < a_{n+1} < 2^n \sqrt{\dfrac{2}{p_{\min}}}; \end{array} \right.$$

$$(3) \qquad a_{n+1} = 2^n \sqrt{\frac{2}{\pi\,p_1}} \qquad (^1),$$

p_1 est compris entre les maxima et minima de $p(x)$ ou $p(x)\sqrt{1 - x^2}$ dans $(-1, +1)$.

(¹) J'ai obtenu, dans un travail qui doit paraître prochainement en russe, deux limites analogues pour a_{n+1}. M. W. Stekloff a obtenu une limite inférieure pour a_{n+1} (*Bulletin de l'Académie des Sciences de Pétrograde*, n° 3, 1917).

3. Soit $f(x)$ une fonction donnée continue dans (a, b). Désignons par $T_{n,f}(x)$ le polynome du degré n s'écartant le moins possible de $f(x)$ dans (a, b) et par $E_n(f)$ le maximum de $|f(x) - T_{n,f}(x)|$ dans (a, b).

Nous avons

$$f(x) = \sum_{k=0}^{n} A_k \varphi_k(x) + \rho_n(x), \qquad A_k = \int_a^b p(x) f(x) \varphi_k(x) dx,$$

$$T_{n,f}(x) = \sum_{k=0}^{n} \alpha_k \varphi_k(x), \qquad \alpha_k = \int_a^b p(x) T_{n,f}(x) \varphi_k(x) dx,$$

$$(4) \qquad |A_k - \alpha_k| < E_n(f) Q, \qquad Q^2 = \int_a^b p(x) dx \qquad (k = 0, 1, 2, \ldots),$$

$$(5) \qquad \qquad \lim |A_k - \alpha_k|_{n=\infty} = 0.$$

THÉORÈME. — *Les deux développements*

$$f(x) \simeq \sum_{k=0}^{n} A_k \varphi_k(x), \qquad A_k = \int_a^b p(x) f(x) \varphi_k(x) dx,$$

$$T_{n,f}(x) = \sum_{k=0}^{n} \alpha_k \varphi_k(x), \qquad \alpha_k = \int_a^b p(x) T_{n,f}(x) \varphi_k(x) dx$$

deviennent identiques pour $n = \infty$ quelle que soit la fonction $p(x)$.

4. Les formules déduites de l'inégalité (4)

$$(6) \qquad |A_{n+1}| < E_n(f) Q, \qquad |A_{n+1} \varphi_{n+1}(x)| < Q E_n(f) |\varphi_{n+1}(x)|$$

déterminent la convergence du développement

$$f(x) \simeq \sum_{k=0}^{\infty} A_k \varphi_k(x), \qquad A_k = \int_b^b p(x) f(x) \varphi_k(x) dx.$$

Ainsi (6) montre que *ce développement converge uniformément pour une fonction $f(x)$, sous les conditions*

$$f'(x) = \int_{-1}^{x} \varphi(x) dx + C,$$

$$|\varphi_n(x)| < k n^{\alpha}, \qquad x < 1 \, (-1 \leq x \leq +1).$$

Tel est précisément le cas où l'on a $\left(\alpha = \dfrac{1}{2}\right)$

$$p(x) = \frac{\overline{p}(x)}{\sqrt{1-x^2}}, \qquad \overline{p}(x) > 0 \qquad (-1 \leq x \leq +1).$$

5. En vertu de l'inégalité (4), on déduit, en posant $f(x) = x^{n-1}$,

$$(7) \cdot \begin{cases} T_{n,f}(x) = \sum_{k=0}^{n} \left[\int_{-1}^{+1} p(x) f(x) \varphi_k(x) \, dx + \theta_k E_n(f) Q \right] \varphi_k(x), \quad -1 < \theta_k < +1. \\ \\ T_{n,x^{n+1}}(x) = x^{n+1} - \dfrac{\cos(n+1) \arccos x}{2^n}, \qquad E_n(x^{n+1}) = \dfrac{1}{2^n} \cdot \end{cases}$$

$$(8) \begin{cases} a_{n+1} > \dfrac{2^n}{Q}, \qquad 0 \leq |a_{n+1,1}| < \dfrac{2^n ()}{p_{\min}}, \\ \\ |a_{n+1,2}| = 2^{n-1}(n+1)\left(l_{n+1,2} + \dfrac{l_{n+1,2}}{n+1} \right), \qquad |a_{n+1,3}| = 2^{n-2} n \left(l_{n+1,3} + \dfrac{l_{n+1,3}}{n} \right), \\ \dotfill \end{cases}$$

$l_{n+1,2}$, $l_{n+1,2}$, $l_{n+1,3}$, $l_{n+1,3}$ restant finis quand n croît indéfiniment.

ANALYSE. MATHÉMATIQUE. — *Sur une propriété générale des fonctions analytiques*. Note. de M. ARNAUD DENJOY, présentée par M. Paul Painlevé.

Soit $F(x)$ une fonction analytique de la forme

$$(1) \qquad (x - a_1)^{\alpha_1} (x - a_2)^{\alpha_2} \dots (x - a_n)^{\alpha_n} G(x),$$

les a_i et α_i étant indépendants de x. On a le théorème suivant :

Si les points a_j sont intérieurs à un contour simple C, *dans et sur lequel* G *est régulier et non nul, et si* L'ARGUMENT DE $F(x)$ VARIE DANS UN SENS CONSTANT *quand x décrit* C,

$1°$ F' *possède à l'intérieur de* C $(n-1)$ *zéros b_k distincts des a_j* ;

$2°$ *Toute courbe d'équation* $\arg F_{(n)} = \text{const.}$, *ayant un arc intérieur à* C, *passe soit en un point a_j, soit en un point b_k.*

Supposons que F' ne s'annule pas sur C, et que C possède en chaque point une tangente variant continuellement et faisant avec l'axe réel l'angle α. Soit $\Gamma(x) = \log G(x)$. Γ est holomorphe dans C et sur C. On a

$$\frac{F'}{F} = \Sigma \frac{\alpha_j}{x - a_j} + \Gamma'(x) = \frac{U(x)}{(x - a_1) \dots (x - a_n)},$$

U étant holomorphe dans et sur C. Les b_k sont les zéros de U intérieurs à C. Si s est l'arc $x_0 x$ de C, x_0 étant un point de C indépendant de x, on a

$$u = e^{i\alpha} \frac{F'}{F} = \frac{d}{ds} \log F = \frac{d}{ds} \log |F| + i \frac{d}{ds} \arg F.$$

Dans le mouvement de x sur C, u varie continûment, en restant d'un même côté de l'axe réel. Donc la variation d'arg$u$ est nulle. Celle de z est $2n$. Donc, celle de arg U est $2(n-1)\pi$. Les b_k sont donc bien au nombre de $(n-1)$, chacun étant compté avec l'ordre de multiplicité où il annule F′.

C étant supposé ne contenir aucun des points L, singularités ou zéros de F ou de F′, la condition que arg F varie dans un sens constant sur C équivaut à celle-ci, que C coupe une fois et une seule chacun des arcs d'équation arg F(x) = const. passant par ses divers points et limités des deux parts à une certaine distance positive assez petite de C. Si donc le contour C n'admettait pas une tangente continue, on pourrait, sans rencontrer de points ζ, le déformer en un contour à tangente continue, C remplissant les conditions du théorème et renfermant à son intérieur les mêmes points ζ que C. Le théorème, vrai pour C′, l'est aussi pour C.

Dans tous les cas envisagés ci-après, il est pareillement possible de supposer C doué d'une tangente variant continûment, sauf en général aux zéros θ de F′.

La *première partie* du théorème subsiste si arg F est *simplement assujetti à ne pas posséder sur C les deux sens de variation.*

En effet, C ne contenant pas de zéro de F′, u ne passe pas par l'origine et son argument est toujours déterminé. u n'ayant pas de positions séparées par l'axe réel, la variation de arg$u$ est nulle.

La seconde partie du théorème se démontre dès lors immédiatement. Une courbe γ d'équation arg F(x) = const. ayant à l'intérieur de C un point ξ distinct des ζ se prolonge dans les deux sens à partir de ξ, sans arrêt ni ambiguïté possible tant qu'elle ne rencontre pas un point ζ. Si donc elle ne s'arrête pas en un point a_i, ni ne se ramifie en un point b_k, elle aboutit à C en deux points α, β. L'arc de γ compris entre α et β, ajouté à l'un ou à l'autre des deux arcs de C séparés par α et β, forme deux contours simples S_1, S_2. Ni sur S_1, ni sur S_2, arg F ne possède les deux sens de variation. Donc si p et $n-p$ sont respectivement les nombres de points a_j intérieurs à S_1 et à S_2, ces deux contours renferment respectivement à leur intérieur $(p-1)$ et $(n-p-1)$ points b_k. Donc C contiendrait $(n-2)$ points b_k et non pas $(n-1)$.

Observons enfin que, si γ aboutit d'un côté à un point a_m et de l'autre à un point a_p, en vertu du théorème de Rolle, applicable aux courbes où l'argument de γ est constant; ou bien les parties réelles de α_m et α_p sont de signes contraires, ou bien γ contient au moins un point b_k.

La *première partie* du théorème est encore exacte, simplement *si le sens de variation* d'arg F *est constant au moins aux points de* C *où* |F| *passe par un maximum ou par un minimum.* Car la variation de arg u sur C est encore nulle dans ce cas.

Soit θ un zéro d'ordre p de F'. Les $(p+1)$ branches simples de la courbe arg F(x) = arg F(θ), rayonnant autour de θ, séparent $2(p+1)$ angles curvilignes ω d'égale ouverture. Si C contient θ, deux secteurs formés l'un de $2q$, l'autre de $2(p-q)$ angles ω, sont, au voisinage de θ, respectivement intérieur et extérieur à C. Il faut alors, dans l'application de la première partie du théorème, *compter* θ *comme représentant* q *zéros de* F' *intérieurs à* C. Si arg F était constant sur un arc de C contenant θ entre ses extrémités, il faudrait considérer comme traversés par C les deux angles ω par où C accède à la courbe arg F = arg F(θ). Ces résultats s'obtiennent en considérant les courbes arg F = const. au voisinage de θ.

En vertu de la première partie du théorème, *si, à l'intérieur d'un contour simple* C *dans lequel* F *est de la forme* (1), *le module de* F *est constant,* F' *s'annule* $(n-1)$ *fois intérieurement à* C, *en des points distincts des n zéros ou singularités de* F.

Si F' s'annulait en un point θ de C, il faudrait que l'intérieur de C contînt, au voisinage de θ, un nombre pair ou nul $2q$ d'angles ω. θ compterait pour q zéros de F' intérieurs à C. On pourrait même appliquer la proposition à un contour multiple G où |F| est constant, à la condition de considérer chaque point multiple θ de G comme la réunion de points anguleux distincts.

PHYSIQUE. — *Détermination expérimentale d'un moment de la forme* X$\frac{d\theta}{dt}$ *et d'une inertie apparente provenant de la viscosité d'un fluide.* Note de M. A. GUILLET, présentée par M. G. Lippmann.

On sait qu'un cadre galvanométrique en action est sollicité par un couple de moment

$$M = S\varphi i \cos\theta,$$

en sorte que son mouvement satisfait à l'équation

$$I\frac{d^2\theta}{dt^2} + S\varphi i \cos\theta + C\theta = 0.$$

Si le cadre est inséré dans un circuit de résistance totale R, le courant induit i est tel que

$$L\frac{di}{dt} + Ri = S\varphi \cos\vartheta\,\frac{d\vartheta}{dt}.$$

En opérant sous des angles *suffisamment petits*, l'équation du mouvement se simplifie et devient

$$\frac{LI}{R}\frac{d^3\theta}{dt^3} + I\frac{d^2\theta}{dt^2} + \left(\frac{L}{R}C + \frac{S^2\varphi^2}{R}\right)\frac{d\vartheta}{dt} + C\vartheta = 0.$$

Enfin, si l'on se place dans des conditions *où la constante de temps du circuit est négligeable*, on tombe sur l'équation classique

$$I\frac{d^2\theta}{dt^2} + \frac{g^2}{R}\frac{d\theta}{dt} + C\theta = 0,$$

dans laquelle

$$g = S\varphi.$$

Ainsi il est facile d'appliquer à un équipage un couple de moment

$$M = b\frac{d\theta}{dt},$$

dont le coefficient d'action $b = \dfrac{S^2\varphi^2}{R}$ *peut recevoir à volonté toutes les valeurs comprises entre* $\dfrac{S_0^2\varphi_0^2}{R}$ *et* $\dfrac{S_1^2\varphi_1^2}{R_1}$ *imposées par construction.*

Si b_0 et b_1 sont les valeurs qu'il faut donner à b pour que l'équipage se meuve *de même* avant et après l'application du couple inconnu

$$X\frac{d\theta}{dt},$$

on a évidemment

$$X = b_0 - b_1.$$

Choisissons *l'état critique* comme état de mouvement à restituer et soit, à titre d'exemple, à déterminer le couple amortisseur provenant de la rotation d'un disque métallique au sein d'un champ magnétique normal à sa surface.

On rendra le disque solidaire du cadre de façon que son axe coïncide avec le prolongement du fil de suspension et l'on mesurera la résistance R_0 qui répond à l'état critique. Après quoi on produira le champ qui doit faire frein sur le disque, et l'on déterminera la nouvelle résistance R_1 qui répond alors à l'état critique. Comme I et C sont maintenus invariables, on a

$$X = b_0 - b_1 = g^2(c_0 - c_1),$$

c_0 et c_1 étant les conductibilités du circuit répondant aux états critiques.

On dévie l'équipage à l'aide d'un courant auxiliaire, puis on le libère, lorsqu'il est parfaitement immobile, en supprimant la force électromotrice qui produit ce courant, le circuit étant maintenu fermé.

Dans le cas où un solide de révolution (disque, sphère, etc.) se meut autour de son axe au sein d'un fluide, non seulement celui-ci, *en raison de sa viscosité et de son état*, applique au solide un mouvement de la forme $X\frac{d\theta}{dt}$, mais faisant *corps à un certain degré*, avec lui, il en accroît le moment d'inertie apparent de Y.

Ayant suspendu le solide au cadre de façon que son axe fasse suite au fil de torsion et par l'intermédiaire d'un étrier pouvant recevoir un corps A dont on connaît *a priori* le moment d'inertie α par rapport à l'axe du fil, on ajustera la résistance de façon à réaliser les états critiques dans les conditions suivantes :

Le solide de révolution est hors du liquide,

$$(1) \qquad b_0^2 = 4\,IC;$$

avec l'inertie complémentaire

$$(2) \qquad b_1^2 = 4(I + \alpha)C;$$

au sein du fluide

$$(1') \qquad b_1'^2 = 4(I + Y + \alpha)C;$$

sans l'inertie complémentaire

$$(2') \qquad b_0'^2 = 4(I + Y)C.$$

Remplaçant le coefficient b par ses valeurs respectives

$$\frac{g^2}{R_0}, \quad \frac{g^2}{R_1}, \quad \frac{g^2}{R_1} + X, \quad \frac{g^2}{R_0} + X,$$

on obtient immédiatement les valeurs de X et de Y.

On remarquera que les opérations (1) et (2) peuvent n'être répétées qu'au commencement et à la fin d'une série de mesures portant par exemple sur les variations de X et de Y avec la température.

J'ai été surpris de la précision et de la rapidité avec laquelle on peut déterminer l'état critique qui est une sorte d'état limite. Pour tirer de cette méthode fort expéditive les valeurs de la viscosité η elle-même, il faut calculer au préalable les valeurs de X et de Y à partir des équations de Navier et de Stokes pour le système solide-fluide choisi, partant du repos, et animé du mouvement critique.

CHIMIE ORGANIQUE. — *Nouvelle méthode de préparation
des nitriles aromatiques par catalyse.* Note de M. **Alphonse Mailhe**.

On sait que les éthers-sels se changent en amides lorsqu'on les traite par
de l'ammoniaque :

$$R CO . OR' + NH^3 = R CO NH^2 + R'OH.$$

D'autre part, les amides fournissent des nitriles par déshydratation au
moyen d'anhydride phosphorique ou en présence de certains catalyseurs
(pierre ponce, sable, alumine, graphite) (Bœhner et Andrews) :

$$R CO NH^2 = H^2 O + R CN.$$

Mais les amides sont des corps solides, bouillant à température élevée
et, par suite, difficiles à entraîner en vapeurs sur un catalyseur.

Je me suis demandé si l'action du gaz ammoniac, réagissant sur les éthers-
sels, au contact d'un catalyseur déshydratant, ne pouvait pas fournir les
deux réactions précédentes d'une manière simultanée et conduire du
premier coup au nitrile.

Le benzoate de méthyle, $C^6 H^5 CO^2 CH^3$, dirigé en vapeurs, en même
temps que du gaz ammoniac, sur de l'oxyde de thorium chauffé entre $450°$
et $470°$ (température prise dans la rigole qui supporte le tube à catalyse),
fournit un léger dégagement gazeux constitué par de l'ammoniac en excès
et de l'hydrogène. Le liquide recueilli à la sortie du tube est formé de deux
couches : l'une, aqueuse, à réaction aldéhydique; l'autre, soumise à la distillation, fournit une petite quantité de méthanol ayant dissous un peu
d'aldéhyde formique, tandis que la majeure partie distille entre $188°$ et $191°$.
Au-dessus de $191°$, il restait un résidu insignifiant. La portion bouillant
entre $188°$ et $191°$ possède une odeur forte d'amandes amères; elle fournit
immédiatement un précipité cristallisé jaune avec le chlorure cuivreux
en solution chlorhydrique. C'est le benzonitrile $C^6 H^5 CN$, bouillant à
$190°$-$191°$. Je l'ai identifié en le soumettant à l'hydrogénation sur le nickel
divisé à $180°$-$200°$; il s'est transformé en majeure partie en toluène et en un
mélange de benzylamine et de dibenzylamine, caractérisées par leurs
chlorhydrates.

Quant à la réaction aldéhydique (signalée plus haut, elle vient du fait de
la décomposition d'une petite quantité de méthanol en hydrogène et

formaldéhyde :

$$CH^3OH = H^2 + HCOH.$$

On voit donc que la simple décomposition du benzoate d'éthyle par le gaz ammoniac, au contact de thorine, conduit à une bonne préparation du benzonitrile

$$C^6H^5CO.OCH^3 + NH^3 = C^6H^5CN + H^2O + CH^3OH.$$

Cette réaction n'a pas lieu d'une manière sensible jusqu'à 400°. Elle devient réellement importante vers 430°-440° et, à 470°-480°, elle est presque totale.

Le benzoate d'éthyle, $C^6H^5CO^2.C^2H^5$, qui bout à 211°, fournit dans les mêmes conditions que le précédent un dégagement gazeux formé d'hydrogène contenant un peu d'éthylène, et un liquide non homogène constitué par de l'eau et par un produit qui, soumis à la rectification, abandonne, entre 60°-85°, une fraction à réaction aldéhydique (elle rougit immédiatement le réactif de Caro); puis le thermomètre monte sans s'arrêter jusqu'à 189°, et tout le liquide passe à peu près complètement entre 189°-191°, ne laissant qu'un très faible résidu. La portion 189°-191° est constituée par du benzonitrile sensiblement pur caractérisé comme précédemment. On voit encore que, dans ce cas, la réaction prévue est presque totale.

Avec le benzoate d'isopropyle, $C^6H^5CO.OCH(CH^3)^2$, qui bout à 218°, le dégagement gazeux contient, en outre de l'hydrogène, une dose importante de propylène. Le liquide recueilli, séparé de l'eau formée par simple décantation, est presque entièrement formé de benzonitrile.

Les éthers toluiques se comportent de la même manière que les éthers benzoïques, lorsqu'on les dirige, en même temps que du gaz ammoniac, sur de la thorine chauffée vers 450°-470°. Ils fournissent avec de bons rendements les nitriles toluiques correspondants :

$$C^6H^4 {<}^{CH^3}_{CO^2R} + NH^3 = C^6H^4 {<}^{CH^3}_{CN} + H^2O + ROH.$$

Ainsi l'éther méthylique de l'acide orthotoluique, bouillant à 207°-208°, fournit le tolunitrile ortho, qui bout à 203°, et qui donne la combinaison cristallisée avec le chlorure cuivreux chlorhydrique. L'éther éthylique de l'acide paratoluique conduit également au paratolunitrile, bouillant à 217°, se combinant également avec la solution chlorhydrique de chlorure cuivreux.

Parmi les acides aromatiques extranucléaires, l'acide phénylacétique fournit aisément le phénylacétate d'éthyle, dont les vapeurs, dirigées en présence d'ammoniac sur la thorine chauffée à 450°-460°, fournissent avec perte d'eau le cyanure de benzyle, $C^6H^5CH^2CN$, donnant également la combinaison cristallisée avec le chlorure cuivreux.

Cette méthode semble tout à fait générale. Elle a le grand avantage de partir des éthers-sels, qui sont des corps très faciles à préparer et parfaitement stables. Elle évite en outre l'emploi du cyanure de potassium, toujours dangereux à manier. Elle produit enfin les nitriles aryliques avec de très bons rendements, par un procédé qu'il est très aisé de mettre en œuvre. Je me propose de l'étendre aux différents éthers aryliques.

CHIMIE ORGANIQUE. — *Sur la distillation de la cellulose et de l'amidon dans le vide.* Note de MM. Amé Pictet et J. Sarasin, transmise par M. Armand Gautier.

Les résultats obtenus dans la distillation de la houille sous pression réduite (¹) nous ont engagés à appliquer la même méthode d'investigation à d'autres matières d'origine végétale. Nous nous sommes adressés en premier lieu à la *cellulose*. Nous avons trouvé que lorsqu'on chauffe graduellement la cellulose pure (coton) dans un appareil distillatoire dans lequel on a fait un vide de 12^{mm}-15^{mm}, il passe d'abord de l'eau, puis, entre 200° et 300°, une huile épaisse de couleur jaune, qui se prend bientôt en une masse pâteuse et semi-cristalline. Il ne reste dans la cornue qu'une faible quantité de charbon (10 pour 100).

La masse pâteuse forme les 45 pour 100 de la cellulose employée; pour la purifier, il suffit de la faire cristalliser une ou deux fois dans l'acétone bouillante ou dans une petite quantité d'eau chaude. On obtient ainsi un corps parfaitement blanc, en cristaux tabulaires anhydres et fusibles à 179°,5. L'analyse de ce composé, ainsi que la détermination de son poids moléculaire par cryoscopie et par ébullioscopie, lui assignent la formule $C^6H^{10}O^5$. Il est très soluble dans l'eau, l'alcool, l'acétone et l'acide acétique, et presque insoluble dans les autres dissolvants organiques. Sa solution aqueuse est neutre au tournesol et possède une saveur à la fois amère et sucrée. Il est fortement lévogyre ($\alpha_D = -67°,25$ pour une solution de $0^g,4103$ dans 10^{cm^3} d'eau). Il ne distille pas sans décomposition à la pression ordinaire. Il réagit

---

(¹) *Comptes rendus*, t. 157, 1913, p. 779 et 1436; t. 160. 1915, p. 629; t. 163, 1916, p. 358; t. 165, 1917, p. 113.

vivement avec les chlorures d'acétyle et de benzoyle, en donnant un dérivé triacétylé fusible à 110° et un dérivé tribenzoylé fusible à 199°,5.

Ces propriétés concordent en tout point avec celles de la *lévoglucosane*, que Tanret ([1]) a décrite en 1894 comme l'un des produits du dédoublement de certains glucosides (picéine, salicine et coniférine), et que Vongerichten et X. Müller ([2]) ont obtenue plus tard par hydrolyse d'un quatrième glucoside, l'apiine.

Nous avons observé, en second lieu, que l'*amidon* se comporte exactement comme la cellulose dans la distillation sous pression réduite; il fournit, avec le même rendement, un produit qui est identique au précédent. Enfin, un essai purement qualitatif nous a montré que l'on peut retirer également la lévoglucosane de la *dextrine*.

Le composé découvert par Tanret acquiert ainsi un nouvel intérêt, du fait qu'il paraît être le produit primordial de la décomposition pyrogénée des hydrates de carbone en général. Nous nous proposons d'en faire une étude plus approfondie, de fixer si possible sa constitution et d'élucider le mécanisme de sa formation. S'agit-il, dans ce dernier cas, d'une simple dépolymérisation des hydrates de carbone, selon l'équation

$$(C^6 H^{10} O^5)^n = n C^6 H^{10} O^5,$$

ou le phénomène est-il plus complexe, c'est ce que nous nous efforcerons d'établir. Si nos expériences viennent justifier la première interprétation, nous chercherons à réaliser la transformation inverse, en soumettant la lévoglucosane à l'influence des agents polymérisants.

GÉOLOGIE. — *Sur le détroit de la Navarre*. Note de M. Stuart-Menteath, présentée par M. H. Douvillé.

Les Pyrénées proprement dites se terminent au pic d'Anie, elles sont séparées des montagnes basques par une bande transversale de Crétacé. L'exploration constante de ce détroit m'a imposé une interprétation différente de celle qui a été suggérée à d'autres observateurs par l'étude de la région orientale (*Bull. Soc. géol.*, t. 11, p. 122-153) et acceptée par Suess comme typique des Pyrénées (*La face de la Terre*, t. 3, p. 918 et 919).

([1]) *Bulletin de la Société chimique*, 3ᵉ série, t. 11, p. 949.
([2]) *Berichte der deutschen chemischen Gesellschaft*, t. 39, p. 241.

Entre Licq et Larrau le calcaire fondamental a été figuré tantôt comme carbonifère, tantôt comme triasique; il m'a déjà donné des fossiles crétacés dans le fond de la longue gorge à l'ouest de Salhagaigne. Partout directement recouvert par le conglomérat qui alterne avec le Flysch au nord de Tardets, ce calcaire est visiblement continu jusqu'au fond de la gorge, bien qu'il soit reconnu comme cénomanien sur les hauteurs et figuré en carbonifère dans le fond. A l'est de Licq on a figuré, au contraire, le sommet intitulé *Rochers* en Carbonifère et sa descente au fond des gorges comme Cénomanien, bien qu'il supporte toujours régulièrement le conglomérat. En réalité, il s'agit de plis brusques et irréguliers; c'est bien partout le même calcaire, qui n'est pas carbonifère, mais crétacé par ses polypiers et assimilable au Cénomanien de la bordure des montagnes. Un de ces polypiers, recueilli entre Salhagaigne et Licq, sous les chapeaux les plus continus du conglomérat, a été étudié par M. G. Dollfus qui a pu le reconnaître comme un *Rhabdophyllia*, genre connu seulement depuis le Jurassique jusqu'au Crétacé; d'autres échantillons moins parfaits avaient déjà été reconnus par M. Douvillé comme probablement crétacés, et ils sont associés avec les *Cidaris* et les débris de Crabes qui accompagnent les Rudistes à Saint-Joseph-de-Larrau; ce marbre spécial se répète dans tous ces gisements, mais les Rudistes y sont si rares que ce calcaire à Hippurites a été figuré en 1890 comme Cambrien.

Les plis brusques dont il s'agit se répètent dans les pics extérieurs de Bégusse, Archibèle et Laxague, figurés comme des chapeaux de Jurassique flottant sur le Flysch, tandis qu'à l'intérieur des gorges qui les traversent on voit le Jurassique surgir presque verticalement depuis le fond; le Flysch les domine en hauteur au nord de Tardets, les enveloppant presque complètement; des lambeaux de conglomérats se montrent jusqu'auprès des sommets, en discordance notable sur le Jurassique dont ils renferment des cailloux roulés fossilifères. Des exploitations de fer, accompagnées d'ophite, exposent nettement le caractère local des accidents et la redescente du Jurassique ainsi que du Crétacé au-dessous du Flysch qui les entoure.

Les figurés dont il a été question font abstraction des vastes intrusions d'ophite, de lherzolite, et de microgranulite qui prolongent celles de tout le pourtour des montagnes basques, traversent le détroit de Navarre et peuvent être suivis jusqu'à Baigorry et aux Eaux Chaudes, où elles sont pincées dans des synclinaux. Logiquement classées en Permo-Trias comme recouvrant le Cambrien de la carte de 1890, ces roches remplacent le Jurassique au Bégousse comme dans l'Ariège, et traversent le Flysch dans la récente carte d'Orthez, ainsi qu'à Asson, signalé par Marcel Bertrand. Sur des kilomètres, le long du canal du barrage de Sainte-Engrace, les ophites ont transformé le calcaire crétacé en marnes rouges, alternant avec des filets verticaux de gypse traversant les couches, et le calcaire même du barrage est criblé de fer oligiste et largement transformé en cargneule et dolomie cristalline. On voit nettement la continuité, en travers de la rivière, des couches reconnues comme calcaires à Hippurites avec celles qui présentent des filons irréguliers d'ophite, chacun avec une auréole de gypse et de marnes rouges, tantôt dans le calcaire et tantôt dans le Flysch qui le recouvre. Dans le sein du calcaire à Hippurites le plus typique, à l'est de la gorge de Cacouetta, j'ai pu étudier les filons de galène, avec salbandes régulières, descendant verticalement dans ce calcaire. C'est la répétition des filons de zinc, plomb, baryte et fer, qui accompagnent, entre Saint-Sébastien et Bilbao, les plus vastes ophites des Pyrénées.

Il faut encore attribuer au phénomène ophitique de Sainte-Engrace la production locale de dolomie cristalline et la silicification locale de roches diverses. C'est ainsi qu'à l'est de l'Église, le Flysch passe insensiblement à un quartzite par le développement progressif de filets de quartz. Des blocs de toute provenance, rangés sur les anciens *thalwegs*, mais hétérogènes et reposant sur les têtes des couches, ont été pris pour des affleurements de Permien, entourant un Silurien « à fausses graptolites », par des auteurs qui ont postérieurement reconnu leur véritable nature sur la feuille d'Orthez.

Cette silicification est surtout remarquable au sud de Licq, où elle se développe au contact du calcaire avec le conglomérat, transformant leur pâte en quartzite feldspathique qui se retrouve en blocs dans le conglomérat et ressemble à une roche éruptive. Aux *Rochers*, au Saint-Joseph-de-Larrau, au sud de Saint-Engrace, etc., cette silicification affecte les têtes des anticlinaux du calcaire encore attribué au Trias ou au Carbonifère. Autour de Tardets et d'Iholdy elle produit, dans le Flysch, des quartz bipyramidés, autrefois recherchés pour les opticiens, ainsi que des concrétions tubulaires remarquables, tandis que ses conglomérats présentent des fossiles roulés du Cénomanien. Au sud du barrage de Sainte-Engrace, ainsi qu'au nord d'Iholdy, le quartzite est développé largement au delà des limites que les coupes théoriques lui attribuent, et il est nettement superposé au calcaire crétacé.

Sur le versant espagnol, le Flysch domine le détroit encore plus visiblement qu'à Tardets et la seule surface de discordance visible est à sa base ;

cette surface est ignorée dans les coupes théoriques et remplacée par
d'autres que je n'ai pu découvrir. Entre Licq et Sainte-Engrace, le calcaire
est figuré comme plongeant au Nord, surmonté par une énorme épaisseur
de schistes paléozoïques, puis par le conglomérat couronnant les pics, tandis
que des lambeaux de Lias surmontent par places le calcaire. Vingt fois
j'ai trouvé au contraire le calcaire s'enfonçant au Sud sous la rivière,
couronné par le Cénomanien et enfoui sous 300^m de conglomérats, que
les schistes enveloppent irrégulièrement.

A l'est de Sainte-Engrace, dans le haut de Lourdios, on retrouve le conglomérat au fond de la vallée et remontant sur les pentes, tant au Nord
qu'au Sud; il surmonte nettement le Crétacé fossilifère. Ici, comme à
Iholdy, le conglomérat est injecté d'ophite et largement composé de blocs
de cette roche. Son empilement ayant occupé des milliers d'années, les
injections ont suivi les éjections, selon le régime des tufs volcaniques.

La tectonique du détroit en question est en réalité une continuation,
en travers des Pyrénées, de la structure des couches de Dax, Bastennes
et Salies-de-Béarn. Elle ne peut servir comme type de la structure de la
chaîne pyrénéenne.

GÉOLOGIE. — *Sur l'existence de nappes de charriage dans la région de Tunis.*
Note de MM. L. GENTIL et L. JOLEAUD, présentée par M. Haug.

Nous avons révélé l'existence de nappes de charriage dans le Nord
tunisien, depuis Bizerte jusqu'au delà de Tebourba et de Teboursouk ([1]).
Le même régime tectonique s'étend aux environs de Tunis, en particulier
aux djebels Bou Kournin, Ressas et Zaghouan.

La masse liasique du djebel Bou Kournin ([2]) se présente comme un faux
synclinal implanté dans les marno-calcaires oolithiques et crétacés qui
affleurent entre Hammam Lif et Fondouk Djedid ([3]). A la surface même
du Crétacé, à l'ouest de cette dernière localité, des paquets de Lias formant
les djebels Kedel, el Mokta, etc., couronnent, sous la forme de lambeaux
de recouvrement, les marnes crétacées.

Le djebel Ressas est particulièrement instructif pour l'étude des nappes
des environs de Tunis. L'un de nous a indiqué que la partie nord du Ressas,

---

([1]) *Comptes rendus*, t. 165, 1917, p. 365 et 506.

([2]) FICHEUR et HAUG, *Comptes rendus*, t. 122, 1896, p. 1354.

([3]) A. JOLEAUD, *Bull. Soc. géol. France*, 4ᵉ série, t. 1, 1901, p. 113 et suiv.

dite Petit Ressas, offre l'apparence d'un faux synclinal de calcaires subré-
cifaux du Lias et du Tithonique, enfoncé entre des argiles triasiques et
des marnes néocomiennes ([1]). Le Tithonique repose au Nord-Ouest sur le
Trias et au Nord-Est sur le Néocomien ([2]).

A l'extrémité nord du rocher, le Trias se montre en lame pincée entre le Néocomien
et le Tithonique. Au col qui sépare les deux Ressas, on observe trois petits lambeaux
de recouvrement; deux d'entre eux sont triasiques et le troisième néocomien ([3]).
Enfin, à la pointe sud de la montagne, dans le Grand Ressas, on voit les calcaires tithoniques, plissés en synclinal, qui reposent sur les marnes éocrétacées dans lesquelles
s'insinue le Trias du marabout de Sidi Ahmeur. Cependant, si l'on examine la partie
culminante de la masse du Grand Ressas, on constate dans les exploitations minières
que les strates du Lias et du Tithonique paraissent dessiner un anticlinal aigu vers le
sommet du rocher.

Ainsi donc le Ressas correspondrait à un renflement amygdaloïde du
front de la nappe limité par deux zones d'étirement. Ce bloc de Jurassique,
originellement étalé dans les marnes crétacées, aurait basculé contre un
anticlinal du substratum. Dans ce mouvement de bascule, c'est la partie
supérieure de la nappe jurassique qui a formé le flanc oriental de la montagne et la partie inférieure, le revers occidental. Le Trias constituait lui-
même une nappe supérieure dont témoignent les petits lambeaux du col.

Le djebel Bou Kournin ne serait qu'un Ressas décapé, dont la moitié
inférieure subsisterait seule.

Le djebel Zaghouan est, au contraire, un très grand Ressas. Les calcaires
liasiques et tithoniques qui prennent part à sa structure surplombent, à
l'Ouest, le Néocomien, à l'Est, le Nummulitique ([1]).

Au nord de la masse jurassique principale, ou Grand Zaghouan, se détache le Petit
Zaghouan, en tous points comparable au Petit Ressas et, comme lui, constitué principalement par des calcaires tithoniques. Ceux-ci chevauchent nettement, à l'extrémité
nord de la montagne, le Néocomien, ainsi qu'on peut le voir dans divers travaux de
mine : Néocomien et Tithonique plongent, en ce point, vers le Sud. Les strates de ces
terrains s'infléchissent ensuite en décrivant une courbe convexe : elles finissent, au
sommet du Petit Zaghouan, par être inclinées vers le Nord.

([1]) L. JOLEAUD. Ass. franç. Avanc, Sc., XLII, Tunis, 1913 (1914), p. 225.

([2]) TERMIER, Bull. Soc. géol. France, 4ᵉ série, t. 8, 1908, p. 109.

([3]) LYON. MERCIER PAGEYRAL et LABORDE, Note sur les mines de zinc et de plomb du
djebel Ressas, 1913, p. 7-26, carte et coupes géol.

([1]) Les contours géologiques du djebel Zaghouan ont été figurés par M. BERTHON
(Revue tunisienne, 1916).

Au col de Kairouan, qui sépare le Petit du Grand Zaghouan, le Tithonique apparaît de nouveau sur le Néocomien. Les marnes de cet étage passeraient donc sous le Petit Zaghouan et boucleraient sous sa terminaison nord, qui constitue certainement un front de nappe. Si le Zaghouan s'enracinait, on verrait, en effet, le Jurassique, à l'extrémité nord, s'enfoncer sous le Néocomien et non point passer par-dessus ce terrain.

L'allure en nappe de charriage du djebel Zaghouan explique que Rolland (¹) ait pris, en 1885, le Jurassique de cette montagne pour de l'Urgonien en situation normale sur le Néocomien fossilifère du col de Kairouan En 1888, Le Mesle (²), constatant dans la même localité la superposition du Tithonique fossilifère au Néocomien, considéra ce dernier comme de l'Oxfordien. C'est seulement en 1896 que l'existence de chevauchements dans le djebel Zaghouan fut reconnue : MM. Ficheur et Haug (³) constatèrent, en effet, que les dômes de la partie centrale de la montagne sont poussés les uns sur les autres de telle sorte que le Lias repose sur le Jurassique supérieur, voire même sur le Néocomien.

Le col du Zaghouan offre, comme celui du Ressas, en contact avec le Néocomien, un lambeau de Trias, de dimensions fort exiguës d'ailleurs ; mais sa présence suffit à démontrer qu'au Zaghouan, comme au Ressas, la nappe triasique est supérieure à la nappe jurassique.

Enfin, l'on rencontre, en avant du front de nappe du Zaghouan, de petits lambeaux de recouvrement analogues à ceux du djebel Kedel. Ce sont les paquets de calcaires liasiques d'Hammam Djedidi et d'Hamman Zriba. Au Hammam Djedidi, en particulier, le rocher liasique, compris entre le Trias, à l'Ouest, et le Sénonien, à l'Est, repose sur l'un et l'autre et dessine, dans l'ensemble, un faux synclinal.

En résumé, les djebels Bou Kournin, Ressas, Zaghouan, et leurs prolongements vers le Sud, les djebels Ben Saïdan (Djoukar) et Fkirin (⁴) jalonnent le front d'une nappe de charriage constituée par des calcaires liasiques

---

(¹) *Comptes rendus*, t. 101, 1885, p. 1187.
(²) *Bull. Soc. géol. France*, 3ᵉ série, t. 17, 1888, p. 63.
(³) *Loc. cit.*
(⁴) Fuchs (*in* THOMAS, *Essai d'une description géologique de la Tunisie*, 2ᵉ Partie. 1909, p. 245) aurait reconnu, dès 1873, des lambeaux de calcaires semi-cristallins fossilifères du Lias moyen encore plus au Sud, à Djeradou et à Takrouna, dans l'Enfida : ce sont sans doute des paquets détachés de la grande masse du djebe Fkirin et poussés en avant du front de la nappe comme ceux du Kedel, d'Hammam Djedidi, etc.

et tithoniques. Ce front est orienté N–S dans les djebels Bou Kournin et Ressas et NE-SO dans les djebels Zaghouan, Ben Saïdan et Fkirin. Il semble correspondre à un anticlinal du substratum de la nappe, anticlinal visible, au Sud-Ouest, dans les djebels Bargou, Serdj et Belouta, au Nord-Est, dans les djebels Korbous et les îles Djamour ou Zambra. C'est à cet ensemble qu'a été donné le nom de *dorsale tunisienne*.

Le bord de la nappe du Zaghouan dessine une courbe concave à l'ouest du djebel Fkirin où il est indiqué par les masses liasiques des djebels Klab, Rouass et Bou Kournin du Fahs. Entre ces montagnes et le Zaghouan se dressent d'ailleurs d'autres reliefs liasiques, le djebel Azis et le djebel Oust. Au sud-ouest de cet ensemble montagneux apparaît, comme dans une sorte de fenêtre de la nappe, l'architecture tabulaire du substratum, dans les hauts plateaux de la Tunisie centrale, que forment hamadas des Ouled Aoun, des Ouled Ayar et de la Kessera.

MÉTÉOROLOGIE. — *Sur les variations diurnes du vent en altitude.*
Note de M. **L. Dunoyer**.

Une Note récemment parue dans ce Recueil ([1]) a résumé un certain nombre d'observations sur l'accroissement nocturne du vent aux altitudes moyennes (200^m à 1000^m). On a vu que cet accroissement portait presque uniquement sur les vents des régions Est et Ouest.

Mon but est aujourd'hui de proposer une explication de ces phénomènes.

La cause générale que nous invoquerons est la propagation de l'Est vers l'Ouest de la zone de séparation du jour et de la nuit. Imaginons d'abord que la surface terrestre soit plane (plan $z = 0$) et que, dans les régions où il fait pleine nuit et plein jour, les surfaces isothermes étagées dans l'atmosphère soient des plans horizontaux. On sait qu'à grande altitude la température de l'air varie peu. On peut donc considérer qu'au-dessus d'une certaine surface isotherme, toutes les autres sont des plans horizontaux communs à la région nocturne et à la région diurne. Au-dessous, et dans la zone de séparation du jour et de la nuit, les surfaces isothermes présentent une inflexion d'autant plus marquée que l'altitude est moindre. Il y a raccordement ascendant de l'Est vers l'Ouest des plans

_____

([1]) L. Dunoyer et G. Reboul, *Sur les variations diurnes du vent en altitude* (*Comptes rendus*, t. 165, 1917, p. 1068).

isothermes nocturnes aux plans isothermes diurnes correspondants (sauf
naturellement pour les plans isothermes diurnes les plus voisins du sol qui
viennent en rencontrer la surface dans la zone crépusculaire, n'ayant pas
leurs correspondants dans la zone nocturne). Le raccordement se fait par
une surface cylindrique qui présente une génératrice d'inflexion. Nous considérerons la section de cette surface par un plan (celui des zx) perpendiculaire à cette génératrice. La direction positive des x sera celle de l'Est.

A mesure que la zone crépusculaire avance vers l'Ouest, la région des
inflexions se propage dans le même sens, à la manière d'une onde.

Cette déformation des surfaces isothermes, accompagnée d'une propagation de l'Est à l'Ouest de la région déformée, entraîne une déformation
analogue pour les surfaces isobares. *Mais l'inclinaison des surfaces isobares
est inverse de celle des surfaces isothermes.*

Soit, en effet, dh la différence de pression entre deux points distants de dz
sur la même verticale. Dans une atmosphère en équilibre, on a

$$dh = -\rho g\, dz = -\alpha \rho_0 \frac{h}{T} g\, dz = -A \frac{dz}{T},$$

en désignant par T la température absolue et par A une constante positive.
Dans une atmosphère troublée par des vents, cette formule n'est plus rigoureusement exacte. Toutefois, la cause principale des écarts qu'elle peut
donner réside dans l'existence possible ou probable d'une composante verticale du vent. Or on est en droit de penser que cette composante est toujours relativement faible. En première approximation, nous admettrons
donc aussi la légitimité de la formule précédente. Elle donnera *le sens* dans
lequel *commence* à varier l'inclinaison des surfaces isobares à partir de
l'instant où l'on a supposé légitime l'emploi de la formule.

Si la pression en un point des hautes altitudes où nous considérons les
surfaces isothermes (et isobares) comme non déformées est h', la pression h
en un point d'altitude moindre sera donnée par la formule

$$\mathrm{Log}\, h = \mathrm{Log}\, h' + A \int_{z}^{z'} \frac{dz}{T} = F(x, z).$$

L'inclinaison au point (x, z) de la surface isobare $F(x, z) = $ const. sera
donnée par l'équation

$$\frac{dz}{dx} = -\frac{\partial F}{\partial x} : \frac{\partial F}{\partial z}.$$

Or la dérivée $\frac{\partial F}{\partial z}$ est essentiellement négative. Par conséquent, $\frac{dz}{dx}$ est du signe de $\dfrac{\partial F}{\partial x}$. Mais l'on a

$$\frac{\partial F}{\partial x} = -\int_{z}^{z'} \frac{1}{T^2} \frac{dT}{dx} dz.$$

De z à z' la dérivée $\dfrac{dT}{dx}$ ayant constamment le même signe, il s'ensuit que $\dfrac{dz}{dx}$ sera toujours de signe contraire à $\dfrac{dT}{dx}$.

Ainsi donc le raccordement des plans isobares nocturnes aux plans isobares diurnes se fait, de l'Est à l'Ouest, par des surfaces cylindriques descendantes, avec génératrice d'inflexion.

Il en résulte qu'une carte d'isobares qui serait faite dans un plan horizontal aux altitudes moyennes que nous considérons, présenterait le caractère général d'une pression plus haute du côté nocturne que du côté diurne. A n'envisager que ce schéma *nous devrions donc avoir aux altitudes moyennes des vents d'E le soir et les vents d'W le matin.*

Pratiquement, ce qu'on peut penser mettre en évidence c'est un *renforcement* des vents d'E le soir et des vents d'W le matin aux altitudes moyennes. C'est en effet ce que l'on constate. Sur une année d'observations les accroissements d'intensité du vent aux altitudes comprises entre 200^m et 1000^m se répartissent comme l'indique le Tableau suivant :

	Augmentations produites le matin.				Augmentations produites le soir.			
	Régime du vent.				Régime du vent.			
Régions :	N.	E.	S.	W.	N.	E.	S.	W.
Nombre de cas observés..	1	7	1	23	6	31	1	18
Pourcentage %........	3	22	3	72	10	56	2	32

Si, au lieu de chercher à établir des moyennes, comme on vient de le faire, on cherche dans une année de sondages les cas « type », on constate avec encore plus d'évidence que le renforcement des vents d'E se produit presque toujours le soir et celui des vents d'W le matin. C'est du reste par les cas remarquables de renforcement des vents d'E produits le soir que notre attention s'est trouvée attirée depuis longtemps sur le phénomène.

La théorie exposée ci-dessus conduit à penser en outre que *le renforcement des vents d'E le soir sera plus marqué, en fréquence et en intensité, que celui des vents d'W le matin* : c'est ce que l'observation confirme encore. Dans les cas « type » que nous avons relevés (au nombre de 7 le soir pour les vents d'E et de 5 le matin pour les vents d'W au cours d'une année) l'augmentation du vent est de l'ordre de 12^m pour les vents d'E et seulement de 9^m pour les vents d'W. C'est qu'en effet dans le cas des vents d'E le soir les masses d'air se déplacent dans le sens de la cause qui produit leur mouvement, et en sens inverse dans le cas contraire. En outre le matin les valeurs de $\frac{dT}{dx}$ doivent être, toutes choses égales d'ailleurs, moindres que le soir. Car supposons que dx soit l'espace parcouru par le vent dans le temps dt. Le quotient différentiel $\frac{dT}{dx}$ peut s'écrire $\frac{dT}{dt}\frac{dt}{dx}$. Or le soir l'abaissement de température dT est la somme de l'abaissement de température par rayonnement et de l'abaissement par convection dû au remplacement d'une couche d'air par une autre déjà refroidie venant de l'Est. Au contraire le matin l'échauffement dT est la différence de l'échauffement dû au soleil et du refroidissement de convection dû au remplacement des couches d'air par d'autres plus froides venant de l'Ouest, c'est-à-dire de la région encore nocturne.

MÉTÉOROLOGIE. — *Sur deux trombes observées à Rabat, le 18 décembre 1917.*
Note de M. **Jacques Peyriguey**, présentée par M. J. Violle.

Dans l'après-midi, nous avons observé, de la terrasse de la Direction de l'Agriculture à Rabat (Maroc), deux trombes successives, qui se sont produites dans les conditions suivantes :

Le ciel était complètement recouvert de cumulo-nimbus et de nimbus, chassés de l'Atlantique par un vent du Sud-Ouest assez violent, quand, à 16^h, au Sud et à *l'arrière* d'un cumulo-nimbus orageux énorme, surgit un immense cylindre de vapeurs noires.

Ce cylindre, très allongé, paraissait mesurer au moins 350^m de longueur sur à peine 4^m de diamètre, son extrémité inférieure ne s'abaissant jamais à moins de 50^m du sol. Il exécutait des mouvements giratoires très visibles et de nombreuses contorsions, comme une trompe d'éléphant fantastique, cherchant à atteindre un objet qui lui échapperait sans cesse. Ces mouvements s'effectuaient avec une très grande vitesse. A 16^h30^m, le cylindre affectait la forme d'un double Z quand un mouvement giratoire très violent le fit monter dans la masse floconneuse, donnant aux observateurs le sentiment d'une véritable succion.

Quelques secondes après, partaient du même cumulo-nimbus de nombreux éclairs et quelques coups de tonnerre. L'orage s'annonçait très sérieux, lorsque brusquement apparut un nouveau cylindre.

Celui-ci, placé *au centre* du nuage, mesurait approximativement la même longueur que le précédent, mais le diamètre était fortement réduit, atteignant à peine 1^m. Il était animé des mêmes mouvements et des mêmes contorsions que le premier, leur vitesse étant toutefois plus grande. D'abondantes vapeurs grises s'en dégageaient. A $16^h 47^m$, dans une très violente contorsion, la masse du cylindre sembla remonter; sa partie inférieure s'amincit, n'ayant plus que quelques centimètres de diamètre sur une hauteur de 20^m environ. La trombe conserva cette apparence pendant 3 ou 4 minutes et fut aspirée d'un seul coup, la partie amincie restant seule visible en dessous du nuage.

Enfin, à $16^h 55^m$, le phénomène avait complètement disparu, faisant place à l'orage proprement dit (éclairs et tonnerre).

BOTANIQUE. — *Embryogénie des Alismacées. Différenciation de l'extrémité radiculaire chez le* Sagittaria sagittæfolia *L.* Note de M. R. Souèges, présentée par M. Guignard.

Dans une Note précédente ([1]), j'ai montré quelles étaient les destinées des deux cellules supérieures juxtaposées et de la cellule médiane de la tétrade proembryonnaire ; aux dépens de la cellule inférieure se différencient la majeure partie de l'axe hypocotylé, l'hypophyse et le suspenseur proprement dit.

Cette dernière cellule, selon la règle générale précédemment exprimée ([2]), se divise en quatre éléments qui se disposent comme dans la tétrade primitive. Ils forment, dans le proembryon à seize cellules, les trois étages inférieurs, que l'on peut désigner par les lettres *n, o, p.*

Les deux cellules juxtaposées de l'étage *n* se segmentent longitudinalement et engendrent quatre cellules circumaxiales dans l'intérieur desquelles la séparation des histogènes se fait selon le processus ordinaire. Par cloisonnements horizontaux, il se différencie peu après deux assises superposées ; le nombre de ces assises s'accroît dans la suite au fur et à mesure de la multiplication, dans le sens transversal, des éléments des trois histogènes.

([1]) R. Souèges, *Embryogénie des Alismacées. Différenciation du cône végétatif de la tige chez le* Sagittaria sagittæfolia *L.* (*Comptes rendus*, t. 165, 1917, p. 1014).

([2]) R. Souèges, *Embryogénie des Alismacées. Développement du proembryon chez le* Sagittaria sagittæfolia *L.* (*Comptes rendus*, t. 165, 1917, p. 715).

Les cellules de périblème se divisent d'abord par des cloisons tangentielles, puis il s'établit des parois radiales dans les cellules extérieures ainsi
séparées. En coupe longitudinale, on remarque qu'au voisinage de la
maturité deux cellules de périblème viennent se raccorder aux initiales de
l'écorce.

La multiplication des cellules de plérome se produit par cloisonnements,
soit tangentiels, soit perpendiculaires aux parois méridiennes. Les quatre
cellules de plérome les plus inférieures constituent les initiales du cylindre
central.

Les éléments de l'étage o, après trois caryocinèses dans le plan horizontal,
se séparent par deux cloisons cruciales. Les quatre cellules ainsi constituées
se segmentent encore verticalement, parfois par des cloisons à peu près
normales aux plans méridiens, le plus souvent par des cloisons arquées
parallèles à la paroi périphérique.

Peu après, l'assise tout entière qui représente l'étage o se trouve composée de quatre cellules circumaxiales et de huit cellules externes. Celles-ci,
placées dans le prolongement du dermatogène, se multiplient par cloisons
longitudinales radiales; elles représentent l'assise de coiffe la plus éloignée
du sommet et se détachent les premières quand ce tissu commence à fonctionner.

Les quatre cellules médianes se segmentent transversalement, selon deux
processus légèrement différents, pour engendrer deux assises superposées.
Le groupe des quatre cellules supérieures représente les initiales de l'écorce;
le groupe des quatre cellules inférieures constitue les initiales de la coiffe
ou épiderme composé de la racine.

La cellule p de l'étage proembryonnaire le plus inférieur se divise pour
donner naissance à deux cellules superposées h et s. La cellule h engendre
un groupe de quatre cellules circumaxiales qui forment la partie culminante de la coiffe; la cellule s se convertit en un suspenseur comprenant un
nombre variable, trois à six, de cellules aplaties, disposées en série.

Ainsi, chez le *Sagittaria sagittæfolia*, l'hypophyse, qui donne naissance
aux initiales de l'écorce et au tissu tout entier de la coiffe, tire son origine
de deux cellules proembryonnaires différentes : la cellule o et la cellule h.

Les quatre initiales de l'écorce fonctionnent de la manière habituelle en
se cloisonnant verticalement selon deux directions rectangulaires, parallèles
aux parois méridiennes. Les quatre initiales de la coiffe se segmentent
d'abord, comme les initiales de l'écorce, pour engendrer un plateau de
douze cellules : les huit cellules périphériques ne se cloisonnent plus que
longitudinalement; les quatre cellules centrales se segmentent au contraire

parallèlement à leur base et donnent un groupe supérieur de quatre éléments qui se comportent comme les premières initiales. Ce sont donc
seulement les quatre initiales qui, par cloisonnements tangentiels, contri-
buent à accroître le nombre des assises de la coiffe; il ne se forme pas de
calyptrogène, puisque toutes les cellules voisines de l'écorce ne fonctionnent
pas comme une assise génératrice sur toute son étendue. Il ne se forme pas,
à plus forte raison, de dermato-calyptrogène, puisque les cellules de dermatogène ne se cloisonnent pas tangentiellement, comme cela s'observe chez
les Dicotylédones, pour contribuer, en même temps que l'assise la plus
interne de la coiffe, à la formation et à la régénération de ce tissu. Chez les
Monocotylédones, qui sont des liorhizes, les cellules de la coiffe se séparent
du dermatogène et, même, mettent à nu l'assise externe du périblème, qui
devient l'assise pilifère.

Hanstein ([1]) a très bien observé le mode de construction des tissus à
l'extrémité radiculaire de l'*Alisma Plantago*; ses interprétations sont
néanmoins inexactes. Flahault ([2]), en critiquant les observations de Hanstein, n'a pas tenu compte, à son tour, des différences que présentent la
structure du cône radiculaire de l'embryon et celle de la racine en voie de
croissance. Les descriptions de Schaffner ([3]) ne correspondent en rien à ce
que l'on peut observer chez l'*Alisma Plantago* ou chez le *Sagittaria sagittæfolia*.

On voit, en somme, quelle part importante prend à la construction de
l'embryon monocotylédone la cellule inférieure de la tétrade proembryonnaire. L'hypophyse présente une origine complexe, car elle est engendrée
par deux cellules d'âge différent. Les quatre initiales de la coiffe contri-
buent seules à la multiplication des assises de ce tissu; elles se cloisonnent,
d'abord verticalement, puis tangentiellement; et c'est à tort que leur mode
de fonctionnement est donné, dans certains ouvrages, comme étant celui
qui s'applique à tous les Angiospermes ([4]).

([1]) J. HANSTEIN, *Die Entwicklung des Keimes der Monokotylen und Dikotylen*
(*Bot. Abhandl.*, t. 1, Bonn, 1870).

([2]) CH. FLAHAULT, *Recherches sur l'accroissement terminal de la racine chez les
Phanérogames* (*Ann. Sc. nat. Bot.*, 6ᵉ série, t. 6, 1878, p. 61).

([3]) J.-H. SCHAFFNER, *Contribution to the life-history of* Sagittaria variabilis (*Bot.
Gazet.*, t. 23, 1897, p. 252).

([4]) Les observations résumées dans cette Note seront publiées, avec figures à
l'appui, dans un autre Recueil.

BOTANIQUE. — *Sur l'emploi du kapok comme objet de pansement.* Note de M. Jacques Silhol, présentée par M. Gaston Bonnier.

Il pourrait suffire pour décider le corps médical à employer le kapok de préférence au coton de lui rappeler que ce produit peut être fourni par la plupart de nos colonies, tandis que le coton provient surtout des colonies étrangères, et qu'il pèse 4 ou 5 fois moins : les considérations de change et d'économie devant être capables de modifier nos habitudes dans une époque de guerre.

Mais il se trouve que les propriétés un peu spéciales de ce produit en font un très bon agent de pansement. Ce sont les résultats de nos premières recherches sur ces propriétés et de nos premières applications en chirurgie que nous voulons indiquer.

La propriété classique du kapok est son imperméabilité à l'eau, qui l'a fait employer comme engin de sauvetage et c'est l'antagonisme de cette propriété avec celle du coton absorbant qui a dû nuire à l'idée de son emploi ; et cependant le coton brut n'est pas hydrophile.

Cette imperméabilité est spéciale et élective. Des substances comme l'éther le traversent sans modifier son imperméabilité ; d'autres l'imprègnent en lui donnant une perméabilité passagère ; d'autres, telles que la lessive de soude, la saponine, ne peuvent transformer le kapok en une substance hydrophile, au point d'absorber 15, 20, 25 fois son poids d'eau. Mais pourtant si nous plaçons de la saponine dans une cupule de kapok elle s'évapore avant d'avoir traversé ; si nous plaçons de l'eau dans une cupule de kapok, séchée après avoir été imbibée d'acide acétique, elle ne traverse pas, et enfin si nous plaçons de l'eau dans une cupule de kapok hydrophile, elle peut fort bien ne pas le traverser. Si nous versons au contraire de l'oléate de soude dans une cupule de kapok, elle le traverse aussi instantanément que si la cupule était trouée. Il se pose pour beaucoup de substances chimiques une sorte de question préalable ; elles paraissent ne pas pouvoir venir en contact avec la fibre. Les examens microscopiques que M. Rigotard et nous-même avons faits ne montrent pourtant pas de modifications caractéristiques des fibres dans ces diverses expériences.

La stérilisation du kapok au poupinel ou à l'autoclave ne paraît pas modifier ses propriétés ; pourtant, dans certaines circonstances, l'autoclave peut le transformer en une substance dont l'hydrophile rappelle celle du coton sans en avoir exactement les allures.

Dans le traitement des plaies nous ne nous sommes servis jusqu'ici que de kapok brut ou simplement ventilé, non hydrophile par conséquent :

Dans les plaies irriguées, ce kapok absorbe non seulement les sécrétions de plaies, mais aussi et en même temps les liquides tels que le Dakin, le sérum physiologique.

Dans les plaies sèches et sans intervention d'aucune autre substance, le kapok absorbe les sécrétions de la plaie, les globules du sang, les microbes; les uns et les autres formant parfois de véritables gaines aux fibres. Il ne paraît pas absorber le pus constitué. Le pus, formé dans ces conditions, peut être remarquablement pauvre en microbes. Le fait chimique saillant c'est la propreté de la plaie opposée à l'imprégnation du pansement. Le fait microscopique correspondant est la pauvreté de la plaie en microbes, s'opposant à la richesse microbienne des fibres du pansement : ceci ressort nettement des microphotographies que M Kollmann a faites sur mes préparations.

Quant aux résultats ils ont été tels que nous préférons souvent l'application simple du kapok à une irrigation très bien faite à la liqueur de Dakin.

Nos expériences avec des cultures microbiennes et avec des liquides provenant de pansements montrent certaines différences avec les faits cliniques : une de nos expériences a pourtant montré un bouillon de culture bien riche en microbes traversant le pansement, alors que le même bouillon stérile ne le traversait pas.

Donc, à côté des remarquables qualités d'élasticité et de souplesse de cette substance, capable de remplacer le coton dans tous ses emplois d'enveloppement, de protection, d'emballage pour ainsi dire, le kapok présente une manière d'être spéciale, élective, vis-à-vis non seulement des substances minérales, des substances organiques, mais encore des micro-organismes qui en font un objet de pansement très intéressant et très avantageux.

Les quelques particularités de son emploi fort simples et fort rationnelles ne sauraient empêcher les médecins de l'employer très largement pour le plus grand profit de leurs blessés.

ÉCONOMIE RURALE. — *Sur l'emploi de certaines algues marines pour l'alimentation des chevaux.* Note de M. **Adrian**, présentée par M. Edmond
Perrier.

Je m'étais préoccupé depuis longtemps de la recherche de succédanés
des produits alimentaires normaux, notamment en ce qui concerne le
cheval, dans l'éventualité de la pénurie d'avoine qui pouvait être la consè-
quence d'une guerre.

En mai dernier, alors que j'avais repris l'étude de cette question, un
chimiste industriel vint me proposer, pour l'imperméabilisation des étoffes,
un produit retiré des algues marines de la classe des laminaires, préalablement débarrassées de leurs sels par un traitement approprié.

M'étant informé de la composition centésimale des algues ainsi traitées,
je fus frappé immédiatement de son analogie avec celle des avoines de Brie,
qui ressort des analyses de M. le pharmacien principal Balland :

	Laminaires traitées.	Avoine.
Eau	14,40	12,55
Matière hydro-carbonée	52,90	66,80
Matière azotée..................	17,30	9,10
Cellulose	11,50	8,45
Matière minérale...............	3,90	3,10

Il ressortait de cette comparaison que si la teneur des laminaires traitées
est plus faible en matière hydro-carbonée, par contre, sa teneur en matière
azotée est beaucoup plus élevée, ce qui doit en faire un produit reconsti-
tuant de premier ordre, s'il est digestible et assimilable.

En raison de l'urgence, je fis, dès le mois de juin 1917, une première
série d'expériences directes sur six chevaux de réforme mis obligeamment
à ma disposition par un industriel d'Aubervilliers, M. Verdier-Dufour.

Ces chevaux étaient tous en mauvais état et atteints de lymphangisme.

On en a fait deux lots :

Trois chevaux témoins ont été soumis au régime ordinaire : avoine, foin,
paille;

Les trois autres ont été mis au régime de l'algue alimentaire.

Ces six animaux étaient assujettis à un travail normal.

Dans la ration des trois chevaux du second lot, on a substitué, pendant les huit premiers jours, l'algue alimentaire à la moitié de l'avoine, à raison de $0^{kg},350$ environ pour $0^{kg},450$ d'avoine.

Pendant le reste de l'expérience, qui dura 24 jours, la substitution fut complète.

Le vingt-quatrième jour on constata que, dans leur ensemble, les chevaux nourris à l'algue alimentaire avaient augmenté de 6 pour 100 de leur poids, que leur état général s'était sensiblement amélioré et que le lymphangisme avait disparu.

Cette affection persistait, par contre, chez les animaux du premier lot.

Certes, on ne saurait tirer d'une expérience aussi réduite des conclusions générales concernant l'action thérapeutique de l'algue alimentaire sur le lymphangisme, mais il y a là une indication qui mérite d'être retenue, en vue d'études ultérieures. Cette action peut être due, d'après M. le professeur Lapicque et M. le Dr Legendre, du Muséum, aux traces d'iode organique subsistant dans les laminaires après lavage et extraction des sels.

Quoi qu'il en soit, un résultat était acquis : des chevaux avaient accepté, digéré et assimilé l'aliment nouveau, en remplacement d'avoine.

Devant un résultat aussi encourageant, il fut décidé d'effectuer une nouvelle série d'expériences sur des chevaux d'un régiment de cavalerie.

A la date du 8 août, deux lots de 20 chevaux furent constitués au 1er Cuirassiers, au Quartier Dupleix, dans le même escadron.

20 chevaux ont été soumis au régime normal, les 20 autres ont reçu 1^{kg} d'algue alimentaire en remplacement de 1^{kg} d'avoine.

Cette expérience, effectuée avec le plus grand soin, a été suivie par M. le vétérinaire principal de 1re classe Jacoulet, directeur du Service vétérinaire du Camp retranché de Paris, sous le contrôle supérieur de M. le vétérinaire inspecteur Fray.

L'expérience a duré deux mois, et, à la pesée du 8 octobre, on constata que les chevaux nourris à l'algue alimentaire avaient gagné individuellement 13^{kg} en deux mois, tandis que les chevaux témoins n'avaient gagné que 2^{kg} à peine.

La première expérience se trouvait donc pleinement confirmée. A la suite de ces essais, j'estime que $0^{kg},750$ d'algue alimentaire équivalent à 1^{kg} d'avoine, mais c'est un point qu'il conviendra d'éclaircir.

Comme les laminaires abondent sur les côtes bretonnes, l'algue alimentaire semble appelée à jouer un rôle important comme substitutif de l'avoine.

En temps ordinaire, nous importons annuellement deux millions de quintaux d'avoine, représentant une sortie de numéraire de 35 millions de francs, somme plus que quadruplée aujourd'hui. Or cet argent restera chez nous le jour où l'on saura qu'on peut demander à la mer le supplément de récolte que nos champs n'ont pu nous fournir.

J'envisage également l'emploi des laminaires dans l'alimentation humaine et des résultats très intéressants ont déjà été obtenus dans cet ordre d'idées.

D'autres expériences sont en cours.

A 16 heures et quart l'Académie se forme en comité secret.

La séance est levée à 17 heures.

                                                            E. P.

ACADÉMIE DES SCIENCES.

SÉANCE DU LUNDI 14 JANVIER 1918.

PRÉSIDENCE DE M. Paul PAINLEVÉ.

MÉMOIRES ET COMMUNICATIONS
DES MEMBRES ET DES CORRESPONDANTS DE L'ACADÉMIE.

M. le Secrétaire perpétuel dépose sur le bureau le tome 163 (1916, 2ᵉ semestre) des *Comptes rendus*.

THERMODYNAMIQUE. — *Les covolumes considérés comme fonctions de la température dans l'équation d'état de Clausius.* Note de M. E. Ariès.

Nous avons proposé de considérer les covolumes α et β de l'équation d'état de Clausius comme deux fonctions de la température, et de donner à la fonction φ la forme $\frac{K}{T^n}$. Cette équation n'en conserve pas moins ses remarquables propriétés rappelées dans notre précédente Note ([1]). On en tire pour l'énergie libre I

$$(\text{1}) \qquad -\,\mathrm{I} = \int p\,dv = \mathrm{RT}\log(v-\alpha) + \frac{K}{T^n(v+\beta)} - \Phi.$$

Φ étant une fonction de la température, introduite par l'intégration, et que la théorie des gaz parfaits permet de déterminer, comme nous l'avons déjà montré.

Les trois relations nécessaires à la détermination des éléments critiques s'obtiennent, comme on sait, en adjoignant à l'équation d'état les deux

---

([1]) *Comptes rendus*, t. 165, 1917, p. 1088. Voir aussi, pour ce qui suit, t. 163, 1916, p. 737.

équations $\dfrac{\partial p}{\partial v} = 0$ et $\dfrac{\partial^2 p}{\partial v^2} = 0$, c'est-à-dire

$$(2) \qquad \frac{RT}{(v-\alpha)^2} = \frac{2K}{T^n(v+\beta)^3}, \qquad \frac{RT}{(v-\alpha)^3} = \frac{3K}{T^n(v+\beta)^4},$$

qui donnent, en posant $\alpha + \beta = \gamma$, et en affectant de l'indice c les valeurs prises au point critique par les quantités variables T, v, α, β, γ,

$$(3) \qquad v_c - \alpha_c = 2\gamma_c, \qquad \text{ou} \qquad v_c + \beta_c = 3\gamma_c,$$

$$(4) \qquad \frac{RT_c^{n+1}}{K} = \frac{8}{27\gamma_c}.$$

Les valeurs (3) de $v_c - \alpha_c$ et de $v_c + \beta_c$ transportées dans l'équation d'état donnent, en tenant compte de (4), la troisième relation, extrêmement simple comme les deux précédentes, et nécessaire à la détermination des éléments critiques T_c, v_c, P_c,

$$(5) \qquad P_c = \frac{RT_c}{8\gamma_c}.$$

En posant

$$(6) \qquad x = \frac{27\gamma RT^{n+1}}{8K}, \qquad y = \frac{v-\alpha}{\gamma} = \frac{v+\beta}{\gamma} - 1, \qquad z = \frac{8\gamma p}{RT},$$

l'équation d'état prend la forme réduite

$$(7) \qquad z = \frac{8}{y} - \frac{27}{x(y+1)^2}.$$

Si l'on désigne par x_c, y_c, z_c les valeurs que prennent les variables x, y, z au point critique, on voit par les formules (3), (4) et (5) que

$$(8) \qquad x_c = 1, \qquad y_c = 2, \qquad z_c = 1.$$

On peut alors remplacer les relations (6) par les suivantes, la dernière, eu égard à la première, pouvant être mise sous deux formes,

$$(9) \quad x = \frac{\gamma}{\gamma_c}\left(\frac{T}{T_c}\right)^{n+1}, \qquad y = 2\frac{v-\alpha}{v_c-\alpha_c}\frac{\gamma_c}{\gamma}, \qquad z = \frac{\gamma}{\gamma_c}\frac{T_c}{T}\frac{p}{P_c} = x\left(\frac{T_c}{T}\right)^{n+2}\left(\frac{p}{P_c}\right).$$

S'il s'agit d'un fluide saturé sous les tensions P et T, Z représentant ce que devient z, et y_1 ou y_2 ce que devient y suivant que le fluide est à l'état de vapeur ou à l'état liquide, les trois variables Z, y_1 et y_2 sont des fonctions de x, dont on ne peut donner des expressions algébriques, ainsi que nous l'avons déjà fait observer, mais dont la Table de Clausius donne les valeurs correspondant à chaque valeur de x variant, par centième, de o à 1, c'est-à-dire du zéro absolu à la température critique.

Π et τ désignant, avec les notations déjà convenues, la tension réduite de vaporisation et la température réduite qui y correspond, la première et la dernière des trois relations (9) prennent les formes

$$(10) \qquad x = \frac{\gamma}{\gamma_c} \tau^{n+1}, \qquad \Pi = \tau^{n+2} \frac{Z}{x}.$$

Le système de ces deux équations constitue la formule rationnelle qui donne la tension de vapeur saturée d'un liquide. Son application n'exige que la connaissance des tensions critiques P_c et T_c du corps, de l'exposant n et de la fonction $\frac{\gamma}{\gamma_c}$, sans qu'il soit nécessaire de connaître ni K ni γ_c ni les expressions des deux fonctions séparées α et β. Pour chaque température, la première de ces équations détermine x et, par suite, Z à l'aide de la Table de Clausius. Ces valeurs de x et de Z transportées dans la deuxième équation déterminent Π et, par suite, la tension P de la vapeur saturée pour la température choisie.

Il serait utile d'ajouter à la Table de Clausius une nouvelle colonne donnant immédiatement la valeur de $\frac{Z}{x}$ correspondant à chaque valeur de x. Les calculs à faire à cet effet sont très peu laborieux, et consistent à diviser les cent valeurs de Z de la Table de Clausius par la valeur correspondante de x qui ne comporte que deux chiffres. Cette colonne, que nous avons établie pour notre usage personnel, est surtout commode pour résoudre la question inverse qui se présente souvent, de trouver la valeur de x correspondant à une valeur donnée de $\frac{Z}{x}$.

Quand on connaît l'exposant n, en même temps que les éléments critiques P_c et T_c pour un liquide ayant donné lieu à quelques observations sur la tension de sa vapeur à diverses températures, et tel est le cas, estimons-nous, en ce qui concerne les corps monoatomiques, pour les raisons données dans notre précédente Communication, la détermination de la formule exprimant, avec toute l'approximation désirable, la tension de la vapeur saturée de ce corps, se présente comme un problème d'une assez grande simplicité. La fonction $\frac{\gamma}{\gamma_c}$ est alors la seule inconnue du problème. Pour en trouver une expression convenable, on cherchera, à l'aide des formules (10), sa valeur pour chacune des températures τ ayant servi à l'observation de la tension Π de la vapeur. A cet effet, on divisera la valeur

observée Π par τ^{n+2}, ce qui donnera $\dfrac{Z}{x}$ et, par suite, x au moyen de la nouvelle colonne ajoutée à la Table de Clausius. La valeur de x ainsi obtenue
étant divisée par τ^{n+1}, on aura la valeur de $\dfrac{\gamma}{\gamma_c}$ correspondant à la valeur
choisie de τ. Il ne restera plus qu'à trouver une fonction de T, ou, ce qui
revient au même, une fonction de τ, dont on connaît la valeur pour différentes valeurs de la variable τ.

Nous nous proposons d'appliquer cette méthode à la recherche de la formule donnant la tension de la vapeur saturée des corps monoatomiques, et
ferons connaître les résultats de cette étude dans une prochaine Communication à l'Académie.

ÉLECTIONS.

L'Académie procède, par la voie du scrutin, à l'élection de trois membres
du *Conseil de la Fondation Loutreuil :*

M. **C. Jordan**, pour la Division des Sciences mathématiques; M. **Le
Chatelier**, pour la Division des Sciences physiques; le **Prince Bonaparte**,
Académicien libre, réunissent l'unanimité des suffrages.

Pour répondre à une demande de M. le Ministre du Commerce, l'Académie procède, par la voie du scrutin, à la formation d'une liste de trois
de ses Membres en vue de la désignation d'un Membre de la *Commission
technique pour l'unification des cahiers des charges des produits métalliques.*

Au premier tour de scrutin, le nombre de votants étant 33, les noms qui
réunissent la majorité absolue des suffrages sont ceux de

M. J. Carpentier, qui obtient . . . . . 32 suffrages
M. H. Le Chatelier,   »   29   »
M. A. Haller,   »   26   »

En conséquence, la liste présentée à M. le Ministre du Commerce comprendra : MM. **J. Carpentier**, **H. Le Chatelier** et **A. Haller**.

CORRESPONDANCE.

M. W. G. Farlow, élu Correspondant pour la Section de Botanique, adresse des remercîments à l'Académie.

M. Albert Colson adresse un rapport sur les résultats qu'il a obtenus en 1917 grâce à la subvention qui lui a été accordée sur la *Fondation Loutreuil.*

M. le Secrétaire perpétuel signale, parmi les pièces imprimées de la correspondance :

1° Trois reproductions fac-similé, formant les volumes 2, 6 et 7 de la *Collection des documents publiés par ordre du Ministère de l'Instruction publique de la République portugaise,* par Joaquim Bensaude. (Présenté par M. G. Bigourdan.)

2° Charles Mathiot. *Une croisade.* (Présenté par M. A. Carnot.)

ANALYSE MATHÉMATIQUE. — *Sur l'itération des fractions rationnelles.*
Note (¹) de M. Gaston Julia.

Soit $z_1 = \varphi(z)$ une fraction rationnelle, d'ailleurs quelconque, de degré $k > 1$. Partant d'un point z quelconque, on a une suite de conséquents $z_1, z_2, \ldots [z_i = \varphi(z_{i-1}) = \varphi_i(z)]$. On étudie ici *l'ensemble dérivé de l'ensemble des* z_i. Si ζ est un quelconque des points limites de l'ensemble des z_i, on cherche *comment* ζ *dépend de* z, et, pour préciser, *dans quel domaine peut varier* z *pour que* $\zeta(z)$ *reste fonction analytique de* z, et quels sont les *points singuliers essentiels de cette fonction analytique.* Les pôles des $\varphi_i(z)$ ainsi que ceux de $\zeta(z)$ ne gênent pas, le point à l'∞ du plan des z étant assimilé à un point ordinaire de ce plan (plan complet ou sphère de Riemann).

_____

(¹) Séance du 7 janvier 1918.

Le problème précédent est le problème fondamental de la théorie de l'itération. Il est susceptible d'une solution théorique complète basée sur les principes suivants :

I. *L'ensemble* E. — J'appelle ainsi l'ensemble dénombrable formé par les racines des équations $z = \varphi_n(z)$ pour lesquelles $|\varphi'_n(z)| > 1$ pour $n = 1, 2, \ldots, \infty$.

a. L'équation $z = \varphi(z)$ ayant *toujours* une racine ζ pour laquelle $\varphi'(\zeta)| > 1$ (¹), il y a toujours des points dans E. De plus, $\varphi_n(z)$ n'étant $\equiv z$ pour aucune valeur de n, E ne peut être que dénombrable. On peut alors supposer que l'∞ n'est pas de E.

b. Premier théorème fondamental. — Entourons le point ζ, précédent, d'un petit domaine D arbitrairement petit; les itérés D_i de D sont, à partir d'un certain rang, des surfaces de Riemann à plusieurs feuillets, et, comme *aucune suite infinie extraite de la suite des φ_i n'est normale dans* D, au sens de M. Montel, il ne peut y avoir que deux points au plus qui soient extérieurs à tous les D_i, ou même qui soient extérieurs à *tous les* D_{n_i} *d'une suite infinie quelconque extraite des* D_i. Il y en a effectivement deux qui sont o et ∞ si $\varphi(z) = z^{\pm k}$, un qui est ∞ si $\varphi(z) =$ polynome quelconque (ou s'y ramenant).

Dans les autres cas, pas de point exceptionnel, et, à partir d'un certain rang, tous les D_i recouvrent tout le plan complet. Le théorème est vrai de tout point de E.

c. Tout point de E est donc point limite pour l'*ensemble des antécédents d'un point arbitraire du plan complet* (sauf, naturellement, les points exceptionnels); il est *limite pour l'ensemble de ses propres antécédents*. On en déduit aisément que tout point de E est *limite de points de E distincts du point considéré,* E compte donc une infinité de points. On peut parler de son dérivé E'. E' contient E. E' est parfait. Évidemment les points de E sont partout denses sur E'.

(¹) Ainsi qu'il résulte de la relation $\sum\limits_{1}^{k+1} \dfrac{1}{\varphi'(z_i) - 1} + 1 = 0$ étendue aux racines z_i, supposées distinctes, de l'équation $z = \varphi(z)$. On passe aisément de là au cas singulier où un $\varphi'(z_i)$ est $= 1$.

II. *L'ensemble* E'. — *a*. Les points de E' jouissent de la propriété caractéristique suivante :

Deuxième théorème fondamental. — La condition nécessaire et suffisante pour qu'un point P du plan complet jouisse de la propriété suivante : quelque petit que soit le domaine ⍵ entourant P, deux points (¹) au plus du plan complet pourront rester extérieurs à tous ses itérés ⍵$_i$ (ou à une infinité quelconque de ⍵$_{n_i}$ extraits de ⍵$_i$), est que P soit un point de E'.

b. Tout point de E' est limite pour les antécédents d'un point arbitraire du plan (sauf les points exceptionnels). Tout antécédent et tout conséquent d'un point de E' est de E'. Les antécédents d'un point quelconque de E' sont partout denses sur E'. En un point de E' aucune suite infinie φ''_i, φ_{n_i}, ... ne peut être normale.

c. E' a la même structure dans toutes ses parties, c'est-à-dire que, si, dans une aire Δ arbitrairement petite du plan, les points de E' forment un ensemble discontinu ou un continu linéaire, E' est partout discontinu ou partout continu linéaire (E' est alors bien enchaîné entre deux quelconques de ses points). Car E' tout entier peut être engendré par l'itération jusqu'à un certain ordre, fini, de la partie de E' contenue dans Δ.

On a des exemples où E' est partout discontinu, et d'autres où c'est un continu linéaire. Mais à cause des rapprochements que j'exposerai prochainement entre la question présente et les groupes automorphes, il faut examiner si E' ne peut être superficiel. On voit aisément que E' ne peut contenir une aire quelconque à deux dimensions sans être identique au plan complet. Effectivement, on peut former des exemples où E' *est identique au plan complet*. Mais on peut, dans bien des cas, reconnaître l'impossibilité de cette éventualité, soit par les propriétés géométriques de E' dues aux propriétés particulières de $\varphi(z)$ (fractions à cercle fondamental), soit par l'existence de points $z = \varphi_p(z)$, où $|\varphi'_p(z)| < 1$.

III. *Les régions du plan que délimite* E'. — Si E' n'est pas le plan complet, dans tout domaine Δ ne contenant pas de point de E', la suite des φ_i (²) est

---

(¹) Ces deux points exceptionnels sont les mêmes que ceux du premier théorème fondamental et se présentent dans les deux cas cités. Aucun de ces points ne peut appartenir à E'.

(²) Si l'on a envoyé à l'infini un point de E', les φ_i ont tous leurs pôles dans E'; elles sont holomorphes dans Δ.

normale. Donc, si ζ est point limite de la suite $z_{n_1}, z_{n_2}, \ldots, z_{n_l}, \ldots$ ([1]), formée de conséquents d'un point z de Δ, on peut, de la suite des n_i, extraire une suite de N_i tels que $\varphi_{N_1}, \varphi_{N_2}, \ldots, \varphi_{N_i}, \ldots$ converge uniformément, dans Δ, vers une fonction analytique ([2]) qui prend en z la valeur ζ. *ζ est donc fonction analytique de z dans toute région du plan dont aucun point intérieur n'est de* E'.

Considérons une telle région R, *d'un seul tenant, n'ayant pour points frontières que des points de* E'. Nous dirons que c'est une des régions du plan délimitées par E'. $\zeta(z)$ est analytique dans R, mais *tout point frontière* P *de* R *est point singulier essentiel de* $\zeta(z)$, car si $\zeta(z)$, limite de $\varphi_{N_1}, \varphi_{N_2}, \ldots, \varphi_{N_i}, \ldots$ était analytique dans toute une aire entourant P, la suite $\varphi_{N_1}, \varphi_{N_2}, \ldots, \varphi_{N_i}, \ldots$ serait normale au point P de E', ce qui n'est pas possible. R est le domaine d'existence de la fonction $\zeta(z)$ définie à partir d'un point z de R. Si E' divise le plan en plusieurs régions, la partie de E' qui sert de frontière à R est coupure essentielle de $\zeta(z)$. Ainsi se trouve théoriquement résolu le problème général posé au début : *domaine d'analyticité et points singuliers de toute fonction qui est limite pour une infinité de* φ_{n_i}.

GÉOMÉTRIE. — *Sur les surfaces gauches circonscrites à une surface donnée le long d'une courbe donnée.* Note de M. **Maurice d'Ocagne.**

Le problème de la détermination des plans tangents en tous les points d'une génératrice G d'une surface réglée Σ est résolu, comme on sait, quand on connaît les plans tangents en trois de ces points. Lors donc que la surface Σ est définie par trois lignes ou surfaces directrices, avec chacune desquelles la génératrice G reste en contact, cette détermination n'offre aucune difficulté, puisque le plan tangent est connu en chacun des trois points appartenant aux directrices.

Mannheim a donné une forme commode à la solution du problème par l'introduction de ce qu'il a appelé le *point représentatif* de la distribution des plans tangents pour la génératrice G considérée. Ce point I se construit de la manière suivante : sur une perpendiculaire quelconque élevée à G, par le point central P situé sur cette génératrice, on porte le segment PI égal au paramètre de distribution k correspondant. Le point I ainsi obtenu

---

[1] ζ est un quelconque des points limites de l'ensemble des z_i, conséquents de z.
[2] Qui peut être une constante, finie ou infinie : j'y reviendrai ultérieurement.

est tel que *l'angle que font entre eux les plans tangents aux points* M *et* M$_1$ *situés sur* G *est égal à l'angle* MIM$_1$.

Toutefois, cette construction, pour ne donner lieu à aucune ambiguïté, doit être complétée par une convention de signe qui peut se formuler ainsi : le paramètre de distribution k étant affecté du signe + ou du signe − suivant que la distribution des plans tangents est directe ou rétrograde ([1]), le segment PI doit être porté, sur la perpendiculaire à G en P, dans un sens tel que le moment de la flèche marquant le sens positif sur G, pris par rapport à I, soit direct dans un cas, rétrograde dans l'autre.

Connaissant les plans tangents à Σ aux points M, M$_1$ et M$_2$, où G est en contact avec les trois directrices, et, par conséquent, les angles que ces plans font entre eux, on obtient immédiatement, par la rencontre de deux segments capables décrits (du côté voulu, eu égard à la règle ci-dessus relative au signe) sur MM$_1$ et MM$_2$, le point représentatif I qui détermine d'un seul coup les plans tangents en tous les autres points de G, sans compter le point central et le plan central qui correspondent à la perpendiculaire IP abaissée de I sur G.

Mais cette construction tombe en défaut lorsque la surface Σ est définie par une surface directrice S qu'elle doit toucher le long d'une courbe C et une autre directrice quelconque, ligne ou surface. Pour obtenir la génératrice G d'une telle surface, passant par le point M de C, il suffit de couper, par le plan tangent en M à S, le cône de sommet M circonscrit à l'autre directrice si c'est une surface, passant par cette directrice si c'est une ligne. Si M$_1$ est le point de G situé sur cette seconde directrice, on connaît les plans tangents à Σ en M et M$_1$, ce qui donne bien, pour la détermination de I, un premier segment capable décrit sur MM$_1$; mais c'est tout, et il faut chercher autre chose pour achever de déterminer le point I.

Tout d'abord, remarquons que ce mode de génération de Σ peut être regardé comme limite de celui où la génératrice G touche les surfaces S et S$_2$ en M et M$_2$, lorsque ces surfaces tendent à se confondre. Le segment capable, décrit sur MM$_2$ dans la construction primitive, tend alors à devenir le cercle tangent en M à G et qui passe par I.

([1]) Rappelons que cette distribution est directe ou rétrograde suivant que, pour un observateur couché le long de G, le plan tangent tourne dans le sens direct ou dans le sens rétrograde lorsque le point M se déplace de bas en haut par rapport à cet observateur.

Tout revient à trouver le diamètre de ce cercle. Or, si nous représentons par l la longueur MM_2, par θ l'angle des plans tangents en M
et M_2, nous voyons que le diamètre du segment capable de cet angle,
décrit sur MM_2, est égal à $\dfrac{l}{\sin\theta}$ dont, lorsque MM_2 tend vers zéro, la limite
se confond avec celle de $\dfrac{dl}{d\theta}$.

Or, si R_0 et R_1 sont les *valeurs absolues* des rayons de courbure principaux de Σ en M, on sait que ([1])

$$\frac{dl}{d\theta} = \sqrt{\overline{R_0 R_1}}.$$

On est donc finalement amené à déterminer R_0 et R_1, ou, ce qui revient
au même, l'indicatrice de Σ en M. Puisque l'on connaît le rayon de courbure de la courbe C, qui est donnée, et par suite celui de la section normale de Σ menée par MT, grâce au théorème de Meusnier, on a immédiatement un point de l'indicatrice cherchée sur MT. D'autre part, la
génératrice G est asymptote de cette indicatrice en M. Il suffit, pour que
l'indicatrice soit entièrement déterminée, d'en connaître la seconde
asymptote. Or, si l'on considère la développable circonscrite à S (donc
aussi à Σ) le long de C, sa génératrice MD, conjuguée de MT par rapport
à l'indicatrice de S, qui est connue, peut être aisément construite, et,
comme elle est également conjuguée de MT par rapport à l'indicatrice
de Σ, la seconde asymptote de celle-ci est conjuguée harmonique de G
par rapport aux droites MD et MT, et le problème est entièrement
résolu.

([1]) Conséquence immédiate de la formule qui fait connaître l'angle des normales à
la surface en M et à l'extrémité de l'arc infiniment petit ds incliné de φ sur la première direction principale en M, formule qui s'écrit

$$\frac{d\theta}{ds} = \sqrt{\frac{\cos^2\varphi}{R_0^2} + \frac{\sin^2\varphi}{R_1^2}}.$$

Lorsque la direction de ds est celle d'une asymptote de l'indicatrice, on a

$$\tan^2\varphi = \frac{R_1}{R_0}$$

et la formule se transforme en celle ci-dessus lorsqu'on y remplace ds par dl compté
le long de G.

HISTOIRE DES SCIENCES. — *Sur l'origine et le sens du mot « abaque »*.
Note de M. **Rodolphe Soreau**, présentée par M. Ch. Lallemand.

1. Au moyen âge, on croyait le mot *abacus* d'origine arabe. On admet
aujourd'hui qu'il vient du grec ἄϐαξ, dont le sens propre serait *tablette*, et
plus spécialement tablette à l'usage du calcul.

Mais quelle est l'origine du mot ἄϐαξ? S'applique-t-il, dans son essence,
à la tablette, au procédé d'inscription, ou à la nature de l'inscription? Je
me propose d'examiner ces trois suggestions, dont la dernière est nouvelle.
Cette discussion n'est pas sans quelque intérêt pour la contribution qu'elle
peut apporter à l'histoire des origines de l'Arithmétique.

1° ἄϐαξ *s'applique-t-il à la tablette?* Telle est la croyance ordinaire, fondée
sur ce que toutes ses acceptions impliquent une surface dressée. Mais cette
coïncidence ne constitue qu'une forte présomption : il se pourrait que ce
nom eût été créé en raison d'un mode ou d'un genre particulier d'inscrip-
tions se faisant sur des tablettes, puis étendu aux tablettes elles-mêmes.
Pour en décider, il faut trouver l'étymologie du mot grec.

L'helléniste Alexandre indique comme racines possibles, mais douteuses :
ἀ privatif et βάσις, base; l'ἄϐαξ serait donc une table privée de ses pieds,
c'est-à-dire réduite à sa partie dressée. Diverses objections se présentent,
entre autres celles-ci : ces racines n'évoquent dans ἄϐαξ l'idée de table que
par un tour elliptique assez osé, qui détourne quelque peu le mot βάσις de
sa signification courante; l'explication est à contre-sens de l'acception
dressoir, ce qui n'eût pas manqué de choquer la subtilité des Grecs; elle
ne rend pas compte de la nécessité pour eux de posséder un mot nouveau,
alors qu'ils ne manquaient point de locutions pour désigner les tables ou
tablettes, suivant leur destination.

2° ἄϐαξ *s'applique-t-il au procédé d'inscription?* On n'a pas été sans
remarquer sa ressemblance avec le mot sémitique *abaq* qui signifie *sable* (¹).
Si telle était son origine, on serait fondé à penser que les Grecs auraient
reçu des Hébreux l'usage de calculer sur des tables couvertes de sable fin, ·
comme firent les arénaires romains et les maîtres du moyen âge; cette
transmission du mot et du procédé ne se serait point opérée sans s'étendre
plus ou moins aux méthodes de calcul.

3° ἄϐαξ *s'applique-t-il à la nature de l'inscription?* Puisque les Grecs

---

(¹) Daremberg et Saglio, *Dictionnaire des Antiquités grecques et romaines*.

possédaient des locutions pour les acceptions usuelles du mot tablette, la création d'un terme nouveau ne paraît pouvoir s'expliquer qu'au bénéfice d'une acception nouvelle, qui, dès lors, a vraisemblablement concouru de façon direète à la formation dudit terme.

Guidé par cette considération, c'est dans l'emploi originel qu'on faisait de l'ἄϐαξ, à savoir la numération écrite, que j'ai cherché ses racines. J'ai trouvé ainsi qu'il signifie littéralement *valeur de* α′, ϐ′, etc. (α′, ϐ′, …, ἀξία). Sa formation est donc analogue à celle d'ἀλφάϐητος, *alphabet.* Il est bien naturel que les Grecs, figurant les nombres par leurs propres lettres, aient formé le mot alphabet-lettres et le mot alphabet-nombres de la même manière; la seule différence morphologique, et d'ailleurs rationnelle, est que le premier résulte de l'épellation des deux premières lettres, tandis que le second résulte de la syllabe αϐ, composée avec les deux premiers chiffres, suivie de la syllabe αξ pour préciser qu'il s'agit des valeurs numériques α′, ϐ′. Cette étymologie est si topique qu'elle paraîtra sans doute la plus acceptable.

Il en résulte qu'à l'origine l'ἄϐαξ était un simple tableau alphabétique des nombres. Pour sa compréhension, les 27 caractères en usage étaient probablement classés en trois colonnes de neuf lignes (ou inversement), colonnes qui correspondaient aux unités, aux dizaines et aux centaines. Cette disposition rend bien compte de l'acception *damier* donnée au mot ἄϐαξ, acception subsidiaire plus difficilement explicable avec les tableaux à jetons à l'usage du calcul que les Grecs imaginèrent plus tard, et avec l'*Abacus* à boules des Romains. On n'y découvre pas la valeur de position par progression décuple à l'aide de neuf caractères, convention qui caractérise la numération arabe et qui, du xᵉ au xiiiᵉ siècle, a fait de l'*Abacus* de Gerbert, Radulphe de Laon et Léonard de Pise un véritable système, *ars Abaci,* synonyme de l'Arithmétique.

Faut-il en conclure que les Grecs ont ignoré ce système? Chasles n'est pas éloigné de penser qu'il était connu de l'école pythagoricienne, ce qu'il n'a point établi de façon irréfutable dans sa controverse fameuse avec Libri.

II. De nos jours, le mot abaque a pris une signification particulière. Adopté par Lalanne, conservé par M. Lallemand pour ses abaques hexagonaux, il a été étendu par M. d'Ocagne (¹) à toutes les tables graphiques

---

(¹) D'OCAGNE, *Nomographie. Les calculs usuels effectués au moyen des abaques,* 1891.

à systèmes figuratifs cotés. En choisissant ce nom, Lalanne ne fit que reprendre l'ancienne tradition rattachant les abaques à l'art du calcul. Cette restauration est des plus heureuses et des plus justes.

En 1900, M. Schilling, professeur à l'Université de Göttingen, proposa de substituer au mot abaque, ainsi défini, celui de *nomogramme*. Le pré-texte invoqué est que ἄϐαξ signifierait *damier*, et que, si le canevas des abaques cartésiens vulgaires présente une telle disposition, il n'en est plus de même des abaques hexagonaux de M. Lallemand et des abaques à points alignés de M. d'Ocagne. Or l'acception damier, qui n'entre pour rien dans aucune des étymologies envisagées, est tout à fait subsidiaire. Le désir de créer un mot nouveau a mis en défaut l'érudition de M. le professeur Schilling.

Le seul motif d'accueillir le mot *nomogramme* serait d'établir un lien de terminologie avec le mot *Nomographie*, proposé par M. d'Ocagne et accepté aujourd'hui. Est-il suffisant pour abandonner, au profit d'un néologisme lourd, ce mot abaque qui, par un passé deux fois millénaire, est si intime-ment attaché aux origines et au développement de l'art du calcul, et qui, dans son acception nouvelle, se trouve déjà consacré par de remarquables travaux?

ASTRONOMIE. — *Sur la détermination de la latitude de l'Observatoire de Marseille par des observations faites à l'astrolabe à prisme.* Note de MM. LUBRANO et MAITRE, présentée par M. B. Baillaud.

Dans le courant des années 1913 et 1914 nous avons fait, à l'Obser-vatoire de Marseille, une longue suite d'observations avec l'astrolabe à prisme de MM. Claude et Driencourt, pour la détermination de la latitude.

La réduction des séries n'est pas complètement achevée; mais, comme nous possédons déjà les résultats d'un grand nombre de soirées, nous avons pensé qu'il serait bon de les publier sans différer plus longtemps.

L'instrument dont nous nous sommes servis est du modèle moyen : grossissement, 75; précision moyenne : latitude, $0'',4$; temps, $0^s,06$. Il était placé sur un pilier en fonte, au centre d'une petite coupole située à 17^m plus au Nord que le cercle méridien.

Les observations duraient environ 1 heure. On observait avec l'œil et l'oreille.

Afin d'éviter le calcul des positions apparentes au jour, nous n'avons pris que des fondamentales tirées des éphémérides : *Connaissance des Temps*, *Nautical Almanac*, *American Ephemeris*. Leur nombre n'a jamais dépassé vingt-six et, finalement, nous ne conservons que les résultats des soirées d'au moins douze étoiles.

Sur le conseil de M. Bourget qui a lui-même réduit plusieurs séries, nous avons adopté la méthode de Cauchy pour la résolution du système d'équations fourni par chaque soirée.

Dans le Tableau suivant, toutes les soirées ont été groupées généralement par cinq, jamais distantes de plus d'un mois.

La première colonne donne les dates extrèmes, la deuxième le nombre de soirées, la troisième le nombre total d'étoiles observées, la quatrième la latitude moyenne déduite.

Dates. 1913-1914.	Soirées.	Étoiles.	$\mathcal{L}$.
			° ′ ″
Juin 12-18 (1913)...............	5	87	43.18.18,00
Juin 19-26....................	5	75	17,24
Juin 30-juillet 5	5	79	16,42
Juillet 8-22....................	5	88	16,31
Juillet 23-31	5	114	17,09
Août 8-22.....................	4	70	17,05
Octobre 17-novembre 7.........	5	73	17,01
Novembre 8-24................	5	89	17,37
Novembre 25-décembre 1er.......	5	89	17,09
Décembre 5-15	5	88	15,88
Décembre 16-janvier 10 (1914)....	5	86	16,61
Février 5-21....................	5	82	16,91
Février 23-mars 21.............	5	84	17,02
Mars 27-avril 1er..............	5	85	16,49
Avril 10-25...................	3	49	17,30

La moyenne de toutes les déterminations est de

$$43°18'16'',90.$$

Si on la ramène à la latitude du cercle méridien on obtient

$$43°18'16'',35.$$

Cette valeur est, pour ainsi dire, identique à celle qui résulte de l'ensemble des observations du nadir faites au cercle méridien même et qui est de

$$43°18'16'',34.$$

Un accord pareil est certainement fortuit. Néanmoins, il montre d'une manière incontestable la confiance que l'on peut avoir dans les observations faites à l'astrolabe à prisme.

CHIMIE PHYSIQUE. — *Sur la cause des anomalies présentées par la dissociation du bromhydrate d'amylène, et sur ses conséquences* ([1]). Note de M. **Alb. Colson**.

Avec Wurtz on a souvent rapproché la dissociation du perchlorure de phosphore de celle du bromhydrate d'amylène. Dans les deux cas les composants s'unissent volume à volume avec la même contraction, et quand on part du bromhydrate de triméthyléthylène chaque composé régénère identiquement ses constituants au-dessus de 160°. Mais ce bromhydrate, qui bout à 107°, ne manifeste son état d'équilibre qu'à la suite d'un chauffage prolongé ; d'autre part, quoique le seul carbure issu de son dédoublement soit le triméthyléthylène, sa dissociation échappe à la loi de masse ; car p et p_1, étant les pressions partielles respectives du carbure et du gaz bromhydrique et q celle du bromhydrate, la réaction isothermique

$$C^5H^{10} + HBr = C^5H^{11}Br$$

conduit à la condition de masse

$$\frac{pp_1}{q} = K \text{ (constante)}.$$

Or, d'après les expériences faites par M. Lemoine à 184° ([2]), et que j'ai vérifiées, la proportion de bromhydrate décomposé s'élève à 28 pour 100 sous la pression atmosphérique 760^{mm}, à 54 pour 100 sous la pression 76^{mm}, 10 fois plus faible au bout de 3 heures de chauffage.

Ces proportions donnent pour K des valeurs 64,6 et 29,56 fort différentes.

Après avoir constaté que l'écart entre ces nombres ne provient pas de l'attaque des récipients par le gaz HBr, comme on l'avait prétendu, j'ai cherché la cause de cette anomalie dans l'altération inaperçue de l'un des corps dissociés.

([1]) Ce travail a été effectué grâce à une subvention sur la fondation Loutreuil.
([2]) *Comptes rendus*, t. 112, 1891, p. 855.

Le triméthyléthylène au contact de H Br peut fournir deux bromhydrates
d'amylène

$$
\begin{array}{ccc}
\underset{\overset{\|}{CH^3-C-H}}{CH^3-C-CH^3} + HBr = &
\underset{\overset{|}{CH^3-C-H}}{\overset{Br}{\underset{|}{CH^3-C-CH^3}}} \quad \text{ou} &
\underset{\overset{|}{CH^3-C-H}}{\overset{H}{\underset{|}{CH^3-C-CH^3}}}
\end{array}
$$

C'est le premier qui bout à 107°. Je me suis demandé si sa vapeur, dissociée à 184°, ne donnerait pas à la longue une certaine quantité du second
isomère bouillant à 124°; de sorte que quatre corps au lieu de trois seraient
en présence, et que la formule de K deviendrait caduque.

Cette supposition trouve un appui dans les récentes expériences que j'ai
faites avec l'aide de Mlle Bouet.

Un ballon de 250$^{cm^3}$, surmonté d'un réfrigérant et renfermant 50^g du
liquide bouillant à 107°, a été maintenu pendant 15 heures dans un bain
chauffé à 164° de façon à renouveler la vapeur par reflux du liquide dans le
ballon. Dans ces conditions le point d'ébullition du bromhydrate s'est
élevé d'au moins 1°, différence qu'accentue fortement la distillation sous
pression réduite.

Cette altération paraît faible en regard de la durée de l'expérience; mais
cette faiblesse s'explique par ce que le reflux du liquide dans le ballon provoque le départ des vapeurs avant que leur transformation n'ait eu le temps
de s'accomplir.

La formation d'un bromhydrate moins volatil est encore confirmée par
l'étude des vitesses de saponification par l'eau du bromhydrate d'amylène
avant et après le chauffage. Ces vitesses diffèrent, en effet, avec les isomères.

Des solutions renfermant 1$^{cm^3}$ de bromhydrate dans 50$^{cm^3}$ d'éther ordinaire saturé d'eau ont été placées simultanément dans une enceinte à la
température de 18° à 20°, et le titrage de l'acide bromhydrique saponifié
par l'eau a été effectué à l'aide d'une solution de potasse décinormale. Avant
et après le chauffage, les vitesses de saponification, variables avec les isomères, ne sont plus les mêmes sur les échantillons vaporisés et changent
peu sur les corps maintenus à l'état liquide. Voici les résultats obtenus.

A étant la solution initiale, B la solution chauffée à 160°, C le liquide
maintenu 3 heures en vase clos à 184°, on trouve les résultats suivants :

		Durée (en heures).			
	76.	124.	168.	288.	355.
	cm³	cm³	cm³	cm³	cm³
A.....	3,4	7,5	10,5	16,3	18,5
Acidité. B.....	0,7	3,4	5,9	11,6	14,2
C.....	3,2	7,4	10,4	16,3	18,6

L'altération du liquide vaporisé B est manifeste et paraît bien être la cause d'une anomalie jusqu'ici inexpliquée. Elle montre le caractère physique de la loi de masse, qui est la condition à laquelle sont assujetties les pressions nécessaires au maintien d'un équilibre entre des masses variables *de corps dont la nature ne change pas* puisqu'elle est déterminée par une réaction réciproque

$$A + m B \rightleftharpoons n C,$$

par exemple.

Dans le cas du bromhydrate d'amylène, c'est le changement de nature du corps composé C qui empêche l'application de la loi de masse; dans d'autres actions réversibles, le même effet peut se produire par le changement de nature d'un composant.

Cette cause de perturbation paraît surtout fréquente dans les équilibres en dissolution, où les corps sont si souvent et si diversement dissociés. Elle marque l'importance des résultats obtenus par M. Boutaric dans ses recherches spectrophotométriques ([1]), où la vitesse de réaction n'est plus proportionnelle à la masse du corps dissous en décomposition, alors que la proportionnalité est de règle quand le solvant est sans action sur le corps dissous, ainsi qu'il arrive dans l'expérience de Wilhelmy concernant l'interversion du sucre de canne et considérée comme base indiscutable de la cinétique chimique.

CHIMIE PHYSIQUE. — *Anomalie d'élasticité des aciers au carbone corrélative de la transformation réversible de la cémentite.* Note de M. **P. Chevenard**, présentée par M. H. Le Chatelier.

En se basant sur les propriétés des ferro-nickels anomaux, on pouvait entrevoir, par analogie, l'existence, dans les aciers au carbone, d'une

([1]) *Comptes rendus*, t. 160, 1915, p. 711.

anomalie d'élasticité corrélative de la transformation magnétique ([1]) et de l'anomalie de dilatation de la cémentite ([2]). Pour vérifier cette prévision, j'ai entrepris, aux Aciéries d'Imphy, l'étude de la variation thermique du module de torsion μ d'une série d'aciers très purs, renfermant jusqu'à 1,5 pour 100 de carbone.

Le dispositif expérimental consiste en un pendule de torsion, dont le fil de suspension, d'un diamètre de $0^{mm},23$, est constitué par l'acier étudié ; ce fil peut être maintenu à une température donnée, parfaitement uniforme, à l'aide d'un four électrique à résistance. On mesure, pour chaque température, la durée d'un certain nombre de périodes d'oscillation ; et l'observation des élongations successives permet le calcul du décrément. La valeur adoptée pour le décrément est ramenée à l'amplitude initiale qui est uniformément $\pm$ 0,25 degré par centimètre de fil.

Les fils des différents aciers ont été préparés et recuits d'après une technique rigoureusement uniforme ; cette condition est indispensable pour obtenir des résultats comparables ; en effet ces résultats dépendent, au plus haut degré, de l'histoire thermique et mécanique des échantillons. En particulier, si l'on recherche l'influence du recuit sur la valeur du module à température ordinaire, d'un fil préalablement écroui, on observe que cette valeur croît avec la température du recuit, jusqu'à devenir stationnaire quand celle-ci atteint 700° : aussi tous les fils étudiés ont-ils subi, après tréfilage, ce recuit à 700°. C'est en raison de cette particularité que les courbes du décrément présentent, dans mes expériences, une allure totalement différente de celle révélée par les recherches de M. Félix Robin ([3]) et de M. Ch.-Eug. Guye ([4]), et que j'ai retrouvée sensiblement reproduite dans l'étude d'échantillons trempés ou écrouis, et recuits à des températures trop peu élevées.

Pour tous les aciers, le décrément est très faible quand la température de l'essai est inférieure à 300° ; la courbe torsion-couple se réduit alors, presque rigoureusement, à une droite, et la variation apparente du module a pour valeur le rapport inverse du carré des périodes à 0° et 15°. Mais, au delà de 300°, le décrément atteint une valeur considérable, qui demeure finie, quand la fréquence et l'amplitude diminuent ; en d'autres termes,

([1]) WOLOGDINE, *Comptes rendus*, t. 148, 1909, p. 776, et K. HONDA et H. TAGAKI, *Journ. Iron and Steel Instit.*, 1915.

([2]) P. CHEVENARD, *Comptes rendus*, t. 164, 1917, p. 1005.

([3]) F. ROBIN, *Journal de Physique*, 5ᵉ série, t. 2, p. 307.

([4]) CH.-EUG. GUYE, *Ibid.*, p. 63.

même pour des cycles très petits et parcourus très lentement, la courbe
torsion-couple présente une hystérésis notable et le module prend toutes
les valeurs comprises entre deux limites, d'autant plus écartées, que la température est plus élevée. Aussi, dans le graphique 1, les courbes en traits

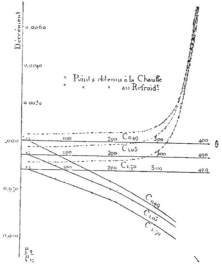

Fig. 1. — Décréments et modules de torsion. (Les nombres marqués sur l'axe des
ordonnées se rapportent à la courbe relative à l'échantillon de la plus basse teneur
en carbone; les autres courbes sont décalées pour éviter leur superposition.)

continus qui expriment, en fonction de la température, la variation du
rapport inverse du carré des durées ne représentent-elles la variation apparente du module que jusque vers 300°; au delà, elles s'infléchissent vers le
bas, en même temps que les courbes des décréments (traits et points) deviennent rapidement ascendantes.

Les courbes relatives au module accusent, vers 210°, point de Curie de la
cémentite, un coude d'autant plus apparent que la teneur en carbone est
plus forte; elles mettent ainsi en relief l'anomalie prévue. La forme de la
cémentite stable à chaud est plus dense et plus rigide que la forme stable
à froid.

Une étude très minutieuse de la courbe des décréments laisse entrevoir,
à la température de transformation de la cémentite, une incurvation à

peine perceptible, et qui aurait sûrement échappé à l'examen, s'il n'avait été
guidé par une idée préconçue. Cette irrégularité de la courbe est trop faible,
et le décrément dans cette région reste trop petit, pour que le calcul du
module en soit affecté.

En ce qui concerne ce dernier, et sous la condition d'une préparation

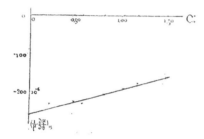

Fig. 2. — Variations thermiques des modules de torsion de divers aciers en fonction
de leur teneur en carbone.

identique des échantillons, les courbes, presque rectilignes, de variation du
module des différents aciers, deviennent, au delà de 210°, sensiblement
parallèles, et leur prolongement vers les basses températures marque, par
l'angle formé avec celles qui ont été déduites de l'expérience, l'intensité de
l'anomalie élastique de la cémentite.

Les valeurs de cette anomalie, pour des aciers de teneurs variées en
carbone, ont été à leur tour portées, dans la figure 2, en ordonnées, le carbone étant représenté par les abscisses ; le seul aspect du diagramme
conduit à formuler cette proposition vraie au moins en première approximation : *L'anomalie élastique des aciers, due à la transformation de la
cémentite, est proportionnelle à leur teneur en carbone.*

CHIMIE ORGANIQUE. — *Action de l'acide bromhydrique sur la cinchonine et
sur ses isomères : la cinchoniline, la cinchonigine et l'apocinchonine.*
Note de **M. E. Léger**, présentée par M. Ch. Moureu.

En faisant agir HBr sur la cinchonine, Zd.-H. Skraup obtint le corps
$C^{19}H^{23}BrN^2O$, $2HBr$ ([1]). Il m'a paru intéressant de rechercher comment
se comporterait HBr vis-à-vis des isomères de la cinchonine. Se formerait-il

([1]) *Ann. der Chem.*, t. 201. p. 291.

un seul et même composé ou obtiendrait-on des produits d'addition différents?

En 1900, Skraup, H. Copony et G. Médanich ([1]) firent agir au bain-marie HBr sur la cinchonigine (β-isocinchonine) et obtinrent le bibromhydrate d'une base hydrobromée fusible à 174°. L'hydrobromocinchonine, selon ces auteurs, fondrait à 175°; ils conclurent à l'identité des deux bases hydrobromées.

Cependant, en 1901, F. Langer ([2]) constate que l'hydrobromocinchonine fond à 182°, ce qui est en contradiction avec les données de Skraup et de ses collaborateurs.

En 1904, Skraup et R. Zweiger ([3]), ayant fait agir HBr sur la cinchoniline (α-isocinchonine) obtinrent une base hydrobromée fusible à 187°-188°, nombre qui, disent-ils, diffère à peine de celui qui exprime le point de fusion de l'hydrobromocinchonine. Pour tirer une telle conclusion, il est clair que Skraup et Zweiger font état du point de fusion 182° trouvé par Langer pour ce dernier composé. Il n'en reste pas moins que l'hydrobromocinchonigine, qui fondrait à 174°, selon Skraup et ses collaborateurs, doit être un composé différent des deux autres bases hydrobromées dérivées de la cinchonine et de la cinchoniline.

On voit donc qu'une certaine confusion règne encore sur ces questions, c'est ce qui m'a engagé à en reprendre l'étude; dans celle-ci, j'ai utilisé surtout, comme caractère distinctif, les pouvoirs rotatoires des bibromhydrates des bases hydrobromées.

A l'exemple de von Cordier et von Löwenhaupt ([4]), j'ai préparé les bibromhydrates des bases hydrobromées en chauffant au bain-marie le bibromhydrate de la cinchonine ou de ses isomères avec HBr (densité 1,49). La réaction avec la cinchonigine est beaucoup plus lente qu'avec les autres bases.

Les bibromhydrates ont été purifiés par des cristallisations systématiques dans l'alcool à 50°. Il est facile d'y doser les 2HBr qui servent à salifier les hydrobromobases en opérant, au sein de l'alcool, un titrage acidimétrique en présence de phénol-phtaléine ([5]).

([1]) *Monat. f. Chem.*, t. 21, p. 512.

([2]) *Ibid.*, t. 22, p. 151.

([3]) *Ibid.*, t. 23, p. 894.

([4]) *Ibid.*, t. 19, p. 46.

([5]) Les analyses et les détails de préparation seront publiés dans un autre Recueil.

Les quatre bibromhydrates étudiés se ressemblent complètement; ce sont de petits prismes incolores, anhydres, peu solubles dans l'eau, surtout en présence de H Br. Les pouvoirs rotatoires dans l'eau, à la dilution de 2 pour 100 environ, ont donné :

Bibromhydrate d'hydrobromocinchonine............ $\alpha_D = +149°,1$
»   d'hydrobromocinchoniline........... $\alpha_D = +148°$
»   d'hydrobromocinchonigine.......... $\alpha_D = +148°,5$
»   d'hydrobromoapocinchonine......... $\alpha_D = +145°$

Les eaux mères de la cristallisation dans l'alcool à 50° du bibromhydrate d'hydrobromocinchonine fournissent un sel dont $\alpha_D = 141°,5$, c'est-à-dire peu inférieur à celui donné par le sel provenant de la première cristallisation. Par contre, dans les eaux mères hydroalcooliques des deux derniers sels, on rencontre un bibromhydrate avec $\alpha_D = +127°,3$ dans le premier cas et $+128°,6$ dans le second, identique par conséquent dans les deux cas.

L'hydrobromocinchonine peut se combiner avec 2HI, 2HCl ou 2NO³H pour donner des sels cristallisés en prismes courts, peu solubles dans un excès de ces divers acides. Le biiodhydrate est jaunâtre, les deux autres sels sont incolores.

L'acide HBr ne se borne pas à se fixer sur la cinchonine ou sur ses isomères, il exerce une autre action dont l'effet est la production de bases isomères de la cinchonine. Quand on prolonge la durée de l'action, c'est le phénomène d'addition qui prédomine. En limitant à 2 ou 3 heures la durée de cette action, la production des isomères, sans être jamais considérable, est augmentée.

Cordier et Löwenhaupt (loc. cit.) ont retiré des eaux mères bromhydriques provenant de l'action de HBr sur la cinchonine : 1° la δ-cinchonine, 2° la cinchoniline, 3° l'hydrocinchonine, base qui, certainement, préexistait dans la cinchonine employée. D'autre part, Langer (loc. cit.) n'a pu constater la présence de la δ-cinchonine, mais a trouvé la cinchonigine et la cinchoniline ainsi qu'une base fusible à 253°; ces contradictions nécessitaient donc de nouvelles études.

J'ai pu retirer de ces eaux mères et caractériser nettement : 1° la cinchonigine, 2° la δ-cinchonine, 3° l'apocinchonine, 4° la cinchoniline en faible quantité, 5° une base amorphe ainsi que ses sels, base isomère de la cinchonine, à laquelle j'ai donné le nom de cinchonirétine.

Les eaux mères de la préparation des autres bibromhydrates renfermaient les mêmes bases; seules les proportions variaient.

Avec la cinchonigine et l'apocinchonine je n'ai pu trouver la cinchoniline dans les eaux mères des bibromhydrates de leurs dérivés hydrobromés. Jamais je n'ai pu caractériser l'hydrocinchonine ou une base fusible à 253°.

En résumé, H Br en agissant sur la cinchonine et sur ses isomères produit deux phénomènes : 1" il y a addition de H Br ; mais, si les quatre bases examinées donnent le même composé, avec la cinchonigine et l'apocincho-nine (allocinchonine), il y a production simultanée d'une base hydro-bromée différente de l'hydrobromocinchonine, base que je propose de nommer *hydrobromoapocinchonine*; 2° H Br produit des phénomènes d'iso-mérisation.

PARASITOLOGIE. — *Sur un nouveau* Cyrnea *de la Perdrix*. Note (¹) de M. C. Rodrigues Lopez-Neyra, présentée par M. Edmond Perrier.

En 1914, Seurat a établi le genre *Cyrnea* pour un parasite trouvé dans le ventricule succenturié de la Perdrix rouge de Corse (²). Cet intéressant type de Spiroptère, vivant dans des galeries creusées dans la tunique moyenne du gésier des Oiseaux, entre l'assise musculaire et le revêtement corné, est caractérisé par le déplacement de la vulve vers la région posté-rieure du corps.

Au cours de nos recherches helminthologiques dans le midi de l'Espagne, nous avons trouvé de nombreux exemplaires mâles et femelles d'un *Cyrnea*, dans le gésier de la Perdrix rouge, qui ne nous semble pas avoir été signalé et que nous allons décrire sous le nom de *Cyrnea Seuratii*, en l'honneur de M. Seurat (d'Alger), éminent spécialiste de Nématodes.

Cyrnea Seuratii n. sp. Corps robuste, blanc et translucide, laissant appa-raître par transparence la coloration sanguinolente de l'intestin ; cuticule épaisse finement striée transversalement. Cellules musculaires longues, étroites, donnant l'apparence d'une striation longitudinale. Bouche limitée par deux fortes lèvres latérales, à bord externe arrondi, présentant sur leur face interne des épaississements dentiformes ; une lèvre dorsale et une lèvre ventrale, à bord libre fortement échancré. Pas d'ailes latérales.

(¹) Séance du 17 décembre 1917.
(²) L.-G. Seurat, *Sur un nouveau parasite de la Perdrix rouge* (*Comptes rendus de la Soc. de Biol.*, t. 66, 1914, p. 290-393).

Mâle (*fig.* 1). — La longueur du mâle varie de 8^{mm} à 13^{mm},6. Épaisseur

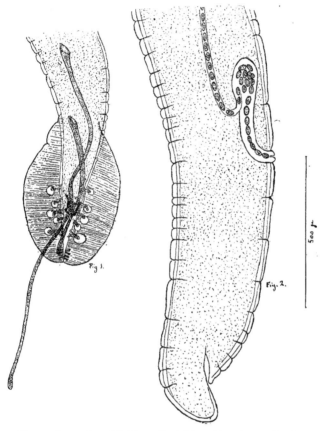

Fig. 1. — *Cyrnea Seuratii* Rodrigues. Extrémité postérieure du corps du mâle,
montrant la bursa.

Fig. 2. — Extrémité du corps de la femelle (vue latéralement). Le vestibule avec des œufs.
(Le grossissement est indiqué par l'échelle 5oo$^\mu$.)

maxima de 3oo$^\mu$ à 36o$^\mu$. Cavité buccale de 5o$^\mu$ à 6o$^\mu$; l'œsophage musculaire, entouré vers son milieu par l'anneau nerveux, mesure 28o$^\mu$ à 39o$^\mu$;

la longueur totale de l'œsophage de 2^{mm} à 3^{mm}, 2 est le quart de celle du corps. Pore excréteur ventral, situé de 270^{μ} à 320^{μ} de l'extrémité céphalique, au niveau des papilles, très en arrière, par conséquent, de l'anneau nerveux.

Queue non enroulée; bursa étalée, à ailes fortement striées transversalement; sa longueur (410^{μ} à 550^{μ}) est de beaucoup supérieure à l'envergure des deux ailes (275^{μ} à 390^{μ}). Neuf paires de papilles longuement pédonculées, dont trois préanales; les cinq paires de papilles antérieures sont entourées d'une zone cuticulaire non striée, dont la cinquième est la plus longuement pédonculée; des six paires de papilles postanales, quatre sont groupées vers l'extrémité caudale. Pas de papilles, en avant du cloaque.

Le spicule gauche, de 1250^{μ} à 1390^{μ}, est seulement trois fois plus grand que le spicule droit (450^{μ} à 500^{μ}). Gorgeret de 65^{μ} à 70^{μ}, à bords externes épaissis.

Femelle (*fig.* 2). — La longueur totale oscille entre 13^{mm} et 17^{mm}; épaisseur au niveau de la vulve de 320^{μ} à 420^{μ}. Queue courte régulièrement atténuée, arrondie à son extrémité, mesurant de 140^{μ} à 180^{μ}.

Vulve non saillante, située de 700^{μ} à 950^{μ} en avant de l'anus; ovéjecteur du type de celui du *Spirocerea sanguinolenta* Rud. de l'*Habronema muscæ* Dierling et du *Physocephalus sexalatus* Molin. Le vestibule petit, piriforme, à col court, remonte vers l'avant et mesure de 300^{μ} à 420^{μ} de longueur; il renferme un très petit nombre d'œufs larvés (15 à 20) : le sphincter tubuliforme est accolé intimement au vestibule dans sa région initiale; il se jette obliquement dans le vestibule et renferme une série linéaire d'œufs. OEufs à coque épaisse, mesurant 45^{μ}-48^{μ} de longueur sur 25^{μ}-26^{μ} de diamètre transversal.

Habitat. — Galerie établie sous la tunique cornée du gésier de la Perdrix rouge (*Caccabis rufa* L.); Granada (Espagne); janvier et février 1917; très fréquente (19 fois sur 50 exemplaires observés).

Affinités. — L'espèce que nous venons de décrire présente bien des affinités avec le *Cyrnea eurycerca* Seurat; il en diffère, par sa taille supérieure, par la longueur relative, plus faible de l'œsophage, par la conformation de la bursa, la longueur relative des spicules et par la longueur et la conformation du vestibule et des œufs.

	Cyrnea eurycerca Seurat.		Cyrnea Seuratii Rodrigues.			
	♂.	♀.	♂.	♂.	♀.	♀.
Longueur totale...............	7600$^\mu$	»$^\mu$	8000$^\mu$	13600$^\mu$	13600$^\mu$	16940$^\mu$
Épaisseur maxima.............	250	»	320	360	375	415
Épaisseur au niveau de la vulve..	»	335	»	»	340	490
Distance de l'extrémité céphalique du pore excréteur...........	280	»	275	320	»	»
Distance de l'anus à la vulve.....	»	720	»	»	700	950
Cavité buccale.................	55	»	55	58	50	57
Œsophage musculaire.........	285	»	280	390	270	315
Œsophage entier..............	2500	»	2000	3130	2400	2920
Rapport de la longueur totale à celle de l'œsophage.........	3	»	4	4	5	5
Gorgeret.....................	70	»	65	68	»	»
Spicule droit.................	380	»	450	500	»	»
Spicule gauche...............	1680	»	1250	1390	»	»
Rapport de la longueur du spicule gauche à celle du droit.......	44	»	3	2	»	»
Bursa; longueur..............	290	»	450	550	»	»
Bursa; largeur...............	250	»	250	390	»	»
Longueur du vestibule.........	»	1050	»	»	325	420
Œufs.......................	»	42 × 18	»	»	45 × 25	48 × 26
Queue.......................	»	285	»	»	240	180

ZOOLOGIE. — *Contribution à l'étude de la larve de l'*Hippospongia equina *des côtes de Tunisie.* Note ([1]) de MM. C. VANEY et A. ALLEMAND-MARTIN, présentée par M. E.-L. Bouvier.

Malgré l'importance de la pêche des éponges en Tunisie, dont la production annuelle est évaluée à plus de deux millions de francs, nos connaissances sur la reproduction des espèces commerciales ordinaires sont encore bien sommaires. Les données fournies par l'un de nous ([2]) sur la biologie et la période d'émission de la forme larvaire de l'*Hippospongia equina* var. *elastica* Lendenfeld ont permis au Service des Pêches de fixer, sur des bases scientifiques, les limites de la période d'interdiction de la pêche des éponges sur les côtes de la Régence ([3]). Nous venons de reprendre l'étude

---

([1]) Séance du 7 janvier 1918.

([2]) A. ALLEMAND-MARTIN, *Étude de physiologie appliquée à la spongiculture sur les côtes de Tunisie.* Tunis, 1906.

([3]) DE FAGES et PONZEVERA, *Les pêches en Tunisie*, 2ᵉ édition, Tunis, 1908.

plus complète de cette larve appartenant à l'espèce commerciale la plus commune des côtes de Tunisie.

Les larves de cette *Hippospongia* sortent des oscules de l'éponge mère de fin mars à la troisième semaine de juin et ont leur maximum d'émission, en général, vers la deuxième quinzaine du mois de mai de chaque année. Les faibles différences constatées dans l'époque de cette émission sont en relation avec des variations climatériques. Ces larves ont un corps ovoïde, blanc jaunâtre, ayant $0^{mm},60$ à $0^{mm},65$ de longueur et $0^{mm},42$ à $0^{mm},48$ de plus grande largeur. Elles se déplacent suivant leur grand axe, la petite extrémité étant dirigée en avant. La région postérieure élargie est encerclée par un anneau pigmenté noirâtre bien marqué. Des taches pigmentaires se trouvent parfois dans la partie antérieure et sur le pourtour du corps, mais elles n'ont pas la constance de l'anneau postérieur, qui existe chez tous les exemplaires recueillis. La larve est entièrement recouverte de cils courts, sauf dans l'aire limitée par l'anneau pigmenté postérieur, où se trouvent de nombreux flagelles ou cils très longs atteignant parfois le tiers de la longueur du corps; ceux-ci sont animés de mouvement ondulatoire et servent d'organes de propulsion.

La larve d'*Hippospongia equina* fuit la lumière solaire trop vive et vient se localiser dans les endroits à l'ombre, ne recevant qu'un faible éclairement; mais elle ne recherche pas l'obscurité complète. Cette forme larvaire est très sensible aux changements du degré de salinité de l'eau de mer dans dans laquelle elle vit. Des températures de l'eau supérieures à 25° C. ou inférieures à 8° C. lui sont funestes; l'optimum de température est compris entre 15° et 17° C. Dès que les conditions biologiques deviennent défavorables, la larve présente des contractions dans la région moyenne du corps; ces déformations persistent après l'action des liquides fixateurs.

L'examen microscopique de coupes de larves montre que le corps est entièrement massif, limité sur tout son pourtour par un épithélium cylindrique à très petits éléments, de même structure sur toute la périphérie, mais portant, suivant les régions, soit des cils courts, soit des flagelles ou cils très longs. Les éléments épithéliaux renferment de nombreuses et très petites granulations pigmentaires brun jaunâtre. Dans l'anneau postérieur les granulations de pigment sont très denses et noirâtres; elles sont localisées vers la périphérie des cellules épithéliales et leur amas fait parfois saillie à l'extérieur. C'est à ce niveau que commencent les grandes flagelles qui couvrent non seulement la partie externe de l'anneau pigmenté, mais encore toute l'aire postérieure circonscrite par lui.

Sous l'épithélium cilié externe se trouve une zone renfermant plusieurs assises de noyaux très rapprochés les uns des autres. Tout le reste du corps de la larve est occupé par des cellules en général fusiformes, de plus grande taille que les autres éléments; elles sont très nombreuses et remplissent tout l'espace limité extérieurement par l'épithélium cilié doublé par la zone pluri-nucléaire. Quoique le pôle à grands flagelles soit fréquemment déprimé, et malgré les apparences de préparations *in toto*, il n'existe aucune cavité interne dans cette forme larvaire.

Dans la masse centrale du corps est tendu tout un lacis de fibrilles mus-culaires, et l'orcéine acidulée permet aussi d'y déceler d'assez nombreuses fibrilles élastiques. La disposition de ces diverses fibrilles musculaires et élas-tiques rend possible les contractions de la larve observées soit sur le vivant, soit sous l'action de réactifs fixateurs.

Dans certaines coupes de larves nous observons, en quelques points de la masse centrale, des condensations de cellules fusiformes.

L'organisation de la larve d'*Hippospongia equina* var. *elastica* est, par suite, assez complexe; mais elle rappelle dans ses grandes lignes celle déjà signalée chez d'autres larves d'Éponges non calcaires. Chez cette forme, l'épithélium cilié et la zone plurinucléaire se retrouvent sur tout le pourtour du corps.

BACTÉRIOLOGIE. — *De la recherche des bacilles d'Eberth et paratyphiques* B *dans les eaux.* Note de MM. F. Diénert, A. Guillerd et Mme Antoine Leguen, présentée par M. Roux.

Dans une précédente Note (¹) l'un de nous a montré avec M. Mathieu qu'en employant le bouillon au vert malachite, on pouvait isoler les bacilles typhique et paratyphique B des eaux. Depuis cette époque, cette méthode étant entrée définitivement dans la pratique quotidienne de la surveillance des eaux de Paris, voici comment nous opérons :

On filtre plusieurs litres d'eau sur bougie collodionnée pour concentrer les germes. Avec 50^{cm³} d'eau physiologique stérile on remet en suspension le dépôt retenu à la surface du filtre.

Cette eau de lavage est ensemencée dans 50^{cm³} d'eau peptonée à 6 pour 100 additionnée de 3^{cm³} de bile stérile et de 2^{cm³},5 d'une solution de vert mala-chite à $\frac{1}{200}$. Le tout est mis à l'étuve à 37°. Après 24 et 48 heures on isole les colonies cultivées sur ce milieu de la façon suivante :

_____

(¹) *Comptes rendus*, t. 164, 1917, p. 124.

On prend cinq tubes contenant 25^{cm^3} de gélose fraîchement additionnée de plomb ([1]) qu'on fait fondre au bain-marie à 46°. On plonge alors un fil de platine dans le bouillon cultivé au vert malachite, et on le trempe successivement dans chacun des cinq tubes de gélose au plomb sans recharger le fil. On agite ces tubes pour répartir les microbes ensemencés dans la masse, puis on les coule sur plaques de Pétri. D'autre part, on a fait fondre à 46° cinq tubes de 40^{cm^3} de gélose ordinaire. Quand la gélose au plomb s'est solidifiée dans les plaques de Pétri, on coule dessus la gélose ordinaire afin de permettre la culture des bacilles dans la gélose au plomb en milieu anaérobie. On place les plaques à la température de 37°, et l'on suit le développement des colonies.

Les bacilles d'Eberth et les paratyphiques B donnent des colonies brunes entourées d'une auréole plus pâle, tandis que le bacillus coli donne une colonie à peine brune et sans auréole. Il se développe également des bacilles pyocyaniques ayant à peu près la même apparence que le para B.

On isole les colonies brunes auréolées, et on les différencie en ensemençant sur bouillon peptoné pour la recherche de l'indol et l'agglutination;

Sur gélose inclinée pour faire la coloration de Gram;

Sur gélose glucose rouge neutre;

Sur gélose lactose tournesol;

Sur lait tournesolé.

La méthode, ainsi modifiée, permet de déceler le bacille typhique et paratyphique B, d'une façon à peu près certaine dans 50^{cm^3} d'eau de Seine prise à Paris. Antérieurement nous ensemencions sur gélose lactose tournesol au lieu de gélose au plomb, et les résultats étaient moins bons.

Pour déceler 10 bacilles typhiques ou paratyphiques il avait fallu isoler 347 colonies sur gélose lactose tournesol, et seulement 64 colonies sur gélose au plomb d'après la méthode indiquée dans cette Note.

ANATOMIE PATHOLOGIQUE. — *Épidermisation anormale après balnéation aux hypochlorites.* Note de M. **Pierre Masson**, présentée par M. Roux.

Il est d'observation courante que l'épidermisation des plaies ne se poursuit pas toujours avec régularité. Les infections entravent le recou-

---

([1]) On met $0^{cm^3},5$ de sous-acétate de plomb du codex au $\frac{1}{10}$ pour 10^{cm^3} de gélose.

vrement épidermique ou même font régresser le liseré et l'on a pu dire à juste titre que la plupart des plaies atones sont des plaies infectées. Le bien-fondé de cette opinion est particulièrement frappant dans le cas des plaies fistuleuses.

D'autres faits cependant ne peuvent être interprétés de la même façon.

Après un traitement prolongé de certaines plaies par les hypochlorites de Na et de Mg, on observe des arrêts prolongés ou définitifs dans la progression du liseré, alors que l'examen bactériologique ne dénote aucune pullulation de germes. Si l'on continue le traitement, on voit parfois les bords du diaphragme épithélial se soulever en un petit bourrelet. Dès lors, il faudra un temps très long pour que la cicatrisation reprenne son cours et le plus souvent, après quelques semaines d'attente, le chirurgien lassé pratique l'excision de la plaie que suit habituellement une guérison rapide.

Ayant eu l'occasion d'examiner histologiquement un certain nombre de ces plaies à cicatrisation bloquée au cours d'un traitement par les hypochlorites, j'ai pu faire un certain nombre de constatations qui me paraissent conduire à des indications pratiques.

Les lésions du blocage. — On observe un *vieillissement* de toute la bordure épidermique, vieillissement d'autant plus avancé qu'on se rapproche du centre de la plaie. En cette région, l'épiderme se kératinise dans toute son épaisseur, reste longtemps en place, puis s'exfolie et laisse à nu le derme néoformé. Il y a donc arrêt puis régression du liseré, le tout commandé par une perte locale de l'aptitude multiplicatrice des éléments de la couche basale.

L'épiderme voisin présente un état verruqueux. Il est anormalement épais, ses papilles sont anormalement larges et longues. Ces lésions expliquent le bourrelet.

Un examen plus approfondi montre des altérations cytologiques très marquées et constantes : cellules malpighiennes très volumineuses, hypertrophiées et dont les dimensions sont encore accrues dans certains cas par un gonflement œdémateux; développement excessif des filaments unitifs; hypertrophie et hyperchromasie des noyaux, souvent doubles.

Certains bourrelets montrent une atteinte encore plus profonde. Leurs cellules présentent des phénomènes de parakératose à localisation variable. Tantôt la parakératose est monocellulaire et disséminée dans toute l'épaisseur du massif malpighien de la surface et des papilles. L'épiderme prend alors l'aspect classique de la psorospermose.

Tantôt la transformation cornée se fait autour d'un point axial et dessine un globe épidermique.

Dans un cas, le bourrelet était formé par un amas de travées anastomosés et l'axe de certaines était occupé par de véritables globes cornés. Cet aspect s'étendait à tout le pourtour du rebord épidermique de la plaie qui mesurait 10^{cm} de long sur 2^{cm} de large, et donnait à toute cette région les caractères d'un cancroïde au début.

Dans deux observations la marche du liseré épidermique avait repris, laissant derrière elle, profondément enfoncées, des papilles profondes, irrégulières, d'aspect bourgeonnant et bourrées de globes épidermiques.

Ces lésions diverses expliquent assez bien l'arrêt du recouvrement épidermique. La première en date est l'arrêt dans la multiplication cellulaire de la couche génératrice dans les portions les plus internes du liseré. Il en résulte un vieillissement et la transformation cornée de toute la portion extrême de l'épithélium. C'est justement celle-ci qui est le plus exposée par sa jeunesse, par sa fragilité et aussi parce qu'elle est en contact avec l'hypochlorite non seulement par sa face supérieure, mais par son bord et même par sa face profonde facilement décollable.

Ce rebord vieilli restant en place, le glissement des portions voisines restées vivaces ne peut plus se faire. Leur immobilité est d'ailleurs favorisée par le développement anormal de leurs filaments d'union. Les cellules néoformées en cette région de régénération, ne pouvant s'étaler en surface, s'entassent. D'où formation d'un relief superficiel et de papilles plus ou moins profondément enfoncées.

Si le processus irritatif est plus marqué, les anomalies cellulaires sont plus prononcées et aboutissent à des formes épithéliales telles qu'on les rencontre dans les lésions précancéreuses et les cancers.

Or ces lésions, ébauchées déjà dans les plaies fistuleuses, semblent être à leur maximum dans certaines plaies traitées par les hypochlorites (trois à six semaines); *je les ai observées dans sept bourrelets sur sept*. Elles sont en tout comparables à celles que présentent certaines radiodermites ulcérées anciennes.

Conclusions. — Les irritations déterminées par l'emploi prolongé des hypochlorites provoquent parfois un arrêt de l'épidermisation et des lésions épidermiques caractéristiques des états précancéreux.

Ces faits constatés, les indications thérapeutiques en découlent d'elles-mêmes.

Lorsque la suture primitive sera impossible et que la désinfection par les hypochlorites sera jugée nécessaire, il sera prudent de réduire le plus possible la durée de leur emploi et de laisser au besoin aux défenses naturelles le soin d'achever la besogne commencée par eux.

Dès que l'état bactériologique l'indiquera, il sera bon de pratiquer la suture après excision aussi large que possible du liseré et, lorsque les circonstances le permettront, de toute la peau régénérée.

Je conseillerais même la résection de toute cicatrice spontanément épidermisée après traitement par les hypochlorites, pour peu que son recouvrement ait subi des à-coups.

Les lésions telles que celles que je viens de décrire sont suspectes. Je ne connais pas leur sort ultérieur, mais il vaut mieux ne pas les laisser évoluer. Par les formations analogues que présentent les vieux ulcères, les brûlures et les radiodermites, nous savons trop leur danger.

A 16 heures et quart l'Académie se forme en comité secret.

La séance est levée à 17 heures et quart.

A. Lx.

ERRATA.

(Séance du 7 janvier 1918.)

Note de M. *S. Lattès*, Sur l'itération des substitutions rationnelles et les fonctions de Poincaré :

Page 28, ligne 6 : dans la formule (2) au numérateur, *au lieu de* $(z^2-1)^2$, *lire* $(z^2+1)^2$.

ACADÉMIE DES SCIENCES.

SÉANCE DU LUNDI 21 JANVIER 1918.

PRÉSIDENCE DE M. Léon GUIGNARD.

MÉMOIRES ET COMMUNICATIONS
DES MEMBRES ET DES CORRESPONDANTS DE L'ACADÉMIE.

PHYSIOLOGIE VÉGÉTALE. — *Influence des sels métalliques sur la germination en présence de calcium.* Note de MM. **L. Maquenne** et **E. Demoussy**.

Dans une précédente Note ([1]) nous avons démontré que les graines de pois en germination sont moins sensibles à l'action nocive des métaux lourds qu'à l'influence favorisante du calcium. Cette conclusion paraissant en désaccord avec les idées régnantes au sujet de la toxicité du cuivre, nous avons cru devoir répéter nos essais en nous plaçant dans les mêmes conditions que les auteurs qui nous ont précédés, c'est-à-dire en faisant usage d'eau légèrement séléniteuse, comparable par sa richesse en calcium à celle qu'on obtient par distillation et stérilisation dans le verre.

Les expériences rapportées ci-après ont été faites comme il a été dit antérieurement, c'est-à-dire par séries de 10 graines (pois), disposées dans des soucoupes de porcelaine sur 40^g de sable, humecté de 10^{cm^3} de liquide, eau pure ou solution. Dans la moitié des germoirs les substances actives étaient additionnées d'une quantité constante de sulfate de calcium, soit $0^{mg},5$ pour 10 graines; dans les expériences relatives au strontium et au baryum, ce sel a été remplacé par la quantité équivalente de chlorure.

Le calcium était ainsi offert à la jeune plante sous forme de solution à environ 15 millionièmes : c'est une concentration qui, vu l'extrême activité de ce métal, peut paraître un peu forte, mais on remarquera que, le volume total du liquide étant limité à 10^{cm^3} par soucoupe, la quantité absolue de

---

([1]) *Comptes rendus*, t. 165, 1917, p. 45.

calcium qui s'y trouve mise à la disposition de chaque plantule ne représente qu'une très faible fraction, environ $\frac{1}{8500}$, du poids de la graine sèche
initiale.

Les substances actives ont été employées en proportions variables,
généralement inférieures à celles reconnues comme toxiques dans l'eau
exempte de chaux; ces proportions sont indiquées dans le Tableau suivant en milligrammes pour 10 graines; les longueurs des racines, exprimées
en millimètres, sont la moyenne de 20 mesures effectuées après 6 jours de
germination. Le premier nombre est relatif à la culture sans calcium, le
second à la culture en présence de $0^{mg},5$ de $CaSO^4$ ou $0^{mg},4$ de $CaCl^2$.

Pour chacun des sels essayés, les expériences avec et sans calcium ont été
conduites simultanément, par conséquent à la même température ($18°$ à $23°$
suivant les séries) et dans des conditions aussi identiques que possible;
toutes les solutions ont été préparées dans le quartz, avec de l'eau pure
conservée dans le platine.

NaCl................	0	10	20	50
Longueur des racines...	20-64	34-48	29-43	30-38
KCl................	0	10	20	50
Longueur des racines...	28-75	33-51	33-45	31-31
Am²SO⁴.............	0	10	20	50
Longueur des racines...	26-79	34-49	34-40	26-30
SrCl².............	0	1	2	5
Longueur des racines...	24-75	34-65	35-54	30-45
BaCl².............	0	0,25	0,5	1
Longueur des racines...	24-69	28-71	29-68	24-64
MgSO⁴.............	0	2	5	10
Longueur des racines...	23-68	24-47	25-38	25-37
ZnSO⁴.............	0	0,1	0,25	0,5
Longueur des racines...	26-75	28-72	28-63	30-59
MnCl².............	0	1	2	5
Longueur des racines...	25-77	33-70	37-69	39-56
PbCl².............	0	0,1	0,25	0,5
Longueur des racines...	26-76	25-80	26-65	26-47
CuSO⁴.............	0	0,1	0,25	0,5
Longueur des racines...	25-64	26-51	25-41	20-26

De l'examen de ces chiffres il ressort nettement que la présence d'un sel
quelconque, en proportion voisine de sa dose nuisible dans l'eau pure, gêne
et amoindrit l'action favorable qu'exerce le calcium lorsqu'il est seul. En

effet, à part seulement deux exceptions, de peu d'importance et vraisemblablement fortuites, qui s'observent pour le chlorure de baryum, à la dose de $0^{mg},025$ par graine, et le chlorure de plomb, à la dose de $0^{mg},01$, l'allure de la courbe qui représente la longueur des racines en fonction du poids de matière active employée est partout la même : en présence de calcium toujours descendante, en son absence ascendante ou horizontale à l'origine, suivant que le métal est favorable, comme Sr, Mn et les métaux alimentaires, ou toxique, comme Pb et Cu.

L'effet est particulièrement net avec le sulfate de cuivre qui, à la dose de $0^{mg},01$ ou $0^{mg},025$ par graine, n'agit pas défavorablement lorsqu'il est seul, tandis qu'il réduit la longueur des racines d'un quart et d'un tiers en présence de $0^{mg},05$ de sulfate de chaux; dans les mêmes conditions, mais en proportion double, avec $0^{mg},05$, le même composé, peu actif dans l'eau pure, devient encore plus nuisible, tellement qu'il arrive à compenser d'une façon presque exacte l'action favorisante de la chaux qui l'accompagne.

Le rôle protecteur que joue le calcium vis-à-vis du cuivre a donc sa réciproque, et il est évident que c'est parce qu'on a toujours opéré jusqu'ici dans des milieux plus ou moins chargés de chaux que le cuivre a été considéré comme plus toxique qu'il ne l'est en réalité. Et il est bien curieux de voir que le plomb, le zinc et, à une dose en vérité 100 à 200 fois plus forte, le potassium, l'ammonium et le magnésium se comportent exactement de la même manière que le cuivre. La compensation dont nous venons de parler est totale dans le cas du chlorure de potassium à la dose de 5^{mg} par graine, elle est presque exactement réalisée avec le même poids de sulfate d'ammoniaque et l'on ne voit guère de raison pour qu'il en soit autrement avec les sels que nous n'avons pas expérimentés. Il s'agit donc là d'un phénomène d'ordre tout à fait général, ce qui nous autorise à dire que les différents métaux, toxiques ou alimentaires, peu importe, fonctionnent au cours de la germination comme antagonistes du calcium, au même titre et sans doute pour les mêmes raisons que le calcium fonctionne à leur égard comme antitoxique.

Cette action antitoxique, déjà reconnue depuis longtemps sur le cuivre et le magnésium, et signalée plus récemment par Mlle Th. Robert vis-à-vis du potassium et de l'ammonium, semble d'ailleurs être absolument générale, tant que la dose de matière active ne dépasse pas une certaine limite qui n'a été atteinte dans aucune des expériences précédentes.

Il résulte de là, ce qui est d'accord avec toutes les observations faites avant nous, que l'action physiologique d'un mélange est loin d'être égale à la somme des actions que chacun de ses composants exercerait s'il était seul, et aussi cette conséquence, à première vue paradoxale et complètement inattendue, que les métaux actifs paraissent plus toxiques en présence de chaux que dans l'eau pure.

Ce sont là des considérations fondamentales dont il sera désormais nécessaire de tenir compte dans toutes les recherches semblables à celles qui nous occupent ici. Nous venons de voir qu'il peut, si on les néglige, en résulter des erreurs dans l'évaluation de la toxicité d'un sel, l'obligation déjà signalée par nous de ne faire usage dans ces travaux que d'eau pure et de vases inattaquables par l'eau en découle tout naturellement.

Disons en terminant que, d'après les quelques observations que nous avons pu faire sur d'autres espèces de graines, le blé se comporte exactement de la même manière que les pois, notamment par son extraordinaire sensibilité à l'influence du calcium qui, pour une graine récoltée l'année précédente et à la dose de $0^{mg},005$ de sulfate seulement, augmente des deux tiers en six jours la longueur des racines qui se forment pendant le même temps dans l'eau pure.

THÉRAPEUTIQUE. — *De quelques modifications au traitement de la tuberculose pulmonaire par les inhalations antiseptiques.* Note (¹) de MM. CHARLES RICHET, P. BRODIN et F. SAINT-GIRONS.

Les méthodes d'inhalations médicamenteuses que nous avons mises en œuvre (à l'hôpital militaire de la Côte Saint-André, Isère) dans la tuberculose ouverte diffèrent des méthodes usitées à présent, moins peut-être dans leur emploi isolément considéré que dans le groupement des quatre dispositions suivantes, que nous croyons pourtant à peu près nouvelles (²) :

1° Nous faisons inhaler aux malades une vapeur antiseptique *anhydre*. L'air passe sur le corps antiseptique, lequel est dissous dans l'huile de vaseline, et non dans l'eau, de sorte que l'air qui arrive aux poumons est de l'air sec et non de l'air humide (défavorable). Cet air peut être chauffé, en chauffant l'excipient vaseline, de sorte que l'inhalation est celle d'un air sec et chaud.

_____

(¹) Séance du 14 janvier 1918.
(²) On trouve, dans l'*Index Catalogue*, de Washington, sur cette question des inhalations, 294 indications bibliographiques (1ʳᵉ série, t. 6, 1885, p. 883-886; 2ᵉ série, t. 7, 1902, p. 985-986).

2° La graduation de la dose inhalée se fait *par la température de l'huile dissolvante*, plus que par le titre de la solution. Pour peu que la solution soit au-dessous de 2 pour 100, la quantité de substance antiseptique qui se volatilise est proportionnelle à sa tension de vapeur, c'est-à-dire à la température plutôt qu'à la teneur de la dissolution.

3° L'inspiration se fait par l'intermédiaire d'une soupape de Müller. Nous avons fait construire des soupapes de Müller spéciales tout en verre, sans aucun ajutage. Le diamètre des tubes d'inspiration ou d'aspiration est assez grand (2^{cm}) pour que chaque inspiration soit *rapide et totale*, ne nécessitant aucun effort (pression de 2^{cm} de vaseline), de sorte qu'en une, ou deux, ou trois secondes, tout l'air inspiré peut passer par la solution antiseptique.

4° Nous employons les antiseptiques en *alternance*. Le malade ne respire jamais deux fois de suite le même antiseptique (sauf dans quelques cas particuliers),

Les antiseptiques dont nous nous sommes servis ont été créosote, camphre, phénol, goménol, iodoforme, térébenthine. Mais, bien entendu, la méthode est applicable à tous les antiseptiques volatils.

Il nous a semblé que le camphre inhalé activement provoquait un état vertigineux, et que le phénol amenait une sécheresse pénible dans l'arrière-gorge. La créosote et le goménol nous ont donné les meilleurs résultats. Nous n'avons employé l'iodoforme qu'avec réserve, et le formol avec plus de réserve encore; car il est très irritant. La térébenthine est très vite volatilisée.

La durée des inhalations était en général de 2 heures : 1 heure le matin, 1 heure le soir, et jamais nous n'avons constaté de troubles ni d'accidents.

En procédant ainsi, nous avons vu, chez quelques malades assez gravement atteints, survenir une prompte amélioration de l'état général : augmentation de l'appétit, accroissement du poids et de la force musculaire mensurée au dynamomètre, diminution de l'expectoration et de la toux. Quant à l'évolution de la maladie, il est impossible d'en parler avec quelque autorité, car le mot de guérison ne peut pas se prononcer au bout de deux mois de traitement. Mais quelquefois l'amélioration en deux mois fut rapide et éclatante.

Si nous publions cette Note sommaire, c'est parce qu'à l'heure présente, malgré toutes les recherches faites, la méthode des inhalations, qui n'a d'ailleurs jamais été pratiquée comme nous venons de le dire, est très rarement employée. Et cependant elle paraît, si elle est méthodiquement instituée, destinée à rendre de réels services dans le traitement de la tuberculose pulmonaire.

SPECTROSCOPIE. — *Recherches sur le spectre de lignes du titane et sur ses applications.* Note de M. **A. DE GRAMONT**.

Poursuivant par des méthodes déjà exposées ici ([1]) la recherche systématique des raies ultimes dans les spectres de dissociation des éléments, je suis arrivé à l'étude de métaux qui, pour la plupart, présentent un intérêt industriel, notamment par leur emploi dans les aciers spéciaux. Les oxydes supérieurs de ces métaux, titane, zirconium, vanadium, colombium, tantale, molybdène, tungstène, offrent les caractères d'anhydrides susceptibles de former de véritables sels alcalins. Ceux-ci, mélangés intimement et en faibles proportions décroissantes, dans les carbonates alcalins correspondants : Li^2CO^3, Na^2CO^3, K^2CO^3, mis en fusion dans une cuiller de platine (*fig.* 2) et soumis à l'action de l'étincelle condensée, m'ont permis de reconnaître les raies ultimes de ces métaux, aussi bien qu'avec l'étincelle jaillissant directement entre deux fragments (*fig.* 1) des divers aciers spéciaux qui m'ont été remis ([2]).

Nous étudierons d'abord les raies de plus grande sensibilité du titane, puis celles du colombium (niobium), car le spectre de ce métal contient toujours, plus ou moins développé, celui du titane dont il est à peu près impossible de le débarrasser complètement, comme l'indique la figure 2 de la planche I.

([1]) Voir *Comptes rendus :* t. **144**, 21 mai 1907, p. 1101 ; t. **146**, 15 juin 1908, p. 1260; t. **150**, 3 et 17 janvier 1910, p. 37 et 154; t. **151**, 25 juillet 1910, p. 308; t. **155**, 22 juillet 1912, p. 276; t. **159**, 6 juillet 1914, p. 5, et aussi *Annales de Chimie et de Physique*, août 1909 ; *Annales de Chimie*, mai-juin 1915.

([2]) Je tiens à adresser ici tous mes remercîments à notre savant correspondant M. Georges Charpy, à la Compagnie de Châtillon, Commentry et Neuves-Maisons, aux Établissements Jacob Holtzer, aux Aciéries et Forges de Firminy, pour avoir bien voulu m'envoyer des échantillons de métaux analysés dans leurs laboratoires. Sous l'initiative et la direction de M. P. Nicolardot, ces méthodes ont été mises en service au laboratoire de Chimie de la Section technique de l'Artillerie. Entre les mains expérimentées de M. de Watteville, elles y donnent toute satisfaction pour le contrôle des analyses chimiques.

Pour chaque élément étudié, les spectres ont été pris avec deux appareils : un spectrographe à deux prismes en crown uviol, à objectif de
chambre de 52^{mm} d'ouverture et 852^{mm} de foyer pour la raie [F], bleue,
de l'hydrogène, et un spectrographe à un prisme de quartz Cornu, et
objectifs de quartz de 400^{mm} de foyer pour les raies [D] du sodium. La
région la plus intéressante au point de vue des applications s'est trouvée
presque toujours, pour les métaux considérés, celle que donne le premier
de ces appareils qui présente l'avantage d'une plus forte dispersion. Elle
comprend tout le visible et une partie de l'ultraviolet jusqu'à $\lambda 3170$.

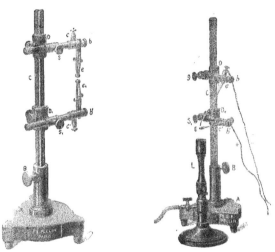

Fig. 1.   Fig. 2.

L'étincelle employée était due à la décharge d'un condensateur d'une
capacité totale de $0,0232$ microfarad, intercalé dans le secondaire, comprenant 45 000 tours, d'une bobine d'induction fonctionnant en transforma-
teur du courant alternatif de la ville, sans rupteur ni capacité dans le
primaire. D'autre part, une self de $0,009$ henry pouvait être, à volonté,
placée dans le circuit de décharge du condensateur du secondaire. J'ai
reconnu avantageux pour la recherche des métaux qui nous occupent
d'employer de fortes étincelles, sans self.

Le même support à tiges isolantes horizontales d'ébonite sert, soit pour
l'étincelle directe entre composés conducteurs en $e\,e_1$ ($fig.$ 1), soit pour

l'étincelle sur les sels en fusion (*fig.* 2), contenus en E dans une cuiller de platine de 20^{mm} de diamètre et 5^{mm} de profondeur ; un gros fil de platine cE amène l'étincelle au-dessus du mélange fondu.

Les Tableaux qui suivent donnent en unités internationales, et d'après les valeurs de M. Kilby (*Astrophys. Journ.*, t. 30, 1909), les raies persistantes du titane dans les mélanges salins, pour une proportion déterminée de métal introduit à l'état de sel ou d'anhydride. Mes mesures, faites pour l'identification, de ces longueurs d'ondes ont été obtenues à 0, 1 ou 0, 2 U. A. près. Afin de simplifier les commentaires, les raies on été réparties en groupes désignés par des chiffres romains.

Les sensibilités du Tableau I sont celles de l'observation oculaire avec un spectroscope à deux prismes. Ces raies ont, d'autre part, été photographiées sur des plaques panchromatiques Wratten, où leur sensibilité se montrait notablement inférieure.

Toutes les raies des deux Tableaux résistent bien à l'intercalation de la self-induction dans le secondaire. Elles appartiennent aussi à l'arc, où leurs intensités sont à peu près conservées ; il n'en est pas de même pour leurs sensibilités.

Dans le premier Tableau le groupe I se présente à l'œil comme une seule raie rouge très vive, caractéristique mais peu sensible. A l'analyse directe, forte dans un acier à 10 pour 100 de titane, elle devenait presque invisible dans un acier à 0,94 pour 100. Les quatre dernières raies du groupe II, dans le vert, sont confondues, pour l'œil, en une seule, qui se dédouble seulement en deux composantes sur les clichés. Le groupe III est le plus sensible à l'observation oculaire. Son aspect régulier, analogue à celui des arêtes d'une même bande, est tout à fait caractéristique. Il a pu être photographié très nettement pour $\frac{6}{10000}$ de titane dans Na^{2}CO^3 en fusion. Les groupes II, III, IV deviennent d'un emploi difficile en présence du fer à cause de la multiplicité des lignes de ce métal dans cette région.

Titane. — I. — *Raies plus sensibles à l'observation oculaire qu'à la photographie.*
Sensibilité à l'œil.

	λ.	$\frac{1}{1\,000}$.	$\frac{1}{10\,000}$.	$\frac{5}{100\,000}$.		λ.	$\frac{1}{1\,000}$.	$\frac{1}{10\,000}$.	$\frac{5}{100\,000}$.
I.	6261,10...	?				5014,26.	+	+	+
	6258,71...	?				5007,22.	+	+	+
	6258,11...	?			III.	4999,51.	+	+	+
	5226,56...	?	...	...		4991,08.	+	+	+
	5210,39...	+	...	...		4981,75.	+	+	+
	5192,97...	+	...	...		4913,63.	+	..	..
II.	5173,74...	?	...	...		4899,93.	+	..	..
	5064,66...	+	...	...	IV.	4885,09.	+	..	..
	5039,96...	+	...	...		4870,14.	+	..	..
	5038,41...	+	...	...		4856,01.	+	..	..
	5036,47...	+	...	...		4840,88.	+	..	..
	5035,92...	+	...	...	V.	4533,25.	+	..	..

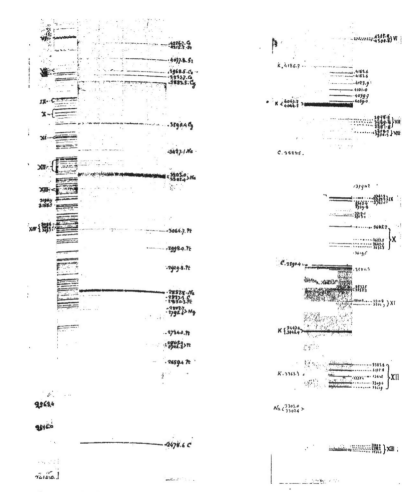

. — Spectre d'étincelle du carbonate de sodium en
n, seul, puis additionné de teneurs croissantes
ıydride titanique, en coïncidence avec le spectre du
e. Spectrographe à un prisme en quartz.

Fig. 2. — Spectre d'étincelle du carbonate de potassi
. fusion, seul, puis additionné de $\frac{1}{100}$ d'oxyfluor
colombium et de potassium contenant des tra
titane. Spectrographe à deux prismes en crown uvi

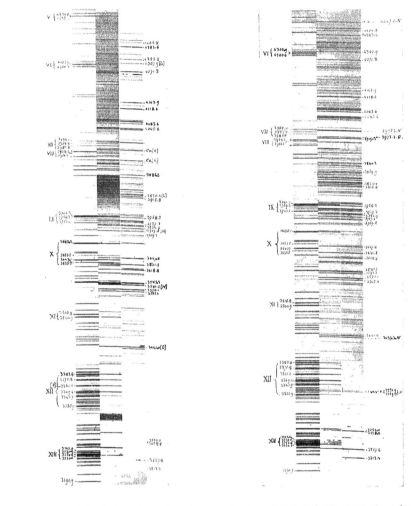

. — Spectre d'étincelle du carbonate de sodium en
n additionné d'environ 11 pour 100 de mica biotite
: le spectre du fer et celui du titane. Spectrographe
ux prismes en crown uviol.

Fig. 4. — Spectre d'étincelle directe d'un acier
pour 100 de titane entre le spectre du titane et cel
acier sans titane. Spectrographe à deux prismes en
uviol.

TITANE. — II. — *Sensibilité photographique des raies.*

	λ	$\dfrac{1}{1000}$	$\dfrac{1}{10\,000}$	$\dfrac{8}{100\,000}$	$\dfrac{4}{100\,000}$	$\dfrac{2}{100\,000}$	$\dfrac{1}{100\,000}$
	4536,00..	+	+	..	..	..	..
V.	4534,78..	?	..	..	..	..	..
	4533,25..	+	+	..	..	..	..
VI.	4305,91..	+	+	..	..	..	...
	4300,56..	+	+	..	..	..	..
	3998,85..	+	+	+	..	..	..
VII.	3989,77..	+	+	+	..	..	..
	3981,77..	+	+	+	..	..	..
VIII.	3958,21..	+	+	+	..	..	..
	3956,28..	+	+	+	..	..	..
	3948,66..	+	..	..	..	..	..
	3947,75..	+	..	..	..	..	..
	3761,32..	+	+	+	..	..	..
IX.	3759,30..	+	+	+	..	..	..
	3741,14..	+	+	+	..	..	..
	3685,19..	+	+	+	+	..	..
X.	3653,49..	+	+	+	+	..	..
	3642,68..	+	+	+	+	..	..
	3635,47..	+	+	+	+	..	..
XI.	3510,84..	+	?	..	..	..	..
	3504,89..	+	+	?	..	..	..
	3394,57..	?	..	..	..	..	..
	3383,76..	+	+	+	?		
	3372,80..	+	+	+	+	-|-	..
XII.	[P] 3361,22..	+	+	+	+	-+-	.
	3349,41..	+	+	+	+	-|-	-+-
	3349,02..	+	+	+	?		
	3341,87..	+	+	+	?	..	..
	3322,93..	+	..	..	..	..	..
	3241,97..	+	?	..	..		
XIII.	3239,03..	+	?				
	3236,57..	+	+	..	..		
	3234,52..	+	+	..	..		
	3190,87..	+	..	..	..		
	3168,52..	+	..	..	..		
	3088,03..	+	+	-+-	?		
XIV.	3078,64..	+	+	+	?		
	3075,22..	+	..				
	2563,42..	+	?				
	2516,01..	+	?				

Dès 1895, j'avais fait connaître la présence des raies, données par le Tableau I, dans les spectres d'analyse directe des minéraux titanifères.

Les groupes de raies du Tableau II, obtenues par la photographie avec les plaques d'emploi courant, pourront être facilement reconnus sur les quatre reproductions de spectres des planches hors texte. Les trois raies à peu près équidistantes du groupe VII sont plus sensibles que les suivantes du groupe VIII; elles sont visibles encore à $\frac{1}{100000}$. Les deux lignes du groupe VIII sont comprises entre les deux raies ultimes de l'aluminium 3962 et 3944, presque toujours présentes dans le titane, et désignées par une croix sur les figures 3 et 4 de la planche II. Les trois raies du groupe IX, considérées par Sir Norman Lockyer comme « enhanced », sont néanmoins fortes dans l'arc, quoiqu'en effet un peu renforcées dans l'étincelle, où leur sensibilité est très supérieure. Les lignes du groupe X sont étroites, sans être très fortes dans le métal libre; dans les mélanges salins à teneurs décroissantes, leurs intensités se maintiennent jusqu'à leur disparition; elles sont plus fortes dans l'arc que dans l'étincelle. Le groupe XII, le plus important de tous par sa sensibilité, renferme les trois raies 3272,8; 3361,2; 3349,4, qui sont les véritables raies ultimes. L'une d'elles n'est autre que la raie [P] du spectre solaire. Le groupe XIII, moins sensible, est commode pour le diagnostic à première vue du titane sur un cliché, à cause de l'équidistance de ses quatre raies formant « grille ».

L'enregistrement du groupe XIV ne peut être fait qu'à travers des systèmes optiques en quartz; il ne se trouve donc que sur la figure 1, planche I. Les raies plus réfrangibles encore offrent peu de sensibilité.

L'influence d'un champ magnétique puissant, de près de 40000 unités, sur le spectre du titane entre $\lambda 4748$ et $\lambda 2832$ a été le sujet d'un important travail de M. J.-E. Purvis (*Proc. Cambridge. Phil. Soc.*, vol. 14, I, 1906, p. 43). En m'y reportant j'ai reconnu que toutes les raies comprises dans cet intervalle et appartenant aux deux Tableaux précédents subissent l'action de l'aimant. Elles se séparent en triplets dont la composante centrale est la plus forte et vibre parallèlement aux lignes de force, les composantes extérieures vibrant au contraire parallèlement à celles-ci. Une seule raie, $\lambda 3981,8$, semble former en réalité un quadruplet, dont la structure réelle est rendue confuse par le voisinage d'une raie simplement élargie.

Voici maintenant quelques exemples d'applications :

Pour la *Métallurgie*. — Une grande partie des fers du commerce donnent à l'analyse spectrale directe (avec le support *fig.* 1) les raies du groupe XII, spécialement les trois raies ultimes. Je citerai notamment les petits clous dits « pointes de Paris ». Deux aciers seulement au titane, analysés, ont été à ma disposition. L'un, à 10,41 pour 100 de Ti, a fourni un spectre où toutes les raies du titane, spectrographié en coïncidence, se retrouvaient; la limite d'apparition totale du titane était donc atteinte et vraisemblablement dépassée.

L'autre acier, à 0,94 pour 100 de titane, a fourni dans les mêmes conditions le spectre de la figure 4, planche II, compris entre celui du titane seul et celui d'un acier type, dépourvu de titane et de métaux peu communs. La simple inspection de cette planche, et la comparaison des groupes de raies numérotés, avec les indications du Tableau II, permettront de se rendre compte de la facilité de la recherche du titane dans les produits métallurgiques, où, d'autre part, comme nous l'avons dit plus haut, la forte raie rouge du groupe I permet de voir instantanément, par l'observation oculaire directe, si l'on a affaire à un acier à proportions notables de titane. Comme il apparaît, les trois groupes XI, XII et XIII sont particulièrement propices à la recherche du titane dans les aciers en fournissant des indications quantitatives, car leurs raies se projettent dans des espaces vides entre les raies du fer. Avec une série d'aciers au titane analysés, et de teneur inférieure à la limite d'apparition totale, il serait facile d'établir, par teneur, pour des conditions déterminées, une échelle de présence des raies, permettant des déterminations quantitatives rapides, comme je l'avais indiqué ici même (3 août 1908) pour l'évaluation de l'argent dans les plombs d'œuvres ou les galènes. On obtiendrait ainsi des évaluations approchées, par simple inspection des clichés à la loupe, au sortir du développateur. Ce procédé est applicable à tous les métaux énumérés en commençant; j'en ai d'ailleurs vérifié l'exactitude pour des aciers au vanadium, au molybdène et au tungstène.

Pour la *Minéralogie*. — Une quinzaine de micas de diverses provenances, Muscovites ou Biotites, mis en fusion avec Na^2CO^3, m'ont fourni des spectrogrammes très voisins de celui de la Biotite, de Mazataud (Haute-Vienne), donné figure 3, planche II. Ce spectre montre aussi la coïncidence des lignes du fer contenu dans ce mica qui, analysé par M. F. Pisani, a donné : TiO^2, 1,50 pour 100; Fe^2O^3, 23,8 pour 100. Des essais méthodiques faits avec des quantités décroissantes d'Euxénite, de Naëskilen et de Bétafite, d'Ambolotara, à teneurs connues en titane, m'ont donné les mêmes résultats que ceux des Tableaux I et II. La présence d'éléments étrangers n'a donc altéré ni l'ordre ni le degré de sensibilité des raies. Cette méthode offre d'autant plus d'avantage en Minéralogie que ni le titane, ni ses sels, ni les minéraux titanifères ne donnent leurs raies dans le chalumeau, même oxyacétylénique.

GÉOLOGIE. — *Sur le terrain houiller des environs
de Saint-Michel-de-Maurienne (Savoie).* Note de M. **W. Kilian.**

Une étude attentive du complexe puissant de grès et de schistes à
anthracite qui occupe, au sud de l'Arc, la portion de la zone axiale intraalpine comprise entre Modane, le Mont-Thabor, Bonnenuit, Valloire et
Saint-Michel, m'a conduit à distinguer dans cet ensemble deux divisions
nettement distinctes, à savoir :

a. Un étage gréseux, dans lequel dominent des bancs épais de grès et
de conglomérats, souvent dynamométamorphisés, et qui se fait remarquer
par l'absence et l'extrême rareté des couches d'anthracite. Les assises de
cet étage occupent la partie médiane de la zone houillère et constituent un
anticlinal complexe (vallée de la Neuvache et Plan-du-Fond, massifs du
Petit-Fourchon et de Bissorte) dont le substratum est inconnu. Elles
dessinent, au sud de la région près de la cabane de Pascalon dans la haute
vallée de la Clarée (Hautes-Alpes), une *voûte anticlinale* très nette.

b. Un étage schisteux, riche en couches d'anthracite ([1]) intercalées dans
des schistes gréseux ou argileux; les assises de grès, lorsqu'elles se présentent, sont moins grossières que dans l'étage précédent; sur le bord ouest
de la zone axiale, M. Ch. Pussenot ([2]) a signalé une *flore du Westphalien*

([1]) La *portion inférieure de cet étage supérieur* fournit le charbon des *mines des
Sordières* près de Saint-Michel, mais des travaux exécutés anciennement par les habitants du pays, aux environs de Valloire et en particulier des prospections récentes
très soigneusement exécutées par M. Gojon, dans les massifs du *Crey-du-Quart* et
de la *Sétaz*, ont fait connaître, dans les couches plus élevées de cette division *supérieure*, la présence de nombreuses couches d'anthracite d'une épaisseur moyenne
de 1^m à 2^m, avec renflements et étirements faisant varier parfois la puissance du combustible de $0^m,30$ à 10^m. On peut évaluer à un *minimum* de CINQ MILLIONS DE TONNES
la quantité d'anthracite exploitable dans ce seul *massif* par galeries horizontales.
On conçoit que si les progrès de la technique moderne permettent de rendre utilisable pour les besoins de l'industrie ce combustible trop longtemps délaissé, il y a là
des réserves intéressantes à mettre en valeur. Il en est de même pour d'autres portions
de la Savoie et du Briançonnais appartenant à la même zone des Alpes, ce qui représente un tonnage considérable d'anthracite qui n'a été jusqu'à présent exploité avec
quelque activité que dans les environs de Saint-Michel (Maurienne) et d'Oume-en-
Tarantaise.
([2]) *Comptes rendus*, t. 155, 1912, p. 1564, et t 156, 1913, p. 97.

moyen à Chexlu près de Bonnenuit, au Petit Saint-Bernard et en divers points du Briançonnais, et, d'autre part, au nord de l'Arc, près du col des Encombres et au Pic de la Masse, une flore stéphanienne (zone des Cévennes) a été nettement reconnue par ce même géologue.

Il en est de même près du col de Muandes, sur le bord oriental de cette même zone houillère où, près de la Vallée Étroite, MM. Mattirolo, Portis et Virgilio ont rencontré des flores westphalienne et stéphanienne; M. Pussenot a d'autre part signalé le Westphalien moyen près du Pas de la Tempête, près Névache.

Il résulte de ces faits que la *division inférieure* (*a*), qui n'a fourni encore aucune empreinte végétale caractéristique, représente sans doute le *Westphalien inférieur;* le massif gréseux anticlinal (¹) (lui-même accidenté de replis secondaires) qui constitue ce complexe, est flanqué à l'Est et à l'Ouest d'assises appartenant à la *division supérieure* (*b*) et dans lesquelles sont contenues les flores caractéristiques de divers niveaux allant du *Westphalien moyen* au *Stéphanien.* Ces dernières couches dessinent des replis isoclinaux multiples et sont fréquemment troublées par des dislocations superficielles dues à « la poussée au vide » dans le voisinage des pentes.

Les synclinaux sont parfois occupés par des schistes et anthracites stéphaniens.

Il semble donc bien établi que la formation houillère de la zone axiale intraalpine (zone du Briançonnais des auteurs) représente *le faciès continental des étages Westphalien et Stéphanien* du système anthracolithique, avec prédominance du Westphalien; le Stéphanien étant réduit à des affleurements d'extension restreinte, alors qu'il règne *exclusivement* dans les régions plus externes de la Chaîne (La Mure, Petit-Cœur, Grandes Rousses, Servoz, etc.) où les travaux récents de M. Pussenot, appuyés sur les déterminations de R. Zeiller, ont démontré l'existence de la *zone des Cordaïtes* et de la *zone des Cévennes.* Il n'existe à mon avis aucune raison stratigraphique décisive pour admettre dans cette série intraalpine des *lacunes* ou des discordances importantes : le Stéphanien, fréquemment métamorphisé ou présentant un faciès siliceux ou arénacé qui ne permet

---

(¹) Je fais abstraction pour le moment de la question de savoir si ce massif anticlinal (à substratum inconnu) représente un « éventail » enraciné en profondeur ou s'il doit être considéré comme le noyau plissé d'une nappe de charriage (nappe pennine) venue de l'Est ou du Nord-Est, les faits exposés dans cette note pouvant se concilier avec les deux interprétations et ayant une réalité objective indépendante de ces hypothèses.

pas toujours de le distinguer aisément du Permien, surmonte probablement le Westphalien partout où les érosions ultérieures ne l'ont pas fait disparaître. Sa disparition locale en quelques points est due à des étirements mécaniques.

ÉLECTIONS.

L'Académie procède, par la voie du scrutin, à l'élection d'un Correspondant pour la Section de Minéralogie, en remplacement de sir *Archibald Geikie*, élu Associé étranger.

Au premier tour de scrutin, le nombre de votants étant 37,

M. Walcott obtient . . . . 35 suffrages
M. Cesàro   »   . . . . 1 suffrage
M. Lugeon   »   . . . . 1 »

M. Walcott, ayant réuni la majorité absolue des suffrages, est élu Correspondant de l'Académie.

MÉMOIRES PRÉSENTÉS.

M. P. Charbonnier communique à l'Académie le manuscrit d'un Ouvrage, en cinq volumes, ayant pour titre : *Traité de Balistique extérieure.* Les trois premiers volumes sont consacrés à la Balistique extérieure rationnelle, le quatrième à la Balistique extérieure expérimentale, le cinquième à l'historique de la Balistique extérieure et à la bibliographie.

(Renvoi à la Commission de Balistique.)

CORRESPONDANCE.

M. le Secrétaire perpétuel signale, parmi les pièces imprimées de la correspondance :

Achille Müntz (1846-1917), par M. Ch. Girard. (Présenté par M. E. Roux.)
Opere matematiche di Luigi Cremona, par C.-F. Geiser.

Sur la réforme qu'a subie la mathématique de Platon à Euclide, et grâce à laquelle elle est devenue science raisonnée, par H.-G. Zeuthen.

ANALYSE MATHÉMATIQUE. — *Sur les singularités irrégulières des équations différentielles linéaires*. Note de M. René Garnier.

Les résultats que j'ai énoncés ([1]) à propos des singularités irrégulières des équations linéaires du second ordre comportent diverses conséquences que je résumerai rapidement.

1. Considérons l'équation linéaire

$$(\text{E}_0) \qquad y'' = \left[s^2 x^{2m} + a_{2m-1} x^{2m-1} + \sum_{2m-2}^{-\infty} a_k x^k \right] y \qquad (s \neq 0),$$

qui présente $x = \infty$ comme point irrégulier de rang $m + 1$; dans le domaine de ce point la méthode des approximations successives, introduite par M. E. Picard pour $m = 0$, permet de calculer deux systèmes d'intégrales normales. L'un d'eux comprend les intégrales $y_k^1 (k = 1, \ldots, m + 1)$ convergeant ([2]) dans les secteurs

$$\sigma_k^1 \qquad (4k - 5)\pi + \eta \leqq 2(m + 1)\arg . x \leqq (4k + 1)\pi - \eta,$$

où $|x|$ est pris suffisamment grand (en fonction de l'infiniment petit η); l'autre comprend les intégrales y_k^2 convergeant dans les secteurs

$$\sigma_k^2 \qquad (4k - 3)\pi + \eta \leqq 2(m + 1)\arg . x \leqq (4k + 3)\pi - \eta,$$

et l'on a de plus $y_k^i = x^{\lambda_i} e^{\psi_i(x)}[1 + \ldots]$, le crochet tendant asymptotiquement vers 1 dans σ_k^i et $\psi_i(x)$ désignant un polynome d'ordre $m + 1$, nul avec x.

Cela étant, j'avais envisagé l'équation

$$(\text{E}_\varepsilon) \qquad y'' = \left[\frac{s(s - \varepsilon^{m+1})x^{2m}}{(1 - \varepsilon x)^2} + \frac{a_{2m-1}(\varepsilon)x^{2m-1}}{1 - \varepsilon x} + \sum_{2m-2}^{-\infty} a_k(\varepsilon)x^k \right] y$$

présentant un point régulier $x = \varepsilon^{-1}$, un point irrégulier $x = \infty$ de rang m;

([1]) *Comptes rendus*, t. 164, 1917, p. 265.
([2]) Ceci suppose $m > 0$, restriction qui sera conservée dans la suite.

pour ε infiniment petit (E_ε) « tend » vers (E_0) à l'intérieur d'un domaine D qui grandit indéfiniment avec ε^{-1}. J'ai montré que les deux intégrales canoniques du point $x = \varepsilon^{-1}$ et les $2m$ intégrales normales du point $x = \infty$ tendent uniformément dans D vers les $2m + 2$ intégrales normales de (E_0). Or la répétition du procédé précédent permet évidemment d'envisager (E_0) comme *issue d'une équation linéaire* $(\mathcal{C})$ *possédant* à distance finie, les mêmes singularités que (E_0) et, en outre $m + 2$ *points réguliers* $e_0 = \infty$, $e_1, \ldots, e_{m+1}$, à exposants caractéristiques r_i très grands avec les $|e_i|$ et *dont la fusion engendrera précisément le point irrégulier de* (E_0).

2. Ceci rappelé, observons qu'en tout point x suffisamment éloigné, on peut (pour $m > 0$) calculer les valeurs de *trois* intégrales normales. Ainsi, pour

$$\Delta_k^1 \qquad (4k-1)\pi + \eta \leqq 2(m+1)\arg.x \leqq (4k+1)\pi - \eta,$$

on connaît y_k^1, y_{k+1}^1, y_k^2, et dans le secteur contigu

$$\Delta_k^2 \qquad (4k+1)\pi + \eta \leqq 2(m+1)\arg.x \leqq (4k+3)\pi - \eta,$$

on connaît y_k^2, y_{k+1}^2, y_{k+1}^1. On aura donc, en tout point de Δ_k^1 et Δ_k^2 respectivement, des relations linéaires entre trois intégrales, relations qui seront nécessairement ([1]) de la forme

$$(\alpha) \qquad \begin{cases} y_{k+1}^1 - y_k^1 = \alpha_k^2 \; y_k^2 \ , \\ y_{k+1}^2 - y_k^2 = \alpha_{k+1} y_{k+1}^1. \end{cases}$$

Arrêtons-nous sur les relations (α), que j'appellerai *relations caractéristiques du point irrégulier*. Tout d'abord, elles permettent d'opérer *le prolongement de chaque intégrale normale* y_k^i dans tous les secteurs (autres que celui σ_k^i où elle a été définie); en particulier, elles permettent de calculer les coefficients de la substitution s subie par un couple quelconque d'intégrales normales après un lacet $\mathcal{l}$ autour de $x = \infty$.

Or ces relations caractéristiques, dont l'étude est intimement liée à celle du point irrégulier, le passage à la limite rappelé plus haut nous en montre l'origine et la signification : *elles représentent la trace des substitutions de passage* Σ *qui lient les* $2m + 2$ *intégrales canoniques de* $\mathcal{C}$ *en* $e_1, \ldots, e_{m+1}$. Mais

---

([1]) Car $|y_k^2|$ par exemple est très petit dans Δ_k^2, tandis que y_k^1 et y_{k+1}^1 ont de très grands modules, *avec des représentations asymptotiques identiques;* ceci s'accorde bien avec la remarque classique que les fonctions $f(x)_+$ et $f(x) + e^{-x^{m+1}}$ de la variable positive x sont *asymptotiquement indiscernables*.

il y a plus. Considérons le groupe G (sous-groupe du groupe $\mathcal{G}$ de $\mathcal{C}$) engendré par les substitutions S_i correspondant aux e_i; G contient $3(m+1) - 3$ invariants dont $m+1$ (les racines r_i) disparaissent dans le passage à la limite; restent $2(m+1) - 3$ invariants J; je dis qu'*on peut les choisir de façon qu'ils aient pour limites* $2m - 1$ *des produits* (¹) $\alpha_k^1\alpha_h^2$, $\alpha_k^2\alpha_{k+1}^1$ que j'appellerai *les paramètres du point singulier.*

En effet, soient $(\alpha_i, \beta_i, \gamma_i, \delta_i)$ les coefficients de la substitution Σ qui relie les intégrales canoniques de e_i à celles de e_i; notre assertion sera légitimée si l'on prend pour invariants J les $2m - 1$ produits

$$\frac{\alpha_2}{\beta_2}\frac{\delta_2}{\gamma_2}, \quad \frac{\alpha_2}{\beta_2}\frac{\beta_i}{\alpha_i}, \quad \frac{\alpha_2}{\beta_2}\frac{\delta_i}{\gamma_i} \qquad (i = 3, \ldots, m+1).$$

Ainsi, lorsque tous les points de $\mathcal{C}$ sont réguliers, et au nombre de N, $m+1$ des $3N - 3$ invariants de $\mathcal{G}$ disparaissent; $3(N - m - 1) - 3$ se retrouvent dans les invariants de Poincaré pour E_0; les $2m + 2$ restants doivent être cherchés parmi $2m + 1$ des paramètres du point irrégulier, ainsi que dans une expression analogue *reliant* pour ainsi dire ce point aux singularités finies.

Enfin, la parenté qu'on vient d'établir entre $\mathcal{C}$ et E_0 permet de *rattacher mutuellement deux catégories de problèmes regardés antérieurement comme bien distincts :* telles sont les déterminations des exposants caractéristiques correspondant soit à un lacet χ autour d'un point irrégulier, soit à un circuit autour d'un ensemble quelconque de points réguliers; tels sont encore les problèmes d'existence d'intégrales du type $x^\lambda e^{\psi(x)}z(x)\,[z(x)$, holomorphe pour $x = \infty]$, ou $\Pi(x - e_i)^{\alpha_i}z(x)\,[z(x)$, holomorphe dans un domaine comprenant les $e_i]\ldots$

Il me paraît intéressant de dégager des résultats précédents une conséquence qui se vérifie encore ailleurs : *aucun de ces résultats n'aurait été obtenu, si l'on avait voulu se limiter à l'emploi des séries asymptotiques;* tandis que, suivant une remarque de M. E. Picard, les approximations successives permettent de retrouver aisément les développements en séries asymptotiques.

(¹) Ces paramètres, dont le nombre est $2m + 2$, sont liés par une identité évidente; de plus, si l'on considère comme donnée la substitution $\mathcal{S}$ (qui correspond à un circuit autour des points singuliers autres que les e_i), les $2m + 1$ paramètres restants satisferont encore à deux relations.

ASTRONOMIE. — *Étude de courants stellaires.* Note (¹) de M. **J. Comas Solá**, présentée par M. Bigourdan.

Dans une Note publiée dans les *Comptes rendus* de 1917, j'ai indiqué l'existence d'un courant d'étoiles comprenant tout le Sagittaire, s'étendant sur de grandes régions célestes, et faisant prévoir l'existence d'un apex. Voici le résumé des résultats obtenus par la continuation de ce travail :

L'objectif employé a 16^{cm} de diamètre et 80^{cm} de distance focale ; les poses sont de 40 à 60 minutes, et les intervalles entre les photographies varient de 2 à 6 ans, étant presque toujours de 5 à 6 ans. Mes clichés comprennent 11 régions distinctes, dont quelques-unes ont été réobservées plusieurs fois avec des intervalles variés. Il est impossible d'explorer stéréoscopiquement en une fois chacun de ces clichés (18^{cm} × 24^{cm}) ; et ils ont été divisés en plusieurs parties ou parcelles de 3° 32′ de diamètre chacune. Au total, j'ai observé 62 parcelles et j'ai déterminé la direction du courant pour chacune d'elles. Il serait trop long de commenter ici les résultats de chaque parcelle ; ils sont donnés dans les Tableaux suivants où l'on trouve la position du centre de chacune d'elles, en groupant celles de chaque cliché, avec la direction moyenne du courant d'étoiles correspondant, déterminée par une estime d'ensemble. La colonne des remarques donnera une description sommaire des principales caractéristiques de l'ensemble des parcelles de chaque cliché.

Dans la détermination de la direction du courant dans chaque parcelle, je n'ai pas connu préalablement l'orientation de la parcelle, ce qui élimine toute suggestion possible. Il est inutile de dire, enfin, que l'épaisseur stéréoscopique maximum de chaque parcelle est proportionnel à la vitesse du courant.

Coordonnées des centres des parcelles (1900,0).		Direction moyenne du courant.	Degré d'évidence du courant.	Remarques.
α.	δ.			
h m	° ′	°	°	
1. 3	+37.57	265	évident	Constellation d'*Andromède*. Il y a quelques rares groupes d'étoiles qui ne suivent pas le courant. La grande nébuleuse elliptique se trouve dans le fond du tableau. L'épaisseur stéréoscopique du courant est moyenne.
1. 3	+41.29	245	très évident	
0.44	+41.49	230	évident	
0.43	+38.21	295	évident	
0.28	+40. 6	265	évident	

(¹) Séance du 7 janvier 1918.

Coordonnées des centres des parcelles (1900,0).		Direction moyenne du courant.	Degré d'évidence du courant.	Remarques.
α.	δ.			
3.33	+28.11	276	sûr	*Taureau*, contenant les Pléiades, qui
3.43	+21.43	230	évident	suivent le courant. Champs relativement
3.29	+21.39	265	assez évident	pauvres en étoiles. La vitesse du courant
3.44	+25. 7	273	sûr	est faible. L'observation de la 5ᵉ parcelle
3.51	+21.31	120±	douteux	n'a pas de poids : bord de la plaque et
4. 0	+25. 3	90±	douteux	réfraction.
3.51	+27.41	12±	peu sûr	
5.26	—10.18	314	assez évident	Clichés excellents et étoiles abon-
5.21	— 7.10	322	évident	dantes. En général le courant est très
5. 9	— 8.10	333	évident	rapide. Rigel suit le courant, mais fai-
5.26	—10.46	300	grande évidence	blement. Dans les 4ᵉ et 5ᵉ parcelles il y a
5. 9	—11.38	310	grande évidence	de très grands reliefs.
5.27	—13.30	344	évident	
5.20	—14.26	6	{ médiocrement évident	
5.45	— 1.38	144	évident	*Orion*, contenant la grande nébuleuse.
5.31	— 1.38	75	évident	Il y a ici un courant tout à fait évident,
5.18	— 1.46	91	évident	et qui paraît local, presque opposé au
5.44	— 5.26	109	évident	courant général. Dans la 6ᵉ parcelle, il y a
5.31	— 5.18	105	évident	un grand segment qui paraît appartenir
5.18	— 5.18	{ 115 / 360	{ évident / assez évident	déjà au courant général. La grande nébu-
5.38	— 8.58	140	évident	leuse présente des mouvements compli-
5.23	— 7.58	128	peu évident	qués, et très probablement un lent mou-
				vement orbital des deux noyaux (nébu-
				leuses 1179 et 1184, G. C.). Reliefs très
				forts dans tout ce courant local d'Orion.
6.40	—18.16	335	assez évident	*Grand Chien*, avec Sirius. Clichés
6.44	—21.48	255	assez évident	pauvres en étoiles. Il semble y avoir
6.49	—24.56	346	peu évident	quelques courants entrecroisés. L'amas
6.59	—20.36	15	assez évident	M. 41 est très notable pour les mouve-
6.28	—22.56	238	assez évident	ments de ses étoiles. Sirius est trop gros
				et trop enveloppé de brume pour donner
				l'effet stéréoscopique. En général, l'inten-
				sité du courant, dans cette région, est
				faible.

Coordonnées des centres des parcelles (1900,0).		Direction moyenne du courant.	Degré d'évidence du courant.	Remarques.
α.	δ.			
h m	°	°		
7.12	+32.24	22	peu évident	*Gémeaux.* Étoiles de faible grandeur,
6.55	+29.52	238	évident	en général. Dans la 1ʳᵉ parcelle, il y a
6.57	+35.24	307	peu évident	un groupe d'étoiles qui ne participe pas
6.45	+32.44	210	peu évident	au courant.
6.27	+32. 4	260	peu évident	
6.38	+29.12	240	peu évident	
7.42	+68. 6	300	très peu évident	*Grande Ourse.* Clichés pauvres en
7. 7	+67.54	265	assez évident	étoiles. Faibles reliefs.
18. 4	—26.22	317	évident	*Sagittaire.* Courant très évident et
17.52	—23.30	283	évident	forts reliefs. L'amas M. 8 et la nébuleuse
17.47	—27.54	278	évident	M. 20 ne participent pas au mouvement
18. 6	—22.54	290	évident	du courant.
18.55	— 3.48	320	évident	*Antinoüs.* Courant bien évident et mé-
18.39	— 5.13	280	évident	diocres reliefs. L'amas M. 11 ne suit pas
18.45	— 7.13	295	évident	le courant, et ses étoiles ne présentent
18.31	— 9. 5	296	évident	aucun mouvement.
21.17	+28.56	281	peu évident	*Cygne.* Il y a sans doute, dans cette
21. 1	+29. 0	224	très évident	région, des courants locaux ; mais le cou-
20.42	+28.52	328	presque sûr	rant général n'est pas pour cela moins
21.17	+32.36	317	peu évident	certain. Les reliefs sont, en général, mé-
21. 0	+32.40	247	évident	diocres.
20.41	+32.36	297	évident	
21.19	+36.20	217	évident	*Cygne.* L'existence générale du courant
21. 4	+35. 0	214	évident	est évidente. Quelques étoiles montrent
20.48	+36.40	251	assez évident	de forts reliefs, et l'épaisseur stéréosco-
20.48	+40.36	182	sûr	pique du courant est moyenne. La 61ᵉ du
21. 7	+38.32	223	évident	Cygne suit un mouvement presque opposé
21.17	+39.40	216	évident	au courant.
21. 4	+41.44	221	assez évident	
21.20	+43.20	258	peu évident	

ASTRONOMIE. — *Loi des densités d'une masse gazeuse et températures intérieures du Soleil.* Note ([1]) de M. A. VÉRONNET, présentée par M. P. Puiseux.

La loi de variation de la pression dans une masse sphérique et la formule des gaz réels, mises sous la forme suivante :

$$(1) \qquad dp = -\gamma\rho\,dr, \qquad p\left(\frac{1}{\rho} - \frac{1}{\rho_0}\right) = \frac{RT}{\mu},$$

permettent de déterminer la pression et la densité en fonction de la profondeur x, au voisinage d'une couche, dans les limites où l'on pourra y considérer la température T et la pesanteur γ comme pratiquement constantes. En prenant pour origine la couche où se produit l'inflexion de la courbe des densités déterminée précédemment ([2]) où $\rho = \frac{1}{3}\rho_0$ et $p = p_i = \frac{\rho_0}{2}\frac{RT}{p}$, on obtient

$$(2) \qquad L\frac{p}{p_i} + \frac{p - p_i}{2p_i} = \alpha x, \qquad L\frac{2\rho}{1-\rho} + \frac{1}{2}\frac{3\rho - 1}{1-\rho} = \alpha x.$$

Pour une température de 6000° et pour l'hydrogène dissocié, $\mu = 1$, on obtient le Tableau :

$\rho =$	0,01	0,1	0,2	0,3	1/3	0,4	0,5	0,6	2/3	0,7	0,8	0,9	0,9.
$x =$	780	350	175	42	0	85	220	386	530	622	1030	2100	1900
$10^3\dfrac{x}{r_1} =$	1,15	0,50	0,25	0,06	0	0,12	0,31	0,55	0,76	0,90	1,47	3,0	27,0

Dans la seconde ligne x est exprimé en kilomètres, dans la troisième en millièmes du rayon. Pour des conditions différentes les valeurs de x seront inverses des nouvelles valeurs de α. La courbe 1 de la figure représente la variation de la densité dans le cas du Soleil avec $\mu = 1$, la courbe 2 en pointillé, dans le cas où le gaz aurait une masse moléculaire $\mu = 10$. On remarquera que les abscisses sont données en millièmes du rayon et par conséquent quelle est la rapidité de la variation. On trouve une densité égale à 0,9 de la densité centrale à 2100^{km} de profondeur, c'est-à-dire à trois millièmes du rayon. On peut considérer la densité au delà comme égale à la densité limite et constante.

([1]) Séance du 7 janvier 1918.
([2]) *Comptes rendus*, t. 165, 1917, p. 1055.

La courbe 3 représente la variation de densité avec $\mu = 1$, en supposant au Soleil un rayon double avec une température double. Dans cette dernière hypothèse, on aurait encore la courbe 1 pour $\mu = 4$ et la courbe 2 pour $\mu = 40$.

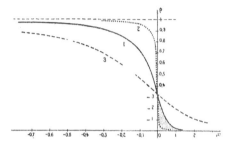

En désignant par ρ_1 la densité à $0°$ et 1^{atm} et, négligeant ρ_1 devant ρ_0, on obtient pour la formule des gaz et la pression p_i les expressions

(3) $$\frac{p}{T}\left(\frac{1}{\rho} - \frac{1}{\rho_0}\right) = \frac{p_1}{\rho_1 T_1}, \qquad p_i = \frac{p_1}{2}\frac{\rho_0}{\rho_1}\frac{T}{T_1}.$$

Comme le remarque Sarrau, la densité limite est approximativement voisine de 1000 fois la densité ρ_1. Si l'on fait $T = 6000$ dans la formule ci-dessus, on voit que la pression d'inflexion, au-dessus de laquelle ils atteignent très vite leur densité limite, est voisine de $11\,000^{\text{atm}}$ pour la plupart des gaz.

Les observations spectroscopiques nous indiquent que la couche solaire, où la pression est de 1^{atm}, se trouve dans la couche renversante. Dans le cas où cette couche serait formée surtout d'hydrogène, nous trouvons la pression de $11\,000^{\text{atm}}$ à 1800^{km} au-dessous; dans le cas de l'oxygène, à 110^{km} seulement. En tout cas, tous les corps doivent se trouver à leur densité limite, très peu au-dessous de la surface visible du Soleil et s'y comporter presque comme des liquides.

On peut essayer de traduire la loi des densités par une expression de la forme

(4) $$\rho = \rho_0 (1 - \lambda r^n)^{n'},$$

on a

$$\rho = 1,41 (1 - 0,174 r^{1410})^{5,75}.$$

Car avec la condition que pour $r = 1$ on a

$$\rho = \frac{1}{3}\rho_0, \qquad \rho'_1 = \frac{4}{27}\alpha \qquad \text{et} \qquad \rho'' = 0,$$

on trouve, en négligeant 1 devant ρ'_1 qui est très grand,

$$(5) \qquad\qquad n' = \frac{1}{\lambda}, \qquad (1-\lambda) = \frac{1}{3}, \qquad n = \frac{4}{9}(1-\lambda)\alpha.$$

On en tire $\lambda = 0,174$ et $n' = 5,75$ indépendants de α et pour le Soleil $n = 1410$. La formule donne des résultats assez voisins des calculs directs par la formule (2).

On a supposé la température constante. On peut évaluer, sur une couche déterminée, la variation maximum de température au delà de laquelle la densité croîtrait avec la profondeur et produirait le brassage des éléments. Il suffit de faire ρ constant dans (1), on obtient

$$(6) \qquad\qquad d\mathrm{T} = \alpha \mathrm{T}_1(1-\rho)\,dx.$$

Avec $\mathrm{T}_1 = 6000°$ et $\rho = \frac{1}{3}$, on trouve que la variation maximum ne peut pas dépasser $22°$ par kilomètre. Elle serait moindre qu'à l'intérieur du sol terrestre où l'on a $33°$ par kilomètre. Il est évident que ce faible gradient ne peut pas entretenir le rayonnement et que le brassage doit être énorme. En totalisant cette augmentation de température jusqu'à la densité $0,9$ on trouve $18000°$, de là jusqu'au centre $35000°$. On aurait donc une température centrale maximum de $60000°$ et qui en réalité doit être beaucoup plus basse.

Une masse gazeuse située sur la couche d'inflexion, sous une pression de 11000^{atm}, posséderait une puissance d'expansion ou d'explosion supérieure à celle de la mélinite. Par le jeu du refroidissement des couches superficielles, ces masses profondes remontent à la surface, comme un ballon délesté, et y produisent les différents phénomènes qui seuls sont visibles pour nous.

PHYSIQUE MATHÉMATIQUE. — *Sur les théories de la gravitation.*
Note de M. **L. Bloch**, présentée par M. Hadamard.

I. Soit $\Lambda_q(\mathrm{T})$ l'opérateur de Lagrange

$$\Lambda_q(\mathrm{T}) = \frac{\partial \mathrm{T}}{\partial q} - \frac{d}{dt}\left(\frac{\partial \mathrm{T}}{\partial q'}\right).$$

Nous dirons qu'une théorie mécanique satisfait au principe d'Hamilton lorsque *toutes* les équations du mouvement sont du type

$$\Lambda_q(\mathrm{T}) = 0.$$

Si T ne contient pas explicitement x, y, z ni leurs dérivées, mais seulement les distances mutuelles $r, r', \ldots$ et leurs dérivées, nous dirons que l'équation

$$\Lambda_r(\mathrm{T}) = 0$$

satisfait au *principe d'Hamilton relatif*.

II. La théorie de la gravitation de Tisserand ([1]), qui consiste à remplacer la loi de Newton par la loi électrodynamique de Weber, satisfait au principe d'Hamilton. On peut en déduire *une* équation qui satisfait au principe d'Hamilton relatif.

III. La théorie de M. Reissner ([2]) satisfait par définition au principe d'Hamilton relatif. Sous la forme que lui a donnée son auteur, elle est un cas particulier d'une théorie légèrement plus générale, *où la loi d'action élémentaire est la loi de Weber*. Elle représente donc l'extension naturelle de la théorie de Tisserand, telle que la suggère le principe de relativité.

IV. La théorie d'Einstein ([3]) se présente avec des caractères différents en première approximation et en seconde approximation. En première approximation, elle reconnaît comme lois de force les lois de l'Électrodynamique classique, modifiées par l'introduction du facteur $\frac{1}{2}$ dans le terme statique. En seconde approximation, elle s'exprime par la loi de Gauss modifiée en outre dans son terme statique par le facteur $1 + \frac{\alpha}{r}$ ([4]). Elle conduit à une valeur correcte pour l'anomalie du périhélie de Mercure.

V. On arrive à *la même valeur* en utilisant la loi de Weber corrigée également dans son terme statique par les facteurs $\frac{1}{2}$ et $1 + \frac{\alpha}{r}$. Lorsqu'on se sert de la formule de Gauss-Einstein, la variable indépendante est le

---

([1]) V. TISSERAND, *Mécanique céleste*, t. 4, p. 505.

([2]) V.-H. REISSNER, *Phys. Zeitsch.*, t. 15, 1914, p. 371, et t. 16, 1915, p. 179.

([3]) A. EINSTEIN, *Ber. Berl.*, t. 17, 1915, p. 831.

([4]) Le nombre α ne dépend pas de la masse attirée. Il est égal à 3.10^5 centimètres pour le Soleil.

temps propre du mobile; lorsqu'on se sert de la formule de Weber, la variable indépendante est le *temps ordinaire*.

La double correction qui vient d'être indiquée implique la relativité de la masse inerte de la même façon que la théorie de Reissner et que celle d'Einstein. Elle suffit pratiquement à mettre la théorie de Tisserand en accord avec le principe d'Hamilton relatif.

ÉLECTRICITÉ. — *Sur un phénomène de surtension dans un circuit dépourvu de self-induction, en courant continu.* Note ([1]) de M. **H. Chaumat**, présentée par M. J. Violle.

En étudiant de près les causes d'erreurs et les corrections de la méthode de mesure des isolements dite *méthode d'accumulation*, nous avons été amené à la constatation d'un phénomène qui paraît paradoxal à première vue et qni, à notre connaissance, n'a pas encore été signalé. Ce phénomène consiste en une surtension, en courant continu, dans un circuit dépourvu de self-induction, ne contenant que des condensateurs et des résistances. Ce phénomène se produit pendant la période de fermeture du circuit, période pendant laquelle toutes les connexions restent sans changements.

Considérons le circuit figuré ci-dessous. Un premier condensateur, de

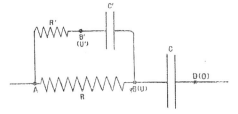

capacité C, est en série avec une résistance R. Aux extrémités A et B de la résistance R se trouve connecté un second circuit comprenant en série, comme l'indique le schéma, une nouvelle résistance R′ et un condensateur de capacité C′. L'extrémité D du circuit est connecté au pôle négatif d'une pile de force électromotrice E et de résistance négligeable. Nous prendrons le potentiel du point D comme origine des potentiels.

_____

([1]) Séance du 14 janvier 1918.

A l'instant zéro, on relie le point A au pôle positif de la source. Soient, à l'instant t, U le potentiel du point B, U' le potentiel du point B'.

On établit facilement l'équation suivante qui définit U' en fonction du temps:

$$(1) \qquad U' = E - \frac{R'}{R} M (1 + CR\rho_1) e^{\rho_1 t} - \frac{R'}{R} N (1 + CR\rho_2) e^{\rho_2 t},$$

dans laquelle M et N sont donnés par les formules

$$(2) \qquad M = \quad E \frac{R + R' + CRR'\rho_2}{CRR'(\rho_1 - \rho_2)},$$

$$(3) \qquad N = - E \frac{R + R' + CRR'\rho_1}{CRR'(\rho_1 - \rho_2)},$$

ρ_1 et ρ_2 étant les deux racines de l'équation du second degré en ρ

$$(4) \qquad CC'RR'\rho^2 + (CR + C'R' + C'R)\rho + 1 = 0.$$

Les racines ρ_1 et ρ_2 sont réelles, inégales, toutes deux négatives; ρ_2 est la plus grande en valeur absolue.

La discussion montre :

1° Que U' qui part de zéro, au temps zéro, atteint la valeur E au temps T défini par

$$T = \frac{1}{\rho_1 - \rho_2} \mathrm{Log}_e \frac{\rho_2}{\rho_1},$$

puis dépasse cette valeur E, atteint un maximum au temps $2\,T$, double du précédent, puis décroît ensuite pour atteindre asymptotiquement E au bout d'un temps infini.

C'est ce résultat d'un maximum de U' supérieur à E, qui paraît paradoxal à première vue, le circuit, complètement dépourvu de self-induction et dont les connexions restent permanentes pendant toute la durée de la charge du condensateur C, ne présentant pas de phénomènes oscillatoires.

2° La différence de potentiels (U' — U) qui définit la charge du condensateur C' passe par un maximum au temps T défini plus haut (quand U' devient égal à E).

Le maximum de (U' — U) est donné par

$$(U' - U)_{max} = - \frac{E}{C'R'\rho_2} \left(\frac{\rho_2}{\rho_1}\right)^{\frac{\rho_1}{\rho_1 - \rho_2}}.$$

A partir de l'instant T, le condensateur C' commence à se décharger et la différence de potentiels (U' — U) tend asymptotiquement vers zéro.

3° La valeur maxima de U', ou mieux l'écart relatif maximum entre U' et E est donné par

$$\frac{U'_m - E}{E} = \left(\frac{\rho_1}{\rho_2}\right)^{-\frac{\rho_1 + \rho_2}{\rho_1 - \rho_2}}.$$

On voit que ce maximum ne dépend que du rapport des deux racines ρ_1 et ρ_2. Ce maximum tend lui-même vers un maximum quand le rapport des deux racines tend vers l'unité : on a alors la valeur remarquablement simple

$$\frac{U'_m - E}{E} = \frac{1}{e^2} = 0,1353.$$

Mais ce maximum maximorum ne peut jamais être atteint, les deux racines ρ_1 et ρ_2 étant toujours inégales.

Ces résultats sont accessibles à la mesure. Nous avons réalisé expérimentalement le cas suivant :

$$C = 1 \text{ microfarad}, \qquad C' = 0,01 \text{ microfarad},$$
$$R = 7 \text{ mégohms}, \qquad R' = 500 \text{ mégohms environ};$$

le maximum de U' vaut 1,1318 E et se produit au bout de 11,75 secondes.

L'électromètre très amorti dont nous nous sommes servi ne nous a pas permis de saisir le maximum, mais nous avons mesuré, au delà du maximum, un potentiel U' valant 99,5 volts (pour E = 95 volts).

Avec

$$C = 1 \text{ microfarad}, \qquad C' = 0,1 \text{ microfarad},$$
$$R = 7 \text{ mégohms}, \qquad R' = 500 \text{ mégohms environ},$$

le maximum de U' est moins important (1,0724 E), mais il se produit au bout de 31,85 secondes après la fermeture du circuit. Ce maximum a pu être saisi. On a lu pour U' 102,5 volts, 34 secondes après la fermeture du circuit, la source donnant 94 volts.

CHIMIE PHYSIQUE. — *Équilibres invariants dans le système ternaire : eau, sulfate de soude, sulfate d'ammoniaque.* Note [1] de MM. C. MATIGNON et F. MEYER, présentée par M. Henry Le Chatelier.

Dans une Note précédente [2], nous avons étudié les équilibres monovariants correspondant au système ternaire : eau, sulfate de soude, sulfate d'ammoniaque, maintenu sous la pression atmosphérique.

[1] Séance du 24 décembre 1917.
[2] *Comptes rendus*, t. 165, 1917, p. 787.

La présente Note est consacrée à l'examen des équilibres invariants dans le même système, ils correspondent à l'équilibre de la solution en présence de trois phases solides.

I. *Phases solides :* SO^4Na^2, SO^4Am^2, *sel double.* — Nous avons déterminé les coordonnées de ce point triple en laissant refroidir lentement une solution saturée en présence de deux phases solides : SO^4Am^2, SO^4Na^2 et préparée vers $70°$. Quand on atteint la température cherchée, la formation de la troisième phase solide, le sel double, avec dégagement de chaleur, entraîne un ralentissement du refroidissement et se traduit par une anomalie dans la courbe de refroidissement; la transformation achevée, le point figuratif de l'état de la solution se déplace sur la courbe d'équilibre du système monovariant à phases solides : SO^4Na^2, sel double, ou bien sur la courbe de l'autre système : SO^4Am^2, sel double, suivant les proportions relatives des deux sels en présence. Dans les deux cas, nous avons obtenu $59°$ pour le point que nous désignerons par A; ses coordonnées sont les suivantes :

	T.	Centi-mol. dans 100g de solution.	
		SO^4Am^2.	SO^4Na^2.
A	$59°$	$27,25$	$11,75$

II. *Phases solides :* SO^4Na^2, $SO^4Na^2,10H^2O$, *sel double.* — Le point correspondant que nous désignons par D a été déterminé en refroidissant une solution saturée en présence des deux phases solides, SO^4Na^2, sel double. L'apparition de la troisième phase, facilitée par l'addition de petits cristaux hydratés, se manifeste à $26°$. La transformation terminée, le système ne peut évoluer par refroidissement que dans une seule direction, celle de l'équilibre divariant caractérisé par les phases solides : SO^4Na^2, $10H^2O$, sel double.

Remarquons que le point de transformation SO^4Na^2, $SO^4Na^2,10H^2O$ se produit à $32°,3$ sous la pression atmosphérique; l'introduction d'un constituant nouveau, le sulfate d'ammoniaque, dans le système en équilibre précédent, a donc pour effet d'abaisser le point de transformation de $32°,3$ à $26°$. Nous avons :

	T.	Centi-mol. dans 100g de solution.	
		SO^4Am^2.	SO^4Na^2.
D	$26°$	$9,50$	$19,25$

III. *Phases solides* : SO^4Am^2, *sel double, glace. Point* H_1. — Ce point triple a été trouvé à — 21° en procédant toujours par refroidissement; le mode opératoire inverse, c'est-à-dire par échauffement, ne donne pas de précision :

	T.	Centi-mol. dans 100^g de solution.	
		SO^4Am^2.	SO^4Na^2.
H_1............................	—21°	27,8	2,0

IV. *Phases solides : sel double,* $SO^4Na^2, 10H^2O$, *glace. Point* H_2. — Le point H_2 doit être très voisin du point H_1, car l'expérience ne nous a pas donné de différence sensible dans leurs coordonnées. Les écarts de ces coordonnées sont du même ordre de grandeur que les erreurs d'expérience.

Voici d'ailleurs les résultats obtenus en opérant toujours par refroidissement :

Mélange salin initial.	Température mesurée.	moyenne.
Sel double.........................	—21,1	
»	—20,9	—21
Sel double, $SO^4Na^2, 10H^2O$...........	—21,1	
» »	—20,9	—21
» »	—21,1	
Sel double, SO^4Am^2................	—21,1	
» »	—20	
» »	—21,1	—21,1
» »	—21,2	
$SO^4Am^2, SO^4Na^2, 10H^2O$	—21,3	—21,2
»	—21,2	

V. *Point cryohydratique : glace, sulfate d'ammoniaque.* — Nous avons profité de ces essais pour déterminer à nouveau la température de l'eutectique glace, sulfate d'ammoniaque, température mal déterminée. Guthrie et de Coppet ont donné respectivement pour cette valeur — 17° et — 19°,5, valeurs qui ne cadrent pas bien avec l'allure des courbes de solubilité.

Nous avons trouvé les valeurs suivantes, qui nous conduisent comme moyenne à — 18° :

$$\left.\begin{array}{r} -18,2 \\ -18 \\ -17,9 \end{array}\right\} -18°.$$

La concentration de la solution est alors de 29 centièmes de molécule de sulfate dans 100^s de solution.

Tous les détails de nos essais seront exposés ailleurs dans un Mémoire développé.

L'ensemble de nos résultats peut être représenté géométriquement par le solide de la figure ci-dessous. Les coordonnées suivant OX, OY et OZ

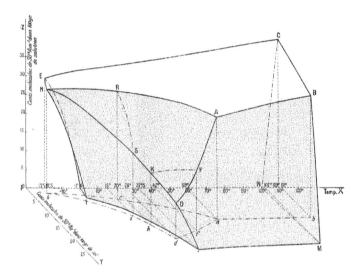

donnent respectivement la température, la concentration en centi-molécules de SO^{4}Na^2 dans 100^s de la solution et la même concentration en SO^{4}Am^2 définie de la même façon.

Chacune des nappes, limitant le solide, représente les états d'équilibre de la solution vis-à-vis une phase solide.

Nappes.	Phases solides correspondantes.
EHABCE	SO^{4}Am^2
HDAH	sel double
HILDH	SO^{4}Na^{2}10H^{2}O
ADLMBA	SO^{4}Na^2
IHEOI	glace

Enfin la nappe CBMNC est la surface des points d'ébullition de diverses solutions sous la pression atmosphérique.

Les lignes — · — · — représentent les projections des courbes, communes à deux nappes, dans le plan XOY.

GÉOLOGIE. — *Les grandes zones tectoniques de la Tunisie*. Note de MM. L. GENTIL et L. JOLEAUD, présentée par M. Haug.

Nous avons précédemment montré que les nappes de charriage de l'Algérie se continuaient dans la *Tunisie septentrionale* et que leur zone frontale était formée, au sud-est de Tunis, par les djebels Bou Kournin, Ressas, Zaghouan et Fkirin ([1]).

Le long de la frontière algéro-tunisienne le régime des nappes s'étend, comme l'un de nous a pu s'en convaincre au cours de dix années d'exploration ([2]), depuis la Méditerranée jusqu'à la région de l'Ouenza, où M. Termier ([3]) découvrit les premiers charriages de la Berbérie.

Plus au Sud, au delà des djebels Bou Kadra et Bou Jaber commence, en Algérie, un pays d'architecture tabulaire où de molles ondulations, en forme de cuvettes synclinales, dessinent des reliefs (*dirs*) au-dessus des plaines de Tebessa.

La même allure tranquille se retrouve en Tunisie, au sud des djebels Hameïma et Slata : elle y donne naissance aux cuvettes des Ouartan, de Thala, de Sbiba et des Ouled Sendassen.

On observe également des cuvettes synclinales au sud-ouest des djebels Zaghouan et Fkirin, chez les Ouled Yahia et à Gafour. Les unes et les autres entourent un vaste plateau légèrement anticlinal, le plateau de Mactar (hamadas des Ouled Aoun, des Ouled Ayar et de la Kessera), qui s'étend d'Ellez au djebel Serdj.

C'est à cet ensemble de reliefs qu'il convient de réserver le nom de *Tunisie centrale* ([4]), il faut y voir le prolongement des Hauts Plateaux et des Hautes Plaines de l'Algérie.

Une nouvelle zone plissée relaye, vers l'est, le massif de l'Aurès (Atlas saharien) : elle occupe les régions de Feriana, Kasserin, Sbeïtla et Hadjeb el Aïoun, depuis les djebels Chambi, Semama et Meghila jusqu'à Chebika,

---

([1]) *Comptes rendus*, t. 165, 1917, p. 365 et 506; t. 166, 1918, p. 42.

([2]) L. JOLEAUD, *Comptes rendus Soc. géol. France*, 1914, p. 144, etc.

([3]) *Comptes rendus*, t. 143, 1906, p. 137.

([4]) PERVINQUIÈRE, *Étude géologique de la Tunisie centrale*, Paris, 1903.

à Gafsa, aux djebels Gart Hadid et Kechem Artsouma: Elle correspond à
la *Tunisie méridionale* (¹).

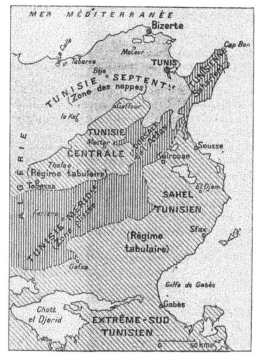

Esquisse des grandes zones tectoniques de la Tunisie.

L'architecture tabulaire apparaît de nouveau entre Gafsa, oglet Jedra et
la Skhira ; mais elle ne prédomine qu'au delà du chott el Djerid, dans le
massif des Matmata. C'est la région que l'on désigne habituellement sous
le nom d'*Extrême-Sud tunisien* (²) : elle peut être considérée comme une
véritable dépendance du Sahara.

Ainsi en Tunisie, comme en Algérie et au Maroc, l'Atlas saharien appa-

---

(¹) Roux, *Bull. Soc. géol. France*, 4ᵉ série, t. 11, 1911, p. 249-284.

(²) A. JOLY, *Bull. Soc. géogr. Alger*, 1908. — PERVINQUIÈRE, *Bull. Soc. géol.
France*, 4ᵉ série, t. 12, 1912, p. 143-193.

raît encadré par deux massifs résistants qui, en se rapprochant l'un de l'autre, ont donné naissance à une chaîne de montagnes de type jurassien ([1]).

L'origine des montagnes du nord de la Tunisie est toute différente. Deux ou trois nappes de charriage du type alpin, venues de l'emplacement actuel de la Méditerranée occidentale, s'y sont avancées à 150^{km} dans l'intérieur des terres. Leur ensemble forme une masse considérable, partiellement enrobée par la plus extérieure d'entre elles, la nappe triasique. Les vastes surfaces qu'occupe celle-ci, au sud-ouest de Bizerte, à l'ouest de Mateur, entre Schuiggui et Chaouach, vers Saint-Joseph-de-Thibar, à l'ouest du Kef, témoignent de l'ampleur des phénomènes orogéniques qui ont affecté la région.

Par contre, aucun lambeau de Trias ne semble exister dans la fenêtre des nappes qui laisse apparaître le plateau de Mactar, tandis que ce terrain affleure un peu partout à la périphérie de la région tabulaire. C'est ainsi que les marnes bariolées salifères existent dans la zone des nappes aux djebels Klab, ech Cheïd, Lorbes, Slata, Bou Jaber, et dans la région des plis jurassiens des djebels Chambi, Semama, Meghila, Trozza, Cherichira, Baten el Guern. Les lambeaux de Trias du Sud du plateau de Mactar se distinguent de ceux du Nord par leur situation tectonique normale dans l'axe des anticlinaux.

La distinction des quatre régions tectoniques de la Tunisie, Tunisie septentrionale, Tunisie centrale, Tunisie méridionale, Extrême-Sud tunisien, correspond exactement aux quatre zones orogéniques, géosynclinal méditerranéen, môle algérien, Atlas saharien, bouclier saharien, distinguées par l'un de nous ([2]) dans le Nord africain.

CHIMIE ORGANIQUE. — *Nouvelle préparation des nitriles aliphatiques par catalyse.* Note de M. **Alphonse Mailhe**.

J'ai montré dans une Communication récente ([3]) qu'on pouvait préparer avec de très bons rendements les nitriles aromatiques, par action directe du gaz ammoniac sur les éthers-sels d'acides aryliques nucléaires et extranucléaires en présence d'un catalyseur déshydratant, comme la thorine par exemple, chauffé à une température de $470°$-$480°$.

([1]) Louis Gentil, *Le Maroc physique*, Paris, 1912, p. 127.
([2]) Louis Gentil, *Le Maroc physique*, Paris, 1912, p. 127 et suiv.
([3]) *Comptes rendus*, t. 166, 1918, p. 36.

La thorine n'est pas le seul catalyseur qui puisse effectuer cette réaction, et j'ai constaté que l'alumine précipitée permettait d'arriver au même résultat. Ainsi le benzoate d'éthyle $C^6H^5CO^2C^2H^5$ fournit sur ce catalyseur, chauffé à $480°$-$490°$ en présence du gaz ammoniac, un très bon rendement en benzonitrile. La seule différence dans l'allure des deux catalyseurs réside dans ce fait que l'oxyde de thorium fournit un dégagement gazeux, constitué surtout par de l'hydrogène, accompagné de très peu d'éthylène; avec l'alumine, au contraire, le dégagement permanent de gaz, qui a lieu pendant la réaction, est formé d'environ $\frac{2}{3}$ d'éthylène et $\frac{1}{3}$ d'hydrogène.

L'éther éthylique de l'acide métatoluique, $C^6H^1\diagdown\begin{matrix}CH^3 & (1)\\ CO^2C^2H^9 & (3)\end{matrix}$, se change également en présence d'alumine et de gaz ammoniac dans le nitrile métatoluique, $C^6H^1\diagdown\begin{matrix}CH^3 & (1)\\ CN & (3)\end{matrix}$, qui bout à $210°$-$216°$. Le rendement est presque total.

J'ai essayé d'appliquer la nouvelle méthode de préparation des nitriles, à la décomposition des éthers-sels aliphatiques, en présence de ces deux catalyseurs : thorine et alumine. La réaction commence encore ici vers $450°$, mais elle est lente et incomplète. Elle a lieu très aisément vers $480°$-$490°$, et la décomposition de l'éther-sel est alors sensiblement totale.

Lorsqu'on dirige, en même temps que du gaz ammoniac, de l'isovalérate d'isoamyle, $(CH^3)^2CH.CH^2CO^2C^5H^{11}$, qui bout à $185°$, sur de l'oxyde de thorium, chauffé à $470°$-$480°$, on constate un dégagement permanent de gaz formé presque entièrement d'hydrogène. Le liquide recueilli, séparé de l'eau, faiblement aldéhydique, soumis à la rectification, abandonne jusqu'à $100°$ une portion fortement aldéhydique, contenant de l'isovaléraldéhyde, puis le thermomètre monte rapidement jusqu'à $129°$ et laisse passer la majeure partie du liquide entre $129°$ et $133°$. Cette fraction sent à la fois le nitrile et l'alcool amyliques. Elle est neutre. Soumise à l'hydrogénation en présence de nickel divisé, elle se change en majeure partie en un mélange d'isoamylamines, bouillant jusqu'à $220°$ (amines 1^a, 2^n et 3^{aire}), caractérisées par la carbylamine et les chlorhydrates. Il reste une portion inchangée qu'on peut séparer après dissolution des amines à l'aide de HCl dilué. Le produit rectifié, soumis à l'action de l'alumine à $380°$, fournit de l'amylène et de l'eau. C'était de l'isoamylalcool. La transformation de l'isovalérate d'amyle a donc lieu suivant l'équation

$$(CH^3)^2CH.CH^2CO^2C^5H^{11}+NH^3=C^5H^{11}OH+H^2O+(CH^3)^2CH.CH^2CN.$$

L'isovalérate d'éthyle, qui bout à $134°$, donne, dans les mêmes conditions que le précédent, un dégagement permanent de gaz formé surtout d'hydrogène et d'un peu d'éthylène. La surface du flacon où l'on recueille le liquide transformé est tapissé de cristaux d'aldéhydate d'ammoniaque, et le produit liquide obtenu, séparé de l'eau, passe après enlèvement d'une faible portion de têtes, presque entièrement entre $128°$-$131°$. Il est constitué par l'isovalérylnitrile à peu près pur.

La décomposition du même éther valérique, réalisée par le gaz ammoniac, au contact de l'alumine chauffée entre $480°$-$490°$, fournit un gaz constitué par 60 pour 100 d'éthylène, et le liquide, après enlèvement de l'eau formée, bout en majeure partie entre $129°$-$131°$, laissant un faible résidu qui cristallise immédiatement. Les cristaux formés sont des aiguilles soyeuses, fondant à $128°$-$129°$. Elles sont constituées par l'amide isovalérique

$$(CH^3)^2CH.CH^2CONH^2.$$

On voit d'après cela que la réaction de l'ammoniac sur l'éther-sel qui fournit le nitrile est précédée de la formation de l'amide qui se dédouble à l'état naissant. Par contre, les cristaux d'aldéhydate d'ammoniaque, obtenus avec la thorine, ne se forment pas avec l'alumine.

Les éthers butyriques, $CH^3CH^2CH^2CO^2R$, se comportent comme les précédents, lorsqu'ils réagissent sur de la thorine ou de l'alumine, à $480°$-$490°$, en présence de gaz ammoniac. Ils fournissent le nitrile butyrique, $CH^3CH^2CH^2CN$, bouillant à $118°$-$119°$. Le butyrate d'éthyle fournit avec la thorine un gaz contenant $\frac{2}{3}$ d'hydrogène et $\frac{1}{3}$ d'éthylène, des cristaux d'aldéhydate d'ammoniaque, et la majeure partie du liquide recueilli, séparé de l'eau formée, est constituée par le nitrile butyrique. Avec les butyrates de propyle et d'isobutyle, le gaz contient peu de carbure éthylénique, lorsque la réaction est effectuée sur thorine. Au-dessus du point d'ébullition du nitrile, la faible portion qui reste dans le ballon à distiller cristallise par refroidissement, et les aiguilles soyeuses, bien essorées, fondent à $115°$. Elles sont constituées par la butyramide

$$CH^3CH^2CH^2CONH^2.$$

Avec les éthers de l'acide propionique, on est conduit au même résultat. Les propionates d'isoamyle et d'isobutyle fournissent avec la thorine, en présence de gaz ammoniac, le propane nitrile. Le propionate d'éthyle, sur l'alumine, fournit un dégagement gazeux constitué par 70 pour 100 d'éthylène, le nitrile propylique, et quelques cristaux de propanamide, fondant à $78°$-$79°$.

On voit que la méthode de formation directe des nitriles, par action du gaz ammoniac sur les éthers-sels, en présence de thorine et d'alumine, est tout à fait générale et s'applique aux éthers aryliques et aliphatiques.

MÉTÉOROLOGIE. — *Relation entre les variations barométriques et celles du vent au sol : application à la prévision.* Note ([1]) de M. **G. Reboul**.

On sait depuis fort longtemps que le baromètre descend très bas par grands vents et monte au contraire quand le vent est faible. Il suffit d'ailleurs de rapprocher l'une de l'autre les courbes d'un enregistreur de pression atmosphérique et d'un anémocinémographe pour être frappé des faits suivants :

1° Si, en un point, le vent au sol augmente, on constate que la pression diminue ;

2° Si, au contraire, le vent au sol diminue, la pression augmente.

Je me propose d'établir le coefficient de probabilité de ces faits et de montrer, indépendamment de toute considération théorique, comment on peut en déduire certaines règles de prévision des variations barométriques.

1° Reproduisons, l'un au-dessous de l'autre, les graphiques du baromètre et de l'anémocinémographe rapportés à la même échelle de temps. Sur ces graphiques, les intervalles pour lesquels les variations de la pression sont de sens contraire à celles de la vitesse du vent constituent les zones de cas favorables ; ceux où les variations sont de même sens donneront les cas défavorables. Le nombre de cas sera proportionnel à la longueur de ces intervalles.

Voici résumés les résultats d'une année d'observations :

| 1915-1916. | Cas | | | Pourcentage des cas |
Mois.	favorables.	défavorables.	Total.	favorables.
Octobre et novembre.....	527	75	602	88
Décembre...............	331	55	386	83
Janvier................	322	55	377	85
Février................	381	80	461	82
Mars..................	562	58	620	90
Avril.................	532	68	600	88
Mai...................	523	97	620	84
Juin..................	522	78	600	87
Juillet...............	559	61	690	90
Août..................	442	65	507	87
Septembre.............	508	82	590	86
Octobre...............	557	63	620	89
Novembre..............	531	69	600	88
Total	6297	906	7203	87,4

([1]) Séance du 14 janvier 1918.

Il résulte de cette statistique que, environ 8 fois sur 10, les variations du vent et de la pression seront grossièrement représentées par des courbes analogues à celles de la figure.

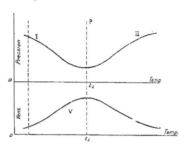

Les maxima ou minima du vent et de la pression ne coïncident pas toujours comme le représente la figure : sur 100 cas, par exemple, on en trouve 42 où la simultanéité a lieu, 37 pour lesquels la variation de pression avance sur celle du vent et 21 où le vent devance la pression.

Transposons dans l'espace les phénomènes dont nous avons observé la succession dans le temps, c'est-à-dire admettons que les variations qui se succèdent en un point sont semblables à celles qui, à un instant antérieur, étaient simultanément observées en une série de stations de la carte météorologique. Nous serons ainsi amené à des règles dont le coefficient de probabilité sera évidemment inférieur à celui des faits d'où nous les aurons déduites.

2° Les régions menacées par *la baisse* sont celles qui correspondent à la partie I de la figure, ce sont donc *les régions de la carte isobarique où la tendance barométrique est négative et la tendance anémométrique positive.* Les régions où l'on doit prévoir *la hausse* sont celles où *la tendance du baromètre est positive et celle de l'anémomètre négative* (partie II de la figure).

Il est facile de montrer que le coefficient de probabilité des prévisions qui seraient déduites des règles précédentes est d'autant plus faible que l'échéance de la prévision est plus éloignée ou que la surface embrassée par la perturbation sur la carte isobarique est elle-même plus petite. Soit, par exemple, une hausse ou une baisse barométrique de durée D, pour laquelle nous faisons une prévision à échéance E ; la tendance étant la variation qui s'est produite pendant les N heures qui ont précédé l'observation. Quand je fais l'hypothèse que la variation qui s'est produite dans les N heures précé-

dentes continuera pendant E heures suivantes, j'ai (N + E) chances sur D
de me tromper; le coefficient de probabilité de la prévision sera

$$\left(1 - \frac{N + E}{D}\right).$$

Il s'ensuit donc que la méthode dite des *isallobares*, qui consiste à déterminer les trajectoires probables des zones de tendance barométrique,
s'appliquera aux cas de perturbations de grande durée, par conséquent aux
perturbations très accusées et occupant de vastes étendues.

Il semble que cette dernière méthode pourrait être complétée par la
détermination de la trajectoire probable de la zone de tendance anémométrique; nous avons vu que, environ 8 fois sur 10, il y avait simultanéité ou
avance des variations de la pression sur celles du vent, les variations du
vent ne donneraient donc en général rien que n'auraient déjà montré celles
de la pression barométrique.

3° On voit sur la figure que la baisse commence au temps t_0, c'est-à-dire
au moment où le vent est le plus faible; quant à la hausse, elle commence
à se manifester au temps t_1, c'est-à-dire au moment où le vent est fort. Il
s'ensuit les règles suivantes ;

1° *Dans le voisinage d'une basse pression, les régions où les vents sont faibles
sont celles que menace la baisse barométrique;*

2° *Dans le voisinage d'une haute pression, les régions où les vents sont forts
sont celles où se produira la hausse du baromètre.*

Il suffit de feuilleter une collection de cartes isobariques à situation
météorologique peu compliquée (par exemple une basse pression et une
haute pression en présence) pour constater que ces règles sont assez souvent
confirmées. Elles sont tout à fait insuffisantes lorsque la situation météorologique est complexe : leur principal inconvénient réside dans l'imprécision des termes « vents forts et faibles ».

Il est possible de déduire des faits précédents une méthode assez simple,
d'un emploi pratique, qui nous a rendu depuis longtemps de grands
services.

HISTOLOGIE. — *Mécanisme histologique de la formation de l'os nouveau au cours de la régénération osseuse chez l'homme.* Note de MM. **R. Leriche** et **A. Policard**, présentée par M. Roux.

Les circonstances nous ont permis de pouvoir étudier dans d'excellentes conditions le mécanisme histologique de la réparation osseuse chez l'homme après résections sous périostées, dans le traitement de traumatismes osseux de guerre.

Après résection osseuse sous périostée correcte, à partir du périoste, se développe un tissu conjonctif de bourgeonnement dans lequel on voit très rapidement se développer des aiguilles et des trabécules osseux. L'étude de ce tissu de régénération renseigne d'une manière précise sur le mode histologique de cheminement et de poussée de l'os nouveau.

La doctrine classique admet que la formation de l'os est le résultat de l'activité d'une couche dite *ostéogénique*. Suivant des modes encore mal définis, les cellules de cette couche sécréteraient l'os; une partie d'entre elles seraient englobées dans la substance osseuse de nouvelle formation et deviendraient cellules osseuses; les autres cellules disparaîtraient. L'os nouveau croît et pousse précédé de la couche ostéogénique qui l'engendre. Dans cette conception classique, le tissu osseux nouveau serait une sorte de néoplasie résultant essentiellement de l'activité de certains éléments cellulaires conjonctifs, les ostéoblastes.

Nos observations nous ont permis d'envisager ce phénomène d'une façon tout à fait différente.

La formation de la substance osseuse comporte, on le sait, deux stades essentiels. Il y a d'abord édification d'une substance d'un type spécial, d'aspect homogène et hyalin, *la substance préosseuse.* Dans un second stade, des sels calcaires infiltrent cette substance; cette calcification n'est pas une précipitation des sels terreux sous forme de cristaux microscopiques, mais une imprégnation colloïdale extrêmement complexe dont les détails restent à préciser.

Dans l'un et l'autre de ces stades, dans la formation de la substance préosseuse comme dans sa calcification, il ne nous est pas apparu que les cellules interviennent, tout au moins en jouant un rôle direct comme l'admet la théorie classique. Aucune figure histologique ne permet de penser qu'il y ait sécrétion de la substance préosseuse ou des sels calcaires.

Aucune non plus ne permet de penser que la substance préosseuse puisse résulter de la transformation de tout ou de partie du corps des cellules.

La formation de la substance préosseuse semble résider essentiellement dans une transformation progressive et envahissante de la substance fondamentale du tissu conjonctif. Celle-ci prend un aspect homogène, une réaction à tendances basophiles; il s'agit d'une sorte de transformation hyaline envahissante. Les faisceaux et les fibrilles conjonctives sont peu à peu noyés dans la substance préosseuse, homogène qui les rend invisibles. La substance osseuse de nouvelle formation se forme ici par un processus analogue à celui que von Korff a décrit pour la dentine et quelques types d'os. Toutes réserves faites pour certains points de détail et pour la terminologie de cet auteur, il nous apparaît que sa conception est beaucoup plus conforme à la réalité des faits que la théorie classique. La poussée osseuse périostique résulte d'une transformation métaplastique progressive de la substance fondamentale du tissu conjonctif jeune qui naît de la face profonde du périoste détaché dans certaines conditions. La substance fondamentale ainsi transformée en substance préosseuse subit une infiltration de sels calcaires suivant des processus très complexes qui n'apparaissent pas histologiquement liés, au moins directement, à l'activité des cellules environnantes.

Loin d'agir en tant qu'éléments sécréteurs de l'os, les cellules conjonctives juxta-osseuses (ostéoblastes des classiques) semblent au contraire représenter des agents de réaction contre l'envahissement et l'extension du processus de métaplasie osseuse. Les cellules semblent d'autant plus rares et d'apparences histologiques moins actives que la croissance est plus rapide et plus intense. Elles sont au contraire multipliées et d'apparences extrèmement actives dans les points où il y a ralentissement du processus d'ostéogenèse.

La régénération de l'os à partir du périoste se fait suivant un type histologique absolument identique à celui que l'un de nous a décrit dans les ostéomes musculaires traumatiques ([1]). Dans les deux cas, il s'agit d'une transformation métaplastique progressivement envahissante de la substance fondamentale du tissu conjonctif, qui, entre autres modifications, présente la propriété de s'infiltrer de sels calcaires.

([1]) POLICARD et DESPLAS, *Contribution à l'étude anatomo-pathologique des ostéomes musculaires* (*Lyon chirurgical*, mai-juin 1917).

PHYSIOLOGIE. — *Sur l'olfaction*. Note de M. **A. Durand**,
présentée par M. Henneguy.

Les théories actuellement admises sur la constitution de la matière et la
comparaison, avec les phénomènes de l'olfaction, de certaines particularités
de l'ionisation, nous induisent à proposer une explication des sensations
olfactives, fondée sur les expériences et les observations suivantes :

Dès 1875, Coulier, par une expérience aujourd'hui classique, mais dont
on ne pouvait alors saisir toute la portée, avait montré qu'il y avait, dans
l'air, des centres de condensation pour la vapeur d'eau. Après lui, bien
d'autres physiciens, Aitken, J.-J. Thomson, etc., confirmèrent la présence
des *ions*, comme on les nomme actuellement.

Une étude plus complète révéla la présence d'ions de diverses dimensions. Langevin étudia les *gros ions*, contenus dans l'air ordinaire; Bloch
montra qu'il y avait aussi d'autres *gros ions* dans l'air ayant passé sur
du phosphore. Dans ce dernier cas, ne pourrait-on pas s'exprimer ainsi?
l'odeur du phosphore contient des ions; c'est-à-dire que l'air ayant acquis
l'odeur du phosphore acquiert, en même temps, le pouvoir de condenser
plus facilement la vapeur d'eau.

Le fait est-il général? En d'autres termes, les émanations des corps odorants qui sont, par leur extrême ténuité, de l'ordre de grandeur des divers
ions, gros ou petits, ont-elles le pouvoir de condenser la vapeur d'eau et de
jouer, à cet égard, un rôle analogue à celui des ions? Pour répondre à cette
question, voici l'expérience :

L'air est d'abord débarrassé, par filtration sur coton, des poussières et
noyaux de condensation. Puis, si l'on recommence l'expérience de Coulier,
mais en ayant soin de faire circuler cet air, rendu inactif, sur un corps
odorant, tel que le musc ou le camphre, on constate que l'air, devenu
odorant, acquiert, en même temps, le pouvoir de condenser la vapeur d'eau.
En effet, amené dans le flacon de Coulier, il forme, sous l'action de la
détente, un léger brouillard. Dès lors, il semble qu'on puisse se représenter
le mécanisme olfactif de la façon suivante :

Les particules odorantes du musc et du camphre ont, comme les *ions*, le
pouvoir de condenser la vapeur d'eau. Cette condensation est plus ou moins
facile, suivant les dimensions des *ions odorants*. En tout cas, elle est
favorisée, chez les animaux qui ont des mouvements respiratoires et chez
l'homme, par le phénomène de l'inspiration (détente).

Ainsi, la sensation olfactive dépend des conditions suivantes que nous nous proposons de mieux examiner ultérieurement :

1° Présence, dans l'air, de centres, produits ou noyaux, propres à faciliter la condensation de la vapeur d'eau atmosphérique (*ions odorants*) ;

2° État hygrométrique convenable ;

3° Refroidissement du courant d'air d'inspiration (phénomène de détente).

CHIMIE PHYSIOLOGIQUE. — *Sur la nécessité d'un accepteur d'hydrogène et d'un accepteur d'oxygène pour la manifestation des processus d'oxydo-réduction dans les liquides organiques d'origine animale et végétale.* Note de MM. **J.-E. Abelous** et **J. Aloy**, transmise par M. Armand Gautier.

M. Bach a montré, comme nous le rappelions dans une Note antérieure ([1]), que le lait de vache ne réduit les nitrates alcalins qu'à la condition qu'on ajoute à ce lait un corps oxydable, en l'espèce une aldéhyde. Nous avons pu constater que le lait se comportait de la même manière vis-à-vis du bleu de méthylène ou du sulfindigotate sodique. Pour obtenir le leucodérivé, la présence d'un accepteur d'oxygène est nécessaire. Nous avons également constaté, comme M. Bach, que le suc de pomme de terre ne réduit les nitrates ou les chlorates alcalins qu'en présence d'un tel accepteur.

Inversement, on peut démontrer la nécessité de la présence d'un accepteur d'hydrogène pour obtenir l'oxydation de l'aldéhyde salicylique.

Expériences. — I. 450$^{cm^3}$ de lait de vache, fraîchement trait et fluoré à 2 pour 100, sont divisés en trois lots de 150$^{cm^3}$: A, B, C.

Au lot A on ajoute seulement 15 gouttes d'aldéhyde salicylique ; au lot B on ajoute, outre l'aldéhyde, 3^g de chlorate de sodium ; et, dans le lot C, on remplace le chlorate par 10$^{cm^3}$ d'une solution de bleu de méthylène à 0^g,25 pour 1000.

Les trois flacons sont plongés dans un bain-marie à 60°. Dès que le bleu de méthylène est décoloré dans le flacon C, on agite les trois lots jusqu'à recoloration du bleu. Quand la décoloration se reproduit, on agite à nouveau et ainsi de suite jusqu'à ce que le lot C ne se décolore plus ou ne se décolore qu'avec une extrême lenteur, résultat qui est obtenu au bout de 2 heures et demie à 3 heures. On arrête alors l'expérience et l'on extrait l'acide salicylique. Les titrages acidimétriques et colorimétriques donnent des résultats concordants :

([1]) *Comptes rendus*, t. 165, 1917, p. 270.

Acide
salicylique.

A (lait seul)...............................	0,022
B (lait avec chlorate).......................	0,045
C (lait avec bleu de méthylène)...............	0,119

La quantité considérable d'acide salicylique fournie par le troisième lot est susceptible de deux explications : ou bien, par l'agitation à l'air, l'accepteur d'hydrogène se reforme incessamment (ce qui ne peut avoir lieu pour le chlorate), ou bien, par cette même agitation, le leucodérivé abandonne l'hydrogène qu'il avait fixé et, cet hydrogène décomposant l'oxygène indifférent (O^2) de l'air pour former de l'eau, l'autre atome de cet oxygène se porte sur l'aldéhyde pour l'oxyder. L'oxygène passif a été transformé en oxygène actif.

La faible oxydation qui s'est manifestée dans le lot A (lait seul) semble indiquer qu'il existe dans le lait, tout au moins en petites quantités, un accepteur d'hydrogène de nature inconnue. Nous avons essayé de l'éliminer en précipitant la caséine par un acide dilué et en soumettant cette caséine à des lavages répétés.

II. 500$^{cm^3}$ de lait de vache, fraîchement trait et écrémé, sont traités par de l'acide chlorhydrique à 1 pour 100, jusqu'à précipitation de la caséine. Le lactosérum n'a aucune action oxydo-réductrice. Le précipité de caséine est lavé à l'eau, jusqu'à ce que le liquide de lavage ne réduise plus la liqueur de Fehling. La caséine est alors délayée dans de l'eau à laquelle on ajoute du carbonate de sodium jusqu'à réaction alcaline persistante. On fait deux lots de 180$^{cm^3}$ chacun, A et B. Ces deux lots sont additionnés de 3^g de fluorure de sodium et de 15 gouttes d'aldéhyde salicylique. Au lot B on ajoute 10$^{cm^3}$ de la solution de bleu de méthylène. Après un séjour de 3 heures au bain-marie à 60°, durant lequel les deux flacons étaient agités chaque fois que le bleu était décoloré, le dosage de l'acide salicylique a donné les résultats suivants :

Acide
salicylique.

A (caséine seule).....................	0^g,010
B (caséine avec bleu de méthylène).....	0^g,076

Ainsi, pour une oxydation insignifiante dans A, nous obtenons dans B, grâce à l'addition de bleu de méthylène, un chiffre relativement considérable d'acide salicylique. L'importance de l'accepteur d'hydrogène paraît évidente.

Il en est de même pour le suc d'expression de pomme de terre. Ce suc tel quel n'oxyde pas du tout l'aldéhyde salicylique. Additionné au contraire de chlorate de potassium il l'oxyde.

A. 250$^{cm^3}$ de suc de pomme de terre et 1^g d'aldéhyde salicylique.

B. 250$^{cm^3}$ de suc de pomme de terre et 1^g d'aldéhyde salicylique, plus 3^g de chlorate de potasse.

Les deux lots sont laissés au bain-marie à 40° pendant 20 heures.

	Acide salicylique trouvé.
A..................................	0^g
B..................................	0^g,130

En résumé :

Étant donné que la réduction des nitrates en nitrites, des chlorates en chlorures, des matières colorantes en leucobases par les liquides et extraits organiques de nature végétale ou animale ne peut se faire que par l'intervention de l'hydrogène à l'état naissant et cet hydrogène ne pouvant provenir que de la décomposition de l'eau, nous devons admettre l'existence d'un agent capable de décomposer l'eau en présence d'un accepteur d'hydrogène et d'un accepteur d'oxygène. En l'absence de l'un ou de l'autre les processus d'oxydo-réduction n'ont plus lieu. Ils sont tous deux indispensables. Quant à la nature de cet agent nos expériences nous permettent d'ores et déjà de dire qu'il *s'agit bien d'un ferment soluble.*

PHYSIQUE PHYSIOLOGIQUE. — *Contribution à l'étude des commotions de guerre.* Note (¹) de M. **Marage**, présentée par M. R. Bourgeois.

Les explosifs puissants employés dans la guerre actuelle ont produit des phénomènes cliniques qu'il s'agit d'expliquer.

Je vais examiner les causes et les effets produits, ce qui permettra de donner une explication des phénomènes observés.

Voici les résultats d'expériences exécutées : d'une part, à la poudrerie de Sevran avec des charges explosives contenues dans des sacs ou dans des

---

(¹) Séance du 14 janvier 1918.

caisses ([1]); d'autre part, au champ de tir de M. Schneider à Harfleur avec des obus chargés en explosif ([2]).

I. *Vitesses des ondes de choc.* — *a.* Les vitesses de l'onde sont au départ de l'ordre de grandeur de 2000^m à 3000^m, suivant le poids et la nature de l'explosif employé.

b. Ces vitesses diminuent très vite et à 30^m de distance elles ne sont plus que de 400^m environ.

c. Il en résulte des augmentations de pressions, qui sont de l'ordre de grandeur de 150^{kg} à 300^{kg} par centimètre carré.

d. Ces pressions, comme les vitesses, diminuent très rapidement et à 20^m elles sont de 2^{kg} à 3^{kg}; à 50^m ou 60^m elles sont pratiquement nulles, bien qu'à 1300^m du point d'éclatement on ait pu enregistrer une surpression de 1^{mm} de mercure.

II. *Répartition des ondes de choc.* — *a.* Les expériences de Sevran faites sur des charges explosives ont fait ressortir une répartition uniforme des ondes de choc autour du centre d'explosion.

b. Il n'en est pas de même avec les obus explosifs : les résistances inégales qu'offrent à l'expansion des gaz l'ogive, le corps cylindrique et le culot de l'obus, conduisent à une inégale répartition des ondes de choc.

C'est ce qu'on a constaté expérimentalement à Harfleur sur des obus de 75. La figure ci-dessous montre que les éclats sont tous renfermés dans un

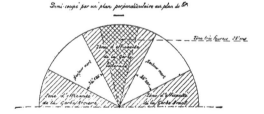

cône avant, un cône arrière, et une gerbe latérale annulaire dont la partie centrale, $28°$ environ, est la plus fournie.

([1]) Lheure, *Étude des effets à distance des explosions* (*Mémorial des Poudres et Salpêtres*, t. 13).

([2]) En collaboration avec M. Métivier, ingénieur.

Les ondes de choc doivent suivre les mêmes répartitions et elles ont leur condensation maximum dans la gerbe latérale annulaire qui renferme les trois quarts des éclats et qui constitue ce qu'on appelle le *coup de hache*.

Les secteurs morts qui se trouvent dans les intervalles des gerbes actives correspondent à des ondes de dépression : à côté des ondes de choc fortement condensées naissent des ondes de dilatation.

Naturellement en pratique le phénomène est compliqué par la présence des obstacles naturels et artificiels ainsi que par l'enfoncement plus ou moins grand de l'obus dans le sol.

Faits d'ordre clinique. — 1. On sait combien la surface du cerveau est sensible puisque les soldats qui ont été trépanés et dont une faible surface du cerveau n'est plus protégée par le tissu osseux ne peuvent plus être renvoyés sur la ligne de feu, car des commotions mortelles se produiraient.

2. Quand un groupe de combattants se trouve dans la zone de 60^m de l'explosion d'un obus de gros calibre, les phénomènes de commotion observés sont essentiellement variables ([1]) :

a. Les uns meurent sans aucune blessure apparente.

b. Les autres présentent des phénomènes de commotion intense, sans blessure apparente : perte de connaissance immédiate, puis perte de la mémoire, de l'équilibre, de la vue, de l'audition, de la parole ; à ces phénomènes s'ajoutent toujours des maux de tête excessivement intenses.

Certains de ces phénomènes, tels que la surdité, la mutité, les maux de tête, la perte de la mémoire, persistent pendant des années ; chez d'autres sujets ils disparaissent en un espace de temps qui varie de 1 à 8 semaines.

Si l'on compare les causes et les effets, on comprend ce qui s'est produit.

Le corps agit comme un sac élastique plein de liquide qui communiquerait par des conduits très étroits (les capillaires) avec une sphère indéformable (le crâne), pleine d'un liquide isotonique et dans lequel baignerait une seconde sphère déformable (le cerveau).

Toute augmentation de pression extérieure se transmettrait intégralement à la sphère déformable intérieure si le liquide ne trouvait pas ces obstacles naturels à la transmission des pressions et si ces augmentations de pression

---

([1]) Pour les décrire les soldats se servent d'expressions très caractéristiques. Les uns disent : « j'ai été étouffé » (onde condensante). Les autres : « j'ai été comme vidé » (onde dilatante).

n'étaient pas très courtes (ordre de grandeur, le $\frac{1}{100}$ de seconde). Ces obstacles constituent un véritable frein.

On comprend également pourquoi les phénomènes observés sont si variables, cela dépend de la partie de la zone explosive dans laquelle se trouvent les combattants.

Le mot *affaire de chance* doit donc être remplacé par *affaire de zone*.

Conclusions. — La commotion (¹) de guerre provient de pressions énormes et très courtes qui agissent sur toute la surface du corps et sont transmises par les liquides de l'organisme à la substance corticale du cerveau contenu dans un vase indéformable : le crâne.

Naturellement, si le crâne n'avait pas de résistance, les pressions se transmettraient directement au cerveau par sa surface : c'est ce qui se présente chez les lapins et les cobayes, sur lesquels on a expérimenté.

Donc les appareils introduits dans le conduit auditif peuvent protéger le tympan, mais ils seront absolument inefficaces contre les commotions, et la surdité par commotion ne se fait pas par l'oreille.

A 16 heures et quart l'Académie se forme en comité secret.

La séance est levée à 17 heures.

                                                        É. P.

(¹) J'appelle *commotion* les lésions produites dans un point du système nerveux, soit central (commotion cérébrale), soit périphérique (commotion labyrinthique).

ACADÉMIE DES SCIENCES.

SÉANCE DU LUNDI 28 JANVIER 1918.

PRÉSIDENCE DE M. Léon GUIGNARD.

MÉMOIRES ET COMMUNICATIONS

DES MEMBRES ET DES CORRESPONDANTS DE L'ACADÉMIE.

M. le Président donne lecture du décret suivant :

Le Président de la République française,

Sur le rapport du Ministre de l'Instruction publique et des Beaux-Arts,
Vu l'arrêté consulaire du 3 pluviôse an XI ;
Vu les ordonnances des 21 mars et 5 mai 1816 ;
Vu la délibération de l'Académie des Sciences en date du 14 janvier 1918 relative à la création, à côté de la division des Académiciens libres, d'une division de six membres répondant au titre suivant : *Application de la Science à l'Industrie* et qui jouiront des mêmes prérogatives que les Académiciens libres, sans qu'aucune condition de résidence leur soit imposée,

Décrète :

ARTICLE PREMIER. — Est créée, aux conditions indiquées dans la délibération susvisée du 14 janvier 1918, une division de six membres de l'Académie des Sciences répondant au titre suivant : *Application de la Science à l'Industrie*.

ART. 2. — Le Ministre de l'Instruction publique et des Beaux-Arts est chargé de l'exécution du présent décret.

Fait à Paris, le 23 janvier 1918.   Signé : R. POINCARÉ.
Par le Président de la République :
Le Ministre de l'Instruction publique
et des Beaux-Arts,
        Signé : L. LAFFERRE.

Après la lecture du décret, M. le Secrétaire perpétuel croit devoir rappeler que, dans la pensée de l'Académie, la division nouvelle est réservée
aux industriels qui ont fait dans leur industrie œuvre scientifique, et qui
de plus ont indiqué les résultats de leurs travaux dans des publications
auxquelles ils puissent renvoyer.

ÉLECTRICITÉ. — *Sur la détermination expérimentale et les applications du
vecteur représentant les effets de la réaction directe d'armature et des fuites
dans les alternateurs.* Note ([1]) de M. **André Blondel**.

J'ai déjà signalé à diverses reprises ([2]) l'utilité des caractéristiques expérimentales obtenues en relevant, sous un voltage aux bornes constant U, la
courbe des ampères-tours d'excitation (ni) en fonction des ampères du courant déwatté I_d débité par un alternateur sur circuit purement inductif. En
relevant une série de ces courbes pour divers voltages U_1, U_2, U_3, etc.
plus petits que le voltage normal, on peut obtenir (*fig.* 1) un réseau de
lignes, entre lesquelles on pourra facilement tracer des courbes intermédiaires par simple interpolation graphique. Chacune de ces courbes représente en abscisses l'excitation nécessaire pour :

1° Produire dans le fer de l'induit et suivant l'axe des pôles un flux qui
correspond au voltage indiqué;

2° Compenser en outre les effets des courants induits, savoir :

a. Les contre-ampères-tours induits;

b. L'augmentation de chute de potentiel magnétique dans l'entrefer par
suite des fuites de l'induit f_3 et f_2, qui exigent un flux supplémentaire
dans l'entrefer;

c. La chute de potentiel magnétique supplémentaire dans la carcasse
inductrice par suite de l'augmentation des fuites f_1 et f_2.

Je me propose d'abord d'indiquer les corrections que comporte l'emploi
de ces courbes.

([1]) Séance du 31 décembre 1917.
([2]) Cf. A. Blondel, *Théorie empirique des alternateurs* (*L'Industrie électrique*,
novembre 1899). Voir aussi ma Note *On the Tests of alternators* (*International
Electrical Congress, Saint-Louis*, 1904, vol. 1, p. 620-634), reproduite dans mon livre
Synchronous Motors and converters, Mac Graw Hill Book Company, New-York,
1913, p. 270,

Une fois l'épure de la figure 1 obtenue par expériences, supposons que l'alternateur débite son courant sur un circuit extérieur produisant un décalage de phase quelconque $\varphi \neq \frac{\pi}{2}$, et appliquons le diagramme de la figure de ma précédente Note ([1]) à la détermination des ampères-tours de l'inducteur, d'après la connaissance de la force électromotrice induite ou *intérieure* $U_{\iota} = \overline{ON}$ et du courant déwatté $I_d = \overline{QP}$. Les ampères-tours correspondant à ON ne se lisent en $\overline{N'P'}$, et les ampères-tours correspondant à la composante déwattée du courant se lisent en $\overline{P'Q'}$, et c'est aux ampères-tours *totaux* $\overline{N'Q'}$ qu'on applique la construction des fuites et des flux, etc.

Or, quand on a construit les courbes en débit déwatté à tension constante, le point P′ a été remplacé par le point P″ qui se trouve à la rencontre de la même horizontale avec la caractéristique ordinaire de l'induit seul OX (p. 1093); les ampères-tours indiqués par la courbe à potentiel constant pour vaincre la réluctance de l'induit sont seulement $\overline{N'P''}$ au lieu de $\overline{N'P'}$. Quand donc on a mesuré sur la courbe à potentiel constant $(U = \overline{ON})$ la valeur des ampères-tours d'excitation $\overline{N'P''}$ correspondant au courant déwatté $\overline{PQ}$, il faut ajouter les ampères-tours du segment $\overline{P''P'}$.

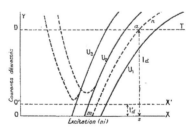

Fig. 1. — Réseau des courbes d'excitation en débit déwatté sous potentiels constants.

L'épure de la figure 1 permet de faire très facilement cette addition quand on connaît $\overline{P''P'}$ et $\overline{P'Q'}$. Il suffit en effet de remonter l'axe horizontal des ampères-tours en O′X′, en prenant

$$OO' = I'_d = \frac{\overline{P''P'}}{\overline{P'Q'}} I_d$$

([1]) *Comptes rendus*, t. 165, 1917, p. 1092.

et de compter à partir de O'X' les ampères-tours déwattés réellement débités dans le circuit extérieur. Cette correction exige seulement qu'on ait déterminé par un calcul préalable la caractéristique de l'induit seul et le coefficient K d'ampères-tours du bobinage de l'induit.

Au lieu de tracer le réseau de courbes en faisant débiter l'alternateur sur self-inductances pures, on peut le tracer également en faisant fonctionner à vide l'alternateur comme *moteur* synchrone, alimenté à potentiel constant, sous différents voltages constants, U_1, U_2, U_3, et en traçant une série de courbes en V réduites aux branches du V correspondant à des surexcitations (*fig.* 1). Mais il convient de remarquer que les courbes en V sont perturbées par une certaine composante de courant watté qui fournit l'énergie nécessaire pour compenser les frottements et les pertes; il en résulte que la courbe U, par exemple, ne descend pas jusqu'à l'axe OX, mais se relève au-dessus de OX comme l'indique le tracé pointillé. Mais on peut toujours par une correction facile ([1]) en déduire la courbe U_3 théorique, c'est-à-dire *sans* dépense d'énergie, ou même obtenir directement son tracé en entraînant l'alternateur par un petit moteur à courant continu fournissant le travail nécessaire pour vaincre les pertes à vide, et préalablement réglé dans ce but. Le réseau électrique d'alimentation n'a plus alors à fournir qu'une énergie négligeable répondant seulement à l'augmentation des pertes ohmiques et autres sous l'action du débit déwatté.

L'emploi des courbes en V suppose encore qu'on néglige dans le petit triangle ABC de la figure (t. 165, 1917, p. 1093) le segment Ab qui représente la chute de tension rI_d due à la résistance d'induit ([2]) et qu'on ajoute le flux des fuites f_3 au flux des fuites f_2, au lieu de le porter en BC ([3]).

Dans le cas particulier où l'induit sera utilisé sensiblement au-dessous du coude, le segment $\overline{P'P''}$ sera négligeable ou nul, et il n'y aura alors pas

---

([1]) Cf. *On the Tests of alternators* (*loco citato ante*).

([2]) Il convient d'ailleurs de remarquer que : 1° la chute ohmique rI_d, très faible relativement, se trouve en quadrature avec la force électromotrice correspondant à la réaction du courant déwatté; 2° la présence du vecteur rI_d, qu'on néglige, se traduit physiquement par un léger décalage transversal du courant d'induit qu'on est censé mesurer en opposition complète par rapport au flux inducteur; ce décalage est très faible quand on fait l'expérience sous le voltage normal aux bornes; elle n'est à prendre en considération que dans les mesures en court circuit dont il n'est pas question ici.

([3]) Étant donné que les fuites f_3 sont, en pratique, extrêmement faibles (de l'ordre de 1 à 3 pour 100 du flux utile dans l'induit), cette simplification, très commode pour le calcul, n'entraîne aucune erreur appréciable, au degré d'approximation utile.

lieu de faire la correction remontant l'axe OX du réseau des courbes de courant déwatté de la figure 2; l'emploi de ces dernières se trouvera donc encore simplifié.

Applications. — La connaissance expérimentale des courbes de la figure 1 donne la solution immédiate des problèmes pratiques suivants (*fig*. 2, 3, 4) :

1° *Calcul de l'excitation nécessaire pour un débit* I *donné*. — Une fois qu'on a obtenu sur le diagramme fondamental la force électromotrice intérieure On et le courant déwatté PQ, on aura par interpolation sur la figure 1 une courbe mn à potentiel constant correspondant au potentiel ON. On trace l'axe horizontal O'X' à la distance I'_d représentant les contre-ampères-tours égaux à P''P', puis on tracera une droite horizontale DT à une hauteur supplémentaire $O'D = I_d = PQ$; le point de rencontre a de cette ligne droite avec mn déterminera par son abscisse les ampères-tours totaux d'excitation nécessaire Os.

2° *Détermination de l'angle de décalage interne* ψ. — On peut opérer graphiquement de la manière qu'indique le schéma de la figure 2 déduite du diagramme; soient OP le vecteur représentant l'intensité I; OD le vecteur

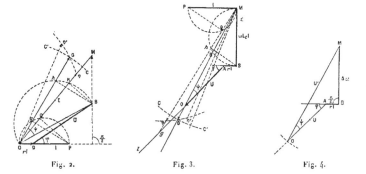

Fig. 2.   Fig. 3.   Fig. 4.

de la chute de tension ohmique rI; DB le vecteur de la tension aux bornes quand le courant I est débité sous l'angle de décalage φ; $\overline{\text{OB}}$ représente la résultante de rI et de U.

Traçons deux demi-cercles ayant respectivement comme diamètre OP et OB, et supposons que l'on trace, suivant OM, la direction du vecteur de la force électromotrice joubertique inconnue $E = \overline{OM}$; le point Q où ce vecteur rencontre le premier cercle détermine immédiatement la composante déwattée PQ du courant, tandis que le point H de rencontre avec le second cercle donne en OH la force électromotrice interne réelle e (en supposant, pour simplifier, comme on l'a dit plus haut, que le flux f_3 des fuites du bobinage hors des encoches est ajouté aux fuites f_2 subies par le flux inducteur à l'entrée de l'induit ([1]). Portons suivant Oη, à une échelle quelconque choisie arbitrairement, les ampères-tours totaux nécessaires pour produire cette force électromotrice OH et pour compenser les contre-ampères-tours déwattés PQ d'après les résultats obtenus par expérience au moyen d'une épure telle que celle de la figure 1; et soit C G C' un cercle décrit autour de O avec un rayon égal aux ampères-tours réellement mesurés, lorsque l'alternateur débite le régime considéré.

La grandeur Oη obtenue sera, en général, différente de OG; si l'on fait varier la direction OM de la force électromotrice joubertique, on trouvera pour chaque position une valeur calculée différente pour ces ampères-tours totaux, et l'on pourra, en portant sur chaque rayon vecteur la valeur de ces ampères-tours, tracer une courbe polaire telle que $\eta\eta'$. Le point de rencontre de cette courbe avec le cercle CC' déterminera la position réelle OG du vecteur joubertique cherché et, par conséquent, l'angle de décalage interne $\psi = \widehat{BOG}$.

La connaissance de cet angle donne accessoirement, comme on l'a vu dans ma Note précédente, la valeur à attribuer au coefficient de réaction transversale. On peut avoir plus de précision dans l'emploi de l'épure en joignant les points Bh et obtenir L_t, en remarquant que $Bh = \omega L_w I_w$, et en appelant I_w la composante wattée du courant PQ.

3° *Détermination de la chute de tension en partant d'une excitation donnée.* — Le même graphique de la figure 2 pourrait servir à déterminer la chute de tension, en partant de l'excitation OG pour un courant I, débité sous un décalage φ; il suffirait de remplacer, pour la détermination des points H, le demi-cercle BH par une droite parallèle à OB, et dont la distance à celle-ci mesurée perpendiculairement à OB serait égale à $\omega L_t I$.

Mais la construction pourra se faire sur une forme plus pratique et

---

([1]) Dans le cas contraire, on pourrait, comme dans le diagramme, représenter la force électromotrice des fuites f_3 par un vecteur BC et tracer le cercle sur OC comme diamètre, au lieu de OB.

encore au moyen de cercles sous la forme représentée par la figure 3, dans
laquelle AB représente la chute ohmique rI, parallèle au vecteur du courant PM; dans laquelle on a porté, d'autre part, MB $= \omega$L$_t$I, en supposant L$_t$ connue par des mesures préalables.

Le décalage extérieur φ étant une donnée ainsi que rI, on trace, suivant AZ, la direction du vecteur de la tension aux bornes cherchée U;
sur PM et sur MB comme diamètres on construit deux cercles et par M on
trace de nouveau des rayons vecteurs représentant en direction le vecteur
de la force électromotrice joubertique, MO par exemple, et en grandeur
les ampères-tours d'excitation totaux.

Pour toute direction du vecteur joubertique Mη, la composante déwattée
du courant est représentée par PQ et la force électromotrice interne définie
plus haut par gh; on connaît donc par l'épure du genre de la figure 1 l'excitation nécessaire totale, qu'on porte (à une échelle qui est peut-être différente) suivant Mg. En recommençant le calcul pour différentes positions
angulaires, on obtient encore une courbe telle que ηGη'; le point de
rencontre avec un cercle CC', dont le rayon MG représente l'excitation de
l'alternateur, détermine l'orientation réelle de la force électromotrice joubertique.

L'intersection O de GM avec AZ donne, d'autre part, la valeur MO de la
force électromotrice joubertique et le segment OA représente la différence
de potentiel aux bornes de la machine. Ces constructions des figures 2 et 3
pourraient se faire d'ailleurs aussi bien en coordonnées rectangulaires, si
l'on portait sur une épure séparée les valeurs des courants déwattés PQ et
en ordonnées les valeurs des excitations déduites de l'épure de la figure 1 ([1]);
une fois la courbe des excitations tracée pour différentes valeurs du courant
déwatté, on peut toujours déterminer sur cette courbe l'excitation qui correspond à l'excitation existante.

Comparaison avec la méthode américaine. — L'épure de la figure 3 permet
de déterminer, dans la méthode des deux réactions, la chute de tension d'un
alternateur fonctionnant sous un régime quelconque. Il est intéressant de la
comparer à la méthode préconisée par l'Institut américain des Ingénieurs
américains dans ses Règles normales récemment publiées ([2]).

([1]) Dans les figures 2 et 3 qui ne sont que des schémas, on ne s'est pas astreint à
faire coïncider les échelles et les dimensions avec celles de la figure 1 qui est également
schématique.

([2]) *Standardization Rules*, Édition of october 1916, art. 585.

Comme le montre la figure 3, la méthode américaine, qui est un perfectionnement très notable de l'ancienne méthode de M. Behn-Eschenburg, consiste dans une simple composition de vecteurs de forces électromotrices. Ayant tracé le vecteur $rI = AB$ et la direction AO du vecteur U sous l'angle de décalage φ donné, on porte suivant BM la chute de force électromotrice constatée sur l'alternateur quand il débite le même courant I en régime purement déwatté; on connaît d'autre part la force électromotrice à circuit ouvert U′ correspondant à l'excitation totale. Du point M on trace un cercle ayant comme rayon $MO = U'$. Par son intersection avec la droite AO, on obtient la longueur cherchée AO représentant la tension aux bornes inconnue.

Cette méthode, qui peut être souvent suffisante pour la pratique et qui est d'un emploi commode, a l'inconvénient qu'elle ne distingue pas entre la réaction directe et la réaction transversale. Comme elle exige un tracé des caractéristiques en courant déwatté pur pour différents débits, elle a besoin des mêmes données que la méthode représentée par la figure 3 à l'exception de la fluxance; mais comme le tracé de la figure 2 nous permet de déterminer au besoin la fluxance, et que nous pouvons connaître celle-ci plus complètement par la méthode stroboscopique exposée dans la précédente Note, on voit qu'il n'y a pas besoin d'un grand effort supplémentaire pour appliquer la méthode plus rigoureuse représentée par le schéma de la figure 3 ([1]).

HYDRAULIQUE. — *Sur le coup de bélier dans une conduite forcée à parois d'épaisseur variable, dans le cas d'une fermeture progressive.* Note ([2]) de M. DE SPARRE.

Je suppose, comme dans mes Communications des 30 avril et 22 octobre 1917, dont je conserve toutes les notations, une conduite formée de trois

---

([1]) Au lieu de tracer les courbes en v ou les courbes d'excitation à potentiel constant, l'Institut des Ingénieurs américains préconise le tracé des courbes de voltage à intensité déwattée constante, courbes qui ont été considérées aussi autrefois par Potier et par moi-même; mais il est très facile de passer de l'un des réseaux à l'autre.

Le réseau que nous proposons dans la figure 1 a l'avantage qu'il peut se déduire directement des courbes en v des moteurs et que le tracé en est toujours limité au voltage utile; tandis que les courbes à intensité déwattée constante sont complètement inutiles, en général, dans leur partie inférieure, au-dessous d'un certain voltage.

([2]) Séance du 21 janvier 1918.

sections de longueurs l, l', l'' et pour lesquelles les vitésses de propagation sont a, a', a''; la durée de propagation étant la même pour les trois sections, de sorte que l'on a

$$\theta = \frac{2\,l}{a} = \frac{2\,l'}{a'} = \frac{2\,l''}{a''}.$$

Les trois sections ont même diamètre, et la vitesse de propagation varie seule d'une section à la suivante. Je désigne par L la longueur totale de la conduite, par a_1 la vitesse de propagation moyenne et par Θ la durée de propagation pour la conduite totale, de sorte que l'on a

$$\Theta = 3\,\theta, \qquad L = l + l' + l'', \qquad a_1 = \frac{2\,L}{\Theta} = \frac{a + a' + a''}{3}.$$

Je pose d'ailleurs, comme dans ma Communication du 22 octobre,

$$a' = a(1 - \varepsilon), \qquad a'' = a'(1 - \eta)$$

et aussi $(^1)$

$$\rho_1 = \frac{a_1 v_1}{2\,g y_0}.$$

Je suppose de plus ε et η assez petits et la chute assez haute $(^2)$ pour que l'on puisse négliger les termes du second degré en ε, η et ρ_1, là où ils ne sont multipliés ni par y_0 ni par n, n désignant le nombre des oscillations de l'eau que nous supposons pouvoir prendre une valeur importante. On aura alors, avec l'approximation indiquée,

$$a = a_1\left(1 + \frac{2\varepsilon + \eta}{3}\right), \qquad \rho = \rho_1\left(1 + \frac{2\varepsilon + \eta}{3}\right) \quad (^3).$$

Si alors dans la valeur de ξ_M donnée dans ma Communication du 22 octobre $(^4)$ on remplace a par sa valeur en fonction de a_1, on aura, avec l'approximation convenue,

$$\xi_M = \frac{a_1 v_0}{g}\left(\frac{5}{3} + \frac{5\varepsilon + 3\eta}{9}\right).$$

$(^1)$ v_1, y_0 et g étant la vitesse régime pour le distributeur complètement ouvert, la hauteur de chute et la gravité.

$(^2)$ C'est surtout pour les hautes chutes que la variation de l'épaisseur des parois est importante.

$(^3)$ Nous posons toujours

$$\rho = \frac{a v_1}{2\,g y_0}.$$

$(^4)$ *Comptes rendus*, t. 165, 1917, p. 535.

Or $\frac{a_1 v_0}{g}$ est la valeur du coup de bélier pour une conduite d'épaisseur constante lorsqu'on remplace la vitesse de propagation par sa valeur moyenne. Donc la variation de l'épaisseur des parois augmenterait le coup de bélier de plus de 66 pour 100.

. C'est toutefois là un phénomène qui ne se présentera que dans le cas d'une fermeture complète dans un temps très court ([1]).

Dans ce qui va suivre, je vais montrer qu'au contraire, si l'on suppose une vitesse de fermeture constante telle que la fermeture totale ne puisse avoir lieu en un temps inférieur à celui d'une oscillation totale Θ, le coup de bélier maximum sera égal à celui qu'on obtient en supposant une vitesse de propagation constante et égale à sa valeur moyenne a_1.

On reconnaît d'abord que, dans l'hypothèse où nous nous plaçons, le coup de bélier, pour une vitesse de fermeture constante donnée, sera maximum si l'ouverture initiale est telle que la fermeture complète ait lieu en un temps $\Theta = 3\theta$ ([2]).

Si alors nous nous bornons à considérer les coups de bélier en fin de périodes de durée θ, nous aurons, en conservant toujours les notations de mes Communications précédentes et désignant par b une constante,

$$\lambda_0 = 3b\theta, \qquad \lambda'_1 = 2b\theta, \qquad \lambda'_2 = b\theta, \qquad \lambda'_3 = \lambda'_4 = \ldots = \lambda'_n = 0.$$

Les formules de ma Communication du 30 avril 1917 ([3]) donneront ensuite, en se bornant à l'approximation convenue,

$$\xi'_1 = 2\rho_1 y_0 b\theta\left(1 - 2\rho_1 b\theta + \frac{2\varepsilon + \eta}{3}\right) \quad ([4]),$$

$$\xi'_2 = 2\rho_1 y_0 b\theta\left(2 - 2\rho_1 b\theta + \frac{\varepsilon + 2\eta}{3}\right),$$

$$\xi'_3 = 6\rho_1 y_0 b\theta,$$

$$\xi'_4 = 2\rho_1 y_0 b\theta\left(1 - \frac{7\varepsilon}{3} - \frac{5\eta}{3} + 4\rho_1 b\theta\right),$$

$$\xi'_5 = -2\rho_1 y_0 b\theta\left(1 - 4\rho_1 b\theta + \frac{5\varepsilon}{3} + \frac{7\eta}{3}\right).$$

([1]) Au plus égal à $\dfrac{\Theta}{3} = \theta$.

([2]) C'est un point sur lequel je me propose de revenir.

([3]) *Comptes rendus*, t. 164, 1917, p. 683.

([4]) On a, en effet, avec l'approximation admise

$$\alpha = 1 - \varepsilon, \qquad \beta = 1 - \eta$$

La valeur de ξ'_3 montre d'abord que le coup de bélier, au moment de la fermeture totale, est le même que si la vitesse de propagation était constante pour toute la conduite et égal à sa valeur moyenne a_1. Le coup de bélier, à la fin des périodes suivantes, sera fourni par la formule de ma Communication du 30 avril où l'on doit faire $h = 5$.

On a ainsi

$$\xi'_{n+4} = (-1)^{n-1}\left[\; -\xi'_4 + (\xi'_3 + \xi'_4)\,\frac{\sin(n+1)\dfrac{\lambda}{2}\sin n\dfrac{\lambda}{2}}{\sin\lambda\sin\dfrac{\lambda}{2}}\right.$$
$$\left.+ (\xi'_4 + \xi''_3)\,\frac{\sin n\dfrac{\lambda}{2}\sin(n-1)\dfrac{\lambda}{2}}{\sin\lambda\sin\dfrac{\lambda}{2}}\right].$$

Ce qui, en tenant compte de la valeur de λ et se bornant à l'approximation admise, pourra s'écrire

$$\xi'_{n+4} = (-1)^{n-1}\left[A - B\cos(2n-1)\frac{\lambda}{2} + C\sin(2n-1)\frac{\lambda}{2}\right],$$

où l'on a posé, toutes réductions faites,

$$A = \frac{2}{3}\rho_1 y_0 b\theta\left(1 + \frac{4\varepsilon}{3}\right),$$
$$B = \frac{16}{3}\rho_1 y_0 b\theta\left(1 - \frac{\varepsilon}{6}\right),$$
$$C = \frac{16}{\sqrt{3}}\rho_1 y_0 b\theta\left(\rho_1 b\theta - \frac{\varepsilon+\eta}{2}\right).$$

Si nous posons maintenant

$$\varphi = \sqrt{3}\left(\rho_1 b\theta - \frac{\varepsilon+\eta}{2}\right),$$

d'où l'on déduit avec l'approximation admise

$$\sin\varphi = \varphi, \qquad \cos\varphi = 1,$$

et

$$m = \frac{4}{(1+\alpha)(1+\beta)} - 1 = \frac{\varepsilon+\eta}{2}, \qquad 1 - \frac{4\beta}{(1+\alpha)(1+\beta)} = \frac{\eta-\varepsilon}{2}.$$

La formule

$$\cos\lambda = \frac{m-1}{2}$$

donne ensuite

$$\cos\frac{\lambda}{2} = \frac{1}{2}\left(1 + \frac{\eta+\varepsilon}{4}\right), \qquad \frac{\lambda}{2} = \frac{\pi}{3} - \frac{\varepsilon+\eta}{4\sqrt{3}}.$$

et si de plus nous posons

$$u = \frac{\varepsilon + \eta}{4\sqrt{3}},$$

d'où l'on déduit

$$\frac{\lambda}{2} = \frac{\pi}{3} - u, \qquad \varphi = \rho_1 b\theta\sqrt{3} - 6u,$$

nous aurons

$$\xi'_{n+4} = (-1)^{n-1}\frac{2}{3}\rho_1 y_0 b\theta \left\{ 1 + \frac{4\varepsilon}{3} - 8\left(1 - \frac{\varepsilon}{6}\right)\cos\left[(2n-1)\frac{\pi}{3} + \rho_1 b\theta\sqrt{3} - (2n+5)u\right]\right\},$$

formule qui montre que la valeur absolue maxima du coup de bélier, qui a
lieu lorsque le cosinus est égal à -1, a la valeur $6\rho_1 y_0 b\theta$, qui est celle
qu'on aurait obtenue en supposant la vitesse de propagation constante et
égale à sa valeur moyenne a_1.

En revanche, il se produit, ainsi que MM. Camichel et Eydoux l'ont
constaté dans leurs expériences, un décalage.

COMMISSIONS.

L'Académie procède, par la voie du scrutin, à la nomination d'une
commission qui sera chargée de présenter une liste de candidats à la place
de Membre non résidant vacante par le décès de M. *Gosselet*.

Cette commission doit comprendre M. le Président de l'Académie, président, et six membres élus, savoir : deux Membres de la Division des
Sciences mathématiques, deux Membres de la Division des Sciences physiques, deux Membres non résidants.

Au premier tour de scrutin, le nombre de votants étant 41 :

MM. Émile Picard et B. Baillaud, pour les Sciences mathématiques;
MM. Guignard et Termier, pour les Sciences physiques; MM. Sabatier
et Depéret, Membres non résidants, réunissent la majorité absolue des
suffrages.

CORRESPONDANCE.

M. le Secrétaire perpétuel annonce la mort du général *Zaboudski*, Correspondant de l'Académie pour la Section de Mécanique, qui a été assassiné au commencement de mars 1917, sur le pont Litiénich, à Pétrograd.

ANALYSE MATHÉMATIQUE. — *Sur certaines sommes abéliennes d'intégrales doubles.* Note de **M. A. BUHL**.

Je voudrais transporter dans le domaine analytique le plus général des résultats que j'ai déjà développés, sur des problèmes particuliers, dans le domaine géométrique.

Soit l'intégrale double

$$(1) \qquad \int\int \Psi(X, Y, Z)\, dX\, dY$$

attachée à la surface *analytique* $F(X, Y, Z) = o$, le domaine d'intégration ayant une frontière fermée C tracée sur F. Par l'origine O et par l'élément de surface F qui se projette en $dX\, dY$, on peut mener un cône infiniment délié coupant une autre surface $f(x, y, z) = o$ suivant un élément de projection $dx\, dy$.

Alors (1) peut se remplacer par l'intégrale

$$(2) \qquad \int\int \frac{\Psi(X, Y, Z)}{\rho^3}\, \frac{F_z}{X F_x + Y F_y + Z F_z}\, \frac{x f_x + y f_y + z f_z}{f_z}\, dx\, dy,$$

où il faut poser

$$X = \frac{x}{\rho}, \qquad Y = \frac{y}{\rho}, \qquad Z = \frac{z}{\rho},$$

si

$$F\left(\frac{x}{\rho}, \frac{y}{\rho}, \frac{z}{\rho}\right) = o.$$

L'intégrale (2) *est invariable pour toutes les cloisons f tendues dans le cône* OG.

Bien que cette assertion soit d'origine intuitive et élémentaire, il semble qu'il y ait là une invariance de (2) encore très incomplètement utilisée. Je vais la combiner avec le théorème d'Abel.

Soit donc F une surface *algébrique* d'ordre m et $\Psi(X, Y, Z)$ rationnel.

Bien que le raisonnement précédent ait été fait, pour simplifier, dans l'espace réel, il est encore vrai dans le champ bicomplexe et alors (1) est l'intégrale double algébrique quelconque.

Le cône OC détermine maintenant sur F des cloisons d'indices 1, 2, ..., m. Considérons la somme abélienne

$$(3) \qquad \sum \int\int \Psi(X_i, Y_i, Z_i)\, dX_i\, dY_i.$$

En exprimant chacun de ses m termes sous la forme (2), elle devient

$$(4) \qquad \int\int R(x, y, z)(x f_x + y f_y + z f_z) \frac{dx\,dy}{f_z},$$

où R est rationnel (et même homogène d'ordre -3).

Or f, *étant arbitraire*, peut être un plan ou, plus généralement, une *monoïde*. Alors (4) exprime (3) sous la forme

$$(5) \qquad \int\int R_1(x, y)\,dx\,dy.$$

Des égalités telles que celle de (3) et (5) doivent exister aussi, de par la nature générale du théorème d'Abel, en remplaçant par d'autres surfaces le cône intersecteur ici employé; mais ce qui me semble digne d'être noté, ce sont les résultats simples et complètement explicites donnés immédiatement par la méthode du cône.

La classification des sommes abéliennes (3) est évidemment la même que celle des intégrales rationnelles (5).

En posant

$$(6) \qquad R(x, y, z) = F_x + G_y + H_z, \qquad R_1(x, y) = Q_x - P_y,$$

les intégrales (4) et (5) peuvent prendre respectivement les formes

$$(7) \qquad \int \begin{vmatrix} dx & dy & dz \\ x & y & z \\ F & G & H \end{vmatrix}, \qquad \int P\,dx + Q\,dy$$

qui doivent identiquement coïncider si, dans la première, on introduit le z de la monoïde ci-dessus employée. La première forme (7) est déjà intervenue dans les sommes abéliennes d'origine géométrique étudiées d'abord par M. G. Humbert et ensuite par moi; dans les problèmes les plus intéressants et les plus fréquemment rencontrés, F, G, H sont rationnels et ils ne peuvent évidemment l'être que si P et Q le sont. Rechercher s'il en est ainsi revient donc à reconnaître si l'intégrale (5) est *de seconde espèce*, question complètement traitée par M. Émile Picard dans ses *Fonctions algébriques de deux variables* (t. 2, chap. VIII).

Enfin remarquons que le problème général de la construction rationnelle de (6_1) où $R(x, y, z)$ est donné, indiqué par M. Picard (*loc. cit.*, p. 479), reçoit ici une solution partielle pour R homogène d'ordre -3; il se ramène alors à la construction rationnelle de (6_2). C'est un point qu'on pourrait établir non seulement par les considérations transcendantes qui précèdent, mais aussi par un raisonnement algébrique direct.

ANALYSE MATHÉMATIQUE. — *Sur l'itération des substitutions rationnelles à deux variables*. Note ([1]) de M. **S. Lattès**.

Soient $[x_1, y_1; R_1(x, y), R_2(x, y)]$ une substitution rationnelle Σ à deux variables, et s_1, s_2 les multiplicateurs relatifs à un point invariant quelconque. Si l'on veut étendre à Σ la méthode d'itération paramétrique établie dans ma précédente Note pour le cas d'une variable ([2]), il faut d'abord s'assurer s'il existe toujours un point invariant pour lequel $|s_1| > 1$ et $|s_2| > 1$.

En désignant par m_1, m_2 les degrés des dénominateurs de R_1, R_2 et en supposant les numérateurs de degrés m_1, m_2 au plus, on a

$$\sum \left(\frac{1}{1 - s_1} + \frac{1}{1 - s_2} \right) = m_1 + m_2 + 2,$$

la sommation étant étendue aux divers points invariants : on peut en déduire qu'on ne peut pas avoir en *tous* les points invariants $|s_1| < 1$, $|s_2| < 1$. Nous nous limiterons aux substitutions pour lesquelles on est assuré de l'existence d'*au moins* un point invariant pour lequel $|s_1| > 1$, $|s_2| > 1$, en laissant en suspens la question de savoir s'il n'en serait pas ainsi en général pour toute substitution.

Soit donc $A(x_0, y_0)$ un tel point invariant. Nous distinguerons deux cas :

1° Cas (a) : $s_1 \neq s_2^\alpha$, $s_2 \neq s_1^\alpha$ (α entier arbitraire). — Dans le domaine de A, Σ peut être ramenée à la forme réduite ([3])

(1) $u_1 = s_1 u, \quad v_1 = s_2 v.$

Envisageons le système fonctionnel

(2) $\begin{cases} \psi(u_1, v_1) = R_1[\psi(u, v), \chi(u, v)], \\ \chi(u_1, v_1) = R_2[\psi(u, v), \chi(u, v)]. \end{cases}$

M. Picard a démontré ([4]) l'existence de deux fonctions méromorphes ψ, χ

([1]) Séance du 21 janvier 1918.

([2]) *Comptes rendus*, t. 166, 1918, p. 26.

([3]) Cf. S. Lattès, *Sur les formes réduites des transformations ponctuelles* (*Comptes rendus*, t. 152, 1911, p. 1566 ; et *Bulletin de la Société mathématique*, t. 39, 1911, p. 304).

([4]) Picard, *Sur certaines équations fonctionnelles*, etc. (*Comptes rendus*, t. 139, 1904, p. 5) ; *Sur une classe de transcendantes* (*Annales de l'École Normale*, 1913, p. 247).

vérifiant (2) et se réduisant à x_0, y_0 pour $u = v = 0$; elles peuvent s'obtenir d'ailleurs aussi par l'inversion du système des deux fonctions de·Schrœder relatives à A, dans un domaine $|u| < \rho$, $|v| < \rho$, et on les étend ensuite à tout l'espace (u, v) à l'aide de (2).

2° Cas (a') : $s_1 = s_2^\alpha$ (α entier). — Dans le domaine A, Σ peut alors recevoir la forme réduite ([1])

$$(3) \qquad u_1 = s_2^\alpha u - k v^\alpha, \qquad v_1 = s_2 v,$$

k prenant en outre la valeur 1 (cas général) ou la valeur 0. Le système (2) admet encore pour solution un système de deux fonctions méromorphes ψ, χ.

Dans les deux cas, les fonctions ψ, χ permettent d'effectuer l'itération paramétrique de Σ. Si l'on pose

$$(4) \qquad x = \psi(u, v), \qquad y = \chi(u, v)$$

et si l'on se donne x, y, on pourra en général calculer u, v.

Le système des deux fonctions méromorphes ψ, χ peut admettre des points exceptionnels (x, y) analogues aux points exceptionnels, au nombre de deux au plus, que fournit le théorème de M. Picard pour une fonction méromorphe d'une variable; par exemple, le système $x = e^u + e^v$, $y = e^u - e^v$ admet les deux *courbes de points exceptionnels* $x = y$, $x = -y$. Le conséquent d'un point exceptionnel est aussi exceptionnel. *Nous supposerons désormais que le point de départ* P *n'est pas exceptionnel pour le système* ψ, χ.

Le $n^{\text{ième}}$ conséquent P_n d'un point P est alors le point $\psi(u_n, v_n)$, $\chi(u_n, v_n)$ en désignant par (u_n, v_n) le $n^{\text{ième}}$ conséquent de (u, v) dans l'itération de (1) ou de (3). Or, pour ces substitutions réduites, on a de suite u_n, v_n en fonction de u, v; n : cela tient à ce que (1) et (3) définissent des groupes continus à deux paramètres s_1, s_2 ou s_2, k. Les mêmes formules fourniront, pour n négatif, *l'un des antécédents* P_{-n} de P : *pour* n *infini,* P_{-n} *tend en général vers* A.

Les courbes analytiques invariantes par Σ et passant par A peuvent être définies paramétriquement *dans tout leur domaine d'existence* en partant des équations (4) : pour le cas (a), ce sont les courbes $u = 0$ et $v = 0$.

Lorsque Σ est une transformation de Cremona C, un point P admet un seul P_n *et aussi* un seul P_{-n}. Si les multiplicateurs de C au point A sont

([1]) S. Lattès, *loc. cit.*

s_1, s_2, ceux de C^{-1} sont s_1^{-1}, s_2^{-1}. Supposons que C admette un point invariant A $(|s_1| > 1$, $|s_2| > 1)$ et aussi un point invariant A' $(|s_1| < 1$, $|s_2| < 1)$: *pour n infini*, P_n *tendra vers* A' *et* P_{-n} *tendra vers* A $(^1)$; il en résulte qu'en tout autre point invariant, on a $|s_1| < 1 < |s_2|$. Il y a exception pour certains points P, points invariants, et pour les points de certaines courbes exceptionnelles invariantes par C.

Certains des résultats qui précèdent s'étendent immédiatement au cas d'un nombre quelconque de variables.

ANALYSE MATHÉMATIQUE. — *Sur des problèmes concernant l'itération des fractions rationnelles.* Note de M. **GASTON JULIA**.

Je signale d'abord que l'exemple $z_1 = \dfrac{(z^2+1)^2}{4z(z^2-1)} = \varphi(z)$, donné par M. Lattés dans sa Note du 7 janvier 1918, est précisément un exemple du cas où l'ensemble parfait, que j'ai appelé E' dans ma Note du 14 janvier, est identique au plan complet. On pose

$$z = p(u), \qquad z_1 = p(2u), \qquad [g_2 = 4, \ g_3 = 0].$$

Tous les $u = 2\omega(v + iw)$ pour lesquels v et w ont des développements *périodiques simples* dans le système de base 2, avec n chiffres à la période, sont tels que $2^n u \equiv u$ à une période près et correspondent à des racines de $z = z_n = \varphi_n(z)$ pour lesquelles $\varphi_n'(z) = 2^n$. Ce sont des points de E. De même que les u en question sont denses dans tout le parallélogramme des périodes, E est dense dans tout le plan; E' est identique au plan complet. *Un point-limite ζ des conséquents z_{n_1}, z_{n_2}, ..., z_{n_p}, ... de z n'est fonction analytique de z dans aucune aire du plan des z.* Les singularités que signale M. Lattés paraissent ainsi moins étonnantes; nous sommes ici dans un cas très particulier. Signalons encore qu'il n'y a de racine de $z = \varphi_n(z)$ pour laquelle $|\varphi_n'(z)| \leqq 1$ pour *aucune valeur de n*.

Revenant au cas où E' n'est pas identique à tout le plan et considérant une des régions R du plan délimitées par E', si l'on envisage toutes les fonctions

---

$(^1)$ Ainsi se trouve étendu un résultat bien connu relatif à l'itération de $z_1 = \dfrac{az+b}{cz+d}$ (seule transformation de Cremona à 1 variable), dans le cas où les points doubles sont distincts et non imaginaires conjugués, seul cas où $|s| \not\equiv 1$ pour chaque point double.

limites de la suite $\varphi(z)$, $\varphi_2(z)$, $\ldots$, $\varphi_n(z)$, $\ldots$, ou bien : (a) elles sont toutes constantes dans R, où bien (b) il y en a une (et par suite une infinité) qui est une fonction analytique, non constante, dans R.

a. La première hypothèse se présente lorsque R contient à son intérieur une racine ζ de $z = \varphi_p(z)$ où $|\varphi'_p(z)| < 1$. On montre alors que cette racine ζ, et les $p - 1$ racines qui forment avec elle un groupe circulaire $\zeta_1 = \varphi(\zeta)$, $\zeta_2 = \varphi(\zeta_1)$, $\ldots$, $\zeta_{p-1} = \varphi(\zeta_{p-2})$ sont chacune intérieure à une région R, R_1, $\ldots$, R_{p-1} $[R_1 = \varphi(R), R_2 = \varphi(R_1), \ldots]$.

Dans chacune de ces p régions la suite des $\varphi_i(z)$ n'admet que p fonctions limites qui sont constantes et égales à ζ, ζ', $\ldots$, ζ_{p-1}. L'ensemble des p aires R, R_1, $\ldots$, R_{p-1} constitue le domaine restreint de convergence périodique vers le groupe ζ, ζ_1, $\ldots$, ζ_{p-1}. Remarquons qu'ici les constantes limites de la suite des $\varphi_i(z)$ *ne sont pas des points de* E'. Mais elles peuvent aussi bien l'être. Il suffit pour cela de considérer une racine ζ de $z = \varphi_p(z)$ pour laquelle $\varphi'_p(z) = e^{i\theta}$, θ *étant commensurable à* 2π; on montre que *c'est un point de* E' et aussi que dans toute une région R admettant ζ pour point frontière *la suite* $\varphi_p(z)$, $\varphi_{2p}(z)$, $\ldots$, $\varphi_{np}(z)$, $\ldots$ *converge uniformément vers* ζ. Ceci correspond à la proposition suivante, facile à déduire des théorèmes de M. Montel : un point ζ, limite de conséquents z_{n_1}, z_{n_2}, $\ldots$, z_{n_k}, $\ldots$ d'un point z n'appartenant pas à E', *ne peut être point de* E' *que si, dans toute la région* R *qui contient* z, *la suite* $\varphi_{n_1}(z)$, $\ldots$, $\varphi_{n_k}(z)$, $\ldots$ *converge uniformément vers* ζ.

b. Supposons, avec la deuxième hypothèse, que, dans R, la suite $\varphi_{n_1}(z)$, $\varphi_{n_2}(z)$, $\ldots$, $\varphi_{n_k}(z)$, $\ldots$ tende uniformément vers une fonction analytique *non constante* $(^1)$. Il est clair que les itérées R_{n_1}, R_{n_2}, $\ldots$, R_{n_k}, $\ldots$ de la région R seront, à partir d'un certain rang, toutes confondues, puisque $|z_{n_k} - z_{n_{k-1}}|$ tend vers zéro. Sans restreindre la généralité, on peut supposer qu'elles sont confondues avec R, et que, dès lors, R est conservée par la substitution $z_p = \varphi_p(z)$ $(^2)$, les indices n_1, n_2, $\ldots$, n_k, $\ldots$ étant tous des multiples de l'indice p. On sait d'autre part que, quel que soit le domaine R, on peut trouver une fonction $Z = f(z)$, analytique en tout point z intérieur à R, prenant dans R toute valeur $|Z| < 1$ et ne la prenant qu'en un seul point intérieur à R : si R est simplement connexe, $Z = f(z)$ est uniforme dans R; si R est multiplement connexe (et sa connexion est alors d'ordre infini), $Z = f(z)$ est multiforme, à une infinité de branches, et deux branches quel-

---

$(^1)$ On voit alors que le point limite de la suite z_{n_1}, z_{n_2}, $\ldots$, z_{n_k}, $\ldots$ ne saurait être point de E' lorsque z est intérieur à R (c'est-à-dire n'est pas de E').

$(^2)$ p sera le plus bas indice pour lequel $z_p = \varphi_p(z)$ conserve R.

conques de $f(z)$ sont liées par une relation linéaire (^{1}). Dans tous les cas, $z = F(Z)$ est analytique uniforme dans $|Z| < 1$. A un point z de R correspond un point Z dans $|Z| < 1$ si R est simplement connexe, et une infinité si R est multiplement connexe. Choisissons un des points Z correspondant à z et un des Z_p correspondant à $z_p = \varphi_p(z)$, dans une position initiale déterminée de z. Puis, Z décrivant tout le cercle $|Z| < 1$ à partir de sa position initiale, par prolongement analytique, z décrira tout R, ainsi que z_p, à partir de sa position initiale, et l'on suivra le Z_p correspondant à z_p par prolongement analytique. Z_p sera bien déterminé en tout point $|Z| < 1$; c'est une *fonction analytique uniforme* $Z_p(Z)$ (^{2}) *dans tout le cercle* $|Z| < 1$. Inversement, $Z(Z_p)$ est une *fonction de* Z_p *analytique en tout point intérieur à* $|Z| < 1$, sauf un nombre fini de *points critiques algébriques* qui correspondent aux points critiques de la fonction inverse de $z_p = \varphi_p(z)$, dans la transformation $Z_p = f(z_p)$. On conclut aisément de là que $Z_p(Z)$ *est une fonction rationnelle qui conserve l'intérieur du cercle* $|Z| < 1$. Une telle fraction est bien connue (^{3}).

L'étude des $z_{n_1}, z_{n_2}, \ldots, z_{n_k}, \ldots$ de la suite considérée revient à celle des $Z_{n_1}, Z_{n_2}, \ldots$ En particulier, si la suite $z_{n_1}, \ldots, z_{n_k}(z), \ldots$ tend, dans R, vers une fonction analytique $\psi(z)$, non constante, il faudra aussi que $Z_{n_1}, Z_{n_2}, \ldots, Z_{n_k}(Z), \ldots$ tende dans $|Z| < 1$ vers une fonction analytique $\Psi(Z)$, non constante; ceci n'est possible, d'après les propriétés de $Z_p(Z)$, que si $Z_p(Z)$ se réduit à $Z e^{i\theta}$, θ *étant incommensurable à* 2π. On en conclut, en revenant à R et à $z_p = \varphi_p(z)$, que R doit contenir à son intérieur une racine ζ de $z = \varphi_p(z)$ pour laquelle $\varphi_p'(z) = e^{i\theta}$. On a donc là *le seul cas où une suite* $\varphi_{n_1}, \varphi_{n_2}, \ldots$ *peut, dans* R, *tendre vers une fonction limite non constante.*

Par $Z = f(z)$, les environs de $z = \zeta$ sont représentés conformément sur les environs de $Z = 0$, et l'étude facile des fonctions limites de la suite des $Z_{np} = Z e^{ni\theta}$ ($p = 1, 2, \ldots, \infty$) donne celle des fonctions limites possibles pour la suite des $\varphi_{np}(z)$, et par conséquent pour toute la suite des $\varphi_k(z)$. Mais je n'ai pas réussi jusqu'ici à décider si, réciproquement, les environs d'un point ζ racine de $z = \varphi_p(z)$ où $\varphi_p'(z) = e^{i\theta}$, θ étant incommensurable

---

(^{1}) L'ensemble de ces relations forme un groupe automorphe conservant l'intérieur du cercle $|Z| < 1$.

(^{2}) Les autres branches de $Z_p = f(z_p)$ donnent naissance à des fonctions $Z_p(Z)$ qui sont des fonctions homographiques de la fonction $Z_p(Z)$ que nous venons de considérer.

(^{3}) Voir Fatou, *Comptes rendus*, t. 164, 1917, p. 806.

à 2π, jouissent bien de la propriété précédente. Si cela se réalisait effectivement, un tel point ζ serait un *centre* pour l'itération de $z_p = \varphi_p(z)$ d'une
nature analogue aux *centres* étudiés par Poincaré pour les équations différentielles du premier ordre : la substitution $z_p = \varphi_p(z)$ conserverait une
infinité de courbes analytiques fermées entourant ζ et, sur chacune d'elles C,
les conséquents $z_p, z_{2p}, \ldots, z_{np}, \ldots$ d'un point z arbitraire de la courbe C
seraient partout denses sur C; l'équation fonctionnelle $\mathcal{F}[\varphi_p(z)] = \mathcal{F}(z).e^{i\theta}$
aurait alors une solution holomorphe $\mathcal{F}(z)$, nulle en ζ, et réciproquement,
si une telle solution existe, ζ est un centre.

ANALYSE MATHÉMATIQUE. — *Sur les valeurs asymptotiques des fonctions
méromorphes et les singularités transcendantes de leurs inverses.* Note ([1])
de M. **Félix Iversen**, présentée par M. Hadamard.

1. Soit $w = f(z)$ une fonction méromorphe. Nous dirons que ω est une
valeur asymptotique de cette fonction, s'il existe dans le plan des z un
chemin continu allant à l'infini sur lequel $f(z)$ tend vers la limite ω.
Comme l'a montré M. Hurwitz, les valeurs asymptotiques de $w = f(z)$
coïncident avec les affixes des points singuliers *transcendants* de la fonction
inverse $z = \varphi(w)$. Dans un voisinage arbitrairement restreint d'un tel
point se permutent toujours une infinité de branches de $\varphi(w)$.

Pour étudier le mécanisme par lequel s'opère cette permutation, il est
avantageux d'introduire la surface de Riemann F à une infinité de feuillets
attachée à la fonction $\varphi(w)$, et de découper de cette surface la partie qui est
intérieure à un certain cercle c de centre ω. Cette partie se compose, en
général, de plusieurs ou même d'une infinité de portions connexes
distinctes, parmi lesquelles il s'en trouve nécessairement, quelque petit
que soit c, au moins une F_Δ, comprenant un nombre infini de feuillets,
puisque ω est un point transcendant de $\varphi(w)$. Désignons par $\varphi_\Delta(w)$ la
branche ou *portion* de la fonction inverse $\varphi(w)$ appartenant à la surface F_Δ.
L'ensemble des points $z = \varphi_\Delta(w)$, correspondant aux différents points
de F_Δ, constitue un domaine connexe et simplement couvert, qui s'étend à
l'infini et que nous désignerons par $\Delta_\omega(r)$, r étant le rayon du cercle c.
A l'intérieur de ce domaine, on a $|f(z) - \omega| < r$, tandis que $|f(z) - \omega| = r$
en tout point de son contour.

([1]) Séance du 21 janvier 1918.

2. En général, c découpera, de la surface F, plusieurs portions telles que F_Δ, et, en outre, une infinité de portions connexes qui se composent d'un nombre fini de feuillets. A chacune de ces dernières correspond une portion finie du plan des z, tandis que, à chaque portion F_Δ, correspond un domaine $\Delta_\omega(r)$ qui s'étend à l'infini. Le point ω est point transcendant pour chacune des portions $\varphi_\Delta(w)$ de la fonction $\varphi(w)$, appartenant respectivement aux différentes surfaces F_Δ.

Il est évident que le caractère que présente le point transcendant ω pour une portion donnée $\varphi_\Delta(w)$ dépend des propriétés de la fonction $f(z)$ dans le domaine correspondant $\Delta_\omega(r)$. On conçoit donc que, pour connaître d'une manière complète comment se comportent les différentes branches de la fonction inverse $\varphi(w)$ dans le voisinage du point ω, il est indispensable d'étudier la fonction $f(z)$ dans chaque domaine $\Delta_\omega(r)$ séparément, et qu'on ne peut espérer d'y arriver en n'invoquant que des propriétés de cette fonction qui se rapportent indistinctement à tout le plan.

3. Considérons une portion déterminée $\varphi_\Delta(w)$ de la fonction inverse et admettons qu'elle ne présente d'autres singularités transcendantes que le point ω.

Dans notre Thèse (¹) nous avons donné une classification des points transcendants, en nous attachant aux trois cas essentiellement distincts qui peuvent se présenter :

1° Il peut d'abord arriver que, si l'on a choisi r suffisamment petit, toute branche de $\varphi_\Delta(w)$ tend vers l'infini lorsqu'on s'approche du point ω suivant un chemin quelconque ; dans ce cas nous avons appelé ω un point transcendant *directement critique* de $\varphi_\Delta(w)$.

2° Si, au contraire, toute branche de $\varphi_\Delta(w)$ prend une valeur finie au point ω lorsqu'on y arrive suivant un rayon arbitraire, le point transcendant ω est dit *indirectement critique*, ω est alors un point régulier ou algébrique pour toute branche de $\varphi_\Delta(w)$.

3° Dans tout autre cas, ω sera appelé point transcendant *directement et indirectement critique*.

Si le point ω est directement critique pour $\varphi_\Delta(w)$, l'équation

$$(1) \qquad\qquad f(z) = \omega$$

(¹) Voir notre Thèse *Recherches sur les fonctions inverses des fonctions méromorphes*, Helsingfors, 1914.

est dépourvue de racines dans le domaine correspondant $\Delta_\omega(r)$, dès que r est suffisamment petit, tandis que, dans les autres cas, elle y admettra toujours une infinité de racines.

4. Dans une Note récente ([1]), M. Rémoundos a tâché de classifier les points transcendants suivant un autre principe, en comparant entre eux le nombre $N_0(R)$ des racines de l'équation (1) intérieures au cercle $|z| \leq R$ et le nombre $N(R)$ des racines que présente dans le même cercle l'équation

$$(2) \qquad\qquad f(z) = w,$$

w ayant une valeur quelconque distincte des valeurs asymptotiques de $f(z)$.

D'après ce qui a été dit au n° 2, il est cependant évident qu'on ne peut pas arriver par cette voie à connaître le caractère du point transcendant ω, sauf dans le cas où $N_0(R)$ reste fini quelque grand que soit R, et où l'on sait *a priori* que le point ω est directement critique pour toute portion $\varphi_\Delta(w)$ de la fonction inverse.

En effet, dans le cas où $N_0(R)$ tend vers l'infini avec R, il peut y avoir en même temps des domaines $\Delta_\omega(r)$ où l'équation (1) n'admet aucune racine et d'autres où elle en admet une infinité, de sorte que le point transcendant ω est directement critique pour certaines portions $\varphi_\Delta(w)$, tandis qu'il présente un caractère différent pour d'autres portions.

Ceci arrive par exemple pour la fonction très simple $e^{-z} \sin z$, qui admet $w = 0$ comme valeur asymptotique. En effet, si l'on a choisi r suffisamment petit, il existe pour cette fonction quatre domaines distincts $\Delta_0(r)$ qui s'étendent respectivement à l'infini dans les angles

$$\left| \arg z - \frac{n\pi}{2} \right| < \frac{\pi}{8} \qquad (n = 0, 1, 2, 3).$$

Dans le deuxième et le quatrième de ces domaines, la fonction considérée est dépourvue de zéros, d'où il résulte que le point $w = 0$ est directement critique pour les portions correspondantes $\varphi_\Delta(w)$ de la fonction inverse. Pour les portions $\varphi_\Delta(w)$ qui correspondent aux deux autres domaines $\Delta_0(r)$, dans lesquels la fonction donnée présente une infinité de racines, $w = 0$ est au contraire un point transcendant indirectement critique, ce qu'on démontre facilement par des considérations que nous développerons dans un autre travail.

([1]) *Sur la classification des points transcendants des inverses des fonctions entières ou méromorphes* (*Comptes rendus*, t. 165, 1917, p. 331).

5. Les résultats énoncés par M. Rémoundos au n° 5 de la Note citée reposent essentiellement sur les considérations qu'il a développées dans un Mémoire antérieur (¹), et qui l'ont amené à ce résultat que toute valeur ω telle que la différence $N(R) - N_0(R)$ reste supérieure à un nombre positif n_0 à partir d'une certaine valeur de R serait nécessairement une valeur asymptotique pour la fonction donnée. La démonstration de M. Rémoundos s'appuie sur ce fait que, si l'on prolonge suivant un chemin allant du point w au point ω les branches de la fonction inverse $\varphi(w)$ correspondant aux différentes racines de l'équation (2) comprises dans le cercle $|z| \leqq R$, un certain nombre ($> n_0$) de ces branches doivent nécessairement tendre vers des points z extérieurs à ce cercle. Comme ceci a lieu quelque grand que soit R, M. Rémoundos en conclut qu'il doit y avoir des branches de $\varphi(w)$ qui tendent vers l'infini lorsqu'on s'approche du point ω.

C'est sans doute ce même raisonnement, dont l'insuffisance est manifeste, qui a amené M. Rémoundos au théorème II de sa dernière Note, suivant lequel, dans le cas où l'exposant de convergence des racines de l'équation (1) est inférieur à celui des racines d'une équation (2) quelconque, ω ne saurait être un point transcendant indirectement critique pour la fonction inverse. Or ce théorème est inexact, comme le montre la fonction très simple

$$(3) \qquad w = e^z \prod_{n=1}^{\infty} \left(1 + \frac{z}{r_n} \right),$$

les r_n étant des nombres positifs quelconques tels que le produit canonique Π soit d'ordre inférieur à un. En effet, par des considérations que nous développerons dans le travail annoncé plus haut, on peut faire voir d'une manière très nette que, lorsque w tend vers la valeur asymptotique ω = o, pour laquelle sont vérifiées les conditions énoncées tout à l'heure, chaque branche de la fonction inverse $\varphi(w)$ tend vers l'un des zéros $- r_n$ de la fonction (3). Donc $w = o$ est un point transcendant indirectement critique de $\varphi(w)$, et cela quelque petit que soit l'ordre du produit Π.

(¹) *Sur les points critiques transcendants* (*Annales de la Faculté des Sciences de Toulouse*, 2ᵉ série, t. 9, 1907).

ASTRONOMIE PHYSIQUE. — *Observations du Soleil, faites à l'Obser-*
vatoire de Lyon, pendant le troisième trimestre de 1917. Note de
M. J. GUILLAUME, présentée par M. B. Baillaud.

Il y a eu 90 jours d'observation ([1]) dans ce trimestre, et l'on en déduit
les principaux faits suivants :

Taches. — La production des taches a été très active : par rapport aux résultats
précédents ([2]), en effet, le nombre des groupes a augmenté d'environ un quart (121 au
lieu de 98) et l'aire tachée de presque les deux tiers (13898 millionièmes au lieu
de 8461).

Le groupe le plus important du mois de juillet, à + 19° de latitude, a traversé le
méridien central du disque solaire le 14 ; il était visible à l'œil nu. A la rotation suivante, ce groupe a présenté un développement qui le classe en tête des plus considérables enregistrés depuis l'observation suivie et systématique de ces phénomènes ;
son centre était à + 16° de latitude et il a traversé le méridien central le 10 août. La
présence de ce groupe remarquable a, d'ailleurs, été notée dans quatre rotations
successives. — Un autre groupe, à + 14° de latitude et qui a passé au méridien central le 23 septembre, a été également visible à l'œil nu.

Dans sa répartition entre chaque hémisphère, l'augmentation du nombre de
groupes a été de 7 au Sud (55 au lieu de 48) et de 16 au Nord (66 au lieu de 50).

Enfin la latitude moyenne de l'ensemble a diminué de part et d'autre, en passant
de — 17°,4 à — 16°,1 et de + 13°,6 à + 13°,0.

Régions d'activité. — Le nombre des groupes de facules est resté sensiblement
stationnaire, avec 181 groupes au lieu de 183, mais leur surface a augmenté d'environ
un tiers, avec 311,5 millièmes au lieu de 241,3.

Leur répartition de part et d'autre de l'équateur est sans changement au Sud, avec
86 groupes, et au Nord on a enregistré 95 groupes au lieu de 97.

([1]) On a obtenu une série continue de 80 jours, du 1er juin au 19 août. C'est la plus
longue de notre collection.

([2]) Voir *Comptes rendus*, t. 165, 1917, p. 1000.

TABLEAU I. — *Taches.*

Juillet. — 0,00.

Dates extrêmes d'observ.	Nombre d'observations.	Pass. au mér. central.	Latitudes moyennes. S.	Latitudes moyennes. N.	Surfaces moyennes réduites.
27- 6	9	1,9	—20		50
26- 5	9	2,6		+11	20
5-10	6	4,4		+19	16
30-11	12	5,2	—15		116
30-11	11	6,3		+11	62
2-10	9	6,5	—16		311
11	1	8,1		+ 5	3
6-13	8	8,2	—20		75
7	1	9,7		+15	8
7-11	3	10,8		+17	10
6-12	6	10,8		+ 7	12
13-17	5	11,4	—12		52
6- 7	2	11,4		+14	8
7-17	11	12,0		+ 7	82
11	1	12,1		+24	7
6-7	2	12,3		+15	9
15	1	13,2	—26		6
8-19	12	13,2		+ 7	173
7-20	14	14,0		+19	873
12	1	14,9		+15	13
10-20	11	15,8		+ 9	33
11-15	5	15,9		+15	10
11-14	4	16,6		+10	40
13-21	7	17,6		+14	19
13-14	2	18,4	—10		10
14-19	6	19,8	—18		72
14-26	13	20,6		+14	172
20-21	2	20,9	—12		7
16-28	13	22,6		+13	92
18-27	10	22,9	—23		63
21	1	25,8	—19		8
22- 1	11	26,7		+10	118
21- 2	13	27,8	—15		257
27- 3	8	28,5	—15		247
29- 3	6	29,1	—15		89
23- 3	12	29,4		+15	278
30- 5	7	30,3		+ 8	34
26- 5	11	31,8		+14	34
31 j.			—16°,9	+12°,8	

Août. — 0,10.

Dates extrêmes d'observ.	Nombre d'observations.	Pass. au mér. central.	Latitudes moyennes. S.	Latitudes moyennes. N.	Surfaces moyennes réduites.
28- 5	9	1,1		+22	15
5- 7	3	1,9		+13	44

Août (suite).

Dates extrêmes d'observ.	Nombre d'observations.	Pass. au mér. central.	Latitudes moyennes. S.	Latitudes moyennes. N.	Surfaces moyennes réduites.
31- 1	2	2,3	—15		7
27- 6	11	3,0		+ 5	47
30- 8	7	3,2	—15		30
2- 6	5	3,5	—27		23
9-10	2	4,6	—19		35
6-10	5	4,6	— 1		125
31-11	12	5,6		+15	66
6-10	5	6,7	—22		81
4-12	9	8,7		+14	55
7-14	8	9,2	—15		317
3-14	12	9,2	—23		129
4-16	13	10,2		+16	2122
12-13	2	10,5	—25		5
5-16	12	10,5	—11		181
5-15	10	11,2		+ 2	78
6-11	3	11,7	—14		21
8-18	11	12,2		+15	244
6-17	12	12,6		+10	211
18	1	13,6		+ 3	17
8-19	12	14,6	—18		226
10-21	10	15,8	—14		29
11-22	11	17,1		+17	62
17-19	3	17,4		+26	10
15-22	7	17,5	—24		34
13-24	11	18,8	—24		605
12-24	12	18,8		+ 7	463
14-21	7	19,3	—12		43
26	1	22,7		+ 7	31
17-29	12	23,5		+12	320
19	1	25,5		+17	46
25- 1	8	26,4		+17	96
21- 1	12	27,1	—18		398
22- 1	11	27,8		+15	23
1	1	28,6	—10		14
26- 3	9	28,9		+14	15
23-31	7	29,6	—12		17
30- 5	7	30,5	—17		95
25- 2	9	31,1	— 0		48
4	1	31,2		+ 7	17
28- 5	7	31,7	—24		25
30 j.			—16°,4	+13°,4	

TABLEAU I. — *Tachés* (suite).

Dates extrêmes d'observ.	Nombre d'observations	Pass. au mér. central	Latitudes moyennes S.	N.	Surfaces moyennes réduites.
\textit{Septembre. — 0,00.}					
27- 3	7	1,8		+ 5	8
30-10	12	5,0	—14		221
5	1	5,8		+10	8
31-11	12	6,3	—10		65
9-10	2	6,4	—22		6
31- 8	9	6,5		+18	64
2- 8	4	7,0	—10		4
7	1	7,5		+24	3
7	1	7,5		+ 7	13
3- 7	5	8,0	—13		13
9-10	2	8,2	— 7		10
4-11	8	8,3		+17	48
13-14	2	9,7	—26		302
11	1	10,4		+13	3
7	1	10,5		+ 3	3
5-14	9	11,0	—18		68
8	1	11,4	— 7		3
6-14	6	11,9		+11	14
7-17	10	13,3		+ 9	68
14-15	2	14,2		+27	19
16	1	14,4		+10	7
9-18	9	14,9		+ 8	74

Dates extrêmes d'observ.	Nombre d'observations	Pass. au mér. central	Latitudes moyennes S.	N.	Surfaces moyennes réduites.
\textit{Septembre (suite).}					
10-13	3	15,9	—25		30
19-22	4	17,2	—24		38
13-24	12	17,8		+24	298
17-21	4	18,8		+12	6
21-23	3	19,7	—19		27
13-22	10	19,9	—13		146
16-17	2	20,6	—14		11
17-26	10	20,7		+12	65
17-28	12	22,3	—13		478
16-29	14	23,0		+14	809
19-27	9	21,9		+15	61
23-24	2	21,9		+ 8	8
17-29	13	23,6	—18		211
18-27	10	23,8		+14	370
19-28	10	24,4	— 8		186
25-30	6	25,0	—17		51
23- 1	9	25,6		+ 8	57
28	1	26,8		+ 5	3
22-30	9	28,0	— 9		56
29	1	30,1		+20	2
29 j.			—15°,1	+12°,8	

TABLEAU II. — *Distribution des taches en latitude.*

1917.	Sud.							Nord.							Totaux mensuels.	Surfaces totales réduites.
	90°.	40°.	30°.	20°.	10°.	0°.	Somme.	Somme.	0°.	10°.	20°.	30°.	40°.	90°.		
Juillet......	»	»	2	11	1		14 •	24	8	15	1	»	»		38	3489
Août........	»	»	7	12	3		22	19	6	11	2	»	» .		41	6472
Septembre..	»	»	4	9	6		19	23	10	10	3	»	»		42	3937
Totaux....	»	»	13	32	10		55	66	24	36	6	»	»		121	13898

TABLEAU III. — *Distribution des facules en latitude.*

1917.	Sud.							Nord.							Totaux mensuels.	Surfaces totales réduites.
	90°.	40°.	30°.	20°.	10°.	0°.	Somme.	Somme.	0°.	10°.	20°.	30°.	40°.	90°.		
Juillet......	»	1	11	11	5		28	30	8	15	6	1	»		58	97,4
Août........	»	1	9	17	5		32	30	9	15	5	1	»		62	109,8
Septembre..	»	»	8	12	6		26	35	10	14	7	2	2		61	104,3
Totaux....	»	2	28	40	16		86	95	27	44	18	4	2 ·		181	311,5

CHIMIE ORGANIQUE. — *Action de l'iodure de méthylène sur la* des-*diméthylpipéridine* (*diméthylaminopentène*-1.4). Note [1] de MM. **Amand Valeur** et **Émile Luce**, présentée par M. Ch. Moureu.

Ladenburg [2], en faisant réagir, à la température ordinaire, l'iode, en solution alcoolique, sur la *des*-diméthylpipéridine, obtint un iodure qu'il considéra comme un produit d'addition de l'iode à la liaison éthylénique :

$$CH^2 I - CH I - CH^2 - CH^2 - CH^2 - N(CH^3)^2.$$

R.-W. Willstætter [3] démontra plus tard que ce composé est, en réalité, l'iodure d'α-iodométhyldiméthylpyrrolidine-ammonium.

La facilité avec laquelle s'opère cette cyclisation nous a fait penser qu'une condensation du même ordre pouvait intervenir quand on unit l'iodure de méthylène à la *des*-diméthylpipéridine.

Ladenburg a, en effet, montré [4] que l'iodure de méthylène se fixe sur la *des*-diméthylpipéridine, en donnant un produit d'addition dont il se borne à indiquer la composition $C^8 H^{17} N I^2$ et à mentionner qu'il fond sous l'eau et ne cède à l'oxyde d'argent humide qu'une partie de son iode.

Si cette fixation était accompagnée d'une cyclisation, elle donnerait naissance à un iodométhylate iodo-α-éthylpyrrolidique ou β-iodométhyl-pipéridique :

suivant la manière dont $CH^2 I^2$ se fixerait sur la double liaison, préalablement à la cyclisation. On pouvait espérer trancher aisément entre ces deux formules, en soumettant le produit à la réduction, de manière à transformer le groupe $CH^2 I$ en CH^3 ; on aurait ainsi obtenu soit l'iodométhylate de N-méthyl-α-éthylpyrrolidine, soit l'iodométhylate de N-méthyl-β-pipécoline.

[1] Séance du 31 décembre 1917.
[2] *Lieb. Annal.*, t. 247, 1888, p. 91.
[3] *D. ch. Ges.* t. 33, 1900, p. 265.
[4] *D. ch. Ges.*, t. 14, 1881, p. 1347.

Nous avons donc fait réagir, à la température du laboratoire, l'iodure de méthylène en léger excès sur la *des*-diméthylpipéridine et obtenu ainsi un produit qui, après cristallisation dans l'eau bouillante, fond en se décomposant à 163° (tube capillaire); le composé répond à la formule $C^8H^{17}NI^2$. Traité par le nitrate d'argent, il ne lui cède que la moitié de l'iode qu'il contient. Il est stable vis-à-vis des alcalis en solution aqueuse ou alcoolique, mais donne par l'action de AgOH un hydrate d'ammonium qui le régénère par action de KI.

Le produit d'addition de l'iodure de méthylène à la *des*-diméthylpipéridine est donc bien un iodure d'ammonium quaternaire. Dans le but de passer par réduction à l'un des deux iodométhylates de bases hétérocycliques dont les formules sont représentées ci-dessus, nous avons fait agir HI bouillant, en présence de phosphore. Nous avons constaté que, dans ces conditions, et également en l'absence de phosphore, il n'y a pas enlèvement d'iode, mais bien fixation d'une molécule de HI, avec formation d'un *composé triiodé* $C^8H^{18}NI^3$ fusible en tube capillaire à 136°-137°,5 en se décomposant.

Il suit de là que, dans l'action de CH^2I^2 sur la *des*-diméthylpipéridine, la double liaison de celle-ci est respectée ; par suite CH^2I^2 se fixe non pas sur la fonction éthylénique, mais sur l'atome d'azote. Le composé fusible à 163° est donc *l'iodure de méthylène*-DES-*diméthylpipéridine* (*iodure d'iodométhyldiméthylpentène-ammonium*-1.4)

$$CH^2 = CH - CH^2 - CH^2 - CH^2 - N(CH^3)^2(CH^2I)I,$$

et le composé triiodé fusible à 136°,5-137°,5, *l'iodure d'iodométhyldiméthyliodopentane-ammonium*-1.4

$$CH^3 - CHI - CH^2 - CH^2 - CH^2 - N(CH^3)^2(CH^2I)I.$$

Ce dernier composé ne cède que 2 atomes d'iode au nitrate d'argent. Traité par AgOH, il fournit une solution d'hydrate d'ammonium quaternaire qui, après concentration et addition de KI, laisse précipiter un dérivé diiodé $C^8H^{17}NI^2$ fusible à 143°-144°. Ce composé, isomère du produit d'addition de CH^2I^2 à la base, répond, suivant toute probabilité, à la structure suivante :

$$CH^3 - CH = CH - CH^2 - CH^2 - N(CH^3)^2(CH^2I)I$$

et n'en diffère que par la position de la double liaison.

En résumé, l'iodure de méthylène ne détermine pas la cyclisation du diméthylaminopentène-1.4 comme le fait l'iode, mais se fixe à l'azote, à la manière de l'iodure de méthyle.

CRISTALLOGRAPHIE. — *Sur la structure en gradins dans certains liquides anisotropes.* Note de M. **F. Grandjean**, présentée par M. Pierre Termier.

J'ai signalé cette structure dans les azoxybenzoate et cinnamate d'éthyle qui sont des liquides à coniques focales (¹). Il est remarquable de la retrouver dans les oléates et la phase positive du caprinate de cholestérine, c'est-à-dire dans les liquides qui ressemblent le plus, par l'ensemble de leurs propriétés, aux azoxybenzoate et cinnamate, sans toutefois que les groupes focaux y aient été reconnus avec certitude.

La structure en gradins s'observe dans les gouttes liquides de dimension quelconque qui reposent sur un support plan et orientent leur axe optique normalement à ce support. La face libre de la goutte, au lieu d'être courbe comme il arrive d'ordinaire, est constituée par une série de plans exactement parallèles au support, et par conséquent perpendiculaires à la direction de l'axe optique. Ces plans forment des gradins étagés, séparés par des surfaces abruptes que j'appellerai *surfaces latérales*. La structure est absolument homogène et parallèle, l'axe optique ayant dans toute la masse une direction unique sauf au voisinage immédiat des surfaces latérales. Entre nicols croisés le champ est donc noir et les bords seuls des gradins sont marqués par leur biréfringence.

La surface plane des gradins n'est en rien comparable à celle d'un liquide isotrope, car elle n'est pas un effet de la pesanteur. On peut incliner le gradin d'une manière quelconque sans que rien paraisse changer. En outre les gouttes en gradins peuvent être d'une extrême petitesse sans cesser de montrer des surfaces planes.

Les plus beaux gradins s'obtiennent avec l'*azoxycinnamate* sur des lames de clivage cristallines (calcite, sel gemme, etc.). Il faut généralement chauffer assez près de la température de fusion isotrope. A température trop basse l'orientation est parallèle au clivage, avec certains minéraux. Les bords des gradins sont généralement marqués par des lignes de groupes focaux jointifs formant des associations très simples, mais difficiles à étudier à cause de leur petitesse. Dans les gradins peu épais ces groupes focaux forment souvent des files très régulières, semblables à des franges de petites

(¹) *L'orientation des liquides anisotropes sur les cristaux* (*Bulletin de la Société française de Minéralogie*, t. 39, p. 167, *fig.* 1).

perles biréfringentes à croix noire ayant l'aspect habituel des sphérolithes. On en trouve de très petits, de l'ordre de 1^μ, qui bordent des gradins très plats; mais d'ordinaire, lorsque l'épaisseur des gradins devient très faible, les surfaces latérales cessent d'être marquées par des files de groupes focaux. Elles sont alors simples. On voit en lumière naturelle une double ligne très fine et entre nicols croisés une petite bande biréfringente comprenant l'espace entre les deux lignes, lorsque l'épaisseur du gradin est suffisante. On constate qu'en chaque point de cette petite bande la projection de l'axe optique du liquide sur la surface du gradin est normale au contour.

Les limites des gradins sont donc tantôt simples, tantôt bordées de groupes focaux jointifs; elles peuvent aussi être mixtes, c'est-à-dire simples seulement par endroits; mais les surfaces latérales ne semblent jamais raccorder d'une manière continue les faces planes des gradins. Elles font un angle marqué au moins avec l'une d'elles, probablement avec les deux.

Les gradins peuvent être d'une épaisseur extrêmement faible, de l'ordre du dixième de μ. En regardant à un fort grossissement la surface des grands gradins on y voit presque toujours des lignes très fines de forme quelconque qui sont les bords de minuscules gradins. Si l'on déforme la goutte, par exemple en la touchant en un point, on fait glisser les gradins les uns sur les autres, sans que leur structure se modifie.

Sur une lame de verre qui n'a pas subi de traitement spécial on observe aussi des gradins, mais généralement beaucoup moins beaux qu'avec les lames de clivage des cristaux.

L'*azoxybenzoate* se comporte comme l'azoxycinnamate. Avec les *oléates* on voit très bien les gradins en faisant évaporer la solution alcoolique sur du verre. Ils sont très fins avec surfaces latérales généralement simples mais présentent fréquemment sur les bords des files de pseudo-sphérolithes à croix noire ayant exactement l'aspect de ceux de l'azoxycinnamate, et qui doivent être des groupes focaux. Avec le *caprinate de cholestérine* il suffit de laisser le corps revenir à la température ordinaire, à l'état de surfusion. Les cristaux solides ne tardent pas à se développer dans le liquide instable qui est alors extrêmement visqueux. C'est au moment où le liquide nourrit les cristaux solides qu'on voit de très beaux gradins identiques à ceux des oléates. Ces gradins se déplacent rapidement en glissant les uns sur les autres le long de leurs surfaces planes avec une facilité remarquable dans un corps qui a plutôt la consistance d'une colle épaisse que d'un liquide ordinaire.

Dans tout le groupe des liquides à coniques focales, des oléates, des sels de cholestérine, le coefficient de frottement intérieur est certainement beaucoup plus petit pour une translation perpendiculaire à l'axe que pour une translation parallèle. Les gradins montrent cette propriété d'une manière très nette pour un glissement le long d'un plan normal à l'axe. Si l'on place l'un de ces liquides en couche mince entre deux lames de verre et qu'on donne à l'une des lames un mouvement de translation de direction Δ, on voit l'axe optique se placer toujours perpendiculairement à Δ. Le liquide ne peut se mouvoir rapidement qu'à cette condition. Dans certaines régions, généralement les plus étendues, l'axe optique est normal au verre. Le glissement est alors tout à fait semblable à celui des gradins.

Dans d'autres il se dispose parallèlement au verre. Le glissement se fait alors le long de surfaces parallèles à l'axe optique. Mais jamais la translation Δ ne donne une orientation de l'axe parallèle à Δ. Au contraire elle détruit cette orientation quand elle existe à moins que le mouvement ne soit très lent. Les gouttes rectilignes signalées dans le travail rappelé plus haut se produisent en vertu du même phénomène : le liquide s'écoule beaucoup plus vite normalement à son axe que dans toute autre direction.

La structure en gradins, et surtout l'existence de gradins d'épaisseur extrêmement faible, séparés des gradins infiniment voisins par des surfaces latérales abruptes, révèle une propriété discontinue du liquide, qui forme une phase homogène limitée partiellement par des faces planes normales à l'axe optique; mais il ne faudrait pas pousser trop loin l'analogie avec les cristaux et oublier que le reste de la surface n'a aucune tendance à être plane.

La structure en gradins n'existe pas toujours. Elle peut coexister, dans une même goutte, avec la disposition convexe de la surface libre; mais les régions à surface convexe ne sont jamais homogènes; elles sont éclairées entre nicols croisés; l'axe optique, qui paraît être normal à la surface libre au voisinage de cette surface, n'y a pas une direction uniforme.

L'existence d'une propriété discontinue sépare nettement les liquides anisotropes énumérés dans cette Note d'avec ceux du groupe de l'azoxyphénétol dans lesquels rien de semblable n'a été observé jusqu'ici.

PÉTROGRAPHIE. — *Quelques particularités des roches granitoïdes du pays Rehamna (Maroc occidental)*. Note (¹) de M. **P. Russo**, transmise par M. Depéret.

La région située à l'ouest de Ben Guerir entre les vallées des Oueds Bou Chan et Ouaham est constituée par une puissante masse de granites et de roches granitoïdes représentant le noyau d'un anticlinal dont les flancs sont formés par des roches cristallophylliennes recouvertes par des dépôts primaires, parfois fossilifères. Le Dévonien y est sûrement représenté; quant aux niveaux inférieurs au Dévonien, ils ne peuvent être exactement datés parce que dépourvus de fossiles. La masse cristalline centrale offre une forme elliptique; son grand axe, dirigé NNE-SSW a 22^{km} de long, son petit axe 15^{km} environ. Des apophyses parallèles au grand axe et formées de roches plus basiques que le noyau central prolongent la masse vers le Nord. De nombreux filons de quarz la recoupent surtout à l'Est, tous orientés NS ou offrant des directions voisines de celle-ci. Enfin, à l'est du massif se montrent au jour, au milieu des terrains cristallophylliens, des bandes de roches granitoïdes de même direction et d'autant plus basiques qu'elles sont plus orientales.

J'ai observé dans cet ensemble les roches suivantes :

a. Granite à deux micas. — Belle roche rosée à muscovite et biotite, avec quartz rarement bipyramidé et beaux cristaux d'orthose. Il s'y rattache des formes porphyriques à grands cristaux d'orthose noyés dans une pâte microgrenue, notamment vers Sidi Bahilil. Ces granites sont très développés à l'ouest de Souk el Khmis, jusque vers le pied du Djebel Taïcha, et occupent tout le massif de Chouikrane.

b. Granulite. — Roche extrêmement riche en mica blanc, souvent avec grands cristaux d'orthose; elle est abondante vers Sidi Bahilil.

c. Microgranites et microgranulites. — Roches microcristallines, à éléments de plus en plus petits vers la périphérie de l'ellipse granitique, où peu à peu le mica noir, d'abord associé faiblement au mica blanc, prend la prépondérance et devient bientôt le seul élément ferro-magnésien bien développé dans les apophyses de la vallée d'Ouaham et au nord de Sidi Bahilil.

(¹) Séance du 21 janvier 1918.

d. Granite à amphibole et syénite. — Le granite amphibolique se rencontre près de la gara d'Ouzeren tout le long du pied des diverses collines qui lui font suite vers le Nord, se raccorde avec les granites à mica noir de Sidi Bahilil. Plus à l'Est, cette roche passe à une *syénite* à petits éléments, bien caractérisée à 1^{km} à l'ouest de Ben Guerir dans le bassin de réception de l'Oued Bou Chan.

e. Diorite. — Cette roche se montre latéralement, par rapport au massif principal, vers la maison du khalifat ben Moussa, où elle forme un filon nord-sud dont la longueur visible est d'au moins 4^{km}. Elle est accompagnée de quartz compact.

Au contact de ces diverses roches éruptives, les roches schisteuses métamorphiques sont représentées par des *gneiss à biotite*, des *gneiss à muscovite* très beaux, abondants vers Sidi Bahilil, des *schistes à séricite* à Ben Guerir, des *micaschistes* vers l'Ouzeren, des *quartzophyllades* vers El Arba.

Les phénomènes d'endomorphisme que montre la présence des roches basiques au Nord et à l'Est semblent devoir être rapportés à la digestion de calcaires paléozoïques par le magma granitique. En effet, on rencontre au-dessus des terrains cristallophylliens indiqués plus haut des calcaires dévoniens en assises puissantes bien conservés vers El Arba et au sud du massif des Skhrours; de même on en rencontre à une dizaine de kilomètres au nord-est de Ben Guerir. La même venue granitique qui a donné naissance aux quartzophyllades et aux micaschistes aux dépens des schistes et grès paléozoïques a vraisemblablement dû, dans les points de contact avec les calcaires et les dolomies, donner lieu à des phénomènes d'endomorphisme dont l'une des conséquences a été l'incorporation des éléments calco-magnésiens au magma et la formation des roches basiques de la périphérie du massif.

Enfin il me paraît intéressant de noter que la situation du massif Rehamna n'est pas sans analogie (par rapport au plateau crétacé de Settat) avec celle du massif Zaer et du massif d'Oulmès étudiés par M. Gentil. J'ai parcouru, en 1915, la région sud-est du massif Zaer et, bien que je n'aie pas eu le temps d'en faire une étude bien détaillée, les éléments que j'ai pu recueillir permettent une comparaison avec les Rehamna.

GÉOLOGIE. — *La tectonique de l'Afrique occidentale.*
Note de M. **R. Chudeau**, présentée par M. Émile Haug.

L'existence, au Sahara, de plissements antérieurs à l'Éodévonien et, à peu près certainement, au Gothlandien et leur caractère subméridien ont été signalés dès 1905 par É. Haug et par moi (¹). Ces plissements affectent des gneiss, des micaschistes et des phyllades; ils ne sont pas homogènes et, outre un système contemporain des Calédonides, ils englobent les débris d'une chaîne au moins plus ancienne (Huronien?). Avec une prudence excessive, E. Suess (²) a proposé de les désigner sous le nom de *Calédonides sahariennes* ou *Saharides.* C'est un terme peu utile.

Le caractère subméridien de ces plissements n'est vrai que comme première approximation; leur allure est en réalité plus compliquée.

Les affleurements calédoniens qui, au voisinage du golfe de Guinée, sont d'abord SW-NE, deviennent NNE sur une assez grande longueur, puis, entre le 15° L. N. et le 20° L. N., redeviennent NE et parfois franchement E.

Cette zone à affleurements E-W semble être une zone de moindre résistance, avec tendance à l'affaissement : elle correspond à l'ennoyage des plis anciens sous l'Éocène du Sénégal et le Quaternaire de Mauritanie, puis aux régions de Bamba et de Tahoua que les transgressions du Crétacé et du Tertiaire ont largement envahies; on y connaît entre Tin Ekkar et Agades des anomalies magnétiques; les pays déprimés (Egueï, Toro, Korou) situés au nord-est du Tchad (³) permettent de suivre cette zone déprimée jusqu'au voisinage de l'Ennedi et du Tibesti.

Plus au Nord, les Calédonides reprennent la direction subméridienne avec tendance à se replier vers le Nord-Est au voisinage du littoral mauritanien et dans l'Anahef.

La direction NW-SE paraît exceptionnelle dans la partie méridionale de l'Afrique occidentale; elle a été signalée à l'est du Chari (Fort Crampel, N'Dellé, Abéché), régions pour lesquelles les renseignements sont bien dis-

(¹) E. Haug, *Structure géologique du Sahara central* (*Comptes rendus*, t. 141, 1905, p. 374). — R. Chudeau, *Sur la Géologie du Sahara central* (*Ibid.*, p. 566).
(²) E. Suess, *La Face de la Terre*, t. 3, p. 679.
(³) *Documents scientifiques de la Mission Tilho*, t. 2, 1911, p. 60-63.

continus; elle a été indiquée à l'est du Zinder, ainsi qu'auprès de Lokodja (Nigerie); de Bourem à Yelwa, le Niger suit la même direction et correspond à peu près à la limite de l'ennoyage des plis E-W sous le Crétacé de Tahoua.

Cette direction paraît plus fréquente dans le nord du Sahara (au nord du 23° L. N), elle est connue dans l'Adrar Ahnet, ainsi qu'en Mauritanie à la Coudiat d'Idjil, à la crête d'Anadjim et de Bir Moghrein.

A l'axe de rebroussement entre les directions NE et NW, correspond une ligne de fractures que, depuis In Zize jusqu'à l'Ahaggar, jalonne nettement une série de volcans. Les volcans de Taodenni sont situés, géométriquement, sur le même axe; ils sont en relation avec la dépression du Djouf oriental, mais leurs rapports avec In Zize, situé à 750^{km} à l'est de Taodenni, sont encore ignorés.

Cette ligne de fractures du 23° L. N. est parallèle à celle qui a déterminé le littoral nord du golfe de Guinée (5° L. N.); une autre ligne de fractures déjà bien connue, l'axe du Cameroun, se prolonge jusqu'au Tchad; elle correspond au raccord de la cassure de 5° L. N. avec la direction subméridienne des Monts de Cristal (Gabon).

Les plissements « hercyniens » sont plus localisés. La lacune qui existe, au Sahara, entre le Carbonifère et le Crétacé, empêche de fixer leur âge par des arguments stratigraphiques locaux; il n'est guère douteux cependant qu'ils datent de la fin des temps primaires. Ils ont été découverts au Tidikelt, dès 1900, par G.-B.-M. Flamand ([1]).

Ils sont subméridiens au Tidikelt, où l'on peut les suivre nettement pendant 150^{km} à 200^{km}, jusqu'à l'Oued Botha vers le Sud, jusqu'au plateau de Tadmaït vers le Nord. A peu de distance, sans que la liaison soit encore établie avec précision, se détachent du Touat un faisceau de plis du même âge (chaîne d'Ougarta, Kahal de Tabelbala) ([2]), dont les plus occidentaux se dirigent vers le Nord-Ouest. Les itinéraires des capitaines Cancel et Martin permettent de les suivre jusqu'à la Daïa Daoura, au sud du Tafilala, pendant 450^{km}. Ils disparaissent pendant 300^{km}, sous le haut plateau carbonifère du Draa, puis sous le plateau crétacé de Sarr'o; ils reparaissent à nouveau dans la région de Tikirt, avec la même direction, à l'est du Siroua ([3]); l'Oued Draa, dans son cours supérieur, semble obéir à

([1]) *Annales de Géographie*, t. 9, 15 mai 1900.

([2]) E.-F. GAUTIER, *Bull. Soc. géol. Fr.*, 4ᵉ série, t. 6, 1906.

([3]) L. GENTIL. *Le Maroc physique*, Paris, 1912, p. 37.

leur direction, et rend vraisemblable leur continuité depuis la Daïa Daoura jusqu'au Haut Atlas. A l'ouest du Siroua, les plissements bercyniens, devenus NE-SW, ne semblent pas dépasser l'Anti-Atlas, vers le Sud.

La branche orientale de la chaîne d'Ougarta suit la Saoura qui la franchit à Foum El Kheneg; d'abord NW-SE, elle se dirige au nord de Beni Abbès, vers le Nord–Est; dans la région de Colomb Béchar, un anticlinal, le Djebel Antar est E-W; il est renversé vers le Sud.

A l'est de la Saoura, les plis primaires, souvent masqués par des terrains plus récents, semblent dessiner, au Gourara, une virgation assez compliquée; au delà, des accidents posthumes, affectant les terrains crétacés, permettent de croire qu'ils se dirigent d'abord vers le Nord-Est; d'après Flamand, entre El Goléah et le M'zab, ils reprendraient une direction subméridienne. A l'est du Gourara, la connaissance de ces plis nécessite de nouvelles recherches.

Le Tassili des Ajjer, le Mont Tummo, le Tibesti, l'Ennedi et le Cordofan forment la limite des hauts reliefs du Sahara central; cette limite nettement NW-SE est à peu près parallèle au Niger entre Gao et Yelwa et à la chaîne de Tabelbala. Elle a probablement une origine tectonique et est jalonnée par quelques volcans dans le Tassili des Ajjer (Telout, etc.) et dans le Tibesti, où les sources thermales de Soboroun sont à 70°.

Les accidents tectoniques de l'Afrique occidentale présentent un certain parallélisme avec les fosses tectoniques de l'Afrique orientale. D'abord subméridienne, la fosse du lac Rodolphe envoie une ramification vers le Nord-Est du lac Stéphanie à Ankober; en ce point, cette ramification donne deux branches, l'une NNW, la mer Rouge; l'autre E, le golfe d'Aden. Au sud du Darfour et du Cordofan, la région déprimée du Bahr El Ghazal nilotique correspond, au delà de l'Abyssinie, au golfe d'Aden; ses relations avec les aires d'ennoyage et de dépression que l'on peut suivre, à une latitude un peu plus élevée, du Sénégal aux pays bas du Tchad, sont encore ignorées.

La ligne des fonds, de moins de 4000^m, qui, avec une direction subméridienne, partage en deux l'Atlantique, présente, à hauteur de l'équateur, une brusque déviation vers l'Ouest. Ainsi, depuis le golfe d'Aden jusqu'au voisinage du Brésil, on peut pressentir une série d'accidents transversaux qui sont comme une réplique amoindrie et plus méridionale de la Mésogée.

GÉOLOGIE. — *Sur la présence du Cambrien et du Silurien (?) à Casablanca* (*Maroc occidental*). Note de M. **Georges Lecointre**, présentée par M. Émile Haug.

Les géologues qui sont venus au Maroc ont tous signalé les schistes et quartzites de la rade de Casablanca et, en l'absence de fossiles, les ont considérés comme siluriens ou même dévoniens. Quant au Cambrien, on ne l'a encore jamais signalé dans l'Afrique du Nord, bien qu'il soit connu en Sardaigne et dans la Péninsule Ibérique.

J'ai pu, en juin et juillet 1917, relever une coupe d'un point à l'es d'Oukacha, s'étendant jusqu'à Sidi Abd er Rahman.

On rencontre d'abord des schistes verdâtres, horizontaux, qui ne tardent pas à prendre un léger pendage 10° WNW; ils contiennent des Trilobites, malheureusement en mauvais état de conservation : céphalothorax et abdomen sans pygidium rappelant des formes des genres *Ptychoparia* Corda ou *Hicksia* Delgado, des céphalothorax pouvant appartenir au genre *Anomocare* Angelin et enfin un abdomen avec pygidium et des céphalothorax d'un *Paradoxides* voisin des *P. Barrandei* Barrois et *P mediterraneus* Pompeckj. Le pygidium incomplet ne permet pas de pousser la détermination plus loin.

Quoi qu'il en soit, la présence de *Paradoxides* caractérise le Cambrien moyen (Acadien). Des schistes de même nature sont encore visibles plus à l'ouest, dans la carrière de la société des fours à ciment *le Palmier*, aux Roches Noires, où ils sont affectés d'un léger pendage 5° WNW. Puis, jusqu'à Sidi Belyout, les couches sont masquées par les sédiments récents. De ce point (pendage 40° ESE) jusqu'à la pointe d'El Ang, on rencontre une puissante série (700ᵐ à 1000ᵐ) de schistes micacés pourpres et verts, présentant vers la base quelques bancs gris, passant au psammite. Ces couches forment anticlinal dans le port intérieur, où elles présentent un curieux aspect de dômes et de cuvettes disposés en quinconce. Dans la baie d'Aïn Tebouzia un petit anticlinal secondaire vient interrompre la régularité du plongement qui est de 20° WNW. A la pointe d'El Ang, elles sont surmontées en parfaite concordance apparente par quelques dizaines de mètres de psammites, présentant à la partie supérieure de grosses lentilles de quartzite bleu. Ces psammites m'ont donné quelques échantillons d'un

Brachiopode, qui présente bien les caractères d'*Orthis rustica* Sow. tel qu'il est figuré et décrit par Davidson ([1]). Cet auteur le considère comme caractéristique du Wenlock (Gothlandien). Toutefois, étant donnée la difficulté de détermination des espèces appartenant à ce genre, je ne donne cette conclusion que sous réserves. Au-dessus et en concordance viennent des quartzites blancs, roses et gris, en bancs puissants, qui déterminent l'arête topographique d'El Ang, que l'on peut suivre vers le sud, où les quartzites et psammites sont exploités dans la carrière Magnier à El Ang et dans celle des travaux du port au Maarif.

Les quartzites se relèvent à 2^{km} de là à Aïn Diab, où ils présentent un pendage 5o° ESE. Le synclinal ainsi formé a été envahi par des dépôts plus récents qui masquent tout. Vers l'ouest la dune recouvre les couches jusqu'à Sidi Abder Rahman, où se présentent des grès micacés bleu foncé à patine verte, avec intercalations schisteuses, le tout redressé à la verticale et présentant des discordances d'origine probablement mécanique.

En résumé : la présence du Cambrien moyen (Acadien) est prouvée et celle du Silurien reçoit un commencement de confirmation. Il n'a pas encore été possible de savoir si une discordance ou un contact anormal existe ou non entre les deux zones fossilifères observées.

Au point de vue tectonique, on voit deux anticlinaux, dont les flancs sud-est sont plus abrupts que les flancs nord-ouest ([2]); leur direction, N 20° E, est indiquée par tous les auteurs pour la chaîne hercynienne dans la partie ouest de la Meseta marocaine.

PHYSIQUE DU GLOBE. — *Valeur des éléments magnétiques à l'Observatoire du Val-Joyeux au 1er janvier* 1918. Note de M. **Ch. Dufour**.

Les observations magnétiques ont été faites à l'Observatoire du Val-Joyeux en 1917 dans les mêmes conditions que les années précédentes.

Les valeurs des éléments pour le 1er janvier 1918, données ci-dessous, résultent de la moyenne des observations horaires relevées sur le magnétographe le 31 décembre 1917 et le 1er janvier 1918 et rapportées à des

---

[1] Davidson, *British fossil Brachiopoda,* part VI, p. 238, pl. 34, fig. 13-22.

[2] Le même phénomène est visible dans le Haut Atlas occidental [voir Gentil, *Sur la structure du Haut Atlas occidental marocain* (*C. R. Soc. géol.*, 1910, p. 90)].

mesures absolues. La variation séculaire est la différence entre ces valeurs et celles qui ont été indiquées pour le 1ᵉʳ janvier 1917 ([1]).

Valeurs absolues et variations séculaires des éléments magnétiques à l'Observatoire du Val-Joyeux.

	Valeurs absolues pour l'époque 1918,0.	Variation séculaire.
Déclinaison.................	13°17′,01	—8′,27
Inclinaison.................	64°41′,8	+2′,1
Composante horizontale......	0,19688	—0,00010
Composante verticale........	0,41645	+0,00045
Composante nord............	0,19161	+0,00001
Composante ouest...........	0,04524	—0,00049
Force totale................	0,46065	+0,00037

Par suite d'une légère perturbation, la valeur de la déclinaison obtenue le 1ᵉʳ janvier 1917 paraît trop faible d'environ 0′,7. La variation séculaire réelle en 1917 doit donc être voisine de — 9′.

PHYSIQUE DU GLOBE. — *Perturbations de la déclinaison magnétique à Lyon (Saint-Genis-Laval) pendant le troisième trimestre de 1917.* Note de M. Ph. Flajolet, présentée par M. B. Baillaud.

Les relevés des courbes du déclinomètre Mascart, pendant le troisième trimestre de 1917 ([2]), fournissent la répartition suivante des jours perturbés

Échelle.		Juillet.	Août.	Septembre.	Totaux du trimestre.
0	Jours parfaitement calmes....	8	8	3	19
1	Perturbations de 1′ à 3′.....	9	4	8	21
2	» 3′ à 7′.....	7	8	9	24
3	7′ à 15′.....	6	5	7	18
4	15′ à 30′.....	0	4	1	5
5	» > 30′.....	0	1	»	1

La plus forte perturbation, 41′, s'est produite le 9 août.

([1]) *Comptes rendus.* t. 164, 1917, p. 229.
([2]) Il n'y a pas eu d'enregistrement les 23 juillet, 23 août, 11 et 12 septembre.

MÉTÉOROLOGIE. — *Sur la variation diurne de la vitesse du vent en altitude.*
Note de M. **C.-E. Brazier**, présentée par M. E. Bouty.

Deux Notes, publiées récemment dans les *Comptes rendus* (¹), ont ramené l'attention sur l'accroissement nocturne de la vitesse du vent aux altitudes moyennes comprises entre 200^m et 1000^m. Dans la dernière de ces Notes, **M. L.** Dunoyer explique les phénomènes observés par la propagation de l'Est vers l'Ouest, « à la manière d'une onde », de la zone crépusculaire où les surfaces isothermes diurnes se raccordent aux surfaces isothermes nocturnes.

Si l'on admet l'existence d'un plan neutre aux altitudes élevées, les surfaces isobares ont, dans la région de raccordement, une inclinaison inverse de celle des surfaces isothermes. M. Dunoyer en conclut que, si l'on traçait une carte d'isobares dans un plan horizontal aux altitudes qu'il considère, elle présenterait le caractère d'une pression plus haute du côté nocturne (froid) que du côté diurne (chaud) et qu'en conséquence on doit avoir, dans les couches moyennes, des vents d'Est ou un renforcement des vents d'Est, le soir, des vents d'Ouest ou un renforcement des vents d'Ouest, le matin.

La question est de savoir si la cause invoquée pour expliquer les phénomènes observés est suffisante pour rendre compte de leur ordre de grandeur.

Or, si l'on mesure à une altitude comprise entre 200^m et 1000^m les variations simultanées du baromètre et de la vitesse du vent qui se produisent pendant le passage de la zone crépusculaire, on s'aperçoit immédiatement que les accroissements de la vitesse du vent sont notablement plus grands que ceux que l'on pourrait prévoir d'après les augmentations de pression observées.

Voici, à titre d'exemple, une série d'observations faites, en juillet 1892, au sommet de la Tour Eiffel, par régime d'Est bien établi et qui correspondent aux cas types envisagés par M. Dunoyer :

(¹) L. Dunoyer et G. Reboul, *Sur les variations diurnes du vent en altitude* (*Comptes rendus*, t. 165, 1917, p. 1068). — L. Dunoyer, *Sur les variations diurnes du vent en altitude* (*Ibid.*, t. 166, 1918, p. 45).

Date. Juillet 1892.	Pression barométrique.			Vitesses du vent.		
	18ʰ.	22ʰ.	Variation.	18ʰ.	22ʰ.	Variation.
24........	739,3	739,3	0,0	$\overset{m}{8},8$	$\overset{m}{12},0$	$\overset{m}{3},2$
25........	735,9	736,5	0,6	8,5	12,7	4,2
26........	735,2	736,1	0,9	9,8	16,6	6,8
27........	735,7	736,1	0,4	6,7	12,6	5,9

Choisissons le cas du 26 juillet où l'on a enregistré à la fois les plus fortes variations de vitesse et de pression.

A la latitude de Paris, une augmentation de pression de $0^{mm},9$ en 4 heures correspond à un gradient de 0,02 dirigé de l'Est vers l'Ouest. Le rapport de la vitesse du vent au gradient étant égal à 8 au sommet de la Tour Eiffel[1], l'augmentation de vitesse produite par un gradient de 0,02 serait en gros $0^{m},2$, soit le $\frac{r}{34}$ de celle que l'on mesure. Des centaines d'observations que nous avons étudiées, au cours de nos recherches, fournissent des résultats analogues.

Dans ces conditions, il paraît inutile d'entrer dans une discussion détaillée des hypothèses sur lesquelles s'appuie la démonstration de M. Dunoyer, d'autant plus que les divers essais faits, jusqu'à présent, dans la même voie, pour relier la variation diurne de la vitesse du vent à la variation concomitante du baromètre, n'ont permis d'expliquer qu'une faible partie des phénomènes observés.

La théorie d'Espy-Koppen étant d'ailleurs également insuffisante, ainsi que M. Pernter l'a depuis longtemps démontré, nous avons recherché, au cours d'un travail entrepris il y a plusieurs années et interrompu par suite de l'état de guerre, une explication plus complète basée sur des considérations toutes différentes et dont les éléments sont contenus dans un pli cacheté que nous déposons en même temps que cette Note.

---

[1] ÅKERBLOM, *Recherches sur les courants les plus bas de l'atmosphère au-dessus de Paris*, Upsal, 1908.

BOTANIQUE. — *Étude cytologique du développement de l'apothécie des Peltigéracées.* Note de M. et Mme **Fernand Moreau**, présentée par M. Dangeard.

En 1877, Stahl (¹) décrivait à l'origine de l'apothécie chez un Lichen du genre *Collema* une fécondation de l'ascogone au moyen d'une spermatie par l'intermédiaire d'un trichogyne. Cette description a servi de modèle à la plupart de celles qu'on a fournies depuis du développement des apothécies de nombreux Lichens. Bien qu'aucune fusion nucléaire n'ait jamais été observée dans ces conditions, un certain nombre de mycologues attribuent aux champignons des Lichens et, par extension, aux Ascomycètes autonomes, une sexualité par spermaties et trichogynes; comparant ces organes des Lichens aux organes de même nom des algues Floridées, ils reconnaissent à l'ensemble des champignons supérieurs, peut-être par l'intermédiaire des Lichens, une origine floridéenne.

Les recherches récentes de Dangeard (²) sur la reproduction sexuelle des Ascomycètes et leurs affinités ayant orienté la question dans une voie toute différente, nous avons pensé qu'il y avait lieu de reprendre l'étude cytologique du développement des apothécies des Lichens. La présente Note résume le résultat de nos observations chez les Lichens de la famille des Peltigéracées (³).

Les tout premiers débuts du développement de l'appareil ascosporé des Peltigéracées sont caractérisés par la présence d'ascogones d'origine médullaire (*Peltigera, Peltidea*) ou intergonidiale (*Solorina*). Ils sont formés de cellules de grande taille, isodiamétriques, pourvues d'abord de un ou deux noyaux, puis multinucléées. Plus tard, les cellules ascogoniales poussent des hyphes ascogènes multinucléés qui deviennent bientôt binucléés. L'état multinucléé des hyphes ascogènes dure peu; leur condition binucléée est plus étendue dans le temps comme dans l'espace. Les hyphes ascogènes se ramifient et les cellules terminales de leurs ramifications, dressées parmi les

---

(¹) Stahl, *Beiträge zur Entwicklungsgeschichte der Flechten*, Leipzig, 1877.

(²) P.-A. Dangeard, *Recherches sur le développement du périthèce chez les Ascomycètes* (*Le Botaniste*, t. 10, 1907).

(³) Un Mémoire détaillé avec planches paraîtra dès que les circonstances le permettront.

paraphyses, deviennent des asques. Dans chacun de ceux-ci les noyaux se fusionnent, l'asque devient uninucléé.

Cette description s'applique aux *Peltigera* et aux *Peltidea*; elle est également vraie pour les *Solorina* chez lesquels les premiers stades nous avaient fait défaut lors de la première étude que nous leur avions consacrée ([1]).

Dans l'asque devenu uninucléé, le noyau subit trois divisions successives; de ce fait le nombre des noyaux est porté à huit. Chez les *Peltigera*, *Peltidea*, *Nephromium*, autour de chacun de ces huit noyaux s'individualise une spore; dans plusieurs cas nous avons vu des rayons archoplasmiques prendre part à la délimitation de l'épiplasme et du protoplasme sporaire. La spore, née uninucléée, s'allonge, divise deux fois ou plus son noyau et, chaque division étant suivie d'un cloisonnement, la spore acquiert ses caractères définitifs qui sont ceux d'une spore aciculaire pluriseptée.

Chez le *Solorina saccata*, c'est, comme précédemment, et contrairement à ce que nous avions cru tout d'abord ([1]), autour de noyaux de troisième division que se délimitent les ascospores, mais ce phénomène n'a lieu qu'autour de quatre noyaux seulement; quatre spores seulement prennent naissance, les quatre autres noyaux restent dans l'épiplasme et dégénèrent. Dans chacune des ascopores formées, le noyau, d'abord unique, se divise; une cloison se forme, qui donne à la spore une structure bicellulaire qui est sa structure définitive.

Comme nous le voyons, l'apothécie des Peltigéracées se forme au moyen d'ascogones dont les cellules d'abord uni- ou binucléées contiennent ensuite de nombreux noyaux; ces cellules produisent des hyphes ascogènes multinucléés, puis à cellules binucléées; les cellules à deux noyaux qui occupent les extrémités des ramifications de ces hyphes donnent naissance par la suite à des asques à l'intérieur desquels a lieu la karyogamie ordinaire. On n'observe donc chez ces Lichens ni fécondation par spermaties et trichogynes, ni fusion de noyaux précédant celle de l'asque.

Ces constatations, qui sont en harmonie avec les faits signalés chez de nombreux Ascomycètes autonomes, rendent nécessaire une nouvelle étude des formes des Lichens chez lesquels on a décrit une fécondation par trichogynes et spermaties analogue à celle des Floridées : c'est à cette étude que nous consacrerons nos prochaines recherches.

([1]) M. et Mme F. MOREAU, *Les phénomènes de la sexualité chez les Lichens du genre* Solorina (*Comptes rendus*, t. 162, 1916, p. 793).

EMBRYOGÉNIE. — *Sur quelques données cytologiques relatives aux phénomènes de parthénogenèse naturelle qui se produisent chez le Bombyx du mûrier.* Note de M. A. LÉCAILLON, présentée par M. Henneguy.

S'il est facile, par le simple examen à l'œil nu ou à la loupe, de reconnaître que certains œufs non fécondés de Bombyx du mûrier changent de couleur comme les œufs fécondés et donnent parfois naissance à des larves qui peuvent produire des adultes, il est beaucoup plus difficile de faire l'étude cytologique des phénomènes de parthénogenèse dont il s'agit. En effet, une triple enveloppe (épichorion, chorion et membrane vitelline) entoure l'œuf, lui donne une grande dureté et s'oppose à ce qu'il soit facilement pénétré par les liquides fixateurs, puis débité en coupes minces. Néanmoins l'étude cytologique en question est possible et voici les résultats de mes recherches sur certains points fondamentaux concernant les transformations qui s'opèrent dans l'œuf non fécondé :

1° En examinant des coupes en série faites dans des œufs qui, vers le troisième jour après la ponte, commençaient à virer du jaune au rose, j'ai constaté que le développement embryonnaire était à ce moment parvenu à un stade où la séreuse, l'amnios et la plaque embryonnaire étaient constitués et où le phénomène de la « fragmentation vitelline » s'était produit. Il importe de remarquer que le stade où le changement de couleur commence à se produire n'est pas du tout un stade de début, mais correspond au contraire à un développement déjà avancé. J'ai reconnu aussi, dans les mêmes coupes, que l'apparition de la couleur rose est due à ce que des granulations pigmentées se déposent, à partir de cet instant, dans les cellules de l'enveloppe séreuse, laquelle constitue alors un sac complètement clos, appliqué contre la membrane vitelline. En étudiant des œufs fécondés exactement au même stade, j'ai pu constater qu'il y avait identité avec ce que j'avais vu dans les œufs non fécondés.

2° L'observation de coupes pratiquées dans des œufs non fécondés *n'ayant pas changé de couleur*, mais pondus depuis assez peu de temps pour que la dégénérescence cellulaire que je pensais s'y être produite y fût encore visible, m'a permis d'établir plusieurs faits importants. En premier lieu, je vis que dans tous les œufs examinés il y avait eu une *segmentation intravitelline* semblable à celle qui a lieu dans les œufs fécondés de la plupart des Insectes. Mais j'y constatai aussi que des arrêts de développement plus ou moins précoces s'y étaient manifestés. Actuellement, je puis en signaler deux catégories, l'une comprenant les cas où quelques cellules de segmentation étaient seules parvenues dans la région périphérique du vitellus, le reste de ces éléments étant en dégénérescence dans sa région centrale; l'autre, où de très nombreuses cellules étaient parvenues à la surface du vitellus, mais y étaient en pleine dégénérescence.

3° En étudiant des coupes faites dans des œufs non fécondés qui avaient conservé leur couleur jaune primitive, mais qui étaient âgés de 10 à 12 jours, j'ai reconnu que la dégénérescence cellulaire y était beaucoup plus accentuée que dans ceux dont il vient d'être question. Cependant, dans beaucoup de cas, les restes de cellules dégénérescentes étaient encore très visibles, soit à la périphérie de l'œuf, soit dans la région centrale du vitellus.

4° Les faits résultant de l'exposé qui précède confirment et étendent les indications que j'ai données dans une Note publiée précédemment (¹), à savoir que, dans les œufs de Bombyx qui ne changent pas de coloration, il se produit cependant des phénomènes de développement. L'aptitude à la parthénogenèse, chez le Bombyx du mûrier, correspond donc réellement à une propriété générale de l'élément reproducteur femelle et non à une propriété qui serait seulement l'apanage des œufs qui changent de couleur après la ponte.

Il est intéressant aussi de rapprocher le développement très incomplet qui se produit dans les œufs de Bombyx, qui restent jaunes après la ponte, de celui que j'ai décrit avec détail chez les Oiseaux (Poule, Paon, Faisan, Tourterelle) sous le nom de *parthénogenèse naturelle rudimentaire*. En particulier, les stades les plus précoces de dégénérescence que j'ai vus chez le Bombyx, et qui ne correspondent qu'à une segmentation arrêtée de très bonne heure, me semblent tout à fait comparables aux rudiments de développements qui s'observent chez les Oiseaux.

BACTÉRIOLOGIE. — *Le bacille de la tuberculose associé à un* Oospora. Note de M. A. SARTORY, présentée par M. Guignard.

Le 3 octobre 1917, on nous adressait, pour analyse, les crachats d'un homme âgé de 53 ans et exerçant la profession de menuisier. A l'envoi était

---

(¹) *Comptes rendus*, t. 165, 1917, p. 192.

jointe une note nous indiquant que le sujet présentait tous les symptômes cliniques d'une tuberculose à la deuxième période.

L'examen bactériologique nous révéla immédiatement la présence d'un *bacille acido-résistant*, que les caractères culturaux, botaniques et biologiques, ainsi que l'inoculation, nous firent reconnaître comme étant le bacille tuberculeux. Toutefois, un détail retint notre attention : c'est que, aux bacilles de dimensions normales, se mêlaient des bâtonnets de longueur plus grande, souvent pourvus de ramifications latérales, terminées elles-mêmes par un branchement dichotomique. Ces éléments filamenteux ne se distinguaient pas autrement, au premier examen, du bacille de Koch, car, comme lui, ils étaient acido-résistants et présentaient, à leur intérieur, des granulations caractéristiques. Toutefois, nous pensâmes qu'un organisme vivait conjointement au bacille tuberculeux et, pour confirmer notre hypothèse, nous entreprîmes la séparation de ces deux organismes en les ensemençant sur différents milieux, afin d'en trouver un qui fût électif pour un seul d'entre eux. Sur pomme de terre glycérinée, nous n'obtînmes que des cultures de bacille tuberculeux; aucune colonie, composée de filaments plus ou moins ramifiés, n'apparut. Par contre, des ensemencements effectués sur différents milieux liquides additionnés de maltose donnèrent naissance à des filaments mycéliens assez longs, pourvus de multiples ramifications. Ces filaments furent alors isolés, en boîtes de Pétri, sur milieu de Sabouraud : les cultures pures, ainsi obtenues, nous révélèrent l'existence d'un champignon du genre *Oospora*, présentant les mêmes caractères que celui que nous avons précédemment décrit (¹).

Comme le bacille tuberculeux, cet organisme est acido-résistant; toutefois, cette propriété disparaît après trois ou quatre repiquages successifs. En outre, l'examen morphologique des filaments décèle, à leur intérieur, l'existence de granulations analogues à celles du bacille de Koch. Toutefois, alors que ce dernier est très pathogène pour le cobaye, l'*Oospora* que nous avons isolé s'est montré non pathogène pour le lapin et le cobaye. Le mélange des deux microorganismes ne paraît pas avoir une virulence plus considérable que celle du bacille tuberculeux pris isolément.

Ce premier examen permettait donc d'assigner aux deux microorganismes les caractères suivants :

(¹) A. Sartory, *Étude d'un* Oospora *acido-résistant* (*Arch. de Méd. et de Pharm. militaires*, juin 1916).

Bacille de Koch.	Oospora.
Présence de granulations.	Présence de granulations.
Acido-résistance permanente.	Acido-résistance temporaire, disparaissant au bout de trois à quatre repiquages.
Très pathogène pour le cobaye.	Non pathogène pour le cobaye et le lapin.

Nous avons entrepris ensuite une étude systématique de l'*Oospora* ainsi isolé.

Les crachats qui renferment ce parasite sont visqueux, d'un blanc verdâtre et présentent une odeur fétide. C'est principalement dans les parties vertes qu'on rencontre l'association bacille tuberculeux *Oospora*.

La coloration des frottis, effectués avec une mince portion du crachat, peut se faire indifféremment soit par la fuchsine phéniquée de Ziehl, soit par le violet de gentiane, qu'on laisse agir environ 2 minutes. On met en contact avec la solution de Gram pendant également 2 minutes et l'on décolore à froid par l'alcool-acétone. Les colorations ainsi obtenues sont généralement très belles et montrent uniquement, sur un fond décoloré, les organismes prenant le Gram.

Isolement du parasite. — Le parasite a été isolé par la méthode des plaques sur milieu maltosé gélatino-gélosé; mais, pour en mieux connaître les caractères, nous en avons fait une culture en goutte pendante dans du bouillon maltosé à $+37°$ C.

Cet *Oospora* se présente sous forme de filaments mycéliens assez tortueux, très ramifiés, d'une longueur pouvant atteindre 2^{mm} et d'une largeur variant entre $0^{\mu},4$ et $0^{\mu},5$. Ces filaments sont immobiles; ils portent, latéralement, des ramifications, distribuées régulièrement, présentant parfois une massue terminale, ou bien se ramifiant à leur tour pour donner deux ou trois renflements extrêmes. On ne rencontre pas de formes pectinées, pas plus que de spiralées, ni en cornes de cerf. Dans les cultures âgées de 8 à 10 jours, on peut trouver des filaments portant, sur leur trajet, quelques chlamydospores. Les appareils conidiens sont les mêmes que ceux des autres *Oospora*; les conidies qui les composent mesurent $0^{\mu},6$ en moyenne.

La culture de cet *Oospora* est assez difficile; nous n'avons jamais obtenu de résultats en ensemençant sur pomme de terre simple, pomme de terre glycérinée, pomme de terre acide, Raulin gélatiné, Raulin gélosé, artichaut, banane. Sur bouillon saccharosé, nous avons obtenu une légère culture et une, un peu meilleure, sur bouillon maltosé. Le milieu de Sabouraud donne d'assez bons résultats.

Sur gélose maltosée gélatinée, ou sur milieu de Sabouraud, les colonies apparaissent, à $+37°$ C., au bout de 4 à 5 jours, sous forme de petits points grisâtres, mats, à bords réguliers, mesurant de $0^{mm},5$ à 1^{mm} de circonférence. Le huitième jour ces colonies deviennent plus épaisses, sans cependant s'élargir beaucoup; elles cessent de grandir vers le quinzième jour.

Sur bouillon maltosé, l'*Oospora* pousse en 36 heures. Les filaments qu'il donne alors sont longs, très fins, de grandeur inégale, présentant, au début, peu de ramifications.

Au bout de 7 à 8 jours, une fragmentation se produit chez ces filaments qui prennent alors la forme bacillaire. Cette dislocation a lieu également en milieu solide; c'est grâce à elle que peut s'établir une confusion entre le bacille de Koch et l'*Oospora* que, nous venons de décrire.

La température qui paraît le mieux convenir au développement de ce dernier est comprise entre 34° et 36° C.

En somme, nous avons pu isoler dans un crachat, à côté du bacille tuberculeux typique, un *Oospora* présentant avec ce dernier une communauté de caractères telle qu'une confusion pourrait être possible entre ces deux microorganismes.

CHIMIE BIOLOGIQUE. — *Recherches biochimiques sur le* Proteus vulgaris *Hauser. Comparaison des propriétés d'une race pathogène et d'une race saprophyte.* Note (¹) de M. F.-G. VALLE MIRANDA, présentée par M. Roux.

A la suite des recherches de Metchnikoff sur le choléra infantile il était intéressant de préciser si les *Proteus* qui paraissent intervenir dans certaines gastro-entérites des nourrissons étaient identiques aux *Proteus* qui sont si répandus dans la nature. Les travaux de Metchnikoff, de Cantù et de A. Berthelot (²) semblaient bien montrer qu'il en est ainsi; mais comme ces auteurs, pour diverses raisons, n'ont étudié qu'au point de vue qualitatif les caractères biochimiques des microbes dont ils disposaient, je me suis efforcé de déterminer et de comparer à l'aide de méthodes pondérales les propriétés biochimiques d'un *Proteus* isolé par M. Metchnikoff dans un cas de gastro-entérite aiguë infantile et d'un autre que j'avais trouvé dans de la viande en putréfaction.

De plus, en raison de la variabilité particulière du *Proteus vulgaris*, j'ai fait subir à ces deux races originelles des passages croisés par l'organisme du cobaye et sur viande stérilisée, puis examiné avec les mêmes précautions le chimisme des nouvelles races dérivées du germe saprophyte et du microbe pathogène.

Avant d'aborder les déterminations pondérales j'ai étudié les deux

(¹) Séance du 21 janvier 1918.

(²) E. METCHNIKOFF, *Bactériologie du choléra infantile des nourrissons* (*Ann. de l'Institut Pasteur*, février 1914). — CH. CANTU, Le *Bacillus Proteus* (*Ibid.*, novembre 1911). — ALBERT BERTHELOT, *Recherches sur le* Proteus vulgaris (*Ibid.*, novembre-décembre 1914, nᵒˢ 9, 10, 11, 12).

microbes types avec les méthodes bactériologiques usuelles; j'ai constaté qu'ils ne présentaient pas de différences morphologiques, physiologiques ou biologiques importantes et que leurs caractères correspondaient bien à ceux qui, dans l'état actuel de nos connaissances, sont généralement attribués à l'espèce *Proteus vulgaris* Hauser.

L'étude qualitative de leur action sur les hydrates de carbone m'a permis d'établir que les deux races originelles attaquaient plus ou moins activement le glucose, le lévulose, le galactose, le saccharose et la glycérine. Le *Proteus* saprophyte seul attaquait le maltose.

Toujours, en opérant quantitativement, j'ai observé que les deux races consommaient la gélatine mise à leur disposition; mais, tandis que le germe pathogène en détruisait 84 pour 100, le germe saprophyte n'attaquait que 0,59 de cette source d'azote et de carbone. Cette différence considérable n'est pas surprenante en raison de la variabilité très grande du pouvoir protéolytique des microbes.

Au point de vue de leur action sur les acides aminés j'ai constaté que les deux microbes attaquaient presque également l'acide aspartique, mais seul le *Proteus* pathogène faisait disparaître une faible proportion de l'alanine qui lui avait été donnée comme aliment azoté.

Enfin, les deux germes attaquaient le tryptophane; mais, tandis que le *Proteus* saprophyte poussait la désintégration de la molécule aminée jusqu'à l'indol, le *Proteus* pathogène n'allait que jusqu'au stade acide indol-3-acétique.

Sous l'influence de deux passages croisés par le cobaye et la viande stérilisée, les propriétés biochimiques de mes deux races primitives se sont dans l'ensemble plus ou moins modifiées.

La propriété d'attaquer le maltose est apparue dans les races dérivées du germe pathogène. La variabilité du pouvoir protéolytique s'est traduite par une augmentation fort nette pour les races dérivées du microbe saprophyte, mais les résultats fournis par les races provenant du germe pathogène ont été discordants.

Les passages ont fait apparaître dans les dérivés de la race saprophyte le pouvoir d'attaquer l'α-alanine et l'a fait disparaître pour les descendants de la race pathogène. Par contre, le pouvoir acidaminolytique vis-à-vis de l'acide aspartique s'est trouvé nettement augmenté pour toutes les nouvelles races.

L'influence des passages sur la faculté d'attaquer le tryptophane a été légère; elle a notamment été impuissante à rendre apparent le faible pouvoir indologène du *Proteus* pathogène que j'ai observé, dans certaines conditions, dans des cultures obtenues avec des milieux contenant comme seule source de carbone et d'azote une quantité de tryptophane beaucoup plus grande que celle que j'ai employée pour les milieux utilisés dans mes recherches quantitatives.

Le Tableau suivant permet d'ailleurs de se rendre compte de toutes ces variations. Les lettres M, M_1 et M_2 y correspondent au *Proteus* pathogène et aux races nouvelles résultant des passages; la variété saprophyte et ses dérivés sont figurés par les lettres V, V_1 et V_2.

	Quantités consommées (pour 100).					
	V.	V_1.	V_2.	M.	M_1.	M_2.
Glucose.........................	98,6	64,8	70,2	98,9	76,7	74,2
Lévulose........................	47,6	54,5	51,3	72,8	61,7	52,2
Galactose.......................	98,9	87,2	94,6	94,4	96,7	95,0
Saccharose......................	81,6	92,6	90,7	66,8	62,0	68,1
Lactose	3,1	10,5	14,8	7,4	12,6	14,8
Maltose	68,1	66,1	63,3	0,0	11,6	6,8
Glycérine.......................	26,0	0,0	10,3	49,1	16,0	18,5
Gélatine........................	0,59	29,7	4,4	84,0	42,4	87,7
Alanine.........................	0,0	6,1	9,6	6,0	0,0	0;0
Acide aspartique................	6,0	29,6	13,6	8,3	17,1	12,5
Tryptophane transformé en indol et acide indolacétique..............	66,3	74,06	64,3	46,6	36,3	48,4
Tryptophane transformé en indol....	53,7	66,2	53,1	0,0	0,0	0,0
Tryptophane transformé en acide indolacétique..................	12,6	7,86	11,2	46,6	36,3	48,4

D'autre part, mes dosages m'ont permis de donner une nouvelle preuve de la nécessité de ne tenir compte que des résultats obtenus par les méthodes quantitatives, quand on veut rechercher l'existence éventuelle de caractères différentiels suffisants pour la distinction de deux espèces microbiennes.

En effet, en opérant comme la majorité des bactériologistes (et même avec des précautions que n'observent qu'un petit nombre d'entre eux), seul le *Proteus* pathogène rendait acides les milieux contenant du lévulose, tandis que les analyses montraient que ce sucre était attaqué par les deux microbes. Les cultures en eau peptonée maltosée ne devenaient acides qu'avec le germe saprophyte; les dosages avaient tout d'abord confirmé ce résultat qui s'est trouvé infirmé par les analyses des cultures du *Proteus* pathogène modifié par les passages. Enfin le lactose qui, qualitativement, semblait inattaqué par les deux races est cependant utilisé par elles, ainsi que l'ont établi les déterminations pondérales.

En résumé, il résulte de mes recherches que, malgré leur diversité d'origine, les deux *Proteus* que j'ai étudiés constituaient deux races de *Proteus vulgaris* et non deux espèces distinctes; les résultats de mes analyses ont d'ailleurs été confirmés par l'étude de l'agglutination croisée à l'aide du sérum d'animaux immunisés.

Ainsi que le pensait Metchnikoff et comme le montrent les déterminations qualitatives des auteurs qui m'ont précédé, les *Proteus* pathogènes sont donc identiques aux saprophytes et les faibles différences que présentent les diverses races résultent simplement de l'influence plus ou moins prolongée des conditions diverses de milieu.

CHIMIE BIOLOGIQUE. — *Ptomaïnes et plaies de guerre*. Note ([1]) de M. **Albert Berthelot**, présentée par M. E. Roux.

Un grand nombre des germes qui infectent les plaies de guerre étant d'origine fécale, on peut se demander si quelques-uns des phénomènes biochimiques observés dans les études sur les associations microbiennes de la flore intestinale ne participent point, *parfois*, à la genèse des accidents d'auto-intoxication qui aggravent l'état de *certains* grands blessés. Comme il serait très difficile de vérifier directement le bien-fondé de cette hypothèse, j'ai cherché à établir que des ptomaïnes toxiques peuvent se former par l'action, sur le sang, de microbes protéolytiques et acidaminolytiques susceptibles de se trouver associés dans les plaies de guerre. L'expérience suivante plaide bien, il me semble, en faveur de cette idée.

J'ai ensemencé du sang de lapin défibriné avec du *Bacillus sporogenes* et du *Bacillus histolyticus* et j'ai maintenu à 37° mes cultures strictement anaérobies. Au bout de cinq jours j'ai prélevé aseptiquement de chacune d'elles quelques centimètres cubes dans lesquels j'ai recherché l'histidine et l'amine qui en dérive. Pour cela, j'ai coagulé par la chaleur les protéines non transformées, épuisé le coagulum par l'eau bouillante, déféqué par le tannin, enlevé l'excès de ce réactif à l'aide de la gélatine, additionné la liqueur ainsi traitée d'une solution aqueuse d'acide phosphotungstique (en présence d'acide sulfurique), puis soumis le précipité obtenu aux traitements usuels qui conduisent à la séparation des composés du groupe de l'histidine.

([1]) Séance du 21 janvier 1918.

Dans ces conditions, j'ai constaté la présence de quantités notables d'histidine dans les deux cultures, mais en proportion beaucoup plus grande avec le *B. sporogenes*. Par contre, je n'ai pu déceler la moindre trace d'imidazoléthylamine, tant dans l'une que dans l'autre.

Ces deux points étant établis, j'ai transvasé aseptiquement le reste de mes cultures dans deux fioles coniques stériles et je les ai ensemencées largement avec des corps microbiens d'un bacille aérobie décarboxylant, isolé de matières fécales humaines et voisin du *B. aminophilus* que j'ai précédemment décrit avec mon regretté collègue Dominique Bertrand ([1]). Après avoir laissé 48 heures à 37° les deux cultures, j'ai répété avec leur totalité les opérations énumérées plus haut; elles m'ont permis d'établir la formation d'imidazoléthylamine que j'ai caractérisée par son picrate, ses réactions colorées et surtout son action toxique particulière pour le cobaye.

Ces faits observés *in vitro* rendent très admissible la possibilité de la formation d'amines toxiques dans certaines plaies infectées à la fois par des germes protéolytiques et des microbes acidaminolytiques vrais. Or, ces derniers sont nombreux parmi les constituants habituels de la flore intestinale, surtout dans les groupes du *B. coli*, de *B. lactis aerogenes*, ou du Pneumobacille et, si on les recherchait méthodiquement, à l'aide de milieux électifs convenables, on les trouverait sans doute souvent à côté des germes connus pour leur rôle dans l'étiologie de la gangrène gazeuse. Il est probable même que certains aérobies et anaérobies facultatifs isolés fréquemment des plaies de guerre possèdent le pouvoir de décarboxyler les aminoïques, en cultures pures, et qu'il resterait simplement, après constatation de cette propriété, à établir si elle se manifeste encore, en présence d'autres microbes, dans des conditions de milieu voisines de celles des plaies.

Quoi qu'il en soit, je pense qu'il serait utile d'examiner systématiquement la flore des plaies de guerre au point de vue que je viens d'indiquer, surtout chez les blessés présentant de la gangrène ou d'intenses signes généraux d'auto-intoxication. Pour commencer, il suffirait de ne rechercher que les microbes capables de décarboxyler l'histidine et, par conséquent, de produire de la β-imidazoléthylamine. Facile à déceler, plus toxique et se formant bien plus aisément que beaucoup d'autres, au moins en cultures pures, cette ptomaïne présente un intérêt spécial relativement à l'évolution des plaies de guerre et à leur retentissement sur l'état général des blessés. Les travaux de Dale et Laidlaw ont établi, en effet, qu'injectée sous la peau ou dans les veines des singes et des carnivores, elle détermine de la vaso-

---

([1]) Albert Berthelot et D.-M. Bertrand, *Comptes rendus*, t. 154, 1912, p. 1826.

constriction périphérique, une vaso-dilatation générale, une chute de la pression sanguine et un abaissement de la température (¹).

En raison de ces propriétés, il ne serait pas surprenant qu'elle jouât un rôle tout particulier dans la genèse des phénomènes d'auto-intoxication qui compliquent certaines blessures graves.

D'autre part, dans le cas d'une confirmation de mon hypothèse, il y aurait lieu d'examiner si la présence, dans les plaies, d'amines douées d'un puissant pouvoir vaso-constricteur sur les artérioles périphériques, n'entraîne pas des modifications circulatoires locales, susceptibles de favoriser l'apparition des phénomènes gangréneux.

Si des ptomaïnes se forment dans les plaies, il est probable, pour de multiples raisons, que l'imidazoléthylamine doit y être prépondérante et qu'il n'y a pas lieu de compter sur l'action antagoniste et compensatrice de quelques autres amines. D'ailleurs, dans l'ensemble, ces ptomaïnes ne peuvent avoir qu'un effet nuisible. Je ne veux pas dire que les amines résultant de la décarboxylation des aminoïques, libérés dans les plaies par les protéases microbiennes et leucocytaires, interviennent dans tous les cas. Il est possible même que leur rôle soit de peu d'importance relativement à celui des toxines vraies, mais je crois cependant qu'il serait bon d'en tenir compte.

L'étude de cette question tentera peut-être quelques-uns des spécialistes qui sont à même d'examiner de nombreux blessés; s'ils veulent bien, au moins au début, s'en tenir à la recherche des acidaminolytiques vrais capables de produire de l'imidazoléthylamine, ils n'auront qu'à utiliser, avec des milieux à l'histidine (²), la méthode élective d'isolement que j'ai publiée en 1911 et dont j'ai précisé récemment la technique (³).

(¹) DALE et LAIDLAW, *Journ. of Physiology*, t. 41, 1910, p. 318. — Consulter également A. BERTHELOT et D.-M. BERTRAND, *Comptes rendus*, t, 154, 1912, p. 360.

(²) Cette méthode ne convient pas aux plaies infectées par le Bacille pyocyanique, pour lesquelles la recherche des acidaminolytiques doit se faire sur les germes isolés par les procédés usuels.

(³) ALBERT BERTHELOT, *Comptes rendus*, t. 153, 1911, p. 306; *Presse médicale*, n° 44, 6 août 1917.

CHIMIE ALIMENTAIRE. — *Les matières azotées solubles comme indice de la valeur boulangère des farines.* Note ([1]) de MM. Rousseaux et Sirot, présentée par M. Schlœsing fils.

A la séance du 3 mars 1913, nous avons communiqué une Note où nous avons montré qu'on pouvait, dans une sensible mesure, se fonder sur le rapport des matières azotées totales aux matières azotées solubles à l'eau pour apprécier la valeur boulangère des farines.

Nous avons poursuivi notre travail sur des échantillons variés (en envisageant, non plus précisément ce rapport, mais le rapport inverse qui nous paraît préférable).

I. Farines normales. — 1° *Farines à taux d'extraction inférieur à 70 pour* 100. — La proportion des matières azotées solubles a été trouvée au voisinage de 17,0 pour 100 de matières azotées totales, avec un minimum de 16,1 et un maximum de 19,0.

2° *Farines à taux d'extraction supérieur à 70 pour* 100. — Le taux d'extraction influe sur la proportion des matières azotées solubles, la partie externe du grain étant moins riche en matières azotées solubles. Déterminée dans sept lots d'une même mouture à cylindres, cette proportion a été :

Premier et deuxième passages............	16,9
Troisième passage.........	16,7
Quatrième passage....·.................	16,3
Cinquième passage......................	15,8
Troisième convertisseur, 1er tour..........	15,6
» 2e tour............	14,7
Farine de sons.........................	14,7

Nous avons toujours trouvé, pour une même farine, une proportion de matières azotées solubles d'autant moins élevée que le taux d'extraction l'était davantage. Les chiffres voisins de 16,6 à 18,1 sont ceux entre lesquels cette proportion a varié pour correspondre à la meilleure panification.

3° *Farines américaines.* — Plusieurs farines américaines extrêmement riches en gluten, véritables « farines de forces » impossibles à travailler à bras, ont une proportion d'azote soluble de 12,5 à 12,8. L'addition de

([1]) Séance du 21 janvier 1918.

telles farines améliore les farines indigènes qui *relâchent* et dont la proportion de l'azote soluble à l'azote total est élevée ; elle abaisse cette proportion
et la rapproche de la normale.

II. FARINES ANORMALES (ayant présenté des inconvénients à la panification).
— La proportion de l'azote soluble est supérieure à 20 pour 100, le plus
souvent voisine de 22,2 ; elle s'est même élevée à 62,5 dans une farine
restée très longtemps en magasin.

III. FARINES DIVERSES. — En raison de l'importance que prennent les succédanés du blé, il nous a paru intéressant d'en examiner quelques-uns.

Maïs. — La farine de maïs, qui se panifie à peu près normalement, a donné 18,1
et 18,5.

Seigle. — Pour trois échantillons, on a trouvé 22,7, 22,2, 22,7. Un mélange à
15 pour 100 avec de la farine de blé accuse 17,7 et se panifie encore bien.

Fève. — Pour la farine de fève, nous avons obtenu 12,1. Son addition, depuis
longtemps pratiquée, à la farine de blé agit pour donner de la *force ;* elle n'est
admise ([1]) que dans la proportion de 4 pour 100 au maximum, ce qui n'abaisse le
rapport que de 0,1 environ. Dans une farine contenant beaucoup d'azote soluble et se
panifiant mal, cette proportion de 4 pour 100 est insuffisante. Elle pourrait sans doute
être augmentée ; le haut prix de la fève exclurait les abus.

Orge. — La farine d'orge accuse également une proportion voisine de 12,1. Son
addition à la farine de blé doit se faire à raison de 40 pour 100 au maximum pour que
la panification reste à peu près normale ; la proportion de l'azote soluble est alors de
15,1 environ.

Riz. — Les matières azotées y sont nettement moins solubles. Deux échantillons
normaux ont donné 4,27 et 4,20. Un autre (sorte de semoule) a même eu 2,5. Un
échantillon à goût de moisi n'accusait que 5,7, malgré son ancienneté.
Le mélange de la farine de riz à la farine de blé entraîne, lors de la panification,
l'insuffisance de cohésion de la pâte. Un ouvrier exercé décèle au travail la présence
de 5 pour 100 de riz dans une farine. Avec 10 pour 100 de riz, l'addition devient évidente ([2]) ; la proportion de l'azote soluble est alors inférieure à 13,3 pour 100 et nous
avons toujours constaté des inconvénients très nets quand elle est aussi faible.
Le riz est sensiblement moins riche en matière azotée que le blé ; mais son défaut

---

([1]) Instructions du *Service de la répression des fraudes,* s'appuyant sur un arrêt de
la Cour de Cassation de 1854.

([2]) LINDET, ARPIN, DUMÉE, *Annales des Falsifications,* 1915, p. 240. — LINDET et
EUG. ROUX, *Ibid.,* 1915, p. 266.

de plasticité tient moins à la pauvreté relative èn azote total qu'au rapport entre l'azote soluble et l'azote total, rapport qui représente une sorte de coefficient de plasticité.

On voit qu'il peut y avoir avantage à mélanger diverses farines avec celle de blé, de façon à amender la proportion d'azote soluble.

Emploi de l'eau de chaux. — On améliorerait la panification par l'emploi de l'eau saturée de chaux, d'après MM. Lapicque et Legendre (*Comptes rendus*, t. 165, 1917, p. 318). Quoi qu'il en soit, des essais nous ont montré que l'eau de chaux a une action solubilisante sur la matière azotée et qu'elle agit en rapprochant de la normale la proportion des matières azotées solubles dans les farines à taux d'extraction élevé.

En résumé, l'existence d'un certain taux d'azote soluble dans les farines correspond d'ordinaire à une bonne absorption de l'eau et, par suite, à une bonne plasticité de la pâte, qui en est une des principales qualités. Il semble que la proportion la plus favorable de l'azote soluble par rapport à l'azote total est voisine de 16 à 17 pour 100. Si elle s'abaisse ou s'élève trop, la farine *relâche* et devient de mauvaise qualité boulangère. Si, en outre, l'azote total s'élève beaucoup, la farine se travaille très difficilement.

Le rapport de l'azote soluble à l'azote total, qui a l'avantage d'être d'une détermination facile et rapide, peut donc présenter un intérêt pratique pour l'appréciation de la valeur boulangère des farines, non comme critérium absolu, mais comme renseignement utile, notamment lorsque d'autres caractères analytiques sont en défaut.

A 16 heures et demie l'Académie se forme en comité secret.

La séance est levée à 16 heures trois quarts.

A. Lx.

ERRATA.

(Séance du 21 janvier 1918.)

Note de M. *A. de Gramont*, Recherches sur le spectre de lignes du titane et sur ses applications :

Page 98, ligne 29, *au lieu de* vibrant au contraire parallèlement, *lire* vibrant au contraire perpendiculairement.

Page 99, ligne 16, *au lieu de* d'œuvres, *lire* d'œuvre.

ACADÉMIE DES SCIENCES.

SÉANCE DU LUNDI 4 FÉVRIER 1918.

PRÉSIDENCE DE M. Paul PAINLEVÉ.

MÉMOIRES ET COMMUNICATIONS

DES MEMBRES ET DES CORRESPONDANTS DE L'ACADÉMIE.

M. le **Président** annonce à l'Académie la mort à Genève, le 2 février 1918, de M. *Yung*, Correspondant de l'Académie pour la Section d'Anatomie et Zoologie.

THERMODYNAMIQUE. — *Formule donnant la tension de la vapeur saturée d'un liquide monoatomique.* Note (¹) de **M. E. Ariès**.

La tension de la vapeur saturée d'un liquide quelconque soumis à l'équation d'état

$$(1) \qquad p = \frac{RT}{v - \alpha} - \frac{K}{T^n (v + \beta)^2},$$

α, β et, par suite, leur somme γ étant supposés fonctions de la température, est donnée, avec les notations convenues (²), par le système

$$(2) \qquad x = \frac{\gamma}{\gamma_c} \tau^{n+1}, \qquad \Pi = \tau^{n+2} \frac{Z}{x}.$$

Ces deux équations sont liées l'une à l'autre par la Table de Clausius.

Le calcul de la tension de vapeur saturée à une température quelconque n'exige donc que la connaissance de l'exposant n, de la fonction $\frac{\gamma}{\gamma_c}$ et des constantes critiques P_c et T_c, ces dernières permettant de passer de la

---

(¹) Séance du 28 janvier 1918.

(²) *Comptes rendus*, t. 166, 1918, p. 59.

température réduite τ ou de la tension réduite Π à la température absolue T ou à la tension P exprimée, par exemple, en atmosphères.

Nous avons admis que l'exposant n, commun à tous les corps monoatomiques, était égal à $\frac{1}{2}$. L'objet de la présente Note serait de démontrer qu'il existe aussi, pour tous ces corps, une seule et même fonction $\frac{\gamma}{\gamma_c}$, celle-ci étant exprimée à l'aide de la variable réduite τ, ce qui établirait, du même coup, que la tension de la vapeur saturée des corps monoatomiques satisfait à la loi sur les états correspondants.

Par la méthode que nous avons indiquée, on arrive à donner à cette fonction une expression unique qui paraît convenir aux trois corps étudiés dans l'une de nos dernières Notes. Il importe pour cela de se guider sur les remarques suivantes :

La valeur de cette fonction doit être égale à l'unité à la température critique, pour $\tau = 1$, puisqu'elle devient alors $\frac{\gamma_c}{\gamma_c}$.

Si la détermination que nous nous proposons de faire de la fonction $\frac{\gamma}{\gamma_c}$ est basée sur la considération de l'état de saturation, alors que τ ne varie que de zéro à l'unité, cette fonction conserve toute sa portée en dehors de ces limites de température jusqu'aux plus élevées, dans l'équation d'état (1), qui ne s'applique pas seulement aux fluides saturés. Or, tout ce qui a été écrit sur les covolumes α et β tend à admettre que ces quantités gardent une valeur finie, quelle que soit la température du fluide envisagé. Il en est donc de même pour leur somme γ, d'où résulte que $\frac{\gamma}{\gamma_c}$ doit rester fini, alors même que τ tendrait soit vers zéro, soit vers l'infini.

Les tensions de la vapeur saturée du crypton, du xénon et de l'argon, observées à différentes températures et consignées sur le Tableau qui figure aux *Comptes rendus*, t. 165, 1917, p. 1090, peuvent servir à calculer, pour chaque corps et à chaque température d'observation, la valeur de la fonction $\frac{\gamma}{\gamma_c}$ encore inconnue, et qui doit s'accorder avec le système des deux équations (2). Les valeurs ainsi obtenues montrent que :

1° Pour une température réduite donnée, $\frac{\gamma}{\gamma_c}$ a assez sensiblement la même valeur pour les trois corps (loi sur les états correspondants).

2° Cette valeur, déjà voisine de l'unité aux plus basses températures observées, mais plus grande que l'unité (1,09 environ pour le xénon à la température réduite 0,5173), décroît à mesure que la température augmente, passe au-dessous de l'unité, à partir de la température $\tau = 0,84$ environ, et revient nécessairement, comme cela doit être, égal à l'unité à la température critique ($\tau = 1$).

Ces remarques conduisent assez naturellement à essayer la formule

$$(3) \qquad \frac{\gamma}{\gamma_c} = 1 + \frac{(1-\tau)(0,84-\tau)}{A\tau^2 + B}.$$

Comme il convenait, son second membre devient égal à l'unité pour $\tau = 0,84$ et $\tau = 1$. Le numérateur du terme variable étant du second degré, il devait en être de même du dénominateur pour que $\frac{\gamma}{\gamma_c}$ conservât une valeur finie quand τ s'annule ou devient infini. En vue de simplifier ce dénominateur, le terme du premier degré en τ a été supprimé. Il restait à déterminer les deux constantes A et B, ce qui était facile avec les deux équations du premier degré en A et B que l'on obtient, quand on remplace $\frac{\gamma}{\gamma_c}$ et τ dans la formule (3) par leurs valeurs se rapportant à deux des températures d'observation qui figurent sur notre Tableau.

Suivant les deux températures choisies, A et B varient, mais dans des limites assez étroites, A restant très voisin de 2 et B assez voisin de 1. En posant $A = 2$ et $B = 1,20$, la formule précédente devient

$$(4) \qquad \frac{\gamma}{\gamma_c} = 1 + \frac{(1-\tau)(0,84-\tau)}{2\tau^2 + 1,20}$$

et la formule (2), qui donne la tension de la vapeur saturée, prend pour les corps monoatomiques, en y faisant $n = \frac{1}{2}$, sa forme définitive.

$$(5) \qquad x = \left(1 + \frac{(1-\tau)(0,84-\tau)}{2\tau^2 + 1,20}\right)\tau^{\frac{3}{2}}, \qquad \Pi = \tau^{\frac{5}{2}}\frac{Z}{x}.$$

Les résultats obtenus par l'application de cette formule générale aux trois corps qui ont servi à l'établir figurent dans le nouveau Tableau ci-après. Ils nous paraissent aussi satisfaisants que possible. Ce n'est du reste que sous réserve que nous donnons de $\frac{\gamma}{\gamma_c}$ l'expression (4); il est possible que l'étude des corps d'une atomicité plus élevée conduise à la modifier.

Pour le crypton, on ne relève dans ce Tableau que deux températures $T = 111,0$ et $T = 170,8$ pour lesquelles la différence entre la tension observée et la tension calculée acquiert une certaine importance.

Température		Tension de la vapeur saturée			
		réduite.		en atmosphères.	
absolue T.	réduite τ.	Π obs.	Π calc.	P obs.	P calc.

Crypton $(T_c = 210,4; P_c = 54^{atm},26)$.

111,0	0,5276	0,0072	0,0081	0,39	0,44
121,1	0,5756	0,0184	0,0190	1,00	1,03
124,7	0,5927	0,0243	0,0247	1,32	1,34
135,1	0,6421	0,0484	0,0489	2,63	2,66
147,2	0,6996	0,0969	0,0966	5,26	5,28
161,85	0,7692	0,194	0,193	10,53	10,48
170,8	0,8118	0,291	0,279	15,79	15,14
179,35	0,8524	0,388	0,384	21,05	20,83
185,9	0,8836	0,485	0,482	26,32	26,16
191,6	0,9106	0,582	0,580	31,58	31,47
196,6	0,9344	0,679	0,676	36,84	36,68
201,1	0,9558	0,776	0,773	42,11	41,95
207,15	0,9869	0,921	0,929	50,00	50,43

Xénon $(T_c = 287,67; P_c = 57^{atm},24)$.

148,8	0,5173	0,0068	0,0068	0,39	0,39
163,5	0,5684	0,0174	0,0170	1,00	0,98
168,7	0,5864	0,0230	0,0225	1,32	1,29
182,8	0,6355	0,0459	0,0450	2,63	2,58
199,5	0,6935	0,0919	0,0903	5,26	5,17
219,5	0,7630	0,184	0,182	10,53	10,42
233,0	0,8100	0,276	0,275	15,79	15,73
243,6	0,8468	0,368	0,368	21,05	21,05
252,5	0,8777	0,460	0,460	26,32	26,32
260,1	0,9042	0,552	0,553	31,58	31,64
267,1	0,9285	0,644	0,651	36,84	37,24
273,6	0,9511	0,736	0,749	42,11	42,85
281,8	0,9796	0,874	0,889	50,00	50,86

Argon $(T_c = 150,6; P_c = 48^{atm},00)$.

79,0	0,5246	0,0081	0,0077	0,39	0,37
87,1	0,5784	0,0208	0,0199	1,00	0,96
97,85	0,6497	0,0547	0,0540	2,63	2,60
107,2	0,7118	0,1095	0,1092	5,26	5,25
118,5	0,7869	0,219	0,226	10,53	10,87
126,7	0,8413	0,329	0,353	15,79	16,91
132,2	0,8778	0,462	0,462	22,18	22,18
138,3	0,9183	0,610	0,610	29,26	29,26
143,2	0,9508	0,747	0,749	35,85	35,95
147,5	0,9794	0,885	0,889	42,46	42,65
150,3	0,9980	0,990	0,989	47,50	47,45

Pour le xénon, l'accord est remarquable pour onze températures sur treize. Ce n'est qu'aux deux températures les plus voisines de l'état critique qn'il se présente un écart trop accentué entre les tensions à comparer. Il est à noter que cette particularité ne se produit pas pour les deux autres corps : leurs tensions de vapeur, aux hautes températures, sont, au contraire, assez rigoureusement représentées par la formule.

Enfin, pour l'argon, il n'existe qu'une seule température, $T = 126,7$, pour laquelle l'écart entre la tension observée et la tension calculée devient vraiment exagéré ; encore faut-il remarquer que cette température est encadrée par deux autres qui donnent lieu, la plus élevée surtout, à un accord très satisfaisant, ce qui pourrait peut-être s'expliquer par quelque erreur accidentelle sur les observations faites à la température 126,7 ([1]).

PALÉONTOLOGIE. — *Le plus ancien Poisson Characinide, sa signification au point de vue de la distribution actuelle de cette famille.* Note ([2]) de **M. G.-A. BOULENGER.**

Dans ces derniers temps on s'est appuyé de plus en plus, et avec raison, sur la géologie en discutant la distribution géographique des animaux, reconnaissant l'insuffisance de conclusions tirées uniquement de la faune actuelle; mais souvent avec abus d'hypothèses, invoquant, selon les besoins, des connexions continentales passées répondant à des idées préconçues et ne reposant sur aucune donnée paléogéographique sérieuse ([3]).

Les opinions ont beaucoup varié, et varient encore, relativement à la question de l'époque à laquelle un pont à travers l'Atlantique, reliant l'Afrique et l'Amérique du Sud, a cessé d'exister et jusqu'ici j'ai cru devoir me ranger du côté de ceux qui hésitent à l'admettre au delà de l'Éocène le plus inférieur; parmi ceux-ci, l'ichthyologiste C.-H. Eigenmann s'est prononcé dernièrement avec beaucoup d'assurance ([4]).

A ce propos, je me souviens d'une petite discussion en 1905, au cours d'une séance de la Section zoologique de l'Association britannique à Cape

---

([1]) Les données de l'expérience qui nous ont servi sont extraites du *Recueil des Constantes physiques* (1913), de la Société française de Physique, p. 284 et 285.

([2]) Séance du 28 janvier 1918.

([3]) Voir G.-A. BOULENGER, *Presidential Address*, Section D (*Rep. Brit. Assoc.*, 1905, p. 412).

([4]) *Rep. Princeton Exped.*, t. 3, 1909, p. 370.

Town. M. W.-B. Scott avait attiré l'attention sur la découverte, dans le Miocène de la Patagonie, de *Necrolestes* Ameghino, mammifère voisin des Chrysochlores, type qui n'était connu auparavant que comme vivant au sud de l'Afrique, et il considérait cette découverte comme une confirmation frappante de la théorie d'une connexion continentale post-crétacée reliant l'Afrique à l'Amérique du Sud ([1]). Je me permis d'observer que, vu l'insuffisance de nos connaissances paléontologiques d'aussi petits animaux et la nature très primitive de ce groupe d'Insectivores, il semblait prématuré de tirer de telles conclusions, ajoutant que l'avenir pourrait bien nous révéler une distribution très étendue de ces Insectivores, comprenant même l'Amérique du Nord, qui expliquerait autrement leur mode de dispersion. Je pense que la plupart de ceux qui étaient présents à cette discussion s'étaient rangés du côté de M. Scott; et cependant, un an après, on annonçait la découverte aux États-Unis d'un nouveau genre voisin des Chrysochlores : *Xenotherium* Douglass, de l'Oligocène inférieur de Montana et du Miocène inférieur de Dakota ([2]). D'autres découvertes successives dans l'Éocène inférieur, l'Oligocène et le Miocène ont fourni à M. Matthew ([3]) les matériaux pour un travail très intéressant qui explique la dispersion des Insectivores en question sans qu'il soit nécessaire d'avoir recours à l'hypothèse d'une communication directe entre l'Afrique et l'Amérique du Sud.

En 1901, traitant de la distribution des Poissons d'eau douce de l'Afrique, j'exprimai l'opinion que : « Les rapports avec l'Amérique tropicale sont sans doute le résultat de la persistance dans ces deux parties du monde de types, plus généralement répandus à une époque plus reculée, qui seraient venus à disparaître des autres régions, comme la Paléontologie nous le montre d'ailleurs à l'égard des Dipneustes, qui sont précisément dans ce cas. Point n'est besoin, pour expliquer ces similitudes, de faire intervenir l'hypothèse d'une continuité continentale qui n'a pu exister qu'à une époque antérieure au développement des groupes de poissons téléostéens que l'Afrique et l'Amérique du Sud possèdent en commun » ([4]). Un

---

([1]) Voir W.-B. Scott, *Mammalia of the Santa Cruz beds* (*Rep. Princeton Exped.*, t. 5, 1905, p. 365).

([2]) Voir W.-D. Matthew, *Fossil Chrysochloridæ in North America* [*Science* (New-York), t. 24, 1906, p. 786].

([3]) W.-D. Matthew, *A Zalambdodont Insectivore from the Basal Eocene* (*Bull. Amer. Mus. N. H.*, t. 32, 1913, p. 307).

([4]) *Poissons du Bassin du Congo*, Introduction, p. VIII.

peu plus tard, cependant ('), je crus devoir faire des réserves au sujet des Characinides, en raison des caractères morphologiques de ces poissons, qu'on est en droit de considérer comme les représentants du groupe ancestral dont tous les autres Ostariophysiens (Silurides, Cyprinides, Gymnotides, etc.) seraient dérivés.

L'habitat des Characinides est aujourd'hui restreint aux eaux douces de l'Amérique centrale et méridionale et de l'Afrique; les types les plus primitifs (*Erythrinus, Macrodon*) se rencontrent dans le Nouveau-Monde, qui est non seulement le plus riche en espèces (600 à 700 contre 120), mais qui présente aussi la plus grande variété de formes génériques. Puisque les Silurides et les Cyprinides étaient représentés dans l'Éocène, il était légitime de supposer que les Characinides devaient remonter au moins au Crétacé supérieur, malgré l'absence de toute indication fournie par la Paléontologie. Cette induction, basée uniquement sur la morphologie, vient de recevoir sa confirmation si, comme il paraît très probable, nous pouvons nous rallier à l'opinion de M. Eastman (²), qui, à la suite d'une comparaison avec les genres *Hydrocyon*, de l'Afrique, et *Macrodon* (*Hoplias*), de l'Amérique du Sud, n'hésite pas à rapporter aux Characinides les dents isolées qui ont été décrites sous les noms de *Onchosaurus*, *Ischyrhiza* et *Gigantichthys*. Dans une publication antérieure, M. Eastman (³) avait conclu à l'identité générique, peut-être même spécifique, de *Onchosaurus radialis* Gervais (⁴), de la Craie de Meudon, retrouvé plus tard dans la Craie de Maestricht, que Gervais croyait avoir appartenu à un Mosasaurien, et de *Ischyrhiza antiqua* Leidy (⁵), du Crétacé supérieur des États-Unis, qui avait été placé provisoirement parmi des Enchodontides et les Esocides; et il rapportait au même genre *Titanichthys pharao* Dames (⁶), du Sénonien de Giza en Égypte.

(¹) *Rep. Brit. Assoc.*, 1905, p. 417.

(²) C.-R. Eastman, *Dentition of* Hydrocyon *and its supposed allies* (*Bull. Amer. Mus. N. H.*, t. 37, 1917, p. 757, pl. 84-87). — Si M. Eastman avait fait des recherches bibliographiques plus étendues, il aurait trouvé que le mode de remplacement des dents de *Hydrocyon* a été mentionné, avec figure à l'appui, en 1907 (Boulenger, *Fishes of the Nile*, p. 99); par suite d'inadvertance, cette figure est indiquée comme représentant la mâchoire inférieure au lieu de la supérieure.

(³) *Amer. Natur.*, t. 38, 1904, p. 298.

(⁴) *Zoologie et Paléontologie françaises*, t. 1, 1852, p. 262, pl. 59, fig. 26.

(⁵) *Proc. Acad. Philad.*, 1856, p. 256.

(⁶) *Sitzb. Ges. Nat. Fr. Berl.*, 1887, p. 69, figure. — Le nom générique étant préoccupé a été changé en celui des *Gigantichthys* par Dames, *t. c.*, p. 137.

Puisque *Onchosaurus* avait une distribution si étendue dans les mers de l'hémisphère boréal, et en acceptant l'interprétation de M. Eastman, on pourrait conclure à l'origine marine de l'ensemble des Ostariophysiens (il existe encore des Silurides marins); la question de la distribution actuelle des Characinides en serait simplifiée. Il faut admettre cependant que, selon toute probabilité, les Characinides primitifs, de même que les Silurides, se sont séparés de bonne heure en marins et en dulcaquicoles, bien que l'absence de documents paléontologiques nous empêche encore de nous rendre compte des rapports qui les reliaient; mais s'il est établi que la famille remonte au Crétacé supérieur, il n'y a plus aucune raison de refuser d'admettre une communication continentale transatlantique pour expliquer l'affinité de certains Characinides actuels de l'Afrique et de l'Amérique, comme j'en exprimais l'opinion en 1905, tout en repoussant pareille explication pour d'autres groupes de Poissons d'eau douce plus avancés au point de vue de l'évolution.

En tirant ces conclusions, je m'appuyais surtout sur les vues de Ortmann (¹) concernant les changements dans la paléogéographie survenus aux périodes crétacée (²) et éocène, bien qu'admettant, à l'exemple de Engler (³), les imperfections de ces hypothèses et de tant d'autres (⁴), au sujet desquelles il est prudent de ne pas se prononcer pour le moment.

M. A. **Laveran** présente à l'Académie le Tome 10 du *Bulletin de la Société de Pathologie exotique.*

(¹) A.-E. Ortmann, *The geographical distribution of freshwater Decapods and its bearing upon ancient Geography* (*Proc. Amer. Philos. Soc.*, t.41, 1903, p. 267).

(²) Ceinture continentale (*Mesozonia*) de Ortmann à l'époque du Crétacé supérieur. Les cartes qui accompagnent ce travail sont très suggestives, mais, ainsi qu'Albert de Lapparent m'en informait déjà peu de temps après leur publication, elles demandent à être sérieusement revisées.

(³) *Sitzb. Acad. Berl.*, 1905, p. 184, 230.

(⁴) Voir R.-F. Scharff, *On the Evolution of Continents* (*Proc.* 7ᵗʰ *Intern. Congr. Zool.*, 1907, p. 855) et H. von Ihering, *Archhelenis und Archinotis* (Leipzic, 1907). Cette dernière publication contient d'étonnantes bévues relativement à la distribution actuelle des Batraciens et des Poissons; par exemple l'habitat assigné à *Hypogeophis rostratus* et l'attribution de Characinides et de Cyprinides à Madagascar (p. 194, 195).

COMMISSIONS.

L'Académie procède, par la voie du scrutin, à la désignation de sept membres qui formeront avec le Bureau la Commission du prix Le Conte : MM. LIPPMANN, APPELL, SEBERT, HALLER, DOUVILLÉ, MANGIN, QUÉNU obtiennent la majorité des suffrages.

RAPPORTS.

Rapport sommaire de la Commission de Balistique,
par M. **P. APPELL**.

La Commission de Balistique a reçu du Bureau de l'Académie les cinq volumes que M. l'ingénieur général Charbonnier a présentés à l'Académie (séance du 21 janvier 1918) : ces volumes forment un ouvrage qui a pour titre général : *Traité de Balistique extérieure;* ils portent les titres suivants :

Tome I : *Balistique extérieure rationnelle. Problème balistique principal :* 1re partie : *Les cas limites du problème balistique;* 2e partie : *Les théorèmes généraux de la balistique extérieure.*

Tome II : *Balistique extérieure rationnelle. Problème balistique principal :* 3e partie : *Les théories balistiques.*

Tome III : *Balistique extérieure rationnelle. Problèmes balistiques secondaires.*

Tome IV : *Balistique extérieure expérimentale.*

Tome V : *Historique et Bibliographie.*

La Commission a reçu, en outre, du même auteur, à la date du 4 février 1918, le Tome I d'un *Traité de Balistique intérieure*, comprenant : 1re partie : *Balistique intérieure théorique;* 2e partie : *Balistique intérieure expérimentale.* Ce recueil est accompagné d'un fascicule intitulé : *Historique de la balistique intérieure :* 1er fascicule : *De l'origine de l'artillerie au* XIXe *siècle.*

La Commission signale également un envoi de M. Malluret, reçu à la date du 14 septembre 1917 et intitulé : *Sur un second claquement des projectiles à grande vitesse; erreurs dues au claquement des projectiles à grande vitesse.*

CORRESPONDANCE.

MM. **M. Laubeuf, Charles Meunier-Dollfus, Charles Rabut** prient l'Académie de vouloir bien les compter au nombre des candidats aux places de la division, nouvellement créée, des *applications de la Science à l'Industrie.*

M. **G. Perrier** prie l'Académie de vouloir bien le compter au nombre des candidats à la place vacante, dans la Section de Géographie et Navigation, par le décès de M. le général *Bassot.*

M. le **Secrétaire perpétuel** signale, parmi les pièces imprimées de la correspondance :

1° Capitaine **Julien.** *La motoculture.*

2° *Introduction à l'étude pétrographique des roches sédimentaires,* par M. Lucien Cayeux. (Présenté par M. P. Termier.)

3° *Recherches sur les terrasses alluviales de la Loire et de ses principaux affluents,* par M. E. Chaput. (Présenté par M. Ch. Depéret.)

GÉOMÉTRIE. — *Sur le dilemme de J. Bolyaï.*
Note (¹) de M. **P. Barbarin.**

J. Bolyaï (*Appendix scientiam,* § 43) conclut par ce dilemme caractéristique : *Aut Axioma XI Euclidis verum, aut quadratura circuli geometrica,* et montre qu'un cercle plan $\pi \tan g^2 z$ peut être carré par le moyen de lignes uniformes (horicycles de Lobatchefsky).

Je me propose d'exécuter *entièrement* les constructions sur le plan par les

---

(¹) Séance du 28 janvier 1918.

moyens ordinaires, avec le triangle et le quadrilatère rectangles, en ajoutant de nouveaux tracés à ceux indiqués dans la Thèse de M. Gérard et dans mes *Études de Géométrie non euclidienne* (Académie de Bruxelles, 1900).

Soient $\omega = \dfrac{\mu}{m+\mu}\pi$ l'angle du carré, ρ sa demi-diagonale, r le rayon du cercle équivalent. Sur le plan de Riemann, μ étant moindre que m, on a

$$\cos r = \frac{2\,m}{m+\mu}, \qquad \cos\rho = \mathrm{tang}\left(\frac{m}{m+\mu}\frac{\pi}{2}\right);$$

sur le plan de Bolyai-Lobatchefsky, il faut prendre $\mathrm{ch}\,r$ et $\mathrm{ch}\,\rho$, μ étant supérieur à m.

I. *Tout angle à tangente rationnelle peut être construit.* — D'abord, connaissant $\mathrm{arc\,tang}\dfrac{1}{p} = f\left(\dfrac{1}{p}\right)$, je puis construire $f\left(\dfrac{1}{2p}\right)$ par le moyen d'un cercle de diamètre AOB, où la corde AD fait l'angle $\mathrm{DAB} = f\left(\dfrac{1}{p}\right)$. La corde BD coupant la tangente AC au point C, on abaisse AE perpendiculaire sur OC; EAB est l'angle cherché. Ceci posé, soit

$$\alpha = f\left(\frac{1}{2p-1}\right), \qquad \beta = f\left(\frac{1}{2p}\right) \qquad \text{et} \qquad \gamma = f\left(\frac{1}{2p+1}\right).$$

Comme des triangles rectangles évidents donnent

$$\mathrm{tang}\,\gamma = \frac{\mathrm{tang}\left(\dfrac{\pi}{4}-\beta\right)\mathrm{tang}\,\alpha}{\mathrm{tang}\dfrac{\pi}{4}},$$

avec α et β on peut obtenir γ. Dès lors, on a de proche en proche

$$f\left(\frac{1}{2}\right), \qquad f\left(\frac{1}{3}\right) = f(1) - f\left(\frac{1}{2}\right), \qquad f\left(\frac{1}{4}\right), \qquad f\left(\frac{1}{5}\right), \qquad \ldots, \qquad f\left(\frac{1}{m}\right).$$

Enfin, on a $f\left(\dfrac{m}{n}\right)$ par de nouveaux triangles.

II. *Tout angle à sinus rationnel peut être construit.* — En effet, la formule

$$\sin x = \frac{m}{n} = \sin\frac{\pi}{6}\,\frac{\mathrm{tang}\,f\left(\dfrac{1}{n}\right)}{\mathrm{tang}\,f\left(\dfrac{1}{2m}\right)}$$

n'exige que des triangles rectangles élémentaires.

III. Toute ligne X du plan de Bolyai qui a son cosinus hyperbolique rationnel peut être construite au moyen de son angle de parallélisme $x = \Pi(\mathrm{X})$, car

$$\sin x = \frac{1}{\mathrm{ch\,X}} = \frac{n}{m}.$$

J'ai montré ([1]) que le plan de Riemann renferme un fait analogue, et donné le moyen de tracer la ligne X aux extrémités de laquelle les perpendiculaires se coupent sous l'angle connu $x = \Phi(\mathrm{X})$.

IV. *Tout carré dont l'angle* ω *est la fraction* $\frac{2\mu}{m+\mu}$ *d'angle droit peut être transformé en un cercle équivalent. Si, de plus,* $m + \mu$ *est un des nombres de Gauss pour l'inscription des polygones réguliers, tout cercle dont l'aire égale* $\pm\, 2\pi\,\frac{m-\mu}{m+\mu}$ *peut être transformé en carré.*

En effet, dans la géométrie de Riemann, les formules

$$\sin\left(\frac{\pi}{2}-x\right)=\frac{2m}{m+\mu}, \quad x=\Phi(r), \quad \sin\left(\frac{\pi}{2}-y\right)=\tang\left(\frac{m}{m+\mu}\,\frac{\pi}{2}\right), \quad y=\Phi(\rho),$$

et dans la géométrie de Bolyai-Lobatchefsky,

$$\sin x = \frac{m+\mu}{2m}, \quad x=\Pi(r), \quad \sin y=\tang\left(\frac{\mu}{m+\mu}\,\frac{\pi}{2}\right), \quad y=\Pi(\rho)$$

permettent de construire dans tous les cas r et ρ.

ANALYSE MATHÉMATIQUE. — *Sur les équations fonctionnelles et les propriétés de certaines frontières.* Note de M. **P. Fatou.**

Une fonction $f(z)$ holomorphe dans un domaine D étant supposée vérifier une équation fonctionnelle telle que $\mathrm{A}\{z, f(z), f[\mathrm{R}(z)]\} = 0$, A et R fonctions rationnelles données, il arrive souvent que cette équation permet de faire le prolongement analytique de $f(z)$ dans un domaine plus étendu et même de trouver les propriétés de $f(z)$ dans tout son domaine d'existence. Il y a là l'origine d'une extension de la notion même de prolongement analytique pour certaines classes de fonctions. Pour l'instant nous allons seulement utiliser ce mode de prolongement pour démontrer une propriété des frontières des domaines invariants par la substitution $(z\,|\,\mathrm{R}(z))$.

([1]) *Constructions sphériques* (*Mathesis*, 1899), et *Géométrie non euclidienne*, p. 57.

Soient α un point double de la substitution tel que $|R'(\alpha)| < 1$, d un domaine invariant contenant α, supposé simplement connexe et limité par un contour $\mathfrak{S}$ (^{1}). *Je dis que $\mathfrak{S}$ ne peut être constitué par un arc régulier de courbe analytique que si $(z|R(z))$ est une substitution possédant un cercle fondamental et $\mathfrak{S}$ sa circonférence.*

En effet, la représentation conforme de d sur le cercle $C(|t| \leqq 1)$ étant définie par

$$z = h(t), \qquad h(o) = \alpha,$$

$h(t)$ est holomorphe pour $|t| \leqq R (R > 1)$. La relation $z_1 = R(z)$ dans d équivaut dans C à $t_1 = \varphi(t)$. On verra que φ est holomorphe pour $|t| \leqq 1$ et transforme le cercle C en lui-même. Le principe de prolongement par symétrie de Schwarz montre que φ est rationnelle et définit une substitution à cercle fondamental C, avec les points doubles o et ∞.

Je vais démontrer que $h(t)$ est elle-même rationnelle. En effet, $h(t)$ vérifie l'équation

$$(1) \qquad\qquad h[\varphi(t)] = R[h(t)],$$

qui entraîne une ou plusieurs relations telles que

$$(2) \qquad\qquad R[h(t)] = R\{h[\varepsilon(t)]\},$$

$\varepsilon(t)$, fonctions algébriques ou rationnelles (autres que t) telles que $\varphi[\varepsilon(t)] = \varphi(t)$. Il importe de remarquer que les valeurs multiples des fonctions $\varphi_{-1}(t)$, $\varepsilon(t)$, considérées dans tout le plan, peuvent être permutées entre elles par des lacets décrits à l'intérieur de C.

Ceci posé, $h(t)$ étant holomorphe dans une couronne Γ autour de C, on pourra rétrécir Γ de manière que les équations (1) et (2) y conservent un sens et soient encore vérifiées (^{2}). Transformons Γ en Γ_1 par $t_1 = \varphi(t)$. La relation $h(t_1) = R[h(t)]$ permettra de définir $h(t)$ dans $\Gamma_1 > \Gamma$. En vertu des remarques précédentes la fonction ainsi définie l'est sans ambiguïté; elle y est uniforme et coïncide avec la fonction initiale dans Γ. De plus, les équations (2) sont encore vérifiées dans Γ_1.

(^{1}) Pour que le domaine restreint d soit simplement connexe il suffit : 1° ou bien que ce domaine renferme un seul point critique de $R_{-1}(z)$; 2° ou bien qu'il existe un autre point double de même espèce dont le domaine total est d'un seul tenant, comme cela a lieu pour D_∞ quand $R(z)$ est un polynome.

(^{2}) On peut par exemple, pour supprimer toute difficulté, remplacer Γ par une région antécédente contenue dans Γ et ne renfermant aucun point critique de $\varphi_{-1}(t)$.

On continuera ainsi de proche en proche et l'on définira $h(t)$ dans Γ_2, Γ_3, ..., Γ_n. D'après des principes exposés antérieurement on atteindra ainsi tous les points du plan pour une valeur finie de n; on en conclut que $h(t)$ est uniforme et sans points singuliers essentiels, donc rationnelle.

Si $h(t)$ était de degré > 1, il correspondrait à un point z' intérieur à d au moins un point t' extérieur à C. Or

$$R_n(z') = h[\varphi_n(t')] \qquad \text{et} \qquad \lim_{n=\infty} \varphi_n(t') = \infty,$$

donc

$$\alpha = \lim_{n=\infty} R_n(z') = h(\infty).$$

Mais, d'autre part, à un point z'' de $\mathfrak{e}$ correspondrait également un point t'' extérieur à C; on aurait

$$R_n(z'') = h[\varphi_n(t'')] \qquad \text{et} \qquad \lim_{n=\infty} R_n(z'') = h(\infty) = \alpha,$$

ce qui est impossible.

Finalement $h(t)$ est du premier degré, et le théorème annoncé s'en déduit immédiatement.

La démonstration doit être légèrement modifiée dans le cas où α n'a pas d'autre antécédent que lui-même dans d, ce qui a pour conséquence que $s = 0$ et $\varphi(t) = t^q$. Dans ce cas, on peut seulement affirmer que $h(t)$ est méromorphe, le point à l'infini n'étant pas atteint par le procédé ci-dessus. On a d'ailleurs $h(t^q) = R[h(t)]$ et l'étude de la représentation du point double α et des points de $\mathfrak{e}$ dans tout le plan des t conduit à une impossibilité quand on prend pour $h(t)$ une transcendante méromorphe [1]. La conclusion subsiste donc.

---

[1] On observera pour cela que la relation $t' = e^{\frac{2N i \pi}{q^n}} t$ entraîne

$$R_n[h(t')] = R_n[h(t)];$$

t étant donné, les points t' sont denses sur la circonférence $|t'| = |t|$. On en conclura que le domaine d aurait pour images des couronnes concentriques dans le plan des t, et que le point α aurait pour images des circonférences concentriques, ce qui est impossible.

ANALYSIS SITUS. — *Sur les courbes de M. Jordan.* Note de M. **Arnaud Denjoy**, présentée par M. Jordan.

C'est un théorème fondamental dû à M. Jordan, qu'une courbe continue, simple et fermée, divise le plan en deux régions. Mais, si je ne me trompe, nulle définition *analytique* de l'intérieur ni de l'extérieur d'une telle courbe n'a été déduite de ses équations paramétriques $x = f(t)$, $y = g(t)$. Telle est la question dont je me propose de donner ci-après une solution.

Soit E un ensemble *fermé non aligné* (non situé sur une droite unique). Convenons de dire qu'un point $M(\xi, \eta)$ est *intérieur à la borne convexe de* E, si les coordonnées de M sont de la forme $\xi = \sum_1^n K_i x_i$, $\eta = \sum_1^n K_i y_i$, les n points (x_i, y_i) *non alignés* $(n \geq 3)$, appartenant à E, et les coefficients K_i étant des nombres positifs dont la somme est 1 (on montre que, dans le cas nous intéressant, n peut être réduit à 3). Nous appelons *borne convexe de* E la frontière B de l'ensemble des points M, *points périphériques de* E les points de E situés sur B (les autres points de B forment des segments rectilignes s dont les extrémités seules appartiennent à E), *droite bornante de* E toute droite Δ contenant au moins un point de E, et ne partageant pas E (c'est-à-dire telle que E ne possède pas de points des deux côtés de Δ). Par tout point K de B passe au moins une droite bornante de E. Celle-ci est unique, et c'est la droite indéfinie portant s, si K est étranger à E et intérieur au segment s de B.

Cela posé, soit B_0 la borne convexe (ou *borne d'ordre zéro*) d'une courbe de Jordan C.

Les points de C situés sur B_0 (au nombre de trois au moins) seront appelés *points périphériques d'ordre zéro de* C. On montre que leur ordre géométrique sur B_0 est identique ou inverse à celui des valeurs correspondantes de t comprises dans une même période convenablement choisie.

Nous appellerons *arcs primaires* de C les arcs g_1 dont tous les points, sauf les extrémités, sont intérieurs à B_0. Pour chacun de ces arcs, nous envisageons sa borne convexe, que nous appelons une *borne primaire de* C. Une telle borne $B_0(g_1)$ aura en commun avec B_0 le segment rectiligne joignant les extrémités de g_1. Les points périphériques d'un arc primaire quelconque g_1 seront appelés *points périphériques primaires* ou *d'ordre* 1 de C. Ces points séparent sur g_1 des arcs que nous qualifions de *secondaires*, et dont les bornes convexes sont appelées *bornes secondaires de* C, etc. Généralement, par définition, une *borne d'ordre p de* C est la borne convexe d'un arc quelconque d'ordre p de C, les points périphériques de cet arc (sauf ses extrémités) sont des *points périphériques d'ordre p de* C et séparent sur le même arc des *arcs de* C *d'ordre* $(p + 1)$. Cela étant, on peut énoncer le théorème suivant :

$1°$ *Tout point* N *étranger à* C *est intérieur à un nombre limité q de bornes déduites de* C; $2°$ N *est extérieur ou intérieur à* C, *selon que q est pair ou impair.*

L'invariance de la parité de q dans une même région limitée par C est évidente, si l'on observe que tout chemin ne rencontrant pas C franchit les bornes par couples. D'où la parité de q, si N est extérieur à C, et aussi cette propriété, que le voisinage externe (savoir celui de la borne B_p contenant P_p) d'un point périphérique P_p d'ordre p, est extérieur ou intérieur à C, selon que p est pair ou impair.

Soit E_p l'ensemble des valeurs de t correspondant aux points de C périphériques d'ordre au plus égal à p. E_p est fermé. Un point (x_p, y_p), correspondant à t_p, est périphérique d'ordre p, si, t_p étant intérieur à l'un des contigus $i_{p-1,n}$ à E_{p-1}, il existe deux nombres non simultanément nuls a_p, b_p tels que

$$a_p[x(t) - x_p] + b_p[y(t) - y_p]$$

ne prenne pas les deux signes quant t décrit $i_{p-1,n}$. Soit $I_{p,n}$ l'ensemble de tous les points

$$\xi = k_1\xi_1 + k_2\xi_2 + k_3\xi_3, \qquad \eta = k_1\eta_1 + k_2\eta_2 + k_3\eta_3$$

$(k_1, k_2, k_3$ positifs et de somme 1), les trois points (ξ_1, η_1), (ξ_2, η_2), (ξ_3, η_3) non alignés correspondant à des valeurs τ_1, τ_2, τ_3 intérieures au contigu $t_{p.n}$ de E_p. $I_{p.n}$ est l'intérieur d'une borne convexe d'ordre p. C'est la parité du nombre q d'ensembles $I_{p,n}$ contenant le point N connu par ses coordonnées, qui fixe la région intérieure ou extérieure à C, à laquelle appartient N. Telle est la définition analytique que nous avions en vue pour ces deux régions.

La démonstration rigoureuse de ces propriétés paraîtra dans une autre publication.

Dans le cas d'un espace à $h (> 2)$ dimensions, et d'un ensemble Ω correspondant point par point, continûment et réciproquement, à la surface d'une sphère à h dimensions, il semblerait possible d'aboutir au même théorème que pour le cas du plan, en considérant comme points périphériques d'un ensemble E ceux par où passe une droite Δ limitant un demi-plan (à deux dimensions) dont aucun point intérieur n'appartient à E. Les points de l'espace, par où ne passe pas de droite Δ formeraient l'intérieur de la borne pseudo-convexe de E.

ANALYSE MATHÉMATIQUE. — *Sur une définition des fonctions holomorphes.*
Note de M. **D. Pompeiu**, présentée par M. Appell.

1. On sait qu'une fonction de variable complexe, holomorphe dans une région R (simplement connexe), peut être définie de trois ([1]) manières différentes, mais parfaitement équivalentes :

1° Par la condition de *monogénéité* en chacun des points intérieurs à R :

$$\lim \frac{f(z') - f(z)}{z' - z} = f'(z); \tag{1}$$

2" Par la condition (imposée *a priori*) de satisfaire à l'*équation intégrale*

$$f(z) = \frac{1}{2\pi i} \int_\Gamma \frac{f(\zeta)}{\zeta - z} d\zeta, \tag{2}$$

Γ étant un contour simple fermé, quelconque, tracé autour du point z, d'ailleurs quelconque, intérieur à R ;

3° Par la condition intégrale (Morera)

$$\int_C f(z)\, dz = 0 \tag{3}$$

pour *tout* contour fermé C tracé dans R ; la *continuité* de $f(z)$ est sous-entendue.

Le raisonnement qui conduit à cette troisième condition de définition se trouve dès 1879 dans l'introduction (n° 14) de la *théorie des fonctions abéliennes* de Briot, mais c'est seulement en 1886 que le théorème a été explicitement formulé par Morera. La démonstration de Morera est indirecte.

([1]) Je laisse expressément de côté la définition par un *élément de fonction* (série entière) parce que je ne m'occupe ici que des définitions *descriptives* et non constructives.

On trouvera une démonstration plus directe dans ma Thèse (^{1}), réduisant la condition (3) à la condition (2).

2. A ces trois définitions on peut en adjoindre une quatrième qui se place entre la définition de Cauchy (monogénéité) et celle de Morera. Cette quatrième définition repose sur la notion de *dérivée aréolaire* que j'ai introduite à l'occasion de recherches sur les fonctions d'une variable complexe.

Convenons d'appeler *fonction de variable complexe* toute combinaison

$$u + iv \qquad (i = \sqrt{-1}),$$

où u et v sont deux fonctions réelles de deux variables réelles, et posons

$$u + iv = f(z),$$

z étant le symbole habituel de la variable complexe; la fonction $f(z)$ étant supposée définie dans une certaine région R (simplement connexe) du plan des z. Prenons un point z intérieur à R, d'ailleurs quelconque, et autour de ce point traçons un contour simple fermé C : calculons l'intégrale

$$j = \int_C f(z)\, dz$$

et formons le rapport

$$A = \frac{j}{\alpha}.$$

où α désigne l'aire de la portion du plan délimitée par C.

Si, lorsque C tend d'une façon quelconque vers le point z, le rapport A tend vers une limite bien déterminée, nous appellerons ce nombre-limite la *dérivée aréolaire* de $f(z)$ au point z : si cette limite existe en chacun des points intérieurs à R, on aura une fonction de z qui est la dérivée aréolaire de $f(z)$ dans la région R.

La notion de *dérivée aréolaire* étant ainsi introduite, on peut définir une fonction *holomorphe* dans les termes suivants : *c'est une fonction de variable complexe, continue, dont la dérivée aréolaire est nulle en chaque point.*

3. Pour montrer que cette nouvelle définition est équivalente aux autres définitions il suffit, évidemment, de la réduire à une quelconque des trois premières définitions, par exemple à la définition de Morera.

(^{1}) *Sur la continuité des fonctions de variables complexes* (*Annales de Toulouse*, 1905).

Voici comment on peut faire cette réduction (d'ailleurs le procédé de démonstration peut rendre des services dans d'autres questions analogues) :

Soit C un contour simple fermé, d'ailleurs quelconque, tracé dans R et soit

$$j = \int_C f(z)\, dz$$

l'intégrale de $f(z)$ prise le long de C. Je désigne par α l'aire de la région (C) et je pose

$$\zeta = \frac{j}{\alpha}.$$

Ensuite je partage la région (C) en un nombre n de régions et pour chacune de ces régions je forme l'intégrale j_k prise le long de la frontière C_k; je désigne par α_k l'aire de la région (C_k) et j'observe que

$$\alpha = \sum_1^n \alpha_k$$

et

$$j = \sum_1^n j_k,$$

si toutes les intégrales ont été prises dans le même sens.

J'observe maintenant que

$$\zeta = \frac{1}{\alpha} \sum_1^n j_k = \sum_1^n \frac{j_k}{\alpha_k} \frac{\alpha_k}{\alpha},$$

et je pose

$$\mu_k = \frac{\alpha_k}{\alpha}, \qquad \zeta_k = \frac{j_k}{\alpha_k}.$$

Alors j'ai

$$\zeta = \mu_1 \zeta_1 + \ldots + \mu_k \zeta_k + \ldots + \mu_n \zeta_n,$$

les μ étant des nombres positifs dont la somme est égale à *un* et les ζ_k des nombres complexes : Il en résulte que ζ se trouve (comme centre de gravité des points ζ_k) à l'intérieur de tout polygone convexe qui contient tous les ζ_k. Mais on peut prendre n assez grand et les régions (C_k) assez petites ([1]) pour que les ζ_k soient, d'après l'hypothèse, aussi voisins qu'on

---

([1]) C'est-à-dire pouvant être renfermées dans des cercles de rayon assez petit. Ici, pour la rigueur de la démonstration, on peut utiliser un lemme analogue à celui dont s'est servi M. Goursat dans sa démonstration classique du théorème fondamental de Cauchy.

voudra de *zéro* : il en sera donc de même de ζ et, comme ζ est un nombre déterminé, il ne peut être qu'égal à zéro.

Donc $\zeta = o$ et alors $j = o$.

Comme la courbe C, dont nous sommes partis, est une courbe fermée quelconque tracée dans R, nous nous trouvons ramenés au théorème de Morera.

GÉOMÉTRIE ANALYTIQUE. — *Sur les quartiques gauches de première espèce.* Note de M. R. DE MONTESSUS DE BALLORE, présentée par M. Appell.

Les quartiques gauches de première espèce dépourvues de singularités peuvent être représentées paramétriquement par les fonctions elliptiques.

Les auteurs qui se sont occupé de cette question ([1]) ont employé des coordonnées qui, suivant les cas, sont réelles ou imaginaires. Il y a lieu de faire exception pour A. Enders ([2]), mais les formules qu'il obtient sont compliquées d'imaginaires, dont la présence n'est pas toujours justifiée.

De plus, réaliser les transformations permettant de passer des équations tétraédriques ou cartésiennes d'une quartique dépourvue de point singulier à ses équations paramétriques est un problème incomplètement résolu.

I. *Soit une quartique de première espèce, dépourvue de point singulier, pour laquelle le faisceau des quadriques correspondant comprend quatre cônes réels.*

Si l'on prend les sommets des quatre cônes pour sommets du tétraèdre de référence, les équations tétraédriques de la courbe sont de la forme

$$(1) \qquad \alpha X^2 + \beta Y^2 + \gamma T^2 = o, \qquad \delta X^2 + \varepsilon Z^2 + \zeta T^2 = o.$$

Je note, pour l'intelligence de ce qui suit, que les équations

$$(2) \qquad \frac{x}{\lambda} = \frac{y}{\mu \operatorname{sn} u} = \frac{z}{\nu \operatorname{cn} u} = \frac{t}{\operatorname{dn} u} \qquad (\lambda, \mu, \nu \text{ réels})$$

représentent la courbe (1) sous condition de choisir convenablement λ, μ, ν et de faire correspondre, convenablement aussi, x, y, z, t à X, Y, Z, T.

([1]) W. WILLING, *Dissert.*, Berlin, 1872, p. 11. — H. LÉAUTÉ, *Journal de l'École Polytechnique*, 1879, p. 65. — G. LORIA, *Atti R. Ac. Lin. Rend.*, 6ᵉ série, t. 2, 1890, p. 179. — H. HALPHEN, *Traité*, t. 2, p. 450. — D'ESCLAIBES, *Thèse*, p. 97.

([2]) A. ENDERS, *Nova Acta Acad. Leop.*, t. 83, 1906, p. 401.

II. *Soit maintenant une quartique pour laquelle le faisceau des quadriques ne comprend plus que deux cônes réels.*

Les formules (2), appliquées à ces courbes, comportent évidemment un tétraèdre imaginaire et des coordonnées tétraédriques imaginaires.

En prenant pour sommets du tétraèdre de référence : 1° les sommets des deux cônes réels; 2° deux autres points réels convenablement choisis, Painvin ([1]) a montré que les équations de ces quartiques sont de la forme

$$(3) \qquad y^2 + B(z^2 - t^2) + 2Dzt = 0, \qquad x^2 + B'(z^2 - t^2) + 2D'zt = 0.$$

Si l'on pose

$$t = \alpha z,$$

puis (en supposant, par exemple, $B = -p^2 < 0$, $D = -q^2 < 0$)

$$\sin \varphi = \frac{p^2 \alpha - q^2}{\sqrt{p^4 + q^4}},$$

il en résulte

$$(4) \quad
\begin{cases}
\dfrac{t}{z} = \dfrac{\sqrt{p^4 + q^4}\,\sin\varphi + q^2}{p^2}, \qquad \dfrac{y}{z} = \dfrac{\sqrt{p^4 + q^4}}{p}\cos\varphi, \\[2mm]
\dfrac{x}{z} = \dfrac{1}{p^2}\sqrt{B'(p^4+q^4)\sin^2\varphi + 2\sqrt{p^4+q^4}(B'q^2 - D'p^2)\sin\varphi - B'(p^4 - q^4) - 2D'p^2q^2};
\end{cases}$$

on obtient des formules analogues si $B < 0$, $D > 0$; $B > 0$, $D > 0$; $B > 0$, $D < 0$. Le problème revient, dans chaque cas, à exprimer $\sin\varphi$, $\cos\varphi$ et $\dfrac{x}{z}$ par les fonctions elliptiques. On y parvient en écrivant

$$\sin\varphi = \frac{1-\beta^2}{1+\beta^2}, \qquad \cos\varphi = \frac{2\beta}{1+\beta^2},$$

et en exprimant β et la nouvelle expression, fonction de β^2, obtenue pour $\dfrac{x}{z}$ par les fonctions sn u, cn u, dn u, problème aisé à traiter.

On trouve ainsi

$$(5) \qquad \frac{x}{z} = \frac{\lambda\,\mathrm{sn}\,u\,\mathrm{dn}\,u}{\sigma + \omega\,\mathrm{sn}^2 u}, \qquad \frac{y}{z} = \frac{\mu\,\mathrm{cn}\,u}{\sigma + \omega\,\mathrm{sn}^2 u}, \qquad \frac{t}{z} = \frac{\nu\,\mathrm{cn}^2 u + \rho}{\sigma + \omega\,\mathrm{sn}^2 u},$$

où : 1° $k^2 < 1$; 2° $\dfrac{\lambda}{\nu}$, $\dfrac{\mu}{\nu}$, $\dfrac{\rho}{\nu}$, $\dfrac{\sigma}{\nu}$, $\dfrac{\omega}{\nu}$, k^2 sont des fonctions réelles et faciles à calculer de B, D, B', D'. *Les formules* (5) *sont uniques de leur espèce si* $k^2 < 1$.

([1]) *Nouvelles Annales de Mathématiques*, 1868.

III. *Soit, en dernier lieu, une quartique pour laquelle les quatre cônes sont imaginaires.* Les tétraèdres employés dans les cas I, II sont imaginaires; mais, en choisissant convenablement le tétraèdre (réel) de référence, les équations de la quartique peuvent être ramenées à la forme

$$(6) \qquad x^2 - y^2 = b(z^2 - t^2) + 2dzt, \qquad 2xy = e(z^2 - t^2) + 2hzt$$

et peuvent être écrites

$$\frac{x}{z} + \frac{y}{z} = \sqrt{\frac{B + iA}{2}} + \sqrt{\frac{B - iA}{2}}, \qquad i\left(\frac{x}{z} - \frac{y}{z}\right) = \sqrt{\frac{B + iA}{2}} - \sqrt{\frac{B - iA}{2}},$$

$$A = b(1 - \alpha^2) + 2d\alpha, \qquad B = e(1 - \alpha^2) + 2h\alpha, \qquad \alpha = \frac{t}{z}.$$

Posons

$$\beta^2 = -(e + ib)x^2 + 2(h + il)x + e + ib;$$

soit α_0 une racine du second membre; écrivons encore $\beta = \rho(\alpha - \alpha_0)$, on a

$$\rho\alpha - \beta = \rho\alpha_0, \qquad (e + ib)x + \rho\beta = -(e + ib)\alpha_0 + 2(h + il),$$

ce qui donne pour α, β des expressions de la forme

$$\alpha = \frac{C\rho^2 + D}{\rho^2 + E}, \qquad \beta = \frac{F\rho}{\rho^2 + E}.$$

$$\sqrt{2}\left(\frac{x}{z} + \frac{y}{z}\right) = \frac{F\rho + \sqrt{(-e + ib)(C\rho^2 + D)^2 + 2(h + id)(C\rho^2 + D)(\rho^2 + E) +}}{\rho^2 + E}$$

$$\sqrt{2}\left(\frac{x}{z} - \frac{y}{z}\right) = \frac{F\rho - \sqrt{(-e + ib)(C\rho^2 + D)^2 + 2(h + il)(C\rho^2 + D)(\rho^2 + E) + (e - ib)(\rho^2 +}}{\rho^2 + E}$$

ρ, $\frac{x}{z}$, $\frac{y}{z}$ deviennent exprimables par $\operatorname{sn}u$, $\operatorname{cn}u$, $\operatorname{dn}u$ et l'on trouve

$$(7) \qquad \begin{cases} \dfrac{x}{z} = \dfrac{p(1 - i)\operatorname{sn}u + q(1 + i)\operatorname{cn}u\,\operatorname{dn}u}{r\operatorname{sn}^2 u + s}, \\[2mm] \dfrac{y}{z} = \dfrac{p(1 + i)\operatorname{sn}u + q(1 - i)\operatorname{cn}u\,\operatorname{dn}u}{r\operatorname{sn}^2 u + s}, \qquad \dfrac{t}{z} = \dfrac{m\operatorname{sn}^2 u + n}{r\operatorname{sn}^2 u + s}, \end{cases}$$

où le module k^2 est réel et moindre que 1; k est la racine comprise entre -1 et $+1$ de l'équation

$$(ed - bh)k^2 - k(b^2 + c^2 + d^2 + h^2) + el - bh = 0;$$

$\frac{m}{n}, \frac{p}{n}, \frac{q}{n}, \frac{r}{n}, \frac{s}{n}$ sont calculables en fonction de b, d, e, h (6), mais sont compliqués d'imaginaires. *Les formules* (7) *sont uniques de leur espèce*, si $k^2 < 1$, sauf qu'il en existe d'analogues en $\operatorname{dn}u$, $\operatorname{sn}u\,\operatorname{cn}u$ au lieu de $\operatorname{sn}u$, $\operatorname{cn}u\,\operatorname{dn}u$.

CHIMIE ORGANIQUE. — *Nouvelle méthode de formation des nitriles par catalyse.*
Note ([1]) de MM. **Alph. Mailhe** et **F. de Godon**.

On sait que les aldéhydes réagissent à froid sur l'ammoniaque, en présence d'éther ou d'eau pour donner des combinaisons généralement
solides :

$$RC\underset{H}{\overset{O}{\diagdown}} + NH^3 = RCH\underset{NH^2}{\overset{OH}{\diagdown}}.$$

Ainsi l'éthanal donnerait l'alcool-amine, $CH^3.CHOH.NH^2$, que Delépine a démontré être l'hydrate de l'éthylidène-imine polymérisée,

$$(CH^3CH = NH)^3 + 3H^2O.$$

Nous nous sommes demandé si, en présence d'un catalyseur déshydratant, tel que la thorine par exemple, le gaz ammoniac ne pouvait pas réagir,
à une température convenable, sur l'oxygène aldéhydique et donner naissance à une imine, qui serait instable à cette température et conduirait par
perte d'hydrogène à un nitrile, suivant les réactions

$$RC\underset{H}{\overset{O}{\diagdown}} + NH^3 \rightarrow RCH = NH,$$

$$RCH = NH \rightarrow RCN + H^2.$$

L'expérience a complètement confirmé nos prévisions.

Lorsqu'on dirige sur une traînée de thorine, placée dans un tube de verre,
chauffée à 420°-440°, des vapeurs d'aldéhyde isoamylique, en même temps
que du gaz ammoniac, on obtient un dégagement gazeux permanent
d'hydrogène.

Le liquide condensé à la sortie du tube catalyseur se sépare en deux
couches, une aqueuse en proportion très notable, une seconde, moins dense,
qui a été soumise au fractionnement. Elle fournit une faible quantité d'un
produit distillant jusqu'à 125°, contenant un peu d'aldéhyde isoamylique
non transformée, accompagnée d'isoamylnitrile, puis de 125° à 135°, une
fraction importante, environ 40 pour 100 du liquide recueilli, ensuite le
thermomètre monte, sans s'arrêter à un point fixe, de 135° à 300° et au-dessus.

La portion distillée de 125° à 135°, possède nettement l'odeur du nitrile
isoamylique. Elle était sensiblement neutre. Pour vérifier qu'elle contenait

---

[1] Séance du 28 janvier 1918.

bien ce nitrile, nous l'avons soumise à l'hydrogénation sur du nickel divisé. Nous avons recueilli un mélange d'isoamylamine, de diisoamylamine et d'un peu de triisoamylamine, que nous avons identifiées : 1° par leurs chlorhydrates; 2° par leur transformation inverse en isoamylnitrile sur le nickel divisé chauffé à 350°-370°.

Ce mélange d'amines provenant de l'hydrogénation du nitrile contenait une très petite portion de liquide inchangé.

Quant au produit distillant de 135° à 300°, il possédait une réaction alcaline. La moitié environ se dissout dans l'acide chlorhydrique, l'autre moitié constitue un produit de polymérisation de l'aldéhyde isoamylique. Nous avions pensé que les produits basiques dissous dans l'acide dilué pouvaient être constitués par un mélange de diisoamylamine et de triiso-amylamine provenant de l'action de l'hydrogène naissant formé dans la réaction, sur l'imine $(CH^3)^2 CH CH^2 CH = NH$, ce qui aurait donné l'isoamylamine, qui, par perte d'ammoniac sur 2 ou 3 molécules, aurait fourni l'amine secondaire et l'amine tertiaire. Mais les bases régénérées de la solution chlorhydrique ne donnent pas de chlorhydrates solides par l'acide chlorhydrique concentré et ne fournissent pas le nitrile par déshy-drogénation sur le nickel. D'autre part, elles commencent à se décomposer quand on les distille à la pression ordinaire. Ce sont vraisemblablement des produits de condensation de l'aldéhyde et de l'ammoniaque.

L'aldéhyde isobutylique fournit, dans les mêmes conditions de tempé-rature que précédemment, en présence de gaz ammoniac, le nitrile isobutylique, bouillant à 108°, accompagné également de produits de condensation bouillant jusqu'à 300°.

Avec l'aldéhyde propylique, nous avons également obtenu le propane nitrile, $CH^3 CH^2 CN$. Par contre, l'aldéhyde ordinaire n'a pas donné la réaction. Elle a fourni des cristaux d'aldéhydate d'ammoniaque qui ont résisté à la destruction.

Parmi les aldéhydes aromatiques, nous avons essayé l'aldéhyde ben-zoïque. Ses vapeurs, dirigées sur la thorine chauffée à 420°-440° en même temps que du gaz ammoniac, ont fourni une notable proportion de nitrile benzoïque, accompagné d'un produit de condensation solide, se décompo-sant par distillation à la pression ordinaire. Le nitrile benzoïque, qui bout à 190°, est souillé d'un peu d'aldéhyde non transformée. Comme son point d'ébullition est voisin de celui de l'aldéhyde, il ne fallait pas songer, pour l'identifier, à le transformer en acide benzoïque. Nous avons fait sa combi-naison avec le chlorure cuivreux en solution chlorhydrique, réaction caractéristique des nitriles aromatiques. Ensuite nous l'avons hydrogénée sur le nickel divisé, et nous l'avons transformée en un mélange de benzylamine et de dibenzylamine. Enfin, l'aldéhyde anisique, $C^6 H^4 {\displaystyle \diagdown} {\diagup} {OCH^3 (1) \atop COH (4)}$, nous a fourni également le nitrile anisique, qui donne une combinaison cristallisée avec le chlorure cuivreux chlorhydrique. En dehors des produits de condensation obtenus dans cette réaction, on voit que l'action directe du gaz ammoniac sur les aldéhydes constitue une nouvelle méthode de formation des nitriles.

GÉOLOGIE. — *Sur l'existence de grandes nappes de recouvrement dans le bassin du 'Sebou (Maroc).* Note de MM. **L. Gentil, M. Lugeon** et **L. Joleaud**, présentée par M. Émile Haug.

Les grands traits de l'architecture du Maroc nous sont connus par une série de travaux auxquels l'un de nous a contribué pendant ces dix dernières années. Il s'est attaché, en particulier, à retracer l'histoire d'un bras de mer qui, compris entre la chaîne du Rif, au nord, l'Atlas et la Meseta marocaine, au sud, a permis un échange des eaux atlantiques et méditerranéennes avant l'ouverture du détroit de Gibraltar.

Le même auteur considérait ce *détroit sud-rifain* comme l'*avant-pays* du Rif; il constatait des traces manifestes de poussées vers l'extérieur de la chaîne, dans la région avoisinant les colonnes d'Hercule ([1]), et il ajoutait : « Je m'attends à voir des phénomènes analogues témoignant des mêmes poussées, de plis imbriqués, ou même de nappes, charriées vers la dépression du détroit sud-rifain » ([2]).

([1]) L. Gentil, *Compte rendu somm. Soc. géol. France,* 1911, p. 22 et suiv. Ces observations de M. Louis Gentil ont été contestées à diverses reprises et ses conclusions discutées. L'un des géologues espagnols qui se sont le plus utilement intéressés à la géologie du Nord du Maroc a même mis en doute ses observations dans le Rif occidental et admis que les calcaires jurassiques de la chaîne de l'Andjera, au lieu d'être poussés vers l'extérieur de la chaîne, comme le voulait M. Gentil, ont au contraire été charriés en sens inverse [Fernandez Navarro, *in Yebala y el bajo Lucus* (*R. Soc. esp. de Hist. nat.*; Madrid, 1914, p. 145 et suiv.) ; voir aussi J. Dantin Cereceda, *La zone espagnole du Maroc* (*Ann. de Géogr.*, n° 137, 25ᵉ année, 15 septembre 1916, p. 367)]. M. Gentil développera un peu plus tard toutes ses observations sur le Nord marocain. La présente Note apporte une confirmation définitive à toutes ses conclusions.

([2]) L. Gentil, *Le Maroc physique,* Paris, 1912, p. 90 et suiv.

Au cours d'un récent voyage effectué en commun, nous avons eu la bonne
fortune, non seulement de confirmer ces prévisions, mais de reconnaître que
ces phénomènes orogéniques revêtent une ampleur qui fait de cette partie
de l'Afrique l'une des régions tectoniques les mieux caractérisées du bassin
méditerranéen.

Dans cet ancien détroit il existe une zone de reliefs, d'altitudes généralement inférieures à 1000ᵐ, qui dominent une sorte de couloir longeant la
Meseta marocaine. Ce couloir n'est qu'une relique de l'ancien chenal, tandis
que la région montagneuse qui, vers le nord, s'accole au Rif, est constituée
par de grandes nappes de recouvrement ayant cheminé vers le sud. Nous
lui donnerons le nom de *zone prérifaine*. Elle encadre le bassin hydrographique moyen et supérieur du Sebou, ce grand fleuve marocain qui occupe,
par rapport au Rif, la même situation que le Guadalquivir par rapport à la
Cordillère bétique.

Le *Prérif* forme un relief continu sensiblement est-ouest, de Taza à
Meknès ; il s'incurve ensuite vers le nord, jusqu'à la traversée du Sebou,
puis il prend une orientation nord-ouest, en se dirigeant sur Tanger.

Nous avons parcouru la bordure de cette région montagneuse. Elle nous
est apparue comme caractérisée, dans ses grands traits, par trois zones
stratigraphiques et tectoniques qui se différencient par la présence ou
l'absence du Flysch et par la transgression du Burdigalien.

1. Au sud du Sebou, dans les chaînons de l'Outita, [du Tselfatt, dans le massif en
forme de dôme du Zerhoun et dans les montagnes de Fez, le Miocène inférieur à
Pecten præscabriusculus Font. var. *numidus* Coq. et *P. subbenedictus* Font. est transgressif sur le Jurassique. Parfois une discordance angulaire s'observe, par exemple aux
environs de Petijean, dans la gorge transversale de Bab Tisra. Dans le Zalar', qui
domine Fez, le Burdigalien, très redressé, s'appuie sur le Lias.

Les chaînons constitués par ces noyaux jurassiques sont séparés par de vastes
étendues de marnes helvétiennes, où apparaissent çà et là, sans ordre apparent, des
noyaux triasiques caractérisés par leurs dépôts salifères.

2. Sur la rive droite du Sebou, dans les régions situées à l'est et au nord de Mechra
bel Ksiri, les grès burdigaliens, parfois épais d'une cinquantaine de mètres, reposent
directement sur le Trias. Par places, comme au camp d'Aïn Ouzif, dans le djebel Kourt,
on voit s'intercaler, entre ces grès du premier étage méditerranéen et les marnes du
deuxième étage, une zone argilo-sableuse, caractérisée par *Pecten scabrellus* Lamk.
var *taurolœvis* Sacco.

Nous avons pu observer la transgression burdigalienne dans le djebel Kourt, singulière montagne qui surgit brusquement au milieu d'un pays de marnes helvétiennes et qui est constituée par du Trias et du Miocène inférieur dont les relations
réciproques sont très compliquées.

Nous avons également observé cette superposition du Burdigalien sur le Trias au
nord-est de Mechra bel Ksiri, dans la montagne d'El Aloua. Celle-ci est formée par
un anticlinal, plus ou moins rompu par des failles; et ne laissant apparaître que des
masses isolées de grès burdigaliens ou de Trias, au milieu des marnes à Foraminifères
de l'Helvétien. Au nord-est, l'anticlinal d'El Aloua se prolonge vers Souk el Arbà du
R'arb, où l'on voit du Nummulitique intercalé entre le Miocène et le Trias salifère.

3. Dans la région située entre Souk el Arbà et Arbàoua, le Flysch, accompagné de
Nummulitique calcaire, participe à la structure des montagnes. Sur ces terrains
reposent directement les marnes helvétiennes, comme aux environs d'El Fokra. A l'est
et au nord, le Flysch affleure presque exclusivement : c'est le Rif proprement dit qui
commence.

Les trois zones que nous venons de décrire s'échelonnent donc du sud au
nord, de l'extérieur vers l'intérieur de la chaîne du Rif. Nous avons pu
établir que la deuxième passe à la troisième par l'apparition progressive du
Nummulitique dans l'architecture des plis. Il ne paraît pas en être de même
des relations de la première zone avec la seconde, au moins dans la région
que nous avons parcourue.

Il résulte de nos observations que la *région formée par les noyaux jurassiques, qui s'étend sur l'immense étendue comprise entre le Sebou et le couloir
de Meknès à Fez, n'est pas autochtone. C'est une vaste région de nappes de
recouvrement, dont les racines sont à rechercher dans le Rif lui-même.*

Ces grandes nappes, ou digitations de nappes, ont une amplitude que l'on
peut estimer au moins à 80^{km}.

En outre, dominant cet empilement de nappes de charriage, il existe une
autre masse de recouvrement, plus importante encore, formée exclusivement de Trias et qui, jadis, devait complètement envelopper toutes les
nappes inférieures. Elle est réduite aujourd'hui à des lambeaux épars,
amincis par les étirements et démantelés par l'érosion. Ses vestiges forment
comme de vastes lentilles enrobées dans les marnes helvétiennes.

PALÉONTOLOGIE. — *Sur les analogies de la forme branchue chez les Polypiers
constructeurs des récifs actuels avec celle des Stromatopores des terrains
secondaires.* Note de Mlle **Yvonne Dehorne**, présentée par M. Émile Haug.

On sait que, dans les formations récifales actuelles, les espèces coral-
liennes acquièrent des formes de plus en plus massives à mesure que le
niveau du récif s'élève et se rapproche de la surface de la mer. Les Polypiers
de la partie inférieure du récif sont des formes rameuses, à tiges grêles et

hautes; dans la zone intermédiaire, les Polypiers sont encore dendroïdes, mais leurs rameaux deviennent de plus en plus épais. On observe aussi des formes dressées et rameuses dans les eaux calmes et peu profondes, de même que sur le pourtour des lagunes intérieures au récif.

En résumé, les Polypiers rameux s'élèvent dans les eaux relativement calmes, tandis que les Polypiers étalés et massifs croissent dans des eaux agitées.

Cette variation de la forme, en relation avec la profondeur et l'état d'agitation du milieu marin, n'est pas spéciale aux seuls Coralliaires. Beaucoup d'autres organismes édificateurs de récifs, les Bryozoaires et certains Hydraires par exemple, placés dans des conditions identiques, subissent des modifications de même ordre.

J'ai retrouvé ces mêmes variations chez des Hydrozoaires constructeurs des récifs de l'ère Secondaire et en particulier chez les Stromatopores qui ont joué, dans l'édification de ces récifs, un rôle important.

Dans les calcaires lusitaniens du Portugal, des Stromatopores à croissance étalée sont mêlés à des rameaux brisés de Stromatopores branchus : j'ai désigné les premiers sous le nom de *Stromatopora Choffati* (¹) et les seconds sous celui de *Str. arrabidensis* (²).

Une autre série de formes essentiellement rameuses, que j'ai rapportées au même genre, *Stromatopora Douvillei* n. sp., provient du Jurassique supérieur des environs de Tatahouine (Sud tunisien); je dois une partie de ces échantillons à l'obligeance de M. H. Douvillé; l'autre partie a été empruntée à la collection Pervinquière du Laboratoire de Géologie de la Sorbonne. Il est manifeste que ces Stromatopores dendroïdes présentent de grandes analogies avec *Milleporidium Remesi* Steinm. (³), et M. Douvillé (⁴) les a considérés comme des *Milleporidium;* ceux-ci cependant ne possèdent pas d'astrorhizes. Les rameaux des échantillons tunisiens sont, par contre, pourvus d'astrorhizes nombreuses et de grande taille, dont le centre est porté au sommet d'une petite éminence conique, caractère commun à beaucoup

(¹) Y. Dehorne, *Sur un Stromatopore nouveau du Lusitanien de Cezimbra* (Portugal) (*Comptes rendus*, t. 164, 1917, p. 117).

(²) Y. Dehorne, *Stromatoporidés jurassiques du Portugal* (*Comm. Serv. géol. Portugal*, t. 13, n° 1, 1918).

(³) G. Steinmann, Milleporidium, *eine Hydrocoralline aus dem Tithon. von Stramberg.* (*Beitr. Pal. u. Geol. Oest.-Ung. u. d. Orients*, t. 15, 1903).

(⁴) H. Douvillé, *Le Jurassique de l'Extrême-Sud Tunisien* (*Bull. Soc. géol. France*, 4ᵉ série, t. 8, 1908, p. 154).

de Stromatoporidés. Je leur ai trouvé des rapports très étroits avec le genre
Stromatopora Goldf., dont ils ont les astrorhizes et la structure microscopique ; ils ressemblent beaucoup à *Str. Choffati* et n'en diffèrent que par la
forme, qui est dendroïde au lieu d'être aplatie et massive, et par le moins
grand nombre des tubes zooïdaux, mais ceci tient sans doute à ce que
la forme massive étalée est une sorte de condensation du type rameux.

Un autre Stromatopore jurassique, voisin des deux espèces que je viens
de comparer entre elles, mais surtout semblable à *Stromatopora arrabidensis*,
a été recueilli dans les couches portlandiennes de la Dobrogea par M. Anas-
tasiu. C'est une forme courte et multidigitée, ou bien dendroïde et à
rameaux épais. La base toujours massive, la vermiculation de la surface
extérieure des échantillons et le peu de netteté que présentent les systèmes
astrorhizaux sont des caractères analogues à ceux de *Str. arrabidensis*.
Dans les sections microscopiques, on remarque une région centrale à
mailles lâches (coupe transversale de canaux à parcours vertical) et une
région corticale à tissu serré, constituée par des couches concentriques
régulières, dans laquelle se trouvent localisés les tubes zooïdaux tabulés ;
la même disposition s'observe chez *Str. arrabidensis*, *Str. Douvillei*, *Milleporidium Remesi*, chez une espèce dévonienne *Str. bücheliensis* Bargatsky
sp., var. *digitata* Nicholson et chez la plupart des polypiers dressés. Enfin,
caractère qui fut invoqué par Steinmann pour rapprocher l'Hydrozoaire
de Stramberg du genre *Millepora*, certains tubes zooïdaux sont beaucoup
plus grands que les autres, seulement la surface ne présente pas trace de
gastropores ni de dactylopores et elle porte des astrorhizes. J'ai donné à
cette nouvelle espèce le nom de *Stromatopora romanica*.

Il est intéressant de se représenter le milieu où toutes ces formes du
Jurassique supérieur ont prospéré, en s'aidant des exemples actuels et en se
basant sur la nature des dépôts et des faunes qui se trouvent généralement
dans les formations récifales à Stromatopores.

Si la forme massive et contournée des Stromatopores indique un milieu
agité et le voisinage de la surface des eaux, il est possible d'imaginer que ce
fut l'habitat ordinaire des Actinostromidés, car le genre cénomanien *Acti-
nostromaria* Mun.-Chalm. [île Madame (Charente-Inférieure), la Bédoule
(Bouches-du-Rhône)] et les espèces sénoniennes [(*A. Kiliani*, Martigues,
(Bouches-du-Rhône)] et dévoniennes (*A. clathratum*, *A. bifarium*, etc.)
du genre *Actinostroma* Nich. sont représentés par des colonies compactes,
étalées ou hémisphériques, souvent énormes.

Les Stromatopores rameux et trapus du Portugal (*Stromatopora arra-*

bidensis) et de la Roumanie (*Str. romanica*) correspondraient à des types d'eaux assez calmes, mais encore peu profondes. Enfin, les formes branchues, hautes et graciles du Sud-Tunisien (*Str. Douvillei*) se seraient développées dans des eaux tranquilles et plus profondes.

BOTANIQUE. — *Sur la plasmolyse des cellules épidermiques de la feuille* d'Iris *germanica.* Note (¹) de M. **A. GUILLIERMOND**, présentée par M. Gaston Bonnier.

Les cellules épidermiques de la feuille d'*Iris germanica* constituent un objet exceptionnellement favorable à l'étude cytologique de la plasmolyse. Examinées sur le vivant dans une solution isotonique, elles montrent avec une remarquable netteté tous les détails de leur structure. Ce sont d'énormes cellules pourvues d'une membrane allongée, assez épaisse, avec de nombreuses ponctuations assez régulièrement espacées. Le cytoplasme est formé par une couche pariétale entourant une grosse vacuole centrale et par un certain nombre de fines trabécules qui traversent cette vacuole reliant la couche pariétale au noyau. Il offre une apparence homogène et hyaline, et renferme un chondriome très riche et parfaitement distinct, constitué en partie par des mitochondries granuleuses, en partie par des chondriocontes très allongés. On y observe, en outre, de nombreuses gouttelettes graisseuses se distinguant facilement des mitochondries par leur réfringence beaucoup plus accusée. La vacuole renferme, ordinairement à l'état de solution, un composé phénolique incolore.

La plasmolyse produite par des solutions à divers degrés de concentration de NaCl et de saccharose se traduit par une série de phénomènes très caractérisés.

Le début consiste en une rétraction partielle de la masse cytoplasmique (protoplaste) qui se détache de place en place de la membrane cellulosique, puis au bout d'un certain temps cette rétraction s'achève. Dans les cellules peu allongées, tout le cytoplasme se contracte au milieu de la cavité cellulaire sous forme d'une masse arrondie. Dans les cellules très allongées, le cytoplasme en se contractant se divise par étranglement en plusieurs masses arrondies, de dimensions inégales, disposées le long de la cellule et réunies l'une à l'autre par un mince trabécule; chacune de ces masses renferme un fragment de la vacuole. Le protoplaste contracté offre toujours un contour parfaitement régulier comme s'il était délimité par une paroi. Il reste cependant rattaché à la

_____

(¹) Séance du 14 janvier 1918.

membrane cellulosique par de minces filaments plus ou moins dichotomisés. La signification de ces filaments a été l'objet de controverses. Tandis que Kohl les considère
comme des communications protoplasmiques entre les cellules (plasmodesmes),
Chodat et Boubier les attribuent à la paroi périplasmique qui en vertu de sa viscosité
conserverait des adhérences avec la membrane cellulosique. Les cellules épidermiques
de la feuille d'*Iris germanica* permettent de constater qu'un certain nombre de ces
filaments passent dans les ponctuations de la membrane cellulosique et sont en rapport
avec les filaments correspondants des cellules voisines. On peut donc admettre, avec
Strasburger, que si un certain nombre de ces filaments sont attribuables à une adhérence du cytoplasme avec la membrane cellulosique, d'autres représentent incontestablement des plasmodesmes.

Dès le début de la plasmolyse, le cytoplasme est le siège de phénomènes très nettement caractérisés. Il se décompose en une série de bourgeons qui viennent faire hernie
dans la vacuole et ne tardent pas à se transformer en vésicules constituées par un liquide
aqueux entouré d'une paroi dense extrêmement mince. Ces hernies se gonflent beaucoup et présentent des déformations et des mouvements d'oscillation incessants.
Quelques-unes d'entre elles arrivent à se détacher du reste du cytoplasme qui les
réunit et sont mises en liberté dans la vacuole. Les figures formées par ces hernies
présentent une ressemblance frappante avec des figures myéliniques, mais elles n'ont
aucune biréfringence et ne réduisent pas l'acide osmique.

A un stade ultérieur ces hernies vésiculeuses cessent de se mouvoir et en se contractant assez fortement déterminent par leur ensemble un aspect alvéolaire très particulier du cytoplasme avec petites alvéoles en forme de boyaux ou d'haltères limitées
par une trame extrêmement mince, assez réfringente et d'allure rigide.

Cet aspect alvéolaire de la cellule plasmolysée, déjà signalé par Schwartz, puis par
Matruchot et Molliard, a été considéré par ces derniers comme le résultat d'un phénomène d'exosmose, consistant en une séparation de l'eau de constitution du cytoplasme qui se déposerait dans ce dernier sous forme de petites vacuoles dont le
contenu se diffuserait peu à peu dans la vacuole centrale.

Au cours de ces phénomènes, le noyau se contracte légèrement et les mitochondries
n'offrent pas la moindre altération.

Dans cette phase, la cellule est encore vivante : elle est imperméable à l'éosine et
perméable seulement aux colorants vitaux (rouge neutre et bleu de Nil) qui se fixent
sur les composés phénoliques dissous dans la vacuole. Enfin, transportée dans une
solution isotonique, elle se gonfle et reprend son allure normale. Par son aspect
rigide très spécial, le cytoplasme donne l'impression d'avoir acquis le maximum de
déshydratation compatible avec sa vie.

Au bout d'un temps variable, selon le degré de concentration de la solution hyper-
tonique, la mort survient, par suite sans doute de la déshydratation plus complète du
cytoplasme amenant sa désorganisation.

Cette mort se manifeste par le fait que le cytoplasme devient perméable à l'éosine
et en même temps par une modification très nette de l'aspect de la cellule qui semble
attribuable à une réhydratation du cytoplasme. On observe un gonflement des petites
alvéoles qui s'arrondissent, puis leur disparition partielle, et le cytoplasme prend un
aspect homogène et plus fluide, caractérisé en outre par des mouvements browniens

de ses mitochondries et de ses gouttelettes graisseuses. Pendant ce temps, les mitochondries se gonflent peu à peu, et le noyau lui-même se dilate d'une manière assez appréciable en modifiant sa structure qui apparaît constituée par un nucléoplasme très aqueux renfermant en suspension une chromatine granuleuse. Au début, le cytoplasme reste très nettement limité extérieurement; cependant la paroi périplasmique perd son élasticité, le noyau montre une tendance à faire saillie au dehors; parfois de petites vacuoles s'exsudent à l'extérieur du cytoplasme. Enfin cette paroi disparaît, le cytoplasme se distend et se dissémine dans la cavité cellulaire sous forme d'un précipité granuleux.

En même temps, les vésicules mitochondriales se gonflent de plus en plus. Par contre, la paroi périvacuolaire persiste la dernière et la vacuole apparaît en quelque sorte isolée du cytoplasme désorganisé, en conservant un contour parfaitement régulier. Dans une phase ultime, cette vacuole disparaît à son tour et le noyau très gonflé finit par éclater et se résorber.

« Nous ne discuterons pas ici la question si complexe de la nature des parois périplasmiques et périvacuolaires, bien que nos observations nous disposeraient plutôt à les considérer comme des formations transitoires que comme des organes différenciés. »

On voit donc en somme que les solutions hypertoniques n'exercent aucune action sur le chondriome tant que la cellule reste vivante. Ce n'est qu'au moment où la cellule meurt et où le cytoplasme s'hydrate et en se désorganisant finit par mettre en liberté les mitochondries dans le liquide de la cavité cellulaire que les mitochondries se gonflent et se transforment en grosses vésicules.

PHYSIOLOGIE VÉGÉTALE. — *Genèse de l'inuline chez les végétaux.*
Note de M. **H. Colin**, présentée par M. Gaston Bonnier.

La genèse de l'inuline, chez les végétaux, est encore imparfaitement connue; d'après certains auteurs, l'inuline se forme dans les feuilles; elle émigre ensuite, comme telle, vers les racines ou les tubercules; d'autres pensent que les organes à réserve inulacée ne reçoivent des feuilles autre chose que des sucres qui se condensent ultérieurement à l'état d'inuline. On reconnaît immédiatement les deux théories proposées pour expliquer l'accumulation du sucre cristallisable dans la racine de la Betterave.

L'étude de quelques plantes à inuline, aux diverses époques de la végétation, m'a conduit aux conclusions suivantes :

1° *Topinambour.* — Le *parenchyme foliaire* renferme des sucres et de l'amidon; on y chercherait en vain la moindre trace d'inuline; les sucres sont un mélange de saccharose, de glucose et de lévulose. L'inuline n'apparaît pas davantage dans la *nervure médiane* et le *pétiole*. Dès qu'on aborde la *tige*, on se trouve en présence de quantités importantes d'inuline ; le sommet lui-même de la tige en renferme ; à la base du pétiole, le signe polarimétrique du suc est positif ; le suc de la tige est toujours fortement lévogyre. Du haut en bas de la tige et jusque dans la *racine pivotante* le rapport de l'inuline au sucre total ne cesse de croître ; il devient maximum dans les *tubercules*. Contrairement à ce qu'affirme H. Fischer (¹), on ne rencontre jamais, dans les tubercules même très jeunes, que de faibles quantités de réducteur : c'est tout le long de la tige, plutôt que dans les tubercules, que s'effectue la condensation du réducteur à l'état d'inuline ; au saccharose près, aperçu déjà par Dubrunfaut (²), la totalité de la réserve hydrocarbonée du tubercule est représentée par de l'inuline.

Ces conclusions ressortent d'elles-mêmes du Tableau suivant, où sont consignées les quantités d'hydrates de carbone contenues dans les différentes régions de la plante. Il s'agit d'une série de dosages effectués au début du mois d'août, à la fin d'une journée chaude et lumineuse. Le rapport des différents hydrates de carbone au sucre total importe seul ; les valeurs absolues subissent des variations considérables suivant les conditions de la végétation.

Hydrates de carbone dans 100ᵍ de matériel frais.

Parties analysées.	Sucre total (en interverti).	Réducteur.	Saccharose.	Amidon.	Inuline.	Inuline / Sucre total
	ᵍ	ᵍ	ᵍ	ᵍ	ᵍ	ᵍ
Parenchyme foliaire.....	»	0,09	0,20	1,84	o	o
Nervures secondaires....	»	0,12	0,16	1,93	o	o
Nervure médiane........	»	0,31	0,09	0,93	o	o
Pétiole..............	»	0,24	0,14	0,50	o	o
Tige : sommet..........	0,94	0,54	0,22	»	0,15	0,15
» milieu...........	1,16	0,10	0,19	»	0,74	0,63
» base............	2,67	0,08	0,40	o	1,86	0,69
Racine pivotante........	5,81	0,09	0,57	o	4,39	0,75
Stolons...............	8,01	traces	0,75	o	6,57	0,82
Petits tubercules (1ᵍ).....	9,15	»	0,85	o	7,42	0,81
Gros tubercules (10ᵍ-20ᵍ).	7,38	»	0,34	o	6,31	0,85

(¹) H. Fischer, *Cohns Beitr.*, t. 8, 1898, p. 93.
(²) Dubrunfaut, *Comptes rendus*, t. 64, 1867, p. 764.

2° *Chicorée.* — La Chicorée offre un autre genre de plantes à inuline, en ce sens que le bouquet foliaire s'insère directement sur la racine. Grafe ([1]) dit avoir rencontré, dans le parenchyme des feuilles, une certaine proportion d'inuline qui ne fait que croître dans la nervure médiane et le pétiole; le réducteur accompagnant l'inuline serait formé exclusivement de lévulose.

Ces affirmations sont inconciliables avec le pouvoir rotatoire résultant, généralement positif, des hydrates de carbone solubles de la feuille, aussi bien qu'avec la présence, dans les chloroplastes, de corpuscules semblables aux grains d'amidon, de l'avis de Grafe, et qui, soumis à l'hydrolyse diastasique, donnent bien, en effet, du maltose et du glucose. L'épuisement méthodique du parenchyme foliaire n'entraîne pas d'inuline; de plus, l'oxydation par le brome ou par l'iode en présence de carbonate de soude, des jus déféqués, révèle, comme le polarimètre, la présence du glucose dans le limbe et le pétiole.

En réalité, les feuilles de Chicorée, comme celles de Topinambour et de Dahlia, renferment du réducteur, du saccharose et de l'amidon; la proportion de réducteur est plus grande dans la nervure médiane et dans le pétiole; au niveau du collet, le signe polarimétrique change brusquement; l'inuline est prépondérante dans la racine, mais le réducteur et surtout le saccharose sont constamment représentés.

Ces résultats sont implicitement contenus dans le Tableau ci-dessous; ils se rapportent à la Chicorée dite de *Magdebourg*, récoltée à Verrières, aux Établissements de Vilmorin, le 27 juillet à 14[h]; les recherches de Grafe ont porté sur la même variété.

Hydrates de carbone dans 100^g de matériel frais.

Parties analysées.	Sucre total (en interverti).	Réducteur.	Saccharose.	Amidon.	Inuline.	Inuline/Sucre total
	^{g}	^{g}	^{g}	^{g}	^{g}	^{g}
Limbe.....	»	0,24	0,12	0,30	0	0
Nervure...	»	0,91	0,10	0,25	0	0
Pétiole....	0,87	0,77	0,10	0	0	0
Racine.....	10,37	0,61	0,95	0	7,89	0,76

Conclusion. — En ce qui concerne la Chicorée, le Dahlia, le Topinambour, il ne saurait être question de l'élaboration immédiate de l'inuline

---

([1]) V. GRAFE et V. VOUK, *Biochem. Zeitschr.*, t. 43, p. 424, et t. 47, 1912, p. 320.

par la feuille et de sa migration, comme telle, vers les organes souterrains. C'est la loi de Maquenne, c'est-à-dire le principe des pressions osmotiques, qui préside à la mise en réserve de l'inuline comme à l'emmagasinement du saccharose : les feuilles ne délivrent à la plante que des sucres dont la condensation s'effectue tout le long de la tige ou seulement dans les tubercules ou les racines.

THÉRAPEUTIQUE. — *Contribution à l'étude physiologique des vaccins anti-typhoïdiques en solution aqueuse.* Note ([1]) de MM. J. GAUTRELET et E. LE MOIGNIC, transmise par M. Charles Richet.

On n'a que peu de documents expérimentaux sur l'action physiologique des vaccins typhoïdiques et paratyphoïdiques en solution aqueuse, ou, si l'on préfère, des suspensions dans le sérum physiologique de bacilles typhoïdiques et paratyphoïdiques tués par la chaleur, telles qu'elles sont utilisées pour la confection des vaccins.

Les vaccins aqueux employés au cours de nos recherches ont été préparés à l'Institut Pasteur par M. Alb. Sezary : cultures de 24 heures, 1 heure 30 minutes de chauffage à 60°. Ils ont été utilisés 30 jours environ après leur préparation.

Nous avons utilisé aussi bien des vaccins polyvalents T. A. B. (renfermant par centimètre cube 2^{mg} de bacilles typhoïdiques; 2^{mg} de bacilles paratyphoïdiques A et $1^{mg},5$ de bacilles paratyphoïdiques B, soit plus de 7 milliards de bacilles que des vaccins monovalents contenant uniquement des bacilles paratyphoïdiques A ou B.

Nous injections de façon constante chez le chien un dixième de centimètre cube de vaccin par kilogramme d'animal dans la *veine* saphène tibiale.

De la lecture de nos multiples protocoles d'expériences on doit retenir qu'après une demi-heure environ, à la suite d'injections de vaccins aqueux polyvalents ou renfermant uniquement des bacilles paratyphoïdiques A, et surtout B, commence une baisse de la pression sanguine qui va s'accentuant progressivement, la pression pouvant atteindre le chiffre de 4^{cm} de mercure après deux heures, et se maintenir telle jusqu'à la fin de l'expérience ; en même temps le cœur diminue considérablement d'amplitude, devenant à peine perceptible.

Après injection de vaccin éberthien, la chute de la pression est à peine

---

([1]) Séance du 28 janvier 1918.

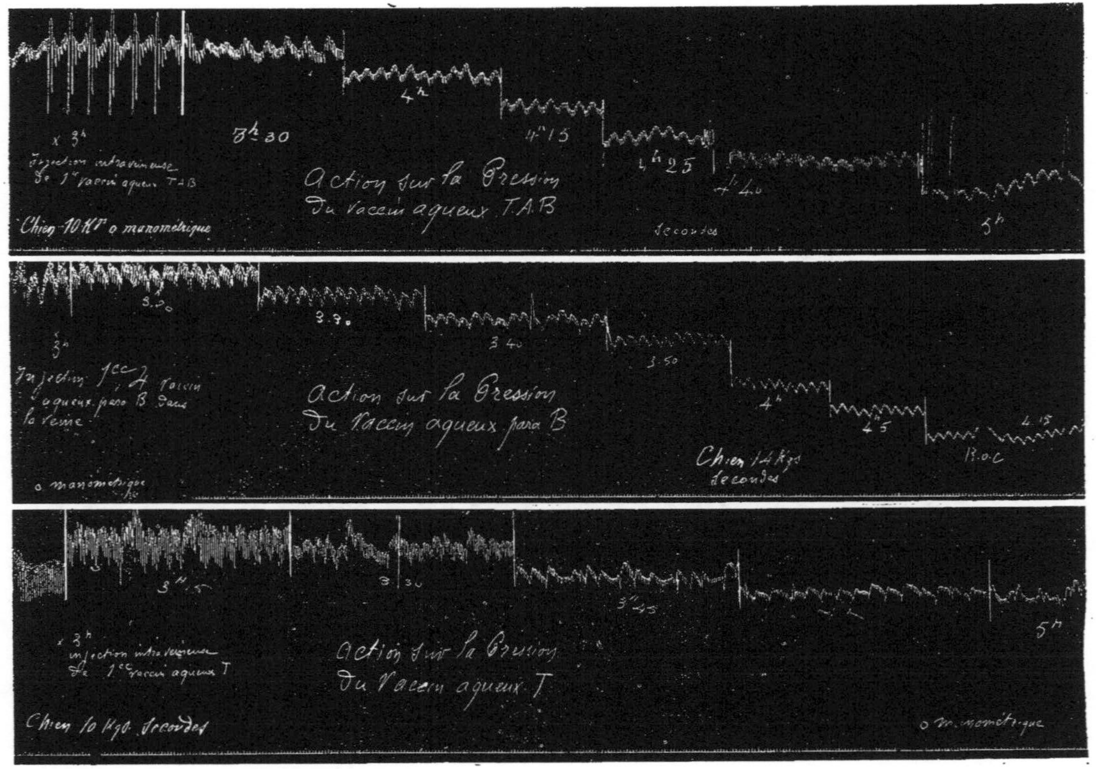
Action sur la Pression du vaccin aqueux T.A.B
Chien 10 Kgs o manométrique
secondes
Action sur la Pression du vaccin aqueux para B
Chien 14 Kgs secondes
o manométrique
Action sur la Pression du vaccin aqueux T
Chien 10 Kgs secondes
o manométrique

marquée, mais l'amplitude du cœur est diminuée, son rythme est troublé ([1]).
On en jugera par les tracés (réduits de moitié) ci-joints.

Les phénomènes dyspnéiques, asphyxiques même, indiquent déjà une action bulbaire. L'atropine, en diminuant considérablement la baisse de pression après injection de vaccin T.A.B., met en évidence la part qui revient au pneumogastrique, démontrant également ainsi l'origine bulbaire et cardiaque, en partie tout au moins, des phénomènes circulatoires observés.

Le mécanisme nerveux de l'hypotension est en outre traduit par l'oncographe : nous avons pu enregistrer au cours de l'intoxication une vaso-constriction progressive du rein, qui correspond, sans aucun doute, à une vaso-dilatation abdominale dont les effets se traduisent par la chute de pression.

Que les toxines typhoïdiques et paratyphoïdiques touchent la moelle, le fait paraît hors de doute quand on observe l'animal éveillé auquel on injecte de mêmes doses de vaccins aqueux. Le ténesme très accusé, la diarrhée, les mictions, les vomissements répétés (biliaires surtout) que ne masque plus l'anesthésie, traduisent alors manifestement l'action bulbaire.

Du rapprochement des symptômes fonctionnels observés chez le chien éveillé et des phénomènes circulatoires enregistrés chez le chien anesthésié, il est permis de déduire les conclusions les plus utiles. Celles-ci sont complétées par les recherches toxicologiques.

Le chien survit à l'injection intra-veineuse de $\frac{2}{10}$ de centimètre cube par kilogramme de vaccin aqueux T. A. B.; il meurt dans les 12 heures qui suivent l'injection de $\frac{3}{10}$ de centimètre cube par kilogramme; dans les 6 heures qui suivent l'injection de $\frac{4}{10}$ de centimètre cube par kilogramme.

Pour ce qui est du vaccin renfermant uniquement des bacilles para-typhoïdiques A, l'animal survit à une dose de $\frac{2}{10}$ de centimètre cube par kilogramme; il meurt dans les 36 heures qui suivent l'injection de $\frac{3}{10}$ de centimètre cube par kilogramme.

La toxicité du vaccin aqueux paratyphoïdique B est de même ordre : $0^{cm^3}, 3$ par kilogramme tuent en 24 heures.

Quant au vaccin typhoïdique, il est infiniment moins toxique : 2^{cm^3} par kilogramme n'entraînant pas la mort.

([1]) Pour ce qui est des réactions à la toxine typhoïdique, Muron Tchilian a signalé la sensibilité de la fibre cardiaque, du tissu artériel, et des centres vaso-moteurs; Arloing et de Lagoanère, son action hypotensive modérée; Gleghom, Chantemesse et Lamy, Pezzi et Savini, son action sur le myocarde, H. Vincent, l'action sur les plexus intra-cardiaques.

CHIRURGIE. — *Études sur la cicatrisation des plaies.*
Note (¹) de MM. TUFFIER et DESMARRES, transmise par M. Charles Richet.

L'action thérapeutique d'un agent physique ou chimique sur la cicatrisation des plaies peut être appréciée par la *rapidité* du processus cicatriciel.

La marche de la cicatrisation d'une plaie stérilisée *superficielle* (par plaie stérilisée nous entendons une plaie dans laquelle l'examen microscopique ne révèle pas plus d'un ou deux microbes par champ oculaire) a été étudiée au *Rockefeller Institute* de Compiègne par M. Lecomte du Noüy sous la direction du Dr Carrel. Une formule a pu être établie, qui permet de représenter graphiquement *a priori* par une courbe le processus de la cicatrisation normale d'une plaie superficielle traitée par l'hypochlorite de soude. Formule de cicatrisation et courbe sont obtenues facilement par deux mesures. Les surfaces successives sont mesurées à 4 jours d'intervalle.

On compare à cette courbe *théorique* la courbe *réelle* de cicatrisation, obtenue en portant sur le même graphique les surfaces successives de la plaie mesurées à intervalles suffisamment rapprochés.

Nous avons constaté la concordance constante des prévisions *mathématiques* et des constatations *cliniques* pour les plaies convenablement traitées.

Une méthode analogue, appliquée à l'étude de la cicatrisation de six plaies *profondes*, nous a permis de constater que ces plaies peuvent se cicatriser au moins aussi rapidement, sinon plus, que des plaies superficielles de même contour.

Cette première série d'observations nous a permis en outre de formuler les hypothèses suivantes sur le processus *du tissu de cicatrice;* la circulation sanguine amène les substances chimiques nécessaires à la rétraction de la plaie (rétraction inodulaire) et à la prolifération épithéliale. S'il ne survient pas d'infection microbienne intense ou spéciale, l'apport est régulier, et on peut prédire la date de la cicatrisation. Si le processus de l'épidermisation est retardé ou même arrêté momentanément par une infection, l'apport continu des substances nécessaires à l'épidermisation *s'emmagasine* dans la plaie; puis, tout obstacle infectieux cessant, la marche de la nouvelle épidermisation est beaucoup plus rapide que normalement et peut même

(¹) Séance du 28 janvier 1918.

dépasser la courbe théorique. Il semble que l'infection a fait disparaître seulement l'épithélium et laissé dans la plaie les substances chimiques qui activent l'épidermisation.

Nous avons cherché s'il n'était pas possible par certains procédés, tout en conservant pour base la désinfection par le liquide de Dakin, d'obtenir une cicatrisation *plus rapide*. Nos observations, qui ont porté sur 13 plaies, nous ont conduits aux conclusions suivantes :

1° Un simple pansement stérile, sec et absorbant, appliqué sur une plaie stérile, amène une cicatrisation *un peu* plus rapide que la méthode de Dakin. Cela s'explique par le fait que tout antiseptique détruit les microbes, mais atteint aussi les cellules vivantes et gêne la cicatrisation dans une certaine mesure. Ce pansement ne peut d'ailleurs être couramment employé à cause *des chances de réinfection*. Il ne doit être renouvelé que rarement. En effet, chaque fois qu'on change le pansement, on détruit par arrachement une partie de l'épidermisation acquise; nous avons eu la preuve anatomique de cette destruction.

2° Partant de ce fait qu'un composé chimique microbicide employé exclusivement semble perdre, rapidement parfois, son pouvoir, par une sorte d'accoutumance des organismes et qu'il peut y avoir avantage à user de composés différents se succédant suivant un cycle répété jusqu'à cicatrisation complète, nous avons tenté, par analogie, d'alterner les pansements aseptiques suivant le cycle (hypochlorite de soude — sérum physiologique — eau bouillie — pansement sec) ainsi à peu près que M. Charles Richet l'avait proposé pour la désinfection des plaies, en parlant des médications antiseptiques alternantes.

Les gains obtenus ont été *minimes :* 5 à 6 jours sur une durée totale de 30 à 35 jours prévus.

Au contraire, *l'héliothérapie,* associée soit à l'hypochlorite, soit à un *pansement avec substances neutres* (oxyde de zinc, sous-gallate de bismuth), nous a toujours donné des résultats positifs très nets, et nous avons obtenu souvent des gains considérables pouvant atteindre une *quinzaine de jours sur une durée prévue de* 35 *jours.*

Toutefois le pansement avec substance neutre ne doit être appliqué qu'au *moment* opportun.

Dans nos examens microscopiques *systématiques,* faits avec la collaboration de M. Chick, nous avons constaté dans la plaie, à des moments variables, un *réseau fibrineux* contenant des mononucléaires. L'apparition de ce réticulum coïncide toujours avec la période de cicatrisation de la plaie et n'apparaît qu'au moment où l'épidermisation se manifeste ou s'accentue. A ce moment, quel que soit le nombre des microbes trouvés, l'évolution de la cicatrisation se poursuit sans être influencée par leur présence.

A cette période, un pansement microbicide n'active en rien la marche de la cicatrisation; il est donc inutile, sinon nuisible par son pouvoir destructeur des cellules réparatrices.

Il semble donc exister dans l'évolution des plaies *deux périodes :* l'une qui réclame la destruction des microbes et de tous les éléments qui en favorisent l'évolution, l'autre dans laquelle la destruction microbienne n'est pas indispensable à la cicatrisation et où les pansements stériles, absorbants et protecteurs de l'épidermisation, suffisent.

A 16 heures et quart l'Académie se forme en comité secret.

La séance est levée à 17 heures et demie.

                                                      É. P.

ACADÉMIE DES SCIENCES.

SÉANCE DU LUNDI 11 FÉVRIER 1918.

PRÉSIDENCE DE M. Léon GUIGNARD.

MÉMOIRES ET COMMUNICATIONS
DES MEMBRES ET DES CORRESPONDANTS DE L'ACADÉMIE.

M. Edmond Perrier donne lecture de la Notice suivante :

L'Académie vient de perdre de la façon la plus inopinée l'un de ses plus distingués Correspondants dans la Section d'Anatomie et Zoologie, M. Émile Yung, professeur à l'Université de Genève où il avait succédé à Carl Vogt, dont il avait été pendant plus de 20 ans le collaborateur et l'ami.

L'œuvre d'Émile Yung est considérable et variée. Travailleur infatigable, physiologiste autant qu'anatomiste, excellent écrivain, conférencier écouté, il avait une érudition scientifique qui lui assurait, à Genève, une place éminente parmi les professeurs de la grande Université suisse, et lui a permis de jouer un rôle considérable dans le progrès des Sciences naturelles.

Ses principaux travaux scientifiques ont été résumés dans la belle Notice que notre confrère M. Marchal a lue devant l'Académie lors de sa nomination en mars 1914 au titre de Correspondant. Ils ont porté à la fois sur la Physiologie et l'Anatomie comparée, sur l'Embryogénie et sur les variations de composition que présente suivant les saisons cette minuscule population flottante, premier aliment de tout ce qui vit dans les eaux, et qu'on appelle le *plancton*. Un des premiers résultats qu'il ait obtenus est la démonstration expérimentale de l'identité du mode d'action des poisons à tous les degrés de la série animale, et sur tous les tissus organiques de même nature. Presque en même temps, il étudiait l'action des rayons lumineux des diverses longueurs d'onde sur le développement embryogénique des animaux les plus variés : Mollusques, Poissons, Batra-

ciens, etc., et constatait que, dans tous les cas, les rayons violets, c'est-
à-dire les rayons chimiques à vibrations rapides accélèrent le développement, tandis que les rayons à vibrations plus lentes, du vert au rouge,
tendent à le retarder. On peut rapprocher ces résultats de ceux qui ont
été obtenus par MM. Daniel Berthelot et Gaudechon montrant que les
rayons de la lumière de la lampe à mercure sont capables de fabriquer
directement les hydrates de carbone et le premier terme des substances
albuminoïdes, résultats qui établissent le rôle actif de la lumière dans la
formation des composés organiques et conduiront peut-être à expliquer
comment la vie a pris naissance sur le globe sous l'influence d'un soleil
plus riche en rayons à vibrations rapides.

Les recherches de M. Émile Yung relatives à l'influence qu'exerce le
régime alimentaire sur la durée du développement des animaux, leur taille
et leur sexe, ont ouvert d'autres horizons nouveaux. Par une alimentation
carnée des têtards de Grenouille, non seulement ces animaux ont atteint
une taille plus considérable, mais la proportion ordinaire des femelles
dans la répartition des sexes a été augmentée, et il semble bien que parmi
les conditions encore à l'étude, mais certainement déterminables par nos
moyens d'investigation d'où résultent les sexes, la nature et l'abondance de
l'alimentation jouent un rôle considérable.

Les animaux inférieurs ont été généralement peu étudiés par les physiologistes qui s'arrêtent le plus souvent à la Grenouille ; encore son histoire
complète serait-elle à faire. M. Yung a consacré près de quatre années à
l'étude physiologique de l'Escargot, de ses fonctions digestives ou sensorielles, de son sommeil hivernal; c'est, disait justement M. Marchal dans
son rapport de 1914, l'une des monographies les plus complètes et les plus
originales que nous possédions sur un animal invertébré.

Cette méthode des monographies, qui permet de coordonner tout ce que
l'on sait d'un animal et de déterminer exactement comment ses organes
réagissent les uns sur les autres, a été appliquée par Carl Vogt et par
Émile Yung au règne animal tout entier dans leur grand Traité d'Anatomie
comparée pratique; sur 41 monographies que contient ce Traité qu'on
trouve sur les tables de tous les laboratoires, 19 sont dues à M. Émile Yung.

L'étude du plancton du lac de Genève constitue une autre branche de
recherches qui a occupé notre confrère depuis 1898 jusqu'à sa mort. Il avait
créé tout un service d'étude de ce grand lac ; un yacht automobile dont le
nom rappelle celui d'un autre illustre savant genevois, Édouard Claparède,
avait été mis pour cela à sa disposition et rattaché à une *Station de Zoologie*

lacustre située au port de Lutry. Ces moyens importants lui permirent d'établir la liste des espèces qui constituent le plancton du lac de Genève et la périodicité de l'apparition de chacune d'elles. On sait quelle importance s'attache à la connaissance exacte de ce plancton dont les variations règlent tous les mouvements de la faune ichtyologique des eaux et a, par conséquent, pour les populations côtières, les plus importantes répercussions économiques, voire même politiques.

Émile Yung n'était pas seulement un chercheur, c'était un apôtre. Il a publié une infinité d'articles originaux ou d'analyses dans le *Journal de Genève* et dans la *Semaine littéraire ;* de biographies de savants suisses ou étrangers, d'impressions de voyages en Bretagne, à Bergen, à Naples, et deux remarquables Volumes sur Montreux et sur Zermatt.

C'était un habitué de nos stations maritimes; il a séjourné fréquemment à Roscoff, à Banyuls, à Cette, à Endoume, à Villefranche, et il faisait partie de la Commission fédérale pour le Laboratoire de Roscoff et pour celui de Naples fondé par Dohrn, mais aujourd'hui soustrait à l'influence allemande. Lorsque la guerre éclata, il prit ardemment parti pour nous. « Je tiens, m'écrivait-il à ce moment, à ce que vous soyez certain que nous restons inébranlablement attachés à la grande cause que défendent avec tant de vaillance vos admirables armées. Nous avons beau être des neutres, cela ne nous empêche pas de penser et d'aimer, de discerner où est la justice et où est le crime, et de proclamer nos sympathies profondes pour la noble nation qui tient en ce moment l'épée pour défendre tout pour quoi seulement il vaut la peine de vivre. »

Dans une autre lettre, il me disait plus tard :

« Non seulement les universitaires, mais la population tout entière de Genève fraternise entièrement d'idées avec vous; vos vœux sont les nôtres, et votre admiration pour vos armées n'est vraiment pas plus grande que celle que nous éprouvons pour elles. Nous cherchons d'ailleurs à rendre un témoignage de ce sentiment dans la plus grande mesure possible. Dans l'état actuel des choses, il n'y a qu'un moyen de persuader les Allemands qu'ils ne sont pas les missionnaires de la Providence, et les élus du Dieu vengeur : c'est de leur infliger une écrasante défaite. Vos braves soldats s'y emploient avec habileté et vaillance. Ils nous préparent la réalisation de nos plus chères espérances. Aussi sommes-nous ardemment avec vous. »

Et mettant en pratique ces principes, personne plus qu'Émile Yung n'a été secourable à nos prisonniers encore détenus en Allemagne ou internés en Suisse.

« Samedi dernier, le 2 février, m'écrit un de ses collègues, M. le professeur Ladame, je passais au laboratoire du professeur Yung pour lui demander où je pourrais trouver un travail de deux savants français... Quelques heures après mon ami tombait foudroyé par une crise cardiaque sur le quai de la gare de Cornavin. »

Ainsi a été brusquement enlevé, sans que rien pût le faire prévoir, un ami de notre pays, hautement estimé de tous ceux qui ont connu ses œuvres et son cœur, et auquel il était juste, dans les circonstances que nous traversons, de rendre hommage devant l'Académie qui se l'était associé.

Observations sur le langage scientifique moderne. Note de MM. Bigourdan, Blondel, Bouvier, Branly, Douvillé, Guignard, Haller, Haug, Henneguy, A. Lacroix, Lallemand, Laveran, Lecomte, Lecornu, Lemoine, Maquenne, Émile Picard, Roux, Schlœsing fils et Tisserand.

Depuis plusieurs années, les jeunes savants manifestent une tendance fâcheuse à introduire dans leurs Mémoires des néologismes qui sont trop souvent inutiles ou mal construits, ainsi qu'à négliger la forme de leurs rédactions. Ils pensent évidemment faire ainsi œuvre scientifique et en accroître d'autant la valeur de leurs travaux; en réalité le premier sentiment que l'on éprouve en lisant certains de ces Mémoires est qu'ils ont été écrits par un étranger, ou traduits d'une langue étrangère par un Français dédaigneux des principes les plus élémentaires de la linguistique, de la grammaire et du style.

Dans les sciences mathématiques les expressions nouvelles sont rares et, en général, de construction correcte; mais en électricité beaucoup d'auteurs ont la mauvaise coutume d'employer des abréviations incompréhensibles pour le public : tel est, par exemple, l'usage des mots *self* et *mutuelle* pour désigner l'auto-induction (en anglais *self-induction*) et l'induction mutuelle. Il est d'autant plus nécessaire d'exclure le mot *self* qu'en anglais c'est un préfixe.

A ce propos il paraît utile d'appeler l'attention sur le grand danger que fait courir actuellement l'habitude que prennent certains auteurs de traduire, littéralement et sans tenir compte des nuances différentes des deux langues, un radical anglais par le même radical français : c'est ainsi qu'on emploie depuis quelque temps à tort les mots *contrôle* et *contrôler* dans le sens de *commande, direction, commander, diriger*. Plus les liens entre les deux nations voisines se resserreront, plus il faudra apporter de discernement dans les traductions de ce genre.

Fort heureusement, les Congrès offrent l'occasion d'unifier le langage international et de le contrôler.

Dans le langage chimique on rencontre aussi des expressions irrégulières qu'il est bon de signaler. C'est ainsi, par exemple, qu'on y voit à chaque instant figurer le mot *adsorption*, qui ne semble pas avoir de signification assez précise pour justifier sa substitution aux anciens substantifs français *absorption* ou *condensation*. Il en est de même pour les adjectifs *thermostable* (on va jusqu'à écrire *thermostabile!*) et *thermolabile*, véritables barbarismes résultant de l'association d'une racine grecque avec une racine latine, qui n'ont pas même l'excuse de constituer des abréviations et, qui plus est, sont pris dans un tout autre sens que celui qu'ils devraient avoir. Le mot *thermostable*, en effet, pour ceux qui l'emploient et l'interprètent comme on le ferait d'un mot composé allemand, est l'équivalent de *stable à chaud*, alors que, traduit en bon français, il devrait signifier l'état d'un milieu dont la température reste constante, comme une masse de glace qui fond, le corps d'un animal ou une étuve à fermentation. Il y a ainsi contradiction flagrante entre la signification de l'adjectif *thermostable* et celle du substantif *thermostat*, par lequel on désigne un régulateur de température. Ce dernier mot, incorrect pour les mêmes raisons, est si usité aujourd'hui qu'on ne saurait songer à en proscrire l'emploi; mais celui de *thermolabile*, qui n'a rien de français et est aussi mal construit que les précédents, doit disparaître en même temps que son inverse *thermostable* : on trouvera toujours dans notre vocabulaire assez de qualificatifs pour le remplacer avec avantage.

A côté de ces innovations, inconciliables avec l'esprit de notre langue, il faut signaler l'abus d'expressions qui, bien que représentant des entités scientifiques importantes, n'ont quelquefois que des rapports lointains avec le sujet dont s'occupe l'auteur : citons, entre autres, celui des mots *ion*, *catalyse* et *catalytique*, si excellents quand ils sont bien à leur place, mais que certains emploient inconsidérément, dans le seul but d'illustrer leur langage ou de donner un semblant d'explication à des phénomènes dont ils ignorent la cause.

Quelques-uns tendent à perdre leur précision primitive, comme le mot *hystérésis* qui, relatif d'abord au magnétisme, a fini par être appliqué dans les conditions les plus diverses à tout système affecté de modifications permanentes. D'autres sont superflus, comme par exemple *aliphatique,* qui a déjà son synonyme *acyclique* en Chimie.

Ce ne sont là, sans doute, que des détails, mais des détails qui frappent et peuvent influencer, parfois même égarer le jugement du lecteur.

En Biologie les incorrections de langage sont également nombreuses et peut-être d'une forme plus grave encore. Oubliant, par exemple, qu'un verbe actif doit avoir un sujet et un complément, on écrit qu'un microbe *cultive* sur pommes de terre, qu'un animal *reproduit* en captivité.

Faisant d'un génitif latin le complément d'un verbe français, on nous annonce qu'une culture renferme du *coli;* il ne serait pas beaucoup plus long d'écrire *B. coli* et ce serait plus correct.

Sans souci du rôle distinct que doivent jouer dans la phrase le substantif et l'adjectif, un microbiologiste nous dit qu'il a fait des ensemencements sur *gélose glucose rouge neutre;* c'est une abréviation qui rappelle vraiment trop les mots composés d'origine étrangère, et qui d'ailleurs est imprécise.

Tel microbe *prend le Gram,* tels tissus se *fixent au Flemming,* telle extraction se *fait au Kumagawa,* sont autant de locutions vicieuses qu'il est fâcheux de voir s'introduire dans l'écriture scientifique. Le lecteur initié comprendra sans peine que le microbe se colore par la méthode de Gram, que les tissus se fixent avec le liquide de Flemming et que l'extraction se fait dans un appareil de Kumagawa; mais que pourra bien en penser un non-spécialiste désireux de comprendre la pensée de l'auteur? Il est probable qu'il se demandera si Gram, Flemming et Kumagawa sont des noms propres ou des noms communs, désignant des produits, des instruments, des méthodes ou autre chose encore.

L'expression *examen cytologique* n'est pas prise dans le même sens en Histologie et en Pathologie, ce qui témoigne d'un défaut d'entente regrettable entre les représentants de ces deux sciences; dans le même Mémoire, à quelques lignes d'intervalle, on lit *protoplasme* et *protoplasma, cytoplasme* et *cytoplasma.*

Presque tous les botanistes continuent, avec raison, à employer l'article masculin devant le nom latin des plantes, quel que soit le genre de ce nom, en écrivant, par exemple, *le Fuschia, le Rosa,* et non *la Fuchsia, la Rosa;* mais parmi les zoologistes, les uns suppriment l'article en disant : *dans Salamandra, dans Vipera,* etc., tandis que les autres s'en servent en le faisant accorder avec le genre du mot latin et par conséquent écrivent *la Salamandra, la Vipera*. En Bactériologie surtout, nombre d'auteurs en prennent véritablement trop à leur aise, car, non contents de mettre au pluriel des noms latins qui devraient rester invariables dans le texte français et de changer ainsi *micrococcus* en *micrococci*, *bacterium* en *bacteria* et *bacillus* en *bacilli*, il en est qui vont jusqu'à écrire des *bacillis*. Il est vrai qu'on nous parle aussi quelquefois de *maximas*.

Certains mots sont trop peu connus encore pour se passer de définition : ainsi qu'est-ce qu'un *accepteur* d'hydrogène ou d'oxygène ? un seul mot de ce genre suffit à faire interrompre la lecture du Mémoire qui le renferme.

Pourquoi dire, lorsqu'on expose l'historique d'une question dans une branche quelconque de la Science, qu'on fait de la *littérature*?

Que dire enfin de la ponctuation, presque toujours mal placée dans ces rédactions hâtives, quand elle n'en est pas totalement absente?

De pareilles négligences sont profondément regrettables, d'abord parce qu'elles suggèrent la crainte que l'auteur n'ait pas mis plus de soin à exécuter son travail qu'à en exposer les résultats ; ensuite parce qu'elles portent une sérieuse atteinte aux deux qualités essentielles de la langue française, qui sont la clarté et la précision. Nos anciens maîtres, les J.-B. Dumas, les Claude Bernard et autres, qu'on se plaît à lire encore aujourd'hui, nous ont pourtant montré que la pureté du langage n'est pas incompatible avec l'aridité des discussions scientifiques. C'est là pour nous un exemple à suivre, une tradition qu'il est de notre devoir de maintenir et de conserver pieusement, comme tout ce qui fait partie de notre patrimoine national.

Savoir, comme noblesse, oblige. Rappelons-nous donc que la Science française doit, comme la littérature, être écrite en français, qu'une rédaction, même des plus techniques, peut être claire et correcte tout en restant concise, et qu'il est toujours fâcheux de la déparer par des abréviations ou des mots de sens plus ou moins équivoque.

Il ne saurait être question, bien entendu, d'opposer par ces critiques le moindre obstacle au libre développement du langage scientifique, en l'astreignant à se mouvoir dans le cercle trop étroit d'un vocabulaire qui n'a pas été fait pour lui. Une langue est un organisme vivant qui croît et se développe sans cesse. La découverte de phénomènes nouveaux entraîne nécessairement la création de mots nouveaux. Des néologismes sont aussi parfois nécessaires pour éviter l'emploi de longues périphrases : c'est ainsi qu'ont été introduits les mots *isobare*, *adiabatique*, etc. Mais ces néologismes doivent être réduits au strict minimum, correctement construits, bien assemblés dans la phrase et employés toujours dans un même sens bien déterminé.

A cet égard, il est juste de reconnaître que les locutions introduites anciennement en Physique et en Mécanique sont, en général, mieux formées que celles qui figurent dans les travaux modernes de Physico-Chimie et de Biologie. Évitons ces incorrections en imitant la prudence de nos devanciers et, surtout, efforçons-nous de défendre notre langue contre toute infraction aux règles qui, de tous temps, ont présidé à la formation de son répertoire et de sa syntaxe. Entre autres avantages, ce sera pour les jeunes savants le meilleur moyen d'être compris et appréciés par un plus grand nombre de lecteurs.

ASTRONOMIE. — *Sur un cas particulier de diffraction des astres circulaires et son application au Soleil.* Note de M. MAURICE HAMY.

Dans une précédente Communication ([1]), j'ai fait connaître la valeur de l'intensité lumineuse, aux divers points de l'image d'un astre circulaire de diamètre 2ε, visible au foyer d'une lunette dont l'objectif est diaphragmé par une fente étroite de longueur l. Les formules établies fournissent l'intensité, dans une direction faisant l'angle φ avec la droite allant de l'observateur au centre de l'astre, parallèlement à un plan défini par ce centre et les lèvres de la fente. Elles supposent essentiellement que le rapport $m = \pi \dfrac{l\varepsilon}{\lambda}$ est un nombre élevé, λ désignant la longueur d'onde des radiations monochromatiques qui pénètrent dans l'œil de l'observateur. La présente Note a pour objet d'appliquer les résultats obtenus au Soleil.

Si la diffraction n'existait pas, l'image de l'astre serait un cercle limité par une circonférence résultant des lois de l'optique géométrique. Nous donnerons à cette courbe le nom de *bord géométrique*.

D'autre part, il est nécessaire d'affaiblir suffisamment la lumière, dans les observations solaires, pour que l'œil puisse supporter l'éclat des images. On peut supposer, en conséquence, pour comparer diverses méthodes d'observations les unes aux autres, que l'intensité au bord géométrique a été réduite, dans chaque cas particulier, à une valeur commune prise comme unité.

([1]) *Comptes rendus*, t. 165, 1917, p. 1082.

Appelons S_i l'expression de l'intensité, à l'intérieur du bord géométrique, supposée réduite à l'unité sur le bord lui-même. On déduit des formules (3) et (5), données antérieurement (*loc. cit.*), en posant $\alpha = \frac{\varphi}{\varepsilon}$,

$$S_i = \frac{\pi}{2} \frac{\sqrt{2(1+\alpha)} \sqrt{\frac{l}{\lambda}(\varepsilon - \varphi)} - \frac{1}{\sqrt{2\pi m}}}{1 - \frac{\pi}{2\sqrt{2\pi m}} + \frac{1}{16 m}} \qquad \left(0 < \alpha = \frac{\varphi}{\varepsilon} < 1\right),$$

avec une erreur relative de l'ordre de grandeur de

$$\frac{1}{\sqrt{2\pi(1+\alpha)} \left[2\pi \frac{l}{\lambda}(\varepsilon - \varphi)\right]^{\frac{3}{2}}}.$$

Cette expression de S_i n'a aucune signification pour $\alpha = 1$; mais elle est valable, même pour α très voisin de 1 ou φ très rapproché de ε, tant que le produit $\pi \frac{l}{\lambda}(\varepsilon - \varphi)$ est un nombre suffisamment élevé, c'est-à-dire tant que l'erreur relative est suffisamment faible.

L'expression S_e de l'intensité, à l'extérieur du bord géométrique, supposée réduite à l'unité sur le bord lui-même, s'obtient de même en partant des formules (4) et (5) (*loc. cit.*). On obtient

$$S_e = \frac{1}{2\sqrt{2(\alpha+1)}\left[\sqrt{\alpha^2-1}+\alpha\right]\left[1 - \frac{\pi}{2\sqrt{2\pi m}} + \frac{1}{16 m}\right]\sqrt{\frac{l}{\lambda}(\varphi - \varepsilon)}} \qquad \left(\alpha = \frac{\varphi}{\varepsilon} > 1\right),$$

avec une erreur relative de l'ordre de

$$\frac{\sqrt{\alpha+1}\left[\sqrt{\alpha^2-1}+\alpha\right]}{\sqrt{2\pi}\left[2\pi\frac{l}{\lambda}(\varphi - \varepsilon)\right]^{\frac{3}{2}}}.$$

Comme précédemment, cette valeur de S_e n'a pas de sens pour $\alpha = 1$ ou $\varphi = \varepsilon$. Elle est applicable, quand α est voisin de 1, lorsque le produit $\pi \frac{l}{\lambda}(\varphi - \varepsilon)$ est assez élevé, c'est-à-dire lorsque l'erreur relative est suffisamment faible.

Une première conséquence de ces formules est que le rapport des intensités, en deux points intérieurs à l'image géométrique, est fini, sans être

élevé ni petit, si ces points sont à des distances angulaires du bord géométrique du même ordre de grandeur. Il en est de même dans le cas de deux
points extérieurs à l'image géométrique. Les choses se passent, au contraire,
d'une façon différente, si l'on considère deux points à une même distance
tance angulaire ψ du bord géométrique, l'un intérieur, l'autre extérieur,
du moment où le produit $\pi \dfrac{l}{\lambda} \psi$ est élevé. Il y a alors une diminution très
importante d'intensité en passant du premier point au second. C'est cette
chute d'intensité qui donne à l'observateur l'impression de l'existence d'un
bord à l'image fournie par la lunette, bien que, mathématiquement parlant,
il n'existe pas de discontinuité entre l'intérieur et l'extérieur du bord géométrique. Prenons comme exemple le cas relatif à l'emploi d'une fente de 1^m de
longueur et supposons la longueur d'onde des radiations, admises dans l'œil,
égale à $0^\mu, 5$. A l'intérieur du bord géométrique, l'intensité en un point,
à $3''$ de ce bord, est égale au produit par $\sqrt{3}$ de l'intensité en un point, à $1''$ du
même bord. A l'extérieur du bord géométrique, l'intensité en un point,
à $3''$ du bord, est égale à celle qui caractérise un point, à $1''$ du bord,
divisée par $\sqrt{3}$. Par contre, l'intensité en un point intérieur au bord géométrique, à $1''$ de ce bord, vaut 125 fois celle qui se manifeste en un point
extérieur, également à $1''$ du bord.

Jusqu'ici ces résultats, au point de vue qualitatif tout au moins, ne
diffèrent guère de ceux qui se rapportent à une ouverture circulaire; mais
l'analogie disparaît dès que l'on examine les choses de plus près. Ainsi, pour
une ouverture circulaire, la variation d'intensité à l'intérieur du bord géométrique est égale et de signe contraire à la variation à l'extérieur, quand
on s'éloigne de part et d'autre de ce bord de la même quantité. Il en est tout
autrement, lorsque l'objectif est diaphragmé par une fente. L'intensité croît
alors beaucoup plus vite, à l'intérieur du bord géométrique, qu'elle ne
décroît à l'extérieur. Tandis qu'elle passe de 1 à zéro, à l'extérieur, elle
augmente au contraire de 1 à $\sqrt{2\pi m}$, c'est-à-dire jusqu'à une valeur élevée,
quand on passe du bord géométrique au centre de l'image.

L'étude de l'intensité, en un point immédiatement voisin du bord géométrique, ne peut être abordée qu'en partant d'un développement procédant suivant les puissances de la distance angulaire du point considéré à ce
bord. On le forme en partant des formules (5) et (6), données antérieurement (*loc. cit.*). Ce développement permet de calculer des valeurs numériques
de l'intensité, ramenée à l'unité au bord géométrique, dans des conditions
expérimentales données, et de construire la courbe de ses variations, en

prenant la distance angulaire au bord géométrique comme abscisse. La courbe ainsi obtenue diffère complètement de forme de celle qui correspond à la diffraction par une ouverture circulaire, de diamètre égal à la longueur de la fente. De la considération des deux courbes, il résulte que le bord optique de l'image est plus tranché, à égalité de grossissement, en diaphragmant une lunette par une fente de longueur égale au diamètre de l'objectif, qu'en l'utilisant à pleine ouverture. Enfin, pour un même grossissement, ce bord est aussi d'autant mieux terminé que la longueur de la fente est plus élevée.

Les pointés qu'on peut exécuter sur le bord optique se rapportent à un détail, difficile à définir exactement, coïncidant probablement avec le point de l'image de part et d'autre duquel l'opposition de lumière paraît maximum à l'observateur. Plus ce détail est net, à égalité de grossissement, plus les mesures sont concordantes; mais il existe nécessairement une différence entre elles et celles qu'on ferait sur le bord géométrique lui-même, si l'on pouvait le rendre visible.

Imaginons maintenant qu'un procédé physique permette de déterminer la différence en question. L'avantage de l'interposition d'une fente devant l'objectif d'une grande lunette, pour mesurer le diamètre vrai du Soleil, apparaît alors avec évidence, vu ce qui précède. Mais cet avantage devient encore plus manifeste si l'on a égard à la circonstance que l'instrument doit rester absolument identique à lui-même pendant la durée des opérations. Or on ne peut y parvenir qu'en réduisant au minimum la quantité de chaleur admise dans la lunette, obligation qui conduit à rejeter l'emploi d'un grand objectif à pleine ouverture. En fait, dans les observations méridiennes relatives au Soleil, on diaphragme l'objectif de l'instrument à o^m,10 environ. La difficulté signalée, pour un objectif entier, n'existe pas en armant la lunette d'observation d'une fente de longueur égale à son ouverture. La quantité de chaleur pénétrant à l'intérieur est alors négligeable, du moment où les lèvres sont assez rapprochées, pour permettre d'observer le bord optique directement à l'œil, sans interposition de verre noir devant l'oculaire. L'emploi d'un grand télescope, tel que celui du mont Wilson, pour une pareille observation, pourrait même être envisagé, sans avoir à redouter les effets de la température, tandis qu'il ne saurait en être question à pleine ouverture.

Cependant la difficulté disparaîtrait, en déposant sur l'objectif d'une lunette, une couche d'argenture affaiblissant assez la lumière incidente, pour permettre l'observation du Soleil, directement à travers l'ocu-

laire. Mais on y regardera toujours, dans un observatoire, avant d'immobiliser, pour longtemps, un instrument de grande ouverture, d'autant
plus que les journées, au cours desquelles les images solaires sont calmes,
se comptent dans l'espace d'une année. La présence de l'argenture, sur
l'objectif, aurait d'ailleurs comme conséquence probable de rendre
impossible la détermination de l'équation personnelle de l'observation du
bord optique par rapport au bord géométrique. Une pareille recherche
nécessite, en effet, l'emploi d'un astre artificiel, d'éclat inférieur à celui du
Soleil, et le bord optique de son image doit être une copie exacte, conforme
aux indications de la théorie, de la répartition de lumière qui caractérise la
structure du bord optique de l'image solaire. A cette condition seulement,
la distance angulaire du bord géométrique de l'image de l'astre artificiel, au
détail de son bord optique sur lequel portent les mesures, a même valeur
que l'équation personnelle qui se rapporte à l'image solaire. Je me bornerai
à dire ici que ces conditions sont parfaitement réalisables, en diaphragmant
la lunette par une fente étroite, grâce à la faculté qu'on a de laisser pénétrer
plus ou moins de lumière, dans l'instrument, en faisant varier un peu la
largeur de l'espace compris entre les lèvres.

La discussion d'observations dépourvues d'erreurs systématiques, réparties sur un grand nombre d'années, permettrait d'aborder l'étude si importante des variations du diamètre solaire vrai, notamment au cours de la
période undécennale. A ces variations se rattachent l'entretien du rayonnement et de la température de l'astre. C'est surtout à ce point de vue que la
création d'une méthode d'observation précise de ce diamètre puise son
intérêt.

Mais il ne faut pas perdre de vue que de bonnes observations du Soleil
ne peuvent être obtenues qu'en opérant sur des images dénuées d'ondulations aux bords. A cet égard, un observatoire installé, vers 3000ᵐ d'altitude,
sur un plateau couvert de neige et abrité, à quelques kilomètres, par de
hautes cimes, rendrait les plus grands services à la physique solaire.
Conservant la température de la glace fondante, quelle que soit l'ardeur du
rayonnement de l'astre, un pareil sol ne déverse pas de chaleur dans
l'atmosphère. C'est pourquoi les mouvements de convection habituels des
couches d'air, dus à l'échauffement des terrains avoisinant l'observateur,
ne sauraient prendre naissance dans ces conditions. On écarterait ainsi la
principale cause perturbatrice des images qui nuisent en général si fortement aux observations solaires. Je rappelle, à ce sujet, que le petit
flambeau, sommité presque totalement enrobée de glace qui précède le

col du Géant, sur le versant français du massif du mont Blanc, paraît présenter une situation favorable à l'installation d'un observatoire consacré à l'étude du Soleil ([1]).

CHIMIE ANALYTIQUE. — *Nouveaux procédés de dosage du cuivre, du zinc, du cadmium, du nickel et du cobalt.* Note de M. **Adolphe Carnot.**

Ces métaux présentent, comme on sait, un caractère commun, très important pour l'analyse. Ils sont, comme on dit par abréviation, solubles dans l'ammoniaque, c'est-à-dire que leurs sels forment, avec les sels ammoniacaux, des sels doubles, qui ne sont pas décomposés par l'ammoniaque. En conséquence, leurs solutions acides n'éprouvent aucune précipitation, lorsqu'on y verse de l'ammoniaque en excès, dont une partie forme des sels doubles de ce genre.

Lorsqu'il n'y a pas de composé ammoniacal, leurs solutions sont précipitées par les carbonates alcalins.

On peut s'étonner que cette réaction ne soit pas utilisée pour leur dosage, qui en serait simplifié ; mais l'exclusion de ces réactifs est motivée par une observation importante, faite depuis longtemps : c'est que le précipité fourni par eux ne serait pas complet et qu'il serait impur.

On trouve, en effet, consigné dans les Ouvrages ([2]) de deux anciens maîtres en analyse minérale, Henri Rose et E. Rivot, que : 1° la précipitation est incomplète ; car on retrouve dans le liquide une quantité du métal d'autant plus importante que l'excès du carbonate alcalin est plus grand; 2° le précipité contient une quantité notable d'alcali, que l'on ne peut enlever pratiquement par des lavages, même soignés et prolongés.

Cela paraît d'autant plus regrettable que l'on pourrait trouver, dans un mode de précipitation aussi simple et aussi rapide, de sérieux avantages, entre autres celui d'éviter l'emploi de réactifs sulfurés, qui sont une gêne au voisinage de certaines industries.

Pour éviter les deux causes d'erreurs signalées, j'ai pensé qu'il était nécessaire de changer la nature du milieu où se fait la précipitation, et j'ai profité de l'observation suivante : ayant eu occasion de dissoudre

([1]) *Comptes rendus*, t. 158, 1914, p. 1236.
([2]) Henri Rose, *Chimie analytique*, éd. fr., 1859-1862. — E. Rivot, *Docimasie*, t. 3 et 4, 1864.

par l'ammoniaque une certaine quantité d'hydrate de zinc, je remarquai
que la dissolution était entièrement précipitée par l'addition de carbonate de sodium suivie d'ébullition. Je renouvelai l'essai sur l'hydrate ou
l'hydrocarbonate de cuivre et j'obtins encore une précipitation complète.
Les résultats furent étendus aux autres métaux du même groupe, notamment
au nickel. Je fus ainsi amené à formuler une méthode nouvelle de précipitation applicable à ces divers métaux et je m'en suis servi assez souvent pour
pouvoir la recommander, comme fournissant un dosage rapide, sans erreur
systématique résultant de perte de matière ou de surcharge, et se prêtant
à certaines séparations nouvelles entre quelques-uns des métaux du même
groupe.

Voici la marche générale à suivre :

On doit être sûr que la solution, neutre ou acide, ne contient pas de sel
ammoniacal; sinon, il faut commencer par chasser l'ammoniaque, ce qu'on
peut faire en évaporant à siccité, calcinant légèrement et redissolvant par
quelques gouttes d'acide et un peu d'eau.

La solution est neutralisée à froid par du carbonate de sodium en excès
modéré, mais sensible. On s'assure qu'il y a réellement excès de réactif,
soit au moyen du papier de tournesol, qui, rougi par la liqueur au début,
doit être au contraire, après addition du carbonate, immédiatement
ramené au bleu, soit en observant la partie supérieure du liquide, qui,
après agitation et repos, doit devenir limpide et n'être aucunement troublée par une addition nouvelle du même réactif.

Un excès de carbonate alcalin est indispensable pour que l'ammoniaque
ajoutée ensuite ne trouve plus dans la liqueur de sel métallique, avec
lequel il y aurait formation d'un sel double non précipitable.

On verse alors, avec précaution, de l'ammoniaque (ou quelquefois du
carbonate d'ammonium) dans la solution encore peu étendue où s'est faite
la première précipitation. Le réactif ammoniacal, introduit par petites
quantités à la fois, dissout le précipité très facilement s'il s'agit du zinc ou
du cuivre, plus lentement pour le nickel et le cobalt s'ils sont en quantité importante. Autant que possible, on ne met d'ammoniaque que la
quantité à peu près nécessaire pour la dissolution.

On ajoute de l'eau jusqu'à avoir un volume total de 150^{cm^3} à 200^{cm^3}
pour $0^g,30$ à $0^g,50$ de métal environ. On chauffe à l'ébullition, qu'on
maintient assez tranquille pendant toute la durée de la précipitation. Celle-ci
se fait d'autant plus rapidement que l'excès du réactif ammoniacal est
moindre; elle s'achève quelquefois en 5 minutes, surtout avec l'ammo-

niaque seule; elle dure davantage avec le carbonate. Elle se prolonge d'autant plus qu'il y a un plus grand excès du réactif; il arrive souvent alors qu'il se dépose, sur la paroi interne du vase où se fait l'ébullition, un enduit adhérent, qu'il est difficile d'enlever autrement que par dissolution.

Lorsque la limpidité et la décoloration de la liqueur indiquent que la précipitation est terminée, on décante sur un filtre pour éviter des pertes accidentelles, et, avant d'aller plus loin, on s'assure, par l'essai au sulfure d'ammonium d'une partie du liquide, qu'il n'y reste aucune trace du métal. On active alors la décantation, en lavant à l'eau pure le dépôt, qu'on recueille directement dans une capsule tarée, afin d'éviter, lors de la calcination, toute réduction et volatilisation au contact d'un filtre carbonisé, s'il s'agit du zinc ou du cadmium. On peut le recevoir sur un filtre, si l'oxyde est irréductible et fixe, comme ceux de cuivre ou de nickel.

La précipitation dans le liquide bouillant peut avoir donné, selon la nature du métal et celle du réactif ammoniacal, soit un oxyde, comme celui de cuivre, soit un hydrate ou un hydrocarbonate, comme ceux de zinc et de nickel, soit un carbonate neutre, comme celui de cadmium, comme il sera dit plus loin.

La calcination à l'air de ces composés fournit, en général, des oxydes de composition constante et bien connue, qu'il suffit de peser pour avoir le dosage certain; mais quelquefois il peut être préférable de les soumettre à la réduction par l'hydrogène au rouge, afin de peser le métal lui-même à l'état de pureté.

S'il y a un enduit adhérent au vase, on le dissout par un peu d'acide azotique dilué et chaud, qu'on reçoit dans une capsule tarée; on ajoute une ou deux gouttes d'acide sulfurique, on évapore à siccité et l'on calcine pour peser le sulfate neutre. Dans le cas où il n'y aurait dans le filtre qu'un très petit précipité, on le traiterait de la même façon et l'on réunirait les deux liquides, pour les évaporer ensemble et avoir, en une seule pesée à la fois, tout le métal à l'état de sulfate; le poids de ce sel, très supérieur à celui de l'oxyde métallique correspondant, a l'avantage de fournir un dosage plus précis.

Je dois maintenant indiquer, pour chacun des métaux du groupe, la nature et les caractères des précipités obtenus dans l'application du procédé qui vient d'être décrit.

1° *Cuivre*. — Le carbonate de sodium, en décomposant les solutions cuivriques exemptes de sels ammoniacaux, donne, à froid, un précipité d'un bleu vert, qui est un hydrocarbonate ou carbonate basique, de composition variable. L'ébullition le transforme en un oxyde cuivrique d'un noir brun, renfermant toujours quelques centièmes d'alcali; la liqueur, filtrée après la précipitation à froid ou à chaud, contient plus ou moins de cuivre et se colore en noir par le sulfure d'ammonium.

L'hydrocarbonate formé à froid se dissout très aisément dans le liquide qui l'entoure, additionné avec précaution d'ammoniaque ou de carbonate d'ammonium. Les liqueurs sont bien limpides et de teintes bleues différentes; chauffées à l'ébullition, elles produisent rapidement des précipités noirs, d'aspect cristallin ou pailleté, d'oxyde cuivrique pur; les dépôts obtenus sont noirs, sans la teinte brune qui accuse la présence d'alcali (¹); la solution devenue incolore, décantée ou filtrée, n'est ni troublée, ni colorée par l'addition de sulfure d'ammonium. Le dosage du cuivre peut se faire par simple calcination, à l'état CuO; s'il y a quelque peu d'enduit brunâtre dans la fiole, on fait le dosage en $CuSO^4$.

2° *Zinc*. — Le précipité formé dans une solution de zinc, exempte de tout sel ammoniacal, est un hydrocarbonate blanc, gélatineux; il faut s'assurer que la solution est devenue basique avant d'y introduire le réactif ammoniacal en léger excès. Il y a dissolution facile à froid, soit par l'ammoniaque, soit par le carbonate d'ammonium.

Avec le premier de ces réactifs il se produit, par une ébullition courte ou prolongée selon que l'excès de réactif est petit ou grand, un précipité blanc, très gélatineux, d'hydrate de zinc, qui, retenu sur un filtre, se contracte en petites masses dures, translucides.

Le carbonate d'ammonium, introduit dans la liqueur en présence d'un excès de carbonate de sodium, donne par ébullition du carbonate seul ou mêlé d'hydrate, constituant une poudre blanche plus facile que l'hydrate à retenir sur filtre et à détacher après dessiccation.

On fait le dosage du zinc en brûlant le filtre à part, après l'avoir imprégné d'azotate d'ammonium. On pèse ZnO. S'il n'y a qu'un très petit dépôt sur le filtre, ou s'il s'est formé un enduit blanc dans la fiole, on les dissout ensemble pour les convertir en $ZnSO^4$.

On peut constater que le liquide filtré, après ébullition avec de l'ammoniaque ou avec du carbonate d'ammonium, ne donne, par le sulfure d'am-

---

(¹) RIVOT, *Traité de Docimasie*, t. 4, p. 20-24.

monium, aucun trouble blanc, ni aucun précipité, même du jour au lendemain; la précipitation du zinc est donc bien totale.

3° *Cadmium*. — Le carbonate alcalin précipite à froid le cadmium, non
pas à l'état de carbonate basique, comme les autres métaux du même
groupe, mais à celui de carbonate neutre, formant un précipité blanc,
grenu. Ce carbonate est beaucoup moins soluble dans l'ammoniaque diluée
que le précipité zincique; en outre, il n'est pas soluble dans le carbonate
d'ammonium, lorsque celui-ci ne contient pas d'ammoniaque libre. Dans
un mélange des deux réactifs plus ou moins dilués, il se dissout notablement à froid; mais, par ébullition en présence d'un peu de carbonate de
sodium en excès, il est entièrement précipité à l'état de carbonate.

Il peut être pesé à l'état de carbonate neutre blanc, $CdCO^3$, après dessiccation sur filtre; mais il est, en général, préférable de le séparer du filtre,
qu'on brûle à part avec les précautions employées pour le dosage du zinc
et de le calciner au rouge sombre pour le peser à l'état d'oxyde brun, CdO.
Le dosage se ferait à l'état de sulfate, $CdSO^4$, s'il y avait un enduit blanc
dans la fiole ou si la quantité de métal était trop petite pour un bon dosage
à l'état de CdO.

4° *Nickel*. — La précipitation par le carbonate de sodium produit un
carbonate basique ou hydrocarbonate de nickel, d'un blanc verdâtre, assez
gélatineux et incomplet; le liquide filtré se colore en noir ou en brun par
l'addition de sulfure d'ammonium. L'hydrocarbonate se dissout dans l'ammoniaque ou dans le carbonate d'ammonium dilué, en formant des solutions
bleues de teintes un peu différentes, plus claires que les solutions cuivriques
correspondantes.

Ces solutions, chauffées à 100° en présence d'un peu de carbonate de
sodium, fournissent un précipité complet, qui est un hydrocarbonate s'il y
a excès de carbonate, et un hydrate nickeleux, d'un vert pomme plus franc,
si l'ébullition se fait en présence d'ammoniaque libre. Ce précipité est très
gélatineux et s'attache facilement aux parois de la fiole. Séché sur filtre, il
se contracte beaucoup et forme des masses dures d'un vert clair. La précipitation est complète, car le sulfure d'ammonium ne produit ni trouble, ni
coloration dans la liqueur filtrée.

Le précipité, pulvérisé avec les précautions nécessaires et chauffé au
rouge sombre, devient noirâtre; sa composition est alors comprise entre
Ni^3O^4 et NiO. Chauffé au rouge très vif, il arrive à NiO en reprenant sa

couleur verte. Le dosage peut être fait à cet état ou à l'état de métal Ni, après réduction au rouge dans un courant d'hydrogène pur et sec.

L'adhérence du précipité hydraté à la paroi du verre peut constituer une difficulté; il en est de même de la dureté qu'il prend par dessiccation; on les évite en dissolvant le dépôt lavé et encore humide par un peu d'acide sulfurique dilué et faisant le dosage à l'état de sulfate.

5° *Cobalt.* — La précipitation par le carbonate alcalin produit, à froid, un hydrocarbonate rose qui, lorsqu'on chauffe le liquide, passe au bleu vif et ensuite au violacé; la précipitation est incomplète, de même que pour le nickel, et le liquide filtré se colore en noir par l'addition d'un sulfure.

L'hydrocarbonate rose se dissout dans l'ammoniaque en formant une solution rouge qui se modifie peu à peu par oxydation à l'air. Dissous dans le carbonate d'ammonium, il donne une solution plus claire, inaltérée au contact de l'air.

Chauffées à l'ébullition en présence du carbonate alcalin en léger excès, les deux solutions ammoniacales donnent des précipités d'un gris noir un peu violacé, contenant tout le métal et passant au noir par dessiccation et calcination. La composition des oxydes calcinés est alors voisine de Co^3O^4; ils sont ramenés à l'état métallique par calcination au rouge dans l'hydrogène.

Lorsque le *nickel* et le *cobalt* se trouvent ensemble dans une solution acide, sans sel ammoniacal, ils sont précipités à froid par le carbonate alcalin et se redissolvent un peu difficilement dans l'ammoniaque ou le carbonate en faible excès. L'ébullition détermine un précipité, qui est d'un vert foncé si la proportion de cobalt est petite, et d'un gris violacé de plus en plus sombre à mesure qu'elle est plus grande par rapport au nickel. Le liquide filtré n'est pas coloré par le sulfure d'ammonium; la précipitation des deux métaux est donc complète. Le dépôt, reçu sur filtre, séché et calciné, ne fournit cependant pas un dosage satisfaisant, parce que les deux métaux n'arrivent pas au même degré d'oxydation. Mais le dosage peut être fait après leur réduction simultanée dans l'hydrogène au rouge; la pesée fait connaître alors la somme des poids des deux métaux. Dès lors, il suffit de faire le dosage de l'un des deux; on choisit, en général, de préférence, celui qu'on sait être en plus petite proportion.

En résumé, la nouvelle méthode de précipitation consiste en deux opérations, qui se succèdent dans un même vase; on emploie d'abord le carbonate de sodium à froid, en excès assez faible, mais certain; puis on redissout le précipité par l'ammoniaque en petit excès (plus rarement par le carbonate d'ammonium) et l'on chauffe à l'ébullition de manière à obtenir la précipitation totale, on filtre et on lave à l'eau distillée, chaude ou froide.

Le précipité est un oxyde, un hydrate, un hydrocarbonate (ou, par exception, un carbonate neutre). La calcination le convertit facilement en un oxyde anhydre ou, par réduction, en un métal pur. On peut aussi, surtout lorsqu'il y a peu de matière, le transformer en un sulfate neutre.

J'ajoute que l'état chimique des métaux, dans les précipités obtenus, peut offrir de nouveaux moyens de séparation entre eux; je me propose de le montrer dans une prochaine Communication.

ÉLECTIONS.

L'Académie procède, par la voie du scrutin, à l'élection d'un Correspondant pour la Section d'Anatomie et Zoologie, en remplacement de M. *Maupas*, décédé.

Au premier tour de scrutin, le nombre de votants étant 40,

M. Cuénot obtient. . . . . 35 suffrages
M. Kœhler   »   3   »
M. Dubosq   »   2   »

M. Cuénot, ayant réuni la majorité absolue des suffrages, est élu Correspondant de l'Académie.

CORRESPONDANCE.

M. de Forcrand prie l'Académie de vouloir bien le compter au nombre des candidats à l'une des places vacantes dans la Division des Membres non résidants.

MM. Georges Claude, L. Lumière, A. Rateau prient l'Académie de vouloir bien les compter au nombre des candidats aux places de la Division, nouvellement créée, des *Applications de la Science à l'Industrie*.

Sir Aurel Stein adresse des remercîments pour la distinction que l'Académie a accordée à ses travaux.

M. Henri Blondel adresse un Rapport sur l'emploi qu'il a fait de la subvention qui lui a été accordée sur la *Fondation Loutreuil* en 1917.

M. le Secrétaire perpétuel signale, parmi les pièces imprimées de la correspondance :

1° *Gaston Darboux*, par Ernest Lebon.

2° *Les études de Physique du Globe aux États-Unis*, par E. Doublet. (Présenté par M. G. Bigourdan.)

3° *Enquête sur la production française et la concurrence étrangère*, effectuée et publiée pour l'Association nationale d'expansion économique. Rapporteurs généraux : MM. Henri Hauser et Henri Hittier. Préface de M. David-Mennet. (Présenté par M. Tisserand.)

ANALYSE MATHÉMATIQUE. — *Les classes de noyaux symétrisables.*
Note de M. Trajan Lalesco.

Les noyaux symétrisables qui se rencontrent dans les applications sont de plusieurs sortes, suivant la symétrie du facteur composant et du noyau résultant.

Soit $G(x, y)$ un noyau symétrique, tel que

$$G(x, y) = \varepsilon G(y, x) \qquad (\varepsilon = \pm 1).$$

Nous dirons que c'est un noyau symétrique du type (ε). Un noyau symétrisable sera dit du type $(\varepsilon, \varepsilon')$ si le facteur composant et le noyau résistant sont respectivement du type (ε) et (ε').

D'après cette définition, il existerait quatre types de noyaux symétrisables; mais on peut facilement démontrer que les types $(1, -1)$ et $(-1, 1)$ coïncident, de sorte qu'il n'existe que les classes suivantes :

$$1° \quad (1, 1); \qquad 2° \quad (\varepsilon, -\varepsilon); \qquad 3° \quad (-1, -1).$$

La classe $(1, 1)$ a été découverte et étudiée par M. J. Marty, ces noyaux jouissent de propriétés analogues à celles des noyaux symétriques si le facteur de composition est en outre positif.

Le type $(1, -1)$ se rapproche des noyaux symétriques gauches. Si le noyau (1) qui figure dans son équation de définition est positif, les propriétés de ces noyaux symétrisables sont analogues à celles des noyaux symétriques gauches.

Voici quelques propriétés générales des noyaux symétrisables :

1° Le noyau itéré, de puissance k, d'un noyau symétrisable $(\varepsilon, \varepsilon')$ est aussi symétrisable et du type

$$[\varepsilon,\ \varepsilon'(\varepsilon\varepsilon')^{k-1}].$$

2° Tout noyau $N(x, y)$, symétrisable à gauche par exemple, *admet une infinité de facteurs composants*, du même côté. Il y a alors lieu de considérer parmi eux celui de puissance composée minimum, ou l'un d'eux s'il y en a plusieurs.

Si $A(x, y)$ est ce facteur composant, soit $g + 1$ la première puissance itérée du noyau $N(x, y)$, telle que l'équation

$$\int B(x, s) A(s, y)\, ds = N^{(g+1)}(x, y)$$

soit résoluble.

Nous dirons, dans ce cas, que le noyau symétrisable $N(x, y)$ est de genre g.

On peut facilement déterminer une limite supérieure de g dans la plupart des cas. C'est ainsi que tout noyau symétrisable, produit composé de deux noyaux symétriques, est de genre zéro ; tout noyau polaire de la forme $A(x)B(x, y)B(y)$ est de genre au plus égal à un, etc.

On a alors le théorème suivant :

Tout noyau symétrisable, fermé et de genre fini, est symétrisable des deux côtés.

On démontre pour cela que $B(x, y)$ est symétrique, du type $\varepsilon'(\varepsilon\varepsilon')^{g+1}$ et qu'il rend $N(x, y)$ symétrique, par composition à droite.

Le noyau $N(x, y)$, considéré comme symétrisable à droite, est du type

$$[\varepsilon'(\varepsilon\varepsilon')^{g+1},\ \varepsilon(\varepsilon\varepsilon')^{g+1}],$$

ce qui donne une vérification d'invariance pour la notion des classes que nous venons de proposer.

ANALYSE MATHÉMATIQUE. — *Sur la représentation, par des volumes, de certaines sommes abéliennes d'intégrales doubles.* Note de M. **A. Buhl.**

J'ai montré, dans ma Note du 28 janvier, que la somme abélienne

$$(1) \qquad \sum \int \int \Psi(X_i, Y_i, Z_i)\, dX_i\, dY_i$$

relative aux m cloisons découpées, sur une surface algébrique

$$F(X, Y, Z) = 0,$$

par un cône quelconque Γ, de sommet O, pouvait s'exprimer par l'intégrale

$$(2) \qquad \int \int R(x, y, z)\,(x f_x + y f_y + z f_z)\, \frac{dx\, dy}{f_z},$$

relative à une cloison quelconque,

$$f(x, y, z) = 0,$$

tendue dans le cône.

Un premier point remarquable est que, en partant d'intégrales (1),
dépendant de fonctions Ψ différentes et attachées à des surfaces F différentes, on peut parvenir à des intégrales (2) identiques, c'est-à-dire où la
fonction $R(x, y, z)$ est la même. D'où, entre sommes abéliennes d'origines
diverses, des théorèmes d'équivalence plus ou moins intéressants. Et l'interprétation géométrique la plus simple d'une intégrale double consistant
généralement dans son assimilation à un volume, nous allons voir que, pour
la somme (1), cette assimilation se présente sous une forme digne d'être
notée.

Puisque R est homogène d'ordre -3, on pourra toujours écrire

$$R(x, y, z) = -\frac{\varphi_{k-3}}{\varphi_k}.$$

Alors, d'après des travaux précédemment publiés (^{1}), l'expression (2)
n'est autre chose que la somme abélienne des volumes coniques déterminés, dans le cône Γ, par la surface *à centre* (au sens général de ce mot)

$$\varphi_k + \star + \varphi_{k-2} + \varphi_{k-3} + \ldots + \varphi_0 = 0.$$

(^{1}) *Annales de la Faculté des Sciences de Toulouse* (4ᵉ et 5ᵉ Mémoires), 1914,
1915; *Comptes rendus,* t. 164, 1917, p. 489; *Bulletin des Sciences mathématiques,*
décembre 1917.

Si l'on veut que cette surface auxiliaire soit aussi simple que possible, on pourra réduire son équation à

$$(3) \qquad\qquad \varphi_k + \varphi_{k-3} = 0.$$

Alors O est, en même temps qu'un centre, un point singulier d'ordre $k-3$; toute droite passant par O ne rencontre la surface, en dehors de O, qu'en un seul point *réel* A. Le lieu de ces points A est une nappe qui limite dans Γ un seul volume réel qui représente, à lui seul, la somme abélienne (1).

Les deux autres volumes, limités à des nappes imaginaires de (3), et qu'il faudrait adjoindre au précédent, ont une somme nulle d'après les propriétés des racines cubiques de l'unité parce que, dans un même cône élémentaire, on a deux volumes qui, outre un tel facteur, contiennent ε_1^3 et ε_2^3.

Toutes ces images, en dehors de leur intérêt propre, facilitent grandement la discussion des sommes abéliennes (1).

CHIMIE ORGANIQUE. — *Sur le mécanisme de la formation de certains isomères de la cinchonine et de leurs dérivés hydrohalogénés.* Note (1) de M. E. **Léger**, présentée par M. Charles Moureu.

J'ai montré récemment (2) que la cinchonine et trois de ses isomères : la cinchoniline, la cinchonigine et l'apocinchonine peuvent fournir la même base hydrobromée quand on les chauffe avec HBr.

Pour expliquer ce fait remarquable, admettons pour la cinchonine la formule suivante qui est une simplification de celle adoptée par P. Rabe et Bruno Böttchner (3),

$$CH^2 = CH - [C^{16}H^{17}(CH)N^2],$$
$$\qquad\qquad\qquad\quad |$$
$$\qquad\qquad\qquad OH$$

nous pourrons, avec ces auteurs, considérer la cinchonigine et la cinchoniline comme des bases dérivées d'une oxydihydrocinchonine par perte de H^2O, ce qui en ferait des sortes d'éthers-oxydes internes de ce composé. La cinchonigine et la cinchoniline pourraient alors être représentées par la formule

$$CH^3 - CH - [C^{16}H^{17}(CH)N^2].$$
$$\qquad\quad |$$
$$\qquad\quad O \rule{4cm}{0.4pt}$$

---

(1) Séance du 28 janvier 1918.
(2) *Comptes rendus*, t. 166, 1918, p. 76.
(3) *D. chem. Gesell.*, t. 50, p. 127.

Le mécanisme de la production de l'apocinchonine aux dépens de la cinchonine s'expliquerait également en admettant la formation intermédiaire
d'une oxydihydrocinchonine; le groupement $CH^2 = CH - \overset{\diagup}{\underset{|}{CH}}$ de la cin-
chonine étant changé en $CH^3 - CHOH - \overset{\diagup}{\underset{|}{CH}}$ par fixation d'eau sur la
double liaison vinylique. Par perte d'eau, ce composé donnerait le groupe-
ment $CH^3 - CH = \overset{\diagup}{\underset{|}{C}}$ qui caractériserait l'apocinchonine; celle-ci diffé-
rerait donc de la cinchonine par le déplacement d'une double liaison. Ce
n'est, du reste, pas la seule différence qui existe entre les deux bases, ainsi
qu'on le verra plus loin.

J'ai de bonnes raisons de penser que l'oxydihydrocinchonine, que nous
avons considérée comme le terme intermédiaire entre la cinchonine et ses
isomères, n'est pas un composé hypothétique.

La fixation de HBr et en général des hydracides se fait, comme le montra
Skraup ([1]), sur la double liaison vinylique de la cinchonine. L'hydrobromo-
cinchonine renfermerait donc le groupe $CH^3 - CHBr - \overset{\diagup}{\underset{|}{CH}}$. Il est facile
de voir que la fixation de HBr : 1° sur les doubles liaisons de la cinchonine
et de l'apocinchonine, 2° sur la liaison éther-oxyde de la cinchoniline et de
la cinchonigine doivent conduire à la même hydrobromocinchonine.

Cette déduction serait rigoureusement exacte si les corps considérés
étaient inactifs; or, nous savons qu'ils sont doués du pouvoir rotatoire. La
production, à l'aide de HBr, de composés d'addition ayant, pour les quatre
bases examinées, des pouvoirs rotatoires identiques, suppose donc que la
fixation de HBr est précédée, pour certaines d'entre elles, de transformations stéréochimiques.

La cinchonine et la cinchoniline où ces transformations sont réduites au
minimum, puisqu'elles ne donnent guère que de l'hydrobromocinchonine,
et cela très rapidement pour la première base, posséderaient le même arrangement stérique; leur isomérie reposerait sur des différences de structure.

Avec la cinchonigine, en même temps que se produirait la fixation
de HBr qui donnerait lieu à la production du dérivé hydrobromé normal
dont le bibromhydrate possède $\alpha_D = +127°,3$, il y aurait transformation

---

([1]) *Monat. f. Chem.*, t. 20, p. 585.

d'une partie de la cinchonigine en cinchoniline. La transformation des deux bases sous l'influence des acides est, en effet, réversible (Skraup)([1]).

La transformation de la cinchonigine en cinchoniline et de cette dernière en hydrobromocinchonine stable en présence de HBr progresserait plus rapidement que la fixation simple de HBr sur la cinchonigine, ce qui explique que la première réaction prédomine.

Avec l'apocinchonine, les choses se passeraient de même; il y aurait production du dérivé hydrobromé normal dont le bibromhydrate possède $\alpha_D = +128°,6$ et, en même temps, transformation de l'apocinchonine en cinchoniline qui donnerait de l'hydrobromocinchonine ([2]).

La cinchonigine et l'apocinchonine formeraient un second groupe dont les deux termes auraient même arrangement stérique mais celui-ci serait différent de celui qui existe dans la cinchonine et la cinchoniline.

L'hydrobromocinchonine, traitée par KOH alcoolique, perd son atome de brome à l'état de HBr pour la formation duquel un H est emprunté au groupe OH pour donner la cinchoniline ou au groupe CH voisin de Br pour donner l'apocinchonine, les deux réactions se produisant simultanément. Il n'y a pas formation de cinchonigine en quantité dosable.

La production de la δ-cinchonine et de la cinchonirétine est due à des causes encore indéterminées. On voit que la cinchonine, d'après ce qui précède, ne doit pas être régénérée dans l'action de KOH sur les bases hydrobromées, ce qui est conforme à la réalité.

La présente étude me conduit à renoncer à l'explication que Jungfleisch et moi ([3]) avons donnée de la genèse des isomères obtenus dans l'action de $SO^4 H^2$ sur la cinchonine. On se rappellera que la théorie que nous proposions n'était autre qu'une extension de celle qui fut, en 1853, proposée par Pasteur pour expliquer la formation de la cinchonicine à l'aide de la cinchonine. Les expériences de Miller et Rohde ([4]) ont montré que la cinchonicine (cinchotoxine) n'est pas un stéréoisomère de la cinchonine mais que l'OH de celle-ci y est remplacé par un CO.

Nous venons de voir que l'apocinchonine, la cinchonigine et la cinchoniline ont des constitutions différentes de celle de la cinchonine. La cincho-

([1]) *Monat. f. Chem.*, t. 22, p. 171.

([2]) Voir HLAVNICKA, *Monat. f. Chem.*, t. 22, p. 191.

([3]) *Comptes rendus*, t. 105, 1887, p. 1255.

([4]) *D. chem. Gesell.*, t. 27, p. 1187; t. 28, p. 1056; t. 33, p. 3214.

nigine et la cinchoniline, d'autre part, semblent être stéréoisomères entre elles.

CHIMIE ANALYTIQUE. — *Sur l'examen du fulminate de mercure et l'analyse des mélanges pour amorces.* Note (¹) de MM. PAUL NICOLARDOT et JEAN BOUDET, présentée par M. Henry Le Chatelier.

Le fulminate de mercure peut renfermer du mercure métallique ainsi que l'ont déjà indiqué MM. Berthelot et Vieille, d'après les résultats fournis par l'analyse élémentaire. Il est possible de mettre en évidence la présence du mercure libre par l'analyse immédiate.

En traitant à froid 1^g du fulminate à examiner par 5^g d'hyposulfite d'ammonium dans $100^{cm³}$ d'eau, tout le fulminate se dissout très rapidement. Le mercure libre reste insoluble sous la forme de poudre grise ou de globules brillants suivant les cas. La pesée du mercure peut s'exécuter facilement sur double filtre taré ou sur un filtre taré en alumine spéciale, après lavage à l'eau, à l'alcool et à l'éther, et séchage dans un dessiccateur, renfermant de la potasse et du mercure.

La teneur en mercure libre, dans certains échantillons examinés, peut dépasser 2 pour 100. Il ne paraît pas y avoir de relation entre la couleur du fulminate et la proportion de mercure qu'il renferme.

Dans les amorces, le fulminate de mercure peut être mélangé à un certain nombre de matières et parfois on peut trouver réunis du sulfure d'antimoine, du nitrate ou du chlorate de potassium, de la poudre de verre. L'analyse d'un mélange aussi complexe peut cependant s'exécuter avec facilité, en utilisant deux produits : le sulfhydrate et le sulfite d'ammoniaque qui, comme l'hyposulfite d'ammonium employé plus haut, n'apportent aucune matière fixe et dont la pureté peut être, par suite, vérifiée très facilement à l'aide d'une simple calcination.

La méthode est fondée sur les faits suivants :

1° Le sulfhydrate d'ammoniaque transforme le fulminate de mercure en un sulfure rouge de formule HgS.

2° Le sulfure d'antimoine est dissous complètement par le sulfhydrate

---

(¹) Séance du 4 février 1918.

d'ammoniaque jaune; il peut être reprécipité complètement à l'état de sulfure Sb^2S^3, exempt de soufre, par le sulfite d'ammoniaque.

Manière d'opérer. — L'amorce, ou les amorces sont traitées par 10^{cm^3} de sulfhydrate jaune d'ammoniaque pendant 2 heures à froid et puis 1 heure à 60°. Le fulminate de mercure est transformé en sulfure rouge et reste insoluble avec le verre pilé, s'il y en a. Le sulfure recueilli sur le filtre taré est lavé à l'eau, à l'alcool, au sulfure de carbone, à l'éther, et pesé. Sa formule est HgS. S'il y a de la poudre de verre, celle-ci est pesée en même temps. Il suffit de calciner ensuite le filtre et de volatiliser HgS à aussi basse température que possible, pour obtenir le poids de la poudre de verre.

La liqueur, traitée par le sulfite d'ammoniaque (7^g) au bain-marie, laisse séparer le sulfure d'antimoine à l'état de sulfure rouge dense. Celui-ci est recueilli sur filtre taré, lavé à l'eau, séché et pesé.

Les sels alcalins sont dosés à l'état de sulfates, après volatilisation des sels ammoniacaux et avec les précautions ordinaires. Un dosage de l'acide sulfurique permet de voir s'il y a de la soude avec la potasse.

Le chlorate ou le nitrate sont caractérisés et dosés par épuisement du mélange initial par l'eau froide et d'après les procédés connus.

Restent encore à doser les impuretés qui, avec le sulfure de mercure, se retrouvent presque totalement à l'état de sulfures insolubles. Ces impuretés sont dues : les unes, au sulfure d'antimoine (fer et plomb); les autres, à l'attaque du métal des amorces (zinc et cuivre). Une partie du sulfure de cuivre passe toutefois en solution et se retrouve avec le sulfure d'antimoine; le cuivre est dosé par électrolyse, après calcination des sulfures et reprise par l'acide nitrique.

CHIMIE ANALYTIQUE. — *Sur la précipitation de l'acide phosphorique à l'état de phosphomolybdate d'ammonium : Dosage pratique de l'acide phosphorique par une simple mesure azotométrique.* Note [1] de M. **J. CLARENS**, transmise par M. Paul Sabatier.

La composition du phosphomolybdate d'ammonium n'est pas établie avec certitude. Tandis que les uns estiment que, dans le complexe ainsi

([1]) Séance du 4 février 1918.

dénommé, l'acide phosphorique existe sous forme de phosphate triammonique, d'autres pensent qu'il y figure sous forme de phosphate diammonique retenant par occlusion des quantités de molybdate d'ammonium
dépendant des conditions de la précipitation.

Cette incertitude fait qu'il est impossible d'évaluer la teneur du précipité en acide phosphorique d'après la quantité d'ammoniaque qu'il renferme.

Ce dernier mode d'évaluation aurait des avantages incontestables comme
simplicité. Aussi j'ai cherché s'il ne serait pas possible de trouver des conditions faciles à réaliser, assurant au précipité de phosphomolybdate d'ammonium une teneur rigoureusement déterminée, en ammoniaque.

J'ai établi que :

1° Le précipité obtenu par action dans les conditions habituelles de
réactif molybdique est sensiblement insoluble *dans l'eau distillée ;*

2° *L'acide azotique à* 1 *pour* 100 dissout d'abord du précipité, une très
minime partie renfermant de l'acide phosphorique facile à déterminer,
et aussi une partie beaucoup plus importante, ne contenant pas d'acide
phosphorique et qui est très vraisemblablement du nitromolybdate d'ammonium.

Après action de l'acide azotique à 1 pour 100, le précipité restant est un
mélange des phosphomolybdates diammonique et triammonique, dans une
proportion qui dépend de la concentration en sels ammoniacaux des liquides
précipitants.

Au précipité global obtenu, on peut assigner la formule

$$PO^4H^3(NH^3)^3, \quad nMoO^3; \quad PO^4H^3(NH^3)^2, \cdot (NO^3H, NO^3HNH^3), \quad mMoO^3.$$

3° En augmentant la proportion des sels ammoniacaux dans les liquides
précipitants, par addition de nitrate d'ammonium, on remplace progressivement NO^3H par NO^3HNH^3 et la formule du précipité devient

$$PO^4H^3(NH^3)^3, \cdot nMoO^3; \quad PO^4H^3(NH^3)^2, \quad NO^3HNH^3, \quad mMoO^3.$$

A ce moment, *la quantité d'ammoniaque existant dans le précipité est la
même que si tout l'acide phosphorique était précipité à l'état de phosphate
triammonique.* En réalité, le précipité est un complexe renfermant du phosphate triammonique et du phosphate biammonique, 1^{mol} de ce dernier
fixant 1^{mol} de nitrate d'ammonium, vraisemblablement à l'état de nitromolybdate.

Cette aptitude du précipité à la fixation du nitrate d'ammonium n'est pas un fait isolé. Elle s'exerce aussi, en particulier, vis-à-vis du sulfate d'ammonium. Lorsque la précipitation de l'acide phosphorique par le réactif molybdique s'effectue en présence d'acide sulfurique, NO^3HNH^3 est remplacé, molécule à molécule, par $SO^4H^2(NH^3)^2$, le sulfomolybdate ainsi fixé étant insoluble dans l'acide azotique à 1 pour 100.

Donc, en présence d'acide sulfurique, le précipité de phosphomolybdate obtenu peut renfermer une quantité d'ammoniaque supérieure à celle qui correspond au phosphate triammonique, dépendant dans chaque cas particulier des proportions des acides azotique et sulfurique existant dans les liquides au sein desquels s'effectue la précipitation.

La diversité des opinions régnant sur la composition du précipité de phosphomolybdate d'ammonium semble encore attribuable à deux autres causes :

En premier lieu, la solubilité notable de la partie nitromolybdate d'ammonium du précipité, dans les liquides précipitants, lorsque ces derniers ont la composition généralement recommandée dans les Traités d'Analyse : la quantité d'ammoniaque renfermée dans le précipité dépendra du volume du liquide qui surnage ce précipité.

En second lieu, les solutions employées pour le lavage du précipité ont, sur ce dernier, suivant leur composition, une influence très notable et très différente, toujours sur la partie nitromolybdate fixée par le phosphate diammonique. Les solutions peu riches en sels ammoniacaux (par exemple, celles qui sont constituées par une dilution du réactif molybdique avec addition d'acide azotique) dissolvent ce nitromolybdate, et la composition du précipité restant après lavage dépendra du volume de liquide employé pour ce lavage. Au contraire, les solutions riches en sels ammoniacaux (dilution du réactif molybdique avec addition d'acide azotique et de *nitrate d'ammonium*) transforment progressivement $PO^4H^3(NH^3)^2$, NO^3H en $PO^4H^3(NH^3)^2$, NO^3HNH^3, de telle sorte que, par lavage avec une pareille solution, le précipité lavé s'enrichit progressivement en ammoniaque pour arriver à une teneur correspondant à la précipitation de tout l'acide phosphorique à l'état de phosphate triammonique.

En se plaçant au point de vue pratique de l'évaluation de l'acide phosphorique par la teneur en ammoniaque du précipité de phosphomolybdate, on peut conclure que :

1° On n'arrive à un précipité ayant une teneur définie en ammoniaque, qu'en opérant la précipitation en présence de quantités suffisantes de nitrate d'ammonium ($0^g,1$ d'anhydride phosphorique dissous dans 10^{cm^3} d'eau

additionnés de 100^{cm^3} de réactif molybdique dans lesquels on a préalablement
fait dissoudre 15^g à 20^g de nitrate d'ammonium), et lavant ensuite le précipité à l'eau distillée, ou bien encore, mais ceci est une complication, en
traitant le précipité obtenu dans les conditions habituellement recommandées dans les Traités d'Analyse et avant lavage à l'eau distillée, par une
solution suffisamment riche en nitrate d'ammonium (15^g à 20^g de ce sel
pour 100^{cm^3}).

2° Dans les deux cas ci-dessus, on arrive à un précipité dont la teneur en
ammoniaque est rigoureusement la même que si tout l'acide phosphorique
était à l'état de phosphate triammonique. Le dosage de l'acide phosphorique est donc ramené à un dosage d'ammoniaque. Ce dernier pouvant
s'effectuer, après dissolution du précipité de nitrophosphomolybdate dans
la potasse, par une méthode azotométrique quelconque, il en résulte que le
dosage de l'acide phosphorique devient une opération simple et rapide à la
portée des laboratoires les moins bien outillés.

Un grand nombre de déterminations, faites en évaluant l'azote dégagé
par l'augmentation de pression qu'il détermine dans un azotomètre à
volume constant, m'ont donné des résultats d'une précision entièrement
satisfaisante.

ANATOMIE. — *Sur une variation anatomique du métacarpien II.* Note
de M. **Louis Dubreuil-Chambardel**, présentée par M. Edmond Perrier.

J'ai rencontré, sur le squelette monté d'un homme d'une cinquantaine
d'années, une anomalie fort intéressante des deux mains, qui apporte un
utile renseignement sur la question encore controversée de l'ossification du
métacarpien II.

Dans ces deux mains, les métacarpiens II sont formés par deux pièces
distinctes articulées entre elles et réunies par des ligaments propres.

L'os dans son ensemble a la forme générale, les dimensions et le volume
d'un métacarpien normal. Sa longueur totale est de 65^{mm}. Il est divisé en
deux parties d'inégale valeur : l'une, distale, la plus grande, constitue les
quatre cinquièmes de l'article; l'autre, proximale, plus petite, n'a qu'un
cinquième de la hauteur totale.

L'os distal a 50^{mm}, il est constitué par un cylindre effilé terminé à son
extrémité inférieure par une tête globuleuse; il représente, en réalité, la
diaphyse et l'épiphyse distale du métacarpien.

L'os proximal a 15^{mm}; il représente l'épiphyse supérieure. Il a une forme cubique et sa face palmaire est plus réduite que sa face dorsale.

L'articulation des deux parties du métacarpien II est une énarthrose. Elle est taillée en biseau suivant un plan dorso-palmaire, inféro-supérieur et légèrement radio-cubital. Il s'ensuit que l'interligne articulaire dorsal est sensiblement oblique. Les surfaces articulaires sont presque planes.

Les deux os sont étroitement unis l'un à l'autre par une gaine fibreuse très épaisse, au milieu de laquelle des éléments plus forts se réunissent en faisceaux formant sur la face dorsale, la face palmaire et les deux faces latérales de véritables ligaments très courts et très solides.

Il résulte de cet état de choses que les mouvements articulaires dorso-palmaires et latéraux des deux os entre eux ont une amplitude extrêmement réduite et négligeable en pratique.

Une coupe longitudinale d'un des métacarpiens II m'a permis de reconnaître l'architecture de chacun des deux os constitutifs. L'os distal présente un cylindre de tissu compact assez épais entourant un canal médullaire très réduit; l'épiphyse inférieure est constituée par du tissu spongieux; l'extrémité supérieure est également formée par ce même tissu sur une hauteur de 4^{mm}.

L'os proximal est entièrement constitué par du tissu spongieux dont les aréoles sont de petites dimensions.

La disposition anatomique, ci-dessus décrite, se trouvait identique aux deux métacarpiens II. L'absence des os du pied sur le squelette monté ne m'a pas permis de vérifier si une variation analogue existait également aux métatarsiens II.

Le caractère de bilatéralité et de symétrie complète aux deux mains de cette anomalie permet d'exclure absolument toute cause d'origine pathologique, par exemple une fracture des os ayant provoqué une pseudarthrose.

On ne saurait comparer cette variation avec une disposition d'une nature toute différente qu'on rencontre au métacarpien III et constituée par l'indépendance absolue ou limitée de l'apophyse styloïde de ce dernier os. Le professeur Leboucq, de Gand, étudiant, après Grüber, quelques faits où cette apophyse était soit complètement indépendante, soit soudée plus ou moins avec les éléments du carpe, a parfaitement mis en lumière la morphogenèse d'une variation aujourd'hui bien connue.

Le développement, en un os distinct, de l'épiphyse proximale du métacarpien II, peut s'expliquer par l'étude des points d'ossification de cet os.

Il est de notion classique de considérer que le métacarpien II se forme aux dépens de deux points: l'un primaire pour la diaphyse et l'extrémité supérieure, l'autre secondaire pour l'extrémité inférieure.

Mais il n'est pas rare, et nous avons insisté sur ce fait dans différentes Notes ([1]), de rencontrer sur des mains d'enfants de 4 à 12 ans, soit par l'examen des cartilages, soit, plus facilement, par la radiographie, un point d'ossification secondaire à l'extrémité proximale. Ce point, qui n'est pas constant, apparaît cependant avec une fréquence telle que sa présence ne peut pas être considérée comme accidentelle.

La variation que nous avons décrite dans cette Note peut donc s'expliquer par un défaut de fusion entre le point d'ossification secondaire de l'épiphyse proximale et le point primitif de la diaphyse.

C'est une variation de même ordre que celles où des points secondaires d'ossification ne se soudent pas avec les points primitifs et forment des os distincts, par exemple l'os acromial.

Quoi qu'il en soit, c'est là une disposition qui nous paraît extrêmement rare et instructive. Il n'en existe pas à notre connaissance d'autres exemples dans la bibliographie anatomique.

BIOLOGIE. — *Disparition du pouvoir infectant chez l'Anophèle paludéen, au cours de l'hibernation.* Note de **M. E. Roubaud**, présentée par M. A. Laveran.

Les données relatives à la durée de conservation des sporozoïtes dans les glandes salivaires des moustiques infectés de *Plasmodium* sont encore peu nombreuses et se réduisent à quelques faits concernant les *Plasmodium* des oiseaux, qui évoluent chez les *Culex*. On sait qu'un moustique infecté n'épuise pas en une seule piqûre son pouvoir infectant, mais peut, par des piqûres successives, infecter plusieurs oiseaux.

Les Sergent ([2]), en particulier, ont démontré que des *Culex* infectés sur un oiseau à *Plasmodium relictum* peuvent non seulement transmettre leur infection à un premier canari neuf, mais encore à un deuxième. Ils n'ont pu, d'autre part, constater l'infection d'un troisième oiseau par ces mêmes *Culex*, ce qui tend à prouver une disparition assez rapide du pouvoir infectant des moustiques.

---

[1] *Notes anatomiques*, 1914, p. 23.
[2] *Annales de l'Institut Pasteur*, avril 1907.

D'un autre côté, les mêmes auteurs (¹) signalent chez des *Culex* infectés, en état d'hibernation, l'existence de vieux sporozoïtes d'hiver provenant d'une infection datant déjà de 1 ou 2 mois. On est ainsi amené à penser à une conservation hivernale possible des sporozoïtes dans les glandes salivaires des moustiques.

En ce qui concerne les *Plasmodium* du paludisme humain, aucun fait expérimental n'est venu étayer les hypothèses relatives à la durée de conservation des sporozoïtes dans les glandes et l'on en est réduit à raisonner par analogie, d'après les faits connus pour les *Plasmodium* des oiseaux.

Il y a intérêt, au point de vue épidémiologique, à connaître la durée de conservation de l'infection malarique chez le Moustique, afin d'éclairer en particulier le rôle joué par ce dernier dans le maintien hivernal de l'endémicité. Des observations récentes de Mitzmain, aux États-Unis (²), établissent manifestement l'absence d'infection des Anophèles en hiver : sur plus de 3000 Anophèles examinés en cette saison, aucun n'a été trouvé porteur de sporozoïtes. Les expériences du même auteur (³) confirmant celles de Grassi, Schoo, Janczo, etc., montrent que ce défaut d'infection est lié à l'arrêt de développement des zygotes et des sporocystes sous l'influence du froid. Mais on peut se demander si, lorsque l'évolution complète du parasite malarien a pu s'achever avant l'hiver, les sporozoïtes ne se conservent pas à l'état de repos dans les glandes, jusqu'aux premières chaleurs.

L'expérience, que je rapporte ci-après, fournit quelque lumière sur ce point :

Un lot de cinq *Anopheles maculipennis*, éclos de larves provenant de Meudon, ont été nourris le 30 août sur un paludéen de l'armée d'Orient, porteur de croissants de *Plasmodium præcox* (tierce maligne) (⁴). Trois de ces moustiques, examinés de 7 à 12 jours plus tard, montrent une infection sporocystique intense. Un quatrième, disséqué le 25ᵉ jour, décèle l'achèvement de l'évolution : les glandes sont bourrées de sporozoïtes, malgré deux repas de sang frais, l'un le 18ᵉ, l'autre le 20ᵉ jour.

Le cinquième moustique est conservé sur jus sucré au laboratoire (temp. : max. 24°C., minim. 4°C.). Le 21 novembre (deux mois et demi après l'infection) il

---

(¹) *Comptes rendus*, t. 147, 1908, p. 439.
(²) *U. S. Publ. Health Repts*, juillet 1915 et décembre 1916.
(³) *Ibid.*, 31 août 1917.
(⁴) J'ai précédemment montré la susceptibilité des Anophèles parisiens à l'égard des deux parasites de la tierce (*Comptes rendus*, t. 165, 1917, p. 401).

pique pour la première fois un singe, sans se nourrir. Le 22 novembre il pique une souris et un cobaye; le 14 décembre il se gorge sur un cobaye (soit seulement deux repas de sang complets depuis l'infection).

Le 14 décembre (106ᵉ jour après l'infection) le pouvoir infectant de l'Anophèle est alors mis à l'épreuve par piqûre sur mon bras ([1]). Le moustique pique sans se nourrir. Résultat : *aucune infection ne se produit;* les Hématozoaires n'apparaissent pas dans le sang.

Le 4 janvier (4 mois et 5 jours après le repas infectant) le moustique est sacrifié et examiné. L'une des deux glandes salivaires se montre complètement vide de sporozoïtes. Dans la seconde glande quelques sporozoïtes seulement sont encore visibles, mais pour la plupart sous des *formes d'involution*, arquées, en S, etc. Il n'y a pour ainsi dire plus de sporozoïtes normaux.

Il faut conclure de cette expérience que non seulement les glandes salivaires se déchargent de leurs sporozoïtes au bout d'un nombre de piqûres relativement peu élevé, mais encore que les sporozoïtes, s'ils n'ont pu être évacués, dégénèrent lentement dans le tissu des glandes ou le milieu salivaire. La conservation prolongée du pouvoir infectant chez l'Anophèle infecté n'apparaît pas possible. Au contraire de l'infection salivaire trypanosomienne des Glossines, qui est le plus souvent durable et se maintient jusqu'à la mort de la mouche infectée, l'infection salivaire plasmodienne des Anophèles n'est qu'une infection temporaire et fugace. On ne saurait donc envisager le milieu salivaire des moustiques comme un milieu d'hibernation pour les sporozoïtes malariens.

MÉDECINE, — *La crosse de l'aorte dans le goitre exophtalmique.* Note de M. **Folley**, présentée par M. Roux.

Les résultats que nous apportons dans cette Note sont étayés sur de très nombreuses observations de malades ayant au complet les principaux symptômes de la maladie de Basedow : exophtalmie, goitre, sueurs, tremblements, etc. En comparant l'individu normal au malade on constate des faits précis qui sont résumés dans les quatre paragraphes suivants A, B, C, D.

A. La percussion de la paroi antérieure du thorax d'un sujet normal révèle une zone de matité répondant au médiastin supérieur. Au niveau du premier, du deuxième et du troisième espace intercostal, cette matité déborde

---

([1]) Depuis ma précédente infection expérimentale datant du 13 septembre, les Hématozoaires n'ont pas été revus dans le sang.

à peine le sternum et a une largeur d'environ 7^{cm}. Au contraire, chez le Basedowien, au niveau des trois premiers espaces intercostaux, la matité déborde très largement du sternum et atteint très souvent une largeur de 12^{cm} à 17^{cm}.

B. La délimitation au phonendoscope de la projection sternocostale du médiastin supérieur donne des résultats identiques à ceux que fournit la simple percussion. Chez l'individu normal cette projection se fait au niveau du sternum; elle est à peine plus large que ce dernier dans les trois premiers espaces intercostaux. Chez le Basedowien la projection du médiastin est très large et souvent déborde beaucoup le sternum, atteignant des dimensions transversales de 12^{cm} à 17^{cm}.

C. La radioscopie antéro-postérieure [montre que, sur l'écran, la projection de la crosse de l'aorte est élargie.

Chez le sujet normal les dimensions réelles de la crosse sont dans le sens transversal au niveau des trois premiers espaces intercostaux, toujours inférieures à 8^{cm}.

Chez le Basedowien la projection, en vraie grandeur, de la crosse de l'aorte atteint et même dépasse souvent 12^{cm}; cet élargissement correspond d'ailleurs, à peu de chose près, à l'élargissement de la matité sterno-costale décrite dans les paragraphes A et B.

D. La radioscopie oblique montre que le diamètre de l'aorte a augmenté, il atteint quelquefois 8^{cm} et 9^{cm}, le plus souvent il oscille entre 4^{cm} et 6^{cm}, alors que chez l'individu normal il est de 3^{cm}.

Ces faits nous montrent que dans tous les cas de Basedow typiques examinés il y a toujours :

1° Une dilatation de l'aorte ;

2° Une augmentation de la largeur de la projection radiographique de la crosse de l'aorte ;

3° Un élargissement de la matité thoracique correspondant au médiastin supérieur.

A 16 heures et quart l'Académie se forme en comité secret.

La séance est levée à 16 heures trois quarts.

A. Lx.

————

Ouvrages reçus dans les séances de novembre 1917.

L'enseignement agricole libre, par Georges Lemoine. Extrait du bulletin de septembre-octobre 1917 de la Société d'encouragement pour l'industrie nationale. Paris, Renouard, 1917; 1 fasc. in-4°. (Présenté par l'auteur.)

Genera insectorum, dirigés par P. Wytsman; 64ᵉ fascicule : *Coleoptera fam. pselaphidæ*, par A. Raffray. Bruxelles, P. Wytsman, 1908; 1 vol. in-4°. (Présenté par M. Bouvier.)

La statique des fluides. La liquéfaction des gaz et l'industrie du froid, par E.-H. Amagat et L. Décombe. Paris-Liége, Bérenger, 1917; 1 vol. in-8°. (Présenté par M. Le Chatelier.)

Problèmes d'après guerre. La réforme de l'éducation nationale, par Georges Hersent. Paris, Hachette, 1917; 1 vol. in-8°.

La vie des orchidées, par Julien Costantin. Paris, Ernest Flammarion, 1917; 1 vol. in-16. (Présenté par l'auteur.)

Notions fondamentales de Chimie organique, par Charles Moureu. Paris, Gauthier-Villars, 1917 (5ᵉ édition); 1 vol. in-8°. (Présenté par l'auteur.)

Notes ptéridologiques; fascicule IV, par le prince Bonaparte. Paris, chez l'auteur, 1917; 1 fasc. in-8°. (Présenté par l'auteur.)

Histoire géologique de la mer, par Stanislas Meunier. Paris, Flammarion, 1917; 1 vol. in-12.

L'Océanographie (en langue russe), par J. de Schokalsky. Petrograd, 1917; 1 vol. in-4°. (Présenté par M. Lallemand.)

Le devoir agricole et les blessés de guerre, par Jules Amar. Paris, Dunod et Pinat, 1917; 1 fasc. (Présenté par M. Tisserand.)

L'enseignement de la Chimie industrielle en France, par Eugène Grandmougin. Paris, Dunod et Pinat, 1917; 1 vol. in-16. (Présenté par M. Blondel.)

La protection des navires de commerce contre les sous-marins, par Ch. Doyère. Paris, Challamel, 1918; 1 fasc.

Contribution à l'étude de la résistance à la marche d'un navire, par Ch. Doyère. Paris, Challamel, 1918; 1 fasc.

Études de lépidoptérologie comparée, par Charles Oberthür, fascicule XIV. Rennes, Oberthür, 1917; 1 vol. in-8°.

(*A suivre.*)

————♦♦♦————

ACADÉMIE DES SCIENCES.

SÉANCE DU LUNDI 18 FÉVRIER 1918.

PRÉSIDENCE DE M. Léon GUIGNARD.

MÉMOIRES ET COMMUNICATIONS

DES MEMBRES ET DES CORRESPONDANTS DE L'ACADÉMIE.

ASTRONOMIE. — *Sur diverses stations astronomiques françaises du* XVIIᵉ *siècle.*
Note (¹) de **M. G. Bigourdan.**

Au XVIIᵉ siècle le nombre de nos stations astronomiques est considérable ;
une des raisons, sans doute, est que les observations, encore rudimentaires,
n'exigent que des instruments peu coûteux, souvent construits par les
observateurs eux-mêmes.

Aussi est-il peu de villes importantes qui n'aient alors quelque astronome, observant au moins les éclipses, pour déterminer sa longitude.
D'ailleurs la géodésie naissante révélait dans la Carte de France des erreurs
considérables qu'il importait de corriger au plus tôt. C'est encore pour des
raisons géodésiques qu'on trouve tant de stations sur la méridienne de
France.

Après avoir mentionné précédemment un assez grand nombre de ces
stations (voir *Comptes rendus*, t. 161 et suiv.), particulièrement celles dont
l'activité s'est prolongée, j'indiquerai sommairement les autres ; toutefois
je laisserai momentanément de côté celles qui ont été l'origine d'observatoires marquants, telles que Bordeaux, Lyon, ... Pour les moins importantes, je les mentionnerai dans l'ordre alphabétique, plus commode pour
les recherches, et j'indiquerai très sommairement, avec des abréviations,
les observations qu'on y a faites. Ainsi *Long.* (sat.), *Lat.* ($\odot$, $\star$) indiquent

---

(¹) Séance du 11 février 1918.

une longitude déduite d'observations des satellites de Jupiter, une latitude déterminée par des hauteurs méridiennes du Soleil et d'étoiles, etc.

L'activité de toutes ces stations débute au XVIIᵉ siècle; quand elle se continue dans la suite, j'indique les observations qu'on y a faites plus tard afin d'éviter d'y revenir.

Les observations mentionnées sont tirées généralement des publications suivantes :

Anciens Mémoires de l'Académie des Sciences (*Anc. Mém.*), relatifs à la période qui a précédé 1699. Les pages sont, comme précédemment, celles de l'éd. compacte in-4°. Le Tome VII est divisé en deux parties (VII₁, VII₂), subdivisées elles-mêmes la première en deux et la seconde en trois sections. L'abréviation VII₂, 3, par exemple, indique la troisième section de VII₂.

De la Grandeur et de la Figure de la Terre (*Fig. Terre*), suite des *Mémoires* de l'Académie des Sciences pour 1718. On peut supposer que les observateurs, qui ne sont pas nettement spécifiés, sont Cassini I ou Cassini II.

Annales célestes du XVIIᵉ siècle de Pingré, dont je donne seulement, entre parenthèses la page et les deux derniers chiffres de l'année; ainsi (374; 82) signifie *Annales célestes*, p. 374, correspondant à l'année 1682.

La Rochelle.

La présence à La Rochelle d'une marine importante et d'une école d'hydrographie a naturellement incité à faire dans cette ville des observations astronomiques; mais il ne semble pas qu'il y ait jamais eu d'observatoire proprement dit.

Richer, partant pour son célèbre voyage de Cayenne, y détermina (décembre 1671 et janvier 1672), « proche l'Église Cathédrale », la latitude par des hauteurs méridiennes de l'étoile polaire et de l'épaule droite d'Orion (*Anc. Mém.*, VII₁, 2, p. 6; voir aussi VII₁, 1, p. 144).

Les Jésuites, établis dans cette ville dès l'année de sa capitulation (1628), y dirigèrent ensuite un collège auquel furent attachés deux religieux qui observèrent quelques éclipses, les PP. *Maria* et *Tauzin*.

Le premier, peu expérimenté encore et aidé de son confrère, observa à La Rochelle l'éclipse de Lune du 16 mai 1696; l'observation est rapportée par Pingré (p. 545) d'après les manuscrits de Delisle. Peu après on le trouve d'abord à Angoulême, où il manquait d'instruments, puis à Fontenay-le-Comte.

Le P. *Tauzin*, qui était à Pau en 1694, observa l'éclipse de Lune du

8 novembre 1696 à La Rochelle; d'après une lettre qu'à cette occasion il écrivit peu après à Lahire (*Obs.*, B, 4, 12), il fut aidé par le P. Droüauld([1]) « qui entend assez bien les Mathématiques ».

Il n'avait encore qu'un quart de cercle de $1\frac{1}{2}$ pied de rayon, mais il se proposait d'en faire construire un plus grand. En outre, il annonçait l'intention de publier des éphémérides exactement calculées et qui devaient commencer à 1701.

Sans doute il ne resta pas longtemps à La Rochelle, car c'est à Saintes qu'il observa l'éclipse de Lune du 29 octobre 1697.

Dans le cours de ses nombreux voyages, Jean *Deshayes* fit à La Rochelle l'observation des éclipses de Soleil du 23 septembre 1699 (*Mém. Acad.*, 1701, p. 78) et du 23 septembre 1701.

Un professeur d'hydrographie, le P. Yves *Valois* ([2]), jésuite, tenta d'y observer l'éclipse de Soleil du 25 juillet 1748, mais les nuages la lui cachèrent. Une lettre autographe de lui, écrite à cette occasion, se trouve dans la correspondance de J.-N. Delisle (IX, 150).

Un demi-siècle plus tard la même chaire d'hydrographie était occupée par *Mérigot* qui paraît avoir voulu s'adonner aux observations; mais d'après une de ses lettres, écrite au Bureau des Longitudes, il n'avait d'autre instrument qu'un télescope.

Autres stations, dont l'activité ne s'est pas prolongée.

ABBEVILLE. — Cassini I y observe en 1688 : *Anc. Mém.*, II, p. 34.

AGEN. — Écl. ⊙ 1687 mai 11, observée par un *anonyme* (431; 87).

ALBY. — Lat. (⊙, ⋆) 1700 : *Fig. Terre*, p. 171-172. — Le 30 septembre 1736, Plantade y observa une éclipse du 2ᵉ satellite de Jupiter.

AMIENS. — Lat. (⋆) 1670, Picard et 1688, Cassini I : *Anc. Mém.*, II, p. 57; VII₁, 1, p. 44; (284; 69) et *Fig. Terre*, p. 279.

ARNAY-LE-DUC. — Lat. (⋆) 1694, Cassini I, II : *Anc. Mém.*, VII₂, 2. p. 4.

AUBUSSON. — Lat. (⊙) 1700 : *Fig. Terre*, p. 166.

AURILLAC. — Lat. (⊙) 1700 : *Fig. Terre*, p. 169-170.

([1]) Même dans *Bibl.* S. J. je ne retrouve aucune indication sur les trois jésuites Droüault, Maria et Tauzin.

([2]) Né à Bordeaux le 2 novembre 1694, il occupa pendant 30 ans sa chaire d'hydrographie de La Rochelle, devint à sa fondation, en 1732, membre de l'Académie de cette ville et la quitta en 1762. Il a publié un Traité de pilotage (*Bibl.* S. J.). D'après L. Delayant (*Cat. des mss.* de La Rochelle, p. 194), il serait né en 1697 et mourut en 1769.

Le Bausset (en Provence). — Lat. (σ) 1672, par Cassini 1 : *Anc. Mém.*, VIII, 70.

Bayonne. — Long. (sat.), Lat. ($\odot$, $\star$), Déclinaison magnétique et Marées, 1680 sept.-oct., Picard et Lahire : *Anc. Mém.*, VII₁, 1, p. 137-142 et (358; 80).

    Plus tard, *Simonin* y observa les éclipses de Soleil de 1764 avril 1 et 1769 juin 4 (*Mém. Acad.*, 1764, p. 275 et 1769, p. 432) ainsi que le passage de Vénus de 1769. Dans ces observations de 1769 il était aidé par le P. Théodore d'*Almeida* qui, d'après Jean Bernouilli (*Lettres sur différents sujets*, 1777, t. II, p. 262) s'occupait depuis longtemps d'Astronomie pratique, ayant observé le précédent passage de Vénus à Porto en Portugal, et fait d'autres observations avec le P. Chevalier.

    Vers la même époque d'*Eyriniac*, « Ingénieur ordinaire du Roi et Directeur des Fortifications », faisait à Bayonne des observations météorologiques : *Mém. Acad.*, 1766, H., p. 40.

Bort (près du Mont Dore). — Lat. ($\star$) 1700 : *Fig. Terre*, p. 168-169.

Bourges. — Long. (sat.) et Lat. ($\odot$, pl., $\star$) 1700-1701 : *Fig. Terre*, p. 162 et (599; 00).

Brion (en Anjou). — Lat. (σ) et conj. $\sigma - \psi$ ≋ en 1672, par Picard : *Anc. Mém.*, VII₁, 1, p. 104; VIII, p. 60; — Lem. H. C., p. 28, 46.

Cambrai. — Latitude 1718 : *Fig. Terre*, p. 232.

Carcassonne. — Long. (occult.) et lat. ($\odot$, $\star$), 1700 : *Fig. Terre*, p. 172 et (597; 00). — Dans la suite on a fait dans cette station des observations nombreuses, à l'occasion des autres mesures de la méridienne de France.

Cette. — Long. (sat.), Lat. ($\odot$, $\star$) et Réfractions en 1674, par Picard : *Anc. Mém.*, VII₁, 1, 108-117 et (320; 74).

Chalons-sur-Marne. — Éclipse de $\mathbb{C}$ du 29 novembre 1648 par le P. de *Billy* : (188; 48). — *Bélétré* y observa le passage de Vénus de 1761 : *Mém. Acad.*, 1761, H, p. 112, et un *anonyme* y observa l'éclipse de Soleil du 1ᵉʳ avril 1764 : *Mém. Acad.*, 1764, p. 149, et 1780, p. 213.

La Charité-sur-Loire. — Lat. ($\star$), occult. σ, 1672, Cassini 1 : *Anc. Mém.*, VIII, p. 61 et (305; 72). — Lat. ($\star$) 1701 : *Fig. Terre*, p. 187.

Cherbourg. — Lat. ($\star$), Marées et Réfractions, 1681, par Picard (*Anc. Mém.*, VII₁, 1, p. 151). — En 1813 on y faisait des observations météorologiques qui furent envoyées au Bureau des Longitudes, et en 1822 il y avait un observatoire commode pour l'observation des marées; comme on y manquait de moyens pour déterminer l'heure, le Bureau demanda au ministre les instruments nécessaires.

Collioure. — Long. (écl. $\mathbb{C}$), Lat. ($\odot$) 1701 : *Mém. Acad.*, 1701, p. 65, 68, et *Fig. Terre*, p. 142-149 et 179-181.

Cordouan. — Longitude et latitude géodésiques; Déclinaison magnétique, 1680, par Picard et Lahire : *Anc. Mém.*, VII₁, 1, p. 143.

Cosne. — Lat. ($\star$) 1672, Cassini 1 : *Anc. Mém.*, VIII, p. 61.

Croc (en Auvergne). — Long. (sat.) et Lat. ($\odot$) 1700, Cassini : *Fig. Terre*, p. 166-167 et (603; 00).

Dieppe. — Ecl. $\mathbb{C}$ 1668 mai 25, *Denys* et *Estienne* (A, 1, 8, 63). — Long. (sat.) et Lat. ($\star$) 1681, Varin et *Deshayes* ([1]) : *Anc. Mém.*, VIII, p. 164-165. — Lat., 1688,

---

([1]) *Deshayes*, dont nous ne connaissons que les travaux, prit part, avec Varin et Deglos, à un voyage en Afrique et en Amérique, principalement pour la détermi-

Cassini et Denys, professeur d'hydrographie : *Anc. Mém.*, II, p. 34 et VII₁. —
Beaucoup plus tard, en 1783, *Dulague* y observa l'éclipse de Lune du 10 septembre :
Mém. Acad., 1783, H, p. 28. — Au xixᵉ siècle, Nell de Bréauté fit à La Chapelle,
près Dieppe, des observations météorologiques et aussi diverses observations astronomiques de position, avec des instruments peu puissants. Voir De Zach, *Corresp.
astr.*, IV, 46, 54, 194; VI, 113...; IX, 82; XI, 247-259; XIII, 418, et XIV, 256....
DOUAI. — Lat., 1718 : *Fig. Terre*, p. 232.
DUNKERQUE. — Long. (sat.) et Lat. (☉,✶), Lahire, 1681 : *Anc. Mém.*, VII₁, 1, p. 154...
et (363; 81). — En 1718 : Base et Lat. (✶) : *Fig. Terre*, 217, 230. Dans la suite,
on a souvent observé à ce terme nord de la méridienne de France.
HAM. — Écl. ☉ 1666 juill. 1, par L. *Legrand* (269; 66).
LE HAVRE. — P. *Petit*, ingénieur royal, puis intendant des fortifications, y observe
l'éclipse de Soleil du 1ᵉʳ juin 1639 (130; 39) et celle de ☾ du 18 octobre 1641
(149; 41).
    Plus tard, *Deglos* (¹) y observa celle (☾) de 1684 juillet 12(387; 84) et peut-être
celle (☉) de 1694 juin 22 (523; 94).
    Après un long intervalle on rencontre encore quelques autres observations : celle
du passage de Vénus de 1769 par l'abbé *Dicquemare* (*Mém. Acad.*, 1769, 498 et
M, 421); puis celles de deux éclipses de Soleil en 1781 et 1787 par *Cléron*,
professeur d'hydrographie (*Mém. Acad.*, 1781, p. 15, et 1787, p. 5).

---

nation des longitudes par les éclipses des satellites de Jupiter (*Recueil d'obs.*, 1693,
ou *Anc. Mém.*, VIII, 146). Je pense que c'est lui qui, en 1669, avait concouru,
devant l'Académie des Sciences, pour les longitudes, qu'il proposait de déterminer
par l'observation de la Lune. (*Reg.* V, fol. 184, 194).
    En 1681, il prend le titre de « Professeur en Mathématiques... au bout du Pont-
Neuf, proche le Bureau du Grenier à sel », dans l'édition de *L'Usage du Compas de
Proportion* de Denis Henrion qu'il donna alors, et qui eut elle-même une nouvelle
édition en 1685.
    En cette dernière année, il publia *La théorie et la pratique du nivellement*, qui
eut une 2ᵉ édition en 1695.
    En 1685, il observe à Québec l'éclipse de Lune du 10 décembre, et en 1699 il s'em-
barque pour l'Amérique sur un vaisseau commandé par le chevalier Renau. Dans le
cours des années 1699-1700, il fit de nombreuses observations : éclipses, longitudes,
latitudes. longueur du pendule à secondes. En même temps il dresse une carte, publiée
ensuite, du fleuve Saint-Laurent, depuis son embouchure jusqu'au lac Ontario.
    On peut aussi lui attribuer peut-être une *Règle horaire universelle* ou *Traité des
cadrans solaires*, publié en 1716, et que Lalande (*Bibliogr.*, p. 365) cite d'après le
P. Alexandre.
    (¹) *Deglos* ou De Glos paraît avoir passé la plus grande partie de sa vie à Honfleur
comme professeur d'hydrographie. Dans *Le Manuel des pilotes*, qu'il publia en 1678
(*J. des Sav.*, 1678, p. 232), il prend les titres de « Mathématicien, Hydrographe et
professeur d'Histiodromie à Honfleur ». Les Archives de l'Observatoire (B, 4, 9)
possèdent de lui deux lettres adressées l'une à Cassini (1681 novembre 14), l'autre à
La Hire (1699 novembre 16). Dans la première, où il témoigne de son goût pour l'obser-

Au XIXᵉ siècle il y eut diverses tentatives d'établissement d'un observatoire pour le réglage des chronomètres : le projet est agité dès 1838, et Arago se rendit sur place pour choisir l'emplacement (1840); même il semble qu'en 1847 il y eut un commencement de construction, dans un des bastions de l'enceinte de la ville. Au commencement de 1852, l'Observatoire de Paris fut mis en communication électrique avec le Bureau central de Paris, en vue de l'envoi de l'heure exacte au Havre.

Peu après c'est un particulier, L. *Collas*, qui tente une création analogue. Voir à ce sujet sa brochure : *Mémoire sur la fondation d'un Observatoire nautique et météorologique au Havre*, 27 p., s. d., où il formule surtout des plaintes contre ceux qui, croit-il, ont gêné son entreprise.

Enfin l'Observatoire de Paris fit une détermination exacte de la longitude du Havre.

L'Hay. — Azimut en 1674 : (317; 74), — en 1683 : *Fig. Terre*, p. 39.

Le Hesdin (abbaye de Blangy) : Lat., 1688, par Cassini I : *Anc. Mém.*, II, p. 34.

Honfleur, ou voisinage immédiat. — Un capucin anonyme y observe l'éclipse (☾) du 11 janvier 1675 (323; 75), puis Deglos y observe les suivantes : Éclipse ☉ de 1684 juillet 12, et peut-être celle de 1694 juin 22, puis celle de 1699 septembre 22. — Écl. ☾ 1696 novembre 8. (Voir *Ann. cél.*, p. 387, 523, 563 et 580.)

Ile (dans le Comtat). — Écl. ☾ 1696 mars 17, par le P. *Feuillée* : *Anc. Mém.*, II, 180.

Issy. — Écl. ☾ 1668 mai 25, observée par *Boulliau* chez Thévenot : *Mém. Acad.*, 1776, p. 555 et (278; 68).

La Palisse. — Lat. (✶) 1701 : *Fig. Terre*, p. 185-186.

Lesques (près la Ciotat). — Lat. (☉), Cassini I, 1672 : *Anc. Mém.*, VIII, p. 70.

Lille. — Lat. 1718 : *Fig. Terre*, p. 232. — Observations pluviométriques faites par les soins de Vauban, de 1685 à 1694 : *Mém. Acad.*, 1699, H, p. 22, et 1707, M, p. 2.

Maguelonne. — Lat. (☉) 1674, Picard : *Anc. Mém.*, VII, 1, p. 115.

Malvoisine. — Lat. (✶) 1670, Picard : *Anc. Mém.*, VII₁, 1, p. 43.

Montargis. — Lat. (✶), 1701 : *Fig. Terre*, p. 188.

Montlhéry. — Azimut 1674 (317; 74) et 1683 : *Fig. Terre*, p. 39, 56.

Mont-Saint-Michel. — Lat. (☉, ✶) et alt. (barom.) 1681, Picard : *Anc. Mém.*, VII₁, 1, p. 150.

Moulins. — Lat. (☉, ✶) 1701 : *Fig. Terre*, p. 186.

Narbonne. — Lat. (✶) 1701 : *Fig. Terre*, p. 182. — Écl. ☉ 1706 mai 12, par l'abbé Le Pech : *Mém. Acad.*, 1706, p. 250.

---

vation et le calcul; il dit qu'il prend les hauteurs avec un astrolabe à pinnules, divisé en minutes. Comme on recherchait alors ceux qui pouvaient coopérer aux observations de longitudes, Cassini (A, 4, 2) le recommande aussitôt à Picard et La Hire, alors sur les côtes nord-ouest, en les priant de lui enseigner à observer. Et bientôt après nous trouvons Deglos à Gorée, où il est venu rejoindre Varin et Deshayes.

Revenu de ce voyage vers la fin de 1682, il continue de professer l'Hydrographie à Honfleur, malgré le désir qu'il témoigne encore en 1699 d'aller observer au loin. Il me paraît avoir toujours manqué d'instruments, car faute de lunette il observe à l'œil nu l'éclipse de Soleil du 23 septembre 1699 et il détermine l'heure par des hauteurs prises avec un très petit astrolabe.

Nevers. — Lat. ($\star$) 1701 : *Fig. Terre*, p. 187.
Orgon (en Provence). — Lat. ($\star$) 1694, Cassini I, II : *Anc..Mém.*, VII₂, 2, p. 6.
La Pacaudière (près La Palisse). — Lat. ($\odot$) 1701 : *Fig. Terre*, p. 185.
Perpignan. — Base, Azimut, Long. (occult.) et Lat. ($\odot$, $\star$) en 1701 : *Fig. Terre*, p. 99, 109, 176-178. — En décembre 1777 le prof. *Coste* y observe une aurore boréale : *Mém. Acad.*, 1777, p. 460.
Poitiers. — Le P. *Verdier* y observe la comète de 1664-1665.
Pouilly (près de Nevers). — Lat. ($\odot$) 1701 : *Fig. Terre*, p. 187-188.

ÉLECTIONS.

L'Académie procède, par la voie du scrutin, à l'élection d'un Correspondant pour la Section d'Anatomie et Zoologie, en remplacement de M. *Renaut*, décédé.

Au premier tour de scrutin, le nombre de votants étant 39,

M. Vayssière   obtient . . . . 28 suffrages
M. Raphaël Dubois   »   6   »
M. Duboscq   »   5   »

M. Vayssière, ayant réuni la majorité absolue des suffrages, est élu Correspondant de l'Académie.

RAPPORTS. .

Rapport sommaire de la Commission de Mécanique pour la défense nationale, par M. J. Boussinesq.

La Commission de Mécanique pour la défense nationale a reçu de M. G. Leinekugel le Cocq, à la date du 11 février 1918, une Note intitulée : *Sur un nouveau hangar pour dirigeable à portes longitudinales autostables formant avant-port lors de leur ouverture.*

MÉMOIRES PRÉSENTÉS.

M. L.-E. Bertin présente un Mémoire manuscrit de M. F. Arago intitulé : *Deuxième contribution à l'étude expérimentale de la houle.*

CORRESPONDANCE.

M. le Secrétaire perpétuel signale, parmi les pièces imprimées de la correspondance :

Arthur Chervin. *L'Allemagne de demain.* (Présenté par M. Ch. Lallemand.)

MM. Émile Belot, E. Brylinski, de Chardonnet, Georges Charpy, Galy-Aché, Maurice Leblanc prient l'Académie de vouloir bien les compter au nombre des candidats aux places de la Division, nouvellement créée, des *Applications de la Science à l'Industrie.*

ANALYSE MATHÉMATIQUE. — *Sur l'intégration des équations aux dérivées partielles du second ordre.* Note de M. **P.-E. Gau.**

La méthode de Darboux, pour l'intégration d'une équation aux dérivées partielles du second ordre, exige la connaissance de *deux* invariants appartenant à un même système de caractéristiques. M. Goursat a d'ailleurs montré comment on peut déduire de deux invariants connus une suite illimitée d'invariants distincts.

Je vais montrer que, lorsque l'on connaît *un* invariant (d'ordre supérieur à 3), il est facile d'en former un deuxième par une simple dérivation suivie d'opérations purement algébriques, sauf dans quelques cas très particuliers. Les considérations suivantes permettent donc de ramener à *un seul* le nombre des invariants nécessaires pour qu'une équation du second ordre soit intégrable par la méthode de Darboux, en général. La méthode que j'indique permet de former la suite d'invariants de M. Goursat, connaissant le premier d'entre eux.

1. Soit l'équation du second ordre, dont nous supposerons les caractéristiques distinctes

$$(1) \qquad r + f(x, y, z, p, q, s, t) = 0.$$

On peut en tirer les valeurs de toutes les dérivées $p_{i,k} = \dfrac{\partial^{i+k} z}{\partial x^i \partial y^k}$ en fonction de celles où $i \leq 1$.

Soit $U(x, y, z, p_{1,0}, p_{0,1}, \ldots, p_{1,n-1}, p_{0,n})$ une fonction de x, y, z et de ses dérivées $p_{i,k}$ où l'on n'a laissé subsister que celles dont l'indice i est o ou 1, en vertu de la remarque précédente.

Si l'on prend la dérivée complète de cette fonction par rapport à x et que dans le résultat on remplace $p_{2,1}, p_{2,2}, \ldots, p_{2,n-1}$ par leurs valeurs tirées de l'équation (1), on obtient une expression que nous désignerons par $\left[\dfrac{du}{dx}\right]$. On définit de même le symbole $\left[\dfrac{du}{dy}\right]$.

Cela posé, on sait (¹) que la condition nécessaire et suffisante, pour que U soit un invariant du système de caractéristiques correspondant par exemple à la racine m_2, est que l'égalité

$$(2) \qquad \left[\frac{du}{dx}\right] + m_2 \left[\frac{du}{dy}\right] = 0$$

soit vérifiée identiquement. Si cette relation n'est pas vérifiée identiquement, mais qu'elle soit une conséquence de

$$(3) \qquad U(x, y, z, p_{1,0}, p_{0,1}, \ldots, p_{1,n-1}, p_{0,n}) = 0,$$

l'équation (3) sera en involution avec l'équation donnée.

J'ai démontré, dans un Mémoire antérieur (²), que tout invariant d'ordre supérieur à (3) peut s'écrire sous la forme

$$(4) \qquad u \equiv \frac{p_{1,n-1} + m_1 p_{0,n} + \theta(x, y, z, \ldots, p_{1,n-2}, p_{0,n-1})}{W(x, y, z, \ldots, p_{1,n-2}, p_{0,n-1})} = k.$$

On sait d'ailleurs que, quel que soit k, l'équation précédente est en involution avec (1); en particulier les équations obtenues en égalant à zéro le numérateur et le dénominateur de l'expression précédente sont en involution avec l'équation donnée.

2. Supposons donc que u soit un invariant, d'ordre n quelconque, du système de caractéristiques m_2. Si l'on se déplace sur une surface intégrale quelconque de l'équation (1), u est une fonction de (x, y) qui vérifie identiquement la relation (2). Posons $V = \left[\dfrac{du}{dy}\right]$; sur toute surface intégrale, c est aussi une fonction de (x, y) qui vérifie l'égalité suivante, obtenue en

___

(¹) GOURSAT, *Leçons sur l'intégration des équations aux dérivées partielles du second ordre*, t. 2, Chap. VI.

(²) *Journal de Mathématiques pures et appliquées*, 6ᵉ série, t. 7, 1911, p. 137.

dérivant l'identité (2) par rapport à y,

$$\left[\frac{dv}{dx}\right] + m_2 \left[\frac{dv}{dy}\right] = -\mathrm{V}\left[\frac{dm_2}{dy}\right].$$

Cette égalité doit être vérifiée pour toute surface intégrale de l'équation (1); or elle ne contient que les quantités : x, y, z, p, q, s, t, $p_{1,2}$, $p_{0,3}$, entre lesquelles l'équation (1) ne permet d'établir aucune relation. C'est donc une identité par rapport à ces quantités.

On en déduit que l'équation

$$\left[\frac{dv}{dx}\right] + m_2 \left[\frac{dv}{dy}\right] = 0$$

est une conséquence de $v = 0$, et par suite que cette dernière équation est en involution avec (1). D'où : *Si u est un invariant d'ordre n pour l'un des systèmes de caractéristiques de l'équation* (1), *l'équation* $\left[\dfrac{du}{dy}\right] = 0$ *forme avec l'équation donnée du second ordre un système en involution d'ordre $n + 1$, et appartenant au même système de caractéristiques.*

3. Le résultat annoncé au début de cette Note est alors une conséquence immédiate d'une proposition que j'ai établie dans le Mémoire déjà cité : « Connaissant trois équations, d'ordre supérieur à 3, en involution avec l'équation (1) et appartenant à la même famille de caractéristiques, on peut en déduire un invariant de cette famille par des opérations algébriques. »

Donc si l'on connaît un invariant u, qui est de la forme (4), et si le dénominateur est d'ordre supérieur à 3, les trois équations

$$p_{1,n-1} + m_1 p_{0,n} + \theta = 0, \qquad \mathrm{W} = 0, \qquad \left[\frac{du}{dy}\right] = 0$$

sont en involution avec l'équation (1). On en déduira donc un deuxième invariant qui sera d'ordre $(n + 1)$; de celui-ci on pourra par la même méthode en déduire un troisième, d'ordre $n + 2$, et ainsi de suite.

4. Si le dénominateur est d'ordre $\leqq 3$, on peut encore dans la plupart des cas former un deuxième invariant, mais on ne peut énoncer ce résultat d'une façon générale comme plus haut. L'étude de ces cas donne lieu à des calculs assez compliqués; ils ne peuvent d'ailleurs se présenter que si l'équation donnée a une forme spéciale pour chacun d'eux.

En particulier le dénominateur d'un invariant ne peut être du second ordre que si l'équation donnée (1) est linéaire en r, s, t.

ALGÈBRE. — *Extension du théorème de Rolle au cas de plusieurs variables.*
Note de M. **Mladen T. Beritch**, présentée par M. Appell.

Le théorème de Rolle peut être étendu au cas d'un système d'équations
à n inconnues de la manière indiquée dans la présente Note.
Commençons par le cas de deux équations

$$f(x, y) = 0, \qquad \varphi(x, y) = 0$$

à deux inconnues réelles x et y. Le théorème devient :

Supposons les fonctions $f(x, y)$ et $\varphi(x, y)$ continues à l'intérieur d'un con-
tour C et admettant des dérivées partielles du premier ordre par rapport à x
et y continues pour tous les points à l'intérieur du contour C. Alors :

1° *Si $f(x, y)$ et $\varphi(x, y)$ s'annulent aux deux points* $\mathrm{A}(x = a, y = \alpha)$,
et $\mathrm{B}(x = b, y = \beta)$, *le déterminant fonctionnel* $\dfrac{\mathrm{D}(f, \varphi)}{\mathrm{D}(x, y)}$ *s'annulera le long*
d'un nombre impair de lignes L qui séparent les points A *et* B, *en ce sens*
qu'on ne peut pas passer du point A *au point* B *sans traverser un nombre*
impair de lignes L, satisfaisant à l'équation $\dfrac{\mathrm{D}(f, \varphi)}{\mathrm{D}(x, y)} = 0$.

2° *Dans une région* R *à l'intérieur de* C, *limitée par les lignes L, ou les*
lignes L et C, il y aura au plus un point dont les coordonnées satisfont aux
équations $f(x, y) = 0$, $\varphi(x, y) = 0$.

Pour le démontrer, considérons la ligne $\mathfrak{z}$ d'intersections des deux surfaces

$$\mathrm{F}(x, y, z) = \lambda z + f(x, y) = 0, \qquad \Phi(x, y, z) = \mu z + \varphi(x, y) = 0$$

(où λ et μ sont deux paramètres).
L'équation de la tangente à $\mathfrak{z}$ sera

$$\frac{\mathrm{X} - x}{-(\lambda \varphi_y' - \mu f_y')} = \frac{\mathrm{Y} - y}{-(\mu f_x' - \lambda \varphi_x')} = \frac{\mathrm{Z} - z}{\dfrac{\mathrm{D}(f, \varphi)}{\mathrm{D}(x, y)}}$$

(X, Y, Z sont les coordonnées d'un point de la tangente).

La ligne $\mathfrak{z}$ traversera le plan $z = 0$ aux points A et B. Un point mobile M,
partant du point A et parcourant la ligne $\mathfrak{z}$, continue et sans variations
brusques en vertu des hypothèses faites sur f et φ, commencera par s'éloi-

gner du plan $z = 0$. Pour arriver au point B, qui est dans le plan $z = 0$, il doit, en un point C, cesser de s'en éloigner et commencer de s'en rapprocher. Donc il y aura au moins un point C où la tangente sera parallèle au plan $x = 0$. Toutes les valeurs de Z, le long de la tangente en C, étant égales à z correspondant au point C, on aura $Z - z = 0$, ce qui n'est possible que si le dénominateur $\dfrac{D(f, \varphi)}{D(x, y)} = 0$.

Soit D la projection du point C sur le plan $z = 0$. Les coordonnées du point D satisfont aussi à l'équation

$$\frac{D(f, \varphi)}{D(x, y)} = 0.$$

En variant les paramètres λ et μ la ligne $\mathfrak{s}$ variera en passant toujours par les points A et B, les points C et D varieront et le point D décrira une ligne dont les coordonnées satisfont à l'équation $\dfrac{D(f, \varphi)}{D(x, y)} = 0$, celle de la ligne L.

Le point C peut être un point unique, mais il peut aussi y en avoir plusieurs, auquel cas leur nombre est toujours impair, parce que, en un premier point C, le point mobile cesse de s'éloigner et commence à s'approcher du plan $z = 0$, en un deuxième point C il cesse de s'approcher et recommence à s'éloigner; pour qu'il puisse passer par le point B il doit de nouveau cesser de s'éloigner et commencer de s'approcher du plan $z = 0$. Le nombre de ces points est ainsi toujours impair.

La deuxième partie se démontre de la même manière que dans le cas d'une seule variable.

Considérons maintenant le cas général. Le théorème deviendra :

Soient n fonctions

$$f_i(x_1, x_2, \ldots, x_n) = 0 \qquad (i = 1, 2, \ldots, n)$$

de n variables $x_1, x_2, \ldots, x_n$, continues à l'intérieur d'une multiplicité C de degré $n - 1$ et admettant des dérivées partielles du premier ordre par rapport à $x_1, x_2, \ldots, x_n$ continues pour tous les points à l'intérieur de C. Alors :

$1°$ *Si toutes les fonctions $f_1, f_2, \ldots, f_n$ s'annulent aux deux points $A(x_i = a_i)$ et $B(x_i = b_i)$ $(i = 1, 2, \ldots, n)$ le déterminant fonctionnel $\dfrac{D(f_1, f_2, \ldots, f_n)}{D(x_1, x_2, \ldots, x_n)}$ s'annulera le long d'un nombre impair de multiplicités de degré $n - 1$ qui séparent les deux points A et B, en ce sens qu'on ne peut pas passer du* point A au point B sans traverser un nombre impair de multiplicités L satisfaisant à l'équation $\dfrac{D(f_1, f_2, \ldots, f_n)}{D(x_1, x_2, \ldots, x_n)} = 0$.

2° *Dans un domaine* R *à l'intérieur de* C, *limité par les multiplicités* L *ou par les multiplicités* L *et* C, *il y aura au plus un point dont les coordonnées satisfont aux* n *équations* $f_1 = 0$, $f_2 = 0$, \ldots, $f_n = 0$.

La démonstration est analogue à la précédente. On considérera la ligne I, dans l'espace à $n + 1$ dimensions, qui est l'intersection de n multiplicités de degré n mais à $n + 1$ dimensions,

$$F_i = \lambda_i z + f_i(x_1, x_2, \ldots, x_n) = 0 \qquad (i = 1, 2, \ldots, n)$$

et la tangente à I dont les équations sont

$$-\frac{X_i - x_i}{\dfrac{D(F_1, F_2, \ldots, F_n)}{D(x_1, \ldots, x_{i-1}, z, x_{i+1}, \ldots, x_n)}} = \frac{Z - z}{\dfrac{D(f_1, f_2, \ldots, f_n)}{D(x_1, x_2, \ldots, x_n)}} \qquad (i = 1, 2, \ldots, n).$$

Le dernier dénominateur est le déterminant fonctionnel, qui doit être nul, pour que la tangente soit parallèle à la multiplicité linéaire $z = 0$.

RÉSISTANCE DES MATÉRIAUX. — *Théorie nouvelle relative aux effets du vent sur les ponts en arc.* Note de M. Bertrand de Fontviolant.

Avec Maurice Levy, appelons *arche* le système formé par deux arcs disposés dans des plans verticaux ou inclinés et réunis entre eux par des pièces d'entretoisement transversal et de contreventement. Un pont en arc se compose, dès lors, d'une arche, de palées transversales s'assemblant sur les arcs, au droit des entretoisements transversaux, et d'un tablier supporté par les palées.

Les méthodes employées jusqu'à présent par les ingénieurs, pour la détermination des efforts produits dans les divers éléments d'une arche, par les poussées du vent, reposent sur les deux hypothèses suivantes :

1° Dans les déformations élastiques de l'arche, les sections transversales de celle-ci demeurent invariables de dimensions;

2° Ces sections, planes avant la déformation, restent planes après.

Ces deux hypothèses permettent d'assimiler l'arche à une pièce unique, dont la fibre moyenne est située dans le plan vertical équidistant des deux

arcs, et, par suite, de déterminer les efforts de flexion et de torsion auxquels elle est soumise, par les méthodes usuelles de la Résistance des matériaux.

La première hypothèse est parfaitement justifiée : effectivement, les entretoisements transversaux reliant les deux arcs ont précisément pour rôle
d'assurer l'invariabilité des dimensions des sections transversales de l'arche ;
et, en fait, ils remplissent ce rôle d'une manière sinon rigoureuse, du moins
très approchée, parce que, constitués généralement par des pièces robustes,
ils ne sont soumis, sous l'action du vent, qu'à de très faibles fatigues et, par
suite, les déformations élastiques qu'ils subissent sont négligeables.

La seconde hypothèse, au contraire, n'est pas fondée : en effet, il
n'existe dans l'arche aucun élément susceptible de s'opposer efficacement
au gauchissement des sections transversales et nous démontrons, d'ailleurs,
très simplement qu'en fait ce gauchissement a lieu.

L'hypothèse de la conservation de la forme plane des sections transversales n'est, du reste, nullement nécessaire pour permettre le calcul des
efforts produits par le vent ; la théorie qui fait l'objet de la présente Note en
est entièrement affranchie et repose exclusivement sur l'hypothèse de la
conservation des dimensions des sections transversales.

Cette théorie concerne les arches ne comportant qu'un seul contreventement fixé soit sur les membrures supérieures, soit sur les membrures
inférieures des arcs. Il serait possible de l'étendre aux arches possédant
deux contreventements ; mais un contreventement unique suffit, concurremment avec les entretoisements transversaux, à assurer, dans tous les cas,
la stabilité de l'arche ; l'addition d'un second contreventement non seulement ne paraît présenter aucun avantage pratique, mais encore a l'inconvénient d'accroître l'indétermination statique de la répartition des efforts
et, par suite, de rendre moins certains les résultats des calculs.

La nouvelle théorie procède de la remarque très simple suivante :
l'équilibre des arcs n'est pas troublé si l'on supprime les palées, les entretoisements transversaux et le contreventement, à condition d'appliquer à
ces arcs des forces égales aux actions exercées sur eux par les éléments
ainsi supprimés, actions qui, comme nous le montrons, sont situées dans
les plans des arcs et sont, d'un arc à l'autre, égales et de sens contraire. A
l'un quelconque des deux arcs ainsi libéré de ses liaisons avec les palées,
les entretoisements transversaux et le contreventement, on a le droit
d'appliquer les formules générales classiques relatives à la déformation
élastique des arcs et l'on peut, dès lors, déterminer les réactions des appuis

de cet arc, ainsi que les forces élastiques développées dans ses divers éléments constitutifs (dans l'autre arc les réactions des appuis et les forces élastiques sont de même valeur que dans le premier, mais de signe contraire).

Dès que l'on a préalablement évalué les poussées exercées par le vent sur les différentes parties de la construction et sur le train, s'il en est un sur le pont, les actions des palées et des entretoisements transversaux sur les arcs sont immédiatement calculables par la Statique pure. Quant aux actions du contreventement sur les arcs, il faut distinguer selon que les poussées du vent sont ou non distribuées symétriquement par rapport au plan vertical contenant les sommets des arcs.

Dans le premier cas, ces actions (ainsi d'ailleurs que les efforts dans le contreventement) sont statiquement déterminées, de sorte que toutes les forces appliquées à l'arc considéré, rendu libre, sont immédiatement connues. Par suite, tous les calculs relatifs à la résistance de cet arc peuvent s'effectuer par les méthodes usuelles.

Dans le second cas, c'est-à-dire si les poussées du vent sont dissymétriques par rapport au plan vertical passant par les sommets des arcs, les actions du contreventement sur les arcs (ainsi d'ailleurs que les efforts dans ce contreventement) sont statiquement indéterminées. Pour lever cette indétermination, il faut exprimer les sujétions auxquelles l'arche est astreinte dans sa déformation élastique. En conséquence, nous avons dû établir les formules générales de la déformation élastique des arches, puis nous les avons appliquées à la détermination des réactions des appuis et des forces élastiques, dans les arches comportant des arcs des cinq types suivants :

1° Arcs reposant sur deux rotules;

2° Arcs à trois rotules;

3° Arcs encastrés à leurs deux extrémités;

4° Arcs encastrés à leurs deux extrémités et munis de deux rotules intermédiaires;

5° Arcs encastrés à leurs deux extrémités et munis de trois rotules intermédiaires.

Il nous paraît intéressant de signaler que, de la comparaison des formules concernant les arches de ces divers types, découle immédiatement la proposition suivante :

Dans deux arches, de structure identique, reposant sur rotules à leurs deux extrémités, mais dont les arcs de l'une comportent, en outre, une troisième rotule placée au sommet de leur ligne moyenne, si le vent exerce sur ces deux arches des poussées identiques, leurs contreventements sont soumis à des efforts égaux et transmettent aux arcs des actions égales. De plus, dans ces deux arches, les composantes, parallèles à la direction du vent, des réactions de leurs appuis ont la même valeur, ainsi, d'ailleurs, que les composantes verticales de ces mêmes réactions.

La même proposition s'applique à deux arches, de structure identique, dont les arcs, encastrés à leurs deux extrémités, comportent, dans l'une, deux rotules placées symétriquement et, dans l'autre, une troisième rotule placée au sommet de leur ligne moyenne.

ASTRONOMIE. — *Sur un nouveau photomètre stellaire.*
Note de M. **Mentore Maggini**, présentée par M. Bigourdan.

Dans mes observations d'étoiles variables, que je poursuis depuis quelques années, j'ai été conduit à la construction d'un type de photomètre qui peut être employé avec avantage dans l'étude des étoiles en lumière monochromatique.

Il ressemble au « wedge photometer » imaginé par M. Pickering et dont une étude complète a été faite par M. Parkhurst ([1]). L'instrument se compose d'un système optique placé à angle droit sur le tirage porte-oculaire et constitué par les éléments suivants, cités dans l'ordre des distances décroissantes à l'oculaire : une lampe, un diaphragme avec petit trou circulaire et une lentille projetant l'image du diaphragme sur une lame de verre homogène et à faces parallèles, placée dans le porte-oculaire, inclinée à 45° sur les rayons venant de l'objectif. Cette plaque présente vers son milieu une très petite surface circulaire argentée α, placée au point où se forme l'image du diaphragme ; ce miroir n'intercepte qu'une très petite portion de l'image donnée par l'objectif de la lunette. Lorsqu'on a dans le champ de l'instrument une image extrà-focale on l'amène derrière α, et ainsi l'on peut, au moyen de la lampe, illuminer α jusqu'à ce qu'il ne se distingue plus du disque de l'étoile. La variation d'éclat de la lampe peut être obtenue soit au moyen d'un rhéostat inséré dans le circuit si l'on opère avec une lampe électrique, soit au moyen d'un coin absorbant placé sur le trajet des rayons. J'emploie ce dernier procédé.

_____

([1]) *Astroph. Journal*, t. 13, p. 249.

On comprend tout de suite comment on détermine la différence de grandeur entre deux étoiles s et s_1. Le tirage de l'oculaire porte une échelle divisée en millimètres, permettant de mesurer le déplacement de l'oculaire. On place celui-ci hors du foyer d'une longueur d, on porte le petit miroir α sur le disque extrà-focal de l'étoile s et l'on change l'éclat de α avec le coin jusqu'à ce qu'il ne soit plus possible de le différencier de l'étoile.

On opère de même sur l'image de s_1, et l'on déplace le tirage oculaire jusqu'à obtenir de nouveau l'égalité des éclats. Appelons d_1 cette dernière lecture de l'échelle, i et i_1 les éclats des deux étoiles s et s_1; nous aurons

(1)
$$\frac{i}{i_1} = \frac{d_1^2}{d^2}.$$

Passant aux différences de grandeurs stellaires on a, d'après la formule de Pogson, $2,512^{\Delta m} = \frac{d_1^2}{d^2}$,

(2)
$$\Delta m = 5\log\left(\frac{d_1}{d}\right).$$

Dans la pratique, il faut que le diamètre de l'image extrà-focale de l'étoile soit plus grand que le diamètre de α. J'ai adopté pour α un tiers de millimètre ([1]), ce qui, au foyer de l'objectif généralement employé (122^{mm} d'ouverture, 2^{m} de longueur focale), sous-tend environ $30''$.

On peut commencer les mesures en partant toujours de la même distance d et calculer la formule (2) pour des valeurs de Δm croissant graduellement de dixième en dixième de magnitude.

Par une construction graphique on peut alors relever directement, pour une différence quelconque de course $d_1 - d$, le Δm correspondant. Etant donné le caractère de l'équation (2), la valeur moyenne de la différence Δm pour 1^{mm} de déplacement de l'oculaire diminue au fur et à mesure que la distance d_1 augmente. Pour $d = 30^{mm}$, ce qui correspond environ à $1'$ de diamètre extrà-focal, nous avons les relations suivantes entre le déplacement oculaire et le Δm pour 1^{mm} :

$d_1 - d_2$ (en mm).	10	20	30	40	50	60	70	80
Δm pour 1^{mm}...	$0^M,064$	$0^M,056$	$0^M,051$	$0^M,046$	$0^M,043$	$0^M,040$	$0^M,037$	$0^M,036$

([1]) Avec un peu de précaution, on peut réduire jusqu'à $0^{mm},5$ ou $0^{mm},3$ une surface argentée assez étendue. Pour cela, avec une loupe et une pointe en bois, très aiguë, on trace un petit cercle sur l'argenture et l'on enlève ensuite ce qui dépasse en l'attaquant par l'acide chlorhydrique.

On voit que la valeur la plus grande de Δm, $0^M,064$, n'est que peu supérieure au demi-dixième de grandeur, alors que, dans les photomètres à coin généralement employés, la *constante du coin* est environ 1 dixième de grandeur.

Comme nous l'avons dit, on obtient le changement d'éclat du petit miroir étalon au moyen d'un coin qui peut être formé photographiquement par une pellicule sensible, impressionnée par une échelle uniforme de noircissement.

Or il est clair que la manière dont on fait varier l'éclat de l'étalon n'entre pour rien dans les mesures. Il est donc inutile de connaître pour ce coin la valeur en grandeur stellaire d'un millimètre de sa course, et il n'est pas nécessaire que cette valeur soit la même dans toute sa longueur. On a ainsi une très grande liberté dans le choix du coin, dont la construction est assez difficile, et l'on peut aussi lui substituer à l'occasion un rhéostat.

Deux inconvénients de ce photomètre tiennent à la perte de lumière des images extra-focales, et à la différence de coloration de la lumière artificielle. Le premier de ces inconvénients ne peut être évité qu'en employant des lunettes d'ouverture suffisante; mais on peut s'affranchir du second en interposant sur le chemin de la lumière de comparaison, des écrans bleus ou jaunes.

Ensuite cet instrument peut être aisément transformé en photomètre *hétérochrome*. Pour cela il suffit d'employer du verre coloré pour former la lame à faces parallèles, et de placer le miroir étalon sur la face qui est vers l'objectif. Quelquefois aussi il m'a été utile de supprimer l'étalon argenté et d'opérer tout simplement sur le petit disque coloré, image du diaphragme formée sur la face postérieure de la plaque, ce qui m'a permis de réduire le diamètre de l'étalon jusqu'à $10''$.

ASTRONOMIE. — *Sur la contraction d'une masse gazeuse et l'évolution du Soleil.* Note de M. **A. Véronnet**, présentée par M. Puiseux.

Supposons une masse gazeuse sphérique en équilibre et qui se dilate ou se contracte uniformément. La densité d'une couche varie, par hypothèse, en raison inverse du cube du rayon $\rho r^3 = \rho_1 r_1^3$. La variation de la pression sera déterminée par l'équation générale de l'hydrostatique. Elle varie en raison inverse de la quatrième puissance du rayon

$$(1) \qquad dp = -\gamma\rho\,dr = -k\frac{dr}{r^5}, \qquad \text{d'où} \qquad pr^4 = p_1 r_1^4.$$

La variation de la température sera donnée ensuite par l'équation du fluide, qui relie T, p, ρ. L'équation des gaz parfaits et celle des gaz réels, avec ρ_0, comme densité limite, donnent

$$(2) \qquad \frac{T}{T_1} = \frac{p}{p_1}\frac{\rho_1}{\rho} = \frac{r_1}{r}, \qquad \frac{T}{T_1} = \frac{p}{p_1}\frac{\rho_1}{\rho}\frac{\rho_0 - \rho}{\rho_0 - \rho_1}, \qquad \frac{dT}{T} = \frac{4\rho - \rho_0}{\rho_0 - \rho}\frac{dr}{r}.$$

Dans le cas des gaz parfaits, la variation de température est toujours inverse de celle du rayon. La masse se dilate en se refroidissant, et réciproquement sa température augmente quand elle se contracte. Dans le cas des gaz réels, c'est la même chose dans les couches superficielles, tant que la densité du gaz est plus petite que le quart de la densité limite. Au-dessous de ce point la masse se contracte en se refroidissant.

Pour le Soleil, en supposant l'atmosphère uniquement formée d'hydrogène, la couche d'inversion des températures se trouve seulement à 100^{km} au-dessus de la couche d'inflexion des densités, où $\rho = \frac{1}{3}\rho_0$, et à 1700^{km} au-dessous de la couche où la pression est de 1^{atm}. La masse, dans son ensemble, doit se contracter en se refroidissant.

La chaleur spécifique de l'unité de masse gazeuse qui se contracte est donnée par les formules

$$(3) \qquad \begin{cases} \dfrac{dQ}{dT} = \dfrac{dU}{dT} + p\,\dfrac{dv}{dT} = c\left(4 - 3\dfrac{C}{c}\right), \\[2mm] \dfrac{dQ}{dT} = c + \dfrac{3R\rho_0}{4\rho - \rho_0} = \dfrac{4\rho c - (4c - 3C)\rho_0}{4\rho - \rho_0}. \end{cases}$$

La première formule est celle qui s'applique aux gaz parfaits. On sait que la chaleur spécifique est négative pour un gaz monoatomique ou diatomique. Quand un tel gaz rayonne de la chaleur, sa température augmente d'après (3), et il se contracte d'après (2). La seconde formule est celle des gaz réels, dQ change de signe avec dT. La chaleur spécifique est positive tant que $\rho > \frac{1}{4}\rho_0$. Par conséquent la masse presque entière, en rayonnant de la chaleur, se refroidit d'après (3), et se contracte d'après (2).

La perte d'énergie calorifique dQ d'un astre et la contraction dR, qui régénère cette chaleur, en supposant l'astre homogène, sont données par les formules

$$(4) \qquad dQ = Q_1 \frac{R^2}{R_1^2}\frac{T^4}{T_1^4}\,dt, \qquad dR = -\frac{Q_1}{E_1}\frac{R^4}{R_1^3}\frac{T^4}{T_1^4}\,dt.$$

Q_i est la perte par an et E_i l'énergie totale produite par la condensation de la masse au rayon actuel R_i. On peut la prendre égale à 14 millions de fois Q_i, $t_0 = 14$ millions d'années de chaleur comme moyenne probable pour le Soleil.

Dans le cas d'un gaz parfait, la température T est inverse de R et la vitesse de contraction $\frac{dR}{dt}$ est constante. Dans le cas d'un gaz réel, la densité limite varie avec T. Si l'on prend un coefficient de dilatation moyen, compris entre celui des métaux et des gaz, égal à $\frac{1}{40000}$, la température sera proportionnelle à R^8. En intégrant dR, on obtient, pour le temps écoulé dans la contraction de R à R_i (ou à écouler, de R_i à R, dans le futur), les deux formules pour les gaz parfaits et les gaz réels :

$$(5)\qquad t = t_0 \frac{R - R_i}{R_i} \quad \text{et} \quad t = \frac{t_0}{7}\left(1 - \frac{R_i^7}{R^7}\right).$$

Le Soleil aurait mis 14 millions d'années pour se contracter d'un rayon double au rayon actuel, $R = 2R_i$, dans le cas d'un gaz parfait et 7 fois moins de temps, ou 2 millions d'années, dans le cas d'un gaz réel.

La loi de Stefan indique que la température sur la Terre est proportionnelle à la racine quatrième de l'énergie calorifique envoyée par le Soleil. En représentant par T_i la température équatoriale actuelle, $273 + 34$, on a pour les deux cas

$$(6)\qquad T = T_i \sqrt{\frac{R_i}{R}} \quad \text{et} \quad T = T_i \frac{R}{R_i}\sqrt{\frac{R}{R_i}}.$$

Le Tableau suivant donne les temps écoulés, ou à écouler, pour différentes valeurs du rayon, ainsi que la température correspondant à l'équateur de la Terre. Aux latitudes plus élevées elle serait proportionnelle à la racine quatrième du cosinus de la latitude. Les deux premières lignes sont les valeurs de t et de T dans le cas d'un gaz parfait, les deux autres dans le cas d'un gaz réel. Les temps sont en millions d'années.

R.....	0,9	0,95	1	1,05	1,1	1,2	1,3	1,5	2,0
t.....	— 1,4	— 0,7	0	0,7	1,4	2,8	4,2	7,0	14
T.....	+58	42	34	27	20	7	—4	—22	—56
t......	— 1,53	— 0,6	0	0,39	0,66	1,03	1,22	1,31	1,8
T......	—11	+11	34	57	81	125	182	291	595

Dans le cas d'un gaz parfait on aurait eu une température plus faible dans le passé, ce qui est contraire aux constatations géologiques. Dans le cas des gaz réels on aurait eu 300° à l'équateur il y a 1300000 ans avec R = 1,5 et 125°, il y a un million d'années avec R = 1,2. Enfin on aura 0° à l'équateur dans un million d'années avec R = 0,92.

CHIMIE ANALYTIQUE. — *Sur le dosage du vanadium en présence de molybdène à l'aide du chlorure titaneux.* Note de M. **A. TRAVERS**, présentée par M. H. Le Chatelier.

Nous avons décrit précédemment (¹) le dosage volumétrique du vanadium et du molybdène, par le chlorure titaneux; si la liqueur alcaline renferme en même temps molybdène et vanadium, la méthode, telle qu'elle a été présentée, ne permet pas une détermination *directe* du vanadium; celui-ci doit être dosé par une autre méthode, par exemple en utilisant la réaction de H^2O^2 (²).

Depuis, nous avons remarqué que si l'on ajoutait l'indicateur KCNS, avant de verser le chlorure titaneux, *l'acide vanadique se réduisait le premier;* dès que la réduction est achevée, l'addition de 1 à 2 gouttes de $TiCl^3$ fait monter la teinte caractéristique du molybdène, du vermeil au rouge orangé; en réalité, il se produit bien un commencement de réduction de MoO^3, mais, *l'oxyde inférieur de molybdène produit, réduit* V^2O^5 *à l'état de* V^2O^4; si l'on observe en effet le point de chute du chlorure titaneux, on voit bien apparaître la teinte vermeil, mais elle disparaît par agitation; et ce n'est que lorsque tout l'acide vanadique est réduit, qu'elle réapparaît, et s'intensifie. Le virage est très net et se saisit très bien à une division près de $TiCl^3$ ($1^{cm^3} = 1^{mg},5$ fer par exemple correspondant à $1^{mg},36$ vanadium). Nous avons pu vérifier en partant de liqueurs titrées de vanadium (VO^3Am)

(¹) *Comptes rendus*, t. 165, 1917, p. 362.

(²) Ce dosage a été proposé par Maillard (*Bull. Soc. chim.*, t. 23, 1900), dans des recherches physiologiques. Nous l'avons appliqué aux aciers; la présence de molybdène dans l'acier n'altère pas la coloration *rose* due au vanadium tant que la teneur en molybdène est < 1 pour 100; dans le cas contraire, à la teinte de l'acide pervanadique s'ajoute la faible teinte jaune donnée par l'acide molybdique et H^2O^2; on peut alors faire une nouvelle échelle de titres en ajoutant intentionnellement une liqueur de molybdène.

Qualitativement, la réaction colorée du vanadium est suffisamment sensible, pour qu'on puisse déceler 1^{mg} de vanadium en présence de 100^{mg} de molybdène.

et d'aciers synthétiques que le virage indiquait la fin de la réduction de V^2O^5 en V^2O^4, à une précision d'environ $\frac{1}{50}$ en valeur relative ([1]).

Pour avoir à la fois molybdène et vanadium, on opérera de la façon suivante :

L'acier sera attaqué sur deux prises de 2^g ou 4^g, d'après les indications données dans la précédente Note. Sur l'une d'elles, on dosera le vanadium, en ajoutant KCNS, *avant* le chlorure titaneux; on versera ce dernier lentement et en *agitant soigneusement*, jusqu'à ce qu'une goutte donne la teinte vermeil *persistant par agitation;* on vérifie que l'addition de quelques gouttes de $TiCl^3$ la fait monter au rouge orange. Sur l'autre prise, on dosera l'ensemble vanadium et molybdène, en ne mettant l'indicateur, KCNS, qu'après la réduction, et en utilisant $FeCl^3$ comme liqueur de retour, ainsi que nous l'avons indiqué.

GÉOLOGIE. — *Sur l'extension des nappes de recouvrement du bassin de Sebou* (*Maroc*). Note de MM. **L. Gentil**, **M. Lugeon** et **L. Joleaud**, présentée par M. Émile Haug.

Nous savons que la partie méridionale de la zone prérifaine est caractérisée par de grandes nappes de recouvrement ou par leurs digitations et qu'elle est limitée par une suite de reliefs en arc de cercle qui dominent l'avant-pays.

Cette guirlande est formée de chaînons jurassiques qui sont disposés en redans et se succèdent, en sens inverse des aiguilles d'une montre, dans l'ordre suivant :

a. Le chaînon de l'Outitâ, à peu près nord-sud, s'incurvant vers l'est dans sa partie méridionale;

b. Le chaînon du Kefs, allongé de l'ouest vers l'est;

c. Le chaînon du Zerhoun, en forme de dôme, dont le grand axe est orienté est-ouest.

Les deux premiers chaînons, bordés par la marge sahélienne de la grande

---

([1]) A la fin de la réduction, la liqueur devrait être bleue (V^2O^4). On observe au contraire une teinte violette, analogue à celle du chlorure titaneux, d'autant plus marquée que la teneur en molybdène est plus élevée (2 à 3 pour 100 par exemple). Nous n'avons pas encore pu trouver son origine; elle disparaît d'ailleurs assez rapidement, pour faire place à la teinte bleue.

plaine du Sebou, s'enfoncent à l'est sous les marnes helvétiennes largement développées. Plus loin on voit émerger de ces marnes néogènes, sous l'apparence d'un synclinal couché, les calcaires jurassiques qui, recouverts par des grès burdigaliens, forment le chaînon du Tselfatt. Mais, contre toute attente, le Burdigalien apparaît de nouveau *sous* le Jurassique de cette montagne reposant sur l'Helvétien. Cette coupe se poursuit identique à elle-même tout le long de cette petite chaîne, malgré quelques perturbations dues à des affaissements locaux. Vers le nord on voit le chaînon calcaire s'arrêter brusquement auprès de l'aïn Kerma. L'Helvétien du flanc normal rejoint alors celui du flanc inverse et le pli apparaît très nettement comme une *tête anticlinale plongeant vers l'ouest et se noyant dans les marnes helvétiennes*.

Fig. 1. — Coupe schématique des nappes prérifaines : 1, nappe du Nador; 2, nappe de l'Outitâ; 3, nappe du Zerhoun; 4, nappe du Tselfatt. Les nappes à noyaux jurassiques sont figurées en noir, les lambeaux de la nappe triasique en hachures, ce qui reste en blanc représente le Miocène où dominent les marnes helvétiennes

Le chaînon du Tselfatt dessine donc le pli frontal, détaché de sa racine, d'une nappe que nous désignerons sous le nom de nappe du Tselfatt (4, *fig.* 1). Il convient de lui attribuer, en outre, les vastes affleurements jurassiques de Bou Akrer et du Dj. Ben Abit qui reposent également sur les marnes helvétiennes.

Ce fait étant bien établi, comme le Tselfatt va se souder au Zerhoun, de même que l'Outitâ et le Kefs, il devient évident que *l'allure tectonique de tous ces chaînons jurassiques ne peut être que celle du Tselfatt lui-même*.

Ce sont autant de fronts de nappes qui, au lieu d'être plongés dans les marnes helvétiennes, *émergent* de ces dépôts miocènes. La forme arquée de ces lignes de reliefs est celle de plis frontaux, remarquablement dessinés en bien des points.

Déjà dans le nord, dans la gorge de Bab Tisra, près de Petitjean, le contournement du Jurassique laisse, malgré des failles locales en gradin, deviner le pli frontal (2, *fig.* 1). Ce pli apparaît particulièrement net près de la gare d'Aïn Djemâ; là il est surmonté par des plis secondaires *qui supportent à leur tour une autre masse charriée appartenant à une nappe supérieure : la nappe du Zerhoun* (3, *fig.* 1).

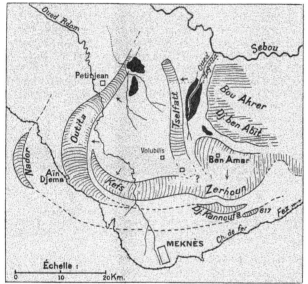

Fig. 2. — Carte schématique des nappes prérifaines : en hachures, les différentes nappes ou leurs fronts ; en noir, les lambeaux de la nappe triasique. Les flèches indiquent le sens des poussées.

Dans le massif du Zerhoun, sur le versant gauche de la vallée de Beni Amar, l'existence de trois charnières superposées démontre que les différentes nappes ou digitations de nappes, que nous avons reconnues dans la région, s'empilent en profondeur.

La nappe de l'Outitâ, relayée dans le Kefs par celle du Zerhoun, s'ennoye dans la vallée du Rdom, pour reparaître, plus à l'est, entre Meknès et Fez, sous la nappe du Zerhoun, dans le petit chaînon du djebel Kannoufa. La nappe de l'Outitâ décrit ainsi, en profondeur, un demi-cercle presque complet.

Nous ajouterons que sous la nappe de l'Outitâ paraît émerger, des marnes helvétiennes, le front d'une nappe inférieure aux précédentes, dans le Nador, qui domine Dar Bel Hamri, et dans la colline 617, chez les Arab du Saïs, entre Fez et Meknès (1, *fig.* 1).

Nous sommes donc conduits à admettre l'empilement de quatre nappes ou digitations à noyau jurassique, se succédant de bas en haut dans l'ordre suivant : 1° nappe du Nador; 2° nappe de l'Outità; 3° nappe du Zerhoun; 4° nappe du Tselfatt.

MÉTÉOROLOGIE. — *Sur la variation diurne du vent en altitude et sur l'influence de la répartition des mers de nuages.* Note de M. **L. Dunoyer.**

Je me propose d'indiquer dans cette Note quelques conséquences nouvelles de l'explication que j'ai donnée aux phénomènes de renforcement des vents d'E le soir et des vents d'W le matin ([1]). Ces conséquences sont relatives à la rotation des vents renforcés; elles permettent aussi d'expliquer les exceptions apparentes à la règle générale.

I. *Rotation des vents.* — Dans une atmosphère en repos, on a vu que le mouvement diurne tendrait à produire des vents d'W le matin et d'E le soir, avec un maximum d'intensité aux altitudes moyennes. En réalité, l'atmosphère n'est jamais en repos et l'on ne peut guère observer qu'une *augmentation* des vents des régions W le matin et des vents des régions E le soir. Mais l'augmentation doit porter principalement sur la composante W des premiers et sur la composante E des seconds. Bref, *les vents renforcés se rapprochent de l'W le matin et de l'E le soir.*

C'est ce qui ressort nettement de la statistique relative à une année. Sur 19 cas de renforcement de vents d'W le matin, il n'y a aucun cas de rotation éloignant le vent de la direction W, et il y a 11 cas de rotation temporaire parfaitement nette dans le sens indiqué. De même sur 26 cas de renforcement de vents d'E le soir, il n'y a qu'un seul cas de rotation éloignant le vent de la direction E, et il y a 17 cas de rotation très nette vers l'E. Les 8 derniers cas sont douteux avec une majorité (5 contre 3) de rotations dans le sens voulu.

Il est à remarquer d'ailleurs que si, abstraction faite de toute idée théorique, on cherchait par la statistique pure et simple à voir dans quel sens

([1]) Voir *Comptes rendus*, t. 165, 1917, p. 1068, et t. 166, 1918, p. 45.

absolu tournent les vents le matin et le soir, on serait conduit à dire que
les vents tournent à ces moments de la journée dans le sens des aiguilles
d'une montre. C'est ce que fait par ailleurs M. Reboul ([1]) pour le soir. En
effet, dans une atmosphère primitivement en repos, la rotation de la Terre
tendrait à infléchir, dès leur naissance, en les rendant NE et SW, les vents
d'E et d'W que le passage des zones crépusculaires tendrait à produire.
Il en résulte que les vents renforcés le matin et le soir seront beaucoup plus
fréquemment SW et NE que NW et SE. C'est ce que fait voir manifestement le Tableau publié dans notre première Note ([2]). En se rapprochant
de l'E et de l'W par suite du phénomène même de renforcement, ces vents
tournent dans le sens des aiguilles d'une montre : on rencontrera donc une
majorité de cas où la rotation se produira dans ce sens.

II. *Influence des mers de nuages.* — L'augmentation du vent dans les
zones crépusculaires étant considérée comme due à l'influence du rayonnement terrestre sur la répartition des surfaces isobariques, il est clair que
les couches nuageuses, en diminuant ce rayonnement, affaibliront aussi
l'intensité du phénomène. L'observation confirme en effet que c'est par
ciel clair qu'il est de beaucoup le plus marqué. Il est alors accompagné,
le soir, d'une intense scintillation des étoiles.

Mais l'influence de la répartition des zones de ciel clair et des mers de
nuages peut aller jusqu'à produire des exceptions apparentes à la règle
générale en renforçant des vents du N ou du S ou bien encore en renforçant des vents d'W le soir et des vents d'E le matin.

En se limitant aux cas vraiment nets, on n'a pas trouvé dans le cours
d'une année de cas de renforcement temporaire, le matin ou le soir, de
vents du S. Il y a 1 cas très net pour le vent du N, 5 cas de renforcement
de vents d'W le soir et 3 de vents d'E ou plutôt de NE le matin.

Pour le cas du vent du N, on constate, en se reportant à nos cartes d'isobares avec représentation des états du ciel, l'existence d'une haute pression
avec ciel couvert sur les Iles Britanniques, d'une dépression sur l'Italie
avec des ciels clairs sur tout le sud de l'Europe occidentale, des ciels bru-
meux mais non couverts sur la France. On conçoit fort bien qu'au lever
du jour la répartition verticale des surfaces isobariques ait pu rester sensiblement invariable dans la zone des hautes pressions, masquée par les

---

([1]) Voir la Note ci-après, p. 295.
([2]) *Loc. cit.*

nuages, et au contraire subir une dilatation verticale importante dans celle des basses pressions avec ciel pur. Cela correspond bien, aux altitudes moyennes, à une augmentation du vent du N.

Les 5 cas de *vents d'W renforcés le soir se rattachent à l'existence de hautes pressions sur l'Atlantique*, avec des ciels purs ou peu nuageux dans la zone de ces hautes pressions, couverts dans l'E de la France. L'effet du rayonnement à la chute du jour a donc dû être plus marqué dans la région des hautes pressions que dans celle des basses pressions et amener un renforcement des vents d'W.

Enfin les 3 cas de vents de NE renforcés le matin se rattachent à l'existence de hautes pressions sur la mer du Nord et les Iles Britanniques, avec des ciels couverts sur les régions de haute pression et purs sur la France (distribution inverse de la précédente). On conçoit que le matin la répartition des surfaces isobariques a dû cette fois varier peu dans la zone des hautes pressions, davantage dans celle des pressions plus basses régnant en France, et que le rayonnement ait par conséquent augmenté, aux altitudes moyennes, l'effet des hautes pressions qui produisaient des vents de NE.

MÉTÉOROLOGIE. — *Sur les variations diurnes du vent en altitude.*
Note ([1]) de M. **Reboul**.

I. Nous avons indiqué dans une Note précédente ([2]) que les vents de sondage présentaient, au début ou à la fin de la nuit, un maximum de vitesse aux altitudes comprises entre 200^m et 1000^m.

Vers le milieu du jour ils présentent, au contraire, aux mêmes altitudes, un minimum d'intensité.

Ce minimum d'intensité est parfois masqué par les variations du vent que provoque l'approche ou l'éloignement de basses pressions ou de hautes pressions.

On peut voir l'existence de ce minimum dans les exemples que nous avons déjà donnés (sondages des 9-10 et 15 septembre 1916). Voici un nouvel exemple de cette diminution de l'intensité du vent au milieu du jour :

([1]) Séance du 11 février 1918.
([2]) L. Dunoyer et G. Reboul, *Comptes rendus*, t. 165, 1917, p. 1068.

Sondages du 6 octobre 1916.

Heure.	Altitude	100.	200.	300.	400.	500.	600.	700.	800.	900.	1000.	1500.	2000.	2500
6.30	Vitesse	10	14	14	16	18								
	Direction	28	28	28	28	28								
10.30	Vitesse	6	10	12	14	14	14							
	Direction	26	26	26	26	26	26							
13.50	Vitesse	6	8	10	10	10	10	10	10	12	16	16	18	
	Direction	24	24	24	24	24	24	24	24	30	30	30	30	
17.00	Vitesse	8	14	16	16	16	20	18	18	16	14	16	20	18
	Direction	23	23	23	23	23	23	30	30	30	30	30	30	30
18.40	Vitesse	10	10	20	20	16	16	14	14	16	14	17	18	
	Direction	23	23	23	23	28	28	28	28	28	28	28	28	
20.15	Vitesse	12	18	22	26	22	18	16	16	16	16	16	18	18
	Direction	25	25	25	25	29	29	29	29	29	29	29	29	

On voit que le vent faiblit au milieu du jour d'une manière assez nette.

Sur 218 séries de sondages répartis sur une année d'observations et exécutés par un poste placé sur une hauteur, 156 accusent un minimum d'intensité vers le milieu du jour aux altitudes comprises entre 200^m et 1000^m, ce qui donne un coefficient de probabilité de 0,71.

Sur 212 séries de sondages exécutés par un poste placé au fond d'une vallée et répartis également sur une année d'observations, 142 accusent le minimum diurne, ce qui donne une proportion de cas favorables de 0,66.

II. Ces variations de la vitesse du vent sont plus nettes par régime de vent d'Est que par régime d'Ouest : cette différence se comprend facilement, le vent d'Ouest dans nos régions correspondant en général à un régime dépressionnaire avec augmentation de vent.

Le Tableau suivant résume une année d'observations :

Régime du vent	N.	NE.	E.	S.	SW.	W.	NW.
Cas favorables	10	41	10	16	46	9	10
Cas défavorables	0	9	2	11	35	6	7
Pourcentage des cas favorables.	100	82	83	59	56	60	59

III. Dans l'exemple que nous avons donné plus haut, la direction est exprimée en décagrades, 0 étant au Nord, 10 à l'Est, 20 au Sud et 30 à l'Ouest; on voit sur cet exemple que, vers le milieu du jour et aux altitudes indiquées plus haut, la direction moyenne du vent passe de 28 à 24, c'est-à-dire tourne dans *le sens inverse des aiguilles d'une montre;* au contraire, dans la soirée, elle passe de 23 à 25 ; par conséquent, elle tourne dans *le sens direct* (¹).

Sur 193 séries de sondages répartis sur une année d'observations, il y a 132 cas favorables et 61 défavorables à la rotation inverse du vent vers le milieu du jour, ce qui donne un coefficient de probabilité de 0,68 pour le premier fait.

Sur 198 séries de sondages répartis également sur une année d'observations, il y a 131 cas favorables et 67 défavorables à la rotation directe du vent au début de la nuit, ce qui donne pour le deuxième fait un coefficient de probabilité de 0,66.

Les variations diurnes du vent, aux altitudes comprises entre 200^m et 1000^m, se complètent donc de la manière suivante :

Il y a en général au milieu du jour une diminution de l'intensité du vent et une rotation de sa direction dans le sens inverse des aiguilles d'une montre.

Au début ou à la fin de la nuit, il y a au contraire une augmentation de l'intensité et rotation de la direction dans le sens des aiguilles d'une montre.

BOTANIQUE. — *Extension des limites de culture de la vigne au moyen de certains hybrides.* Note de MM. LUCIEN DANIEL et HENRI TEULIÉ, présentée par M. Gaston Bonnier.

L'un des moyens employés pour défendre le vignoble contre le phylloxéra a été la création d'hybrides entre les vignes françaises et les vignes américaines, de façon à réunir sur un même cep la résistance à l'insecte et la qualité du raisin. Dans un grand nombre de cas, on a obtenu soit des plants résistants à raisins inférieurs, soit des plants à bons raisins mais non résistants.

L'un de nous avait montré que, dans certains cas, on pouvait communiquer, par la greffe sur sujets améliorants (²), certaines qualités à un greffon ou à un sujet présentant des défauts donnés, et sur ses indications, deux hybrideurs connus, Jurie (³) et Castel (⁴), obtinrent chez leurs

---

(¹) Voir la Note ci-dessus de M. L. DUNOYER, p. 293).

(²) L. DANIEL, *Création de variétés nouvelles par la greffe* (*Comptes rendus,* t. 118, 1894, p. 992).

(³) JURIE, Diverses Notes à l'Académie des Sciences (1901-1906).

(⁴) CASTEL, *De l'amélioration des producteurs directs par le greffage* (*Congrès de Toulouse*, 1905).

hybrides sexuels de notables améliorations quant à la qualité des raisins ou à la résistance phylloxérique. Après leur mort, l'amélioration systématique des hybrides sexuels de la vigne par la greffe fut reprise par l'hybrideur landais Baco ([1]) qui obtint ainsi des hybrides sexuels-asexuels ou hybrides de greffe constituant sur les types originels un progrès considérable. Les raisins étaient grandement améliorés comme quantités des grains et comme qualité des raisins et, par ailleurs, leur résistance remarquable aux maladies cryptogamiques n'avait pas diminué non plus que leur résistance phylloxérique.

Parmi les hybrides sexuels-asexuels de Baco, le 24-23, amélioré par greffe, se faisait remarquer par sa précocité. Pour cette raison, l'un de nous en essaya la culture en Ille-et-Vilaine et il constata que, malgré le climat, le plant y prospérait comme feuillage et comme raisin ([2]). Toutefois, à la suite d'essais divers, la taille ayant été mal exécutée et la vinification mal faite, l'expérimentateur se serait peut-être découragé s'il n'avait eu la chance de trouver un collaborateur connaissant la culture des hybrides, leur taille et leur vinification. Depuis 1914, les expériences faites nous ont paru réussies et concluantes.

Les hybrides Baco, qui en ont fait l'objet, pour la majeure partie 24-23, sont plantés dans des conditions défectueuses. Le terrain forme, entre de hauts immeubles, un large couloir peu favorable à la concentration de la chaleur. Le soleil, suivant la saison, n'atteint la plantation qu'entre 6^h et 9^h du matin et la quitte entre 3^h et 6^h de l'après-midi. Néanmoins, au cours des dernières années, les raisins ont été mûrs au plus tôt le 26 septembre et au plus tard le 18 octobre. Il semble naturel d'espérer des résultats encore meilleurs lorsque les mêmes plants seront placés à flanc de coteau et exposés à la lumière et à la chaleur du soleil de son lever à son coucher. Le vin ainsi obtenu est bon à boire, de qualité moyenne, riche en couleur. Voici les caractéristiques des récoltes extrêmes, 1914 et 1917, donnée par l'analyse :

([1]) Baco, *Culture directe et greffage de la vigne* (*Revue bretonne de Botanique*, 1912).

([2]) L. Daniel, *Peut-on cultiver la vigne en Bretagne?* (*Revue bretonne de Botanique*, 1910).

	1914.	1917.	Vin témoin 1914 ([1]).
Degré alcoolique.............	8°	8°,8	7°
Extrait sec..................	33,9	27,20	24,7
Extrait sec dans le vide........	44	32,04	30,6
Cendres......................	5	4,32	2,6
Sucre.......................	5	0,96	8,6
Acidité totale en $SO^4 H^2$.......	6,9	6,27	7,6
Acidité fixe..................	6,4	5,80	6,9
Acidité volatile..............	0,5	0,47	0,7
Acide tartrique total..........	4,5	4,97	2,7

Autrefois la culture de la vigne s'étendit à presque toute la Bretagne. Les documents d'archives du XIIᵉ au XIVᵉ siècle, les noms des lieudits nous renseignent sur les achats, échanges et plantations de vigne à Vern ([2]), à Dol ([3]), à Dinan, etc. Depuis lors, la limite de culture n'a cessé et ne cesse de reculer du Nord vers le Midi. Nous n'en rechercherons pas aujourd'hui les causes. La culture disparue était, ce qu'elle est encore dans une bonne partie de la France, une culture qui n'affectait qu'une petite partie de l'exploitation. Ce qu'elle fut, il nous a paru qu'avec des plants appropriés, elle pouvait le redevenir, surtout si elle était simplifiée, comme c'est le cas pour le 24-23 Baco, par la suppression des opérations de greffage, de soufrage et de sulfatage.

Des expériences mentionnées ci-dessus et d'autres expériences en cours il nous paraît possible de conclure qu'on pourrait cultiver la vigne sur une large étendue au delà de la limite actuelle. Il est aisé de se rendre compte qu'une telle extension aurait des conséquences économiques et sociales considérables.

([1]) Il nous a paru intéressant de mettre en regard l'analyse d'un vin ordinaire, récolté dans le département du Lot, à Bétaille, rive droite de la Dordogne et provenant d'un mélange de clinton, de canada, d'othello en partie moindre et de quelques autres hybrides en très petite quantité. Ces analyses ont été faites, en 1914, par M. Perrier; en 1917, par M. Charles Laurent.

([2]) *Cartulaire de Saint-Meluine*, passim (Manuscrit.nᵒ 271 de la Bibliothèque municipale de Rennes).

([3]) F. DUINE, *Histoire civile et politique de Dol jusqu'en 1789*, p. 25 et 93. Paris, Champion, 1911.

PHYSIOLOGIE. — *Valeur alimentaire du blé total et de la farine à 85 comparée à la farine blanche.* Note de MM. **L. Lapicque** èt **J. Chaussin**, présentée par M. Charles Richet.

On ne trouve pas dans la science les données nécessaires pour préciser la valeur alimentaire des farines extraites du blé aux taux de 80 à 85 pour 100. Pour combler cette lacune, une série d'expériences systématiques ont été instituées depuis plusieurs mois.

I. *Valeur alimentaire du blé entier.* — Un blé indigène de bonne qualité, pesant environ 77^{kg} à l'hectolitre, a été haché après trempage à l'eau pendant 24 heures, cuit au four et séché. Un chien pesant $8^{kg},600$ a reçu une ration quotidienne composée de 170^g de cette espèce de pain, 10^g de graisse et 10^g de caséine. En 16 jours, le poids du corps descendit à $8^{kg},200$, puis resta constant à ce chiffre pendant 18 jours. La totalité des fèces recueillies pendant ces 34 jours, délayées et passées au tamis 100, donna 559^g d'enveloppes de blé sèches, soit par jour $16^g,44$. Pendant les 18 jours suivants, on conserva la constance du poids du corps en substituant à la ration de pain complet 150^g de biscuit de pure farine blanche. Les quantités de matière sèche, qui dans les deux cas se sont montrées équivalentes pour l'entretien sont : blé entier, 142^g; farine blanche, 128^g. Si l'on fait égale à 100 la valeur alimentaire de la farine blanche, celle du blé est alors 90, 3.

A. Girard a donné 14,36 pour la proportion moyenne d'enveloppes dans le blé, mais il s'agit d'enveloppes disséquées mécaniquement; on trouve, dans les recherches de cet auteur, que ces parties ainsi préparées perdent 16 pour 100 de leur poids par lessivage à l'eau tiède, puis encore 8 pour 100 par passage à travers le tube digestif. La proportion de résidu digestif tombe ainsi à 11,07 pour 100.

Notre expérience donne 11,6 pour 100; l'accord est très satisfaisant.

Le chiffre de 90 pour l'équivalence alimentaire semble très élevé. Mais, dans les expériences américaines souvent citées, basées sur le dosage des éléments absorbés pendant la digestion, on trouve pour l'énergie utilisable fournie à l'organisme par quatre espèces de blé (celle que fournit la farine blanche du même blé étant 100) : 96,5; 90,4; 89; 90,8 [1].

---

[1] Snyder, *U. S. Dep. of Agriculture*, Bulletins n°s 126 et 156.

En mettant à part le premier blé, qui est un blé dur, et qui, d'ailleurs, donne un chiffre encore plus élevé, le rapport est le même.

La valeur alimentaire du blé total est donc un peu plus grande que celle de son poids de farine blanche diminué du poids des résidus indigestibles. Bien entendu, le soi-disant travail perdu par la mastication, le brassage et le transport intestinal de cet excès de substance inerte ne peut donner lieu ici à aucune déduction, la mesure étant faite sur la valeur au point de vue de l'entretien de l'organisme.

Conclusion. — Le blé moyen laisse 12 pour 100 de résidu indigestible; sa valeur nutritive est égale aux $\frac{90}{100}$ de son poids de farine blanche.

II. *Valeur comparée du pain blanc et du pain de farine à* 85. — Un homme pesant environ 70^{kg} prend chaque jour comme nourriture 1^l de lait, 30^g de semoule, 100^g de riz, 30^g de beurre, 15^g de sucre, 20^g de café et 250^g de compote d'abricots; le tout contenant 8^g,03 d'azote et fournissant (approximativement) 1850^{cal}. En outre, 500^g du pain à étudier : 1° pendant 11 jours (pér. I et II), pain de farine à 85 contenant, pour 100 : eau, 32,35; azote, 1,298 ; 2° (pér. III à IV), pain parfaitement blanc, provenant de la même farine tamisée, et contenant, pour 100 : eau, 34,6; azote, 1,295. Mais, au bout de 5 jours (pér. III), la compote d'abricots, étant épuisée, est remplacée par de la compote de reines-Claude (pér. IV), ce qui cause une perturbation sensible, puis par de la compote de mirabelles (pér. V). La ration étant manifestement au-dessus du régime d'entretien, on supprime 50^g de riz et 125^g de compote, en laissant les 500^g de pain blanc (pér. VI). Finalement, on remplace ces 500^g par 500^g de pain de farine à 85 traitée par l'eau de chaux (pain français) contenant, pour 100 : eau, 35; azote, 1,51 (pér. VII).

Au point de vue subjectif, sensation abdominale légèrement pénible pendant les périodes II et IV; rien pendant les 10 jours de la période VII.

Les données quantitatives de l'expérience sont résumées dans le Tableau suivant. Le poids du corps est indiqué pour la fin de chaque période, avec le point de départ quand c'est nécessaire. Les autres colonnes indiquent les moyennes par jour pour la période.

Période et date.	Poids		Azote		
	du corps.	des fèces.	fécal.	urinaire.	ingéré.
2 août........................	70,450	»	»	»	»
I, du 3 au 8 août............	71,000	206	2,01	11,38	14,47
II, du 8 au 13 août................	70,950	215	2,50	11,87	»
21 août........................	70,900	»	»	»	»
III, du 21 au 26 août	71,800	169	1,89	11,84	14,52
IV, du 26 au 31 août	71,350	215	2,60	12,36	»
V, du 31 août au 5 septembre......	71,850	178	2,16	12,29	»
VI, du 5 au 15 septembre..........	71,750	177	2,04	12,07	14,00
VII, du 15 au 25 septembre...........	71,900	222	2,43	11,33	14,10

En régime légèrement surabondant, soit le pain bis, soit le pain blanc donnent lieu à une augmentation du poids du corps et à une fixation d'azote (pér. I et III). Mais, au bout de 5 jours, le pain bis, mal toléré, donne lieu à un accroissement de l'azote fécal, et l'organisme n'arrive plus que juste à l'équilibre. Dans la période IV, le remplacement d'un fruit cuit par un autre, sans doute un peu moins mûr et un peu plus acide, donne lieu aux mêmes perturbations, avec les mêmes conséquences.

Entre les périodes VI et VII, où il semble bien que l'entretien strict a été réalisé, il n'y a aucune différence notable; le pain à la chaux ne donne lieu à aucun phénomène d'intolérance et couvre tout aussi bien (en négligeant même un tout petit bénéfice) les besoins de l'organisme. La farine qui a servi à faire ce pain contenait un peu plus de débris d'enveloppes indigestibles que la *farine type à 85* du décret du 3 mai 1917.

Conclusion. — La différence de valeur entre les deux pains étudiés est trop faible pour se révéler dans les conditions de l'expérience. A *fortiori*, dans la vie courante, avec régime libre, où l'imprécision est autrement grande, il sera impossible de saisir cette différence.

A condition d'éliminer les perturbations possibles par l'acidité du pain, et d'éviter ou de compenser les différences d'hydratation, le pain à 85 est pratiquement de la même valeur nutritive que le pain blanc.

PHYSIOLOGIE. — *Contribution à l'étude de la leucocytose digestive.*
Note de MM. P. BRODIN et FR. SAINT-GIRONS, présentée par M. Charles Richet.

L'étude de la leucocytose digestive chez l'homme a suscité un très grand nombre de travaux, dont les divergences sont explicables par des différences de technique : la plupart des auteurs ont fait des examens de sang, soit trop espacés, soit portant sur un nombre d'heures insuffisant.

Nous nous sommes d'abord assurés qu'un sujet maintenu à jeun et suivi de demi-heure en demi-heure, pendant plusieurs heures, a un chiffre de leucocytes constant. Nous avons ensuite déterminé le chiffre de leucocytes et la proportion des polynucléaires le matin à jeun au réveil. Ceci fait, nous lui avons fait ingérer des aliments variés et avons pratiqué des examens de demi-heure en demi-heure pendant 6 ou 7 heures après le repas.

Nos résultats, très cohérents, nous ont montré des variations dans le nombre des leucocytes, comme dans la formule leucocytaire.

1° *Variations du nombre des leucocytes.* — L'intensité de la réaction leucocytaire est variable suivant la nature des aliments. Pour obtenir des résultats comparables entre eux, indépendants du chiffre individuel, nous avons dans chaque expérience divisé le chiffre maximum de leucocytes obtenu par le chiffre normal à jeun du sujet, chiffre que nous supposons égal à 100.

En rangeant par ordre d'intensité croissante lès résultats obtenus, nous avons les réactions suivantes :

```
Après ingestion de 12 œufs crus.............  125
        »        de pommes de terre.........  127
        »        de 3 litres de lait bouilli.....  13o
        »        de jus de viande crue........  163
```

Ces résultats sont à rapprocher de ceux qu'ont obtenus M. Lassablière et M. Ch. Richet. Observant chez le chien, ils ont vu que le chiffre des leucocytes est beaucoup plus élevé avec de la viande crue qu'avec de la viande cuite. Nous avons vu de même que la réaction leucocytaire est beaucoup plus marquée avec le jus de viande crue qu'avec toute autre alimentation, et même qu'avec le régime carné ordinaire (viande cuite).

La réaction leucocytaire ne débute pas immédiatement après le repas. Presque toujours d'abord le nombre des leucocytes baisse, puis il augmente, atteint un premier maximum 2 à 3 heures après le repas, s'abaisse entre 3 et 4 heures pour atteindre un nouveau maximum vers 5 heures et redescendre ensuite assez brusquement.

La durée de la réaction est très variable avec la qualité des aliments. Brève avec le régime végétarien, elle est de beaucoup plus longue durée avec le régime carné.

A quelle substance en particulier est due la leucocytose digestive ?

Nous avons coagulé par la chaleur du jus de viande et fait absorber séparément la partie coagulable et la partie non coagulable. Alors que la première n'a donné qu'une réaction tardive et peu intense (127), la seconde a produit une réaction précoce, intense (153) et de longue durée.

Il semble donc que ce soient les substances solubles non coagulables qui jouent le principal rôle dans l'apparition de la leucocytose digestive.

2° *Modification de la formule leucocytaire pendant la période digestive.* — La plupart des auteurs pensent qu'il y a polynucléose, et nos constatations confirment cette opinion, comme l'indique le Tableau suivant :

Tableau indiquant les variations des polynucléaires selon les conditions digestives.

Sujet A.	Proportion de polynucléaires pour 100 leucocytes.	Nombre total de polynucléaires par millimètre cube.	Augmentation par rapport au chiffre normal, le matin à jeun.
Le matin à jeun...........	46	4 320	100
Régime végétarien........	52	5 355	123
Lait.....................	62,5	7 662	177
OEufs crus..............	66	7 682	178
Jus de viande crue desséché.	63,5	10 290	238
Sujet B.			
Le matin à jeun...........	48,5	4 832	100
Régime végétarien........	62,5	4 750	112
Lait.....................	64,5	5 085	120
Jus de viande crue desséché.	71	10 607	250

La polynucléose est donc indiscutable. Elle affecte à peu près les mêmes variations que la leucocytose.

Signification de la leucocytose digestive. — Trop brusques et trop importantes sont les variations du nombre de globules blancs et de la formule leucocytaire pendant la période digestive pour s'expliquer uniquement par des modifications portant sur le nombre absolu des leucocytes.

Comme nous l'avons indiqué précédemment à propos de la leucocytose infectieuse chez les tuberculeux ([1]), il doit y avoir non seulement destruction et régénération, mais encore et surtout inégalité de répartition des leucocytes provoquée par le passage dans le sang de certaines substances étrangères.

Conclusions. — Chez le sujet normal, la digestion s'accompagne constamment de modifications de l'équilibre leucocytaire portant sur le nombre des globules blancs et la proportion des polynucléaires. Le nombre des leucocytes s'abaisse au début, s'élève ensuite, et présente deux maxima, l'un 2 à 3 heures après le repas, l'autre de 4 à 6 heures après.

La proportion des polynucléaires suit une marche à peu près parallèle à celle du nombre des leucocytes.

([1]) Brodin et Saint-Girons, *Recherches sur les leucocytes du sang des tuberculeux* (*Comptes rendus*, t. 165, 1917, p. 1111).

Les modifications de l'équilibre leucocytaire varient avec chaque individu et surtout avec la nature de l'alimentation. Peu marquées avec un régime végétarien, elles sont surtout intenses avec une alimentation carnée. Elles ne sont pas dues par conséquent au travail digestif, mais au passage dans le sang des produits ingérés.

CHIMIE BIOLOGIQUE. — *Transformations de l'inuline dans le tubercule de Topinambour pendant la période de repos.* Note de **M. H. COLIN**, présentée par M. G. Lemoine.

Dès l'année 1867, Dubrunfaut (¹) signalait ce fait remarquable que les tubercules de Topinambour récoltés en mars donnent un suc à pouvoir rotatoire positif, tandis que le jus des tubercules récoltés en octobre est fortement lévogyre; il attribuait cette différence à la transformation de l'inuline en sucre cristallisable, pendant la période de repos.

En réalité, le saccharose est constamment représenté dans les tubercules en voie de formation; mais la proportion ne fait qu'augmenter durant les mois d'hiver; on s'en aperçoit au changement de signe du pouvoir rotatoire immédiat, aussi bien qu'à la diminution, en valeur absolue, après hydrolyse, du pouvoir rotatoire résultant des hydrates de carbone contenus dans le tubercule; de même, l'oxydation par le brome ou par l'iode en présence de carbonate de soude révèle, dans les jus déféqués et hydrolysés, la présence du glucose à raison de $\frac{1}{3}$ environ du réducteur total.

Dubrunfaut pensait que l'inuline se transforme « en deux autres produits isomères, le sucre cristallisable de la canne et un sucre incristallisable, optiquement neutre, analogue à celui qu'on retrouve dans la fermentation du sucre interverti ». Cette conclusion n'est pas entièrement justifiée; en effet, le pouvoir rotatoire direct des sucs extraits en février-mars ne dépasse pas + 10; corrélativement, le pouvoir rotatoire, après inversion, atteint — 55 à 15°. Il existe donc, à cette époque, dans les tubercules, des principes lévogyres, donnant du lévulose à l'hydrolyse, qui neutralisent presque complètement la polarisation positive due au saccharose.

Ces lévulosanes diffèrent profondément de l'inuline primitive; leur pouvoir rotatoire global, compris entre — 25 et — 30, est très inférieur à celui de l'inuline (— 40 d'après Tanret); mais surtout elles se laissent

(¹) DUBRUNFAUT, *Comptes rendus*, t. 64, 1867, p. 764.

hydrolyser par l'invertine et fermentent, par conséquent, en présence de
levure. Si l'on additionne de sucrase le suc des tubercules, on voit le
réducteur augmenter progressivement en même temps que le pouvoir
rotatoire diminue. Le saccharose est plus rapidement hydrolysé que les
lévulosanes. Le Tableau suivant résume une expérience, entre autres,
effectuée à 35°; les chiffres exprimant le réducteur sont rapportés à
100$^{cm^3}$ de suc, les pouvoirs rotatoires évalués à 15°.

Temps.	Pouvoirs rotatoires.	Réducteur (en sucre interverti).	$\left(\dfrac{\text{Réducteur}}{\text{sucre total}}\right)$
h		gr	
0	+ 8	0,21	0,014
15	—20	4,71	0,320
18	—29	7,00	0,476
27	—33	8,67	0,589
38	—45	10,80	0,734
45	—50	12,30	0,836
96	—56	14,70	1,000

Les hydrates de carbone sont hydrolysés en totalité. Les sucs abandonnés à eux-mêmes, en présence d'un antiseptique, évoluent spontanément d'une façon beaucoup plus lente.

L'ensemble de ces faits permet de comprendre pourquoi, dans l'industrie
de l'alcool, les sucs de Topinambour traités en octobre doivent subir une
hydrolyse préalable par les acides, tandis que les tubercules récoltés après
l'hiver se prêtent immédiatement à la fermentation.

Une partie de l'inuline se transforme donc en *saccharose* à l'intérieur du
tubercule de Topinambour; l'autre partie se dégrade progressivement à l'état
de *lévulosanes* de pouvoir rotatoire inférieur, en valeur absolue, à celui de
l'inuline. Ces deux transformations sont-elles simplement parallèles? Y
a-t-il, au contraire, entre l'inuline et le saccharose, toute une gamme
d'intermédiaires comme entre l'amidon et le maltose? Il est bien difficile
d'admettre, avec Dubrunfaut, que le saccharose puisse résulter de la condensation du sucre incristallisable; jusqu'à la reprise de la végétation et le
développement des bourgeons du tubercule, le suc ne possède qu'un très
faible pouvoir réducteur direct.

Il ne s'agit pas là de faits isolés, particuliers au Topinambour; les mêmes
phénomènes, essentiellement, se reproduisent dans la Chicorée : le suc des
racines récoltées en octobre fermente à peine; en février-mars, la fermentation est énergique. MM. Wolff et Geslin ([1]), qui ont récemment signalé

([1]) J. WOLFF et B. GESLIN, *Comptes rendus*, t. 165, 1917, p. 651.

ce fait, sans se référer aux travaux de Dubrunfaut sur le topinambour, ont proposé le terme d'*inulides* pour désigner les produits de dégradation de l'inuline qui tombent sous l'action de la levure. Il est utile d'observer qu'une partie de ces inulides, qui peut atteindre 2,5 à 3 pour 100 du poids de la racine fraîche, n'est autre chose que du sucre cristallisable.

MICROBIOLOGIE. — *Concentration des germes de l'eau.* Note de MM. F. Diénert et A. Guillerd, présentée par M. Roux.

Dans la recherche des espèces pathogènes dans les eaux il faut rassembler, sans les altérer, sous un petit volume, tous les germes contenus dans une quantité d'eau assez grande (plusieurs litres). Pour un pareil usage nous employons, depuis de nombreuses années, les bougies Chamberland; mais une étude systématique, non encore terminée, nous a montré que ce moyen présentait de graves défauts, une partie des germes pathogènes disparaissant pendant la filtration.

Nous avons recherché un autre moyen de concentrer les germes de l'eau. Nous avons expérimenté successivement les bougies collodionnées, l'entraînement par le talc et l'argile calcinés ou par un précipité chimique qu'on dissout ensuite (hyposulfite de soude et azotate de plomb, hydrate ferreux et tartrate de potasse, carbonate de magnésie et sulfate d'ammoniaque). Tous ces procédés ne nous permettaient pas de récolter la totalité des germes pathogènes que nous introduisions artificiellement dans une eau.

Les meilleurs résultats furent obtenus avec la bougie collodionnée qui, bien débarrassée de l'éther par de nombreux lavages et trois stérilisations successives dans l'eau à 120°, permettait de retrouver 50 pour 100 des germes soumis à la filtration.

Après de multiples essais, nous nous sommes arrêtés au processus suivant :

On fait une solution d'alumine à 10 pour 100 qu'on additionne d'ammoniaque pour précipiter l'alumine. Le précipité gélatineux est lavé abondamment à l'eau chaude, puis stérilisé en tubes. On utilise la gelée d'alumine provenant de la précipitation par l'ammoniaque de 8$^{cm^3}$ de la solution de sulfate d'alumine à 10 pour 100 pour concentrer les germes contenus dans 1^l d'eau.

Pour concentrer ces germes, on introduit le contenu d'un tube d'alumine stérile dans 1ˡ d'eau, par exemple. On agite vigoureusement et on laisse déposer 4 à 5 heures jusqu'à éclaircissement complet. Le liquide surnageant, qui est à peu près stérile, est siphoné et le dépôt ensemencé sur les milieux de culture appropriés. Si l'on voulait faire une analyse quantitative du *B. coli* on opérerait comme il vient d'être dit, mais en n'employant que 100ᶜᵐ³ d'eau. Le dépôt, décanté, remis en suspension dans une très petite quantité de liquide, est alors ensemencé sur un milieu solide formé de gélose, 2 pour 100; de peptone, 3 pour 100; de lactose, 1 pour 100; d'une solution de tournesol et de 0,4 pour 100 d'acide phénique ou sur le milieu d'endo additionné de 0,4 pour 1000 d'acide phénique, et mis à l'étuve à la température de 41° C. Les colonies rouges sont ensuite étudiées sur les milieux appropriés.

Par cette méthode, on récolte toutes les colonies introduites. Voici quelques résultats obtenus :

	B. coli.	Numérés dans le dépôt.
200ᶜᵐ³ eau stérile ayant reçu.........	500	491
»	500	400
»	113	91
»	113	102
200ᶜᵐ³ eau de Vanne contenant.......	5	5 (¹)
200ᶜᵐ³ eau du Loing contenant.......	1 à 2	2

Les résultats obtenus par cette méthode sont donc très satisfaisants. Nous employons ce moyen pour concentrer les germes de l'eau dans la recherche du bacille d'Eberth et des bacilles paratyphiques d'après la méthode indiquée par l'un de nous en 1917 (²).

MICROBIOLOGIE. — *Culture du parasite de la lymphangite épizootique et reproduction expérimentale de la maladie chez le cheval.* Note de MM. **A. Boquet** et **L. Nègre**, présentée par M. Roux.

La lymphangite épizootique ou Farcin d'Afrique est déterminée par un parasite spécifique, le *Cryptococcus farcininosus* découvert par Rivolta et classé par lui dans les Blastomycètes.

(¹) Numération sur milieu phénique.
(²) *Comptes rendus*, t. 164, 1917, p. 124; *Ibid.*, t. 166, 1918, p. 84.

Malgré les recherches de Tokishige, Marcone et San Felice, qui ont publié les résultats d'essais de cultures du cryptocoque, un doute planait encore sur la nature du parasite, puisque, dans ces dernières années, certains auteurs ont voulu en faire un Protozoaire.

L'un de nous avait déjà montré, en collaboration avec Bridré ([1]), que le cryptocoque se comportait dans la déviation du complément comme un Blastomycète.

Nous apportons dans ce travail la preuve de la nature mycosique du cryptocoque de Rivolta par le développement de ce parasite sous la forme mycélienne en cultures repiquables et par la reproduction expérimentale de la maladie après inoculation de ces cultures au cheval.

Nous avons réalisé la culture du cryptocoque sur une gélose au crottin de cheval, à la surface de laquelle est déposée une macération de ganglions de cheval ([2]). Au bout de deux ou trois passages, cette adjonction n'est plus nécessaire. Nous avons pu repiquer ces cultures sur gélose de Sabouraud, sur pomme de terre et sur carotte, et réaliser sur tous ces milieux des cultures en série qui sont arrivées à leur douzième passage.

Dans le premier ensemencement, les colonies apparaissent au bout de 5 à 6 semaines à la température de 25°. Dans les repiquages suivants, la culture se fait plus rapidement. Au bout de 10 à 15 jours apparaissent les premières colonies, elles sont sphériques, saillantes et grisâtres, légèrement duveteuses.

Ces colonies prennent en grandissant un aspect différent suivant le milieu de culture. Sur gélose au crottin, elles acquièrent un aspect plissé et une teinte brune, parsemée de points blancs. Autour de la colonie proéminente se trouve à la surface de la gélose une auréole duveteuse, blanche à bords festonnés.

Sur gélose de Sabouraud, elles ont un aspect moins tourmenté et plus clair. Elles ont une teinte blanc jaunâtre, sablonneuse et sont entourées d'une zone duveteuse blanche.

Elles sont comme sur gélose au crottin très adhérentes au milieu et très difficiles à dissocier.

Sur pomme de terre et sur carotte, elles ont un aspect tourmenté gris foncé.

Les cultures peuvent pousser entre 15° et 37°.

Aux températures inférieures à 20°-25°, les cultures prennent un aspect duveteux blanc beaucoup plus prononcé. A 37°, elles sont d'une consistance plus molle et moins adhérente au milieu. A 25°-30°, elles mettent un mois pour atteindre leur plein développement; à 37°, elles poussent en 15 jours seulement. Cette dernière température est donc la plus favorable.

([1]) *Comptes rendus*, t. 150, 1910, p. 998 et 1265.

([2]) *Sur la culture du parasite de la lymphangite épizootique* (*Bull. Soc. path. exot.*, t. 10, séance du 11 avril 1917, n° 4).

Le développement du cryptocoque dans les milieux de culture est le suivant : dans le premier ensemencement, le cryptocoque se gonfle, prend une forme arrondie et se charge de gouttes d'huile. Il bourgeonne alors en donnant des tubes mycéliens à double paroi qui émettent des spores externes.

Dans les repiquages suivants, le champignon se présente au début de la culture sous la forme de tubes mycéliens, de 2^μ d'épaisseur, cloisonnés, à paroi mince. Ces tubes donnent par bourgeonnement à leurs extrémités ou sur des ramifications latérales, des spores externes à double paroi qui se chargent de gouttes d'huile. Quand elles ont achevé leur croissance, elles atteignent un diamètre moyen de 8^μ à 12^μ; elles se détachent alors du filament qui les portait et bourgeonnent en donnant des tubes mycéliens, de 3^μ à 4^μ d'épaisseur, à double paroi, cloisonnés, chargés de gouttes d'huile qui se reproduisent par bourgeonnement de spores externes.

Sur ces tubes mycéliens, se forment également des chlamydospores de 10^μ à 15^μ de diamètre à double paroi très épaissie et à protoplasma condensé au centre.

Dans les vieilles cultures, tous les articles des tubes mycéliens se dissocient et paraissent se vider de leur contenu, les gouttes d'huile disparaissent. La membrane s'épaissit, chacun de ces éléments prend une forme tourmentée, tout à fait caractéristique. A ce stade, les cultures se repiquent avec beaucoup plus de difficulté.

Nous avons réalisé l'épreuve de la déviation du complément avec le sérum de chevaux malades et nos cultures comme antigène.

Nous avons pu reproduire à deux reprises la maladie chez le cheval par inoculation sous-cutanée de cultures dans la région de la nuque et de l'épaule. La première expérience a été faite avec des colonies du premier passage, contenant encore des cryptocoques, la deuxième avec des colonies du huitième passage dont la souche avait été isolée 11 mois avant.

Au point d'inoculation, il se forme 24 heures après l'injection un œdème volumineux qui disparaît en 5 ou 6 jours. Lorsque l'œdème s'est résorbé, on perçoit au point d'inoculation un petit nodule qui reste stationnaire. Trois ou quatre semaines après l'injection, ce nodule, dur, à consistance fibreuse, se met à grossir; il contient alors des cryptocoques qui paraissent plus petits que les cryptocoques ordinaires et sans double paroi.

Ce nodule peut se ramollir, s'ouvrir à l'extérieur en donnant un pus contenant des cryptocoques typiques tous phagocytés. La lésion peut se cicatriser et s'arrêter là.

Dans d'autres cas, après ou sans abcédation partielle, le nodule fibreux augmente, puis se prolonge par un cordon lymphatique parsemé de nodules sur son trajet. Cette généralisation n'apparaît pas avant la sixième ou la septième semaine après l'inoculation. Ce cordon évolue comme dans la maladie naturelle.

Les inoculations dans le derme et par scarification de la peau rasée ne nous ont donné que des abcès à cryptocoques localisés.

Le premier cheval inoculé et guéri de sa lymphangite expérimentale a été réfractaire à de nouvelles inoculations, alors qu'un cheval témoin inoculé en même temps et avec les mêmes cultures a contracté la lymphangite.

Des expériences de vaccination et de bactériothérapie à l'aide de cultures chauffées sont en cours.

En résumé, nous avons réalisé l'évolution du cryptocoque sous la forme mycélienne et obtenu sa culture en série. Nous avons ensuite démontré que le champignon cultivé était bien celui de la lymphangite épizootique en reproduisant expérimentalement la maladie par inoculation des cultures au cheval.

MÉDECINE. — *La crosse de l'aorte dans le goitre exophtalmique.*
Note de M. **Folley**, présentée par M. Roux.

Dans la Note précédente, nous avons signalé que, dans tous les cas de maladie de Basedow typique, il y a constamment, par comparaison avec l'individu normal, une dilatation de l'aorte et de sa crosse. Un ensemble de constatations montrent que les dimensions de l'aorte varient en même temps que les symptômes classiques : goitre, exophtalmie, palpitations, tremblements, sueurs. L'aorte augmente de volume quand la maladie s'aggrave, et diminue quand la maladie s'atténue. Nous avons observé deux séries de Basedowiens.

La première série comprend des malades atteints de Basedow très fruste, que le hasard nous a permis de voir évoluer et se transformer en goitre exophtalmique typique.

Ces malades n'avaient au début, que quelques palpitations, un peu de tremblement, de l'instabilité du caractère et de l'amaigrissement; le goitre et l'exophtalmie manquaient complètement; on constatait alors une très légère dilatation de l'aorte et de sa crosse.

Après un temps plus ou moins long, à un nouvel examen, nous avons pu constater, en même temps que la symptomatologie classique complète, une augmentation quelquefois considérable de l'aorte et de sa crosse. En appliquant alors un traitement convenable, nous avons vu les symptômes classiques régresser, l'aorte diminuer de volume, et en même temps que la guérison clinique, la restitution *ad integrum* de la crosse de l'aorte.

Cet ensemble de faits nous permet de formuler les conclusions suivantes :

1° La dilatation aortique est très précoce.

2° La dilatation aortique augmente en même temps que les autres
symptômes.

3° La dilatation aortique diminue quand les symptômes classiques
s'atténuent.

La deuxième série de malades comporte un très grand nombre de Basedowiens ayant tous les signes classiques. La matité thoracique correspondant au médiastin supérieur est très élargie, la projection radiographique de la crosse de l'aorte est augmentée de largeur et l'aorte atteint
quelquefois un diamètre considérable.

Nous avons vu chez tous ces malades, sans exception, l'aorte et sa crosse
se rapprocher de plus en plus de la normale, au fur et à mesure que la
maladie de Basedow s'atténuait.

L'observation des malades de cette série montre que, parallèlement à la
régression des symptômes Basedowiens classiques, il se produit une diminution du volume aortique.

En résumé, les phénomènes aortiques signalés doivent être considérés
comme des symptômes propres à la maladie de Basedow, d'une constance
absolue et d'une précocité telle que leur présence, sans aucun signe valvu-
laire, permet de trancher le diagnostic dans les cas douteux.

THÉRAPEUTIQUE. — *Injections intra-veineuses d'huile.* — *Contribution à
l'étude physiologique du lipo-vaccin T. A. B.* Note (¹) de MM. **E.
Le Moignic** et **J. Gautrelet**, transmise par M. Charles Richet.

Il est intéressant de comparer l'action physiologique du lipo-vaccin
T. A. B. tel que l'a défini (²) l'un de nous avec celle des vaccins aqueux
T. A. B.

Au cours d'études pharmacologiques, nous avons été conduits à introduire le lipo-vaccin T. A. B. directement dans les veines du chien : la
quantité d'huile était minime, 1^{cm^3} à 2^{cm^3} : nous avons dû cependant préalablement résoudre la question suivante : l'injection intra-veineuse d'huile
n'apporte-t-elle aucun trouble par elle-même ?

_____

(¹) Séance du 28 janvier 1918.
(²) Le Moignic et Pinoy, *Une suspension de bacilles T. A. B. dans les corps gras*
(*Comptes rendus Soc. Biologie*, 1916, p. 201).

A cette objection de principe répondent les expériences préliminaires que nous allons exposer.

Nous avons utilisé en général l'huile d'œillette strictement purifiée; l'injection était pratiquée lentement dans la saphène.

EXPÉRIENCE 205. — *Chien* 6ᵏᵍ,5oo *non anesthésié.* — On injecte dans la veine : 3ᶜᵐ³ d'huile à 10ʰ25ᵐ, 10ʰ35ᵐ et 10ʰ45ᵐ; 4ᶜᵐ³ à 10ʰ55ᵐ. Aucune réaction de l'animal.

On a donc introduit 13ᶜᵐ³ d'huile au total, soit 2ᶜᵐ³ par kilogramme d'animal. Le chien ne manifeste aucun trouble durant l'opération, ni pendant les 24 heures qui suivent, ni plus tard.

L'expérience 206 est tout à fait comparable.

Chez le chien 208 nous procédons différemment : il pèse 13ᵏᵍ et c'est 26ᶜᵐ³ d'huile que nous injectons dans la saphène en moins de 10 minutes : aucune réaction de la part de l'animal.

Dans ces expériences, nous n'avons jamais dépassé 2ᶜᵐ³ d'huile par kilogramme : c'est que nous nous sommes rendu compte que ce chiffre répondait à la quantité maxima que pouvait supporter l'organisme sans manifester de troubles fonctionnels.

Nous avons, à l'aide du manomètre à mercure, enregistré la pression carotidienne chez le chien *anesthésié* ou *éveillé* durant l'injection d'huile. Le tracé nous permet de saisir les réactions cardiaques et vasculaires susceptibles de se produire sous l'influence de l'huile pénétrant dans la circulation.

EXPÉRIENCE 207. — *Chien de* 6ᵏᵍ *anesthésié au chloralose.* — Ce chien a pu recevoir 2ᶜᵐ³ d'huile par kilogramme dans la veine en 35 minutes sans que le cœur trahisse un trouble notable : aucun phénomène de dyspnée n'a été remarqué. La pression est, à 1ᶜᵐ près, identique à ce qu'elle était au début, moins d'une demi-heure après que l'injection a été pratiquée en totalité : l'amplitude du cœur est normale.

Chien 67. — *Chien de* 12ᵏᵍ *non anesthésié.* — Ce chien a reçu au total 50ᶜᵐ³ d'huile. Tout comme dans l'expérience précédente le cœur et la pression n'ont manifesté aucune réaction tant que le chien n'a reçu que 25ᶜᵐ³, soit 2ᶜᵐ³ par kilogramme. On voit par contre le cœur et la circulation traduire ensuite légèrement et progressivement l'effort résultant de la surcharge circulatoire. Dès qu'on atteint 4ᶜᵐ³ par kilogramme ce ne sont plus des phénomènes subtoxiques qu'on perçoit, mais la mort survient avec tout le cortège des phénomènes cardio-vasculaires et respiratoires symptomatiques de l'asphyxie.

Dans une dernière expérience (152) nous avons d'ailleurs chez un chien obtenu la mort avec 3ᶜᵐ³ par kilogramme, alors que la dose de 2ᶜᵐ³ n'avait produit aucun trouble appréciable.

Si l'on admet qu'il y a des résistances individuelles et que la dose de 2ᶜᵐ³ par kilogramme est une dose limite, la conclusion pratique qui s'impose est qu'*on peut injecter dans la circulation du chien normal, et ce, même en un temps très court, une dose d'huile considérable, de* 1ᶜᵐ³ *à* 1ᶜᵐ³,5 *par kilogramme d'animal.* On voit combien sont peu fondées les craintes d'embolie lorsqu'on pratique sous la peau une injection d'huile médicamenteuse et l'on comprend l'innocuité absolue du centimètre cube d'huile que nous avons été amenés à injecter dans la saphène, lors des expériences qui suivent.

Au cours de nos recherches pharmacologiques sur le lipo-vaccin T. A. B., nous nous sommes placés dans les conditions expérimentales exposées dans une Note précédente (p. 227), utilisant un lipo-vaccin renfermant par centimètre cube d'huile 2^{mg} d'éberth, 2^{mg} de para A et $1^{mg},5$ de para B (soit plus de 7 milliards de bacilles au total). Nous avons également pratiqué l'injection *intraveineuse* de vaccin chez le chien (chloralosé) à la dose d'un dixième de centimètre cube par kilogramme.

Le protocole de l'expérience 36 est typique. (Voir tracé.)

Chien 11^{kg} *chloralosé.* — $2^h 15^m$: Pression carotidienne ($14^{mm}-18^{cm}$ de mercure). Cœur très ample.

$2^h 30^m$: Injection dans la saphène de $1^{cm^3},1$ de lipo-vaccin. Aucune réaction immédiate.

$3^h 30^m$: L'amplitude du cœur diminue légèrement.

$4^h 30^m$: Hypotonicité myocardique plus accusée. Aucune réaction vasculaire ne sera enregistrée jusqu'à la fin de l'expérience.

$5^h 30^m$: Pression carotidienne ($14^{cm}-16^{cm}$ de mercure).

On voit que sous l'influence de l'injection du lipo-vaccin nous n'avons observé aucune modification dans la pression sanguine, seule l'amplitude cardiaque a été diminuée.

Nous devons à la vérité de dire qu'à côté de tels résultats nous avons obtenu parfois une légère baisse de pression; cette baisse n'ayant jamais dépassé $4^{cm}-5^{cm}$ s'observe surtout avec les vaccins fraîchement préparés, datant de moins de 45 jours (Sézary). Souvent nous avons constaté une légère atteinte myocardique.

Nous avons examiné la pression 5 et 10 heures après l'injection du lipo-vaccin chez des chiens non anesthésiés, pas de dénivellement marqué dépassant les limites physiologiques.

Si l'on pratique l'injection intra-veineuse de lipo-vaccin chez l'animal *éveillé*, on constate un minimum de réactions bulbaires et nerveuses en général. Un vomissement biliaire est rare. Pas de ténesme ni de diarrhée, tout au plus une légère prostration parfois.

La *toxicité* du lipo-vaccin T. A. B. est d'ailleurs de beaucoup inférieure à celle du vaccin aqueux T. A. B. précédemment expérimenté : nous n'avons jamais observé que des troubles sans gravité chez le chien recevant dans la

EXPÉRIENCE 36. — Tracé réduit de moitié, traduisant l'action sur la pression sanguine du lipo-vaccin T. A. B., injecté dans une veine.

veine une dose de 1^{cm^3},6 par kilogramme de lipo-vaccin T. A. B. *C'est là une dose quatre fois supérieure à la dose mortelle de vaccin aqueux T. A. B.;* c'est également là une dose que nous ne pouvons pratiquement dépasser, la quantité d'huile injectée étant voisine de celle, on l'a vu plus haut, qui est susceptible par elle-même de provoquer des réactions.

Il apparaît donc que l'addition d'huile au vaccin T. A. B., en dehors du retard qui est apporté au cours de l'absorption sous-cutanée, atténue considérablement (si elle ne les supprime pas) les réactions nocives dues aux toxines éberthienne et paratyphoïdiques, alors même que le lipo-vaccin est introduit directement dans la circulation.

On conçoit l'intérêt pratique du lipo-vaccin T. A. B.; car si d'une part il est inoffensif, d'autre part ses propriétés immunisantes ont été bien démontrées.

A 16 heures et quart l'Académie se forme en comité secret.

COMITÉ SECRET.

La Commission chargée de dresser une liste de candidats pour la place de Membre non résidant vacante par le décès de M. *Gosselet* présente, par l'organe de M. L. GUIGNARD son président, la liste suivante :

En première ligne . . . . M. FLAHAULT

En deuxième ligne, ex æquo
par ordre alphabétique.. . . . . { MM. COSSERAT
W. KILIAN

En troisième ligne, ex æquo
par ordre alphabétique. . . . . { MM. BARBIER
DE FORCRAND
DE SPARRE

Les titres de ces candidats sont discutés.

L'élection aura lieu dans la prochaine séance.

La séance est levée à 17 heures et quart.

É. P.

ACADÉMIE DES SCIENCES.

SÉANCE DU LUNDI 25 FÉVRIER 1918.

PRÉSIDENCE DE M. Paul PAINLEVÉ.

MÉMOIRES ET COMMUNICATIONS

DES MEMBRES ET DES CORRESPONDANTS DE L'ACADÉMIE.

ASTRONOMIE. — *Les anciennes stations astronomiques de Nantes et de Pau.*
Note [1] de M. **G. Bigourdan**.

Nantes.

En 1636 vivait dans cette ville ou aux environs un capucin quelque peu
astronome, le P. Anastase de Nantes, qui nous est connu par la correspondance de Peiresc (P. — Ap. de V., 262... 266, 281...). Il paraît s'être occupé
surtout d'antiquités bretonnes et autres, mais à cette époque il avait déjà
consacré 20 années à l'étude des Mathématiques, et il avait fait de « mer-
veilleuses inventions pour faciliter les observations célestes » (p. 263);
cependant il n'observait pas, car Peiresc lui écrit (p. 293) :

Ne vous pouvant dissimuler que ce m'a esté une grande mortiffication de voir dans
vostre lettre la protestation que vous me faictes de n'avoir jamais rien entreprins de
rien observer dans le ciel, mesme directement, par aulcuns instruments grands ou
petits, et que vous aimez mieux croire les mathematiciens en ce qu'ils disent de la
longitude, latitude, grandeur des estoilles.... Il y a certainement tant de peine et de
subjection à telles observations directes dans le ciel, pour les rendre bien exactement
justes, que, s'il y a moyen d'y parvenir par une autre voye si facile que celle que vous
proposez, ce seroit un merveilleux secours aux siècles advenir, et une grande gloire à

---

[1] Séance du 18 février 1918.

C. R., 1918, 1ᵉʳ *Semestre*. (T. 166, N° 8.)

vous de l'avoir descouvert le premier. Et vous asseure que vous nous avez bien mis
en resverie à deviner de quelle qualité peuvent estre ces effects qui vous donnent si
précisement les mouvements de toutes choses.
Vous avez touché un mot d'un quadran bien juste...

Peiresc, qui paraît un peu sceptique sur ces moyens mystérieux, l'engage
à venir à Aix et surtout prône inlassablement l'observation directe, que
rien encore ne remplace.

Le P. Anastase se plaint du ciel « trop nubileux » de Bretagne (p. 293).

D'après J. Cassini (*Mém. Acad.*, 1731, p. 328), le P. Fontenay ([1])
observa à Nantes, en 1676, une comète un peu mystérieuse qu'il fut seul à
voir, du 14 février au 9 mars; brillante comme les étoiles de troisième
grandeur, elle était dans l'Éridan et le Lièvre et paraît avoir eu un mouvement direct. J. Cassini dit qu'il n'a pu représenter son cours, « n'en ayant
pas d'Observations assés détaillées ». Aussi ne figure-t-elle pas parmi les
comètes dont on a calculé les éléments.

Pingré (*Comét.*, II, 24) fait à ce sujet, en 1784, les justes réflexions suivantes :

Je suis très-éloigné de révoquer en doute l'autorité du P. Fontenay, encore plus celle
de feu M. Cassini, auteur de l'extrait que je viens de rapporter; mais il serait peut-être
à désirer que cette Comète eût eu plus d'un Observateur, et que la première mention
que j'en trouve ne fût pas de cinquante-six ans postérieure à son apparition.

J. Cassini paraît avoir tiré son extrait d'un portefeuille qui se trouve
encore à l'Observatoire, sous la cote B, 4, 1.

Nous trouvons des observations plus sérieuses en 1679 : en décembre de
cette année, « proche le Chasteau » (*Anc. Mém.*, VII₁, 133) ou entre le Château et les Minimes (*Ann. cél.*, p. 354), Picard et Lahire déterminèrent la
longitude par une émersion du premier satellite de Jupiter, et la latitude par
quelques hauteurs d'étoiles.

La célèbre comète de 1680 fut observée à Nantes, du 10 au 21 janvier 1681,
et semble-t-il avec assez de précision, par un *anonyme* qui communiqua ses

---

([1]) C'est évidemment le Jésuite qui s'appelait en réalité Jean *de Fontaney* (1643 février 17 — 1710 janvier 16) et qui dans la suite observa au Collège de Clermont, puis
fut missionnaire en Chine; sa carrière astronomique appartient plutôt à Paris.

résultats à Cassini par l'intermédiaire du P. de Fontaney (Cassini, *Obs. sur la comète...* 1681, p. 71-78).

Le P. *Lambilly* ('), jésuite, était professeur d'hydrographie à Nantes en 1706, mais il ne paraît pas s'être livré aux observations.

D'après les *Mémoires de l'Académie* de 1735, p. 409, le 4 août de cette année Maraldi le jeune observa à Nantes une éclipse du deuxième satellite de Jupiter.

Le passage de Vénus de 1761 fut observé à Nantes par le P. *Chardin* (²) (*Mém. de Trévoux*, juillet 1761, p. 1720) qui s'occupa aussi d'horlogerie.

Peu après nous trouvons comme professeur d'hydrographie à Nantes Pierre *Lévêque* (Nantes, 1746 septembre 3 — Le Havre, 1814 octobre 16), examinateur de la Marine, puis de l'École Polytechnique, d'abord Correspondant de l'Académie de Marine, puis de l'ancienne Académie des Sciences (1743) et enfin membre résident de l'Institut (1801).

Il est connu par divers ouvrages didactiques, par de nombreuses tables astronomiques et nautiques en partie insérées dans la *Connaissance des Temps*, etc., mais il observa bien peu, et nous ne connaissons de lui aucune observation faite à Nantes. En 1781 il déterminait à Paris la position de la planète Uranus, que W. Herschel venait de découvrir (Montucla, *Hist. des Math.*, IV, p. 123).

Plus tard, en 1823, le préfet de la Loire-Inférieure sollicita l'établissement d'un observatoire dans la ville de Nantes, et le ministre de l'Intérieur demanda l'avis du Bureau des Longitudes, avec l'indication des instruments qui seraient nécessaires; mais ce projet ne paraît pas avoir eu de suite.

En 1863 la longitude exacte de Nantes fut entreprise, avec d'autres opérations analogues, par l'Observatoire de Paris; mais depuis il ne paraît plus avoir été fait d'autres observations astronomiques dans cette ville, qui possède un observatoire météorologique.

(¹) Guillaume *de Lambilly*, né dans le diocèse de Saint-Malo le 25 décembre 1649, dressa la Carte de l'évêché de Nantes, enseigna les humanités dans cette ville et y mourut le 10 avril 1699.

(²) Simon *Chardin*, jésuite, né à Nantes le 8 décembre 1714, devint membre de l'Académie de cette ville et y mourut le 2 octobre 1782. Il enseigna la philosophie à Caen, les mathématiques et l'hydrographie à Nantes.

Pau.

L'éclipse de Lune du 25 mai 1668 y fut observée par un *anonyme* (*Arch. Obs.*, B, 4, 1).

Le P. *Richaud* (¹), Jésuite, y observa l'éclipse de Soleil du 12 juillet 1684 (²) (*J. des Sav.*, 1684, p. 312) dont il avait préalablement calculé les circonstances (³), — ainsi que la comète de 1686, qui ne fut pas vue ailleurs en France; aussi ses observations furent-elles dans la suite particulièrement précieuses pour en calculer l'orbite (*Anc. Mém.*, VIII, p. 246, et PINGRÉ, *Cométogr.*, II, 29).

Peu après il fit partie du groupe de missionnaires envoyés en Extrême-Orient, et il observa surtout dans la région de Pondichéry et du Siam (*Anc. Mém.*, VII₂, 3, p. 133…, 202). C'est à Pondichéry qu'en observant la comète de décembre 1689 il fit l'intéressante découverte que α Centaure est *double* : « les deux étoiles, dit-il, paroissent même avec la lunette [de 12 pieds] presque se toucher; quoique cependant on les distingue aisément » (p. 206).

Ses observations d'éclipses des satellites de Jupiter lui donnèrent l'occasion d'envoyer des *Remarques sur les Tables…* de Cassini; et au Siam il recueillit des *Remarques* sur l'ère des Siamois, sur leur Calendrier et sur leur Astronomie (*Anc. Mém.*, VII₂, 3, p. 146 et 154).

Le P. *Tauzin*, qui paraît avoir séjourné fort peu de temps à Pau, y observa cependant l'éclipse de Soleil du 22 juin 1694 (523; 94).

Un autre jésuite, le P. *Pallu* (⁴) y résida beaucoup plus longtemps, mais ne paraît s'être livré aux observations que dans le cours des années 1701 et 1702; dans cette période il fit les suivantes :

Éclipse de Lune de 1701 février 22; — Comète de 1701, qu'il semble avoir été seul à voir en France; — Occultations diverses, notamment d'Aldébaran, et qui pourraient être fort utiles encore si l'heure a été déterminée avec précision; — Éclipses des satel-

---

(¹) Jean *Richaud*, né à Bordeaux le 10 octobre 1633, mourut au Siam au commencement de 1693; il professait à Pau la théologie et les mathématiques.

(²) C'est évidemment par erreur que J. Bernoulli (*Lettres…*, II, 261) attribue cette observation au P. Pallu.

(³) *Les particularités de l'éclipse de Soleil qui doit arriver le 12 juillet* 1684…. Pau, 1684, in-4°.

(⁴) Jean *Pallu* (Tours, 1666 juin 23 — Pau, 1736 août 23), enseigna au collège de Pau les mathématiques pendant 36 ans.

lites de Jupiter; — Latitude. Sur ces observations, voir *Mém. Acad.*, 1701, p. 71,
218; — 1702, p. 13; — 1755, p. 395, 396. — *Mém. Trévoux*, mars-avril 1701, p. 176-180.
— *Sav. étr.* III, 88. — PINGRÉ, *Comét.*, II, 36. — *Conn. des Temps*, 1811, p. 482.

Après cette époque on ne mentionne plus d'observation astronomique
faite dans la capitale du Béarn; mais plus tard le P. Pallu publia les deux
Mémoires suivants :

Examen du nombre des étoiles visibles (*Mém. Trévoux*, avril 1737,
p. 639-656; — *Mém. d'une Soc. célèbre*, III, 268-281), où il cherche la loi qui
relie le nombre des étoiles d'une grandeur quelconque à la suivante; et il
trouve ainsi que le nombre total des étoiles visibles à l'œil nu serait bien
plus grand qu'on ne croit généralement; il arrive à des nombres voisins
de 12000.

Des astérismes nommés dans la Bible (*Mém. Acad.*, 1737, p. 656).

Remarque. — Aux astronomes déjà cités de Caen, et aux stations dont
l'activité ne s'est pas prolongée, on peut faire les additions suivantes :

Jacques *Graindorge*, bénédictin de l'abbaye de Fontenai près de Caen,
et prieur de Culey, en basse Normandie, avait étudié avec G. Macé, et
crut avoir fait nombre de découvertes importantes : causes du vent et de
ses changements de direction, du flux, du reflux et des autres mouvements
de la Terre — pratiques pour obtenir très exactement les positions de toutes
les planètes, — solution du problème des longitudes, etc.

Colbert, vivement préoccupé des besoins de la marine, s'intéressait à la
solution de ce dernier problème et chargea l'Académie des Sciences naissante d'examiner un grand nombre de projets, dont les inventeurs aspi-
raient généralement aux fortes récompenses promises en cas de succès.
Parfois, Colbert assista personnellement aux discussions.

Le prieur de Culey fut appelé à Paris; l'exposition et la discussion de sa
méthode occupa plusieurs séances de l'Académie en février et mars 1669,
et la conclusion unanime des commissaires fut « que les méthodes de trouver
les longitudes proposées par M. Graindorge sont incertaines et ne peuvent
estre d'aucun usage » ([1]).

([1]) D'après certaines biographies, par exemple celle du *Moréri*, le prieur de Culey a
publié ses méthodes; en tout cas, on trouve à ce sujet de longs détails dans les
procès-verbaux manuscrits de l'Académie des Sciences (*Reg.*, III, f° 261...). Ce
prieur est le « curé de campagne » dont parle l'historien de l'Académie à l'année 1669.
Delisle (A., 1, 9, 9) ajoute : « A composé un petit ouvrage sous le titre d'*Abrégé*

A cette époque, il dit qu'il s'occupe d'Astronomie depuis plus de 35 ans. On cite aussi de Graindorge l'Ouvrage suivant : *Mercurius invisus, sed tamen prope solem observatus.* Cadoni, 1674 ; in-4°. Il mourut dans son monastère le 25 mai 1680, âgé de 78 ans.

Le P. Pierre-Jean de *Bonnécamp* (Vannes, 5 septembre 1707 ; — Tronjoly en Morbihan, 28 mai 1790) fit des observations au Canada, puis professa les Mathématiques à Caen, mais ne paraît pas y avoir fait d'observation. Il y a diverses lettres de lui dans la correspondance de J.-N. Delisle [XIII, n°ˢ 96, 103, 154 ; XIV, 67 (¹)].

Enfin, la dernière observation faite à Caen est peut-être celle de l'éclipse de Soleil du 21 pluviôse an XII (1804, février 9) ; elle fut observée par R.-L. *Prudhomme* (²), professeur de mathématiques et d'hydrographie dans cette ville et qui la communiqua au Bureau des Longitudes.

Rieux. — Écl. ☉ 1694 juin 22, observée par un anonyme : (323 ; 94).
Roanne. — Lat. (⋆) 1701 : *Fig. Terre*, p. 185.
Rodez. — Lat. (☉ ; ⋆) 1700 ; — Taches ☉, Azimut 1710 : *Fig. Terre*, p. 107. 170 ;
    Mém. Acad., 1701, p. 79, 263...). — Longitude moderne, par l'Obs. de Paris, 1864.
Roses. — Écl. ☉ 1684 juillet 12, par Chazelles : *Anc. Mém.*, X, p. 671, et *Mém. Acad.*, 1701, p. 89.
Royan. — Long. (sat.), Lat. (⋆), Déclinaison magnétique 1680, Picard et Lahire :
    Anc. Mém., VII₁, 1, p. 142. Plus tard, quelques observations de marées : *Mém. Acad.*, 1720, p. 155.
Saint-Elme (en Roussillon). — Lat. (☉) 1701 : *Fig. Terre*, p. 181-182.
Saint-Malo. — Long. (sat.), Lat. (☉, ⋆), Déclinaison magnétique, Marées 1681.
    Picard : *Anc. Mém.*, VII₁, 1, 147 et (363 ; 81). — Long. (sat.) 1736 : *Mém. Acad.*, 1736, p. 337.

---

de la physique astronomique, ce qui comprend non seulement le jugement des évènemens, mais encore les vents, les pluies, etc. Le tout imprimé à Caen, in-4°, 1672 (voir le P. Deschales, p. 108). »

(¹) Sur le P. *Bonnécamp*, voir une *Notice* par l'abbé Gosselin, dans *Proc. and Trans.* of the R. Soc. of Canada, 2ᵉ série, vol. I.

(²) René-Louis *Prudhomme*, né à Bellême en 1748, s'adonna tard à l'Astronomie. Après avoir vécu dans l'intimité des encyclopédistes il fut quelque temps ingénieur des Mines, puis professeur de physique à Bordeaux où, à la Révolution, il devint colonel de la Garde nationale. En 1801 il étudia l'astronomie sous Dulague à Rouen, et ensuite professa l'hydrographie à Caen jusqu'à sa retraite en 1834. Il mourut à plus de 90 ans, le 19 décembre 1840. (Voir Th. Le Breton, *Biographie normande*.)

Saint-Pierre-le-Moustier (près Montluçon). — Lat. ($\odot$, $\star$) 1701 : *Fig. Terre*, p. 186.
Saint-Sauvier (près Montluçon). — Lat. ($\star$) 1700 : *Fig. Terre*, p. 163.
Saintes. — Écl. $\mathbb{C}$ 1697 octobre 29, par le P. *Tauzin* : (558-559; 97).
Saulieu. — Lat. ($\odot$, $\star$) 1694, Cassini I, II : *Anc. Mém.*, VII$_2$, 2, p. 3.
Sourdon. — Lat. ($\star$) 1670, Picard : *Anc. Mém.*, VII$_1$, 1, p. 44; *Fig. Terre*, p. 279.
Tain (en Dauphiné). — Lat. ($\male$) 1672, Cassini I : *Anc. Mém.*, VIII, p. 69 — Lat. ($\odot$, $\star$) 1701 : *Fig. Terre*, p. 184.
Tanaron (près Digne). — Dist. $\mathbb{C}$ — pl., 1633, Gassendi (92; 33).
Tarare. — Lat. ($\star$) et obs. $\male$, 1672, Cassini I : *Anc. Mém.*, VIII, p. 68. — Lat. ($\odot$) 1701 : *Fig. Terre*, p. 185.
Tournus. — Lat. ($\odot$) 1694, par Cassini I, II : *Anc. Mém.*, VII$_2$, 2, p. 5.
Ussel. — Lat. ($\odot$) 1700 : *Fig. Terre*, p. 167-168.
Vouzon. — Long. (sat.), Lat. ($\odot$) 1700 : *Fig. Terre*, p. 160-162 ([1]).

ÉLECTRICITÉ. — *Détermination graphique des inductances totales directe et transversale des alternateurs au moyen des caractéristiques partielles calculées ou relevées.* Note de M. **André Blondel.**

1° *Inductance transversale.* — Quand l'inductance transversale n'est pas constante, on peut encore admettre avec une suffisante approximation qu'elle varie suivant une fonction du flux résultant et, par suite, suivant une fonction de la réluctance de l'induit seul.

Soient encore O'X la caractéristique de l'induit seul, rapportée en coordonnées rectangulaires, les abscisses représentant les ampères-tours et les

---

([1]) Vers 1760 J.-N. Delisle avait dressé (*Arch. Obs.*, A. 7; 9), par provinces, la liste des villes et localités de France où il avait été fait des observations astronomiques. Cette liste renferme 90 noms, cités pour la plupart dans ce qui précède. Voici ceux des autres, en ne laissant de côté que les localités bien connues au point de vue où nous sommes placés :

Alais. — Ambiez (île d'), près Marseille. — *Auxerre. — Belle-Isle. — Clouhal,* en Bretagne. — *Étampes. — Gapeau,* près Marseille. — *Juliobona,* à l'embouchure de la Seine. — *Islot,* près Marseille. — *Libourne. — Lodève. — Lormont,* près Bordeaux. — *Louville,* pays chartrain. — *Mende. — Montauban. — Nagaye* (château de), près Marseille. — *Noirmoutier* (île de). — *Petit Cros* (île de), en Provence. — *Port-Louis. — Port-Vendres. — Ratonneau* (île). — Les *Sables-d'Olonne. — Saint-Gilles,* en Poitou. — *Saint-Mathieu* (abbaye). — *Saint-Nazaire. — Saint-Paul*-Trois-Châteaux. — *Saint-Tropez. — Uzès. — Vannes. — Verdun. — Yeu* (île d').

ordonnées les flux utiles de l'induit (¹); O'J la caractéristique (tracée vers
la gauche) des fuites entre les dents de l'induit; OΦ une droite parallèle à
l'axe des ordonnées, menée à la distance arbitraire OO' de l'origine O'.

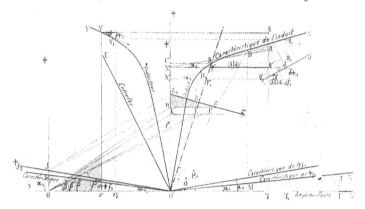

Abstraction faite des fuites f_3 de l'induit, définies antérieurement, et
dont on a tenu compte par ailleurs dans la construction du diagramme des
forces électromotrices, le flux de réaction transversale est formé d'un flux
qui traverse l'induit et qui se ferme au dehors suivant deux chemins : l'un
constitué par l'entrefer et les pièces polaires, l'autre par les fuites f_2.

La réluctance de l'entrefer peut être calculée avec précision par des formules déjà connues (²) qui donnent la valeur du flux transversal Φ quand on
néglige les autres réluctances

$$\Phi_t = \frac{4\pi K_t NI\sqrt{2}.10^{-1}}{2pq}\frac{hl}{e}$$

en appelant N le nombre total des fils périphériques de l'induit pour un
champ double, e l'épaisseur simple de l'entrefer, l la longueur développée

---

(¹) Cf. *Comptes rendus*, t. 159, 1914, p. 570; et t. 165, 1917, p. 1093. Φ_t sera
exprimé en maxwells ou en webers.
(²) Cf. F. Guilbert, *Revue technique*, 1903, p. 620, et A. Blondel, *International
Congress of Saint-Louis*, 1904, t. 1, p. 651.

d'un flux inducteur le long de la circonférence de l'entrefer; a la longueur
développée utile d'un pas de l'induit extérieurement aux dents; b la largeur
des pièces polaires parallèlement à l'axe de la machine; I l'intensité efficace
du courant dans une phase de l'alternateur, $2p$ le nombre de pôles, K_t le
coefficient d'enroulement applicable aux ampères-tours transversaux ([1]),
q le nombre des phases.

On en déduit la valeur de la réluctance de l'entrefer seul

$$\mathcal{R}_0 = \frac{1}{K_t}\frac{e}{bl}.$$

Les réluctances sont exprimées dans ce qui suit en ampères-tours par
maxwell (ou mieux par weber). Si l'on trace maintenant à partir du
point O une ligne OK dont le coefficient angulaire représente la perméance
du parcours du flux transversal dans l'air : $\tan\beta = \mathcal{R}_0$, cette ligne découpera sur l'axe des flux un tronçon $\overline{O'K}$ qui représentera, à l'échelle des flux,
le flux Φ_0 calculé ci-dessus correspondant à des ampères-tours transversaux
égaux à OO'. Supposons que l'état magnétique de l'induit soit représenté
par la droite O'D dont le coefficient angulaire représente la perméance de
l'induit, D étant le point correspondant de la caractéristique et DF le flux
résultant dans l'induit.

De la connaissance de ce dernier on peut, si l'on néglige l'effet de la
distorsion, en première approximation, déduire l'état magnétique des
pièces polaires et, par conséquent, les ampères-tours nécessaires pour faire
passer dans celles-ci le flux O'K; portons ces ampères-tours en KL et
joignons OL; le coefficient angulaire β' de la droite OL représente la perméance du circuit formé de l'entrefer et des pièces polaires, et l'ordonnée
O'l interceptée sur l'axe des flux représente la valeur à laquelle se trouve
réduit le flux O'K qui avait été calculé d'après la réluctance de l'entrefer
seul. D'autre part, le segment vertical OJ intercepté par la caractéristique
des fuites f_2 représente le flux des fuites que produisent entre les dents les
mêmes ampères-tours OO'; en reportant cette ordonnée en $\overline{ln}$, on obtient
le flux $\overline{O'n}$ que produisent les mêmes ampères-tours à l'extérieur de

---

([1]) Soit par exemple un alternateur triphasé à six encoches par champ :

Pour $\frac{l}{a} = 1$, $K_t = 0,42$ (valeur moyenne);

pour $\frac{l}{a} = \frac{2}{3}$, $K_t = 0,31$.

l'induit; mais pour que ce flux total traverse l'induit lui-même, il faut ajouter des ampères-tours égaux au tronçon horizontal nZ compris entre l'axe des ordonnées et la droite $O'D$ caractéristique de la réluctance de l'induit. La réluctance globale offerte au parcours des flux transversaux est donc représentée par la droite résultante OZ, dont le coefficient β'' représente la perméance transversale. Celle-ci étant fonction de α, à chaque position de la droite $O'D$ correspondra un point Z fixant la position de la droite OZ.

Le point Z_0 de la courbe, correspondant à la position de la droite caractéristique confondue avec l'axe des ordonnées, s'obtiendra en portant à partir de K un tronçon $KZ_0 = OJ$, représentant les fuites de denture. Dans le cas particulier où la saturation des pièces polaires suivrait sensiblement la même loi que celle de l'induit, le segment $\overline{KL}$ de la construction précédente pourrait se déduire du segment KL' en multipliant celui-ci par un facteur constant a et la réluctance du circuit magnétique transversal serait de la forme

$$\mathcal{R}_a + \frac{\mathcal{R}_c + a\,\mathcal{R}_a}{\dfrac{\mathcal{R}_c}{\mathcal{R}_{f_2}} + 1};$$

la courbe $Z_0 z$ est alors sensiblement une ligne droite, dont il suffira de connaître un point en outre du point Z_0. Dans le cas général on a

$$\mathcal{R}_a + \frac{\mathcal{R}_c + f(\mathcal{R}_a)}{\dfrac{\mathcal{R}_a}{\mathcal{R}_{f_2}} + 1}$$

et le tracé de la courbe $Z_0 z$ exige la construction de trois ou quatre points. En fonctionnement à potentiel constant, on peut se contenter de donner à $\mathcal{R}_c$ sa valeur moyenne et de le supposer constant.

Coefficient de self-induction directe. — En général, il n'y a pas, à proprement parler, de coefficient de self-induction directe, puisque la réaction d'induit se traduit par des contre-ampères-tours agissant sur un circuit complexe dont la saturation varie en fonction du flux magnétique qui le parcourt; mais si l'on considère le cas d'inducteurs saturés ou celui d'une faible variation du courant induit autour d'un régime donné, et si les ampères-tours d'excitation sont maintenus constants, on peut traiter la réluctance du fer des inducteurs comme une constante.

Prenons le cas où l'alternateur fonctionne sous un potentiel constant à ses bornes; si l'on néglige les petites variations de la force électromotrice induite produites par les termes $\overline{r'I} + \overline{\omega l_{f_s}I}$, on peut considérer comme sensiblement constante la réluctance du fer de l'induit. Dans ces hypothèses, il existe un coefficient de self-induction directe L_d, qui peut être calculé graphiquement sur le diagramme général (^{1}), dans lequel $O'C'$ est le flux résultant dans l'induit, $O'N'$ le flux direct, $P'Q'$ les contre-ampères-tours directs; $O'r$ les ampères-tours d'excitation qui les compensent et produisent le flux $O'N'$; rT' les ampères-tours pour l'entrefer; $O'v$ les ampères-tours pour l'inducteur; rR le flux dans l'entrefer, rS le flux dans les inducteurs.

Supposons que, tout en conservant le même flux total dans l'induit, et par conséquent la même droite de réluctance $O'D$, on modifie le décalage; il en résulte une variation $d\Phi_i$ du flux dans les inducteurs; si l'on trace à une distance égale à $d\Phi_i$ au-dessous de l'horizontale VS, une horizontale V_1S_1, V_1v_1 représente le nouveau flux inducteur; vv_1 la réduction de la chute de potentiel magnétique dans l'inducteur. Portons $T'T'_1 = vv_1$; le flux de fuite à la sortie des inducteurs deviendra $T_1T'_1$ au lieu de TT'; si donc on trace T_1S_1 parallèle comme ST à $O'E$, si l'on prend son intersection S_1 avec V_1S_1, puis si l'on fait $S_1R_1 = T_1T'_1$, R_1r_1 représentera le flux à la sortie des inducteurs; traçons R_1N_1 parallèle à la caractéristique des fuites f_2 jusqu'à l'axe verticale $O'\Phi$; $O'N_1$ représentera le flux direct dans l'induit.

Par N'_1 menons l'horizontale $N'_1Q'_1$ jusqu'à sa rencontre avec la droite S_1r_1, et soit P'_1 le point de rencontre de cette horizontale avec $O'D$; $N'_1P'_1$ représente les ampères-tours nécessités par la réluctance de l'induit (denture comprise) et le tronçon $P'_1Q'_1$ représente les contre-ampères-tours directs de l'induit; si l'on trace par Q' la droite $Q'Q'_2$ parallèle à $P'P'_1$, le tronçon $Q'_2Q'_1$ représente l'augmentation des contre-ampères-tours directs, tandis que Q'_1J représente la variation du flux utile dans l'induit.

Le coefficient angulaire $\tan\gamma$ de la droite Q'_2J représente donc le rapport $\dfrac{d\Phi_u}{dAI_d}$ auquel est proportionnelle l'inductance directe de l'induit, abstraction faite des fuites f_3. En ajoutant à ce coefficient angulaire celui

---

(^{1}) *Comptes rendus*, t. 165, 1917, p. 253.

(très faible) de la caractéristique des fuites Φ_{f_a}, on a

$$\frac{\Delta\Phi_u}{\Delta\mathrm{AI}_d} = \tang\gamma + \tang\alpha_3,$$

d'où le coefficient de self-induction directe

$$\mathrm{L}_d = \mathrm{A}(\tang\gamma + \tang\alpha_3).$$

$\tang\gamma$ ainsi obtenu correspond à l'expression algébrique donnée dans une de mes précédentes communications ([1]), car $\mathcal{R}_i$ est l'inverse du coefficient angulaire de la tangente en V à la caractéristique des inducteurs et $\mathcal{R}_a$ est l'inverse du coefficient angulaire de la droite O'D.

Quand l'inducteur est saturé au-dessus du coude, même à circuit ouvert, la valeur de L_d peut s'appliquer entre la charge nulle et la pleine charge.

On trouvera d'autres valeurs de L_d si l'induit travaille, non pas à potentiel constant, mais à réluctance constante, c'est-à-dire franchement au-dessus ou au-dessous du coude; il suffira pour les obtenir de tracer sur l'épure Q'Q'$_a$ parallèle, non pas à O'D, mais à la partie rectiligne de la caractéristique d'induit considérée (par exemple à DX si l'induit est saturé) et d'achever la construction comme sur l'épure.

Enfin, même quand l'induit ou l'inducteur travaille en dehors du coude de sa caractéristique propre, on peut, en traçant les tangentes auxdites caractéristiques au point de régime (comme on le voit par exemple en V), déterminer une valeur L_d applicable à des oscillations très faibles de charge ou de décalage autour de ce régime.

Remarques complémentaires. — Lorsque l'alternateur présente, par les motifs précédents, une inductance directe totale L_d sensiblement constante, celle-ci peut être mesurée expérimentalement en déterminant la chute de tension $\omega\mathrm{L}_d\mathrm{I}_d$ produite par le débit d'un courant purement déwatté I_d, et l'inductance transversale peut en être déduite par la méthode que j'ai exposée récemment (*Comptes rendus*, t. 166, p. 170). La formule que j'ai

---

([1]) Voir le Tableau des *Comptes rendus*, t. 158, 1914, p. 1964, 3e colonne, 2e ligne :

$$\tang\gamma = \frac{\Delta\varphi_a}{\Delta\mathrm{AI}_d} = \frac{1}{\mathcal{R}_a + \mathcal{R}''} \qquad \text{avec} \qquad \frac{1}{\mathcal{R}''} = \frac{1}{\mathcal{R}_c + \dfrac{\mathcal{R}_i}{\rho_1}} + \frac{1}{\mathcal{R}_{f_2}}.$$

donnée autrefois ([1])

$$E = \frac{(U \cos\varphi + rI)^2 + (U \sin\varphi + \omega L_t I)(U \sin\varphi + \omega L_d I)}{\sqrt{(U \sin\varphi + \omega L_t I)^2 + (U \cos\varphi + r'I)^2}}$$

permet alors de calculer la force électromotrice E à circuit ouvert nécessaire pour maintenir la tension aux bornes égales à U, quand l'alternateur
débite un courant I quelconque, sous un facteur de puissance égal à $\cos\varphi$,
mesuré au wattmètre.

On pourrait inversement résoudre l'équation par rapport à L_t, en fonction de E, I, φ, I_d et r'; mais la formule obtenue est trop compliquée pour
être recommandée.

CHIMIE ANALYTIQUE. — *Séparations nouvelles entre les cinq métaux du groupe
soluble dans l'ammoniaque.* Note de M. **ADOLPHE CARNOT**.

Dans une précédente Communication ([2]) j'ai exposé une méthode nouvelle de dosage applicable aux cinq métaux qui forment des sels doubles
ammoniacaux non précipitables par l'ammoniaque : le cuivre, le zinc, le
cadmium, le nickel et le cobalt. Une précipitation en deux temps, par le
carbonate de sodium à froid, et ensuite par l'ammoniaque ou le carbonate
d'ammonium à chaud, fournit des composés de natures diverses, mais tous
oxydés : oxyde anhydre, hydrates, hydrocarbonates et carbonate neutre.
Ces composés se prêtent à des procédés nouveaux de séparation, qui
peuvent être utiles dans des circonstances données. Je me propose d'en
donner ici quelques exemples, choisis de préférence parmi ceux qui inté-
ressent l'industrie.

([1]) Voir *L'Industrie électrique*, t. 8, 10 novembre 1899, p. 483. Cette équation se
déduit, en éliminant χ, des trois relations

$$E = r'I \cos\chi + U \cos(\chi - \varphi) + \omega L_d I \sin\chi,$$
$$I = r'I \sin\chi + U \sin(\chi - \varphi) - \omega L_t I \cos\chi,$$
$$\tan\chi = \frac{U \sin\varphi + \omega L_t I}{U \cos\varphi + r'I}.$$

([2]) *Comptes rendus*, 1918, t. 166, p. 245.

1° *Séparation du cuivre et du zinc.* — Dans l'analyse des *laitons,* après dissolution de l'alliage et élimination, s'il y a lieu, d'impuretés telles que plomb, étain, fer et sels ammoniacaux, les deux éléments principaux, cuivre et zinc, sont, après la double précipitation à froid et à chaud, à l'état de mélange d'oxyde cuivrique noir et d'hydrate de zinc. La calcination les amène à l'état d'oxydes anhydres : $CuO + ZnO$. Soumis à un courant d'hydrogène assez rapide, au rouge vif, dans le fond d'un petit creuset de Rose, pendant une demi-heure à trois quarts d'heure, le mélange d'oxydes ne laisse qu'une poudre rouge de cuivre métallique. Le zinc réduit a été complètement entraîné par le courant gazeux. On pèse Cu; on calcule CuO et, par différence, on a ZnO, qui permet de calculer Zn.

2° *Cuivre, zinc et nickel.* — Divers alliages fort employés aujourd'hui sous les noms de *maillechort, argentan,* etc. contiennent à la fois les trois métaux en des proportions variées. Pour leur détermination, on peut opérer à peu près comme dans le premier exemple.

La solution sulfurique ou chlorhydrique étant préparée, modérément acide et convenablement étendue, on commence par éliminer le cuivre en versant peu à peu de l'hyposulfite de sodium dans la liqueur chauffée à l'ébullition, jusqu'à ce qu'il ne se fasse plus de précipité noir; on filtre, on calcine dans l'hydrogène et l'on pèse Cu^2S. La solution donne, par la double précipitation, un mélange d'hydrocarbonates de nickel et de zinc. Par calcination énergique à l'air on obtient $NiO + ZnO$. Après réduction dans le courant d'hydrogène au rouge vif, il ne reste à peser que le nickel métallique en poudre grise. Son poids sert à calculer NiO et, par différence, ZnO.

3° *Séparation du zinc et du cadmium.* — Il peut se présenter des cas où les deux métaux soient en proportions comparables. Mais, le plus souvent, l'un des deux est très prédominant et l'autre en quantité minime; c'est alors ce dernier qu'il importera de déterminer d'une manière exacte. Par exemple, dans un *minerai* ou dans un *lingot de zinc,* on pourra avoir à chercher quelques millièmes de cadmium; au contraire, dans des *bâtons de cadmium,* préparés pour le commerce à la suite d'un traitement spécial de minerais exceptionnellement cadmifères, on se proposera de savoir quelle est la proportion de zinc restée avec le métal dominant.

Dans le premier cas, on opérera sur $0^g,5$ au plus de matière; dans les deux derniers cas, on sera souvent obligé de mettre en œuvre au moins 2ᵍ de métal, ce qui a pour effet de rendre les lavages plus difficiles. Je ne m'arrêterai pas à ces détails, malgré leur importance pratique.

On dissout par de l'acide azotique la quantité de matière jugée utile pour l'analyse ; on évapore presque à siccité et l'on reprend par de l'acide dilué, on étend de 150^{cm^3} à 200^{cm^3} d'eau et l'on neutralise par le carbonate de sodium, en s'assurant que la liqueur présente une réaction nettement alcaline. On reprend alors par du sesquicarbonate d'ammonium, qui suffit pour dissoudre l'hydrocarbonate de zinc, s'il est en grand excès sur le cadmium (ce que l'on sait d'avance d'après la nature de la matière à traiter). S'il y a, au contraire, grand excès de carbonate de cadmium, il peut être nécessaire d'ajouter un peu d'ammoniaque libre ; mais alors on est obligé de chauffer, un peu au-dessous de 100°, mais pendant assez longtemps pour faire disparaître toute odeur d'ammoniaque.

On laisse déposer le carbonate de cadmium et, comme il peut retenir un peu d'hydrocarbonate de zinc en même temps que de la dissolution de zinc, on décante le liquide et l'on répète deux ou trois fois l'opération, en chauffant chaque fois doucement et agitant fréquemment. On fait passer les liquides de décantation sur un filtre et l'on s'assure, par quelques bulles d'hydrogène sulfuré dans quelques portions du liquide filtré, qu'elles ne contiennent pas de cadmium, mais uniquement du zinc, donnant un précipité bien blanc ; on constate en outre que la proportion de zinc tend vers zéro.

En réunissant tous les liquides décantés et filtrés, on se trouve dans les conditions les plus favorables pour la précipitation du zinc en liqueur neutre, préconisée par J. Meunier ([1]), et l'on peut obtenir, par un courant lent de H^2S dans la liqueur chaude, une précipitation totale du zinc. Quant au cadmium, il suffit de retenir sur filtre taré le carbonate neutre, de le laver, sécher et peser. On a ainsi le poids de $CdCO^3$ ou, après calcination au rouge, celui de CdO.

Je dois rappeler que Hutchinson ([2]) a recommandé un procédé assez voisin de celui que je, viens d'exposer, pour la séparation spéciale du cadmium et du zinc.

4° *Séparation du nickel et du cobalt.* — J'ai observé que la présence en

---

([1]) *Comptes rendus*, 1897, t. 124, p. 1151.
([2]) *Chemical News*, t. 41, p. 28, et *Bull. Soc. chim. Fr.*, 1881, t. 35, p. 647.

quantité suffisante d'un oxalate alcalin ou ammoniacal dans une dissolution neutre et étendue de *nickel* modifie très sensiblement l'action sur ce métal du sulfure d'ammonium ou des sulfures alcalins.

Au lieu de se diviser en une partie insoluble, formant un dépôt noir de sulfure de nickel, et une partie soluble, colorant la liqueur en noir ou en brun, on peut, par l'introduction d'oxalates en proportion suffisante, faire passer tout le nickel dans la solution brune de sulfosel.

Les mêmes réactifs ne m'ont paru exercer sur le *cobalt* aucune influence semblable. Ce métal est toujours entièrement précipité à l'état de sulfure noir par les réactifs sulfurants.

De là un moyen très simple pour obtenir la séparation effective des deux métaux, du moins lorsque le nickel est en assez faible quantité. Il importe, en effet, que le liquide sulfuré n'ait pas une coloration trop foncée et qu'il conserve une translucidité suffisante pour bien laisser voir le précipité noir de cobalt, et il convient, pour cela, que la proportion de nickel ne dépasse pas $0^g,010$ dans un demi-litre de liqueur. On doit aussi s'attacher à éviter, autant que possible, la formation de la pellicule blanche, qui se produit presque toujours sur les solutions sulfurées de nickel au contact de l'air ; on y réussit en chauffant le liquide et le versant dans une fiole qu'on achève de remplir d'eau jusqu'au col et qu'on ferme par un bouchon.

Le dosage du *cobalt* se fait ensuite en retenant sur un filtre le précipité noir de sulfure hydraté. Celui du *nickel*, en décomposant la liqueur sulfhydratée, chauffée à l'ébullition, par un excès d'acide acétique. Les deux sulfures anhydres CoS et NiS s'obtiennent par la calcination au rouge très vif avec un peu de soufre en poudre dans un double creuset.

5° *Séparation du nickel et du cuivre.* — On sait que le cuivre n'est pas précipité d'une façon bien complète par le sulfure d'ammonium plus ou moins chargé de soufre, mais qu'il est bien insoluble dans les sulfures alcalins.

Ces sulfures, qui ne sauraient être employés seuls pour séparer le cuivre du nickel, puisqu'ils précipitent partiellement ce dernier, peuvent, au contraire, servir à cette séparation, si l'on a soin d'ajouter à la dissolution des deux métaux une certaine quantité d'oxalate de potassium, qui réussit à maintenir tout le nickel en dissolution à l'état de sulfosel alcalin.

6° *Séparation du cuivre, du cadmium, du zinc, du cobalt et du nickel.* — Le nouveau mode de séparation, qui vient d'être indiqué entre le cobalt et le nickel, fournit un complément utile à la méthode que j'ai depuis longtemps donnée pour faire la *précipitation successive de ces divers métaux à l'état de sulfures* (¹). Je crois devoir la rappeler ici en quelques lignes.

La solution sulfurique ou chlorhydrique sensiblement acide des métaux (Cu, Cd, Zn, Co, Ni) est portée à l'ébullition et additionnée par portions d'hyposulfite de sodium, selon les indications précises de Flajolot (²). Le *cuivre* seul est précipité et il l'est d'une façon complète à l'état de Cu^2S, mêlé de soufre.

Le précipité ayant été reçu sur filtre, la solution acide est neutralisée en majeure partie; puis on y ajoute un poids d'oxalate de potassium ou d'ammonium capable de former des sels doubles solubles avec tous les métaux restants, c'est-à-dire à peu près égal à 10 fois le poids de l'ensemble de ces métaux (¹). On fait alors passer un courant de gaz sulfhydrique dans la liqueur chaude et légèrement oxalique, mais presque neutre, où l'on voit bientôt se former un précipité blanc de sulfure de *zinc* hydraté.

Très rarement le précipité peut être coloré en jaune par du sulfure de *cadmium* : dans ce cas, on aurait à séparer les deux métaux, après transformation des sulfures en sulfates, par le procédé exposé ci-dessus (3°).

Le précipité blanc de sulfure de *zinc*, lorsqu'il a été produit dans la liqueur oxalique très faiblement acide et chaude, est grenu et dense, facile à recueillir et à filtrer, sans altération sensible à l'air grâce à la rapidité du lavage. Il se prête donc beaucoup mieux au dosage que celui qui a été produit en liqueur acétique.

La solution oxalique chargée d'hydrogène sulfuré contient la totalité du *cobalt* et du *nickel*. Ces deux métaux peuvent être aisément séparés l'un de l'autre par l'addition de sulfure d'ammonium ou de sodium, comme il a été dit plus haut (4°), puisqu'ils se trouvent précisément en présence d'oxalates alcalins en excès, qui permettent d'obtenir la précipitation totale du sulfure de cobalt seul et le maintien en dissolution de la totalité du nickel à l'état de sulfosel. La détermination particulière de chacun de ces métaux s'achèvera donc facilement de la manière indiquée.

(¹) *Comptes rendus*, 1886, t. **102**, p. 621 et 676.
(²) *Ann. de Phys. et de Chim.*, 1853, t. 3, p. 460, et *Ann. des Mines*, 1853, p. 641.

THERMODYNAMIQUE. — *Sur les constantes critiques du mercure*.
Note ([1]) de **M. E. Ariès.**

Le crypton, le xénon et l'argon ne sont pas les seuls corps monoatomiques dont la tension de vapeur ait été observée sur une assez longue étendue de l'échelle thermométrique. Pour le mercure, cette tension est connue jusqu'à 880° C., et atteindrait, à cette température 162^{atm}. Les tensions critiques de ce corps, qui nous sont encore inconnues, doivent donc être fort élevées et dépasser de beaucoup tous les chiffres obtenus dans les déterminations qui ont été faites jusqu'ici des constantes critiques : aussi leur recherche se présentait-elle comme un problème particulièrement intéressant, mais qui n'avait encore été l'objet d'aucune tentative, faute d'une méthode pour l'aborder.

Il semble, d'autre part, que notre ignorance sur ce point, et malgré les nombreuses données que nous possédons sur la tension de la vapeur saturée du mercure ([2]), soit un obstacle au contrôle, qu'il eût été si utile d'exercer sur ce corps, de la formule donnée dans notre dernière Communication ([3]) comme s'appliquant à tous les corps monoatomiques. Mais cette difficulté n'existe pas : cette formule peut tout à la fois supporter avec un certain succès le contrôle dont il s'agit et servir à trouver une valeur approchée des deux constantes critiques du mercure.

Elle est exprimée, comme nous l'avons montré, par le système des deux équations

(1) $x = \dfrac{\gamma}{\gamma_c}\tau^{\frac{3}{2}}$ et $\Pi = \tau^{\frac{3}{2}}\dfrac{Z}{x}$ ou $\Pi = \dfrac{\gamma_c}{\gamma}\tau Z.$

La fonction $\dfrac{\gamma}{\gamma_c}$ de la variable τ, que nous désignerons désormais par Γ pour simplifier les écritures, est donnée par la relation

(2) $\Gamma = \dfrac{\gamma}{\gamma_c} = 1 + \dfrac{(1-\tau)(0,84-\tau)}{2\tau^2 + 1,20}.$

La dernière équation (1), mise sous la forme équivalente

$$\frac{P}{T} = \frac{P_c}{T_c}\frac{Z}{\Gamma},$$

([1]) Séance du 18 février 1918.

([2]) *Recueil de Constantes physiques* de la Société française de Physique, 1913, p. 285.

([3]) *Comptes rendus*, t. **166**, 1918, p. 193.

donne, à deux températures distinctes spécifiées par les indices 1 et 2,

$$\frac{P_1}{T_1} = \frac{P_c}{T_c}\frac{Z_1}{\Gamma_1}, \qquad \frac{P_2}{T_2} = \frac{P_c}{T_c}\frac{Z_2}{\Gamma_2},$$

d'où l'on tire par division

$$(3) \qquad \frac{P_2 T_1}{P_1 T_2} = \frac{Z_2\Gamma_1}{Z_1\Gamma_2}.$$

Appliquons cette dernière formule à la tension de la vapeur saturée du mercure qui est de 50^{atm} à 700° C. et de 162^{atm} à 880°, il vient

$$(4) \qquad \frac{Z_2\Gamma_1}{Z_1\Gamma_2} = \frac{162(273+700)}{50(273+880)} = 2,734.$$

Si T_c était connu, τ_1 et τ_2 le seraient aussi, et la valeur numérique du premier membre de cette dernière relation, qui n'est qu'une fonction des quantités τ_1 et τ_2, bien définie par les équations (1) et (2), pourrait être calculée; une vérification de notre formule consisterait précisément à trouver que la valeur ainsi calculée est sensiblement égale à 2,734. Mais si T. est inconnu, comme c'est le cas, on peut, par un procédé d'approximations successives, chercher la valeur à lui attribuer pour que la relation précédente soit numériquement satisfaite. Trois essais nous ont suffi pour trouver cette valeur. En faisant successivement T_c égal à 1200, 1250 et 1350, on obtient respectivement 2,453, 2,534 et 2,722 comme valeurs du premier membre de la relation (4). Le dernier chiffre nous a paru assez proche de 2,734 pour nous permettre d'estimer, d'ailleurs *sous certaines réserves*, à 1350° absolu, soit à 1077° C., la température critique du mercure.

Nous disons : *sous certaines réserves*, car il importait de constater, comme première vérification de la validité de notre formule sur la tension de vapeur saturée des corps monoatomiques, qu'on arrive sensiblement à la même estimation de la température critique, en partant, pour son calcul, de données expérimentales autres que celles qui viennent de nous servir. Appliquons donc la formule (3) aux températures centigrades de 650°($T_1 = 923$) et de 800°($T_2 = 1073$), qui donnent respectivement lieu aux tensions de vapeur $P_1 = 34^{atm}$ et $P_2 = 102^{atm}$. Il vient alors

$$\frac{Z_2\Gamma_1}{Z_1\Gamma_2} = \frac{102(273+650)}{34(273+800)} = 2,581.$$

La vérification à faire sera satisfaisante si, en posant $T_c = 1350$, le premier membre de cette formule, calculé à l'aide des équations (1) et (2), est sensiblement égal à 2,581. Or, il en est bien ainsi, car on trouve 2,576, ce qui vient à l'appui de l'hypothèse que la température critique du mercure peut être évaluée, sans erreur très sensible, à 1350° absolus.

Dans cette hypothèse, les équations (1) et (2) définissent la tension réduite Π à toute température. Le Tableau qui suit donne, pour quatorze températures d'expérimentation échelonnées de 260° à 880° C., la tension de vapeur observée P, exprimée en atmosphères, ainsi que la tension Π, c'est-à-dire $\frac{P}{P_c}$, ce qui permet de déduire de chacune des quatorze données de l'expérience une valeur de la pression critique $P_c = \frac{P}{\Pi}$. Ces valeurs qui, théoriquement, devraient être égales, sont, comme le montre le Tableau, comprises entre 414^{atm} et 469^{atm}. Dix d'entre elles sont comprises entre 414^{atm} et 437^{atm}. C'est déjà un résultat digne d'attention, et qui nous a conduit à fixer à 420^{atm} environ la pression critique du mercure.

Mercure

(Regnault, 1847; Ramsay et Young, 1886; Cailletet, Colardeau et Rivière, 1900).

T.	P. obs.	Π.	P_c.	P. calc.
533.....	0,129	0,0002748	469	0,115
573,....	0,326	0,0007143	457	0,300
613.....	0,721	0,001636	440	0,687
673.....	2,05	0,004770	430	2,00
723.....	4,20	0,009600	437	4,03
773.....	8,00	0,018117	442	7,61
823.....	13,80	0,03166	436	13,30
873.....	22,30	0,05092	434	21,40
923.....	34,00	0,08081	420	33,95
973.....	50,00	0,12075	414	50,75
1023.....	72,00	0,17360	421	72,91
1073.....	102,00	0,24204	421	101,68
1123.....	137,50	0,32757	420	137,58
1153.....	162,00	0,38950	416	163,60

Ces estimations des constantes critiques étant admises, notre formule sur la tension de la vapeur saturée des corps monoatomiques devient entièrement applicable au mercure et détermine, à chaque température, la tension de sa vapeur saturée, exprimée en atmosphères. Les valeurs ainsi calculées forment la dernière colonne du Tableau; elles s'approchent autant qu'on pouvait l'espérer des valeurs observées qui forment la deuxième colonne, si l'on tient compte des incertitudes qui planent encore sur les données de l'expérience, concernant aussi bien le mercure que le crypton, le xénon et l'argon. Mais la conclusion la plus intéressante à tirer de cette étude, c'est qu'on peut vraisemblablement, et avec une approximation très appréciable, fixer les constantes critiques du mercure à 1077° C. environ pour la température et à 420^{atm} environ pour la pression.

GÉOLOGIE. — *Contributions à la connaissance du Crétacé inférieur delphino-provençal et rhodanien* (étages valanginien et hauterivien). Note ([1]) de M. W. KILIAN.

La revision ([2]) de nombreux matériaux paléontologiques, dont les uns m'ont été communiqués par M. de Brun à Saint-Rémy (Bouches-du-Rhône) et dont les autres ont été réunis par moi-même ou recueillis avec une grande précision et donnés à la Faculté des Sciences de Grenoble par le Dr A. Guébhard, m'a permis de reconnaître un certain nombre de faits nouveaux relatifs aux faunes paléocrétacées du sud-est de la France. Ces observations

([1]) Séance du 4 février 1918.

([2]) Les déterminations paléontologiques ont été faites par moi, avec le concours de M. Tomitch, au Laboratoire de Géologie de la Faculté des Sciences de Grenoble.

Les échantillons dont la citation est accompagnée d'un (B) appartiennent à la collection de Brun; la mention (G) indique les espèces réunies par le Dr Guébhard et conservées à la Faculté des Sciences de Grenoble, et la mention (K) ceux que j'ai recueillis moi-même ou avec l'aide de M. Paul Reboul.

En ce qui concerne la synonymie des espèces citées dans cette Note, on consultera les nombreuses remarques que j'ai publiées avant 1914 dans *Lethœa geognostica*, II, 3. Band (Kreide), 1ste Liefer. (*Palaeocretacicum*) 1910-1911 (3 fascicules), ainsi que le Mémoire de W. Kilian et P. Reboul, *Contributions à l'étude des Faunes paléocrétacées du sud-est de la France* (in *Mémoires pour servir à l'Explication de la Carte géologique de la France*, 1915).

J'ai pu réunir les données et documents nécessaires à l'établissement d'un *Répertoire* complet et raisonné des Céphalopodes du Crétacé inférieur. Ce travail est actuellement très avancé; je me vois obligé, par suite du manque de collaborateurs, d'en ajourner la publication à une époque plus propice que j'espère prochaine.

Ces diverses recherches ont été d'ailleurs grandement facilitées par une *subvention accordée par l'Académie sur la Fondation Bonaparte.*

portent soit sur la répartition des Ammonitidés dans les divers horizons
stratigraphiques, soit sur la présence d'espèces rares ou non encore signalées dans cette région ou même en France; elles peuvent se résumer comme
suit :

Étage valanginien ([1]). — Le Valanginien inférieur (Berriasien S. Str.),
dont la faune très riche a été analysée par moi dans les régions subalpines ([2])
et qui correspond à la zone à *Hoplites (Berriasella) Boissieri* Pict. sp., contient les mêmes faunes d'Ammonites à l'ouest du Rhône, dans le Gard et
dans l'Ardèche d'où j'ai eu l'occasion de déterminer les formes suivantes :

Bochianites neocomiensis d'Orb. sp. (rare) de Vogüé (K); *Lytoceras quadrisul-
catum* d'Orb. sp., de Bournet (B); *Lissoceras Grasianum* d'Orb. sp., de Bournet (B),
de La Cadière (B), de Chandolas (B); *Phylloceras semisulcatum* d'Orb. sp., de
Bournet (B), de Berrias (B), de Chandolas (B); *Himalayites Reineckiæformis* Sayn
[*athleta* Zitt. (non d'Orb.)], de Bournet (B); *Spiticeras Groteanum* Opp. sp., de
Bournet (B); *Spit. Negreli* Math. sp., de la Cisterne (B); *Holcostephanus (Spiticeras?)* cf. *Nieri* Pict. sp., de la Cadière (B); *Acanthodiscus* (n. sp.) du groupe
d'*Acanth. Euthymi* Pict. sp., de la Cadière (B); *Berriasella Callisto* d'Orb. sp., de
Bournet (B); *Berr.* cf. *Privasensis* Pict. sp., de Chandolas (B); *Neocomites occita-
nicus* Pict. sp., de Bournet (B); *Leopoldia Dalmasi* Pict. sp., de la Cadière (B);
Thurmannites Boissieri Pict. sp., de la Cadière (B); *Thurm.* aff. *pertransiens*
Sayn, de la Cadière (B).

Du Valanginien moyen (niveaux à Ammonites pyriteuses), il y a lieu de
citer, outre les espèces signalées par M. G. Sayn et en partie décrites par
cet auteur, et qui se montrent pour la plupart abondantes, non seulement
dans l'Isère méridionale, la Drôme et les Basses-Alpes, mais aussi près de

---

([1]) Plusieurs formes valanginiennes importantes débutent dans le Tithonique
(Portlandien). C'est ainsi que j'ai constaté la présence de *Bochianites neocomiensis*
d'Orb. sp. dans le Tithonique à faune de Stramberg de Saint-Concors (Savoie) (K)
où il est accompagné de *Leptoceras* sp.: *Leptoceras gracile* Opp. existe dans le
Tithonique inférieur du Pouzin (Ardèche); *Thurmannites (Kilianella) Lucensis*
Sayn se montre déjà en exemplaires typiques dans le Tithonique de Cabra (Anda-
lousie) (K); *Spiticeras Groteanum* Opp. sp. va du Tithonique supérieur au Valangi-
nien moyen. Des *Simbirskites* isolés existent dans le Berriasien à Sebi près Kufstein
(Tyrol) où j'en ai recueilli un échantillon (K). Enfin *Himalayites Reineckiæformis*
Sayn [*Am. athleta* Zitt. (non d'Orb.)] apparaît dans le Tithonique supérieur de
Grospierre (Ardèche) (B).

([2]) *Lethæa geognostica*, II, 3. Liefgr., et *C. R. Ass. franç. Avanc. Sc. : Congrès
de Lille*, 1909.

Gigondas (Vaucluse), entre Saint-Just et Mons, à Cazal-Rousty (Gard) (B), aux Beaucels (Hérault) (B), les formes suivantes plus remarquables et moins répandues :

Lissoceras carachleis Zeuschn sp., des Beaucels (B), *Lissoceras subtithonium* Sayn (*in. litt.*) (forme carénée) de Gigondas, Sisteron, Cazal-Rousty (B); *Lissoceras tithonium* Opp. sp., de Gigondas (B); *L. leiosoma* Opp. sp.. de Sisteron (B); *L. elimatum* Opp. sp., de Gigondas (B); *Lissoceras* nov. sp., des Beaucels (B); *Thurmannites* (*Kilianella*) *Roubaudianus* d'Orb. sp. var. *spinosa* Kil. (= *Kilianella Paquieri* Simionescu), de Queyron, près Gigondas (B); *Th.* cf. *Lucensis* Sayn, de Cazal-Rousty (B); *Saynoceras hirsutum* Sayn (*in. litt.*); *Acanthodiscus Euthymi* Pict. sp. (typique), de Queyron, près Gigondas (B); *Holc.* (*Astieria*) *Atherstoni* Sharpe sp., de Cazal-Rousty (B); *Holc.* (*Astieria*) cf. *Atherstoni* Sharpe sp., de Gigondas (B); *Holc. stephanophorus* Math. sp., de Gigondas et Sainte-Croix (B); *Holc. Sayni* Kil. sp., *Holc.* (*Astieria*) *Drumensis* (Sayn) Kil. de Pontaix-Sainte-Croix (B); *Himalayites Reineckieformis* Sayn sp. [*Am.* Athleta Zittel (non d'Orb.)], de Pontaix-Sainte-Croix et de Bournet (B); *Himalayites* nov. sp.; *Valanginites simplus* d'Orb. sp., de Gigondas (B); *Val. Bachelardi* Sayn sp., de Gigondas (B); *Valanginites Wilfridi* Kar. sp., de Cazal-Rousty (B); *Craspedites* sp., *Spiticeras* nov. sp.; *Spiticeras Groteanum* Opp. sp., de Cazal-Rousty (B); *Simbirskites Phillipsi* Roem. sp., de Gigondas (B).

Enfin, il est intéressant de noter la présence de *Platylenticeras* (*Garnieria*) *Gevrilianum* d'Orb. sp. dans le Valanginien de la Haute-Savoie, à Évaux (Musée d'Annecy).

ÉTAGE HAUTERIVIEN. — A la base de l'Hauterivien, on observe, dans les « Préalpes maritimes », une assise fossilifère sur laquelle j'ai déjà attiré l'attention et dont j'ai pu, grâce aux patientes récoltes du Dr A. Guébhard, étudier assez complètement la faune; cet intéressant *horizon*, *non encore signalé avant mes recherches*, offre tantôt, comme à la Bégude, près la Palud-de-Moustiers (Basses-Alpes), un banc à Brachiopodes *Magellania* (*Aulacothyris*) *hippopoides* Pict. sp. (K) qui se retrouve à Saint-Vallier, à Comps (Var) (nord de Touron et le long du canal de la Fontaine), au Bourguet et à Bargème (Var); tantôt, comme dans la région d'Escragnolles, la Croux, au Mousteiret, à Eoulx, à Mons (Var), et de la Roque-Esclapon (Var) à Peyroules (G), Châteauvieux (G), une assise jaunâtre (COUCHES A EXOGYRES) dans laquelle abondent, avec *Leopoldia Inostranzewi* Kar. sp. :

Hopl. (*Neocomites*) *Teschenensis* Uhl. sp., *Thurmannites* (*Kilianella*) *campylotoxus* Uhl. sp., *Holcost.* (*Astieria*) cf. *singularis* Baumb., *Holc.* (*Astieria*) *Guebhardi* Kil., *Holc.* (*Ast.*) *Pelegrinensis* Sayn *Holc.* (*Astieria*) *Atherstoni* Sharpe sp. et *Holc.* (*Astieria*) *psilostomus* N. et Uhl. (avec péristome) à la Roque-Esclapon (G), *Holc.* (*Valanginites*) *Wilfridi*, Karak; *Pecten* (*Neithea*) *Valanginiensis* Pict. et C., *Pecten* (*Chlamys*) *Robinaldinus* d'Orb.. *Pecten* (*Camptonectes*) *Cottaldinus* d'Orb., *Trigonia caudata* Ag., *Panopea neocomiensis* d'Orb., *Plicatula* sp., *Exogyra Tombeckiana* d'Orb., *Exog. Etalloni* Pict. et C., *Ostrea* cf. *Germaini* Pict., *Exog. Couloni* Defr., *Terebratula Valdensis* de Lor., *Ter. prælonga* d'Orb.. *Toxaster granosus* Des. Il conviendra peut-être de rattacher ces assises au VALANGINIEN SUPÉRIEUR; en tous cas, elles contiennent encore quelques Céphalopodes de cet étage.

Les détails que je viens d'exposer apportent une notable contribution à la connaissance des faunes paléocrétacées de la région rhodano-provençale et permettent de suivre plus exactement le développement et la filiation des divers groupes d'Ammonitidés pendant la période qui sépare la fin des temps jurassiques (Tithonique) de l'époque hauterivienne (Néocomien moyen).

M. A. LACROIX s'exprime en ces termes :

J'ai l'honneur d'offrir à l'Académie un travail sur *les gisements de l'or dans les colonies françaises* (¹) qui doit paraître dans un recueil de conférences faites en 1917, au Muséum national d'Histoire naturelle, sur nos *richesses coloniales*.

Je me suis attaché à mettre en lumière les conditions géologiques et minéralogiques dans lesquelles se trouve le métal précieux, non seulement dans les gisements alluvionnaires et éluvionnaires, mais encore dans des gisements en place dont certains présentent des particularités fort intéressantes. Des statistiques de la production coloniale française ont été réunies pour un grand nombre d'années.

Les observations que j'ai faites personnellement sur place à Madagascar et dans l'Afrique occidentale servent de base à cet exposé.

M. ANDRÉ BLONDEL fait hommage à l'Académie d'une note imprimée intitulée : *Sur un moyen efficace d'établir la liaison entre la science et l'industrie.*

ÉLECTIONS.

L'Académie procède, par la voie du scrutin, à l'élection d'un Membre non résidant en remplacement de M. *Gosselet*, décédé.

(¹) Une brochure de 60 pages, in-8°, in *Nos richesses coloniales*. Paris, Challamel, éditeur, 1918.

Au premier tour de scrutin, le nombre de votants étant 48,

M. Flahault   obtient. . . . . 35 suffrages
M. de Sparre   »   8   »
M. Cosserat   »   2   »
M. W. Kilian   »   2   »
M. de Forcrand   »   . . . .   1 suffrage

M. Flahault, ayant réuni la majorité absolue des suffrages, est proclamé
élu.

Son élection sera soumise à l'approbation de M. le Président de la
République.

MÉMOIRES PRÉSENTÉS.

M. L.-E. Bertin dépose un Mémoire manuscrit intitulé : *Remarques sur
la résistance à la marche de navires semblables*, par M. Ch. Doyère.

CORRESPONDANCE.

M. A. Vayssière, élu Correspondant pour la Section d'Anatomie et
Zoologie, adresse des remercîments à l'Académie.

M. le Secrétaire perpétuel signale, parmi les pièces imprimées de la
correspondance :

1° Le premier fascicule du *Boletin de la Universidad de* Mexico.

2° *Panama. La création, la destruction, la résurrection*, par Philippe Bunau-
Varilla. (Présenté par M. P. Termier.)

3° *L'organisation de l'agriculture coloniale en Indo-Chine et dans la métropole*, par M. Aug. Chevalier. (Présenté par M. L. Guignard.)

ANALYSE MATHÉMATIQUE. — *Généralisation d'un théorème de Cauchy relatif aux développements en séries.* Note de **M. B. Jekhowsky**, présentée par M. Appell.

Considérons la fonction S de v, finie et bien déterminée, ayant pour période 2π. Soit x une nouvelle variable reliée avec v par la relation

$$(1) \qquad x = v - \sum_{n=1}^{n=n} \varepsilon_n \sin nv,$$

de sorte que S est aussi fonction périodique de x, admettant la même période 2π que v.

Dans ce cas a lieu le développement convergent suivant

$$(2) \qquad S = \frac{1}{2}A_0 + \sum_{k=1}^{k=+\infty} A_k \cos kx + \sum_{k=1}^{k=+\infty} B_k \sin kx,$$

où les coefficients A_k et B_k sont exprimés à l'aide des fonctions de Bessel à plusieurs variables.

En posant dans cette expression $e^{xi} = z$, e étant la base des logarithmes népériens et $i = \sqrt{-1}$, on trouve

$$(3) \qquad S = \sum_{k=-\infty}^{k=+\infty} P_k z^k$$

avec

$$(4) \qquad P_{\pm k} = \frac{1}{2}\left(A_k \pm \frac{B_k}{i}\right),$$

relations qui déterminent les coefficients A_k et B_k lorsque l'on connaît les coefficients de la série (3).

En multipliant les deux membres de (3) par $z^{-p}\,dx$, puis, intégrant entre les limites 0 et 2π, on remarque que, pour toutes les valeurs de $p \neq k$, ces intégrales s'annulent et il vient

$$(5) \qquad \int_0^{2\pi} S z^{-k}\,dx = 2\pi P_k.$$

Introduisant une nouvelle variable s, définie par la relation $s = e^{vi}$, on trouve facilement que, entre s et l'ancienne variable z, il existe la relation

$$(6) \qquad z = s\, e^{-\sum\limits_{n=1}^{n=n} \frac{\varepsilon_n}{2}\left(s^n - \frac{1}{s^n}\right)}.$$

Avec cette valeur de z, et celle de dz qu'on tire de (1), la formule (5) devient

$$2\pi \mathrm{P}_k = \int_0^{2\pi} \mathrm{S}\, s^{-k}\, e^{\frac{k}{2}\sum\limits_{n=1}^{n=n} \varepsilon_n\left(s^n - \frac{1}{s^n}\right)} \left[1 - \frac{1}{2}\sum\limits_{n=1}^{n=n} n\,\varepsilon_n\left(s^n + \frac{1}{s^n}\right) \right] dv$$

ou bien

$$(7) \qquad 2\pi \mathrm{P}_k = \int_0^{2\pi} \mathrm{U}_n\, s^{-k}\, dv,$$

avec la fonction U_n qui est le produit des trois facteurs dont deux sont développables en séries convergentes de s.

Par conséquent, on peut écrire

$$(8) \qquad \mathrm{U}_n = \sum_{k=-\infty}^{k=+\infty} \mathrm{P}'_k\, s^k.$$

et en comparant (8) avec (3) on a

$$\mathrm{P}'_k = \mathrm{P}_k,$$

c'est-à-dire que le coefficient de z^k dans le développement (3) est égal au coefficient de s^k dans le développement (8).

En suivant la voie indiquée par Tisserand [1] on trouve, en partant de (5),

$$(9) \qquad 2\pi \mathrm{P}_k = \frac{1}{k} \int_0^{2\pi} s^{-(k-1)} \frac{d\mathrm{S}}{ds}\, e^{\frac{k}{2}\sum\limits_{n=1}^{n=n} \varepsilon_n\left(s^n - \frac{1}{s^n}\right)} dv$$

ou bien

$$(9') \qquad 2\pi \mathrm{P}_k = \frac{1}{k} \int_0^{2\pi} \mathrm{V}_n\, s^{-(k-1)}\, dv.$$

Supposant la fonction V_n développable suivant les puissances positives et

---

[1] Tisserand, *Mécanique céleste*, t. 1, n° 88. p. 332.

négatives de s, de manière à avoir

$$(10) \qquad V_n = \sum_{k-1=-\infty}^{k-1=+\infty} Q_{k-1} s^{k-1},$$

puis multipliant par $s^{-(k-1)} dv$ et intégrant de 0 à 2π, on a

$$(11) \qquad 2\pi Q_{k-1} = \int_0^{2\pi} V_n s^{-(k-1)} dv.$$

d'où, en comparant avec $(9')$, il vient

$$P_k = Q_{k-1}.$$

Nous pouvons donc énoncer le théorème suivant :

Dans le développement

$$S = \sum_{k=-\infty}^{k=+\infty} P_k z^k$$

de la fonction S *finie et bien déterminée admettant la période de* 2π, *le coefficient* P_k *est égal au coefficient de* s^k *dans le développement de la fonction*

$$U_n = S e^{\frac{k}{2} \sum_{n=1}^{n=n} \varepsilon_n \left(s^n - \frac{1}{s^n} \right)} \left[1 - \frac{1}{2} \sum_{n=1}^{n=n} n \varepsilon_n \left(s^n + \frac{1}{s^n} \right) \right]$$

et au coefficient de s^{k-1} *dans le développement de la fonction*

$$V_n = \frac{1}{k} \frac{dS}{ds} e^{\frac{k}{2} \sum_{n=1}^{n=n} \varepsilon_n \left(s^n - \frac{1}{s^n} \right)}.$$

Pour $n = 1$, on a le théorème [1] connu de Cauchy, relatif aux développements en séries.

---

[1] *Loc. cit.*, p. 233.

GÉOMÉTRIE ANALYTIQUE. — *Sur les quartiques gauches de première espèce*. Note de M. **R. DE MONTESSUS DE BALLORE**, présentée par M. Appell.

Les formules qui donnent la représentation paramétrique des quartiques gauches de première espèce dépourvues de points singuliers, et que j'ai indiquées précédemment (^{1}), supposent que trois au moins des cônes du faisceau de quadriques correspondant aient leurs sommets à distance finie : les sommets du tétraèdre de référence sont en effet intimement liés aux sommets de ces cônes.

Je vais indiquer la représentation paramétrique des quartiques de première espèce de genre 1, par lesquelles passent trois cylindres du second ordre ; *les formules que j'obtiens,* essentiellement différentes de celles obtenues dans le cas où il existe trois cônes au moins dans le faisceau ponctuel de quadriques correspondant à la courbe (^{1}), *montrent que les quartiques définies par trois cylindres du second ordre constituent un sous-groupe à part.*

Les équations des trois cylindres peuvent être mises sous la forme suivante, en prenant l'origine des coordonnées, cartésiennes, sur la courbe et en prenant Ox, Oy, Oz respectivement parallèles aux génératrices des cylindres :

$$(1) \quad \begin{cases} (C_1) & c y^2 - \gamma z^2 + 2\,e\,y - 2\,z\,z = 0, \\ (C_2) & a x^2 + \gamma z^2 + 2\,d x + 2\,z\,z = 0, \\ (C_3) & a x^2 + c y^2 + 2\,d x + 2\,e y = 0 \\ & (a, c, \gamma \neq 0). \end{cases}$$

On peut, sans restreindre la généralité du problème, supposer $a\gamma < 0$. Si l'on pose $y = \lambda x$, on trouve sans peine

$$(2) \quad \gamma z + z = \frac{1}{a + c\lambda^2} \sqrt{z^2(a + c\lambda^2)^2 - 4\,d\gamma(d + e\lambda)(a + c\lambda^2) - 4\,a\gamma(d + e\lambda)^2},$$

ce qui conduit à des expressions de x, y, $\gamma z + z$ de la forme

$$(3) \quad \begin{cases} x = \dfrac{\pi_1 \operatorname{sn}^4 u + \pi_2 \operatorname{sn}^2 u + \pi_3}{\omega_1 \operatorname{sn}^4 u + \omega_2 \operatorname{sn}^2 u + \omega_3}, \quad y = \dfrac{\chi_1 \operatorname{sn}^4 u + \chi_2 \operatorname{sn}^2 u + \chi_3}{\omega_1 \operatorname{sn}^4 u + \omega_2 \operatorname{sn}^2 u + \omega_3}, \\[2mm] \gamma z + z = \dfrac{\tau \operatorname{sn} u \operatorname{cn} u \operatorname{dn} u}{\omega_1 \operatorname{sn}^4 u + \omega_2 \operatorname{sn}^2 u + \omega_3}. \end{cases}$$

La discussion des valeurs (3) de x, y, $\gamma z + z$ n'offre pas de difficultés de principe, mais est assez délicate. On la fait en portant ces valeurs de x, y,

---

(^{1}) *Comptes rendus*, t. 166, 1918, p. 212.

$\gamma z + \varepsilon$ dans les équations ($1'$, 1^2) et en écrivant que les équations en $\sin u$ obtenues se réduisent à des identités. On trouve ainsi un système S de dix équations, dont plusieurs sont du second degré, pour les inconnues

$$(4) \qquad \frac{\pi_1}{\omega_1}, \; \frac{\pi_2}{\omega_2}, \; \frac{\pi_3}{\omega_3}; \quad \frac{\chi_1}{\omega_1}, \; \frac{\chi_2}{\omega_2}, \; \frac{\chi_3}{\omega_3}; \quad \frac{\omega_1}{\omega_2}, \; \frac{\omega_3}{\omega_2}, \; \frac{z}{\omega_2} \quad (\bmod k^2).$$

Le système S, qui se trouve être résoluble, admet plusieurs systèmes de solutions. Notamment, $\Delta_1, \Delta_2, \Delta_3$ étant les discriminants des coniques (1), $\frac{\omega_1}{\omega_2}$, $\frac{\omega_3}{\omega_2}$ ont les valeurs :

$$\left(\frac{\omega_1}{\omega_2}\right)' = -\frac{1}{3}, \quad \left(\frac{\omega_1}{\omega_2}\right)'' = \frac{\gamma}{2a}\frac{\Delta_3}{\Delta_1}, \quad \left(\frac{\omega_1}{\omega_2}\right)''' = -\frac{1}{2}, \quad \left(\frac{\omega_1}{\omega_2}\right)^{IV} = -\frac{1}{2}\frac{\gamma}{c}\frac{\Delta_3}{\Delta_2},$$

$$\left(\frac{\omega_3}{\omega_2}\right)' = \frac{\gamma}{2a}\frac{\Delta_3}{\Delta_1}, \quad \left(\frac{\omega_3}{\omega_2}\right)'' = -\frac{1}{2}, \quad \left(\frac{\omega_3}{\omega_2}\right)''' = -\frac{1}{2}\frac{\gamma}{c}\frac{\Delta_3}{\Delta_2}, \quad \left(\frac{\omega_3}{\omega_2}\right)^{IV} = -\frac{1}{3};$$

mais, toutes réductions faites, il n'en résulte que deux représentations para-métriques, distinctes l'une de l'autre, ayant la forme (3).

Tous éléments (4) *de ces deux représentations sont réels, et s'expriment simplement en fonction de* $a, c, d, e, \gamma, \varepsilon (1)$; *il en est de même pour* k^2, *qui, de plus, est compris entre* 0 *et* 1.

Ce qu'on vient de dire suppose que les inégalités

$$-\gamma\Delta_3 > 0, \qquad \gamma\Delta_1 > 0$$

soient vérifiées.

On peut s'arranger de manière qu'il en soit ainsi, en permutant au besoin les quantités x, y, z les unes avec les autres.

ASTRONOMIE PHYSIQUE. — *Observations du Soleil, faites à l'Obser-vatoire de Lyon, pendant le quatrième trimestre de* 1917. Note de **M. J. GUILLAUME**, présentée par M. B. Baillaud.

L'observation du Soleil n'a été possible, dans ce trimestre, à cause de l'état défavorable du ciel, que dans 57 jours, et les principaux faits qui en résultent se résument ainsi :

Taches. — La production des taches est restée grande, malgré l'absence de formations aussi importantes que dans le trimestre précédent (^{1}), et le disque solaire était remarquable par le nombre de groupes, les 1er, 15 et 27 décembre, quoique la

---

(^{1}) Voir *Comptes rendus*, t. 166, 1918, p. 160.

surface tachée fût inférieure à celle des 23 septembre, 12 février et 10 août principalement, de la même année.

Au total, on a enregistré 106 groupes avec une aire de 11069 millionièmes, au lieu de 121 groupes et 13898 millionièmes.

De part et d'autre de l'équateur, dans leur répartition, on a noté un groupe en plus au Sud (56 au lieu de 55), et seize en moins au Nord (50 au lieu de 66).

La comparaison des latitudes moyennes accuse une diminution un peu moins forte au Sud qu'au Nord : — 15°,3 au lieu de — 16°,1, + 11°,9 au lieu de + 13°,0.

Régions d'activité. — Les groupes de facules ont diminué, tant en nombre qu'en étendue : on a noté, effectivement, 155 groupes et 224,7 millièmes, au lieu de 181 groupes et 311,5 millièmes.

Dans leur répartition entre chaque hémisphère, on a huit groupes en moins au Sud (78 au lieu de 86), et dix-huit groupes, en moins également, au Nord (77 au lieu de 95).

TABLEAU I. — *Taches.*

Dates extrêmes d'observ.	Nombre d'observations.	Pass. au mér. central.	Latitudes moyennes. S.	N.	Surfaces moyennes réduites.	Dates extrêmes d'observ.	Nombre d'observations.	Pass. au mér. central.	Latitudes moyennes. S.	N.	Surfaces moyennes réduites.
Octobre. — 0,00.						Novembre. — 0,00.					
25- 7	13	1,1	—18		305	29-30	2	2,4	—18		15
30- 6	7	2,2	—17		57	30- 4	3	4,0		+24	16
29- 2	4	2,7		+14	4	4	1	5,2		+23	7
2	1	2,8	—23		2	7-11	5	5,7		+ 7	255
29-30	2	2,8	— 5		5	7-12	6	6,8		+ 9	84
29- 1	2	3,3	—15		8	4-12	7	7,1	—11		107
5- 6	2	6,1	—18		5	4-12	7	7,7	—15		178
2- 7	6	7,5	—24		73	7-12	6	12,7		+14	99
5-11	4	7,5		+20	75	14-17	4	14,3		+ 8	89
7	1	8,6		+ 7	2	10-17	7	14,4	—19		49
11	1	9,1	—19		13	9-17	8	15,2	— 9		115
11	1	9,6		+16	3	10-17	7	15,9		+13	212
14	1	10,1	+ 8		15	14	1	17,6	—13		9
7	1	11,6		+ 3	18	14-22	5	18,4		+14	111
16-19	3	14,0	—10		74	22	1	20,7	—30		28
19	1	15,7		+18	5	15-25	5	21,8		+ 8	82
11-17	5	16,9		+12	32	22-26	3	23,3	—12		33
11-15	2	17,3	—19		44	22-25	2	23,5		+17	18
14-24	10	19,0	—13		298	22-25	2	23,9	—14		16
14-26	12	20,1		+12	394	22	1	24,4	— 7		21
21-25	5	20,7		+18	18	26	1	24,8			14
16-26	10	21,3		+18	44	25-26	2	25,2	— 8		128
16-26	10	22,3		+ 9	86	22	1	26,2	—21		11
19-26	8	23,3		+ 8	85	1- 2	2	26,5		+23	76
21-30	8	25,1	—21		196	3	1	27,5	— 4		320
22-26	5	27,2		+22	21	1- 3	3	28,0	— 8		384
29-31	3	27,0	— 9		89	22- 1	4	28,0	—12		74
22- 3	9	28,8	—19		289	25	1	28,8		+ 8	34
30-31	2	28,9	+ 6		91	25- 5	7	29,0	—16		666
31	1	29,9	—20		30	26- 4	5	29,9	—19		57
25-26	2	30,4	—16		67	1	1	30,5	—18		17
23 j.			**—16°,6**	**+12°,7**		**11 j.**			**—14°,1**	**+13°,2**	

Dates extrêmes d'observ.	Nombre d'observations.	Pass. au mér. central.	Latitudes moyennes. S.	N.	Surfaces moyennes réduites.
		Décembre. — 0,00.			
1- 2	2	1,2		— 6	18
26- 6	6	2,1		+ 6	52
1- 6	6	2,9		+22	57
1- 7	7	3,3	—20		47
1- 4	4	3,3	— 5		19
1- 9	9	3,8		+ 7	137
4- 9	5	4,2	—15		38
1- 7	7	4,4	— 7		44
3	1	4,6		+11	7
1-4	4	5,1		+ 8	21
4	1	5,5	—14		5
5	1	6,5		+ 3	4
8-13	5	10,7		+13	46
13-14	2	10,9	—16		23
5-16	11	11,1		+ 7	308
12-16	5	12,1		+ 7	751
7-16	9	13,2		+ 9	64
11-16	6	14,7		+ 6	155
15	1	14,9		+14	7
11-16	6	16,6	—12		301
13-15	3	17,4	—18		11
12-16	5	18,4		+ 8	327
15	1	18,7		— 2	11

Dates extrêmes d'observ.	Nombre d'observations.	Pass. au mér. central.	Latitudes moyennes. S.	N.	Surfaces moyennes réduites.
		Décembre (suite).			
13-16	4	19,7	—20		20
15-16	2	20,7		+21	77
26	1	22,2	—32		7
26	1	22,3		+23	48
26-27	2	22,4	—18		34
26-29	4	23,9	—23		54
26-29	4	24,4	—18		30
26-28	3	24,6	—24	-	58
26-29	4	24,6	— 7		172
26-31	5	25,0		+17	828
26-27	2	25,2	—29		7
26-31	5	25,6	—12		253
26-31	5	26,9	—16		31
27-31	4	27,2		+11	71
26-31	5	27,4		+ 3	409
26-31	5	27,4	—10		75
26-31	5	28,2		+22	36
31	1	29,2	— 5		5
26- 5	8	30,2	— 7		367
26- 5	8	30,5		+ 8	152
26- 3	6	31,0	— 8		110
20 j.			—15°,3	+10°,6	

Tableau II. — *Distribution des taches en latitude.*

1917.	Sud. 50°.	40°.	30°.	20°.	10°.	0°.	Somme.	Nord. Somme.	0°.	10°.	20°.	30°.	40°.	50°	Totaux mensuels.	Surfac totale réduit
Octobre.....	»	»	3	10	3		16	15	6	8	1	»	»		31	2448
Novembre...	»	»	2	11	5		18	13	6	4	3	»	»		31	3325
Décembre...	»	1	3	11	7		22	22	13	5	4	»	»		44	5290
Totaux....	»	1	8	32	15		56	50	25	17	8	»	»		106	11069

Tableau III. — *Distribution des facules en latitude.*

1917.	Sud. 50°.	40°.	30°.	20°.	10°.	0°.	Somme.	Nord. Somme.	0°.	10°.	20°.	30°.	40°.	50°.	Totaux mensuels.	Surfa totale réduit
Octobre.....	»	2	9	17	3		31	28	7	11	7	3	»		59	89,
Novembre...	»	»	6	13	4		23	24	9	6	6	3	»		47	66,
Décembre...	»	2	2	12	8		24	25	10	8	6	1	»		49	69,
Totaux....	»	4	17	42	15		78	77	26	25	19	7	»		155	224,

PHYSIQUE MATHÉMATIQUE. — *Sur la propagation par ondes et sur la théorie de la relativité générale.* Note de M. **E. Vessiot**, présentée par M. Appell.

Les recherches sur la propagation par ondes que j'ai publiées il y a quelques années (¹) trouvent une application importante dans la théorie de la relativité générale.

I. J'en rappelle d'abord les points essentiels, en faisant figurer dans les formules, au même titre, les coordonnées rectangulaires x_1, x_2, x_3, et le temps que je désigne par x_4. Le milieu est défini par les *surfaces d'onde* qui correspondent à chacun de ses points (x_1, x_2, x_3), et qui varient, en général, avec l'instant considéré. Soient

$$\varphi(x_1, x_2, x_3, x_4 \mid X_1, X_2, X_3, X_4) = o, \qquad \Phi(x_1, x_2, x_3, x_4 \mid P_1, P_2, P_3, P_4) = o$$

les équations homogènes, ponctuelle et tangentielle, qui représentent l'une quelconque d'entre elles, quand on transporte l'origine des coordonnées au point auquel elle correspond. La propagation d'un ébranlement dans le milieu, satisfaisant au *principe d'Huygens* (ondes enveloppes), s'effectue par transport individuel des éléments de contact, chacun d'eux glissant, suivant une loi déterminée, le long d'un *rayon*, entièrement défini par la position initiale de l'élément et l'instant où celui-ci est atteint par l'ébranlement. Les équations différentielles des rayons s'écrivent, u étant une variable auxiliaire,

$$(1) \qquad \varphi(x_1, x_2, x_3, x_4 \mid dx_1, dx_2, dx_3, dx_4) = o,$$

$$(2) \qquad d\frac{\partial \varphi}{\partial dx_k} - \frac{\partial \varphi}{\partial x_k} = \frac{\partial \varphi}{\partial dx_k} du \qquad (k = 1, 2, 3);$$

les dernières entraînent, m étant le degré d'homogénéité de φ,

$$(3) \qquad (m-1)\, d\varphi = m\varphi.du.$$

Les *familles d'ondes* sont définies, avec la loi de leur évolution, par les équations $f(x_1, x_2, x_3, x_4) = o$ qui ont pour conséquence

$$(4) \qquad \Phi\left(x_1, x_2, x_3, x_4 \mid \frac{\partial f}{\partial x_1}, \frac{\partial f}{\partial x_2}, \frac{\partial f}{\partial x_3}, \frac{\partial f}{\partial x_4}\right) = o.$$

(¹) *Bulletin de la Société mathématique*, t. 34, 1906, p. 230. — *Annales scientifiques de l'École Normale supérieure*, 3ᵉ série, t. 26, 1909, p. 405.

Les rayons sont les caractéristiques de cette équation aux dérivées partielles [1].

Enfin les rayons correspondent au temps minimum de propagation, si chaque surface d'onde est concave vers son origine (*principe de Fermat*).

2. J'observe maintenant qu'on retrouve les équations (2) quand on annule la variation de l'intégrale

$$(5) \qquad x_5 = \int [\varphi(x_1, x_2, x_3, x_4 \mid dx_1, dx_2, dx_3, dx_4)]^{\frac{1}{m}},$$

prise entre deux points fixes de l'*espace à quatre dimensions* (x_1, x_2, x_3, x_4). Mais les rayons sont seulement, dans ce cas, des *solutions singulières* ($\varphi = 0$). Les solutions générales sont des rayons pour la propagation par ondes, dans le milieu à quatre dimensions défini par les surfaces d'onde, indépendantes de x_5, représentées par l'équation non homogène

$$(6) \qquad \varphi(x_1, x_2, x_3, x_4 \mid X, X_2, X_3, X_4) = 1.$$

3. L'application à la théorie de la relativité est, dès lors, immédiate. Einstein définit le *champ de la gravitation* par une forme différentielle quadratique

$$(7) \qquad \varphi \equiv \sum_{h=1}^{4} \sum_{k=1}^{4} g_{hk}(x_1, x_2, x_3, x_4) \, dx_h \, dx_k,$$

élément métrique de l'espace à quatre dimensions de Minkowski. Les géodésiques figurent le mouvement des points matériels ; les géodésiques singulières ($\varphi = 0$) correspondent aux rayons lumineux. La forme φ est, du reste, réductible à trois carrés négatifs et un positif.

Nous concluons donc que, dans cette physique nouvelle, *la propagation de la lumière se fait par ondes* (surfaces d'onde ellipsoïdales), *suivant le principe d'Huygens ;* que *les rayons satisfont aussi au principe de Fermat ;* et que l'équation aux dérivées partielles (4) des familles d'ondes s'obtient en égalant à zéro le *paramètre différentiel* $\Delta_1 f$ de Beltrami.

De plus, si l'on se donne les surfaces d'onde, on achèvera de définir le champ de la gravitation par la seule donnée de $\sqrt{-g}$, g étant le discriminant de φ. C'est ce qu'on pourrait appeler la *densité de la gravitation*, l'élé-

---

[1] Cf. HADAMARD, *Leçons sur la propagation des ondes*, 1903, p. 292.

ment d'intégrale quadruple $\sqrt{-g}\,dx_1\,dx_2\,dx_3\,dx_4$ étant covariant à φ pour toute transformation ponctuelle en x_1, x_2, x_3, x_4.

Enfin, le mouvement même des points matériels peut être assimilé à un mouvement ondulatoire permanent dans l'espace de Minkowski.

4. Les fonctions g_{hk}, qui définissent le champ de la gravitation, et les composantes p_1, p_2, p_3, p_4 du potentiel vecteur qui définit le champ électromagnétique satisfont, d'après Einstein, à un système covariant à φ, de quatorze équations aux dérivées partielles du second ordre. Soit

$$f(x_1, x_2, x_3, x_4) = 0$$

une équation qui n'annule pas $\Delta_1 f$: on pourra faire un changement de variables qui ramène φ à la forme de Lipschitz.

$$(g_{1,4} = g_{2,4} = g_{3,4} = 0,\ g_{44} = 1)$$

et tel que l'équation $f = 0$ prenne la forme $x_4 = 0$. Mais, φ étant ainsi particularisé, on constate que dix des équations du champ se résolvent, sans ambiguïté, par rapport aux dérivées $\dfrac{\partial^2 g_{\alpha\beta}}{\partial x_4^2}(\alpha,\beta = 1, 2, 3)$ et $\dfrac{\partial^2 p_j}{\partial x_4^2}(j = 1, 2, 3, 4)$. Donc, pour toute solution des équations du champ, toutes les dérivées successives sont, pour $x_4 = 0$, des fonctions déterminées, sans ambiguïté, par les valeurs correspondantes des inconnues et de leurs dérivées premières. Donc, toute discontinuité d'ordre supérieur au premier est exclue sur $f = 0$, tant que $\Delta_1 f$ n'est pas nul. Donc les seules familles d'ondes de gravitation et d'ondes électromagnétiques possibles sont définies par des équations $f = 0$ qui sont aptes à représenter des familles d'ondes lumineuses.

Il y a donc identité dans la loi de propagation des ondes lumineuses, des ondes électromagnétiques et des ondes de gravitation ([1]). En particulier, rien ne s'oppose à la conservation de la théorie électromagnétique de la lumière, dans les principes de la relativité générale.

Au fond, la raison de cette identité des lois de propagation est que l'équation caractérisant les familles d'ondes doit, pour chaque nature de phénomènes, être covariante à φ, et que, seule, l'équation $\Delta_1 f = 0$ est une équation aux dérivées partielles du premier ordre possédant cette propriété. La possibilité de généralisations, pour d'autres formes attribuées à φ, résulte des considérations précédentes.

([1]) Einstein avait montré qu'*en première approximation* la gravitation se propage avec la vitesse de la lumière.

PHYSIQUE. — *Sur un nouveau phénomène magnétocalorique.* Note de
MM. Pierre Weiss et Auguste Piccard, présentée par M. Paul Painlevé.

I. Au cours de l'étude magnétique du nickel dans le voisinage du point
de Curie nous avons observé un échauffement notable de la substance, provoqué par l'établissement du champ. Pour un champ de 15000^g, l'effet
peut atteindre 0°,7. La suppression du champ produit un refroidissement
de même grandeur.

La réversibilité de cet effet suffit à le distinguer de l'échauffement par
hystérèse. L'ordre de grandeur aussi est différent. L'hystérèse ne produit,
même pour un acier très dur, qu'une élévation de température de $\frac{1}{200}$ de
degré par cycle.

Nous sommes assurés que le champ est sans action sur la force électromotrice du couple servant à la mesure des températures.

II. Ce phénomène est, comme la discontinuité de la chaleur spécifique
au point de Curie, une conséquence du champ moléculaire. La chaleur élémentaire communiquée à l'unité est

$$dQ = C_\sigma \, dt - (H + H_m) \, d\sigma,$$

où σ est l'aimantation spécifique,
C_σ la chaleur spécifique à aimantation constante,
H le champ extérieur,
H_m le champ moléculaire.

Les mesures magnétiques faites sur la même distance ont montré que,
conformément à l'hypothèse primitive du champ moléculaire, celui-ci est
proportionnel à l'aimantation. $H_m = n\sigma$. On trouve alors, en s'appuyant
sur la théorie du champ moléculaire, pour le phénomène adiabatique,

$$dt = \frac{T}{\theta} \, \frac{n}{2 C_\sigma} \, d\sigma^2,$$

où T est la température absolue et θ le point de Curie. L'élévation de
température est donc proportionnelle à l'accroissement du carré de l'aimantation.

Mais il convient de faire ici une distinction entre les variations apparentes et réelles de l'aimantation. Au-dessous du point de Curie toute substance ferromagnétique possède, en l'absence du champ extérieur, dans des éléments de grandeur finie, une aimantation spontanée de grandeur déterminée, mais dont la direction est livrée au hasard de la microstructure cristalline. Lorsque le champ agissant sur cette aimantation la fait prédominer dans une direction, il ne fait que rendre apparente une aimantation déjà existante. A cet effet se superpose, en général, une variation réelle de l'aimantation par l'action du champ.

Pour observer le phénomène dans sa pureté il faut donc opérer au-dessus du point de Curie où, l'aimantation spontanée n'existant pas, toute variation d'aimantation observée est réelle. Le point de Curie du nickel étudié est à $629°,6$ abs. A $634°,9$ nous avons trouvé, en donnant au champ extérieur les valeurs H :

H.	$\Delta t°$.	σ^2.	$\frac{\Delta t}{\sigma^2}$.
7820	0,26	74,5	0,0035
8780	0,32	85,5	0,0037
10050	0,37	100,8	0,0036
14950	0,57	151,0	0,0038

l'élévation de température est donc bien proportionnelle au carré de l'aimantation.

Au-dessous du point de Curie l'aimantation observée résulte de l'addition géométrique de l'aimantation apparente et de l'accroissement d'aimantation réel. A $627°,2$ on a trouvé :

H.	$\Delta t°$.	σ^2.	$\frac{\Delta t}{\sigma^2}$.
10050	0,564	229	0,00246
14950	0,742	275,5	0,00269

Le rapport est plus faible que celui trouvé au-dessus du point de Curie. Mais, l'aimantation apparente étant achevée dès le plus faible de ces champs, la différence $\sigma_2^2 - \sigma_1^2$ est une variation réelle du carré de l'aimantation et le rapport des accroissements

$$\frac{\Delta t_2 - \Delta t_1}{\sigma_2^2 - \sigma_1^2} = \frac{0,742 - 0,564}{275,5 - 229} = 0,0038$$

donne, au degré de précision, la valeur trouvée au-dessus du point de Curie.

III. Toutes les observations ont été faites avec un retard constant de 25 secondes sur la fermeture ou la rupture du courant d'excitation, imposé par la lenteur de l'établissement et de la disparition du champ. Pendant ce temps la différence de température entre le corps et le milieu diminue et les valeurs observées sont trop petites dans un rapport constant. Néanmoins il est intéressant de calculer le coefficient de la formule donnant dt, en empruntant aux mesures magnétiques $n = 70000$ et à l'étude calorimétrique ([1]) la chaleur spécifique vraie au-dessus du point de Curie, $C_a = 0,1256$. On trouve

$$dt = 0,00665 \, d\sigma^2,$$

valeur 1,8 fois plus grande que celle qui a été observée, ce qui est parfaitement plausible.

Ce nouveau phénomène apporte donc une confirmation frappante de la théorie du champ moléculaire, qui aurait pu le faire prévoir et qui rend compte de toutes ses particularités.

PHYSIQUE DU GLOBE. — *Perturbations de la déclinaison magnétique à Lyon (Saint-Genis-Laval) pendant le quatrième trimestre de* 1917. Note de M. PH. FLAJOLET, présentée par M. B. Baillaud.

Les relevés des courbes du déclinomètre Mascart, pendant le quatrième trimestre de 1917 ([2]), fournissent la répartition suivante des jours perturbés :

Échelle.		Octobre.	Novembre.	Décembre.	Totaux du trimestre.
0	Jours parfaitement calmes....	7	7	4	18
1	Perturbations de 1' à 3'.....	5	11	8	24
2	» 3' à 7'.....	3	5	7	15
3	.. 7' à 15'.....	12	6	8	26
4	» 15' à 30'.....	4	1	0	5
5	» > 30'.....	0	.	.	1

Il y a eu 5 jours de fortes perturbations (19' les 3 et 28 octobre; 17' les 25 et 29 octobre, et 25 novembre) et 1 jour de très forte perturbation (40' le 16 décembre).

([1]) WEISS, PICCARD et CARRARD, *Arch. Sc. phys. et nat.*, t. 43, 1917, p. 117.
([2]) Il n'y a pas eu d'enregistrement les 21, 30 et 31 décembre.

PATHOLOGIE VÉGÉTALE. — *Sur les tumeurs du pin maritime.*
Note de M. **Jean Dufrénoy**, présentée par M. L. Mangin.

Les pins maritimes de la forêt d'Arcachon portent en assez grand nombre des tumeurs caulinaires ou radicales. Sur les tiges d'un an, les tumeurs sont chancreuses et laissent exsuder, en abondance, de la résine qui s'écoule le long de la tige. Les tumeurs âgées peuvent se fermer par des bourrelets cicatriciels, et n'apparaître que comme des nodosités plus ou moins résineuses à la surface.

Les coupes transversales au niveau des tumeurs permettent de reconnaître : 1° des tissus normaux du bois et de l'écorce ; 2° des zones mortifiées ; 3° des tissus réactionnels.

Autour de zones cambiales mortifiées ou détruites, les cellules cambiales s'hypertrophient ou se cloisonnent de façon anormale, pour engendrer, sur leur face interne, un bois peu différencié, sur leur face externe, un bourrelet cicatriciel. Ce bourrelet est surtout formé de cellules embryonnaires à membrane mince et celluloso-pectiques ; quelques cellules peuvent cependant se lignifier, évoluer en fibres tordues, dont l'ensemble, disposé sans ordre, forme çà et là des noyaux ligneux extra-cambiaux.

L'assise subéro-phellodermique peut être aussi localement détruite. Les cellules génératrices voisines réagissent alors par une production excessive de cellules phellodermiques sur leur face interne, de cellules de liège sur leur face externe ; l'alternance habituelle des couches de liège dur et de liège mou est modifiée, et certaines cellules restent cellulosiques.

Les cellules initiales des bourgeons latéraux peuvent être également influencées et nous avons trouvé, sur une tumeur de quatre ans, un rameau à *trois* aiguilles, celles-ci possédant une structure caulinaire (absence du peridesme à ponctuations aréolées, d'endoderme différencié et d'hypoderme ([1]).

Toutes les cellules réactionnelles et les cellules voisines contiennent des amas de microorganismes, colorables par le violet de gentiane ou le bleu de méthylène, et ne se colorant pas par le Gram.

([1]) Ce fait nous paraît comparable à l'apparition de la structure caulinaire des feuilles de *Crysanthemum* atteintes de crown-gall [E.-F. Smith, *Crown-gall and sarcoma* (*U.S. Dep. of Agric., Bureau of Plant indust.*, Bull. 213, 1911)].

Au début de l'infection, ces coccus se portent au voisinage du noyau qui s'hypertrophie, souvent la cellule entière peut s'hypertrophier et devenir cellule géante, ou se diviser rapidement et de façon excessive; enfin, le noyau et le cytoplasme disparaissent par résinose et la cellule reste pleine de résine ou se vide par les déchirures et les canaux lysigènes ([1]).

Un mycélium très fin, qui vit fréquemment à la surface de la résine exsudée, peut aussi pénétrer à l'intérieur des tissus chancrés par les parties résinifiées.

Pour isoler les bactéries, nous avons prélevé des copeaux dans les tissus infectés préalablement mis à nu, ou nous y avons piqué des aiguilles pour inoculer des tubes d'agar au bouillon de pin. Dans les cultures faites avec les tissus des tumeurs caulinaires il se développe, au bout de trois jours à 12° pour les tumeurs d'un an, au bout de cinq pour les tumeurs plus âgées, des colonies très peu denses, grisâtres, et formant un léger voile à la surface de l'agar, qu'elles liquéfient ([2]).

Dans les tubes ensemencés avec les tissus des tumeurs radicales, il se développe, au bout de huit jours, des colonies blanches, qui deviennent très denses et épaisses, et qui se développent en surface ou à une faible profondeur, sans liquéfier l'agar.

Examinées au microscope, les colonies bactériennes provenant des tiges se montrent formées de coccus semblables à ceux qu'on observe dans les tumeurs caulinaires. Les colonies des racines sont formées de coccus beaucoup plus gros que ceux des tiges, et semblables à ceux des tumeurs radicales.

Les tumeurs des tiges et des racines du pin maritime paraissent dues à deux bactériacées différentes dont nous ferons connaître ultérieurement les caractères. Les tumeurs bactériennes de la tige de pin maritime diffèrent des tumeurs bactériennes du pin d'Alep, depuis longtemps connues, parce que le parasite est intra-cellulaire et que les métastases des tumeurs se développent en direction basifuge.

([1]) J. DUFRÉNOY, *La signification biologique des essences et des pigments* (*Rev. gén. sc.*, t. 24, 1917, p. 575).

([2]) Le mycélium de la résine se développe souvent dans les tubes, au bout de huit jours, et y forme des colonies blanchâtres, très différentes des colonies microbiennes, qu'on peut isoler par repiquage. Le mycélium n'est qu'un organisme adventif, qui n'existe qu'accidentellement dans les tumeurs, où il est localisé aux parties résinifiées par les bactéries.

BACTÉRIOLOGIE. — *Nouvelle méthode de coloration du bacille de la tuberculose.* Note de M. **Casimir Cépède**, présentée par M. Edmond Perrier.

Au cours de recherches sur la tuberculose destinées à préciser l'importance de la flore associée au bacille spécifique dans les complications de cette affection, j'ai systématiquement appliqué un grand nombre de méthodes de coloration du bacille de Koch.

Frappé par l'inégalité des préparations obtenues avec la méthode classique de Ziehl-Neelsen, j'ai remarqué que l'acide azotique (¹) comme les acides minéraux forts ordinairement employés (acide sulfurique au quart, par exemple) avait une action trop brutale sur les éléments histologiques pour ne pas avoir une action analogue sur le bacille de Koch et les bactéries qui lui sont associées.

Désirant respecter à la fois les éléments histologiques des préparations et les microbes étudiés, j'ai été conduit à l'établissement de la technique de coloration que j'expose ici.

Principe de la technique. — Partant des méthodes à la fuchsine phéniquée (Ziehl-Neelsen et autres), modifiées par l'emploi d'acides organiques (Hauser, Petri, Cornil, Alvarez et Tavel, Watson Cheyne, Pappenheim, etc.), j'ai voulu abréger les manipulations par l'union de l'alcool et de l'acide organique, décolorants, avec le recolorant du fond (bleu de méthylène).

Choix de l'acide organique. — De tous les acides organiques à prix acceptable pour un usage courant (acide citrique, acétique, lactique, etc.) qui, associés à l'alcool, me donnèrent, par des dilutions choisies, les plus beaux et les plus constants résultats, l'acide lactique est celui qui me satisfit le plus parfaitement.

La présente technique repose sur la propriété bien connue du bacille de Koch d'être à la fois alcoolo- et acido-résistant. Par un titrage convenable de la dilution de l'acide lactique résultant de nombreuses expériences, je différencie le bacille de Koch d'acido-résistants qui ne sont pas alcoolo-acido-résistants, du bacille du smegma, par exemple. Cette considération acquiert toute son importance quand on recherche le bacille tuberculeux dans les urines souvent souillées par ce dernier microbe.

(¹) C'est à la même dilution qu'on emploie l'acide azotique dans les laboratoires de zoologie pour détruire, partiellement au moins, les parties molles des poissons inférieurs quand on veut préparer le squelette cartilagineux de ces poissons.

Préparation du colorant (lactobleu de méthylène ¡alcoolique ou bleu Cépède). — Mettre un excès de bleu de méthylène en poudre dans un flacon contenant : acide lactique, 40^{cm³}; eau, 160^{cm³}; alcool à 95°, 800^{cm³}. On peut placer le bleu de méthylène en poudre dans un petit sachet pour éviter tout filtrage. Si l'on veut, on peut conserver l'acide lactique saturé de bleu de méthylène en dilution aqueuse, à part (solution A) et préparer le colorant de la façon suivante :

Solution A (bleu de méthylène en excès, acide lactique 40^{cm³},
   eau distillée 160^{cm³})................................... 1 partie
Alcool à 95°....................................... .. 4 parties

Coloration. — Elle est très rapide. C'est une coloration-type à fond coloré en deux temps. La lame portant la coupe, ou le frottis de crachat, de sang ou d'urine fixé par la chaleur, reçoit la fuchsine phéniquée. On colore à chaud avec dégagement de vapeur pendant 5 minutes. On porte, avec ou sans lavage, dans notre lactobleu. Quelques minutes suffisent (2 ou 3, en général). On lave à grande eau. Si la lame n'a plus à l'œil nu qu'une teinte bleue uniforme, la coloration est terminée. Si, par hasard, elle montrait des endroits épais, encore colorés en rouge, il faudrait reverser quelques gouttes de notre lactobleu sur la préparation et attendre encore quelque temps pour obtenir la teinte bleue désirée. Sécher au buvard, puis à la flamme douce.

Recherche du bacille de Koch dans l'urine. — La technique est légèrement modifiée. Avant la coloration à la fuchsine, la préparation est traitée pendant 5 à 10 minutes par une lessive de soude additionnée de 5 pour 100 d'alcool qui enlève la graisse du bacille du smegma et fait disparaître son acido-résistance, alors que la cire du bacille de Koch lui conserve, dans ces conditions, sa propriété caractéristique. Le bacille de Koch, très finement coloré, apparaît seul en beau rouge. La flore associée est très joliment teintée en bleu. Les éléments cytologiques ont un aspect de fraîcheur que je n'ai pu leur communiquer par aucune des autres méthodes. A l'œil nu même, la préparation présente un réel caractère de propreté et de finesse.

Cette méthode, que j'ai fait connaître à de nombreux bactériologues avant de la publier, a remplacé la méthode allemande classique dans un service d'hôpital.

J'ai pu déterminer le bacille de Koch dans les divers milieux organiques : selles, urines, sang et crachats. Le microbe apparaissait avec toute la finesse désirable dans ses particularités cytologiques : enveloppe cireuse incolore, formes trapues, formes moyennes, formes longues en chapelet, pseudo-spores, etc.

Dans des cas d'endocardite infectieuse à pronostic fatal, j'ai pu colorer d'une manière très précise le bacille de Koch dans le sang et en particulier dans les phagocytes au cours de la bactériolyse de digestion phagocytaire.

La rigueur de cette méthode que nous expérimentons depuis plus d'un an a permis de diagnostiquer des tuberculoses dans un grand nombre de cas douteux confirmés ensuite par la clinique et le laboratoire.

J'ai pu, ainsi, faire conserver dans des sanatoria, des tuberculeux dont l'examen au Ziehl avait été négatif alors que l'examen au Cépède attesta la présence du bacille de Koch. Ce microbe fut retrouvé au Ziehl par le bactériologiste averti qui laissa agir moins longtemps l'acide azotique sur les crachats, justifiant *a posteriori* l'avantage de notre technique.

Des étudiants n'ayant jamais fait de coloration bacillaire réussirent leur frottis par notre méthode dès la première épreuve avec toute la précision désirable (détails du bacille, conservation de la flore associée, etc.).

Conclusions. — Les avantages de notre coloration se résument comme suit :

1° Précision et finesse de la coloration du bacille de Koch, de la flore associée et des éléments histologiques.

3° Économie de temps très appréciable.

3° Sûreté du diagnostic.

BACTÉRIOLOGIE. — *Sur la prophylaxie de la Fièvre de Malte par l'immunisation active des animaux vecteurs du germe.* Note de M. **H. Vincent**, présentée par M. Edmond Perrier.

Primitivement considérée comme une maladie localisée à Malte et à Gibraltar, la Fièvre de Malte est, en réalité, observée dans un grand nombre de pays, notamment ceux qui sont riverains de la Méditerranée. Elle n'est nullement rare en France et a donné lieu à de véritables épidémies (Cantaloube, Friley).

Il serait assurément erroné de considérer la chèvre comme le principal réservoir de virus mélitensien (Zàmmit, Horrocks, Kennedy, Shaw, etc.), puisque d'autres animaux peuvent être également infectés et, partant, contagieux pour l'homme. Néanmoins, il semble bien, par les nombreuses relations qui ont été publiées, que la chèvre tient la principale place dans l'étiologie de la maladie.

En raison de l'importance économique de l'élevage des chèvres, il m'a paru utile de publier le résultat de mes recherches sur la prévention de la Fièvre de Malte par l'immunisation active des animaux réceptifs pour cette infection. La maladie charbonneuse, qui faisait autrefois de graves ravages parmi le bétail et, par ce dernier, se transmettait à l'homme, est devenue exceptionnelle chez les premiers et chez le second depuis l'application de de la vaccination anticharbonneuse aux troupeaux de bœufs et de moutons, suivant les règles prescrites par Pasteur.

On est conduit à penser que l'immunisation active de la chèvre contre le *Micrococcus melitensis* peut être réalisable, car cet animal ne présente, le plus souvent, que des symptômes morbides atténués, bien qu'il abrite pendant longtemps le microbe pathogène dans son urine et dans son lait. D'autre part, la chèvre peut en guérir spontanément, après un délai variable. Après sa guérison elle a acquis l'immunité (Bruce). J'ai donc essayé de renforcer cette résistance naturelle par la vaccination à l'aide de plusieurs races de *Micr. melitensis*. Une partie de ces recherches a déjà fait l'objet d'une Note précédente ([1]).

On ne peut songer à immuniser les animaux à l'aide de virus vivant même atténué, car on déterminerait chez eux des cas d'infection et l'on faciliterait ainsi la dissémination du *Micr. melitensis* par ces porteurs de germes. Il est donc nécessaire de les vacciner avec un virus tué.

Les cultures sur gélose, âgées de trois à quatre jours, ont été diluées dans l'eau physiologique, puis stérilisées par l'agitation avec l'éther et contact pendant deux heures avec celui-ci. Il se forme à la surface une épaisse couche graisseuse qui est rejetée. Seule, l'émulsion sous-jacente est utilisée.

Le vaccin est polyvalent. Il est actuellement préparé avec dix races de *Mic. melitensis* et une race de *M. para-melitensis* qui m'out été obligeamment envoyées par MM. les Drs Edmond Sergent (d'Alger) et Moragas (de Barcelone) que je remercie vivement de leur grande obligeance. Le vaccin renferme environ 2 milliards de microcoques par centimètre cube. Il est fait deux injections de 2$^{cm^3}$ chacune, à 5 ou 8 jours d'intervalle.

J'ai fait les expériences suivantes en vue de vérifier le degré d'immunité conféré par ces injections. Un premier lot de deux chèvres adultes a été vacciné, en 1910, après vérification de l'absence du pouvoir agglutinant de leur sang. L'une a reçu 3$^{cm^3}$, l'autre 4$^{cm^3}$ de vaccin sous la peau, en trois fois et à 8 jours d'intervalle. Un mois après on a inoculé 4$^{cm^3}$ de culture vivante et virulente dans la veine jugulaire.

Ces injections d'épreuve, à dose massive, du microbe vivant n'ont

([1]) H. VINCENT et COLLIGNON, *Sur l'immunisation active de la chèvre contre la Fièvre de Malte* (*C. R. de la Société de Biologie*, 26 novembre 1910).

amené qu'une élévation thermique légère. La fièvre avait disparu le lendemain. La seconde chèvre eut une diarrhée fugace. L'une et l'autre ont
conservé un état général absolument normal et ont beaucoup grossi. Leur
sang a été ensemencé à deux reprises, 8 jours et 1 mois après l'inoculation d'épreuve. Il était stérile. La seconde chèvre est devenue pleine 4 mois
après et a donné naissance à deux chevreaux à terme et parfaitement sains.

Deux jeunes boucs âgés de 6 à 8 mois ont été immunisés par une
seule injection *intraveineuse* de 2$^{cm'}$ de vaccin. Ils n'ont eu qu'une légère
réaction fébrile. Pour éprouver leur immunité, on leur a injecté 4 semaines après, dans la veine jugulaire, 4$^{cm'}$ de culture vivante et virulente.
Cette injection d'épreuve a donné lieu à des réactions plus fortes que chez
les chèvres vaccinées par injection sous-cutanée. Les deux chevreaux ont
eu 40°, avec un peu de diarrhée et d'inappétence. Néanmoins ces signes
n'ont pas persisté et leur croissance s'est ensuite effectuée normalement.
Leur sang et leur urine, ensemencés 3 à 6 semaines après, n'ont pas
donné de culture du *M. melitensis*.

Une autre chèvre adulte et deux chevreaux âgés de 2 à 3 semaines
ont été vaccinés en deux fois. On a inoculé, 1 mois après, à la chèvre et dans
la veine, le contenu total d'un tube de culture sur gélose, âgée de 3 jours;
aux deux chevreaux, dans le péritoine, la même quantité du virus vivant.
Deux mois après on a nourri pendant une semaine les deux chevreaux avec
des aliments additionnés de *M. melitensis*. Tous ces animaux sont restés
indemnes. On a sacrifié l'une des chèvres au bout de 1 mois et les deux
chevreaux l'un après 3 mois et demi, et l'autre après 9 mois, les animaux
étant à jeun depuis la veille. Les ensemencements du sang du cœur, de la
pulpe splénique, de la pulpe hépatique, de la bile, du tissu rénal, de l'urine
et de la moelle osseuse (fémur) sont restés rigoureusement stériles.

On sait que, chez les chèvres inoculées expérimentalement par injection
sous-cutanée, le *M. melitensis* peut être retrouvé dans les viscères 1 an et
même 16 mois après (Zammit).

Les expériences précédentes montrent, par conséquent, que les injections vaccinantes ont donné aux chèvres une forte immunité qui les a pro-
tégées contre une dose élevée de virus vivant introduit sous la peau, dans
la veine, dans le péritoine ou par la voie digestive.

J'ai vacciné, par cette méthode, seul ou avec le concours de mes prépa-
rateurs MM. Pilod, Collignon et Emery, plus de 200 chèvres jeunes ou
adultes. Avec la bienveillante autorisation de M. Edmond Perrier, et grâce
à l'obligeance de M. Trouessart, les chèvres du Muséum ont été immu-

nisées en 1910 et 1911 par la même méthode. Après examen préalable du
sang et vérification de sa non-agglutination par le *M. melitensis*, la vaccination a été faite : 1° sur des chèvres ou des boucs adultes; 2° sur de
jeunes chevreaux âgés de 2 à 3 mois; 3° sur des chèvres en gestation
depuis 1 à 3 mois; 4° sur des chèvres en lactation. La vaccination n'a
déterminé aucun symptôme spécial. Les injections amènent, quelques
heures après, une élévation de température de 0,5 à 1 degré. Le lendemain la température est normale. Les chèvres conservent leur appétit.
Celles qui étaient pleines n'ont eu aucun phénomène morbide. Leur gestation n'a été en rien influencée par les injections vaccinantes ([1]).

Cette méthode d'immunisation, des chèvres et des autres animaux susceptibles de transmettre la fièvre de Malte par leur lait ou par ses dérivés,
ou bien sous l'influence de la contagion directe, peut avoir le double
résultat de protéger ces animaux et, indirectement, l'homme lui-même
contre cette grave infection.

M. **Joseph Costa** adresse une Note manuscrite intitulée : *Sur le rôle que
l'électricité industrielle pourrait jouer en agriculture.*

(Renvoyée à la Section d'Économie rurale.)

A 16 heures et quart l'Académie se forme en comité secret.

La séance est levée à 16 heures trois quarts.

A. Lx.

([1]) On a, dans un but thérapeutique, fait des essais de vaccinothérapie chez un
certain nombre de chèvres atteintes d'infection mélitensienne. Les résultats en seront
communiqués ultérieurement.

———

OUVRAGES REÇUS DANS LES SÉANCES DE NOVEMBRE 1917 (*suite et fin*).

La crise agricole et le remède coopératif. L'exemple du Danemark, par Georges Desbons, 10ᵉ édition. Paris, Secrétariat du parti républicain socialiste, 1917; 1 vol. in-16.

Contribution à l'étude du « Proteus vulgaris » Hauser (Recherches biochimiques comparées sur une race pathogène et une race saprophyte), par Francisco Gomes Valle Miranda. (Thèse de doctorat.) Paris, Gauthier-Villars, 1917; 1 vol. in-8°.

Contribution à l'héliothérapie intensive. Un appareil simplifié, par J. de T. Landerneau, imprimerie Desmoulins, 1917; 1 fasc. in-8°.

Le sable des Landes et ses eaux, par B. Saint-Jours. Extrait de la *Revue historique de Bordeaux et du département de la Gironde,* 1916-1917. Bordeaux, Gounouilhou, 1917; 1 fasc.

Ministère de l'Agriculture. Direction générale des eaux et forêts (2ᵉ partie). Service des grandes forces hydrauliques (région du sud-ouest). Tome V, fasc. B : *Résultats obtenus pour le bassin de l'Adour pendant les années 1913 et 1914;* — Tome V, fasc. C : *Résultats obtenus pour le bassin de la Garonne pendant les années 1913 et 1914.* 2 cartonniers in-8°.

Considérations et recherches expérimentales sur la direction des racines et des tiges, par Henri Gadeau de Kerville. Extrait du *Bulletin de la Société des amis des sciences naturelles de Rouen,* 1914 et 1915. Paris, Baillière, 1917; 1 vol. in-8°.

Notes sur les fougères, par Henri Gadeau de Kerville. Extrait du *Bulletin de la Société des amis des sciences naturelles de Rouen,* 1913, 1914 et 1915. Rouen, Lecerf, 1915 et 1917; 2 vol. in-8°.

Communication à l'Académie française des Sciences sur une nouvelle méthode de régulation des compas magnétiques, par Erick et Michel de Catalano. Bordeaux, Frayssé, 1917; 1 fasc.

The nautical almanac and astronomical ephemeris for the year 1920, *for the meridian of the royal Observatory at Greenwich,* published by order of the lords commissioners of the Admiralty. London 1917; 1 vol. in-8°.

Yearbook of the department of agriculture, 1916. Washington, Government printing Office, 1917; 1 vol. in-8°.

ERRATA.

(Séance du 11 février 1918.)

Note de MM. *Bigourdan, Blondel, etc.*, Observations sur le langage scientifique moderne :

Page 236, ligne 14, *supprimer* le nom de M. LALLEMAND.

ACADÉMIE DES SCIENCES.

SÉANCE DU LUNDI 4 MARS 1918.

PRÉSIDENCE DE M. Paul PAINLEVÉ.

MÉMOIRES ET COMMUNICATIONS
DES MEMBRES ET DES CORRESPONDANTS DE L'ACADÉMIE.

M. le Ministre de l'Instruction publique et des Beaux-Arts adresse ampliation du décret, en date du 27 février 1918, qui porte approbation de l'élection que l'Académie a faite de M. Flahault, pour occuper la place de Membre non résidant, vacante par le décès de M. *Gosselet*.

Il est donné lecture de ce Décret.

M. le Président annonce le décès de M. *Blaserna*, Correspondant de l'Académie pour la Section de Physique.

SPECTROSCOPIE. — *Sur les raies ultimes et de grande sensibilité du colombium et du zirconium.* Note de M. A. de Gramont.

Colombium (niobium). — Dans une récente Communication ([1]) consacrée au spectre du titane, j'ai présenté, à propos de ce métal, une planche ([2]) qui montre à la fois les raies de celui-ci et celles du colombium. Le spectre du colombium est facile à obtenir dans les conditions précédemment exposées : étincelle condensée éclatant sur un carbonate alcalin en fusion, contenant, soit un sel de colombium, l'oxyfluorure de colom-

---

[1] *Comptes rendus*, t. 166, 1918, p. 94.
[2] Planche I, figure 2.

bium et de potassium par exemple, soit le pentoxyde de colombium. Je me permettrai de renvoyer au Mémoire précédent pour les détails de la méthode et du dispositif expérimental. Les dissolvants employés ont été le carbonate de potassium et le carbonate de sodium, ce dernier ayant surtout servi pour l'étude ou la recherche du spectre du colombium dans les minéraux, spécialement l'Euxénite et la Tantalite, où la multiplicité des raies des divers éléments présents n'empêche nullement la mesure de celles du colombium qui figurent dans le Tableau que nous donnons ici.

COLOMBIUM. — *Sensibilité photographique des raies.*

λ Internationales.	$\dfrac{5}{10000}$	$\dfrac{1}{10000}$	$\dfrac{5}{100000}$
4164,66	+		
4163,64	+		
4152,63	+		
4139,74	+		
4137,13	+		
4123,85	+	?	
4100,97	+	+	
4079,73	+	+	—
4058,97	+	+	+
3885,43	+		
3739,82	+		
3717,05	?		
3713,05	+	+	
3697,85	+		
3664,69	+		
3602,57	+		
3593,97	?		
3580,27	+	+	
3575,85	+		
3563,53	+		
3554,62	+		
3537,50	+		
3358,38	+	+	
3225,47	+		

Ces déterminations quantitatives ont été corroborées par des essais faits avec des quantités décroissantes d'une Euxénite de composition connue, celle de Mörefjär, près de Naeskilen (Norvège), à 34,59 pour 100 de Cb^2O^5. Mais le Tableau a été dressé au moyen de proportions décroissantes d'oxyfluorure de colombium et de potassium, dans le carbonate de potassium, où il apportait, comme le montre la planche déjà citée, les raies du titane, plus sensibles encore que celles du colombium. A l'examen oculaire au spectroscope, la sensibilité des lignes du colombium est faible ; les raies violettes les plus persistantes, les ultimes 4101,0; 4079,7; 4059,0 disparaissent aux environs du centième, la dernière seule un peu au-dessous. Cette disproportion avec les résultats donnés par la photographie tient au peu de sensibilité de l'œil pour le violet extrême.

Zirconium. — Il paraît très difficile d'établir pour le zirconium un Tableau quantitatif, de signification certaine dans des limites précises, avec les sels de ce métal dans les carbonates alcalins en fusion. Il s'y forme des dépôts de zircone ou de carbonate de zirconium qui restent irrégulièrement répartis dans le dissolvant igné, en donnant une masse hétérogène.

Le nombre de raies du zirconium recueillies sur le cliché dépend alors de la partie du mélange sur laquelle l'étincelle a jailli. Seul le zircon, $ZrSiO^4$, finement pulvérisé, s'est dissous entièrement dans le carbonate de lithium en donnant une masse homogène et transparente. C'est ainsi qu'ont été obtenus, après des séries d'essais concordants, les résultats du Tableau que voici :

ZIRCONIUM. — *Sensibilité photographique des raies.*

λ Internationales.	$\dfrac{1}{100}$	$\dfrac{1}{1000}$	$\dfrac{5}{10000}$	$\dfrac{1}{10000}$	$\dfrac{5}{100000}$
3698,16......	+	?	.	.	.
3572,47......	+	+	?	.	
3505,66......	+	+	?	.	
3496,20......	+	+	+	+	
3438,23......	+	+	+	?	.
3391,98......	+	+	+	+	+
3273,04......	+	+	.		

Les essais faits avec la zircone précipitée, avec le chlorure de zirconium, et les différents carbonates alcalins, ou les bisulfates, tout en donnant des conclusions quantitatives incertaines ont permis néanmoins de confirmer

l'ordre de persistance des raies du Tableau. La recherche du zirconium
dans les minéraux devra donc se faire de préférence au moyen du carbonate
de lithium, et par les trois raies ultimes 3496,2; 3438,2 et 3392,0, en
tenant compte de la présence d'une raie de l'air, voisine de l'une d'elles,
N. 3437,3, toujours présente dans l'étincelle condensée.

Dans la partie visible, le groupe de cinq raies bleues :

$$4815,62; \quad 4772,31; \quad 4739,48; \quad 4710,08; \quad 4687,81,$$

que j'avais autrefois désigné par Zrα et observé dans le zircon lorsque j'ai fait
connaître cette méthode de recherches ([1]), est bien caractéristique et facile
à voir au spectroscope; mais sa sensibilité est faible. Elle paraît à peu près
la même pour l'œil que pour la plaque photographique. C'est d'ailleurs une
région où la sensibilité commençante des plaques est encore médiocre, et
varie, non seulement avec la marque, mais jusqu'à un certain point avec
chaque émulsion. Tout le groupe est encore visible et photographiable à
3 pour 100 de zirconium; ses lignes disparaissent tour à tour aux environs
du centième. Pour l'œil, la raie 4739,5 paraît la plus sensible du groupe,
tandis que c'est 4687,8 pour la plaque photographique où j'ai pu quelquefois l'enregistrer pour le millième et souvent pour cinq millièmes.

Les spectres de plusieurs zircons d'origines diverses ainsi traités par
Li^{2}CO^3 ont parfois donné les principales raies de l'aluminium, du magnésium, du calcium, de l'étain et du fer, et plus souvent encore les raies ultimes
de ces éléments.

Comme l'avait fait remarquer Demarçay ([2]) dans ses recherches sur les
spectres de ces métaux en solutions acides, j'ai constaté que de fortes
étincelles, et un courant énergique dans le circuit inducteur de la bobine,
sont nécessaires pour avoir de bons spectres du colombium et du zirconium.

([1]) *Analyse spectrale directe des minéraux non conducteurs par les sels fondus*
(*Bull. Soc. fr. de Minéralogie*, t. 21, mai 1898, p. 111).

Ces procédés ont été récemment appliqués avec succès aux minerais d'uranium et
de zirconium, dans un intéressant Mémoire de M. A. Pereira de Sampaio Forjaz
(*Arquivos da Universidade de Lisboa*, vol. 3, 1916).

([2]) *Spectres électriques.* Paris, Gauthier-Villars; 1895.

GÉOMÉTRIE. — *Sur une classe particulière de courbes plusieurs fois isotropes.*
Note de M. **C. GUICHARD**.

Soit, dans un espace d'ordre n, une courbe C; $x_1, x_2, \ldots, x_n$ les paramètres directeurs de la tangente à cette courbe. Ces paramètres sont des fonctions linéairement indépendantes d'une variable u. On sait qu'on peut déterminer, à un facteur près, n fonctions de u, $z_1, z_2, \ldots, z_n$ par les équations

$$(1) \qquad \sum_i z_i x_i = 0, \qquad \sum_i z_i \frac{d^p x_i}{du^p} = 0 \qquad (p = 1, 2, \ldots, n-2).$$

Toute courbe Γ dont les tangentes ont pour paramètres directeurs $z_1, z_2, \ldots, z_n$ sera dite *orthogonale* à la courbe C. On sait d'ailleurs qu'il y a réciprocité entre les fonctions x et z et que les équations différentielles linéaires qui admettent pour solutions, d'une part les fonctions x, d'autre part les fonctions z, sont *adjointes*.

Je rappelle maintenant la définition des courbes plusieurs fois isotropes ([1]). La courbe C est p fois isotropes, si les paramètres directeurs de ses tangentes satisfont aux équations

$$(2) \qquad \sum_i x_i^2 = 0, \qquad \sum_i \left(\frac{d^k x_i}{du^k} \right)^2 = 0 \qquad (k = 1, 2, \ldots, p-1).$$

Une telle courbe ne peut exister que dans le cas où n surpasse $2p$. Une telle courbe sera dite une *courbe* I^p.

Il y a lieu d'introduire de nouvelles courbes singulières. La courbe C sera dite $2I^p$, s'il existe une fonction x_{n+1} telle que la courbe de l'espace à $n+1$ dimensions, qui a pour paramètres de ses tangentes $x_1, \ldots, x_n, x_{n+1}$, soit une courbe I^p. Autrement dit, une courbe est $2I^p$ si elle est la projection d'une courbe I^p située dans un espace d'ordre $n+1$. On définit de même les courbes $3I^p$, $4I^p$, ...

Ainsi dans un espace d'ordre 4, il y a deux sortes de courbes singulières, les courbes I et les courbes $2I^2$. Dans un espace d'ordre 5, il y a quatre classes de courbes singulières qui sont notées I, $2I^2$, $3I^3$ et I^2. Une courbe I est orthogonale à une courbe $3I^3$; une courbe $2I^2$ à une autre courbe $2I^2$. enfin une courbe I^2 est orthogonale à elle-même. Sans entrer, ici, dans la

---

([1]) Voir mon Mémoire, *Bulletin des Sciences mathématiques*, 1912.

loi générale de ces correspondances, je me borne au résultat suivant qui me sera utile dans la suite :

Dans un espace d'ordre $n = 2p + 2$, toute courbe I^p est orthogonale à une courbe $2I^{p+1}$ et inversement.

Je suppose que la courbe [C soit $2I^{p+1}$; en multipliant les paramètres $x_1, \ldots, x_n, x_{n+1}$ par un même facteur, je puis supposer que la coordonnée complémentaire x_{n+1} soit égale à i; de sorte que $x_1, x_2, \ldots, x_n$ satisfont aux équations

$$(3) \qquad \sum_i x_i^2 = 1, \qquad \sum \left(\frac{d^k x_i}{du^k} \right)^2 = 0 \qquad (k = 1, 2, \ldots, p).$$

Je pose maintenant

$$(4) \qquad z_i = \frac{dx_i}{du}.$$

Des équations (3) et (4) on déduit facilement

$$(5) \qquad \sum x_i z_i = 0, \qquad \sum \frac{d^q x_i}{du^q} z_i = 0 \qquad (q = 1, 2, \ldots, 2p),$$

ce qui montre que la courbe orthogonale à C a pour paramètres directeurs de ses tangentes les quantités z_i et l'on a bien, en vertu des équations (3), les relations

$$(6) \qquad \sum z_i^2 = 0, \qquad \sum \left(\frac{d^k z_i}{du^k} \right)^2 = 0 \qquad (k = 1, 2, \ldots, p-1).$$

On voit bien que la courbe orthogonale à C est I^p. L'inverse se démontre facilement.

Je vais appliquer ce résultat à la solution du problème suivant :

Trouver, dans un espace d'ordre $n = 2p + 2$, une courbe dont les paramètres directeurs des tangentes satisfont aux relations

$$(7) \qquad \begin{cases} \sum_i x_i^2 = 0, & \sum_i a_i x_i^2 = 0 \\ \sum \left(\frac{d^k x_i}{du^k} \right)^2 = 0, & \sum_i a_i \left(\frac{d^k x_i}{du^k} \right)^2 = 0 \end{cases} \qquad (k = 1, 2, \ldots, p-1),$$

où les a_i sont des constantes toutes distinctes. On peut remarquer que les équations (7) ne changent pas par les deux opérations suivantes :

1º Multiplication de toutes les fonctions x_i par un même facteur;
2º Changement de la variable indépendante u.

Ce sont là des propriétés qui doivent exister chaque fois qu'on exprime des propriétés des tangentes à une courbe. Ces deux propriétés permettent de simplifier la solution du système (7).

Entre les deux groupes d'équations (7), éliminons l'inconnue x_{2p+2}. On aura des relations de la forme suivante :

$$(8) \quad \begin{cases} \displaystyle\sum_1^{2p} b_i x_i^2 + b_{2p+1} x_{2p+1}^2 = 0 \\ \displaystyle\sum_1^{2p} b_i \left(\frac{d^k x_i}{du^k}\right)^2 + b_{2p+1}\left(\frac{d^k x_{2p+1}}{du^k}\right)^2 = 0 \end{cases} \qquad (k = 1, 2, \ldots, p-1).$$

De même, si entre les deux groupes d'équations (7) on élimine l'inconnue x_{2p+1}, on aura

$$(9) \quad \begin{cases} \displaystyle\sum_1^{2p} c_i x_i^2 + c_{2p+2} x_{2p+2}^2 = 0 \\ \displaystyle\sum_1^{2p} c_i \left(\frac{d^k x_i}{du^k}\right)^2 + c_{2p+2}\left(\frac{d^k x_{2p+2}}{du^k}\right)^2 = 0 \end{cases} \qquad (k = 1, 2, \ldots, p-1).$$

Il est clair que les systèmes (8) et (9) sont équivalents au système (7). Je pose maintenant

$$(10) \quad \begin{cases} \varphi = \sqrt{b_{2p+1}}\, x_{2p+1}, \qquad y_i = \sqrt{b_i}\, x_i \\ \theta = \sqrt{c_{2p+2}}\, x_{2p+2}, \qquad \omega_i = \dfrac{c_i}{b_i} \end{cases} \qquad (i = 1, 2, \ldots, 2p).$$

Les fonctions y satisfont aux conditions

$$(11) \quad \sum_1^{2p} y_i^2 + \varphi^2 = 0, \qquad \sum_1^{2p} \left(\frac{d^k y_i}{du^k}\right)^2 + \left(\frac{d^k \varphi}{du^k}\right)^2 = 0$$

$$(12) \quad \sum_1^{2p} \omega_i y_i^2 + \theta^2 = 0, \qquad \sum_1^{2p} \omega_i \left(\frac{d^k y_i}{du^k}\right)^2 + \left(\frac{d^k \theta}{du^k}\right)^2 = 0$$

$$(k = 1, 2, \ldots, p-1).$$

Les relations (11) montrent que la courbe Γ qui a pour paramètres directeurs les fonctions y_i est une courbe $2\Gamma^p$ dans l'espace d'ordre $2p$, la coordonnée complémentaire étant φ; les relations (11) montrent qu'il en est de même de la courbe Γ_1 dont les paramètres directeurs sont $\sqrt{\omega_i}\,y_i$, la coordonnée complémentaire étant θ.

Cela posé, soient $\eta_1, \eta_2, \ldots, \eta_{2p}$ les paramètres de la courbe orthogonale à Γ; cette courbe sera une courbe I^{p-1} et l'on aura

$$(13) \qquad \sum_1^{2p} \eta_i^2 = 0, \qquad \sum_1^{2p} \left(\frac{d^k \eta_i}{du^k}\right)^2 = 0 \qquad (k = 1, 2, \ldots, p-2).$$

Les paramètres de la courbe orthogonale à Γ_1 seront évidemment $\dfrac{1}{\sqrt{\omega_i}}\,\eta_{1i}$; cette courbe orthogonale étant I^{p-1}, on aura

$$(14) \qquad \sum_1^{2p} \frac{1}{\omega_i} \eta_i^2 = 0, \qquad \sum_1^{2p} \frac{1}{\omega_i} \left(\frac{d^k \eta_i}{du^k}\right)^2 = 0 \qquad (k = 1, 2, \ldots, p-2).$$

Les équations (13) et (14) forment un système analogue au système (7), seulement p a été diminué d'une unité. On peut donc ramener le problème au cas où $p = 1$. Dans ce cas on a

$$(15) \qquad x_1^2 + x_2^2 + x_3^2 + x_4^2 = 0, \qquad a_1 x_1^2 + a_2 x_2^2 + a_3 x_3^2 + a_4 x_4^2 = 0;$$

la solution est évidente, on peut prendre pour x_1 et x_2 deux fonctions arbitraires de u et l'on détermine x_3 et x_4 pour les équations (15).

On peut donc arriver de proche en proche à la solution du système (7). Voici le résultat auquel je suis arrivé par un choix convenable de la variable indépendante et du facteur de proportionnalité.

Je pose

$$(16) \qquad F(t) = (t - a_1)(t - a_2) \ldots (t - a_n),$$

on a alors

$$(17) \qquad x_i = \frac{(u + a_i)^{p - \frac{1}{2}}}{\sqrt{F'(a_i)}}.$$

Remarque. — La solution ainsi obtenue est, au point de vue de la théorie des équations différentielles, une solution singulière. On pourrait, en se plaçant au point de vue de Cauchy, se donner arbitrairement x_1 et x_2; le système (7) forme alors un système de $2p$ équations différentielles pour déterminer les autres inconnues. Si l'on prend l'intégrale générale de ce système, on trouve qu'en $p + 1$ des fonctions x_i existe une relation linéaire. Ici, comme dans beaucoup de cas, c'est la solution singulière du système qui seule est intéressante au point de vue géométrique.

PALÉONTOLOGIE. — *Sur la faune de l'étage hauterivien dans le sud-est de la France.* Note (¹) de M. **W. KILIAN.**

De nouvelles études relatives à la répartition des Céphalopodes dans l'étage hauterivien de diverses parties du midi de la France, me permettent de faire connaître les résultats suivants (²) :

Dans l'*Hauterivien proprement dit*, il convient de signaler, à la suite de l'énumération que j'ai donnée précédemment (KILIAN et REBOUL, *loc. cit.*, p. 268 et suiv.) de la faune de cet étage dans la région du sud-est de la France, les particularités suivantes :

a. L'existence, dans l'Hauterivien de la Provence méridionale, d'une série d'Ammonitidées nouvelles, ainsi que d'espèces jusqu'à présent considérées comme spéciales au Néocomien du type « jurassien » : *Acanthodiscus Ottmeri* N. et Uhl. sp. (= *pseudoradiatus* Baumb.), de Bargème, La Martre (G); *Acanth. hystrix*, Phil. sp., de Brovès (G) (superbes exemplaires) et de Peyroules (G); *Acanth.* cf. *Rollieri* Baumb. sp., de Bargème (G); *Acanth. subhystricoïdes* Kil. et Reb., de Brovès (G); *Acanth. Vaceki* N. et Uhl. de La Martre (G); *Leopoldia Biassalensis* Kar. sp., de Brovès, Mons (Var) (G); *Leop. desmoceroïdes* Kar., de Brovès (G); *Leop. Inostranzewi* Kar. sp., du Bourguet, de Mons (G); *Neocomites Teschenensis* Uhl. sp., de Brovès (G); *Neocomites longinodus* Neum. et Uhl. sp. (adulte), de Peyroules (G); *Neocomites* sp. (intermédiaire entre *N. curvinodus* N. et Uhl. et *Acanthod. hystrix* Phil. sp.), de Peyroules (G); *Hoplites Frantzi* Kil. (= *Ottmeri* N. et Uhl. p. parte) et variétés, de la Martre (G); *Leopoldia Dubisiensis* Baumb. (= *Leop. Bargemensis* Kil.), de Mons (G); *Spitidiscus* cf. *rotula*, de la Martre, de Bargème (G), et *Spitidiscus Lorioli* Kil. sp., de Mons (Var), de Séranon et de la Martre (G), dont la présence, jointe à celle d'autres espèces dites « septentrionales » déjà citées par moi précédemment (*Polyptychites quadrifidus* v. Koen, *Simbirskites Iburgensis*

(¹) Séance du 11 février 1918.

(²) On a désigné dans ce qui suit par (B) les espèces conservées dans la collection de Brun, par (G) celles recueillies par M. Guébhard, par (K) celles que j'ai réunies moi-même ou avec l'aide de M. P. Reboul.

(Déterminations faites par l'auteur avec le concours de M. Tomitch. — Recherches facilitées grâce à une subvention accordée par l'Académie sur la Fondation Bonaparte.)

Weerth), confirme nettement les conclusions que j'ai formulées sur le mode de vie « benthonique » de certaines formes d'Ammonites dont la répartition se montre liée au *faciès* des dépôts plutôt qu'à leur situation géographique.

b. Fréquence particulière de *Saynella clypeiformis* d'Orb. sp. dans l'Hauterivien *néritique* de la Basse Provence et des Préalpes maritimes.

c. Présence d'*Oosterella* ([1]) *Villanovæ* Nickl. sp. (*Mortoniceras prius*) dans l'Hauterivien à faciès glauconieux de la Martre (Var), sous la forme d'un grand individu qui permet de constater que les tours externes de cette forme, dont on ne connaissait que le jeune, se rapprochent singulièrement de ceux d'*Oosterella cultrata* d'Orb. sp.

d. Je signalerai aussi :

Lytoceras sequens Vacek, de la Martre (G) et de Trigance (G); *Phylloceras Tethys* d'Orb., var. *Ponticuli* Rousseau, de la Martre (G); *Holc.* (*Astieria*) *Klaatschi* Wegner, de Mons (G); *Holc. Mittreanus* Math. sp., de la Martre, *Spiticeras* cf. *Boussingaulti* d'Orb. sp., de la Bégude, près La Palud-de-Moustiers (K); *Valanginites Wilfridi* Kar. sp., du Bourget, de Comps et de la Roque-Esclapon (G); *Thurmanniles campylotoxus* Uhl., de la Martre et Châteauvieux (G); *Thurmannites* n. sp. aff. *pertransiens* Sayn, de la Bégude (K); *Leopoldia* aff. *Salevensis* Kilian, de la Bégude (K); *Tarm. Michaelis* Uhl. sp., de Fauchier (G); *Acanthoplites angulicostatus* d'Orb. sp., du Mousteiret (G) et *id.* var. *nova* de Saint-Vallier (G); *Crioceras Meriani* Ast. sp., de la Martre (G); *Cr. Koechlini* Astier sp., de la Garde (G), etc.

Il y a lieu de citer aussi tout particulièrement :

Belemnites (*Aulacobelus*) *Josephinæ*, Honnorat-Bastide, spécialement abondant dans les Préalpes maritimes, de la Martre (G), de Peyroules (G), de la Croux près Comps (Var), de la Roque-Esclapon (G); *Bel.* (*Pseudobelus*) *bipartitus* Blainv. d'Orb., de Brovès (G); *Rhabdocidaris Jauberti* Cott., *Terebratula Villersensis* de Lor., *Rhynchonella lineolata* Phil. (= *Rh. Dollfussi* Kil.) de Saint-Marcellin, de Comps (Var) (G); *Magellania pseudojurensis* de Lor., de la Roque-Esclapon (G); *Eudesia semistriata* Defr. sp., de Mons (Var) (G); *Lyra neocomiensis* d'Orb. sp., de Mons (Var) (G).

III. Les environs de Saint-Just et Vacquières (Gard) ont fourni une

---

([1]) A ce sous-genre appartiennent aussi les *Am. oxyrrhoe* Reynès et *Am. Aonis* d'Orb. non figurées par leurs auteurs (Musée de Longchamp, à Marseille).

série de formes (collection de Brun) qui indiquent la présence, dans l'Uzégeois, des diverses zones de l'Hauterivien; je citerai notamment :

Lytoceras subfimbriatum d'Orb. sp., *Phylloceras infundibulum* d'Orb. sp., *Lissoceras* sp., *Holcostephanus (Astieria) variegatus* Paq. sp., *Holc. (Astieria) Atherstoni* Sharpe var. *densicostata* Wegner, *Holc. (Astieria) Sayni* Kil., *Holc. (Astieria) psilostomus* N. et Uhl., *Holc. (Astieria)* cf. *Pelegrinensis* Sayn, *Spitidiscus Lorioli* Kil. (= *Sp. Vandecki* de Lor. non d'Orb.), *Neocomites* cf. *ambiguus* Uhl., *Neocomites Teschenensis* Uhl. sp. (¹), *Neocomites* aff. *longinodus* N. et Uhl. sp., *Neoc.* aff. *Renevieri* Sar. et Schoend sp.; *Neoc.* cf. *amblygonius* N. et Uhl. sp., *Neoc. neocomiensiformis* (Hoh.) Uhl. sp. var. *densicostata* Kil., *Hoplites* cf. *Mortileti* de Lor. sp., *Thurmannites Thurmanni* Pict. et C., *Leopoldia Leopoldina* d'Orb. sp., *Leop. Castellanensis* d'Orb. sp., *Leop.* aff. *provincialis* Sayn, *Acanthoplites* cf. *angulicostatus* Pict. sp., *Crioceras Tabarelli* Ast., *Cr. Municri* Sar. et Schoend., *Cr. Duvali* Lév.

ÉLECTIONS.

L'Académie procède, par la voie du scrutin, à l'élection d'un Correspondant pour la Section de Géographie et Navigation en remplacement de M. *Albrecht*, décédé.

Au premier tour de scrutin, le nombre de votants étant 37,

M. Amundsen réunit l'unanimité des suffrages.

M. **Amundsen** est élu Correspondant de l'Académie.

COMMISSIONS.

Le scrutin pour la nomination des commissions de prix de 1918 a été ouvert à la séance du 18 février et clos à celle du 4 mars.

Le dépouillement des cahiers de vote a donné les résultats suivants :

(¹) *Neocomites Teschenensis* Uhl. sp. est répandu dans le Valanginien pyriteux de Gigondas (B), dans l'Hauterivien inférieur des Alpes-Maritimes (G) et de Saint-Just (Gard) (B).

I. Mathématiques : *Grand prix des sciences mathématiques, prix Poncelet, Francœur.* — MM. Jordan, Appell, Painlevé, Humbert, Hadamard, N..., Boussinesq, Émile Picard et Lecornu.

A obtenu ensuite le plus de suffrages : M. Vieille.

II. Mécanique : *Prix Montyon, Fourneyron, Boileau, Henri de Parville.* — MM. Boussinesq, Marcel Deprez, Sebert, Vieille, Lecornu, N..., Schlœsing père, Haton de la Goupillière, Bertin.

Ont obtenu ensuite le plus de suffrages : MM. Jordan et Appell.

III. Astronomie : *Prix Lalande, Damoiseau, Valz, Janssen, Pierre Guzman.* — MM. Wolf, Deslandres, Bigourdan, Baillaud, Hamy, Puiseux; Jordan, Lippmann, Émile Picard.

Ont obtenu ensuite le plus de suffrages : MM. Appell et Violle.

IV. Géographie : *Prix Delalande-Guérineau, Gay, Tchihatchef, Binoux.* — MM. Grandidier, Bertin, Lallemand, Fournier, Bourgeois, N...; Edmond Perrier, Guignard, le prince Bonaparte.

Ont obtenu ensuite le plus de suffrages : MM. Appell et Bouvier.

Cette commission est également chargée de proposer une question pour le *prix Gay* à décerner en 1921.

V. Navigation : *Prix de six mille francs, Plumey.* — MM. Grandidier, Boussinesq, Marcel Deprez, Sebert, Bertin, Vieille, Lallemand, Lecornu, Fournier, Bourgeois, N..., N...

VI. Physique : *Prix L. La Caze, Hébert. Hughes, fondations Danton et Clément Félix.* — MM. Lippmann, Violle, Bouty, Villard, Branly, N...; Boussinesq, Émile Picard, Carpentier.

Ont obtenu ensuite le plus de suffrages : MM. Appell et de Gramont.

VII. Chimie : *Prix Montyon des arts insalubres, Jecker, L. La Caze, fondation Cahours, prix Houzeau.* — MM. Armand Gautier, Lemoine, Haller, Le Chatelier, Moureu, N...; Schlœsing père, Carnot, Maquenne.

Ont obtenu ensuite le plus de suffrages : MM. Roux et Schlœsing fils.

VIII. Minéralogie et Géologie : *Prix Cuvier.* — MM. Barrois, Douvillé, Wallerant, Termier, de Launay, Haug; Edmond Perrier, A. Lacroix, Depéret.

Ont obtenu ensuite le plus de suffrages : MM. Lippmann et Carnot.

IX. Botanique : *Prix Desmazières, Montagne, de Coincy.* — MM. Guignard, Gaston Bonnier, Mangin, Costantin, Lecomte, Dangeard; Edmond Perrier, Bouvier, le prince Bonaparte.

Ont obtenu ensuite le plus de suffrages : MM. Armand Gautier et Henneguy.

X. Anatomie et Zoologie : *Prix da Gama Machado, fondation Savigny, prix Jean Thore.* — MM. Ranvier, Edmond Perrier, Delage, Bouvier, Henneguy, Marchal; Grandidier, Laveran, le prince Bonaparte.

Ont obtenu ensuite le plus de suffrages : MM. Guignard et Maquenne.

XI. Médecine et Chirurgie : *Prix Montyon, Barbier, Bréant, Godard, Mège, Bellion, baron Larrey.* — MM. Guyon, d'Arsonval, Laveran, Charles Richet, Quénu, N...; Armand Gautier, Edmond Perrier, Guignard, Roux, Henneguy.

Ont obtenu ensuite le plus de suffrages : MM. Delage et Branly.

XII. Physiologie : *Prix Montyon, Lallemand, L. La Caze, Pourat, Martin-Damourette, Philipeaux, Fanny Emden.* — MM. Armand Gautier, Edmond Perrier, d'Arsonval, Roux, Laveran, Henneguy, Charles Richet.

Ont obtenu ensuite le plus de suffrages : MM. Delage et Quénu.

XIII. *Fonds Charles Bouchard.* — MM. Armand Gautier, Guyon, Edmond Perrier, d'Arsonval, Guignard, Roux, Laveran, Henneguy, Charles Richet, Quénu, N...

XIV. Statistique : *Prix Montyon.* — MM. de Fréycinet, Haton de la Goupillière, Émile Picard, Carnot, Violle, le prince Bonaparte, Tisserand.

Ont obtenu ensuite le plus de suffrages : MM. Lippmann et Appell.

XV. Histoire et Philosophie des Sciences : *Prix Binoux.* — MM. Grandidier, Émile Picard, Appell, Edmond Perrier, Bouvier, Bigourdan, de Launay.

Ont obtenu ensuite le plus de suffrages : MM. Boussinesq et Douvillé.

XVI. *Médailles Arago, Lavoisier, Berthelot.* — MM. Painlevé, Guignard, Émile Picard, A. Lacroix.

XVII. *Prix Gustave Roux, Thorlet, fondations Lannelongue, Trémont, Gegner, Henri Becquerel.* — MM. Painlevé, Guignard, Émile Picard, A. Lacroix; Appell, Edmond Perrier.

XVIII. *Prix Bordin.* — MM. Lippmann, Armand Gautier, Violle, Lemoine, Haller, Le Chatèlier, Moureu.
Ont obtenu ensuite le plus de suffrages : MM. Schlœsing fils et Maquenne.

XIX. *Prix Estrade-Delcros.* — MM. Armand Gautier, Edmond Perrier, Guignard, Roux, Haller, A. Lacroix, Douvillé.
Ont obtenu ensuite le plus de suffrages : MM. Gaston Bonnier et Termier.

XX. *Prix Houllevigue.* — MM. Boussinesq, Lippmann, Émile Picard, Appell, Violle, Deslandres, Bigourdan.
Ont obtenu ensuite le plus de suffrages : MM. Jordan et Lecornu.

XXI. *Prix Parkin.* — MM. Armand Gautier, d'Arsonval, Roux, Laveran, Maquenne, Charles Richet, Quénu.
Ont obtenu ensuite le plus de suffrages : MM. Guignard et Moureu.

XXII. *Prix Saintour.* — MM. Armand Gautier, Edmond Perrier, Guignard, Roux, Bouvier, A. Lacroix, Termier.
Ont obtenu ensuite le plus de suffrages : MM. Laveran et Charles Richet.

XXIII. *Prix Henri de Parville* (ouvrages de sciences). — MM. Painlevé, Guignard, Émile Picard, A. Lacroix ; Appell, Armand Gautier, Adolphe Carnot.
Ont obtenu ensuite le plus de suffrages : MM. Violle, Termier, de Freycinet.

XXIV. *Prix Lonchampt.* — MM. Edmond Perrier, Guignard, Roux, Laveran, Maquenne, Mangin, Charles Richet.
Ont obtenu ensuite le plus de suffrages : MM. Quénu et Leclainche.

XXV. *Prix Henry Wilde.* — MM. Grandidier, Lippmann, Émile Picard, Guignard, Violle, A. Lacroix, Bigourdan.
Ont obtenu ensuite le plus de suffrages : MM. Appell et Lecornu.

XXVI. *Prix Caméré.* — MM. Marcel Deprez, Adolphe Carnot, Humbert, Vieille, Le Chatelier, Carpentier, Lecornu.

Ont obtenu ensuite le plus de suffrages : MM. de Freycinet et Schlœsing père.

XXVII. *Prix Victor Raulin.* — MM. Lippmann, Violle, Deslandres, Bigourdan, Hamy, Lallemand, Puiseux.

Ont obtenu ensuite le plus de suffrages : MM. A. Lacroix et Branly.

XXVIII. *Fondation Jérôme Ponti.* — MM. Jordan, Boussinesq, Émile Picard, Appell, Bigourdan, Villard, Lecornu.

Ont obtenu ensuite le plus de suffrages : MM. Lippmann et Sebert.

XXIX. Question à proposer pour le *grand prix des sciences physiques* à décerner en 1921. — MM. Armand Gautier, Edmond Perrier, d'Arsonval, Guignard, A. Lacroix, Douvillé, Le Chatelier.

Ont obtenu ensuite le plus de suffrages : MM. Roux et Termier.

XXX. Question à proposer pour le *prix Bordin (sciences mathématiques)* à décerner en 1921. — MM. Jordan, Boussinesq, Lippmann, Émile Picard, Appell, Humbert, Lecornu.

Ont obtenu ensuite le plus de suffrages : MM. Deslandres et Hadamard.

CORRESPONDANCE.

M. le Secrétaire perpétuel signale l'envoi des circulaires de l'*Observatoire de Marseille* relatives au calcul des *Éphémérides des petites planètes*.

M. G. Kœnigs prie l'Académie de vouloir bien le compter au nombre des candidats à la place vacante, dans la Section de Mécanique, par le décès de M. *H. Léauté*.

M. Lazare Weiller prie l'Académie de vouloir bien le compter au nombre des candidats à l'une des places de la division, nouvellement créée, des *Applications de la Science à l'Industrie*.

Mme V^{re} **Léon Autonne** fait hommage à l'Académie d'une série de tirages à part des notes et mémoires publiés par son mari.

ANALYSE MATHÉMATIQUE. — *Sur l'itération des fonctions rationnelles.*
Note de M. **J.-F. Ritt**.

M. P. Fatou a publié récemment plusieurs théorèmes sur l'itération qui sont dans une relation intime avec quelques résultats que j'ai obtenus moi-même, et dont j'ai présenté une partie à l'American Mathematical Society à la séance du 27 décembre 1917. (Les comptes rendus paraîtront dans le *Bull. of the American Math. Soc.* pour mars 1918.)

Je veux donner ici quelques théorèmes qui ne semblent pas être identiques à ceux de M. Fatou et quelques autres qui me paraissent être entièrement nouveaux.

Soient $f(x)$ une fonction rationnelle, $f_n(x)$ son itérée $n^{\text{ième}}$. Soit $f(a) = a$. Selon qu'on aura $|f'(a)| < 1$, $|f'(a)| > 1$, ou $|f'(a)| = 1$, j'appellerai a point d'attraction, point de répulsion ou point de circulation. Aussi, à côté des antécédents et des conséquents d'un point quelconque c, j'introduirai les *points associés* à c, c'est-à-dire les points x tels que $f_n(x) = f_n(c)$ pour toute valeur de n.

Soit a un point de répulsion, et soit $f'(a) = m$. D'après Poincaré, il existe une fonction méromorphe $\varphi(x)$ telle que $\varphi(mx) = f[\varphi(x)]$. L'étude des itérées de $f(x)$ revient donc à l'étude de $\varphi(x)$. Or j'ai trouvé les propriétés suivantes de ces transcendantes :

1° Si $f(x)$ ne peut être transformé ni en $x^{\pm m}$, ni en un polynome, $\varphi(x)$ prend chaque valeur une infinité de fois.

2° Si $f(x)$ est un polynome de degré n, $\varphi(x)$, qui sera une fonction entière, sera de l'ordre apparent $\log_{|m|} n$.

3° Les seules fonctions entières $\varphi(x)$ qui soient périodiques sont les fonctions $he^{sx} + k$, $h \cos sx + k$.

Au moyen de ces transcendantes on peut démontrer que dans tout domaine autour d'un point de répulsion se trouve un antécédent d'un point quelconque, à l'exception de quelques cas déjà indiqués. Aussi y a-t-il dans tout voisinage d'un point de répulsion une infinité de points doubles des itérées de $f(x)$, en général des points de répulsion.

Prenons les antécédents d'un point c, qui, avec deux exceptions, sont en nombre infini. On démontre, au moyen des nombres ordinaux transfinis, que l'ensemble des points limites des antécédents contient un ensemble parfait dans lequel les antécédents des points de répulsion sont compris. M. Fatou a énoncé ce résultat pour le cas où il existe un point d'attraction, fini ou infini.

Considérons maintenant les points associés à c qui sont aussi généralement en nombre infini. L'ensemble dérivé contient aussi un ensemble parfait. Les associés ne peuvent pas s'accumuler autour d'un point d'attraction. Si c est près d'un point d'attraction à dérivée non nulle, les points associés forment un ensemble isolé. Au contraire, dans le voisinage d'un point d'attraction à dérivée nulle, les points associés sont partout denses sur une courbe fermée simple, analytique.

Soit maintenant $f(x)$ un polynome de degré n. En se servant d'un théorème de L. Bœttcher, on trouve une fonction $\varphi(x)$ avec un pôle simple à l'infini, qui satisfait à l'équation $\varphi(x^n) = f[\varphi(x)]$. On démontre que $\varphi(x)$ a une singularité pour $|x| \geq 1$, si elle n'est pas d'une des formes $hx + k$, $hx + \dfrac{h}{x} + k$. En négligeant ces exceptions, on distingue deux cas :

1° *Les conséquents de toutes les racines de $f'(x) = 0$ restent bornés.*

Alors $\varphi|x|$ est uniforme et admet le cercle $|x| = 1$ comme coupure. L'inverse de $\varphi(x)$ est aussi uniforme. Les points attirés à l'infini forment un domaine à connexion simple (après avoir projeté le plan sur une sphère). Si le coefficient de x^n en $f(x)$ est l'unité, ce qu'on peut toujours arranger, ce domaine recouvre une partie de l'intérieur du cercle $|x| = 1$.

2° *Les conséquents d'une au moins des racines de $f'(x) = 0$ tendent vers l'infini.*

Alors $\varphi(x)$ est multiforme et le domaine mentionné est multiplement connexe, en général infiniment connexe.

La plupart des résultats précédents s'étendent aux fonctions rationnelles avec un point d'attraction à dérivée nulle, ou, ce qui revient au même, avec un pôle à l'infini d'ordre 2 ou plus.

ANALYSE MATHÉMATIQUE. — *Démonstration de l'existence, pour les fonctions entières, de chemins de détermination infinie.* Note de M. **Valiron**.

Dans sa thèse (Helsingfors, 1914), M. Iversen a démontré, comme corollaire d'un théorème plus général, la proposition suivante :

I. Pour toute fonction entière il existe des chemins de détermination infinie, c'est-à-dire sur lesquels le module de la fonction a pour limite l'infini.

Dans ma thèse ([1]) j'avais supposé que cette propriété est presque évidente. Je me propose de montrer ici qu'elle découle presque immédiatement du théorème d'après lequel le module d'une fonction analytique régulière dans un domaine fermé atteint son maximum sur le contour. On déduit, en effet, de cette proposition, le corollaire suivant qui n'est qu'un cas particulier d'une extension plus générale de MM. Phragmèn et Lindelöf :

II. Si une fonction $f(z)$ est analytique et régulière dans un domaine d'un seul tenant D, extérieur à un cercle γ, et sur le contour C de ce domaine, sauf peut-être au point O du contour; si le module de cette fonction est inférieur à un nombre donné M à l'intérieur de D et inférieur ou égal à un nombre A sur le contour, O excepté, on a en tout point intérieur au contour $|f(z)| \leqq A$.

On peut, en effet, supposer le point O à l'infini et le rayon de γ égal à *un*. Quel que soit ε on peut trouver un nombre R_ε tel que l'on ait $(R_\varepsilon)^{-\varepsilon} M < A$, donc, dans la portion de D intérieure au cercle $|z| = R_\varepsilon$, la fonction $z^{-\varepsilon} f(z)$ est régulière et son module est inférieur ou égal à A sur le contour, et par suite, pour une valeur z_0, donnée, on aura

$$|f(z_0)| < A |z_0|^\varepsilon$$

puisqu'il est loisible de supposer $R_\varepsilon > |z_0|$. Comme ε est arbitrairement petit, la proposition II est démontrée ([2]).

---

[1] *Sur les fonctions entières d'ordre nul et d'ordre fini* (*Annales de la Faculté de Toulouse*, 1913, p. 117; voir p. 252).

[2] Cette démonstration est celle de MM. Lindelöf et Phragmèn, je ne la reproduis que pour mettre en évidence la simplicité de la démonstration du théorème I.

Ceci posé, soit $f(z)$ une fonction entière, soit B le maximum de $f(z)$ dans le cercle $|z| = 1$. D'après le théorème de Liouville, il existe un point P en lequel on a $|f(z)| > $ B. L'ensemble des points pour lesquels $|f(z)| > $ B comprend donc un domaine ouvert d'un seul tenant renfermant le point P à son intérieur, soit D ce domaine. Sur la frontière C de D on a $|f(z)| = $ B.

Dans le domaine D on peut trouver un point P_1 en lequel $|f(z)| > $ B + 1. En effet, dans le cas contraire, $|f(z)|$ serait inférieur ou égal à B + 1 dans tout le domaine D et égal à B sur son contour C; donc, d'après la proposition II, le module de $f(z)$ serait inférieur ou égal à B dans tout le domaine D, ce qui est en contradiction avec la définition de ce domaine. Le point P_1 existe donc et est par suite intérieur à un domaine D_1, intérieur à D, dans lequel $|f(z)|$ est supérieur à B + 1, tandis que, sur le contour C_1 de D_1, on a $|f(z)| = $ B + 1. On peut continuer ces opérations de proche en proche, on obtient ainsi une suite de points P, P_1, ..., P_n, ... situés dans des domaines D, D_1, ..., D_n, ..., $|f(z)|$ étant supérieur à B + n dans le domaine D_n, et D_n étant intérieur à D_{n-1}. Si l'on joint PP_1 par une courbe intérieure à D, et d'une façon générale $P_n P_{n+1}$ par une courbe intérieure à D_n, on obtiendra une ligne sur laquelle le module de $f(z)$ tend vers l'infini; la proposition I est donc établie.

On voit même qu'on peut former des lignes sur lesquelles le module de $f(z)$ ne décroît pas et dépasse tout nombre donné lorsqu'on s'éloigne indéfiniment.

Comme toute fonction entière $f(z)$ peut s'écrire sous la forme

$$f(z) = P_n(z) + z^{n+1} \varphi(z),$$

$P_n(z)$ étant un polynome de degré n et $\varphi(z)$ une fonction entière, on voit que la proposition I entraîne la suivante, qui complète la généralisation connue du théorème de Liouville :

III. Quel que soit l'entier positif n, il existe des chemins sur lesquels le quotient $\dfrac{|f(z)|}{|z^n|}$ a pour limite l'infini.

Plus généralement, on a la proposition suivante :

IV. Si a est valeur d'exception au sens de M. Picard, c'est-à-dire si la fonction $f(z) - a$ n'a qu'un nombre fini de zéros, il existe des chemins s'éloignant indéfiniment sur lesquels $z^n [f(z) - a]$ tend vers zéro.

Car P(z) étant le polynome ayant pour zéros ceux de $f(z) - a$, $\dfrac{P(z)}{f(z) - a}$ est une fonction entière.

La proposition I s'étend évidemment à la partie réelle et à la partie imaginaire de la fonction, l'extension de III semble moins immédiate.

Je signalerai en terminant la propriété suivante, qui se démontre comme I, et qui comprend le théorème qui sert de point de départ à M. Iversen :

V. Soit un domaine ouvert d'un seul tenant D, extérieur à un cercle γ; supposons qu'une fonction analytique et régulière dans D et sur son contour C, sauf peut-être au point O de C, ait son module constant et égal à A sur C (O excepté) et inférieur à A dans le domaine D; dans ces conditions, ou bien D renferme des zéros de $f(z)$, ou bien il existe dans D des chemins aboutissant en O sur lesquels $f(z)$ tend vers zéro ([1]).

NAVIGATION. — *Remarques sur la résistance à la marche de navires géométriquement semblables.* Note ([2]) de M. **Doyère**, présentée par M. Bertin.

Résistances directes de navires géométriquement semblables. — Si l'on détermine, par des essais de traction de modèles, pour une série de navires géométriquement semblables $\left(\text{donc ayant le même coefficient de finesse globale } \frac{L}{\sqrt[3]{\text{iv}}}\right)$, la résistance directe par tonne R_d et le produit $R_d \times P$, correspondant à une certaine vitesse, 30 nœuds par exemple, et si l'on porte en abscisses les valeurs de P et en ordonnées les valeurs de $R_d \times P$, on obtient un réseau de courbes correspondant chacune à une valeur déterminée de φ ($\varphi = 6{,}00$, $\varphi = 6{,}20$, ...).

Ces courbes présentent des formes assez irrégulières, comme en donnent toutes les expériences relatives à la résistance des carènes.

L'examen des courbes suggère les remarques suivantes :

1° Pour une valeur donnée de φ, la résistance directe du navire, partant de O pour P = o, augmente d'abord très vite avec le déplacement, puis présente un coude brusque, suivi d'une ondulation en S très accusée, surtout pour les petites valeurs de φ, c'est-à-dire qu'il existe une région de

---

([1]) Voir également le Mémoire de M. Iversen : *Sur quelques propriétés des fonctions monogènes au voisinage d'un point essentiel* (*Ofversigt af Finska Vetenskaps-Societetens Förhandlingar*, t. 58, n° 25).

([2]) Séance du 25 février 1918.

déplacements pour lesquels une augmentation de tonnage correspond à une diminution de résistance directe, à égalité de vitesse. Passé cette région, la résistance directe recommence à croître.

2° Mais certaines courbes présentent un second maximum, au delà duquel le même phénomène de résistance directe sensiblement constante et même décroissante se produit.

Ces résultats, déduits, pour un navire de formes moyennes, de l'abaque que j'ai inséré dans une récente étude sur la résistance des carènes, sont si étranges à première vue que j'ai cru devoir les vérifier sur des cas concrets.

Confirmation tirée des essais du « Danton ». — J'ai donc pris les essais du modèle du cuirassé *Danton*, en le considérant comme représentant toute une série de navires géométriquement semblables (même φ), ayant des déplacements variant de 1000 à 50000 tonnes et j'ai construit les $R_d \times P$ en fonction de P (une courbe pour chaque vitesse v). Même tracé pour les résistances totales $R_t \times P$.

Les courbes des résistances directes ont exactement l'allure indiquée ci-dessus. Le premier maximum de la résistance directe a lieu pour des déplacements qui croissent avec la vitesse, à savoir :

Pour V (en nœuds)	17	19	21	23
Environ P (en tonnes)	4000	8000	15000	25000

Pour retrouver une résistance égale au maximum, il faut monter jusqu'à des déplacements atteignant respectivement 32000 et 43000 tonnes pour V = 19 nœuds et V = 20 nœuds. Pour V = 22 nœuds, on est encore sur une branche descendante pour P = 50000 tonnes et ce navire de 50000 tonnes a, à cette vitesse, la même résistance directe que celle du navire semblable de 10000 à 11000 tonnes.

A vrai dire, ces particularités sont sans intérêt pratique, car la prétendue résistance directe n'est que le résultat d'une décomposition artificielle ; la résistance totale est seule intéressante et seule mesurable.

En traçant les courbes $R_t \times P$ de la même façon que les courbes $R_d \times P$, on constate que l'addition du frottement tend à combler la dépression en S de la courbe des résistances directes et à la réduire à une simple ondulation sans maximum ni minimum. Mais on voit cependant subsister encore des paliers :

Nœuds (pour V).   17   19   21   22
Tonnes : entre...   5000 et 7000   10000 et 12000   19000 et 23000   25000 et 30000

Au delà de ces paliers, l'ascension de la courbe est très lente et la résistance totale, à 23 nœuds, d'un navire de 50000 tonnes semblable au *Danton*, n'est que de 11 à 12 pour 100 supérieure à celle d'un navire semblable de 25000 tonnes et seulement le double de celle du navire semblable de 8000 tonnes. Converti en chevaux propulsifs, ces chiffres donnent :

	A 20 nœuds.	A 23 nœuds.
Pour 10000 tonnes..............	14500 ch	» ch
Pour 20000 »	16400	34400
Pour 30000 »	20000	38950
Pour 40000 »	23200	39900
Pour 50000 »	27300	41650

Autre exemple. — J'ai pris comme second exemple un type de navire complètement différent, un petit croiseur de 4500 tonnes de déplacement : longueur, 137^m,50; largeur, 13^m,75; finesse globale, $\varphi = 8,39$; vitesse prévue, 29 à 30 nœuds.

Les résultats déduits des essais du modèle sont tout à fait de même nature.

Les courbes relatives aux résistances directes présentent nettement l'ondulation en S, s'éloignant régulièrement de l'origine vers la droite, à mesure que la vitesse augmente, le premier maximum ayant lieu pour un déplacement de 1500 à 2000 tonnes à 24 nœuds et atteignant jusqu'au déplacement de 30000 tonnes pour V = 40 nœuds.

Quant aux résistances totales, elles suivent la même loi ondulatoire que celles du *Danton*; mais elles ne présentent pas de paliers nets. La résistance totale, pour une vitesse donnée, croît constamment avec le déplacement, mais elle croît très lentement. En chevaux propulsifs on a les résultats suivants :

	Pour	
	36 nœuds.	38 nœuds.
Pour D = 10000 tonnes.........	82000 ch	» ch
» 15000 »	94000	122500
» 20000 »	100000	135800
» 30000 »	107200	147800
» 40000 »	116500	155300

Réserve. — Il y a une réserve à faire sur ces résultats, réserve tenant au plus ou moins de légitimité du mode d'interprétation admis pour les essais de traction des modèles. Mais même en les interprétant sans décomposition factice de la résistance globale en *résistance directe* et *résistance de frottement* et en étendant par simple similitude aux divers déplacements les résultats bruts mesurés sur le modèle, on trouve encore des diagrammes de même nature. Le caractère ondulatoire des courbes de résistance est donc bien dans la nature même du phénomène.

THERMODYNAMIQUE. — *Diagramme entropique du pétrole.* Note (¹) de M. **Jean Rey**, transmise par M. A. Blondel.

L'emploi du pétrole sous forme de vapeur, dans de nombreux appareils, rend désirable la connaissance plus précise des lois physiques de sa vaporisation, résumées sous forme de diagramme entropique.

Les études que nous avons poursuivies depuis de longues années nous ont permis de tracer ce diagramme pour le pétrole ordinaire (densité de 0,800 à 0,820).

Nous avons vérifié que la chaleur spécifique est de la forme de $C = a + bt$, t étant la température centigrade. Ces mesures, effectuées sur divers pétroles de même densité, nous ont donné, comme moyenne,

$$C = 0,50 + 0,0007\, t°.$$

Pour la chaleur de vaporisation moléculaire, nous avons déterminé la valeur de $\frac{L}{T}$ par comparaison avec divers liquides organiques connus : le chloroforme, l'acétone, le sulfure et le chlorure de carbone.

En traçant les courbes donnant $\frac{L}{T}$ en fonction de la pression absolue, on constate que la courbe moyenne représente, avec une assez grande approximation, la valeur de la fonction pour le pétrole ordinaire. Cette fonction est de la forme de $\frac{L}{T} = \frac{a}{T} - b$ (a et b étant deux constantes).

Pour une série nombreuse de liquides organiques, la formule de Bingham

$$\frac{L}{T_0} = 17 + 0,011\, T_0$$

détermine la chaleur de vaporisation moléculaire à la température de T_0

(¹) Séance du 11 février 1918.

d'ébullition sous la pression atmosphérique ; elle vérifie ainsi un point de la courbe.

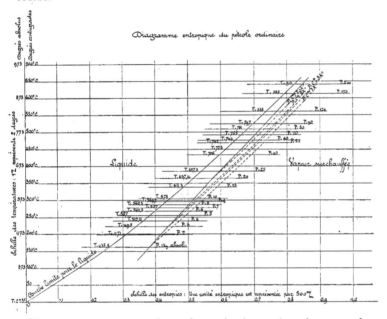

D'autre part, nous avons obtenu la courbe des tensions de vapeur du pétrole ordinaire qui nous a permis de tracer les valeurs de $\frac{L}{T}$ du pétrole en fonction des températures comme des pressions absolues.

Nous avons obtenu ainsi la relation

$$\frac{L}{T} = \frac{15\,160}{T} - 12,42.$$

Divisant cette expression par μ, poids moléculaire du pétrole ordinaire, nous en déduisons la chaleur de vaporisation, par unité de poids, en grandes calories r, soit

$$\frac{r}{T} = \frac{82,4}{T} - 0,0675 \qquad \text{ou} \qquad r = 82,4 - 0,0675\,T.$$

La valeur 184 représente sensiblement le poids moléculaire pour les divers échantillons essayés. On sait que les pétroles américains répondent sensiblement à la formule $C^n H^{2n+2}$, tandis que les pétroles russes sont de la forme $C^n H^{2n}$.

Pour le pétrole ordinaire, qui n'est qu'un mélange, la valeur $C^{12} H^{28}$ est suffisamment exacte.

Ces points fixés, l'entropie du liquide est donnée par l'expression

$$S_{liq} = \int_0^T \frac{dq}{T} = \int_0^T \left[0,50\, dT + 0,0007(T - 273)\frac{dT}{T} \right]$$
$$= 0,3089\, L_n\left(\frac{T}{273}\right) + 0,0007(T - 273).$$

Il suffit d'ajouter à cette valeur $\frac{r}{T}$ pour obtenir l'entropie de la vapeur saturée.

On trouve ainsi

$$S_{vap} = 0,3089\, L_n\left(\frac{T}{273}\right) + 0,0007\, T + \frac{82,4}{T} - 0,2586.$$

C'est à l'aide de ces formules que nous avons tracé le diagramme.

Pour vérifier la chaleur de vaporisation, nous nous sommes servi d'une chaudière tubulaire spéciale, construite de manière à pouvoir être mise rapidement en pression. Le pétrole, une fois vaporisé, vient se condenser dans un faisceau tubulaire refroidi extérieurement par de l'eau. Il suffit alors de mesurer le débit et les températures d'entrée et de sortie de l'eau et du pétrole.

Le même appareil nous a servi à mesurer les tensions de vapeur.

Des précautions sont nécessaires, le pétrole ne pouvant rester soumis à une température élevée sans se polymériser.

De la courbe des tensions de vapeur on peut déduire l'expression suivante, où T représente la valeur absolue d'ébullition du pétrole en fonction de T_0, température absolue d'ébullition de l'eau sous la même pression :

$$T = 1,167\, T_0 - 0,641(T_0 - 273).$$

Avec l'aide de M. Batifoulier, ingénieur, nous avons pu contrôler, jusqu'à la pression de 40^{kg}, divers points du diagramme entropique que nous présentons.

Ces vérifications ont coïncidé avec des écarts de 1 à 2 pour 100.

L'inspection du diagramme montre immédiatement :

1° Que la vapeur saturée du pétrole ordinaire se surchauffe par la détente;

2° Que la chaleur du liquide est toujours beaucoup plus élevée que la chaleur de vaporisation.

Il résulte de ces deux propriétés inverses de celles de la vapeur d'eau, qu'en détendant la vapeur saturée de pétrole, elle se surchauffe en même temps qu'elle produit du travail mécanique. En détendant du pétrole liquide sous pression, il se vaporise partiellement et, si la détente est suffisamment prolongée, sa vapeur se surchauffe.

Ces propriétés sont probablement les mêmes pour les principaux hydrocarbures.

CHIMIE PHYSIQUE. — *Sur les propriétés magnétiques du manganèse et de quelques aciers spéciaux au manganèse.* Note de Sir ROBERT HADFIELD et de MM. C. CHÉNEVEAU et CH. GÉNEAU, présentée par M. H. Le Chatelier.

Nous avons pu déterminer avec la balance magnétique de P. Curie et de C. Chéneveau le coefficient d'aimantation du manganèse et de quelques-uns de ses alliages spéciaux qui sont paramagnétiques.

1. En ce qui concerne le *manganèse*, nous l'avons étudié sous deux états : pulvérulent et fondu dans l'hydrogène. Les échantillons nous ont été aimablement remis par M. P. Weiss qui les avait préparés et examinés ([1]).

Nous croyons pouvoir conclure que, quel que soit son état, lorsqu'il ne contient plus de gaz occlus, le *manganèse est paramagnétique;* son coefficient d'aimantation est à 18°C : $x = +11,0.10^{-6}$ à 2 pour 100 près. Cette valeur, un peu supérieure à celle donnée par H. du Bois et Honda (8,9), correspond dans la théorie de M. Weiss à un nombre entier de magnétons, égal à 6, à — 1,6 pour 100 près.

Quant aux propriétés ferromagnétiques que peut posséder le manganèse fondu, nous les attribuons à la présence d'hydrogène dans le métal, ce qui est en accord avec ce fait que le manganèse chauffé au rouge ne peut plus se réaimanter, et avec les propriétés analogues bien connues du manganèse et du fer électrolytiques.

([1]) PIERRE WEISS et KAMERLING ONNES, *Comptes rendus*, t. 150. 1910, p. 687.

Il y a peut-être lieu, à ce point de vue, de ne pas négliger l'influence de certains gaz occlus dans les métaux ou alliages fondus sur leurs propriétés magnétiques.

2. L'étude des *alliages spéciaux du manganèse* nous a montré que leurs coefficients d'aimantation, qui ont varié entre $+ 17.10^{-6}$ et 259.10^{-6}, sont indépendants du champ magnétique, dont la valeur inférieure était de l'ordre de 320 gauss et dont les valeurs limites étaient dans le rapport de 1 à 5 ; ces alliages *sont donc paramagnétiques.*

1° ACIERS AU MANGANÈSE. — Le coefficient d'aimantation, peu influencé par la proportion de manganèse dans les aciers, est d'autant plus grand que leur teneur en carbone est plus élevée. A teneur égale en carbone, pour un accroissement du titre du manganèse de 10 à 19 pour 100, la variation relative maxima du coefficient d'aimantation est de 19 pour 100, tandis qu'elle est de 78 pour 100 lorsque, à teneur égale en manganèse, la propor-tion de carbone passe de 0,1 à 1 pour 100.

D'une façon plus générale on peut dire que, pour ces aciers spéciaux, le coefficient d'aimantation est d'autant plus petit que le rapport du carbone au manganèse est plus grand.

2° ACIERS MANGANÈSE-MÉTAL. — Lorsque l'on compare des aciers renfermant sensiblement la même proportion de carbone et de manganèse et contenant d'autres métaux, on observe toujours une augmentation des propriétés magnétiques des aciers, due à la présence de ces métaux étrangers.

Aciers manganèse-nickel. — L'addition de nickel (de 2,57 à 19 pour 100) augmente le coefficient d'aimantation d'environ 65 pour 100 de sa valeur.

Aciers manganèse-tungstène. — Une augmentation de 0,74 pour 100 dans la teneur en tungstène fait croître le coefficient d'aimantation de 38 pour 100 environ.

Acier manganèse-chrome. — Le chrome paraît également relever un peu le magnétisme de l'acier au manganèse; une addition de 3,5 pour 100 de chrome correspondrait à une augmentation approximative du coefficient d'aimantation de 10 pour 100.

Acier manganèse-nickel-cuivre. — La comparaison de deux aciers man-ganèse-nickel ayant même teneur en carbone, manganèse et nickel, mais

dont l'un contient 2,25 pour 100 de cuivre, montre que, malgré le diama-
gnétisme du cuivre, le coefficient d'aimantation a augmenté d'environ
19 pour 100.

Tous les aciers précédents ont été trempés à l'eau à 1050° C. Ce sont donc
des aciers austénitiques où le fer γ est paramagnétique, et l'addition d'un
corps tel que le manganèse, qui est aussi paramagnétique, ne peut pas
changer beaucoup les propriétés magnétiques de ces aciers qui resteront
paramagnétiques. Il semble d'ailleurs que, plus la température de refroidissement est basse alors que la proportion de carbone au manganèse est
grande, plus le coefficient d'aimantation est élevé.

Acier manganèse-silicium. — L'addition de 6 pour 100 de silicium à un
acier au manganèse, où le rapport du carbone au métal est de 0,01 environ,
rend l'acier *ferromagnétique*, probablement à cause de la suppression
presque complète du domaine du fer γ. On a également observé avec cet
acier une variation des propriétés magnétiques avec le temps; le magnétisme spécifique est passé, dans une période de 7 ans, d'un ordre de
grandeur de 4 à 5 pour 100 de celui du fer pur à une valeur voisine de
50 pour 100.

CHIMIE ORGANIQUE. — *Sur la réduction du groupe* CH^2I *fixé à
l'azote.* Note [1] de MM. Amand Valeur et Emile Luce,
présentée par M. Ch. Moureu.

Dans une Note antérieure [2], nous avons montré que l'iodure de
méthylène s'unit à la *des*-diméthylpipéridine, en se fixant sur l'atome
d'azote. Le produit d'addition, l'iodure d'iodométhyldiméthylpentène-
ammonium-1.4,

(1) $CH^2 = CH — CH^2 — CH^2 — CH^2 — N(CH^3)^2(CH^2I)I,$

fixe HI, en donnant l'iodure saturé

(2) $CH^3 — CHI — CH^2 — CH^2 — CH^2 — N(CH^3)^2(CH^2I)I,$

qui, par action de l'oxyde d'argent humide, puis de KI, perd une molé-

[1] Séance du 25 février 1918.
[2] *Comptes rendus*, t. 166, 1918, p. 163.

cule de HI, pour donner un isomère du composé (1), soit l'iodure d'iodo-méthylpentène-ammonium-1.3

(3) $$CH^3 - CH = CH - CH^2 - CH^2 - N(CH^3)^2 (CH^2 I) I.$$

Par enlèvement des deux atomes d'iode fixés aux atomes de carbone dans le composé (2), on devait reproduire le noyau pipéridique, et obtenir l'iodométhylate de N-méthyl-β-pipécoline. Nous avons, dans ce but, fait réagir le zinc, soit en présence d'alcool, soit en milieu acétique étendu. Nous avons obtenu, dans les deux cas, *l'iodométhylate de diméthylamylamine normale*

$$CH^3 - CH^2 - CH^2 - CH - CH^2 - N(CH^3)^3 I,$$

qui a été identifié avec le produit synthétique fusible à 225°, préparé par nous à partir de l'amylamine normale et par la comparaison des deux *chloraurates* correspondants fusibles tous deux à 130°-141°. Toutefois, le produit préparé à partir du composé (2) renferme un peu d'iodométhylate non saturé, car l'hydrate d'ammonium quaternaire qui en dérive réduit à froid le permanganate de potassium en liqueur sulfurique, ce que ne fait point le produit synthétique.

L'action du zinc et de l'acide acétique sur l'iodure de méthylène-*des*-diméthylpipéridine [formule (1)] a pour effet de réduire simplement le groupe $CH^2 I$ en CH^3, en donnant *l'iodométhylate de* des-*diméthylpipéridine*

$$CH^2 = CH - CH^2 - CH^2 - CH^2 - N(CH^3)^3 I,$$

fusible en se décomposant à 227°-229° et dont le *chloraurate* fond à 107°. Ces deux corps sont identiques aux produits préparés à l'aide de la diméthylpipéridine et de l'iodure de méthyle. La réduction s'opère donc, dans ce cas, sans que la double liaison soit touchée.

L'iodure d'iodométhylpentène-ammonium-1.3 [formule (3)] se comporte de même, avec cette complication toutefois qu'il y a déplacement de la double liaison. On obtient, en effet, par réduction, un mélange d'iodo-méthylates non saturés de composition $C^8 H^{18} NI$, à partir duquel nous avons pu préparer deux *chloraurates* $C^8 H^{18} N Cl, AuCl^3$, dont l'un fond à 116° en se décomposant et l'autre à 89°-91°.

Il est vraisemblable que l'un correspond au produit normal de réduction

$$CH^3 - CH = CH - CH^2 - CH^2 - N(CH^3)^3 I$$

et l'autre à un isomère résultant du déplacement de la double liaison vers l'atome d'azote :

$$CH^2 - CH^2 - CH = CH - CH^2 - N(CH^3)^3 I.$$

Il importe d'ailleurs d'observer que cette isomérisation s'opère également dans la réduction des deux autres produits envisagés ci-dessus, mais toutefois à un degré moindre. La facilité avec laquelle s'opère ce déplacement de la liaison éthylénique contraste nettement avec la stabilité de la *des*-diméthylpipéridine observée par Harries et Düvel (*Lieb. Annal.*, t. 310, 1915, p. 69) vis-à-vis de l'amylate de sodium en solution amylique bouillante.

Un autre exemple de la facile réduction du groupe CH^2I fixé à l'azote, nous a été fourni par le produit d'addition de CH^2I^2 à la triméthylamine $(CH^3)^3 N(CH^2I)I$, déjà préparé par Hofmann (*Jahresb.*, t. 12, 1859, p. 376). Ce composé, soumis à l'action du zinc et de l'acide acétique étendu nous a fourni, avec un rendement de plus de 75 pour 100, l'iodure de tétraméthylammonium.

CHIMIE ORGANIQUE. — *Sur la dicyclohexylamine : hydrate et alcoolate solides.* Note ([1]) de M. GUSTAVE FOUQUE, présentée par M. Paul Sabatier.

Hydrate de dicyclohexylamine. — La miscibilité d'un grand nombre d'amines avec l'eau n'est que partielle, à partir d'une certaine température.

La dicyclohexylamine présente des particularités intéressantes à ce point de vue.

Versée sur l'eau, à une température inférieure à 23°, elle se prend rapidement en une masse blanche, cristalline, dure, constituée par l'hydrate

$$NH(C^6H^{11})^2, H^2O.$$

J'ai déterminé la composition de cet hydrate, en mettant à profit la stabilité du chlorhydrate de dicyclohexylamine, à des températures relativement élevées.

Un échantillon de l'hydrate, concassé, soigneusement essoré entre des doubles de papier buvard, puis pesé, a été traité par un excès d'acide chlorhydrique.

Après évaporation à sec au bain-marie, dessiccation dans l'étuve à 110°, refroidissement dans l'exsiccateur, le résidu a été pesé, puis soumis plusieurs fois au même traitement. Son poids est demeuré invariable, correspondant à 89,6 d'amine pour 100 d'hydrate.

La formule $NH(C^6H^{11})^2, H^2O$ exigerait 90,9 pour 100 de dicyclohexylamine.

Cet hydrate est très peu soluble dans l'eau, qui n'en dissout que

---

([1]) Séance du 25 février 1918.

0,21 pour 100, à 11°. Il fond à 23°, en donnant deux couches liquides : la couche supérieure, riche en amine, peut être considérée comme une solution de l'eau dans l'amine; la couche inférieure, riche en eau, étant une solution de l'amine dans l'eau.

La solubilité de chacun des constituants dans l'autre diminue quand la température s'élève, les deux couches devenant troubles quand on chauffe. Ces solubilités sont d'ailleurs très faibles; ainsi, la solubilité de l'amine dans l'eau, déterminée alcalimétriquement est de 0,16 pour 100 à 28°, et sensiblement nulle au voisinage de 100°. Celle de l'eau dans l'amine est du même ordre.

Alcoolate de dicyclohexylamine. — La dicyclohexylamine est miscible en toutes proportions avec l'alcool éthylique; mais, quand la température ambiante n'est pas trop élevée, le mélange équimoléculaire d'amine et d'alcool se prend en masse, par suite de la formation du composé

$$NH(C^6H^{11})^2, C^2H^5OH.$$

Pour déterminer la composition de cet alcoolate, j'ai placé une capsule contenant un poids connu de dicyclohexylamine dans un exsiccateur où, à la place de substance desséchante, j'avais disposé depuis plusieurs jours de l'alcool absolu et des fragments de baryte anhydre. Sous l'influence de cette atmosphère, ainsi saturée de vapeur d'alcool et exempte d'anhydride carbonique et d'eau, il s'est formé dans la capsule, au bout de quelques minutes, des cristaux qui se sont rapidement développés en magnifiques arborescences d'un blanc nacré. Deux pesées, effectuées, l'une quelques heures, l'autre 24 heures, après le début de l'expérience, donnèrent le même résultat, correspondant exactement à la fixation d'une molécule d'alcool sur une molécule de dicyclohexylamine.

L'alcoolate de dicyclohexylamine fond à 28°. Exposé à l'air, il se dissocie, en laissant de l'amine qui ne tarde pas à s'hydrater.

Quoique l'on ne connaisse qu'un très petit nombre d'hydrates d'amines définis, l'aptitude des amines à former ces hydrates paraît assez générale; mais, ce qui rend l'isolement de ces composés particulièrement difficile, c'est leur solubilité dans chacun de leurs constituants. L'hydrate de dicyclohexylamine est, au contraire, facile à isoler parce qu'il présente cette propriété intéressante d'être à la fois peu soluble dans l'amine et dans l'eau.

La préparation de l'alcoolate de dicyclohexylamine, qui est soluble dans l'alcool et dans l'amine, n'est aisée qu'en raison de la grande différence de volatilité de ses constituants.

GÉOLOGIE. — *Itinéraires dans la plaine d'El Hadra (Maroc occidental).*
Note ([1]) de M. **P. Russo**, présentée par M. Ch. Depéret.

La région appelée El Hadra, située entre l'Oum er Rbia au Nord-Est, le
massif cristallophyllien des Skhrours et le massif primaire du Krarra au
Nord-Ouest, les plateaux crétacés de la Gada el Selhom Rherraba et de
Mizizoua à l'Ouest et au Sud, et la plaine du Tadla à l'Est, n'a encore fait
l'objet d'aucune étude. Je l'ai parcourue au début de 1917. Elle est constituée par une pénéplaine schisteuse paléozoïque, offrant une série de
couches redressées jusqu'à la verticale et arasées par l'érosion, formées
par des alternances de schistes verts, de schistes lie de vin, et de conglomérats pourprés, sur la tranche desquels reposent en discordance des
couches horizontales et subhorizontales de calcaires tendres et de marnes,
entremêlés de sables et de grès marneux, qui forment des collines
coniques disséminées çà et là dans la plaine aux abords des plateaux crétacés qui la bordent. Ce sont des témoins d'érosion qui se rattachent à ces
plateaux eux-mêmes, et sont d'âge sénonien.

En plusieurs points, les dépôts crétacés reposent sur les schistes redressés
par l'intermédiaire de dépôts permo-triasiques formés de conglomérats
rouges à éléments souvent assez fins. De bons exemples s'en trouvent à
El Outad et au pied de Mizizoua. En d'autres points, comme vers S^{i}Ben
Rahmou, on rencontre des dépôts récents alluviaux, dus aux crues des
oueds et couvrant de grandes étendues (10^{km}). Enfin, en se rapprochant de
la plaine du Tadla, apparaissent des conglomérats roses qui passent insensiblement à des calcaires éocènes à *Turritelles* et à *Mesalia* cf. *Blankenhorni*
Opp. Il m'est difficile de dire quelle est, dans ces conglomérats roses, la part
qui peut revenir à l'Éocène et celle qui appartient aux dépôts postéocènes.

Dans le centre de cette plaine, s'élève une arête rocheuse constituée par
des granites à amphibole à petits éléments et courant sur une longueur
d'environ 15^{km} dans la direction NE-SW; sa largeur est d'environ 2^{km},
mais elle est formée de plusieurs éléments se raccordant latéralement à
leur extrémité, de sorte qu'en ces points de raccordement elle offre 4^{km}
à 5^{km} de largeur. Autour d'elle s'étend une aire d'arène granitique de
forme elliptique. Cette crête granitique se trouve entourée de micaschistes

---

[1] Séance du 25 février 1918.

et de schistes tachetés qui, vers le Nord-Est, passent aux schistes verts, aux quartzites et aux grès durs du Djebel Krarra. Enfin, vers le Nord, la plaine se termine aux abords de l'Oum er Rbia par des calcaires coblenciens reposant sur des schistes sans fossiles. Ces calcaires, de couleur brune ou jaunâtre, sont remplis d'Orthocératidés et se continuent au delà du fleuve au pied de Dar Chafaï.

L'ensemble d'El Hadra se présente donc comme une plaine en fer à cheval à substratum paléozoïque redressé et arasé (pénéplaine) sur lequel des dépôts subhorizontaux permotriasiques et sénoniens se montrent vers le pourtour, pendant que vers la portion ouverte du fer à cheval (direction du NE) se présentent des dépôts éocènes (calcaires à Turritelles) et post-éocènes (conglomérats roses *pro parte*, alluvions). Au centre de ce fer à cheval se montre une arête de roches granitiques placée sensiblement dans l'axe longitudinal de la plaine.

PALÉONTOLOGIE. — *Sur de nouvelles espèces du genre* Entelodon *Aymard* (Elotherium *Pomel*, Archæotherium *Leidy* ([1]), Oltinotherium *Delfortrie*, Pelonax *Cope*]. Note ([2]) de M. J. REPELIN, présentée par M. C. Depéret.

Les premières traces dans la région européenne d'animaux appartenant à la famille des *Achænodontinæ*, sous-famille du groupe des *Suidés*, ont été découvertes par Aymard ([3]) dans les calcaires marneux lattorfiens (sannoisiens) de Ronzon. Les pièces typiques figurent à l'état de moulages dans les collections du Muséum d'Histoire naturelle de Paris. Pomel avait d'autre part signalé vers la même époque des restes d'un animal du même groupe qu'il appela *Elotherium* et qu'il reconnut plus tard comme étant le même que l'*Entelodon* d'Aymard ([4]). Il a été décrit sous le nom d'*Entelodon magnum* et se trouve bien caractérisé par des fragments de maxillaires supérieurs et inférieurs qui ont permis de connaître, à peu près entièrement, la formule dentaire et la disposition des dents chez cet animal.

([1]) LEIDY, *Extinct mammalia of Nebraska*, 1854; *Extinct mammal. fauna of Dakota and Nebraska*, 1869.

([2]) Séance du 25 février 1918.

([3]) AYMARD, *Mém. Soc. agric., Sc., Arts et Belles-Lettres du Puy*, t. 12, 1848, p. 240.

([4]) POMEL, *Bibl. univ. de Genève : Archives*, t. 5, p. 309.

Gervais (¹) a figuré la série des sept molaires supérieures d'après un moulage des pièces typiques que Filhol figura de nouveau, imparfaitement d'ailleurs, en 1882 (²). C'est en 1876 que Gervais signala la présence de l'*Entelodon magnum* dans les dépôts de phosphorites du Quercy. Filhol admit lui aussi l'existence de ce grand Suidé dans les dépôts à phosphates, mais il reconnut que les fragments à sa connaissance indiquaient une race de beaucoup supérieure comme taille à celle de Ronzon et, ajoutait-il, à celle de l'Agenais (?). W. Kowalewski, dans son Ostéologie du genre *Entelodon*, fait connaître de nombreuses parties du squelette, mais n'établit pas l'existence de plusieurs espèces (³).

Dans ces dernières années on a signalé en divers points la présence de l'*Entelodon magnum*, d'après des découvertes consistant surtout en dents isolées ou en fragments de petites dimensions. Ces fragments appartiennent souvent à des formes très différentes dont nous pouvons dès à présent caractériser trois principales.

La première est l'*Entelodon magnum* typique, forme de Ronzon décrite par Aymard et figurée postérieurement par Gervais et par Filhol; les deux autres sont nouvelles pour la Science et peuvent actuellement être distinguées sans peine de la précédente.

L'une provient des mollasses stampiennes de Villebramar. Elle a été signalée par Tournouer sous le nom de *E. magnum*. Elle nous est aujourd'hui connue par des pièces séparées et par une magnifique mâchoire inférieure presque entière, découverte par M. Deguilhem, pharmacien à Monbahus, dans des fouilles entreprises dans la carrière de sable du Ministre. Cette pièce présente dans l'ensemble des caractères analogues à ceux de la mâchoire inférieure de l'*Entelodon crassum* Marsh. (⁴) des couches de White-River (Dakota), mais elle est bien plus grande et s'en distingue sans peine par les protubérances inférieures de la mâchoire très différentes : l'antérieure est très forte, allongée longitudinalement et non arrondie, la médiane et la postérieure sont l'une plus saillante, l'autre moins. L'animal de Villebramar était aussi très différent des *Entelodon* de Leidy et en particulier de *E. imperator*, le plus grand connu jusqu'ici, mais qui

---

(¹) *Zoologie et Paléontologie française*, 2ᵉ édition, 1859, pl. 32. fig. 12. — *Zool. et Pal. gén.*, 1876, t. 2, p. 47.

(²) FILHOL, *Annales des Sciences géologiques*, t. 12, p. 190, pl. 27; t. 8, 1877, p. 172; t. 7, p. 100.

(³) W. KOWALEWSKI, *Osteologie des Genus Entelodon* (*Palæontogr.*, t. 22, 1876).

(⁴) ZITTEL, *Traité de Paléontologie*, t. 4, p. 337 (édition française).

n'atteignait pas les dimensions de notre type d'Europe (sud-ouest de la France). La grandeur et la forme de la mâchoire de notre grand Suidé font penser à un animal de la force d'un hippopotame. Le côté droit montre $IP_2P_3P_4M_1M_2M_3$, le gauche $IP_3P_4M_1M_2M_3$.

Les dimensions sont les suivantes comparées à celles de l'*Entelodon magnum* (la lettre D désigne *Ent. Deguilhemi*; la lettre M, *Ent. magnum*) :

	I		P_2.		P_3.		P_4.		M_1.		M_2.		M_3.	
	D.	M.	D.	M.	D.	M.	D.	M.	D.	M.	D.	M.	D.	M.
Longueur..	76-80	60-65	39	32	44	38	46	35	35	30	44	31	43	32
Largeur...	43	32	21	16	25,5	19	26	20	30	21	35	27	35,5	25
Hauteur...	»	»	29	26	37	30	31	26	20	15	25	18	25,5	18

Comme dans le *magnum*, M_3 est dépourvue de talon. La taille est, comme on le voit, bien plus grande que dans l'animal de Ronzon. Les dents n'ont pas d'ailleurs les mêmes caractères. La canine est aplatie latéralement, plus grêle, accidentée de plis dans l'animal d'Aymard; elle est arrondie, régulière et lisse dans celui de Villebramar. Delfortrie avait remarqué ce caractère en comparant à la dent du *magnum* la canine qu'il avait trouvée dans le Quercy et qui appartient sans aucun doute à l'*Entelodon* de l'Agenais. C'est pour cette raison que le paléontologiste bordelais avait attribué cette grande canine à un animal nouveau du même groupe auquel il avait donné le nom de *Oltinotherium* (¹). D'autres caractères distinguent encore notre espèce de l'*Entelodon magnum* : les premières prémolaires sont très espacées comme dans les formes américaines; P_3 et P_4 même sont séparées par une petite barre et la distance entre la canine et la première prémolaire est considérable. Nous proposerons d'appeler cette espèce *Entelodon Deguilhemi*.

La seconde espèce d'Achænodontiné du Quercy est très différente de toutes les formes connues, comme le montre un superbe fragment de mâchoire inférieure où se voient les alvéoles de la canine et de P_1 et la série complète $P_2 P_3 P_4 M_1 M_2 M_3$ du côté gauche. Cette série est dense, serrée, sans intervalles entre P_2 et P_3 ni entre P_3 et P_4, à l'inverse de l'*E. Deguilhemi*. La protubérance antérieure de la partie inférieure des mandibules n'est pas visible, elle est sans doute peu accusée; la seconde, située au-dessous des molaires et non des prémolaires, est un gros tuber-

---

(¹) DELFORTRIE, *Soc. linnéenne de Bordeaux*, 1874.

cule analogue à ceux de l'*E. Mortoni* Leidy, mais il est dirigé latéralement. Les prémolaires, loin d'être plus fortes que les molaires comme dans les formes précédentes, sont plus petites et les molaires sont aussi fortes que dans *E. Deguilhemi.* Enfin la dernière molaire présente un fort talon qui n'existe dans aucune forme européenne. En somme, la mâchoire est plus trapue, plus raccourcie que dans les autres espèces connues. On peut se demander s'il ne conviendrait pas de créer pour cette espèce singulière un genre spécial voisin d'*Achænodon.*

En tous cas, nous proposerons pour cette forme nouvelle des phosphorites le nom spécifique de *Entelodon Depereti.*

La description détaillée de ces pièces que nous ferons ultérieurement permettra de classer la majeure partie des documents fossiles recueillis jusqu'ici en Europe sur cette curieuse famille de Suidés géants.

A 16 heures et quart l'Académie se forme en comité secret.

La séance est levée à 17 heures.

E. P.

ERRATA.

(Séance du 25 février 1918.)

Note de M. *A. Carnot,* Séparations nouvelles entre les cinq métaux du groupe soluble dans l'ammoniaque :

Page 332, ligne 4, *au lieu de* Au lieu de se diviser, *lire* En général, il se divise.
Même page, ligne 6, *au lieu de* ou en brun, on peut, *lire* ou en brun; mais on peut.
Même page, ligne 7, *au lieu de* tout le nickel, *lire* la totalité du nickel.

ACADÉMIE DES SCIENCES.

SÉANCE DU LUNDI 11 MARS 1918.

PRÉSIDENCE DE M. Paul PAINLEVÉ.

MÉMOIRES ET COMMUNICATIONS

DES MEMBRES ET DES CORRESPONDANTS DE L'ACADÉMIE.

NAVIGATION. — *Substitution du temps civil au temps astronomique dans les éphémérides nautiques.* Note de MM. Ch. LALLEMAND et J. RENAUD.

La brusque interruption que subit la notation du temps quand on fait le tour de la Terre, ou simplement quand on passe d'un jour au suivant, est une cause permanente d'erreurs. Aussi a-t-on systématiquement rejeté cet instant critique dans les zones ou dans les périodes de moindre activité économique ou scientifique.

Ainsi, le « saut du jour » s'effectue dans les régions peu habitées de l'Océan Pacifique; le changement de date, pour la population civile, s'opère à minuit; mais il a lieu à midi pour les astronomes, la nuit pour eux étant la période habituelle des observations.

Dans la vie normale du bord, les marins emploient le temps civil; mais, pour l'observation des astres, ils font usage de Tables où l'heure est donnée en temps astronomique. De là une fâcheuse dualité d'heures, devenue particulièrement gênante depuis que la notation de o à 24, adoptée, il y a déjà près de 20 ans, pour le temps astronomique, l'a été de même pour le temps civil; ce qui rend plus faciles encore les confusions.

La suppression de cette dualité présentait donc un réel intérêt.

Le Bureau des Longitudes publie chaque année, à l'usage spécial des marins, un recueil d'éphémérides, qui est réglementaire à bord des bâtiments de la marine de guerre, comme sur les navires de commerce; les éléments en sont fournis par la *Connaissance des Temps* et présentés sous une forme appropriée aux calculs nautiques.

Il a paru possible de remplacer, dans cet Ouvrage, le temps astronomique par le temps civil, introduit déjà, d'autre part, dans l'*Annuaire des Marées*.

Pour les éphémérides astronomiques, il est vrai, les astronomes se sont jusqu'alors opposés à une réforme de ce genre, dont l'adoption romprait la continuité de notation indispensable, d'après eux, dans les séries d'observations poursuivies depuis des temps reculés. Mais cette objection ne saurait s'appliquer aux calculs très spéciaux des navigateurs, pour lesquels la commodité et la sûreté des résultats doivent l'emporter sur toutes autres considérations.

S'inspirant de ces idées, le Bureau des Longitudes, dans sa séance du 14 mars 1917, a, sur notre proposition commune, fait demander au Ministre de la Marine si la mesure en question lui paraîtrait utile. Par une lettre du 2 avril suivant, le Ministre a répondu que, d'accord à cet égard avec le Comité hydrographique, il envisagerait comme très avantageux l'emploi exclusif du temps civil dans les éphémérides spécialement destinées aux marins.

D'autre part, la Conférence réunie à Londres, en juin dernier, par l'Amirauté britannique, pour examiner la question de l'heure à bord des navires, a déclaré voir un grand intérêt, pour les marins, à la substitution du jour civil au jour astronomique dans les éphémérides nautiques.

En présence de ces opinions autorisées, le Bureau des Longitudes, dans sa séance du 6 février dernier, a décidé l'application de cette mesure pour le Volume des *Éphémérides nautiques* portant le millésime de 1920 et actuellement en préparation.

Lorsque cette amélioration aura été introduite dans la pratique de la navigation, le principe d'une origine identique pour le jour civil et pour le jour astronomique sera peut-être admis plus facilement par les astronomes; ce qui permettra de réaliser un nouveau progrès dans la voie de l'unification de la mesure du temps.

GÉOLOGIE. — *Remarques nouvelles sur la faune des étages hauterivien, barré-mien, aptien et albien dans le sud-est de la France* (¹). Note (²) de M. **W. Kilian**.

La région de Tarascon et les portions voisines du département des Bouches-du-Rhône offrent d'intéressants gisements de Céphalopodes de l'Hauterivien. C'est ainsi que l'Hauterivien du Mas de Chabert, près de Saint-Rémy, a fourni : *Spiticeras* cf. *Boussingaulti* d'Orb. sp. (B); *Thurmannites Thurmanni* Pict. sp. var. *Allobrogica* Kil. (B). A signaler aussi : *Neocomites neocomiensiformis* (Hoh.) Uhl., de Saint-Rémy (route des Baux) (B), de la Montagnette, près Tarascon (B); *Neocomites longinodus* Neum. et Uhl. sp., de Mons (B); *Crioceras Nolani* Kil. (³) et *Crioceras Jurense* Kil., de Saint-Rémy (route de Maussane) (B); *Cr. pulcherrimum*, d'Orb. de la Montagnette (B); *Phylloceras infundibulum* d'Orb. sp., de la Montagnette (B.); *Saynella clypeiformis* d'Orb. sp., de la Montagnette (B); *Thurmannites Thurmanni* Pict. sp., de la Villa; Félix, près Tarascon (B), et du Mas de Chabert, près Saint-Rémy (B), *Holoost.* (Astieria) *Lamberti* Kil. (*in coll.*) (voisin de *H. variegatus* Paq.), de Quissac (Gard) (B); *Lissoceras Grasianum* d'Orb. sp. des bords de l'Oule (B); *Acanthoplites* cf. *angulicostatus* d'Orb. sp., de Mons (Gard) (B).

Aux Aubes, près Aouste (Drôme), un niveau fossilifère appartenant au sommet de l'étage et peut-être déjà à la base du Barrémien, contient, avec *Crioceras Duvali* Lév. : *Crioceras angulicostatum* (Pict.) Nol., *Desmoceras Uhligi* Haug, *Desm. cassida* Rasp. sp. et *Desm. cassidoides* Uhl., *Saynella* (n. sp.).

L'ÉTAGE BARRÉMIEN, dont la faune classique a fait l'objet de nombreux travaux paléontologiques, m'a fourni, en ce qui concerne la répartition

---

(¹) Les espèces dont le nom est accompagné d'un (B) appartiennent à la collection de Brun à Saint-Rémy (Bouches-du-Rhône), celles qui sont désignées par (G) proviennent des récoltes du Dr A. Guébhard; enfin la mention (K) indique les formes recueillies par M. P. Reboul et par moi. Pour les synonymies, voir *Lethæa geognostica*, II, t. 3, Abth. I (1909-1913) et W. Kilian, *Contributions à l'étude des faunes paléocrétacées du sud-est de la France* (*Mém. Expl. Carte géol. de la France*, 1915). — Déterminations faites avec le concours de M. Tomitch. Le travail a été facilité par une subvention accordée par l'Académie sur la Fondation Bonaparte.

(²) Séance du 25 février 1918.

(³) Pour la synonymie, voir Kilian, *Lethæa Geognostica, loc. cit.*, p. 224, et Kilian et Reboul, *loc. cit.*, p. 259.

des Céphalopodes, quelques « localisations » intéressantes et nouvelles;
je citerai en particulier (¹) :

Belemnites (Aulacobelus) gladiiformis Uhl., Costidicus Rakusi Uhl., de
Trigance (G), et C. nodosostriatus Kar., de Trigance et Comps (G);
Macroscaphites Yvani Puz. sp., de Cobonne (B); Hamulina Boutini Math.,
de Redortiers (B); Ham. paxillosa Uhl., de la Bastide (G); Silesites typus
Milasch. sp., de Trigance (G); Saynella Deeckei Kil. [= Saynella
(Pulchellia?) Nicklesi Kar. (¹) sp. var. Deeckei Kil.], de Comps
Trigance (G); Saynella n. sp., de Cobonne (Drôme); S. Grossouvrei
Nickl. sp., de Jabron (G); Desmoceras Compsense Kil., de la Monta-
gnette (B); D. Charrierianum d'Orb. sp., de Cobonne (B); D. hemip-
tychum Kil., de Cobonne (B); D. subdifficile Kar., de la Charce (G);
D. Falloti Kil., de Peyroules (G); D. fallaciosum Kil., de Peyroules (G);
D. Parandieriforme Kil., D. Rebouli Kil., de la Roque-Esclapon (G);
D. Uhligi Haug, d'Enterron, près Comps (G); Holcodiscus Sophonisba
Coq. sp. (de grande taille), de Comps (G); Holc. fallax (Coq.) Math. sp.,
du Pont-de-Justice (Gard) (B); Holc. diversecostatus (Coq.) Sayn., de la
Montagne de Lure (B); Holc. Perezianus d'Orb. sp., de Cobonne
(Drôme) (K); Holc. (Spitidiscus) fallacior (Coq.) Math. sp., de Mons (G);
Holc. nodosus Kar., de la Montagne de Lure (B), de Saint-Just (Gard) (B);
Holc. (Astieridiscus) Morleti Kil., de la Bastide-Esclapon (G); Holc.
(Astieridiscus) elegans Kar. sp., de la Roque-Esclapon, la Bastide (G);
Pulchellia Sellei Kil., d'Enterron, près Comps (G); Parahoplites Soulieri
Math. sp. (B), du Bourguet et de Mons (G); Par. Feraudianus d'Orb. sp.,
de Comps (G); Crioceras pulcherrimum d'Orb. de la Montagnette (B);
Crioceras Heberti Fallot (? = Crioceras Barremense Kil. jeune), de Comps,
La Roque-Esclapon (G); Ancyloceras subsimbirskense Sintz. sp. (glauconie
du Barrémien inférieur), de Cobonne (K); Heteroceras Tardieui Kil., de la
Roque-Esclapon (G); Crioceras Emerici Lév. (exemplaire de grande taille),
du Bourguet (B); Leptoceras Beyrichi Uhl., de la Bastide (G).

A la Clastre (Drôme), un horizon d'AMMONITES PYRITEUSES renferme une
faune curieuse, bien représentée dans la collection de Brun et qui
comprend :

Belemnites sp., Lytoceras crebrisulcatum Uhl., Phylloceras n. sp. (voisin
de Phyll. Ernesti Uhl. et de Phyll. lateumbilicatum Perv.), Phyll. Rouyanum

(¹) Voir KILIAN et REBOUL, loc. cit., p. 260.

d'Orb. sp. (*s. stricto*), *Desmoceras* cf. *strettostoma* Sayn. (non Uhl.), *Desm.* cf. *Blayaci* Kil., *Puzosia* sp., *Puzosia Getulina* (Coq.) Sayn. sp., *Spitidiscus* sp., *Holc.* cf. *Menglonensis* Sayn., *Pulchellia* sp., *Heteroceras* sp., Gastropodes indéterminables, Bivalves.

ÉTAGE APTIEN. — I. Un bel exemplaire de *Douvilleiceras* cf. *seminodosum* Sinz. a été recueilli par le Dr Guébhard à la Roque-Esclapon (Var) dans une gangue glauconieuse. Si l'échantillon ne provient pas du Barrémien glauconieux, la présence de cette forme nettement bedoulienne semble indiquer que l'Aptien inférieur aurait existé dans cette région avant le dépôt des glauconies albiennes dans lesquelles ses fossiles se rencontreraient à l'état remanié.

II. La partie inférieure de cet étage (sous-étage *bedoulien*) a fourni dans la région à l'ouest du Rhône, en particulier à Serviers et Laval-Saint-Roman, des Ammonitidés intéressantes (collection de Brun) et notamment les espèces suivantes :

Lytoceras sp., *Lyt. intemperans* (Coq.) Math. sp., *Parahoplites consobrinus* d'Orb. sp., *Parah. Deshayesi* Leym. sp., *Parah. Codazziamus* Karst. sp. (très typique) (B); *Douvilleiceras* n. sp., aff. *seminodosum* Sintz.; *D. Martini* d'Orb. sp., *Douv. Martini* d'Orb. sp. var. *occidentalis* Jac. et var. *orientalis* Jac., *Douv.* sp., *Douv. Tschernischewi* (Tschair.) Sintz., *D.* aff. *Tschernychewi* Sintz., *Douv. pachystephanum* Uhl. sp., de Laval-Saint-Roman; *Douv. Meyendorffi* d'Orb. var. *Waageni* (Anth.) Sintz., de Pont-Saint-Nicolas (Gard) (B); *Douv. Albrechti Austriæ* (Hoh.) Uhl. sp. var. *Stobiesckii* d'Orb., *Douv. Albrechti Austriæ* (Hoh.) Uhl. sp. (typique), de Laval-Saint-Roman (B).

II^b. Il y a lieu de signaler aussi *Parahoplites Weissi* Neum. et Uhl. sp. (pyriteux) du Chêne près Apt (Vaucluse).

III. Dans l'APTIEN SUPÉRIEUR (Gargasien), j'indiquerai comme particulièrement remarquables :

Macroscaphites striatisulcatus d'Orb. sp. var. *Afra* Sayn, des Billards, près Apt (B), de Gargas (B); *Tetragonites* n. sp. [intermédiaire entre *Tetr. Jallabertianus* Pict. sp., et *Tetrag. Duvalianus* d'Orb. sp., du Pont Saint-Nicolas, près Blauzac (Gard) (B)]; *Tetragonites* sp., des Billards (B); *Tetr.* cf. *depressus* Rasp. sp. (= *T. Jacobi* Kil.), de Vergons (B.); *Lytoceras strangulatum* d'Orb. sp., de Nyons (B); *Lyt. Depereti* Kil., de Vergons (B); *Phylloceras Rouyanum* d'Orb. sp. (*s. str.*), des Billards (B.); *Ph. Ernesti* Uhl., des Billards (B); *Ph. Morelianum* d'Orb. sp., de Vergons (B); *Pusozia Angladei* (¹) Sayn sp., des Billards (B); *Desmoceras Melchioris* Tietze sp., de Nyons (B), de Saint-André (Basses-Alpes); *Uhligella Zürcheri* Jacob, des Billards (B), de Gargas (B); *Douvilleiceras* cf. *subnodosocostatum* Sinz., des Billards (B); *Douv. Martini* d'Orb. var. *occidentalis* Jac. et var. *orientalis* Jac., des Billards (B); *Ammonitoceras* sp., de Gargas (B); *Ammonitoceras Ackermanni* (Kil.) Krenkel, de Gargas (B); *Am.* aff. *Ackermani* (Kilian) Krenkel, de Gargas (B); *Acanthoplites crassicostatus* d'Orb. sp.; *Acanth. Gargasensis* d'Orb. sp. var. *attenuàta* Kil., des Billards, près Apt (B), et var. *recticostata* Kil., de Gargas (B); *Parahoplites furcatus* Phil. sp. et *Lurensis* Kil. sp. (avec passage entre les deux espèces), de Gargas (B); *Oppelia Nisus* d'Orb. sp.; *Oppelia nisoides* Sar.; *Oppelia Haugi* Sar., de Gargas (B); *Toxoceras Royerianum* d'Orb.; *Tox. Honnoratianum* d'Orb.; *Tox. Emericianum* d'Orb.; *Tox. annulare* d'Orb., de Gargas (B).

ÉTAGE ALBIEN (Gault). — I. A mentionner dans le Gault inférieur : *Gaudryceras Sacya* Stol. sp., de Bourras près La Palud (K. et Reboul); *Kosmatella Chabaudi* Fallot sp., de la Roque-Esclapon (Var) (G); *Uhligella Balmensis* Jacob, de la Roque-Esclapon (G); *Uhl. Walleranti* Jacob, *Mortoniceras Delaruei* d'Orb. sp., d'Escragnolles (B) et dans le Gault supérieur de la rive droite du Rhône : *Puzosia Mayoriana* d'Orb. sp., de Salazac (B) (commun en grands exemplaires); *Mortoniceras inflatum* Sow. sp. var. nov. (*crassissima* Kil.) (B), *Mortoniceras* (adulte), de Salazac (B).

II. D'autre part, dans les « Préalpes maritimes » : *Plicatula Auressensis* Perv., *Ostrea (Pycnodonta) vesiculosa* Sow., *Rhynchonella compressa* d'Orb., caractérisent, au Logis du Pin et à la Croux, près Comps (Var) (G), un niveau marneux qui surmonte le Gault inférieur glauconieux.

Ces résultats, ainsi que ceux d'une Note précédente, mettent de plus en plus en lumière la remarquable constance de composition et l'homogénéité des diverses faunules paléontologiques successives du Crétacé inférieur du sud-est de la France; ils montrent, en outre, la liaison de certaines formes spéciales d'Ammonitidés, soit avec le faciès néritique, soit avec le faciès bathyal des dépôts; enfin la présence, dans un grand nombre de gisements

---

(¹) Il y aurait lieu de rechercher si la forme adulte de cette espèce n'a pas été confondue fréquemment avec *Puzosia Matheroni* d'Orb. sp. — M. Douvillé a fait connaître récemment des environs de Suez (*Mém. Acad. des Sc.*) une forme de *Puz. Matheroni* d'Orb. sp., dont les *tours internes* sont assez comprimés, mais a été rapportée par lui à la figure type d'Alcide d'Orbigny, qui représente un individu adulte. A cette dernière aboutiraient donc plusieurs séries de formes jeunes, dont l'une serait le *Puz. Angladei* Sayn et une autre la forme représentée par M. Douvillé.

de cette région, de nombreux types « jurassiens » ou « méditerranéens » associés à quelques rares éléments septentrionaux *immigrés*, ainsi que la présence de formes isolées (*Lyt. Sacya* Stol. sp.) à affinités indo-pacifiques.

M. **Lecornu** s'exprime en ces termes :

J'ai l'honneur de faire hommage à l'Académie du troisième et dernier volume de mon *Cours de Mécanique professé à l'École Polytechnique*. Ce volume est consacré à la Mécanique appliquée et les circonstances que nous traversons m'ont déterminé à entrer dans des développements dépassant les limites du cours actuel. Tout porte à croire, en effet, que, la paix revenue, une transformation profonde s'opérera dans les études scientifiques, qui devront s'adapter plus étroitement aux réalités de la vie, en vue de mieux armer les Français pour la lutte économique succédant aux combats meurtriers.

Déjà, en pleine guerre, la Direction des inventions intéressant la Défense nationale a fait très utilement converger les efforts des savants et des ingénieurs. L'Académie des Sciences, de son côté, a décidé de s'adjoindre des représentants de l'Industrie. L'École Polytechnique sera évidemment amenée, pour sa part, à réduire le temps consacré aux théories abstraites, au profit des matières intéressant directement l'ensemble des Écoles d'application, de façon que celles-ci, trouvant le terrain déblayé, puissent aborder sans retard leurs spécialités respectives. Il m'a donc semblé qu'il convenait de préparer, en ce qui concerne la Mécanique, cette prochaine évolution. Le plus difficile était d'établir convenablement la liaison entre la Mécanique rationnelle, science d'un caractère surtout mathématique, et la Mécanique appliquée, qui opère le plus souvent par à peu près ; je n'ose me flatter d'y avoir pleinement réussi.

Malgré les difficultés de l'heure présente, la maison Gauthier-Villars a apporté dans l'impression de ces 669 pages un soin qui l'honore et dont je tiens à la remercier ici.

M. É. **Quénu** s'exprime en ces termes :

Je présente à l'Académie une monographie que je viens de publier sous le titre : *Plaies du pied et du cou-de-pied par projectiles de guerre*. Ce travail est basé sur près de 500 observations, dont plus de 300 personnelles, observations de blessés que j'ai pu suivre jusqu'à la guérison complète soit de leurs plaies, soit des opérations nécessitées par elles. Je crois pouvoir dire que c'est la première monographie de ce genre, elle est illustrée de 477 gravures et radiographies.

Le Prince **BONAPARTE** fait hommage à l'Académie du deuxième Supplément de l'*Index Filicum*, publié, à sa demande, en langue française, par M. **CARL CHRISTENSEN**, de Copenhague.

Cet Ouvrage donne les noms, avec références bibliographiques, des 700 espèces nouvelles de fougères découvertes pendant les années 1913-1916. Par suite, le nombre des espèces actuellement décrites est donc approximativement de 8000 : chiffre, selon toute apparence, considérablement inférieur au nombre des bonnes espèces réellement existantes.

Il est à espérer que cet Ouvrage contribuera à unifier la nomenclature ptéridologique et à éviter la multiplicité des noms pour une même espèce. C'est du moins le but principal que s'est proposé le Prince Bonaparte en faisant faire cette publication.

MÉMOIRES PRÉSENTÉS.

M. **CH. LALLEMAND** présente à l'Académie une Note de M. RODOLPHE SOREAU intitulée : *Sur la valeur économique des avions de transport*.

(Renvoyé à la Commission de Mécanique de la Défense nationale.)

ÉLECTIONS.

L'Académie procède, par la voie du scrutin, à l'élection d'un Correspondant pour la Section de Géographie et Navigation, en remplacement du Général *Gallieni*, décédé.

Au premier tour de scrutin, le nombre de votants étant 43,

M. Tilho   obtient. . . . . 40 suffrages
M. Lecointe   »   . . . . 3 »

M. **TILHO**, ayant réuni la majorité absolue des suffrages, est élu Correspondant de l'Académie.

RAPPORTS.

Rapport sommaire de la Commission de Balistique,
par M. **P. Appell.**

La Commission a reçu, à la date du 24 février 1918, un travail de
M. **René Garnier** intitulé : *Sur les valeurs limites, pour le tir zénithal, des
coefficients différentiels du premier et du second ordre d'une trajectoire
balistique.*

CORRESPONDANCE.

Sir **Charles D. Walcott**, élu Correspondant pour la Section de Minéralogie, et M. **Cuénot**, élu Correspondant pour la Section d'Anatomie et
Zoologie, adressent des remercîments à l'Académie.

M. le **Secrétaire perpétuel** signale, parmi les pièces imprimées de la
correspondance :

Le Opere di **Alessandro Volta.** *Edizione nazionale.* Volume primo.

M. **A. Mesnager** prie l'Académie de vouloir bien le compter au nombre
des candidats à la place vacante, dans la Section de Mécanique, par le
décès de M. *H. Léauté.*

M. **Blériot** prie l'Académie de vouloir bien le compter au nombre des
candidats à l'une des places vacantes dans la Division des *Académiciens
libres* ou à l'une des places de la Division, nouvellement créée, des *Applications de la Science à l'Industrie.*

ANALYSE MATHÉMATIQUE. — *Sur un point de la théorie des noyaux symétrisables.* Note de M. **Tr. Lalesco**.

Existe-t-il des noyaux, symétrisables par un noyau fermé, qui aient des pôles multiples ?

Cette question se pose lorsqu'on cherche à étendre la définition des noyaux symétrisables et que l'on examine en quoi la propriété du facteur composant d'être positif est essentielle.

Il est facile de montrer, par un exemple très simple, l'existence de pareils noyaux.

Considérons pour cela la fonction

$$N(x, y) = \frac{a(x) \int G(y, s) b(s) ds + b(x) \int G(y, s) a(s) ds}{\mu}$$
$$+ \frac{a(x) \int G(y, s) a(s) ds}{\mu^2},$$

où $G(x, y)$ désigne un noyau symétrique fermé.

Pour que ce noyau admette les paires de fonctions fondamentales

$$a(x), \qquad b(x),$$
$$\int G(y, s) b(s) ds. \qquad \int G(y, s) a(s) ds,$$

il faut et il suffit que les conditions suivantes soient remplies :

$$\int G(s, t) a(s) a(t) ds \, dt = \int G(s, t) b(s) b(t) ds \, dt = 0,$$

(1)
$$\int G(s, t) a(s) b(t) ds \, dt = 1.$$

Le noyau $G(x, y)$ étant symétrique, ces conditions peuvent s'écrire

(2)
$$\begin{cases} \dfrac{a_1^2}{\lambda_1} + \dfrac{a_2^2}{\lambda_2} + \dfrac{a_3^2}{\lambda_3} + \ldots = 0. \\[2mm] \dfrac{b_1^2}{\lambda_1} + \dfrac{b_2^2}{\lambda_2} + \dfrac{b_3^2}{\lambda_3} + \ldots = 0, \\[2mm] \dfrac{a_1 b_1}{\lambda_1} + \dfrac{a_2 b_2}{\lambda_2} + \dfrac{a_3 b_3}{\lambda_3} + \ldots = 1, \end{cases}$$

en désignant par λ_n, $\varphi_n(x)$ et a_n respectivement la $n^{\text{ième}}$ valeur caractéristique de $G(x, y)$, sa fonction fondamentale relative et la constante de Fourier de $a(x)$ par rapport à $\varphi_n(x)$.

Si nous considérons ces relations comme des équations linéaires en $\dfrac{1}{\lambda_1}$, $\dfrac{1}{\lambda_2}$ et $\dfrac{1}{\lambda_3}$, on peut déterminer pour ces quantités trois valeurs, finies, qui vérifient les conditions (2). Il suffit pour cela qu'on ait

$$(3) \qquad \frac{\int a(x)\varphi_1(x)\,dx}{\int b(x)\varphi_1(x)\,dx} \neq \frac{\int a(x)\varphi_2(x)\,dx}{\int b(x)\varphi_2(x)\,dx} \neq \frac{\int a(x)\varphi_3(x)\,dx}{\int b(x)\varphi_3(x)\,dx} \neq 0.$$

Or il est évident que nous pouvons choisir, d'une infinité de manières, les fonctions $a(x)$ et $b(x)$, de façon que les conditions (3) soient satisfaites. On obtient alors les valeurs de la forme

$$\frac{1}{\lambda_1} = \frac{\alpha_4}{\lambda_4} + \frac{\alpha_5}{\lambda_5} + \ldots,$$

$$\frac{1}{\lambda_2} = \frac{\beta_4}{\lambda_4} + \frac{\beta_5}{\lambda_5} + \ldots,$$

$$\frac{1}{\lambda_3} = \frac{\gamma_4}{\lambda_4} + \frac{\gamma_5}{\lambda_5} + \ldots.$$

Pour que ces valeurs ne soient pas toutes nulles à la fois, il suffit d'adjoindre aux inégalités (3) le terme

$$\frac{\int a(x)\varphi_4(x)\,dx}{\int b(x)\varphi_4(x)\,dx}.$$

Donc, par un changement convenable de trois pôles distincts, on peut, et cela d'une infinité de manières, transformer un noyau $G(x, y)$ dans un autre, également fermé, et tel que les conditions (1) soient remplies.

Le noyau $N(x, y)$, symétrisable à gauche par $G(x, y)$, admet alors le *pôle double* μ.

Cet exemple nous montre que, même si le noyau $G(x, y)$ est seulement quasi défini, un noyau symétrisable à l'aide d'un pareil noyau peut avoir des pôles multiples.

PHYSIQUE MATHÉMATIQUE. — *Milieux biaxes. Recherche des sources. Position du problème.* Note de M. MARCEL BRILLOUIN.

I. *Nature des sources élémentaires.* — On sait que les composantes M de la force magnétique et les composantes E de la force électrique dans un milieu électriquement anisotrope, mais magnétiquement isotrope, sont soumises aux liaisons

$$\text{Div. } M = 0, \qquad \text{Div. } \left(\frac{E}{a^2}\right) = 0,$$

en appelant a, b, c les trois vitesses de propagation principales.

Ces liaisons ont une conséquence, bien connue en hydrodynamique, mais négligée en optique par Lamé et les mathématiciens qui se sont occupés des sources dans les biaxes : les seules sources qui puissent être entièrement confinées à l'intérieur d'une petite sphère, sans aucune autre source à distance finie ou infinie, sont les *doublets*, et non des points quasi isotropes [1]. Ces sources, vectorielles, ont un champ dont la forme se modifie rapidement dans un rayon de quelques longueurs d'onde à partir du centre, et passe de la distribution lointaine, à deux nappes d'onde, à une distribution centrale dont la forme limite, à une seule nappe, est celle que j'ai définie dans une précédente Note en étudiant les doublets de moment proportionnel au temps [2]. Ce champ central varie en fonction de la distance et de la direction d'une manière assez compliquée ; il y a un terme en raison inverse de la distance.

II. *Fonction génératrice du champ.* — Des règles classiques appliquées aux équations de l'électrodynamique permettent d'exprimer linéairement toutes les composantes du champ d'un doublet au moyen des dérivées quatrièmes, par rapport au temps et aux coordonnées, d'une seule fonction $\Phi(x, y, z, t)$ pour chaque doublet. On reconnaît facilement sur ces expressions que, pour convenir à un doublet source, cette fonction doit se réduire, au voisinage immédiat du centre, à une expression de la forme

$$\varphi(x, y, z)\mathcal{F}(t),$$

homogène du premier degré en x, y, z. Elle doit d'ailleurs satisfaire partout

---

[1] La même notion est aussi importante dans le cas des uniaxes (voir BRILLOUIN, *Bull. Sc. math.*, janvier 1918).

[2] *Comptes rendus*, t. 165, 1917, p. 555, et *Revue générale de l'Électricité*, t. 3, nos 7 et 8.

à l'équation aux dérivées partielles

$$(\text{I}) \qquad \frac{\partial^4 \Phi}{\partial t^4} - \left[(b^2 + c^2) \frac{\partial^2}{\partial x^2} + \dots \right] \frac{\partial^2 \Phi}{\partial t^2} + \left(b^2 c^2 \frac{\partial^2}{\partial x^2} + \dots \right) \Delta \Phi = 0,$$

que j'écrirai symboliquement

$$(\text{I}) \qquad \Phi^{\dots} - \nabla \Phi^{\dots} + \square \Delta \Phi = 0.$$

Il faut donc chercher une intégrale de cette équation, n'ayant pas de singularité hors de l'origine, et s'y réduisant à la forme indiquée plus haut.

III. *Source ponctuelle.* — Pour cette équation, comme pour l'équation du son, les solutions relatives à toutes les sources peuvent s'obtenir par dérivations ou intégrations spatiales à partir de l'une d'entre elles. On peut même dans certains cas éviter les intégrations, en utilisant, comme pour l'équation de Laplace, des inversions par rayons vecteurs réciproques. Ces solutions sont généralement compliquées; la plus simple est celle qui correspond au point source quasi isotrope, dont l'amplitude devient infinie comme $\frac{1}{r}$ (variable avec la direction) au voisinage de l'origine. Lorsque l'équation ne donne pas de dispersion des ondes planes, cette solution s'est présentée, pour les corps isotropes et les uniaxes, sous la forme

$$\Phi = \varphi (x, y, z) \, \mathrm{F} [t - \tau(x, y, z)].$$

J'admettrai ([1]) qu'il en est de même pour les biaxes [éq. (I)] et qu'on peut trouver une solution purement émissive de la forme

$$(\text{II}) \qquad \Phi = \varphi_1(x, y, z) \, \mathrm{F} [t - \tau_1(x, y, z)] + \varphi_2(x, y, z) \, \mathrm{F} [t - \tau_2(x, y, z)],$$

avec la même fonction arbitraire F pour les deux nappes d'onde, où les retards τ_1, τ_2 sont définis par les lois classiques des biaxes qu'a découvertes Fresnel.

Cette solution, dont les deux ondes ne peuvent être considérées séparément qu'au loin, se réduit près de l'origine à

$$[\varphi_1(x, y, z) + \varphi_2(x, y, z)] \, \mathrm{F}(t).$$

([1]) Cette hypothèse est beaucoup moins restrictive que celle qui a amené, dans la solution proposée par Lamé, les infinis et les discontinuités si bien étudiées par M. Volterra.

C'est seulement la somme $\varphi_1 + \varphi_2$ qui doit être infinie comme $\frac{1}{r}$, sans singularités en direction.

IV. *Équations qui déterminent les amplitudes φ_1 et φ_2.* — S'il existe une intégrale de la forme (II), on obtiendra les équations qui déterminent φ_1, φ_2, τ_1, τ_2, quelle que soit la loi de variation en fonction du temps, en substituant l'expression (II) dans l'équation (I). La fonction F y figure ainsi que ses quatre premières dérivées; puisqu'elle est arbitraire, cela fait cinq coefficients à annuler pour l'onde 1, et autant, de forme identique, pour l'onde 2. Ainsi obtenues, ces cinq équations ont une apparence très compliquée; l'une d'elles est

$$(\text{III}) \quad \left[b^2 c^2 \left(\frac{\partial \tau}{\partial x} \right)^2 + \dots \right] \left[\left(\frac{\partial \tau}{\partial x} \right)^2 + \dots \right] - \left[(b^2 + c^2) \left(\frac{\partial \tau}{\partial x} \right)^2 + \dots \right] + 1 = 0.$$

On s'assure facilement (voir Lamé, qui écrit λ au lieu de τ) que les retards τ définis par la surface d'onde de Fresnel satisfont bien à l'équation (III).

V. Nous obtiendrons les autres équations sous leur forme la plus simple en procédant autrement. Supposons l'onde émissive périodique

$$\Phi = \varphi_1 e^{i\theta(t - \tau_1)} + \varphi_2 e^{i\theta(t - \tau_2)}.$$

Substituons dans l'équation (I), et écrivons [ce qu'exprime implicitement la forme (II)] qu'il n'y a pas de dispersion, quelle que soit la distance. Ayant supprimé le facteur commun $e^{i\theta t}$, et développé les exponentielles par rapport à θ, les coefficients des diverses puissances de θ doivent être tous nuls séparément. Écrivons les premiers et leur forme générale :

$$(1) \qquad \Box \Delta (\varphi_1 + \varphi_2) = 0,$$

$$(2) \qquad \Box \Delta (\varphi_1 \tau_1 + \varphi_2 \tau_2) = 0,$$

$$(3) \qquad \Box \Delta (\varphi_1 \tau_1^2 + \varphi_2 \tau_2^2) - \nabla (\varphi_1 + \varphi_2) = 0,$$

$$(4) \qquad \Box \Delta (\varphi_1 \tau_1^3 + \varphi_2 \tau_2^3) - \nabla (\varphi_1 \tau_1 + \varphi_2 \tau_2) = 0,$$

$$(n > 4), \qquad \Box \Delta (\varphi_1 \tau_1^n + \varphi_2 \tau_2^n) - \nabla (\varphi_1 \tau_1^{n-2} + \varphi_2 \tau_2^{n-2}) + \varphi_1 \tau_1^{n-4} + \varphi_2 \tau_2^{n-4} = 0,$$

on s'assure facilement, par un calcul un peu long, que les conditions de compatibilité sont, outre l'équation (III), les quatre non écrites au paragraphe précédent.

Lorsqu'elles sont satisfaites, une quelconque des équations de la suite résulte des quatre qui la précèdent. Ces conditions de compatibilité **sont** donc, sous leur forme la plus simple, les équations (1), (2), (3), (4), jointes aux valeurs de τ_1, τ_2, connues par l'onde de Fresnel.

Toute la question est maintenant ramenée à celle-ci : *Étant donnés les τ_1 et τ_2 de Fresnel, et ayant les intégrales générales des équations* (1) *et* (3), *satisfont-elles aux équations* (2) *et* (4), *où peut-on les particulariser de manière à y satisfaire, ainsi qu'aux conditions de continuité générales et à la forme limite au voisinage de l'origine?*

CHIMIE PHYSIQUE. — *Trempe et écrouissage des aciers au carbone.*
Note de M. **F. CLOUP**, présentée par M. Henry Le Chatelier.

En étudiant comparativement les perturbations calorifiques auxquelles donne lieu le recuit des aciers écrouis ou trempés, nous avons observé un parallélisme complet entre les deux phénomènes.

Les expériences ont été faites par la méthode différentielle de Sir Roberts Austen en employant, pour l'enregistrement photographique, le galvanomètre double Saladin-Le Chatelier.

Voici les résultats :

1° La courbe d'échauffement des aciers préalablement écrouis ou trempés présente dans tous les cas vers 400° un point singulier caractérisé par un dégagement de chaleur.

2° Le changement d'état, qui se produit à cette température, ne s'achève que lentement, aussi bien dans le cas des aciers trempés que des aciers écrouis.

C'est ainsi que deux échantillons du même acier ordinaire à 0,12 pour 100 de carbone, l'un trempé à partir de 1000° dans l'eau à 15° et l'autre écroui, puis chauffés tous deux à 640° pendant 25 minutes, présentent encore pendant un second réchauffage le point de 400°. Après un recuit de 12 heures à 600°, la transformation en question est devenue complète et une nouvelle courbe d'échauffement n'a plus présenté aucune irrégularité.

3° Ce changement d'état est irréversible. Les courbes de refroidissement d'aciers trempés ou écrouis ont une allure absolument régulière.

Cette transformation doit être accompagnée d'un changement de volume brusque. Le métal n'étant pas malléable à la température de 400° devient le siège de tensions internes qui amènent une rupture d'équilibre. Si, par un travail extérieur (martelage, par exemple), on vient accroître ces efforts internes, on se trouve dans les conditions les plus favorables pour provoquer des fissures, accident très fréquent dans le chauffage et le travail vers 400° des aciers écrouis.

CHIMIE ANALYTIQUE. — *Dosage colorimétrique du tungstène.* Note (¹) de M. Travers, présentée par M. Henry Le Chatelier.

Nous avons déjà signalé (²) un dosage colorimétrique du tungstène reposant sur l'emploi d'une liqueur de chlorure titaneux. Nous nous proposons aujourd'hui d'en définir le mode opératoire. Cette méthode repose sur la propriété de l'acide tungstique de donner par l'action réductrice du chlorure titaneux un oxyde bleu qui reste en suspension colloïdale dans certaines conditions déterminées.

La coloration est assez sensible aux variations d'acidité de la liqueur. Jusqu'à 10$^{cm^3}$ d'acide chlorhydrique normal dans 100$^{cm^3}$ de dissolution, on n'observe pas de changement appréciable dans la coloration. Au delà de cette concentration en acide, la coloration décroît progressivement pour s'annuler complètement lorsque la proportion d'acide libre atteint 50$^{cm^3}$ d'acide chlorhydrique normal pour 100$^{cm^3}$ de la liqueur primitive. Soit, par exemple, une dissolution de tungstate de soude occupant un volume de 60$^{cm^3}$; on la neutralise exactement par l'acide chlorhydrique, puis on ajoute un excès de 2$^{cm^3}$ à 4$^{cm^3}$ d'acide normal. Avec une solution renfermant 1^{mg} de tungstène par centimètre cube et en employant un léger excès d'une liqueur de chlorure titaneux correspondant à 2^{mg} de fer par centimètre cube, on obtient une coloration bleue qui se conserve facilement pendant 30 minutes. Dans le cas de solutions plus concentrées en tungstène, la floculation de l'oxyde colloïdal deviendrait trop rapide.

En présence du vanadium, du phosphore et du molybdène, la réaction n'est plus applicable. Le vanadium donne des tungstovanadates plus difficilement réductibles; le phosphore donne un précipité de phosphate de titane; enfin le molybdène modifie la nuance de la coloration et la rend instable. Il faut commencer par éliminer ces trois éléments.

(¹) Séance du 18 février 1918.
(²) *Comptes rendus*, t. 165, 1917, p. 408.

GÉOLOGIE. — *Sur l'âge des grès de la Guinée française.*
Note de M. **Joseph-H. Sinclair**.

L'un des traits les plus remarquables de la structure géologique de la Guinée française réside dans l'existence de grès qui s'observent depuis la frontière de la Guinée portugaise jusqu'à la Sierra Leone. Cette formation continentale, souvent décrite, présente une épaisseur de 150^m à 200^m; elle repose horizontalement sur une vieille surface de granite et de gneiss. Ces grès blancs sont homogènes; on n'y observe aucun horizon conglomératique, la stratification entre-croisée n'y est pas rare.

En dépit de son antiquité, cette région présente un caractère de jeunesse remarquable. Des vallées étroites sont encaissées par des falaises aux parois verticales, tandis que, par places, les larges rivières ont creusé leur cours jusqu'au granite sous-jacent, mais en général l'érosion n'a pas été poussée aussi loin. Çà et là des lambeaux de plateaux gréseux sont isolés de toute part et donnent au paysage un aspect des plus pittoresque.

Jusqu'ici, au moins à ma connaissance, aucune notion précise n'a été acquise sur l'âge de ces grès. Récemment, j'ai rencontré à 12^{km} au sud-ouest de Télimélé, aux sources de la rivière Samarkou, des lits de schistes argileux recouvrant horizontalement les grès et en stricte concordance avec eux. Ces schistes sont pyriteux, ils se voient à 30^m au-dessus des grès; ils contiennent en abondance des débris de *Monograptus priodon* et des fragments indéterminables de trilobites. Ces fossiles démontrent l'âge cambrien supérieur ou ordovicien inférieur de cette importante formation.

Un sill de diabase, d'environ 10^m d'épaisseur, est injecté entre les grès et ces argiles; les observations faites entre Kindia et Télimélé montrent que c'est là un fait très fréquent : tous les géologues qui ont écrit sur la Guinée, et en particulier M. Hubert, ont d'ailleurs signalé et étudié ces diabases. J'ajouterai enfin que j'ai rencontré, sous le sill de diabase de Télimélé, un lit mince d'un schiste métamorphisé renfermant des débris assez informes de trilobites.

Il résulte de ces observations que les grès de Guinée appartiennent sans doute au Cambrien supérieur et qu'ils sont localement recouverts par des schistes ordoviciens : des sills de diabase sont intercalés entre ces deux formations.

GÉOLOGIE. — *Sur l'âge du détroit Sud-Rifain.* Note de M. **Louis Gentil**, présentée par M. Émile Haug.

J'ai à plusieurs reprises entretenu l'Académie de l'histoire du bras de mer qui, à l'époque miocène, reliait la Méditerranée à l'Océan Atlantique à travers le Maroc : *le détroit Sud-Rifain.*

Par une série de faits stratigraphiques recueillis dans le Maroc occidental, d'une part, dans les confins algéro-marocains, de l'autre, j'avais d'abord annoncé que cette communication marine devait passer par la « Trouée de Taza » ([1]) et ce n'est qu'en septembre 1915 que j'ai pu, par un voyage longtemps projeté entre Fez et la Mlouya, relier mes observations antérieures ([2]).

J'avais d'abord apporté cette première confirmation que le seuil de Taza est encombré par les dépôts du détroit Sud-Rifain et montré que celui-ci présente, en ce point, sa partie la plus resserrée; enfin j'avais admis que la communication avait dû fonctionner pendant le Miocène moyen et vraisemblablement aussi pendant le Miocène supérieur.

Des documents nouveaux précisent, en les modifiant sensiblement, mes premières conclusions. Ils sont de deux ordres bien distincts : stratigraphique et tectonique.

La succession des dépôts miocènes, de la base au sommet, est telle que je l'avais indiquée :

a, grès calcarifères grossiers avec petits galets bien roulés; *b*, grès calcaires jaunes; *c*, grès très fins, argileux, de couleur grise; *d*, argiles marneuses, sableuses à la base, très épaisses, blanches ou grises, bleues dans les coupures fraîches; *e*, grès argilo-sableux et poudingues à ciment gréseux, jaunes.

Les fossiles que j'avais recueillis sont localisés dans les trois assises inférieures. Ce sont :

Pecten incrassatus Partsch (= *P. Besseri* Andr.), *P. Josslingi* Smith (= *P. lychnulus* Font.) var. *lœvis* Cotter, *Flabellipecten fraterculus* Sow., *Amussium subpleuronectes* d'Orb.) *Clypeaster decemcoscostatus* Pom., *Clypeaster marginatus* Lamk.

Dans cette faunule, les Pectinidés m'avaient semblé devoir appartenir à

([1]) *Comptes rendus*, t. 152, 1911, p. 293 et 415.
([2]) *Sur la « Trouée de Taza »* (*Maroc septentrional*) (*Comptes rendus*, t. 163, 1916, p. 705).

l'Helvétien à cause de la variété *lævis* du *P. Josslingi*, qui caractérise ce niveau au Portugal; et ce qui avait entraîné ma conviction c'est la présence des deux Clypéastres qui n'ont jamais été signalés ailleurs que dans l'Helvétien, dans tout le bassin méditerranéen.

Or, j'ai reconnu depuis que ces Échinides ont été recueillis dans l'assise argilo-gréseuse *c* qui doit être rattachée à l'épaisse couche d'argile *d* indiscutablement helvétienne. De plus, j'ai trouvé dans l'assise *b* le *Pecten præscabriusculus* Font., qui est caractéristique du Burdigalien.

Il faut donc admettre que la succession qui précède représente en réalité l'ensemble du premier et du deuxième étage méditerranéens : *a* et *b*, le Burdigalien, *cde* l'ensemble de l'Helvétien et du Tortonien (Vindobonien).

Il en résulte que *le détroit Sud-Rifain était ouvert dès l'époque des dépôts du premier étage méditerranéen.*

La communication entre l'Atlantique et la Méditerranée a donc, à travers le Maroc, fonctionné plus tôt que je ne pensais. Je crois devoir, également, reculer la date de sa fermeture.

J'ai fait remarquer que les dépôts sahéliens n'existaient pas dans la région de Taza, mais j'ai admis qu'ils avaient pu être enlevés.

Or, il n'y a pas traces de ces dépôts entre la bordure du R'arb et la Mlouya, sur un espace de plus de 200^{km}. En outre, le Tortonien a atteint des altitudes de 700^m à 800^m au seuil de Taza, tandis qu'il ne dépasse pas 150^m dans la zone littorale de la Mlouya et dans le R'arb.

Enfin, toute la bande éocène qui s'étend au nord de Taza, sur la rive droite de l'oued Innaouen, n'est pas en place: Formée de grès glauconieux à *Voluta depressa* et *Cucullœa crassatina*, de marno-calcaires phosphatés à silex, avec dents de Squales, suessonniens et de calcaires à *Nummulites atacicus* Leym., *N. bolcensis* Mun.-Ch. et *N. irregularis* Desh., du Lutétien, elle est partout en recouvrement sur les argiles helvétiennes. On se trouve là en présence d'*une nappe de charriage, venue du Rif, et poussée dans le Néogène du détroit Sud-Rifain.*

A 25^{km} à vol d'oiseau au nord de Taza, près du poste de Bab Moroudj, le commandant Lamoureux a recueilli, dans des grès burdigaliens, et m'a soumis, le *Pecten convexior* Alm. et Bof. Le détroit était donc, suivant le méridien de Taza, beaucoup plus large que je ne pensais, car entre cette ville et Bab Moroudj ces dépôts sont en grande partie recouverts par la nappe éocène.

Cette nappe se relie à la zone de charriage que j'ai mise en évidence à l'est, vers l'embouchure de la Mlouya, dans le massif des Kebdana (¹) et je l'ai poursuivie, dans l'ouest, jusqu'à la Kelâ des Sless et aux approches de Fez. De plus, il résulte d'une mission récente que j'ai effectuée avec MM. Maurice Lugeon et Léonce Joleaud, dans le Maroc occidental, que, dans le R'arb, il existe une région de nappes, jurassique et triasique, vraisemblablement supérieures à la nappe éocène de Taza; nous avons également ment constaté que le grand mouvement orogénique qui a donné naissance à ces phénomènes de chevauchement date de la fin de l'Helvétien, sans que les dépôts du Sahélien aient été intéressés.

Cette observation s'applique également au seuil de Taza. Elle montre que, entre le R'arb et la Mlouya, le *détroit Sud-Rifain* était fermé à l'époque sahélienne.

Comme les échanges marins s'opéraient *forcément* au Miocène supérieur il convient de rechercher ailleurs la communication qui, à cette époque, reliait l'Atlantique à la Méditerranée.

GÉOPHYSIQUE. — *A propos de l'* « *écorce résistante* ».
Note (²) de M. ADRIEN GUÉBHARD.

J'ai exposé, dans une Note précédente (³), comment aucune écorce n'aurait pu se former sur la fonte mouvante du globule incandescent de Laplace, s'il ne s'était trouvé à un moment donné, pour surnager, une substance jouissant de la propriété connùe du fer, de se dilater comme l'eau en se solidifiant. Autrement, c'est au centre que se seraient indéfiniment précipités, dans l'ordre des fusibilités et des densités, les produits du refroidissement, pour accroître du dedans au dehors la *barysphère*, ou noyau de métaux lourds. Déjà, en 1914, M. H. Douvillé (⁴) avait très justement fait remarquer qu'il avait dû se former, dès 1850°, comme dans nos hauts fourneaux, une scorie silicatée, due à la réaction superficielle d'une atmosphère très lourde et très complexe sur la pyrosphère. Mais il est clair qu'un tel émail, interceptant, à peine formé, l'action qui lui donnait naissance,

---

(¹) *Comptes rendus*, t. 151, 1910, p. 781.

(²) Séance du 25 février 1918.

(³) A. GUÉBHARD, *Sur une manière nouvelle de comprendre le volcanisme et les apparences pseudo-éruptives du granite* (*Comptes rendus*, t. 165, 1917, p. 150).

(⁴) H. DOUVILLÉ, *Les premières époques géologiques* (*Comptes rendus*, t. 159, 1914, p. 221).

n'a pu constituer à lui seul une « écorce résistante ». C'est en dessous, vers 1500°, que la solidification du fer et de ses alliages, sans autre limite que l'approvisionnement magmatique en substances foisonnantes, a fait naître la croûte solide, dont l'épaississement continu *ab infero* est attesté par la persistance des dégorgements du volcanisme.

Quel laps de temps n'a-t-il pas fallu pour qu'au-dessus de ce plancher de fer émaillé des chutes de liquides inaugurassent, au chronomètre thermique, l'ère sédimentaire ? Sans doute, ainsi que l'enseignait M. Douvillé, dût-il y avoir, dès 800° à 700°, condensation des vapeurs de métaux alcalins et concentration, dans les bas-fonds, des produits de l'érosion physique et chimique, matière première des futures éjections cristallophylliennes, mais c'est à peine si, en dessous de 364°, purent commencer des chutes d'eau, et au-dessous de 100° s'ébaucher, sous une pression atténuée, les premières manifestations de la vie.

C'est donc à titre de constatation physique et non de pure hypothèse que mérite d'être consacrée, en opposition avec l'inconsistance d'un épiderme aussi incohérent dans le sens vertical qu'horizontal et destiné à ne s'alimenter plus guère que de sa propre usure, la notion d'*écorce résistante*, donnée pour base à mon interprétation élémentaire de tout le diastrophisme terrestre. Certes, avant d'arriver à cette résistance, la pellicule a dû subir plus d'une déchirure, sous la réaction plus ou moins disruptive du contenu fluide, emprisonné à l'état de surfusion. Mais ce sont précisément ces fissures qui, donnant du jeu aux rétractions normales du refroidissement (¹), excluent *ipso facto* les plissements, charriages et autres déplacements « tangentiels » inconsidérément disproportionnés que certaines théories modernes tendent de plus en plus à faire descendre aux profondeurs de l'invisible. Par contre, elles expliquent très suffisamment les phénomènes de l'épirogénie par la continuité du foisonnement inférieur et le jeu de bascule des surcharges marginales, sans recourir à d'invraisemblables plongées de fonds de cuvettes dans le bain même d'où leur densité les a fait émerger et de bien plus invraisemblables « refusions » à une température qui fut celle de solidification. Et que penser encore de la perméation de l'épaisse voûte de fer par des « émanations fluidiques », des

---

(¹) Puisque la base est, par son mode même de formation, toujours maintenue à la température fixe de solidification, le seul effet que puisse produire la rétraction des couches superficielles est de faire bâiller de plus en plus l'ouverture des fentes et d'écarter en angles drièdres leurs faces parallèles.

« colonnes filtrantes », ou, inversement, des descentes d'eau, complaisamment invoquées pour l'explication circonstancielle de *métamorphismes* dont les expériences de W. Spring indiquent le mécanisme tout naturel?

Tant que se maintiendra la propriété foisonnante du magma, c'est l'iso-géotherme de 1500° que suivra l'enfoncement de la base de la croûte (¹), et il pourrait en aller ainsi jusqu'à la jonction de la coque et du noyau, si, à un moment donné, le liquide, à force de se dépouiller, ne finissait par rentrer dans la norme des rétractions par le froid et par substituer à son ancienne pression éjective un appel au vide, une aspiration par les anciennes cheminées, rappelant au contact du chimisme magmatique tous les gaz et vapeurs qui protégeaient la surface contre le refroidissement. Celui-ci s'accélérant, c'est à l'intérieur que se condensera, par une sorte de distillation inverse, la vapeur d'eau, jusqu'à ce que l'arrivée du zéro thermométrique, en la transformant en roche plastique, achève la cimentation souterraine qui vouera à une éternelle rigidité le cadavre astral frigorifié.

La Lune n'est-elle pas un exemple proche de cette fin d'évolution, en quelque sorte normale? Mais le ciel nous montre qu'il en peut être d'autres, et c'est la solution explosive de l'expérience de la bombe mise à congeler pleine d'eau que rappelle le groupe des astéroïdes d'entre Mars et Jupiter et qu'atteste la constitution minéralogique des météorites, où M. Stanislas Meunier reconnaît les restes d'une lune pulvérisée. Mercure lui-même, avec sa densité extraordinaire, ses points lumineux des moments de passage et ses anomalies de route, ne pourrait-il être regardé comme une simple barysphère décortiquée, que harcèlerait toujours l'invisible essaim de ses propres éclaboussures?

Si l'on remarque encore que la *ferrisphère* n'est qu'une matérialisation tardivement concrétée de l'*aimant terrestre* dont l'hypothèse s'est depuis longtemps imposée aux physiciens, on verra là une consécration de plus des vues géophysiques, nées de la simple observation superficielle de la terre, qui ont trouvé dans les cieux, comme dans l'intérieur du globe, des vérifications inattendues.

(¹) En l'absence certaine de « feu central », il y a toute apparence que la température de la couche supérieure du liquide représente un *maximum*, à partir duquel il ne peut y avoir que dégradations, à peine sensible vers le centre, rapide vers le dehors.

MÉTÉOROLOGIE. — *Méthode de prévision des variations barométriques.*
Note (¹) de **M. G. Reboul.**

J'ai indiqué dans une Note précédente (²) qu'en général les variations de la pression barométrique et celles du vent au sol s'accompagnent comme l'indique la figure.

Convenons de compter le vent positivement. La tendance barométrique T est proportionnelle à tang α, elle en aura aussi le signe. Les quotients du vent par tang α ou par la tendance T sont faibles et négatifs dans la partie I

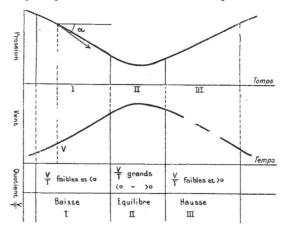

de la figure, c'est alors que la baisse menace. Dans la partie II les quotients $\frac{V}{T}$ sont grands, négatifs ou positifs; c'est la zone d'équilibre où la baisse cesse et la hausse commence. Dans la partie III le rapport $\frac{V}{T}$ sera faible et positif; c'est la zone correspondant à l'envahissement de la hausse.

_____

(¹) Séance du 11 février 1918.
(²) *Comptes rendus*, t. 166, 1918, p. 124.

Ceci posé, supposons que nous fassions ce rapport $\frac{V}{T}$ pour les diverses stations de la carte météorologique; reportons sur la carte les valeurs de ces quotients. De ce que nous avons dit, nous déduisons les règles suivantes :

1° *Les régions où se trouvent les stations pour lesquelles $\frac{V}{T}$ est négatif et de faible valeur absolue seront celles que menace la baisse.*

2° *Les régions où $\frac{V}{T}$ est grand correspondent à la zone d'équilibre qui sépare les régions menacées par la baisse de celles qu'envahit la hausse.*

3° *Les régions où $\frac{V}{T}$ est positif et faible sont celles où va se stabiliser la hausse.*

La carte se trouve ainsi séparée en deux zones : l'une, dangereuse, favorable aux cyclones; l'autre, de sûreté, favorisant les hautes pressions.

Si l'on exprime l'intensité du vent dans l'échelle de Beaufort, et la tendance (variation barométrique dans les 3 heures qui précèdent l'observation) en millimètres, l'application montre que, en général, il faut considérer les quotients $\frac{V}{T}$ comme petits si leur valeur absolue est inférieure à 3, et comme grands si elle dépasse 6 ou 7 ; s'ils se présentent sous la forme ∞, ils sont placés dans la zone des grands coefficients; sous la forme $\frac{o}{a}$ ils sont placés dans la zone des petits coefficients positifs ou négatifs suivant le signe de a. Ils sont indéterminés sous la forme $\frac{o}{o}$.

Il pourra y avoir parfois ambiguïté sur la grandeur relative des quotients, car les vents des diverses stations ne sont pas toujours comparables entre eux. En outre, il ne faudra pas appliquer ces règles au moment où les variations barométriques sont dues à l'action diurne. Mais, malgré ces inconvénients, on est surpris des indications que les valeurs des quotients $\frac{V}{T}$ donnent pour la prévision des variations barométriques.

Ainsi, pendant l'année 1917, sur 283 applications de ces règles à la prévision de la baisse barométrique, nous avons eu 205 cas favorables et 78 cas défavorables. Pour la prévision de la hausse, nous trouvons, dans le même intervalle de temps, 188 cas favorables et 39 défavorables sur un total de 227 applications.

Le coefficient de probabilité de ces règles serait donc environ 0,7.

Comme toutes celles qui ne font intervenir que quelques-unes des variables du problème complexe qu'est une prévision, ces règles ne peuvent rendre de réels services que si elles sont employées concurremment avec un certain nombre d'autres permettant de faire entrer en jeu toutes les données que l'on possède.

PHYSIOLOGIE. — *Loi de la cicatrisation des plaies.* Note ([1]) de M. **JULES AMAR**, présentée par M. Éd. Perrier.

I. Quelques auteurs ont examiné, dans ces derniers temps, la *vitesse* de cicatrisation des plaies superficielles. A l'hôpital de Compiègne, notamment, Carrel et ses élèves ont déduit de cette étude une *formule empirique* donnant la durée de la cicatrisation. La question concerne la *prolifération cellulaire*, dont, après Maupas et tant d'autres, je m'occupais en cherchant la vitesse de multiplication des *Infusoires*, véritables cellules isolées. Ce fut la raison pour laquelle mon regretté maître Dastre m'entretint de la thèse qu'il devait présider, où M. du Noüy établit une formule de cicatrisation ([2]).

L'objet de cette Note est de montrer par des données expérimentales l'*insuffisance actuelle* de toutes relations mathématiques.

1° *Données histologiques.* — On sait que l'épiderme se rénove ou se complète suivant les lois de la fissiparité. J'ai entamé l'épiderme de la patte de grenouille, ou celui de la cuisse, dont la cicatrisation est rapide. On voit déjà au bout de quelques heures les bords de la plaie se rapprocher progressivement. On peut vérifier, de jour en jour, la marche de cette prolifération, en s'adressant à la patte de pigeon. L'examen histologique est, ici, particulièrement intéressant : il prouve qu'au début la fissiparité subit un arrêt; c'est au bout de 36 à 48 heures que de jeunes cellules apparaissent. La nutrition, aux bords de la plaie, augmente peu à peu d'intensité; des leucocytes migrateurs y arrivent en grand nombre. Les conditions physiologiques se modifient donc au cours de la cicatrisation et en changent la vitesse.

2° *Données physiologiques.* — Je donnerai ailleurs l'ensemble de mes

---

([1]) Séance du 4 mars 1918.

([2]) LECONTE DU NOÜY, *Thèse d'Université*, Paris, 1917.

observations sur la multiplication des Infusoires (Vorticelles et Stylo-
nichia). On les isole en chambre humide de Ranvier, dans une solution
nutritive aérée et aseptique. On évalue, du mieux possible, le nombre
d'infusoires présents dans le champ du microscope.

Le but de nos expériences était de déterminer l'effet, sur la multiplication
cellulaire, des facteurs physiologiques suivants :

a. Rôle de la nutrition. — En ajoutant du glucose et des peptones à la
solution nutritive, en quantités convenables, l'infusoire se multiplie plus
vite; l'accélération est de 60 à 80 pour 100; elle est encore plus rapide
lorsque, au milieu de ce liquide nutritif, on dégage lentement des bulles
d'oxygène.

L'addition d'alcool, acides minéraux, urée, sulfates de fer ou de cuivre,
retarde ou arrête la fissiparité; l'infusoire se recroqueville, diminue de
volume, prend un aspect trouble et meurt.

Au contraire, les sels d'ammonium, oxalate, carbonate et phosphate, les
sucres, favorisent la prolifération cellulaire.

b. Rôle de la température. — Mais, toutes choses égales, ce dernier phénomène progresse avec la température jusqu'aux environs de 37°. Aussi
bien, quand une plaie se répare, les causes de refroidissement doivent lui
être évitées par l'application de pansements chauds et aseptiques.

c. Rôle de l'âge. — La vitesse de multiplication tombe de 25 à 40 pour 100
chez le même infusoire *âgé*. On sait que la croissance des tissus jeunes est
rapide et que l'épiderme âgé, proliférant mal, donne des cellules rabou-
gries.

Voilà quelques-unes des données de la physiologie dont l'étude de la
cicatrisation des plaies doit tenir compte. Et il importe de rappeler l'influence de l'organe lésé, du siège et de la gravité de la blessure, du sexe et
de l'espèce de l'animal, de la nature et du mode de pansement.

II. *Formule de cicatrisation des plaies.* — Dans ces conditions, peut-on
hasarder une *formule* qui permette de calculer, à l'avance, la durée de
cicatrisation d'une plaie épidermique? *A priori*, rien ne l'interdit, même
dans l'ordre biologique, pourvu que la formule embrasse *tous* les facteurs
susceptibles d'agir sur la vitesse de cicatrisation, et que les phénomènes à

mettre en équation soient l'objet de mesures *très exactes*. Malheureusement, ce n'est point le cas. Le premier, M. du Noüy, définit une *vitesse relative* de cicatrisation, en rapportant la surface cicatrisée, en un temps déterminé, à la surface totale à cicatriser. *Mais pourquoi?* Quelles raisons de considérer la grandeur superficielle et non telle autre grandeur, comme le périmètre des bords de la plaie, puisque c'est par eux que s'effectue la rénovation histologique?

L'expérience, du reste, s'écarte de ce mode de calcul, et l'auteur est obligé de faire intervenir « l'âge de la plaie », et un « coefficient constant », lequel, en dépit de sa constance, varie de 350 pour 100. Bien mieux, il déclare que, dans $\frac{1}{5}$ des cas observés, il y aurait à tenir compte, en plus, « de l'âge physiologique du blessé, parfois très différent de son âge réel » (?).

On sent combien les notions ci-dessus, appliquées à ce phénomène de la cicatrisation, eussent servi à la rendre intelligible et mesurable. Les calculs de M. de Beaujeu ([1]) ne changent rien à ma conclusion; il pose des constantes mystérieuses, ne soupçonnant pas la complexité des facteurs biologiques. Et M. Lumière croit avoir démontré que *le temps de cicatrisation est proportionnel à la largeur des plaies* ([2]), sans se douter que ses expériences sont loin d'être décisives. Les variations de largeur ont été de 6^{mm} à 16^{mm} par période de 7 jours. On ne saurait ici recourir, comme il l'a fait, à des *moyennes* qui masquent des écarts de 160 pour 100!

Au surplus, une telle relation se déduirait *théoriquement* d'un calcul élémentaire. En *supposant* que les lèvres de la plaie avancent chaque jour d'une quantité constante, on évalue les surfaces successivement cicatrisées. Celles-ci vont, évidemment, *en décroissant*, comme l'a observé Carrel, et elles forment les termes d'une progression arithmétique dont la somme correspond à la surface totale connue. On obtient ainsi une équation du deuxième degré dont les racines expriment, entre le temps total de cicatrisation et la largeur de la plaie, une *égalité numérique*. Mais l'expérience s'en écarte notablement.

Conclusions. — On peut donc conclure nettement que : La cicatrisation des plaies superficielles obéit à toutes les causes physiologiques qui,

---

([1]) JAUBERT DE BEAUJEU, *Journal de Physiologie*, 1917, p. 72.
([2]) AUGUSTE LUMIÈRE, *Revue de Chirurgie*, 1917, p. 656.

généralement, agissent sur.la multiplication cellulaire : nutrition, température, âge, excitabilité ou toxicité du milieu. Il faut ajouter l'espèce et le
sexe de l'animal, le siège et la gravité de la blessure. Tous ces facteurs
considérés, la vitesse de cicatrisation est proportionnelle au nombre des
cellules proliférantes, c'est-à-dire à la largeur de la plaie.

Mais la complexité du phénomène rend difficile sa mise en équation. Et
la tentative de Leconte du Noüy aura eu le mérite d'attirer l'attention sur
une importante.question de biologie et de technique chirurgicale.

CHIMIE BIOLOGIQUE. — *Nouvelles observations sur la dégradation de l'inuline et des « inulides » dans la racine de chicorée.* Note de MM. **B. Geslin**
et **J. Wolff**, présentée par M. Roux.

Dans une Communication antérieure ([1]), nous avons montré que, sous
des influences diastasiques, l'inuline de la racine de chicorée au repos se
dégrade peu à peu, pour aboutir au terme hexose, en passant par des
termes intermédiaires non réducteurs mais fermentescibles, que nous avons
désignés sous le nom d'*inulides*.

L'emploi de deux levures très différentes au point de vue de leur action
sur les diverses inulides nous'a permis de suivre la dégradation que
subissent ces composés dans la racine pendant sa conservation. Pour ces
nouvelles expériences, nous nous sommes adressés, d'une part, au *Schizosac-
charomyces* Pombe qui, sans action sur l'inuline, s'attaque à *toutes* les
inulides qui en dérivent, et, d'autre part, à une levure de Bourgogne qui
n'attaque que les inulides les moins condensées et les produits de leur
hydrolyse. Avec ces deux levures nous avons fait fermenter comparativement du suc de racines récoltées en octobre et décembre et le suc des
mêmes racines après un mois de conservation ([2]).

Nous pouvons ainsi diviser les *inulides* en deux groupes, suivant leurs
caractères de fermentescibilité, et voir les dégradations successives qu'elles

_____

([1]) J. WOLFF et B. GESLIN, *Comptes rendus*, t. 165, 1917, p. 651.
([2]) Il n'est pas inutile de remarquer que le suc frais des racines de décembre se
coagule moins vite et moins complètement que celui des racines d'octobre. Cette
différence est en relation avec des teneurs différentes en inuline (31,4 et 44,2 pour 100
de matière hydrocarbonée totale, exprimée en lévulose).

subissent ([1]). Les inulides faisant partie de ces deux groupes sont désignées respectivement ci-après par les lettres P et B suivant les levures qui les attaquent.

Voici, par exemple, les résultats obtenus avec des racines de chicorée récoltées en octobre et dont le suc avait été examiné de suite (I), puis à nouveau un mois plus tard (II); ces résultats sont rapportés à 100 de matière hydrocarbonée totale.

	I.	II.	Différence.
Matière fermentée par levure B...	33,5	58,8	22,3
» par levure P...	50,9	75,9	25,0
Différence (inulides P)......	17,4	20,1	2,7

Ce Tableau nous montre que, pendant la conservation de la racine durant un mois, la quantité d'inulides B a augmenté de 22,3. Il est probable que ces inulides B proviennent d'inulides P; et comme, pendant la même période de conservation, la quantité d'inulides P a augmenté de 20,1-17,4, soit 2,7, et que ces inulides P ne peuvent provenir que de l'inuline, nous voyons qu'il s'est formé plus d'inulides P qu'il n'en a disparu. Ce résultat peut varier avec l'époque à laquelle les racines ont été récoltées, car avec les racines de décembre nous avons constaté qu'il se forme pendant une conservation d'un mois moins d'inulides P qu'il n'en disparaît.

En résumé, sur 100^g de matière hydrocarbonée totale, nous avons pour les racines d'octobre :

	Suc du début.	après 1 mois.
Inuline infermentescible	44,2	21,4
Inulides fermentant par Pombe seul........	17,4	20,1
Inulides de P transformées, fermentant par B.	»	22,3
Inulides initiales fermentant par B	33,5	33,5
Matière indéterminée......................	4,9	2,7
	100,0	100,0

Racines de décembre. — En faisant les mêmes expériences et les mêmes déductions sur les sucs de la chicorée de décembre nous obtenons les résultats suivants :

([1]) Il est évident que c'est là un mode de classification artificielle et que c'est en vue de la simplicité de l'exposé que nous avons limité notre choix à deux levures extrêmes.

	Suc	
	du début.	après 1 mois.
Inuline infermentescible.....................	31,4	20,3
Inulides fermentant par P seul...............	17,5	15,2
Inulides de P transformées, fermentant par B..	»	11,8
Inulides initiales fermentant par B...........	52,3	52,3
	101,2	99,6

Au moment où nous rédigeons cette Note, nous avons connaissance du travail de M. Colin (¹) qui confirme en grande partie nos observations. Mais M. Colin fait remarquer que nous avons omis de signaler les travaux de Dubrunfaut concernant la présence du saccharose dans le topinambour (²). Nous n'avions pas ici à en faire état.

La présence de saccharose dans nos racines d'octobre et de décembre ne nous a pas échappé; sa quantité est du reste très faible et n'infirme en rien nos conclusions sur les produits de dégradation diastasique de l'inuline dans ces racines.

D'ailleurs nous évaluons les diverses *inulides* formées dans la racine au repos d'après les différences entre les résultats obtenus à un mois d'intervalle, et comme, pendant cette période, le saccharose ne varie pas, il n'intervient pas dans nos résultats. Si nous avons adopté le terme nouveau d'*inulides*, c'est pour distinguer ces produits des autres hydrates de carbone engendrant également du lévulose et désignés dans la littérature sous le nom de *lévulosanes*.

MM. Dominique Delahaye et Émile Raverot adressent une Note intitulée : *Sur le respect scientifique du Dictionnaire français et du sens précis des mots dans notre langue.*

(Renvoyé à la Commission des Poids et Mesures.)

M. Gab. Loisel adresse (³) une Note intitulée : *Étude de chimie agricole*

(¹) *Comptes rendus*, t. 166, 1918, p. 305.
(²) *Comptes rendus*, t. 64, 1867, p. 764.
(³) Séance du 11 février 1918.

sur la végétation dans les sols de diluvium de Saint-Aubin jouxte Boulleng (Seine-Inférieure).

(Renvoyé à la Section d'Économie rurale.)

A 16 heures et demie l'Académie se forme en Comité secret.

COMITÉ SECRET.

La Section de Mécanique, par l'organe de son doyen, M. Boussinesq, présente la liste suivante de candidats à la place vacante par le décès de M. *H. Léauté :*

En première ligne.	M. G. KŒNIGS
En deuxième ligne.	M. JEAN RESAL
En troisième ligne, ex æquo par ordre alphabétique	MM. BOULANGER ÉMILE JOUGUET AUGUSTIN MESNAGER

Les titres de ces candidats sont discutés.

L'élection aura lieu dans la prochaine séance.

La séance est levée à 17 heures et demie.

A. Lx.

BULLETIN BIBLIOGRAPHIQUE.

OUVRAGES REÇUS DANS LES SÉANCES DE DÉCEMBRE 1917.

Le système du monde. Histoire des doctrines cosmologiques de Platon à Coper-nic, par Pierre Duhem; tome V. Paris, Hermann, 1917; 1 vol. in-8°.

Tables annuelles de constantes et données numériques de chimie, de physique et de technologie. Deuxième rapport général présenté au nom de la commission permanente du Comité international pour la période comprise entre le 10 mai 1912 et le 31 décembre 1916. Paris, Charles Marie, 1917; 1 fasc.

Légendes et curiosités de l'histoire (quatrième série), par le Dr Cabanès. Paris, Albin Michel, 1917; 1 vol. in-16. (Présenté par M. Edmond Perrier.)

Institut de France. Académie des Sciences. Observatoire d'Abbadia. *Catalogue de 7443 étoiles comprises entre − 2°45′ et − 9°15′ (zone photographique de San Fer-nando), observées en 1912, 1913, 1914, 1915, 1916, réduites à 1900,0.* Hendaye, Observatoire d'Abbadia, 1917; 1 vol. in-4°.

Histoire physique, naturelle et politique de Madagascar, publiée par A. et G. Grandidier; vol. IV : *Ethnographie de Madagascar*, par Alfred et Guillaume Gran-didier; tome troisième : *Les habitants de Madagascar; la famille malgache* (fin). — *Rapports sociaux des Malgaches. Vie matérielle à Madagascar. Les croyances et la vie religieuse à Madagascar.* Paris, Imprimerie nationale, 1917; 1 vol. in-4°.

Physiologie. Travaux de laboratoire de M. Charles Richet; tome septième : *Vivisection, anaphylaxie, humorisme, leucocytose.* Paris, Alcan, 1917; 1 vol. in-8°.

Les universités et la vie scientifique aux États-Unis, par Maurice Caullery. Paris, Armand Colin, 1917; 1 vol. in-16. (Présenté par M. E. Roux.)

(*A suivre.*)

ACADÉMIE DES SCIENCES.

SÉANCE DU LUNDI 18 MARS 1918.

PRÉSIDENCE DE M. Paul PAINLEVÉ.

MÉMOIRES ET COMMUNICATIONS

DES MEMBRES ET DES CORRESPONDANTS DE L'ACADÉMIE.

M. le Président annonce le décès de Lord *Thomas Brassey*, Correspondant de l'Académie pour la Section de Géographie et Navigation, mort à Londres, le 23 février 1918.

GÉOLOGIE. — *Contributions à la connaissance de la tectonique des Asturies : anomalies au contact du Houiller et du Dévonien d'Arnao.* Note de M. Pierre Termier.

La Compagnie Royale Asturienne a longtemps exploité, à Arnao (Asturies), sur le rivage de la Mer cantabrique et même assez loin sous la mer, une couche de houille comprise dans une étroite bande de terrain houiller, bande allongée du Sud-Sud-Ouest au Nord-Nord-Est et entourée de toute part de calcaires, calcschistes et grès dévoniens. Ce Houiller d'Arnao, d'après les végétaux qu'on y a trouvés et qu'a déterminés autrefois Geinitz, paraît un peu plus jeune que le terrain houiller productif du bassin central des Asturies et correspond sans doute au Westphalien supérieur. Le Dévonien, souvent très riche en fossiles, a été rapporté par M. Barrois à l'étage eifélien (calcaire dit d'Arnao à *Spirifer cultrijugatus*). Les deux terrains sont toujours concordants, au contact; mais il y a, dans l'ensemble, un contraste frappant entre l'allure régulière et tranquille du Houiller, faiblement incliné vers le Nord-Ouest, et l'allure tourmentée du Dévonien, fréquemment redressé jusqu'à la verticale. La couche de houille, épaisse de 6^m à 8^m

et formée d'un charbon flambant, voisin des lignites, avait, dans les travaux, une inclinaison habituelle de 15° à 20°. Les traçages sous la mer se sont avancés jusqu'à plusieurs centaines de mètres du rivage et jusqu'à la cote — 205. L'exploitation a été abandonnée en 1910, à la suite de jaillissements nombreux qui faisaient craindre une subite invasion des eaux de la mer dans la mine ; on n'a pas osé la reprendre depuis.

J'ai eu l'occasion, au mois de janvier dernier, de passer une dizaine de jours à Arnao et d'étudier les rapports du Dévonien et du Houiller ; et j'ai constaté que *le contact des deux terrains est toujours anormal, une zone de roches broyées (ou mylonites) s'intercalant partout entre eux, et les bancs voisins du contact prenant souvent la disposition lenticulaire qui caractérise les étages étirés.* L'épaisseur de la zone mylonitique tombe parfois à quelques mètres ; mais elle peut aller à 50^m. La mylonite est faite surtout aux dépens du Dévonien ; sur une faible largeur, on voit l'argile noire provenant du broyage des schistes houillers former le ciment des débris dévoniens ; à peu de distance de cette *zone de mélange*, le Houiller semble inaltéré et paraît être resté parfaitement tranquille. Le trouble, dans les assises dévoniennes, s'est propagé beaucoup plus loin.

Je donne ici, pour faciliter la description précise de ces phénomènes, une petite carte géologique, levée par moi, et trois coupes transversales du Houiller d'Arnao.

La disposition générale est celle d'un pli couché, fortement couché au Sud-Est. Ce pli va se serrant graduellement vers le Sud-Ouest, et la bande houillère, qui n'a plus qu'une centaine de mètres de largeur près de Santa-Maria-del-Mar, finit en pointe un peu plus loin, au milieu des grès dévoniens, sur le versant de la Loma-de-San-Adriano. La plus grande largeur de la bande, environ 500^m, est par le travers de Las Chavolas ; l'épaisseur du Houiller est, là, d'à peu près 150^m, peut-être 170^m. Dans la partie de la mine sous-marine qui s'étend sous la Concha d'Arnao, la puissance totale du Houiller tombe au-dessous de 100^m ; elle est bien moindre encore dans la partie de cette mine située au nord-ouest de la Concha d'Arnao, partie qui est séparée de la précédente par un brusque repli anticlinal (coupe III) appelé *la Loma* et dirigé approximativement Sud-Nord. Dans les dépilages et les traçages les plus avancés de cette région Nord-Ouest de la mine, à l'ouest de la Loma, le Houiller n'a peut-être qu'une vingtaine de mètres d'épaisseur, entre la mylonite du mur et la mylonite du toit.

Le pli couché se prolonge en mer, dans la direction du Nord-Nord-Est, jusqu'à une distance inconnue. Au sud du promontoire El Mugaron, il se

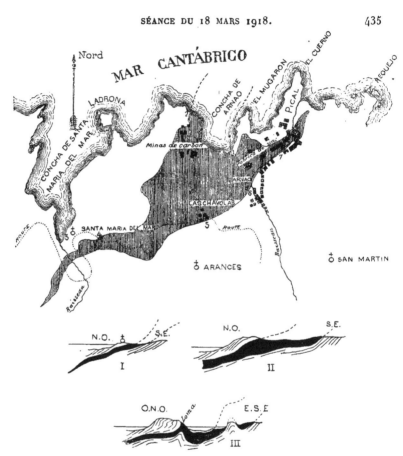

Carte géologique du pli couché houiller d'Arnao et coupes géologiques transversales de ce pli. — Sur la carte, le Houiller est désigné par des hachures, le Dévonien a été laissé en blanc; les chiffres 1, 2, ... se rapportent à des détails de la description. — I, coupe par l'église de Santa-Maria-del-Mar; II, coupe par Las Chavolas; III, coupe par le travers de la Concha d'Arnao et par les travaux de la mine. Dans les trois coupes, Houiller en noir, Dévonien représenté par des lignes qui indiquent l'allure générale des bancs, surface de la mer indiquée par une ligne horizontale. Échelle de la carte et des coupes : $\frac{1}{20\,000}$.

divise; et, bien que le Houiller ne soit plus visible aujourd'hui nulle part sous les bâtiments de l'usine à zinc, la topographie et aussi la continuité des phénomènes mylonitiques dans le Dévonien indiquent clairement qu'un synclinal accessoire, contenant du Houiller jusque tout près de la plage de l'usine, s'avance à l'est du promontoire El Cuerno et va, comme le synclinal principal, se perdre en mer. M. Barrois a signalé, d'après les fossiles recueillis dans les calcaires, l'existence d'un troisième synclinal près de Salinas, à l'est du promontoire Requejo, synclinal dont on ne voit que le bord dévonien et qui se cache ensuite sous le Trias. La recherche du Houiller, conseillée par M. Barrois, n'y a jamais été faite.

Je reviens au pli d'Arnao, et au contact anormal du Houiller et du Dévonien. Les régions où les conditions de ce contact sont bien observables ont été marquées des chiffres 1, 2, 3, 4, 5, 6 et 7, sur ma petite carte : 1 est à l'angle Sud-Est de la Concha d'Arnao; 2, à l'angle Nord-Ouest de la même baie; 3, aux environs de l'église de Santa-Maria-del-Mar; 4, sur la route, un peu à l'est de cette église; 5, dans le hameau de Las Chavolas; 6 et 7, le long des assises dévoniennes, très redressées, qui, de Las Chavolas, courent vers la mer, en limitant au Sud le vallon de l'usine à zinc.

Région 1. — Sur la plage même, et tout à côté du pavillon des bains, on voit le Houiller (grès jaunes, schistes noirs et charbon) plongeant faiblement au Nord-Ouest, reposer sur la mylonite. Celle-ci est formée de blocs de calcaire dévonien, cimentés par une argile noire sans consistance qui résulte de l'écrasement du Houiller. Les blocs calcaires y ont toute forme, et toute dimension jusqu'à plusieurs mètres. En suivant la plage vers le Nord, on voit la mylonite se redresser et devenir verticale : c'est un banc de calcaire dévonien complétement brisé, dans les cassures duquel est injectée de l'argile noire. Derrière ce banc il y en a d'autres, cassés de la même façon, ou en fragments plus petits. Comme on s'éloigne du Houiller, l'argile noire disparaît. Il y a des mylonites sans ciment, uniquement formées de débris; et d'autres, avec ciment d'argile rouge, verte ou grise, résultant du broyage de calcschistes dévoniens. Cette zone mylonitique calcaire a au moins 15^m d'épaisseur. Entre elle et le Houiller s'intercale une lentille de grès dévoniens, jaunes ou bruns, à cassure blanche. Ces grès forment des rochers qui émergent de la plage et s'en isolent à marée haute. Les bancs de grès plongent de 60° vers l'Ouest : quelques-uns sont des mylonites, entièrement formées de débris de grès; d'autres sont presque intacts. Au total l'épaisseur de la zone mylonitique peut aller à 50^m; mais tous les bancs n'y sont pas à l'état de mylonite. La lentille de grès finit en pointe, au Sud, sous la plage; elle s'élargit, au Nord, sous la mer.

Région 2· — Ici le Houiller s'enfonce sous le Dévonien. Il est localement redressé jusqu'à 80°, au passage de la ride anticlinale Sud-Nord (Loma) reconnue, sous cette même région et à 90^m de profondeur, par les travaux de la mine. Ce redressement est purement local et, dans l'ensemble, Houiller et Dévonien, celui-ci sur celui-là, plongent faiblement au Nord-Ouest. Le contact, redressé à 80°, est bien visible dans la falaise. Il y a 8^m environ d'épaisseur de zone mylonitique, dont 2^m dans le Houiller et 6^m dans le Dévonien. La mylonite houillère est faite de schistes brisés, avec fragments de charbon et de grès; la mylonite dévonienne, de calcschistes gris, cassés, chavirés en tous sens, et de grands débris de calcaire blanc ou rouge, atteignant parfois plusieurs mètres de longueur. Sur cette mylonite reposent des calcschistes rouges, puis des calcaires blancs massifs formant escarpement et s'appuyant, un peu plus loin, sur des bancs à Polypiers qui manquent, par étirement, dans le contact.

Région 3. — Sur la plage, au pied du rocher qui porte l'église de Santa-Maria-del-Mar, la zone mylonitique se suit sur 300^m de longueur, d'abord dans des grès blancs (en venant du Sud), puis dans les calcaires à Encrines qui recouvrent les grès. Les grès forment ici, comme dans la région 1, une lentille entre calcaire dévonien et Houiller. Ces grès sont verticaux, ou plongent fortement vers l'Ouest; quelques bancs plongent à l'Est, ce qui indique que la lentille tout entière est violemment contournée. Il y a des bancs entièrement brisés, où des blocs de grès, chavirés et de forme quelconque, sont noyés dans une poussière du même grès. Sur les grès viennent les calcaires, alternant avec des schistes gris, verts, rouges ou noirs : quelques bancs sont mylonitiques; beaucoup sont tordus et disloqués. L'ensemble de la zone mylonitique a au moins 30^m d'épaisseur. On ne voit pas le Houiller sur la plage; mais il est tout près et s'avance certainement sous les grès qui portent l'église. Il affleure sous les maisons les plus méridionales du village. Dans le chemin muletier qui descend de l'église à la passerelle, les grès dévoniens sont à l'état de mylonite; sous l'église même, ils sont intacts.

Région 4. — A quelque distance à l'est de l'église, dans les tranchées de la route, on observe le contact : le Dévonien, à l'état de schistes gris,

friables, contenant des lits de calcaire gris, repose sur le Houiller. Ce
Dévonien est peu incliné. Sur quelques mètres d'épaisseur, les lits calcaires
sont brisés, et leurs débris, parfois très gros, s'éparpillent au milieu des
schistes broyés. Le Houiller, près du contact, est contourné et disloqué.
De là jusqu'à Las Chavolas, la route se tient dans le Houiller, presque
partout au voisinage de l'autre bord de la bande. Dans les prairies en
contre-bas de la route, affleurent les calcaires dévoniens qui forment
ici le mur du Houiller. Dans quelques tranchées de la route, le Houiller,
fait de grès jaunes et d'argiles vert sale, est très incliné ou même vertical;
vers la fin de la montée, il redevient presque horizontal.

Région 5. — Les maisons les plus orientales de Las Chavolas sont sur
les mylonites calcaires, résultant de l'écrasement de calcaires dévoniens
très redressés, dirigés Nord-60°-Est et plongeant, au Nord-Ouest, sous le
Houiller. Cette zone mylonitique calcaire s'appuie, au Sud, à une zone de
grès jaunes et rouges, également mylonitique, bien visible dans la partie
de la route qui est dirigée de l'Ouest à l'Est et précède le grand tournant.
Au total, il y a, dans ce Dévonien, des mylonites sur plus de 50^m d'épaisseur. L'écrasement, comme partout, est variable et inégal. Au delà du
grand tournant, la route, descendant vers le Sud, traverse des grès et
schistes dévoniens contournés, altérés, mais non mylonitiques.

Région 6. — Les calcaires dévoniens de Las Chavolas, verticaux ou très
redressés, se poursuivent jusqu'au vallon d'Arnao, affleurant dans les prés
ou sous les maisons. Le Houiller est à peu de distance au Nord. Ces calcaires sont souvent à l'état de mylonite, avec zones schisteuses laminées
séparant les bancs mylonitiques. Tout cela est très visible dans le village
ouvrier, près de la bifurcation de la route. La zone gréseuse, au mur des
calcaires, affleure sur les deux rives du ruisseau; elle est ici régulière et à
peu près sans mylonites.

Région 7. — Plus loin à l'Est, le long du mur méridional de l'usine à
zinc, les calcaires dévoniens blancs et rouges, prolongement de la bande
de Las Chavolas, plongent vers l'usine sous un angle de 60° en moyenne.
Ces calcaires, qui alternent avec des calcschistes, renferment une quantité
prodigieuse de fossiles (surtout des Polypiers). Quelques bancs sont mylonitiques. La direction devient graduellement Nord-Nord-Est. De l'autre
côté de l'usine, un tunnel de décharge à la mer a recoupé une autre zone

mylonitique, où les bancs de calcaire dévonien du Pical, verticaux, sont entièrement cassés, avec débris noyés dans de l'argile. En sortant de l'usine par le Nord-Ouest, on voit ces calcaires se raplanir et plonger au Sud-Est : preuve manifeste que le vallon de l'usine correspond à un synclinal, dans l'intérieur duquel le Houiller s'avance plus ou moins loin, caché par les constructions et les remblais.

Les travaux de mines, dans le Houiller d'Arnao, ont plusieurs fois touché, soit au mur, soit au toit du Houiller, un *mélange d'argile noire ou grise inconsistante et de blocs de calcaire dévonien*, mélange qui n'est autre que la mylonite. Dans les recherches faites au sud-ouest de Santa-Maria-del-Mar, un puits, au mur de la couche, a trouvé, à 9^m de profondeur, des *argiles bigarrées avec boules de calcaire*. Dans toute la région sous-marine à l'ouest de la Loma, le Houiller, très aminci, était *compris entre deux mélanges semblables;* et ces mylonites, dont on ignorait alors la véritable nature, venaient presque au contact de la couche de houille, dont le toit ordinaire, formé de schistes, et le mur habituel, formé de grès, étaient supprimés.

La *mylonitisation* du Dévonien, au contact du Houiller d'Arnao, est donc un phénomène général; c'est là un fait d'une très haute importance, qui éclaire subitement tout un chapitre de l'histoire tectonique des Asturies.

CYTOLOGIE. — *Sur la nature du chondriome et son rôle dans la cellule.*
Note (¹) de M. **P.-A. Dangeard**.

En consultant les travaux récents sur le chondriome et son rôle dans la cellule végétale et dans la cellule animale, on serait tenté de croire que ce système est admirablement connu : les éléments qui le constituent, désignés sous le nom de *mitochondries* quand ils sont arrondis, de *chondriocontes* quand ils ont l'aspect filamenteux, de *chondriomites* quand ils affectent la forme en chapelet, seraient des éléments vivants, se multipliant par division comme le noyau : ils donneraient naissance aux amyloplastes, chloroplastes et chromoplastes divers; d'un autre côté, la plupart des produits d'élaboration de la cellule (corpuscules métachromatiques, huile, amidon, anthocyane, etc.) se formeraient grâce au chondriome fonctionnant comme partie vivante de la cellule.

(¹) Séance du 11 mars 1918.

Des observations poursuivies depuis plusieurs années m'ont conduit à une manière de voir très différente que je vais exposer brièvement.

On peut distinguer dans une cellule végétale en activité :

Le cytoplasme, substance d'apparence homogène contenant d'une manière très générale, ainsi que j'ai pu m'en assurer, de petits corpuscules réfringents sphériques auxquels on peut appliquer l'ancien nom de *microsomes*, bien que ce nom ait servi dans le passé à désigner des granulations mal définies.

Ces microsomes, lorsque le système vacuolaire atteint un certain développement, circulent activement à l'intérieur du cytoplasme, dans des directions très variables ; en se déplaçant, ils viennent souvent buter les uns contre les autres et se groupent de façon à simuler l'apparence de diploçoques, de streptocoques ou de staplocylocoques, puis ces éléments reprennent leur course, parfois en sens inverse.

Cette association temporaire des microsomes entre eux rend très difficile la recherche de leur origine.

En effet, lorsque deux corpuscules associés au contact s'éloignent l'un de l'autre, il est presque impossible de dire s'il s'agit d'une bipartition ou d'une simple séparation.

La même incertitude règne sur leur rôle : on pourrait croire, particulièrement lorsqu'on étudie le mycélium des champignons, que certains d'entre eux, en nombre plus ou moins grand, peuvent se transformer directement en globules d'huile de grosseur variable ; mais, là encore, la preuve de cette transformation est difficile à fournir.

Quoi qu'il en soit, je note ici que les globules d'huile sont en général des inclusions cytoplasmiques, alors que certains auteurs les ont situés à l'intérieur des plastes.

Si l'on fait abstraction du noyau qui a été étudié si souvent, la cellule végétale renferme encore deux sortes de formations : le *plastidome* et le *chondriome*.

Le *plastidome* est constitué par l'ensemble des plastides ou plastes : ces plastes, connus depuis longtemps, sont des éléments vivants, se multipliant comme le noyau, soit par simple bipartition, soit peut-être aussi par fragmentation en plusieurs parties ; autant qu'on peut l'affirmer, ils ne sont jamais formés de *novo*, mais proviennent toujours d'autres éléments préexistants. Ce sont ces plastes qui, suivant leur nature, ont reçu le nom de *chloroplastes, de chromoplastes, d'amyloplastes*, etc. ; la formation de l'amidon, celle de la chlorophylle, de la xanthophylle, de la carotine, sont sous leur dépendance directe, comme on le sait depuis longtemps.

· La forme de ces plastes est ordinairement celle de petits disques; mais elle varie dans de larges limites, car on trouve des plastes qui ont l'aspect de filaments, de rubans, de cloches, etc.

La plus grande erreur des histologistes, dans ces dernières années, est d'avoir confondu le chondriome et les mitochondries avec le plastidome et les plastes; c'est du moins ce que je vais essayer de prouver.

Le *chondriome*, qui a fait l'objet de tant de travaux, doit, à mon avis, être envisagé autrement qu'on ne l'a fait jusqu'ici : on peut le définir « l'ensemble du système vacuolaire sous ses aspects variés et successifs »; ce sont quelques-uns de ces aspects, désignés sous les noms de *mitochondries*, de *chondrio-contes* et de *chondriomites*, qui ont fait croire à des relations d'origine avec les plastes; c'est également par suite de cette fausse interprétation que l'on a attribué la formation d'anthocyane et celle des corpuscules métachroma-tiques à des plastes.

Examinons la question de très près, car elle est d'importance capitale, qu'il s'agisse d'interpréter la structure de la cellule ou de comprendre le fonctionnement de ses diverses parties.

Tout d'abord, j'ai établi que le système vacuolaire, à ses différents états, et chez toutes les plantes, renfermait en solution plus ou moins épaisse une substance (la métachromatine) qui possède ce caractère général de se colorer en rouge par un colorant vital bleu, comme le bleu de Crésyl, celui que j'emploie de préférence.

Cette propriété est extrêmement précieuse puisqu'elle permet de séparer nettement, sans confusion possible, le *plastidome* du *chondriome* : le chon-driome, en effet, se colore intensivement par le colorant vital, alors que le cytoplasme, le noyau et les plastes restent incolores.

Lorsque le plastidome et le noyau montrent un début de coloration, cette coloration indique que la cellule entre en dégénérescence; les micro-somes sont alors agités de mouvements browniens.

En faisant agir le colorant vital d'une façon mesurée, la vie de la cellule n'est en rien modifiée et les microsomes continuent de circuler normale-ment dans le cytoplasme pendant plusieurs heures; des cellules d'*Elodea Canadensis* colorées métachromatiquement présentaient encore, au bout d'une semaine, leur mouvement de circulation bien connu.

Cette remarque était peut-être nécessaire pour répondre d'avance aux objections de ceux qui seraient tentés de croire que les différents aspects du système vacuolaire que je vais signaler sont dus à l'action du colorant vital : celui-ci facilite simplement l'observation du chondriome dont on

peut le plus souvent suivre les transformations dans la cellule non colorée :
la concordance des résultats est absolue.

Il s'agit maintenant de démontrer que le chondriome de la cellule est
tout à fait indépendant du plastidome, contrairement à l'opinion de la
plupart des histologistes.

On constate, en premier lieu, que mitochondries, chondriocontes, chondriomites et vacuoles ordinaires sont constitués au même titre par de la
métachromatine qui se teint en rouge par le colorant vital, à l'exclusion
de toute autre partie de la cellule, cytoplasme, noyau et plastes (*fig*. A).

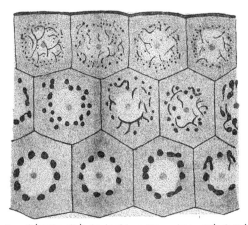

Fig. A —Coloration vitale du chondriome dans un jeune pétale de Tulipe.

Cette preuve de la parenté du chondriome et des vacuoles ordinaires,
méconnue jusqu'ici ne suffirait peut-être pas, à elle seule, pour entraîner
l'adhésion générale; mais je puis en fournir une autre qui est décisive.

Cette preuve consiste à suivre, dans la cellule vivante, les transformations des éléments du chondriome les uns dans les autres, pour arriver
finalement aux vacuoles ordinaires.

C'est ce que j'ai réussi à faire, en utilisant un très jeune pétale de
Tulipe, à l'aide d'une coloration vitale au bleu de Crésyl et dans des conditions qui défient toute controverse sérieuse (*fig*. B).

En 1, on voit un canalicule métachromatique en forme de T renversé qui prend la forme d'un V dont les branches s'écartent, se recourbent et s'allongent; ces branches finalement se dissocient en globules (mitochondries) et en bâtonnets (chondriocontes).

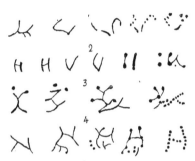

Fig. B. — Les transformations successives des éléments mitochondriaux dans un jeune pétale de Tulipe.

Dans la figure 2, on voit deux fins canalicules métachromatiques réunis par une anastomose : cette forme en H fait place à un aspect en V dont les deux branches redeviennent parallèles; l'une d'elles se renfle à ses extrémités alors que la seconde se ramifie et isole des sphérules.

Les transformations représentées figures 3 et 4 se comprennent d'elles-mêmes : ainsi que les précédentes, elles sont extrêmement rapides : entre le premier aspect et le dernier, il ne s'écoulait pas plus de 15 à 20 secondes.

Fréquemment, les sphérules à leur tour se prolongent en fins canalicules qui se relient à d'autres, se séparent, s'éloignent, se groupent, se fusionnent et cela sous les yeux de l'observateur.

Il est absolument impossible de considérer plus longtemps ces éléments du chondriome comme formés par des plastes ou des générateurs de plastes; mitochondries, chondriocontes et chondriomites se transforment quelquefois presque instantanément les uns dans les autres, se ramifient et s'anastomosent en un fin réseau; on ne connaît rien de pareil pour les plastes.

D'un autre côté, j'ai montré depuis longtemps déjà que, dans de nombreuses espèces appartenant à tous les groupes du règne végétal, on pouvait suivre également et plus facilement encore la transformation directe de ces éléments du chondriome en vacuoles ordinaires; cette transformation

ressort déjà, d'un simple coup d'œil sur des épidermes jeunes comme celui
des pétales de *Geranium* (*fig.* C) : que les cellules soient colorées ou non

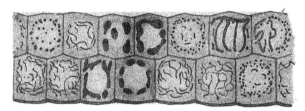

Fig. C. — Le chondriome dans l'épiderme d'un jeune pétale de *Geranium*.

par l'une quelconque des méthodes mitochondriales, l'aspect reste le même ;
tous les stades de la transformation observés et suivis sur la cellule vivante
se retrouvent au grand complet.

Si l'ensemble des mitochondries, chondriocontes et chondriomites donne
ainsi naissance au système vacuolaire ordinaire, ce qui n'est pas contestable, il ressort de là que ces éléments n'ont rien à voir avec l'origine des
différents plastes, comme on nous l'affirme.

Ces éléments, d'un autre côté, ne sauraient eux-mêmes être considérés
comme des plastes : l'histoire de leurs rapides transformations de la forme
globuleuse à celle d'un réseau et inversement, la fusion irrégulière de ces
divers éléments et leur dissociation ultérieure, leur constitution qui est
semblable à celle des vacuoles ordinaires, sont autant de preuves convain-
cantes d'une distinction absolue entre le chondriome et le plastidome.

Dans le chondriome, à tous les âges de la cellule, c'est toujours la même
solution de métachromatine qui se trouve distribuée aux endroits de
moindre résistance dans le cytoplasme. Cette métachromatine est transmise d'une cellule à l'autre, lors de la division cellulaire ; selon toute
probabilité, elle agit ensuite électivement vis-à-vis de celle qui est élaborée
par le cytoplasme ; elle se l'incorpore donc au fur et à mesure de sa production ou de son arrivée comme pour le colorant vital.

Cette propriété élective, accompagnée d'un pouvoir osmotique, est très
remarquable ; elle m'a permis d'expliquer l'apparition de l'anthocyane
dans le système vacuolaire, anthocyane qu'on supposait formée dans des
sortes de plastes qui seraient venus se jeter ensuite dans les vacuoles.

En réalité, la métachromatine des vacuoles accumule l'anthocyane, au fur et à mesure de sa formation dans la cellule, comme elle le fait pour le colorant vital : c'est ainsi que non seulement les feuilles de teinte rouge, mais aussi les pétales de nombreuses fleurs ont leur chondriome coloré électivement par l'anthocyane; celle-ci apparaît à un stade quelconque, aussi bien dans les mitochondries et chondriocontes que dans les grandes vacuoles de la cellule âgée.

Une seconde propriété de la métachromatine nous révèle l'origine des corpuscules métachromatiques qui provenaient, croyait-on, de plastes mitochondriaux; ceux-ci auraient pénétré dans les vacuoles où la croissance des corpuscules métachromatiques se serait continuée un certain temps.

J'ai fourni la preuve que les corpuscules en question se forment dans les vacuoles, sans l'intervention de plastes, aux dépens de la solution de métachromatine qui se précipite en globules de grosseur variable sous l'action d'un colorant vital ou mieux d'un fixateur comme l'alcool absolu; ces corpuscules se dissolvent à nouveau lorsqu'on les replace dans l'eau, mais divers réactifs comme le bichromate de potasse les rendent insolubles.

On a ainsi l'explication d'une quantité de corpuscules se colorant par l'hématoxyline ferrique et nombre d'autres méthodes, corpuscules sur lesquels jusqu'ici les histologistes n'avaient aucun renseignement précis, et qu'ils avaient confondu, soit avec les microsomes, soit avec d'autres formations.

La métachromatine du chondriome est imprégnée à différents degrés, selon les plantes considérées, de lipoïdes, de tanins, etc.; aussi brunit-elle assez fréquemment et noircit même quelquefois, sous l'action de l'acide osmique; celui-ci, comme l'alcool absolu, produit alors une précipitation des corpuscules métachromatiques (Vigne, Rosier, Châtaignier, Chêne, etc.).

J'ai représenté dans la figure D les divers aspects du système vacuolaire sur le vivant (1, 2, 4, 6) et l'apparence du même système après précipitation de la métachromatine en corpuscules par un fixateur comme l'acide osmique (1, 3, 5, 7). On constate que le chondriome jeune subit peu de changements : tout au plus les chondriocontes peuvent-ils prendre l'aspect de chondriomites : si les vacuoles sont petites, chacune d'elles, après fixation, renferme un ou deux corpuscules (3); si ces vacuoles sont plus grandes, elles en contiennent beaucoup (5); avec une très grande vacuole unique, on obtient de nombreux globules, souvent assez gros.

Remarquons que parmi les méthodes recommandées pour l'étude des mitochondries, celles d'Altmann, de Meves, de Sjöwall, font intervenir l'acide osmique dans le mélange fixateur : il est facile de se rendre compte,

après ce que je viens de dire, au sujet de la précipitation de la métachromatine de sa solution, du grand nombre d'erreurs commises dans l'étude
de l'histologie cellulaire : ces erreurs seront désormais facile à éviter et
personne ne croira plus à la fameuse théorie granulaire d'Altmann.

Au lieu d'employer pour l'étude de la distribution de la métachromatine
dans la cellule les mélanges osmiés, on peut également se servir comme
fixateurs du picro-formol, du bichromate de K, de l'acide chromique, de la

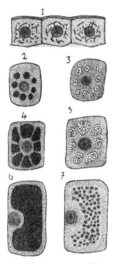

Fig. D. — Comparaison entre le chondriome de la cellule vivante et la même formation
après précipitation par les réactifs des corpuscules métachromatiques.

méthode de Regaud, etc.; comme colorant vital, le vert Janus, recommandé
pour le chondriome de la cellule animale, donne aussi de bons résultats en
ce qui concerne la cellule végétale.

Cette énumération des réactifs de la métachromatine suffit à montrer
que, dans tout ce qui précède, il s'agit bien du chondriome des auteurs.

Comme la distinction entre le plastidome et le chondriome n'avait
jamais été faite jusqu'ici d'une manière nette, il en résulte que, dans
beaucoup de travaux, les histologistes ont mélangé les deux systèmes : des
rectifications nombreuses sont nécessaires.

THERMODYNAMIQUE. — *Formule donnant la tension de la vapeur saturée d'un liquide diatomique.* Note ([1]) de M. **E. Ariès.**

Il était tout indiqué d'étendre aux corps diatomiques l'étude de la tension de la vapeur saturée que nous venons de terminer sur les corps monoatomiques. La méthode à suivre est évidemment la même; elle consiste à déterminer tout d'abord l'exposant n de T dans l'équation d'état, en y supposant constants, comme première approximation, les covolumes α et β. Dans cette hypothèse, la tension de la vapeur saturée se calcule au moyen du système des deux équations

$$(1) \qquad \Pi = \tau Z, \qquad x = \tau^{n+1}.$$

Comme pour les corps monoatomiques, il n'existe aucune valeur de n qui puisse faire représenter à ces équations les tensions relevées par l'expérience; mais les essais que nous avons tentés à ce sujet nous ont conduit d'une façon frappante aux mêmes remarques importantes et à cette conclusion que la seule valeur convenable de n devait être $\dfrac{3}{4}$ pour les corps diatomiques, quitte à abandonner l'hypothèse des covolumes constants, et à considérer ces quantités comme des fonctions de la température.

Revenant alors à la formule rationnelle qui donne la tension de la vapeur saturée

$$(2) \qquad \Pi = \tau^{2+\frac{3}{4}} \frac{Z}{x}, \qquad x = \frac{\gamma}{\gamma_c} \tau^{1+\frac{3}{4}} = \Gamma \tau^{1+\frac{3}{4}},$$

il ne restait plus qu'à déterminer, par le procédé déjà indiqué ([2]), la dernière inconnue du problème, c'est-à-dire la fonction de τ que nous désignons par Γ.

Pour opérer avec toutes les garanties désirables, il fallait, autant que possible, se reporter à des corps expérimentés par un seul et même observateur sur une assez grande étendue, depuis les températures et pressions les plus basses jusqu'au point critique. L'oxyde de carbone et surtout le chlore nous ont paru remplir d'une façon plus particulière les conditions voulues.

([1]) Séance du 11 mars 1918.
([2]) *Comptes rendus*, t. 166, 1918, p. 293.

La tension de la vapeur du chlore, partant de $3^{cm},75$ de mercure pour atteindre $93^{atm},3$ au point critique, a été déterminée (Knietsch, 1890) à trente et une températures régulièrement échelonnées sur 234° C. (de $-88°$ à $+146°$). La tension de la vapeur de l'oxyde de carbone, variant de $1^{atm},0$ à $35^{atm},5$, a été prise (Olszewski, 1885) à huit températures notablement plus espacées, entre $-190°$ C. et la température critique, $-139°,5$. Ces tensions de vapeur et les températures correspondantes, qui nous sont fournies par le *Recueil de Constantes physiques*, 1913, p. 284 et 286, sont consignées sur le Tableau qui suit : nous n'avons pris que de deux en deux les tensions et températures concernant le chlore, qui sont très rapprochées.

Ces données peuvent servir à calculer pour les deux corps, et à chaque température d'observation, la valeur que doit prendre la fonction Γ, pour que le système des deux équations (2) donne une représentation exacte des faits d'expérience. Toujours, comme pour les corps monoatomiques, cette valeur, supérieure à l'unité aux plus basses températures, décroît régulièrement à mesure que la température s'élève, passe au-dessous de l'unité en s'en écartant très peu à partir de la température réduite $\tau = 0,86$ environ, pour reprendre nécessairement la valeur $\Gamma = 1$ à la température critique; ce qui conduit, pour les raisons déjà données, à faire l'essai de la formule

$$(3) \qquad \Gamma = 1 + \frac{(1-\tau)(0,86-\tau)}{A\tau^2 + B}.$$

Pour déterminer les constantes A et B, il suffit de remplacer successivement, dans cette dernière formule, Γ par les valeurs calculées se rapportant à deux températures d'observation, relatives au chlore, par exemple. On obtient ainsi les deux équations nécessaires et fort simples qu'il s'agit de résoudre.

Le choix à faire de ces deux températures n'est pas indifférent pour obtenir une bonne détermination des constantes A et B, car les températures très basses, comme celles qui sont très élevées, se prêtent facilement à des erreurs d'observation. En choisissant pour le chlore les températures moyennes $\tau = 0,6158$ et $\tau = 0,7472$, on trouve respectivement $1,1204$ et $1,0340$ pour les valeurs calculées de Γ, ce qui donne $A = 0,353$ et $B = 0,642$. En sorte que la formule (3) devient définitivement, au moins pour le chlore,

$$(4) \qquad \Gamma = 1 + \frac{(1-\tau)(0,86-\tau)}{0,353\tau^2 + 0,642}.$$

Cette formule, jointe, sans aucune retouche, aux équations (2) pour les appliquer au calcul de la tension de vapeur, non seulement du chlore mais aussi de l'oxyde de carbone, donne pour ces tensions aux différentes températures expérimentées, les valeurs qui figurent dans le Tableau suivant :

Température		Tension de la vapeur saturée			
		réduite.		en centimètres de mercure ou en atmosphères.	
absolue T.	réduite τ.	$\Pi_{obs.}$	$\Pi_{calc.}$	P_{obs}	$P_{calc.}$
		Chlore ($T_c = 419$; $P_c = 93^{atm},5$).			
185	0,4415	0,00053	0,00061	3,75 cm	4,33 cm
203	0,4845	0,0017	0,0020	11,8	14,2
223	0,5322	0,0049	0,0057	35,0	40,5
235,4	0,5618	0,0107	0,0100	76,0	71,1
248	0,5919	0,0160	0,0158	1,50 atm	1,48 atm
258	0,6158	0,0239	0,0239	2,23	2,23
268	0,6396	0,0336	0,0337	3,14	3,15
278	0,6635	0,0455	0,0464	4,25	4,33
288	0,6874	0,0615	0,0625	5,75	5,84
298	0,7112	0,0816	0,0827	7,63	7,73
313	0,7472	0,123	0,123	11,50	11,50
333	0,7947	0,199	0,198	18,60	18,51
353	0,8425	0,304	0,305	28,40	28,49
373	0,8902	0,446	0,453	41,70	42,35
393	0,9379	0,646	0,653	60,40	61,00
403	0,9618	0,766	0,771	71,60	72,07
		Oxyde de carbone ($T_c = 133,5$; $P_c = 35^{atm},5$).			
83,0	0,6217	0,0282	0,0262	1,0 atm	0,93 atm
100,8	0,7551	0,130	0,133	4,6	4,71
104,8	0,7850	0,178	0,180	6,3	6,37
117,3	0,8787	0,417	0,414	14,8	14,69
121,0	0,9064	0,510	0,515	18,1	18,28
124,2	0,9303	0,606	0,616	21,5	21,85
127,7	0,9566	0,724	0,745	25,7	26,40

Les écarts entre les tensions observées et les tensions calculées sont, e général, du même ordre de grandeur que ceux précédemment reconnus dans la vérification de la formule proposée pour les corps monoatomiques.

C'est déjà un premier résultat assez remarquable. Malheureusement nos connaissances sur les tensions de vapeur des corps diatomiques sont encore très
bornées, tronquées, incertaines, et ne permettent pas de soumettre à une
épreuve suffisamment concluante les formules (2) et (4), considérées comme
s'appliquant indistinctement à tous les corps diatomiques. Ce n'est d'ailleurs
que toujours sous réserve qu'il convient d'adopter la formule (3) comme
expression de la fonction Γ. La forme définitive à donner à cette fonction
ne pourra se préciser qu'en la basant sur un assez grand nombre d'observations concordantes, se contrôlant les unes les autres et concernant, non
seulement les corps diatomiques, mais encore les corps ayant les compositions chimiques les plus variables et les plus complexes.

ÉLECTIONS.

L'Académie procède, par la voie du scrutin, à l'élection d'un Membre
de la Section de Mécanique, en remplacement de M. *H. Léauté*, décédé.

Au premier tour de scrutin, le nombre de votants étant 47,

    M. Gabriel Kœnigs   obtient . . . . 34 suffrages
    M. Jean Resal   »   12   »
    M. Augustin Mesnager   »   . . . . 1 suffrage

M. GABRIEL KŒNIGS, ayant réuni la majorité absolue des suffrages, est
proclamé élu.

Son élection sera soumise à l'approbation de M. le Président de la
République.

CORRESPONDANCE.

M. le Commandant JEAN TILHO, élu Correspondant pour la Section de
Géographie et Navigation, adresse des remercîments à l'Académie.

M. JEAN PERRIN prie l'Académie de vouloir bien le compter au nombre
des candidats à la place vacante, dans la Section de Physique, par le
décès de M. *E.-H. Amagat*.

MM. Robert Esnault-Pelterie, Maurice Prud'homme, Jean Rey prient l'Académie de vouloir bien les compter au nombre des candidats aux places de la Division, nouvellement créée, des *Applications de la Science à l'Industrie.*

ANALYSE MATHÉMATIQUE. — *Sur la convergence et la divergence des séries à termes réels et positifs.* Note de M. Mladen T. Beritch, présentée par M. Appell.

Parmi les problèmes qui se laissent résoudre à la fois par les équations algébriques ou transcendantes et par les séries infinies, nous considérerons l'un des plus simples : le mouvement de deux points M et N le long d'une même ligne; le mouvement du point M étant uniforme et celui du point N représenté par la formule $s = f(t)$.

Désignons par T_0 l'instant où la distance MN sera 0, et par T_1 l'instant où la distance MN sera égale à la vitesse du point M que nous prenons pour unité; soit $T = T_0 - T_1$. A l'instant T_1, soient M au point A, N au point B; quand M venant de A arrive en B, le point N partant de B parvient en un certain point C; quand M venant de B arrive en C, N partant de C arrivera en un certain point D; etc. Le chemin parcouru par M dans l'intervalle de temps T sera la somme de la série

(1) $$AB + BC + CD + \ldots = \sum a_n \qquad (a_n = HI),$$

la vitesse de M étant l'unité, ce chemin sera numériquement représenté par T; T sera d'ailleurs la racine de l'équation

(2) $$T = 1 + f(T).$$

Premier exemple. — Soit $f(t) = \alpha t$, où $\alpha > 0$. La série (1) est la série géométrique

(1bis) $$T = 1 + \alpha + \alpha^2 + \ldots = \sum \alpha^k.$$

La formule (2) devient

(2bis) $$T = 1 + \alpha T, \qquad \text{d'où} \qquad T = \frac{1}{1 - \alpha}.$$

a. Si $\alpha < 1$, la série (1bis) est convergente, les deux valeurs de T coïncident;

b. Si $\alpha = 1$, la série (1bis) est divergente, $T = \infty$, les deux valeurs de T coïncident;

c. Si $\alpha > 1$, la série (1bis) est divergente, les *deux points mobiles ne se rencontreront pas; l'instant* T_0 *est antérieur à l'instant* T_1; T *est négatif.* Si dans ce cas-là on changeait le sens des deux mouvements on en obtiendrait une nouvelle série $\sum \frac{1}{\alpha^k}$ qui est convergente, dont la somme est $\frac{1}{\alpha - 1} = -T$; donc T est négatif. La formule (2bis) donne aussi pour T une valeur négative. Les deux valeurs de T coïncident.

Donc la valeur de T calculée par la formule (2bis) dans les trois cas représente, d'après la définition de T, la valeur de T qui correspond à la série (1bis). Cette valeur de T a été dans les cas *a* et *b* la somme de la série (1bis). *En vertu du principe de permanence, la valeur de* T *calculée par la formule* (2bis) *représente la somme de la série* (1bis).

Deuxième exemple. — Soit $f(t) = \alpha t + \beta t^2$ où $\alpha > 0$, $\beta > 0$. Soit t_n l'intervalle de temps nécessaire au point M pour arriver en H en partant de A, la série (1) sera

$$(1^{ter}) \qquad T = \sum a_n = \sum \left\{ \left[1 + \frac{\alpha - 1}{2} t_n \right]^2 + \left[\beta - \left(\frac{\alpha - 1}{2} \right)^2 \right] t_n^2 \right\}.$$

La formule (2) sera

$$(2^{ter}) \qquad T = 1 + \alpha T + \beta T^2.$$

a. $\alpha - 1 < 0$ et $\beta - \left(\frac{\alpha - 1}{2} \right)^2 < 0$. — Dans l'intervalle de temps

$$\left(T_1, T_1 + \frac{2}{1 - \alpha} \right)$$

il y aura un instant où a_n sera nul; t_n sera $T < \frac{2}{1 - \alpha}$. Les deux valeurs de T coïncident. La construction graphique des deux chemins en fonction du temps montre que l'indice n de t_n et a_n tend vers ∞ quand α_n tend vers zéro.

b. $\alpha - 1 < 0$ et $\beta - \left(\frac{\alpha - 1}{2} \right)^2 = 0$. — a_n sera 0 si $t_n = T = \frac{2}{1 - \alpha}$. Les deux valeurs de T coïncident.

c. $\alpha - 1 < 0$ et $\beta - \left(\dfrac{\alpha - 1}{2}\right) > 0$. — a_n ne devient jamais o, mais il décroît quand t_n croît de zéro jusqu'à $t_n = \dfrac{1 - \alpha}{2\beta}$; à cet instant t_n, il y aura un terme minimum; après cet instant t_n, a_n recommence à croître et croît jusqu'à ∞. La série (1ter) est *la série asymptotique*.

Les deux courbes qui représentent les mouvements de deux points se rapprochent jusqu'à un certain point, puis s'éloignent. Dans ce cas-là, les deux courbes se coupent en deux points imaginaires conjugués qui sont hors du plan (réel) des deux courbes (l'un au-dessus, l'autre au-dessous). Ces deux points imaginaires conjugués et leur partie réelle se rapprochent du point, où la distance des deux courbes est minimum, quand cette distance diminue; ils se confondent avec ce point quand les deux courbes se touchent. Donc $t_n = T$ est imaginaire. En faisant la sommation de la série (1ter) jusqu'au terme minimum, le résultat se rapprochera de la vraie valeur de la partie réelle de $t_n = T$, quand cette distance diminue; il devient égal à la vraie valeur, quand cette distance devient zéro (le cas b).

d. Si $\alpha - 1 > 0$ le terme a_n ne deviendra ni zéro ni minimum pour une valeur de $t_n > 0$. L'instant T_0 n'est plus postérieur, mais antérieur à l'instant T_1; $t_n = T$ est négatif.

Dans tous ces cas les deux formules (1ter) et (2ter) coïncident.

Donc la valeur de T calculée par la formule (2ter) dans tous les cas représente, d'après la définition de T, la valeur T qui correspond à la série (1ter). Cette valeur de T a été dans les cas a et b la somme de la série (1ter). *En vertu du principe de permanence la valeur de T calculée par la formule (2ter) représente la somme de la série (1ter).*

La formule (2ter) donne deux valeurs de T; les deux courbes ont deux points d'intersections, il y a deux instants T_0 et deux valeurs de T. *La série (1ter) a donc deux sommes.*

On peut construire une série qui aura trois sommes; ou une série qui aura un nombre quelconque de sommes, ce nombre peut être fini ou infini. On pourra enfin construire une série qui n'a pas de somme, en choisissant $f(t)$ de telle manière que la fonction $1 + f(t) - t$ n'ait pas de zéros. Excepté ce dernier cas, *une série à termes réels et positifs a toujours une ou plusieurs sommes dont une peut être infinie.* Une série, dite *divergente*, à termes réels et positifs a une somme réelle négative, ou imaginaire ou enfin infinie; dans ce dernier cas, la série est le développement d'une fonction au voisinage d'un pôle ou de certaines autres singularités.

GÉOMÉTRIE. — *Sur l'intervention de la géométrie des masses dans certains théorèmes concernant les surfaces algébriques.* Note de M. **A. Buhl.**, présentée par M. G. Humbert.

En un point $m_i(x_i, y_i, z_i)$ d'une surface quelconque, considérons l'élément superficiel $d\sigma_i$, de normale dirigée par les cosinus α_i, β_i, γ_i, sur les faces duquel nous étendrons des couches ayant des densités respectives $\pm \eta(x_i, y_i, z_i)$. Pour cette double couche, le moment d'inertie, par rapport à O, sera

(1) $$\eta(x_i, y_i, z_i)(\alpha_i x_i + \beta_i y_i + \gamma_i z_i)\, d\sigma_i,$$

ceci à un facteur constant près, qu'on peut supposer compris dans η et qui, explicité, permettrait de satisfaire aisément aux conditions d'homogénéité ([1]).

D'après un raisonnement qui a déjà joué un rôle étendu dans mes travaux et sur lequel je suis revenu dans mes Notes du 28 janvier et du 11 février, je considérerai encore le cône de sommet O passant par le contour de $d\sigma_i$ et découpant $d\sigma$, en $m(x, y, z; \alpha, \beta, \gamma)$, sur une autre surface dite *surface* (σ). Alors, si φ_i est le rapport de Om à Om_i, on a

$$\rho_i^3(\alpha_i x_i + \beta_i y_i + \gamma_i z_i)\, d\sigma_i = (\alpha x + \beta y + \gamma z)\, d\sigma.$$

Ceci permet, étant donnée une surface *algébrique*,

(2) $$\varphi_m + \varphi_{m-1} + \ldots + \varphi_1 + \varphi_0 = 0,$$

puis le cône OC, de sommet O, de directrice fermée C tracée sur (σ), découpant sur (2) m cloisons chargées des doubles couches ci-dessus définies, de représenter le moment d'inertie, par rapport à O, de cet ensemble de m doubles couches, par l'expression

(3) $$\iint_\sigma \left[\sum \frac{1}{\rho_i^3}\, \eta\left(\frac{x}{\rho_i}, \frac{y}{\rho_i}, \frac{z}{\rho_i}\right)\right](\alpha x + \beta y + \gamma z)\, d\sigma,$$

([1]) Pour plus de détails sur cette nature de l'expression (1), voir mon Mémoire *Sur les applications géométriques de la formule de Stokes* (*Annales de la Faculté des Sciences de Toulouse*, 1910, p. 67).

où les ρ_i sont racines de

$$(4) \qquad \left(\frac{1}{\rho_i}\right)^m \varphi_m(x, y, z) + \left(\frac{1}{\rho_i}\right)^{m-1} \varphi_{m-1}(x, y, z) + \ldots + \varphi_0 = 0.$$

Si la densité η est rationnelle, le crochet de (3) l'est aussi. Si η était *constante*, on retrouverait, en (3), les sommes abéliennes de volumes coniques déjà étudiées en de précédentes publications. Nous étudions donc ici des volumes généralisés d'assez curieuse manière.

Soit maintenant

$$\eta(x_i, y_i, z_i) = (x_i^2 + y_i^2 + z_i^2)^k = r_i^{2k}.$$

Alors (3) devient

$$(5) \qquad \int\int_\sigma r^{2k} \left[\sum \frac{1}{\rho_i^{2k+1}}\right] (\alpha x + \beta y + \gamma z)\, d\sigma.$$

Cette somme de moments d'inertie est, on le sait, immédiatement associée à la somme des puissances d'ordre impair des racines de l'équation (4). Suivant cet ordre, l'expression (5) ne dépend que d'un certain nombre de termes commençant ou terminant le premier membre de (2).

Soit $k = -1$ et, pour surface (2), prenons la sphère

$$(6) \qquad r^2 - 2(ax + by + cz) + a^2 + b^2 + c^2 - R^2 = 0.$$

Alors (5) devient

$$(7) \qquad 2\int\int_\sigma \frac{ax + by + cz}{r^4} (\alpha x + \beta y + \gamma z)\, d\sigma = \int_C \frac{1}{r^2} \begin{vmatrix} dx & dy & dz \\ a & b & c \\ x & y & z \end{vmatrix}.$$

En multipliant par $2R$, on retrouve la différence des aires sphériques découpées sur (6) par le cône OC.

Ce résultat, dû à M. G. Humbert [1], semble interprété ici d'une manière indirecte l'un des membres de (7) représentant la somme abélienne des moments d'inertie, pris par rapport à O, de doubles couches étendues sur les cloisons sphériques en question quand la densité, en P, varie en raison inverse du carré de la distance OP.

Mais ce langage indirect n'est pas sans avantages. D'abord il fait, à nou-

---

[1] G. Humbert, *Journal de Mathématiques*, 1888. — A. Buhl, *Annales de la Faculté des Sciences de Toulouse*, 1914.

veau, rentrer le résultat de M. Humbert dans la famille des théorèmes abé-
liens. Ensuite ce même résultat est immédiatement étendu aux surfaces
d'équation

$$(8) \qquad (x^2 + y^2 + z^2)^p - (ax + by + cz)(x^2 + y^2 + z^2)^{p-1} + \ldots = 0,$$

où les termes de degrés inférieurs à $2p - 1$ sont quelconques.

Si, sur la surface (8), *on étend une double couche, de densité en* P *inversement proportionnelle à* $\overline{OP}^2$, *et si l'on transperce la surface par un cône* OC,
le moment d'inertie, par rapport à O, *de l'ensemble des doubles cloisons intérieures au cône, s'exprime par l'un des deux membres de* (7).

Pour $p = 1$, on a le résultat de M. Humbert relatif à la sphère et inter-
prétable avec la notion d'aire.

Pour $p = 2$, le théorème est étendu aux cyclides quelconques.

On pourrait évidemment particulariser (3) de bien d'autres manières.
On pourrait aussi énoncer les choses, non dans le langage de la géométrie
des masses, mais dans celui de la théorie du potentiel; jusqu'ici j'ai préféré
le langage qui s'éloigne aussi peu que possible de celui de la géométrie.

MÉCANIQUE. — *Sur la mesure des actions dynamiques rapides et irrégulièrement variables.* Note ([1]) de M. **L. Schlussel**, présentée par
M. Hadamard.

Depuis longtemps, on cherche à mesurer, par un moyen simple et pratique, les actions dynamiques rapides et irrégulièrement variables de
systèmes matériels dont il est impossible d'observer le mouvement par
rapport à des repères fixes; tels sont : les chocs des roues aux joints des
rails, les oscillations des ponts, les vibrations de massifs, etc.

Le pendule d'inertie a été pour ces usages le point de départ de la construction de nombreux appareils.

Tous ces pendules appliqués à de pareilles mesures présentent des complications qui en rendent l'emploi peu pratique et se ressentent surtout de
la difficulté *d'immobiliser une masse d'inertie de manière absolue pendant un
temps assez long*, alors que la réalisation de cette condition permet seule

---

([1]) Séance du 11 mars 1918.

l'enregistrement exact des mouvements du support et la réalité des mesures qui en découlent.

Or *cette immobilisation absolue existe naturellement*, elle est parfaitement réalisée pendant la durée de l'inertie d'une masse équilibrée par un ressort, lorsque cette masse partant du repos est soumise à une action dynamique naissante.

Cette durée d'inertie est généralement assez faible il est vrai, mais il suffit qu'elle soit supérieure à la durée des actions à mesurer, ce qui s'obtient aisément, car, la durée d'inertie d'une masse équilibrée ne dépendant que de son temps d'oscillation propre, il est toujours possible de prolonger ce temps au delà de celui de l'action dynamique la plus longue en modifiant la flèche statique (f_v) de cette masse équilibrée.

Dès que l'inertie est vaincue, *cette masse équilibrée*, au lieu de suivre son mouvement propre seulement, reçoit, à chacun des chocs ou des changements de sens du mouvement du support, une accélération qui modifie l'accélération propre primitive ainsi que son chemin et, synchronisant alors son mouvement ou ses oscillations avec celui du support, s'arrête avec lui, aussi rapidement que lui et, comme lui, est toujours prête à recevoir une nouvelle action, contrairement à l'opinion assez répandue de la continuation d'un mouvement propre rendant impossible l'enregistrement d'une action suivante survenant rapidement.

La durée de l'inertie θ d'une masse équilibrée par un ressort fléchi de (f_v) sous le poids de cette masse au repos, dont le temps de la période est $t = \dfrac{2\pi}{\sqrt{\dfrac{g}{f_v}}}$, varie avec la loi du mouvement du support.

Si le mouvement du support est uniformément accéléré,

$$\theta = \sqrt{\frac{2 f_v}{g}} = \frac{t\sqrt{2}}{2\pi}.$$

Si ce mouvement est périodique,

$$\theta = \frac{\sqrt{Tt}}{4}.$$

où T est le temps de la période du support, t restant celui de la masse équilibrée évoluant librement.

Pendant le temps d'immobilisation absolue θ, *le chemin parcouru par le support et suivi par la bande s'enregistre lui-même* suivant la loi de son mouvement par une flèche f_d en sens inverse de ce mouvement.

L'inertie ne cesse que lorsque l'accélération du support et celle de la masse équilibrée (masse-plume) sont égales, *c'est le point précis où le graphique change de direction.*

Si le mouvement du support est uniformément accéléré, la flèche f_d enregistrée reste constante comme l'accélération qui l'a produite et le graphique présente alors la figure 1, jusqu'à l'instant d'un choc (*c*).

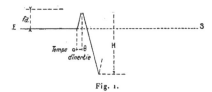

Fig. 1.

Si le mouvement du support est périodique, la flèche enregistrée f_d, ne pouvant plus croître puisque sa vitesse relative s'annule, décroît donc et le graphique se présente alors comme l'indique la figure 2.

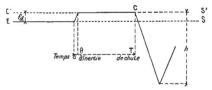

Fig. 2.

La condition nécessaire de la mesure est l'absence de tous frottements ou résistances passives entre la masse inerte munie d'une plume en son centre de gravité et la bande qui suit le mouvement du support; c'est alors la résistance du ressort qui, par sa seule flexion due au chemin parcouru par son encastrement (chemin égal à celui du support), modifie l'état de la masse équilibrée en la faisant passer pendant sa période d'inertie du poids $P = mg$, qu'elle avait au repos, au poids $P' = m(g - \gamma)$ nécessaire au mouvement de cette masse sous l'accélération du support γ.

Cette condition nécessaire, *nous la réalisons avec le « dynamètre »* (voir schéma), dont la plume se meut dans un plan parallèle à celui de la bande, sans autre contact qu'une minime épaisseur d'encre à la glycérine.

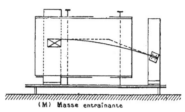

(M) Masse entraînante

Fig. 3.

Des expériences nombreuses et variées *d'actions dynamiques déterminées théoriquement à l'avance,* nous ont toujours permis de constater l'exactitude des mesures faites d'après les graphiques enregistrés sous ces actions.

RÉSISTANCE DES MATÉRIAUX. — *Théorie nouvelle relative aux effets du vent sur les ponts en poutres droites.* Note ([1]) de M. **Bertrand de Fontviolant.**

Ponts à voie inférieure, à un seul contreventement, avec entretoisements transversaux sur les appuis et dans le cours. — La méthode usuelle de calcul des effets du vent sur ces ponts est la suivante :

Soient :

f la poussée du vent sur le train, par mètre courant, h sa hauteur au-dessus du plan du contreventement;

f' la poussée du vent sur la construction, par mètre courant, h' sa hauteur au-dessus du plan du contreventement;

a l'écartement des poutres du pont, d'axe en axe.

On remarque d'abord que les entretoisements transversaux transmettent :

1° A la poutre *aval* (poutre ne recevant pas l'action directe du vent), une charge verticale $p = \dfrac{fh + f'h'}{a}$, par mètre courant;

_____

([1]) Séance du 11 mars 1918.

2° A la poutre *amont*, une force verticale $-p$, par mètre courant;

3° A la poutre de contreventement (poutre horizontale formée par les membrures inférieures du pont et le contreventement), une force horizontale $p' = f + f'$.

Puis on calcule les efforts produits dans les membrures et treillis de la poutre aval, dans les membrures et treillis de la poutre amont et dans les membrures et diagonales de la poutre de contreventement, respectivement par les forces p, $-p$ et p'. Enfin, on superpose les efforts ainsi trouvés dans les deux membrures inférieures du pont, chacune de ces membrures étant commune à la poutre de contreventement et à l'une des deux poutres aval et amont.

Dans la méthode usuelle dont il s'agit, le calcul de ces efforts est effectué comme si les trois poutres précitées étaient entièrement libres, alors qu'en réalité chacune des deux poutres aval et amont est solidaire des diagonales de la poutre de contreventement et celle-ci est solidaire des treillis des deux poutres aval et amont. Or rien ne prouve *a priori* que les forces de liaison résultant de cette solidarité sont sans influence sur la répartition des efforts entre les divers éléments du pont. Il nous a donc paru nécessaire de démontrer qu'il en est bien ainsi, afin de justifier la méthode usuelle. Cette démonstration découle de la théorie qui fait l'objet de la présente Note, théorie où sont mises en évidence les forces de liaison.

Ponts à voie inférieure, à deux contreventements, avec entretoisements transversaux sur les appuis seulement. — La méthode usuelle de calcul des ponts de ce type prête à la même critique que celle concernant les ponts dont il vient d'être question.

Nous démontrons : 1° que dans ceux à une seule travée, les forces de liaison sont sans influence sur la répartition des efforts et que, par suite, la méthode usuelle est valable; 2° que, dans ceux à travées continues, il en est de même en ce qui concerne les efforts dans les membrures, mais que, par contre, les forces de liaison influent sur les valeurs des efforts dans les treillis des poutres aval et amont et dans les diagonales des deux contreventements; nous donnons les expressions exactes de ces derniers efforts, en rectification de la méthode usuelle.

Ponts à voie supérieure ou inférieure, à deux contreventements, avec entretoisements transversaux sur les appuis et dans le cours. — Les méthodes les plus diverses ont été employées jusqu'à présent pour le calcul de ces ponts. Toutes reposent sur des hypothèses arbitraires, concernant le mode de répartition des efforts entre le contreventement supérieur et le contreventement inférieur.

La théorie dont il est question ici est affranchie de telles hypothèses : elle admet exclusivement l'invariabilité des dimensions des sections transversales du pont, invariabilité qui se justifie pour les ponts en poutres droites, avec entretoisements transversaux du cours, par les mêmes raisons que pour les ponts en arcs ([1]).

Nous établissons qu'on peut, sans troubler l'équilibre du pont, supprimer les entretoisements transversaux du cours et retomber ainsi sur le cas étudié précédemment d'un pont avec entretoisements transversaux sur les appuis seulement, à condition d'appliquer, dans le plan de chacun des entretoisements supprimés : 1° une certaine force verticale Q, à la poutre aval; 2° une force $-Q$, à la poutre amont; 3° une force horizontale $\frac{Qa}{b}$, à la poutre de contreventement supérieur; 4° une force $-\frac{Qa}{b}$, à la poutre de contreventement inférieur; b et a désignant respectivement la hauteur et l'écartement des poutres aval et amont; ces forces représentent les actions desdits *entretoisements* sur ces quatre poutres. La question est ainsi ramenée à la détermination des actions Q. Pour pouvoir la traiter par l'analyse infinitésimale, ce qui la simplifie considérablement, nous remplaçons les entretoisements transversaux du cours, qui sont toujours assez nombreux et assez rapprochés les uns des autres, par un nombre infini d'entretoisements transversaux infiniment rapprochés; dès lors, les actions concentrées Q se transforment en une action continue variable q. La condition qui détermine q est que, dans la déformation élastique du pont, toute section transversale de celui-ci conserve ses dimensions. Cette condition s'exprime par une équation différentielle en q dont l'intégration fournit l'expression générale de q. Les deux constantes que contient cette expression dépendent des sujétions d'appuis du pont considéré et de la distribution des poussées du vent; nous les avons déterminées d'abord pour les ponts à une seule travée, puis pour ceux à travées continues. Nous avons alors pu établir les formules générales exprimant, pour chacun de ces deux types de ponts : 1° les moments de flexion et les efforts tranchants dans la poutre aval (ceux produits dans la poutre amont sont égaux et de signe contraire à ceux dans la poutre aval); 2° les efforts tranchants dans le contreventement supérieur et dans le contreventement inférieur.

En ce qui concerne spécialement les ponts à travées continues, nous

([1]) *Théorie nouvelle relative aux effets du vent sur les ponts en arcs* (*Comptes rendus*, t. 166, 1918, p. 281).

montrons que les moments de flexion, sur trois appuis consécutifs, sont liés par une équation analogue à l'équation de Clapeyron, mais dont les coefficients sont des fonctions hyperboliques dépendant des dimensions des éléments constitutifs des poutres aval et amont et des contreventements. De cette équation des trois moments nous avons déduit une équation analogue à l'*équation des deux moments* de Maurice Levy.

HYDRAULIQUE. — *Sur les mouvements de l'eau dans les cheminées d'équilibre.* Note de M. **Denis Eydoux**, transmise par M. A. Blondel.

J'ai montré dans une Note précédente ([1]) que les cheminées d'équilibre transforment les conduites sur lesquelles elles sont montées en conduites ouvertes aux deux extrémités et ont pour résultat d'affaiblir d'une façon très considérable le coup de bélier d'onde et de le remplacer par une oscillation en masse dont on peut limiter l'amplitude, soit par le déversement, soit par l'augmentation de la section de la cheminée.

J'ai poursuivi ces études en vue de l'application aux usines avec long canal d'amenée en charge et j'ai envisagé particulièrement les mouvements de l'eau dus à l'oscillation.

1. *Fermeture brusque totale.* — En raison de la grande période de l'oscillation, il est suffisant d'envisager les fermetures brusques. Si le diamètre de la cheminée est assez grand, on peut négliger en pratique la perte de charge dans la cheminée vis-à-vis de celle qui se produit dans la conduite.

Si l'on désigne par m la quantité $H + \dfrac{l\omega}{s}$, où H et ω sont la hauteur de la cheminée supposée verticale et sa section, et l et s la longueur et la section du canal en charge, et par a la quantité $\dfrac{u_0}{\sqrt{mg}}$, où $u_0 = v_0 \dfrac{s}{\omega}$, v_0 étant la vitesse initiale dans la conduite, on trouve, en négligeant d'abord la perte de charge, que la montée maximum x_1 et la descente maximum x_2 sont données approximativement par les formules :

$$x_1 = ma + m\left[\frac{1}{3}a^2 + \frac{1}{36}a^3\right],$$
$$x_2 = - ma + m\left[\frac{1}{3}a^2 - \frac{1}{36}a^3\right].$$

([1]) *Comptes rendus*, t. 163, 1916, p. 346.

Si l'on tient compte de la perte de charge, supposée proportionnelle au carré de la vitesse, et si l'on pose

$$j_0 = \frac{\lambda\, u_0^2}{2\,g},$$

j_0 étant la perte de charge pour la vitesse v_0, la montée maximum x_1 est donnée par la racine positive de l'équation

$$(m - \lambda x)(m + x)^\lambda - \left(m - \frac{\lambda\, u_0^2}{2\,g}\right)^{\lambda+1} = 0$$

et la descente maximum x_2 par la racine négative de l'équation

$$(m + \lambda x)(m + x_1)^\lambda - (m + \lambda x_1)(m + x)^\lambda = 0.$$

On pourra les résoudre par approximations successives; mais si j_0 est petit par rapport à ma, on aura les formes approchées particulièrement simples :

$$x_1 = ma - \frac{ma^2}{3} - \frac{2}{3} j_0,$$

$$x_2 = -ma + \frac{ma^2}{3} + 2 j_0.$$

II. *Fermeture brusque partielle.* — Si la vitesse passe de la valeur v_0 à la valeur $v_0(1 - n)$, c'est-à-dire si l'on ramène le débit à n fois sa valeur primitive, $n < 1$, on trouve, toujours avec les mêmes hypothèses,

$$x_1 = ma(1 - n) - \frac{2}{3} j_0 (1 - n)^2 - \frac{5 n(1 - n)}{12\,\mathrm{H}_0}\, m^2 a^2,$$

où H_0 est la hauteur de chute *totale* mesurée au distributeur.

H_0 peut être beaucoup plus grand que H si la cheminée s'insère très loin au-dessus du distributeur. Je n'ai pas calculé x_2 qui est beaucoup moins important pour fixer les dimensions pratiques des cheminées.

III. *Ouverture brusque totale.* — L'équation de continuité ne permet pas de fixer les conditions initiales, l'écoulement étant nul au début. Si l'on étudie alors le phénomène en se servant des coups de bélier par ondes, on voit que le débit initial tend à être fourni par la cheminée, la vitesse dans la conduite tendant vers zéro.

L'équation de continuité sera alors remplacée par $\omega u_0 = c \sqrt{2 g \mathrm{H}_0}$. Si, alors, dans l'établissement des équations, on néglige x devant m, ce qui est presque toujours possible en pratique, on trouve

$$\dot{x}_2 = -ma + \frac{2}{3} j_0 + \frac{5}{12} \frac{m^2 a^2}{H_0}.$$

La montée consécutive étant moins forte que la première montée, dans le cas d'une fermeture totale, sa détermination ne présente pas d'intérêt.

IV. *Cas de plusieurs cheminées.* — On pourra, par un procédé semblable à celui qu'a employé M. Camichel (¹), déterminer les nouvelles périodes des mouvements, mais les équations de continuité ne suffisent plus pour fixer les conditions initiales. En numérotant les cheminées de l'aval vers l'amont et en supposant la conduite de diamètre constant, on a, en effet, pour une fermeture totale,

$$S v_1 = \omega_1 u_1 + S v_2,$$
$$S v_2 = \omega_2 u_2 + S v_3,$$
$$\dots\dots\dots\dots\dots,$$
$$S v_n = \omega_n u_n.$$

On connaît v_1; on a à définir $n-1$ quantités v et n quantités u et l'on ne dispose que de n équations.

Les hypothèses faites sont insuffisantes et, comme dans le cas d'une ouverture, il faudrait recourir à l'étude du mouvement par ondes pour définir ces conditions initiales. On se rend ainsi compte de la complexité du problème.

Il y a une analogie très grande avec la résistance des matériaux où, dans le cas de systèmes isostatiques et complets, les équations ordinaires de la Mécanique rationnelle suffisent pour définir les efforts, tandis que, pour les systèmes hyperstatiques et surabondants, il faut faire intervenir les équations de déformation.

_____

(¹) *Comptes rendus*, t. 161, 1915, p. 343.

SPECTROSCOPIE. — *Sur un nouveau procédé d'analyse quantitative.*
Note (¹) de M. **Alberto Betim Paes Leme.**

Les essais quantitatifs, en spectrochimie, basés uniquement sur l'intensité variable des raies semblent avoir généralement échoué. Dans la technique de l'arc voltaïque, comme source d'émission, ces échecs paraissent
dus à la *volatilisation fractionnée* qui se produit, l'ordre de vaporisation des
divers éléments étant d'ailleurs variable suivant les circonstances: Il est
clair, en effet, que pour un temps de pose limité, la matière n'étant pas totalement volatilisée, les premiers éléments partis donneraient des raies relativement plus intenses. Au contraire, pour une pose assez longue, nécessaire
à la volatilisation complète d'une quantité appréciable de matière, dans la
limite restreinte d'un seul spectrogramme, les raies auraient souvent acquis
une trop forte intensité, ce qui exclut toute sensibilité comme le prouve
l'expérience.

Afin d'éviter cet écueil, nous avons imaginé le procédé suivant :

Dans le spectrographe Féry, dont nous nous servons, il y a un écran qui
cache la plaque photographique. Dans cet écran se trouve pratiquée une
ouverture horizontale à bords parallèles. Lorsque l'écran se déplace verticalement dans son plan, il découvre sur la plaque six bandes correspondant
à six arrêts dans la course de l'écran, ce qui permet de faire six spectres
juxtaposés.

Ayant considérablement rétréci l'ouverture horizontale, nous imprimons
à l'écran un *mouvement vertical continu* à vitesse constante v pendant la
durée de la vaporisation dans l'arc d'une masse connue M d'un corps
minéral donné.

Si e est la distance verticale parcourue par l'ouverture, au temps t, à
partir du bord supérieur du spectrogramme, nous aurons

$$e = vt;$$

e exprime donc le temps.

Si la largeur de l'ouverture est d, en faisant $\frac{d}{v} = 1$, nous pourrons dire
que chaque point du cliché aura subi une pose égale à l'unité de temps.

Ceci posé, représentons un des éléments du minéral par une de ses raies,
adoptée une fois pour toutes.

Nous verrons, dans le spectrogramme obtenu, cette raie s'étendre de e_1

(¹) Séance du 11 mars 1918.

à e_2. Le temps que l'élément en question aura mis à distiller sera représenté par $e_2 - e_1$.

D'autre part, soit à un moment donné p la quantité d'élément débitée pendant l'unité de temps. p est certainement fonction de l'intensité i de la raie considérée, à ce moment.

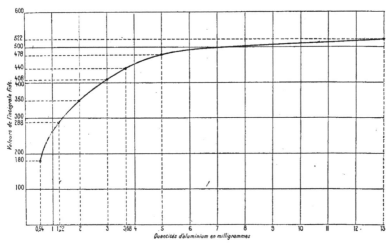

Courbe de l'aluminium en milligrammes pour la raie 3082,3 U. A.

Conditions d'expérience : vitesse, 30ᵉ par millimètre; intensité de courant, 13 ampères; voltage, 110 volts; écartement des charbons, 6ᵐᵐ.

Admettons pour plus de simplicité qu'il s'agisse d'une fonction linéaire

$$p = ki + C.$$

Si nous traçons une courbe ayant pour abscisses les valeurs de t ou de e et pour ordonnées les valeurs de i, qui nous sont données par notre spectrogramme, l'aire embrassée par cette courbe sera

$$S = \int_{e_1}^{e_2} i\,de = \frac{1}{k}\int_{t_1}^{t_2} p\,dt - \frac{C}{k}(t_2 - t_1),$$

$$M = \int_{t_1}^{t_2} p\,dt = kS + C(t_2 - t_1),$$

car la quantité totale de l'élément distillé, c'est-à-dire l'intégrale du débit, est égale à M. Nous avons donc une mesure de cette quantité.

Il faut, bien entendu, opérer toujours dans des mêmes conditions (température de l'arc, ouverture de fente, distance de l'arc à la fente, etc.), de façon à déterminer une fois pour toutes les valeurs de k et c, pour les différents éléments et pour la raie type adoptée pour ces éléments.

Une des principales difficultés dans la mise au point du procédé s'est trouvée dans la mesure des intensités lumineuses des raies photographiées. Nous le faisons, d'ailleurs d'une manière imparfaite, en mesurant l'étalement des raies à l'aide d'un oculaire micrométrique.

Afin de déterminer les constantes de chaque élément nous avons calculé l'aire correspondante $\int i\, dt$ pour des quantités connues de cet élément et nous avons ainsi tracé la courbe correspondante.

Dans ce calcul nous avons négligé le terme $c(t_2 - t_1)$, lequel nous parait négligeable pour les raies sensibles, les valeurs de c étant très petites. C'est en effet la valeur du débit avant l'apparition de la raie.

La courbe ci-contre est celle de l'aluminium, les abscisses étant les masses en milligrammes de cet élément et les ordonnées les valeurs de $\int i\, dt$.

La raie considérée est celle de longueur d'onde 3082,3 U. A.

CHIMIE ORGANIQUE. — *Nouvelle méthode de préparation de la monométhyl-aniline et de la diméthylaniline, par catalyse.* Note de MM. ALPHONSE MAILHE et F. DE GODON.

On sait que la diméthylaniline est un produit intermédiaire employé pour la fabrication d'un grand nombre de colorants artificiels. La monométhylaniline est moins utilisée. La préparation industrielle actuelle de ces deux bases consiste dans l'alcoylation de l'aniline à l'aide du méthanol. On chauffe l'aniline et l'alcool méthylique avec de l'acide chlorhydrique ou de l'acide sulfurique, dans des autoclaves, à 180° pour la monométhylaniline, à 230°-235° pour la diméthylaniline, ce qui a pour effet de faire monter la pression 35-30 atmosphères. La réaction terminée, on chasse le contenu de l'autoclave, à l'aide d'air comprimé, dans une chaudière contenant de la soude, pour libérer la base qui est soumise à un entraînement par la vapeur d'eau, puis à une rectification. Si l'on remarque que le mélange d'alcool et d'acide sulfurique doit être préparé à l'avance dans des conditions spéciales et que la charge et le chauffage des appareils exigent certaines précautions, on voit la technique assez longue de cette opération.

Les réactions de formation de ces deux bases secondaire et tertiaire, à partir de l'alcool méthylique et de l'aniline, peuvent être considérées comme des réactions de déshydratation :

$$C^6H^5.NH^2 + CH^3OH = C^6H^5NHCH^3 + H^2O,$$
$$C^6H^5NH^2 + 2CH^3OH = C^6H^5N(CH^3)^2 + 2H^2O.$$

Nous avons pensé qu'en soumettant le mélange d'aniline et d'alcool méthylique, à l'action d'un oxyde métallique déshydratant, à une température convenable, on pourrait diriger la réaction dans le sens indiqué par les formules précédentes. C'est ce que l'expérience nous a démontré.

En dirigeant un mélange de vapeurs d'aniline et de méthanol sur de la thorine, chauffée entre 400°-450°, nous avons obtenu une notable proportion de mono- et de diméthylanilines. Mais une partie de l'aniline n'a pas été transformée.

La zircone, ZrO^2, s'est comportée à peu près comme l'oxyde de thorium, ThO^2.

L'alumine nous a paru convenir le mieux pour effectuer cette préparation des bases secondaire et tertiaire. En dirigeant sur ce catalyseur, chauffé vers 400°-430°, un mélange d'aniline et d'un petit excès de méthanol, nous avons obtenu du premier coup un mélange de monométhylaniline et de diméthylaniline, ne contenant que des traces insignifiantes d'aniline.

Dans cette réaction, une faible quantité de méthanol est détruite sous forme d'oxyde de méthyle. L'excès est condensé avec les bases et peut être récupéré par rectification. Lorsque la transformation totale du mélange aniline-alcool est effectuée, on sépare par décantation l'eau et l'alcool des bases libres, qu'il suffit de soumettre à la distillation. On obtient dans ce traitement un mélange d'anilines monométhylée et diméthylée.

Il était important de voir si l'on pouvait pousser la méthylation de la monométhylaniline, afin de la transformer totalement en diméthylaniline. A cet effet, un mélange de monométhylaniline et d'alcool méthylique a été dirigé en vapeur sur de l'alumine, chauffée entre 400°-450°. La base secondaire s'est transformée en base tertiaire.

Dans ces opérations, l'alumine devient, au bout d'un certain temps, un peu jaune, puis brune. Son pouvoir catalytique diminue légèrement. Une simple calcination suffit pour lui faire reprendre sa couleur blanche en même temps que son activité.

On voit par quel procédé simple on peut arriver à la préparation de ces deux bases importantes. Le travail est réduit au minimum, et n'exige plus l'emploi des fortes pressions et des acides qui finissaient par attaquer les autoclaves en fonte. Cet inconvénient était évité depuis quelque temps par l'emploi d'autoclaves en acier coulé doublé d'une garniture émaillée. En outre, on évite l'emploi de l'air comprimé, de l'acide sulfurique, de la soude et l'entraînement par la vapeur d'eau.

Tandis que dans la fabrication actuelle l'aniline doit être très pure et ne doit pas contenir plus de 0,5 pour 100 d'eau, que l'alcool méthylique doit être exempt d'acétone qui, en raison de sa grande volatilité, soumet les appareils à des pressions élevées, dans notre nouvelle méthode l'aniline peut contenir une certaine quantité d'eau, et la présence d'une dose d'acétone assez élevée dans l'alcool méthylique n'a pas d'inconvénients.

CHIMIE ORGANIQUE. — *Action de l'acide iodhydrique sur la cinchonine et sur ses isomères : la cinchoniline, la cinchonigine et l'apocinchonine.* Note de M. E. Léger, présentée par M. Ch. Moureu.

En chauffant la cinchonine avec HI (densité 1,7) Ed. Lippmann et F. Fleissner (¹) obtinrent le bibromhydrate d'une base $C^{19}H^{23}IN^2O$: l'hydroiodocinchonine. Les mêmes auteurs reconnurent que la base hydroiodée peut se combiner avec $2HCl$ ou $2NO^3H$ pour donner des sels cristallisés.

Skraup, seul ou avec Zweiger (²), ayant obtenu les produits d'addition

(¹) *D. d. chem. Gesell.*, t. 24, p. 2827.
(²) *Monat. f. Chem.*, t. 20, p. 571, et t. 21, p. 535.

de HI à la cinchoniline et à la cinchonigine, affirmèrent que ces deux produits étaient semblables entre eux et à l'hydroiodocinchonine. Il résulte cependant de leurs expériences que l'hydroiodocinchoniline fond à 162°-163° et l'hydroiodocinchonigine à 154°, ce qui ne permet guère de conclure à l'identité des deux bases.

Il m'a donc paru utile de reprendre l'examen de cette question, en faisant intervenir comme criterium les déterminations polarimétriques.

Les biiodhydrates des quatre bases hydroiodées étudiées dans cette Note se ressemblent entièrement : ce sont de petits prismes jaunes, peu solubles dans l'eau ou l'alcool à 50°, retenant 1^{mol} d'eau de cristallisation qu'ils perdent à 110° et reprennent par exposition à l'air.

Dans ces sels, ainsi que dans les bichlorhydrates et les biazotates correspondants, on peut doser l'acide salifiant par volumétrie, en présence de phénolphtaléine.

Pour obtenir les bases hydroiodées, il est indispensable de verser peu à peu la quantité théorique d'alcali nécessaire à la saturation sur les sels mis en suspension dans l'alcool.

Les quatre bases hydroiodées se ressemblent; ce sont des lamelles microscopiques, incolores, minces, allongées, insolubles dans l'eau, peu solubles dans l'alcool faible, plus facilement solubles dans l'alcool fort ou le chloroforme.

Par fusion rapide, en tube de verre, elles se ramollissent plutôt qu'elles ne fondent, entre 153° et 156° (corrigé), avec décomposition. Les bichlorhydrates et les biazotates s'obtiennent en ajoutant aux bases hydroiodées humides un excès de HCl ou de NO^3H convenablement dilué. Il y a dissolution partielle et formation d'un précipité cristallin. On purifie par cristallisation dans l'alcool à 50°.

Les quatre bichlorhydrates forment de petits prismes jaune pâle, anhydres, dont la solubilité dans l'eau ou l'alcool dilué, assez faible, est cependant plus forte que celle des biiodhydrates.

J'ai préparé les biazotates d'hydroiodocinchonine, d'hydroiodocinchoniline et d'hydroiodocinchonigine. Ces sels forment des aiguilles prismatiques incolores, anhydres; celles du dernier sel sont plus courtes que celles des deux premiers. Ces trois biazotates sont plus solubles dans l'eau que les bichlorhydrates, surtout à chaud.

Les biiodhydrates, se prêtant mal aux déterminations polarimétriques, à cause de leur couleur et de leur faible solubilité, j'ai opéré sur les bichlorhydrates et les biazotates, mis en solution aqueuse, à une dilution voisine de 1 pour 100.

Voici les résultats obtenus :

$$\alpha_{\mathrm{D}}.$$

Bichlorhydrate d'hydroiodocinchonine.......	$+189,2$;	$+189°$
» d'hydroiodocinchoniline.....	$+189,2$	
» d'hydroiodocinchonigine.....	$+170,5$	
» d'hydroiodapocinchonine.....	$+172,7$	

De l'examen de ce Tableau il ressort que nous retrouvons ici les deux groupes de composés signalés à propos des bibromhydrates des bases hydrobromées. La théorie qui a été développée au sujet de la formation des bases hydrobromées s'applique également aux bases hydroiodées (¹).

Le pouvoir rotatoire des composés du premier groupe se maintient invariable si l'on fait recristalliser les biiodhydrates et qu'on reprenne le pouvoir rotatoire des bichlorhydrates préparés à l'aide des hydroiodobases qu'ils fournissent.

Il en est de même si l'on soumet à une nouvelle action de HI, pendant 12 heures, à 100°, les biiodhydrates des bases hydroiodées du second groupe. Le bichlorhydrate correspondant a donné dans un cas $+ 169°,2$, alors qu'avant ce nouveau chauffage du biiodhydrate on avait noté $\alpha_{\mathrm{D}} = + 170°,5$.

L'acide HI ne donne pas seulement avec la cinchonine et la cinchoniline une base hydroiodée dont le bichlorhydrate possède un $\alpha_{\mathrm{D}} = + 189°,2$. Des eaux mères hydro-alcooliques d'où les biiodhydrates ont cristallisé, il m'a été possible de retirer deux autres biiodhydrates, peu abondants du reste. Les bichlorhydrates correspondants ont donné $\alpha_{\mathrm{D}} = + 171°,8$ dans le cas de la cinchonine et $+ 168°,5$ dans le cas de la cinchoniline. Ces nombres ne sont pas seulement très voisins, ils se rapprochent encore des nombres $+ 170°,5$ et $+172°,7$ fournis par les bichlorhydrates d'hydroiodocinchonigine et d'hydroiodapocinchonine. On peut admettre que ces quatre sels sont identiques. Je propose de nommer *hydroiodapocinchonine* la base qu'ils renferment, tandis que la base hydroiodée correspondant à la cinchonine et à la cinchoniline conserverait le nom d'*hydroiodocinchonine*.

Si l'on compare l'action de HI sur la cinchonine et sur la cinchoniline à celle de HBr sur les mêmes bases, on constate, à la fois, une ressemblance

---

(¹) Voir *Comptes rendus*, t. 166, 1918, p. 255.

et une différence : une ressemblance en ce que, dans les deux cas, il y a production accessoire de cinchonigine et d'apocinchonine.

Dans l'action de HBr, ces deux bases se trouvent non modifiées dans les eaux mères bromhydriques de la préparation de l'hydrobromocinchonine, tandis que, dans l'action de HI, elles sont transformées en hydroiodapocinchonine. Ceci tient à ce que l'apocinchonine et la cinchonigine fixent beaucoup plus rapidement HI que HBr et à ce que le produit d'addition ainsi formé résiste à l'action ultérieure de HI.

C'est pour la même raison que l'action de HI sur la cinchonigine et sur l'apocinchonine ne donne pas d'hydroiodocinchonine comme HBr, agissant sur les deux mêmes bases, donne de l'hydrobromocinchonine avec seulement une petite quantité d'hydrobromapocinchonine. La transformation stéréochimique qui, sous l'influence de HBr, fournit la cinchoniline, productrice d'hydrobromocinchonine, ne se produit donc pas avec HI. Il y a simplement fixation de HI sur la cinchonigine ou l'apocinchonine, bases qui ont même arrangement stérique avec des structures différentes ([1]).

L'examen des pouvoirs rotatoires des biazotates a donné :

$$\alpha_D.$$

Biazotate d'hydroiodocinchonine............	+169,1
Biazotate d'hydroiodocinchoniline..........	+161,5
Biazotate d'hydroiodocinchonigine..........	+126

On voit que le dernier sel possède un pouvoir rotatoire notablement inférieur à celui des deux autres. La division des bases hydroiodées en deux groupes se trouve donc ici encore une fois justifiée.

GÉOLOGIE. — *Sur l'existence d'une nappe triasique indépendante dans le bassin du Sebou (Maroc).* Note de MM. **L. GENTIL**, **M. LUGEON** et **L. JOLEAUD**, présentée par M. Émile Haug.

La région prérifaine est formée par des nappes empilées, qui se succèdent dans l'ordre suivant, de haut en bas : nappe du Tselfatt, nappe du Zerhoun, nappe de l'Outità, nappe du Nador.

Il est possible que des études détaillées y révèlent, dans l'avenir, l'existence de nouveaux éléments tectoniques. C'est ainsi, par exemple, que la montagne du Zalar', qui domine Fez, peut être envisagée comme l'émergence,

([1]) *Comptes rendus*, t. 166, 1918, p. 255.

redressée jusqu'à la verticale, d'une nappe liasique dont le pli frontal serait détruit. Mais nous ne pouvons dire s'il s'agit là d'une nappe indépendante ou simplement du prolongement vers l'est de l'une de celles que nous avons définies précédemment.

D'ailleurs on ne doit pas perdre de vue que les phénomènes de charriage qui nous occupent se poursuivent dans le Maroc oriental, au delà de Taza, comme l'un de nous l'a démontré ([1]). Ainsi donc il n'existe pas de solution de continuité entre les grandes masses de recouvrement dont nous venons de montrer l'existence dans le bassin du Sebou et les nappes qui s'étalent sur toute la zone littorale du Tell algéro-tunisien.

Au cours de nos explorations, notre attention a été plus particulièrement retenue par la présence, en situation anormale, de masses triasiques, parfois très étendues et toujours en relation tectonique avec les marnes helvétiennes.

Diverses hypothèses ont été émises pour expliquer la présence inattendue de pointements triasiques apparaissant dans des terrains d'âges variés, en Algérie et en Tunisie. Mais ici le doute n'est pas permis sur l'origine de ces affleurements de marnes bariolées et de gypses salifères : nous nous trouvons dans un régime de nappes et il apparaît clairement que le Trias, comme les autres terrains secondaires ou tertiaires, prend part à la structure tectonique du pays. Nous ajouterons même qu'il joue dans l'architecture de ces régions un rôle prépondérant.

Quelques exemples suffiront à le démontrer.

Le front émergeant de la nappe de l'Outità, plus ou moins disloqué par un champ de fractures, s'ennoye vers le nord. Au niveau de la plaine du R'arb, à Bab-Tiouka, près de Petitjean, il s'enfonce sous de grandes masses de Trias formées de marnes irisées schisteuses, avec cristaux de gypse. Non seulement le Trias s'étale dans la zone d'ennoyage du front de la nappe, mais encore il déborde largement vers l'est sur les marnes helvétiennes du superstratum. On voit même le Burdigalien du flanc normal s'enfoncer sous les collines triasiques.

Le fait que ce Trias s'étale dans la région des marnes de l'Helvétien, niveau le plus récent soumis aux effets des charriages, indique que les affleurements triasiques jalonnent les noyaux synclinaux des nappes. Tantôt le Trias surmonte le Vindobonien, tantôt il lui est subordonné : il est donc pris dans les plis des marnes néogènes et comme enveloppé par les dépôts du deuxième étage méditerranéen.

([1]) L. Gentil, *Comptes rendus*, t. 146, 1908, p. 712; t. 151, 1910, p. 781; t. 156, 1913, p. 965, et *C. R. somm. séances Soc. géol. Fr.*, séance du 4 mars 1918.

Un autre exemple, non moins démonstratif, nous est offert par la vallée de l'oued Zegotta, où se montrent d'importants affleurements triasiques, formés de cargneules, de calcaires dolomitiques et de marnes gypso–salifères. Cette vallée correspond à une fenêtre creusée par l'érosion dans la nappe du Tselfatt. En effet, sur les hauteurs qui dominent le Zegotta à l'ouest, se dessine le pli frontal de la nappe, tandis que sur les collines du djebel ben Abit et du djebel Mesnara, qui se dressent à l'est, s'étale la nappe elle-même.

Nous avons indiqué que la nappe du Tselfatt repose sur les marnes helvétiennes ; nous avons vu, également, qu'elle est supérieure à la nappe du Zerhoun, qui est ici cachée en profondeur ; *le Trias ne peut donc être que pincé en un synclinal couché, étiré dans les marnes helvétiennes qui forment les coussinets des nappes prérifaines.*

Des faits analogues, toujours concordants, se répètent fréquemment dans la région. *Et cette allure des lambeaux de marnes helvétiennes démontre claire-ment l'existence d'une grande nappe triasique enveloppant les autres nappes.*

Ce Trias se reploye sur lui-même comme s'il était stratigraphiquement lié à l'Helvétien ; il pénètre en noyaux synclinaux dans les coussinets des nappes prérifaines, *encapuchonnant*, en quelque sorte, le front de ces dernières.

La nappe triasique provient donc d'une région plus septentrionale que les autres. Elle a commencé à cheminer vers le sud avant elles et s'est étendue d'abord sur la zone d'où devaient sortir plus tard les nappes jurassiques. Puis elle a été reployée par ces dernières. Elle forme actuellement, à la fois, le superstratum et le soubassement de ces nappes jurassiques, et ce soubassement correspond à la première couverture tectonique des marnes helvétiennes du détroit.

La nappe triasique de la région prérifaine est donc la plus grande des nappes, celle dont l'extension primitive a été la plus considérable, puisqu'elle a dû recouvrir presque tout le détroit avant l'écrasement définitif de ce dernier.

M. Dussaud adresse une Note intitulée : *Effets calorifiques d'une source lumineuse intermittente et leur utilisation pour la production des signaux sonores.*

La séance est levée à 16 heures et quart.

E. P.

OUVRAGES REÇUS DANS LES SÉANCES DE DÉCEMBRE 1917 (*suite et fin*).

Société chimique de France. *Le centenaire de Charles Gerhardt.* Supplément au *Bulletin de la Société chimique de France,* 1916; 1 fasc. in-8°. (Présenté par M. Haller.)

La science du travail et son organisation, par le Dr JOSEFA IOTEYKO. Paris, Félix Alcan, 1917; 1 vol. in-16. (Présenté par M. Charles Richet.)

Ministère des Colonies. *Rapport général sur la mission de délimitation Afrique équatoriale française-Cameroun* (1912-1913-1914), par L. PÉRIQUET; tomes I, III et IV, avec un album de reproductions photographiques. Paris, Chapelot, 1915 et 1916; 4 vol. in-8°.

Lettres inédites de Josep Dombey (1785), par L. LEX. Extrait des *Annales de l'Académie de Mâcon* (3e série, t. XIX). Mâcon, Protat, 1917; 1 fasc. (Présenté par M. A. Lacroix.)

Annales de l'Institut océanographique. Tome VII, fascicule XI : I. *Étude du bathyrhéomètre et premiers résultats de son emploi;* II. *Adaptation du bathyrhéomètre à l'anémométrie,* par YVES DELAGE. Paris, Masson, 1917; 1 fasc. in-4°. (Présenté par l'auteur.)

Travaux et mémoires du Bureau international des poids et mesures, publiés sous les auspices du Comité international, par le directeur du Bureau; tome XVI. Paris, Gauthier-Villars, 1917; 1 vol. in-4°.

Mémoires de la Société de physique et d'histoire naturelle de Genève. Vol. 38, fasc. 6 : *Monographie du genre* Melampyrum L., par G. BEAUVERD. Genève-Paris, Fischbacher, 1916; 1 vol. in-4°.

Les formations géologiques aurifères de l'Afrique du Sud, par RENÉ DE BONAND. Paris, Beranger, 1917; 1 fasc. in-8°.

L'origine de la lumière et sa fonction génératrice, par LOUIS-CHARLES-ÉMILE VIAL. Paris, Maloine, 1917; 1 fasc.

Étude sur l'organe de la vue, par A.-H. MERLAC. Toulouse, Passeman et Alquier, 1917; 1 fasc.

La sériciculture en pays tropical. Étude pratique d'acclimatation du ver à soie du mûrier et du mûrier de Madagascar, par A. Fauchère. Paris, Challamel, 1917; 1 fasc. in-8°.

La chèvre et la tuberculose, par Louis Capitaine. Paris, Société nationale d'Acclimatation de France, 1919; 1 fasc. in-8°.

La préparation corporative à la guerre artistique et industrielle de demain avec l'Allemagne, par Marius Vachon. Paris, 1917; 1 fasc. in-8°.

Sur la dissymétrie de structure de la feuille du Mnium spinosum (Voit.) Schwägr., par Jacques Pottier. Berne, Büchler, 1917; 1 fasc. in-8°.

Report of the national Academy of sciences, for the year 1916. Washington, Government printing office, 1917; 1 fasc. in-8°.

Canada. Ministère des mines. Commission géologique. Mémoire 54 : *Liste annotée des plantes à fleurs et des fougères de la pointe Pelée, Ont., et des régions avoisinantes*, par C.-K. Dodge; — Mémoire 79 : *Gisements minéraux de la région de Beaverdell, C. B.*, par Léopold Reinecke; *Tourbe, lignite et houille*, par B.-F. Haanel. Ottawa, Imprimerie du Gouvernement, 1917; 3 vol. in-8°.

ACADÉMIE DES SCIENCES.

SÉANCE DU LUNDI 25 MARS 1918.

PRÉSIDENCE DE M. Paul PAINLEVÉ.

MÉMOIRES ET COMMUNICATIONS
DES MEMBRES ET DES CORRESPONDANTS DE L'ACADÉMIE.

M. le PRÉSIDENT annonce à l'Académie qu'en raison des fêtes de Pâques la prochaine séance hebdomadaire aura lieu le mardi 2 avril, au lieu du lundi 1er.

M. le MINISTRE DE L'INSTRUCTION PUBLIQUE ET DES BEAUX-ARTS adresse ampliation du décret, en date du 20 mars 1918, qui porte approbation de l'élection que l'Académie a faite de M. GABRIEL KŒNIGS, pour occuper, dans la Section de Mécanique, la place vacante par le décès de M. *H. Léauté.*
Il est donné lecture de ce décret.

Sur l'invitation de M. le Président, M. G. KŒNIGS prend place parmi ses confrères.

SPECTROSCOPIE. — *Sur la recherche spectrale du bore.*
Note de M. **A. DE GRAMONT.**

Le procédé classique de recherche du bore par la coloration verte de la flamme du bec Bunsen est parfois en défaut, pour certains silicates minéraux notamment. Il peut en outre donner lieu à confusion avec d'autres éléments donnant des réactions de flamme assez voisines.
Cette flamme verte des composés du bore, regardée à travers un spectro-

scope, présente une série de bandes diffuses, non résolubles, dégradées sur les deux bords, et particulièrement vives dans le vert. L'acide borique seul les donne avec une médiocre intensité, considérablement augmentée par l'addition d'acide chlorhydrique ou d'acide sulfurique ([1]). Il en est de même avec l'étincelle non condensée, sur une solution borique.

J'ai obtenu les mêmes bandes, mais plus développées, en introduisant dans la flamme du chalumeau oxyacétylénique des fragments ou de la poudre d'axinite, ou de tourmalines diverses, sans aucune addition d'acide. La série se continuant dans le bleu et l'indigo, j'ai pu la photographier sur des plaques ordinaires, en employant ces minéraux. L'état extrêmement diffus de ces bandes ne m'a permis de mesurer que très approximativement leurs centres, dont les longueurs d'ondes se trouvent à

$$4920, \quad 4709, \quad 4530.$$

Avec l'acide borique et le borax, la même flamme oxyacétylénique m'a donné en outre, plus faiblement, les bandes

$$4350, \quad 4190, \quad 4090, \quad 4020.$$

Cette réaction spectrale, quoique bien caractéristique, manque de sensibilité.

Il n'en est pas de même du spectre de lignes du bore dans l'étincelle condensée. Sir William Crookes a montré ([2]), en étudiant le spectre du bore cristallisé et pur, qu'après avoir éliminé les lignes appartenant au calcium et à l'aluminium, le spectre ultraviolet du bore ne contient plus que les trois lignes que nous donnerons plus bas. Mes recherches personnelles n'ont fait que confirmer ces conclusions, qui éliminent du spectre du bore quatorze autres raies données par Eder et Valenta ou par Exner et Haschek.

Par une méthode déjà exposée ici ([3]) j'ai recherché les sensibilités des trois raies du bore, au moyen de quantités décroissantes d'acide borique dissous dans un poids donné de carbonate de sodium :

([1]) Ces bandes de la région visible avaient été étudiées par M. Lecoq de Boisbaudran, qui les a fait figurer sur la planche XVIII de son bel Atlas des *Spectres lumineux*, Paris, 1874.

([2]) *Proc. Roy. Soc.*, A, t. 86, 1911, p. 36-41.

([3]) En dernier lieu, à propos du spectre du titane (*Comptes rendus*, t. 166, 1918, p. 94), on trouvera dans cette Note la description des instruments et du dispositif employés pour le présent travail.

λ Internationales.	Proportion de bore décelée.
3451,20......	$\dfrac{1}{10000}$
u_1 2497,82.........................	$\dfrac{1}{100000}$
u_2 2496,87.........................	$\dfrac{5}{100000}$

Pour chacune de ces teneurs la raie est fine, faible et sur le point de disparaître. Il suffit qu'un métal (ou un alliage) ait été fondu sous une couche de borax pour que ces raies apparaissent très nettes dans le spectre d'étincelle de ce métal. J'avais d'ailleurs signalé ([1]) le doublet u_1, u_2 comme formant les raies ultimes du bore.

Il est bien marqué et très sensible aussi, dans le spectre d'arc, où ne figure pas la raie 3451,2, qui, dans le spectre d'étincelle, disparaît sous l'effet d'une self-induction introduite dans le circuit de décharge du condensateur du fil secondaire.

Applications à la métallurgie. — Certains aciers spéciaux renferment du bore dont la présence est facile à reconnaître par l'observation des trois lignes ci-dessus. J'en ai fait l'expérience sur un acier à 0,67 pour 100 de bore et 0,3 pour 100 de vanadium, que la Société des Aciéries et Forges de Firminy avait bien voulu m'envoyer.

Le spectre d'étincelle condensée de cet acier donne la raie 3451,2, plutôt plus forte que la plus vive des lignes du fer. Elle est d'autant plus facilement reconnaissable, au premier coup d'œil, qu'elle se projette sur une région où les raies du fer sont peu intenses et moins nombreuses. Cette observation est surtout frappante avec le spectrographe à deux prismes en crown uviol. Quant au doublet ultime u_1, u_2, transmissible seulement par le quartz, il est parfaitement bien reconnaissable au milieu des raies du fer dans le spectre d'étincelle de cet acier. Dans ces conditions, en intercalant une self-induction de 0,009 henry sur une capacité de 0,0232 microfarad dans le circuit secondaire de la bobine, ce doublet u_1, u_2 devient mieux visible encore, grâce à l'atténuation des raies du fer voisines. Son aspect est d'ailleurs identique dans le spectre d'arc du même échantillon.

([1]) *Comptes rendus*, t. 146, 1908, p. 1260.

L'intensité notable de ces trois raies du bore à 67 dix-millièmes dans le spectre d'étincelle de cet acier permet donc de les indiquer comme susceptibles d'une utilisation pratique certaine, pour les analyses métallurgiques.

Application à la minéralogie. — En examinant les clichés de spectres d'étincelle d'un certain nombre de silicates naturels attaqués dans la cuiller de platine par des carbonates alcalins, j'ai reconnu la présence des trois raies du bore. Très fortes, elles indiquaient en proportions importantes, et vraisemblablement de l'ordre du centième au moins, la présence de cet élément dans des minéraux où il n'a pas encore été reconnu. L'analyse chimique par voie humide a confirmé ces résultats. Ils nous ont amenés, M. A. Lacroix et moi, à entreprendre l'examen et la revision d'un certain nombre d'espèces minérales.

GÉOLOGIE. — *Essai de coordination chronologique des temps quaternaires.* Note ([1]) de M. CHARLES DEPÉRET.

La période *quaternaire* ou *pléistocène*, bien que la plus récente des temps géologiques, est celle dont la classification est encore, à l'heure actuelle, la plus obscure et la moins définitive, malgré quelques intéressantes tentatives de synthèse, dues notamment à MM. Boule ([2]), J. Geikie ([3]), Penck ([4]), et plus récemment à M. Haug ([5]). Cette classification a reposé tantôt sur l'étude des dépôts marins (de Stefani, de Lamothe, Gignoux); tantôt avec J. Geikie et Penk sur la série des glaciations observées soit dans le nord de l'Europe, soit dans les vallées périalpines; tantôt enfin avec Boule sur la préhistoire humaine combinée avec la faune quaternaire terrestre et avec les phénomènes glaciaires.

([1]) Séance du 18 mars 1918.
([2]) BOULE, *Essai de Paléontologie stratigraphique de l'homme* (*Revue d'Anthropologie*, 3e série, t. 3, 1889).
([3]) J. GEIKIE, *The great Ice age and its relation to the antiquity of man*, 1894; *The classification of european glacial deposits* (*Journal of Geology*, 1895).
([4]) PENCK et BRÜCKNER, *Die Alpen in Eiszeitalter*, 1901-1909. — PENCK, *Die Entwickelung Europas seil der Tertiärseil* (*Congrès internat. de Botanique*, Wien, 1916).
([5]) E. HAUG, *Traité de Géologie*, t. 2, 1911, p. 1761 et suiv.

Aucune de ces classifications ne me paraît avoir résolu le problème dans son ensemble, problème complexe, dans lequel il est nécessaire de faire intervenir à la fois : 1° la chronologie des dépôts marins; 2° les phénomènes de creusement des vallées et la formation des terrasses fluviales; 3° les phénomènes glaciaires; 4° la succession des faunes d'animaux terrestres; 5° enfin les faits de paléontologie humaine et d'archéologie préhistorique.

Le but de ce travail est de tenter une coordination chronologique entre ces divers éléments de classification.

Il convient d'abord de faire un *choix de principe* entre ces divers critériums, et je suis logiquement amené à appliquer au Quaternaire la méthode de classification qui a prévalu pour toutes les autres époques géologiques, en donnant la prépondérance aux caractères fournis par les dépôts marins.

I. CLASSIFICATION DES FORMATIONS MARINES QUATERNAIRES. — 1° *Méditerranée.* — Aucune mer du globe n'a été mieux étudiée au point de vue des dépôts quaternaires et ne se présente dans de meilleures conditions d'observation que la Méditerranée occidentale. C'est là qu'il convient d'aller rechercher la division en *étages* du terrain quaternaire.

Depuis longtemps les géologues italiens (Seguenza, de Stefani) ont distingué du Pliocène proprement dit un *Postpliocène inférieur* qui n'est autre chose que l'étage terminal du grand remblaiement pliocène (= Pliocène supérieur ou *Calabrien* Gignoux) et un *Postpliocène supérieur* qui est le véritable Quaternaire, dans lequel les géologues italiens ne reconnaissent pas de division bien nette en étages distincts ([1]).

M. le général de Lamothe([2]) a, le premier, établi nettement sur les côtes d'Algérie et de Tunisie l'existence d'une *série de lignes de rivage*, souvent accompagnées de dépôts marins littoraux, s'échelonnant aux niveaux décroissants de 325^m, 265^m, 204^m, 148^m, 100^m, 60^m, 30^m, 18^m, et d'autant plus anciennes qu'elles sont plus élevées au-dessus de la mer actuelle. Il me paraît probable que les plus élevés de ces dépôts marins doivent encore

([1]) Dans son *Traité de Géologie*, M. Haug a adopté pour le Quaternaire la limite inférieure des géologues italiens précités, limite qui englobe le Pliocène supérieur ou Calabrien.

([2]) DE LAMOTHE, *Note sur les anciennes plages et terrasses du bassin de l'Isser et de quelques autres bassins de la côte algérienne* (*Bull. Soc. géol. de France*, 3ᵉ série, t. 27, 1899); *Les anciennes lignes de rivage du Sahel d'Alger et d'une partie de la côte algérienne* (*Mém. Soc. géol. de France*, 4ᵉ série, t. 1, 1911).

être attribués à la fin du Pliocène; mais il n'y a pas de doute que les quatre dernières lignes de rivage appartiennent au Quaternaire.

Réagissant avec raison contre la vieille hypothèse (encore trop répandue à l'heure actuelle) des *plages soulevées*, c'est-à-dire de simples soulèvements successifs et saccadés du rivage marin, M. de Lamothe s'est efforcé de montrer que chacune de ces lignes de rivage est le résultat d'un mouvement d'abaissement ou *négatif* de la surface marine (parfois jusqu'au-dessous du niveau actuel), suivi d'un mouvement d'élévation ou *positif* de la mer, ayant eu pour conséquence un remblaiement dont chaque ligne de rivage observée représente la phase terminale.

J'ai étudié moi-même (¹) à ce point de vue les dépôts marins de la côte française de la Méditerranée et retrouvé, notamment à Nice et dans le Languedoc, les quatre niveaux marins de la côte algérienne : le niveau de 100^m (85^m au moins au cap Ferrat), celui de 60^m, celui de 30^m et enfin le niveau inférieur de 15^m à 18^m.

Mais c'est à l'un de mes élèves, M. Maurice Gignoux (²), que revient le mérite d'avoir précisé d'une manière définitive en Sicile, en Calabre, en Toscane, et par voie de généralisation dans tout le bassin de la Méditerranée occidentale, les caractères stratigraphiques et paléontologiques des quatre étages marins quaternaires, emboîtés les uns dans les autres en gradins étagés dont les niveaux décroissants sont de 90^m-100^m, 55^m-60^m, 30^m et 15^m-18^m. Ces étages constituent ainsi *quatre unités stratigraphiques* distinctes, correspondant chacune à un *cycle de remblaiement sédimentaire* complet et aboutissant à une ligne de rivage d'un niveau déterminé.

A la suite de ces divers travaux, je distinguerai donc dans le Quaternaire marin de la Méditerranée *quatre étages* auxquels je propose de donner des noms conformes à la nomenclature géologique habituelle, et tirés d'une localité ou d'une région bien typique. Je résumerai les caractères de ces étages en commençant par les plus anciens (³) :

(¹) C. Depéret, *Les anciennes lignes de rivage de la côte française de la Méditerranée* (*Bull. Soc. géol. de France*, 4ᵉ série, t. 6, 1900).

(²) Gignoux, *Les formations marines pliocènes et quaternaires de l'Italie du Sud et de la Sicile* (Thèse de Doctorat, in *Annales de l'Université de Lyon*, 1913).

(³) Je laisserai ici de côté les lignes de rivage supérieures à la cote 100^m, signalées par M. de Lamothe en Algérie (148^m, 200^m, 265^m et 325^m) ainsi que celles dont M. Gignoux a rappelé l'existence en Sicile (155^m, 200^m), dans la terre d'Otrante (200^m, 149^m, 115^m), à Capri (200^m) et au rocher de Gibraltar (200^m). L'attribution de ces niveaux

1° *Étage Sicilien* Doderlein. — Il correspond à la ligne de rivage de 90ᵐ-100ᵐ. Le type de cet étage, créé par Doderlein, se trouve dans l'ancien golfe ou *Conque d'or* de Palerme, qui n'est autre chose, comme l'a établi M. Gignoux, qu'un fond de mer entièrement conservé, où les dépôts argileux à *faune froide* de Ficarazzi, situés au niveau de la mer actuelle, se sont déposés sous une épaisseur d'eau d'environ 100ᵐ, alors que, sur le pourtour de la conque, se formaient simultanément des dépôts littoraux : sables et conglomérats de rivage de la vallée de l'Oreto, molasses calcaires du pied du Monte Pellegrino, avec corniches littorales en encorbellement et lignes de grottes marines envahies par le ressac.

La faune *sicilienne* se distingue de la faune pliocène supérieure ou *calabrienne* par l'extinction d'un plus grand nombre d'espèces pliocènes et par le maximum de fréquence d'espèces de l'Atlantique tempéré et septentrional (hôtes du Nord d'Ed. Suess), déjà apparus en partie dans le Pliocène supérieur. Les plus importantes de ces espèces sont : *Cyprina islandica*, *Chlamys tigerinus*, *Mya truncata*, *Panopæa norvegica*, *Trichotropis borealis*, *Buccinum undatum*, *B. Humphreysianum*, *Chrysodomus sinistrorsus*, etc.

En dehors des célèbres gisements de Palerme, la faune sicilienne froide se retrouve, d'après M. Gignoux, en quelques gisements de la Sicile et de la Calabre (Castellamare del Golfo, Balestrate, Rosarno, Gallipoli) où sans doute ont pu pénétrer les courants froids d'une certaine profondeur, tandis qu'elle fait défaut dans beaucoup d'autres gisements de l'Italie, des côtes de France et de l'Afrique du Nord, où la faune devient alors une faune méditerranéenne assez banale.

2° *Étage Milazzien* Depéret. — Il répond à la ligne de rivage de 55ᵐ-60ᵐ. Je le désigne sous ce nom nouveau en prenant pour type le beau gisement de la péninsule de Milazzo, sur la côte nord de la Sicile, décrit avec soin par M. Gignoux. Là reposent, tantôt sur l'Archéen, tantôt sur le Pliocène ancien, des lambeaux peu épais de dépôts littoraux très fossilifères, passant à la partie supérieure à des plateaux réguliers de poudingues marins, indiquant une plage caillouteuse à l'altitude de 60ᵐ. M. Gignoux a retrouvé les dépôts de cette ligne de rivage de 60ᵐ, par exemple à Cotrone en Calabre, aux environs de Corneto, de Civita-Vecchia et de Livourne, et j'ai moi-

---

élevés au Quaternaire n'est pas établie par des données paléontologiques solides, et, dans l'état actuel des observations, je suis plutôt porté à les attribuer au Pliocène supérieur.

même indiqué son existence sur la côte de Nice aux carrières du cap Saint-Jean. M. de Lamothe a suivi également le niveau de 60ᵐ depuis l'ouest d'Oran jusqu'à Bône, soit sous la forme de poudingues marins, soit à l'état de *plates-formes littorales*, de *replats* ou de *plaines côtières*.

La faune milazzienne, dans son ensemble, ne présente pas de caractères aussi positifs que ceux de la faune sicilienne. On n'y a trouvé jusqu'ici qu'un petit nombre d'espèces atlantiques : *Tapes rhomboides* à Milazzo, *Venus fasciata* à la Plâtrière, près Arzeu; *Balanus concavus* à la presqu'île Saint-Jean, près Nice; et deux espèces à cachet pliocène ancien : *Cancellaria piscatoria* (= *C. hirta* var.) et *Chama placentina* (environs d'Oran). Le véritable cachet de cette faune lui est donné, à mon avis, par la remarquable exubérance de taille et d'ornementation que prennent [plusieurs espèces, représentées dans la Méditerranée actuelle par des formes beaucoup plus petites et moins épaisses; telles sont la variété *herculea* du *Mytilus galloprovincialis* (Milazzo), la variété de très grande taille du *Pecten pesfelis* et du *Triton nodiferum* (côte de Nice), etc. Ces faits paraissent indiquer une mer à température sensiblement plus chaude que la Méditerranée actuelle, intermédiaire entre la mer sicilienne et la mer encore plus chaude des *couches à Strombes*.

3° *Étage Thyrrhénien* Issel, correspondant à la ligne de rivage de 28ᵐ à 3oᵐ. — Ce nom a été proposé par Issel ([1]) pour désigner les couches à *Strombus mediterraneus* (= *Str. bubonius* actuel) qui constituent, sur tout le pourtour de la Méditerranée, de la région oranaise à l'île de Chypre, un horizon admirablement caractérisé par la migration dans la Méditerranée d'une *faune chaude*, à affinités subtropicales, dont les espèces vivent encore aux Canaries et sur les côtes atlantiques africaines.

Il faut citer parmi les plus importantes : *Strombus bubonius, Conus guinaicus, Tritonidea viverrata, Tritonium ficoides, Natica Turtoni, Natica lactea, Pusionella nifat, Cardita senegalensis, Mactra Largillierti, Tugonia anatina, Tapes senegalensis,* etc. D'autres émigrés de cette faune proviennent de l'Atlantique tempéré, comme *Pecten maximus, Venus fasciata, Dosinia aff. lincta, Tapes rhomboides,* etc.

L'horizon le plus constant de ces *couches à Strombes* répond à la ligne de rivage de 28ᵐ à 3oᵐ, et c'est à ce niveau qu'il faut attribuer, en faisant le

---

([1]) IssEL, *Lembi fossiliferi quaternarii e recenti nella Sardegna meridionale* (*Real Acad. dei Lincei,* vol. 23, 17 mai 1914).

tour de la Méditerranée, les gisements de Carthagène, de San Juan de Vilasar (Catalogne), de l'île Majorque, de Nice (Saint-Jean), de Monaco (grotte du Prince), de l'étang de Diane (Corse), de l'île Pianosa, de Livourne, de Civita-Vecchia, de Gallipoli, de Tarente, du plateau supérieur de la péninsule de Monastir, de Port aux Poules près Arzeu, enfin de la Méditerranée orientale jusqu'à l'île de Chypre.

Par suite de mouvements localisés, ces couches ont été relevées jusqu'à 100^m à Ravagnese dans le détroit de Messine et à plus de 300^m dans l'isthme de Corinthe; mais ce sont là des points tout à fait exceptionnels et qui n'altèrent pas l'étonnante régularité de la distribution altimétrique de la ligne de rivage de 30^m.

4° *Étage Monastirien*, Depéret, répondant à la ligne de rivage de 18^m à 20^m. — Je propose ce nouveau nom d'étage, tiré de la ville de Monastir (Tunisie), qui est bâtie sur un plateau étendu appartenant à cet horizon, et où se trouvent des gisements fossilifères d'une grande richesse (278 espèces citées par M. de Lamothe).

Sur la côte algéro-tunisienne, notamment à Sfax, aux îles Kerkenna, à Monastir, au Cap Bon, à Sidi-Mansour, à Damesme, à Arzeu, à Oran, les dépôts littoraux de cet horizon contiennent une faune presque identique à celles des couches à Strombes de l'étage Tyrrhénien, avec les mêmes espèces de l'Atlantique africain citées plus haut, sauf *Natica Turtoni* qui n'a pas encore été trouvée dans l'étage Monastirien. Peut-être le gisement à *Strombus bubonius* de Sferrocavallo, près Palerme, pourrait-il, selon M. Gignoux, appartenir à ce niveau. Mais sur la côte nord de la Méditerranée, les espèces chaudes font jusqu'ici défaut dans les nombreux gisements de la ligne de rivage de 18^m à 20^m, où l'on ne trouve alors qu'une faune méditerranéenne assez banale et parfois un peu saumâtre (couches à *Tapes Dianæ* de Montels, près l'étang de Capestang, en Languedoc).

Il semble résulter de cette observation qu'à l'époque Monastirienne, une différence climatérique assez marquée s'était établie déjà entre la côte européenne et la côte africaine de la Méditerranée occidentale.

Après l'étage Monastirien, les lignes de rivage de la Méditerranée se sont abaissées jusqu'au niveau actuel, avec un stationnement temporaire à la hauteur de 6^m à 8^m, dont j'ai trouvé de nombreuses traces sur la côte française, mais qui ne me paraît pas assez important pour constituer une unité stratigraphique distincte.

Partant de cette base solide du classement des dépôts quaternaires marins

de la Méditerranée, je me propose d'examiner si la côte atlantique de
l'Ancien Monde nous permettra de retrouver (ainsi qu'il est logique
a priori) les différents *horizons altimétriques* des quatre étages que je viens
de caractériser dans la présente Note.

CORRESPONDANCE.

M. le Secrétaire perpétuel signale, parmi les pièces imprimées de la
correspondance :

1° *Las estrellas del preliminary general Catalogue de L. Boss ordenadas
segun sus declinaciones*, por D. Ignacio Tarazona y Blanch. (Présenté par
M. Bigourdan.)

2° *A propos de la publication du Tome V du* Système du Monde (*Histoire
des doctrines cosmologiques de Platon à Copernic*), *par feu Pierre Duhem.
Notice biographique, bibliographique et critique*, par E. Doublet. (Présenté
par M. Bigourdan.)

ANALYSE MATHÉMATIQUE. — *Sur l'itération des fractions irrationnelles.*
Note de M. S. Lattès.

1. Dans une Note récente (¹), M. J.-F. Ritt a énoncé quelques résultats
sur l'itération des fractions rationnelles : certains de ces résultats sont
obtenus par M. Ritt à l'aide de la fonction de Poincaré relative à un point
double tel que $|s| > 1$ (point de répulsion, dans la terminologie de l'auteur
que nous adopterons désormais). J'ai signalé moi-même dans une Note
antérieure (²) l'intérêt que présentent les fonctions de Poincaré pour la
théorie de l'itération; parmi les propositions que j'énonçais se trouve
aussi l'une de celles que donne M. Ritt : on peut trouver, pour un point
quelconque z, une suite d'antécédents successifs ayant pour limite l'un
quelconque des points de répulsion.

(¹) J.-F. Ritt, *Comptes rendus*, t. 166, 1918, p. 380.
(²) *Comptes rendus*, t. 166, 1918, p. 26.

2. Je saisis cette occasion de développer un point que je n'ai indiqué que d'une façon incomplète dans ma première Note; il s'agit des deux valeurs exceptionnelles que peut avoir la fonction de Poincaré $\theta(u)$, d'après le théorème de M. Picard. Dans les Notes de M. Fatou ([1]) et de M. Julia ([2]) relatives à l'itération interviennent deux nombres, exceptionnels à un autre point de vue : ce sont les deux seules valeurs α, β que puissent ne pas prendre les conséquentes $f_n(z)$ de la fonction rationnelle donnée $f(z)$ en un point de la frontière du domaine d'un point d'attraction, et cela d'après la théorie des suites normales de M. Montel. Ces points α, β, lorsqu'ils existent, coïncident avec les valeurs exceptionnelles de la fonction $\theta(u)$. Pour le vérifier, il suffit de chercher dans quels cas $\theta(u)$ admet une ou deux valeurs exceptionnelles : on peut toujours supposer que ces valeurs sont o et ∞, et la fonction $\theta(u)$ est alors de l'une des formes $G(u)$ ou $e^{G(u)}$, en désignant par $G(u)$ une fonction entière; il suffit ensuite de chercher dans quels cas $G(Su)$ peut être lié rationnellement à $G(u)$, ou $e^{G(Su)}$ à $e^{G(u)}$.

On retrouve aisément les cas signalés par M. Fatou et par M. Julia, qui dans leur ensemble constituent la propriété 1° de la Note de M. Ritt. Ces cas se subdivisent en deux :

1° S'il y a une seule valeur exceptionnelle α, on peut supposer $\alpha = \infty$; $G(u)$ est alors une fonction entière de Poincaré, $f(z)$ un polynome. M. Valiron ([3]), dans sa thèse, a étudié ces fonctions au point de vue de la croissance et il a trouvé pour l'ordre la valeur donnée par M. Ritt dans sa Note (2°). Le point exceptionnel α est, quel que soit α, un point invariant pour lequel $s = o$.

2° S'il y a deux valeurs exceptionnelles, α et β, on peut, en les transformant homographiquement en o et ∞, ramener la substitution à l'une des formes $z_1 = z^{\pm m}$ (m entier) et la fonction $\theta(u)$ à la forme $e^{\lambda u}$, avec le multiplicateur $\pm m$; le paramètre λ, dont dépend toute fonction de Poincaré, peut être pris à volonté. Lorsque la forme réduite est z^m, les points α et β sont des points invariants à multiplicateur nul : tel est le cas pour

$$z_1 = \frac{2z}{1 - z^2} \qquad [\theta(u) = \tan g\, u,\ m = 2;\ \alpha = i,\ \beta = -i].$$

([1]) P. FATOU, Comptes rendus, t. 165, 1917, p. 992.

([2]) GASTON JULIA, Comptes rendus, t. 165, 1917, p. 1908.

([3]) G. VALIRON, Sur les fonctions entières d'ordre nul et d'ordre fini (Annales de la Faculté des Sciences de Toulouse, 3e série, t. V, 1913, p. 203).

Lorsque la forme réduite est z^{-m}, les points α et β forment un cycle invariant à multiplicateur nul : tel·est le cas pour

$$z_1 = \frac{2z}{z^2 - 1} \qquad [\theta(u) = \tang u, \; m = -2; \; \alpha = i, \beta = -i].$$

3. Les fonctions de Poincaré permettent de résoudre le problème de l'*itération analytique*, posé et étudié autrefois par divers auteurs. Il s'agit de trouver une substitution $z_1 = \varphi(z, t)$, analytique en z et en t, qui se réduise pour $t = 0$ à $z_1 = z$, pour $t = 1$ à une substitution rationnelle donnée $z_1 = f(z)$, et qui vérifie, quels que soient t et t', la relation

$$\varphi(z, t + t') = \varphi[\varphi(z, t), t'].$$

Cette fonction a été appelée l'*itérée* d'ordre t de $f(z)$ et représentée par $f_t(z)$.

Le problème a été résolu *dans le domaine d'un point double d'attraction* par M. Kœnigs et par Bourlet ([2]). Il consiste en somme à trouver un groupe continu contenant les substitutions $z_1 = z$ et $z_1 = f(z)$. Or, si cette dernière est à points doubles distincts, elle admet au·moins un point de répulsion auquel correspond une fonction de Poincaré $\theta(u)$ et un multiplicateur s. Si l'on pose

$$z = \theta(u), \qquad z_1 = \theta(s^t u),$$

z_1 sera une fonction analytique de z, en général multiforme, répondant à la question, et uniformisée à l'aide du paramètre auxiliaire u. Cette fonction résout le problème de l'itération analytique *d'une façon générale*, car z_1 est maintenant défini dans tout le plan de la variable z. Le groupe de substitutions obtenu est isomorphe au groupe $z_1 = s^t z$. Pour t entier, il y a une seule itérée f_t, rationnelle; pour t rationnel, il y en a un nombre fini, et pour t irrationnel une infinité correspondant aux diverses déterminations de $e^{t \log s}$.

Pour une substitution rationnelle à deux variables, on peut de même déterminer, dans des cas très généraux, un groupe continu à deux paramètres contenant la substitution, en utilisant la méthode d'itération para-

---

([1]) Kœnigs, *Nouvelles recherches sur les équations fonctionnelles* (*Annales·de l'École Normale*, 1885). — Bourlet, *Sur l'itération* (*Comptes rendus*, t. 126, 1898, p. 583; *Annales de la Faculté des Sciences de Toulouse*, 1898).

métrique que j'ai exposée, pour deux variables, dans une Note du 28 janvier (¹).

· GÉOMÉTRIE. — *Sur quelques valeurs de la quadrature approchée du cercle.*
Note (²) de M. **DE PULLIGNY**, présentée par M. Charles Lallemand.

Si, dans un cercle dont le rayon est égal à l'unité, on considère les carrés
construits sur une corde BC qui tourne autour d'un point S situé au milieu

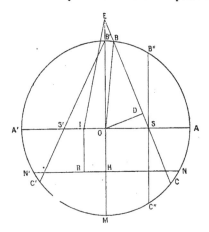

d'un rayon (voir la figure), l'expression qui suit fournit la valeur de l'aire
de ce carré $\overline{BC}^2$ en fonction de la distance OE du centre au point où la corde
coupe le prolongement du diamètre OB' perpendiculaire à OA :

$$\overline{BC}^2 = \frac{4 + 12\,\overline{OE}^2}{1 + 4\,\overline{OE}^2}.$$

Cette valeur varie de + 4 à + 3 quand OE varie de zéro à l'infini et passe

---

(¹) *Comptes rendus*, t. 166, 1918, p. 151.
(²) Séance du 25 février 1918.

par la valeur π qui correspond à la quadrature exacte du cercle. Elle prend aussi quelques valeurs simples, faciles à construire, qu'on peut adopter comme des solutions approchées de cette quadrature. Elle repasse par les mêmes valeurs quand OE.varie de $-\infty$ à zéro.

Dans le triangle EOS où OS est égal à $\frac{1}{2}$ et $\overline{OS}^2$ à $\frac{1}{4}$, on a

$$\overline{ES}^2 = \overline{OE}^2 + \frac{1}{4};$$

et dans les triangles semblables ODS, EOS, on a

$$\frac{\overline{OD}^2}{\frac{1}{4}} = \frac{\overline{OE}^2}{\overline{OE}^2 + \frac{1}{4}} = \frac{4\overline{OE}^2}{1 + 4\overline{OE}^2} = 4\overline{OD}^2,$$

d'où

$$\overline{BC}^2 = 4\overline{BD}^2 = 4 - 4\overline{OD}^2 = \frac{4 + 12\overline{OE}^2}{1 + 4\overline{OE}^2}.$$

Les valeurs remarquables de $\overline{BC}^2$ et $4\overline{OE}^2$ sont rangées dans le Tableau ci-dessous :

	Valeurs de		
Numéros des valeurs.	$4\overline{OE}^2$.	$\overline{BC}^2$.	$\dfrac{\overline{BC}^2 - \pi}{\pi}$ } (erreur relative).
I....	o	4	0,273
II...	4	$\frac{16}{5} = 3,2$	0,0185
III...	6	$\frac{22}{7} = 3,1428$	0,00038
IV...	$6 + \frac{1}{16}$	$\frac{355}{113} = 3,141592920\ldots$	0,000000085
V....	$\left\{ \begin{array}{l} 6 + \frac{1}{16} + \frac{1}{80000} \\ + \frac{1}{1000000} \\ + \ldots \end{array} \right.$	$\left\{ \begin{array}{l} \pi \text{ (valeur exacte)} \\ = 3,141592653\ldots \end{array} \right.$ }	o
VI...	∞	3	0,045

La valeur I correspond à la position A′A de la corde et la valeur VI à la

position B″C″ perpendiculaire à A′A. Cette corde est alors le côté du triangle équilatéral inscrit.

La valeur II correspond à la position B′C′ qui passe par le point S′ symétrique de S (pour dégager la figure).

Sa construction est des plus simples : « Joindre le milieu d'un rayon à l'extrémité d'un rayon perpendiculaire ». Son erreur relative, inférieure à $\frac{2}{100}$, est compatible avec les besoins des artisans qui ont à cuber un arbre, un bassin, un réservoir et qui veulent disposer d'un procédé de quadrature approchée du cercle pour les opérations de calcul mental qui leur sont familières. Cette erreur relative correspond à la précision ($\frac{1}{100}$) avec laquelle ils mesurent les longueurs. La construction ci-dessus pourrait être utilement enseignée aux écoliers.

La valeur III a été indiquée (mais non construite) par Archimède. Pour déterminer la position du point E, on prend IE et IA égaux entre eux et égaux à $\frac{5}{4}$. L'erreur relative est 0,00038, moindre que 1 demi-millième.

La valeur IV a été indiquée (mais non construite) par le hollandais Adrien Metius (1571-1635). Pour déterminer la position du point E, on prend encore IE $= \frac{5}{4}$, mais OI n'est plus égal à $\frac{1}{4}$. On trace N′N parallèle à A′A par le milieu H du prolongement OM du rayon B′O et N′N est le côté du triangle équilatéral inscrit. On prend alors

$$OI = HR = \frac{HN'}{4} = \frac{\sqrt{3}}{8}.$$

L'erreur relative est

$$\frac{3,141592920 - 3,141592653}{3,141592653} = 0,000000085.$$

Il est facile de justifier directement par la géométrie les constructions qui précèdent.

L'erreur relative sur l'approximation d'Adrien Metius étant moindre que 85×10^{-9}, l'erreur absolue sur la même est moindre que

$$85 \times 3,1416 \times 10^{-9}, \quad \text{soit} \quad 267 \times 10^{-9}.$$

Si BC est la longueur de la corde approchée et B_0C_0 celle de la corde exacte (dont le carré est exactement égal à) π, $BC + B_0C_0$ est sensiblement

égal à $2\,\mathrm{BC}$, soit à $2\sqrt{\pi}$, soit à $3,54\ldots$ On a donc

$$\overline{\mathrm{BC}}^2 - \overline{\mathrm{B}_0\mathrm{C}_0}^2 = 267 \times 10^{-9}$$

et

$$\mathrm{BC} - \mathrm{B}_0\mathrm{C}_0 = \frac{267}{3,54} \times 10^{-9} = 75 \times 10^{-9},$$

c'est-à-dire que dans un cercle de 100^{km} de rayon, où la corde exacte a une longueur de $177\,245^{\mathrm{m}},3850\ldots$ ($\sqrt{\pi} \times 10^5$), la corde approchée est plus longue qu'elle de $7^{\mathrm{mm}},5$ (75×10^{-4}).

PHYSIQUE. — *Sur la préparation industrielle de l'argon.*
Note de M. GEORGES CLAUDE, transmise par M. d'Arsonval.

Dans des Notes précédentes, j'ai signalé qu'en dépit de l'abondance relative de l'argon, son extraction de l'air atmosphérique par voie de liquéfaction se heurte à de sérieuses difficultés. Intermédiaire, au point de vue des aptitudes à la liquéfaction, entre l'oxygène et l'azote, l'argon s'échappe des appareils ordinaires de traitement, partie avec l'oxygène et partie avec l'azote, mais dans l'un comme dans l'autre en faible proportion. Et si, comme je l'ai fait maintes fois, on tente de lui ouvrir une porte de sortie spéciale entre celle de l'oxygène et celle de l'azote, on arrive, à la vérité, à extraire par cette porte presque tout l'argon de l'air traité, mais mélangé toujours à beaucoup d'oxygène et à beaucoup d'azote.

Entré à son tour dans la question, Linde, en soumettant à un traitement approprié cette mixture ternaire, est arrivé le premier à une solution approchée du problème. Sur ces entrefaites, la découverte de l'emploi de l'argon dans les lampes à incandescence est venu doter la question d'un gros intérêt industriel et les fabriques allemandes et hollandaises de lampes risquant, grâce à l'argon de Linde, de distancer les nôtres, nous avons été conduits, mon collaborateur Le Rouge et moi, à de nouveaux efforts.

Nous avons repris, pour l'adapter à la circonstance, le procédé très remarquable imaginé à quelques jours de distance d'abord par mon regretté collaborateur Lévy, puis, sous une forme un peu différente, par Linde lui-même.

Soit un mélange de gaz différemment volatils s'échappant au sommet d'une colonne de rectification. Liquéfions ce mélange par un moyen appro-

prié, puis renvoyons le liquide obtenu dans la colonne, en sens inverse des gaz ascendants : par le processus bien connu des phénomènes de rectification, ces gaz ascendants se trouvent appauvris, grâce à ce lavage, en l'élément le plus condensable. Le gaz recueilli, liquéfié à son tour et envoyé dans la colonne, va dès lors provoquer dans les gaz ascendants un nouvel appauvrissement, et ainsi de suite, en sorte que, par cette action *auto-purificatrice* remarquable de la *reliquéfaction*, on tend très énergiquement vers l'élément le plus volatil du système, qui sort finalement à l'état de pureté. A partir de ce moment, on pourra extraire d'une manière permanente une partie de cet élément volatil, le reste constituant d'ailleurs une sorte de première mise de fonds et évoluant indéfiniment entre l'état liquide et l'état gazeux.

Supposons maintenant que nous voulions appliquer tel quel ce principe au traitement de notre mélange ternaire : azote, argon et oxygène. Ce mélange, envoyé dans la colonne de rectification auxiliaire de l'appareil principal, trouve à la partie supérieure un faisceau tubulaire baignant dans de l'azote liquide très froid, et s'y reliquéfie. Le liquide formé reflue dans la colonne et, par le jeu des phénomènes analysés, nous tendons vers l'élément le plus volatil du système, c'est-à-dire vers l'azote *et non pas vers l'argon.* A la vérité, si nous soutirons alors de l'appareil un débit gazeux supérieur à ce qui correspond à l'azote du mélange ternaire, ce débit ne peut être fourni par de l'azote pur, puisque nous en tirons plus qu'il n'en arrive : et c'est effectivement un mélange contenant beaucoup d'azote, beaucoup d'argon et pas mal d'oxygène. C'est ainsi qu'opère Linde, et c'est donc théoriquement un procédé de fabrication de l'azote, qui donne l'argon en quelque sorte accidentellement.

Nous avons appliqué une idée beaucoup plus élégante de mon collaborateur Le Rouge. Il a pensé à utiliser les particularités de ce que j'ai appelé le *retour en arrière* pour se débarrasser de l'azote. Le mélange ternaire à traiter, comprimé à la pression convenable, est envoyé se liquéfier dans le bain d'oxygène liquide de la partie inférieure de l'appareil. Mais cette liquéfaction s'effectue seulement partiellement dans un faisceau tubulaire vertical, avec reflux en arrière du liquide formé. C'est le retour en arrière, et l'on sait que, dans ces conditions, les parties qui échappent à la liquéfaction sont constituées par l'élément le plus volatil du système, c'est-à-dire par l'azote. On élimine donc ainsi l'azote, et le liquide produit, en régime, contient aussi peu d'azote qu'on le désire.

Ce mélange d'argon et d'oxygène liquides déversé au sommet de la colonne de rectification de l'appareil, les phénomènes d'auto-purification y

prendront place pour aboutir encore à l'élément le plus volatil, lequel ici
sera l'argon.

En fait, il est aisé d'obtenir en régime des mélanges gazeux titrant
jusqu'à 75 et 80 pour 100 d'argon et ne tenant, outre l'oxygène, que 1 à
2 pour 100 d'azote. Et le traitement de ce mélange binaire pour en tirer
l'argon est très simple, car il suffit de le brûler dans un chalumeau avec
une proportion convenable d'hydrogène.

CHIMIE ANALYTIQUE. — *Sur le dosage du tantale dans ses alliages avec le fer.*
Note (¹) de M. **Travers**, présentée par M. Henry Le Chatelier.

La principale difficulté dans le dosage du tantale provient de la présence
constante de silice dans le précipité d'acide tantalique. La séparation par
l'acide fluorhydrique, indiquée parfois pour l'analyse des columbites et des
tantalites, n'est qu'approchée, 4 à 5 pour 100 de l'acide tantalique pouvant
être volatilisés avec la silice.

Nous avons, au contraire, obtenu une séparation satisfaisante en volatili-
sant l'acide tantalique, dans un courant d'acide chlorhydrique gazeux, à la
température de 900°. L'opération demande plusieurs heures; on la prolonge
jusqu'à ce que le poids de la matière reste invariable et l'on vérifie la pureté
de la silice par volatilisation avec l'acide fluorhydrique. On défalque ce
poids de silice de celui de l'acide tantalique impur.

Pour l'analyse d'un acier attaquable à l'eau régale, on sépare l'acide tantalique par deux évaporations successives. Le précipité obtenu renferme de la
silice et un peu d'oxyde de fer. Dans le cas de ferro-tantales inattaquables
aux acides, on commence par une fusion avec du sulfite de soude anhydre et
l'on reprend la masse par l'eau acidulée.

L'acide tantalique impur est fondu au creuset d'argent avec de la potasse
pure. (Les carbonates alcalins et même la soude caustique donnent une
attaque trop pénible.) La masse fondue est reprise par l'eau de façon à
séparer le fer et la dissolution est acidifiée par de l'acide sulfurique très
étendu. Après 1 heure d'ébullition, la totalité de l'acide tantalique est
précipitée avec une faible quantité de silice. On pèse et l'on dose ensuite la
silice, comme il a été indiqué plus haut.

_____

(¹) Séance du 11 mars 1918.

Si l'alliage renferme du chrome, on ajoute un peu de peroxyde de sodium à la potasse de façon à former de l'acide chromique qui reste en solution après l'addition d'acide étendu. Le tungstène, s'il y en a, est séparé, après la précipitation par l'acide étendu, au moyen d'un lavage du précipité avec un grand excès de solution d'ammoniaque.

Les séparations que nous venons d'indiquer s'appliquent également à l'acide niobique.

MINÉRALOGIE. — *Sur l'identité de la shattuckite et de la planchéite.* Note ([1]) de M. **F. Zambonini**.

J'ai repris, il y a quelque temps, mes études sur la déshydratation de la dioptase. J'ai trouvé qu'une partie de l'eau de ce minéral doit être considérée comme existant à l'état de solution solide dans le silicate, comme je l'avais pensé il y a quelques années; l'autre partie de l'eau ($\frac{3}{4}$) appartient bien à la constitution de la dioptase, mais elle ne se trouve pas toute dans le même état. En effet, la quatrième partie de l'eau totale du minéral est éliminée, après l'eau dissoute, selon une loi de déshydratation qui est tout à fait différente de celle suivie par l'autre moitié de l'eau originairement contenue dans la dioptase. Ainsi, en déshydratant la dioptase, on peut arriver à un composé défini $2\,CuSiO^3.H^2O$, doué d'une belle coloration bleue.

Un minéral de composition $2\,CuSiO^3.H^2O$ a été décrit en 1915 par M. Schaller [*Journ. Washington Ac. Sc.*, t. 5, 1915, p. 7([2])] sous le nom de *shattuckite*; en comparant les propriétés de ce minéral avec celles de mon produit et des autres silicates hydratés de cuivre qui ont été décrits, j'ai été conduit à penser que la shattuckite est très probablement identique à la planchéite, que M. A. Lacroix a décrite en 1908 ([3]).

En effet, les deux minéraux se présentent en concrétions, en sphérolites ou en fibres, de couleur variant du bleu pâle au bleu foncé suivant le degré d'agrégation des fibres élémentaires. Dans tous les deux, la direction d'allongement des fibres est de signe positif : les fibres s'éteignent suivant leur allongement. Le pléochroïsme est net, dans les teintes bleues, avec maxi-

---

([1]) Séance du 18 mars 1918.

([2]) Cité d'après le troisième *Appendix to the sixth ed. of Dana's System of Mineralogy*, 1915, p. 72.

([3]) *Comptes rendus*, t. 146. 1908, p. 722.

mum suivant n_g dans la planchéite : bleu à bleu foncé parallèlement à l'allongement, bleu très pâle perpendiculairement à l'allongement des fibres dans la shattuckite. Pour cette dernière, M. Schaller donne $n_p = 1,730$, $n_g = 1,796$. M. A. Lacroix n'a pu faire de mesures précises sur la planchéite, mais il a trouvé que la biréfringence est forte (voisine de 0,04) et que la réfringence est supérieure à celle de la dioptase, dont $n_g = 1,709$. Il y a donc accord entre les deux minéraux.

M. Schaller a déduit de ses trois analyses de la shattuckite la formule $2\,CuSiO^3.H^2O$; M. A. Lacroix, pour la planchéite, a déduit de l'analyse de M. Pisani la formule $Si^{12}O^{44}Cu^{15}H^{10}$, qu'il a récemment remplacée par une autre moins compliquée $Si^5O^{18}Cu^6H^4$. Les formules sont à la vérité très différentes, mais la composition des deux minéraux est, au contraire, très voisine comme on peut le voir dans le Tableau suivant :

	Planchéite.	Shattuckite.		Calculé pour $2\,Cu\,Si\,O^3.H^2O$.	
SiO^2.......	37,16	37,91	39,68	39,92	40,50
CuO.......	59,20	55,51	54,80	53,20	53,45
FeO.......	traces	0,43	0,16	0,83	»
CaO.......	»	»	0,05	»	»
H^2O.......	4,50	5,83	5,94	6,41	6,05
	100,86	99,68	100,63	100,36	100,00

L'analyse de la planchéite est un peu différente de celles de la shattuckite, mais il ne s'agit pas de différences très considérables. Même dans la shattuckite il y a souvent davantage de cuivre et moins de silice que dans le composé $2\,CuSiO^3.H^2O$: il est probablement difficile d'obtenir du matériel pur.

En tout cas, comme les deux minéraux possèdent le même facies, le même signe optique d'allongement, la même couleur, un pléochroïsme identique, une réfringence et une biréfringence voisines, il m'avait paru tout à fait probable qu'ils possèdent aussi la même composition chimique, parce qu'il semble peu vraisemblable que deux minéraux, présentant des propriétés cristallographiques et optiques aussi voisines, appartiennent à deux types complètement différents de composés.

M. A. Lacroix a bien voulu me permettre de vérifier mes conjectures sur l'identité de la shattuckite et de la planchéite, en m'envoyant un échantillon de ce dernier minéral, provenant du gisement de Mindouli (Moyen Congo).

Dans cet échantillon, la planchéite forme des sphérolites à fibres plus ou moins serrées, ainsi que des croûtes à structure fibreuse : les propriétés du minéral sont bien celles qui ont été décrites par M. A. Lacroix. Le triage du matériel pour l'analyse a été assez pénible, parce que les sphérolites de la planchéite sont recouvertes par un mince enduit noirâtre ou rougeâtre qui est très difficile à éliminer. Toutefois, j'ai pu réunir une quantité petite, mais suffisante, de substance assez pure.

La détermination de l'eau par simple calcination demande un peu d'attention, parce que si l'on emploie une température assez élevée, il y a réduction du cuivre à l'état cuivreux, ce que l'on reconnaît aisément à la couleur rougeâtre du minéral calciné, qui est au contraire noir, s'il n'y a pas eu de réduction. Quand on chauffe la planchéite au rouge sombre, pendant 15 minutes, la perte de poids n'est que de 4,8 à 4,9 pour 100 : à cette température, la déshydratation complète se fait très lentement.

L'analyse m'a fourni les résultats suivants (a), qui s'accordent très bien avec les nombres correspondant à la composition exprimée par la formule $H^2Cu^2Si^2O^7$ (b) :

	a.	b.
SiO^2	40,88	40,50
CuO	53,32	53,45
Fe^2O^3	0,22	»
H^2O	6,16	6,05
	100,58	100,00

Le fer n'appartient probablement pas au minéral. La silice a été soigneusement analysée, pour s'assurer de sa pureté : avec $H^2SO^4 + HF$ elle n'a laissé qu'un très faible résidu.

Comme on le voit, la composition chimique de la shattuckite est tout à fait identique à celle de la planchéite, et il ne peut rester de doute sur l'identité des deux minéraux.

Le nom de *planchéite* est le plus ancien, il a été donné à un minéral décrit avec assez de détail pour permettre de le reconnaître : il doit, par suite, être conservé, et le nom de *shattuckite* doit tomber en synonymie. A M. Schaller reste le mérite d'avoir établi exactement la composition chimique de la planchéite et d'avoir fait connaître un nouveau gisement de ce minéral intéressant.

GÉOPHYSIQUE. — *Sur la notion de « géosynclinal ».*
Note (') de M. ADRIEN GUÉBHARD, présentée par M. Douvillé.

La notion de *géosynclinal,* on ne saurait le nier, a marqué un véritable progrès pour la Géologie. Mais ne pourrait-elle être elle-même, à la suite des précisions apportées par ma Note du 25 février 1918 (²), l'objet de quelque progrès dans le sens de la précision ?

A peine constituée, vers 1850°, sur le globule incandescent de la planète en formation, la croûte de scories, signalée par M. H. Douvillé, dut commencer, en dessous, avec la solidification foisonnante du fer et de ses alliages, vers 1500°, la réaction violemment disruptive du contenu emprisonné à l'état de surfusion. Or, les déchirures avaient pour directrices tout indiquées les dernières lignes de soudure des glaçons de la mer de feu (³). S'étonnera-t-on de retrouver, au lieu de la rectitude des cassures de surfaces homogènes, l'allure en anses, guirlandes et sinuosités que peuvent seuls donner les raccords tangents de grands arcs de courbes fermées ayant appartenu à des contours parfaitement indépendants? S'étonnera-t-on même de reconnaître, dans une certaine torsion générale par rapport aux méridiens, une trace figée de la puissance ancienne des marées internes?

Ce qui reste à peu près certain, c'est que ce fut le long de ces mêmes lignes, en quelque sorte stabilisées, que durent se continuer de préférence les dégorgements de l'intérieur, accumulant de part et d'autre de la fente des surcharges croissantes, de nature à modifier les conditions de flottaison des découpures du puzzle sphérique. Au début, sur la pellicule encore toute souple, ce furent, après un premier retroussement des bords, des fléchissements caractérisés, corrélatifs de bombements centraux, façonnant une marqueterie de boucliers ourlés d'un lourd bourrelet. La convergence des

---

(¹) Séance du 25 février 1918.

(²) A. GUÉBHARD, *A propos de l'écorce résistante* (*Comptes rendus,* t. 166, 1918, p. 420).

(³) M. E. Haug incline à assimiler les plus anciens géosynclinaux « aux premières lignes de cassure du tétraèdre » (*Traité de Géologie,* p. 526). Il est clair que la notion du foisonnement doit faire substituer le maximum sphérique au minimum tétraédrique de volume.

plongements vers la fissure préparait les apparences d'un synclinal, et le bourrelet commun celle d'une crête anticlinale médiane.

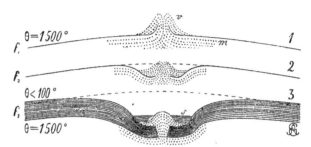

Schéma de la formation d'un géosynclinal (hauteurs fort exagérées). — 1, première rupture de la pellicule f_1 par les extravasations v du magma m; 2, sous la surcharge, les bords de la déchirure s'infléchissent; 3, tandis que la croûte épaissie f_3 tend à se bomber, ses bords, moins renforcés, s'enfoncent de plus en plus sous le poids des sédiments s accumulés dans les canaux géminés.

Telle dut être, avant toute sédimentation, et en parfaite indépendance d'aucune « force de plissement », l'ébauche première (ni synclinale, ni anticlinale, au sens « tangentiel ») des futurs « géosynclinaux », avec leur « géanticlinal axial » (¹) : au vrai, immenses chenaux, naturellement géminés, qu'on ne peut se défendre de comparer, dans leur rôle prédestiné de réceptacles sédimentaires, à certaines apparences de la planète Mars.

Surviennent maintenant les grands ruissellements, superposant, juxtaposant aux éjections volcaniques leurs produits de condensation lourde (²) ou d'érosion superficielle, sur le pourtour mince et défléchi des plaques continentales rigidifiées, et l'on verra ce transport continu du centre à la marge faire jouer automatiquement la loi d'hydrostatique réglant, d'après la répar-

---

(¹) Il se peut que, plus tard, lors du premier effondrement du plafond géosynclinal sur sa base écrasée, la crête éruptive obturée, devenue pilier de soutènement, rejette symétriquement de part et d'autre l'affaissement et maintienne au-dessus d'elle une bande de faîte, pliée en anticlinal axial. Il est connu, d'ailleurs, que les géosynclinaux tertiaires montrent encore en saillie, tout le long de l'axe, la ligne des derniers volcans.

(²) Outre les condensations signalées des composés alcalins entre 800° et 700°, il y eut, dans l'intervalle de 1500° à l'apparition de la vie, des pluies lourdes, précédant des solidifications de toutes sortes de corps simples ou composés.

tition des charges, l'équilibre de flottaison et faisant comprendre par de simples déplacements de centres de gravité, avec ou sans déformations, non seulement les particularités inexpliquées de l'épirogénie, transgressions et régressions régulièrement balancées suivant la loi de Haug, mais encore l'enfoncement progressif, reconnu nécessaire, de l'axe géosynclinal et sa non moins nécessaire, mais non moins inexpliquée, proportionnalité aux surcharges de remplissage; le tout sans exclusion des cas plus spéciaux où la disposition des reliefs primitifs aurait déterminé la formation ombilicale de bassins centraux, fermés ou reliés par détroits au grand réseau géosynclinal.

Il est très possible qu'avant même que la fin du foisonnement et la rétraction pyrosphérique aient enlevé à l'écorce résistante son soutien, il naisse, de ces mouvements de bascule opposés, des *poussées tangentielles* et des phénomènes d'*étau*, susceptibles de provoquer sur le remplissage sédimentaire, par une tout autre voie que la rétraction thermique, des déformations répondant mieux que celles de Castellane, à une hypothèse dont j'ai démontré là, non seulement l'inutilité, mais l'inconciliabilité avec les détails d'une observation minutieuse. Mais, d'autre part, le bombement des aires de surélévation ne laisse pas de fournir aussi une base à l'hypothèse, absolument contraire de A. Cochain ([1]). Et si, enfin, je rappelle qu'une fois instauré le fonctionnement continu de la lithogenèse, c'est encore par l'exclusive action de la pesanteur que j'explique ([2]) tout le diastrophisme cortical, faisant surgir les chaînes de montagnes sur l'emplacement des géosynclinaux, après des phases plus ou moins longues de sédimentation, on conviendra que tant de concordances vérifiables ne sauraient être le fait du hasard, mais constituent une corroboration nouvelle de la très élémentaire synthèse physique où toutes les lois de la Terre, y compris, en ce qu'elle peut avoir de réel, l'hypothèse, jusqu'ici toute mystique, des poussées tangentielles, n'apparaissent plus que comme des cas particuliers de la loi fondamentale de l'Univers, la gravitation.

([1]) A. Cochain, *Sur une nouvelle manière de comprendre la déformation de l'écorce terrestre* (*Comptes rendus*, t. 165, 1917, p. 29).

([2]) A. Guébhard, *Sur une manière nouvelle de comprendre le volcanisme et les apparences pseudo-éruptives du granite* (*Comptes rendus*, t. 165, 1917, p. 150).

OPTIQUE PHYSIOLOGIQUE. — *Inversion du phénomène de Purkinje dans l'héméralopie congénitale.* Note de M. A. POLACK, transmise par M. Charles Richet.

J'ai observé dans l'héméralopie congénitale un fait nouveau, caractérisé par l'inversion du phénomène de Purkinje.

Le dispositif expérimental permettant de le constater est fort simple.

Deux plages peintes, l'une en rouge, l'autre en bleu, et paraissant à peu près du même éclat à un éclairage moyen, sont juxtaposées et placées dans une chambre noire dans laquelle on laisse filtrer faiblement la lumière du jour.

Dans la demi-obscurité ainsi obtenue, un œil normal voit se produire nettement sur les plages juxtaposées le phénomène de Purkinje.

Mais un observateur, atteint d'héméralopie congénitale, a une perception différente : le rouge lui paraît plus clair que le bleu.

Lorsqu'on réduit graduellement la lumière, la plage bleue disparaît la première; lorsque, au contraire, en partant de l'obscurité complète, on augmente graduellement l'éclairage, la plage rouge est la première perçue; en un mot, il y a inversion du phénomène de Purkinje.

Dans certains cas, au lieu de voir le phénomène de Purkinje inversé, on constate seulement qu'il ne se produit pas; les deux plages apparaissent et disparaissent en même temps, selon l'éclairage, sans qu'il soit possible à l'héméralope d'observer des variations dans la clarté relative des plages.

A cette modification, particulière dans les perceptions visuelles, correspondent des données photoptométriques bien caractérisées :

Lorsqu'on examine au photoptomètre un héméralope après un repos suffisant dans l'obscurité, on constate que sa sensibilité lumineuse comparée à celle d'un œil normal est peu ou pas modifiée pour le rouge; pour le vert, elle est manifestement plus faible et, pour le bleu, elle l'est dans des proportions considérables.

L'intervalle photo-chromatique n'est appréciable que pour le vert. Quant au rouge et au bleu, ces deux lumières apparaissent d'emblée à l'héméralope avec leur couleur, sans passer par la phase de sensation incolore.

La diminution de sensibilité pour le vert et le bleu ne résulte pas chez ces héméralopes d'une trichromasie anormale; chez eux le « color-box » de Maxwell donne des équations semblables à celles des observateurs doués de vue normale.

On ne peut pas incriminer non plus une pigmentation jaune trop accusée de la *macula* avec, comme conséquence, une absorption exagérée du bleu. En effet la sensibilité pour cette lumière n'est pas meilleure en dehors de la zone maculaire; au contraire elle diminue rapidement, à mesure qu'on s'éloigne de cette zone pour aller vers la périphérie.

L'élévation de la sensation chromatique au moment où la rétine sort de son adaptation à l'obscurité, fait normal que j'ai signalé dans une Note antérieure, ne se produit pas dans l'héméralopie congénitale (¹).

Avec un éclairage ambiant moyen, les données photoptométriques de l'héméralope ne présentent rien de particulier.

L'inversion du phénomène de Purkinje ne peut donc s'expliquer que par un trouble de l'adaptation rétinienne de l'œil atteint d'héméralopie congénitale.

J'ai observé ces faits sur cinq cas et n'ai pas rencontré d'exception.

Il est intéressant de noter que l'inversion ne se produit pas dans la rétinite pigmentaire.

Le phénomène de Purkinje nous offre, comme on le voit, un moyen simple pour caractériser et différencier certaines formes d'héméralopie jusqu'ici confondues dans la même description.

J'ajouterai que ces notions peuvent avoir des applications cliniques, notamment en ophtalmologie militaire.

ZOOLOGIE. — *Sur un nouveau Copépode* (Flabellicola *n. g.* neapolitana *n. sp.*) *parasite d'un Annélide polychète* [Flabelligera diplochaitos (*Otto*)]. Note (²) de M. **Ch.-J. Gravier**, présentée par M. Bouvier.

En cherchant systématiquement, durant mon séjour à la Station zoologique de Naples, en 1917, les Crustacés parasites externes des Annélides polychètes les plus communs dans le golfe, j'ai trouvé un nouveau Copépode fixé sur le *Flabelligera (Siphonostoma) diplochaitos* (Otto). Ce singulier Ver a le corps entièrement enveloppé d'une épaisse couche de mucus consistant et translucide que traversent les soies des parapodes et aussi des

(¹) *Comptes rendus*, t. 139, 1904, p. 1207.
(²) Séance du 18 mars 1918.

papilles longuement pédicellées. L'extrémité antérieure, la seule qui soit à nu, porte, du côté dorsal, les branchies au-dessous desquelles s'insèrent deux puissants tentacules qui encadrent la bouche. Le tout est entouré d'une vaste cage céphalique dont les parois sont formées de longues soies annelées simples sortant de chaque côté du premier segment apode.

Seuls, les deux sacs ovigères, qui ont un peu plus de 1^{mm} de longueur et qui reposent sur les branchies, près de la face dorsale, trahissent la présence du parasite. Ces sacs s'attachent au voisinage immédiat l'un de l'autre sur une petite vésicule piriforme (de $0^{mm},30$ à $0^{mm},35$ de grand axe) qu'une sorte de col relie à travers le tégument à une vésicule interne plus de deux fois aussi longue que la précédente. Il n'est pas rare de compter 3, 4 et même 5 vésicules externes sur un même hôte. Les parasites sont insérés extérieurement aux branchies, dorsalement, entre les deux faisceaux de soies qui, en se rapprochant, enclosent la cage céphalique. Si l'on pratique dans cette région une série de coupes transversales chez un individu infesté, on observe toujours la présence simultanée de plusieurs parasites à divers états de développement qui se logent comme ils le peuvent, dans la région exiguë de leur hôte où ils sont localisés, en se repliant sur eux-mêmes ; la plupart d'entre eux n'ont aucune partie externe ; ils contiennent des ovules à des stades variés de leur évolution. Ce sont des femelles complètement incluses dans leur hôte.

Ces parasites de faible taille distendent les parois de la collerette qui entoure les branchies, là où ils se sont accumulés ; ils ne paraissent pas être très nuisibles au Polychète. Leur corps qui ne présente ni appendices, ni tube digestif, ni même de trace de segmentation, en général, est bourré de masses de grandeur inégale, dans lesquelles on discerne des ovules à divers états de développement, et qui sont plongées dans une substance finement granuleuse qui a l'apparence d'une matière de réserve. Lorsque les ovules sont parvenus à un état voisin de la maturité, ils sont finalement contenus dans deux tubes flexueux s'étendant, l'un à côté de l'autre, dans presque toute la longueur du parasite. La femelle doit alors percer la paroi de son hôte pour former la vésicule externe sur laquelle se constituent les sacs ovigères. La partie postérieure du corps orientée vers la cage céphalique s'accroît et pousse devant elle la paroi interne de la collerette qui cède sous la pression et s'évagine. La couche musculaire pariétale peu épaisse se dissocie ; l'ectoderme aminci qui la recouvre finit par s'ouvrir et livre passage au parasite qui va former sa vésicule externe et expulser les œufs dans les sacs ovigères. Dans la région centrale de l'une de ces vésicules qui était parvenue à sa taille définitive, j'ai trouvé des spermatozoïdes qui ne paraissent pas s'être formés sur place, mais avoir été déposés par un mâle, comme cela a lieu chez les autres Copépodes parasites, sauf chez le *Xeno-cœloma brumpti* Caull. et Mesn. C'est dans leur passage à travers la vésicule externe que les ovules seraient fécondés. Je n'ai constaté la présence du mâle sur aucun des sacs ovigères que j'ai examinés.

Quand on observe les *Flabelligera diplochaitos* (Otto) dans les cuvettes où on les conserve dans leur milieu normal, on les voit ramper assez lentement sur le fond boueux où ils vivent, et ouvrir et fermer alternativement la cavité circonscrite par les longues soies du premier segment, sans rythme bien marqué. C'est seulement pendant les périodes d'ouverture que peuvent pénétrer, à l'intérieur de la cavité, les larves des parasites qui viennent s'attacher à la partie antérieure de l'Annélide, la seule qui soit accessible, puisque tout le reste du corps est efficacement protégé par une épaisse cuirasse de mucus solidifié. Après s'être fixée, la larve de la femelle doit pénétrer à l'intérieur de l'hôte, où elle persiste tout entière jusqu'à une époque voisine de la maturité des ovules ; alors, la partie postérieure de l'animal perce le tégument du Polychète et forme une vésicule externe où s'opère la fécondation des ovules qui passent finalement dans les sacs ovigères.

Tous les exemplaires contaminés de *Flabelligera diplochaitos* (Otto) que j'ai étudiés étaient envahis par plusieurs parasites ; certains d'entre eux en étaient pour ainsi dire farcis dans la région indiquée plus haut. On peut, à ce sujet, se demander si, lorsqu'une larve a pénétré dans son hôte, elle ne peut s'y multiplier par voie agame. Delage a trouvé une fois dans une jeune Sacculine, au lieu d'un amas cellulaire représentant la future masse viscérale et le manteau, deux amas cellulaires de même volume et il s'est demandé si l'ovaire de la larve ne peut donner naissance à deux Sacculines ; mais il repoussa cette hypothèse « si peu en rapport avec les faits généraux du développement ». G. Smith a observé deux fois le fait signalé par Delage et s'est posé la même question, non seulement pour la Sacculine, mais aussi et surtout pour le *Peltogaster socialis* (Müller) et pour le genre *Thylacoplethus* Contière. Le cas du Copépode parasite dont il est question ici fait naître la même interrogation.

Ce Copépode doit être rapproché de ceux que H.-J. Hansen a réunis dans la famille des *Herpyllobiidæ*, dont deux genres s'attaquent à des Polychètes de la famille des Flabelligériens (Chlorémiens). C'est du *Trophoniphila bradii* Mac Intosh qu'il paraît s'éloigner le moins ; mais l'espèce mentionnée

par Mac Intosh et qui vivait sur un Polychète dragué par le *Challenger*
dans l'océan Antarctique, à plus de 35oo^m de profondeur, est trop insuffi-
samment décrite pour qu'on puissse même tenter utilement une comparaison
des deux Copépodes. Je propose d'appeler celui de Naples *Flabellicola* n. g.
neapolitana n. sp.; le nom de genre rappelant l'habitat du Copépode, entre
les deux éventails de soies du premier segment. La période de vie libre, le
mode de pénétration de la larve à l'intérieur de l'hôte demeurent inconnus.
Le mâle reste à découvrir chez ce parasite dont l'évolution paraît présenter
quelque analogie avec celle des Rhizocéphales.

PHYSIOLOGIE. — *Le pouls cérébral dans les émotions.* Note (¹) de M. Léon
Binet, présentée par M. Charles Richet.

Si les réactions cardio-vasculaires sont pour ainsi dire constantes au
cours des états émotionnels, la nature de ces réactions est extrêmement
variable d'un sujet à un autre. L'examen du pouls radial, pratiqué chez
une série de soldats soumis à un même bombardement sérieux, montre,
chez les uns de la bradycardie, chez les autres de la tachycardie. La
circulation périphérique, explorée à l'aide d'un pléthysmographe digital,
présente, lors d'une cause émotionnelle toujours la même (un coup de
revolver par exemple), tantôt de la vaso-dilatation, tantôt de la vaso-
constriction. De telles variations s'observent-elles du côté de la circulation
du cerveau? Quelles modifications subit le pouls cérébral au moment des
émotions? Tel est l'objet d'études que nous nous sommes proposé, en
examinant une série de blessés de la tête, présentant une cicatrice pulsatile,
une brèche cranienne, là où le cuir chevelu était directement en contact avec
la dure-mère.

Nous avons enregistré simultanément : 1° le rythme respiratoire; 2° le
pouls cérébral à l'aide d'un cardiographe sensible; 3° le pouls capillaire
digital au moyen du pléthysmographe de Hallion ou de Jean Camus. Le
patient était couché, dans le décubitus dorsal, la tête immobilisée, et nous
déterminions une émotion, soit en tirant un coup de revolver à blanc, soit
en actionnant une sirène, soit en frappant brusquement et violemment sur
une porte.

_____

(¹) Séance du 25 février 1918.

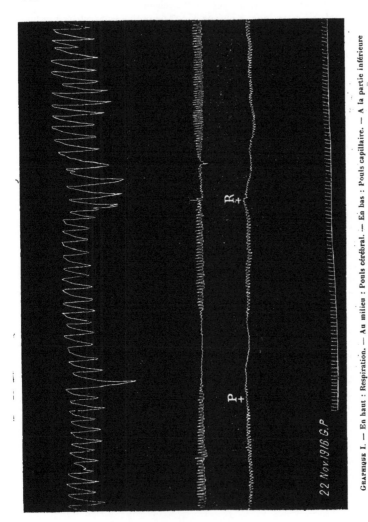

22 Nov. 1916. G.P.

GRAPHIQUE I. — En haut : Respiration. — Au milieu : Pouls cérébral. — En bas : Pouls capillaire. — A la partie inférieure du graphique : temps en secondes.

En P, on frappe violemment sur une porte. — En R, on tire un coup de revolver.

L'examen des graphiques ainsi obtenus montre que la circulation cérébrale est modifiée dans les émotions, et que cette modification est variable. Selon les sujets, vraisemblablement aussi selon la nature des émotions, le

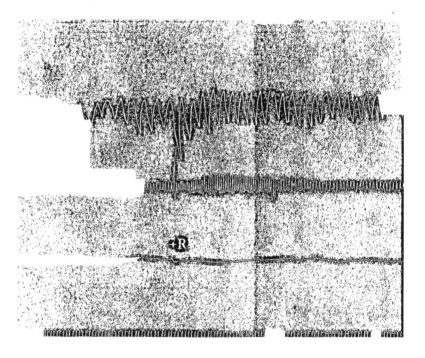

GRAPHIQUE II. — Coup de revolver en R (congestion cérébrale).

pouls cérébral diminue ou augmente d'amplitude. Non seulement le cerveau est susceptible de se *congestionner*, comme l'avait bien montré A. Mosso; mais il est aussi susceptible de s'*anémier*.

Ces modifications du pouls cérébral marchent parallèlement avec les modifications du pouls digital et le graphique nous montre nettement qu'en même temps le patient fait de la pâleur du cerveau et de la pâleur périphérique.

A une émotion, l'organisme réagit par des modifications vaso-motrices qui portent tant sur la périphérie que sur les centres et qui se font dans le même sens.

La séance est levée à 15 heures trois quarts.

A. Lx;

ACADÉMIE DES SCIENCES.

SÉANCE DU MARDI 2 AVRIL 1918.

PRÉSIDENCE DE M. Paul PAINLEVÉ.

· MÉMOIRES ET COMMUNICATIONS

DES MEMBRES ET DES CORRESPONDANTS DE L'ACADÉMIE.

NÉCROLOGIE. — *Notice nécrologique sur Lord Brassey*, par M. **L.-E. Bertin.**

La mort du Most hon. Count Brassey, Correspondant de l'Académie des Sciences, laisse de profonds regrets en France, où le défunt entretenait de chaudes amitiés. En Grande-Bretagne, où Lord Brassey avait conquis une très large popularité et où les honneurs lui venaient d'eux-mêmes, sa disparition est considérée comme une perte nationale.

M. Thomas Brassey, père du futur lord et comte, était un entrepreneur des travaux publics de haute réputation. Entre autres lignes de chemins de fer, il construisit celle de Paris au Havre et il y donna une preuve de sa sollicitude à ne laisser que des œuvres lui faisant honneur. Un viaduc qu'il venait de terminer donna quelques indices de fatigue auxquels on n'attachait pas une extrême gravité, mais qui lui furent néanmoins signalés. M. Thomas Brassey accourut, examina, eut des doutes et, sans mot dire, mit les ouvriers à l'ouvrage. Le viaduc fut démoli et ses fondations refaites sur un plan nouveau.

La grosse fortune, si honorablement amassée par l'entrepreneur de travaux, échut en grande partie à son fils aîné. Elle devait plus tard trouver un noble emploi dans les croisières qui ont popularisé le nom de son yacht le *Sunbeam*. Chez notre regretté Correspondant, la hantise de la mer, associée à la passion de la grandeur navale britannique, remonte à son séjour d'étudiant à l'école de Rugby et à ses stations à Gosport, où il contemplait, du Hart, la rade de Portsmouth, tandis que son père terminait la ligne du

South-Western Railway. L'impression reçue des circonstances de sa jeunesse fut définitive et régla les conditions de sa longue vie. Il avait puisé, sur les chantiers paternels. l'ardent intérêt qu'il garda toujours aux questions ouvrières et l'attacha à la politique libérale de Gladstone. Il avait acquis, dans son éducation première, les qualités d'administrateur qu'il déploya dans les fonctions publiques, à l'Amirauté de 1880 à 1885; en Australie de 1895 à 1900, dans les diverses commissions royales dont la présidence lui fut confiée.

Par lui-même, Lord Brassey fut un amoureux des Océans, voyageur aussi infatigable que marin consommé, yachtman modèle, dans la plus haute acception du mot. De tous ses titres honorifiques, le moindre à ses yeux n'était pas celui de « master » dont il fut le premier propriétaire de navire de plaisance à conquérir le certificat, et qui lui permit d'être son propre capitaine, dans les longues et parfois rudes campagnes du *Sunbeam*.

Nul doute que Lord Brassey aimât, pour eux-mêmes, la mer et les voyages lointains; mais un énergique stimulant aiguillonnait son désir d'aller jeter l'ancre devant des pays toujours nouveaux. De l'embouchure de la Tamise aux antipodes, les terres qui l'attiraient sont celles où flotte l'Union Jack, celles où la Grande-Bretagne a implanté ses institutions libérales dans toutes les régions du globe. Il aimait à montrer aux compatriotes d'outre-mer le visage ami du compatriote venu de loin, afin d'affirmer avec eux la solidité des mailles du vaste filet. Dans son amour de la mer, entrait l'amour de la grande voie de communication qui relie entre elles les diverses parties du plus vaste des empires et forme comme le ciment destiné à les agréger.

L'amour filial de la mère-patrie, auquel s'ajoute un légitime orgueil, chez les enfants de la Grande-Bretagne, n'avait rien d'exclusif chez Lord Brassey; il laissait place, à l'égard de la France, à un sentiment fraternel dont nous avons eu plus d'une marque. Lorsqu'en 1895 l'Institution of naval Architects décida d'inaugurer, par une session à Paris, ses meetings d'été à l'étranger, Lord Brassey fut de ceux qui s'associèrent le plus chaudement à Sir Nathaniel Barnaby et à Sir George Holmes dans cette amicale démonstration. Les visées dépassaient la portée d'un acte de simple confraternité professionnelle. Je ne saurais dire jusqu'à quel point Lord Brassey a pu partager les idées dont Sir Nathaniel Barnaby s'était fait le courageux champion dans le *Daily Chronicle;* mais, plus nombreux que nous avons cru, sont, chez nos voisins d'Outre-Manche, ceux qui n'approuvaient pas sans réserve les procédés suivis pour réparer, après 1871, les anciennes erreurs de la politique égyptienne de Lord Palmerston. En France, où la gravité de la menace teutonne était appréciée par quiconque sait voir et penser, le désir du rapprochement avec la grande-Bretagne était général. La réplique française à l'invite britannique fut donc cordiale, encouragée d'ailleurs par Félix Faure qui détenait, à ce moment, le porte-feuille de la Marine. La session parisienne, supérieurement organisée par Sir George Holmes, eut un plein succès, en dépit de quelques fâcheux pronostics et de la sourde opposition du successeur que Félix Faure s'était malencontreusement donné rue Royale lorsqu'il avait émigré vers l'Élysée. Les relations entre l'hôtel du quai d'Orsay et celui de Downing Street s'en trouvèrent du coup détendues. Lord Brassey est de ceux dont la participation avait assez de poids pour qu'une part lui revienne dans cet heureux effort des lointains précurseurs de l'Entente cordiale.

Onze ans plus tard, dans les préparatifs de l'exposition maritime de Bordeaux, Lord Brassey exerça la même bienfaisante influence sur les sommités maritimes de Londres qu'il réunit à dîner dans sa résidence de Park-lane. Il fit décider la construction d'une magnifique collection de modèles de navires, « clou » de l'exposition de Bordeaux, qui malheureusement fut plus tard consumée dans un incendie à Bruxelles.

A la marine de guerre, dont Lord Brassey suivait toutes les évolutions, en observateur éclairé et vigilant, il consacra d'abord son grand Ouvrage *The british Navy*, en six volumes publiés en 1882 et 1883. Il fit mieux encore : il fonda, en 1886, le *Naval Annual*, répertoire annuel de toutes les marines de guerre, dont les tableaux et les schémas firent de suite autorité; il garda jusqu'en 1890 la direction de ce recueil qu'il transmit ensuite à son fils Thomas Brassey. Le *Naval Annual* a suscité de nombreux concurrents dans divers pays; il a toujours conservé, parmi eux, son rang qui reste le premier.

La compétence dont il avait, avant 1882, donné des preuves indiscutables désignait Lord Brassey pour l'Amirauté. Il y entra dès 1880, sous le ministère Gladstone; il y passa quatre années en qualité de Lord civil, puis une cinquième en qualité de Secrétaire parlementaire.

Ce séjour à terre de cinq ans, si contraire aux habitudes de Lord Brassey, fut coupé par un voyage de trois mois aux Indes occidentales et suivi d'une courte croisière sur les côtes de Norvège pendant laquelle le *Sun-beam* reçut à son bord M. et Mme Gladstone. Le récit, qui en a été reproduit par Lord Brassey, est le dernier Ouvrage dû à la plume de l'autoresse, de haute culture littéraire, qui avait publié *The voyage round the Globe in the*

Sunbeam 1876-1877 et d'autres récits attachants. La première lady Brassey mourut en 1887, pendant le retour d'un voyage en Australie, laissant à son mari la charge d'écrire *The last Chapter of the last Voyage.*

Le *Sunbeam* semble s'être alors reposé, du moins il ne fit pas de longues campagnes pendant cinq ans. En 1892 il recommença la série de ses voyages avec une passagère nouvelle, lady Sybill de Vere, devenue en 1890 la seconde lady Brassey. Le nom de passagère répond mal à ce que nous a appris Lord Brassey de sa nouvelle épouse, a *skillful navigator*, qui a tenu à franchir l'étape des connaissances pratiques et à y joindre l'étude approfondie de la théorie. Un voyage au Canada en 1892 fut suivi d'un voyage aux Indes en 1894. Ensuite le *Sunbeam* porta Lord et Lady Brassey à Victoria en 1895 et les ramena en 1900, non sans les avoir promenés en Nouvelle-Zélande dans l'intervalle.

Le gouvernement de Victoria fut suivi d'une série de voyages en Amérique et en Asie, jusqu'au jour où une nouvelle carrière, celle de navire-hôpital, s'ouvrit en 1915 pour le *Sunbeam.*

La période des honneurs s'ouvrit pour Lord Brassey, à l'âge de 45 ans, par l'octroi de la plaque et du collier du Bain (K. C. B.) en 1881, et ensuite par celui du cordon de Grand Commandeur (G. C. B.) en 1906. Lord Brassey reçut également en 1906 le titre de baron, puis fut élevé à la dignité de comte en 1911. Ajoutons sa promotion au poste de *Lord Warden of the cinque ports,* une de ces anciennes institutions vénérables auxquelles la Grande-Bretagne a la sagesse de garder autant de fidélité que nous avons de respect pour nos vieilles cathédrales. Lord Brassey a consacré tout un chapitre de son autobiographie à son intronisation de Lord Warden.

Le nom d'*autobiographie* tombé sous ma plume est bien celui qui convient au volume consacré au *Sunbeam* publié, en 1907, par Lord Brassey : *The Sunbeam R. Y. S. voyages and experiences in many waters.*

La vie active de Lord Brassey s'est passée sur le *Sunbeam.* Les fonctions publiques y tinrent si peu de place, deux périodes de cinq ans coupées par des voyages : « Sa Majesté a cru devoir utiliser mes services, je suis aux ordres de Sa Majesté. » Telle fut la réponse de Lord Brassey à mes compliments quand je le rencontrai lors de sa nomination au gouvernement de Victoria.

Ce détachement des grands emplois n'a pas permis à Lord Brassey de devenir un homme de premier plan. A l'orgueil d'une grande carrière politique, pour laquelle il était peut-être doué, il préférait la joie de rendre célèbre le nom de son cher *Sunbeam.* Son amour pour son beau yacht prend une forme touchante, quand il parle de son émotion à la vue des anciens bordages, qu'il faut enlever en 1892 et remplacer par du bois neuf. C'est quelque chose de lui-même qu'il voit disparaître.

Il se console en pensant à la membrure en fer qui reste intacte. Après comme avant la refonte, ce sera toujours le même *Sunbeam*. Le cher navire aux formes élégantes, à l'aspect attrayant, avec lequel il s'identifie en quelque sorte; son bordage poli, fait de beau teak imputrescible, recouvert du cuivre poli qui défie toute les salissures; la robuste armature de sa carcasse d'acier, tout cela n'était-il pas quelque peu l'image du noble capitaine et propriétaire, dont l'affabilité toujours souriante formait l'enveloppe extérieure d'un caractère de bonne trempe, dont la vie entière fut consacrée à ce qui fait à la fois l'ornement et la grandeur de sa patrie.

Lord Brassey fut l'homme d'une seule pensée, à laquelle il resta fidèle et qui fit de lui un homme heureux. Il fut deux fois heureux en ménage : heureux en famille avec son fils le comte Brassey actuel et ses quatre filles. Loin de jalouser son amour pour le *Sunbeam*, les deux ladies Brassey s'y associèrent, y trouvant : l'une l'occasion d'exercer son talent littéraire, la seconde l'occasion d'être digne du brevet que le Board of Trade aurait pu lui délivrer comme à son époux. Enfin Lord Brassey fut un esprit clairvoyant pour la marine de guerre : Les 550000 milles marins de voyages hauturiers enregistrés en 45 ans sur les livres de loch du *Sunbeam* font de lui un praticien sans rival de la navigation de plaisance. Jamais pareils droits n'avaient été établis au titre de Correspondant de notre Section de Géographie et Navigation.

MÉCANIQUE RATIONNELLE. — *Sur la notion d'axes fixes et de mouvement absolu.* Note de M. **Paul Appell**.

I. Au début des *Éléments de Statique* (5ᵉ édition, 1830, p. 1), Poinsot s'exprime ainsi : « Quoiqu'il n'y ait peut-être pas dans l'univers une seule molécule qui jouisse d'un repos absolu, même dans un temps limité très court, nous n'en concevons pas moins clairement qu'un corps peut exister en repos. » Cette idée d'un système invariable, absolument immobile, s'obscurcit dès qu'on veut la préciser, dès qu'on veut définir rigoureusement le système invariable de comparaison qui existe en repos. C'est aujourd'hui une vérité banale qu'un tel système ne peut résulter que d'une définition

physique, c'est-à-dire d'une convention basée sur l'observation. Sans examiner les divers systèmes proposés, je voudrais, à cause de l'importance du
problème dans la philosophie scientifique, attirer l'attention sur une façon
purement objective de poser la question, en cherchant à définir un système
en repos à l'aide des masses et des vitesses des points qui se meuvent.

II. *Définition d'un système invariable en repos par rapport à un ensemble
de points en mouvement.* — Imaginons un système S de points $m_1, m_2, ..., m_k$
en mouvement, par rapport à certains repères. Soient G le centre de gravité
de ce système, M la masse totale : $M = \Sigma m$. A un instant quelconque t, le
système S possède une configuration déterminée; il admet par rapport à G
un ellipsoïde central d'inertie E ayant pour axes Gx, Gy, Gz. Considérons
le mouvement relatif du système S par rapport à ces axes; soit v_r la vitesse
d'un de ses points de masse m dans ce mouvement relatif. La résultante
générale ou somme géométrique des quantités de mouvement $\overrightarrow{mv_r}$ est *nulle;*
construisons le moment résultant $G\sigma$ de ces mêmes quantités de mouvement
par rapport à G. Imaginons un système invariable T dont un point déterminé coïncide avec G, par exemple un tétraèdre régulier rigide T dont un
sommet coïncide avec G, et animons ce système invariable T, par rapport
aux axes $Gxyz$, d'un mouvement tel que, dans le nouveau mouvement
relatif des points $m_1, m_2, ..., m_k$ par rapport à T, le nouveau moment résultant $G\sigma'$ des quantités de mouvement relatives soit *nul.*

Nous dirons alors, par définition, que le système invariable T est *immobile* par rapport au système de points S.

Le fait qu'on peut imprimer au système T un mouvement tel que $\overrightarrow{G\sigma'} = 0$,
peut s'établir analytiquement; on est alors conduit finalement à la détermination du mouvement d'un solide dont on connaît la rotation instantanée
(voir *Leçons de Géométrie* de Darboux, t. 1, Chap. III, p. 19, et *Leçons de
Cinématique* de M. Kœnigs, p. 119). On peut également, pour commencer,
employer une méthode géométrique basée sur les théorèmes de Poinsot.

Soit $\overrightarrow{G\omega}$ la rotation instantanée relative aux axes $Gxyz$ qu'il faut imprimer
au système T à l'instant t; appelons v_e la vitesse d'entraînement que possède, dans ce mouvement, le point m de S et v_ρ la vitesse relative qu'il possède par rapport à T. La relation élémentaire

$$\overrightarrow{mv_r} = \overrightarrow{mv_e} + \overrightarrow{mv_\rho}$$

montre que le moment résultant $\overrightarrow{G\sigma}$ des quantités de mouvement relatives à $Gxyz$ est la somme géométrique du moment résultant $\overrightarrow{G\tau}$ des quantités de mouvement d'entraînement et du moment résultant $\overrightarrow{G\sigma'}$ des quantités de mouvement relatives par rapport à T. On a donc

$$\overrightarrow{G\sigma'} = \overrightarrow{G\sigma} - \overrightarrow{G\tau}$$

et pour amener $\overrightarrow{G\sigma'}$ à être nul, il s'agit d'imprimer à T une rotation instantanée $\overrightarrow{G\omega}$, telle que $\overrightarrow{G\tau} = \overrightarrow{G\sigma}$, où $\overrightarrow{G\sigma}$ est connu. Considérons alors l'ellipsoïde d'inertie E, à l'instant t : soit P le point inconnu où l'axe $\overrightarrow{G\omega}$ perce cet ellipsoïde; d'après Poinsot, le plan tangent à E au point P est perpendiculaire à $\overrightarrow{G\tau}$, c'est-à-dire à $\overrightarrow{G\sigma}$, et la distance δ de ce plan à G est

$$(1) \qquad \delta = \frac{\omega}{GP.G\sigma}.$$

Donc le point P s'obtient en menant à E un plan tangent perpendiculaire à $\overrightarrow{G\sigma}$; l'axe instantané est GP et la grandeur ω de la rotation est donnée par l'équation (1).

Nous avons, pour déterminer le système T, employé un mode particulier d'exposition. Mais on peut procéder autrement, le point fondamental étant le suivant : *Le système* T *est un système invariable tel que, dans le mouvement relatif de* S *par rapport à* T, *les quantités de mouvement des points de* S *forment un système de vecteurs glissants équivalant à zéro.*

III. Par exemple, si le système donné S est un corps solide, T est invariablement lié à S. Tant que les anciens ont réduit l'univers matériel à la Terre, le système T, considéré comme en repos, était invariablement lié à la Terre.

Un autre exemple digne d'attention serait une masse fluide en rotation, soumise à l'attraction newtonienne de ses parties : il y aurait intérêt à déterminer le système T correspondant et, en supposant que le liquide oscille librement autour d'une figure d'équilibre, à étudier ces oscillations par rapport à T.

Si l'on prend l'ensemble de l'univers comme un système limité S, on est conduit à considérer comme immobile un certain système T_a par rapport

auquel les principes de la mécanique newtonienne sont, suivant toute probabilité, très sensiblement exacts et auquel on rapporte instinctivement le
mouvement propre du Soleil, les mouvements propres des étoiles et des
nébuleuses. C'est ce système T_a qu'il convient, par définition, de regarder
comme étant en repos absolu dans l'univers, et qui sert de référence au
mouvement absolu.

IV. Soit un système T_a en repos absolu. Par rapport à tout autre système de comparaison T, ayant par rapport à T_a un mouvement qui n'est
pas une translation rectiligne et uniforme, les principes de la mécanique
newtonienne sont inexacts. Imaginons un point mobile de masse m : appelons J_e son accélération d'entraînement absolue par T, J' son accélération
de Coriolis par rapport à T, le principe de l'inertie serait remplacé par le
suivant :

1° *Un point livré à lui-même prend, par rapport à* T, *une accélération*

$$\vec{J_0} = -\vec{J_e} - \vec{J'}.$$

On aurait ensuite l'énoncé suivant :

2° *Si une force* F *agit sur le point* m, *l'accélération* J *qu'il prend, par rapport à* T, *est telle que*

$$m(\vec{J} - \vec{J_0}) = \vec{F}.$$

3° Enfin le principe de l'égalité de l'action et de la réaction subsiste.

Ce seraient là, par exemple, les principes de la Mécanique par rapport à
la Terre, considérée comme immobile.

GÉOLOGIE. — *Contributions à la connaissance de la tectonique des Asturies :
la signification des mylonites d'Arnao.* Note de M. Pierre Termier.

J'ai exposé dans une Note (1) antérieure les curieuses anomalies que présente, à Arnao, le contact du Dévonien (Eifélien) et du Houiller (Westphalien supérieur). Un tel développement de mylonites, un tel écrasement,

(1) *Comptes rendus*, t. 166, 1918, p. 433.

si constant, si intense, si bien limité au contact même des deux terrains ou à la zone immédiatement voisine de ce contact, ne peuvent s'expliquer par le simple fait du plissement qui a donné naissance au pli couché d'Arnao. Ces phénomènes anormaux ont préexisté à ce plissement; ils témoignent à l'évidence *d'un traînage du Houiller sur le Dévonien*, antérieur à la formation du pli couché. Le contact en question est une surface de traînage ou de friction, une *surface de charriage*.

Le pli couché d'Arnao n'est que l'un des très nombreux plis, plus ou moins déversés, qui ont affecté, antérieurement au Trias, les terrains paléozoïques des Asturies. Dans toute la région occidentale de la province d'Oviedo, depuis la Ria de Rivadeo, à l'Ouest, jusqu'à Infiesto à l'Est, l'ensemble des terrains primaires est plissé en un faisceau de plis aigus, serrés, courant vers la mer avec une direction qui varie de Nord à Nord-5o°-Est et qui est le plus souvent Nord-Nord-Est. Parmi ces plis se trouvent ceux qui contiennent, entre Olloniego et Pola-de-Laviana, le Houiller productif des Asturies, et qu'on voit disparaître, au Nord, depuis Aramil jusqu'à San-Bartolomé-de-Nava, sous les terrains secondaires. Ces plis postwestphaliens et antétriasiques sont souvent verticaux; mais, quand ils sont déversés, c'est habituellement vers le Sud-Est qu'ils se couchent. Le pli d'Arnao (en dehors des anomalies en question) n'a de particulier que la grandeur de son déversement, c'est-à-dire la faible inclinaison, sur l'horizon, des assises dont il est formé.

Or les autres plis primaires asturiens, les autres plis de ce faisceau de plis large de 120^{km}, ne contiennent rien d'analogue aux anomalies d'Arnao. On y observe, comme toujours dans les plis aigus et répétés, de nombreuses suppressions d'étages et, par conséquent, une habituelle dissymétrie; mais je n'ai vu, dans aucun de ceux que j'ai eu l'occasion d'examiner, rien qui rappelle, même de très loin, les écrasements d'Arnao.

Parmi ces plis, il en est un que l'on compare souvent au pli d'Arnao, parce qu'il est presque aussi couché et parce qu'il contient une mince lame de Houiller *encartée* dans le Dévonien : c'est le pli de Ferroñes. Il était intéressant de pousser plus loin la comparaison; et j'ai donc visité ce pli de Ferroñes, où l'on exploite depuis longtemps, dans de très petites mines, un peu de houille. Ferroñes est un village à quelque 15^{km} au sud-sud-est d'Arnao, un peu à l'ouest et non loin de la route d'Oviedo à Avilés. Le Houiller affleure au sud du village sous la forme d'une étroite bande que l'on peut suivre aisément sur 3^{km} de longueur. La direction de cette bande est Ouest-Est près de Ferroñes; quand on la suit vers l'Orient, on la voit tourner brusquement au Nord-Est et se fixer ensuite à Nord-60°-Est, et c'est ainsi qu'elle disparaît sous le Trias de Miranda et sous le Lias qui le surmonte. Si l'on pouvait enlever le manteau de terrains secondaires, on verrait, à coup sûr, le pli de Ferroñes courir à la mer en gardant cette direction Nord-60°-Est et aboutir à la côte un peu à l'est du Cabo de Torres. Dans la région où il est observable, les assises du pli de Ferroñes plongent de 40° à 50° vers le Nord ou le Nord-Ouest. Le toit du Houiller est un calcaire dévonien très massif, célèbre par la beauté des fossiles qu'on y trouve et qui indiquent un âge coblentzien supérieur; le mur est formé d'un épais système de grès blancs ou rougeâtres, analogues à ceux qui sont associés à l'Eifélien calcaire d'Arnao; le Houiller lui-même n'a qu'une centaine de mètres d'épaisseur; on n'y exploite qu'une couche mince de houille; la flore est analogue à celle d'Arnao et paraît nettement plus jeune que la flore de l'étage riche des Asturies; parmi les assises houillères, on trouve, à peu près partout, dans les petites mines de Ferroñes, un banc de *gonfolite*, c'est-à-dire d'un poudingue à galets de calcaire dévonien (avec d'autres galets faits de quartz ou de quartzites siluriens); et ce banc de gonfolite, qui est inconnu dans le Houiller d'Arnao, rapproche le Houiller de Ferroñes de la partie haute du Westphalien moyen asturien. La coupe du pli couché de Ferroñes est absolument dissymétrique : dissymétrie dans le Dévonien du toit et du mur; dissymétrie dans la composition de la lame bouillère. *Mais il n'y a pas de mylonites au contact*, et la dissymétrie est ici une simple conséquence du plissement.

J'arrive donc à cette conclusion nécessaire : dans le Nord des Asturies, après le dépôt des derniers dépôts westphaliens et antérieurement au plissement général qui s'est produit sans doute à l'époque stéphanienne, il y a eu des charriages qui ont déplacé, çà et là, certains étages primaires et les ont traînés plus ou moins loin de leur substratum originel. Le Houiller d'Arnao, qui est sans doute le plus jeune de tous les étages houillers d'Asturies *et qui ne ressemble à aucun autre*, n'est plus en contact aujourd'hui avec le terrain sur lequel il s'est déposé; et les conditions de son dépôt nous seront donc à tout jamais inconnues. Peut-être s'est-il formé sur un épais système de Wesphalien moyen; peut-être a-t-il eu pour mur originel le Dinantien (calcaire carbonifère). Toujours est-il qu'il a pris, par le charriage en question, la forme d'un lambeau de recouvrement, où les assises étaient demeurées presque horizontales, se fixant, après un traînage d'amplitude ignorée, sur du Dévonien, lui-même peu incliné, d'une façon générale, mais cependant un peu plissé. Dans ce lambeau de recouvrement, le trouble résultant du traînage est à peu près nul, sauf à la base même ; mais dans le substratum dévonien, les phénomènes d'écrasement, conséquence de la translation du lambeau et du rabotage qu'il a exercé, sont extrêmement intenses et affectent une zone d'au moins 5o^m d'épaisseur. Le lambeau de recouvrement a pu être très étendu du côté du Nord et de l'Est. Au Sud, il n'allait même pas jusqu'à Ferroñes ; et, à partir de Ferroñes et jusqu'aux plateaux de Leon, tout le Houiller connu a pour substratum actuel son substratum d'origine, sauf les suppressions d'étages, peu importantes, qui sont résultées localement, du plissement stéphanien.

Le plissement stéphanien (je dis *stéphanien* pour fixer les idées) a ployé le lambeau de recouvrement d'Arnao, et les autres lambeaux s'il y en avait d'autres, absolument comme il a ployé le Houiller autochtone ; et comme ce plissement a été fort intense, et que les plis en ont été tout à la fois très aigus et très multipliés, la même dissymétrie s'est introduite dans le pli d'Arnao que dans les plis à Houiller autochtone. Le lambeau de recouvrement devrait être doublé, puisqu'il a été replié sur lui-même ; il est simple cependant et le flanc inverse du synclinal couché a disparu, tout comme à Ferroñes. Seule, la mylonite est à peu près symétrique, au toit et au mur de la lame houillère : sans doute parce que la mylonite originelle était très épaisse, beaucoup plus épaisse qu'aujourd'hui, et que l'étirement n'a pu la faire disparaître entièrement nulle part.

Je rappelle cette constatation vraiment étonnante : dans toute une région de la mine d'Arnao, région dont la superficie est de plusieurs hectares, la couche de houille, inaltérée, non brisée, d'allure tranquille et d'épaisseur normale, a perdu son mur habituel de grès et son toit habituel de schistes et n'est plus guère séparée, du Dévonien qui la recouvre et du Dévonien qui la supporte, que par la mylonite, mélange, ici, d'argile houillère et de blocs de calcaire eifélien. Cela implique, semble-t-il, que le lambeau de recouvrement était, dans cette région, réduit avant le plissement à quelque 20^m ou 3o^m d'épaisseur ; que *l'étirement, par traînage, y avait supprimé des étages entiers sans cependant briser la couche, celle-ci se comportant comme une matière élastique ;* qu'ensuite le plissement du lambeau ainsi aminci et du Dévonien sous-jacent (plissement dans lequel le flanc inverse du synclinal houiller couché a disparu) s'est accompli sans porter atteinte à l'intégrité de la couche de houille et sans lui faire perdre son apparence tranquille. Ce sont là de bien curieux phénomènes ; et le contraste entre le bon état de conservation de cette couche de houille, pourtant si fragile, et les violents effets mécaniques subis par les assises gréseuses, schisteuses et calcaires, situées tout près d'elle, a quelque chose de confondant.

Sur ces vieux phénomènes de charriage, contemporains sans doute des débuts du Stéphanien, nous ne savons rien autre. Ont-ils quelque rapport avec nos charriages antéstéphaniens du Massif central français, qui ont donné lieu à l'énorme développement de mylonites signalé un peu partout dans ce Massif? Je n'oserais pas répondre à une telle question. Mais leur existence n'est pas douteuse et cela suffit pour qu'un épisode orogénique important, jusqu'ici insoupçonné, épisode indépendant du plissement d'ensemble de tout le Primaire asturien et nettement antérieur à ce plissement d'ensemble, revive à nos yeux. La chaîne houillère, la *chaîne hercynienne* de Marcel Bertrand, nous apparaît de plus en plus comme complexe et multiple. Son apparente simplicité tenait seulement à la pauvreté de notre documentation. Nul doute que son histoire ne soit pour le moins aussi longue, aussi coupée d'interruptions et de reprises, aussi tourmentée, que l'histoire des Alpes.

M. **L.-É. Bertin** fait hommage d'une étude qn'il vient de publier sous le titre : *La guerre navale en* 1917.

CORRESPONDANCE.

M. **Émile Barbet** prie l'Académie de vouloir bien le compter au nombre des candidats à l'une des places de la Division, nouvellement créée, des *Applications de la Science à l'Industrie.*

ANALYSE MATHÉMATIQUE. — *Démonstration du théorème d'après lequel tout ensemble peut être bien ordonné.* Note (¹) de M. **Philip-E.-B. Jourdain.**

C'est en 1883 que M. G. Cantor a publié sa croyance que tout ensemble bien défini peut être bien ordonné, mais il n'a jamais donné aucune démonstration de ce théorème. C'est M. E. Zermelo (1904, 1908) qui a le premier posé que ce théorème dépend d'une série infinie d'actes de sélec-

---

(¹) Séance du 18 mars 1918.

tion, et qu'un axiome pour justifier cette sélection est nécessaire. Cet
axiome ou *principe de sélection* de M. Zermelo intervient aussi dans un très
grand nombre d'autres théorèmes d'analyse mathématique : par exemple
dans le théorème dans lequel M. E. Borel (1894) a saisi la partie essentielle
de la démonstration de MM. Cantor et Heine sur la continuité uniforme
d'une fonction continue d'une variable réelle. M. H. Lebesgue (1904) a
donné de ce théorème une démonstration indirecte et tout à fait indépendante du principe de M. Zermelo. Plus tard M. F. Hartogs (1915) a
employé une argumentation analogue à celle de M. Lebesgue pour démontrer qu'il y a un nombre ordinal qui est plus grand que tous les types ordinaux, dans lesquels peuvent être bien ordonnées toutes les parties d'un
ensemble quelconque M qui sont capables d'être bien ordonnées. Dans la
présente Communication nous nous proposons de suivre une route un peu
différente qui nous permet d'atteindre un résultat plus complet que celui
de M. Hartogs, et qui n'est autre chose que le théorème de M. Cantor
rappelé ci-dessus. Nous démontrons en effet qu'il y a une partie particulière de M qui est à la fois capable d'être bien ordonnée et d'épuiser M.

Considérons toutes les parties de M qui peuvent être bien ordonnées, et
ordonnons dans ces conditions ces parties de toutes les façons possibles.
Appelons « *chaîne* de M de type γ » toute partie de M qui est bien ordonnée
dans le type ordinal γ, pourvu que la même partie dans des ordres différents (même si la partie dans tous ces ordres est du même type) forme des
chaînes différentes. Une *chaîne* est ainsi une classe de couples (m, α),
où m est un membre de M et α est un nombre ordinal, tels que dans chaque
chaîne le même m ou α ne peut pas figurer plus d'une fois, et aussi, si α
figure, tous les nombres ordinaux moindres que α figurent aussi. Évidemment une chaîne peut être facilement bien ordonnée d'après l'ordre de
grandeur des nombres α des couples. Nous disons qu'une chaîne *épuise* M
quand M est épuisé par les membres gauches (m) des couples. Une chaîne P
est un *segment* d'une chaîne Q si tous les membres-couples de P précèdent
quelque membre-couple de Q, les chaînes P et Q étant, comme toujours
ici, bien ordonnées de la manière dont on a parlé plus haut.

S'il y a une chaîne K telle qu'il n'est pas possible de prolonger K par
l'addition d'un membre de M en fin de K, de sorte qu'on forme une nouvelle chaîne K' dont K est un segment, il est évident que K épuise M.
Démontrons qu'il y a au moins une chaîne telle que K qui ne peut pas être
ainsi *continuée*, ou plutôt qui n'est pas ainsi continuée par des autres
chaînes de M.

Si l'on applique, pour un moment, le principe de M. Zermelo au cas où l'on suppose que toutes les chaînes de M sont continuées, on trouve facilement, en faisant des sélections absolument quelconques, que chaque chaîne L de M est segment d'une chaîne L' de M telle que, si l'on prend un nombre ordinal γ aussi grand qu'on veut, il y a toujours un segment de L' du type γ. Mais on peut démontrer, tout à fait indépendamment du principe de M. Zermelo, que ce résultat est faux.

En effet, une chaîne telle que L' est bien ordonnée; donc son type (β) est un nombre ordinal; et, puisque L' doit avoir (par hypothèse) un segment du type γ quand $\gamma = \beta$, on a $\beta > \beta$. Donc le résultat nommé plus haut est faux. Donc sa négation est vraie.

Pour ce qui va suivre, introduisons la conception d'une « série S_{κ} de continuations directes d'une chaîne (K) de M », c'est-à-dire une série de toutes les continuations possibles (dont K est un segment) de K telle que, si K' (de type γ') est un membre de cette série S_{κ}, tous les membres de S_{κ} qui ont des types moindres que γ' sont des segments de K'. Dans un ensemble du nombre cardinal $\aleph_0$, par exemple, il n'y a aucune série de continuations directes qui nous permette d'atteindre des chaînes de tous les types moindres que ω_1, le premier nombre de la troisième « classe de nombres » de Cantor, car autrement cette série aurait déterminé elle-même une chaîne du type ω_1. Il est vrai qu'on peut toujours trouver dans un ensemble du nombre cardinal $\aleph_0$ des parties qui peuvent former des chaînes de tous les types moindres que ω_1; mais, bien entendu, ce dernier ensemble de chaînes ne peut pas former *une* série de continuations directes; il forme *plusieurs* de ces séries.

Nous avons vu qu'il n'est pas vrai que, étant donné un nombre ordinal γ aussi grand que l'on veut, une chaîne quelconque de M et une série quelconque de continuations directes de cette chaîne sont toujours telles qu'il y a, dans la chaîne définie par cette série, un segment de type γ.

La négation de la proposition ci-dessus est : il y a au moins un ensemble (γ, K, S_{κ}) tel qu'il n'est pas vrai que la chaîne définie par S_{κ}' a un segment de type γ. Il y a donc un nombre qui est le moindre nombre ordinal ζ, pour cette K et cette S_{κ}, tel qu'il n'est pas vrai que la chaîne définie par S_{κ} a un segment de type ζ. Le nombre ordinal ζ est le type de la chaîne qui est définie par S_{κ}. Nous voyons donc qu'il y a ainsi une chaîne de M qui n'est continuée par aucune chaîne de M au delà du type ζ.

Dans la série de nombres ordinaux, il y a donc un nombre qui est le type ordinal d'une chaîne de M qui n'est pas continuée: appelons ω_{λ} le moindre de tels nombres ordinaux; il est le premier d'une « classe de nombres » de Cantor, parce qu'aucune chaîne de type inférieur ne peut évidemment épuiser M. Le nombre cardinal correspondant à une chaîne de type ω_λ est $\aleph_\lambda$, et $\aleph_\lambda$ est par conséquent le nombre cardinal de M. Aussi le plus petit des nombres ordinaux qui sont plus grands que tous les nombres ordinaux des chaînes quelconques de M est $\omega_{\lambda+1}$. Ainsi la forme de la limite que M. Hartogs a cherché est déterminée.

Nous voyons par cette détermination que, si l'on sait que chaque ensemble fini E est du nombre cardinal d'une partie M_E d'un ensemble M, la limite ci-dessus est au moins ω_1, et par conséquent on peut toujours affirmer qu'il y a une chaîne de M de type ω, donc de nombre cardinal $\aleph_0$. Cela suffit pour reconcilier les deux définitions bien connues du « fini » et de « l'infini » adoptées respectivement par MM. Dedekind et Cantor. Remarquons qu'il n'a pas paru possible jusqu'à présent de démontrer, sans emploi du principe de M. Zermelo, qu'il existe un ensemble dénombrable de membres des ensembles M_E, puisque pour chaque E il y a une infinité de parties correspondantes M_E.

Puisque tout ensemble M peut être bien ordonné, on peut démontrer en toute généralité le principe de M. Zermelo, ce qui n'est pas sans importance en Analyse mathématique.

MÉCANIQUE. — *Sur la valeur des accélérations et vitesses d'actions dynamiques enregistrées par le dynamètre.* Note de M. **L. SCHLUSSEL**, présentée par M. Hadamard.

Au point de vue théorique et en l'absence de tous frottements, l'équation générale du mouvement relatif de la masse-plume définie dans une Note précédente (¹) se ramène à

$$\frac{d^2 f_d}{dt^2} + \frac{g}{f_v} f_d + \gamma_{(t)} = 0.$$

Nous nous bornerons ici, pour l'explication des faits, à l'application de cette équation au mouvement uniformément varié du support sous l'accélération constante γ. Dans ce cas, le chemin parcouru par le support dans un

---

(¹) *Comptes rendus*, t. 166, 1918, p. 456.

temps $\tau < \theta$ est $\gamma \frac{\tau^2}{2}$; la flèche enregistrée par le dynamètre donne $f'_d = \gamma \frac{\tau^2}{2}$, valeur qui, pour la connaissance de γ, nécessite celle de τ, généralement connue par ailleurs.

Si le temps de chute du support atteint le temps θ, la flèche enregistrée $f_d > f'_d$ aura pour valeur $f_d = \gamma \frac{\theta^2}{2}$ dans laquelle θ est connu, car la force d'inertie étant alors vaincue, la flèche f_d ne peut plus croître et, dans le cas qui nous occupe, restera constante; la plume enregistrera donc une ligne parallèle à la ligne d'équilibre statique.

Si donc, dans l'équation générale du mouvement de la masse-plume, nous faisons, au temps θ, f_d constante, le terme $\frac{d^2 f_d}{d\theta^2}$ s'annulera et il restera

$$\frac{g}{f_v} f_d + \gamma_{(\theta)} = 0.$$

Or $\frac{g}{f_v} f_d$ est l'accélération propre dont la masse-plume est capable à partir du temps θ et l'on voit alors que l'accélération γ (constante) du support est égale à $\frac{g}{f_v} f_d$ de la masse-plume, où f_d est constante et mesurable sur le graphique à l'instant θ.

Tant que le mouvement de chute du support durera, f_d restera constante, comme le vérifie l'observation; *la masse-plume ayant alors une vitesse relative nulle, sa vitesse absolue sera égale à la vitesse d'entraînement du support;* c'est-à-dire que la plume, conservant une position constante par rapport à sa ligne d'équilibre statique tracée au repos sur la bande, prendra à tous les instants T la vitesse γT du support, l'accélération du support et de la masse-plume restant toujours égale à $\gamma = \frac{g}{f_v} f_d = $ const. à partir du temps θ qu'il devient facile de déterminer

En effet, si $\gamma = \frac{g}{f_v} f_d$, puisque $f_d = \gamma \frac{\theta^2}{2}$ et que de $t = \dfrac{2\pi}{\sqrt{\dfrac{g}{f_v}}}$ on tire

$$\frac{g}{f_v} = \frac{4\pi^2}{t^2},$$

on voit que

$$\theta^2 = \frac{2 f_v}{g} = \frac{2 t^2}{4\pi^2} \quad \text{ou} \quad \theta = \sqrt{\frac{2 f_v}{g}} = \frac{t\sqrt{2}}{2\pi}.$$

Comme dans le dynamètre employé (voir la Note citée) on a fait $f_v = 1^{cm}$, soit $t = 0^s,2$; $\theta = \sqrt{\dfrac{2 \times 1^{cm}}{981^{cm}}} = 0^s,045$.

Ce temps θ, comme on le voit, ne dépend pas de γ, car il reste constant quelle que soit la valeur de l'accélération constante du support, accélération dont les variations ne sauraient donner aux f_d enregistrés que *des grandeurs différentes dans le même temps* θ; de plus, la durée de l'inertie θ n'étant fonction que de t ou de f_v, il sera toujours possible de l'augmenter ou le diminuer suivant le genre d'actions à mesurer, par la seule modification de t ou f_v.

D'autre part, comme au delà du temps θ, f_d reste constante ainsi que l'accélération qui la produit, la masse-plume possède alors, à tous les instants T, T_1, T_2, la vitesse d'entraînement γT, γT_1, γT_2 du support, et si, en T_2 par exemple, un choc survient, ce choc immobilisera le support et par suite la bande enregistreuse; la masse-plume n'ayant alors que son ressort pour la retenir appuiera sur ce dernier et le fera fléchir à partir de sa position d'équilibre dynamique d'une flèche h_2 enregistrée, liée à la vitesse $V = \gamma T_2$ par la relation

$$V_{max} = \frac{2\pi}{t} h_2 = \sqrt{\frac{g}{f_v}} h_2,$$

comme le démontrent la théorie et l'observation.

Ainsi seront déterminées l'accélération constante du support et sa vitesse à l'instant du choc qui se produira :

Au temps τ, où s'enregistre f_d', $\gamma = \dfrac{g}{f_v} f_d' \dfrac{\theta^2}{\tau^2}$ et $V = \gamma \tau$ (cas où τ est connu par ailleurs);

Au temps θ, où s'enregistre f_d, $\gamma = \dfrac{g}{f_v} f_d$ et $V = \gamma \theta = \sqrt{\dfrac{g}{f_v}} f_d$, puisque alors $V^2 = \gamma f_d$;

Au temps T, T_1, T_2, où s'enregistre f_d,

$$\gamma = \frac{g}{f_v} f_d \quad \text{et} \quad V = \gamma(T, T_1, T_2) = \sqrt{\frac{g}{f_v}} \qquad (h, h_1, h_3).$$

Les constantes $\dfrac{g}{f_v}$ et $\sqrt{\dfrac{g}{f_v}}$ dans le dynamètre employé, où $f_v = 1^{cm}$, sont donc

$$\frac{g}{f_v} = 981 ; \qquad \sqrt{\frac{g}{f_v}} = 31,32.$$

Si le mouvement du support est périodique, le chemin parcouru par ce support pendant le temps $\frac{T}{4}$ de sa période sera $F_d = f_d \sqrt{\frac{T^2}{t^3}}$, f_d étant mesuré sur le graphique; l'accélération de départ du support $\gamma = \frac{g}{F_v} F_d$ sera donnée par $\gamma = \frac{g}{f_v} f_d \sqrt{\frac{t}{T}}$; la vitesse maximum du support $V = \sqrt{\frac{g}{F_v}} F_d$ sera donnée par $V = \sqrt{\frac{g}{f_v}} f_d \sqrt{\frac{T}{t}}$.

Dans toutes ces formules F_d, f_d ne sont plus des variables, mais des valeurs bien déterminées à des instants connus, ce qui rend inutiles toutes les intégrations difficiles auxquelles on avait recours jusqu'ici.

CHIMIE PHYSIQUE. — *Sur une nouvelle forme métastable du triiodure d'antimoine.* Note de M. **A.-C. Vournasos**, transmise par M. A. Gautier.

Le triiodure d'antimoine est comme on le sait trimorphe : hexagonal, orthorhombique et clinorhombique. Les deux dernières formes à la température de 120°-125° se convertissent en cristaux hexagonaux rouge rubis de la première variation, qui est la seule stable jusqu'à 600°, c'est-à-dire le point où elle commence à se décomposer.

Le triiodure d'antimoine est peu soluble dans le sulfure de carbone, l'acide acétique glacial et l'acide chlorhydrique concentré. D'après mes recherches, le meilleur dissolvant de ce composé est la glycérine cristallisable qui à l'ébullition peut en dissoudre jusqu'à 20 pour 100. De cette dissolution saturée à chaud j'ai obtenu après le refroidissement le triiodure d'antimoine, non plus à l'état cristallin mais sous forme d'une poudre amorphe qui constitue une quatrième *modification métastable* de ce corps.

Le produit amorphe après décantation de l'excès de glycérine est lavé à l'aldéhyde acétique anhydre et séché à l'air sec. Il se présente ainsi comme une poudre jaune d'œuf qui, examinée au microscope à fort grossissement, se montre composée de petits globules. Elle est soluble dans l'acide acétique anhydre surtout à chaud, d'où elle se dépose par refroidissement de nouveau à l'état amorphe. Traitée par l'eau à froid elle se décompose immédiatement en oxyiodure d'antimoine de couleur orange et en acide iodhydrique. Par l'eau en excès ou à chaud elle se transforme complètement en flocons de Sb^4O^6 et acide iodhydrique : $4SbI^3 + 6H^2O = Sb^4O^6 + 12HI$.

Le triiodure amorphe est soluble dans l'acide chlorhydrique concentré; les acides azotique et sulfurique l'attaquent lentement à froid en mettant l'iode en liberté. Les alcalis caustiques et carbonatés le décomposent en Sb^4O^6 et en l'iodure correspondant. Chauffé à l'abri de l'air, cet iodure fond à 172° et en se sublimant passe à la forme stable des cristaux hexagonaux. Or, si l'on maintient la température de fusion constante, on transforme totalement le métastable dans la variété rouge; ainsi son point de transition est à 172°.

L'analyse a prouvé que la modification amorphe est composée de 23,85 pour 100 d'antimoine et 76,12 pour 100 d'iode, ce qui correspond bien à la formule SbI^3. En dissolvant ce même produit dans les solutions concentrées des iodures alcalins on obtient des combinaisons de la formule générale $M'SbI^4$ aux anions complexes (SbI^4), formés lors de l'électrolyse de ces combinaisons en solution acétique.

En partant du triiodure hexagonal j'ai encore pu reproduire le métastable amorphe par l'intervention de certaines substances qui agissent par catalyse; telles sont les acétates ou les carbonates alcalins en milieu acétique. J'introduis dans ce but 5^g du triiodure hexagonal en poudre fine et bien sèche dans 75^g d'acide acétique glacial et je chauffe doucement jusqu'à 100°; le triiodure se dissout à peine. J'ajoute alors 2^g d'acétate de potassium anhydre et j'agite le mélange tout en chauffant au bain-marie. La dissolution obtenue fournit encore par refroidissement la poudre jaune de la variété amorphe, absolument identique au produit séparé de la solution glycérique.

Pour reproduire directement le triiodure d'antimoine amorphe j'ai imaginé un procédé de préparation nouveau, qui m'a donné des résultats excellents. Je prépare un mélange intime de 10 parties de trioxyde d'antimoine avec 35 parties d'iodure de potassium en poudre, les deux produits pris à l'état de siccité parfaite. Le mélange est traité par un excès d'acide acétique anhydre (200^g au plus); la réaction commence déjà à la température ordinaire et la poudre blanche apparaît aussitôt colorée en jaune canari. On achève l'attaque en chauffant au bain-marie jusqu'à ce que le trioxyde soit entièrement transformé en triiodure pulvérulent :

$$Sb^2O^3 + 6KI + 6CH^3COOH = 2SbI^3 + 6CH^3COOK + 3H^2O.$$

On chasse la majeure partie de l'acide acétique par distillation dans le
vide ou par évaporation. Le triiodure amorphe d'antimoine ainsi obtenu
est recueilli sur un filtre, lavé à l'éther acétique et séché à l'air sec; il se
conserve inaltérable mieux que les variétés cristallisées, et ne change qu'à
partir de 172°. Ajoutons encore que le procédé ci-dessus s'applique avec
le même succès à la préparation des $SbBr^3$, $AsBr^3$, AsI^3, $BiBr^3$, BiI^3.

GÉOLOGIE. — *Sur les Sables glauconieux du Lutétien inférieur, dans le
nord-est du département de la Marne.* Note de M. R. Charpiat, transmise par M. A. Douvillé.

J'ai pu dans la région de la Vesle observer, en maints endroits, les
Sables glauconieux qui forment le dépôt le plus ancien de la mer lutétienne.
Au petit bois situé au nord-est de Ventelay, sur le chemin de Vendeuil à
la ferme d'Irval, à la grande sablière de Roucy et en plusieurs autres localités, on en relève la coupe suivante, qui est la plus fréquente, la plus régulière et qui peut être donnée comme type :

> Couche de Sables glauconieux, à éléments quartzeux, disposés de
> haut en bas par ordre de taille, les plus petits en haut; se termi-
> nant par un lit de 10^{cm} environ de coquilles roulées et de galets
> siliceux... 0,75

C'est le dépôt littoral de la première mer lutétienne, en transgression.
De l'examen d'autres coupes il est possible de déduire quelques-unes
des particularités de cette mer. C'est ainsi qu'avant l'époque du Calcaire
grossier, inférieur, devait passer, à proximité du rivage, la branche d'un
courant. L'aspect amygdaloïde des sables déposés entre Courville et Arcis-
le-Ponsard est un témoin de l'existence de ce courant.
Sous le petit bois de sapins que longe la route qui conduit de Courville
à la cote 179, se trouve une petite sablière ouverte dans ces Sables. Là,
leur aspect est si nettement amygdaloïde que l'on croirait, d'une certaine
distance, qu'un grillage aux mailles de 3^{cm} à 4^{cm} a été appliqué sur la
coupe.
Sous la route qui conduit de Courville à Fismes, on voit directement

au-dessus des Sables yprésiens, bariolés, blancs et rouges, une couche de sables et de galets quartzeux gris blanc, gris verdâtre, bien lavés, disposés dans un ordre inverse des densités, les éléments les plus fins à la base, les galets couronnant les sables.

Cette couche est surmontée d'une autre couche de sables rouge brun, un peu argileux, et de galets siliceux, noirs, tous ces éléments classés par ordre de densité.

Ces deux sédiments, dont la constitution est inverse l'une de l'autre, indiquent, pour le premier, une formation de delta. La coupe de la tranchée Saint-Edmond, à Commentry, celle de la carrière de Saint-Gilles (Var) présentent une disposition analogue des éléments.

Il ne me paraît donc pas exagéré de conclure qu'un fleuve à faible courant et dont l'embouchure devait être très large (peut-être un delta) venait se jeter à cet endroit, un golfe probablement.

Enfin, je crois devoir signaler l'allure toute particulière qu'offrent ces mêmes sables aux environs d'Arcis-le-Ponsard.

En certains points, ils ont une puissance de 10^m et présentent à leur base, reposant directement sur l'Yprésien, une couche formée de lits alternés d'argile mauve, verte, violet brun, ligniteuse, et de sables gris vert, couche présentant, disséminés sans ordre apparent dans toute sa masse, des galets de silex noirs ou blancs.

Il faut penser qu'à cet endroit la mer s'était, à la fin de l'époque yprésienne, légèrement retirée, laissant sur le rivage des lagunes que des algues ne tardèrent pas à encombrer. Les flots de la mer lutétienne y déposèrent des galets qui brassèrent, remanièrent les boues lagunaires, enfouissant la végétation qui s'y trouvait.

D'autre part, la puissance des Sables glauconieux sus-jacents indique qu'un affaissement dut se produire peu de temps après l'invasion de ces lagunes par la mer. Un golfe profond se dessina dans lequel les eaux accumulèrent cette puissante couche de sables.

Cet affaissement ne constitue pas un fait isolé dans l'histoire géologique de ce tout petit territoire. Précédemment, j'avais eu l'occasion, pour ce même point, de signaler une série de décrochements plus récents, intéressant toutes les assises du Lutétien inférieur ([1]).

([1]) *La limite de l'Yprésien et du Lutétien entre Courville et Arcis-le-Ponsard* (*Bull. Mus. Hist. nat.*, 1917, n° 7).

BIOLOGIE. — *Sur la manière dont l'Ammophile hérissée* ([1]) (Psammophila hirsuta *Kirby*) *capture et transporte sa proie, et sur l'explication rationnelle de l'instinct* ([2]) *de cet Hyménoptère.* Note de M. **A. Lécaillon**, présentée par M. Henneguy.

Les Ammophiles ont des mœurs remarquables dont la description et l'explication ont fait l'objet de travaux dus à plusieurs naturalistes. J.-H. Fabre, à la suite de recherches ayant porté surtout sur l'espèce même dont il est question dans la présente Note, attribua à ces Insectes des instincts merveilleux ([3]) et déclare, dans un de ses livres, qu'il considère sa découverte des mœurs des Ammophiles comme ce qu'il y a de meilleur dans son œuvre entomologique. Ultérieurement, P. Marchal (1892) chez *Psammophila affinis* Kirby, G. et E. Peckham (1898) chez *Ammophila urnaria*, F. Picard (1903) chez *A. Tydei*, Guill. et E. Maigre (1909) chez *A. sabulosa*, signalèrent des faits relatifs au même sujet et critiquèrent l'explication anthropomorphique de Fabre.

Les données qui résultent de mes recherches sur *Psammophila hirsuta* complètent, vérifient ou rectifient celles que fournirent les travaux de Fabre et apportent une nouvelle contribution à l'explication rationnelle de l'instinct des Hyménoptères fouisseurs.

Suivant Fabre, l'Ammophile hérissée paraît dès les premiers jours d'avril, fuit les terrains sablonneux et construit son nid dans les sols argilo-sableux, plus faciles à creuser que les premiers. Mes observations ont eu lieu les 7, 9 et 10 septembre 1917, à Penbron, près du Croisic, dans la partie supérieure de la plage, laquelle est couverte par une épaisse couche de sable fin, très mobile, provenant de la destruction des roches granitoïdes de la côte. Aux dates indiquées, par les journées chaudes et ensoleillées, on pouvait voir, dans la région dont il s'agit, de nombreuses Ammophiles hérissées courir rapidement sur le sable, puis s'arrêter bientôt et creuser, avec une rapidité vertigineuse, des entonnoirs dont les bords s'écroulaient toujours plus ou moins vers l'intérieur, à cause de la grande mobilité du

---

([1]) La détermination de cette espèce a été faite par M. F. Picard.

([2]) J'emploie ici le mot « instinct » comme synonyme de l'expression « habitudes ».

([3]) *Souvenirs entomologiques*, séries I, II et IV.

sable et de son état de sécheresse complète. Souvent l'insecte recommen-
çait la besogne et n'abandonnait la partie qu'au bout d'un quart d'heure
environ, après avoir extrait une masse de sable équivalente parfois à la
moitié de la grosseur du poing. Mais souvent aussi, au bout de quelques
minutes, il saisissait une chenille qu'il venait de découvrir, la paralysait en
la piquant avec son aiguillon et l'emportait alors rapidement, la traînant
sur le sable, puis escaladant un mur d'environ 1ᵐ de haut qui sépare de la
plage le jardin de l'Hôpital maritime de Penbron et disparaissait dans ce
jardin.

En creusant le sable aux endroits où s'arrêtaient les Ammophiles, je
constatai qu'il y avait presque toujours, à quelques centimètres de profondeur, une ou quelquefois deux chenilles que M. P. Chrétien, à qui je les
communiquai, reconnut appartenir à l'espèce *Agrotis ripæ* Hb. Dans les
observations de Fabre, l'Ammophile hérissée s'attaquait, au contraire, à un
« ver gris » qui paraît être *A. segetum*.

Les naturalistes se sont demandé comment les Ammophiles arrivaient à
découvrir ainsi des chenilles enterrées dans le sable. Fabre indique que
l'A. hérissée creuse ses trous au pied des touffes de thym. Picard dit également qu'*A. Tydei* creuse le sable au pied des touffes de graminées et de
thym, et il pense qu'elle opère « au hasard, sous les plantes qui lui paraissent
abriter une proie ». J'ai constaté qu'il est rare qu'une chenille ne se trouve
pas à l'endroit creusé par l'Hyménoptère, et comme cet endroit ne coïncide
pas avec la présence d'une touffe végétale, j'en conclus que c'est *l'odorat*
qui guide l'Insecte. L'agitation continuelle des antennes (siège de l'odorat)
qu'on observe chez beaucoup d'Hyménoptères parcourant le sol, les troncs
d'arbres, les murs, à l'époque de la reproduction, est d'ailleurs pour moi
une preuve que chez ces Insectes l'odorat joue un grand rôle dans le choix
des objets sur lesquels sont déposés les œufs.

En ce qui concerne les différentes piqûres que l'A. hérissée fait aux chenilles qu'elle capture, je suis arrivé à cette conclusion que les dernières
observations de Fabre sont exactes dans leur ensemble (dans ces dernières
observations, l'auteur a rectifié de lui-même ce qu'il y avait d'exagéré dans
les résultats qu'il avait annoncés d'abord). Cependant, dans les nombreux
cas que j'ai étudiés (une douzaine environ), j'ai toujours vu les piqûres pratiquées sur les anneaux successifs prendre fin au niveau de la quatrième
paire de pattes abdominales. De plus, j'ai remarqué que, quand elle pique
les anneaux successifs de la chenille, l'Ammophile se guide sur la présence
des appendices latéraux des anneaux, car on voit l'extrémité de l'abdomen

de l'Hyménoptère se porter à droite et à gauche, au contact des deux
appendices du segment, avant de pratiquer sa piqûre vers la région médiane
de celui-ci.

Il paraît certain aussi que l'aiguillon s'enfonce aux points de plus faible
résistance de l'enveloppe chitineuse, sans aucune préoccupation, de la part
de l'Insecte, de piquer ou non les ganglions nerveux. P. Marchal a montré
du reste, depuis longtemps, qu'il en était bien ainsi chez *Ps. affinis*. D'ailleurs, le venin inoculé au moment de la piqûre gagne rapidement le gan-
glion voisin, ce qui paralyse les appendices qui sont innervés par lui. Au
bout de 8 minutes après qu'elle a été capturée, la chenille est habituellement devenue inerte et l'Ammophile peut l'emporter.

Fabre a remarqué que l'Ammophile hérissée « mâchonne » aussi la nuque
de la chenille. Ce fait est exact, mais en outre j'ai vu nettement, une fois,
que la languette de l'Hyménoptère se déployait pendant cette opération.
Et j'en conclus que l'Ammophile peut sucer le liquide qui s'écoule de la
blessure qu'elle produit ainsi avec ses mandibules. Ce point important (il
permet de comprendre l'origine des habitudes des Ammophiles) a aussi été
mis en évidence par Marchal chez *Ps. affinis*. Cet auteur a montré que
pendant le transport de sa proie, l'Hyménoptère peut s'arrêter, malaxer la
tête de celle-ci et absorber le liquide qui s'écoule de la blessure. Mon observation montre que, dès le moment de la capture de la chenille, celle-ci peut
servir d'aliment à l'Ammophile.

De l'ensemble de mes observations sur *A. hirsuta*, je crois pouvoir conclure que l'explication rationnelle de l' « instinct » de cette espèce, tout
comme celui des autres espèces voisines, doit être basée avant tout sur
deux ordres de considérations : 1° sur la nécessité pour ces Insectes de se
procurer des aliments; 2° sur l'obligation où ils se trouvent d'immobiliser
une proie qu'il serait sans cela impossible d'utiliser comme nourriture et
ensuite de transporter dans le nid où les larves pourront s'en repaître à
leur tour.

PHYSIOLOGIE. — *Corrélation entre les phénomènes de condensation
et d'olfaction.* Note de M. A. **Durand**, présentée par M. Henneguy.

Dans une Note précédente (¹), nous avons rappelé que les particules odorantes avaient, comme les ions et les poussières, le pouvoir de condenser la

_____

(¹) *Comptes rendus*, t. 166, 1918, p. 129.

vapeur d'eau. Nous croyons que ce fait est général dans les phénomènes olfactifs et qu'il permet d'en élucider le mécanisme. Voici quelques exemples où se manifeste l'influence de la condensation sur l'olfaction.

1. *Ionisation de l'air*. — Dans tous les cas d'ionisation de l'air, on constate :

1° La présence de centres de condensation : les « ions »;

2° La présence de produits divers : ozone et composés de l'azote qui prennent naissance par l'action de l'ozone sur l'air humide et qui ont, eux aussi, le pouvoir de condenser la vapeur d'eau.

En même temps, l'odorat, surexcité, perçoit les faibles traces d'odeurs qui lui auraient échappé en l'absence d'ionisation. Si l'on aspire un peu d'air ozonisé contenu dans un flacon, à demi rempli d'essence d'eucalyptus, aussitôt la sensibilité olfactive est nettement augmentée.

D'ailleurs, on sait que l'ionisation, naturelle ou provoquée, est accompagnée de condensations, dès que l'état hygrométrique le permet, et, en même temps de perceptions olfactives : odeurs d'ozone, des chutes d'eau, des vagues; odeur de la terre au début des orages; odeur de la poudre, accompagnée encore de vapeurs nitreuses, après les décharges et les défiagrations; odeurs des produits de combustion, *nitrés*, antiasthmatiques (papiers, poudres, cigarettes, etc.). Il semble que l'ionisation de l'air, la présence des traces d'ozone et de composés nitreux, la condensation, l'olfaction soient comme les phases d'un même phénomène.

II. *Variations de l'acuité olfactive*. — Ces variations énormes, de 1 à 50, d'un jour à l'autre, pour la même personne s'expliquent naturellement si l'on admet la condensation. En effet, elle dépend de l'état atmosphérique : pression, ionisation, état hygrométrique. Ce sont des variables de la fonction olfactive. De fait, les odeurs sont plus pénétrantes à l'aurore et au crépuscule. Cela s'explique par une condensation plus facile, l'état hygrométrique étant plus élevé. On sait que pour faire apparaître l'odeur de l'argile, il convient d'exhaler, à proximité, l'humidité de l'haleine; les chiens ne chassent pas quand le temps est trop sec. Pour une raison opposée, le brouillard et la pluie sont nuisibles, car la particule est alors trop chargée d'eau. On conçoit qu'il y ait une grosseur plus favorable de la gouttelette entourant la particule odorante.

III. *Asthme et mal de mer.* — Ils relèvent, en partie du moins, des mêmes causes : la pression, les vents, l'état d'ionisation et l'état hygrométrique sont en relation avec l'hypersensibilité olfactive dans les crises d'asthme et dans le mal de mer.

IV. *Pratiques de parfumerie.* — 1° La dilution et la division développent l'arôme; non seulement, comme on le dit, parce que la surface totale est accrue, mais encore parce que les particules condensent d'autant mieux la vapeur d'eau, qu'elles sont plus espacées et plus fines.

2° La condensation est facilitée encore par les traces de ces substances ionisantes ou hygroscopiques telles que : l'ozone, les sels ammoniacaux, les amines, le musc, etc. Pour ne donner ici qu'un exemple : les amines préexistent dans le musc naturel; lorsqu'il est desséché, à la longue, il finit par perdre son odeur et sa puissance. Or, on le régénère, en partie, en l'exposant aux émanations ammoniacales ou aminées de certaines fermentations. C'est qu'alors ces traces de substances lui rendent, à la fois, la puissance de condenser la vapeur d'eau et de donner du « corps » aux parfums.

V. *Détente et refroidissement dans l'inspiration nasale et l'action de flairer.* — On comprend que, pour un état hygrométrique convenable, la condensation puisse s'effectuer spontanément autour de la particule odorante, qui agit ainsi enrobée d'eau sur les terminaisons olfactives; mais la condensation est singulièrement facilitée si la détente vient y ajouter ses effets de refroidissement. C'est ce qui se passe chez les vertébrés supérieurs qui ont des mouvements respiratoires. Au moment de l'inspiration, l'air extérieur pénètre dans le nez, par un phénomène analogue à celui de la détente dans l'expérience de Coulier. Aussi, est-ce dans le courant d'air ascendant qu'on perçoit les odeurs et non inversement. Le mécanisme dans l'action de flairer accentue la condensation : il consiste à multiplier, précisément, les petites détentes brusques, destinées à capter et enrober d'eau les particules qui avaient échappé à une première détente.

VI. *Rôle des sinus.* — Ils gardent en réserve la vapeur d'eau apportée des poumons et comprimée dans les cavités annexes du nez pendant l'expiration, puis ils la cèdent au courant d'inspiration au moment de la détente. La vapeur condensée vient s'ajouter à celle qui est amenée de l'extérieur avec les particules odorantes.

Conclusions. — 1° Qu'elle soit ou non précédée d'ionisation, la *condensation* de la vapeur d'eau intervient dans le mécanisme de l'olfaction.

2° Depuis l'ionisation de l'air ambiant, jusqu'aux mouvements de détente dans l'action de flairer, les causes les plus diverses, qui facilitent cette *condensation*, favorisent, en même temps, l'olfaction.

3° Puisque, en définitive, les particules odorantes agissent enrobées d'eau, on peut dire que l'olfaction a toujours lieu en milieu liquide. Le phénomène devient alors comparable dans toute la série zoologique.

La séance est levée à 15 heures trois quarts.

E. P.

BULLETIN BIBLIOGRAPHIQUE.

OUVRAGES REÇUS DANS LES SÉANCES DE JANVIER 1918.

La gangrène gazeuse, par ANDRÉ CHALIER et JOSEPH CHALIER. Paris, Alcan, 1917; 1 vol. in-8°. (Présenté par M. Quénu.)

Histoire de la science nautique portugaise à l'époque des grandes découvertes. Collection de documents publiés par ordre du Ministère de l'Instruction publique de la République portugaise, par JOAQUIM BENSAUDE : vol. 2 : *Tractado da spera do mundo. Regimento da declinaçam do sol;* vol. 6 : *Almanach perpetuum celestium motuum* (radix 1473); vol. 7 : *Repertorio dos tempos per Valentim Fernandez.* Genève, Société Sadag, s. d.; 3 vol. in-4°. (Présentés par M. Bigourdan.)

Une Croisade, par CHARLES MATHIOT. Paris, Ernest Flammarion, 1918; 1 vol. in-12. (Présenté par M. Carnot.)

Achille Müntz (1846-1917), par A.-CH. GIRARD. Paris, van Gindertaele, 1917; 1 fasc. Extrait des *Annales de la Science agronomique.* (Présenté par M. Roux.)

Opere matematiche di Luigi Cremona, von C. F. GEISER. Zürich, Zürcher und Furrer, 1917; 1 fasc. in-8°.

Sur la réforme qu'a subie la mathématique de Platon à Euclide, et grâce à laquelle elle est devenue science raisonnée, par H. G. ZEUTHEN. Extrait des *Mémoires de l'Académie royale des sciences et des lettres de Danemark : Section des Sciences*, 8° série, t. 1, n° 5. Copenhague, Bianco Lunos, 1917; 1 fasc. in-4°.

Annuaire astronomique et météorologique pour 1918, par CAMILLE FLAMMARION. Paris, Ernest Flammarion, 1918; 1 vol. 12 × 18.

Canada. Ministère des Mines. Division des Mines. *Recherches sur les charbons du Canada au point de vue de leurs qualités économiques,* faites à l'Université Mc Gill de Montréal, par J.-B. PORTER et R.-J. DURLEY, vol. 6. Ottawa, Imprimerie du Gouvernement, 1917; 1 vol. in-8°.

Canada. Ministère des Mines. Commission géologique. *Les dépôts pléistocènes et récents de l'île de Montréal,* par J. STANSFIELD. Ottawa, Imprimerie du Gouvernement, 1917; 1 vol. in-8°.

Canada. Ministère des Mines. Commission géologique. *Géologie de la région de Cranbrook, Colombie britannique,* STUART-J. SCHOFIELD. Ottawa, Imprimerie du Gouvernement, 1917; 1 vol. in-8°.

Tide tables for the pacific coast of Canada for the year 1918; *Tide tables for the eastern coasts of Canada for the year* 1918, by W. BELL DAWSON. Ottawa, J. de L. Taché, 1917; 2 fasc. in-8°.

Las anomalias de la gravedad. Su interpretacion geologica. Sus aplicaciones mineras. Estudio presentado al primer congreso peruano de mineria. Lima, Imprenta del *Centro Editorial,* 1917; 1 fasc. 15,5 × 20,5.

Ministero dei Lavori pubblici. Reale commissione per gli studi sul regime idraulico del Po. *Seconda pubblicazione (dal dicembre* 1913 *al giugno* 1917). Parma, Premiate tipografie riunite Donato, 1917; 1 vol. in-folio.

Travaux de la station expérimentale agronomique d'Annenkovo (du Zemstvo de Simbirsk). Compte rendu du laboratoire chimique (1914-1915), par I. DVORÁK, 1917; 1 vol. in-8°, rédigé en langue russe.

Sveriges geologiska Undersökning. *Årsbok* 9 (1915); — *Årsbok* 10 (1916). Stockholm, Norstedt et fils, 1917; 2 vol. in-8°.

Sveriges geologiska Undersökning. *Hornborgasjön en monografisk framställning av dess postglaciala utvecklingshistoria,* av R. SANDEGREN; — *Ueber die Gattung* Phragmoceras *in der obersilurformation Gotlands,* von HERMAN HEDSTRÖM; — *Fornsjöstudier inom stångåns och svartåns vattenområden,* av Uno SUNDELIN. Stockholm, Norstedt et fils, 1917; 4 fasc. 24 × 31.

ACADÉMIE DES SCIENCES.

SÉANCE DU LUNDI 8 AVRIL 1918.

PRÉSIDENCE DE M. Paul PAINLEVÉ.

MÉMOIRES ET COMMUNICATIONS
DES MEMBRES ET DES CORRESPONDANTS DE L'ACADÉMIE.

M. le Président souhaite la bienvenue au Dr *William F. Durand*, professeur de l'Université de Stanford, représentant du National Research Council, attaché scientifique à l'Ambassade des États-Unis à Paris.

NÉCROLOGIE. — *Notice nécrologique sur le général Zaboudski*,
par M. le colonel VALLIER.

L'Académie a appris avec émotion, dans la séance du 28 janvier dernier, la perte inopinée qu'elle venait de faire en la personne du général Zaboudski, Correspondant pour la Section de Mécanique, assassiné il y a un an par des émeutiers à Pétrograd, et dont la belle carrière nous semble devoir utilement être rapportée ici.

Le général Zaboudski (Nicolas-Alexandrovitch) était né à Novogeorgiesk (Madlin) le 27 janvier-8 février 1853. Après avoir suivi les cours du Gymnase de Nijni-Novgorod, puis l'École d'Artillerie, il était entré comme lieutenant dans cette arme et, après deux ans de service dans une batterie, était revenu suivre le cours supérieur de l'Académie d'Artillerie Michel pendant deux autres années au bout desquelles il fut appelé à rester dans cette École comme répétiteur du cours de Mathématiques.

Entre temps il suivait à l'Université les cours du professeur Tchebychef, l'éminent Associé étranger de notre Académie. D'après les conseils de ce grand géomètre, lequel exerça toujours sur sa carrière scientifique une grande influence, il étudiait les équations canoniques du mouvement des projectiles oblongs autour de leur centre de gravité (les résultats de ces recherches ont été utilisés par le général Mayevski dans son Traité sur le tir courbe de 1882), puis cela fait, il se rendait à Berlin et de là à Paris suivre les cours de Weierstrass et d'Hermite.

Reprenant ensuite son poste à l'Académie d'Artillerie, il publiait, en 1888, un Mémoire sur la solution du problème du tir courbe qui fait encore autorité aujourd'hui et qui trouve même son application dans les circonstances actuelles pour le calcul des grandes trajectoires comme celles des projectiles qui arrivent, en ce moment, jusqu'à Paris.

Il prépara aussi un Traité de Calcul des probabilités avec ses applications au réglage du tir des bouches à feu, mais cet Ouvrage ne fut publié que postérieurement par suite d'autres travaux qui s'imposèrent à lui.

Effectivement, à la suite de cette remarquable étude du tir courbe, Tchebychef et le général Mayevski furent d'accord pour l'appeler en 1890 à succéder à ce dernier pour le cours de Balistique extérieure professé à l'Académie d'Artillerie Michel.

Ce cours de Balistique extérieure, publié en 1895 et dont il a du reste été parlé à l'Académie lors de l'élection de notre Correspondant, est peut-être le plus complet qui existe. Il est profondément regrettable que la langue russe, en laquelle il a été écrit, n'en ait pas facilité la divulgation.

Depuis cette publication et celle du Traité des Probabilités dont nous avons parlé plus haut, le général Zaboudski, tout en conservant à l'Académie d'Artillerie son poste comme professeur émérite, faisait partie du Comité d'Artillerie et dirigeait les expériences de Balistique intérieure exécutées à Ochta, ainsi que les études nécessitées par l'établissement d'un nouveau matériel.

Néanmoins il ne perdait pas de vue ses travaux de Balistique extérieure, dont il préparait une nouvelle édition, ni les questions plus spécialement scientifiques auxquelles il s'intéressait, telles que la loi expérimentale de probabilité de Gauss et les lois de la variation de la pression des gaz dans l'âme des canons.

Ces dernières recherches (les plus récentes qui nous soient parvenues) ont été communiquées à l'Académie dans la séance du 31 avril 1914.

Si la carrière militaire et scientifique de notre Confrère a été brillante, son existence, par contre, fut attristée par de nombreux deuils, tels que la perte prématurée d'une femme qu'il adorait, le suicide d'un fils à 19 ans, et la mort d'une fille dans sa 26e année.

Ce n'est qu'en se replongeant dans ses études techniques que cet ami de notre pays parvenait à oublier ses chagrins.

Ainsi notre savant Confrère poursuivait la série de ses études et recherches lorsqu'il a été frappé mortellement au cours des émeutes de mars 1917, laissant à tous ceux qui l'ont approché le souvenir d'un expérimentateur éminent, doué d'une profonde érudition associée à une grande largeur de vues, ouvert aux idées nouvelles, et d'une grande aménité.

D'après les renseignements parvenus au sujet de sa mort, il aurait été assassiné par une bande d'émeutiers sur l'un des ponts traversant la Néva. Son corps, qui n'a pas été retrouvé, aura, sans doute, été jeté dans le fleuve et sa mort serait restée longtemps incertaine.

Les circonstances dans lesquelles est survenue cette tragique disparition expliquent le retard qu'a subi l'arrivée de cette triste nouvelle à notre Compagnie.

PÉTROLOGIE. — *Sur quelques roches filoniennes sodiques de l'Archipel de Los, Guinée française.* Note ([1]) de M. **A. Lacroix.**

L'Archipel de Los constitue un exemple frappant de province pétrographique homogène dont toutes les roches, sans exception, possèdent le même caractère chimique, l'abondance des alcalis avec prédominance, souvent très considérable, de la soude sur la potasse. Ces roches présentent des particularités minéralogiques remarquables que je me suis attaché à mettre en évidence dans des travaux antérieurs ([2]).

Au cours d'une exploration ([3]) effectuée en 1913, j'ai apporté une attention spéciale à l'étude des filons minces, et parfois très minces, qui traversent les deux groupes principaux de syénites néphéliniques (les unes à ægyrine, les autres à amphibole noire) dans l'espoir d'y trouver les termes extrêmes de différentiation du magma dont il était important de déterminer la nature, afin de savoir si les caractéristiques générales de la province pétrographique y présentent quelque atténuation ou quelque accentuation. La présente Note est consacrée à plusieurs de ces roches filoniennes.

Sölvsbergites à eudialyte ou à catapléite. — Sur la côte sud de l'île Rouma,

---

([1]) Séance du 2 avril 1918.

([2]) Voir notamment *Nouvelles Archives du Muséum*, t. 3, 1911, p. 1 à 128, pl. 1 à 10.

([3]) *Comptes rendus*, t. 156, 1913, p. 653.

la syénite néphélinique à ægyrine, lâvénite et astrophyllite est parcourue
par des filonnets d'une roche finement grenue, jaune brunâtre, tachetée de
noir. L'examen microscopique montre des phénocristaux d'ægyrine et de
microcline de très petite taille, distribués au milieu de lames microlitiques
d'albite, de microcline avec parfois fort peu de néphéline et toujours de très
nombreuses aiguilles filiformes d'ægyrine jaune verdâtre. Des cristaux de
catapléite très nombreux englobent souvent l'ægyrine; certains d'entre eux
présentent dans les sections de la zone verticale de fines lames hémitropes
parallèles à la base à laquelle l'indice n_g n'est pas rigoureusement perpendiculaire. Il faut signaler encore quelques lamelles de biotite jaune et des
agrégats de grains d'un minéral non maclé qui, par sa couleur jaune d'or
et par toutes ses propriétés optiques, doit être rapporté à la lâvénite.

Certaines portions de l'un de ces filons sont très riches en phénocristaux
mesurant de 1^{mm} à 2^{mm} et appartenant aux espèces suivantes : eudialyte
rouge grenat, astrophyllite, ægyrine, microcline, néphéline; en outre, le
grain de la roche augmente localement pour se rapprocher de celui de la
syénite. La structure et la composition minéralogique de la pâte holocristalline ne diffèrent du type normal qu'en ce que la catapléite est remplacée
par des cristaux nets d'*eudialyte*, d'un beau rose carmin, possédant la structure en sablier (les deux secteurs ayant $a'(0001)$ pour base sont à peine
biréfringents et optiquement négatifs, alors que les secteurs latéraux, plus
biréfringents, sont optiquement positifs).

Au point de vue chimique, ces deux types ont la même composition; ils
sont remarquables par la haute teneur en soude et la pauvreté en potasse;
la richesse en Fe^2O^3, accompagnant une teneur relativement peu élevée
en Al^2O^3, explique l'abondance de l'ægyrine; le fluor, le chlore, la zircone
et la plus grande partie du manganèse entrent dans la constitution de la
catapléite ou de l'eudialyte. En raison de la teneur en silice, malgré la
richesse en soude, la proportion de la néphéline est extrêmement faible,
sinon nulle, et le calcul n'en fait apparaître que fort peu.

Les roches dont il s'agit ne sont donc pas des tinguaites, mais plutôt des
sölvsbergites ([1]) d'un type particulièrement sodique, non observé jusqu'ici.

([1]) Les sölvsbergites, telles que les a définies M. Brögger, présentent les variations
les plus grandes de structure; celles observées entre Tjose et Åklungen, sur le chemin
de fer de Christiania à Laurvik, ont la structure des roches décrites ici; au point de
vue chimique elles établissent le passage des sölvsbergites aux tinguaites, mais
elles ne renferment que 7,4 pour 100 de soude avec 5,6 pour 100 de potasse. [*Die
Gesteine der Grorudit-Tinguait-Serie* (*Kristiania, Videnskabsselskabets Schrifter:*
1. Mathem.-naturv. Klasse, 1894, n° 4, p. 99).]

Il est intéressant de comparer leur composition chimique à celle d'une véritable tinguaite de Rouma, renfermant aussi un silico-zirconate, la *rosenbuschite*, ainsi qu'à la syénite normale; la teneur plus élevée en alumine permet à une plus grande quantité de soude d'entrer dans la composition des minéraux blancs et surtout la proportion moindre de la silice entraîne une diminution du pourcentage de l'albite au profit de la néphéline qui est très abondante.

Il faut noter la presque identité de composition chimique de ces sölvsbergites et des syénites à faciès lujavritique dont j'ai signalé antérieurement l'existence au milieu des syénites néphéliniques de Rouma. Elles s'en rapprochent d'ailleurs au point de vue minéralogique, même abondance de l'eudialyte et de l'ægyrine aciculaire, même pauvreté en néphéline; elles s'en distinguent par le grain et la structure. Ces constatations conduisent à une conclusion importante au sujet de la genèse de ces roches lujavritiques et de leurs relations avec la syénite normale.

Elles forment au milieu de cette dernière de grosses masses hétérogènes, mais toujours riches en minéraux colorés; elles en sont séparées par une zone périphérique de pegmatite très feldspathique et à peu près hololeucocrate; je les considère aujourd'hui, non plus comme des ségrégations datant du début de la cristallisation du magma, ainsi que cela a lieu si souvent pour les enclaves homœogènes plus mélanocrates que la roche qui les englobe, mais comme le terme ultime de cette consolidation, comme le remplissage de cryptes pegmatiques; elles constituent donc l'homologue des derniers minéraux formés dans les cavités des pegmatites gemmifères des magmas granitiques et ainsi s'explique la concentration dans ces types lujavritiques de minéraux fluorés, chlorés, zirconifères, titanifères, manganésifères qui existent par ailleurs dans la syénite néphélinique elle-même, mais à l'état très disséminé. La démonstration de cette origine est fournie d'une façon directe par un filonnet de sölvsbergite qui, après avoir traversé la syénite normale, a rencontré une crypte de pegmatite, l'a comblée en se chargeant d'une grande quantité de phénocristaux d'eudialyte et d'astrophyllite; c'est dans cette roche que j'ai observé les accroissements du grain signalés plus haut. Il est à noter en faveur de cette hypothèse, qui fait jouer un rôle important aux agents pneumatolytiques, que la région de Rouma où se trouvent les roches lujavritiques est celle dans laquelle j'ai découvert, remplissant les cavités miarolitiques de la syénite normale, le fluorure de sodium natif (*villiaumite*); or, après dissolution de celui-ci, j'ai pu constater que les cavités qui le renferment contiennent souvent aussi une petite quantité d'eudialyte.

Analyses (¹). — 1. *Sölvsbergite à catapléite.* II.5.1.(4)(5); 2. *Sölvsbergite à eudialyte.* II.(5)6.1.(4)5; 3. *Syénite à faciès lujavritique.* 'II.5.1.5; 4. *Id.* II.5 (6).1.4; 5. *Tinguaite à rosenbuschite* (avec petits nodules d'une amphibole arfvedsonitique et de biotite) II.6.1.4 (5); 6. *Syénite néphélinique à lavénite et villiaumite* (type moyen de Rouma : à cette analyse que j'ai publiée antérieurement a été ajouté le dosage du fluor) (I) II.6'.1.4.

	1.	2.	3.	4.	5.	6.
SiO²	58,84	57,10	57,76	57,95	54,32	55,15
Al²O³	14,71	12,68	15,67	13,80	15,82	20,50
Fe²O³	4,37	5,90	5,86	5,72	3,13	1,84
FeO	0,37	0,67	0,94	1,73	2,59	1,73
MnO	1,86	3,70	2,75	2,76	2,47	0,59
MgO	1,48	1,30	1,08	0,53	3,98	0,55
CaO	1,32	1,20	1,70	1,43	2,10	0,55
Na²O	9,95	10,63	9,58	8,95	9,78	11,00
K²O	1,94	1,82	0,70	2,71	2,48	4,91
TiO²	0,60	0,20	0,20	0,55	1,01	0,34
ZrO²	1,87	1,87	1,38	1,57	0,72	n. d.
Cl	0,38	0,59	0,44	0,17	0,19	0,49
F	0,67	0,42	0,35	n. d.	0,28	0,92
H²O à 105°	0,27	0,14	0,13	} 1,71 {	0,14	2,25
» au rouge	1,51	1,83	1,77		1,34	»
P²O⁵	0,05	tr.	tr.	tr.	0,05	»
	100,19	100,05	100,31	99,58	100,40	100,82

Kassaïtes. — A l'extrême pointe de l'île Kassa et sur le rivage même, j'ai observé quelques filons; l'un est formé par une roche d'un noir verdâtre : l'examen des lames minces donne au premier abord l'impression d'une tinguaite. De nombreux minéraux constituent des phénocristaux ayant cristallisé dans l'ordre suivant : haüyne, hornblende brune verdissant sur les bords, augite, labrador bordé d'oligoclase, magnétite. Ils sont distribués dans une pâte holocristalline riche en longues aiguilles d'une amphibole du groupe de la hastingsite, originellement brune, mais presque entièrement verdie, associée à des lames d'orthose ayant un centre à contours géométriques constitué par de l'andésine cerclée d'oligoclase; il existe aussi un peu de losite (cancrinite), épigénisant un feldspathoïde.

Cette description met en évidence un caractère monzonitique que pré-

---

(¹) Par M. Raoult (sauf 4 et 6 par M. Pisani).

cise l'analyse 7 (rapport de l'orthose à la somme albite + anorthite = 0,66; plagioclase moyen à 33 pour 100 d'anorthite). Cette roche se rapproche de la *tahitite* ([1]), forme microlitique des monzonites néphéliniques, mais elle s'en distingue par sa composition minéralogique et sa structure. Je propose de la désigner sous le nom de *kassaïte;* dans la systématique, elle vient se ranger non loin de la gautéite et de l'allochétite. Il est intéressant de comparer la composition chimique de ce nouveau type pétrographique avec celle d'une autre roche filonienne de la pointe de Topsail, que j'ai décrite sous le nom de *topsailite* et qui est une sorte de labradorite téphritique dans laquelle la potasse se trouve non plus sous forme d'orthose, mais sous celle de biotite microlitique. Un nouvel examen de la topsailite m'y a montré une petite quantité de néphéline ou de haüyne.

Analyses. — 7. *Kassaïte.* II.'6.2.'4 (M. Raoult); 8. *Tahitite à haüyne.* Papenoo (Tahiti) II.6.'2.4 (M. Pisani); 9. *Topsailite.* II.5(6).3.4 (M. Lassieur).

	7.	8.	9.
Si O^2...........	53,00	49,52	48,88
$Al^2 O^3$..................	19,71	17,19	20,56
$Fe^2 O^3$	2,38	2,08	3,34
Fe O	3,70	5,15	5,29
Mg O	1,63	2,12	3,09
Ca O	5,54	8,40	8,34
$Mn^2 O$..................	5,98	7,15	4,75
$K^2 O$..................	4,46	3,85	2,56
Ti O^2....................	1,60	3,30	1,69
Cl.......................	0,33	0,43	»
SO^3.....................	0,09	0,13	»
$P^2 O^5$	0,31	0,28	0,73
$H^2 O$ à 105°..............	0,12	0,50	0,32
» au rouge............	1,10		
	99,95	100,10	99,55

Tamaraïtes. — Dans le voisinage du filon de topsailite se trouvent, au milieu de la syénite néphélinique à amphibole noire, des filons d'une roche finement grenue, à aspect basaltique qui possède souvent une texture complexe, le centre devenant porphyrique; un de ces filons est traversé par de minces filonnets à texture fibreuse.

([1]) A. Lacroix, *Comptes rendus*, t. 164, 1917, p. 581.

L'examen microscopique montre que, quelle que soit la texture, le fond de la roche est le même : augite, hornblende brune, biotite, sphène, en grains ou en lames xénomorphes sont mélangées en portions très inégales, l'un ou l'autre de ces minéraux se concentrant souvent par taches. Des minéraux blancs, parmi lesquels domine la néphéline ou ses produits d'altération (losite, analcime), avec moins fréquemment orthose ou plagioclase, sont associés aux minéraux colorés; ils se concentrent aussi en petites aires circulaires dans lesquels à plus grands éléments dans lesquels le sphène associé à l'augite n'est pas rare. Les portions porphyriques renferment en outre de gros phénocristaux automorphes d'augite imprégnés de biotite et des grains d'olivine qu'entoure une couronne d'augite, puis de biotite; quant aux filonnets fibreux, ils sont constitués par des cristaux palmés d'augite imprégnés de biotite et de hornblende; ils constituent un faciès holomélanocrate de la roche qu'ils traversent.

Deux filons d'une roche analogue se trouvent à l'îlot Corail, l'un est feldspathique et l'autre dépourvu de feldspath ; les phénocristaux sont constitués soit par de l'augite, soit par de la hornblende; des phénomènes dynamiques en ont profondément modifié la structure.

Les analyses 10 à 13 permettent de suivre la variation de composition chimique de ces roches suivant leur teneur plus ou moins grande en minéraux colorés. Elles montrent des affinités avec des *ijolites* plus ou moins mélanocrates; la teneur relativement élevée en alcalis, même dans les types dépourvus d'éléments blancs, ne permet pas d'assimiler ces derniers aux jacupirangites. Il est légitime de distinguer l'ensemble de ces roches sous une dénomination univoque (¹) et j'emploie celle de *tamaraïte* pour rappeler le nom de l'île où je les ai rencontrées. Leurs formes d'épanchement seraient des basaltes néphéliniques et des ankaratrites.

Analyses (²). — *Tamaraïtes* de la Pointe Topsail : 10. III.8′.2.4′; 11. Filon complexe; 11^a. Bord. III.7(8).2.4′; 11^b. Centre. [IV.8.2.4] IV.2.1′.3.2(3); 11^c. Veinule fibreuse dans 11^b. [IV.8.2′.4] IV.2.3.3.2′.

(¹) Ces étranges variations de composition minéralogique sans retentissement important sur la composition chimique des roches, m'ont conduit à les décrire dans mon Mémoire de 1911 sous des noms distincts : *microshonkinites, microgabbros essexitiques, jacupirangites,* alors que leur étude incomplète n'avait pu être faite que sur des échantillons que je n'avais pas recueillis moi-même en place.

(²) Analyses par M. Raoult (sauf 11 par M. Lassieur).

Tamaraïtes de l'île Corail; 12. Variété un peu plagioclasique. III′.8.2.4; 13. Variété sans feldspath. [(III)IV.8(9).′2.4] III(IV).′2.2.(2)3.2.

	10.	11ᵃ.	11ᵇ.	11ᶜ.	12.	13.
SiO^2..........	40,80	41,24	41,70	38,56	43,07	43,24
Al^2O^3..........	17,27	14,63	10,60	9,08	14,14	11,12
Fe^2O^3...:.....	3,15	5,41	7,01	6,04	3,47	4,16
FeO..........	9,32	7,22	8,48	9,09	7,21	7,45
MgO..........	5,13	5,47	8,20	9,66	8,55	10,11
CaO..........	10,19	12,66	15,44	19,47	12,26	13,58
Na^2O..........	6,97	5,74	3,43	2,66	4,60	3,98
K^2O..........	2,30	1,74	1,89	1,30	2,70	2,57
TiO^2..........	2,02	3,40	2,80	3,40	2,00	2,04
P^2O^3..........	0,14	0,54	0,27	0,28	0,40	0,11
Cl..........	»	0,26	0,07	0,09 .	»	0,19
CO^2..........	»	tr.	»	»	»	»
H^2O à 105°....	1,96	0,03	»	»	1,64	0,07
» au rouge..		1,84	0,43	0,63		1,39
	99,25	100,18	100,32	100,26	100,04	100,01

Cette rapide description montre même dans les roches les plus éloignées des syénites la persistance du caractère alcalin de celles-ci avec prédominance de la soude sur la potasse. On voit en outre la liaison étroite existant entre les types filoniens et la variété de syénite qui les renferme. Les sölvsbergites présentent, exagérées, les caractéristiques ferriques, fluorées et zirconifères de la syénite de Rouma, alors que la kassaïte, la topsailite et la tamaraïte sont bien, chimiquement et géologiquement, liées au type de syénite à hornblende plus calcique, plus magnésien et plus titanifère que la précédente. Il n'est pas douteux que ces groupes de filons ne résultent de différenciations tout à fait locales, effectuées dans les parties du magma déjà différenciées pour donner naissance à chacun des deux types syénitiques.

NAVIGATION. — *Causes et effets de la résistance de l'eau à la translation des carènes.* Note de M. **E. Fournier**.

1. J'ai poursuivi, dans mes recherches sur ce sujet complexe, les objectifs suivants :
Déterminer l'expression de la résistance, R, d'une masse liquide à la trans-

lation horizontale, de vitesse V, d'un flotteur, dans les cas se prêtant à d'utiles applications.

Expliquer la raison d'être dynamique des particularités distinctes, ou d'apparences contradictoires, par lesquelles se manifeste cette résistance, selon les dimensions, les formes, la vitesse V et la profondeur d'immersion constante, Z, du flotteur.

Préciser l'influence, sur la grandeur de R, toutes choses égales d'ailleurs, de la position relative de la section droite des reliefs du flotteur.

En déduire, pour chaque cas utile à envisager, la forme de *moindre résistance* à donner à un flotteur.

2. Considérons, en premier lieu, comme type de flotteur le plus régulier, un corps fuselé également affiné à ses extrémités et se transportant horizontalement, avec une vitesse V, suivant son axe de figure, dans une masse liquide de poids spécifique ϖ.

Lorsque cette translation se produit sur un niveau assez profond pour que les impulsions dénivellatrices des reliefs du flotteur cessent de troubler, au-dessus d'eux, l'uniformité de la surface libre de la masse liquide, on dit qu'elle a lieu *en immersion profonde*.

Le fluide, en s'écoulant alors *tangentiellement* aux éléments de la surface Σ sur lesquels il se modèle, y subit, *par frictions*, la résistance de leurs *rugosités* superficielles. Mais, en même temps, les impulsions dénivellatrices qu'il en reçoit, *normalement* à ces éléments et proportionnellement à V^2, se trouvant équilibrées, verticalement, dans un champ d'amortissement de hauteur $Z_v = C \dfrac{V^2}{2g}$, *lorsque le flotteur est en immersion profonde*, s'y dépensent, par réaction, contre la *viscosité* ε du fluide dans ses déplacements relatifs, de toutes natures, résultant de ce modelage à distance.

3. Ces considérations dynamiques et la discussion des observations m'ont conduit à reconnaître que, dans ces conditions, la force motrice R_1 nécessaire à l'entretien de l'ensemble des déplacements relatifs du fluide occasionnés par son modelage, au contact et à distance, sur la surface Σ du flotteur en *immersion profonde*, a pour expression, en prenant le mètre et le kilogramme comme unités,

$$(1) \qquad R_1 = \frac{\varpi}{2g} \Sigma \left\{ k(1 - 0,18 \cos I_m) V^{2 - 0,18 \cos I_m} + \varepsilon^{\frac{1}{3}} \left(\gamma \frac{l^3}{L^3} \right)^{1,9} V^2 \right\}.$$

Dans cette expression : $K = 0,0037$ est la constante des frottements du fluide sur les *rugosités* superficielles de la surface Σ, lorsqu'elle est en *paraffine* ou en *fer neuf, fraîchement peint;* I_m est la moyenne des incidences d'attaque maxima des *lignes d'eau* convexes de cette surface; ε est la *viscosité* du fluide ayant pour valeurs, à la température moyenne de $15°$, $\varepsilon = 0,01134$ pour l'eau et $\varepsilon = 0,0001783$ pour l'air. Enfin, $\gamma = \dfrac{B}{lp}$ est le coefficient d'obstruction de la section droite B, de largeur l, de profondeur p, du flotteur de longueur L.

4. Cette expression présente cette particularité que la part d'amortissement du fluide déplacé, qui est due à sa *viscosité* ε, y figure *pour la première fois* et dans un terme distinct. De plus, sa garantie d'exactitude est de reproduire les résultats des expériences de W. Froude et de Tideman, dans l'eau, sur des plans minces; de Newton, de Borda et de Hutton, sur des sphères; aussi bien que ceux des expériences de M. Eiffel, dans l'air, sur des corps fuselés et sur des modèles sphériques y recevant le choc de courants artificiels de vitesses poussées jusqu'à 40^m à la seconde.

J'indiquerai, dans une Note prochaine, comment se modifie l'expression (1) quand la surface immergée Σ du flotteur se transporte *à fleur d'eau*, en y entretenant des ondes satellites.

PHYSIOLOGIE VÉGÉTALE. — *Influence des acides sur la germination.* Note de MM. **L. Maquenne** et **E. Demoussy**.

On n'est pas encore exactement renseigné en ce qui concerne l'influence des acides sur les graines en voie de germination. Il est certain qu'elle est nuisible aux concentrations voisines de $\frac{1}{1000}$, mais on ne sait rien de la limite inférieure à partir de laquelle elle commence à se manifester. Les derniers travaux relatifs à cette question sont ceux de Mlle Promsy [1] et de M. Micheels [2], dont il est nécessaire, pour faciliter la compréhension de ce qui suit, de dire d'abord quelques mots.

En cultivant différentes espèces de graines dans du sable ou des liqueurs titrées, le premier de ces auteurs trouve que les acides en général, et les

---

[1] *Thèse* n° 1479 de la Faculté des Sciences de Paris. Marseille, 1912.

[2] *Bull. Acad. royale de Belgique :* Classe des Sciences, 1913.

.acides organiques en particulier, activent la germination jusqu'à des concentrations qui peuvent atteindre 20^{mg} et 90^{mg} par litre de liqueur dans le cas des acides chlorhydrique et sulfurique. Ces composés, comme un grand nombre de sels métalliques, seraient donc favorables à des doses inférieures à celles où ils se montrent toxiques; malheureusement il n'a été pris aucune précaution, au cours de ces expériences, pour écarter des milieux de culture les matières minérales et surtout la chaux, qui peut agir à la fois comme antidote et comme agent de saturation des acides employés. L'influence de ces éléments parasites se faisant déjà sentir, comme nous l'avons précédemment démontré, à dose infinitésimale, les résultats obtenus par Mlle Promsy se trouvent par ce seul fait entachés d'une erreur systématique qui leur enlève toute signification et nous oblige à n'en tenir aucun compte.

Le travail de M. Micheels, quoique entrepris dans un tout autre but, comporte plus de précision. Les grains (froment) sont cultivés sur des solutions $\frac{N}{100}$ et $\frac{N}{1000}$ de chlorure de sodium ou de chlorure de potassium, dans les deux compartiments d'une sorte de voltamètre à travers lequel on fait passer un courant électrique d'intensité connue. Lorsque celui-ci reste faible ou qu'il est peu prolongé, la végétation paraît meilleure dans le compartiment positif qu'au voisinage de l'électrode négative; mais avec une dépense d'électricité plus grande, supérieure, par exemple, à une vingtaine de coulombs, le liquide anodique donne, au contraire, et cela même après interruption du courant, des germinations moins nombreuses et des plantes moins bien développées que le liquide cathodique. L'action est donc susceptible de renversement, c'est-à-dire de se montrer, suivant les circonstances, favorable ou défavorable.

En s'appuyant sur les travaux de Mlle Promsy, comme aussi sur l'opinion antérieurement émise par Gassner ([1]), l'auteur considère comme négligeable, au point de vue physiologique, la petite quantité d'acide mise en liberté par électrolyse à l'anode; il explique alors ces effets en admettant que les cations charriés par le courant déterminent une floculation des éléments colloïdaux de la racine, ayant pour conséquence un empoisonnement *physique* des cellules vivantes.

Il est bien clair que l'arrêt du développement d'une graine, dans des circonstances absolument quelconques d'ailleurs, doit être rapporté à

([1]) G. GASSNER, *Der Galvanotropismus der Wurzeln* (*Botan. Zeitung*, 1906).

quelque modification survenue dans la composition chimique ou la structure micellaire de ses principes constituants, mais quant à voir là une influence électrique, il semble qu'avant d'admettre une pareille hypothèse il faille d'abord contrôler l'exactitude des prémisses sur lesquelles M. Micheels s'appuie pour la formuler. Les acides minéraux sont-ils ou ne sont-ils pas toxiques aux dilutions indiquées par l'auteur, telle est la question qui se pose et que nous avons cru nécessaire de résoudre par l'expérience directe.

Nos essais ont porté sur des graines de pois et de froment, préalablement gonflées par trempage de 24 heures dans l'eau pure, et ont été poursuivis de deux manières différentes : en soucoupes, sur sable imprégné d'acide chlorhydrique ou d'acide sulfurique étendus, suivant notre mode opératoire habituel, et dans des tubes de quartz remplis des mêmes solutions 100 fois plus diluées. Dans le premier cas, le volume du liquide répandu sur le sable étant d'environ 10^{cm^3}, la dilution a varié de 5.10^{-4} à 5.10^{-5}; dans le second on l'a abaissée jusqu'à 5.10^{-6} et 10^{-7}, mais il faut tenir compte, si l'on veut établir une comparaison exacte entre les deux séries d'expériences, de ce que la capacité des tubes étant, en moyenne, de 50^{cm^3}, le poids réel d'acide contenu dans chacun d'eux n'était que de 20 fois inférieur à celui que recevaient les soucoupes.

Lorsque les pois sont cultivés sur sable par séries de 10, on voit leurs racines se couvrir rapidement de poils, ce qui n'arrive jamais dans l'eau pure, mais bien, au contraire, toujours en présence d'un sel de calcium (ceci ne serait plus vrai pour le blé, qui forme toujours des poils, même en l'absence de chaux). C'est qu'en effet, dans ces conditions, les téguments des graines qui se trouvent sur le sable en contact avec la liqueur acide abandonnent à celle-ci une certaine quantité de matières minérales, parmi lesquelles nous avons pu caractériser la chaux et la magnésie. La première de ces deux bases agissant comme antitoxique, il y a là une cause d'erreur dont il est bon d'être prévenu, car elle peut, comme nous allons le voir, changer du tout au tout les résultats de l'expérience.

Quand on ne met que deux graines par soucoupe, au lieu de dix, il n'apparaît plus de poils parce que la solution, étant cinq fois moins riche en calcium, est devenue moins active : l'expérience est alors plus correcte. L'action perturbatrice du calcium emprunté aux téguments ne s'observe naturellement pas dans les cultures en tubes de quartz, où la graine ne touche à l'acide que par sa racine.

En vue d'établir une comparaison plus étroite encore entre nos expériences et celles de M. Micheels, nous avons enfin institué une série d'essais en milieu alcalin, formé par une dissolution étendue de carbonate de soude.

Les poids marqués dans le Tableau suivant représentent les quantités absolues de matière active fournies à chaque germoir ou tube, par conséquent à deux ou dix graines dans le premier cas, à une seule dans le second. Les allongements sont la moyenne de 20 mesures pour les germinations sur sable et de 5 pour les cultures en tubes.

Acide chlorhydrique sur sable (liquide 10^{cm^3}).

			H Cl.....	0	$0^{mg},1.$	$0^{mg},2.$	$0^{mg},5.$	$1^{mg}.$	$2^{mg}.$
Allongements des racines.	Pois.	10 grains...		22^{mm}	23^{mm}	25^{mm}	34^{mm}	42^{mm}	28^{mm}
		2 » ...		25	»	»	26	12	»
	Blé.	10 grains...		42	49	55	60	23	14
		2 » ...		66	»	24	13	»	»

Acide chlorhydrique en tubes de quartz (liquide 50^{cm^3}).

		H Cl.....	0	$0^{mg},005.$	$0^{mg},01.$	$0^{mg},02.$	$0^{mg},05.$	$0^{mg},1.$
Allongements des racines.	Pois (1 grain).....		11^{mm}	9^{mm}	8^{mm}	2^{mm}	2^{mm}	$0^{mm},4$
	Blé (1 grain)......		27	16	8	4	1	0

Carbonate de soude sur sable (liquide 10^{cm^3}).

		$Na^2 CO^3$...	0	$0^{mg},2.$	$0^{mg},5.$	$1^{mg}.$	$2^{mg}.$	$5^{mg}.$
Allongements des racines.	Pois (10 grains)...		21^{mm}	21^{mm}	21^{mm}	21^{mm}	19^{mm}	17^{mm}
	Blé (10 grains)....		44	48	46	47	57	64

Ces chiffres montrent que, dans les cultures sur sable à 10 graines par germoir, auquel cas, ainsi que nous l'avons dit plus haut, les racines de pois se couvrent de poils absorbants, l'acide chlorhydrique est avantageux jusqu'aux doses relativement élevées de 1^{mg} pour les pois et $0^{mg},5$ pour le blé : c'est la zone d'action favorable signalée par M. Micheels. Mais cette action favorable est accidentelle, car si l'on réduit le nombre des graines à 2 ou si on les cultive isolément dans des tubes de quartz elle ne s'observe plus. L'acide chlorhydrique se montre alors éminemment toxique dès les plus faibles doses, se rapprochant en cela des sels métalliques les plus actifs, comme aussi des solutions fortement *anodisées* de M. Micheels. Celles-ci, d'après les calculs de l'auteur, contenaient une proportion d'acide chlorhydrique comprise entre 6.10^{-5} et 7.10^{-6} à la fin des expériences; les nôtres, en tubes de quartz, en renferment de 10^{-3} à 10^{-7} : les conditions expérimentales sont donc absolument du même ordre, ce qui prouve que l'acide chlorhydrique est loin d'être inoffensif, comme le supposait M. Micheels, à cet état de dilution extrême, et que, lorsqu'il se montre avantageux, il doit cette propriété à la présence d'un électrolyte salin, agissant à son égard comme antitoxique.

A l'appui de cette assertion, nous pouvons ajouter que l'influence nuisible de l'acide chlorhydrique ne se manifeste que plus tardivement, avec des doses au moins égales à 2.10^{-6}, quand les cultures sont effectuées dans des tubes de verre ou même dans des tubes de quartz, si les graines sont maintenues immergées dans le liquide acide, ce qui permet à celui-ci d'attaquer la matière minérale contenue dans les téguments. Enfin, nous trouvons une dernière preuve de l'influence antitoxique ou neutralisante qu'exerce la matière minérale en question dans ce fait qu'une solution d'acide chlorhydrique à $\frac{1}{10000}$, nocive par elle-même, devient indifférente et même favorable, donnant lieu sur les pois à l'apparition de poils radicaux, après séjour de 48 heures sur des graines de même espèce non encore germées.

L'acide sulfurique se comporte exactement de la même manière que l'acide chlorhydrique, avec cette seule différence qu'il en faut un peu plus pour produire le même effet, ce qui est d'accord avec la différence des poids moléculaires de ces deux composés.

Acide sulfurique sur sable (liquide 10$^{cm^3}$).

SO^4H^2....	0.	0^{mg},1.	0^{mg},2.	0^{mg},5.	1^{mg}.	2^{mg}.	5^{mg}.
Longueur { l'ois (10 grains)....	22^{mm}	23^{mm}	25^{mm}	30^{mm}	43^{mm}	44^{mm}	20^{mm}
des racines. { Blé (10 grains).....	41	51	60	58	21	12	7

Comme avec l'acide chlorhydrique il apparaît des poils et d'abondantes radicelles sur les racines de pois à 0^{mg},5 et même 2^{mg} de SO^4H^2; avec 5^{mg} les racines sont noircies, mais portent encore beaucoup de radicelles. Cette seule observation suffit à montrer que c'est encore le calcium cédé par les enveloppes qui est cause de l'action favorisante exercée par l'acide sulfurique jusqu'à la dose de 2^{mg} pour les pois et celle de 0^{mg},5 pour le blé.

Quant au carbonate de soude, son action est nulle sur les pois jusqu'à la dose relativement élevée de 2^{mg} pour 10 graines, nettement avantageuse sur le blé pour des concentrations encore plus fortes. L'alcalinité des liqueurs est donc moins nuisible que leur acidité, ce qui explique les différences reconnues par M. Micheels entre ses solutions dites *anodisées* et *cathodisées*.

En résumé, les acides minéraux doivent être mis au nombre des substances les plus nuisibles à la germination et l'électricité, dans les expériences de M. Micheels, n'a pas d'autre effet que de mettre en liberté, au voisinage de l'anode, une quantité d'acide chlorhydrique suffisante pour devenir toxique. Cette action toxique qui, lorsque l'acide est pur de tout mélange, ne semble pas pouvoir se changer jamais en action favorable, peut d'ailleurs être modifiée par la présence d'électrolytes salins tels que ceux qu'a employés cet auteur, ou encore ceux que l'acide est capable de former par attaque des téguments ou du verre des appareils. En cela les acides se comportent comme tous les autres poisons minéraux : éminemment vénéneux lorsqu'ils agissent seuls, ils sont sensibles à l'influence des antitoxiques, parmi lesquels le calcium paraît être encore l'un des plus puissants. Et, de même aussi que les sels de métaux lourds, les acides minéraux atténuent sensiblement l'efficacité du sulfate de calcium; le Tableau suivant en fournit la preuve évidente.

Influence des acides sur les pois en présence de sulfate de chaux
($0^{mg},5$ de $CaSO^4$ par germoir à 10 graines).

		H Cl .... 0.	$0^{mg},2.$	$0^{mg},5.$	$1^{mg}.$
Longueur	Sans chaux	20^{mm}	22^{mm}	28^{mm}	$3\frac{7}{7}^{mm}$
des racines.	Avec chaux	71	63	66	62

		$SO^4 H^2$ .... 0.	$0^{mg},5.$	$1^{mg}.$	$2^{mg}.$
Longueur	Sans chaux	21^{mm}	24^{mm}	31^{mm}	36^{mm}
des racines.	Avec chaux	70	66	68	52

Remarquons en terminant que les ions négatifs correspondant aux électrolytes employés dans nos recherches ne paraissent jouer aucun rôle essentiel dans l'acte de la germination; en effet, s'il en était autrement, les sulfates et les chlorures devraient se montrer aussi actifs que l'acide sulfurique et l'acide chlorhydrique libres, ce qui est loin d'être vrai. Si donc la dissociation électrolytique est ici en jeu, c'est surtout à l'ion positif, hydrogène ou métal, qu'il faut rapporter l'action nocive des acides vulgaires et de leurs dérivés salins.

THERMODYNAMIQUE. — *Sur les anomalies que présentent les tensions de la vapeur saturée de certains liquides diatomiques.* Note ([1]) de M. **E. Ariès.**

Nous avons établi dans notre dernière Communication la formule suivante qui donne la tension de la vapeur saturée du chlore et de l'oxyde de carbone :

$$(1) \quad \Pi = \tau^{2+n}\frac{Z}{x}, \quad x = \frac{(0.86 - \tau)(1 - \tau)}{A\tau^2 + B}\tau^{1+n} \quad \left(n = \frac{3}{4}; A = 0,353; B = 0,642\right).$$

Mais nous avons fait remarquer que les données de l'expérience sont encore trop limitées et trop incertaines pour permettre de décider si cette formule s'applique, sans aucun changement, à tous les corps diatomiques qui, dans ce cas, satisferaient à la loi sur les états correspondants.

Toutefois, si imparfaites que soient ces données, il y a toujours quelque profit à tirer de leur examen; c'est ce que nous nous proposons de faire aujourd'hui en portant notre attention sur les expériences ([2]) concernant cinq autres corps diatomiques. Ces corps sont l'oxygène, l'azote, l'oxyde azotique, l'acide chlorhydrique et l'acide iodhydrique.

Les expériences concernant l'oxygène, échelonnées sur un assez grand intervalle des températures, de $-211°,2$ C. $(\tau = 0,40)$ à $-118°,3$ C. $(\tau = 1)$, sont de trois époques différentes (Estreicher et Olszewski, 1895; Travers, Senter et Jaquerot, 1902; Olszewski, 1884). Celles concernant l'azote sont resserrées dans des limites beaucoup plus étroites, de $-195°,6$ C. $(\tau = 0,60)$ à $-145°,1$ C. $(\tau = 1)$, et présentent d'ailleurs une très grande lacune entre les températures réduites $\tau = 0,71$ et $\tau = 0,93$. Elles sont aussi de trois époques différentes (Baly, 1900; Wroblewski, 1885; Olszewski, 1886).

Aux températures élevées et jusqu'à l'état critique, de $\tau = 0,93$ à $\tau = 1$ (Wroblewski, Olszewski), les tensions observées de la vapeur d'azote s'accordent assez bien avec les tensions calculées par la formule (1); mais aux températures inférieures, de $\tau = 0,60$ à $\tau = 0,71$ (Baly), et pour l'oxygène sur tout l'intervalle des températures explorées, les tensions observées, surtout aux basses températures, sont notablement supérieures aux tensions

---

([1]) Séance du 2 avril 1918.

([2]) Voir les données concernant ces expériences (*Recueil de Constantes physiques*, 1913, p. 284, 285, 286, 295 et 296).

calculées par la formule qui ne peut plus convenir sans un changement dans la valeur des constantes n, A et B.

La tension de vapeur de l'oxyde azotique a été l'objet de recherches faites par un seul savant (Olszewski, 1885), de $-176°,5$ C. ($\tau = 0,54$) à la température critique $-93°,5$ C. ($\tau = 1$). Le contrôle de la formule (1) par ces observations ne conduit pas à des résultats plus satisfaisants. Les écarts entre les tensions à comparer changent seulement de sens sans que leur importance en soit diminuée. L'exposant $n = \dfrac{3}{4}$ serait à réduire pour l'oxygène et l'azote, à augmenter pour l'oxyde azotique.

Quelles conclusions peut-on dégager de ces constatations? Faut-il admettre qu'il existe pour chaque corps une valeur particulière de chacune des constantes n, A et B, valeur qui n'aurait aucun lien apparent avec la constitution chimique du corps, et renoncer, sans plus tarder, à cette conception si séduisante des états correspondants, qui a cependant déjà reçu de bien remarquables confirmations : il nous semble que ce serait prendre une décision trop précipitée et qui, dans l'état actuel de la question, est loin de s'imposer.

Les anomalies qui viennent d'être signalées, comme il arrive pour la plupart de celles qu'on rencontre si souvent en chimie, finiront peut-être par trouver une explication dans des causes qui laisseraient intacts les principes menacés par ces anomalies.

On peut prévoir, au nombre de ces causes, d'abord les erreurs d'observation difficiles à éviter dans les recherches dont il s'agit, principalement dans la détermination des éléments critiques. Les exemples ne manquent pas de divergences parfois considérables entre les résultats obtenus par les opérateurs les plus habiles. Aussi ne faut-il accepter qu'avec réserve ces résultats, tant qu'ils ne sont pas confirmés par plusieurs séries d'expériences.

Ces anomalies peuvent encore être attribuées à la composition moléculaire des corps expérimentés qui serait différente de la composition supposée. Tel pourrait être le cas pour l'oxyde azotique, comme semble l'avoir présumé Olszewski qui avait bien remarqué les allures assez singulières de la tension de vapeur de ce corps, et qui dit à ce sujet ([1]) : « On serait tenté d'expliquer cette anomalie en supposant que la composition moléculaire du deutoxyde d'azote à des températures très basses diffère de sa composition à la température ordinaire qui est donnée par la formule NO. Elle

---

([1]) *Comptes rendus*, t. 100, 1885, p. 943.

pourrait être plus complexe, et le gaz éprouverait une dissociation à mesure que sa température s'élèverait jusqu'à la température ordinaire. Pour décider la question, il faudrait déterminer la densité du gaz à des températures très basses. »

La discussion des renseignements que nous possédons sur l'acide chlorhydrique présente un intérêt particulier et conduit à des conclusions plus rassurantes en ce qui concerne le principe de Van der Waals sur les états correspondants. MM. Leduc et Sacerdote (1897) ont fixé les éléments critiques de ce corps à 52° C. pour la température et à 83^{atm} pour la pression. Ces valeurs ont été confirmées par les travaux de M. Briner (1908); on peut donc les adopter avec confiance, et en déduire, à l'aide de la formule (1), les tensions de la vapeur saturée de l'acide chlorhydrique à diverses températures, pour comparer ces tensions à celles qui ont été observées en 1845 par Faraday, entre − 73°,3 C. et − 3°,9 C., ainsi qu'à celles qui ont été observées beaucoup plus récemment, en 1880, par Ansdell, entre 4° C. et 50°,56 C.

Les tensions obtenues dans la dernière série d'expériences sont certainement trop élevées et de plusieurs atmosphères, au moins aux températures supérieures, puisque, d'après ces expériences, cette tension serait de 85^{atm},33 à la température de 50°,56, alors que, d'après MM. Leduc et Sacerdote, elle ne serait que de 83^{atm} à la température critique qui est naturellement encore plus élevée. Aux températures de 4°, 18°,1 et 33°,4, les tensions trouvées par Ansdell ont été successivement de 29^{atm},80, 41^{atm},80 et 58^{atm},85; celles calculées par la formule (1) sont respectivement de 27^{atm},83, 40^{atm},04 et 57^{atm},77. Les écarts sont bien dans le sens et de l'ordre qu'on pouvait prévoir pour donner à penser que cette formule est applicable à l'acide chlorhydrique.

Mais ce qui vient confirmer cette hypothèse d'une façon tout à fait surprenante, c'est l'accord remarquable que fait ressortir le Tableau suivant, et que l'on constate en comparant les tensions calculées par la formule (1) et les tensions observées en 1845 par Faraday à neuf températures différentes.

Température centigrade.	Tension de vapeur		Température centigrade.	Tension de vapeur	
	observée.	calculée.		observée.	calculée.
°	atm	atm	°	atm	atm
−73,3	1,80	1,95	−28,9	10,92	10,62
−67,8	2,38	2,49	−23,3	12,82	12,74
−62,2	3,12	3,18	−17,8	15,04	15,02
−45,5	6,30	6,03	− 3,9	23,08	22,57
−34,4	9,22	8,90	»	»	»

Dans cette même année 1845, Faraday avait aussi relevé la tension de la vapeur de l'acide iodhydrique, mais seulement à trois températures très rapprochées, — 17°,8, 0°, 15°,6. Le nom illustre attaché à ces expériences nous a engagé à les examiner avec l'espoir d'en tirer quelque bénéfice, malgré qu'elles soient bien insuffisantes pour un contrôle un peu précis de la formule (1), d'autant plus que la pression critique de l'acide iodhydrique nous est encore inconnue, et que nous ne possédons qu'une seule détermination de la température critique (150°,7, Th. Estreicher, 1896). Toutefois on peut, avec ces données, calculer au moyen de la formule (1) la tension réduite Π de la vapeur de l'acide iodhydrique pour les trois températures ci-dessus indiquées. On trouve ainsi successivement

$$\Pi = 0,0195, \qquad \Pi = 0,0359, \qquad \Pi = 0,0579.$$

Et comme pour chacune de ces températures, Faraday nous a donné la tension P de la vapeur exprimée en atmosphères :

$$P = 2^{atm},09, \qquad P = 3^{atm},97 \qquad P = 5^{atm},85,$$

on peut déduire des trois valeurs de $\Pi = \dfrac{P}{P_c}$ trois valeurs de la pression critique P_c, qui devraient être sensiblement les mêmes; mais on trouve successivement

$$P_c = 107^{atm}, \qquad P_c = 110^{atm}, \qquad P_c = 101^{atm}.$$

Quoique ces valeurs diffèrent assez notablement, les différences ne dépassent cependant pas, dans les conditions assez défavorables où elles se manifestent, les limites permises pour nous autoriser à conclure des expériences de Faraday sur l'acide iodhydrique :

1° Que la pression critique de ce corps doit être assez voisine de 106^{atm} environ;

2° Que la tension de sa vapeur saturée est très vraisemblablement régie par la formule (1), tout aussi bien que la tension de la vapeur de l'acide chlorhydrique, du chlore et de l'oxyde de carbone : et que, dès lors, il existe au moins quatre corps diatomiques qui satisfont assez nettement à la loi sur les états correspondants.

M. Gaston Bonnier offre à l'Académie le Tome 29 de la *Revue générale de Botanique*, dont il est le directeur. Cette Revue a paru régulièrement tous les mois, pendant la guerre, et renferme des Mémoires originaux de savants français ou de pays alliés et neutres.

MÉMOIRES PRÉSENTÉS.

RÉSISTANCE DES MATÉRIAUX. — *Efforts développés dans les ponts en poutres droites, à deux voies, lorsqu'une seule voie est surchargée.* Note de M. **Bertrand de Fontviolant**. (Extrait, par l'auteur, d'un Mémoire renvoyè à la Section de Mécanique.)

Dans deux Communications précédentes ([1]), nous avons présenté une analyse sommaire d'une théorie nouvelle relative aux effets du vent sur les ponts en arcs et sur les ponts en poutres droites. Les principes fondamentaux de cette théorie s'appliquent également à la détermination des efforts développés dans les ponts en poutres droites à deux voies, par la surcharge, lorsque celle-ci est appliquée sur une seule voie.

Ces deux questions sont donc connexes. Elles sont traitées en détail dans le Mémoire que nous soumettons aujourd'hui à l'Académie.

En ce qui concerne la première, il n'y a pas lieu d'y revenir ici et nous nous bornerons à signaler que le Mémoire précité est accompagné de Tables numériques et graphiques que nous avons établies en vue de faciliter et d'abréger le calcul des ponts en poutres droites, à deux contreventements, avec entretoisements transversaux sur les appuis et dans le cours : ces Tables donnent, par de simples lectures et dans tous les cas qui peuvent se présenter, les valeurs des fonctions hyperboliques entrant dans les expressions des efforts développés par le vent dans les ponts de ce type, à une seule travée et à travées continues.

Quant aux efforts engendrés dans les ponts en poutres droites, à deux voies, lorsqu'une seule voie est surchargée, leur détermination n'offre rien de particulier en ce qui touche :

1° Les ponts à une seule travée ou à travées continues, comportant un seul contreventement et des entretoisements transversaux sur les appuis et dans le cours;

2° Les ponts à une seule travée, comportant deux contreventements et des entretoisements transversaux sur les appuis seulement.

([1]) Voir *Comptes rendus*, t. 166, 1918, p. 281 et 459.

Dans ces ponts, en effet, l'application de la surcharge sur une seule voie n'a d'autre conséquence que de produire, dans les deux poutres verticales du pont, des efforts inégaux qui se calculent par les procédés ordinaires de la résistance des matériaux.

Mais il n'en est pas de même dans les ouvrages des trois types suivants :

a. Ponts à travées continues, comportant deux contreventements et des entretoisements transversaux sur les appuis seulement;

b. Ponts à une seule travée et ponts à travées continues, comportant des entretoisements transversaux sur les appuis et dans le cours.

Nous montrons que, dans ces trois derniers types de ponts, lorsqu'une seule des deux voies supporte un train, c'est-à-dire lorsque la surcharge est excentrée par rapport à l'axe vertical de la section transversale du pont, il naît des efforts non seulement dans les deux poutres verticales du pont, mais encore dans les deux contreventements et dans les entretoisements transversaux; nous donnons les expressions de ces divers efforts.

Si, en même temps qu'une seule voie est surchargée, le pont est soumis à l'action d'un vent de 150 kg : m² (intensité maximum compatible avec la circulation des trains), les efforts résultant de l'excentricité de la surcharge et ceux dus au vent se superposent dans les divers éléments du pont, notamment dans les contreventements et dans les entretoisements transversaux. Or il existe toujours un sens d'action du vent pour lequel ces deux sortes d'efforts sont de même signe et, par suite, s'ajoutent arithmétiquement. *L'application de la surcharge sur une seule voie a donc une influence défavorable au point de vue de la résistance des contreventements et des entretoisements transversaux et, par conséquent, il y a lieu d'en tenir compte dans les calculs d'établissement des projets.*

Il en résulte que, de deux ponts, l'un à voie unique, l'autre à deux voies, rentrant dans l'un des trois derniers types précités, ayant des travées de même portée et offrant au vent les mêmes surfaces, le second devra être muni de contreventements et d'entretoisements transversaux plus robustes que le premier, à moins toutefois que, dans ces deux ponts, les surfaces exposées au vent ne soient telles que les efforts dans lesdits contreventements et entretoisements atteignent leurs plus grandes valeurs lorsque la construction seule est soumise à l'action d'un vent de 250 kg : cm² (intensité maximum admise, dans le cas où le pont ne supporte pas de train, par le « Règlement du Ministère des Travaux publics du 8 janvier 1915 sur le calcul des ponts métalliques »).

PLIS CACHETÉS.

M. Joseph Perez demande l'ouverture d'un pli cacheté reçu dans la séance du 29 janvier 1917 et inscrit sous le n° 8356.

Ce pli, ouvert en séance par M. le Président, contient une Note intitulée : *Sur certains développements en séries.*

(Renvoyée à l'examen de M. J. Hadamard.)

CORRESPONDANCE.

M. le Secrétaire perpétuel signale, parmi les pièces imprimées de la correspondance :

1° Une collection de *Bulletins* de l'Institut international d'Agriculture de Rome.

2° *Cours de Géométrie pure et appliquée de l'École Polytechnique*, par M. Maurice d'Ocagne. Tome II. (Présenté par M. Humbert.)

3° G. Lapie et A. Maige. *Flore forestière de l'Algérie.* (Présenté par M. G. Bonnier.)

HYDRAULIQUE. — *Conduites fermées aux deux extrémités. Accumulateurs et pare-chocs.* Note de M. Denis Eydoux, transmise par M. André Blondel.

Les conduites avec cheminées d'équilibre que j'ai précédemment étudiées (¹) fonctionnent, au point de vue des mouvements de l'eau, comme des conduites ouvertes aux deux extrémités.

Ce travail m'a conduit à envisager le cas des conduites entièrement fermées que l'on trouve dans les distributions d'énergie par eau sous pression.

(¹) *Comptes rendus.* t. 163, 1916, p. 346, et t. 166, 1918, p. 462.

I. Si, dans un tube fermé à un bout de longueur l et de vitesse de propagation a, on pousse à l'autre bout pendant un temps τ très court, inférieur à $\frac{2l}{a}$, un piston avec une vitesse v_0, on produit une onde de compression isolée $\frac{av_0}{g}$ qui se déplace avec réflexion sans changement de signe sur le fond et sur le piston. C'est, inversé, le phénomène de la dépression brusque indiqué par M. Camichel ([1]).

Ce n'est qu'après un certain temps, par suite de l'étalement des ondes, qu'il y a une compression uniforme égale à

$$\frac{a^2 v_0 \tau}{gl}.$$

II. Si le mouvement du piston continue avec la vitesse v_0, la pression, après les temps $0, \frac{2l}{a}, \frac{4l}{a}, \ldots$, est, près du piston, $\frac{av_0}{g}, \frac{3av_0}{g}, \frac{5av_0}{g}, \ldots$, et, près du fond, $0, \frac{2av_0}{g}, \frac{4av_0}{g}, \ldots$.

La moyenne à l'instant $\frac{2nl}{a}$ est $\left(2n + \frac{1}{2}\right)\frac{av_0}{g}$ correspondant, si n est grand, à ce que donnerait une compression se produisant de façon continue au lieu de se produire par ondes successives.

III. Si on lance le piston avec une vitesse v_0 et qu'on le lâche, les équations du mouvement, entre les époques

$$0 - \frac{2l}{a}, \quad \frac{2l}{a} - \frac{4l}{a}, \quad \ldots, \qquad 2(n-1)\frac{l}{a} - \frac{2nl}{a},$$

seront

$$v_0 \frac{dv_1}{dt} + av_1 = 0,$$

$$v_0 \frac{dv_2}{dt} + a(2v_1 + v_2) = 0,$$

$$\cdots\cdots\cdots\cdots\cdots\cdots\cdots\cdots,$$

$$v_0 \frac{dv_n}{dt} + a\left(2\sum_0^{n-1} v + v_n\right) = 0.$$

([1]) *Comptes rendus*, t. 161, 1915, p. 412.

On les intégrerait successivement en prenant pour valeur initiale de v_n la valeur de v_{n-1} à la fin de la période précédente.

La complication du calcul est très grande.

Si $\dfrac{2l}{a}$ est très petit et qu'on le prenne comme le temps élémentaire dt, l'équation générale pourra s'écrire sous la forme continue

$$y_0 \frac{dv}{dt} + \frac{a^2}{l} \int v\, dt = 0,$$

et se résoudra par

$$v = v_0 \cos \frac{a}{\sqrt{ly_0}} t \qquad \text{et} \qquad y = \frac{av_0}{g} \sqrt{\frac{y_0}{l}} \sin \frac{a}{\sqrt{ly_0}} t.$$

IV. *Accumulateurs.* — Les résultats précédents conduisent directement au cas d'un accumulateur actionnant une presse. Mais l'arrêt brusque de l'écoulement amène dans le liquide une compression initiale $\dfrac{av_0}{g}$. L'équation de compression devient

$$y_0 \frac{dv}{dt} + a\left(v_0 + \int_0^t v\, dt\right) = 0$$

et se résout par

$$v = v_0 \sqrt{1 + \frac{l}{y_0}} \cos\left[\frac{a}{\sqrt{ly_0}} t + \text{arc tang} \sqrt{\frac{l}{y_0}}\right];$$

le maximum de la surpression est $\dfrac{av_0}{g}\sqrt{1 + \dfrac{y_0}{l}}$ ou $\dfrac{av_0}{g}\sqrt{\dfrac{y_0}{l}}$, en négligeant 1 devant $\dfrac{y_0}{l}$.

Si l'accumulateur est à piston plongeur et si l'on tient compte de la capacité des canalisations et de la presse, a étant supposé le même partout, on est amené à remplacer l par une nouvelle quantité l_1 que j'appellerai *longueur virtuelle* et qui est définie par le quotient $\dfrac{\text{U}}{\text{S}}$, U étant le volume total du liquide au moment de l'arrêt de l'écoulement et S la section du piston de l'accumulateur.

La surpression sera inversement proportionnelle à $\sqrt{l_1}$.

V. *Pare-chocs.* — Le pare-chocs est un piston maintenu par des ressorts, se déplaçant dans un cylindre et engendrant par son déplacement un volume proportionnel à la surpression qui agit sur lui. Soit σ sa section et $k\sigma y$ le volume engendré par la surpression y. Si l'on pose $k\sigma = \dfrac{g\,S}{a^2}\lambda$, on trouve, si le pare-chocs est associé à un accumulateur, que le mouvement du piston de l'accumulateur est donné par l'équation

$$\frac{d^2v}{dt^2} + \frac{a^2}{y_0(l_1+\lambda)}\, v = 0$$

et le maximum de surpression est

$$\frac{a v_0}{g}\sqrt{\frac{y_0}{l_1+\lambda}}.$$

Il agit donc comme si la longueur virtuelle de l'accumulateur avait été augmentée de λ.

VI. La surpression est due à l'inertie du piston de l'accumulateur dont le poids par unité de surface est ϖy_0 pour faire équilibre à la pression statique. Il y aura avantage à diminuer ce poids par l'emploi d'une contre-pression aussi constante que possible obtenue avec un fluide très léger. C'est ce qu'on réalise aujourd'hui avec les multiplicateurs à vapeur.

VII. Il y a lieu de remarquer que le mouvement du piston précédemment défini est un mouvement de va-et-vient. C'est une véritable oscillation en masse dans laquelle l'eau joue le rôle d'un ressort se comprimant et se détendant en bloc. Il est perceptible à cause des très grandes surpressions auxquelles on arrive, et qui, en pratique, peuvent atteindre et dépasser la pression statique. Son amplitude est cependant très faible, à cause de la faible compressibilité de l'eau qui est à peu près égale à $0,5 \times 10^{-4}$ pour 10^m de hauteur d'eau, malgré les hautes pressions employées qui ne descendent pas au-dessous de 50 kg : cm^2 et arrivent couramment à 200 et 300 kg : cm^2.

HYDRAULIQUE. — *Sur la détermination des dimensions les plus avantageuses des principaux éléments d'une installation de force hydraulique*. Note de M. E. BATICLE, transmise par M. André Blondel.

L'équation donnant le débit maximum le plus favorable, à laquelle j'avais abouti, dans ma Note du 17 décembre 1917, n'est qu'approximative, en raison de certaines hypothèses un peu hasardées au point de vue théorique. J'indique ci-dessous comment mes formules peuvent être modifiées pour tenir compte de certaines objections qui m'ont été faites à ce sujet ([1]).

En premier lieu, la perte de charge qui doit figurer dans l'expression de la puissance moyenne, pour une conduite en charge, ne correspond pas à la moyenne des carrés des débits, suivant notre hypothèse, mais plus exactement à la moyenne des cubes des débits, car la perte de puissance instantanée est proportionnelle au produit de la perte de charge par le débit, c'est-à-dire proportionnelle au cube du débit. Il suffit, pour tenir compte de ce fait, de poser $Q_{m_2}^2 = \dfrac{Q_{m_3}^3}{Q_m}$, $Q_{m_3}^3$ étant la moyenne des cubes des débits.

En second lieu, j'avais implicitement considéré z comme sensiblement constant dans l'expression de $\dfrac{P}{N_m}$ tirée de deux premières conditions de minimum, et annulé la dérivée *partielle* de cette expression par rapport à Q_i. La condition de minimum s'obtient plus exactement en annulant la dérivée partielle de l'expression primitive de $\dfrac{P}{N_m}$. En prenant pour variables indépendantes d, d' et Q_i, on aura comme condition de minimum

$$\frac{P}{N_m} = \frac{\dfrac{\partial P}{\partial d}}{\dfrac{\partial N_m}{\partial d}} = \frac{\dfrac{\partial P}{\partial d'}}{\dfrac{\partial N_m}{\partial d'}} = \frac{\dfrac{\partial P}{\partial Q_i}}{\dfrac{\partial N_m}{\partial Q_i}}.$$

On trouve pour un canal à écoulement libre

$$\frac{P}{N_m} = \frac{\beta l d}{5.10 h_i Q_m} = \frac{\beta' l' d'}{5.10 h_m Q_m}$$

$$= \frac{\gamma.10 H}{10 H \dfrac{\partial Q_m}{\partial Q_i} - 10 h_i \left(\dfrac{\partial Q_m}{\partial Q_i} + 2\dfrac{Q_m}{Q_i} \right) - 10 h'_m \left(\dfrac{\partial Q_m}{\partial Q_i} + 2\dfrac{Q_m}{Q_{m_2}}\dfrac{\partial Q_{m_2}}{\partial Q_i} \right)}$$

$$= \frac{x + \gamma.10 H Q_i}{10 Q_m (H - 6 h_i - 6 h'_m)}.$$

Si nous posons $x = \dfrac{n}{365}$ nous aurons les relations

$$dQ_m = x\, dQ_i, \qquad dQ_{m_2} = x\, dQ_i^3 = 3 x Q_i^2\, dQ_i,$$

([1]) Par M. Tournayre, ingénieur des Arts et Manufactures.

et, d'autre part, en tenant compte de ce qu'on a $Q_{m_1}^2 = \dfrac{Q_{m_1}^3}{Q_m}$, on trouve

$$\frac{\partial Q_m}{\partial Q_i} + 2\,\frac{Q_m}{Q_{m_1}}\,\frac{\partial Q_{m_1}}{\partial Q_i} = 3\,x\,\frac{Q_i^2}{Q_{m_1}^2};$$

de sorte que

$$h'_m\left(\frac{\partial Q_m}{\partial Q_i} + 2\,\frac{Q_m}{Q_1}\,\frac{Q_{m_1}}{Q_i}\right) = 3\,x\,h'_i.$$

La relation donnant le débit maximum le plus favorable s'écrira finalement :

(3) $\alpha + \gamma.10\,H\,Q_i = \gamma.10\,H\,Q_m\,\dfrac{1}{x}\,\dfrac{H - 6z}{H - h_i\left(1 + \dfrac{2}{x}\dfrac{Q_m}{Q_i}\right) - 3\,h'_i}$ avec $z = h_i + h'_m.$

Dans le cas d'un canal en charge on aurait

(3′) $\alpha + \gamma.10\,H\,Q_i = \gamma.10\,H\,Q_m\,\dfrac{1}{x}\,\dfrac{H - 6z}{H - 6z_i}$ avec $z = h_m + h'_m$ et $z_i = h_i + h'_i.$

Les relations précédemment données pour le calcul de d et d' subsistent.

Pour résoudre (3) et (3′) on procédera par approximations successives en partant de $h_i = h_m = h'_i = h'_m = 0$, et l'on mènera, simultanément, les approximations successives du calcul de d et d'. Les h successifs permettent de construire les courbes approchées représentant les seconds membres de (3) et (3′) qui par leurs intersections avec la courbe $\alpha + \gamma.10\,H\,Q_i$ donnent les Q_i successifs.

CHIMIE ORGANIQUE. — *Nouvelle préparation des méthyltoluidines, par catalyse.*
Note de MM. Alphonse Mailhe et F. de Godon.

Dans une précédente Communication ([1]), nous avons montré qu'il était possible de préparer la monométhylaniline et la diméthylaniline, par le passage des vapeurs d'un mélange d'alcool méthylique et d'aniline sur de l'alumine, de la thorine ou de la zircone, chauffées à des températures pouvant varier de 350° à 450°, et qu'en particulier le premier de ces catalyseurs permettait d'obtenir vers 350°-400°, une transformation totale de

---

([1]) *Comptes rendus*, t. 166, 1918, p. 467.

l'aniline en un mélange de bases secondaire et tertiaire mixtes. Nous avons montré les avantages de ce nouveau procédé.

Nous l'avons appliqué à l'alcoylation directe par l'alcool méthylique, des homologues supérieurs de l'aniline, les toluidines.

On sait que les procédés chimiques actuellement connus pour effectuer cette alcoylation sont assez variés. C'est ainsi que la méthylorthotoluidine a été obtenue, soit en réduisant la nitrosométhyltoluidine avec le zinc et l'acide chlorhydrique (Nœlting), soit en chauffant à 200°-210° de l'orthotolylglycine (Abenius); le dérivé diméthylé a été préparé par distillation de l'hydrate de triméthyltoluidine (Thomsen-Nœlting). Les dérivés méthylé et diméthylé des métatoluidine et paratoluidine ont été obtenus par action de l'iodure de méthyle ou du chlorure de méthyle sur les toluidines correspondantes (Nœlting-Thomsen), etc. Toutes ces réactions exigent la préparation préalable de produits intermédiaires.

L'*orthotoluidine*, qui est un liquide bouillant à 197°, a été mélangée à un poids égal d'alcool méthylique. Les vapeurs de ce mélange ont été dirigées sur de l'alumine chauffée entre 350°-400°. A la sortie du tube à catalyse, nous avons recueilli un liquide qui s'est nettement séparé en deux couches. L'inférieure était formée d'un mélange d'eau et d'alcool ayant dissous un peu d'oxyde de méthyle, CH^3OCH^2, provenant de la déshydratation d'une petite quantité de méthanol. De ce mélange, il a été possible de récupérer au rectificateur Chenard une certaine quantité d'alcool. La couche supérieure, séparée de la précédente par simple décantation, a bouilli entre 183°-201°. Elle était constituée par un mélange d'orthotoluidines monométhylée et diméthylée. Toute la toluidine a été transformée du premier coup, car le liquide rectifié ne donnait pas de combinaison cristallisée avec l'acide sulfurique étendu.

En reprenant ce mélange, formé en majeure partie de diméthylorthotoluidine, et le passant de nouveau sur le catalyseur, en même temps que de l'alcool méthylique, nous avons obtenu un liquide bouillant entièrement entre 183°-186°, constitué à peu près exclusivement par la base diméthylée. Cette opération a permis de transformer la monométhyltoluidine en diméthyltoluidine.

Dans les mêmes conditions de réaction, la *métatoluidine*, mélangée avec son poids d'alcool méthylique, a fourni également un mélange de métaméthyltoluidine et de métadiméthyltoluidine, se séparant instantanément de l'eau-alcool et pouvant, par suite, être rectifié immédiatement. Toute la métatoluidine a été transformée dans un premier passage des vapeurs sur le catalyseur.

La *paratoluidine*, qui fond à 45° et bout à 198°, a été dissoute dans deux fois son poids d'alcool méthylique pour éviter sa cristallisation. Le liquide homogène a été dirigé en vapeurs sur de l'alumine chauffée entre 350°-380°. Après la catalyse, le liquide s'est séparé en eau-alcool d'une part, et d'autre part en bases, qui par distillation ont fourni exclusivement un mélange de paratoluidines monométhylée et diméthylée, bouillant à 208°.

Dans toutes ces réactions, on constate la formation d'une certaine quantité d'oxyde de méthyle dû à la déshydratation du méthanol. On reconnaît la bonne marche de la réaction au faible dégagement de ce corps. Nos moyens de chauffage n'étant pas d'une régularité parfaite, nous avons pu contrôler la bonne température par le gaz qui se dégageait très lentement. Nous avons essayé de faire un rendement en partant de l'orthotoluidine. 100^g de cette base ont été mélangés avec 100^g de méthanol. Après séparation de l'eau-alcool nous avons obtenu par rectification 117^g de liquide distillant de 183° à 203°, formé d'un mélange de diméthyltoluidine et de méthyltoluidine sans aucune trace de la base primitive. Or le rendement théorique pour la base tertiaire est de 126^g et pour la base secondaire de 113^g. Il y a eu dans cette expérience formation de ces deux bases en parties sensiblement identiques.

On voit que notre nouvelle méthode de méthylation s'applique aux toluidines avec autant de facilité qu'à l'aniline. Elle a lieu suivant les réactions :

$$C^6H^4\Big<{NH^2 \atop CH^3} + CH^3OH = H^2O + C^6H^4\Big<{NH(CH^3) \atop CH^3},$$

$$C^6H^4\Big<{NH^2 \atop CH^3} + 2CH^3OH = 2H^2O + C^6H^4\Big<{N(CH^3)^2 \atop CH^3}.$$

GÉOPHYSIQUE. — *Reproduction expérimentale de la formation des grandes chaînes de montagnes, avec surrection de géosynclinaux, nappes de charriage et plissements.* Note [1] de MM. EMILE BELOT et CHARLES GORCEIX, présentée par M. Pierre Termier.

Jusqu'ici aucune explication mécanique adéquate n'a pu rendre compte de la formation très complexe des grandes chaînes de montagnes ni des poussées tangentielles reconnues par la Géologie. Si elles peuvent produire

[1] Séance du 2 avril 1918.

des plissements, elles semblent incapables de faire surgir le fond des géo-synclinaux et cheminer près de la surface des nappes venant des couches profondes. Dans des Notes antérieures([1]) l'un de nous a exposé une théorie complète de géogenèse où il démontre : 1° la précipitation sur le noyau anhydre de la Terre, dans la région de l'Antarctide, du formidable déluge primitif qui a transporté du Sud vers le Nord les matériaux arrachés au noyau, en les empilant dans les soubassements profonds des continents et leur faisant subir une lithogenèse activée par l'eau saturée de sels alcalins, sous pression et à haute température (300°); 2° l'approche et la précipi-tation successives, au cours des périodes géologiques, de trois anneaux satellitaires ayant apporté dans la région équatoriale, avec leur matière, un accroissement de la vitesse de rotation et, par suite, celui du renflement équatorial.

Aux causes déjà indiquées dans ces Notes produisant des étranglements dans la pyrosphère, il faut ajouter les plissements dus à la transmission *par l'extérieur* de l'augmentation de la vitesse de rotation à la lithosphère, puis au magma visqueux de la pyrosphère et finalement à la barysphère. Ces effets généralement mal connus, dépendant de l'hydrodynamique des vis-queux, pourront donner lieu à des expériences spéciales; mais c'est l'effet de la circulation du magma visqueux descendant du Nord pour remplir le renflement équatorial et rencontrant l'obstacle formé par les plissements profonds, et donnant lieu à une surpression en amont, que nous avons soumis aux expériences assez concluantes dont le principe est le suivant.

Nous avons cherché à opérer à une échelle déterminée (environ 1 mil-lionième) avec des couches d'argile plus ou moins mélangée de sable, d'eau, de papier, etc., réalisant ainsi des empilages de 100 couches diffé-rentes sur 30^{mm} d'épaisseur pour représenter les terrains sédimentaires de résistance et d'épaisseurs diverses.

Dans l'équation de résistance liant la longueur l d'une couche à son épaisseur h,

$$h = k \frac{p}{R} l^2$$

(p poids de l'unité de longueur, R coefficient de résistance), on peut toujours, en réduisant à l'échelle h et l, compenser les écarts entre les

([1]) E. BELOT, *Comptes rendus*, t. 158, 1914, p. 647; t. 159, 1914, p. 89; t. 164, 1917, p. 188.

valeurs de R dans l'écorce et dans les expériences par une surcharge π
s'ajoutant à *p* et obtenue au moyen de poids supplémentaires sur la surface
supérieure.

Le détail des expériences sera donné dans une autre publication ; les
figures 2 et 3 représentent exactement, au trait, des photographies qui
auraient donné lieu à des difficultés de tirage et qui sont choisies parmi les
plus typiques.

Les appareils consistent en une boîte solide à section rectangulaire B,

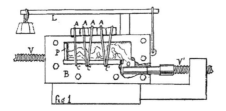

fig 1.

avec une face verticale constituée en partie par une forte glace (*fig.* 1).
Dans les parois verticales opposées débouchent les têtes de deux vis V, V′,
pouvant agir séparément ou simultanément et être ou non munies de
pistons à face verticale tels que P. La surpression π est transmise aux
couches placées dans la boîte par l'intermédiaire de sciure de bois sur

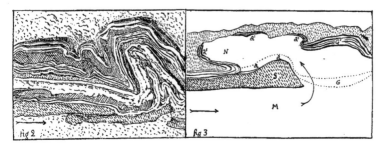

fig 2.   fig 3.

laquelle appuient des prismes de bois A par l'action de caoutchoucs C et de
leviers L munis de contrepoids. Pour l'étude des plissements, les vis sont

pourvues de têtes formant pistons. La figure 2 montre un des nombreux effets de compression sur un complexe de couches variées réduites aux $\frac{3}{5}$ de leur longueur primitive : on y retrouve beaucoup de formes connues ayant servi à établir quelques lois générales déjà acquises.

Pour l'étude des nappes, une seule des vis V' est employée à comprimer dans le fond de la boîte des boudins d'argile O introduits successivement et représentant la circulation du magma visqueux. La figure 3 a été obtenue en partant de couches plastiques aa recouvrant une masse solide S (massif d'ancienne consolidation) et d'un géosynclinal G formé également de couches plastiques (traits pointillés). Celui-ci a été soulevé en G' par le magma interne M qui, contournant l'obstacle S, a formé une nappe N; celle-ci a plissé, étiré, disloqué et charrié les couches en $a'a'$.

Ainsi la figure 3 peut représenter schématiquement une coupe SE-NW des Alpes passant par le Mont Blanc et les Préalpes de Savoie. Le géosynclinal secondaire s'est transformé en anticlinal, une nappe a franchi le massif hercynien, rabattant les couches crétacées et tertiaires sur son passage en les refoulant et les charriant. On conçoit que d'autres plissements (Préalpes, Salève, Jura) auraient pu être produits par la pression horizontale de la nappe.

En résumé, le déplacement du magma visqueux qui est invoqué dans la théorie de géogenèse émise par l'un de nous met en jeu des forces capables de produire par poussée tangentielle à la partie interne des couches, aussi bien dans la Nature que dans nos expériences, des plissements, surrection de géosynclinaux et charriages de nappes, qui sont constatés dans le soulèvement des chaînes de montagnes.

PARASITOLOGIE. — Caulleryella anophelis, *n. sp.*, *Schizogrégarine parasite des larves d'*Anopheles bifurcatus *L.* Note de M. EDMOND HESSE, présentée par M. A. Laveran.

Les larves d'*Anopheles bifurcatus* L. sont abondantes durant tout l'hiver dans le Dauphiné, notamment, ainsi que l'ont montré Léger et Mouriquand ([1]) dans les gîtes de fond de vallée alimentés par des sources. En

_____

([1]) L. LÉGER et G. MOURIQUAND, *Sur l'hibernation des Anophèles en Dauphiné* (*Progrès médical*, n° 49, 8 décembre 1917).

examinant quelques-unes de ces larves recueillies aux environs immédiats
de Grenoble en janvier dernier, j'ai observé dans leur intestin une Schizogrégarine nouvelle, suffisamment voisine de *Caulleryella aphiochœtœ*
Keilin (¹) pour la faire rentrer dans le même genre, à condition toutefois
d'élargir légèrement la diagnose comme nous le proposons plus loin.

Je désignerai sous le nom de *Caulleryella anophelis*, n. sp. cette espèce que
j'ai rencontrée dans 15 pour 100 des larves examinées.

Le parasite est répandu sur toute la longueur de l'intestin moyen entre
l'épithélium et la membrane péritrophique où l'on rencontre en même temps
schizontes, schizozoïtes, gamontes et kystes à spores mûres. Je décrirai successivement ces divers stades.

Schizonte et schizogonie. — Le schizonte adulte est globuleux avec l'extrémité
antérieure conique qui s'enfonce profondément dans l'épithélium intestinal. Les
dimensions varient de 25$^\mu$ × 20$^\mu$ à 30$^\mu$ × 25$^\mu$; l'épimérite atteignant environ le tiers
de la longueur totale. Le cytoplasme finement granuleux est souvent vacuolaire dans
la région antérieure épiméritique. Le noyau sphérique, et logé dans la région postérieure du corps, renferme un gros karyosome globuleux entouré par une zone claire;
de fines granulations chromatiques sont disséminées dans la zone périphérique; la
membrane nucléaire est peu colorable.

C'est seulement lorsque le schizonte a atteint sa taille définitive que se produit la
schizogonie. Le cytoplasme laissant l'épimérite complètement vide se condense dans
l'extrémité postérieure et se couvre d'une mince pellicule, c'est alors qu'a lieu la multiplication nucléaire qui donne une vingtaine de noyaux. Ces noyaux s'ordonnent en
un cercle périphérique et s'entourent de cytoplasme pour former autant de schizozoïtes disposés en barillet autour d'un reliquat protoplasmique central sphérique.

Le schizozoïte fusiforme possède un noyau vésiculeux, pourvu d'un gros karyosome
central entouré par une zone claire, et d'un petit grain chromatique accolé à la membrane nucléaire, peu colorable.

Gamonte et sporogonie. — Les gamontes, en général plus volumineux que les schizontes, atteignent jusqu'à 35$^\mu$ sur 30$^\mu$. Leur forme est semblable à celle des schizontes;
mais leur cytoplasme est rempli d'inclusions assez volumineuses qui se colorent fortement par l'hématoxyline ferrique et retiennent ce colorant presque aussi énergiquement que la chromatine du noyau. Celui-ci a même aspect que celui des schizontes,
les grains chromatiques sont cependant un peu plus nombreux dans son intérieur.

(¹) D. KEILIN, *Une nouvelle Schizogrégarine*, Caulleryella aphiochætæ, *n. g. n. sp.*,
parasite intestinal d'une larve d'un Diptère cyclorhaphe (Aphiochæta rufipes *Meig.*)
(*C. R. Soc. Biol.*, t. 76, séance du 9 mai 1914, p. 768).

Lorsque le gamonte a atteint l'état adulte, le cytoplasme de l'épimérite se vacuolise et l'épimérite se détache du parasite qui est alors presque sphérique, présentant seulement une petite dépression cupuliforme à son pôle antérieur.

Deux gamontes s'accolent, se dépriment réciproquement et s'entourent d'une fine membrane. Le kyste ainsi formé est légèrement ovoïde et de volume variable. Les plus petits kystes que j'ai observés mesuraient 24^μ sur 23^μ et les plus grands 32^μ sur 30^μ; ces derniers renferment un plus grand nombre de sporocystes. Le karyosome n'est pas émis dans le cytoplasme avant l'accouplement comme chez *Caulleryella aphiochœtœ* Keilin, mais seulement au moment de la première division mitotique.

Chaque gamonte donne de 8 à 11 gamètes globuleux, et un reliquat cytoplasmique plurinucléé qui se dispose à la périphérie du kyste en une couche plus ou moins régulière, laissant au centre une cavité où les gamètes sont libres. Ceux-ci se conjuguent deux à deux et donnent 8 à 11 copulas qui s'entourent d'une très mince membrane et deviennent les sporocystes subsphériques de $12^\mu,5$ sur 11^μ. Dans ceux-ci il se forme 8 sporozoïtes disposés comme les quartiers d'une orange. Souvent le sporocyste est nu, de sorte que les sporozoïtes sont libres dans le kyste.

Le sporozoïte a la forme d'un fuseau étroit de 8^μ de long sur 2^μ d'épaisseur. Dans son cytoplasme finement granuleux, on observe vers le milieu du corps un noyau à deux grains chromatiques placés à deux pôles opposés, accolés à la membrane nucléaire et dont l'un est très volumineux, l'autre réduit à un petit grain.

La déhiscence du kyste peut se produire dans l'intestin de l'hôte même où il s'est formé ; on trouve en effet de nombreux sporozoïtes libres à côté de kystes mûrs et de grégarines à tous les stades de développement. Ces sporozoïtes présentent de bonne heure à leur pôle antérieur une petite vacuole claire qui est l'origine de l'épimérite. L'un des grains nucléaires grossit, prend une position centrale et devient le karyosome de l'adulte; l'autre reste petit, accolé à la membrane et demeure longtemps visible, puis on n'arrive plus à le distinguer des autres granulations de chromatine qui apparaissent dans le noyau.

En résumé, le genre *Caulleryella* et ses deux espèces sont caractérisés comme il suit :

Genre *Caulleryella* Keilin. — Schizogrégarine intestinale extra-cellulaire ayant un pôle conique et l'autre arrondi, à schizogonie en forme de barillet et à kystes oligosporés : deux espèces.

Caulleryella aphiochœtœ Keilin. — Taille, 22^μ. Schizonte donnant 16 schizozoïtes. Kystes sphériques donnant 8 sporocystes ovoïdes. Intestin des larves d'*Aphiochœta rufipes* Meig. (Environs de Paris.)

Caulleryella anophelis, n. sp. — Taille, 35$^{\mu}$. Schizonte donnant au moins 20 schizozoïtes. Kystes ovoïdes donnant 8 à 11 sporocystes presque sphériques, à paroi très frêle parfois nulle. Intestin des larves d'*Anopheles bifurcatus* L. (Environs de Grenoble.)

BACTÉRIOLOGIE. — *Le bacille paratyphique équin.* Note de M. **Raoul Combes**, présentée par M. Gaston Bonnier.

Je vais indiquer les principaux résultats que j'ai obtenus dans l'étude du bacille mobile isolé des chevaux ou des mulets atteints d'affections typhoïdes [1], dénommé bacille I dans mes précédentes Notes, et que j'appellerai *bacille paratyphique équin*.

Les caractères qui vont être indiqués ci-dessous ont été constatés sur les 58 bacilles isolés jusqu'à maintenant. Ils ont ensuite été vérifiés dans une étude d'ensemble comparative portant sur 27 de ces bacilles, ainsi que sur 4 races de bacille paratyphique A humain et sur 4 races de bacille paratyphique B humain.

Les caractères morphologiques et de coloration du bacille paratyphique équin sont semblables à ceux des bacilles paratyphiques humains.

Les caractères des cultures en bouillon, en eau peptonée, sur gélose et gélatine sont également semblables.

Comme tous les représentants du groupe bacilles d'Éberth-Coli, le bacille paratyphique équin se développe à la température de 42° en bouillon phéniqué à 1 pour 1000.

En lait, pas de coagulation, mais *éclaircissement et brunissement* après 6 à 8 jours de culture. *En lait tournesolé, virage au rose après* 14 *à* 16 *heures, coloration bleue de la crème après* 2 *ou* 3 *jours, décoloration du milieu devenant complète le* 4e *ou le* 5e *jour* (ne se produit pas avec certaines races, la coloration passant alors directement du rose au violet puis au bleu), *recoloration en violet bleu du* 5e *au* 11e *jour*. Dans le Tableau suivant, les chiffres représentent les nombres de jours après lesquels les réactions se produisent (coloration bleue de la crème, acidification, décoloration puis alcalinisation du lait).

---

[1] Raoul Combes, *Comptes rendus de la Société de Biologie*, 8 décembre 1917, 26 janvier et 23 mars 1918.

CARACTÈRES BIOLOGIQUES COMPARÉS DU BACILLE PARATYPHIQUE ÉQUIN
ET DES BACILLES PARATYPHIQUES A ET B HUMAINS.

N°.	Lait tournesolé.				Culture en gélose vaccinée. Bacilles			Virage du rouge neutre.	Gélose au plomb.	au nitro-pruss.
	Crème.	Acidif.	Décol.	Alcal.	équin.	B.	A.			
1 (plèvre)....	2	2/3	4	10	—	—	+	+	—	2
2 (sang).....	2	2/3	4	10	—	—	+	+	—	3
3 (garrot)....	3	2/3	4	10	—	—	+	+	—	3
4 (synovie)...	2	2/3	4	11	—	—	+	+	—	1
5 (nuque)....	3	2/3	5	7	—	—	+	+	—	3
6 (plèvre)....	2	2/3	4	7	—	—	+	+	—	3
7 (plèvre)....	2	2/3	5	9	—	—	+	+	—	2
8 (plèvre)....	2	2/3	5	7	—	—	+	+	—	1
9 (plèvre)....	2	2/3	5	6	—	—	+	+	—	3
10 (synovie)...	2	2/3	4	8	—	—	+	+	—	2
11 (plèvre)....	2	2/3	5	7	—	—	+	+	—	2
12 (plèvre)....	2	2/3	—	5	—	—	+	+	—	2
13 (garrot)....	2	2/3	4	10	—	—	+	+	—	1
14 (synovie)...	2	2/3	4	7	—	—	+	+	—	2
15 (rate)......	3	2/3	5	8	—	—	+	+	—	3
16 (plèvre)....	2	2/3	5	6	—	—	+	+	—	1
17 (rate)......	2	1	5	10	—	—	+	+	—	3
18 (plèvre)....	2	2/3	5	7	—	—	+	+	—	1
19 (péricarde).	2	2/3	—	6	—	—	+	+	—	2
20 (péricarde).	2	2/3	5	11	—	—	+	+	—	2
21 (péricarde).	2	2/3	4	10	—	—	+	+	—	3
22 (garrot)....	2	2/3	5	9	—	—	+	+	—	3
23 (synovie)...	3	2/3	—	10	—	—	+	+	—	3
24 (garrot)....	2	1	4	7	—	—	+	+	—	2
25 (garrot)....	2	2/3	4	10	—	—	+	+	—	2
26 (plèvre)....	2	2/3	4	10	—	—	+	+	—	3
27 (plèvre)....	2	2/3	4	10	—	—	+	+	—	1

Bacille paratyphique équin.

CARACTÈRES BIOLOGIQUES COMPARÉS DU BACILLE PARATYPHIQUE ÉQUIN
ET DES BACILLES PARATYPHIQUES A ET B HUMAINS (*suite*).

N°.	Lait tournesolé.				Culture en gélose vaccinée. Bacilles			Virage du rouge neutre.	Gélose au plomb.	au nitro-pruss.
	Crème.	Acidif.	Décol.	Alcal.	équin.	B.	A.			

Bacille paratyphique B humain.

N°.	Crème.	Acidif.	Décol.	Alcal.	équin.	B.	A.	Virage	au plomb.	nitro-pruss.
1 (sang).....	I	I	2	10	+	—	+	+	+	3
2 »	I	$\frac{2}{3}$	2	11	+	—	+	+	+	3
3 »	I	$\frac{2}{3}$	2	10	+	—	+	+	+	2
4 »	I	$\frac{2}{3}$	4	11	+	—	+	+	+	3

Bacille paratyphique A humain.

N°.	Crème.	Acidif.	Décol.	Alcal.	équin.	B.	A.	Virage	au plomb.	nitro-pruss.
1 (sang).....	—	I	—	—	—	—	—	+	—	1
2 »	—	I	—	—	—	—	—	+	—	1
3 »	—	I	—	—	—	—	—	+	—	1
4 »	—	I	—	—	—	—	—	+	—	2

Il fait fermenter le glucose, le maltose, le galactose, la mannite, avec
production d'acides et de gaz; cultivé en bouillon lactosé ou saccharosé
additionné de tournesol, il ne détermine aucun virage ni aucun dégagement gazeux. Provoque la décoloration et la fluorescence de la gélose
glucosée au rouge neutre. Ne produit pas d'indol. *Aucun des 58 bacilles
paratyphiques équins isolés ne noircit la gélose au sous-acétate de plomb;* c'est
là un caractère tout à fait constant qui différencie le bacille équin du
bacille paratyphique B humain dont il se rapproche par la plupart de ses
autres caractères. La culture en gélose additionnée de nitro-prussiate de
sodium ne donne pas de résultats concluants. Les chiffres présentés dans le
Tableau précédent indiquent, pour la gélose au nitro-prussiate de sodium,
l'intensité de la coloration verte le cinquième jour après l'ensemencement
(1, faible teinte verte; 2, coloration verte assez intense; 3, coloration verte
très intense).

Sur gélose vaccinée contre le bacille paratyphique équin, le bacille paraty-

phique B *se développe, tandis que le bacille équin et le bacille paratyphique* A *ne se développent pas.* Sur gélose vaccinée contre le bacille paratyphique B, aucune des trois bactéries ne se développe. *Sur gélose vaccinée contre le bacille paratyphique* A, *le bacille équin et le bacille paratyphique* B *se développent, tandis que le bacille paratyphique* A *ne pousse pas.* La culture en milieux vaccinés fournit donc un autre caractère différentiel entre le bacille équin et les bacilles humains.

Le bacille équin résiste à un chauffage de 10 minutes à la température de 54°; certaines races sont tuées à 56°; toutes meurent après un chauffage de 10 minutes à 58°.

Le bacille paratyphique équin est pathogène pour le cobaye et le lapin.

En résumé, l'ensemble des caractères dont il vient d'être question permet de classer le bacille mobile isolé des chevaux atteints d'affections typhoïdes dans le groupe des bacilles paratyphiques. Les caractères des cultures en lait, lait tournesolé, sur gélose vaccinée contre le bacille paratyphique A, différencient le bacille paratyphique équin du bacille paratyphique A ; les caractères des cultures sur gélose au sous-acétate de plomb et sur gélose vaccinée contre le bacille équin le différencient du bacille paratyphique B.

BIOLOGIE. — *Sur la précipitation d'un colloïde organique par le sérum humain, normal ou syphilitique.* Note de M. **Arthur Vernes**, présentée par M. Roux.

Les tissus les plus variés fournissent des produits solubles dans l'alcool et qui donnent par simple dilution dans l'eau des suspensions colloïdales dont l'état physique peut être bien réglé. Depuis le foie, le cœur ou le muscle en général, et si l'on excepte certains tissus fibro-vasculaires, la liste des organes qui en contiennent semble illimitée; il y en a jusque dans le grain de blé ou la moule. Voici comment on utilise le cœur de cheval :

Prendre un cœur *frais.* Hacher ce qui est *muscle;* mettre le hachis dans l'alcool absolu et laisser en contact 1 heure en agitant de temps en temps; exprimer, mettre en couche mince et dessécher à 37°. Broyer finement au moulin. Épuiser à l'appareil de Soxhlet 30^g de cette poudre (mêlée à 60^g de sable lavé et épuisé à l'alcool) avec 250$^{cm^3}$ de perchlorure d'éthylène (distillé entre 115° et 121°) et dans les conditions suivantes : le ballon qui contient le perchlorure est chauffé au bain-marie ; la douille de l'appareil est surmontée d'un réfrigérant de Vigreux relié à une pompe à vide (boucher au liège, luter à la paraffine, etc.). Distiller le perchlorure sans dépasser 35° et de façon à produire 40 siphonnements en 6 heures et demie (bain-marie 60° à 65°, pression 4^{cm}). Sécher la poudre ainsi traitée à 37°, puis l'épuiser de nouveau à l'appareil de Soxhlet avec 200$^{cm^3}$ d'alcool absolu, dans les conditions suivantes : distiller au bain-marie sans dépasser 30° et de façon à avoir 30 siphonnements en 5 heures (bain-marie 60°-65°, pression 5^{cm} à 6^{cm} de mercure). Recueillir le liquide du ballon ; laisser reposer 24 heures, filtrer sur papier. Déterminer l'extrait sec en portant 10$^{cm^3}$ du liquide à 60° pendant 8 à 9 heures jusqu'à poids constant. Ramener au titre de 15^g d'extrait sec par litre, soit par addition d'alcool, soit par évaporation dans le vide au-dessous de 30° C.

Quel que soit le cœur de cheval, on obtient ainsi une solution alcoolique constante qu'on appellera P ou *Péréthynol*. Sa dilution aqueuse donne des suspensions de granules dont on règle la grosseur par le mode de dilution et par l'adjonction d'un électrolyte.

1° DILUTION. — *Variété* A. Mettre l'eau dans une fiole d'Ehrlenmeyer et P dans une burette à robinet. Laisser tomber P goutte à goutte la fiole d'eau de façon à produire un vif mouvement de rotation du liquide et en réglant le robinet de la burette pour qu'une goutte ait le temps d'être uniformément répartie dans l'eau avant l'introduction de la goutte suivante, et ainsi jusqu'à la dernière goutte de P. Les granules sont au-dessous de la limite de visibilité ultra-microscopique (à l'ultra-condensateur de Leitz Jentzsch) et la suspension est presque *limpide*. — *Variété* B. Verser l'eau goutte à goutte dans la fiole contenant P, en agitant fortement. Il y a opalescence progressive. Lorsque celle-ci a atteint son maximum, on peut accélérer l'introduction de l'eau. On a une suspension *laiteuse* (à gros granules)(¹). — *Variétés intermédiaires*. On obtient des suspensions intermédiaires en modifiant les conditions de mélange (ordre de répartition, vitesse, forme du récipient, etc.). Une échelle d'opalescence permet de faire un étalonnage.

2° ÉLECTROLYTE. — L'électrolyte a une action sur la grosseur du grain d'une suspension, qui dépend de la *quantité*, de la *nature* et du *mode d'introduction de l'électrolyte* ($NaCl$, $CaCl_2$, $CeCl_3$, $SnCl_4$, etc.). — *Quantité et nature*. Recevoir P dans des solutions d'électrolyte à doses croissantes. Rapporter l'opalescence à une

---

(¹) Elle contient aussi des grains fins. Si l'on centrifuge à 5000 tours par minute (centrifugeuse de Jouan n° 2), au bout de 45 minutes on a obtenu un culot qui représente le tiers en poids de la substance organique mise en suspension. Au delà de ce temps, la sédimentation est très ralentie et les culots recueillis de demi-heure en demi-heure sont insignifiants.

échelle diaphanométrique. Voici le tracé (*fig.* 1) du phénomène périodique observé.
— *Mode d'introduction.* On dissout l'électrolyte dans l'eau avant de mettre P en suspension A. (Si l'on introduisait l'électrolyte autrement, par exemple après avoir fait
une suspension de P dans l'eau distillée, les granules de P ne seraient plus dans l'état
physique voulu.)

Avec des solutions chlorurées (NaCl) à titre croissant, préparer une
série de suspensions A, y ajouter des sérums normaux ou syphilitiques.
Les résultats obtenus pour un nombre considérable d'échantillons de sérums
se trouvent résumés sur la figure 2; à gauche, il y a floculation pour tous les

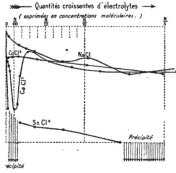

. — Préparation des suspensions de péréthynol
à $\frac{1}{6,5}$ avec différents électrolytes.

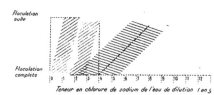

Fig. 2. — Floculation du sérum syphilitique et du sérum
avec le péréthynol dilué dans l'eau chlorurée à titre cr

Sérum normal...................		
Sérum syphilitique..............	▬.▬.▬.▬.	
Sérum chauffé 20 minutes à 55°...	0$^{cm^3}$,2	par
Suspension de péréthynol à $\frac{1}{6,5}$..	0$^{cm^3}$,8	tube

Le trait plein correspond au tracé moyen pour un sérum
et le trait pointillé au sérum syphilitique. Les zones ombı
quent les écarts possibles.

sérums (normaux et syphilitiques). A droite, aucun sérum ne précipite. Il
y a une zone intermédiaire de différenciation.

Le maximum de différenciation pour les proportions indiquées est obtenu
en faisant la suspension A dans de l'eau salée de 3,5 à 4 pour 1000 de NaCl.
Il est visible que pour la suspension A dans l'eau à 4 pour 1000, *le sérum
syphilitique donne une floculation à un moment où le sérum normal n'en donne
pas.* Cette floculation présente des degrés, depuis une fine granulation visible
sur fond noir jusqu'à la formation de flocons sédimentés. Ces degrés seront
mesurés dans une expérience complémentaire.

Les sérums non chauffés ou vieillis allongent la zone commune de floculabilité.
Victor Henri, le premier (*Semaine médicale,* septembre 1907), a vu à l'ultra-micro-

scope apparaître à 55° de gros granules qui se forment aux dépens de granules plus petits. Il faut employer le sérum ainsi modifié dans son état physique par un chauffage de 20 minutes à 55°, ce qui diminue la floculation pour tous les sérums, mais en *réduisant l'étendue de la zone commune de floculation* pour donner une marge de différenciation suffisante. L'expérience est très sensible aux variations de température. Pour la préparation de la suspension A, réactifs et matériel doivent être à la même température, et il faut éviter les changements de température d'un bout à l'autre de l'expérience. T. optima : 15° à 20° pour lire les résultats dans les deuxièmes 24 heures.

CONCLUSIONS. — Il y a une floculation périodique des suspensions fines en présence du sérum humain. Ce phénomène, décrit pour les suspensions minérales ([1]), en faisant varier les quantités de sérum à l'égard de l'oxyde de fer, se retrouve avec les suspensions organiques, en faisant varier l'état physique de la suspension.

Il est possible de régler l'état d'une suspension colloïdale pour qu'elle flocule avec le sérum syphilitique et qu'elle ne flocule pas avec le sérum normal.

BIOLOGIE. — *Sur la synthèse de la luciférine.* Note de M. **RAPHAEL DUBOIS**, présentée par M. Henneguy.

On sait que le phénomène de la biophotogenèse peut être reproduit *in vitro* par le conflit, en présence de l'eau et de l'oxygène de l'air, de deux substances détruites par la chaleur auxquelles j'ai respectivement donné les noms de *luciférase* et de *luciférine* ([2]).

D'autre part, j'ai démontré que la luciférine se forme par l'action d'un corps détruit par la chaleur sur une substance résistant à la chaleur; j'ai désigné la première sous le nom de *coluciférase* et la seconde sous la dénomination provisoire de *préluciférine* ([3]).

On peut facilement isoler ces deux corps de la façon suivante : on fait sécher à l'air libre et sec des siphons de Pholade dactyle fendus et étalés sur des briques poreuses; on les coupe en menus fragments et on les fait macérer pendant 4 jours dans l'alcool à 75°, en agitant de temps en temps.

La macération alcoolique est séparée par filtration, les fragments sont

---

([1]) *Comptes rendus*, t. 165, 1917, p. 769.

([2]) Voir *Comptes rendus*, t. 165, 1917, p. 33.

([3]) Voir *Comptes rendus de la Société de Biologie*, séance du 22 décembre 1917.

lavés à l'alcool puis séchés à l'air libre. Ces derniers sont ensuite étalés dans une cuvette à fond plat et recouverts d'une couche d'eau assez mince pour permettre la destruction rapide par oxydation de la luciférine encore contenue dans les fragments.

Quand, au bout de quelques heures, toute luminosité a cessé, on s'assure que le liquide aqueux (A) ne renferme plus de luciférine par l'addition d'un *minuscule* cristal de permanganate de potassium, et qu'il ne donne aucune lumière par addition de luciférine.

La liqueur alcoolique est évaporée au bain-marie jusqu'à ce qu'elle ne contienne plus trace d'alcool : on filtre sur papier mouillé (B).

Le liquide filtré B ne donne aucune lumière par le permanganate de potassium, ni par l'addition de luciférine. Mais, si on laisse en contact A et B pendant 8 à 10 heures, on constate qu'au bout de ce temps il s'est formé dans le mélange de la luciférine décelable par le permanganate de potassium ([1]).

A contient la coluciférase et B une substance cristallisable présentant tous les caractères cristallographiques, physiques, chimiques, cryoscopiques de la *taurine*.

La taurine pure en dissolution dans l'eau ne donne aucune lumière avec le permanganate de potassium. Au contraire, laissée plusieurs heures en contact avec la coluciférase, elle donne une belle lumière avec le permanganate de potassium.

La taurine est la substance qui donne naissance à la luciférine dans la Pholade dactyle : elle en est la préluciférine. La taurine n'est pas le seul corps qui fournisse de la luciférine par l'action de la coluciférase. J'ai obtenu le même résultat que ci-dessus avec la peptone de Byla, avec la lécithine d'œuf et même avec l'esculine. Cette dernière réaction surtout écarterait l'hypothèse que le soufre de la taurine est pour quelque chose dans la réaction biophotogénique, comme auraient pu le faire supposer les belles recherches de M. Delépine ([2]).

En raison principalement de son action sur l'esculine, la coluciférase paraît appartenir à la classe des hydrolates.

([1]) On ne doit pas se servir de solution de permanganate de potassium, mais d'un *minuscule* cristal qui, par sa dissolution lente, progressive, évite l'action trop brusque de l'oxydation, laquelle pourrait alors se faire sans lumière.

([2]) *Sur quelques composés spontanément oxydables avec phosphorescence* (*Comptes rendus*, t. 150, 1910, p. 876).

CONCLUSION. — *On obtient la synthèse de la luciférine par l'action de la coluciférase sur la taurine, qui peut être extraite en assez grande abondance de la Pholade dactyle.*

A 16 heures, l'Académie se forme en comité secret.

La séance est levée à 17 heures.

A. Lx.

ERRATA.

(Séance du 25 mars 1918.)

Note de M. *S. Lattès*, Sur l'itération des fractions irrationnelles :

Page 486, 1re ligne du titre, *au lieu de* irrationnelles, *lire* rationnelles.

Note de M. *Adrien Guébhard*, Sur la notion de « géosynclinal » :

Page 498, ligne 2 du titre et ligne 1 des notes. *Supprimer* l'appel (1) et la note (1), la Note de M. Guébhard ayant été présentée le 25 mars.

ACADÉMIE DES SCIENCES.

SÉANCE DU LUNDI 15 AVRIL 1918.

PRÉSIDENCE DE M. L. GUIGNARD.

MÉMOIRES ET COMMUNICATIONS

DES MEMBRES ET DES CORRESPONDANTS DE L'ACADÉMIE.

M. le Secrétaire perpétuel annonce à l'Académie que le tome 163 des *Comptes rendus* (juillet-décembre 1916) est en distribution au Secrétariat.

THÉORIE DES NOMBRES. — *Sur les représentations d'un entier par certaines formes quadratiques indéfinies.* Note [1] de M. **G. Humbert**.

1. Dans un Mémoire classique [2] Hermite a établi les principes fondamentaux qui permettent d'étudier les représentations d'un entier par une forme quadratique à indéterminées conjuguées, et il en a fait une application à la forme $xx_0 + yy_0$, où x et y sont deux entiers quelconques du corps $\sqrt{-1}$, et x_0, y_0 leurs conjugués. La théorie d'Hermite donne de suite le nombre des solutions de l'équation $m = xx_0 + yy_0$, où x et y sont *premiers entre eux*, c'est-à-dire le nombre des représentations *propres* de m par la forme : si l'on veut tenir compte aussi des représentations *impropres* et connaître le nombre *total* des décompositions de m en une somme de quatre carrés, une nouvelle analyse est nécessaire; Hermite ne l'a abordée que dans des cas particuliers.

M. Jordan, dans un Cours professé au Collège de France il y a une trentaine d'années, a montré comment, en partant des résultats d'Hermite, on

---

[1] Séance du 8 avril 1918.

[2] *Journal de Crelle*, t. 47, et *Œuvres*, t. 1, p. 234.

C. R., 1918, 1ᵉʳ *Semestre.* (T. 166, N° 15.)

arrivait à établir que le nombre total considéré est égal au produit de la somme des diviseurs impairs de m par le facteur $8[2 + (-1)^m]$, théorème bien connu par d'autres méthodes.

D'autre part, M. P. Fatou, dans une Note extrêmement remarquable ([1]), a fait voir, en étendant une analyse célèbre de Dirichlet, qu'on pouvait évaluer très simplement le nombre total des représentations, propres et impropres, d'un entier impair m, par l'*ensemble* des formes réduites, POSI-TIVES, proprement primitives, à indéterminées conjuguées, et de détermi-nant (négatif) donné D; sa formule fondamentale est la suivante :

Soient $f(x, y), f'(x, y), \ldots$ ces réduites [nous écrivons $f(x, y)$ au lieu de $f(x, y, x_0, y_0)$ pour simplifier]; soit $k^{(h)}$ le nombre des transformations $|x, y; \lambda x + \nu y, \mu x + \rho y|$, à coefficients entiers complexes et à détermi-nant $\lambda\rho - \mu\nu$ égal à $+1$, de la forme $f^{(h)}$ en elle-même; on aura

$$(1) \qquad \frac{1}{k} \sum f^{-s}(x_i, y_i) + \frac{1}{k'} \sum' f'^{-s}(x'_i, y'_i) + \ldots = \sum \frac{1}{n^s} \sum \frac{1}{n^{s-1}}.$$

Au premier membre, Σ porte sur tous les entiers complexes x_i, y_i, tels que $f(x_i, y_i)$ soit impair et premier à D; de même pour Σ' et $f', \ldots$; s est une quantité donnée, quelconque d'ailleurs, et supérieure à 2. Au second membre, les sommes Σn^{-s} et Σn^{-s+1} portent sur les entiers réels, positifs, n, premiers à $2D$ ([2]).

Dans le cas de $D = -1$, il n'y a qu'une seule réduite, $xx_0 + yy_0$; quant à k il est égal à 8, et la formule de M. Fatou montre de suite que le nombre *total* des décompositions de m, *impair*, en une somme de quatre carrés, est huit fois la somme des diviseurs de m : c'est, semble-t-il, la manière la plus simple et la plus naturelle de déduire ce résultat des principes d'Hermite.

Dans le cas général, la formule (1) apprend (*Théorème de M. Fatou*) que le nombre *total* des représentations de m (impair et premier à D) par les formes $f, f', \ldots$, est égal à la somme des diviseurs de m, une représentation par $f^{(h)}$ comptant pour $1 : k^{(h)}$.

([1]) *Comptes rendus*, t. 142, 1906, p. 505.

([2]) M. Fatou, par une erreur de pure forme qui ne touche en rien au fond même de son raisonnement, a écrit la formule (1) comme si les $k, k', \ldots$ étaient égaux entre eux; il m'a indiqué lui-même la modification à apporter. Une modification analogue doit être faite dans la seconde formule de M. Fatou, qui donne le nombre des classes de formes positives, proprement primitives, de déterminant D.

2. Peut-on obtenir une proposition analogue à celle de M. Fatou dans le cas des formes d'Hermite INDÉFINIES ?

Bornons-nous au cas des formes *indéfinies*,

$$a\,xx_0 + b\,x_0 y + b_0 xy_0 + c\,yy_0,$$

proprement primitives (c'est-à-dire a, b, b_0, c sans facteur commun, et a, c non pairs à la fois), de déterminant (positif) D.

Dans *chaque* classe de formes de déterminant D, choisissons *un* représentant (a, b, b_0, c), tel que a soit positif; désignons par $f(x,y), f'(x,y), f''(x,y), \dots$ les formes ainsi choisies.

La seule difficulté qu'on rencontre en essayant d'appliquer l'analyse de Dirichlet, à partir des principes d'Hermite, est la suivante : si un nombre m est représentable par $f(x, y)$, c'est-à-dire si l'on a $m = f(\xi, \eta)$, de cette représentation (ξ, η) on en déduit une *série* infinie d'autres, en faisant subir à ξ, η une quelconque, S_j, des substitutions de déterminant $+1$ qui changent f en elle-même; dans chaque *série* de représentations, il s'agit d'en *isoler* une, nettement définie; de même pour $f', f'', \dots$. Or les substitutions S_j forment un groupe, Γ, automorphe et à cercle principal, dont M. Picard, le premier, a établi l'existence et dont il a appris à former un domaine fondamental; soit donc $\circledD$ un de ces domaines, dans la région du plan analytique qui est *extérieure* à la circonférence (réelle)

$$a(\xi^2 + \eta^2) + b_0(\xi + i\eta) + b(\xi - i\eta) + c = 0;$$

parmi les représentations (d'une même *série*) de m, *positif et impair*, par f, il en est *une et une seule*, $m = f(x_i, y_i)$, qui jouit des propriétés suivantes :

1º Le point analytique $x_i : y_i$, que nous désignerons par z_i, est à l'intérieur ou sur le contour du domaine $\circledD$.

2º La partie réelle de y_i est positive ou nulle; si elle est nulle, la partie imaginaire est positive ou nulle.

On peut abandonner la condition 2º; alors, parmi les représentations d'une série, la condition 1º en isole *deux*, du type x_i, y_i et $-x_i, -y_i$.

Cela posé, il est aisé de voir que la formule (1) doit être remplacée par celle-ci :

$$(2) \qquad \sum f^{-s}(x_i, y_i) + \sum{}' f'^{-s}(x'_i, y'_i) + \dots = 2 \sum \frac{1}{n^s} \sum \frac{1}{n^{s-1}}.$$

Au premier membre, Σ porte sur tous les entiers complexes x_i, y_i, tels :

$1°$ Que $f(x_i, y_i)$ soit positif et premier à $2\,\mathrm{D}$;

$2°$ Que le point $z_i = \dfrac{x_i}{y_i}$ soit à l'intérieur ou sur le contour de $\mathfrak{D}$.

Des définitions analogues s'appliquent aux sommes Σ', ..., en introduisant $\mathfrak{D}'$ et f', ..., au lieu de $\mathfrak{D}$ et f.

Au second membre, les Σ portent toujours sur les entiers réels, n, positifs et premiers à $2\,\mathrm{D}$.

3. On en déduit immédiatement ce théorème :

Le nombre des représentations de m, positif, premier à $2\,\mathrm{D}$, par les formes $f, f', f'', \ldots$, est deux fois la somme des diviseurs de m, sous la condition que, parmi les représentations, $m = f^{(h)}(x, y)$, de m par $f^{(h)}$, on ne garde que celles pour lesquelles le point analytique $x : y$ est à l'intérieur ou sur le contour du domaine $\mathfrak{D}_h$ qui correspond à $f^{(h)}$.

Si le point $x : y$ est sur le contour de $\mathfrak{D}_h$, la représentation correspondante de m par $f^{(h)}$ ne comptera que pour $\dfrac{1}{2}$; s'il est en un sommet faisant partie d'un cycle de ν sommets équivalents, elle comptera pour $\dfrac{1}{\nu}$.

Nous allons maintenant indiquer quelques applications du théorème précédent, en nous bornant à des déterminants D pour lesquels il n'y a qu'*une* classe de formes proprement primitives ; pour obtenir $\mathfrak{D}$, nous avons employé une méthode proposée par nous (*Comptes rendus*, t. 162, 1916, p. 698), qui, conduisant à des résultats plus simples et plus symétriques que les autres méthodes, donne des énoncés arithmétiques assez élégants, d'un type qui semble nouveau.

Dans tous ces exemples nous introduirons, au lieu de $\mathfrak{D}$, l'ensemble $\mathfrak{D}_t$ de $\mathfrak{D}$ et de son symétrique par rapport à l'origine des coordonnées ; le nombre des représentations correspondantes sera *quatre* fois (et non *deux* fois) la somme des diviseurs de m.

4. *Exemple I* ($\mathrm{D} = 1$; forme $xx_0 - yy_0$). — $\mathfrak{D}_t$ est la région *infinie* extérieure aux quatre cercles $\xi^2 + \eta^2 \mp 2\xi \mp 2\eta + 1 = 0$, qui sont les quatre cercles de rayon 1 tangents aux deux axes de coordonnées. Dès lors :

Le nombre des représentations de m positif, impair, par $xx_0 - yy_0$, avec la condition que le point $x : y$ soit dans la région ω_1, est quatre fois la somme des diviseurs de m.

On reconnaît aisément que le point $x : y$ ne peut jamais être sur une des circonférences limites, en sorte que toute représentation compte toujours pour une.

En posant $x = z + it$, $y = u + iv$, on peut énoncer le théorème, sous forme *réelle*, de la manière suivante :

On considère, m étant un entier positif, impair, les représentations

$$(3) \qquad m = z^2 + t^2 - u^2 - v^2 \qquad (z, \ldots, v \text{ entiers réels}, \gtrless 0),$$

pour lesquelles on a

$$(4) \qquad z^2 + t^2 + u^2 + v^2 > 2 \, | zu + tv | + 2 \, | zv - tu | ;$$

le nombre de ces représentations est quatre fois la somme des diviseurs de m.

Vérification. — Soit $m = 9$; si ε, ε', ... désignent ± 1, on a

$$(5) \qquad 9 = (3\varepsilon)^2 + 0^2 - 0^2 - 0^2,$$
$$(6) \qquad 9 = (3\varepsilon)^2 + (\varepsilon')^2 - (\varepsilon'')^2 - 0^2,$$
$$(7) \qquad 9 = (5\varepsilon)^2 + 0^2 - (4\varepsilon')^2 - 0^2.$$

Les représentations (5), en permutant 3ε et 0, sont au nombre de 4; les (6) sont au nombre de $2.2.2.2.2$, ou 32; les (7) au nombre de $2.2.2.2$, ou 16; et toutes conviennent, parce que, pour toutes, l'inégalité (4) est vérifiée. Or $4 + 32 + 16 = 52$, ce qui est quatre fois la somme des diviseurs de 9; aucune autre représentation de 9 ne peut donc satisfaire à (4). *Par exemple,* pour la représentation

$$9 = (3\varepsilon)^2 + (2\varepsilon')^2 - (2\varepsilon'')^2 - 0^2$$

$| zu + tv |$ et $| zv - tu |$ sont (à l'ordre près) 6 et 4; le premier membre de (4) est 17, et le second, $2.6 + 2.4$, ou 20, est *supérieur* à 17.

Exemple II ($D = 2$; forme $xx_0 - 2yy_0$). — Le domaine ω_1 résulte des indications de notre Note de 1916 citée plus haut. Le résultat final est le suivant :

On considère, m étant un entier positif impair, les représentations

$$(8) \qquad m = z^2 + t^2 - 2u^2 - 2v^2 \qquad \left(z, \ldots, v \text{ entiers réels}, \gtreqless 0\right)$$

pour lesquelles on a

$$(9) \qquad z^2 + t^2 + 2u^2 + 2v^2 \gtreqless 3A + B,$$

A, B *désignant (à l'ordre près) les quantités* $|zu + tv|$, $|zv - tu|$ *avec* $A \geqq B$:
le nombre de ces représentations est quatre fois la somme des diviseurs de m.

Une représentation pour laquelle on a le signe $=$, dans (9), *ne compte que
pour* $\frac{1}{2}$.

Vérification. — Soit $m = 3$; on a

$$3 = (2\varepsilon)^2 + (\varepsilon')^2 - 2(\varepsilon'')^2 - 2.0^2;$$

ce qui donne 32 représentations, pour lesquelles A et B sont 2 et 1 ; alors le
premier membre de (9) est 7, et le second est 7 *également* : chacune des
représentations considérées ne doit donc compter que pour $\frac{1}{2}$, d'où, finalement, $\frac{1}{2} \cdot 32$ ou 16 représentations ; 16 étant quatre fois la somme des diviseurs de 3, on a ainsi toutes les représentations satisfaisant à (9).

Exemple III $(D = 3$; forme $xx_0 - 3yy_0)$. — Le domaine $\mathfrak{D}_1$ résulte
également des indications de la Note de 1916.

On considère (m positif, premier à 6) *les représentations*

$$(10) \qquad m = z^2 + t^2 - 3u^2 - 3v^2$$

pour lesquelles on a à la fois

$$(11) \qquad z^2 + t^2 + 3u^2 + 3v^2 \gtreqless 4A,$$
$$(12) \qquad z^2 + t^2 + 3u^2 + 3v^2 \gtreqless 3A + 2B,$$

A et B *étant toujours (à l'ordre près),* $|zu + tv|$, $|zv - tu|$, *avec* $A \geqq B$: *le
nombre de ces représentations est quatre fois la somme des diviseurs de m.*

Même remarque que précédemment dans le cas où il y aurait un
signe $=$ dans (11) *ou* dans (12); ce signe ne peut se présenter à la fois
dans (11) *et* dans (12).

Exemple IV $(D = 6$; forme $xx_0 - 6yy_0)$. — On a les représentations

$$m = z^2 + t^2 - 6u^2 - 6v^2$$

avec

$$z^2 + t^2 + 6u^2 + 6v^2 \geqq 5A + B,$$
$$z^2 + t^2 + 6u^2 + 6v^2 \geqq 4A + 3B,$$

et leur nombre est toujours égal à quatre fois la somme des diviseurs du nombre m, supposé positif et premier à 6. (La signification de A, B est la même que plus haut.)

Exemple V $(D = 5$; forme $xx_0 - 5yy_0)$. — Les représentations sont

$$m = z^2 + t^2 - 5u^2 - 5v^2 \qquad \text{avec} \qquad z^2 + t^2 + 5u^2 + 5v^2$$

supérieur ou égal aux trois quantités

$$\frac{1}{2}(9A + B), \quad \frac{1}{5}(22A + 6B), \quad \frac{1}{5}(18A + 14B);$$

leur nombre est encore quatre fois la somme des diviseurs de m (positif et premier à 10).

Dans tous ces exemples, les représentations qui donnent le signe $=$ dans l'*une* des inégalités de restriction comptent pour $\frac{1}{2}$.

Des résultats analogues s'appliquent aux formes à indéterminées conjuguées dans un corps quadratique imaginaire.

PHYSIOLOGIE. — *De la densité du sang après les grandes hémorragies.* Note [1] de MM. CHARLES RICHET, P. BRODIN et FR. SAINT-GIRONS.

I. Pour étudier avec précision, sur l'animal, les effets graduels de l'hémorragie, nous avons procédé de la manière suivante [2] :

---

[1] Séance du 11 mars 1918.
[1] Divers auteurs avaient noté que le sang diminue de densité après une hémorragie [Grawitz, Röhmann, Muhsam, Ziegelroth, Tolmatschelf, A. White, cités par Athanasiu in *Dictionnaire de Physiologie* de Ch. Richet (Art. *Hémorragie*, t. VIII, 1909, p. 523)]; mais ils ont surtout étudié les variations qui se produisent soit pendant le jour qui suit l'hémorragie, soit pendant les jours consécutifs. C'est là une recherche que nous n'avons pas faite. Notre but a été essentiellement de suivre parallèlement : l'abaissement de la densité du sang, et la quantité de sang perdue, dans des hémorragies progressives.

On met dans un ballon gradué (de 250$^{cm^3}$) 125$^{cm^3}$ d'une solution de citrate de soude à 60^g par litre, ce qui est suffisant, et au delà, pour empêcher la coagulation spontanée (Sabbatani, Arthus), et l'on mesure la densité Δ de ce liquide. Alors on fait passer dans le ballon directement, par saignée de l'artère carotide, une certaine quantité de sang, et l'on arrête l'écoulement quand l'addition de sang carotidien à la solution de citrate de soude fait affleurer le mélange liquide au trait du flacon gradué. On agite fortement pour que le tout soit bien homogène. On a alors exactement 125$^{cm^3}$ de sang et 125$^{cm^3}$ de la solution citratée, mélange non coagulable spontanément, et dont on détermine par un aréomètre la densité (Δ'). Il est évident que la densité du sang sera 2Δ' — Δ.

L'expérience a porté sur sept chiens rendus à peu près insensibles par l'injection péritonéale de 0^g,1 de chlorhydrate de morphine.

Pour évaluer la quantité de sang, nous avons adopté le chiffre classique donné par les physiologistes, à savoir $\frac{1}{13}$ du poids du corps.

	Perte totale de sang (en grammes pour 100^g de sang).	Poids du chien (en kilogr.).	Poids (calculé) du sang (en grammes).	Densité du sang à 20°		Globules rouges (en millions par millimètre cube)	
				avant l'hémorragie.	après l'hémorragie.	avant l'hémorragie.	après l'hémorragie.
1.....	63,2	13	1000	1056	1048	»	»
2.....	63,6	20	1540	1056	1039	7,9	6,7
3.....	53,8	17	1300	1056	1046	8,8	5,6
4.....	60,5	37,5	2860	1054	1038	7,6	5,1
5....	58,5	15,5	1180	1056	1044	7,6	6,1
6.....	70,0	15,5	1180	1063	1049	»	»
7. ...	64,0	15,0	1150	1062	1052		

Nous n'arrêtions l'expérience que lorsque le sang ne s'écoulait plus par la carotide, ou à peine. Aussi peut-on admettre que les nombres indiquant la proportion centésimale du sang alors perdu (col. 2) sont très proches de la dose immédiatement mortelle, c'est-à-dire, en moyenne, en chiffres ronds, 60 pour 100 de son sang total.

En rapportant ce nombre au poids du corps, on voit que l'hémorragie est mortelle quand elle fait perdre (sur le chien) environ 4,6 pour 100 du poids du corps. Or, selon toute vraisemblance, l'homme est plus sensible que le chien à l'anémie par hémorragie. On peut donc admettre que la mort survient après une perte de sang de 4 pour 100 du poids corporel, soit 50 pour 100 du poids du sang total.

II. Nous ne nous sommes pas contentés de prendre les nombres extrêmes, au début et à la fin de l'expérience. Nous avons suivi le décours de la densité sanguine pendant une série de petites hémorragies successives (de 125$^{cm^3}$) de 20 minutes en 20 minutes, ou de demi-heure en demi-heure.

Pour construire le Tableau ci-dessous, nous avons rapporté toujours à 1056 le chiffre initial de la densité du sang prise à 20° chez les sept chiens expérimentés.

Nous n'avons pas introduit dans la moyenne les chiffres que nous a donnés le n° 4. En effet sur ce chien a été faite deux fois une injection de 500$^{cm^3}$ d'une solution à 7 pour 1000 de NaCl, ce qui a aussitôt abaissé la densité du sang. Mais, une demi-heure ou trois quarts d'heure après, la densité était revenue au chiffre qu'elle aurait dû avoir, d'après l'inclinaison générale de la courbe, si l'injection de sérum n'avait pas été faite.

Moyenne de la densité du sang, en fonction de l'hémorragie, chez sept chiens.

Densité.	Quantité de sang (en grammes)	
	perdue pour 100ᵍ de sang avant l'hémorragie ou 1300ᵍ de poids corporel.	restant dans le corps pour 100ᵍ de sang avant l'hémorragie ou 1300ᵍ de poids corporel.
1056	0	100
1055.............	5	95
1054.............	10	90
1053.............	17,5	82,5
1052.............	25,0	75,0
1051.............	31,5	68,5
1050.............	34,0	66,0
1049.............	42,0	58,0
1048	46,0	54,0
1047.............	52,0	48,0
1046.............	56,0	44,0
1045.............	57,0	43
1044.............	58,5	41,5
1043.............	60,0	40,0
1042.............	62,0	38,0

En se servant de ce graphique (*fig.* 1) on pourra savoir, tout de suite après que la densité du sang a été directement mesurée, quelle quantité de sang fut à peu près perdue ([1]).

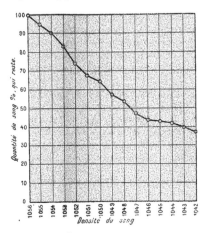

Fig. 1. — Relation entre la densité du sang et la quantité de sang restant dans le corps après hémorragie.

Moyenne de sept chiens hémorragiés. On a supposé la quantité normale de sang égale à $\frac{1}{13}$ du poids vif total de l'animal. Aux abscisses, les densités; aux ordonnées, la quantité de sang (en proportion centésimale) restant dans le corps.

On voit que l'abaissement de la densité du sang est assez exactement proportionnel à la quantité de sang perdue; autrement dit presque une droite.

Si la densité tombe à 1048, sans qu'il y ait mort fatale ou immédiate, il y a mort possible; car alors la quantité de sang perdue est voisine de 50 pour 100 du sang total, c'est-à-dire de la quantité nécessaire et à peine suffisante.

III. L'abaissement de la densité du sang pour une quantité donnée de

---

([1]) D'autant plus que la densité du sang de l'homme normal est à peu de chose près la même que chez le chien.

sang perdu n'est pas constant aux diverses phases de l'hémorragie, ainsi
que le montre le Tableau suivant (voir *fig.* 2).

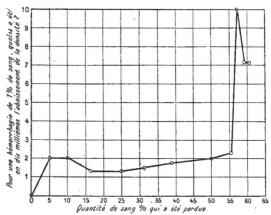

Fig. 2. — Pour une perte de sang de 1 pour 100 du sang total, aux divers moments
d'une hémorragie, quel a été l'abaissement de la densité?

On voit sur ce graphique que, au début des hémorragies successives, l'abaissement de
densité est un peu plus grand que plus tard ; mais, à la fin, l'abaissement devient considérable
pour une perte de sang de 1 pour 100.

Abaissement de la densité.	Pour cet abaissement quelle perte de sang pour 100 du sang total?	Proportion totale pour 100 du sang perdu.
De 1056 à 1055..............		5
De 1055 à 1054..............	**5**	10
De 1054 à 1053..............	7,5	17,5
De 1053 à 1052..............	7,5	25
De 1052 à 1051..............	6,5	31,5
De 1051 à 1050..............	3,5 ⎫ 5,75	35 ⎫ 39
De 1050 à 1049..............	8,0 ⎭	43 ⎭
De 1049 à 1048..............	4,0 ⎫ 5	47 ⎫ 50
De 1048 à 1047..............	6,0 ⎭	53 ⎭
De 1047 à 1046..............	4	56
De 1046 à 1045..............	1	57
De 1045 à 1044..............	1,5	58,5
De 1044 à 1043..............	1,5	60
De 1043 à 1042..............	2,0	62

IV. La variation du nombre des globules rouges, après une ou plusieurs hémorragies, a donné, pour apprécier la quantité de sang perdue, un chiffre

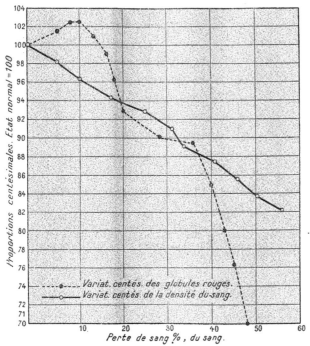

Fig. 3. — Variations (centésimales) du nombre des globules rouges et de la densité du sang avec l'hémorragie.

Le trait pointillé indique les variations globulaires ; le trait plein, les variations de la densité. Aux abscisses, la quantité de sang qui a été perdue pour 100 du poids du sang total. On voit que les variations globulaires sont très irrégulières, tandis que les variations de la densité forment presque une droite sans inflexions. Par conséquent, la mesure de la densité donne un renseignement plus précis et plus régulier que la mesure du nombre des globules, mesure qui est d'ailleurs plus longue et plus difficile.

beaucoup moins régulier que la variation de densité. En effet, après les premières pertes de sang, d'ailleurs modérées, nous avons toujours constaté ce fait paradoxal que le nombre des globules rouges semble augmenter.

Le temps nécessaire pour qu'une densité quelque peu stable du sang s'établisse, paraît être de 15 minutes environ après l'hémorragie. Ce temps passé, il ne se fait plus de changement rapide, facilement appréciable; que l'on attende une demi-heure ou une heure.

On comprend bien pourquoi après une hémorragie le sang diminue de densité : c'est parce qu'il y a des liquides (lymphe et liquides interstitiels) qui, appelés dans le sang par la déplétion sanguine, et étant d'ailleurs de densité notablement moindre que celle du sang, en diminuent la densité. On peut donc admettre que cette pénétration dans le sang des éléments lymphatiques, après une hémorragie, est à peu près terminée au bout d'un quart d'heure.

V. L'application de ces données physiologiques à la clinique est assez délicate, et la question est trop complexe pour que nous puissions encore donner des conclusions fermes.

Toutefois, chez des grands blessés, nous avons pu constater, par la méthode de Fano et Hammerschlag, qu'après de fortes hémorragies la densité du sang a été notablement abaissée. Même il nous a paru, d'après l'examen de vingt blessés, que c'était sur ceux qui avaient perdu le plus de sang que la densité s'était le plus abaissée. Bien entendu, nous ne tenons compte que des examens faits avant l'opération et avant la chloro-formisation, et moins de 9 heures après le traumatisme. Car autrement des phénomènes multiples et compliqués interviennent, qui changent complètement les conditions physiologiques de l'état du sang.

Aujourd'hui nous avons voulu seulement montrer qu'on pourra désormais, *par l'examen de la densité du sang, plus que par toute autre méthode, avoir quelque documentation sur la quantité de sang perdue par le blessé.*

Il n'est pas douteux que c'est là, pour le chirurgien, un renseignement de majeure importance (¹).

_____

(¹) Nous donnerons ultérieurement quelques détails techniques nécessaires pour obtenir cliniquement un chiffre précis.

ZOOLOGIE. — *Considérations sur les affinités et la dispersion géographique des Lacertides.* Note (¹) de M. G.-A. Boulenger.

D'où proviennent les Lacertides? La Paléontologie ne nous renseigne pas à cet égard. Il est toutefois permis, à titre d'hypothèse, de se les figurer dérivés des Teiides, aujourd'hui restreints au Nouveau-Monde, mais qui semblent remonter au Crétacé (*Chamops* Marsh, du Laramie de Wyoming) et qui ont peut-être eu des représentants en Europe et en Asie au début des temps tertiaires. Ces deux familles sont voisines et la première ne diffère guère de la seconde que par l'ossification dermique, en partie unie aux os du crâne, qui recouvre les régions susorbitaires et les fosses surtemporales, ainsi que par la dentition ultra-pleurodonte, caractères qui expriment une évolution plus avancée.

Si nous sommes entièrement réduits aux conjectures relativement aux ancêtres directs des Lacertides, nous sommes par contre en position de nous représenter, jusqu'à un certain point, les rapports phylogéniques qui relient les espèces et les genres assez nombreux (²) dont se compose cette famille très naturelle et peu variée en comparaison d'autres de la même étendue. En tirant parti des caractères fournis par le crâne, l'écaillure, le dessin de la robe, ces derniers éclairés par l'ontogénie, on ne peut manquer de saisir l'ordre d'une foule d'enchaînements; le tout est de déterminer la direction de l'évolution, et sur ce point les avis ont différé diamétralement.

Je me permets d'exposer à l'Académie quelques-unes des conclusions auxquelles m'ont conduit une longue étude, poursuivie depuis de nombreuses années, et poussée jusqu'à l'extrême minutie, d'un très vaste matériel.

M'appuyant en partie sur la théorie de l'évolution du dessin de la robe, promulguée par Eimer (³), mais étendue et modifiée pour embrasser une plus grande variété de

---

(¹) Séance du 2 avril 1918.

(²) Tout en conservant à l'espèce le sens large qui me semble le mieux répondre au but philosophique et pratique de la systématique, mais dont la tendance actuelle est de s'écarter de plus en plus, je n'admets pas moins de 144 espèces, que je rapporte à 22 genres. De ceux-ci, 4 sont communs à l'Europe, à l'Asie et à l'Afrique, 2 à l'Europe et à l'Afrique, 3 à l'Asie et à l'Afrique; 5 sont propres à l'Asie et 8 à l'Afrique.

(³) *Arch. f. Naturg.*, t. 47, 1881, p. 239.

formes, les recherohes de ce zoologiste·n'ayant porté que sur les races de *Lacerta muralis*, dont il ne saisissait d'ailleurs les rapports que très imparfaitement, par suite d'un manque d'orientation pour apprécier les caractères morphologiques, en partie sur ces derniers, j'en suis arrivé à une classification phylogénique de la plupart des modifications qui servent à définir les genres, les espèces et les races.

Les caractères morphologiques dont je me suis servi ont trait surtout à la forme du crâne et à son degré d'ossification, à la présence ou à l'absence de dents au palais et du foramen pariétal, à l'écaillure, à la condition des paupières, à la forme des doigts et des orteils, ainsi que je l'ai exposé dans deux publications récentes (¹).

Le résultat de cette étude raisonnée me permet de conclure que les Lacertides sont d'origine eurasiatïque et que la région embrassant le sud-est de l'Europe et le sud-ouest de l'Asie représente le centre de rayonnement pour les formes du genre *Lacerta* vivant actuellement.

Le type le plus généralisé est incontestablement le genre *Nucras* Gray, auquel j'ai rapporté, il y a 30 ans, un des lézards les plus anciens, *N. succineus* Blgr., de l'ambre (Oligocène) de la Prusse orientale. Le genre *Lacerta* proprement dit, également représenté en Europe à la même époque et dans l'Éocène supérieur, en est très rapproché, surtout par l'espèce *L. agilis* L., que je considère comme la plus primitive dans la nature actuelle. A l'époque où je suggérais de rapporter le lézard de l'ambre à *Nucras*, ce genre n'était connu que du sud et du sud-est de l'Afrique, mais d'autres espèces découvertes depuis ont étendu son aire de distribution et confirmé mes prévisions en ce sens que celle qui habite le plus au Nord (*N. Emini* Blgr., lac Victoria) se montre aussi la plus généralisée, si l'on envisage ses caractères spécifiques selon les principes qui ont servi à m'orienter. Tout, du reste, tend à confirmer la théorie que les Lacertides, si nombreux en Afrique, sont d'origine septentrionale et le fait de leur absence à Madagascar est un argument de plus à son appui.

On sait, en effet, que dans les premiers temps tertiaires la faune herpétologique de ce qui est aujourd'hui l'Europe, quoique composée surtout d'éléments (familles ou genres) vivant encore à présent, différait très sensiblement dans son ensemble par rapport à la distribution géographique actuelle. Les Iguanides, qu'on ne rencontre plus qu'en Amérique, à Tiji et à Madagascar, étaient représentés dans l'Éocène supérieur de l'Europe, à côté des Hélodermatides, et des Chéloniens de la famille des

---

(¹) *Trans. Zool. Soc. Lond.*, t. **21**, 1916, p. 4, et *Ann. S. Afr. Mus.*, t. **13**, 1917, p. 195.

Pélomédusides, aujourd'hui restreinte à l'Afrique tropicale et australe, à Madagascar et à l'Amérique du Sud, vivaient aux temps éocènes inférieurs jusqu'en Angleterre.

Si les Lacertides n'ont pu atteindre Madagascar, c'est qu'ils n'ont pénétré au delà de l'Équateur qu'après l'interruption des communications avec cette grande île, communications qui existaient à l'époque plus reculée où les Pélomédusides, les Iguanides, les Gerrhosaurides et les Caméléonides ont pu s'y établir. Les Iguanides, il est vrai, ne sont pas représentés en Afrique continentale, leur présence autrefois est purement conjecturale ([1]), mais il est permis de supposer qu'ils y ont été remplacés, après avoir passé à Madagascar, par leurs analogues les Agamides. C'est la seule explication rationnelle de la présence d'Iguanides à Madagascar, toute idée de communication directe avec l'Amérique devant être écartée, pour les Reptiles comme pour les Mammifères, qui nous présentent le même problème de distribution que des découvertes récentes en Paléontologie ont singulièrement simplifié ([2]).

Le groupe des *Eremïas* et des *Scaptira*, si richement représenté au sud de l'Afrique, confirme l'hypothèse de l'origine septentrionale des Lacertides. A l'extrême sud de leur habitat nous retrouvons une série de modifications, reliées entre elles par un enchaînement très suggestif, qui reproduisent parallèlement la plupart de celles que nous connaissons du centre et du sud-ouest de l'Asie; et à la suite d'une analyse de tous les caractères on est forcé de conclure que c'est parmi les formes de l'Asie et de l'Afrique au nord de l'Équateur que se rencontrent les types les plus primitifs.

Les genres propres à l'Afrique sont nombreux et variés, mais tous se rattachent à ceux de l'Europe et de l'Asie occidentale, dont on peut les concevoir dérivés. C'est ainsi que *Poromera*, qui représente en Afrique les *Tachydromus* de l'Asie orientale, est relié à *Lacerta* par *Bedriagaia*, découvert dernièrement au nord du Congo belge. Le genre africain le plus complètement isolé par ses caractères, *Holaspis*, semble être en même temps le plus évolué de toute la famille.

Un groupe qui paraissait bien aberrant est celui des *Tachydromus*, avec ses proches voisins *Apeltonotus* et *Platyplacopus*, seuls représentants des Lacertides dans l'Extrême-Orient. Et pourtant je crois pouvoir démon-

---

([1]) C'est à dessein que j'omets d'invoquer le très problématique *Paliguana Whitei*, du Trias du sud de l'Afrique, décrit par Broom (*Rec. Alb. Mus.*, t. 1, 1903, p. 1) à une époque où il croyait encore que *Telerpeton* pouvait être un Lacertilien.

([2]) Voir W.-D. MATTHEW, *A Zalambdodont Insectivore from the Basal Eocene* (*Bull. Amer. Mus.*, t. 32, 1913, p. 307).

trer (^{1}) que l'espèce la plus septentrionale de ce groupe, *Tachydromus amurensis*, se rapproche à tel point de *Lacerta vivipara*, qui habite l'Europe et tout le nord de l'Asie, qu'on peut la considérer comme dérivée de la même souche, elle-même très rapprochée de l'espèce la plus généralisée du genre *Lacerta : L. agilis*. Les Tachydromes, dont la distribution s'étend de l'Amour et du Japon jusqu'à l'archipel malais, seraient donc aussi d'origine septentrionale.

En omettant les Tachydromes, comme représentant une immigration orientale relativement récente, on ne peut manquer d'être frappé de l'accord entre la distribution des Lacertides et celle des Vipérides proprement dits (à l'exclusion des Crotalinés). A part son absence de l'Irlande, *Vipera berus* a la même aire géographique que *Lacerta vivipara* et nous trouvons dans le sud de l'Afrique des formes, adaptées à l'environnement aride ou désertique, représentant les Vipères et les Cérastes de l'Asie centrale et de l'Afrique septentrionale, parallélisme pareil à celui que nous constatons pour les Eremias et les Scaptères. En outre, il y a cette coïncidence très remarquable que les genres *Nucras* et *Causus*, les moins évolués dans chacune des deux familles, sont aujourd'hui confinés dans l'Afrique tropicale et australe; la Paléontologie nous démontrera sans doute un jour que le second est d'origine septentrionale, comme, grâce à elle, il y a déjà lieu de le croire pour le premier.

La distribution générale ainsi que les concordances que je viens d'indiquer semblent donc établir que la dispersion des Lacertides et des Vipérides a été régie, sans rapport à d'autres groupes de Reptiles, par les mêmes conditions, a suivi les mêmes voies et à la même époque.

C'est à des déductions de ce genre que doit tendre l'étude de la distribution géographique, plutôt qu'à la recherche de lignes de démarcation entre les grandes divisions ou régions zoogéographiques, qui ne pourront jamais s'appliquer à l'ensemble des animaux terrestres, pas même à un groupe aussi restreint que la classe des Reptiles. En ce qui concerne les Lacertides en particulier, on ne saurait reconnaître une région paléarctique distincte des régions éthiopienne et orientale ou indomalaise, telle, par exemple, que l'a définie Blanford (^{2}), qui rattachait une partie du nord de l'Inde (Pundjab, Sind, Radjpoutana ouest) et le Bélouchistan à la sous-région méditerranéenne s'étendant à travers la Perse et l'Arabie jusqu'au Sahara; aucune raison ne peut être invoquée pour considérer l'Arabie et

---

(^{1}) *Mem. Asiat. Soc. Beng.*, t. 5, 1917, p. 212.
(^{2}) *Phil. Trans. Roy. Soc. Lond.*, t. 114, 1901, p. 432.

les contrées à l'ouest de la Mer Rouge comme paléarctiques plutôt qu'éthiopiennes, et de plus, la découverte dans ces dernières années de plusieurs espèces de *Lacerta* et d'*Algiroides* en Afrique tropicale est venue modifier nos conceptions; tandis que le caractère de la région orientale, qui devrait s'étendre jusqu'au Japon, est surtout négatif.

MÉMOIRES PRÉSENTÉS.

Théorie générale de l'hélice, par M. **G. de Bothézat**.
Mémoire présenté par M. Appell. (Extrait par l'auteur.)

Ce Mémoire contient une théorie générale de l'hélice, ainsi qu'une étude complète de l'hélice propulsive poussée jusqu'à tous les détails de son calcul effectif, de son choix et de son adaptation, avec les principes et les méthodes de tous les essais expérimentaux nécessaires.

(Renvoyé à la Commission de Mécanique de la Défense nationale.)

PLIS CACHETÉS.

M. **Joseph Pérès** demande l'ouverture d'un pli cacheté déposé dans la séance du 11 juin 1917 et inscrit sous le n° 8403.
Ce pli, ouvert en séance par M. le Président, renferme une note intitulée : *Sur certaines transformations fonctionnelles*.

(Renvoyée à l'examen de M. J. Hadamard.)

CORRESPONDANCE.

M. le **Secrétaire perpétuel** annonce à l'Académie qu'il a reçu confirmation du décès de M. *Francotte*, Correspondant pour la Section d'Anatomie et Zoologie, survenu, à Saint-Josse-ten-Noode, Belgique, le 21 avril 1916.

M. le SECRÉTAIRE PERPÉTUEL signale, parmi les pièces imprimées de la correspondance :

1° *Practical Guide to control internal steam-wastes in the reciprocating engine,* by Commandant EDOUARD TOURNIER.

2° *Nouvelles Tables trigonométriques fondamentales* (valeurs naturelles), par H. ANDOYER. Tome troisième. Ouvrage publié à l'aide d'une subvention accordée par l'Université de Paris (Fondation Commercy).

3° *Instruction pratique pour la détermination du pouvoir calorifique du gaz,* par MM. LAURIOL et GIRARD. (Présenté par M. J. Violle.)

4° RENÉ MUSSET. *Le Bas-Maine.* (Présenté par M. E. Haug.)

ANALYSE MATHÉMATIQUE. — *Sur les substitutions rationnelles.*
Note (¹) de M. GASTON JULIA.

Je voudrais ici compléter mes Notes antérieures par quelques résultats nouveaux extraits d'un Mémoire que j'ai présenté à la fin de l'année dernière à un des concours de l'Académie.

1. Envisageons une fraction rationnelle $z_0 = \varphi(z)$, pour laquelle existent un ou plusieurs *points limites à convergence régulière* (²)

$$[\zeta = \varphi(\zeta) | \varphi'(\zeta) | < 1].$$

On peut examiner la connexion des domaines immédiats (ou restreints) de convergence vers ces points. On trouve que *l'un de ces domaines ne peut être multiplement connexe que si son ordre de connexion est infini;* si cela se produit effectivement, *tout autre point limite à convergence régulière aura un domaine total de convergence composé d'une infinité d'aires distinctes;* enfin, si l'on reconnaît que le domaine total d'un point limite est identique à son domaine restreint, on pourra affirmer que tout autre point limite (s'il en existe) a son domaine immédiat simplement connexe.

(¹) Séance du 8 avril 1918.
(²) Appelés aussi *points d'attraction.*

2. Supposons que la fraction $z_1 = \varphi(z)$ présente plus d'un point d'attraction. On se propose d'étudier la nature géométrique des continus frontières des domaines de convergence. M. Fatou a donné sur ce sujet une Note intéressante dans les *Comptes rendus* (t. 166, p. 204) du 4 février 1918 et il montre qu'un tel continu *ne peut être formé d'un seul arc analytique*. Voici trois exemples types entre bien d'autres, où se trouve précisée la nature de ces continus.

1° La fraction $z_1 = \frac{z + z^2}{2}$ admet o et ∞ pour points d'attraction. Le plan est divisé en deux régions D_0 et D_∞, toutes deux simplement connexes, domaines respectifs de convergence vers o et ∞, séparées par un continu C qui est une *courbe de Jordan fermée simple*, au sens classique et rigoureux de ce mot. Sur cette courbe les points-racines des équations $z = \varphi_n(z)$ pour $n = 2, 3, \ldots, \infty$ sont partout denses, et en ces points $|\varphi'_n(z)| > 1$. On peut donner du continu C une génération analogue à celle que Poincaré indique dans son *Mémoire* sur les groupes kleinéens pour sa courbe dépourvue de cercle osculateur.

2° Partons d'une fraction $\varphi(z)$ à cercle fondamental Γ, pour laquelle existent deux points d'attraction ζ_1 et ζ_2 symétriques par rapport à Γ, l'intérieur et l'extérieur de Γ étant les domaines respectifs de convergence vers ζ_1 et ζ_2. On démontre qu'on peut imprimer aux coefficients de $\varphi(z)$ des variations assez petites pour que la *nouvelle fraction* $\Phi(z)$ *ait 2 points d'attraction* Z_1 *et* Z_2 *voisins de* ζ_1 *et* ζ_2, *et dont les domaines* D_{z_1} *et* D_{z_2}, *soient l'intérieur et l'extérieur d'une courbe de Jordan fermée simple* C *voisine du cercle* Γ. Sur C les points-racines (¹) de $z = \Phi_n(z)$ où $|\Phi'_n(z)| > 1$ sont partout denses; les variations de coefficients peuvent être choisies telles qu'*aucune* des quantités $\Phi'_n(z)$ relatives aux points $z = \Phi_n(z)$ n'ait un argument nul ni même commensurable à 2π; *en aucun de ces points la courbe* C *ne pourra donc avoir de tangente.*

3° Prenons $z_1 = \frac{-z^3 + 3z}{2}$. Il y a trois points d'attraction qui sont -1, $+1$, ∞. Le domaine immédiat R_1 de convergence vers $+1$ est limité par une *courbe de Jordan simple fermée* C_1 passant à l'origine. Le domaine immédiat R'_1 de -1 est symétrique de R_1 relativement à l'origine, sa limite est C'_1 symétrique de C_1. On montre que C_1 est tout entière à droite de l'axe imaginaire, et C'_1 à gauche. Le domaine total de convergence de

---

(¹) Points de l'ensemble que j'ai appelé E.

+ 1 est composé d'une infinité d'aires simplement connexes (¹) antécédentes successives de R₁.

Le domaine total du point (— 1) est symétrique de celui du point (+ 1). Envisageons l'ensemble des courbes de Jordan qui limitent l'aire R₁ et toutes ses antécédentes, l'aire R′₁ et ses antécédentes, et adjoignons-lui l'ensemble des points limites de toutes ces courbes, nous obtenons *un seul continu linéaire* Γ qui jouit des propriétés suivantes :

a. Il divise le plan en une infinité de régions qui sont : R₁ et toutes ses antécédentes, R′₁ et toutes ses antécédentes, enfin R∞ domaine de convergence tōtal vers l'∞. R∞ est un domaine simplement connexe limité par Γ. Tout point du plan appartient à Γ, ou à R∞, ou à R₁, ou à R′₁, ou à une antécédente de R₁ ou de R′₁.

b. Γ est une *courbe de Jordan fermée* mais non simple, c'est-à-dire qu'on peut la représenter par des équations $x = f(t)$, $y = g(t)$ où f et g sont continues, mais Γ *possède des points doubles partout denses sur elle-même*, à savoir l'origine et tous les antécédents de l'origine.

Voici un schéma propre à représenter une telle courbe Γ. Considérons deux triangles équilatéraux égaux opposés par leur sommet O ; ils divisent le plan en trois régions que j'appellerai $\mathcal{R}_1$, $\mathcal{R}_1^r$, $\mathcal{R}_\infty^{(1)}$ par analogie avec ce qui précède ; soit P₁ la ligne brisée fermée qu'ils forment. Au milieu de chaque côté de P₁ plaçons le sommet d'un triangle équilatéral intérieur à $\mathcal{R}_\infty^{(1)}$, à côtés parallèles à ceux de P₁ et dont le côté soit le $\frac{1}{8}$ du côté de P₁ ; P₁ joint à ces triangles donne une ligne polygonale fermée P₂ qui délimite encore un domaine simplement connexe $\mathcal{R}_\infty^{(2)}$, ainsi que d'autres domaines triangulaires. Au milieu de chaque côté de P₂ plaçons le sommet d'un triangle équilatéral intérieur à $\mathcal{R}_\infty^{(2)}$, à côtés parallèles à ceux de P₂ et dont le côté soit le $\frac{1}{8}$ *du côté considéré de* P₂ ; P₂ joint à ces triangles fournit la ligne brisée fermée P₃ qui délimite le domaine simplement connexe $\mathcal{R}_\infty^{(3)}$, ... Ce processus continué indéfiniment donne des lignes P₁, P₂, P₃, ... qui tendent vers un continu ayant toutes les propriétés de Γ indiquées plus haut.

(¹) Ces antécédentes successives tendent vers zéro dans toutes leurs dimensions.

ANALYSE MATHÉMATIQUE. — *Sur les singularités irrégulières des équations linéaires*. Note de M. René Garnier.

Dans une Note précédente ([1]) j'ai montré que, si l'on considère une équation différentielle linéaire du second ordre

$$(\text{E}_0) \qquad y'' = \left[s^2 x^{2m} + a_{2m-1} x^{2m-1} + \sum_{2m-2}^{+\infty} a_j x^j \right] y \qquad (s \neq 0)$$

comme limite d'une équation (c) à $m+2$ points réguliers e_i, on retrouve dans les intégrales normales y_k^j du point $x = \infty$ la trace des intégrales canoniques des e_i; et, dans les produits $\alpha_k^1 \alpha_k^2$, $\alpha_k^2 \alpha_{k+1}^1$, des coefficients des relations caractéristiques

$$(\alpha) \qquad y_{k+1}^1 - y_k^1 = \alpha_k^1 y_k^2, \qquad y_{k+1}^2 - y_k^2 = \alpha_{k+1}^1 y_{k+1}^1$$

du point $x = \infty$, on saisit la trace des invariants du groupe de monodromie de (c). Dans cette Note, j'appliquerai les résultats précédents à l'étude de la *disposition des zéros* des intégrales de (E_0), et je les étendrai rapidement aux *équations de seconde espèce* $(s = 0)$.

1. Dans le secteur

$$\Delta_k^1 \qquad (4k-1)\pi + \eta \leqq 2(m+1)\theta \leqq (4k+1)\pi - \eta \qquad [x = r e^{i\theta}; \; r > r_0(\eta)],$$

nous connaissons y_k^1, y_{k+1}^1, asymptotes à ([2]) $x^{\lambda_1} e^{\psi_1(x)}$, et de très grand module, et y_k^2, asymptote à $x^{\lambda_2} e^{\psi_2(x)}$, et de module très petit; dans Δ_k^1 une intégrale quelconque y s'écrira donc sous la forme

$$y = \text{A}_1 y_k^1 + \text{A}_2 y_k^2,$$

forme encore valable pour $(2m+1)\theta = (4k-1)\pi$, mais non pour $(2m+1)\theta = (4k+1)\pi$, direction étrangère au domaine de convergence

---

([1]) *Comptes rendus*, t. 166, 1918, p. 103.

([2]) Les polynômes ψ_1 et $-\psi_2$, nuls avec x, commencent par $\dfrac{s x^{m+1}}{m+1}$ (s réel et > 0 pour simplifier l'écriture).

de y_k^2. Puis, dans le secteur D_k^1 qu'on déduit de Δ_k^1 en faisant $\eta = 0$, marquons les racines $\xi_j (\pm j = 0, 1, 2, \ldots)$ de

$$A_1 e^{\frac{s\,x^{m+1}}{m+1}} + A_2 e^{-\frac{s\,x^{m+1}}{m+1}} = 0;$$

elles s'échelonneront sur une branche de l'hyperbole

$$r^{m+1} \cos(m+1)\theta = C,$$

qui admet les frontières de D_k^1 comme asymptotes (et, pour $\log|A_1 : A_2|$ assez grand appartiendra tout entière au domaine de convergence).

Ceci fait, de ξ_j comme centre, décrivons une circonférence γ_j de rayon $\rho|\xi_j|^{\frac{m}{m+1}}$ (ρ, très petit); pour $|j|$ assez grand, chaque γ_j contiendra une racine (et une seule) de $y = 0$; on aura ainsi une suite infinie de racines tendant vers le bord *droit* de D_k^1; mais le bord gauche nous est encore interdit. Pour l'approcher, remarquons que *l'une des relations* (α) *permet d'exprimer y en fonction de y_k^2 et y_{k+1}^1* (définies le long du bord *gauche*); et l'on aura construit ainsi pour l'équation $y = 0$ *une ligne* (¹) *doublement illimitée de zéros* (²), chacun enfermé dans un γ_j. D'ailleurs, *l'ensemble des relations caractéristiques permettrait de former des lignes analogues dans les autres secteurs.* Ici encore on observera que, si le résultat précédent a été atteint, c'est parce que la méthode des approximations successives permet d'individualiser deux intégrales y_{k+1}^1, y_k^1, qui, dans Δ_k^1, n'en auraient constitué qu'une pour la théorie des séries asymptotiques.

2. Étendons maintenant ces résultats et ceux de nos Notes antérieures aux équations de seconde espèce ($s = 0$). Dans ce cas, les approximations

---

(¹) Deux demi-lignes si $\log|A_1 : A_2|$ est inférieur à la limite dont il a été question.

(²) C'est la généralisation d'un fait analogue établi par M. P. Boutroux pour l'équation de Bessel $xy'' + 2py' + xy = 0$, à l'aide d'une méthode féconde, indépendante de la théorie des équations linéaires. On peut, du reste, retrouver le résultat de M. P. Boutroux en posant $y = zx^{-2p} \cos(x - C)$, z étant solution de l'équation de Volterra

$$z(x) = 1 - p(p-1) \int_x^\infty \sin(x - \xi) \frac{\cos(\xi - C)}{\cos(x - C)} \frac{z(\xi)}{\xi^2} d\xi,$$

où le chemin d'intégration est parallèle à l'axe réel.

successives fournissent encore $2m + 1$ intégrales normales

$$y_k(\pm k = 0, 1, \ldots, m),$$

formant cette fois un seul groupement, et y_k étant définie, pour a_{2m-1} positif, dans le secteur

$$\sigma'_k \qquad (2k-3)\pi + \eta < (2m+1)\theta < (2k+3)\pi - \eta \qquad [r > r_0(\eta)],$$

où elle est de la forme $x^\lambda e^{\chi(x)}(1 + \ldots)$ $\left[\chi(x)\right.$ étant le produit de $\sqrt{a_{2m-1}\,x}$ par un polynôme d'ordre m, nul avec $x\Big]$. *Pour*

$$\delta_k \qquad (2k-1)\pi + \eta < (2m+1)\theta < (2k+1)\pi + \eta,$$

on connaît donc trois intégrales normales, qui seront encore liées par des relations du type (α). Mais cela ne suffirait pas pour conclure que ces nouvelles relations jouent le même rôle que les anciennes dans la dégénérescence des invariants de H. Poincaré; *il faut encore établir qu'on peut passer par continuité des intégrales normales de* (E_0) *(avec $s \neq 0$) aux intégrales normales d'une équation de seconde espèce.*

3. Résumons rapidement la méthode. Soit $s^2 x^{2m} + a_{2m-1} x^{2m-1} = X^2$; on peut former une fonction rationnelle $V(x, X)$ telle qu'en posant dans (E_0)

$$y = z X^{-\frac{1}{2}} e^{\int V\,dx}$$

z satisfasse à une équation dont le coefficient de z, rationnel en x et X, présente $x = \infty$ comme infini (algébrique) d'ordre $\leq m - 2$. Dès lors, *les approximations relatives à l'équation en z convergeront le long des courbes* C *qui donneront à* $\int_{x_0}^{x} X\,dx$ *un argument constant* φ_0, *compris, par exemple,* entre $\dfrac{\pi}{2} + \eta$ et $\dfrac{3\pi}{2} - \eta$; et, dans la région balayée par C quand φ_0 et x_0 varient, elles fourniront un système d'intégrales équivalentes aux intégrales y_k^1, y_k^2. Mais, pour $x_0 = 0$, C présente $x = 0$ comme point d'arrêt, commun à $2m + 1$ branches; $|x_0|$ grandissant, C se comporte dans le voisinage de $x = 0$ comme une hyperbole à $2m + 1$ branches, puis s'en éloigne, sans pouvoir atteindre cependant le point singulier $\zeta = -a_{2m-1} s^{-2}$; enfin, les directions asymptotiques de C coïncident toujours avec celles de H. Ces remarques conduisent à la conclusion suivante :

Si s tend vers o, ζ s'éloignant à l'infini à l'intérieur d'un Δ_k, tout se passe comme si ce secteur était supprimé, les $2m+1$ restants étant élargis de façon à combler le vide ; et, de plus, les ensembles des valeurs prises par les intégrales normales y'_k qui occupent Δ_k sont incorporés aux ensembles analogues des autres secteurs, le nouveau dispositif tendant vers celui des intégrales normales de seconde espèce. La discussion précédente achevée, on peut alors affirmer que *les notions de relations caractéristiques et de paramètres d'un point irrégulier de première espèce conservent toute leur signification pour les points de seconde espèce.*

ANALYSE MATHÉMATIQUE. — *Sur le maximum du module des fonctions entières.* Note de M. **Valiron**, présentée par M. Hadamard.

Soient $f(z) = \Sigma c_n z^n$ une fonction entière, $M(r)$ le maximum du module de la fonction pour $|z| = r$ et $m(r)$ le terme maximum, c'est-à-dire le plus grand des nombres $|c_n| r^n$. M. Wiman a montré récemment [1] que, pour une infinité de valeurs de r indéfiniment croissantes, on a l'inégalité

$$(1) \qquad M(r) < m(r) [\log m(r)]^{\frac{1}{2}+\varepsilon} \qquad \left(\varepsilon > 0, \lim_{r=\infty} \varepsilon = 0\right).$$

Je vais montrer que cette inégalité est vraie *presque partout*, et donner en même temps, en employant une représentation géométrique due à M. Hadamard [2] dont j'ai déjà fait usage ailleurs [3], une démonstration plus naturelle des diverses propositions démontrées par M. Wiman.

Désignons par $-g_n$ le logarithme de $|c_n|$, et construisons avec les points A_n de coordonnées n, g_n un polygone de Newton $\pi(f)$ concave vers le haut, ayant pour sommets certains des points A_n et laissant les autres du côté de sa concavité. Le rang $n(r)$ du terme maximum $m(r)$ est l'abscisse du sommet de $\pi(f)$ pour lequel la droite de coefficient angulaire $\log r$ passant par ce sommet ne coupe pas $\pi(f)$. La connaissance de $\pi(f)$ entraîne donc celle de $m(r)$ et réciproquement. Si G_n est l'ordonnée du

[1] *Acta mathematica*, t. 37, p. 305.
[2] *Journal de Mathématiques*, 1893, p. 171 ; *Bulletin de la Société mathématique*, 1896, p. 186.
[3] *Thèse*, 1914 ; *Bulletin de la Société mathématique*, 1916, p. 45.

point d'abscisse n de $\pi(f)$, la série à termes positifs

$$F(r) = \Sigma \, e^{-G_n} r^n$$

majore $M(r)$ et a même polygone $\pi(F) = \pi(f)$ et, par suite, même maximum que $f(z)$.

Soit $\mathcal{F}(r)$ une fonction $F(r)$ donnée qui nous servira de terme de comparaison, pour laquelle $M(r) = \mathcal{F}(r)$ et le terme maximum $m(r)$ vérifient la relation

$$(2) \qquad\qquad M(r) < m(r)\, \varphi[m(r)],$$

$\varphi(x)$ étant une fonction non décroissante déterminée. Soit $\mathcal{G}_n$ la valeur de G_n pour la fonction $\mathcal{F}(r)$. Si, pour une fonction $f(z)$, on a $G_n \geq \mathcal{G}_n$, l'égalité ayant lieu pour une valeur n_0 de n, les fonctions $M(r)$ et $m(r)$ relatives à $f(z)$ vérifient aussi (2) pour les valeurs de r pour lesquelles le rang du terme maximum dans $\mathcal{F}(r)$ est n_0. De cette remarque évidente résulte la proposition suivante :

I. Si, pour une fonction $f(z)$, on a

$$(3) \qquad\qquad \overline{\lim_{n=\infty}} \frac{1}{n}(G_n - \mathcal{G}_n) = +\infty,$$

les fonctions $M(r)$ et $m(r)$ relatives à $f(z)$ vérifient l'inégalité (2) pour une infinité de valeurs indéfiniment croissantes de r.

En effet, k étant supérieur à un et l positif, les fonctions $M(r)$ et $m(r)$ relatives à $k\,\mathcal{F}\!\left(\dfrac{r}{l}\right)$ vérifient aussi (2); d'autre part, l étant un nombre positif quelconque, on peut, en vertu de la condition (3), déterminer un nombre $k(l)$ tel que tous les côtés du polygone $\pi\!\left[k(l)\,\mathcal{F}\!\left(\dfrac{r}{l}\right)\right]$ soient au-dessous du polygone $\pi(f)$ et que ces deux polygones aient au moins un sommet commun, soit $n(l)$ la plus petite des abscisses de ces sommets communs. On voit sans peine que $k(l)$ croît avec l, il est d'ailleurs évident que $k(l)$ devient infini avec l, $k(l)$ est ainsi supérieur à un pourvu que l soit assez grand, on est donc dans les conditions d'application des remarques précédentes. D'autre part, la pente d'un côté de rang fixe et quelconque de $\pi\!\left[k(l)\,\mathcal{F}\!\left(\dfrac{r}{l}\right)\right]$ augmente avec l et peut dépasser tout nombre donné, il suit de là que $n(l)$ ne peut décroître et devient infini avec l. L'inégalité (2) a donc lieu pour une infinité de valeurs indéfiniment croissantes de r.

Pour obtenir un résultat général, il suffit de remarquer que, dans le raisonnement précédent, rien ne suppose que $f(r)$ soit une fonction entière. Nous pouvons prendre pour $f(r)$ une série entière de rayon de convergence égal à l'unité

$$f(r) = \Sigma \, e^{H(n)} \, r^n,$$

$H(x)$ étant une fonction croissante non bornée telle que les points de coordonnées, n, $H(n)$ soient les sommets d'un polygone $\pi(f)$ concave vers le haut, et telle qu'on ait toujours une relation de la forme (2) entre $M(r) = f(r)$ et le terme maximum $m(r)$, terme maximum qui existe d'après l'hypothèse faite sur la croissance de $H(x)$. L'inégalité (3) dans laquelle g_n est pris égal à $H(n)$ est alors vérifiée pour toute fonction entière, et par suite les fonctions $M(r)$ et $m(r)$ relatives à une fonction entière quelconque vérifient aussi la relation (2) définie par la série entière $f(r)$, tout au moins pour une infinité de valeurs indéfiniment croissantes de r.

On peut préciser les valeurs de r pour lesquelles l'inégalité (2) a lieu : à tout nombre positif l suffisamment grand correspondent des valeurs donnant (2), en particulier la valeur définie par l'égalité

$$\log r = \log l - H'[n(l)],$$

$H'(x)$ désignant un nombre quelconque compris entre les dérivées à gauche et à droite de la fonction représentée par le polygone $\pi(f)$. En faisant croître l continûment, on voit que les intervalles de variation de $\log r$ dans lesquels (2) n'a pas lieu sont intérieurs à ceux constitués par les sauts de la fonction

$$\log l - H'[n(l)].$$

Comme $n(l)$ ne décroît pas, que $H'(x)$ décroît et tend vers zéro lorsque x croit, la somme de ces sauts est arbitrairement petite pour $r > R$. D'où le résultat général :

II. L'inégalité (2) étant vérifiée pour une série entière $f(r)$ satisfaisant aux conditions précédentes, cette inégalité est vérifiée pour les fonctions $M(r)$ et $m(r)$ relatives à une fonction entière quelconque, sauf peut-être dans un ensemble dénombrable d'intervalles à l'intérieur desquels la variation totale de $\log r$ est inférieure à un nombre arbitrairement petit ε pourvu que $r > R(\varepsilon)$.

En particularisant $\mathcal{J}(r)$ on obtiendra des résultats d'autant plus précis que $\mathcal{J}(r)$ sera plus rapidement croissant, et les intervalles exceptionnels seront d'autant plus grands que $\mathcal{J}(r)$ croîtra plus vite et que $f(z)$ croîtra moins vite. En limitant inférieurement la croissance de $n(r)$ on obtiendra de nouveaux résultats, par exemple le suivant :

III. Pour toutes les fonctions entières pour lesquelles le rapport $\dfrac{\log n(r)}{\log r}$ a une limite infinie lorsque r croît indéfiniment (classe de fonctions d'ordre infini), l'inégalité (1) a lieu si l'on exclut un ensemble dénombrable d'intervalles dans lesquels la variation totale de r est finie.

Pour les séries entières possédant pour chaque valeur de r un terme maximum, on obtiendra un résultat analogue à I en faisant toujours les mêmes hypothèses sur la série de comparaison $\mathcal{J}(r)$, mais en remplaçant la condition (3) par

$$\overline{\lim_{n=\infty}}(\mathcal{G}_n - G_n) = +\infty.$$

En limitant inférieurement la croissance de $n(r)$ on obtiendra des résultats du même genre que III, mais il est clair que l'on ne peut avoir un résultat général analogue à II.

GÉOMÉTRIE. — *Quelques remarques nouvelles sur la quadrature approchée du cercle.* Note ([1]) de M. DE PULLIGNY, présentée par M. Charles Lallemand.

Si dans un cercle dont le rayon est égal à l'unité on considère, comme je l'ai indiqué dans une Communication précédente ([2]), les carrés construits sur une corde qui tourne autour d'un point S situé au milieu d'un rayon (*fig.* 1), l'expression ci-après fournit la valeur de l'aire de ce carré en fonction des abscisses OP ou OP' des extrémités B et C de la corde par rapport à l'axe OB' perpendiculaire au rayon OSA :

(1)
$$\overline{BC}^2 = \frac{4(2 - OP)^2}{5 - 4OP};$$

([1]) Séance du 11 mars 1918.
([2]) *Comptes rendus*, t. 166, 1918, p. 489.

appelons d la distance OD, $2c$ la corde BC, et ω l'angle $\widehat{\text{DOS}}$, on a

$$\cos\omega = 2d, \quad d\cos\omega = 2d^2, \quad \cos^2\omega = 4d^2, \quad c^2 = 1 - d^2,$$
$$\sin^2\omega = 1 - 4d^2, \quad c^2\sin^2\omega = (1-d^2)(1-4d^2) = 1 - 5d^2 + 4d^4,$$

et projetant sur OA les contours OPB, ODB, on a·

$$\text{OP} = \alpha = d\cos\omega - c\sin\omega, \quad (\alpha - d\cos\omega)^2 = c^2\sin^2\omega,$$
$$(\alpha - 2d^2)^2 = 1 - 5d^2 + 4d^4, \quad \alpha^2 - 4\alpha d^2 + 5d^2 - 1 = 0,$$
$$d^2 = \frac{1-\alpha^2}{5-4\alpha}, \quad 4c^2 = 4 - 4d^2 = \frac{4(2-\alpha)^2}{5-4\alpha}.$$

Si l'on fait $\overline{\text{BC}}^2 = \varpi$ dans l'équation (1), on tire

$$\text{OP} = 0,09572\ldots \quad \text{et} \quad \text{OP}' = 0,76268\ldots;$$

on voit que $\text{OP} = \frac{1}{10}$ et $\text{OP}' = \frac{3}{4}$ fournissent des valeurs approchées de la

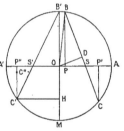

Fig. 1.

quadrature et, en effet, les valeurs correspondantes de $\overline{\text{BC}}^2$ sont

$$\frac{361}{115} = 3,1391 \text{ pour OP} = \frac{1}{10} \quad \text{et} \quad \frac{25}{8} = 3,125 \text{ pour OP}' = \frac{3}{4}.$$

Les erreurs relatives sont respectivement $0,0008$ et $0,0058$.

En modifiant légèrement la première solution, elle fournit la construction la plus recommandable pour les rares cas de la pratique où des artisans ne peuvent pas se contenter de l'approximation populaire $\overline{\text{BC}}^2 = 3,2$ indiquée dans la Communication précédente comme celle qui leur convient le mieux.

On a vu que cette approximation s'obtient par la construction suivante, remarquablement simple : joindre le milieu d'un rayon à l'extrémité d'un rayon perpendiculaire. Si [l'on a besoin d'une précision plus grande, on joint le milieu S au point B du cercle situé à la distance $B'B = \frac{1}{10}$ de l'extrémité B′ d'un rayon perpendiculaire et l'on trace ensuite la corde BSC. L'abscisse du point B est égale à

$$\frac{1}{10} - \frac{1}{8000} = 0,099875$$

et le carré de la corde BC correspondante est égal à $\overline{BC}^2 = 3,13920$. L'erreur relative est

$$\frac{3,14159 - 3,13920}{3,14159} = 0,0008,$$

soit un peu moins de un millième.

La différence entre [la corde B′B et le sinus OP de l'angle B′OB $= \alpha$ est égale à $2\sin\frac{\alpha}{2} - \sin\alpha$. Or, en négligeant les puissances de l'arc supérieures à la quatrième on a

$$\sin\alpha = \alpha - \frac{\alpha^3}{6}, \qquad \sin\frac{\alpha}{2} = \frac{\alpha}{2} - \frac{\alpha^3}{48}, \qquad 2\sin\frac{\alpha}{2} - \sin\alpha = \frac{\alpha^3}{8}.$$

On peut remarquer que si l'on fait la construction populaire « joindre le milieu S′ d'un rayon à l'extrémité B′ d'un rayon perpendiculaire », l'ordonnée $C'P'' = \frac{1}{2} + \frac{1}{10}$. En la diminuant de $C'C'' = OS = \frac{1}{2}$, on a en C″P″ la longueur $\frac{1}{10}$ qui est nécessaire pour construire la valeur plus approchée BC.

Pour obtenir une quadrature approchée d'un cercle, les artisans se contentent, dans certains cas, de mesurer son périmètre et d'élever au carré le quart de cette longueur. Ils obtiennent ainsi

$$\frac{\varpi^2}{4}R^2 = 2,4674\,R^2$$

et l'erreur relative est

$$\frac{\varpi R^2 - \frac{\varpi^2}{4}R^2}{\varpi R^2} = 1 - \frac{\pi}{4} = 0,2146.$$

On améliore beaucoup cette médiocre approximation si, au quart du périmètre, on ajoute le $\frac{1}{8}$ de ce quart avant de l'élever au carré.

On obtient ainsi

$$\overline{BC}^2 = 3,1228\,R^2.$$

L'erreur relative est

$$\frac{3,1416 - 3,1228}{3,1416} = 0,006;$$

soit un peu plus de 0,5 centième.

Dans les cas fréquents où l'on peut mesurer à la fois le périmètre et le rayon d'un cercle, on obtient sa quadrature exacte en portant le quart du périmètre sur un diamètre en B'H (*fig.* 1) et en élevant une perpendiculaire HC' pour déterminer la corde B'C'. $\overline{B'C'}^2$ est en effet égal à ϖR^2; mais cette construction nécessite l'emploi d'un fil pour mesurer le périmètre, en plus de la règle et du compas.

On a

$$\overline{B'C'}^2 = B'H \times B'M = \frac{\varpi}{2}R \times 2R = \varpi R^2.$$

GÉOLOGIE. — *Le Cambrien de la Sierra de Córdoba (Espagne).*
Note ([1]) de M. Eduardo Hernandez-Pacheco.

L'étude du Cambrien de la péninsule Ibérique offre de grandes difficultés dues à deux causes : d'une part, le métamorphisme intense des terrains inférieurs au Silurien rend, sinon impossible, du moins extrêmement difficile, dans l'état actuel de la Science, d'établir des limites entre le Précambrien et le Cambrien, et de décider auquel de ces deux terrains appartiennent d'énormes étendues de roches schisteuses de diverses régions de l'Espagne, telles que l'Estrémadure, les monts de Tolède et de la Sierra Morena; d'une autre, les fossiles sont totalement absents.

C'est à Macpherson qu'on doit la donnée la plus concrète relativement aux formations cambriennes de la Sierra Morena. En étudiant les terrains

---

([1]) Séance du 11 mars 1918.

du nord de la province de Séville, il trouva à El Pedroso,. près de Cazalla de la Sierra, un exemplaire d'un fossile, que Rœmer fit rentrer dans le groupe des Archæocyatidæ, le classant sous le nom d'*Archæocyathus Marianus* Rœm. Cette découverte permit à Macpherson de considérer comme cambriennes d'énormes étendues de terrains de la Sierra Morena. D'après lui, la mer cambrienne s'étendit en transgression sur la Sierra Morena actuelle en y déposant des conglomérats polygéniques discordants sur le Précambrien. Ils supportent des ardoises et des calcaires renfermant le fossile en question, que Macpherson attribue au Cambrien moyen.

Au cours de l'une de mes excursions en Andalousie, j'ai découvert au « Cerro de las Ermitas », près de Cordoue, un gisement de fossiles à comparer à celui de Macpherson.

Le gisement de la Sierra de Cordoba m'a permis de fixer l'âge de la partie de la Sierra Morena correspondante à Cordoue, d'établir les déductions suivantes : sur les micaschites précambriens alternent des bancs épais de quartzites et d'ardoises, plissés, orientés de W-NW à E-SE; les plis sont brisés aux charnières (structure isoclinale). Le tout est traversé par des porphyres quartzifères ou feldspathiques et par des diabases. On observe cette disposition depuis les mines du « Cerro Muriano », le long de la voie ferrée dans la direction de Cordoue, jusqu'au point où celle-ci croise la route, puis le long de cette dernière jusque vers la capitale andalouse. Je considère cet ensemble comme Géorgien, comme l'équivalent du niveau détritique d'El Pedroso. Sur ces quartzites, il se superpose un autre étage constitué par des calcaires noirs marmoréens et des ardoises psammitiques violettes ou verdâtres avec des intercalations calcaires. La formation prend dans son ensemble une disposition synclinale. Au-dessus d'elle se sont déposés les grauwackes, des ardoises noirâtres et des conglomérats du Carbonifère inférieur.

Sur le Carbonifère inférieur, et disposés en couches horizontales ou légèrement inclinées vers la vallée du Guadalquivir, existent des lambeaux de la formation côtière du Miocène moyen avec leurs bancs d'huîtres et de térébratules, leurs grands *Pecten*, des dents de requins, des os de cétacés.

Le Cambrien affleure de nouveau près de Cordoue; ses plis sont disposés en couches orientées dans la direction générale de la Sierra et plongent vers l'intérieur de cette dernière. En face de la ville la coupe géologique de la Sierra montre la disposition suivante (de bas en haut depuis le pied de la Sierra jusqu'au « Cerro de las Ermitas ») : Le Cambrien inférieur est recouvert par les grauwackes, ardoises et conglomérats du Carbonifère inférieur sur lequel sont disposés en discordance des conglomérats miocènes empâtant des huîtres et des calcaires grossiers, très fossilifères, helvétiens. Une grande coulée d'andésite s'étend à mi-versant le long de la Sierra; elle est coupée par des filons de felsophyres et de diabases. Plus haut, vers le sommet, apparaît déjà le Cambrien, constitué au « Cerro de las Ermitas » par un banc de quartzite recouvert par des ardoises verdâtres calcifères riches en *Archæocyatidæ* (formation de récifs côtiers). Les ardoises à *Archæocyatidæ* passent dans le haut à de vrais calcaires marmoréens (carrières du Rodadero de los Lobos), de couleur violette, également fossilifères, marbres identiques à ceux des colonnes de la mosquée de Cordoue. Enfin, entre les « Ermitas » et à « Torre Siete Esquinas », les calcaires deviennent cristallins et les fossiles disparaissent, tandis que vers l'intérieur de la Sierra (gorges du Guadiato et du Trassiera) des batholites de granite et de syénite ont métamorphisé les sédiments, les convertissant en cornéennes, en marbres saccharoïdes et en ophicalces exploités sous la domination romaine et arabe.

La tectonique de la Sierra de Cordoba est compliquée par la présence de filons métallifères, pour la plupart cuprifères, et parallèles dans leur ensemble à l'alignement général de la Sierra; en coupant les couches, ils affleurent au bord de la plate-forme supérieure de la Sierra Morena. Les calcaires de « Torre Siete Esquinas » renferment aussi des amas de calamine et de galène.

Voici les conclusions auxquelles conduit cette étude :

1° Le Carbonifère s'étend sur les versants et à la base de la Sierra de Cordoba, non seulement au nord-est de la ville de Cordoue, mais aussi en face de celle-ci et au sud-ouest; il se prolonge probablement au-dessous des calcaires, marnes et argiles de la plaine du Guadalquivir; une grande partie des terrains schisteux, considérés jusqu'à présent comme cambriens, appartiennent donc au Carbonifère.

2° La formation d'ardoises calcifères et argileuses de couleur violette ou verdâtre, et de calcaires marmoréens, cambrienne, ainsi que le démontre sa faune abondante d'*Archæocyatidæ* (Géorgien supérieur ou Acadien inférieur).

3° La disposition des couches cambriennes enfoncées en face de la plaine bétique et plongeant vers l'intérieur de la Sierra, de telle façon que le Carbonifère apparaît en discordance sur le Cambrien et à un niveau inférieur à ce dernier, nous indique que la faille ou grande fracture bétique, signalée par Macpherson, existe visiblement à Cordoue.

4° Le bord de la Sierra Morena était déjà fracturé, comme le suppose Macpherson, à la fin des temps paléozoïques; ces lignes de fracture et les fentes produites par le mouvement tectonique ont servi de voie aux matériaux éruptifs formant la grande masse d'andésites qui s'étend à mi-versant de la Sierra de Cordoba ainsi qu'à des dykes de diabases et de porphyres; elles ont en outre permis la formation de filons métallifères.

GÉOLOGIE. — *Sur l'âge des nappes prérifaines et sur l'écrasement du détroit sud-rifain* (Maroc). Note de MM. **L. Gentil**, **M. Lugeon** et **L. Joleaud**, présentée par M. Émile Haug.

La nappes prérifaines sont charriées vers le sud, obéissant ainsi à la loi générale des mouvements orogéniques de la zone littorale du Nord-africain. Leur région frontale a épousé les sinuosités du bord septentrional de l'avant-pays hercynien.

C'est ainsi que le front de la nappe du Zerhoun est nettement orienté est-ouest, tandis que celui des nappes de l'Outità et du Tselfatt, ayant rencontré un obstacle, a dévié pour prendre une direction sensiblement sud-nord.

La guirlande ainsi formée dessine un demi-cercle dont le rayon n'excède pas 25^{km}. Nulle part, dans les Alpes, le front des nappes ne présente une aussi brusque incurvation.

La partie la plus méridionale de la région prérifaine étant constituée par des nappes empilées, il en est probablement de même des régions plus septentrionales comprises entre Mechra bel Ksiri et Arbâoua; mais, en aucun point dans le pays que nous avons parcouru, nous n'avons pu apercevoir le substratum.

Les nappes prérifaines viennent-elles du Rif lui-même ou de sa bordure méridionale? C'est là une question qui ne sera résolue qu'après l'étude de la chaîne rifaine encore inexplorée. Il faut, de toute façon, admettre que les nappes du bassin du Sebou se sont étendues sur d'immenses surfaces; par suite d'un cheminement d'au moins 80^{km}.

Il s'agit là d'un phénomène remarquable par la disproportion qui existe entre le chemin parcouru par les nappes et leur faible épaisseur.

Dans la zone prérifaine, le terrain le plus récent que nous ayons rencontré est, abstraction faite du Quaternaire, le Tortonien. Il est constitué par des conglomérats et des grès sableux, qui forment, à l'est de Volubilis, un plateau faiblement ondulé.

Le grand mouvement de translation des charriages s'est donc accompli à la fin de l'Helvétien.

Toutefois les poussées tangentielles se sont encore fait sentir au Tortonien, car cet étage miocène se relève sur la bordure du pays des nappes, et, dans les environs de Fez (djebel Tsrats), il est même plus franchement plissé.

Le faciès très détritique du Tortonien démontre que la mer miocène était en régression à cette époque : ses sédiments grossiers succèdent, en effet, brusquement aux marnes à Foraminifères de l'Helvétien bathyal.

Le détroit Sud-Rifain se fermait alors peu à peu par l'empilement des nappes prérifaines et l'écrasement des dépôts néogènes contre la Meseta marocaine.

Telle est la cause déterminante de la fermeture du détroit.

La mer sahélienne ne paraît avoir pénétré que très peu dans la zone des charriages. Les dépôts littoraux du Miocène supérieur forment, depuis Dar bel Hamri jusqu'au delà du Sebou, une bordure régulière au pays des nappes. Les terrains horizontaux de la plaine du R'arb se relèvent immédiatement au voisinage de la région plissée, soit que les nappes aient encore quelque peu oscillé, soit que la plaine ait subi un affaissement à l'époque pliocène.

. La frange sahélienne côtoye aussi bien la première zone prérifaine que la seconde. Il est possible que vers Bab Tiouka la nappe de l'Outità se perde sous la grande plaine, mais partout ailleurs sa partie frontale devait former sensiblement le rivage de la mer du Miocène supérieur.

La mise en place des nappes était alors un fait accompli. Nous en trouvons la preuve à Bab Tiouka même, où le Sahélien relevé à la périphérie de la plaine renferme des éléments empruntés au grand lambeau de recouvrement triasique avec lequel il est en contact.

D'ailleurs, les mêmes faits ont été constatés par l'un de nous à l'est, dans la basse vallée de la Mlouya, où il a vu le Sahélien transgressif sur le Jurassique et le Trias charriés, au pied du massif des Kebdana ([1]).

Les nappes prérifaines sont, par rapport à l'axe du détroit de Gibraltar,

---

([1]) L. GENTIL, *Comptes rendus*, t. 151, 1914, p. 781.

les symétriques des nappes nord-bétiques, découvertes par René Nicklès et Robert Douvillé.

Il est certain qu'il y a continuité dans cette guirlande hispano-marocaine, suivant la ligne des hauts fonds compris entre le cap Spartel et la pointe de Trafalgar.

MÉTÉOROLOGIE. — *Sur le refroidissement nocturne des couches basses de l'atmosphère.* Note de M. **H. Perrotin**, présentée par M. J. Violle.

Au cours de recherches sur les mouvements de la chaleur dans les couches inférieures de l'atmosphère pendant le cours d'une journée, j'ai obtenu des résultats que j'espère réunir bientôt dans un travail d'ensemble et dont certains me paraissent intéressants.

On sait que pendant la nuit, la température moyenne s'abaisse régulièrement au voisinage du sol par suite de la perte de chaleur par rayonnement des couches basses vers les couches supérieures. En admettant que la perte de chaleur de l'unité de masse d'air est proportionnelle à l'excès de sa température t sur une température fictive θ, on arrive facilement à l'équation différentielle

$$\frac{dt}{dx} = -\frac{\sigma}{c}(t - \theta),$$

dans laquelle x représente le temps, σ le coefficient de rayonnement, c la chaleur spécifique de l'air à pression constante. On en déduit la relation

$$t = \theta + A e^{-\frac{\sigma}{c}x},$$

qui représente la marche de la température pendant la nuit.

En appliquant ces formules aux observations de température faites en de nombreux points du globe, on a obtenu les valeurs de σ pour un très grand nombre de stations, aussi diverses que Paris et Berne, le mont Saint-Bernard et le Sonnblick, Bombay et Batavia, etc. *Toutes ces valeurs sont les mêmes à $\frac{1}{50}$ près* et donnent comme moyenne $0^{cal},036$, valeur notablement supérieure d'ailleurs à celle que fournissent les expériences de laboratoire.

Cette conclusion, que l'on trouve dans tous les traités de météorologie, est pour le moins trop générale et paraît tenir au fait que les observations de température qui ont permis de l'établir ont toutes été effectuées au voisinage du sol.

En effet, dès que l'on s'élève dans l'atmosphère, le coefficient de rayonnement diminue nettement, ainsi que le montrent les nombres suivants calculés d'après les températures enregistrées au Parc Saint-Maur et à trois niveaux différents de la Tour Eiffel. Les observations ont été faites pendant la période de cinq années, 1890-1894.

Coefficient de rayonnement nocturne.

	m	Hiver.	Été.
Parc Saint-Maur.........	2	0,036	0,030
Tour Eiffel..............	123	0,019	0,026
»	197	0,016	0,020
»	302	0,014	0,019

Ces nombres ne laissent aucun doute sur la réalité de la décroissance du coefficient σ avec l'altitude; celui-ci est réduit à peu près à la moitié de sa valeur à 300^m de hauteur.

La décroissance ne peut être attribuée à la diminution de la température et de la pression atmosphérique, comme le montrent les résultats des expériences de laboratoire. Il faut donc lui trouver une autre cause, ou bien admettre que le refroidissement des couches basses de l'atmosphère ne se produit pas comme celui d'un corps solide placé dans une enceinte à température constante. La dernière hypothèse paraît la plus vraisemblable.

BIOLOGIE. — *Biologie de la Perche malgache.* Note de M. Jean Légendre, présentée par M. E.-L. Bouvier.

La Perche malgache (*Paratilapia Polleni* Bleeker) appelée par les natifs *marakelle* en Émyrne, *foune* à la côte Est, appartient à la tribu des Paratilapies de la famille des Cichlidés.

Ce poisson a été l'objet de nombreuses études au point de vue zoologique, mais sa biologie n'a jamais été faite. Les plus gros spécimens atteignent 800^g, exceptionnellement 1^{kg}; il est d'ailleurs rare d'en voir de ce poids dans un pays où la pêche est permise en toute saison par tous les moyens. Les plus fortes perches couramment vendues sur le marché mesurent 16^{cm} × 9^{cm}.

Ce Cichlidé habite dans un rayon de 10^{km} de Tananarive les étangs, lacs et marais à végétation formée surtout de Cypérus. Quoique préférant les eaux profondes, il vit et prospère dans les étangs de 0^m,20 à 0^m,40, surtout si l'on y ménage, ainsi que je l'ai fait à la station d'aquiculture d'Antani-mena, un trou de refuge de o^m,60 à o^m,80 de fond. On ne le trouve pas dans les cours d'eau, lesquels sont dépourvus de végétation, ni dans les canaux d'irrigation dont la flore ne lui convient sans doute pas.

La coloration de l'adulte est très variable, le plus ordinairement bronzée ou vert olive parsemée de nombreuses taches lenticulaires d'un vert métal-lique. Comme presque tous les habitants des eaux douces il présente des phénomènes de mimétisme et adapte sa coloration à celle du fond. A l'époque du frai les couleurs sont plus brillantes; pour le mâle, taches vert cru sur olive clair; pour la femelle, taches bleu ciel, sur fond bleu noir. Cette dernière livrée peut être également celle du mâle, ainsi que le démontre l'examen des organes de reproduction.

L'alevin de 3 à 6 mois a une coloration gris verdâtre relevée sur les flancs par cinq ou six bandes noires verticales semblables à celles de la Perche de France.

Les premières pontes ont lieu fin novembre, correspondant au mois de juin de l'hémisphère nord, les dernières au début de février. La ponte est précédée d'une période [d'une quinzaine de jours durant laquelle les deux représentants de chaque couple ne se quittent pas; on les voit toujours ensemble dans le coin qu'ils ont choisi pour frayer, immobiles, se main-tenant à fleur d'eau par de légers mouvements des nageoires postérieures. Ils se laissent facilement approcher, se jettent sur le doigt ou la canne qu'on plonge dans l'eau, mais dédaignent la nourriture qu'on leur offre. Les œufs sont déposés dans une sorte de nid, sur des fonds de 8^{cm} à 15^{cm}, dans une clairière de o^m,30 de diamètre. Après la ponte, un seul poisson se charge de garder la progéniture; à en juger par la livrée verte, car je n'ai pas fait de capture pour le vérifier, ce doit être le mâle.

Les œufs de la grosseur d'un grain de mil, légèrement aplatis, sont au nombre d'au moins un millier (j'en ai compté [1769] chez une femelle mesu-rant 9^{cm} × 4^{cm}; ils sont déposés sur la vase et sur les racines des plantes aquatiques; leur incubation doit durer une quinzaine de jours dans une eau dont la température oscille entre 24° et 30°).

Une fois embryonnés les œufs sont noirs sur presque toute leur surface. A l'éclosion, les larves, longues de 1^{mm},5, ont le corps diaphane, on n'en aperçoit nettement à l'œil nu que la vésicule ombilicale couverte d'un pointillé noir très dense qui leur donne l'apparence de jeunes têtards. Couchés sur le dos ou sur le flanc, ils s'agitent de façon rythmée. Au sixième jour les yeux noirs du jeune se voient nettement, la soute ombili-cale est allégée et le petit poisson commence à nager; au neuvième jour la réserve vitelline est presque complètement absorbée et la petite nichée circule à fleur d'eau au voisinage du nid, en groupe serré, sous la surveillance du géniteur qui se tient en dessous et happe les grenouilles qui s'aventurent dans ses parages. A ce moment le corps de l'alevin se colore et présente, vu d'en haut, une zone dorsale jaune clair limitée par les surfaces noires des yeux, des restes de la vésicule ombilicale et de la ligne noire qui lui fait suite. A 3 semaines, le jeune poisson prend une livrée grise et porte une tache noire au bord supérieur de la dorsale postérieure. A l'âge de 1 mois, les alevins restent livrés à eux-mêmes, on les voit encore quelquefois, toujours groupés, mais sur une plus large surface.

L'incubation buccale des œufs, si commune chez les Cichlidés, *n'existe donc pas chez le Paratilapie* de Pollen. La garde des œufs n'en est pas moins efficace ; ayant fait prendre dans un nid quelques alevins de 2 jours encore couchés sur la vase, l'indigène qui fit le prélèvement fut mordu à la main par le gardien de la nichée. Ces blessures sont, d'ailleurs, très légères et ne saignent même pas.

La Perche malgache vit très bien en aquarium et se montre fort peu exigeante pour le renouvellement de l'eau et de la nourriture. Dans un bac cimenté de $2^m \times 1^m$ contenant une couche d'eau de $0^m,40$ je conserve depuis trois mois des marakelles que j'alimente avec des grenouilles et des vers de terre dans l'espoir d'y obtenir la reproduction et de pouvoir en suivre encore mieux toutes les phases.

CHIRURGIE. — *Essai de réduction mécanique des fractures.*
Note ([1]) de M. **Heitz-Boyer**, présentée par M. Paul Painlevé.

Il paraît désirable que, pour tout acte chirurgical, aux procédés actuellement basés sur l'observation empirique des résultats et fondés essentiellement sur l'habileté individuelle du chirurgien, on substitue des techniques déduites de données expérimentales rigoureuses et tendant dans l'exécution à une précision mécanique.

J'ai l'honneur de présenter à l'Académie une première technique de ce genre réalisée en chirurgie osseuse, pour obtenir à ciel ouvert une réduction quasi mathématique des os fracturés ([2]).

([1]) Séance du 18 mars 1918.
([2]) Je ne traiterai pas dans cette Note le problème chirurgical à résoudre, concernant les cinq déplacements que peuvent affecter entre eux les fragments d'os fracturés.

La technique proposée met en œuvre deux principes très simples d'ordre mécanique et géométrique.

A. La caractéristique primordiale du dispositif est la création d'une *base d'appui fixe* dans l'espace, permettant au chirurgien d'agir sur les fragments osseux au moyen de *leviers*. La réalisation pratique est faite par l'*interposition*, hors du foyer de fracture, *entre les deux daviers* tenant chaque fragment, d'*une tige « barre d'appui »* de longueur variable et qui transformera chaque davier en un levier du premier genre (voir *fig.* 1).

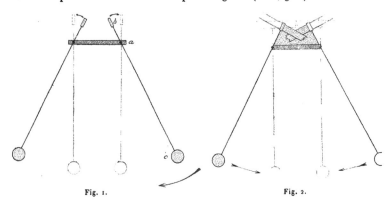

Fig. 1.   Fig. 2.

Le *point d'appui* (*a*) est représenté par l'articulation de chaque davier avec l'extrémité de la barre d'appui; le *petit bras de levier* (*ab*), par les mors et la partie attenante du davier; le *grand bras de levier* (*bc*), par le reste du davier; la *force* est constituée par les mains du chirurgien agissant sur les manches des daviers; la *résistance*, par le déplacement à réduire dans le foyer de fracture.

Le rapport adopté entre le grand et le petit bras de levier est dans ce modèle de 5 à 1, mais il peut être augmenté; tel quel, il permet au chirurgien, développant sur les manches des daviers un effort égal à 30^{kg}, de le transformer sur les fragments dans le foyer de fracture en une force de 150^{kg}.

B. Grâce à la force considérable ainsi exercée sur les fragments osseux, et au pivotement des deux « daviers-leviers » articulés sur la tige interposée « base d'appui » à une distance égale des deux fragments, le chirurgien pourra

ramener progressivement les deux daviers divergents (¹) à un parallélisme
exact, ce qui, dans le foyer de fracture, mettra les deux fragments
parallèles entre eux dans un même axe, c'est-à-dire *réduits au bout à
bout.* En effet, chaque fragment osseux est en principe perpendiculaire au
davier qui le tient (voir *fig.* 2) : or, deux lignes respectivement perpendiculaires à deux droites qui sont rendues parallèles deviennent elles-mêmes
parallèles entre elles, si les quatre lignes sont dans un même plan : c'est le
cas dans la construction envisagée plus haut, où la mise au parallélisme des
deux daviers aboutira nécessairement à la formation d'un rectangle, dont
un côté est formé par les deux fragments remis en prolongement rectiligne,
tandis que deux autres côtés sont représentés par les deux daviers rendus
parallèles, et le quatrième par la tige qui leur est interposée.

La réalisation pratique a été faite de la façon suivante (voir *fig.* 3). De
chaque extrémité A et B de la tige interposée aux deux daviers préhenseurs

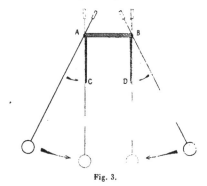

Fig. 3.

part une branche à angle droit, soit les branches AC et BD qui sont parallèles entre elles : l'ensemble rectangulaire rigide CABD ainsi constitué
formera le *Guide réducteur.* Si, par un mouvement de pivotement, on
ramène les deux daviers au contact de ces deux branches AC et BD, en
même temps que les daviers deviendront parallèles l'un à l'autre, ils met-
tront les deux fragments osseux parallèles entre eux, et, vu la construction

---

(¹) Les deux daviers sont en effet, au début de la manœuvre de réduction, divergents
entre eux, du fait que le chirurgien commence par mettre les deux fragments en angu-
lation pour pouvoir les réduire.

imaginée, dans le prolongement rectiligne l'un de l'autre (¹). La seule condition préliminaire indispensable est que tout chevauchement des fragments ait été d'abord supprimé par la mise à un écartement convenable de la tige interposée (c'est-à-dire de la partie AB de l'ensemble CABD).

C. Une troisième caractéristique du dispositif proposé est de permettre de *fixer* la réduction ainsi obtenue, grâce à un blocage immédiat de l'ensemble mécanique articulé des deux daviers et du réducteur. Les fragments fracturés réduits se trouvent de la sorte *rigoureusement immobilisés* par une action *à distance*, le foyer de fracture étant laissé *absolument à découvert*. Cette condition est d'un intérêt capital pour pouvoir appliquer facilement sur les os coaptés les moyens définitifs de contention (vissage, cerclage, boulonnage, enchevillement, etc.).

A 16 heures et quart l'Académie se forme en comité secret.

COMITÉ SECRET.

La Section de Géographie et Navigation, par l'organe de M. L.-E. Bertin, remplaçant le doyen empêché, présente la liste suivante de candidats à la place vacante par le décès de M. le général *Bassot :*

En première ligne.	M. Louis Favé
	MM. Alfred Angot
En seconde ligne, ex æquo	Félix Arago
et par ordre alphabétique.	Georges Perrier
	Edouard Perrin

Les titres de ces candidats sont discutés.

L'élection aura lieu dans la prochaine séance.

La séance est levée à dix-sept heures.

É. P.

(¹) Seul parfois persiste le déplacement des deux fragments suivant la rotation autour de leur axe longitudinal : on y remédiera avec le dispositif mécanique proposé par une manœuvre de gauchissement très simple.

OUVRAGES REÇUS DANS LES SÉANCES DE JANVIER 1918 (*suite et fin*).

Banque de France. *Assemblée générale des actionnaires de la Banque de France du 31 janvier 1918. Compte rendu au nom du conseil général de la Banque et rapport de MM. les Censeurs.* Paris, Paul Dupont, 1918; 1 fasc. 24 × 31,5.

Canada. Ministère des Mines. Division des mines. *Rapport annuel de la production minérale au Canada durant l'année civile* 1915, par JOHN MC LEISH. Ottawa, Imprimerie du Gouvernement, 1917; 1 vol. in-8°.

Electrodynamic Wave-Theory of Physical Forces. Discovery of the Cause of Magnetism, Electrodynamic Action, by T.-J.-J. SEE. Lynn, Mass., Nichols et fils, 1917; 1 vol. 23 × 31.

Résumé météorologique de l'année 1916 *pour Genève et le Grand Saint-Bernard,* par RAOUL GAUTIER. Extrait des *Archives des sciences de la bibliothèque universelle,* août et septembre 1917. Genève, Société générale d'imprimerie, 1917; 1 fasc. 14,5×22,5.

Observations météorologiques faites aux fortifications de Saint-Maurice pendant l'année 1916. Résumé par RAOUL GAUTIER et ERNEST ROD. Extrait des *Archives des sciences physiques et naturelles,* juin et août 1916, mars et octobre 1917. Genève, Société générale d'imprimerie, 1917; 1 fasc. 14,5 × 22,5.

La loi des luminosités dans l'amas globulaire Messier 3; — *Sur la stabilité des solutions périodiques de la première sorte dans le problème des petites planètes;* — *Étoiles et molécules,* par H. V. ZEIPEL. Trois Notes extraites, les deux premières des *Arkiv för Matematik, Astronomi och Fysik utgifvet af K. Svenska Vetenskapsakademien,* la troisième de *Scientia.*

La Odóstica. Teoria física de los olores, par O.-L. TRESPAILHIE. Buenos-Aires, Imp. Suiza, 1917; 1 fasc. 17,5 × 25,5.

Reseña y memorias del primer congreso nacional de comerciantes y de la assamblea general de camaras de comercio de la Republica, reunidos en la ciudad de Mexico bajo el patrocinio de la secretaria de industria y comercio. Mexico, Talleres graficos de la secretaria de comunicaciones, 1917; 1 vol. 19,5 × 28.

OUVRAGES REÇUS DANS LES SÉANCES DE FÉVRIER 1918.

Ministère des Travaux publics. *Mémoires pour servir à l'explication de la carte géologique détaillée de la France. Introduction à l'étude pétrographique des roches sédimentaires,* par LUCIEN CAYEUX. Paris, Imprimerie nationale, 1916; 1 vol. de texte et un atlas in-4°. (Présenté par M. Termier.)

Bulletin de la Société de pathologie exotique, t. X, 1917. Paris, Masson, 1917; 1 vol. in-8°. (Présenté par M. Laveran.)

La motoculture, par le capitaine JULIEN. Paris, rue Auguste-Comte, n° 7, 1917; 1 vol. 13 × 19.

Recherches sur les terrasses alluviales de la Loire et de ses principaux affluents, par E. CHAPUT. Paris, Baillière, 1917; 1 vol. in-8°. (Présenté par M. Depéret.)

Association nationale d'expansion économique. Industrie. Commerce. Agriculture. *Enquête sur la production française et la concurrence étrangère.* Rapporteurs généraux : Industrie et Commerce : HENRI HAUSER; Agriculture : HENRI HITIER. Préface par DAVID-MENNET. Tome I : *Rapport général (Industrie et Commerce) — Industries diverses.* Tome II : *Industries textiles — Industries du vêtement.* Tome III : *Industries chimiques — Industries diverses.* Tome IV : *Industries diverses.* Tome V : *Rapport général (Agriculture) — La production agricole.* Tome VI : *Le commerce extérieur des produits agricoles.* Paris, avenue de Messine, n° 23, 1917; 6 vol. in-4°. (Présentés par M. Tisserand.)

Ministère de l'armement et des fabrications de guerre. Direction des inventions, des études et des expériences techniques. *Comment économiser le chauffage domestique culinaire?* par R. LEGENDRE et A. THEVENIN. Paris, Masson, 1918; 1 fasc. 14×21.

Gaston Darboux, par ERNEST LEBON. Paris, Croville-Morant, 1917; 1 fasc. 15,5×24,5.

Les études de physique du globe aux États-Unis, par E. DOUBLET. Bordeaux, J. Bière, 1918; 1 fasc. 16 × 24,5. (Présenté par M. Bigourdan.)

L'Allemagne de demain, par ARTHUR CHERVIN. Paris-Nancy, Berger-Levrault, 1917; 1 fasc. 18,5 × 28. (Présenté par M. Lallemand.)

Larousse médical illustré de guerre, par le Dr GALTIER-BOISSIÈRE. Paris, Larousse, s. d.; 1 vol. 20 × 21.

(*A suivre.*)

ACADÉMIE DES SCIENCES.

SÉANCE DU LUNDI 22 AVRIL 1918.

PRÉSIDENCE DE M. P. PAINLEVÉ.

MÉMOIRES ET COMMUNICATIONS
DES MEMBRES ET DES CORRESPONDANTS DE L'ACADÉMIE.

MÉCANIQUE DES SEMI-FLUIDES. — *Équations aux dérivées partielles, pour les états ébouleux voisins de la solution Rankine-Levy, dans le cas d'un terre-plein à surface libre ondulée, mais sans pente moyenne.* Note de M. **J. Boussinesq.**

I. Mes Notes du premier semestre de 1917, insérées aux *Comptes rendus*, avaient pour but d'établir, dans la théorie de l'état ébouleux, les résultats les plus utiles pour la pratique. J'y ai traité le cas d'un massif à surface libre plane, déformé pareillement dans tous les plans verticaux parallèles qui le coupent suivant ses *lignes de pente* et contenu en avant par un mur ou une paroi de forme également plane, perpendiculaire à ces plans verticaux ou coupant la surface libre suivant une horizontale. Il suffisait de considérer, à partir de cette intersection où se prenait l'origine de deux axes coordonnés rectangulaires des x et des y contenus dans un des plans verticaux, la coupe du massif par ce plan, ou, plutôt, la couche sablonneuse de largeur constante 1 qu'il bissecte.

Puis, en faisant abstraction des perturbations dues au voisinage du fond solide sur lequel repose le massif homogène et pesant proposé, celui-ci pouvait être supposé indéfini en profondeur soit vers le bas, soit en arrière. Et, lors de l'état ébouleux provoqué par un commencement de renversement du mur, chaque tranche mince fictivement découpée dans le massif, suivant l'intersection du mur et de la surface libre, par deux plans infiniment voisins ainsi émanés de l'origine, offrait des dispositions mécaniques analogues sur toute la longueur du rayon vecteur r qu'on y menait dans le plan des xy, et que son angle polaire θ, fait avec les x positifs, y définissait. Car, en tous les points (x, y), ou (r, θ), de ce rayon vecteur, la plus petite *pression principale* (proprement dite) était simplement *proportion-nelle à la distance r* à l'origine et *orientée de même*, ou affectait la direction définie par un azimut (angle polaire) χ *constant d'un bout à l'autre*, c'est-à-dire *fonction uniquement de* θ. Il y avait donc lieu de préférer aux deux variables indépendantes x et y les coordonnées polaires r et θ.

Mais soit quand surface libre ou paroi, cessant d'être planes, deviennent des cylindres à génératrices toujours normales au plan des xy, soit quand, avec paroi et surface libre restées planes, on introduit une nouvelle surface (encore normale au plan des xy), comme, par exemple, une seconde paroi à quelque distance en arrière de la première, *la similitude* des conditions de l'équilibre aux divers points d'un rayon r disparaît; et les coordonnées polaires perdent leur supériorité. C'est pourquoi je reviendrai ici aux coordonnées rectilignes x et y, dans l'étude plus complète, que je me propose d'y faire, des modes d'équilibre-limite voisins de la solution Rankine-Lévy.

Toutefois, pour conserver aux formules le maximum de simplicité possible, je me bornerai au cas d'un massif s'écartant peu (ou médiocrement) d'un terre-plein horizontal; de sorte que l'axe des x normal à la direction générale de la surface libre soit *vertical* et devienne un *axe de symétrie* dans la solution Rankine-Levy. Autrement dit, le profil de la surface libre pourra bien être une courbe ondulée (irrégulière même), mais il aura sa *pente moyenne* nulle. L'axe des x ainsi vertical sera d'ailleurs dirigé vers le bas à partir de l'intersection horizontale du mur et de la surface libre, tandis que l'axe des y, encore normal à la même intersection, sera horizontal et, partant, plus ou moins voisin de la surface libre.

II. Dans la solution Rankine-Levy correspondante, ou applicable au terre-plein horizontal, la pression principale proprement dite la plus forte, sollicitant en chaque point l'élément plan horizontal, équilibrera le poids Πx de la colonne sablonneuse superposée, et aura ainsi la valeur Πx, tandis que la pression principale la plus faible, *d'état ébouleux par détente*, sollicitant l'élément plan *vertical*, sera, comme on sait, le produit de Πx par le facteur

$$(1) \qquad a^2 = \frac{1 - \sin\varphi}{1 + \sin\varphi} = \tan g^2\left(\frac{\pi}{4} - \frac{\varphi}{2}\right),$$

dont a désignera la racine carrée positive et donnée. Les trois composantes *principales* de pression *relatives aux axes*, N_x, T, N_y, seront donc respectivement, dans la solution Rankine-Lévy, $- \Pi x$, zéro, $- \Pi a^2 x$. Ajoutons-leur les *petites* parties Πn_x, Πt, Πn_y, fonctions inconnues de x et de y, qu'il faut y joindre pour obtenir les solutions *voisines* cherchées ; et nous aurons d'abord à porter ces valeurs totales

$$(2) \qquad N_x = \Pi(-x + n_x), \qquad T = \Pi t, \qquad N_y = \Pi(-a^2 x + n_y)$$

dans les équations indéfinies ordinaires de l'équilibre,

$$(3) \qquad \frac{dN_x}{dx} + \frac{\partial T}{\partial y} = -\Pi, \qquad \frac{dT}{dx} + \frac{dN_y}{dy} = 0.$$

Il vient simplement

$$(4) \qquad \frac{dn_x}{dx} + \frac{dt}{dy} = 0, \qquad \frac{dt}{dx} + \frac{dn_y}{dy} = 0.$$

On en déduit aisément que $-n_x$, t, $-n_y$ sont les trois dérivées respectives secondes, en y, y et x, x, d'une fonction auxiliaire ϖ de x et de y, ou que les formules (2) reviennent à écrire

$$(5) \quad N_x = -\Pi\left(x + \frac{d^2\varpi}{dy^2}\right), \qquad T = \Pi\frac{d^2\varpi}{dx\,dy}, \qquad N_y = -\Pi\left(a^2 x + \frac{d^2\varpi}{dx^2}\right).$$

III. Il reste, pour régir la fonction ϖ elle-même, la troisième équation indéfinie de l'équilibre-limite, celle qui caractérise l'état ébouleux ou exprime, pour chaque point du corps, l'égalité, à l'angle de frottement intérieur donné φ, de l'angle le plus grand φ' qu'une pression y fasse avec la normale à l'élément plan qu'elle sollicite. Or, si l'on prend $\sin\varphi'$ comme mesure de cette *obliquité maxima* des pressions au point (x, y), on sait que son carré est donné par la formule

$$(6) \qquad \sin^2\varphi' = \frac{(N_x - N_y)^2 + 4T^2}{(N_x + N_y)^2} = 1 - \frac{4(N_x N_y - T^2)}{(N_x + N_y)^2}.$$

Substituons donc, dans celle-ci, à φ' l'angle connu φ, ou bien à $\sin\varphi'$ la fraction $\frac{1 - a^2}{1 + a^2}$, et, de plus, à N_x, T, N_y les expressions (5). Il viendra pour l'équation cherchée en ϖ, aux dérivées partielles du second ordre,

$$(7) \quad \left(\frac{d^2\varpi}{dx^2} - a^2\frac{d^2\varpi}{dy^2}\right)\left[(1 - a^4)x + \left(\frac{d^2\varpi}{dy^2} - a^2\frac{d^2\varpi}{dx^2}\right)\right] = (1 + a^2)^2\left(\frac{d^2\varpi}{dx\,dy}\right)^2.$$

Comme nous supposons petites les dérivées secondes de ϖ, le deuxième membre, *non linéaire*, est du second ordre de petitesse ; et l'équation, résolue par rapport à la première parenthèse du premier membre, montre que celle-ci est aussi du second ordre ; que, par suite, son produit par la partie $\frac{d^2\varpi}{dy^2} - a^2 \frac{d^2\varpi}{dx^2}$ de la quantité entre crochets est du *troisième* ordre et sera négligeable *même à une deuxième approximation*. En divisant par la quantité entre crochets, il vient donc :

1° A une première approximation, l'équation simple de d'Alembert,

$$(8) \qquad \frac{d^2\varpi}{dx^2} = a^2 \frac{d^2\varpi}{dy^2} ;$$

2° A une deuxième approximation, l'équation, des moins complexes (ce semble) parmi celles qui ne sont pas linéaires,

$$(9) \qquad \frac{d^2\varpi}{dx^2} - a^2 \frac{d^2\varpi}{dy^2} = \frac{1+a^2}{1-a^2} \frac{1}{x} \left(\frac{d^2\varpi}{dx\,dy} \right)^2 = \frac{1}{x\sin\varphi} \left(\frac{d^2\varpi}{dx\,dy} \right)^2 .$$

IV. Laissons pour le moment de côté le terre-plein à surface libre courbe, ou prenons, comme équation du profil supérieur, $x = 0$; et voyons ce que donne alors la relation (8) de première approximation, applicable dans tout l'angle des coordonnées positives, du moins quand le mur a sa face postérieure suivant la verticale $y = 0$.

L'intégrale classique de d'Alembert sera la somme de deux fonctions arbitraires, $f(y - ax)$, $f_1(y + ax)$, d'une seule variable chacune, fonctions dont la dérivée seconde seule, $f''(y - ax)$ ou $f_1''(y + ax)$, figurant dans les pressions, aura de l'importance. Et l'on aura, d'après (5),

$$(10) \qquad \begin{cases} N_x = - \Pi [x + f''(y - ax) + f_1''(y + ax)], \\ T = \Pi a [-f''(y - ax) + f_1''(y + ax)], \\ N_y = - \Pi a^2 [x + f''(y - ax) + f_1''(y + ax)]. \end{cases}$$

L'obliquité maxima $\sin\varphi'$ des pressions sera ensuite, d'après (6), donnée par la formule

$$(11) \qquad \frac{\sin^2\varphi'}{\sin^2\varphi} = 1 + \frac{1}{\tan^2\varphi} \left[\frac{f''(y - ax) - f_1''(y + ax)}{x + f''(y - ax) + f_1''(y + ax)} \right]^2 ,$$

laquelle montre que l'écart entre φ' et φ est bien du second ordre de petitesse.

V. Déterminons maintenant les fonctions f'' et f''_1 par les conditions relatives soit à la surface libre $x = 0$, soit à la paroi $y = 0$.

L'annulation pour $x = 0$, dans (10), de N_x et de T, donnera $f''(y) = 0$, $f''_1(y) = 0$ pour toutes les valeurs *positives* de y; et, par suite, $f''_1(y + ax)$ s'annulera dans tout le massif, mais $f''(y - ax)$ ne le fera que pour $y - ax > 0$, c'est-à-dire hors du *coin* de sable, contigu à la paroi ou au mur, avec sa pointe en haut, dont l'angle a pour tangente a. Dans ce coin même, où la variable $y - ax$ est négative, la fonction $f''(y - ax)$ pourra se déterminer par la condition que le sable soit sur le point d'y glisser de haut en bas contre le mur commençant à s'y renverser, ou que le rapport de la composante tangentielle T, dirigée vers le bas, de la poussée du massif sur le mur, à sa composante normale $(- N_y)$, égale la tangente d'un angle φ_1 donné de *frottement extérieur*, angle valant généralement φ. On tirera aisément de là

(12)   (pour $y - ax < 0$) $f''(y - ax) = \dfrac{(y - ax)\,\mathrm{tang}\,\varphi_1}{1 + a\,\mathrm{tang}\,\varphi_1}$,

et la solution de première approximation sera dès lors déterminée. Par exemple, la composante normale $P = - N_y$, par unité d'aire, de la poussée d'équilibre-limite exercée sur le mur, à la profondeur x, sera, en prenant $\varphi_1 = \varphi$ et faisant $y = 0$ dans la troisième formule (10),

(13) $P = \Pi a^2 x \left(1 - \dfrac{a\,\mathrm{tang}\,\varphi}{1 + a\,\mathrm{tang}\,\varphi} \right) = \Pi x \dfrac{a^2}{1 + a\,\mathrm{tang}\,\varphi}.$

Continuons à appeler k, comme dans mes articles de 1917, le rapport constant $\dfrac{P}{\Pi x}$; et il viendra aisément, par l'élimination de a, l'expression, que nous y avions trouvée tout autrement,

(14) $k = \dfrac{1 - \sin\varphi}{1 + 2\sin\varphi}.$

VI. Nous n'obtenons ainsi qu'une première approximation, *approchée par défaut*. En effet, nos formules attribuent bien au massif son vrai angle φ tant de frottement extérieur contre le mur rugueux, que de frottement intérieur dans toutes les parties du massif autres que le coin d'inclinaison a contigu au mur, avec sa pointe en haut. Mais, dans ce coin même, où la *plus grande obliquité* accordée par nos équations à ses pressions intérieures est la valeur variable de $\sin\varphi'$ définie par la formule (11), devenue ici, vu (12),

$$(15) \qquad \frac{\sin^2\varphi'}{\sin^2\varphi} = 1 + a^2 \left(\frac{1 - \dfrac{y}{ax}}{1 + \dfrac{y}{x}\tang\varphi} \right)^2,$$

cette formule montre que, le long des rayons vecteurs descendants émanés de l'origine (sommet du coin) et faisant avec le mur des angles de plus en plus petits, l'angle φ' excède de plus en plus φ, jusqu'à une valeur maximum Φ réalisée contre le mur $y = o$ et pour laquelle, d'après (15),

$$(16) \qquad \frac{\sin\Phi}{\sin\varphi} = \sqrt{1+a^2} = \frac{1}{\cos\left(\dfrac{\pi}{4} - \dfrac{\varphi}{2}\right)}.$$

L'équilibre-limite exprimé par nos équations est donc celui d'un massif *idéal*, hétérogène quant à son angle de frottement intérieur dans le coin sablonneux contigu au mur, où il met en jeu des frottements *plus forts* que ceux de notre massif homogène et propres à réduire ou abaisser la poussée-limite exercée sur le mur. Celle-ci, telle que l'évaluent les formules (13) ou (14), se trouve ainsi trop faible.

On voit qu'il y a lieu de chercher si une deuxième approximation, basée sur l'emploi de l'équation (9), avec évaluation du second membre par les formules mêmes (10) obtenues ici, ne mènerait pas beaucoup plus près du but. Une prochaine Note sera consacrée à cette tentative.

CINÉMATIQUE. — *Sur le signe des rotations*. Note de M. L. Lecornu.

En Mécanique, une rotation est regardée comme positive lorsqu'elle s'effectue de la gauche vers la droite de l'observateur. Les astronomes ont adopté la convention inverse.

On a proposé de faire disparaître cette divergence et, pour cela, de prendre en Mécanique le même sens positif de rotation qu'en Astronomie; mais ce serait là, à mon avis, une décision regrettable, et voici les raisons de cette opinion.

L'Astronomie a été conduite à choisir comme positive la rotation de droite à gauche parce que c'est dans ce sens que, pour un observateur placé dans l'hémisphère nord, s'effectuent les mouvements réels dont elle s'occupe (si l'Astronomie était née dans l'hémisphère sud, on eût fait probablement le contraire). La Terre tourne de droite à gauche autour de son axe quand on dirige celui-ci, comme il est naturel, vers le pôle nord. Elle tourne également de droite à gauche autour du Soleil quand on dirige la perpendiculaire au plan de l'écliptique de façon à former un angle aigu avec l'axe ainsi défini. Les planètes tournent dans le même sens autour du Soleil; de même la plupart des satellites autour de leurs planètes respectives. Donc, pas de doute : le sens direct des rotations en Astronomie est bien celui de droite à gauche. Remarquons cependant que déjà l'Astronomie sphérique, c'est-à-dire l'étude du mouvement apparent de la sphère céleste, fait apparaître la convention contraire.

C'est précisément ce mouvement de la sphère céleste qui a, suivant toute vraisemblance, conduit les mécaniciens à regarder comme positive la rotation de gauche à droite. Les premiers gnomons étaient de simples colonnes verticales dont le sommet projetait sur le sol une ombre tournant de cette façon. On a naturellement fait tourner de même les aiguilles des horloges et des montres, puis cette règle a été observée pour la plupart des cadrans gradués : l'expression « sens du mouvement des aiguilles d'une montre » est ainsi devenue, en pratique, synonyme de sens direct ou positif. Le même sens a été adopté pour les manivelles des crics, des treuils, voire même des orgues de Barbarie. C'est aussi le sens dans lequel un ouvrier doit faire tourner la tête d'une vis pour donner à celle-ci son mouvement de progression, qui est le mouvement positif puisque, avant de songer à retirer une vis, il faut bien l'avoir enfoncée. Le même sens se retrouve jusque dans la marche humaine : le soldat part du pied gauche, ce qui imprime à son corps une rotation de gauche à droite; les valseurs évoluent d'une façon analogue.

Bref, on irait à l'encontre de tous les usages de la vie si l'on prétendait imposer à la Mécanique appliquée le sens direct des astronomes; or la Mécanique rationnelle ne peut évidemment accepter une convention opposée à celle de la Mécanique appliquée.

Dans la Géométrie analytique à trois dimensions, les axes usuels sont précisément disposés de façon que, pour obtenir leur permutation dans l'ordre des lettres : Ox, Oy, Oz, il faille effectuer des rotations de gauche à droite. Il est vrai que, par une singulière contradiction, l'usage en Géométrie plane est de diriger les axes Ox, Oy de telle sorte que la rotation amenant Ox sur Oy se fasse de droite à gauche. Il serait aisé de faire l'inverse; mais voici une raison pour laisser les choses en l'état.

L'aire d'une courbe fermée, dont on donne l'équation, est mesurée par la valeur absolue de l'intégrale $\int y\,dx$ prise sur le contour, et l'on vérifie que, avec la disposition adoptée pour les deux axes, cette intégrale est positive ou négative suivant que le contour, supposé tracé sur un plan horizontal, est parcouru en tournant de gauche à droite ou de droite à gauche autour d'un observateur debout à l'intérieur de la courbe. Cette disposition a donc l'avantage d'attribuer à l'aire en question une valeur positive quand la rotation est elle-même positive. Cette remarque s'applique, notamment, au cycle de Carnot envisagé en Thermodynamique : il se trouve que les axes choisis (qui sont alors l'axe des volumes et l'axe des pressions) conduisent à parcourir le contour dans le sens direct des mécaniciens chaque fois que ce cycle est direct au sens de la Thermodynamique, c'est-à-dire correspond à une production de travail.

En résumé, laissons les astronomes et les mécaniciens conserver, dans leurs domaines respectifs, la convention jugée par eux la plus commode. La main droite diffère de la main gauche, et nul ne songe à s'en offusquer. Pourquoi se montrer plus exigeant vis-à-vis de la science que vis-à-vis de la nature elle-même ?

CHIMIE ORGANIQUE. — *Sur la crotonisation de l'aldéhyde éthylique : formation du butanol et de l'hexanol à partir de l'éthanol.* Note ([1]) de MM. Paul Sabatier et Georges Gaudion.

On sait que la présence de certaines matières peut provoquer la condensation de deux ou de n molécules d'aldéhydes forméniques, avec élimination d'eau et formation d'une molécule unique qui retient une seule fonction aldéhydique et possède une ou $n - 1$ doubles liaisons éthyléniques. C'est la réaction désignée sous le nom de *crotonisation*.

Il en est ainsi avec l'éthanal, maintenu longtemps vers 100° avec une solution d'acétate de sodium ([2]), ou de chlorure de zinc ([3]). La paraldé-

([1]) Séance du 15 avril 1918.

([2]) Lieben, *Monatshefte*, t. 13, 1892, p. 519.

([3]) Müller, *Bull. Soc. chim.*, t. 6, 1866, p. 796.

hyde, au contact d'acide sulfurique, donne lieu à une formation identique [1].
Il y a production de *buténal*, ou aldéhyde crotonique, liquide irritant
bouillant à 105° :

$$CH^3.COH + CH^3.COH = H^2O + CH^3.CH = CH.COH.$$

L'aldéhyde crotonique elle-même opposée à l'éthanal, au contact de
chlorure de zinc vers 100°, donne lieu à une réaction semblable et engendre
l'*hexadiénal*, bouillant vers 172° [2] :

$$CH^3.CH = CH.COH + CH^3COH = H^2O + CH^3.CH = CH.CH = CH.COH.$$

Nous avons pensé que la présence des oxydes anhydres, classés comme
catalyseurs de déshydratation, pourrait effectuer dans des conditions analogues la crotonisation des aldéhydes, et particulièrement de l'éthanal. Ainsi
qu'on va le voir, l'expérience a vérifié nos prévisions.

1° Dans une première série d'essais, l'éthanal a été préparé par déshydrogénation de l'alcool éthylique dans le tube même où devait être réalisée sa
crotonisation. A cet effet, le tube était divisé en deux parties par un tampon
de verre filé : la première, qui reçoit les vapeurs d'alcool, est garnie d'une
traînée de cuivre réduit, maintenu à une température voisine de 300°, qui
scinde l'éthanol en aldéhyde et hydrogène. La seconde partie du tube contient l'oxyde catalyseur maintenu à une température voisine de 360°. Les
oxydes employés avec succès ont été l'oxyde de thorium, l'oxyde titanique
et surtout l'oxyde d'uranium, UO^2.

La réaction donne lieu à un dégagement assez abondant de gaz
entraînant des vapeurs condensables à la température ordinaire. Les gaz,
constitués surtout par l'hydrogène issu du dédoublement de l'éthanol,
renferment une certaine proportion d'oxyde de carbone et de méthane
produits par un certain dédoublement de l'aldéhyde, et aussi d'éthylène,
formé par déshydratation de l'alcool qui a échappé à la déshydrogénation,
toujours limitée, dans la partie antérieure du tube.

Le liquide condensé a une coloration jaunâtre et dégage l'odeur irritante
de l'aldéhyde crotonique. La distillation fractionnée permet d'y séparer, à

[1] DELÉPINE, *Ann. de Chim. et de Phys.*, 8ᵉ série, t. 16, 1909, p. 136, et t. 20, 1910, p. 389.

[2] KÉKULÉ, *Ann. Chem. Pharm.*, t. 162, 1872, p. 105.

la suite de têtes riches en aldéhyde, de l'alcool, de l'eau et, au-dessus de 100°, de l'aldéhyde crotonique, qui peut être isolée bouillant à 105° par deux nouveaux fractionnements, et séparée de queues renfermant des produits plus condensés.

2° On arrive à un résultat presque identique quand on envoie *lentement* des vapeurs d'alcool éthylique sur une colonne unique d'oxyde d'uranium, maintenue vers 360°-400°.

L'un de nous avait signalé antérieurement avec M. Mailhe que l'oxyde d'uranium est pour les alcools un catalyseur mixte à la fois déshydrogénant et déshydratant, avec prédominance de la déshydrogénation ([1]).

L'aldéhyde issue de ce dernier effet est crotonisée aussitôt, et les liquides condensés contiennent, avec beaucoup d'eau et d'alcool, de l'aldéhyde crotonique et des produits supérieurs.

3° Le rendement en aldéhyde crotonique réalisé par les deux modes qui précèdent est assez médiocre, et l'on peut l'expliquer aisément par la dilution excessive des vapeurs d'éthanal au contact du catalyseur, ces vapeurs se trouvant mélangées à une grande quantité d'autres produits gazeux, alcool, eau, hydrogène, éthylène, oxyde de carbone et méthane.

Nous avons obtenu des résultats bien meilleurs en partant de la *paraldéhyde* que la vaporisation scinde presque totalement en éthanal. Les vapeurs de paraldéhyde sont dirigées sur une traînée d'oxyde catalyseur maintenue vers 360°. Les gaz, beaucoup moins abondants, sont formés d'un mélange d'oxyde de carbone et de méthane, chargés de vapeurs d'éthanal.

On recueille un liquide jaunâtre d'odeur très irritante, qui s'altère très rapidement par oxydation à l'air. En le soumettant immédiatement à la distillation fractionnée, nous avons obtenu, pour 100 volumes, environ :

Au-dessous de 100°..............	40^{vol}
De 100° à 120°..................	30
De 120° à 170°..................	20
De 170° à 230°..................	10

Par un nouveau fractionnement rapide des portions moyennes, on peut isoler de l'*aldéhyde crotonique*, bouillant à 105°, décolorant le réactif de Caro, absorbant énergiquement le brome, donnant une combinaison cristallisée avec le bisulfite de sodium.

([1]) PAUL SABATIER et A. MAILHE, *Ann. de Chim. et de Phys.*, 8e série, t. 20, 1910, p. 344.

Les fractions recueillies au voisinage de 170° sont d'une altérabilité extrême et contiennent l'*hexadiénal* de Kékulé; elles décolorent fortement l'eau de brome et présentent des réactions aldéhydiques très intenses.

Quant aux queues de distillation passant au-dessus de 200°, elles semblent être constituées par des produits plus élevés de condensation de l'aldéhyde crotonique vis-à-vis d'elle-même, tels que l'*octatriénal*. Il convient d'ailleurs de noter que, si l'on accroît la température de l'oxyde catalyseur, le dédoublement de l'éthanal en produits gazeux devient plus important : les liquides condensés sont moins abondants et plus pauvres en aldéhyde crotonique, mais au contraire plus riches en produits de condensation élevée.

Hydrogénation directe du produit de la crotonisation. — Afin de mieux caractériser la nature des produits très altérables que fournit la crotonisation sur les oxydes, nous avons réalisé leur hydrogénation directe sur le nickel.

Ce procédé avait été appliqué avec succès à l'aldéhyde crotonique par M. Douris qui, en opérant à 170°, l'avait changée en un mélange d'aldéhyde butylique et d'alcool butylique (¹).

Le produit brut de la crotonisation (3ᵉ mode) a été immédiatement, par un fractionnement rapide, débarrassé des portions bouillant au-dessous de 90°, et des queues passant au delà de 220°, et séparé en deux fractions 90° à 130° et 130° à 220°.

La première, qui contient l'aldéhyde crotonique, est soumise de suite à une hydrogénation lente sur le nickel à 170°-180°. Le liquide obtenu, encore aldéhydique et incomplet vis-à-vis du brome, est soumis immédiatement à une nouvelle hydrogénation. On atteint ainsi un liquide incolore, qui ne décolore plus l'eau bromée, et d'où la distillation fractionnée permet d'isoler une proportion notable d'*alcool butylique normal*, passant entre 114° et 120°; nous l'avons identifié en le transformant, par l'action de l'anhydride acétique, en *acétate de butyle*, bouillant à 125°.

La deuxième fraction, liquide jaunâtre d'odeur irritante, a été de même soumise à l'hydrogénation sur le nickel vers 200° avec un courant assez rapide d'hydrogène.

Deux hydrogénations successives amènent à un liquide incolore d'odeur

---

(¹) Douris, *Bull. Soc. chim.*, 4ᵉ série, t. 9, 1911, p. 922.

assez agréable, qui ne décolore plus l'eau de brome. On en sépare un alcool bouillant à 156°-160° que l'action de l'anhydride acétique transforme en éther acétique bouillant à 170°. C'est l'*hexanol normal,* issu de la fixation régulière de 6^{at} d'hydrogène sur l'*hexadiénal* qu'avait fourni la crotonisation.

Les produits supérieurs contiennent un mélange d'alcools plus élevés (octanol, décanol). Il convient de signaler que les queues de distillation possèdent une odeur phénolique rappelant celle du carvacrol.

On voit donc qu'en appliquant successivement à l'éthanol des catalyses de déshydrogénation, de déshydratation, puis d'hydrogénation, on arrive à produire les alcools normaux à 4^{at} et 6^{at} de carbone. Nous nous occupons de généraliser dans une certaine mesure ce genre de réactions.

GÉOLOGIE. — *Essai de coordination chronologique générale des temps quaternaires.* Note de M. **Ch. Depéret.**

Après mon précédent essai de classification (*Comptes rendus,* 25 mars 1918) du Quaternaire marin de la Méditerranée, je vais tenter d'appliquer le même classement aux côtes atlantiques.

Océan Atlantique. — En quittant la Méditerranée pour suivre les côtes atlantiques de l'Ancien Monde, les anciennes lignes de rivage ont été moins bien étudiées. Sur les rares points où des faits précis sont signalés, les observateurs se sont contentés trop souvent de noter la hauteur des gisements de fossiles marins sans rechercher l'*altitude de la ligne de rivage correspondante,* et sans tenir compte de la tranche d'eau qui recouvrait les gisements considérés. Aussi les altitudes données représentent-elles seulement des *minima* qu'il faudrait augmenter de quelques mètres, et surtout contrôler par de nouvelles observations.

A cette insuffisance des documents publiés s'ajoutent des difficultés spéciales aux côtes atlantiques : 1° l'action destructive des marées et des fortes tempêtes, au moins pour les dépôts peu élevés ; 2° le recul récent du rivage sur les côtes de France, des Iles Britanniques, de Scandinavie, recul démontré par les chaînes d'îles détachées de ces rivages à une époque géologique peu ancienne ; 3° pour les pays du nord de l'Europe, l'invasion de ces contrées par les immenses glaciers scandinaves et écossais qui ont dû soit empêcher par leur présence la formation des dépôts marins, soit

détruire par érosion glaciaire le sommet des dépôts constitués dans l'intervalles des glaciations.

Malgré ces difficultés, on peut cependant réunir un nombre assez grand
de faits d'observation, pour permettre une comparaison utile avec les
dépôts méditerranéens.

Gibraltar. — Dès la sortie de la Méditerranée, le rocher de Gibraltar
montre l'existence d'anciennes lignes de rivage étudiées par Ramsay
et Geikie ([1]). On peut noter : 1° un dépôt coquillier à 8^m d'altitude dans
l'isthme qui relie le rocher à la terre ferme ; 2° une ligne de rivage avec
Balanes à 16^m-17^m sur la côte Nord (= rivage *monastirien* 18^m-20^m) ;
3° une plage à 23^m-25^m sur la falaise d'Europe et une plage à 27^m avec plus
de cent espèces de coquilles marines actuelles (ces deux gisements
répondent à très peu près au rivage *tyrrhénien* 30^m); 4° une plate-forme
d'abrasion littorale à 53^m et un lit d'Huîtres à 57^m (ligne de rivage *milazzienne* 55^m-60^m); 6° une deuxième plate-forme littorale à 87^m près d'Europe Advance Battery répond à la ligne de rivage sicilienne (90^m-100^m).
Un dépôt plus élevé, à 200^m, doit appartenir au Pliocène.

Portugal. — Dès 1867, Ribeiro ([2]) signalait sur toute la côte portugaise
une bande de sable blanc ou de grès coquillier, s'élevant jusqu'à 100^m et
même 135^m sur quelques points. Il cite notamment : Alzejur au nord du
cap Saint-Vincent (40^m), le cap d'Espichel (70^m), les caps Sinès et
Roca (5^m et 20^m), et des grottes excavées par l'Océan, du cap d'Espichel
jusqu'à Setubal.

MM. Choffat et Dollfus ([3]) ont étudié sur la falaise de la chaîne de l'Arra-
bida, près le sémaphore du cap d'Espichel, une série de gisements coquilliers,
échelonnés à 6^m, 15^m, 25^m et 62^m d'altitude et, en outre, un dépôt de sables
et galets avec coquilles roulées (peut-être le sommet de la même plage) à 70^m.
On reconnaîtra aisément les lignes de rivage monastirienne (15^m, 20^m),
tyrrhénienne (25^m) et milazzienne (62^m). M. Dollfus indique que la

([1]) *On the Geology of Gibraltar* (*Quart. Journ. Geol. Soc. London*, t. 24, 1878,
p. 505).

([2]) Ribeiro, *Note sur les terrains quaternaires du Portugal* (*Bull. Soc. géol. de
France*, t. 24, 1867, p. 692).

([3]) Choffat et Dollfus, *Quelques. cordons littoraux marins du Pléistocène du
Portugal* (*Bull. Soc. géol. de France*, t. 4, 1904, p. 739).

faune de 62^m est une *faune tempérée froide* analogue à celle de la Manche (*Pecten maximus, Mytilus edulis*); celle de 15^m est une *faune atlantique tempérée* (*Mytilus galloprovincialis, Patella cœrulea*); enfin, la faune de 6^m est une *faune atlantique tempérée chaude* avec éléments plus méridionaux (*Patella safiensis, Pectunculus bimaculatus*). Il y aurait donc un réchauffement graduel des eaux marines depuis le niveau de 60^m jusqu'à celui de 6^m, ce qui concorde avec les changements climatériques décrits dans la Méditerranée.

Partant du détroit de Gibraltar, je vais suivre les lignes de rivage quaternaires d'abord le long des côtes d'Afrique, ensuite sur les côtes de l'Europe occidentale.

A. *Côtes africaines : Maroc.* — La côte occidentale du Maroc est bordée par une bande de Quaternaire marin, n'ayant donné lieu qu'à des indications trop sommaires. M. Brives a bien voulu m'écrire qu'il a observé des plages quaternaires à Larache, Rabat, Mazagan, Mogador et Agadir; elles sont très peu élevées, sauf à Mogador où elles atteignent une dizaine de mètres. Elles sont formées de grès coquilliers surmontés à Rabat, Casablanca, Mogador par des dunes consolidées à *Helix* dont le sommet atteint 18^m à 20^m.

Au sud de Safi, au promontoire Djorf er Rerraba, M. Lemoine ([1]) a recueilli dans un sable rouge agglutiné des coquilles où M. Boistel ([2]) a reconnu le *Pecten Jacobœus* méditerranéen associé au *P. maximus* atlantique. Le gisement n'a que 4^m d'altitude, mais la ligne de rivage correspondante n'a pas été précisée. Sur les bords de l'Oued Tidzi, à 20^{km} au sud de Mogador, ces géologues signalent à 60^m d'altitude un sable jaune grossier agglutiné, avec *Ostrea edulis*, vraisemblablement quaternaire.

Entre Mogador et Agadir, M. Gentil revient à plusieurs reprises ([3]), sans donner malheureusement de détails, sur la présence d'une série de plages quaternaires, parfois coquillières, étagées *jusqu'à* 100^m *d'altitude maximum.*

([1]) LEMOINE, *Quelques résultats d'une mission dans le Maroc occidental* (*Bull. Soc. géol. de France*, t. 5, 1915, p. 198).

([2]) BOISTEL, *Les fossiles néogènes du Maroc rapportés par M. Lemoine* (*Ibid.*, p. 201).

([3]) GENTIL, *Recherches de Géologie et de Géographie physique* (*Mission Segonzac au Maroc,* 1904-1905, p. 736); *Le Maroc physique* (Alcan, 1910, p. 177).

Enfin à Agadir, M. Kilian ([1]) signale, d'après les récoltes de M. Reboul, une plage quaternaire à 14^m au-dessus du niveau moyen de la mer. La faune, selon M. Gignoux, comprend, avec une majorité d'espèces des mers d'Europe, quelques formes, comme *Yetus cymbium*, *Cyprœa zonata*, *Cardita senegalensis*, *Mytilus cf. afer* qui donnent à la faune d'Agadir un cachet déjà très africain.

Mauritanie et Sénégal. — Au sud du Maroc, la côte africaine a été mieux explorée, grâce aux recherches de MM. Dereims ([2]), Chudeau ([3]) et Chautard ([4]), avec la collaboration de M. Dollfus.

La côte *mauritanienne*, du cap Bojador au cap Timris, est bordée d'après Chudeau par une falaise gréseuse quaternaire dont la hauteur varie de 20^m à 30^m. A l'est de la baie du Lévrier, des plateaux d'une vingtaine de mètres constituent le Krekche et le Taziast. Les grés blancs de Krekche contiennent, à Bir el Aïoudj, *Arca senilis*, des Huîtres et un Oursin, *Rotuloidea Fonti*, intermédiaire entre *R. fimbriata* du Pliocène marocain et *R. Rumphi* actuel.

Chautard a observé, sur la côte de la baie du Lévrier, une ancienne plage de 20^m, avec une faune analogue à la faune sénégalienne actuelle : *Arca senilis*, *Cardium costatum*, *Fusus morio*, *Conus testudinarius*, *Mesalia varia*, etc.

Au sud du cap Timris, Chudeau signale des plages à 5^m, 15^m et 25^m d'altitude, et, au loin, dans l'intérieur, vers Touizikt (Inchiri) des dépôts marins s'élevant jusqu'à une soixantaine de mètres. Dereims a aussi parcouru cette dernière région et recueilli à Nouaremech, à 55^m d'altitude, *Fusus morio* et *Conus papilionaceus*. Cette dernière localité, à 150^{km} de la côte, semble la limite extrême de l'extension du grand golfe quaternaire marin de Mauritanie.

Dans son voyage du Sénégal à l'Adrar, Dereims a recueilli des fossiles

---

([1]) KILIAN, *Géologie des environs d'Agadir* (*Comptes rendus sommaires Soc. géol. de France*, janvier 1917, p. 33).

([2]) DEREIMS et DOLLFUS, *Les coquilles du Quaternaire marin du Sénégal* (*Mém. paléontol. : Soc. géol. de France*, t. 18, 1911, mém. n° 44).

([3]) CHUDEAU, *Le golfe de Mauritanie* (*Bull. Soc. géol. de France*, t. 8, 1908, p. 560); *Note sur la Géologie de la Mauritanie* (*Ibid.*, t. 11, 1911, p. 413).

([4]) CHAUTARD, *La faune de quelques plages soulevées du Sénégal et de la Mauritanie* (*Bulletin Soc. géol. de France*, t. 9, 1909, p. 392).

quaternaires dans une série de localités, dont les conditions altimétriques restent à peu près inconnues. Peut-être y a-t-il là plusieurs lignes de rivage qu'il eût été important de séparer. L'ensemble de la faune, selon Dollfus, présente le faciès sénégalien actuel, mais appauvri et privé de son cortège tropical de *Voluta*, de *Terebra*, de *Marginella*, de *Strombus*, etc., avec, au contraire, une prépondérance des éléments des mers d'Europe tempérées ou méridionales. Il ne reste de la faune sénégalienne qu'un petit nombre de formes : *Fusus morio*, *Cerithium atratum*, *Mesalia brevialis*, *Venus tumens*, *Arca senilis;* cette dernière espèce paraît la plus caractéristique du Quaternaire de toutes les cités africaines.

Au Sénégal, les recherches de Chautard ont fait connaître : 1° un gisement à 5^m, près Dakar, avec *Arca senilis* et *Venus tumens;* 2° un niveau à 15^m à Rufisque et Kamba avec faune semblable à celle de la côte voisine; 3° un niveau de 25^m au nord des casernes des Madeleines à Dakar et près du village de Yoff; la faune plus variée comprend *Conus testudinarius* et *Tritonidea viverrata* des couches à Strombes méditerranéennes; 4° enfin, un niveau à 45^m à l'est du volcan des Mamelles, avec grands cônes (*Conus Mercati*) et volutes (*Yetus gracilis*) à affinités tropicales.

Angola. — Bien plus au Sud, au delà de l'équateur, M. Choffat ([1]) a résumé quelques vagues indications sur le Quaternaire marin de l'Angola, d'après les récoltes de Gröger, Buchner, Freire d'Andrade et le Dr Welwitsch ([2]). Près Saint-Paul de Loanda, on observe des falaises gréseuses qui ont fourni des fossiles où domine *Arca senilis*, à 15^m et 30^m, et selon Choffat, jusqu'à 200^m au-dessus du rivage actuel. Il y a là probablement plasieurs lignes de rivage qu'il serait important de fixer avec plus de précision.

COORDINATION. — En coordonnant les faits ci-dessus, on peut établir les concordances suivantes avec les dépôts de la Méditerranée :

([1]) CHOFFAT, *Contribution à la connaissance géologique des colonies portugaises* (*Mémoires du Service géologique du Portugal*, t. 2 : *Nouvelles données sur la zone littorale d'Angola*).

([1]) Dr WELWITSCH, *Quelques notes sur la géologie d'Angola*, coordonnées par CHOFFAT (*Communicaçoes de Commissáo de trabalhos geologicos de Portugal*, t. 2, fasc. 1, p. 27).

I. *Étage sicilien* (ligne de rivage de 90ᵐ-100ᵐ). — Plate-forme d'abrasion à Gibraltar (87ᵐ). Plages à 100ᵐ entre Mogador et Agadir (Gentil). Probablement partie des dépôts marins à 100ᵐ du sud du Portugal (Ribeiro) et de l'Angola (Choffat).

II. *Étage milazzien* (ligne de rivage de 55ᵐ-60ᵐ). — Plate-forme d'abrasion à 53ᵐ et banc d'Huîtres à 57ᵐ à Gibraltar. Gisement du cap d'Espichel à 62ᵐ. Sables jaunes de l'Oued Tidzi (Maroc) à 60ᵐ. Golfe de Mauritanie : Touizikt (60ᵐ), Nouaremech (55ᵐ). Il faut y rattacher sans doute des gisements d'*altitude minimum* : 45ᵐ aux Mamelles (Sénégal) et 40ᵐ au cap Saint-Vincent (Portugal).

III. *Étage tyrrhénien* (ligne de rivage de 30ᵐ). — Plages de 25ᵐ et 27ᵐ à Gibraltar. Gisement à 25ᵐ du cap d'Espichel. Plage à 25ᵐ au sud du cap Timris (Mauritanie). Plage à 25ᵐ à Dakar et aux Mamelles (Sénégal). Plateaux gréseux à 30ᵐ à Saint-Paul de Loanda (Angola).

IV. *Étage monastirien* (ligne de rivage de 18ᵐ-20ᵐ). — Ligne de rivage avec Balanes à 16ᵐ-17ᵐ à Gibraltar. Gisement de 15ᵐ au cap d'Espichel. Plateaux du cap Blanc et de la baie du Lévrier à 20ᵐ (Mauritanie). Gisements à 15ᵐ au sud du cap Timris (Mauritanie). Plateaux gréseux à 15ᵐ à Saint-Paul de Loanda.

Il faudra en outre rattacher, soit à la ligne de rivage de 20ᵐ, soit à une ligne inférieure (7ᵐ-8ᵐ), les gisements suivants de faible altitude : 8ᵐ à Gibraltar, 6ᵐ au cap d'Espichel, 5ᵐ aux caps Sinès et Roca-Mondego (Portugal), plages marocaines à 10ᵐ-14ᵐ de Larache à Agadir, 4ᵐ au sud de Safi, 5ᵐ au sud du cap Timris et à Dakar.

ÉLECTIONS.

L'Académie procède, par la voie du scrutin, à l'élection d'un Membre de la Section de Géographie et Navigation, en remplacement de M. le général *Bassot*, décédé.

Au premier tour de scrutin, le nombre de votants étant 43,

M. Louis Favé	obtient.	21	suffrages
M. Félix Arago	»	9	»
M. Édouard Perrin	»	8	»
M. Alfred Angot	»	5	»

Au second tour de scrutin, le nombre de votants étant 43,

M. Louis Favé	obtient	31 suffrages
M. Félix Arago	»	8 »
M. Édouard Perrin	»	3 »
M. Alfred Angot	»	1 suffrage

· M. **Louis Favé**, ayant réuni la majorité absolue des suffrages, est proclamé élu.

Son élection sera soumise à l'approbation de M. le Président de la République.

CORRESPONDANCE.

M. le **Secrétaire perpétuel** signale, parmi les pièces imprimées de la correspondance :

1° Le tome 2, fascicule I, de la **Mission du Service géographique de l'Armée** pour la mesure d'un arc de méridien équatorial en Amérique du Sud sous le contrôle de l'Académie des Sciences (1899-1906) : *Introduction générale aux travaux géodésiques et astronomiques primordiaux de la Mission. Notice sur les stations,* par le lieutenant-colonel G. **Perrier.**

2° **Instrumentfabriks Aktiebolaget Lyth.** *A new kind of micro-balance weighing to* 10^{-6} *mg.*

ASTRONOMIE. — *Contraction et évolution du Soleil.* Note de M. **A. Véronnet,** présentée par M. Puiseux.

J'ai montré que la théorie de la contraction de Helmholtz donnait pour le Soleil une quantité de chaleur devant laquelle toutes les autres causes étaient négligeables (¹). M. Briner a montré qu'en partant des atomes au lieu des molécules, pour calculer la chaleur de formation des composés, on obtenait des nombres plus forts (²). Mais encore on n'obtient que 10 à 20000 années

---

(¹) *Comptes rendus,* t. 158, 1914, p. 1649.
(²) *Le problème chimique du rayonnement solaire* (*Rev. gén. sc.*, 15 mai 1916).

de chaleur au lieu de 10 à 20 millions donnés par la contraction, avec une moyenne probable de 15 millions.

La théorie de Helmholtz exige que le Soleil se refroidisse et se contracte en rayonnant sa chaleur, tout comme un liquide normal. J'ai montré qu'en prenant la loi des gaz réels il en était bien ainsi pour une masse gazeuse telle que le Soleil, et j'ai donné une première approximation de sa vitesse de contraction et de la variation de ses conditions physiques avec le temps ([1]).

On peut résoudre intégralement le problème, car la loi du rayonnement de Stefan permet de déterminer complètement la courbe de variation de la température et du rayon d'un astre, même très loin dans le temps, connaissant les données actuelles, tout comme la loi de la gravitation de Newton permet de déterminer la courbe d'une comète, même très loin dans l'espace, si l'on en a fixé quelques éléments.

L'énergie dépensée pour concentrer une masse homogène M de l'infini au rayon R et le travail de concentration de cette masse sont donnés par les formules

$$(1) \qquad E = \frac{3}{5} f \frac{M^2}{R}, \qquad dE = -E_1 \frac{dR}{R^2},$$

E_1 est l'énergie totale correspondant au rayon R_1 pris comme unité ([2]).

D'autre part, la quantité de chaleur perdue par rayonnement est proportionnelle à la surface, c'est-à-dire à R^2 et à la quatrième puissance de la température, d'après la loi de Stefan. De plus, la quantité de chaleur dE, produite par la contraction, est sensiblement égale à celle-ci. On a donc

$$(2) \qquad dQ = Q'_1 T^4 R^2 dt,$$

$$(2') \qquad \frac{dR}{dt} = -\frac{Q'_1}{E_1} T^4 R^4.$$

Q'_1 est la quantité de chaleur rayonnée actuellement par an. On a

$$E_1 = 15 \times 10^6 Q'_1.$$

([1]) *Comptes rendus*, t. 165, 1917, p. 1035; t. 166, 1918, p. 109 et 286.

([2]) Si la masse n'est pas homogène, le coefficient $\frac{3}{5}$ augmente avec la concentration. Sa valeur maximum serait égale à 1, dans le cas limite d'un gaz parfait. (Voir H. POINCARÉ, *Hypothèses cosmogoniques*, p. 200 et 202.)

La dernière formule donne la vitesse de contraction, à un moment quelconque, en fonction de T et de R.

Mais T et R sont reliés à chaque instant par la formule de dilatation où α est le coefficient de dilatation cubique moyen du volume limite.

La température superficielle actuelle étant prise comme unité, on a

$$(3) \qquad \frac{1 + \alpha T}{1 + \alpha} = \frac{V}{V_1} = \frac{R^3}{R_1^3} = R^3 \qquad \text{ou} \qquad T = \frac{R^3 - 1}{\alpha} + R^3.$$

Dans le passé on avait $R > R_1$ ou $R > 1$, et, par conséquent, $T > R^3$, quel que soit α. En remplaçant T par R^3 dans $(2')$ on obtient, pour le temps de contraction de l'infini au rayon R, la *limite supérieure* suivante :

$$(4) \qquad dt \leqq - \frac{E_1}{Q_1'} \frac{dR}{R^{16}}, \qquad t \leqq \frac{t}{15} \frac{1}{R^{15}}.$$

On a $t_1 = 15$ millions d'années de chaleur environ. On en déduit que le régime présent du Soleil (contraction avec refroidissement, densité à peu près uniforme à l'intérieur) ne peut pas remonter à plus d'un million d'années dans le passé. Ce résultat est indépendant de la valeur de α, regardé comme constant ([1]), comme aussi des hypothèses faites sur la température à l'intérieur ou à la surface de l'astre. Il suffit que le rapport de la température superficielle à la température moyenne ne subisse pas de grandes variations.

En remplaçant au contraire, dans $(2')$, dR par sa valeur en fonction de dT tiré de (3) et R^3 par T, on obtient la *limite inférieure* suivante :

$$(5) \qquad dt \geqq - \frac{\alpha t_1}{3(1 + \alpha)} \frac{dT}{T^6}, \qquad t \geqq \frac{\alpha}{1 + \alpha} \frac{t_1}{15} \frac{1}{T^5}.$$

Cette limite dépend du coefficient de dilatation α. Or, d'après l'accroissement de densité des planètes à mesure qu'on s'approche du Soleil, on peut attribuer à celui-ci un rayon double et un volume 8 fois plus grand que celui qu'il aurait à 0°. Il aura ainsi à zéro une densité de $11,28 = 1,41 \times 8$. Dans ce cas, on aurait $\alpha = 7$.

C'est aussi la valeur du coefficient moyen de dilatation obtenu en extra-

---

([1]) Amagat a montré que pour tous les corps, au-dessus de leur point critique, c'est-à-dire réduits à l'état gazeux, le coefficient de dilatation tendait vers une limite, qui restait constante, aux températures élevées, absolument comme pour les gaz ordinaires.

polant les coefficients des solides, des liquides et des gaz. On obtient alors $t \geq 870\,000$ ans. Avec $\alpha = 3$ on aurait $t \geq 750\,000$.

En résumé la loi de Stefan nous donne deux formules qui limitent étroitement dans le passé la durée du régime actuel du Soleil. La valeur probable est comprise entre 900 000 ans et 1 million d'années.

La valeur de $d\mathrm{T}$ tirée de (3) et portée dans (2) donne encore, pour $\mathrm{R} > \mathrm{R}_1$,

$$(6) \qquad \frac{d\mathrm{T}}{dt} = -\frac{3(1+\alpha)}{\alpha t_1}\,\mathrm{T}^4\mathrm{R}^6, \qquad -\frac{d\mathrm{T}}{dt} \geq \frac{3(1+\alpha)}{\alpha t_1}\,\mathrm{R}^{18}.$$

La vitesse de refroidissement d'un astre est donc proportionnelle à la dix-huitième puissance du rayon. Elle est déjà 6 fois plus grande ou plus petite pour $\mathrm{R} = 1,1$ ou $0,9$ et 60 fois pour une variation de $\frac{2}{10}$. Il est donc inutile de donner au Soleil, dans le passé, un rayon plus grand que $1,2$. Le temps écoulé auparavant serait inférieur à 65 000 ans. La température aurait été environ le double. On en déduit ce résultat très important que notre Soleil n'a jamais dû être très différent de ce qu'il est actuellement ni comme rayon, ni comme température, ni par conséquent comme état physique, et les calculs ci-dessus s'y appliquent intégralement.

On déduit de (6) la valeur du refroidissement actuel, qui serait au minimum de $\frac{3}{t_1}$, c'est-à-dire de $\frac{1}{5}$ pour 1 million d'années ou de $0,02$ pour 100 000 ans. Le refroidissement terrestre lui est rigoureusement proportionnel. A l'équateur nous avons $34°\mathrm{C}$. ou $307°$ absolus et à Paris $10°\mathrm{C}$. ou $283°$ absolus. Le refroidissement y sera respectivement de $6°,1$ et de $5°,6$ en 100 000 ans. On aurait une température moyenne de $0°$ à Paris dans 200 000 ans et dans 600 000 ans à l'équateur. Cette dernière limite pourra être portée à 800 000 ans par le ralentissement du refroidissement. La Terre sera gelée, mais l'homme aura trouvé depuis longtemps, sans doute, le moyen de mieux utiliser l'énergie solaire, qui n'aura diminué que de $\frac{1}{10}$, et de fabriquer industriellement du sucre et même des aliments azotés.

MINÉRALOGIE. — *Sur les minerais d'or de la Côte d'Ivoire.*
Note de M. **F. Roux**.

La présence du tellure dans les minerais aurifères de la Côte d'Ivoire est connue depuis longtemps; mais la dissémination des minerais tellurés, en mouches très fines et rares, dépourvues de toute forme cristalline, n'en permet pas la détermination minéralogique.

La nature exacte de ces minerais ayant une très grande importance économique, pour le choix du traitement à appliquer en vue de l'extraction de l'or, j'ai entrepris l'étude de quelques échantillons que j'avais pu recueillir moi-même en 1910-1911 à Kokumbo (Baoulé Sud).

Un échantillon de la partie métallique d'un quartz, sans or visible, a donné à l'analyse :

	Pour 100.
Or..............................	8,63
Bismuth........................	48,36
Cuivre.........................	1,82
Tellure.........................	37,52
Argent..........................	tr. indos.
Soufre (par différence).........	3,65

Ce minerai est donc une tétradymite aurifère.

Même dans les parties du filon où ce minéral est complètement invisible, le bocardage laisse déposer sur la table d'amalgation une poudre grise, impalpable, et l'or recueilli à la batée contient une proportion notable de tellure et de bismuth, proportion variable avec l'échantillon, et due à un mélange de deux espèces minérales.

Deux échantillons métalliques, extraits du minerai de Poressou, l'un simplement lavé à la batée, l'autre trié à la main, m'ont donné pour 100 (quartz déduit) :

Or....................	76,78	93,04
Argent................	2,70	4,56
Tellure................	»	1,08
Non dosé..............	20,52	1,32

La présence de tellure et de bismuth a été constatée dans les deux échantillons.

L'amalgame recueilli sur des tables (neuves) contenait deux tiers de mercure, et le résidu de distillation se composait de :

	Pour 100.
Or..............................	68,96
Cuivre.........................	27,44
Argent..........................	1,43
Bismuth........................	2,27

La nature de ces minerais explique fort bien les difficultés rencontrées dans leur traitement; et comme, si la présence du tellure est sensiblement constante dans les minerais aurifères de la Côte d'Ivoire, la nature des tellurures doit varier avec les filons, une étude chimique minutieuse s'impose.

BOTANIQUE. — *Un nouvel hybride de greffe*. Note de M. **Fernando La Marca**, présentée par M. Gaston Bonnier.

La question des hybrides de greffe, sur laquelle il a été tant écrit en ces dernières années ([1]), est devenue l'une des plus importantes de la Biologie végétale et elle peut servir à comprendre de nombreux phénomènes naturels dont on n'aurait pu donner une explication scientifique non pas exacte mais seulement plausible avant qu'ait été formulée la séduisante théorie de l'hybridation asexuelle. Aujourd'hui on ne nie plus, en général, l'existence des hybrides asexuels, mais on discute encore au sujet de leur origine ; les uns admettent qu'ils sont formés par l'union de deux cellules végétatives du sujet et du greffon, et les autres qu'ils sont dus à la superposition de couches cellulaires appartenant au sujet et au greffon.

En décembre 1914, j'eus l'occasion de faire des recherches sur des Oliviers greffés, il y a une quarantaine d'années, dans la propriété Chiusanova, commune de St. Elia Fiume Rapido (province Caserta, Italie). Le greffon appartenait à la variété Cannellina, dont le fruit, à maturité, est de couleur blanc ivoire ; le sujet était la variété Caiazzana, dont la drupe est noire. Je remarquai avec étonnement que trois de ces arbres greffés présentaient à la fois des olives blanc ivoire et des olives noires. Sur l'un, les olives noires se trouvaient à la cime de l'arbre et à sa périphérie ; sur le second, à l'extrémité d'une pousse qui retombait perpendiculairement de l'extrémité d'une vieille branche ; enfin sur le troisième, elles étaient situées sur un rameau issu d'une branche courbée en arc, tandis que deux autres pousses partant du même point portaient des olives blanc ivoire.

Une telle diversité de coloration des fruits me fit penser que j'étais en présence d'hybrides asexuels et je fus ainsi amené à étudier chez ces plantes les caractères spécifiques qui présentent le moindre coefficient de variation par rapport aux facteurs culturaux et climatologiques, c'est-à-dire ceux du noyau en particulier. L'olive Cannellina greffon présente des noyaux du type fusiforme bosselé ; l'olive Caiazzana sujet a des noyaux elliptiques aigus quand l'hybride asexuel possède des noyaux obovales bosselés, intermédiaires entre ceux du greffon et du sujet. Comme les divers facteurs

---

([1]) Voir pour l'historique de la question : Lucien Daniel, *L'hybridation asexuelle* (*Revue générale de Botanique*, 1914-1915).

naturels et artificiels, tout en déterminant des différences sensibles dans les noyaux des olives d'un même groupe, n'altèrent pas ou rendent seulement variables entre de faibles limites le rapport entre les diamètres équatorial et longitudinal, j'ai recherché ces rapports sur 20 noyaux de chaque variété. Tandis que l'olive Cannellina greffon présentait un rapport maximum de 1 : 3,12 et un minimum de 1 : 3,02, l'olive Caiazzana sujet un maximum de 1 : 1,82 et un minimum de 1 : 1,63, l'hybride fournissait un rapport maximum de 1 : 1,92 et un minimum de 1 : 1,73. On sait que les variétés les plus perfectionnées ont des noyaux elliptiques moins bosselés quand celles qui se rapprochent du type sauvage ont des noyaux fusiformes plus tourmentés. L'hybride, par sa configuration externe et les accidents prononcés de sa surface, est donc intermédiaire entre les deux types greffés et réalise une forme moins perfectionnée que la Caiazzana, mais moins sauvage que la Cannellina.

L'étude de divers autres caractères confirme encore l'hypothèse d'une hybridation asexuelle. J'ai pris sur le sujet, le greffon et l'hybride, des rameaux de même vigueur et de même exposition; j'ai détaché 20 feuilles choisies dans la région médiane de ces rameaux et j'ai mesuré leurs diamètre longitudinal et équatorial. La moyenne des 20 rapports était de 1 : 4,81 pour l'olive Cannellina, de 1 : 4,06 pour l'olive Caiazzana et de 1 : 4,39 pour l'hybride.

Le pédoncule des drupes de l'olive Cannellina est très long, avec un minimum de 3^{cm} et un maximum de 6^{cm}; celui de l'olive Caiazzana, très court, [a un maximum de 2^{cm} et celui de l'hybride a un minimum de 2^{cm} et un maximum de 3^{cm}.

L'analyse des petites quantités d'huile extraites fournit des différences très faibles en acides gras solides, palmitique, stéarique, etc., soit 80,07 pour la Cannellina, 80,01 pour la Caiazzana et 79,22 pour l'hybride. L'acidité en acide oléique était de 0,230 pour 100 chez l'olive Cannellina, de 0,842 chez l'olive Caiazzana et seulement de 0,191 chez l'hybride. Quant à la couleur des huiles, bien différente chez le sujet et le greffon, elle était intermédiaire chez l'hybride. Ces trois mêmes huiles furent analysées de nouveau après 40 jours d'exposition à l'air et à la lumière, dans de grands cristallisoirs; à ce moment l'acidité oléique était de 0,284 pour l'olive Cannellina, de 1,25 pour l'olive Caiazzana et de 0,480 pour l'hybride. On voit que celui-ci se comporte à ce point de vue d'une façon toute différente du sujet et du greffon. Au point de vue de la couleur, l'huile de Caiazzana et

celle de l'hybride subirent une complète décoloration à la lumière, tandis
que l'huile de Cannellina conserva une légère couleur jaune paille.

J'ai constaté pendant quatre années successives la répétition des mêmes
phénomènes. Ils prouvent, une fois de plus, que l'hybridation asexuelle,
à la suite de certaines greffes, est une réalité.

BOTANIQUE. — *Sur la nature et la signification du chondriome.* Note
de M. A. **Guilliermond**, présentée par M. Gaston Bonnier.

La question de la nature et de la signification du chondriome a donné
lieu récemment en cytologie végétale à tant d'opinions contradictoires que
nous sommes convaincus qu'on a décrit sous le nom de *chondriome* des
éléments de natures très diverses. Aussi, en raison de l'importance capitale
de cette question au point de vue de la physiologie cellulaire et afin d'éviter
pour l'avenir de regrettables confusions, croyons-nous opportun de définir
d'une manière aussi exacte que possible ce que nous entendons par *mitochondries.*

Les mitochondries présentent des caractères bien définis, qui, dans la majorité des
cas, permettent de les reconnaître facilement. Elles représentent des éléments constitutifs
du cytoplasme où elles sont toujours présentes, même dans les cellules âgées, et tout
semble démontrer qu'il n'y a pas de cellule sans chondriome. Elles ne sont que
rarement visibles sur le vivant, surtout dans la cellule animale, et même dans le cas où
elles se laissent apercevoir, elles sont très souvent peu distinctes; aussi est-il toujours
dangereux d'établir des conclusions sur les caractères du chondriome en s'appuyant
uniquement sur son observation vitale. Quelle que soit l'importance des observations
vitales dont personne plus que nous ne reconnaît la nécessité, puisque nous avons été
l'un de ceux qui se sont le plus attachés à l'étude vitale du chondriome, on ne saurait
nier que la cytologie fine est impossible sans le concours de la méthode de fixation et
coloration. L'essentiel est de trouver des cellules favorables à l'examen vital, qui
permettent d'apprécier l'efficacité de cette méthode. C'est ce que nous avons réalisé
sur les cellules épidermiques des pétales de Tulipe et d'Iris qui montrent avec une
remarquable netteté leur chondriome. Elles nous ont permis d'en faire une étude vitale
aussi complète que possible et de nous assurer de la réalité des figures obtenues par
les méthodes mitochondriales. Autant qu'il ressort de ces recherches, qui sont d'ailleurs
en concordance parfaite avec les recherches effectuées dans la cellule animale par Fauré-
Frémiet et R. et H. Lewis, le cytoplasme apparaît comme une substance hyaline et
d'aspect homogène, renfermant un très grand nombre de mitochondries sous forme
de petits corps se distinguant du reste du cytoplasme par une réfrigence plus forte,

quoique pas très accusée. On y trouve également presque toujours de petits globules graisseux faciles à distinguer des mitochondries par leur forte réfringence (microsomes de M. Dangeard). La forme des mitochondries est ordinairement celle de grains isolés (mitochondries granuleuses), de bâtonnets courts ou de filaments minces, allongés et onduleux, parfois ramifiés (chondriocontes). Les éléments du chondriome sont entraînés par les mouvements cytoplasmiques et les chondriocontes se déplacent en serpentant.

Les mitochondries sont les éléments les plus fragiles de la cellule; elles sont particulièrement sensibles aux influences osmotiques. En milieu hypotonique, les mitochondries granuleuses se gonflent et se transforment en grosses vésicules aqueuses; les chondriocontes se segmentent en grains qui à leur tour se transforment en grosses vésicules. Cette altération qui se produit presque instantanément peut donner lieu à de graves erreurs d'interprétation. Il est facile de s'assurer qu'elle n'est pas rattachée à une évolution normale des mitochondries, mais est bien la conséquence d'une altération due au milieu hypotonique, car on peut arriver par tâtonnement à constituer un milieu isotonique où ces altérations sont en grande partie évitées. Il est alors facile de se rendre compte, par l'observation prolongée d'une même cellule, que les variations évolutives de forme des mitochondries ne se produisent que très lentement.

Le chondriome qui paraît être parmi les éléments les plus vivants de la cellule ne se colore que très difficilement sur le frais et seulement par des colorants spéciaux (vert Janus, violet de dahlia et de méthyle); sa coloration est diffuse et ne se produit que lorsque la cellule est en souffrance, dans les périodes qui précèdent sa mort; il est extrêmement rare qu'elle ne soit pas accompagnée d'une altération des mitochondries.

Les mitochondries sont fixées dans une solution d'acide osmique; elles ne réduisent pas l'acide osmique, mais elles peuvent renfermer de petites inclusions graisseuses brunissant par cet acide. Le réactif iodo-ioduré conserve les mitochondries auxquelles il donne une légère teinte jaune. Les fixateurs ordinairement employés en cytologie et qui renferment de l'alcool ou de l'acide acétique dissolvent partiellement le chondriome et ne permettent plus de le distinguer du reste du cytoplasme qui prend alors une structure artificielle granulo-alvéolaire, due en partie à l'altération des mitochondries. Seuls, les fixateurs chromo-osmiques et le formol fixent le chondriome. Les mitochondries une fois fixées ne sont colorables que par l'hématoxyline ferrique, la fuchsine acide et le violet de cristal qui leur donnent une teinte tellement distincte qu'elles ressemblent à des bactéries qui se trouveraient dans le cytoplasme.

Les recherches de cytologie animale et végétale montrent que les mitochondries sont des organites vivants, incapables de se former autrement que par division : des formes de division de mitochondries granuleuses par étranglement ont souvent été constatées. Pendant la mitose, on observe la répartition du chondriome entre les deux pôles.

Le rôle des mitochondries dans la cellule animale a été précisé pour la première fois par Regaud et confirmé par un très grand nombre d'auteurs. L'ensemble de ces recherches montre que les mitochondries sont des organites élaborateurs participant à la formation de la plupart des produits de secrétion de la cellule. C'est ainsi que dans les glandes sous-maxillaires, Regaud a vu se produire sur le trajet des chondriocontes des renflements qui, en se séparant du chondrioconte, constituent des plastes ou chondrioplastes au sein desquels se constituent les graines de zymogènes. Dans les cellules adipeuses, on a constaté l'apparition, sur le trajet de chondriocontes, de petits globules graisseux. Ceux-ci se séparent ensuite du chondrioconte tout en restant entourés d'une écorce mitochondriale qu'ils n'épuisent qu'à leur maturité. D'autre part divers auteurs, entre autre Prenant, ont montré que la plupart des pigments ont comme substratum des mitochondries.

Ces résultats admis par la plupart des histologistes ont reçu une confirmation inattendue et décisive par nos recherches qui ont démontré que les plastides bien connus de la cellule végétale sont assimilables aux formations mitochondriales : ce sont ou bien des formes comparables aux chondrioplastes de la cellule animale et résultant de renflements produits sur le trajet de chondriocontes comme les chloroplastes, ou bien de simples mitochondries ordinaires comme beaucoup d'amyloplastides et de chromoplastides. D'une manière générale, le chondriome de la cellule végétale est représenté dans l'œuf par des mitochondries granuleuses : dans les cellules embryonnaires une partie de ces éléments se transforme en chondriocontes qui évoluent ensuite en plastides; les autres restent le plus souvent à l'état de mitochondries granuleuses et sont affectés à d'autres fonctions ou simplement à la perpétuation du chondriome.

PHYSIOLOGIE. — *Prothèse physiologique du pied.* Note de M. Jules Amar, présentée par M. Edmond Perrier.

L'objet de cette Note est de formuler les résultats des *amputations partielles du pied*, tant au point de vue de la prothèse qu'à celui de la physiologie. L'examen est fait par comparaison avec un pied normal, et porte sur l'équilibre statique et dynamique du corps. Depuis 3 ans, il a été poursuivi, *expérimentalement*, sur 25 amputés.

Méthode d'observation. — La technique qui nous a servi est la suivante :

1° On prend les empreintes des pieds sur un plateau en cire de dentistes (Stent's Composition), amenée au degré de souplesse qui convient. De la surface et de la profondeur des empreintes, rapportées au poids total en action, on déduit aisément la *répartition des pressions*. Et l'on voit aussi les changements de cette répartition quand le blessé passe d'une attitude à une autre, soit pour marcher, courir, soit pour travailler.

2° La valeur exacte des efforts jambiers, ceux du talon et du métatarse, leur durée relative dans le cycle du *pas*, les oscillations du corps provenant d'un appui insuffisant du pied, enfin les déviations de celui-ci, sont enregistrées avec fidélité sur mon *Trottoir dynamographique* ([1]). L'aspect des courbes vérifie celui des empreintes, et traduit la réalité même des conditions locomotrices. L'ensemble de ces expériences, que l'on trouvera ailleurs au complet, peut se résumer en quelques propositions succinctes.

Équilibre des amputés de pied. — Dans l'*équilibre statique* du corps, les pressions d'un pied normal, pour un homme de 60^{kg}, se répartissent comme suit :

	Pression		Fraction pour 100 du poids de 30^{kg}.
	totale.	par centimètre carré.	
Talon................	6100^{g}	218^{g}	20,35
Métatarse...........	9484	218	31,62
Voûte interne........	5980	166	19,93
Bord externe........	4700	208 .	15,65
Gros orteil..........	1927	· 187	6,42
Deuxième orteil......	388	83	1,29
Troisième orteil......	431	124	1,43
Quatrième orteil..... ·	672	145	2,24
Cinquième orteil.....	318	104	1,07
	30000		

Les points d'appui sont donc disposés de façon à constituer un *socle externe* (talon, bord externe, cinquième et quatrième orteils) et une *voûte interne* partant du talon et réposant sur le gros orteil et son métatarsien.

Dans la *marche*, c'est la voûte qui supporte l'action dynamique, caractérisée par un mouvement de bascule entre le talon et le métatarse, celui-ci aidé du gros orteil. On doit, à cet égard, considérer un *déroulement du talon*, et un *déroulement du métatarse*, avec une phase intercalaire de *balancement du pied*. Pour une allure de 120 pas, soit une durée de 500 millièmes de seconde au *pas*, les graphiques donnent :

	Millièmes de seconde.
Déroulement du talon·.......................	157
Déroulement du métatarse...................	130
Balancement du pied.......................	213
	500

L'attaque du sol par le talon est forte; le coussinet adipeux s'aplatit et

---

([1]) *Comptes rendus*, t. 163, 1916, p. 130; *Revue de Chirurgie*, mai-juin 1917, p. 613-639.

la surface d'appui augmente. Puis le pied bascule, et la même pression, avec extension de l'appui, se renouvelle pour le métatarse. Celui-ci quitte le sol par une impulsion antéro-postérieure d'environ 6^{kg}, où le gros orteil joue un rôle. Et la plante du pied verse légèrement en dedans, produisant une *poussée latérale externe* nécessaire à la progression et à l'équilibre dynamique. Ces deux éléments du *pas* avaient échappé aux anciennes analyses de Carlet et de Marey, et l'on ne trouve pas mention de la poussée latérale externe dans toute l'œuvre de Braune et Fischer. C'est un effort constant, toujours visible dans les graphiques de marche des amputés de pied. Au contraire, l'impulsion arrière manque chez tous les mutilés privés de l'avant-pied; ils ont tendance à s'appuyer uniquement sur le talon, malgré les chaussures et autres appareils orthopédiques. On obtient donc le seul déroulement du talon, comme dans la locomotion avec pilons. Ainsi la prothèse devra réaliser un métatarse robuste, intimement relié au moignon par des organes qui ne le blessent pas et obéissent à son mouvement. D'où cette première conclusion :

La chirurgie doit assurer une surface indolore et résistante, dans toutes les amputations partielles du pied.

Et c'est la conservation du talon qui donne le plus de force et de stabilité. Les graphiques fournissent une deuxième conclusion : *Les amputations d'orteils ou du métatarse (Lisfranc) et, dans une forte proportion (40 et 45 pour 100), les amputations médio-tarsiennes (Chopart) et sous-astragaliennes, sont facilement compensées par des dispositions prothétiques convenables.*

La locomotion est à peine troublée, la stabilité de l'équilibre reste normale et permet les attitudes professionnelles les plus diverses.

Les autres modes d'amputations, dérivées du Pyrogoff, qui entament le talon, conduisent à une locomotion d'Ongulés, toutefois moins appuyée statiquement. On y constate de la régularité, ainsi que l'impulsion arrière, mais la transmission des pressions m'a semblé incertaine. Je n'ai pu voir encore si la prothèse suppléerait à ce manque de solidité.

Enfin, une dernière conclusion concerne la force développée par la marche des amputés de pied : *L'effort des jambes est nettement plus élevé après une amputation partielle du pied qu'après celle de la jambe au tiers inférieur.* Le chirurgien est donc, là aussi, tenu à être attentif à la fonction physiologique du segment qu'il opère.

En résumé, les amputations du pied avec conservation du talon offrent des garanties physiologiques et prothétiques qui déconseillent de leur préférer les amputations au tiers inférieur de la jambe.

OPTIQUE PHYSIOLOGIQUE. — *Sur un phénomène, d'apparence singulière, relatif à la persistance des impressions lumineuses sur la rétine.* Note de M. **Louis Lumière**, présentée par M. J. Carpentier.

Si, étant dans un laboratoire photographique éclairé par la lumière rouge, on regarde le cadran d'une montre dite *lumineuse* à laquelle on fait subir des déplacements lents et de faible amplitude, parallèlement au plan du cadran, on peut faire la constatation suivante :

Les déplacements des chiffres lumineux paraissent être en retard par rapport à ceux du cadran, et cet effet donne l'illusion d'une sorte de dissociation. Il semble que ces chiffres ne soient plus réunis au cadran que par des liens présentant une certaine laxité.

Pour percevoir le phénomène avec toute sa netteté, il convient de se placer dans les conditions suivantes :

1° La rétine doit être amenée à son maximum de sensibilité par un séjour préalable de 15 à 20 minutes dans l'obscurité.

2° L'éclairement du cadran doit avoir une certaine intensité. La condition optimum est réalisée facilement en se plaçant à une distance convenable de la source lumineuse.

3° La lanterne renfermant cette source doit être munie de verres rouge rubis.

J'ai cru pouvoir rattacher cette apparence singulière au fait que la durée de la persistance des impressions lumineuses sur la rétine varie avec la longueur d'onde des radiations qui les provoquent.

Dans l'expérience précitée, le cadran blanc, en effet, réfléchit de la lumière rouge, alors que le sulfure de zinc radifère qui recouvre les chiffres émet des radiations d'aspect verdâtre.

Pour vérifier cette hypothèse et écarter l'idée d'une action particulière des radiations émises par le sulfure de zinc, il m'a paru nécessaire de chercher, tout d'abord, à déterminer le spectre d'émission de cette substance.

Or, malgré l'emploi d'un spectrographe à prisme et de plaques panchromatiques très sensibles, la faible valeur de l'énergie mise en jeu ne m'a pas permis jusqu'ici d'obtenir la moindre trace d'image, bien que les durées d'exposition aient atteint 15 heures.

J'ai néanmoins construit le dispositif représenté par la figure ci-contre :

Si l'on répète l'expérience de la montre en lui substituant cet appareil après avoir réglé convenablement les éclairements relatifs du disque blanc et des points verts, on reproduit avec une grande netteté le phénomène constaté dans le cas du cadran à chiffres lumineux, ce qui semble confirmer l'hypothèse émise.

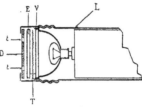

L, lampe électrique de poche; V, verre dépoli; T, étoffe noire peu serrée (que l'on peut remplacer par trois ou quatre épaisseurs de bristol); E, verre vert; D, disque de carton blanc opaque percé de trous t, t.

Ce phénomène semble finalement être de même nature que celui qui a été signalé par Helmholtz (*Optique physiologique*, p. 504). Il présente, toutefois, une netteté beaucoup plus grande, probablement en raison de l'état de sensibilité où se trouve la rétine dans les conditions qui nous occupent.

Il y a donc intérêt, dans les cas où intervient la persistance des impressions sur la rétine (en particulier dans celui des projections cinématographiques), à choisir judicieusement la source employée et même à interposer un écran coloré lorsque cela peut se faire.

Mais il conviendrait, pour réaliser les meilleures conditions possibles, de se baser sur des mesures précises de durée de la persistance des impressions. Or les seules valeurs connues sont celles qui ont été publiées par Plateau [1] et par Emsmann [2], et ces valeurs présentent des divergences allant jusqu'à la contradiction. Il semble que ces défauts de concordance des mesures puissent être attribués aux conditions dans lesquelles les auteurs précités les ont effectuées.

La méthode qu'ils employaient consistait à faire tourner des secteurs de papier peint de diverses couleurs devant un fond noir et ils déduisaient la durée de la persistance de la vitesse minimum donnant à l'œil la sensation de la continuité.

---

[1] *Annales de Poggendorff*, vol. 20, p. 304.

[2] *Ibid.*, vol. 91, p. 611.

L'emploi d'une telle méthode faisait intervenir, semble-t-il, une cause d'erreur importante, résultant de ce fait que la quantité d'énergie reçue par l'œil, lors de chaque illumination élémentaire, diminuait au fur et à mesure de l'accroissement de la vitesse de rotation. En outre, les mesures portaient sur des radiations peu définies.

Pour apporter à la question de nouveaux éléments, il m'a paru intéressant de tenter d'autres déterminations en effectuant les mesures après avoir amené la rétine à l'état de repos par un séjour dans l'obscurité et en opérant sur des radiations spectrales, l'appareil employé étant construit de telle façon qu'il assure la constance de la durée des éclairements élémentaires, quelle qu'en soit la fréquence.

A 16 heures et quart l'Académie se forme en comité secret.

La séance est levée à 16 heures et demie.

                                                      A. Lx.

BULLETIN BIBLIOGRAPHIQUE.

———

OUVRAGES REÇUS DANS LES SÉANCES DE FÉVRIER 1918 (*suite et fin*).

Muséum national d'histoire naturelle. Conférences de 1917. Nos richesses coloniales. Les gisements de l'or dans les colonies françaises, par A. Lacroix. Paris, Challamel, 1918; 1 fasc. 20^{cm}. (Présenté par l'auteur.)

Boletin de la Universidad. Tome I, n° 1. Mexico, Verdad, 1917; 1 vol. in-8°.

Panama. La création, la destruction, la résurrection, par Philippe Bunau-Varilla. Paris, Plon-Nourrit, 1913; 1 vol. in-8°. (Présenté par M. Termier.)

Gouvernement général de l'Indo-Chine. Congrès d'agriculture coloniale. *L'organisation de l'agriculture coloniale en Indo-Chine et dans la métropole*, par Aug. Chevalier. Saïgon, C. Ardin, 1918; 1 fasc. 21^{cm}. (Présenté par M. Guignard.)

Ministère de l'Agriculture. Direction générale des eaux et forêts (2ᵉ partie). Service des grandes forces hydrauliques (région du Sud-Ouest) : *Résultats obtenus pour les bassins de la Nive, du Saison et du Gave d'Oloron pendant les années* 1915 *et* 1916, t. VI, fasc. A; — *Résultats obtenus pour le bassin de l'Adour pendant les années* 1915 *et* 1916, t. VI, fasc. B. 2 cartonniers 28^{cm},5.

ACADÉMIE DES SCIENCES.

SÉANCE DU LUNDI 29 AVRIL 1918.

PRÉSIDENCE DE M. Ed. PERRIER.

MÉMOIRES ET COMMUNICATIONS

DES MEMBRES ET DES CORRESPONDANTS DE L'ACADÉMIE.

MÉCANIQUE DES SEMI-FLUIDES. — *Calcul de deuxième approximation de la poussée-limite exercée sur un mur vertical par un terre-plein à surface libre horizontale.* Note de M. **J. Boussinesq**.

I. Le calcul en première approximation, d'ailleurs très simple, de la poussée dont il s'agit, nous a fait, comme on a vu dans le précédent numéro des *Comptes rendus* (p. 625), substituer fictivement au massif proposé un autre massif de même poids spécifique Π et de même figure, mais dont l'angle de frottement intérieur aurait, au lieu de la valeur constante φ donnée, une valeur variable φ' croissante à l'approche du mur $y = 0$, dans le *coin* sablonneux d'inclinaison $a = \tang\left(\dfrac{\pi}{4} - \dfrac{\varphi}{2}\right)$, avec sa pointe en haut, compris entre le *plan de raccordement* $y = ax$ (au delà duquel $\varphi' = \varphi$) et le mur même $y = 0$, où φ' atteint sa valeur la plus grande Φ. En vue de se rapprocher davantage des conditions réelles, il y a donc lieu de procéder, *pour ce coin de sable seulement*, à une deuxième approximation des trois composantes de pression

$$(1) \qquad N_x = -\Pi\left(x + \frac{d^2\varpi}{dy^2}\right), \qquad T = \Pi\frac{d^2\varpi}{dx\,dy}, \qquad N_y = -\Pi\left(a^2 x + \frac{d^2\varpi}{dx^2}\right),$$

en y prenant comme équation indéfinie en ϖ la relation (9) de ma dernière Note, savoir

$$(2) \qquad \frac{d^2\varpi}{dx^2} - a^2\frac{d^2\varpi}{dy^2} = \frac{1}{x\sin\varphi}\left(\frac{d^2\varpi}{dx\,dy}\right)^2.$$

Et comme, dans celle-ci, le second membre est du deuxième ordre de petitesse, on pourra y remplacer ϖ par sa première valeur approchée $f(y-ax)$ déjà obtenue, valeur donnant, d'après la formule (12) de la même Note, prise avec $\dot{\varphi}_1 = \varphi$,

$$f''(y-ax) = \frac{\tang\varphi}{1 + a\,\tang\varphi}(y-ax).$$

Si alors on pose

(3) $$c = \frac{1}{\sin\varphi}\left(\frac{a\,\tang\varphi}{1 + a\,\tang\varphi}\right)^2 = \frac{\sin\varphi}{(1 + 2\sin\varphi)^2}, \qquad F(x,y) = c\frac{(y-ax)^2}{x},$$

l'équation (2) devient

(4) $$\frac{d^2\varpi}{dx^2} - a^2\frac{d^2\varpi}{dy^2} = F(x,y).$$

La surface libre se trouve remplacée ici par le plan de raccordement $y = ax$, au delà duquel s'annulent les dérivées secondes de ϖ et même, si l'on veut, ϖ avec ses dérivées premières (car les dérivées secondes seules figurent dans N_x, T, N_y). On pourra donc, comme conditions définies s'adjoignant à (4), outre celle de glissement du massif contre le mur et qui consiste à prendre, pour $y = 0$, le rapport de T à $-N_y$ égal à $\tang\varphi$, se donner les relations

(5) $$(\text{pour } y = ax) \qquad \left(\varpi, \frac{d\varpi}{dx}, \frac{d\varpi}{dy}, \frac{d^2\varpi}{dx^2}, \frac{d^2\varpi}{dx\,dy}, \frac{d^2\varpi}{dy^2}\right) = 0.$$

II. Pour intégrer (4) dans l'intérieur du *coin*, c'est-à-dire entre les deux droites $y = ax$, $y = 0$, il sera commode de substituer aux deux variables x et y les deux paramètres, que j'appellerai u et v, des deux familles de droites $y \pm ax = \text{const.}$, en posant

(6) $$u = y + ax, \quad v = y - ax; \qquad \text{d'où} \qquad x = \frac{u-v}{2a}, \quad y = \frac{u+v}{2}.$$

Les formules pour transformer les dérivées partielles seront donc

$$\frac{d}{dx} = a\left(\frac{d}{du} - \frac{d}{dv}\right), \qquad \frac{d}{dy} = \frac{d}{du} + \frac{d}{dv}$$

et

$$\frac{d}{du} = \frac{1}{2}\left(\frac{1}{a}\frac{d}{dx} + \frac{d}{dy}\right), \qquad \frac{d}{dv} = \frac{1}{2}\left(\frac{-1}{a}\frac{d}{dx} + \frac{d}{dy}\right).$$

Ces deux dernières montrent que les dérivées premières et secondes de ϖ

en u et v s'annulent sur tout le côté $v = 0$ du coin, comme le font, en vertu de (5), ses dérivées en x et y. Quant aux deux précédentes, elles donnent à l'équation (4), divisée par $- 4 a^2$, la forme

$$(7) \qquad \frac{d^2 \varpi}{du\, dv} = - \frac{1}{4 a^2} \, F\left(\frac{u - v}{2 a},\, \frac{u + v}{2} \right).$$

Multiplions par dv et intégrons le long des droites $u = \text{const.}$ (qui balaient tout l'espace angulaire considéré), à partir du côté même $v = 0$ où s'annulent ϖ et ses premières dérivées, jusqu'à un point intérieur quelconque du coin. Il viendra

$$(8) \qquad \frac{d\varpi}{du} = \frac{1}{4 a^2} \int_v^0 F\left(\frac{u - v}{2 a},\, \frac{u + v}{2} \right) dv.$$

Celle-ci, multipliée par du, pourra être intégrée à son tour, le long d'une droite quelconque $v = \text{const.}$, jusqu'à un point (u, v) quelconque du coin, en partant, pour fixer les idées, de la droite $u = 0$ extérieure au massif, mais en ajoutant une fonction arbitraire, $f(v)$, de la variable qui ne change pas durant cette intégration. On n'emploiera d'ailleurs la formule obtenue *que dans le coin même*, où u, v, $u - v$ (c'est-à-dire $2 a x$) sont continus et ne donneront lieu qu'à des intégrales finies. Nous aurons donc, avec la fonction arbitraire $f(v)$, à déterminer tout le long du côté $y = 0$ par la condition relative à la paroi,

$$(9) \qquad \varpi = f(v) + \frac{1}{4 a^2} \int_0^u du \int_v^0 F\left(\frac{u - v}{2 a},\, \frac{u + v}{2} \right) dv.$$

On pourra, une fois effectuée l'intégration double, y réintroduire, grâce aux premières formules (6), les variables x et y.

III. Substituons dans (9), à $F(x, y)$, l'expression (3); et la formule (9) deviendra, tous calculs faits,

$$(10) \qquad \varpi = f(v) + \frac{c}{6 a}\left(u^2 v + \frac{u v^2}{2} - u^3 \log \frac{u}{u - v} + v^3 \log \frac{-v}{u - v} \right),$$

c'est-à-dire, par la réintroduction de x et de y,

$$(11) \qquad \varpi = f(y - ax) + \frac{c}{6a}$$
$$\times \left[(y^2 - a^2 x^2) \frac{3 y + ax}{2} + (y - ax)^3 \log \frac{ax - y}{2 ax} - (y + ax)^3 \log \frac{y + ax}{2 ax} \right].$$

Il en résulte, par de doubles différentiations assez laborieuses,

$$(12) \begin{cases} \dfrac{d^2\varpi}{dx^2} = a^2 f''(y-ax) + ca\left[\dfrac{y^2}{ax} - \dfrac{y+ax}{2} + (y-ax)\log\dfrac{ax-y}{2ax} - (y+ax)\log\dfrac{y+ax}{2ax}\right] \\[2ex] \dfrac{d^2\varpi}{dx\,dy} = -a\,f''(y-ax) - c\left[\quad - \dfrac{y-ax}{2} + (y-ax)\log\dfrac{ax-y}{2ax} + (y+ax)\log\dfrac{y+ax}{2ax}\right] \\[2ex] \dfrac{d^2\varpi}{dy^2} = f''(y-ax) + \dfrac{c}{a}\left[\quad \dfrac{3}{2}(y-ax) + (y-ax)\log\dfrac{ax-y}{2ax} - (y+ax)\log\dfrac{y+ax}{2ax}\right] \end{cases}$$

On portera donc ces trois dérivées secondes de ϖ dans les formules (1) de N_x, T, N_y, pour avoir les trois composantes cherchées de pression.

IV. Bornons-nous à évaluer celles-ci contre la paroi $y = 0$. Les dérivées (12), en désignant par e la base des logarithmes naturels qui figurent dans les formules, s'y réduisent beaucoup et donnent

$$(13) \begin{cases} -N_x = \Pi\left[f''(-ax) + x\left(1 + c\log\dfrac{4}{\sqrt{e^3}}\right)\right], \\[2ex] T = -\Pi a\left[f''(-ax) + x\,\dfrac{c}{2}\right], \\[2ex] -N_y = \Pi a^2\left[f''(-ax) + x\left(1 + c\log\dfrac{4}{\sqrt{e}}\right)\right]. \end{cases}$$

Le rapport de T à $-N_x$ devant y égaler $\tan\varphi$, on trouve aisément que cela revient à prendre

$$(14)\quad (\text{pour } y < ax)\qquad f''(y-ax) = \dfrac{y-ax}{a+\cot\varphi}\left[1 + \dfrac{c}{2a}\left(\cot\varphi + 2a\log\dfrac{4}{\sqrt{e}}\right)\right].$$

La deuxième approximation y a ajouté les termes en c. La fonction $f''(y-ax)$, les dérivées secondes (12) de ϖ et les expressions (1) de N_x, T, N_y s'annulent bien d'ailleurs, comme il le fallait, à la limite $y = ax$ du coin. De plus, N_x, T, N_y sont encore, comme à la première approximation, homogènes du degré 1 en x et y; d'où il suit que, le long d'un même rayon vecteur r, elles sont proportionnelles à r, et ont ainsi leurs rapports mutuels fonction seulement de l'angle polaire θ. Il en est donc de même de l'azimut des pressions principales et de celui des surfaces de rupture, encore homothétiques par rapport à l'origine O.

Les pressions (13) près de la paroi deviennent finalement

$$(15) \quad (\text{pour } y = 0) \quad \begin{cases} - N_x = \dfrac{\Pi x}{1 + a\,\text{tang}\,\varphi}\left[1 - c\left(a\,\text{tang}\,\varphi + \log\dfrac{e^2}{4}\right)\right], \\[2mm] T = \dfrac{\Pi x.a^2\,\text{tang}\,\varphi}{1 + a\,\text{tang}\,\varphi}\left(1 + c\log\dfrac{4}{e}\right), \\[2mm] - N_y = \dfrac{\Pi x.a^2}{1 + a\,\text{tang}\,\varphi}\left(1 + c\log\dfrac{4}{e}\right). \end{cases}$$

Comme $- N_y$ désigne la composante normale P de la poussée par unité d'aire, la deuxième approximation multiplie, ainsi qu'on le voit, cette composante par le facteur binome

$$(16) \qquad 1 + c\log\frac{4}{e} = 1 + (-1 + \log 4)\,c = 1 + 0,3863\,c$$

et l'accroît de la fraction $0,3863\,c$ de sa première valeur approchée. Notre coefficient k, c'est-à-dire le rapport $\dfrac{P}{\Pi x}$, devient donc, vu la formule (3) de c,

$$(17) \qquad \begin{aligned} k &= \frac{1 - \sin\varphi}{1 + 2\sin\varphi}\left[1 + \left(\log\frac{4}{e}\right)\frac{\sin\varphi}{(1 + 2\sin\varphi)^2}\right] \\[2mm] &= \frac{1 - \sin\varphi}{1 + 2\sin\varphi}\left[1 + (0,3863)\frac{\sin\varphi}{(1 + 2\sin\varphi)^2}\right]. \end{aligned}$$

Le terme qui suit l'unité dans le facteur entre crochets mesure l'utilité de la seconde approximation, puisqu'il exprime le rapport dans lequel cette approximation modifie le résultat cherché; mais ce serait plutôt sa petitesse qui garantirait la rapidité de convergence des approximations successives et leur légitimité.

A cet égard, on voit que ce terme tend vers zéro, assurant ainsi la sécurité de la méthode, pour les petites valeurs de φ. Mais il reçoit ses valeurs les moins petites pour des angles φ de frottement voisins des angles usuels; car il atteint son maximum $0,04829$ pour $\varphi = 30°$ et décroît ensuite lentement jusqu'à $\varphi = 90°$, où il vaut encore $0,04292$.

Sa valeur pour $\varphi = 45°$ est $0,04686$; ce qui porte k, de sa première valeur approchée $k_0 = 0,01213$, à $0,1270$. Pour $\varphi = 34°$, cas du sable le plus ordinaire, le même terme correctif devient $0,04813$; et k, dont la première approximation était $k_0 = 0,2081$, s'accroît de $0,01002$; ce qui le porte à la valeur $k = 0,2181$.

V. Pour juger du degré d'approximation ainsi réalisé, on peut chercher à quel point font varier Φ, dans la relation (6) de ma précédente Note (où Φ est la valeur de φ' contre la paroi $y = 0$), les nouvelles formules (15) des pressions. Or Φ résultait, à une première approximation, de la formule (16) de cette même Note, qui donne immédiatement, pour $\varphi = 45°$, $\Phi = 49°56',4$ et, pour $\varphi = 34°$, $\Phi = 39°17',8$, soit des écarts $\Phi - \varphi$ respectifs de $296',4$ et $317',8$.

Le calcul en est beaucoup plus long à la deuxième approximation, où les formules (15) donnent des valeurs de $-N_x$, $-N_y$ et T proportionnelles à

$$\frac{1}{a^2}\frac{1-(0,6137+a\tan\varphi)c}{1+(0,3863)c},\quad 1\quad\text{et}\quad\tan\varphi,$$

ou bien proportionnelles, en appelant K le premier de ces trois nombres, à

(18) $$K = \frac{1}{a^2}\frac{1-(0,6137+a\tan\varphi)c}{1+(0,3863)c},\quad 1\quad\text{et}\quad\tan\varphi,$$

a et c ayant les valeurs $\tan\left(\dfrac{\pi}{4}-\dfrac{\varphi}{2}\right)$ et $\dfrac{\sin\varphi}{(1+2\sin\varphi)^2}$. Il est visible que la formule citée (6) devient

(19) $$\sin^2\Phi = \left(\frac{K-1}{K+1}\right)^2 + \left(\frac{2\tan\varphi}{K+1}\right)^2.$$

Le calcul donne :

(pour $\varphi = 45°$) $K = 4,8733$, $\Phi = 47°55',2$, $\Phi - \varphi = 175',2$;
(pour $\varphi = 34°$) $K = 2,9659$, $\Phi = 36°57',3$, $\Phi - \varphi = 177',3$.

L'écart $\Phi - \varphi$, qui serait nul pour une solution exacte, a décru respectivement, dans le passage de la première approximation à la deuxième, de $296',4$ à $175',2$ et de $317',8$ à $177',3$. La diminution, $121',2$ et $140',5$, est sensible, preuve que la deuxième approximation n'a pas été inutile. Mais elle nous laisse encore loin du but, qui consisterait à annuler l'écart $\Phi - \varphi$.

VI. On pourrait donc tenter une troisième approximation, où l'équation (7) de ma précédente Note, divisée par la quantité entre crochets du premier membre, prendrait la forme

$$(20) \qquad \frac{d^2 \varpi}{dx^2} - a^2 \frac{d^2 \varpi}{dy^2} = \frac{1}{x \sin \varphi} \left(\frac{d^2 \varpi}{dx\,dy} \right)^2 \left[1 - \frac{1}{(1 - a^2)x} \left(\frac{d^2 \varpi}{dy^2} - a^2 \frac{d^2 \varpi}{dx^2} \right) \right],$$

et où, au deuxième membre de celle-ci (20), on substituerait aux trois dérivées secondes de ϖ leurs valeurs (12) ci-dessus, dans lesquelles $f''(y - ax)$ a l'expression (14). Cette équation (20) rentrerait donc encore dans le type (4) ou (7) et admettrait de même l'intégrale (9), mais avec une forme bien plus compliquée pour la fonction explicite $F(x, y)$ et, par suite, avec des dérivées secondes de la nouvelle fonction ϖ bien plus pénibles à évaluer.

Aussi, concluons par une simple application de l'*antique règle de double fausse position* (ou plutôt *supposition*) à notre coefficient k de poussée, en faisant l'hypothèse naturelle que *d'assez petites erreurs sur Φ sont proportionnelles aux erreurs correspondantes sur k.*

Pour $\varphi = 45°$, la première approximation ayant donné

$$k \,(\text{ou } k_0) = 0,1213, \qquad \text{avec un écart} \qquad \Phi - \varphi = 296',4,$$

et la seconde ayant augmenté k de $0,00568$, pour un décroissement de $121',2$ sur $\Phi - \varphi$, une réduction de $296',4$, qui annulerait l'écart primitif, accroîtrait *proportionnellement* k de

$$0,00568 \times \frac{296',4}{121',2} = 0,0139,$$

et donnerait comme valeur de k, ainsi rendue (pour ainsi dire) *probable*,

$$k = 0,1213 + 0,0139 = 0,1352.$$

On trouve de même comme valeur probable, dans le cas usuel $\varphi = 34°$,

$$k = 0,2081 + 0,0227 = 0,2308.$$

La moyenne des estimations par défaut et par excès les plus resserrées, indiquées dans mes Notes du premier semestre de 1917, nous avait donné à peine un peu plus, savoir $k = 0,1360$ et $k = 0,2309$ [1].

---

[1] Voir, par exemple, aux numéros de janvier, février et mars 1917 des *Annales scientifiques de l'École Normale supérieure*, les pages 56 et 76.

PHYSIOLOGIE. — *Influence des injections intra-veineuses de liquides isotoniques sur la dilution du sang et sur le nombre des hématies qui peuvent être perdues dans les hémorragies.* Note [1] de MM. **Charles Richet**, **P. Brodin** et **Fr. Saint-Girons**.

I. Nous avons cherché à déterminer quelle est la proportion des hématies qui peuvent, avant la mort, être perdues par hémorragie, soit quand l'hémorragie est simple, soit quand ont été injectées successivement, après chaque dilution sanguine, des quantités de liquides isotoniques égales aux quantités de sang enlevées.

Les chiens sur lesquels nous avons expérimenté étaient rendus insensibles par l'injection intra-péritonéale de $0^g,20$ de chlorhydrate de morphine [2].

Nous avons supposé dans tous nos calculs que la quantité de sang normalement contenue dans le corps était le treizième du poids corporel (7,7 pour 100) [3].

II. Nous n'avons arrêté l'expérience que lorsque l'animal ne donnait plus de sang par la carotide largement ouverte.

Voici le résultat d'une première série expérimentale (hémorragie simple) :

Nom des chiens.	Poids initial du sang (en grammes).	Hématies totales (en milliards)			Hématies totales du corps au moment de la mort en supposant égal à 100 le nombre des hématies totales avant hémorragie.
		avant l'hémorragie.	perdues par l'hémorragie.	restant au moment de la mort.	
Epagneul.....	1540	12243	8679	3564	29
Castor.......	1300	11492	6154	5338	47
Pollux.......	1200	9144	5537	3607	39
Diane........	1120	7213	5048	2165	30
Minotaure....	1075	6547	3746	2801	43
Thésée........	940	6552	2967	3585	54
Mistral.......	820	6183	4365	1818	29
				Moyenne.......	38

[1] Séance du 15 avril 1918.

[2] Nous n'avons pas voulu employer le chloroforme. Dastre et Loye [*Injection de l'eau salée dans les vaisseaux sanguins* (*Arch. de Physiol. norm. et path.*, 5ᵉ série, t. 1, 1889, 253-285)] ont en effet montré que le chloroforme trouble profondément la régulation des injections salines.

[3] Toutefois nous avons quelques raisons de croire, encore que ce soit le chiffre

Ainsi le cœur et la respiration s'arrêtent quand l'animal a perdu 62 pour 100 de ses globules.

On trouve un chiffre différent si c'est par le volume même des soustractions sanguines successives qu'on apprécie la quantité de sang enlevé :

Noms des chiens.	Sang restant dans le corps au moment de la mort.	
	Poids absolu (en grammes).	Pour-cent de la quantité initiale.
Épagneul...........	370	24
Castor..............	520	40
Pollux.	420	35
Diane...............	184	16
Minotaure..........	445	39
Thésée.............	550	54
Mistral.............	170	21
Moyenne..........	33	

Ces nombres ne seraient valables que s'il ne s'était pas fait échanges de liquides entre le sang et les tissus. Or nous verrons qu'on ne peut regarder le système circulatoire comme un système de canaux hermétiques et imperméables.

III. Les résultats sont tout autres encore si l'animal reçoit des injections intra-veineuses de liquides isotoniques. Nous n'étudierons ici que l'effet des injections salées (7 pour 1000 de NaCl, avec ou sans 2 pour 1000 de chloralose).

Les quantités de liquide injecté étaient égales en volume aux quantités de sang enlevé, et successives, comme les soustractions sanguines, de 50^{cm^3}, ou 100^{cm^3}, ou 140^{cm^3}, ou 250^{cm^3}, toutes les demi-heures environ, variant suivant la taille du chien.

L'expérience était réglée de manière à durer 4 ou 5 heures :

---

classique, que cette proportion de $\frac{1}{13}$ est souvent trop forte. Elle est en tout cas extrêmement variable (de 9,1 à 5,5, d'après les classiques), ce qui donne beaucoup d'incertitude aux chiffres absolus que nous apportons ici. Mais cela ne change rien à nos conclusions, puisque pour tous nos chiens, injectés ou non injectés, nous avons constamment adopté la même proportionnalité.

Nom des chiens.	Poids initial du sang (en grammes).	Hématies totales (en milliards)			Hématies totales du corps au moment de la mort, en supposant égal à 100 le nombre des hématies totales avant l'hémorragie.
		avant l'hémor-ragie.	perdus par hémor-ragie.	restant au moment de la mort.	
Télémaque..	2850	21635	18900	2735	7,8
Astyanax...	1040	5668	5130	538	9,5
Laerte......	1020	6406	6045	361	5,6
Lycaon.....	960	5933	5528	405	6,8
Mirza......	810	4374	4287	87	2,0
Pénélope....	430	2864	2477	387	13,5

Ainsi apparaît une différence énorme entre les chiens non injectés, qui meurent après avoir perdu 62 pour 100 de leurs globules, tandis que les chiens injectés ne meurent qu'après avoir perdu 92,5 pour 100 de leurs globules.

La quantité de sang perdu peut aussi être prise comme base de calcul.

Mais, sur les chiens injectés, si l'on ne tenait pas compte de la dilution, on arriverait à ce résultat paradoxal que l'animal a perdu plus de sang qu'il n'en avait. Or la seule hypothèse qu'on puisse admettre pour le calcul, hypothèse que d'ailleurs nous démontrerons plus loin être tout à fait fausse, c'est que l'injection de liquide dans les veines se fait comme si le système circulatoire était *vas clausum*, sans échanges endo- ou exosmotiques avec les tissus.

	Sang restant dans le corps au moment de la mort			
	en ne supposant pas la dilution du liquide sanguin par l'injection.		en calculant comme si les dilutions successives de sang se faisaient en vase fermé.	
	Poids absolu (en grammes).	Pour-cent de la quantité initiale.	Poids absolu (en grammes).	Pour-cent de la quantité initiale.
Télémaque.....	0	0	590	22
Astyanax......	—115	—11	300	29
Laerte........	—217	—21	245	23
Lycan........	— 80	— 8	305	34
Mirza........	—280	—36	173	21
Pénélope......	— 83	—19	105	25
			Moyenne.......	**27**

Or il nous paraît que la méthode par la numération des globules est beaucoup plus exacte que par le calcul du sang enlevé ; car, lorsqu'il se fait une injection intra-veineuse, une notable quantité de liquide diffuse dans les espaces interstitiels et dans la lymphe.

Au contraire la numération globulaire donne des résultats irréprochables. Elle précise exactement la quantité restante de globules, autrement dit la quantité résiduelle de *sang globulaire*.

Il est toujours possible, étant donné qu'on opère, pour nombrer les hématies, sur la centième partie de 1^{mm^3} de sang, qu'il y ait quelque erreur systématique ; mais cette erreur systématique, si elle existe, ce qui paraît douteux, doit être la même pour les animaux de nos deux séries expérimentales, et cela autorise une conclusion très ferme. L'erreur *nécessaire*, due à l'imparfaite évaluation du poids total de sang, est beaucoup plus grave. Mais nous ne croyons pas qu'elle influe sur nos résultats qui sont essentiellement comparatifs.

Au point de vue de l'intérêt pratique, encore qu'il soit difficile non seulement de conclure rigoureusement de l'animal à l'homme, mais encore d'appliquer à une survie définitive des données qui ne portent que sur la survie immédiate, il nous paraît très intéressant de constater qu'on permet à un organisme de survivre et peut-être de survivre indéfiniment, après une hémorragie abondante, quand on a injecté une solution salée isotonique dans les veines.

IV. Au point de vue physiologique, on peut se demander si l'opinion classique que la mort survient par déficit globulaire est bien exacte, puisqu'un animal meurt avec le même nombre de globules qu'il ait ou non reçu d'injection.

Toutefois cela ne suffit peut-être pas pour écarter sans rémission la théorie classique : car on peut supposer que les tissus (et spécialement les centres nerveux), après l'hydratation intense qu'ils ont subie, sont en état de vie plus ou moins ralentie, de sorte qu'alors leur besoin en oxygène se serait amoindri.

Cette hypothèse n'est pas bien satisfaisante. N'est pas satisfaisante non plus celle qui attribuerait la mort à une spoliation des tissus (nerveux) en eau. Car il faudrait alors supposer, ce qui est peu rationnel, que le mécanisme de la mort diffère selon que l'animal a reçu une injection ou non. S'il a reçu une injection, la mort serait due à un déficit globulaire ; s'il n'en a pas reçu, à une déshydratation.

Reste une autre hypothèse : c'est qu'il y a dans les deux cas spoliation d'une ou plusieurs substances nécessaires qui, après toute hémorragie, s'exosmosent des tissus, mais bien plus rapidement quand il n'y a pas d'injection.

Ainsi la cause immédiate de la mort dans l'hémorragie est un problème beaucoup plus complexe qu'on ne serait d'abord tenté de le croire, et mérite-t-elle une étude approfondie. Il est évident d'ailleurs qu'on ne pourra l'aborder qu'après avoir, non apprécié par des moyennes, mais mesuré rigoureusement sur chaque individu la quantité de sang contenue dans le corps.

THERMODYNAMIQUE. — *Sur les tensions de la vapeur saturée des liquides triatomiques*. Note (¹) de M. **E. Ariès**.

L'adaptation aux corps triatomiques de la formule

$$(1) \qquad\qquad \Pi = \tau^{3+n}\frac{Z}{x}, \qquad x = \Gamma\tau^{1+n}$$

n'est pas une chose bien aisée dans l'état actuel de nos connaissances. Les données expérimentales qu'on trouve dans le *Recueil de constantes physiques* (p. 286 à 288), et qu'on peut chercher à exploiter dans ce but, concernent l'acide carbonique, l'acide sulfureux, l'oxyde azoteux, le sulfure de carbone, l'acide sulfhydrique et l'eau ; elles ne fournissent pas les renseignements désirables pour résoudre la question d'une façon précise.

Les observations soignées faites sur l'acide carbonique sont celles qui paraissent les plus propres à la recherche de l'exposant n et de la fonction Γ. Ces observations, qui s'étendent de — 80° C. à la température critique, sont dues à trois savants : de — 80° à — 34°, à Cailletet ; de — 25° à — 5°, à Regnault confirmées par Behn, en 1900 ; de 0° à 31°,35, à Amagat.

En procédant comme nous l'avons fait pour les corps monoatomiques et diatomiques, on est amené à adopter $\frac{4}{5}$ comme valeur de l'exposant n.

Cette valeur portée dans la formule (1) permet d'en déduire, pour chaque température d'observation, la valeur que doit prendre la fonction Γ. Comme pour les corps précédemment étudiés, on doit s'attendre à ce que cette valeur, partant de l'unité à l'état critique, commence par diminuer très légèrement pour aller ensuite en croissant jusqu'aux plus basses tem-

(¹) Séance du 22 avril 1918.

pératures observées. Il en est bien ainsi d'une façon fort nette sur toute l'étendue des températures explorées par Amagat et par Regnault; mais en descendant vers les températures plus basses, la fonction Γ ne tarderait pas à décroître, d'après les expériences de Cailletet, pour passer au-dessous de l'unité vers la température de $-64°(\tau = 0,68)$. Une semblable allure de la tension de vapeur saturée de l'acide carbonique aux basses températures, en le supposant *pur* et de constitution chimique invariable à l'état liquide comme à l'état de vapeur, est tellement en opposition avec ce que nous avons constaté jusqu'ici et avec ce que montrent d'autres corps triatomiques, le sulfure de carbone par exemple, que nous croyons devoir ranger cette allure insolite dans un des cas d'anomalie indiqués dans notre dernière Note, en sorte que nous n'aurons pas à tabler sur les expériences de Cailletet pour la détermination de la fonction Γ.

En descendant de la température critique vers les températures plus basses, Γ, d'abord légèrement inférieur à l'unité, reprend cette valeur, pour les corps triatomiques, à une température réduite qui paraît devoir être fixée à $\tau = 0,88$. Nous avons vu que cette circonstance se présentait pour $\tau = 0,84$ avec les corps monoatomiques et pour $\tau = 0,86$ avec les corps diatomiques. En laissant à la fonction Γ la forme générale adoptée jusqu'ici les expériences d'Amagat et de Regnault conduisent à poser

$$(2) \qquad \Gamma = 1 + \frac{(1-\tau)(0,88-\tau)}{0,40(\tau^2+1)}$$

et la formule (1) devient, avec une exactitude remarquable,

$$(3) \qquad \Pi = \tau^{2+\frac{4}{3}}\frac{Z}{x}, \qquad x = \left(1 + \frac{(1-\tau)(0,88-\tau)}{0,40(\tau^2+1)}\right)\tau^{1+\frac{4}{3}}.$$

La tension de la vapeur de l'acide sulfureux a été l'objet de recherches de la part de Regnault de $-30°$ à $60°$ et, de la part de Sajotchewski, de $50°$ à $150°$. M. E. Briner a donné (1906) une évaluation des constantes critiques de ce corps qui paraît se comporter comme l'acide carbonique. La tension de sa vapeur, dans tout l'intervalle des températures explorées par Sajotchewski, et qui correspond à la partie de l'échelle réduite explorée par Regnault et par Amagat, satisfait à la formule (3) avec une approximation qui pourrait être plus serrée, mais qu'on ne peut considérer comme fortuite.

L'oxyde azoteux donne lieu aux mêmes remarques quand on se reporte aux observations faites de la tension de sa vapeur, de $-92°$ à $-34°$ par

Cailletet (1878), de — 25° à 0°, par Regnault (1862), et de 0° à 20° par
M. P. Villard (1897), qui avait déjà donné (1894) une évaluation des constantes critiques de ce corps. Les trois séries d'expériences sont loin de
s'accorder, les deux dernières manifestement, puisqu'elles viennent se
joindre à 0° avec deux estimations très différentes de la tension de vapeur,
fixées à $36^{atm},08$ par Regnault et à $30^{atm},75$ seulement par M. P. Villard.
La dernière série, qui ne s'étend malheureusement que sur une très petite
partie de l'échelle des températures réduites, nous paraît la seule à retenir;
elle est d'ailleurs en accord très satisfaisant avec la formule (3).

Les résultats obtenus par l'application de cette formule aux trois corps
que nous venons d'examiner sont consignés dans le Tableau ci-contre qui
permet de suivre notre discussion et d'apprécier les conclusions que nous
croyons pouvoir en tirer, à savoir que, très vraisemblablement, la tension
de vapeur des trois corps, en tant que purs, obéit à la loi des états correspondants et s'exprime par une seule et même formule qui ne peut différer
notablement de la formule (3), susceptible elle-même de révision.

Le sulfure de carbone serait sans doute venu se ranger à la suite des
trois corps précédents sur notre Tableau, si nous avions pu y porter des
observations à haute température inspirant toute confiance. Tel n'est pas
le cas. Mais il est intéressant de remarquer que les expériences de Regnault
(1862), exécutées de — 20° à 150°, c'est-à-dire à des températures réduites
bien inférieures à celles qui ont pu nous servir pour déterminer les constantes de la formule (3), s'accordent cependant assez convenablement
avec cette formule. En effet les tensions réduites, calculées aux températures centigrades de 50°, 100°, 150° (températures réduites de 0,59,
de 0,68 et de 0,77) sont respectivement de 0,019, de 0,062 et de 0,161,
en adoptant comme constantes critiques celles données par A. Battelli
en 1890 (273° pour la température et $72^{atm},87$ pour la pression), alors que
les tensions observées par Regnault sont de 0,016, de 0,060 et de 0,164.

Les tensions de vapeur de l'acide sulfhydrique, données par Faraday
(1845) et par Regnault (1862) de — 73° à 70°, en adoptant les constantes critiques indiquées par MM. Leduc et Sacerdote (1897), sont en
complet désaccord avec la formule (3). Nous ne hasarderons aucune explication de ce fait qui se reproduit pour l'eau. Pour ce dernier corps, il était
à prévoir. On sait en effet que l'eau à l'état liquide est en général polymérisée. En outre, aux hautes températures, les déterminations de Battelli
(1892), poursuivies de 200° jusqu'à l'état critique, ne donnent pas toute
sécurité. Elles ne s'accordent pas avec celles faites la même année de 220°

Observateurs.	Température		Tension de la vapeur saturée			
			réduite		en atmosphères	
	centigrade.	réduite.	observée.	calculée.	observ.	calcul.

Acide carbonique $(T_c = 304°,35\,;\ P_c = 72^{atm},9)$.

Observateurs.	centigrade.	réduite.	observée.	calculée.	observ.	calcul.
Cailletet (1875).	— 50	0,7327	0,0933	0,1061	6,80	7,75
	— 44	0,7524	0,120	0,130	8,72	9,45
	— 40	0,7656	0,141	0,148	10,25	10,76
	— 34	0,7853	0,174	0,179	12,70	12,26
Regnault (1862).	— 25	0,8148	0,235	0,235	17,12	17,12
	— 20	0,8313	0,273	0,272	19,93	19,86
	— 15	0,8477	0,317	0,314	23,14	22,92
	— 10	0,8642	0,367	0,361	26,76	26,30
	— 5	0,8806	0,423	0,413	30,84	30,11
Amagat (1892)	0	0,8970	0,471	0,471	34,30	34,30
	4	0,9101	0,521	0,522	38,00	38,07
	8	0,9233	0,576	0,578	42,00	42,15
	12	0,9364	0,637	0,638	46,40	46,47
	16	0,9495	0,702	0,703	51,20	51,27
	20	0,9627	0,772	0,773	56,30	56,37
	24	0,9759	0,848	0,848	61,80	61,80
	28	0,9890	0,929	0,928	67,70	67,63
	31	0,9989	0,992	0,993	72,30	72,37

Acide sulfureux $(T_c = 430°,2\,;\ P_c = 78^{atm},0)$.

Observateurs.	centigrade.	réduite.	observée.	calculée.	observ.	calcul.
Regnault et Sajotchewski (moyenne).	50	0,7508	0,106	0,127	8,30	9,93
	60	0,7741	0,140	0,160	10,90	11,46
Sajotchewski (1879).	70	0,7973	0,183	0,200	14,30	15,63
	80	0,8205	0,237	0,247	18,10	18,97
	90	0,8438	0,288	0,303	22,50	23,67
	100	0,8670	0,356	0,369	27,80	28,80
	110	0,8903	0,436	0,447	34,00	34,86
	120	0,9135	0,533	0,536	41,60	41,83
	130	0,9368	0,641	0,640	50,00	49,92
	140	0,9600	0,769	0,758	60,00	59,04
	150	0,9833	0,916	0,893	71,50	69,71

Oxyde azoteux $(T_c = 311°,8\,;\ P_c = 77^{atm},5)$.

Observateurs.	centigrade.	réduite.	observée.	calculée.	observ.	calcul.
P. Villard (1897).	0	0,8756	0,397	0,396	30,75	30,67
	5	0,8916	0,449	0,451	34,80	34,95
	8	0,9012	0,483	0,487	37,40	37,71
	12	0,9140	0,532	0,538	41,20	41,66
	16	0,9269	0,584	0,594	45,30	46,07
	20	0,9397	0,637	0,653	49,40	50,54

à 270° par Ramsay et Young. A la plus haute de ces températures, la différence des tensions est déjà de 3^{atm} et il reste encore un intervalle de près
de 100° pour arriver à la température critique, intervalle qui est justement
celui qu'il conviendrait d'utiliser pour contrôler la formule (3). Enfin la
valeur de la pression critique fixée à 200^{atm},5 par Cailletet et Colardeau
(1891) et à 194^{atm},6 par Batelli reste encore fort indécise. Pour toutes ces
raisons, on ne pouvait espérer, dans l'état actuel, une vérification de la formule (3) par les tensions jusqu'ici observées de la vapeur d'eau.

M. Costantin offre à l'Académie un Ouvrage posthume qui vient de paraître de Noël Bernard, le botaniste bien connu, mort à 36 ans, le 26 janvier 1911. Ce savant éminent a laissé une œuvre importante en voie de
rédaction. Ces documents ont été précieusement réunis par sa veuve, et
l'*Évolution des plantes* est le premier Ouvrage d'une série qui aura une suite.

Noël Bernard ayant été pendant 8 années élève de M. Costantin à l'École
Normale, il a pu suivre son développement intellectuel rapide et si original, aussi Mme Bernard l'a-t-elle prié de retracer, à l'aide de tous les
papiers de famille qu'elle a pu lui fournir, la physionomie si intéressante
de ce savant qui restera une des gloires de la Biologie française.

L'Ouvrage actuel traite de l'évolution individuelle et la sexualité, de la
notion d'espèce, de l'hérédité des variétés, du croisement et enfin de l'évolution dans la symbiose.

CORRESPONDANCE.

M. le Secrétaire perpétuel signale, parmi les pièces imprimées de la
correspondance :

1° Ministère de l'armement et des fabrications de guerre. Direction des
inventions, des études et des expériences techniques. *Quelques principes
physiologiques pour une politique de ravitaillement*, conférence faite devant la
Commission supérieure des inventions, le 13 mars 1918, par Louis
Lapicque.

2° *La géologie biologique*, par Stanislas Meunier.

M. le **Ministre du Commerce, de l'Industrie, des Postes et des Télé-graphes** invite l'Académie à lui présenter une liste de deux de ses membres, en vue de la désignation d'un membre de la *Commission technique pour l'unification des cahiers des charges des matériaux de construction autres que les produits métallurgiques*, instituée par décret du 23 avril 1918.

CALCUL DES PROBABILITÉS. — *Sur une application de la loi de Gauss à la syphilis.* Note de M. **J. Haag.**

Si les vérifications expérimentales de la loi de Gauss sur des phénomènes d'ordre physique sont assez fréquentes, il semble que les vérifications d'ordre biologique aient été, jusqu'à présent, beaucoup plus rares. Il me paraît donc intéressant de signaler le résultat remarquablement précis que j'ai obtenu, dans ce sens, en étudiant la durée d'incubation de la syphilis.

La base de mon travail a été une statistique d'environ 120 cas, qui m'a été communiquée par MM. les Drs Levy-Bing et Gerbay et qui a été établie par eux, sans aucune espèce d'idée préconçue, avec la seule précaution de ne retenir parmi les milliers de cas dont ils disposaient, que ceux dont les dates de contamination et d'apparition du chancre étaient très bien connues et dont le diagnostic était absolument certain et exempt de toute complication, telle que hérédité, chancre mixte, etc.

Voici la méthode que j'ai suivie pour interpréter cette statistique (¹) :

J'ai calculé, pour chaque durée d'incubation x, le pourcentage P des cas dont la durée d'incubation était $\leq x$. Puis, j'ai construit les points, au nombre de cinquante, de coordonnées (x, P). Au premier coup d'œil, j'ai reconnu qu'ils semblaient dessiner admirablement une courbe de Gauss. J'ai alors calculé la moyenne arithmétique, l'écart moyen et l'écart unitaire de toutes mes durées d'incubation et j'ai trouvé 34,5 comme durée moyenne et 14 comme écart unitaire. J'ai arrondi 34,5 à 34 (ce qui améliorait un peu ma compensation ultérieure) et j'ai construit la courbe

$$(1) \qquad P = \frac{1}{2}\left[1 + \Theta\left(\frac{x-34}{14}\right)\right].$$

(¹) Un Mémoire plus détaillé paraîtra dans un autre Recueil.

Elle s'est trouvée passer au milieu de tous mes points expérimentaux avec une approximation inespérée (¹).

Au surplus, j'ai voulu me rendre compte si cette approximation était de même ordre que celle qu'on est en droit d'attendre, *a priori*, en admettant que la loi de Gauss soit rigoureusement applicable au phénomène.

Plaçons-nous en un point particulier $M(x, p)$ de la courbe (1). Sur les n cas que comporte notre statistique, la loi de Gauss en assigne le pourcentage p, de durée d'incubation $\leqq x$. Le pourcentage réellement obtenu est p'. La différence $\varepsilon = p' - p$ représente l'écart du point M avec le point expérimental M'. Or on sait que, si p était véritablement la probabilité assignable à x, la probabilité pour que cet écart soit, *a priori*, inférieur à ε serait

$$(2) \qquad\qquad \varpi = \Theta\left(\cfrac{\varepsilon}{\sqrt{\cfrac{2pq}{n}}}\right), \qquad (q = 1 - p).$$

J'ai calculé cette probabilité pour tous mes points expérimentaux, puis la probabilité $\varpi' = 1 - \varpi$ pour que l'écart ε soit dépassé. J'ai trouvé des nombres ϖ' presque tous supérieurs à $\frac{1}{2}$; leur moyenne est d'ailleurs 0,72.

On peut donc dire que, même si la formule (1) représentait rigoureusement la loi de probabilité du phénomène, une statistique de n cas ne donnerait pas, en général, une compensation meilleure que celle que nous avons obtenue, mais plutôt moins bonne.

Nous pouvons donc conclure que, d'après la statistique des docteurs Levy-Bing et Gerbay, *la durée d'incubation de la syphilis obéit très exactement à la loi de Gauss, la durée moyenne étant de 34 jours et l'écart unitaire de 14 jours.*

Bien entendu, je ne prétends pas qu'une autre statistique ne puisse conduire à des résultats un peu différents. Mais, étant données les sérieuses garanties dont est entourée celle qui m'a servi de base, il y a de fortes chances pour que l'énoncé ci-dessus soit très proche de la réalité.

Ce résultat me paraît présenter un réel intérêt tant au point de vue de la philosophie du Calcul des probabilités qu'au point de vue de son extension possible à d'autres phénomènes biologiques.

(¹) On trouvera cette courbe dans le Recueil précité. Le plus grand écart est de 0,024; la moyenne algébrique de tous les écarts est de — 0,001; leur écart moyen est de 0,009.

On peut aussi en tirer des applications du genre de celles-ci :

PROBLÈME I. — *Un individu craint d'avoir été contaminé par un coït dont il connaît la date exacte. Au bout de x jours, il n'a pas encore de chancre. Quelle probabilité a-t-il, à ce moment-là, de ne pas avoir la syphilis?*

Soit ϖ la probabilité *a priori* pour qu'il soit contaminé ([1]).
En appliquant la formule de Bayes, on trouve, pour la probabillté demandée,

$$p = \frac{\varpi(1 - P)}{1 - \varpi P} = \frac{\varpi(1 - \Theta)}{2 - \varpi(1 + \Theta)}.$$

PROBLÈME II. — *Un individu voit apparaître un chancre syphilitique. Il suspecte deux coïts, dont le premier correspondrait à une durée d'incubation comprise entre x_1 et x_2, et le second à une durée d'incubation comprise entre x'_1 et x'_2. Quel est le coït le plus suspect?*

Soient ϖ et $\varpi' = 1 - \varpi$ les probabilités *a priori* attribuables aux deux coïts; P_1, P_2, P'_1, P'_2 les probabilités données par la formule (1) pour x_1, x_2, x'_1, x'_2. En supposant également probables *a priori* toutes les dates intérieures à chacune des périodes (x_1, x_2) ou (x'_1, x'_2), on trouve que la probabilité *a posteriori* pour le premier coït est

$$p = \frac{\varpi \dfrac{P_2 - P_1}{x_2 - x_1}}{\varpi \dfrac{P_2 - P_1}{x_2 - x_1} + \varpi' \dfrac{P'_2 - P'_1}{x'_2 - x'_1}}.$$

PHYSIQUE MATHÉMATIQUE. — *Sur le problème de la réflexion et de la réfraction par ondes planes périodiques.* Note de M. **Louis Roy**, présentée par M. J. Boussinesq.

La solution classique du problème de la réflexion et de la réfraction par ondes planes périodiques, à la surface séparative plane de deux milieux o

---

([1]) Cette probabilité résulte des renseignements plus ou moins vagues qui lui ont amené des inquiétudes. Elle est évidemment difficile à estimer et, de ce fait, le problème ci-dessus a un caractère un peu théorique.

et 1 homogènes et isotropes, contient un appel implicite à l'expérience, en ce sens qu'une onde incidente étant donnée, on admet *a priori* l'existence d'une onde réfléchie et d'une onde réfractée, alors que cette existence devrait, au contraire, ne résulter que de la théorie seule. Pour s'en affranchir, il convient de poser le problème de la façon suivante : Si le milieu o est le siège d'une onde plane d'orientation et de pulsation données, quelles autres ondes doit-on lui associer pour obtenir la solution simple la plus générale correspondante par ondes planes périodiques? On est ainsi conduit à considérer quatre ondes au lieu de trois, si les deux milieux ne propagent que des ondes d'une seule espèce, et huit ondes au lieu de six, si les deux milieux propagent à la fois des ondes transversales et des ondes longitudinales.

Supposons, pour simplifier, que les deux milieux ne propagent que des ondes transversales et soient, à l'instant t, X, Y, Z, les composantes au point (x, y, z) du vecteur propagé par le milieu o. La solution la plus générale par ondes planes périodiques des équations indéfinies de ce milieu est de la forme

$$(X, Y, Z) = \Sigma(P, Q, R)\, e^{i\omega(t - lx - my - nz)},$$

avec

$$(1) \qquad\qquad P l + Q m + R n = 0,$$

$$(2) \qquad\qquad l^2 + m^2 + n^2 = \frac{1}{\mathfrak{C}^2},$$

ω étant la pulsation de l'onde d'amplitude (P, Q, R), de paramètres directeurs l, m, n et de vitesse de propagation $\mathfrak{C}$, et le signe Σ indiquant la somme d'un nombre quelconque de termes analogues. Dans le cas général d'un milieu absorbant, $\mathfrak{C}$ est une quantité imaginaire, fonction de la pulsation correspondante ω.

Nous avons de même, comme expressions du vecteur propagé par le milieu 1,

$$(X_1, Y_1, Z_1) = \Sigma(P_1, Q_1, R_1)\, e^{i\omega_1(t - l_1 x - m_1 y - n_1 z)},$$

avec

$$(3) \qquad\qquad P_1 l_1 + Q_1 m_1 + R_1 n_1 = 0,$$

$$(4) \qquad\qquad l_1^2 + m_1^2 + n_1^2 = \frac{1}{\mathfrak{C}_1^2}.$$

Cela posé, prenons pour plan xOy la surface séparative des deux milieux; les conditions aux limites étant des équations linéaires et homogènes par rapport à X, Y, Z; X_1, Y_1, Z_1 et à leurs dérivées, qui doivent être vérifiées pour $z = 0$, fournissent des relations linéaires et homogènes par rapport aux exponentielles

$$e^{i\omega(t-lx-my)}, \quad \ldots, \quad e^{i\omega_1(t-l_1x-m_1y)}, \quad \ldots,$$

qui doivent être satisfaites quels que soient t, x, y. Comme nous ne cherchons que la solution simple la plus générale, toutes ces exponentielles doivent être identiques. Cela exige que toutes les ondes partielles aient même pulsation ω et qu'on ait les relations

$$(5) \qquad l = \ldots = l_1 = \ldots, \qquad m = \ldots = m_1 = \ldots.$$

Alors, en vertu des relations (2) et (4) qui donnent pour n et n_1 les deux seules solutions $\pm n$ et $\pm n_1$, on voit qu'il ne subsiste dans le milieu o que les deux ondes de paramètres directeurs l, m, $\pm n$ et dans le milieu 1 que les deux ondes de paramètres directeurs l_1, m_1, $\pm n_1$. On peut donc dire que si l'un des milieux est le siège d'une onde plane périodique de paramètres directeurs et de pulsation donnés, les expressions

$$(X, \ Y, \ Z) = [(P, \ Q, \ R)\, e^{-i\omega n z} + (P', \ Q', \ R')\, e^{i\omega n z}\,]\, e^{i\omega(t-lx-my)},$$
$$(X_1, Y_1, Z_1) = [(P_1, Q_1, R_1)\, e^{-i\omega n_1 z} + (P'_1, Q'_1, R'_1)\, e^{i\omega n_1 z}]\, e^{i\omega(t-l_1x-m_1y)},$$

avec, outre les égalités (1), (2), (3) et (4),

$$(6) \qquad P'l + Q'm - R'n = 0, \qquad P'_1 l_1 + Q'_1 m_1 - R'_1 n_1 = 0,$$

représentent la solution simple correspondante la plus générale par ondes planes périodiques, dont le problème de la réflexion et de la réfraction soit susceptible.

Des deux ondes $(l, m, \pm n)$ dans le milieu o, l'une, par exemple l'onde (l, m, n), est nécessairement incidente; l'autre $(l, m, -n)$ est alors réfléchie. Ce sont les deux ondes incidente et réfléchie de la théorie classique. De même dans le milieu 1, il y a une onde incidente, $(l_1, m_1, -n_1)$ par exemple, et une onde réfléchie (l_1, m_1, n_1); l'onde réfléchie (l_1, m_1, n_1) coïncide avec l'onde dite *réfractée* de la théorie classique, mais l'onde incidente $(l_1, m_1, -n_1)$ est exclue *a priori* de cette théorie, bien que sa considération s'impose analytiquement au même titre que les trois premières d'après ce qui précède.

D'après les égalités (2), (4) et (5), il suffit de se donner les deux premiers paramètres directeurs de l'une quelconque de ces ondes, pour que tous les autres soient déterminés sans ambiguïté. Les orientations du plan d'onde et du plan d'absorption de chaque onde, ainsi que sa vitesse effective de propagation et son coefficient d'absorption, se trouvent ainsi complètement déterminés en fonction de ces mêmes éléments relatifs à l'une d'entre elles.

Mais il n'en est plus de même des amplitudes. En vertu des relations de transversalité (1), (3) et (6), l'amplitude de chaque onde ne dépend que de deux paramètres indépendants, ce qui en fait huit en tout. Comme il n'existe que quatre conditions aux limites distinctes, la détermination des amplitudes exige qu'on se donne quatre paramètres, c'est-à-dire les amplitudes de deux ondes quelconques et non pas seulement l'amplitude d'une seule onde. On peut se donner, par exemple, soit les amplitudes incidentes (P, Q, R) et réfléchie (P′, Q′, R′) dans le milieu 0, soit les amplitudes incidentes (P, Q, R) et (P′₁, Q′₁, R′₁) dans les deux milieux. Les expressions de (P′, Q′, R′), (P₁, Q₁, R₁) obtenues dans ce dernier cas coïncident alors avec celles des amplitudes réfléchie et réfractée de la théorie classique, quand on y fait (P′₁, Q′₁, R′₁) = 0. Cette théorie n'est donc qu'un cas très particulier de la théorie générale; mais il resterait à expliquer pourquoi c'est seulement ce cas particulier qui correspond aux faits expérimentaux.

ÉLECTRICITÉ. — *Sur la résistance de l'étincelle électrique.*
Note de M. F. **Beaulard de Lenaizan**, présentée par M. Lippmann.

Dans deux précédentes Communications ([1]), j'ai indiqué une nouvelle méthode, permettant de calculer l'amortissement d'une étincelle électrique oscillante, produite par la décharge d'un condensateur de capacité C, dans un circuit de résistance R, de self-induction L, présentant une coupure de quelques millimètres, à travers laquelle jaillit l'étincelle étudiée. La même méthode permet de déduire, de la valeur de l'amortissement, la résistance de l'étincelle au moyen de relations connues; la résistance ainsi déterminée étant par définition celle d'un conducteur solide qui, substitué à l'étincelle, produirait le même amortissement.

L'intensité du courant oscillatoire est donnée par la relation

$$i = V_0 \sqrt{\frac{C}{L}} \, e^{-\frac{R}{2L}t} \sin 2\pi \frac{t}{T};$$

_____

([1]) *Comptes rendus*, t. 133, 1901, p. 336; et t. 134, 1902, p. 90.

on pose

$$\frac{R}{2L} = \alpha, \qquad \hat{o} = \alpha T = \pi R \sqrt{\frac{C}{L}};$$

$\alpha =$ facteur d'amortissement; $\hat{o} =$ décrément logarithmique.

On a aussi

$$v^2 = n\,\frac{V_0^2}{4\alpha},$$

où v représente la différence de potentiel efficace correspondant à la différence de potentiel périodique

$$V = V_0\,e^{-\alpha t}\cos 2\pi\frac{t}{T}\cdot$$

La résistance de l'étincelle est calculée par la relation

$$R = 2\,L\alpha = L\frac{n\,V_0^2}{v^2}.$$

Dans mes expériences, L est resté invariable (L $= 17398^{cm}$), et la capacité variable, mais faible (de $1^{cm},9$ à $7^{cm},5$).

Le Tableau suivant donne les résultats des mesures pour $C = 1^{cm},877$:

TABLEAU I.

l (longueur de l'étincelle). mm	u.	R. ohms
1	841,4	0,0293
2	626,3	0,0218
3	593	0,0206
4	496	0,0173
5	452	0,0157
6	382,6	0,0133
7	340,6	0,0118
8	311,6	0,0108
9	244	0,008
10	201,1	0,007

De ce Tableau il résulte que la résistance de l'étincelle diminue quand la longueur de l'étincelle augmente; c'est bien ce qui a été trouvé, par

d'autres méthodes, pour les étincelles ordinaires courtes, la résistance
passant par un minimum, qui dépend de la capacité utilisée; je n'ai pu
atteindre ce minimum, car en allongeant l'étincelle, on change bientôt le
régime de la décharge, qui cesse d'être oscillante, ainsi qu'on le reconnaît
facilement à son changement d'aspect physique. Ce résultat montre que
l'on ne peut assimiler la résistance de l'étincelle à une résistance métallique; il y a en effet, en plus de l'élévation de température, une formation
d'ions gazeux ou métalliques d'autant plus nombreux que le trajet est plus
long, ce qui augmente la conductibilité.

Il faut également remarquer que, à chaque longueur d'étincelle correspond un potentiel de charge différent, et par suite une énergie de charge
différente; les expériences ne sont donc pas comparables entre elles, à
moins de les ramener à un potentiel de charge V_0 invariable. On a alors
le Tableau suivant, où la dernière colonne donne la résistance de l'étincelle ramenée à l'unité de longueur :

TABLEAU II.

$l.$	$v.$	$V_0.$	R.	$\dfrac{R}{l}.$
mm			ω	ω
1.........	1,573	16,10	0,0293	0,029
2.........	1,967	27,50	0,0636	0,031
3.........	2,324	38,20	0,116	0,039
4.........	2,700	47,70	0,152	0,038
5.........	3,085	56,30	0,192	0,038
6.........	3,471	64,90	0,216	0,036
7.........	4,048	71,60	0,233	0,033
8.........	4,812	77,00	0,247	0,031
9.........	7,032	81,60	0,218	0,024
10.........	8,043	84,70	0,193	0,019

On voit que, après réduction à une même énergie de charge, la résistance R augmente avec la longueur de l'étincelle, mais que néanmoins la
résistance *unitaire* de l'étincelle n'est pas une constante; elle croît d'abord,
reste à peu près constante pour les longueurs de 3^{mm} à 5^{mm}, pour diminuer
ensuite. On ne peut donc parler de la résistance de l'étincelle, phénomène
très complexe, mais d'une pseudo-résistance, définie par le phénomène
même qui lui sert de mesure.

MAGNÉTISME. — *État magnétique de quelques terres cuites préhistoriques.*
Note de M. **P.-L. Mercanton**, présentée par M. Lippmann.

L'examen magnétométrique des pièces de céramique, qui a donné à
Folgheraiter des indications si nettes sur la variation séculaire de l'inclinaison magnétique terrestre aux époques des civilisations grecques,
étrusques et romaines, n'a fourni encore que des renseignements contradictoires pour les âges préhistoriques. Par l'application de ladite méthode,
dès 1902, à des vases d'argile de la station lacustre de Corcelettes (lac de
Neuchâtel), j'avais dû conclure, sous toutes réserves, que l'inclinaison
avait été boréale et plutôt forte en Suisse, au *bel âge du bronze*. En 1906,
l'examen d'une série de vases bavarois du premier âge du fer (Hallstattien)
m'a amené à la même conclusion. Il y avait toutefois des divergences
notables d'un objet à l'autre de ces collections, divergences allant même
jusqu'à l'inversion du signe de l'aimantation dans la direction base-bouche
de la poterie. On pouvait donc songer à de l'instabilité magnétique de la
matière qui n'aurait pas conservé intégralement la distribution prise à la
cuisson : j'ai pu montrer que la rigidité magnétique de cette céramique,
bien cuite, était en réalité très grande et tout à fait rassurante (^{1}).

L'incertitude est bien plus forte sur la vraie position de l'objet lors de sa
cuisson, qui se faisait à feu nu. Lors donc qu'on dispose de pièces de figures
telles que toute ambiguïté paraisse écartée, il vaut la peine d'appliquer la
méthode, au moins qualitativement.

Je viens de le faire sur neuf masses de terre cuite, ayant servi de lest
pour leurs filets à des pêcheurs des palafittes suisses et conservées au Musée
national, à Zurich. Trois d'entre elles n'ont révélé aucune aimantation
à un magnétomètre extrêmement sensible; les six autres ont fourni des
indications utilisables. Ce sont des pains d'argile, cuits assez superficiellement, de pâte plutôt grossière, grise ou jaunâtre, friable et salissant les
doigts chez quelques-uns, plus dure chez d'autres. La chaleur les a recouverts d'une croûte plus ou moins nette, plus ou moins solide, d'un rouge
allant de clair à foncé, avec des plages parfois lustrées, parfois enfumées.

L'un d'eux, à figure de révolution, a un galbe en cloche, avec un sommet

(^{1}) Cf. *Bulletin de la Société vaudoise des Sciences naturelles*, t. 38, 1902; t. 42,
1907; t. 46, 1910, Lausanne, et *Archives de Genève*, mai 1907.

arrondi et une base aplatie; les cinq autres sont en troncs de pyramide, de section carrée, avec des bases larges et bien planes et des sommets arrondis et étroits. Les bases mesurent 8^{cm} à 10^{cm} de côté, les sommets 4^{cm} à 5^{cm}; la hauteur de ces objets varie de $9^{cm},5$ à $13^{cm},5$. Les flancs sont tantôt plans, tantôt bombés. Un trou de suspension, parallèle à la base, traverse chaque pièce, aux $\frac{2}{3}$ de leur hauteur environ.

Deux de ces lests, les n°s 1828 et 1829, proviennent de Möringen (lac de Bienne). Il n'est pas possible de préciser s'ils sont de l'âge de la pierre ou de celui du bronze. Tandis que leurs extrémités n'offrent que des traces d'aimantation, leurs flancs en révèlent une très notable dirigée diagonalement d'une arête à l'autre et parallèlement à la base.

Même constatation chez trois autres pièces, les n°s 26285, 26286, 26292, trouvées récemment dans le lac, à Zurich, devant le quai des Alpes, et datant de la fin de l'âge du bronze. Chez toutes, l'aimantation parallèle à la base, donc normale à l'axe de figure de la pyramide, est très notable; l'aimantation des extrémités est, au contraire, très faible et indécise.

Enfin la masse en cloche n° 497, de Robenhausen (lac de Pfäffiken), qui date de l'âge de la pierre, a fourni des indications identiques. Si donc tous ces objets ont été cuits en station normale sur leur base, horizontale, et si leur aimantation n'a pas changé, l'*inclinaison magnétique* terrestre a été presque *nulle* aux époques et aux lieux de leur fabrication. Cette constatation a de quoi surprendre, car si les lieux sont rapprochés, les époques paraissent très distantes. D'autre part, si le matériel étudié était magnétiquement instable, on aurait dû le trouver aimanté surtout dans la direction sommet-base des objets et il n'y aurait pas tant d'uniformité dans la distribution transversale de l'aimantation.

Il y a là ample matière à de nouvelles et patientes investigations dans d'autres collections de céramique préhistorique.

CHIMIE PHYSIQUE. — *Détermination des vitesses de refroidissement nécessaires pour réaliser la trempe des aciers au carbone.* Note (^{1}) de M. **P. Chevenard**, transmise par M. H. Le Chatelier.

Pour tout acier, chauffé à une température θ_c supérieure à celle de la transformation Ac, il existe, d'après les expériences de MM. Portevin et

---

(^{1}) Séance du 22 avril 1918.

Garvin ([1]), Dejean ([2]) et les miennes ([3]), une vitesse de refroidissement V_o, au delà de laquelle une partie de la transformation Ar″ est rejetée
aux basses températures, avec production de martensite : V_o est *la vitesse
maxima de recuit* relative à la température θ_c.

Je me suis proposé, en étendant les recherches à une série d'aciers très
purs, à teneurs en carbone échelonnées de o,2 à o,8 pour 100, de déterminer, pour les différentes températures de chauffe, dans le diagramme
dont l'abscisse est la teneur en carbone et l'ordonnée la vitesse de refroidissement, les courbes qui marquent la limite d'apparition de la martensite.

La méthode utilisée, décrite dans une précédente Note ([3]), consiste à
enregistrer photographiquement, à des intervalles égaux de quelques centièmes de seconde, la courbe de dilatation d'un fil d'acier, préalablement
porté au rouge, pendant son refroidissement dans une atmosphère inerte ;
cette méthode indique, avec une extrême sensibilité, la plus légère manifestation de la transformation Ar″.

Pour réaliser différentes vitesses de refroidissement, on a fait usage de
quatre atmosphères de conductibilités thermiques différentes, allant de
l'hydrogène pur à l'azote pur. Dans tous les cas, la vitesse de refroidissement, à une température donnée, est sensiblement indépendante de la
température initiale de chauffe ; elle décroît, en fonction de la température,
suivant une loi d'allure parabolique, peu éloignée cependant de la forme
linéaire. Enfin, quand on passe de l'hydrogène à l'azote, la vitesse, bien
loin de suivre la loi des mélanges, décroît d'abord très rapidement, puis
plus lentement pour aboutir au tiers de sa valeur dans l'hydrogène.

Atmosphère.	Vitesse de refroidissement en degrés par seconde					
	à 20°.	à 200°.	à 400°.	à 600°.	à 800°.	à 1000°.
1. Hydrogène........	o	270	660	1080	1510	1960
2. $\frac{1}{4}$ Az $+\frac{3}{4}$ H.......	o	190	430	690	970	1250
3. $\frac{2}{3}$ Az $+\frac{1}{3}$ H.......	o	»	280	460	650	850
4. Azote...........	o	»	180	310	460	620

D'après ce qui précède, il suffit de connaître la vitesse initiale à partir

([1]) *Comptes rendus*, t. 164, 1917, p. 885.
([2]) *Comptes rendus*, t. 165, 1917, p. 182.
([3]) *Comptes rendus*, t. 165, 1917, p. 59.

d'une température θ_c donnée pour pouvoir déterminer la marche des températures au cours du refroidissement, jusqu'au début du phénomène de transformation.

Un fil échantillon étant installé dans l'appareil, et l'atmosphère choisie étant créée, on décrit une série de courbes de refroidissement, en élevant chaque fois la température de chauffage θ_c. Sur le diagramme photographique, on observe d'abord la transformation unique Ar', puis le rejet, de plus en plus accusé, d'une partie de la transformation Ar'' aux basses températures. Pour préciser la température qui marque le début du rejet, on a tracé des courbes (*fig.* 1 et 2), dont l'abscisse est la température de

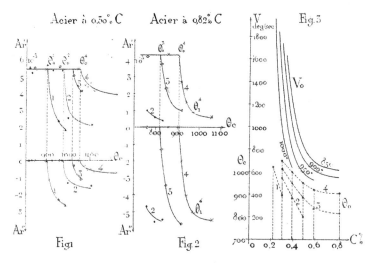

chauffe, et l'ordonnée, l'amplitude des crochets de dilatation Ar' (audessus de l'axe) et Ar'' (au-dessous de l'axe). Les courbes marquées 1, 2, 3, 4 correspondent aux quatre modes de refroidissement définis ci-dessus.

Tant que la température de transformation à la chauffe est peu dépassée, Ar' conserve une amplitude à peu près constante, et Ar'' est nul; puis, θ_c s'élevant, Ar'' apparaît et croît d'abord rapidement, tandis que Ar' décroît; les courbes se détachent brusquement de leur direction primitive horizontale et déterminent ainsi, avec netteté, la température *maxima de recuit* θ_0 relative à chaque mode de refroidissement; enfin, θ_c continuant à croître, les courbes s'infléchissent et semblent admettre des asymptotes horizontales.

1° En rassemblant les résultats obtenus sur les divers aciers, on a pu tracer, dans la figure 3, les courbes qui relient, pour chaque mode de refroidissement, θ_0 à la teneur en carbone (courbes pointillées); puis, à l'aide des données contenues dans ces courbes et le tableau des vitesses, on a déterminé les courbes V_0 qui expriment, pour les températures de chauffe échelonnées de 850° à 1000°, *la variation de la vitesse maxima de recuit en fonction de la teneur en carbone.*

L'aire du diagramme située au-dessous des courbes correspond à l'état recuit, c'est-à-dire à la *perlite;* quand on franchit une courbe, dans le sens des vitesses croissantes, la trempe commence et la *martensite* apparaît au milieu de la *troostite;* au fur et à mesure qu'on s'éloigne de la courbe, la martensite s'accroît au détriment de la troostite.

Quand la teneur en carbone décroît, à partir de 0,8 pour 100, la vitesse maxima de recuit relative à une température θ_c donnée croît d'abord lentement; mais, au-dessous de 0,5 pour 100 de carbone, elle s'élève avec une extrême rapidité. On prévoit ainsi l'impossibilité d'abaisser, par simple refroidissement, d'une manière notable, la température de transformation du fer pur.

2° Dans les aciers très carburés (*fig.* 2), Ar′ tombe rapidement à une très faible valeur quand θ_c s'élève : on peut, par suite, définir *pratiquement,* pour un mode de refroidissement donné, une *température minima de trempe complète* θ_1. Mais quand la teneur en carbone est faible (*fig.* 1), Ar′ et Ar″ tendent assez lentement vers des limites distinctes suivant le mode de refroidissement; on a ainsi, pour chaque vitesse de refroidissement, une *intensité maxima de trempe* d'autant plus grande que cette vitesse est plus élevée.

En d'autres termes, au point de vue de l'efficacité de la trempe, une vitesse de refroidissement insuffisante peut être compensée, dans une certaine mesure, par une élévation de la température de chauffe; mais cette compensation est d'autant moins possible que la teneur en carbone est plus faible.

CHIMIE PHYSIQUE.. — *Sur le sulfate double de soude et d'ammoniaque.*
Note de MM. **C. Matignon** et **F. Meyer**, présentée par M. Henry
Le Chatelier.

1. *Thermochimie.*— Le sulfate double $SO^4Na^2.SO^4Am^2.4H^2O$, employé
pour ces recherches, a été préparé en suivant les indications de Smith [1].
Nous en avons déterminé la chaleur de dissolution vers $15°$; en la rapportant à la molécule précédente (346^g), nous avons obtenu :

Échantillon I.

$$14\overset{\text{o}}{.}\dotsfill -13,03^{\text{Cal}}$$
$$15.\dotsfill -13,05$$

Échantillon II.

$$16.\dotsfill -12,93$$
$$16.\dotsfill -12,97$$
$$\text{Moyenne}\dotsfill 13,00$$

Les solutions de sulfate de sodium et de sulfate d'ammoniaque, à cet état
de dilution, ne donnent lieu à aucun phénomène thermique sensible, quand
on les mélange. En tenant compte de ce fait et de la connaissance des chaleurs
de dissolution du sulfate d'ammoniaque, des sulfates de soude anhydre et
hydraté, $-2^{\text{Cal}},4$, $+0^{\text{Cal}},44$, $-18^{\text{Cal}},2$, on en déduit les chaleurs de formation du sel double :

$$SO^4Am^2_{sol.} + SO^4Na^2_{sol.} + 4H^2O_{liq.} = SO^4Na^2.SO^4Am^2.4H^2O_{sol.} \quad +11^{\text{Cal}},04;$$
$$SO^4Am^2_{sol.} + SO^4Na^2_{sol.} + 4H^2O_{sol.} = SO^4Na^2.SO^4Am^2.4H^2O_{sol.} \quad +5^{\text{Cal}},54;$$
$$SO^4Am^2_{sol.} + SO^4Na^2.10H^2O_{sol.} = SO^4Na^2.SO^4Am^2.4H^2O_{sol.} \quad +6H^2O_{liq.} -7^{\text{Cal}},6.$$

II. *Solubilité.* — Le sel double est stable en présence de sa solution
saturée entre les limites extrêmes de température $20°$ et $42°$, car l'étude de
la solubilité nous a montré que la phase liquide possède des concentrations
moléculaires équivalentes en sulfate de soude et sulfate d'ammoniaque dans
ce secteur de températures. En dehors de ce secteur, le sel se décompose

[1] *Journ. Soc. Chem. Ind.*, t. **15**, 1896, p. 3.

partiellement, une nouvelle phase solide apparaît et le rapport des concentrations des deux sels, dans la phase liquide, se modifie.

Voici quelques points de la courbe de solubilité, les concentrations salines étant définies en centièmes de molécule dissoute dans 100^g de solution :

T.	SO^{4}Am^2.	SO^{4}Na^2.
20°...................	13,76	13,76
21...................	13,58	13,67
28...................	14,59	14,44
35...................	15,11	15,15
42...................	16,0	16,0

Au-dessous de 20°, en partant du sel double seul, nous avons trouvé, par exemple :

T.	SO^{4}Am^2.	SO^{4}Na^2.
14°...................	16,36	10,46
11...................	17,70	9,05
10...................	18,47	8,22

La courbe de solubilité résulte de l'intersection de la surface, représentant les états d'équilibre de la solution en présence de la phase solide, sel double, avec le plan bissecteur du dièdre passant par l'axe des températures (les concentrations de la phase liquide étant définies comme il est dit plus haut); c'est ce que nous avons vérifié.

III. *Région de stabilité.* — L'étude de l'équilibre dans le système ternaire (eau, sulfate de soude, sulfate d'ammoniaque) que nous avons faite précédemment ([1]) nous a permis de préciser les conditions de stabilité de ce sel et par suite de définir exactement ses différents modes de préparation.

On obtiendra d'abord ce sel en évaporant une solution contenant molécules égales des deux sels générateurs à température comprise entre 20° et 42°.

On pourra cependant préparer ce même sel dans un intervalle de température plus étendu, depuis — 19°,5 jusqu'à 59°, températures extrêmes entre lesquelles s'étend la nappe de l'équilibre de la solution avec la phase solide, sel double.

([1]) *Comptes rendus*, t. 165, 1917, p. 787, et t. 166, 1918, p. 115.

Soit à préparer le sel double à la température de 15°; la nappe précédente est coupée, par le plan isotherme 15°, suivant une courbe RS dont les coordonnées extrêmes sont les suivantes :

	$SO^4 Am^2$.	$SO^4 Na^2$.
R.....................	29,0	4,8
S.....................	16,0	11,4

Nous dissolvons les deux sulfates dans les proportions relatives correspondant au point S, puis nous laissons évaporer; le sel double commence à se déposer quand les concentrations atteignent celles du point S, le point figuratif représentant les états successifs de la solution se déplace ensuite progressivement sur l'isotherme SR pendant que le sel double continue à se déposer. Il faut arrêter l'opération au plus tard quand on atteint le point R.

On peut calculer *a priori* la quantité de sel double maximum qu'il sera théoriquement possible d'isoler. En opérant avec 16 centi-molécules de $SO^4 Am^2$ et 11,4 centi-molécules de $SO^4 Na^2$, c'est-à-dire 21^g,12 et 17^g,19 de ces deux sels, un petit calcul élémentaire montre qu'on pourrait préparer à 15° au maximum 31^g,2 de sel double. Dans la pratique il faudrait séparer les cristaux avant d'atteindre ce poids.

GÉOLOGIE. — *Sur les mouvements épirogéniques pendant le Quaternaire à l'Algarve (Portugal)*. Note de M. Pereira de Sousa.

J'ai présenté récemment à l'Académie une Note sur les derniers macrosismes de l'Algarve ([1]), dans laquelle j'ai montré quelques effets de la transgression marine sur cette région du Portugal.

Toutefois, il faut signaler que, avant ce mouvement, il y a eu, même dans le Quaternaire, un mouvement contraire d'émersion, qui semble encore aujourd'hui être le phénomène dominant tout le long de la côte portugaise ([2]).

([1]) *Sur les macrosismes de l'Algarve (sud du Portugal) de 1911 à 1914 (Comptes rendus*, t. 160, 1915, p. 808. Il faut, dans cette Note, au lieu de *détruites par un raz de marée*, lire *détruites par la transgression marine.*

([2]) P. Choffat et G.-F. Dollfus, *Quelques cordons littoraux marins du Pléistocène du Portugal.* — P. Choffat, *Preuves du déplacement de la ligne du rivage de 'Océan (Com. da Comissão do S. Géol. de Portugal*, t. 6, fasc. 1, p. 158 et 174).

Les cours d'eau de l'Algarve sont généralement profondément entaillés. Ce sont quelquefois des petits canyons, comme la rivière de Benaçoitão et la rivière de Budens, près de Sagres, montrant que le changement de niveau de base a déterminé le creusement des vallées et a donné lieu à plusieurs terrasses d'alluvions. Ces vallées sont appelées *barrancos*.

La mer transporte une grande quantité de sables, qui peu à peu comblent les échancrures de la côte et forment, dans l'Algarve oriental, un cordon d'îles qui se prolonge vers l'Est. Dans son mouvement de régression, laissant à découvert une certaine étendue de plages, elle a déterminé la formation de dunes qui barrent les embouchures des rivières, donnant quelquefois naissance à des lagunes (lagune de Armação de Pera, etc.).

Il me semble que les pluies devaient être anciennement plus fréquentes dans l'Algarve, car quelques historiens racontent que les Cynètes habitaient les forêts de l'Algarve, avant la domination romaine, et aujourd'hui ce pays est très peu boisé.

La diminution des pluies, ainsi que la fermeture des embouchures des cours d'eau, empêchant l'entrée de la mer, ont déterminé la mort ou la décadence de différentes rivières et même la disparition d'anciennes lagunes. Comme conséquence, le littoral de l'Algarve est encombré d'alluvions, quelquefois encore un peu salées, et ces terrains sont appelés *sapais*.

La décadence des fleuves a déterminé la ruine de quelques villes intérieures situées sur leur cours. Près de Faro existe un cours d'eau, le Rio Secco (fleuve sec), qui passe près d'Estoy, où se trouvent les ruines d'une importante ville romaine, qui, selon certains archéologues, devait être Ossonoba. Il faut remarquer qu'à l'embouchure de ce fleuve existe une grande extension de sables marins, traversés par d'étroits canaux.

Comme preuve incontestable de ce mouvement de régression marine, il existe, sur la côte occidentale de l'Algarve, des restes d'une plage soulevée, visibles sur les falaises au nord du cap Saint-Vincent, près de la Fóz do Telheiro. Ces falaises, qui ont environ 30^m à 40^m de hauteur, sont constituées à leur partie inférieure par des schistes du Culm et des grès et marnes des couches de Silves (Triasique et Infralias), ou seulement par cette formation. Sur ce terrain repose une couche constituée de cailloux roulés, empruntés aux roches sous-jacentes et aux roches éruptives de la région, et mélangées avec un sable argileux, jaune, très fin, indiquant une ancienne ligne de rivage. Puis vient une autre couche de grès rouge, jaunâtre, ferrugineux, à ciment argileux, contenant parfois des galets de quartzites roulés, de différentes tailles. On l'a considérée comme pliocène, ce qui semble

indiquer qu'il y a eu peut-être à cette époque, dans la région, un mouvement de transgression marine. Au-dessus de cette formation on rencontre
encore un grès d'un blanc rougeâtre, plus clair et plus dur que le précédent
et constitué par des sables siliceux, liés par un ciment calcaire, grès qui
parfois sert aussi de ciment à un conglomérat formé de galets de calcaires,
plus ou moins arrondis et contenant aussi des fossiles roulés de l'Helvétien
et des coquilles marines brisées. Enfin, dans la partie supérieure de la série,
il existe des grès jaunâtres avec coquilles terrestres, qu'on peut envisager
comme d'anciennes dunes consolidées, formées peut-être à l'époque où la
mer atteignait le bord supérieur des falaises.

Par conséquent, après la transgression pliocène, il y a eu, sur la côte
occidentale de l'Algarve, un mouvement d'émersion qui paraît continuer
encore. En effet, au nord de ces dépôts, existent deux rivières, l'Aljezur
et l'Odeseixe, qui sont presque mortes. Au xviii° siècle, l'une d'elles permettait encore l'entrée de petits bateaux jusqu'à Odeseixe; aujourd'hui la
navigation y est impossible. De même la marée arrivait encore à l'Aljezur
au xvii° siècle, comme en témoigne la grande quantité d'alluvions qui
existent près de cette ville, ainsi que des restes de quais, etc. Les alluvions
se prolongent même jusqu'au hameau du Vidigal, où existent les ruines
d'un important village.

Sur la côte méridionale de l'Algarve j'ai pu observer à marée basse, à
l'embouchure du *barranco* de Budens, au-dessous du sable de la plage,
une mosaïque, constituée par des pierres de différentes couleurs et caractéristique de la civilisation lusitano-romaine. Lors du raz de marée du
tremblement de terre de 1755, on a découvert dans les ruines une monnaie
de cuivre à l'effigie de Néron ([1]) et l'on a pu reconnaître l'existence d'un
grand village. Le niveau de la mer s'est probablement élevé d'environ 4^m.

A la rivière de Budens se lie, près de son embouchure, la rivière d'Al-
madena; elles sont toutes les deux encombrées d'alluvions et ne présentent
plus aujourd'hui qu'un mince filet d'eau. Avec le mouvement d'émersion
il s'était formé, à l'embouchure, une plage qui a permis l'établissement
d'un village romain, avec des murailles, dont il existe encore des vestiges
du côté de la terre. Un mouvement en sens contraire s'est produit ensuite,
permettant à la mer de reconquérir les terrains qu'elle avait abandonnés
précédemment. En même temps elle a détruit les falaises, constituées en

---

([1]) João Baptista da Silva Lisboa, *Corografia do Reino do Algarve*, 1841, p. 222.

général par des calcaires durs, et a pénétré dans les crevasses des rochers, avec une telle intensité et en s'élevant à une hauteur telle, que le peuple a appliqué le nom de *volcans* aux trous circulaires plus ou moins éloignés de la ligne de rivage où elle monte avec fracas.

En différents points de la côte méridionale de l'Algarve, on voit ainsi la mer rentrer en possession des terrains qu'elle avait précédemment abandonnés.

Par conséquent, on peut constater dans le Quaternaire de la côte méridionale de l'Algarve, un grand mouvement d'émersion, suivi d'un mouvement de submersion, qui a commencé postérieurement à la domination romaine, et antérieur au XVIIIᵉ siècle; mais, sur la côte occidentale, il semble que le mouvement d'émersion continue encore.

On ne peut pas expliquer ces mouvements de sens contraire que l'on constate sur les deux côtés de l'Algarve ni par les *mouvements eustatiques* de Suess, produits par l'abaissement et le relèvement général de la surface des mers, ni par des circonstances locales.

Il me semble que seuls les mouvements épirogéniques peuvent déterminer les mouvements en sens contraire sur les deux côtes. Celles-ci font partie de morceaux différents de la marqueterie terrestre, suivant l'expression d'Albert de Lapparent, séparés par des failles, et de cette manière elles peuvent avoir des mouvements différents, qui sont seulement sensibles sur les côtes. Toutefois l'église de Budens, assise sur une de ces failles, a été construite à peu près en 1758 et réédifiée il y a 40 ans; aujourd'hui elle est de nouveau endommagée, présentant des fissures. Ces mouvements produisent de temps en temps des macrosismes.

PALÉONTOLOGIE. — *Les* Archæocyatidæ *de la Sierra de Córdoba* (*Espagne*). Note ([1]) de M. Eduardo Hernandez-Pacheco.

Les Archæocyatides sont, à plusieurs points de vue, les fossiles les plus intéressants du Cambrien : 1° parce qu'étant donné qu'ils constituent des organismes marins fixés au fond de la mer dans les zones côtières, ils servent à établir les traits fondamentaux de la distribution des terres et des mers dans les débuts des temps paléozoïques; 2° parce que l'uniformité du groupe,

---

([1]) Séance du 11 mars 1918.

localisé dans la période cambrienne, permet de fixer le synchronisme de
dépôts situés dans des points du globe très distants les uns des autres, à des
latitudes très écartées qui correspondent à des continents distincts et même
à l'un et à l'autre hémisphère.

Parmi les gisements connus de ces curieux fossiles on peut citer les suivants :
trois dans l'Amérique du Nord, un en Sibérie, un autre en Australie et
quatre en Europe répartis en Écosse, Montagne Noire, Sardaigne et El
Pedroso (Séville) connu par un seul exemplaire. Il faut ajouter, en outre,
l'important gisement de la sierra de Córdoba qui fait l'objet de cette Note.
Ce gisement est non seulement riche en exemplaires, mais aussi en espèces,
dont plusieurs correspondent aux deux genres caractéristiques du groupe
Archæocyathus et *Coscinocyathus*.

Dans le premier de ces genres rentre une nouvelle espèce que je désigne
sous le nom d'*Archæocyathus Navarroi* Hern.-Pach., et que je dédie à
M. Fernandez Navarro, professeur de l'Université de Madrid, comme
légitime hommage à ses nombreux travaux sur la Géologie espagnole.
*Cette espèce se caractérise par sa forme conique allongée, d'une longueur
de* 4^{cm} *à* 8^{cm} ; *d'un diamètre variant de* 1^{cm} *à* 3^{cm} *dans la partie la plus large ;
cloisons radiales jusqu'à* 1^{mm} *qui vont en s'amincissant de l'intérieur à l'extérieur ; muraille externe perforée par de menus pores, en contact entre eux,
d'un diamètre mesurant un tiers de millimètre environ, et muraille interne
perforée par de gros pores ronds, de* 1^{mm} *de diamètre ; à chaque espace inter-
sectal correspond une rangée verticale de pores en contact les uns avec les
autres.*

L'une des espèces les plus abondantes du gisement cordouan appartient
à un genre nouveau.

En étudiant les espèces du gisement de Sardaigne décrites par Bornemann
dans sa monographie de 1891, j'ai remarqué qu'un fragment d'exemplaire
en très mauvais état de conservation et dont il reproduit diverses coupes
(planches 42 et 43), présente de grandes analogies avec les exemplaires
dont je parle et qui, à Cordoue, sont extraordinairement abondants et en
parfait état de conservation. On peut parfaitement apprécier, surtout dans
la photographie de la planche 42 et dans la figure 6 de la planche 43, les
cloisons transversales que j'ai signalées ci-dessus ; d'où il s'ensuit, à mon
avis, que si Bornemann assigne d'autres caractères à son espèce, c'est sans
doute à cause de l'état défectueux et altéré de son unique exemplaire.

Cela me fait supposer que l'exemplaire de Sardaigne correspond au même
genre que ceux que je viens de signaler dans le gisement de Cordoue, et, par

conséquent, pour ne point compliquer la question de la synonymie, malheureusement déjà si embrouillée, j'accepte pour mes exemplaires la dénomination du genre créé par Bornemann sous le nom de *Dictyocyathus*, qui
convient parfaitement à la structure en forme de filet que présente la zone
externe des exemplaires de Cordoue, tout en établissant pour ceux-ci une
nouvelle espèce que j'appelle *Dictyocyathus Sampelayanus* Hern.-Pach., et
que je dédie au jeune géologue de l'Institut géologique de Madrid, M. Her-
nandez Sampelayo, qui a collaboré à l'étude des terrains cambriens et
siluriens du nord de l'Espagne.

Ces exemplaires sont caractérisés par leur forme cylindrique ou conique-
allongée, avec cloisons radiales sinueuses et perforées par des pores fins, cloi-
sons enlacées irrégulièrement par d'autres plus petites, obliques ou transversales,
en petit nombre et espacées, et qui ne font qu'unir une cloison avec l'immédiate,
sans passer aux cloisons latérales. Toutes ces cloisons radiales et transversales
deviennent de plus en plus irrégulières vers la périphérie, donnant lieu à une
trame irrégulière de fines parois isolées par de petits espaces, de telle façon que
dans les sections de la zone externe des exemplaires elles offrent l'aspect de la
trame d'un filet à mailles irrégulières. La muraille interne est perforée par des
pores fins et serrés, comme dans le genre Archæocyathus.

La question relative à la signification biologique de ces organismes et à la
place qu'ils doivent occuper dans le système zoologique a donné lieu à bien
des débats. Les opinions sont à ce sujet aussi diverses que le nombre de
géologues qui s'en sont occupés.

Pour Billings, qui a découvert le groupe, ce sont des Spongiaires; pour
Dawson, de grands Foraminifères. Rœmer, en étudiant l'exemplaire de
Séville, les considéra comme occupant une position douteuse dans le groupe,
mais présentant des affinités avec les Foraminifères, et les dénomma
Réceptaculitides.

Bornemann, sans toutefois manifester clairement son opinion, suppose
que les Archæocyatides offrent de grandes affinités avec certains Spongiaires calcaires du groupe des *Pharetrones*, et les considère comme formant
un groupe spécial d'organisation voisine de celle des Cœlentérés les plus
élevés.

Eduard von Toll, qui étudia ceux de Sibérie, suppose que ces organismes
énigmatiques ne sont autre chose que des Algues chloroficées de la famille
des Siphonées.

Bergeron les considère comme un groupe de coraux complètement éteint.
Walcott croit que ce sont des Spongiaires. Hinde dit que ce sont des

éponges lithistides et il en fait rentrer d'autres dans le groupe des Zoan-
taires sclérodermatides. D'après Meek, les exemplaires dont il a fait l'étude
sont de vrais coraux.

Enfin, Douvillé, dans son travail publié en 1914 sous le titre *Les Spongiaires primitifs*, pense que les Archæocyatides, d'après les exemplaires
australiens remis par Howchin, doivent être considérés comme des Spongiaires inférieurs.

Quant à moi, ayant sous les yeux les nombreux exemplaires de Cordoue et
les comparant à ceux représentés dans les travaux des auteurs ci-dessus
mentionnés, je considère que, tout en rejetant les opinions que personne
ne soutient plus actuellement de considérer ces organismes comme des
Algues ou comme des Protozaires, on ne doit pas non plus supposer qu'il
s'agisse là de Cœlentérés, car cette opinion est insoutenable pour les espèces
sans cloisons radiales, et quant à celles qui en sont dotées, on voit que ces
cloisons ne gardent aucun rapport, ni quant au nombre ni quant au développement, sinon qu'elles sont complètement irrégulières dans leur nombre
et leur disposition relative, contrairement à ce qu'on observe dans les
Cœlentérés.

On ne saurait davantage les faire rentrer franchement dans les Spongiaires, en raison de leur manque de spicules. Cependant, comme leur faciès
général et leurs principaux caractères sont ceux d'un Spongiaire, j'estime
qu'on doit considérer ces êtres, qui apparurent et disparurent totalement
durant le cours de l'époque cambrienne, comme constituant un groupe voisin
des éponges.

GÉOPHYSIQUE. — *A propos de l'écorce sédimentaire*. Note de M. Adrien
Guébhard, présentée par M. H. Douvillé.

Traitant de la sédimentation, les meilleurs ouvrages ne voient guère
au delà des causes météoriques actuelles, hydriques ou éoliennes, chimiques ou vitales. Il a fallu que M. E. Belot ([1]) fît allusion à des pluies
alcalines survenues entre 800° et 700° pour que M. H. Douvillé ([2]) rappelât
que cette remarque avait fait partie longtemps de son enseignement public
à l'École des Mines. Or c'est toute une ère nouvelle dont s'ouvrent ainsi

---

([1]) *Comptes rendus*, t. 159, 1914, p. 89.
([2]) *Comptes rendus*, t. 159, 1914, p. 221.

rétroactivement les perspectives, car il est bien certain que ni la formation de la première croûte de scories, que M. Douvillé fixe vers 1850°, ni son renforcement inférieur et son craquèlement consécutif, que j'attribue à la solidification foisonnante du Fer, vers 1500°, ne durent interrompre la série des condensations atmosphériques, simplement empêchées dorénavant de rejoindre le magma et forcées d'accumuler leurs sédiments dans les cannelures géosynclinales. Si les données physiques manquent ([1]) pour préciser l'ordre de ces dégorgements liquides, elles suffisent cependant pour montrer le déluge alcalin vers 800°, et le déluge aqueux après 365°, comme de simples grands épisodes, avant l'abaissement des températures et pressions jusqu'à l'état de stabilisation ([2]) qui permit enfin l'avènement de la vie ([3]).

Pour ce laps énorme des temps sédimentaires, dont les formations, seules vraiment *exogènes* et nécessairement *azoïques*, sont présentement réunies avec la partie simplement *agnotozoïque* de l'Archéen, ne conviendrait-il pas de faire une coupure et d'envisager, avant l'ère *paléozoïque* classique, une ère, au lieu d'une simple époque, franchement *azoïque*, ère *de transition* (ou *intermédiaire*, si l'on ne veut faire revivre, dans un sens nouveau,

([1]) Connût-on tous les points critiques, au lieu de quelques-uns seulement, et l'ignorance de la loi du décroissement des pressions en fonction du dégorgement de l'atmosphère ferait obstacle encore à tout essai de départ, entre les corps dont la chute à l'état liquide a eu lieu avant ou après l'occlusion du magma. Si l'on se rapporte à la liste des vaporisations à la pression normale, non seulement on est certain d'endosser d'énormes retards, mais on ne l'est pas du tout que l'échelle des relativités soit valable. Aussi ne faut-il prendre que comme indications, et point comme données précises, sauf quant à l'eau, toutes les valeurs numériques mentionnées, ainsi que la simple présomption que, parmi les corps simples, si tant est qu'ils subsistassent à l'état libre, Al, Pb, Sb, Bi, Te, Mg, Zn, Cd, Na, Se, K, As, Hg, S, Ph, I, furent de ceux qui, dans cet ordre, sur le plancher primitif, ruisselèrent avant l'eau, tandis que Br, par exemple, ne put commencer certainement qu'après.

([2]) M. Douvillé (*loc. cit.*) a calculé qu'à l'état de vapeur la masse des eaux continentales avait dû représenter une pression d'au moins 300atm. Si l'on y ajoute le poids de toutes les autres substances longtemps restées en suspension, l'on entrevoit des valeurs de plus en plus considérables, à mesure qu'on recule dans le temps.

([3]) La vie n'a pu débuter que bien en dessous de 100° et nous sommes encore bien au-dessus de 0°. Ce serait, par rapport à l'ère azoïque de transition, un intervalle dérisoire comme durée, si l'on n'admettait que nous sommes arrivés, grâce à l'apport de la chaleur solaire, à un état d'équilibre mobile, que maintient le rôle isolant de l'air,

un mot ancien) entre les formations réellement *primitives, endogènes*, et les sédiments *primaires*, contenant les premiers fossiles? Ces sédiments intermédiaires, ayant emprunté tous leurs éléments détritiques aux terrains primitifs et fourni eux-mêmes les premiers éléments des roches fossilifères, il importe de les distinguer des uns et des autres, soit qu'on les retrouve à l'état natif, avec leur aspect filonien d'infiltrations liquides solidifiées, improprement qualifiées parfois d'émanations surgies d'en bas, soit qu'on les aperçoive à l'état métamorphisé d'éjections granitoïdes, mises au jour. par le mécanisme exposé dans une précédente Note (¹) et trop souvent prises pour un « magma alcalin ».

La formidable épaisseur reconnue aux terrains archéens, correspondant à la très longue durée de leur formation, fait ressortir d'autant plus la minceur du revêtement épidermique ultérieur, qui, formé d'abord aux dépens du précédent, fut tôt réduit à ne s'alimenter plus guère que de sa propre usure. Et c'est de cette étoffe usée, toute faite de pièces mal rajustées, c'est de ce manteau troué, inégalement jeté sur le corps planétaire, que certaines théories voudraient faire le siège de « déplacements horizontaux, s'exprimant en centaines de kilomètres » par la seule grâce d'une rétraction thermique qui, même sur le plus pur métal, serait loin d'être adéquate à de tels effets! Il est vrai que l'étude à fond de l'un des pays les plus réputés pour ce genre d'effets, celui de Castellane, m'a démontré qu'ils étaient, là, purement subjectifs et que toutes les particularités authentiquement constatables trouvaient une explication largement suffisante dans le mécanisme des *soulèvements* qu'il est *nécessaire* d'envisager *avant* la mise en marche de quelconques mouvements tangentiels. En invoquant pour cause le jeu de piston hydraulique d'un substratum pâteux mis sous pression, je fournissais aux déformations des couches les plus friables le soutien qui leur faisait défaut, et ce n'est pas sans intérêt que j'ai vu dernièrement une réalisation expérimentale de MM. Belot et Gorceix montrer, à défaut d'autre chose, comment les poussées pâteuses, dont la caractéristique notoire est de se transmettre normalement dans *toutes* les directions, deviennent occasionnellement horizontales devant un obstacle vertical. Enfin, en conclusion d'une étude sur la genèse des géosynclinaux, j'ai été amené à découvrir, dans les réactions marginales des découpures flottantes de l'écorce terrestre, une cause naturelle de

(¹) *Comptes rendus*, t. 166, 1918, p. 566.

« poussées tangentielles » susceptible d'être substituée rationnellement à la notion instinctive, mais indémontrée, des contractions corticales, comme cause auxiliatrice de la mise sous pression des niveaux plastifiables. Suffira-t-elle jamais pour donner quelque vraisemblance aux gigantesques charriages qu'on voit croître et multiplier partout sans le moindre souci des causalités? C'est ce qu'il sera temps de rechercher lorsqu'il sera certain que les faits allégués, généralement lointains, ont une objectivité plus sûre et un mécanisme mieux établi que ceux de la proche région de Castellane. Pour le moment, il me suffit d'avoir montré comment c'est par une étude, raisonnée en détail, de la formation de l'écorce, étude qui, logiquement, eût dû précéder, qu'a pu être solutionnée finalement celle des déformations, telles que les montre une observation strictement raisonnée des détails superficiels.

CHIMIE AGRICOLE. — *La balance de quelques principes constituants de la betterave à sucre pendant la fabrication du sucre.* Note de M. ÉMILE SAILLARD, présentée par M. L. Maquenne.

Il est intéressant de suivre, pendant la fabrication du sucre, les principes que contient la betterave, d'autant plus que certains de ces principes ont pris, depuis le commencement de la guerre, une valeur marchande très élevée. Le kilogramme d'azote, par exemple, qui avant la guerre se vendait de $1^{fr},25$ à $1^{fr},50$ coûte maintenant environ 6^{fr}. L'augmentation du prix de la potasse est encore plus marquée.

Les résultats qui suivent sont les moyennes de nombreuses analyses que nous avons faites depuis une quinzaine d'années. Ils se rapportent à une vingtaine de fabriques de sucre. Ils peuvent varier avec les années suivant la composition de la betterave, suivant le travail de fabrication, etc. Ils donnent simplement une image d'ensemble.

En sucrerie, on a comme produits secondaires: les pulpes et les eaux de diffusion, les écumes ou tourteaux de carbonatation, les eaux de condensation et la mélasse.

La matière sèche a été dosée par dessiccation dans l'étuve à $105°$-$106°$; l'azote, la potasse, l'acide phosphorique et le sucre par les méthodes classiques.

Rappelons que, dans une fabrique qui fait du sucre blanc, on obtient environ 4^{kg} de mélasse par 100^{kg} de betteraves.

COMPOSITION MOYENNE DE LA BETTERAVE.

	Pour 100.
Matière sèche..	22,3
Sucre..	15,6
Azote total...	0,22
Potasse...	0,28
Soude...	0,045
Acide phosphorique..	0,10

a. — Balance de la matière sèche.

		kg
Matière sèche apportée par 100^{kg} de betteraves................		22,3
Matière sèche sortie par les pulpes et eaux de diffusion...	5,6	
» par les tourteaux de carbonatation...	1,2	
par là mélasse....................	3,0	
» par le sucre blanc................	12,4	
Divers et pertes...................................	0,1	
	———	
	22,3	

b. — Balance de l'azote ([1]).

		kg
Azote apporté par 100^{kg} de betteraves........................		0,22
Azote sorti par les pulpes et les eaux de diffusion.......	0,084	
» par les tourteaux de carbonatation..........	0,035	
» par la mélasse...........................	0,064	
» par l'ammoniaque dégagée et les eaux de condensation..............................	0,037	
	———	
	0,22	

c. — Balance de la potasse.

		kg
Potasse apportée par 100^{kg} de betteraves.....................		0,28
Potasse sortie par les pulpes et les eaux de diffusion.....	0,080	
» par la mélasse.......................	0,200	
	———	
	0,28	

d. — Balance de la soude.

		kg
Soude apportée par 100^{kg} de betteraves.......................		0,047
Soude sortie par les pulpes et eaux de diffusion..........	0,014	
» par la mélasse...........................	0,033	
	———	
	0,047	

([1]) Les betteraves contiennent plus d'azote dans les années sèches. Il en est de même des mélasses. (Voir *Comptes rendus*, t. 162, 1916, p. 47.)

e. — Balance de l'acide phosphorique.

	kg
Acide phosphorique apporté par 100^{kg} de betteraves..............	0,10
Acide phosphorique sorti([1]) par les pulpes et eaux de diffusion...	0,018
Acide phosphorique sorti par les tourteaux de carbonatation....................................,....................	0,080
	0,10

Conclusions. — L'azote des pulpes de diffusion, l'azote des tourteaux de carbonatation peuvent faire retour à la terre; mais l'azote qui se dégage à l'état d'ammoniaque pendant le chauffage des jus, sirops et masses cuites qui sont alcalins est perdu dans les eaux de condensation ou du condenseur; or, il représente environ 17 pour 100 de l'azote total de la betterave.

A l'heure actuelle, la presque totalité des mélasses de sucrerie sert à faire de l'alcool et des salins (le reste est employé à faire des fourrages mélassés).

Leur azote, qui représente environ 30 pour 100 de celui de la betterave, est perdu pendant l'incinération des vinasses.

On perd donc, au total, environ 50 pour 100 de l'azote total de la betterave, soit environ 1^{kg} d'azote par tonne de betterave, soit environ 150^{fr} par hectare.

Potasse et soude. — On retrouve la presque totalité de la potasse et de la soude dans la mélasse, puis dans les salins. Cependant, il y a quelques pertes pendant l'incinération des vinasses.

Acide phosphorique. — Il reste, pour la plus grande partie, dans les tourteaux de carbonatation.

Somme toute, à mesure qu'on s'éloigne de la betterave, pour aller vers la mélasse, puis vers les vinasses et salins de betteraves, la quantité d'azote pour 100 de potasse va en diminuant.

Pour 100 de potasse, la betterave contient environ 75 d'azote; la mélasse de sucrerie, 32; la vinasse de distillerie, un peu moins de 32.

On avait proposé autrefois d'absorber avec de l'acide sulfurique l'ammoniaque dégagée par les jus chauffés; au prix actuel de l'azote, l'idée serait maintenant plus intéressante.

Les pertes d'azote, pendant l'incinération des vinasses, méritent également l'attention, surtout aux prix actuels de l'azote.

([1]) La mélasse ne contient que des traces d'acide phosphorique.

CHIMIE BIOLOGIQUE. — *Détermination du résidu indigestible* in vitro *par la pancréatine agissant sur le blé ou ses produits de meunerie ou de boulangerie.* Note (¹) de M. **L. Devillers**, présentée par M. Yves Delage.

Des recherches entreprises sur l'utilisation alimentaire du blé ont mis en évidence l'imprécision de la notion de la proportion du blé qui échappe à l'assimilation chez l'homme.

Les méthodes chimiques attaquent le blé par des procédés trop différents, par des forces autrement actives que ne le font les sucs digestifs pour qu'on puisse, de leurs résultats, passer à ceux de l'expérimentation physiologique. L'action des alcalis et des acides, habituellement employés, laisse un résidu cellulosique sans rapport pondéral constant avec le résidu rejeté par l'animal nourri du même blé.

Mais, d'autre part, l'expérimentation physiologique est lente et, par suite, impraticable s'il s'agit d'examiner de nombreux produits; il fallait donc trouver une méthode plus rapide qu'elle, mais plus fidèle que l'analyse chimique.

La digestion artificielle se présente naturellement : en effet, ses résultats sont satisfaisants, mais pour être quantitative elle nécessite une technique assez délicate, que l'expérience nous a indiquée et dont nous exposerons le principe ici, les détails du mode opératoire devant être exposés plus longuement dans un autre Recueil.

Ce procédé consiste à faire agir sur le produit à essayer successivement la pancréatine à 55°, puis l'acide chlorhydrique, ce dernier à la concentration du suc gastrique et sans dépasser 40°, et à peser le résidu insoluble. La difficulté qui nous a longtemps arrêté est d'obtenir un résidu parfaitement privé d'amidon. Si l'on fait agir la pancréatine sur la bouillie cuite de farine ou de blé on n'arrive jamais à solubiliser tout l'amidon. On trouve toujours dans le résidu des grains ayant gardé plus ou moins leur forme et leur aptitude à se colorer par l'iode. La cause en est due aux grumeaux mixtes de gluten et d'amidon formés pendant la cuisson de l'empois; l'amidon y est enserré, son hydratation est gênée, incomplète, quelle que soit la durée du séjour à l'ébullition ou au bain-marie, voire même à l'autoclave à 120°. Cet amidon non attaqué par la pancréatine ajoutera indûment son poids à celui du résidu.

(¹) Séance du 22 avril 1918.

On évite cette cause d'erreur en opérant comme suit :

On digère d'abord le gluten du produit cru; alors seulement on fait l'empois à 120°, on fait agir à nouveau la pancréatine, on termine par une macération dans l'acide chlorhydrique à 1,75 pour 1000, on recueille le résidu et on le pèse.

Nous avons observé que la digestion était plus régulière en opérant en présence de borate de soude et de chlorure de calcium. L'action favorable des sels de calcium est connue, celle du borate de soude s'explique moins, mais en tout cas l'expérience nous a confirmé à plusieurs reprises l'efficacité de cette association.

On opère ainsi :

Produit à digérer cru......................	5^g
Borate de soude...........................	1^g
Chlorure de calcium cristallisé..............	0^g,30
Pancréatine Defresne.......................	0^g,025
Eau distillée..............................	100$^{cm^3}$

Le tout est mis à digérer à 55° et agité avec le plus grand soin, ce dernier point étant de la plus haute importance pour la constance des résultats. Au bout de 3 heures on porte lentement la température à 70°, puis rapidement à 120° à l'autoclave. On laisse revenir à 55°, on ajoute à nouveau 0^g,025 de pancréatine et l'on continue la digestion jusqu'à disparition vérifiée au microscope de toute coloration bleue par l'iode. On ajoute assez d'acide chlorhydrique pour obtenir une teneur de cet acide libre de 1^g,75 pour 1000 dans le liquide tenu au voisinage de 35° à 40° et, après 1 heure de contact, on filtre, on lave le résidu et on le pèse.

On obtient ainsi un résidu dans lequel les cellules à aleurone sont intactes et dont on peut extraire environ :

	Pour 100.
Produit soluble dans l'éther.......................	30
Produits hydrolysables par SO^4H^2 à 2 pour 100 à 110°.	4
Cendres...	1
Matières azotées.................................	16

Nous avons appliqué cette méthode au blé, au son, à la farine et au pain. Pour ce dernier, ceci pourrait paraître en contradiction avec ce que nous avons dit plus haut de l'impossibilité de digérer un empois mixte de gluten et d'amidon; mais cependant les résultats obtenus en digérant un pain et la farine qui l'a produit sont suffisamment concordants, ce qui tient sans doute aux modifications subies par le gluten dans la fermentation panaire, et qui le rendent moins cohérent.

Nous résumons ci-après quelques applications de cette méthode à des produits divers.

Résidu non digestible par la pancréatine, rapporté à 100 parties de produit desséché à 105°-110°.

Désignation.	Résidu pour 100.
Blé :	
Australie....................................	8,26
Plata..	9,06
Red Winter..................................	10,43
Dark Hard...................................	10,66
Indigène.....................................	10,76
Manitoba....................................	11,48
Choice White Karachi........................	12,11
Indigène.....................................	12,86
Son :	
Recoupettes.................................	35,22
Farine :	
Type du ravitaillement : mai 1917 (blé)........	4,87
A. Avril 1918 : Paris (blé et succédanés).....	8,17
B. » Vincennes »	7,53
Pain :	
Venant de farine A ci-dessus..................	8,24
Venant de farine B »	7,53

ZOOLOGIE. — *Premiers stades du développement de l'appareil adhésif des* Lepadogaster [1]. Note [2] de M. **Frédéric Guitel**, présentée par M. Yves Delage.

L'appareil adhésif des *Lepadogaster* est constitué par deux ventouses con-

---

(1) Ce travail a été fait avec des matériaux dont le professeur John Schmidt, de Copenhague, a bien voulu me confier l'étude.

(2) Séance du 22 avril 1918.

tiguës : une antérieure (craniale), formée par les deux nageoires ventrales rapprochées et soudées par leurs parties molles dans le plan sagittal, et une postérieure (caudale), constituée par une partie des nageoires pectorales, les deux post-clavicules postérieures qui viennent s'articuler entre elles sur la ligne médiane ventrale.

La ventouse postérieure est rattachée à la région axillaire des nageoires pectorales par les deux post-clavicules antérieures qui donnent naissance aux organes que Goüan a le premier décrit sous le nom de *petites pectorales*.

Les alevins les plus jeunes que j'ai pu étudier mesurent de 4^{mm} à 5^{mm} de longueur totale et n'étaient certainement sortis de l'œuf que depuis un temps très court. Les ébauches des deux nageoires ventrales se présentent là comme deux épaississements mésodermiques situés immédiatement en arrière des rayons les plus ventraux des pectorales, épaississements encore largement séparés l'un de l'autre et fort éloignés de la symphyse claviculaire située en avant d'eux. Leur bord externe, convexe en dehors, est seul nettement limité.

Immédiatement en arrière de ces deux ébauches et en continuité avec elles, se trouvent deux autres massifs cellulaires, moins étendus, moins épais, qui représentent les rudiments des deux moitiés du disque postérieur.

Dans les stades suivants, les ébauches des deux ventrales se présentent comme des lames affectant la forme que présente la coupe médiane d'une poire, qui passe bientôt à celle d'un quadrilatère (parallélogramme ou trapèze) à angles arrondis (*fig.* 1, *v*). Les deux quadrilatères se rapprochent et tendent à s'affronter par leurs petits côtés internes, tandis que les côtés qui viennent immédiatement en arrière laissent libre entre eux un angle presque droit à ouverture caudale. Pendant ce temps les ébauches du disque postérieur (*dp*) s'épaississent et acquièrent une crête courbe de longueur encore très réduite, à convexité externe.

Actuellement (*fig.* 1), les ébauches des ventrales sont séparées par environ $\frac{2}{100}$ de millimètre, tandis que les crêtes qui couronnent les ébauches du disque postérieur sont encore distantes de $\frac{4}{10}$ de millimètre.

Le disque antérieur se ferme le premier et seulement antérieurement par suite de l'accolement dans le plan sagittal des ébauches des deux nageoires ventrales (*fig.* 2, *d*).

Pendant ce temps les crêtes qui couronnent les ébauches du disque postérieur ne cessent de s'allonger (*dp*) et bientôt entrent en continuité par leurs extrémités antérieures. Le disque postérieur se trouve ainsi fermé antérieurement. Sa fermeture postérieure (caudale) ne se trouve réalisée qu'un peu après l'antérieure, au moins si je m'en rapporte au petit nombre d'alevins qu'il m'a été possible d'examiner. Les larves ont généralement à ce moment 8^{mm} de longueur.

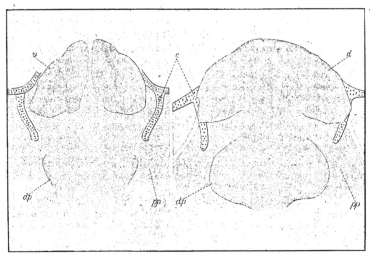

Fig. 1.   Fig. 2.

Deux stades du développement de l'appareil adhésif d'un *Lepadogaster* (*L. microcephalus* ou *L. bimaculatus*).

Fig. 1. — Avant la fermeture du disque antérieur chez un alevin de 5^{mm}.
Fig. 2. — Avant la fermeture antérieure du disque postérieur chez un alevin de 7^{mm}.
c, appendice du cartilage coracoïdien ; *da*, ébauche du disque antérieur ; *dp*, ébauche du disque postérieur ; *pp*, ébauches de la petite pectorale ; *v*, ébauche de la nageoire ventrale droite. Grossissement : 72 diamètres.

Les petites pectorales (*pp*) apparaissent de très bonne heure comme des épaississements mésodermiques en continuité de substance avec les ébauches symétriques du disque postérieur ; elles commencent à s'individualiser dès que ces ébauches acquièrent la crête courbe qui les couronne.

Le squelette des ventrales, représenté par deux cartilages aplatis dorsoventralement et renflés antérieurement, se différencie un peu avant l'accolement de ces deux nageoïres.

Quant aux post-clavicules, qui soutiennent le disque postérieur et les petites pectorales, elles sont toutes deux d'origine dermique et c'est la pièce soutenant la ventouse postérieure qui apparaît la première, un peu avant la fermeture antérieure de cette ventouse; l'autre (antérieure), destinée à la petite pectorale, la suit de très près.

Les ébauches des quatre rayons articulés des ventrales apparaissent un peu après les cartilages de ces nageoires sous la forme de quatre petits massifs cellulaires atténués en pointe du côté externe (*fig.* 2).

Deux faits intéressants sont mis en évidence par l'étude du développement des disques des *Lepadogaster*.

1° Dans les animaux adultes, les post-clavicules ont perdu le rapport de position et l'articulation qui, chez tous les téléostéens, existe entre ces os et les clavicules principales.

Mais, pendant les premiers stades du développement des membres, un long appendice cartilagineux presque cylindrique, issu de chaque région coracoïdienne et dirigé d'avant en arrière (c), plonge légèrement dans la demi-ébauche correspondante du disque postérieur, établissant ainsi, entre cette dernière et la pectorale, dont dépend le disque, une continuité qui disparaît plus tard en raison de l'arrêt de développement que subit l'appendice cartilagineux en question.

2° Au point de vue morphologique, le fait le plus singulier de l'anatomie de l'appareil adhésif de nos animaux consiste en ce que les post-clavicules, qui soutiennent le disque postérieur, au lieu de se trouver situées sur les côtés du corps au niveau des nageoires pectorales et dorsalement par rapport aux nageoires ventrales, descendent sur la face abdominale de l'animal où elles s'articulent entre elles et avec l'extrémité postérieure des deux os des ventrales, dans le plan sagittal.

Or le développement montre que, malgré ce changement considérable de position, les différentes parties du disque postérieur (ventouse au milieu et petites pectorales sur les côtés) se développent en place, c'est-à-dire exactement dans les points où on les trouve chez l'animal adulte.

PATHOLOGIE GÉNÉRALE. — *Les altérations initiales du foie dans les grands traumatismes.* Note (¹) de M. A. NANTA, présentée par M. Charles Richet.

La pathogénie du shock traumatique est encore des plus obscures. Sans préjuger de la part que la résorption toxique peut avoir dans la détermination des troubles généraux graves, nerveux, circulatoires et thermiques, qui constituent l'état du shock, il est intéressant de savoir si les organes de défense tels que le foie, soumis, eux aussi, aux troubles circulatoires et nerveux, ne se comportent pas différemment chez les grands traumatisés qui présentent les signes du shock, et chez ceux qui ne les présentent pas.

Or, nous avons pu observer chez des grands blessés, morts rapidement de shock traumatique, des altérations anatomiques notables, qui nous ont conduit à supposer une étroite relation entre le shock et les fonctions du foie.

Nos observations ont porté sur quinze autopsies. Cinq cas ne nous ont pas montré de modifications nettes. Le foie était presque normal : il s'agissait de sujets morts soit d'hémorragie, soit de grand traumatisme cérébral (ce qui exclut pour ainsi dire le vrai shock traumatique) au bout de 4, 7, 8, 25 et 35 heures. Deux autres observations ont été inutilisables par le fait que des lésions hépatiques considérables, antérieures à la blessure, ne permettaient pas de faire un départ entre les altérations anciennes et les récentes.

Restent huit observations qui concernent des sujets morts 14, 21, 23, 24, 26, 40, 44, 48 heures après la blessure, en état de shock, quatre d'entre eux ayant une plaie du foie, et cinq d'entre eux ayant subi une anesthésie au chloroforme.

Les six premiers cas présentent des altérations cellulaires comparables entre elles, quoique plus ou moins marquées, et inégalement réparties : elles sont diffuses en effet, et d'intensité moyenne, dans toute la glande, si celle-ci n'est pas le siège de la blessure ; elles sont prédominantes et portées à un très haut degré autour de la plaie, si le foie a été atteint par le projectile, et sont alors aggravées par des lésions inflammatoires banales. Le premier de ces cas montre l'ébauche des diverses modifications suivantes qui n'apparaîtraient donc que vers la quinzième heure.

(¹) Séance du 15 avril 1918.

La modification la plus apparente consiste en une altération de l'affinité protoplasmique de la cellule hépatique pour les colorants acides et basiques employés en mélange ou par actions successives (May-Giemsa, Dominici). La cellule hépatique fixée tandis qu'elle est encore vivante, ainsi que peut en témoigner sa réaction au rouge neutre, possède un protoplasme finement granuleux et réticulé, dont les travées sont notablement basophiles. Les cellules des travées qui bordent l'espace-porte se colorent plus fortement que celles qui entourent la veine sus-hépatique. Dans les six cas précités l'affinité pour le bleu basique était plus marquée qu'à l'état normal dans les travées périportales; ailleurs elle était diminuée, parfois nulle. Certaines cellules du pourtour de la veine sus-hépatique devenaient en effet franchement éosinophiles, en même temps que le noyau devenait trouble et que le protoplasme se fragmentait. La basophilie anormale, qui est souvent accompagnée de la tuméfaction du noyau, est due à une accumulation de corps basophiles de forme et de taille très variables, formant des enclaves volumineuses, qui tranchent sur le fond du protoplasme faiblement éosinophile. Ces corps se colorent comme les corps de Nissl des cellules nerveuses par le bleu polychrome ou par la pyronine. Certaines cellules, dans une zone intermédiaire, ont un protoplasme nettement acidophile, et quelques corps basophiles : la plupart de ceux-ci ont été apparemment mis en liberté le long des capillaires sanguins. Il semble donc que la cellule devienne acidophile du fait de la condensation, puis de l'expulsion de sa substance basophile. Cette condensation, qui paraît se faire aux dépens des filaments représentant le protoplasme fonctionnel ou supérieur de la cellule, témoignerait d'une activité glandulaire remarquable.

Cette modification s'accompagne d'une surcharge graisseuse qui est considérable et singulièrement répartie : les cellules voisines de l'espace-porte sont pauvres en graisses et en lipoïdes, tandis que les cellules du centre lobulaire sont surchargées de fines gouttelettes et de grosses gouttes, noires ou bistre, après fixation à l'acide osmique. Les régions du lobule hépatique qui accumulent les graisses et les lipoïdes sont donc celles qui sont précisément dépourvues de corps basophiles. Il est à noter que la technique employée pour colorer ces corps basophiles n'a pas pu mettre en évidence le chondriome, dont on connaît le rôle dans la formation des lipoïdes.

On constate, en outre, un peu partout une surcharge pigmentaire énorme : les grains de pigment qui s'accumulent autour des canalicules d'excrétion présentent parfois les réactions du fer, parfois une réaction métachromatique analogue à celle des globules rouges altérés qui sont disposés le long des travées hépatiques dans les capillaires sanguins. La fonction pigmentaire biliaire semble donc conservée.

Certaines de ces modifications, telles que la surcharge graisseuse et la surcharge pigmentaire sont manifestement réactionnelles; pourtant elles atteignent une intensité véritablement pathologique. D'autres au contraire, comme la formation et l'expulsion des corps basophiles, apparaissent comme l'image d'une activité glandulaire poussée à l'extrême, qui aboutit à la désorganisation ou à l'épuisement du protoplasme fonctionnel.

Enfin, dans les deux derniers cas observés, il y avait une dégénérescence aiguë du foie consistant dans un état de tuméfaction claire des travées lobulaires centrales, qui traduisait une altération du protoplasme avec précipitation des matières albuminoïdes, et impliquait, par l'absence de graisse, de pigments, et de toutes granulations, l'abolition des fonctions cellulaires.

La conclusion qu'on peut tirer de ces diverses constatations est que *la cellule hépatique subit des modifications précoces et profondes chez des individus soumis à de grands traumatismes*, dont la mort n'est survenue ni par le fait de l'hémorragie, ni par le fait de l'atteinte pour ainsi dire vitale d'un organe important.

Ainsi dans huit cas de shock suivis de mort dans un délai moyen de 24 heures, nous avons constamment observé des altérations hépatiques étendues et complexes, surtout marquées dans le centre du lobule, autour de la veine sus-hépatique. Peut-être cette lésion est-elle liée à la congestion et à la stase qu'on observe au cours du shock dans le foie comme dans tous les viscères. Peut-être, sous une influence nerveuse ou sous l'influence des toxines autolytiques résorbées dans la plaie, se produit-il une altération du protoplasme glandulaire. En tout cas la lésion implique un trouble fonctionnel qui nous conduit à supposer que le shock se complique rapidement d'insuffisance hépatique.

Quoi qu'il en soit des hypothèses qu'on peut faire sur la cause, immédiate ou médiate, de cette altération, il résulte clairement de nos observations que par le shock traumatique la cellule du foie est très rapidement modifiée dans sa constitution histologique.

La séance est levée à 15 heures trois quarts.

A. Lx.

────────

ERRATA.

—

(Séance du 11 mars 1918.)

Note de MM. *Ch. Lallemand* et *J. Renaud*, Substitution du temps civil au temps astronomique, etc. :

Page 401, ligne 6 en remontant, *au lieu de* près de 20 ans, *lire* plusieurs siècles.

ACADÉMIE DES SCIENCES.

SÉANCE DU LUNDI 6 MAI 1918.

PRÉSIDENCE DE M. P. PAINLEVÉ.

MÉMOIRES ET COMMUNICATIONS

DES MEMBRES ET DES CORRESPONDANTS · DE L'ACADÉMIE.

M. le MINISTRE DE L'INSTRUCTION PUBLIQUE ET DES BEAUX-ARTS adresse ampliation du décret qui porte approbation de l'élection que l'Académie a faite de M. LOUIS FAVÉ, pour occuper, dans la Section de Géographie et Navigation, la place vacante par le décès du général *Bassot*.

Il est donné lecture de ce décret.

Sur l'invitation de M. le Président, M. LOUIS FAVÉ prend place parmi ses confrères.

GÉOLOGIE. — *Contributions à la connaissance de la tectonique des Asturies.': las Peñas de Careses; la zone anticlinale Careses-Fresnedo.* Note de M. PIERRE TERMIER.

Lorsque, de l'un des lieux élevés qui entourent la ville d'Oviedo, on regarde vers l'Est-Nord-Est, vers Noreña et Pola-de-Siero, on aperçoit, à quelque vingt kilomètres de distance, de grandes roches dénudées, très blanches, se détachant vivement sur le fond gris de la Sierra liasique : ce sont *las Peñas* (les roches) de Careses. Dans sa *Descripcion geologica de la provincia de Oviedo*, qui date de 1858, Schulz mentionne ces roches comme une curiosité de la région; il y voit des témoins d'un effondrement local des calcaires du Lias au sein d'un gouffre ouvert dans les argiles triasiques sous-jacentes; et le calcaire qui constitue les *Peñas* ne lui semble pas différer des assises liasiques. Cette opinion a été adoptée par les géologues espagnols. Sur la carte géologique d'Espagne à l'échelle de $\frac{1}{400000}$, et sur les cartes, plus détaillées et plus récentes, publiées par Luis de Adaro au *Bulletin de l'Institut géologique espagnol* (volume de 1914), les roches de Careses sont attribuées au Lias, bien que leur contraste avec le Lias environnant saute aux yeux et qu'elles se signalent, même de très loin, à l'observateur, comme constituant un accident dans la structure. Les frères Felgueroso, de Gijon, qui sont des mineurs bien connus dans toutes les Asturies, paraissent être les seuls à avoir remarqué la dissemblance du calcaire des Peñas et des calcaires liasiques, et j'ai vu chez eux une carte manuscrite où les roches de Careses sont représentées en *caliza de montaña* (calcaire carbonifère). Les mêmes industriels m'ont dit que, dans le percement, au travers des Peñas, d'un tunnel pour le chemin de fer Lieres-Musel, des ouvriers avaient trouvé un *Productus* qui confirmait l'âge dinantien du calcaire. Mais alors, si le Dinantien apparaît ainsi, au milieu d'un pays liasique et triasique où les assises sont le plus souvent horizontales ou à peine ondulées, c'est un problème tectonique qu'il faut résoudre. J'ai donc été visiter les Peñas, en compagnie de M. Machimbarrena, ingénieur au Corps des Mines d'Espagne.

Les roches blanches de Careses surgissent brusquement, à la façon des *Klippes* des Alpes suisses et des Carpathes, du sein des argiles bariolées du Trias. Le Trias les entoure complètement; et, comme elles sont multiples, il les sépare les unes des autres. Manifestement, chacune des Peñas est un anticlinal, montant des profondeurs du Trias et crevant ce Trias comme d'une hernie. La roche blanche des Peñas appartient indubitablement au substratum des assises triasiques.

Le Trias a, dans cette région des Asturies, un très grand développement. Son épaisseur est bien connue, car il a été traversé par plusieurs sondages: elle est d'environ 350^m ou 400^m. C'est lui qui constitue le pays déprimé qui s'étend au sud des hauts plateaux liasiques de Sariego et d'Arbazal, le pays où coulent le Rio Seco et le Rio Nora avant de franchir en cluses, plus au Sud, la barrière des collines crétacées. On peut aller de Ceares, près de Gijón, jusqu'à Fresnedo, et ensuite jusqu'au delà de Villaviciosa, sans cesser de fouler le Trias. Partout, sur les bords de cette zone déprimée, on voit les assises triasiques s'enfoncer sous des terrains mésozoïques plus jeunes, Lias ou Crétacé. Le Lias est surtout formé de calcaires gris, souvent marneux, toujours bien lités; il renferme aussi des marnes grises ou noires. Le Crétacé est fait de conglomérats à ciment sablonneux et à galets de calcaire jaune, avec des assises de sable et d'autres assises calcaires ou argileuses de diverses nuances. Lias et Crétacé sont un peu fossilifères. Ces deux terrains et le Trias sous-jacent sont *habituellement* peu inclinés. Dans tout le plateau élevé qui domine au Nord la dépression triasique, Cordal de Peon, Pico Fario, Loma de Sariego, Loma de Arbazal, le Lias est horizontal ou à peine ondulé.

Le calcaire des Peñas de Careses est entièrement différent des calcaires du Lias et du Crétacé. Blanc à l'extérieur; gris de fumée, gris noir ou même noir dans la cassure; très massif, avec stratification à peine distincte et le plus souvent indistincte; creusé de cavités et de rigoles par l'action des eaux pluviales et offrant même de véritables champs de *lapiez;* parcouru par d'innombrables veines de calcite : il a tous les caractères du calcaire carbonifère des Asturies, du calcaire qui constitue la Sierra de la Paranza à l'ouest du bassin houiller, et qui forme les grandes montagnes de l'Aramo, de l'Agueria, de la Peña Mea, de la Peña Mayor, du Puerto Sueve, tout autour de ce bassin. Je n'y ai vu, en fait de fossiles, que des débris d'Encrines; mais on sait que le calcaire carbonifère des Asturies est très peu fossilifère, sauf sur quelques points privilégiés.

Les *Peñas* de Careses sont, tout au moins, au nombre de quatre, semblables à quatre écueils, de dimension très inégale, entourés et à demi submergés par les argiles bariolées du Trias.

La Peña principale, celle qu'on voit de loin et que Schulz a figurée dans l'une des coupes de sa *Descripcion*, est un grand mur rocheux allongé vers Est-10°-Sud, long d'environ 1500ᵐ et creusé, au quart environ de sa longueur du côté de l'Ouest, d'une brèche profonde qui isole, de la partie la plus massive, un piton arrondi, un peu moins élevé. Tout le mur plonge au Sud, très fortement (60° au moins), avec des endroits où l'inclinaison augmente jusqu'à la verticale. Sur le bord nord, le contact avec le Trias est vertical ou renversé (plongement au Sud). Les assises triasiques, tout autour, *enveloppent* les calcaires dinantiens et semblent essayer de les recouvrir. C'est l'allure anticlinale absolument indéniable. La largeur de la Peña est, au maximum, de 300ᵐ. Près de son extrémité ouest, elle est percée par un tunnel du chemin de fer Lieres-Musel. Au delà, le tunnel est entré dans le Trias. C'est dans la pierre de ce tunnel qu'on aurait, d'après les frères Felgueroso, trouvé un *Productus*. La hauteur maximum de la crête de la Peña, au-dessus de la plaine triasique du Sud, est d'environ 150ᵐ; le point culminant de cette crête est, approximativement, à la cote 600 par rapport à la mer. Au nord de la Peña s'étend une zone déprimée, creusée dans le Trias, formée de deux vallons aboutissant à un

.col : dans l'un de ces vallons est le village de Careses. Plus haut, et plus au Nord, le Lias surmonte le Trias : c'est le bord du plateau liasique. Le Pico Fario, qui domine tout le pays et qui est non loin de ce bord, est coté 732.

Une deuxième Peña est presque accolée à la première, sur le bord sud de celle-ci. Elle est moins haute, moins large et d'une forme plus irrégulière. Un petit col, où affleure le Trias, la sépare de la grande Peña. Elle-même finit, à l'Est, dans le village de Castañera.

Deux autres Peñas, toutes petites, affleurent à l'est des deux premières, brusquement surgies de la plaine triasique. L'une est coupée en tunnel par le chemin de fer Lieres-Musel; l'autre est un peu au nord de la voie. Elles sont verticales, allongées Est-10°-Sud comme les deux premières, avec des pans contournés, *enveloppés* par le Trias. Il y en a peut-être d'autres, de moindres dimensions encore, plus à l'Est.

A l'ouest de la grosse Peña s'étend un plateau que traverse un peu plus loin la route de Pola-de-Siero à Caldones. Sur ce plateau, tout ce qui affleure est Trias, sauf très près de la pointe occidentale de la grosse Peña où il y a, sur le Trias, des calcaires en plaquettes probablement liasiques. Mais, dans les murs qui bordent les champs, on voit beaucoup de blocs de calcaire dinantien; et je crois pouvoir en conclure que d'autres Peñas dinantiennes, très petites et aujourd'hui ruinées, percent ici le Trias et sont cachées par les terres. Cette conclusion est corroborée par ce fait qu'en un point du plateau affleurent les poudingues à cailloux de quartzites paléozoïques qui caractérisent la base du Trias : nul doute que, sous ces poudingues, le Dinantien n'existe, à très faible profondeur.

Dans toutes les Peñas dinantiennes, les calcaires, très redressés, souvent verticaux, offrent de nombreux contournements et reploiements; ils sont souvent brisés et concassés, surtout au contact du Trias. Dans ce contact, la roche calcaire est usée et arrondie par le frottement des assises triasiques; et celles-ci sont laminées, étirées, coupées en coin et en sifflet, de toutes les façons imaginables.

Il résulte de tout cela que, dans une zone dirigée Est-10°-Sud et large de quelques centaines de mètres, une série de plis anticlinaux très brusques et très aigus fait surgir le calcaire dinantien, le calcaire carbonifère, de dessous le Trias. La longueur totale sur laquelle ces apparitions sont *constatées* est d'environ 2^{km}; mais la longueur réelle de cette chaîne de *hernies* est probablement supérieure à 3^{km}.

Si l'on jette les yeux sur la carte géologique du bassin des Asturies, à l'échelle de $\frac{1}{300\,000}$, publiée en 1914 par Luis de Adaro, on voit que Careses et Castañera sont sur l'exact prolongement de la Sierra de la Paranza. Cette Sierra est le bord occidental, dinantien, du bassin houiller westphalien des Asturies. Si on la prolonge, par-dessous le Crétacé, avec la direction Nord-Est qu'elle a au point où elle disparaît sous ce Crétacé, c'est vers Careses, Castañera et Narzana que l'on est conduit. Il n'est donc pas surprenant qu'une *hernie* au travers du Trias, dans cette région de Careses, amène au jour le Dinantien, et non pas le Houiller.

Ce qui est tout à fait curieux, c'est que, si l'on suit dans la direction Est-10°-Sud la zone anticlinale qui a donné les *hernies* de Careses, on la voit garder son caractère de zone plissée à plis serrés. Entre Castañera et San Roman, sur une longueur de 6^{km},5, on est dans la plaine et rien n'est observable. Mais, au village de San Roman, le contact du Trias et du Lias, si tranquille et si voisin de l'horizontale à quelques centaines de mètres plus au Nord, est affecté de replis aigus, toujours dirigés Est-10°-Sud. Plus loin, à 6^{km} environ Est-10°-Sud de San Roman, se trouve le village de Fresnedo, où passe la route neuve de San-Bartolomé-de-Nava à Cabranes. On est, là, tout près du contact du Trias et du Crétacé; mais les conditions habituelles de ce contact sont violemment troublées par le passage de la zone anticlinale. Voici, en effet, ce qu'on observe, dans les tranchées de la route, à quelques centaines de mètres au sud de Fresnedo.

Sous le Trias, formé d'argiles et de grès rouges, monte le Houiller, en un anticlinal étroit. Ce Houiller est cassé, broyé, sans allure nette. Quand on lui voit une allure, il est vertical, ou presque, et sans aucun rapport avec l'allure du Trias. Il est fait d'argiles sableuses noires, de petits bancs discontinus de grès, avec des boules de calcaire noir. L'affleurement houiller a, au maximum, 100^m de large. On ne le verrait pas, sans la route; et c'est ainsi qu'il a pu passer inaperçu des géologues. Au-dessus, on ne voit que le Trias. Au Nord, ce Trias, d'abord très incliné, redevient vite presque horizontal; au Sud, il n'a qu'une très faible épaisseur et plonge, à 80° d'inclinaison, sous le Crétacé concordant, formé lui-même de calcaires et de sables. Un peu plus au Sud, le Crétacé se raplanit et reprend son allure tranquille. Il y a donc, dans le Trias de Fresnedo, et tout à côté du bord de la bande crétacée, une *hernie* faisant apparaître brusquement le Houiller; et cette *hernie*, allongée vers Est-10°-Sud, c'est-à-dire vers le promontoire houiller de Torazo, se trouve exactement sur le prolongement de la chaîne de *hernies*, Est-10°-Sud, qui, à Careses, a fait surgir les Peñas dinantiennes.

Ainsi s'avère, sur un parcours de 16^{km} à 17^{km}, l'existence, dans le manteau de terrains secondaires qui couvre le Paléozoïque asturien, d'une zone anticlinale multiple, formée de plis aigus et serrés, assez aigus pour faire surgir brusquement, à travers le Trias, les terrains primaires sous-jacents. Cette zone plissée est parallèle à la grande bande crétacée des Asturies, parallèle, par conséquent, aux ondulations, habituellement larges et molles, qui affectent le Crétacé, le Lias et le Trias de ce pays; elle est, comme ces ondulations, un pli *pyrénéen*, croisant, sous un angle d'environ 40 degrés, les plis *hercyniens* du Primaire.

AGRONOMIE. — *Sur un essai d'engrais.* Note de M. Th. Schlœsing fils.

Dans ces derniers temps, la fabrication du nitrate d'ammoniaque a pris, on le sait, par suite des circonstances, un développement considérable. Il est naturel de se demander si, privée de son débouché actuel, elle écoulerait son produit comme engrais.

La réponse à cette question dépend à la fois du prix du nitrate d'ammoniaque et de la valeur fertilisante qui lui sera reconnue. Nous n'envisagerons ici que le second point.

Divers expérimentateurs ont pu déjà occasionnellement utiliser comme engrais le nitrate d'ammoniaque. Cependant les agriculteurs le connaissent peu, parce qu'il n'a jamais été une marchandise mise couramment à leur disposition; pour le cas où il viendrait à leur être offert en quantité suffisante, j'ai pensé qu'il ne serait pas inutile, quelque certaine que pût paraître d'avance son efficacité, de contribuer à la vérifier et à la préciser à leurs yeux par l'expérience. J'aurais désiré, dans cette étude, exécuter des cultures en pleine terre. Les moyens m'ayant manqué pour le faire, j'ai institué des essais en pots, dont le Tableau ci-après résume les conditions et les résultats.

Culture de maïs jaune gros (du 16 mai au 28 août 1917) :

Par pot : 8^{kg} de terre initialement à 12,9 pour 100 d'humidité; engrais de base, 15^g de phosphate bipotassique. (Dans tous les pots, on a semé des graines de même poids.)

Azote dans l'engrais azoté ajouté à chaque pot (sauf aux témoins) : 3^g,37; les engrais azotés sont introduits en plusieurs fois par dissolution, faite certains jours, dans l'eau distillée d'arrosage.

Récolte faite à un moment où les plantes, représentant un maïs fourrage, portent
des épis naissants ou peu développés; plantes coupées au ras du sol.

| | | Témoins sans addition d'engrais azoté (2 pots). | Addition | |
			de sulfate d'ammoniaque · (4 pots).	de nitrate d'ammoniaque (4 pots).
Azote de l'engrais azoté.................		0^g	3^g,37	3^g,37
Poids moyen, par pot, de la récolte	en vert...........	368	671	669,5
	séchée longuement à l'air.........	87,6	106,8	108,4
Récolte séchée à l'air pour 100 de plantes témoins.............................		100	122	123,7

On voit que le nitrate d'ammoniaque a fourni un excédent de récolte sèche au moins égal à celui du sulfate d'ammoniaque.

Un lot de deux pots comportait l'addition de nitrate de soude; il s'est trouvé que les sols y ont perdu presque toute perméabilité, effet que peut produire ce nitrate (surtout quand il est comme ici employé en proportion élevée), conformément à ce qui a été signalé notamment par M. Garola. Nous négligeons le résultat correspondant (115,4 de récolte sèche pour 100 de récolte des témoins) comme obtenu dans des conditions anormales et non comparables à celles des autres pots.

Il n'est pas indifférent de noter que tous les sols ont été entretenus dans un état d'humidité prononcée.(¹).

(¹) On a beaucoup expérimenté en vue de comparer les engrais à azote nitrique aux engrais à azote ammoniacal. La conclusion de ces recherches paraît bien être que les premiers fournissent, en moyenne, des récoltes légèrement plus fortes, sauf le cas où l'année est humide, c'est-à-dire où les sols contiennent plus d'eau, cas où la différence s'annule. Ici nous voyons le sulfate d'ammoniaque donner sensiblement la même récolte que le nitrate, quoique ce dernier renferme la moitié de son azote à l'état nitrique, ce qui aurait pu lui concéder quelque avantage. Mais nous venons de dire que les sols étaient abondamment arrosés.

On admet assez communément que l'azote des engrais ammoniacaux doit d'abord être nitrifié avant d'être utilisé par les plantes. En fait, la nitrification de l'ammoniaque au sein du sol est généralement rapide, si bien que c'est réellement, en grande partie, à l'état de nitrates que doit s'offrir aux racines l'azote donné à l'état ammo-

Cette expérience n'est que le prélude d'autres plus complètes, qui sont en cours. Quoiqu'elle soit un peu sommaire, il peut être opportun de la rapporter dès maintenant.

A propos d'essais d'engrais qu'on aurait à effectuer en pleine terre, je voudrais présenter quelques remarques. Parmi les progrès qui sont attendus de notre agriculture, l'un des plus désirables consiste en ce qu'elle portera bien au delà de ce qu'elle a fait jusqu'ici l'emploi des engrais et s'efforcera de les mettre en œuvre de la façon la plus éclairée. De là devront naître un très grand nombre d'essais sur lesquels elle s'appuiera et qui toucheront à la nature et à la dose des engrais convenant le mieux à une culture déterminée, dans une région donnée ou sur un domaine donné. En ce qui concerne l'exécution de tels essais, on peut observer une tendance assez fréquente à les faire porter sur des surfaces plutôt grandes, correspondant à 10, 50 ares ou plus par parcelle, dans l'idée d'en obtenir des résultats se rapprochant mieux de la pratique. Or cette manière d'opérer ne s'accompagne pas, dans la plupart des cas, de l'avantage qu'on en espère et offre l'inconvénient de compliquer considérablement les essais, c'est-à-dire d'en entraver le développement, pourtant si souhaitable.

L'emploi de parcelles de dimensions modérées (de l'ordre d'un are par exemple) se recommande d'une façon assez générale. Cet emploi n'est certes pas une nouveauté; il est déjà familier aux expérimentateurs que leurs recherches entraînent à des essais nombreux; mais il importe, je crois, en ce moment d'insister sur l'intérêt qui s'y attache pour les études des agri-

---

niacal. Mais le changement d'état de l'azote ammoniacal n'est point nécessaire pour l'absorption. Et, en effet, il est établi par divers travaux (A. Müntz, Mazé, Schlœsing fils) que cette absorption se fait également bien, que l'azote se présente sous la forme ammoniacale ou sous la forme nitrique. Si, sous même dose d'azote, les nitrates sont, en moyenne, un peu plus profitables aux plantes et, en tout cas, agissent plus vite que les sels ammoniacaux, on peut, pour expliquer la différence, songer à une influence des propriétés absorbantes du sol à l'égard de l'ammoniaque. Retenue par le sol en vertu de ces propriétés tant qu'elle n'est pas nitrifiée, l'ammoniaque serait moins mobile; elle serait mise moins aisément que les nitrates à la portée des plantes par l'intermédiaire de l'eau, à moins précisément qu'une forte proportion de cette eau ne fût présente; car alors est favorisé le jeu des équilibres en raison desquels, à mesure que l'ammoniaque, prise sur l'eau, pénètre dans les plantes, une portion de la réserve qu'en renferme la terre se dissout et traverse le milieu de passage que l'eau représente, pour gagner les racines.

culteurs eux-mêmes. La principale raison militant en sa faveur consiste dans ce fait que, pour une expérience où l'on a à comparer plusieurs engrais entre eux, où l'on opère comme il convient en double et avec des témoins et où par conséquent on est bien vite obligé d'instituer 6 ou 10 parcelles, il n'est le plus souvent possible de trouver l'espace dont on a besoin, sur un terrain suffisamment homogène, qu'à la condition que les parcelles soient petites. C'est déjà chose moins facile qu'on croirait que de rencontrer un terrain bien uniforme en tous ses points sous le rapport de la composition, de l'exposition, de la nature du sous-sol, de l'humidité, pour y placer côte à côte quelques parcelles d'un are. C'est chose peu réalisable quand les parcelles sont beaucoup plus étendues; et, si les conditions requises pour le sol ne sont pas obtenues, il en résulte une tare initiale qui entache toutes les constatations.

De plus, avec de petites parcelles, il devient possible de donner des façons aux sols et, s'il y a lieu, des soins aux plantes d'une manière identique, le même jour, par le même temps, avec les mêmes mains. Les quantités d'engrais, de semences et de récoltes sont, il est vrai, diminuées; mais la précision n'en souffre pas; il n'y a qu'à substituer la balance à la bascule; ce n'est jamais par les pesées qu'un essai péchera, si l'on y met quelque attention ([1]).

Sans doute, sur de petites parcelles, surveillées et soignées de près, la production peut être trouvée un peu trop bonne; mais cela n'importe pas, parce qu'on cherche avant tout des différences, qui se trouvent simplement accrues dans une faible mesure et dont l'interprétation n'est pas altérée. Sur de grandes parcelles, où l'on suit les errements de la pratique courante, où l'on cultive sans minutie, on laisse plus facilement s'introduire des inégalités accidentelles (déprédations des animaux, invasion des plantes nuisibles, etc.) qu'on ne corrige pas, qui viennent s'ajouter à celles du sol et qui diminuent encore la comparabilité des résultats.

Ceux qui penchent vers les vastes parcelles ont la préoccupation de déterminer dès l'abord des rendements correspondant aux conditions de la culture en grand. Mais le but des premiers essais à effectuer sur une terre, essais que nous visons spécialement, ne peut guère être, on vient d'en voir

---

([1]) Pour augmenter encore la précision, on supprimera, comme on sait, à la récolte, les plantes venues en bordure, sur $0^m,50$ ou 1^m de large par exemple, parce qu'elles auront pu se développer soit plus soit moins avantageusement; on tiendra compte avec soin de cette suppression dans la mesure de la surface cultivée.

les motifs, de fixer des rendements; il est essentiellement de faire connaître si, sur une terre donnée, tel ou tel engrais est utile et s'il a une action supérieure ou inférieure à celle d'un autre engrais auquel il est comparé. On demande à ces essais d'indiquer le mieux possible, avec la moindre gêne et les moindres frais, l'ordre de grandeur de certaines différences. Après quoi, instruit par ce qu'on a trouvé, on passe avec le moindre risque aux applications en grand.

CHIMIE PHYSIOLOGIQUE. — *De quelques troubles de la sécrétion urinaire après les grands traumatismes.* Note ([1]) de MM. CHARLES RICHET et LUCIEN FLAMENT.

I. Nous avons pu dans un hôpital ambulance de première ligne étudier la fonction urinaire chez quelques grands blessés, avant toute intervention anesthésique ou opératoire.

Nos recherches portent :

1° Sur la quantité d'urine émise;
2° Sur les proportions centésimales d'azote uréique et d'azote total;
3° Sur le rapport azoturéique ([2]), c'est-à-dire le rapport entre l'azote uréique et l'azote total.

Nos observations, qui se rapportent à des blessés tous très gravement atteints, sont au nombre de 26.

Or nous pouvons faire, au point de vue de la gravité du traumatisme, une différence entre les 11 qui sont morts rapidement (avant l'opération ou tout de suite après l'opération) et les 15 qui ont survécu. Nous aurons ainsi une classification irréprochable dans sa simplicité.

II. Avant d'entrer dans l'analyse de ces divers cas, nous devons donner quelques indications techniques.

A. La quantité d'urine sécrétée après le traumatisme et avant toute

---

([1]) Séance du 29 avril 1918.
([2]) C'est à tort qu'on dit communément rapport *azoturique*. Il est clair qu'il faut dire *azoturéique;* car le mot azoturique établirait une confusion entre l'urée et l'acide urique, lequel n'est pas en cause.

intervention ne peut, sauf exception, être déterminée que d'une manière
très incertaine, et cela pour plusieurs raisons, dont la principale est que
les blessés sont dans un état trop grave pour pouvoir donner quelques renseignements précis. Nous avons donc dû supposer, assez arbitrairement,
que l'urine qu'ils rendaient avant l'opération répondait à 8 heures de
sécrétion, ce chiffre de 8 heures étant la moyenne la plus vraisemblable
du temps écoulé entre le traumatisme et la récolte de l'urine. Nous avons
dû supposer aussi qu'au moment de leur blessure ils n'avaient pas d'urine
dans la vessie.

Cette même incertitude se retrouve naturellement pour la quantité
d'azote uréique calculée pour 24 heures.

B. Le dosage d'urée était fait, après défécation avec quelques gouttes
d'une solution très concentrée d'acide phospho-tungstique, par l'uréomètre
d'Yvon.

C. La proportion centésimale de l'azote uréique n'est pas passible de la
même incertitude. De même que le rapport azoturéique, elle est tout à fait
indépendante de l'évaluation arbitraire du temps écoulé. Aussi faut-il
attacher à ce rapport azoturéique, à cause de sa précision même, une plus
grande importance qu'au calcul de la quantité d'azote excrété en 24 heures
(1^{cm^3} d'azote répond en chiffres ronds à 0,0025 d'urée).

D. Nous avons dû, pour faire des dosages d'azote total dans un laboratoire d'ambulance où le matériel est restreint, modifier quelque peu les
procédés classiques.

L'urine est diluée au $\frac{1}{10}$: on en mesure exactement 5^{cm^3} qui sont mis dans
un flacon d'Erlenmayer avec 6 gouttes d'acide sulfurique. La destruction
des matières organiques se fait en 1 heure à peine, au bain de sable, sans
dégager sensiblement de vapeurs d'acide sulfurique. Au résidu incolore
on ajoute un peu d'eau et du bicarbonate de soude en poudre, jusqu'à ne
lui laisser qu'une faible acidité. Le tout, qui ne fait guère que 5^{cm^3} à 6^{cm^3}, est
placé dans l'uréomètre. On lave avec quelque gouttes d'eau le flacon d'Erlenmayer, et l'on fait passer le tout dans l'uréomètre, au contact du
mercure. Avant d'ajouter l'hypobromite de soude, on verse 5 ou 6 gouttes
de lessive de soude jusqu'à ce que là liqueur soit franchement alcaline, et
alors on dose volumétriquement l'azote par l'hypobromite (méthode
Henninger).

ACADÉMIE DES SCIENCES.

	Quantité d'urine calculée pour 24 heures.	Quantité d'azote uréique, en volumes, par 24 heures.	Proportion d'azote uréique, en volumes, par litre.	Rapport azoturéique.

Onze cas (suivis de mort rapide).

	cm³	cm³	cm³	
H............	690	6000	8700	0,90
M............	480	3200	6700	?
P............	350	2450	7000	?
G............	330	2000	6000	0,62
T............	310	2350	7500	0,78
P............	240	2400	10000	0,58
G............	220	2200	10000	0,82
C............	205	1100	5300	0,61
L............	200	1080	5400	0,87
L............	190	2150	1150	0,53
S............	170	1200	7100	0,60
Moyennes..	307	2380	6850	0,70

Quinze cas (avec survie).

R............	1350	8500	6300	0,84
D............	920	5500	6000	0,79
A............	840	9250	11000	0,87
P............	760	4450	5800	0,90
P............	630	5150	8200	0,84
R............	630	4660	7300	0,86
D............	600	4450	7400	0.86
J............	600	1550	2600	0,90
D............	480	2950	6100	0,72
M............	450	2500	5500	0,82
S............	450	1450	3200	0,88
F............	330	1900	5700	0,85
L............	45	310	6900	0,87
T............	15	50	3400	0,78
B............	0	0	0	0,00
Moyennes..	540	3500	6100	0,84

Pour bien comprendre la signification de ces nombres il faut les comparer à l'état normal. Alors nous supposerons que la quantité normale

d'urine est de 1200$^{cm^3}$ par 24 heures, que le volume d'azote uréique est, en 24 heures, de 8000$^{cm^3}$, que la proportion centésimale d'azote uréique est de 6666$^{cm^3}$, et que le rapport azoturéique est de 0,84.

En faisant égales à 100 ces quantités, nous avons, comme moyennes,

	Volume d'urine en 24 heures.	Volume d'azote uréique en 24 heures.	Proportion centésimale d'azote uréique.	Rapport azoturéique.
Onze cas suivis de mort....	25	30	104	83
Quinze cas avec survie.....	45	44	92	100

II. Alors les conclusions se dégagent d'elles-mêmes :

1° Chez tous les grands blessés il y a diminution considérable de la sécrétion urinaire et de la production d'urée. Mais chez les grands blessés dont la blessure n'est pas mortelle, chez lesquels, par conséquent, le traumatisme est moindre, la quantité d'urée sécrétée ne tombe qu'à 44 pour 100 de la production normale, tandis qu'elle tombe à 30 pour 100 dans les cas les plus graves.

2° Les proportions centésimales d'azote uréique ne varient que peu, ce qui veut dire que l'élimination d'eau et l'élimination d'azote vont de pair.

3° Le rapport azoturéique reste normal chez les grands blessés qui doivent guérir; tandis que, chez ceux qui sont mortellement atteints, il s'abaisse énormément.

Chez les quinze blessés qui ont survécu, trois seulement ont présenté un rapport inférieur à 0,82 (0,72; 0,78; 0,79), tandis que dans les neuf cas mortels, cinq (dont trois plaies du foie) ont eu un rapport inférieur à 0,63 (0,53; 0,58; 0,60; 0,61; 0,62).

En rapprochant ces faits des observations histologiques de M. A. Nanta ([1]), étant donnée la fonction uréopoïétique du foie, on peut admettre un trouble profond dans cette fonction, c'est-à-dire un degré prononcé d'insuffisance hépatique, c'est-à-dire encore une impuissance du foie à transformer en urée les acides aminés et autres composés azotés.

L'insuffisance hépatique paraît être décidément sinon une cause, au moins une conséquence du choc traumatique.

Nos recherches prouvent donc qu'après un grand traumatisme la fonction urinaire est profondément troublée, et cela d'autant plus que le

---

([1]) *Comptes rendus*, t. 166, 1918, p. 587.

traumatisme est plus grave. Il semble alors qu'au point de vue du pronostic, et peut-être aussi des décisions chirurgicales à prendre, il importe de savoir, à l'arrivée du blessé, par l'examen rapide de son urine, si le rapport azoturéique s'écarte sensiblement du rapport normal.

M. H. Le Chatelier fait hommage à l'Académie d'un ouvrage de M. L. Guillet, intitulé : *L'enseignement technique supérieur à l'après-guerre*, dont il a écrit la *Préface*.

ÉLECTIONS.

L'Académie procède, par la voie du scrutin, à l'élection de deux de ses Membres à présenter au Ministre du Commerce en vue de la désignation d'un membre de la *Commission technique pour l'unification des cahiers des charges des matériaux de construction autres que les produits métallurgiques*, instituée par décret en date du 23 avril 1918.

MM. A. Lacroix et H. Le Chatelier réunissent la majorité des suffrages.·

L'Académie procède, par la voie du scrutin, à l'élection de deux membres de la *Commission du Fonds Bonaparte* en remplacement de MM. *Gaston Bonnier* et *A. Lacroix*, membres sortants non rééligibles.

MM. A. Laveran et H. Lecomte réunissent la majorité des suffrages.

RAPPORTS.

Rapport sommaire de la Commission de Balistique,
par M. **P. Appell.**

La Commission de Balistique a reçu :

1° De M. Maurice Garnier, un Mémoire, sur la balistique extérieure, intitulé : *Calcul des trajectoires curvilignes par la méthode* G. H. M. (le 6 mai 1918).

2° De M. Bartozenski, une Note, sur la balistique intérieure, intitulée : *Nouvelles formules d'homogénéité* (le 6 mai 1918).

Rapport sommaire de la Section de Physique, par M. **J. Violle**.

M. Alexandre Dufour adresse un Mémoire sur le *Repérage Dufour*.

CORRESPONDANCE.

M. le Secrétaire perpétuel signale, parmi les pièces imprimées de la correspondance :

Les industries métallurgiques à l'avant-guerre. Leur avenir, par Léon Guillet. (Présenté par M. H. Le Chatelier.)

M. **E.-M.** Lémeray prie l'Académie de vouloir bien le compter au nombre des candidats à l'une des places de la Division, nouvellement créée, des *Applications de la Science à l'Industrie.*

ANALYSE MATHÉMATIQUE. — *Sur certains développements en série.* Note de M. **Joseph Pérès** ([1]).

1. Soient $f_0(t)$, $f_1(t)$, ..., $f_n(t)$, ... une infinité dénombrable de fonctions définies et continues pour $0 \leqq t \leqq a$. Imaginons que l'on connaisse une fonction $\Phi(\tau, t)$ vérifiant les équations

$$(1) \qquad f_p(t) = \frac{t^p}{p!} + \int_0^t \frac{\tau^p}{p!} \Phi(\tau, t)\, d\tau \qquad (p = 0, 1, 2, \ldots, \infty),$$

et continue pour $0 \leqq \tau \leqq t \leqq a$. Soit alors $\varphi(t)$ une fonction arbitraire de t continue dans l'intervalle $0 \leqq t \leqq R$ ($R \leqq a$) : l'équation intégrale

$$(2) \qquad \varphi(t) = \lambda(t) + \int_0^t \lambda(\tau) \Phi(\tau, t)\, d\tau$$

([1]) Extrait d'un pli cacheté accepté par l'Académie le 29 janvier 1917, enregistré sous le n° 8356 et ouvert, à la demande de l'auteur, en la séance du 8 avril 1918.

lui fait correspondre une fonction $\lambda(t)$ également continue

$$(3) \qquad \lambda(t) = \varphi(t) + \int_0^t \varphi(\tau)\, \Psi(\tau, t)\, d\tau$$

$[\Psi(\tau, t)$ noyau résolvant de $\Phi(\tau, t)]$. Deux cas se présenteront :

1° $\lambda(t)$ est développable en une série de puissances

$$(a) \qquad \sum_0^\infty a_n \frac{t^n}{n!}$$

uniformément convergente pour $0 \leq t \leq R_1$. D'après (1) et (2), $\varphi(t)$ admet dans le même domaine le développement uniformément convergent

$$(\alpha) \qquad \sum_0^\infty a_n f_n(t).$$

2° Sinon $\lambda(t)$ est développable pour $0 \leq t \leq R$ en une série de polynomes

$$(b) \qquad \sum_0^\infty \left[a_0^{(n)} + a_1^{(n)} t + \ldots + a_{p_n}^{(n)} \frac{t^{p_n}}{(p_n)!} \right];$$

on en déduira pour $\varphi(t)$ la série uniformément convergente

$$(\beta) \qquad \sum_0^\infty \left[a_0^{(n)} f_0(t) + a_1^{(n)} f_1(t) + \ldots + a_{p_n}^{(n)} f_{p_n}(t) \right].$$

2. Inversement, par (3), on passe d'un développement (α) ou (β) uniformément convergent à un développement (a) ou (b) uniformément convergent. Donc, *les séries (a) et (α) ou (b) et (β) ont, sur le segment $0 \leq t \leq a$ et à partir de $t = 0$, même domaine de convergence uniforme.*

3. En résumé, toutes les fois que, à partir du système des fonctions f_n, on pourra construire $\Phi(\tau, t)$ vérifiant (1), on saura, grâce à l'équation (2), résoudre le problème de développer une fonction arbitraire $\varphi(t)$ en série linéaire de fonctions f_n. L'étude de la convergence des développements ainsi obtenus $[(\alpha)$ ou $(\beta)]$ est d'ailleurs ramenée à celle de la convergence des développements (a) ou (b) qui sont infiniment plus simples.

4. *Exemple de construction de* $\Phi(\tau, t)$. — $f(t)$ étant dérivable deux fois, telle que $f(o) = 1, f'(o) = o$. Prenons pour les f_n :

(4) $\qquad f_0(t) = f(t), \quad f_1(t) = \overset{*}{f}{}^2(t), \quad \ldots, \quad f_n(t) = \overset{*}{f}{}^{n+1}(t), \quad \ldots \quad (^1).$

Il est aisé de construire $\Phi(\tau, t)$. Comme on a

$$f(t) = 1 + \overset{*}{1}{}^2 \overset{*}{f}''(t),$$

on vérifiera la première condition (1) en prenant

$$\Phi(\tau, t) = \overset{*}{1} \overset{*}{f}''(t, \tau).$$

Cette première condition ne change pas si l'on remplace Φ par

$$\Phi(\tau, t) - \frac{\partial}{\partial \tau}[\tau \psi(t - \tau)],$$

ψ étant arbitraire telle que $\psi(o) = o$. On peut choisir ψ de façon à vérifier la deuxième des formules (1); et ainsi de suite.

Les résultats indiqués aux n°s 1, 2, 3 sont donc valables pour le système des fonctions (4). Ils pourraient aussi se déduire de ceux de ma Thèse (*Journal de Mathématiques*, chap. IV, 1916, p. 79 et 84), en supposant que la fonction que j'appelle dans ma Thèse $f(x, y)$ est permutable avec l'unité, c'est-à-dire fonction de la seule variable $y - x = t$, et analytique.

5. Posons, pour la transformation fonctionnelle (2), la notation

(2) $\qquad \varphi(t) = \lambda(t) + \int_0^t \lambda(\tau) \Phi(\tau, t)\, d\tau = \Omega[\lambda(t)]:$

(^{1}) J'explique ces notations. Remplaçons un instant la variable t par $y - x$. La fonction $f(y - x)$ est permutable avec toutes les fonctions $\varphi(y - x)$ (VOLTERRA, *Leçons sur les fonctions de lignes*, p. 137). Le résultat de la composition de $f(y - x)$ et de $\varphi(y - x)$ se note $\overset{*}{f}\varphi(y - x)$ (Volterra). Revenant à la variable t, je le note ici

$$\overset{*}{f}\overset{*}{\varphi}(t) = \int_0^t f(\tau)\,\varphi(t - \tau)\, d\tau = \int_0^t \varphi(\tau)\, f(t - \tau)\, d\tau = \overset{*}{\varphi}\overset{*}{f}(t).$$

Le sens des symboles $\overset{*}{f}{}^2(t), \ldots, \overset{*}{f}{}^{n+1}(t)$ en résulte.

on vérifiera que, λ et μ étant deux fonctions arbitraires de t, on a

$$\dot{\Omega}[\lambda]\,\dot{\Omega}[\mu] = \Omega[\overset{*}{\dot{\lambda\mu}}] \quad (^1).$$

Donc, *quel que soit l'exposant* r, $|\dot{\Omega}[\lambda]|^r = \Omega[\overset{*}{\dot{\lambda}^r}]$ et particulièrement (note du n° 4)

$$\dot{f}^{r+1}(t) = |\dot{\Omega}[1]|^{r+1} = \Omega[\overset{*}{\dot{1}^{r+1}}].$$

6. Les résultats du n° 4 sont encore valables si $f'(0) = h \neq 0$. En posant, en effet, $f_1(t) = e^{-ht} f(t)$, on aura $f_1'(0) = 0$. On aura aussi

$$\dot{f}^{n+1}(t) = e^{ht} \dot{f}_1^{n+1}(t).$$

Il suffit donc de remplacer, dans ce qui précède, la relation (2) par

$$(2') \qquad \varphi(t) = e^{ht} \lambda(t) + \int_0^t e^{ht} \lambda(\tau)\, \Phi_1(\tau, t)\, d\tau,$$

$\Phi_1(\tau, t)$ étant construite, à partir de $f_1(t)$, comme Φ à partir de $f(t)$.

7. *Autre exemple.* — Soit l'ensemble des fonctions de Bessel $J_n(t)$. On peut trouver une fonction entière $U(t)$ telle que

$$J_1(t) = \dot{J}_0\, \dot{U}(t), \qquad \dots, \qquad J_n(t) = \dot{J}_0\, \dot{U}^n(t), \qquad \dots \quad (^2).$$

L'ensemble des fonctions J_n est donc à peine différent de l'ensemble (4). Ici encore on formera sans peine $\Phi(\tau, t)$, d'où les résultats des n°s 1, 2, 3.

On retrouve ainsi, en particulier, le théorème de Neumann sur le développement d'une fonction analytique en série de fonctions J_n.

(^{1}) Le premier membre de cette formule désigne le résultat de la composition de $\Omega(\lambda)$ par $\Omega(\mu)$. La transformation Ω jouit donc de la propriété remarquable de conserver la composition. On trouvera, par la méthode indiquée à la fin du n° 4, des transformations analogues pour un corps quelconque de fonctions permutables.

(^{2}) La formule $J_n(t) = \dot{J}_0\, \dot{U}^n(t)$ peut se démontrer quel que soit n. Ici n est entier. On vérifiera aussi que la fonction J_0 est solution de l'équation intégrale

$$\dot{\varphi}^2(t) = \sin t.$$

ANALYSE MATHÉMATIQUE. — *Sur l'application des équations intégrales à la théorie des équations différentielles linéaires.* Note de M. TRAJAN LALESCO.

Les équations intégrales, appliquées à la théorie des équations différentielles linéaires, servent à étudier les trois groupes de problèmes suivants :

1° Les problèmes d'existence lorsque les données initiales sont bilocales ou plurilocales.

2° L'étude des séries de fonctions orthogonales définies par les problèmes précédents.

3° L'étude des propriétés spéciales de ces fonctions (réalité et répartition des zéros, expressions asymptotiques, etc.).

Pour traiter ces problèmes, on peut introduire avec M. D. Hilbert le formalisme de la méthode de Green; mais si la fonction de Green est indispensable dans la théorie des équations aux dérivées partielles, elle ne l'est pas au même point à la théorie des équations différentielles. Ceci a été nettement mis en évidence par M. E. Picard, qui a proposé, pour le passage aux équations intégrales, une méthode intuitive.

En appliquant le principe de la méthode de M. E. Picard, nous avons rencontré une suite remarquable de fonctions, qui se prêtent au calcul comme les puissances d'une variable et qui permettent de donner une base systématique à cet ensemble de problèmes.

Prenons un intervalle $ab\,(a < b)$ et définissons à l'intérieur de cet intervalle la fonction de deux variables réelles $G_1(x, y)$ égale à $\frac{1}{2}$ si $x > y$ et à $-\frac{1}{2}$ si $x < y$.

Considérons la suite de fonctions itérées, définies par la relation de récurrence

$$G_p(x, y) = \int_a^b G_1(x, s)\, G_{p-1}(s, y)\, ds.$$

Ces fonctions jouissent des propriétés suivantes :

1° Les fonctions d'indice pair sont *symétriques gauches*, celles d'ordre pair sont *symétriques*.

2° Ce sont des noyaux *fermés*.

3° Les fonctions d'indice pair sont des noyaux *définis*. (Pour ces fonctions d'indice impair, qui sont symétriques gauches, il n'y a pas lieu d'examiner cette propriété.)

4° Au point de vue de la multiplication composée et de la dérivation, ces fonctions se comportent comme les puissances d'une variable. On a

$$\frac{d}{dx} G_p(x, y) = G_{p-1}(x, y).$$

A l'aide de ces fonctions, on peut former immédiatement l'équation intégrale de tout problème bilocal, relatif à une équation différentielle linéaire d'ordre quelconque, en prenant comme fonction inconnue la dérivée d'ordre le plus élevé. En posant

$$\frac{d^n y}{dx^n} = \varphi(x),$$

on a en effet

$$\frac{d^{n-k} y}{dx^{n-k}} = \int_a^b G_k(x, s)\, \varphi(s)\, ds + P_k(x),$$

où $P_k(x)$ désigne un polynome arbitraire de degré k. Les coefficients du polynome $P_n(x)$ se déterminent *dans chaque cas particulier* par les conditions initiales du problème et l'équation intégrale est ainsi obtenue sans aucune difficulté. Il est utile de remarquer que les conditions initiales n'interviennent que pour déterminer les expressions des diverses dérivées en fonction de $\varphi(x)$; elles sont donc, comme dans le problème de Cauchy, *nettement séparées de l'équation différentielle elle-même.*

Les diverses particularités des problèmes bilocaux, ainsi transposés, dépendent de la nature et en particulier du genre de symétrie des noyaux obtenus. Or, non seulement on peut obtenir ainsi la symétrie découverte dans le cas des équations différentielles du second ordre, mais on peut facilement préciser tous les cas où cette symétrie a lieu, à l'exclusion des autres.

L'étude approfondie des équations des deux premiers ordres montre en même temps la voie dans laquelle il faut élargir la notion de symétrie; c'est ainsi qu'à côté des noyaux symétriques et symétriques gauches, se présentent tout naturellement les noyaux *symétrisables* découverts par J. Marty ainsi que leurs généralisations.

ANALYSE MATHÉMATIQUE. — *Un procédé intuitif pour la recherche des maxima et minima ordinaires.* Note (¹) de M. **Mladen T. Béritch**, présentée par M. Appell.

Le procédé classique pour la recherche des maxima et minima ordinaires, tiré du développement de la fonction en série, ne peut quelquefois donner aucun résultat, par exemple si $f(x) = A e^x$. Dans le cas d'une fonction de deux variables le procédé devient très compliqué [voir par exemple les travaux de Scheeffer et Dautscher (*Math. Annalen*, t. 35 et 42)]. Nous donnerons un procédé intuitif qui ne suppose pas la développabilité de la fonction en série. Nous l'appliquerons à une fonction explicite d'une et de deux variables. Nous ne parlerons que de maxima.

1. Commençons par le cas d'une fonction d'une variable $y = f(x)$.

La condition nécessaire pour qu'un point $x = a$ soit le maximum est que la tangente $Y - y = f'_x(X - x)$ soit parallèle à $y = 0$; ce qui n'est possible que si $f'_x = 0$. Soient $a_1 < a_2 < \ldots < a_n$ les racines dans un intervalle (α, β) dans lequel la fonction est continue et à tangente continue. Soient a_0 et a_{n+1} deux nombres tels que $\alpha < a_0 < a_1$, $a_n < a_{n+1} < \beta$. *Le point $x = a_i$ (où $i = 1, 2, \ldots, n$) sera le maximum si $f(a_{i-1}) < f(a_i) > f(a_{i+1})$.*

Si $a_1 = -\infty$, il suffit de comparer $f(a_1)$ à $f(a_2)$. Si nous cherchons les maxima de f dans un intervalle (I, J), déterminé par les inégalités $i_1(x) < 0$, $i_2(x) < 0, \ldots$, dans lequel f est continue et à tangente continue, nous écrirons toutes les racines de l'équation $f'_x = 0$ comprises dans cet intervalle et nous ferons comme précédemment en remplaçant a_0 par I et a_{n+1} par J et en ajoutant : *le point $x = I$ (ou $x = J$) sera le maximum dans l'intervalle* (I, J) *si $f(I) > f(a_1)$ [ou $f(J) > f(a_n)$].* Si la fonction $f(x)$ présente des singularités dans l'intervalle (α, β) ou (I, J), on divisera cet intervalle en plusieurs qui ne contiendront pas de singularités.

2. Passons à une fonction de deux variables

$$(1) \qquad\qquad z = f(x, y).$$

(¹) Séance du 29 avril 1918.

A. Supposons qu'il existe entre les deux variables x et y une relation

(2) $\varphi(x, y) = 0.$

Cette équation est aussi celle d'un cylindre. La condition nécessaire pour qu'un point de (2) soit le maximum est que la tangente

$$\frac{X - x}{\dfrac{\partial \varphi}{\partial y}} = \frac{Y - y}{\dfrac{\partial \varphi}{\partial x}} = \frac{Z - z}{\dfrac{D(f, \varphi)}{D(x, y)}},$$

à la ligne d'intersection des surfaces (1) et (2) en ce point, soit parallèle au plan $z = 0$; ce qui n'est possible que si

(3) $\dfrac{D(f, \varphi)}{D(x, y)} = 0.$

Donc les coordonnées d'un tel point satisfont aux équations (2) et (3). Soient $B_k(x = b_k, y = \beta_k)$ $(k = 1, 2, \ldots, m)$ ces points, écrits dans l'ordre qu'on trouve en parcourant la ligne (2) dans un sens déterminé, et si la ligne (2) est ouverte, précédons B_1 par un point B_0 sur elle et finissons par B_{n+1}. Un point B_k sera le maximum si

$$f(b_{k-1}, \beta_{k-1}) < f(b_k, \beta_k) > f(b_{k+1}, \beta_{k+1}) \qquad (k = 1, 2, \ldots, m),$$

où si (2) est fermée $B_0 = B_m$, $B_{m+1} = B_1$. Si $\dfrac{D(f, \varphi)}{D(x, y)} \equiv 0$ on aura $f(b_k, \beta_k) = \text{const.}$

B. Supposons que les variables x et y doivent satisfaire à l'équation (2) et aux inégalités $i_1(x, y) < 0$, $i_2(x, y) < 0$, ... qui déterminent sur (2) certains intervalles (I, J). On raisonnera comme on a fait à 1 et à A).

C. Supposons que les variables x et y soient les variables indépendantes. La condition nécessaire, pour que le point $x = a$, $y = \alpha$ soit le maximum, est que le plan tangent $Z - z = f'_x(X - x) + f'_y(Y - y)$, à la surface (1) en ce point, soit parallèle au plan $z = 0$; ce qui n'est possible que si $f'_x = 0$ et $f'_y = 0$.

a. Soient $f'_x = g(x, y) f_1(x, y)$, $f'_y = h(x, y) f_2(x, y)$, g et h étant premiers entre eux et à f_1 et f_2. Soit $A(x = a, y = \alpha)$ un point dont les coordonnées satisfont aux équations $g(x, y) = 0$ et $h(x, y) = 0$ et soit ce point seul dans un contour C à l'intérieur duquel la fonction $f(x, y)$

est continue et à plan tangent continu. Soit (2) une ligne quelconque fermée autour du point A tout entière à l'intérieur de C.

Soient $B_k(x = b_k,\ y = \beta_k)$ les points sur (2) qui peuvent être les maxima (v. A). *Le point* A $(x=a, y=\alpha)$ *sera le maximum si* $f(a, \alpha) > f(b_k, \beta_k)$ (*pour toutes les valeurs de k*).

b. Soit K (x, y) un facteur commun à f'_x et f'_y. Les points qui peuvent être les maxima font un continuum, une ligne K $(x, y) = 0$. Soit cette ligne unique dans le contour C. Soient $\psi(x, y) = 0$ et $\psi'(x, y) = 0$ deux lignes à l'intérieur de C comprenant entre elles la ligne K $(x, y) = 0$; $\psi = 0$ est l'équation d'un cylindre qui coupe (1) le long d'une ligne I; c'est le cas A. Donc on déterminera les points B_k sur $\psi = 0$ et les points B'_l sur $\psi' = 0$. Soit A$(x = a, y = \alpha)$ un point quelconque de K $(x, y) = 0$. *La ligne* K $(x, y) = 0$ *sera le lieu de maxima si* $f(b_k, \beta_k) < f(a, \alpha) > f(b'_l, \alpha'_l)$ (*pour toutes les valeurs de k et l*); et si elle est une ligne ouverte : *les quatre points* B_0, B_{m+1}, B'_0 et B'_{m+1} *tendant vers l'infini ou vers* C.

D. Les variables x et y satisfont à certaines inégalités : $i_1(x, y) < 0$, ... Les points qui satisfont à ces inégalités appartiennent à une ou plusieurs régions R. Considérons l'une de ces régions, elle sera limitée par les lignes $i_\lambda(x, y) = 0$, $i_\mu(x, y) = 0$, ... Les points (x, y) qui peuvent être les maxima de f sont : les points A qui sont dans la région (v. C), les points B et I (ou J) sur les lignes de limite (v. B). Mais si la région est ouverte on peut la fermer par C ou par le cercle $x^2 + y^2 - R^2 = 0$ et faire tendre R vers $+\infty$. *Le maximum de* (3) *dans la région* R *sera le point parmi* A, B *et* I *dont les coordonnées* x, y *donnent à* f *la plus grande valeur.* Les autres points, qui peuvent être les maxima, parmi les points A, B et I, doivent être étudiés à part de la manière suivante : le point A (v. C) où la ligne (2) est le contour de R si le point est unique, sinon on subdivise R en subrégions dont chacune ne contient qu'un point A. Le point B (où I = B) sera le maximum s'il est le maximum sur le contour (v. B); et si $f(B) > f(B')$, B' étant le point correspondant à B quand on trace dans R une ligne homothétique au contour, n'étant séparée de lui par aucun point A.

GÉOMÉTRIE CINÉMATIQUE. — *Sur quelques transformations ponctuelles, et sur le cercle de similitude de deux cycles.* Note de M. JULES ANDRADE.

I. Bien que toute transformation ponctuelle soit une simple correspondance entre les situations de deux points dont l'un reste arbitraire, il y a parfois avantage à lui rattacher des correspondances de solides. A cet égard la transformation par *similitude directe* est intéressante; limitée à un ensemble à deux dimensions elle fournit l'explication la plus simple du phénomène de la synchronisation comme je l'ai montré autrefois en généralisant une remarque de Cornu; dans le domaine de la pure géométrie les mêmes notions, transportées aux ensembles à trois dimensions, peuvent aussi être fécondes.

II. Rappelons tout d'abord un théorème sur la similitude directe avec *changement d'échelle*. Deux angles trièdres correspondants sont ici superposables entre eux; dès lors, tout comme dans le *déplacement* d'un solide, la similitude met en jeu la notion *d'un déplacement d'orientation*, encore défini par le *pivotement* du solide représentatif, par images sphériques, *des directions liées au solide* MALGRÉ SON CHANGEMENT D'ÉCHELLE. Soit K l'échelle linéaire de similitude, adoptons un système de coordonnées rectangulaires où l'axe des z sera parallèle à l'axe de la rotation qui définit le déplacement d'orientation, soit φ l'étendue de ce déplacement angulaire; prenons comme origine un point particulier du premier solide; soient a, b, c, les coordonnées de son homologue dans le second solide.

A tout point du solide primitif ayant x, y, z comme coordonnées, correspondra dans le second solide un point homologue de coordonnées x', y', z' ainsi exprimées :

$$x' = a + \mathrm{K}(x \cos\varphi - y \sin\varphi);$$
$$y' = b + \mathrm{K}(x \sin\varphi + y \cos\varphi);$$
$$z' = c + \mathrm{K} z.$$

Les coordonnées u, v, w d'un *point double* de la transformation dépendent alors des équations :

$$u(1 - \mathrm{K}\cos\varphi) + v\mathrm{K}\sin\varphi = a;$$
$$- u\mathrm{K}\sin\varphi + v(1 - \mathrm{K}\cos\varphi) = b;$$
$$w(1 - \mathrm{K}) = c;$$

équations toujours solubles quand $\mathrm{K} \neq 1$, c'est-à-dire quand il y a changement d'échelle.

Ce point double, à la fois *pôle d'homothétie* et *pivot* pour deux transformations combinées, est dit *pôle de similitude*.

III. La correspondance de deux solides semblables peut être matérialisée par les situations de deux *roues*, c'est-à-dire *deux circonférences sur lesquelles seraient marquées deux divisions angulaires égales;* il suffit alors de faire glisser sur le cercle qui le porte le pourtour d'une des roues pour définir, en chaque repos de cette roue, une transformation particulière par similitude directe. On définit ainsi une suite continue de similitudes directes à même échelle, formant une famille de transformations ponctuelles à un paramètre. Cherchons le lieu des points doubles de ces transformations, en nous limitant au cas le plus général de *deux cycles,* dont *les plans se coupent* et dont les rayons inégaux sont dans le rapport K. Soit S l'un de ces pôles de similitude; les centres I et J des deux roues étant évidemment deux points homologues, le rapport $\frac{\text{SJ}}{\text{SI}}$ est égal à K. Le point S appartient donc à la surface Σ de la sphère ayant pour deux points antipodes les deux points qui partagent le segment IJ dans le rapport K. D'autre part, *les distances orientées* du point S aux plans des deux *cycles* sont encore dans le rapport K; le point S appartient donc aussi à un plan connu passant par l'intersection des plans des deux cycles.

Évidemment les points I et J peuvent être remplacés par les points α et β qui déterminent, sur les *axes orientés* des deux cycles, des divisions semblables au rapport K. D'où le théorème suivant dont la vérification directe est d'ailleurs facile :

« Les sphères Σ relatives à tout couple de points homologues de deux divisions semblables tracées sur deux droites fixes, passent par une même circonférence qui sera le lieu des pôles S de similitude dans la famille des transformations ponctuelles considérées. »

IV. Comme deux cercles de l'espace donnent lieu à deux assemblages de *cycles* on voit que deux cercles admettent en général *deux cercles de similitude.*

Les plans de ceux-ci forment avec les plans des cercles donnés un faisceau harmonique.

V. Les axes de rotation des déplacements d'orientation liés respectivement aux transformations de similitude formant la famille envisagée ici sont parallèles à un même plan. On peut s'en assurer soit par la composition des rotations finies, soit plus simplement en observant que les axes de deux cycles se correspondent dans chacune des transformations de la famille.

CINÉMATIQUE. — *Sur le mouvement à deux paramètres autour d'un point fixe.*
Note de M. **Raoul Bricard**, présentée par M. G. Kœnigs.

Considérons un mouvement $\mathcal{M}^2$ à deux paramètres d'un corps qui possède un point fixe, ou, ce qui revient au même, d'une sphère S qui glisse sur une sphère fixe S_0. A partir de l'une quelconque des positions qu'elle prend au cours du $\mathcal{M}^2$, S peut recevoir une infinité de déplacements infiniment petits compatibles avec ce mouvement. A chacun de ces déplacements correspond un axe instantané de rotation, et l'on reconnaît aisément que le lieu de ces axes est un plan diamétral de S_0. Appelons *cercle des centres* K le grand cercle suivant lequel ce plan coupe S_0 (ou S).

K a sur S_0 deux pôles, dont nous choisirons l'un quelconque, qui sera dit *pôle instantané* du $\mathcal{M}^2$ pour la position considérée.

Quand S prend toutes ses positions, les pôles instantanés correspondants, qui dépendent de deux paramètres, couvrent S_0 ou tout au moins une région de cette sphère. De même tous les points de S, appelés à devenir pôles instantanés, couvrent S ou tout au moins une région de cette sphère. Le $\mathcal{M}^2$ introduit donc une correspondance ponctuelle entre S_0 et S, deux points correspondants P_0 et P étant appelés à se confondre en un pôle instantané. *Cette correspondance conserve les aires.* Telle est la propriété que je me propose d'établir. On peut la considérer comme étant l'analogue de celle en vertu de laquelle un mouvement à un paramètre sur la sphère, étant épicycloïdal, établit entre deux courbes une correspondance par égalité de longueurs d'arcs.

Il faut montrer qu'à toute courbe fermée C_0 décrite par P_0 sur S_0 correspond sur S une courbe fermée C, décrite par P, et enfermant la même aire que C_0.

A cet effet, considérons l'ensemble des positions de S pour lesquelles P_0 est sur C_0. On définit ainsi un mouvement à un paramètre $\mathcal{M}^1$. Il peut s'obtenir en faisant rouler une courbe fermée Γ de S sur une courbe fermée Γ_0 de S_0. A un moment quelconque, Γ et Γ_0 se touchent en un point I qui appartient au cercle des centres K du $\mathcal{M}^2$ pour la position considérée. K a pour pôle le point auquel sont actuellement confondus P et P_0.

Soient G_0 et G les courbes de S_0 et de S qui sont respectivement supplémentaires de Γ_0 et de Γ (enveloppes des grands cercles polaires des points de ces courbes). Le $\mathcal{M}^1$ considéré établit entre Γ_0 et Γ une correspondance par égalité de longueurs d'arcs. Il établit donc entre G_0 et G une correspondance par égalité d'angles géodésiques totaux (en appelant *angle géodésique total* d'un arc de courbe la somme de ses angles de contingence géodésiques élémentaires). En particulier, les courbes fermées G_0 et G ont même angle géodésique total, et par conséquent enferment des aires égales, en vertu d'un théorème connu.

G_0 et G se touchent, et les points P_0 et P sont actuellement confondus en un point de leur grand cercle tangent commun. D'une manière générale, on obtiendra ces deux points en portant des longueurs égales sur les grands cercles tangents à G_0 et G en des points correspondants, respectivement à partir de ces points de contact. Du fait que G_0 et G se correspondent par égalité d'angles géodésiques, on conclut immédiatement que les aires comprises entre G_0 et C_0 d'une part, entre G et C de l'autre, sont égales. G_0 et G ayant même aire, comme on l'a vu, il en est de même de C_0 et de C, ce qui démontre le théorème.

Dans le cas limite du mouvement plan à deux paramètres, la considération des pôles instantanés fait défaut, et il faut alors énoncer une propriété relative à la correspondance définie par le mouvement entre les droites des plans fixe et mobile qui deviennent successivement *droites des centres. Cette correspondance est telle que deux ensembles doublement infinis de droites correspondantes aient même mesure*, en prenant comme mesure d'un ensemble doublement infini de droites

$$x \sin\varphi - y \cos\varphi - p = 0$$

l'intégrale double $\iint dp\, d\varphi$ étendue à cet ensemble.

Pour tout mouvement $\mathfrak{M}^1$ *fermé* contenu dans le $\mathfrak{M}^2$ (c'est-à-dire ramenant à sa position initiale le plan mobile), les droites correspondantes enveloppent deux courbes fermées de même longueur.

J'ai déjà énoncé ailleurs cette dernière conséquence ([1]).

CHIMIE MINÉRALE. — *Influence du cadmium sur les propriétés des alliages de cuivre et de zinc.* Note de M. LÉON GUILLET, présentée par M. Le Chatelier.

Il m'a paru intéressant d'étudier l'influence du cadmium sur les propriétés des alliages de cuivre et de zinc ou laiton; en effet une quantité importante

---

([1]) *Nouvelles Annales de Mathématiques,* 4ᵉ série, t. 13, 1913, p. 302.

de zinc importée actuellement en France renferme un pourcentage élevé de cadmium.

J'ai préparé deux séries d'alliages renfermant respectivement environ 70 et 60 pour 100 de cuivre, et une quantité de cadmium variant progressivement de 0 à 4 pour 100.

Les Tableaux suivants résument les compositions, les propriétés mécaniques et la structure de ces différents alliages.

Analyse chimique.					Propriétés mécaniques.					
					Traction (1).			Choc(2).	Dureté(3).	
Zn.	Cd.	Fe.	Pb.	Sn.	R.	A p.100.	Σ.	p.	d.	Microstr
40,26	0,00	0,05	traces	traces	34,4	40	42,2	12,5	4,25	
40,16	0,15	0,10	id.	id.	33,8	38	37,7	12,8	4,15	Normale
39,25	0,40	0,08	id.	id.	33,5	48	49,7	13,1	4,20	id.
39,34	0,54	0,08	id.	id.	34,3	39	48,6	15,6	4,10	id.
38,72	1,07	0,08	id.	id.	34,3	32	31,9	9,4	4,10	{ Traces de libre
38,15	1,67	0,08	id.	id.	34,0	28	31,3	5,9	4,00	Id.
38,18	1,97	0,08	id.	id.	33,5	19	18,2	4,3	3,90	Cadmium
34,87	4,54	traces	0,42	id.	24,1	9	7,3	3,1	3,85	Id.
30,07	0,00	0,07	traces	id.	20,0	49	?	17	5,30	
29,95	0,17	0,07	id.	id.	21,5	63	?	16,8	5,40	
30,03	0,24	0,08	id.	id.	21,5	57	?	17,5	5,35	Normale
29,40	0,49	0,06	id.	id.	19,9	45	?	16,8	5,40	
29,07	0,74	0,07	id.	id.	20,4	47	?	18,0	5,20	
28,37	1,67	0,08	id.	id.	19,2	·33	?	6,3	4,95	{ Traces de libre
27,91	1,92	0,07	id.	id.	9,5	7	14,2	6,3	5,15	Cadmium
»	4,11	traces	0,34	id.	3,6	0	0	1,9	4,65	Id.

(Choc: (non cassée) pour les alliages à 60 pour 100 de cuivre.)

De ces résultats on peut tirer les conclusions suivantes :

a. Le cadmium n'a d'influence sur les propriétés mécaniques des laitons à 70 pour 100 et à 60 pour 100 de cuivre que lorsque le pourcentage en cet élément atteint 1 pour 100.

(1) La mesure de la limite élastique et de la structure n'ont pu être faites avec précision dans la plupart des cas.

(2) Essai de choc sur éprouvette de 10 × 10 avec entaille de 1 × 1 à fond rond.

(3) Diamètre de l'empreinte sous 1000kg.

b. Cette influence se fait sentir avant tout par un abaissement extrêmement net de la résilience.

c. Les allongements donnés par l'essai de traction ne sont diminués que si la teneur en cadmium atteint 2 pour 100.

d. Les modifications des propriétés mécaniques correspondent à l'apparition du cadmium libre qui forme, du moins au début, un filament très net autour des grains du métal. Lorsque le pourcentage atteint 2 pour 100 le cadmium s'isole, comme le plomb, en grains ronds.

e. Le cadmium entre donc en solution dans les constituants normaux des laitons lorsque l'alliage ne renferme pas plus de 1 pour 100 de cet élément.

f. Le titre fictif de l'alliage dans lequel le cadmium est en solution est sensiblement égal à son titre réel.

g. Le rôle nuisible du cadmium est plus accusé dans les laitons à solution α que dans les laitons formés des solutions α et β.

h. Les fabrications industrielles ne paraissent pas devoir redouter le cadmium lorsque la teneur des laitons en ce métal ne dépasse pas 1 pour 100, ce qui a lieu rarement.

MINÉRALOGIE. — *Le gisement de stibine et la pyrite en épigénies de Nautiloïdes de Su Suergiu (Villasalto, Sardaigne).* Note (¹) de M. **GABRIEL LINCIO**.

La stibine est exploitée à Su Suergiu dans un filon-couche compris entre les schistes noirs à *Monograptus*(²) du Silurien supérieur (Gothlandien) et les calcaires à *Clyménies* du Dévonien supérieur. Les schistes noirs renferment quelques intercalations de calcaires schisteux à crinoïdes.

L'inclinaison moyenne du gisement et celle des roches ont lieu en sens inverse. Ces schistes noirs se trouvent en contact discordant avec des schistes mica-talqueux. A proximité du gisement il existe des porphyres felsitiques. Dans ces formations très disloquées, la stibine forme des filons et se substitue aux calcaires (par métasomatose) (²). On rencontre aussi des poches ou des masses lenticulaires de scheelite englobant la stibine. Ce

---

(¹) Séance du 8 avril 1918.
(²) M. TARICCO, *Osservazioni geol. Min. sui dintorni di Gadoni e sul Gerrei* (*Boll. Soc. Geol. Ital.*, t. 30, 1911).

dernier minéral se présente rarement cristallisé dans des géodes : il y est presque toujours associé à la calcite et parfois à la barytine, avec en plus faible quantité du quartz, de la pyrite, du cinabre.

Les schistes mica-talqueux du contact ont été silicifiés; on y remarque de la calcédoine concrétionnée.

Dans les schistes noirs siluriens, j'ai trouvé plusieurs sphéroïdes de pyrite rayonnés tout autour d'un noyau intérieur fossile qui appartient à un Nautiloïde de la famille des Orthocératides avec cône presque cylindrique, 4 ou 5 chambres et une longueur atteignant $6^{cm},5$ sur une largeur d'environ $2^{cm},4$. C'est ce que l'on peut observer sur trois individus contenus à l'intérieur de sphéroïdes plus ou moins sphériques de diamètres différents : 20^{cm}, $12^{cm},5$ et 8^{cm}. D'autres contiennent seulement des traces de fossiles indéterminables, parmi lesquels il s'en trouve de très petits (1^{cm} à 2^{cm}), assumant différentes formes : sphériques, un peu aplatis, cylindriques, etc.; quelques-uns d'entre eux se rapprochent d'un sphéroïde de rotation avec l'axe polaire plus petit que l'axe équatorial, dont les dimensions oscillent entre $7^{cm},5$ à 8^{cm} et $10^{cm},5$ à 12^{cm}. A leur surface, on observe une ou plusieurs lignes saillantes et parallèles à la ligne équatoriale.

Je crois que l'on peut expliquer cet intéressant phénomène de pyritisation des organismes mentionnés en le rapprochant de ce qui se produit aujourd'hui encore dans les boues noires de la mer Noire en présence de l'hydrogène sulfuré et des sels de fer; leur formation serait dans cette hypothèse contemporaine du dépôt des sédiments.

A l'intérieur des sphéroïdes inaltérés on ne trouve pas de trace de stibine, mais ce minéral existe quelquefois, disséminé à leur surface. L'imprégnation métallifère et par suite le gisement de stibine de Su Suergiu tout entier sont donc nettement postérieurs au Silurien.

PALÉONTOLOGIE. — *Sur une nouvelle voie à suivre pour étudier la phylogénie des mastodontes, stégodontes et éléphants.* Note (¹) de M. S. STEFANESCU.

Falconer (²), Lydekker (³), Andrews (⁴), Schlesinger (⁵) et tous les paléontologistes qui ont étudié la phylogénie des *mastodontes, stégodontes* et *éléphants* ont eu en vue l'accroissement du nombre des collines ou lames de la couronne des molaires; ils ont établi le phylum : *Mastodon → Stegodon → Elephas.*

Pour résoudre ce même problème de phylogénie, j'ai attaché une grande importance à la structure des collines ou lames des molaires de ces trois genres. La plupart des caractères que j'ai constatés ont été mis en lumière par les travaux de Cuvier, de Blainville, Falconer, Lydekker, Lartet, Gaudry, Vacek, Pohlig, etc. Aux caractères connus j'ai ajouté ceux que j'ai découverts surtout chez les lames des molaires d'*éléphants* et je les ai classés méthodiquement.

Que ce soit une colline de molaires de *Mastodon* ou une lame de molaires de *Stegodon* ou d'*Elephas*, elle présente des *caractères ancestraux ou communs* et des *caractères différentiels ou de spécialisation.*

I. *Les caractères ancestraux* sont communs aux molaires des trois genres; ce sont :

a. La colline ou lame est plus ou moins oblique sur la mâchoire, de sorte que les directions prolongées de deux collines ou lames absolument symétriques, l'une de gauche, l'autre de droite, font un angle ayant le sommet dirigé en avant chez les molaires inférieures et en arrière chez les molaires supérieures.

b. La colline ou lame est formée de deux tubercules congénères, plus ou moins fusionnés par leurs côtés internes.

(¹) Séance du 29 avril 1918.

(²) *On the species of Mastodon and Elephant, etc. Palæontological Memoirs and notes, etc.* (*Fauna Antiqua Sivalensis,* 1857-1868).

(³) *Memoirs of the Geological Survey of India* (*Palæontologia Indica,* 1884-1886).

(⁴) *A descriptive Guide to the Elephants recent and fossil, etc.,* 1908.

(⁵) *Studien über Stammesgeschichte der Proboscidier,* 1912.

c. L'un des deux tubercules congénères, l'externe chez les molaires inférieures, l'interne chez les molaires supérieures, est plus gros que l'autre; par conséquent, les deux moitiés de la colline ou lame ne sont pas rigoureusement symétriques.

d. Le tubercule externe des molaires inférieures et le tubercule interne des molaires supérieures se ramifient en trèfle; ils sont *hippopotamoïdes.* Le tubercule interne des molaires inférieures et le tubercule externe des molaires supérieures se ramifient en crête; ils sont *tapiroïdes.*

II. *Les caractères différentiels ou de spécialisation* séparent deux phylums, que j'appelle : le *phylum éléphantide*, le seul dont je m'occupe dans cette Note, et le *phylum stégodontide.*

Le *phylum éléphantide :* mastodontes bunolophodontes → éléphants, est défini par les caractères différentiels suivants :

a. Les deux tubercules congénères et leurs ramifications sont plus ou moins cylindriques, à base ronde et à sommet mamelonné, comme chez les *Mastodon angustidens, M. longirostris, M. Arvernensis,* ou lamelliformes, comprimés antéro-postérieurement à leurs bases et digitiformes à leurs sommets, comme chez toutes les espèces d'*Elephas.*

b. Dans l'épanouissement le plus complet, le tubercule en trèfle présente quatre lobes, dont un *externe* et trois *internes :* un *médian*, un *latéral antérieur* et un *latéral postérieur;* ces deux derniers divergent, l'antérieur en avant, le postérieur en arrière, et s'avancent dans les vallées qui séparent les collines ou lames voisines qu'elles interceptent ou barrent; ce sont les *tubercules de barrage* ou *tubercules accessoires.*

Le plus souvent, les lobes internes ne se développent pas régulièrement, de sorte que le trèfle varie de forme et d'aspect dans des limites très larges; pourtant on peut reconnaître, que le sens général de la spécialisation se poursuit de manière que chez les molaires inférieures le lobe médian et le lobe latéral antérieur se réduisent jusqu'à la disparition, et que chez les molaires supérieures le lobe médian et le lobe latéral postérieur subissent le même sort. Dans ces cas, le tubercule en trèfle perd totalement son aspect caractéristique, prend l'allure tapiroïde et s'infléchit en arrière chez les molaires inférieures, en avant chez les molaires supérieures, comme chez les *Mastodon Arvernensis* et *Elephas meridionalis.*

c. Exceptionnellement le tubercule tapiroïde prend l'aspect de trèfle, comme chez le *Mastodon Andium;* généralement ses ramifications sont rangées en crête ou en ligne droite.

d. Quand le bord interne des molaires inférieures, ou le bord externe des molaires supérieures croît beaucoup plus rapidement que l'autre, le tubercule tapiroïde est poussé beaucoup plus en avant que son congénère en trèfle, et si ce dernier a perdu le lobe antérieur chez les molaires inférieures ou le lobe postérieur chez les molaires supérieures, la colline ou lame paraît être formée de deux tubercules alternes, comme la colline de *Mastodon Arvernensis* et la lame d'*Elephas meridionalis.* Plus la différence de croissance des deux bords, interne et externe, de la molaire est grande, plus l'alternance des deux tubercules congénères est marquée et fréquente.

e. Très souvent, sinon toujours, chez les *éléphants,* les deux tubercules congénères de la lame se fusionnent par leurs côtés internes et par leurs faces en regard; de la sorte, le maximum de fusionnement est atteint.

f. Le bord libre de la colline ou lame usée par le fonctionnement montre des figures dont l'aspect est changé par l'usure plus profonde. A un degré moyen d'usure, le tubercule en trèfle montre une figure losangique, dont les quatre angles correspondent respectivement aux quatre lobes; dans les mêmes conditions, le tubercule tapiroïde montre une figure en ellipse allongée. A un degré d'usure plus avancée, les deux figures des deux tubercules congénères s'unissent en une seule figure losangique, dont les angles de la petite diagonale sont formés respectivement par les deux lobes latéraux du tubercule en trèfle, et les deux angles de la grande diagonale par les côtés externes des deux tubercules congénères. De pareilles figures losangiques sont présentées par le bord libre de la colline de *Mastodon angustidens* et de la lame d'*Elephas planifrons.*

A cause de la compression antéro-postérieure, les tubercules congénères de la lame d'*Elephas* ont tellement modifié leurs formes, que toute ressemblance avec les tubercules homologues de *Mastodon* a échappé complètement aux paléontologistes qui m'ont précédé.

g. Si la colline ou lame est formée de deux tubercules alternes, les deux angles de la petite diagonale de la figure losangique sont formés respectivement par la ramification interne terminale de chacun. De pareilles figures losangiques sont présentées par le bord libre de la colline de *Mastodon Arvernensis* et de la lame de toutes les espèces d'*Elephas,* notamment des espèces de *Loxodon.*

PHYSIQUE DU GLOBE. — *Sur la propagation de la chaleur dans les couches basses de l'atmosphère.* Note de M. **H. Perrotin**, présentée par M. J. Violle.

Dans une Note précédente, nous avons montré que les échanges calorifiques, qui se produisaient, pendant la nuit, dans les couches basses de l'atmosphère, étaient différents suivant qu'il s'agissait de couches immédiatement voisines du sol, celui-ci prenant alors une importance prépondérante comme corps rayonnant, ou bien de couches situées à quelques centaines de mètres. Nous avons été ainsi amenés à séparer, pour l'étude des phénomènes calorifiques, le voisinage du sol de l'atmosphère libre.

D'un autre côté, il y aurait lieu de séparer nettement les phénomènes du jour de ceux de la nuit, puisque l'apport de chaleur ne se produit que pendant la période éclairée. Malgré ces deux distinctions inévitables, nous voudrions montrer ici qu'il y a une certaine liaison entre les échanges calorifiques du voisinage du sol et ceux de l'atmosphère libre.

Cette liaison doit se trouver dans un brassage des couches dont l'origine est double : 1° les remous verticaux, causés par les aspérités de la surface du sol et même par ses dénivellations; 2° les remous d'ordre calorifique, dus aux différences momentanées de température et par suite de densité entre masses d'air immédiatement voisines. Les signes qui manifestent ces deux sortes de remous sont nombreux et n'ont pas besoin d'être rappelés ici. Le premier facteur agit pendant toute la journée; le second principalement pendant la période diurne d'éclairement.

Ce brassage par mouvements turbulents, d'origine dynamique ou d'origine convectionnelle, rappelle tout à fait l'agitation moléculaire des gaz. On peut donc se demander si, dans l'atmosphère, il n'y aurait pas une sorte de conductibilité convectionnelle qui jouerait le même rôle que la conductibilité classique pour les gaz. Autrement dit, peut-on appliquer à ces phénomènes la théorie de la propagation de la chaleur de Fourier avec un coefficient de conductibilité convenable ?

L'équation de la propagation de la chaleur sous sa forme ordinaire s'écrit

$$\frac{\partial T}{\partial t} = c^2 \frac{\partial^2 T}{\partial z^2} \qquad \text{avec} \qquad c^2 = \frac{K}{\rho \sigma} \quad \text{(notations ordinaires)}$$

(T, écart de la température à sa valeur moyenne; t, temps; z, altitude).

Elle est satisfaite pour le niveau z, par une relation de la forme

$$(1) \qquad T_z = a_z \sin\left(\frac{2\pi t}{\theta} + \alpha_z\right) + b_z \sin\left(\frac{4\pi t}{\theta} + \beta_z\right)$$

en négligeant les termes de période moindre que 12 heures.

Au niveau zéro, on aura

$$(2) \qquad T_0 = a_0 \sin\left(\frac{2\pi t}{\theta} + \alpha_0\right) + b_0 \sin\left(\frac{4\pi t}{\theta} + \beta_0\right)$$

avec les relations suivantes entre les coefficients et les phases :

$$a_z = a_0\, e^{-\frac{1}{c}\sqrt{\frac{\pi}{\theta}}\, z}, \qquad \alpha_z = \alpha_0 - \frac{1}{c}\sqrt{\frac{\pi}{\theta}}\, z,$$

$$b_z = b_0\, e^{-\frac{1}{c}\sqrt{\frac{\pi}{\theta}}\, z}, \qquad \beta_z = \beta_0 - \frac{1}{c}\sqrt{\frac{2\pi}{\theta}}\, z.$$

Les observations de température au sommet de la tour Eiffel et au voisinage du sol donnent respectivement les valeurs de T et de T_0; on a donc quatre relations pour déterminer c. Le calcul donne pour c des valeurs allant de $3,50\,(\mathrm{C.\,G.\,S.})$ à $4,10$. En adoptant pour c une moyenne : $3,80$, on peut inversement, en partant de la température observée au voisinage du sol, calculer la température au niveau supérieur de la tour Eiffel. La température au sol (Parc Saint-Maur) étant représentée, d'après les observations, par

$$T = 4,40 \sin\left(\frac{2\pi t}{\theta} + 233°\right) + 0,64 \sin\left(\frac{4\pi t}{\theta} + 95°\right),$$

on trouve avec la valeur choisie de c, pour le niveau de 300^m,

$$T_{\text{calc.}} = 2,64 \sin\left(\frac{2\pi t}{\theta} + 204°\right) + 0,26 \sin\left(\frac{4\pi t}{\theta} + 47°\right),$$

alors que la variation de température observée au sommet de la tour Eiffel est

$$T_{\text{obs.}} = 2,61 \sin\left(\frac{2\pi t}{\theta} + 209°\right) + 0,30 \sin\left(\frac{4\pi t}{\theta} + 45°\right).$$

Ces nombres se rapportent à l'été (période 1890-1894).

Le coefficient de conductibilité, qu'on déduit des calculs précédents, est environ 10^6 plus grand que celui qu'on obtient pour les gaz dans les expériences de laboratoire.

Rappelons, pour terminer, que le coefficient de frottement déduit des phénomènes atmosphériques est égal à $5,6 \times 10^3$ fois celui qu'on trouve expérimentalement (Akerblom, Upsal, 1908).

Les deux rapports sont sensiblement du même ordre.

BOTANIQUE. — *Contributions à l'étude de la germination des spores de Mousses.* Note ([1]) de M. **Pierre Lesage**, présentée par M. Gaston Bonnier.

L'installation et la mise en valeur de l'herbier Paris ([2]) et plus spécialement des Mousses de cet herbier ont fourni l'occasion d'études particulières d'un certain intérêt. R. Potier de la Varde y a trouvé des espèces inédites qu'il a déjà fait connaître en partie ([3]). De mon côté, l'essai des spores anciennes de Mousses m'a entraîné à faire plusieurs séries de semis dont les résultats méritent d'être notés, et, comme ces semis vont être interrompus, il me semble utile de signaler, dès maintenant, quelques-uns de ces résultats.

Des *différences individuelles* assez marquées dans la germination, entre les spores d'une même capsule, sont mises en évidence quand les spores sont âgées; quand les spores sont récentes, de semblables différences se manifestent encore lorsque ces spores germent au voisinage des limites de germination pour diverses conditions extrinsèques.

Sur la durée de la faculté germinative. — Parmi les essais qui ont été faits

---

([1]) Séance du 28 avril 1918.

([2]) Le général Paris a fait don de son herbier à la Faculté des Sciences de Rennes en 1911. Une salle spéciale a été aménagée en 1914 et 1915 pour recevoir convenablement cet important herbier dont la revue et la mise en place ont pris beaucoup de temps dans les circonstances actuelles.

([3]) R. Potier de la Varde : 1° *Contribution à la flore bryologique de l'Annam* (*Rev. gén. de Botanique*, 15 octobre 1917); 2° *Ptychomitrium* (spec. nov. *natalensis*) (*Rev. gén. de Botanique*, 15 mars 1918).

à la fin de 1917 et au commencement de 1918, je signalerai quelques espèces dont un certain nombre de spores, bien qu'en proportion très faible, ont encore germé :

Funaria hygrometrica, récolté en octobre 1910 ;
Funaria microstoma, récolté en février 1912 ;
Pottia Starkeana, récolté en avril 1914 ;
Pleuridium nitidum, d'avril 1914 ;
Grimmia pulvinata, d'avril 1914 ;
Pottia recta, d'avril 1914 ;
Polytrichum formosum, d'octobre 1910.

La germination des vieilles spores est certaine pour les trois premières espèces ; elle pourrait être discutée pour les quatre dernières.

La *Funaria hygrometrica* est une espèce qui se prête facilement à diverses expériences, parce qu'on peut se procurer un grand nombre de capsules et parce que les spores germent dans un temps relativement court, en moyenne en trois jours. Aussi la germination de cette espèce a-t-elle été déjà étudiée par les chercheurs. Malgré cela je pense que mes semis peuvent encore fournir quelques résultats intéressants. Voici quelques-uns de ces résultats obtenus avec des spores récoltées en décembre 1917.

Vers l'optimum de température. — La germination de ces spores, caractérisée par leur déformation en toupie, a commencé :

A 14°-15°................................ après 78 heures
A 20°.................................... » 53 »
A 21°-22°................................ » 34 »

Servettaz (¹) dit que les spores de cette espèce germent en 4 jours à 15°-18°.

A la lumière et à l'obscurité. — D'après le même auteur, les spores de *Funaria hygrometrica* germent à l'obscurité avec un retard de 10 jours sur la germination de celles qui sont exposées à la lumière. Dans mes semis à

_____

(¹) CAMILLE SERVETTAZ, *Recherches expérimentales sur le développement et la nutrition des Mousses en milieux stérilisés* (*Ann. des Sc. nat. Botanique*, 9ᵉ série, t. 17, 1913).

l'obscurité, j'ai eu des spores qui n'avaient pas encore pris la forme toupie après 5o jours, ce qui fait, pour la germination à la température de l'expérience, un retard de 47 jours au moins. Dans ces mêmes semis placés à la lumière, les mêmes spores ont germé, mais moins bien que des spores éclairées dès le début et semées sur le même liquide nutritif.

Dans l'air humide, dans l'eau distillée. — Je n'ai pas obtenu de germination dans l'air humide. La germination se fait dans l'eau distillée, mais il faut établir des distinctions au sujet de cette eau distillée qui devrait être chimiquement pure et qui ne l'est pas rigoureusement. J'ai utilisé de l'eau distillée en appareil de verre, de l'eau distillée en appareil de cuivre et de l'eau de condensation déposée et maintenue par une légère différence de température sur le couvercle des boîtes de Petri nettoyées attentivement, mais en verre dont je ne connais pas la composition exacte, ni les propriétés.

Dans ces trois cas, j'ai eu des résultats différents. Dans le premier cas, la germination se fait assez bien; dans le deuxième cas, il y a relativement beaucoup moins de germinations, les spores paraissent plus ou moins maltraitées et les débuts du protonéma diffèrent sensiblement de ceux du premier cas. Enfin, dans le troisième cas, la germination commence, se fait pour quelques spores, mais surtout pour les spores isolées et celles de la périphérie des groupes des spores semées. Il y a là des faits dont l'analyse est extrêmement délicate et que je ne puis tenter en ce moment.

Je me contenterai d'ajouter trois indications :

1° que la température de ces expériences n'a pas dépassé 22°;

2° que les spores de *Funaria hygrometrica* fournissent, pour distinguer ces diverses eaux distillées, un réactif plus sensible que les graines de Cresson alénois qui, cependant, permettent une différenciation nette entre l'eau distillée en appareil de verre et l'eau distillée en appareil de cuivre, par exemple;

3° qu'en outre, Ubisch ([1]) n'a pas essayé la germination des spores de Mousses sur l'eau distillée, s'en rapportant aux expériences de Benecke ([2])

([1]) G.-V. UBISCH, *Sterile Mooskulturen* (*Ber. der deutschen-bot. Gesellsschaft*, décembre 1913, p. 543-552).

([2]) W. BENECKE, *Ueber die Keimung der Brutknospen von* Lunularia cruciata (*Bot. Zeit.*, 1903, p. 19-46).

sur la germination des propagules de *Lunularia cruciata*, d'après lesquelles il ne serait pas impossible que ces propagules ne germassent pas sur cette eau distillée.

BIOLOGIE. — *Observations sur les noyaux des trophocytes provenant de la transformation du tissu musculaire strié des Insectes.* Note de M. EDMOND BORDAGE, présentée par M. Henneguy.

Dans une Communication précédente[1] j'ai montré que, chez les Insectes, la différenciation du tissu le plus hautement spécialisé au point de vue histologique, le tissu musculaire strié, n'était pas irrévocable, puisque, sous l'influence probable d'une enzyme, ce tissu peut perdre sa différenciation première en même temps qu'il subit une nouvelle différenciation qui le transforme en cellules à réserves albumino-adipeuses ou trophocytes.

La continuation de mes recherches tend à me faire admettre que, chez les Muscides et probablement chez d'autres Insectes, certains muscles en voie de transformation doivent donner un nombre de trophocytes égal à celui des myoblastes qui ont formé ces muscles. Les cellules constituant une fibre musculaire striée demeureraient alors distinctes aussi bien à l'état embryonnaire que lors du développement complet. J'ai pu constater que les fibrilles passent d'une cellule à l'autre et ne respectent pas les limites cellulaires, redevenues visibles sous l'action présumée de l'enzyme. La fibrillogenèse a dû être rendue possible par l'existence de ponts intercellulaires. Dans ce cas il n'y aurait donc pas formation d'un véritable syncytium ; mais, d'un autre côté, il n'y aurait pas non plus individualisation complète des cellules.

Il est des muscles dont la transformation semble donner un nombre de trophocytes ne correspondant pas à celui des myoblastes embryonnaires. Ces derniers se seraient ici fusionnés en un syncytium parfait par suite de la disparition définitive des premières limites cellulaires. Les trophocytes provenant de la transformation de la masse musculaire posséderaient alors des membranes propres, formées de toutes pièces, et n'ayant rien de commum avec les membranes disparues des cellules embryonnaires.

---

[1] Séance du 8 octobre 1917.

Les noyaux du tissu à réserves d'origine musculaire ne sont autre chose
que les noyaux des muscles plus ou moins transformés eux-mêmes. Parmi
ces noyaux, les uns sont situés dans le sarcoplasma, tandis que d'autres,
tout aussi visibles sur les coupes, semblent plongés dans la substance fibrillaire. En réalité, tout en occupant le centre de la fibre, ils sont néanmoins
entourés par une zone de sarcoplasma grenu qui les isole en quelque sorte
de la substance fibrillaire. Par contre, il m'a été donné de découvrir, nettement plongés dans cette dernière, des amas de substance nucléaire également destinés à devenir des noyaux de trophocytes.

Les figures accompagnant cette Note montrent le curieux aspect de masses
de chromatine qui semblent incrustées dans les fibrilles. Serions-nous ici en
présence de phénomènes de réapparition, sous l'influence de l'enzyme, de
noyaux centraux semblables à ceux dont Hoffmann, Waldeyer, Mingazzini,
Lewin, Wagener et Krösing ont soupçonné l'existence chez les Vertébrés?
Ces auteurs pensaient que, pendant le processus de la fibrillogenèse, certains noyaux, s'enfonçant en pleine substance fibrillaire, subissaient des
modifications histologiques telles qu'ils se dérobaient ensuite à tous nos
procédés d'investigation, à l'action de nos colorants, et devenaient invisibles
d'une façon définitive.

Si l'on rejette cette première hypothèse de la réapparition de noyaux
déjà existants qui redeviendraient visibles, on se trouve nécessairement
amené à supposer que des noyaux peuvent se former de toutes pièces aux
dépens de la substance musculaire, chez les Muscides, et très probablement
chez d'autres Insectes.

Bien que l'existence de chromatine dans les disques Q semble être prouvée
par les recherches de A.-B. Macallum et d'Eycleshymer (¹), et qu'en outre
Moroff ait attribué aux myofibrilles une provenance nucléaire (²), il me

(¹) D'après ces deux auteurs, une émission de chromatine se produirait dans les
cellules musculaires au cours de l'ontogenèse. Pour Macallum cette substance pro-
viendrait de plaquettes vitellines. Eycleshymer suppose, avec beaucoup plus de vraisemblance, qu'elle est expulsée par les noyaux des myoblastes.

(²) Moroff prétend même que, chez les Copépodes, dont les muscles complètement
développés ne contiendraient pas de noyaux, les noyaux des myoblastes auraient été
entièrement employés à la formation des fibrilles striées. La substance chromatique
donnerait les disques Q, tandis que la substance achromatique constituerait tout le
reste de la fibrille..

semble impossible d'admettre que des noyaux puissent surgir spontanément au milieu d'une masse musculaire, s'ils ne s'y trouvaient pas déjà en puissance, à l'état latent, pourrait-on dire. Et la difficulté que l'on éprouverait à se ranger à cette seconde hypothèse serait encore augmentée du fait qu'elle obligerait à supposer qu'à chacun des noyaux ainsi apparus doit correspondre une membrane cellulaire également formée de toutes pièces. Ce serait finalement en arriver à une théorie de génération spontanée de trophocytes au milieu d'une masse musculaire.

En résumé, voici l'explication à laquelle on se trouve amené, de façon provisoire, peut-être : Lors de la fibrillogenèse, et pour une cause inconnue, la substance de certains noyaux myoblastiques aurait été en quelque sorte emprisonnée à l'état diffus et après disparition de la membrane nucléaire, en divers points de la substance fibrillaire, au fur et à mesure de la formation de celle-ci. Elle y demeurerait indéfiniment si, au moment de la nymphose, une enzyme qui opère la transformation albumino-adipeuse du tissu musculaire avoisinant ne venait pas, en quelque façon, la condenser et la remettre en liberté. C'est alors que la chromatine recouvre la propriété d'être spécifiquement colorable par certains réactifs.

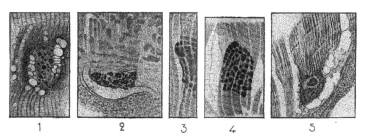

1   2   3   4   5

J'interprète la figure 1 comme le début du processus de réapparition d'un noyau, en train de se dessiner en pleine substance musculaire travaillée par l'enzyme, chez *Phormia groënlandica*. Les figures 2 et 5 représentent, chez *Calliphora erythrocephala,* des amas de substance nucléaire faisant saillie à l'extrémité de faisceaux de fibres striées. A la partie inférieure de la figure 2, on remarquera, dans du tissu musculaire en voie de transformation, la présence d'une trachéole. Il en est très fréquemment ainsi;

et peut-être faut-il voir là l'indication d'une oxygénation active des points où doivent réapparaître des noyaux. Enfin, les figures 3 et 4 nous montrent, chez *Lucilia cæsar*, des rangées de chromatine coïncidant avec des alignements de disques Q.

Les cinq exemples dont il vient d'être question ont été choisis chez des larves de Muscides ayant déjà atteint la période de repos qui précède directement la formation de la pupe. Ces larves ont été fixées avec le liquide de Bouin.

MÉDECINE EXPÉRIMENTALE. — *Action de l'éther sur le virus rabique.*
Note (¹) de M. **P. Remlinger**, présentée par M. Roux.

L'action de l'éther sur le virus rabique n'a été que peu étudiée. Seul, à notre connaissance et dès les premiers temps de l'école pasteurienne, E. Roux (²) a fait des expériences sur ce sujet. Il suspendait dans un flacon contenant de l'éther saturé d'eau les cerveaux rabiques. De ceux-ci s'écoulait goutte à goutte un liquide qui se rassemblait au fond du vase, en même temps que l'éther pénétrait jusqu'au centre de la substance nerveuse. Il obtenait ainsi d'une part un exsudat cellulaire non coagulé, de l'autre la matière nerveuse dans laquelle le virus rabique était tué. En injectant à des lapins, séparément ou conjointement, ces deux substances, il est arrivé, particulièrement avec la substance cérébrale, à conférer l'immunité. Des essais de traitement des personnes mordues ont même été commencés.

Sans connaître ces recherches, mais guidé par les travaux de H. Vincent sur l'atténuation des virus typhoïdique, cholérique, etc., nous avons eu recours à la technique suivante : l'encéphale d'un lapin mort de virus fixe est immergé dans l'éther sulfurique d'un petit flacon pot-ban. On note l'heure de l'immersion, puis, à intervalles réguliers, on pratique dans ce cerveau des prélèvements, superficiels d'abord, de plus en plus profonds ensuite, centraux pour terminer. La substance nerveuse est émulsionnée dans l'eau physiologique et inoculée chaque fois sous la dure-mère d'un lapin et d'un cobaye. Il résulte de ces recherches que la perte de virulence

_____

(¹) Séance du 29 avril 1918.
(²) E. Roux : recherches inédites, communiquées personnellement.

de la substance nerveuse s'effectue lentement en allant de la périphérie au centre. Après 60 heures de séjour dans l'éther, les couches superficielles des hémisphères cérébraux sont devenues complètement inoffensives pour la dure-mère du lapin et du cobaye. Il est facile de suivre, dans l'épaisseur de la substance cérébrale, la disparition graduelle du pouvoir pathogène. On peut, pour un encéphale de lapin d'un poids moyen de 8^g, fixer à 120 heures le moment où les parties les plus centrales ont perdu toute virulence au point qu'une émulsion épaisse, inoculée à la dose de 0^{cm^3},5 à 1^{cm^3} sous la dure-mère du lapin et du cobaye, ne provoque aucune manifestation morbide. La virulence pour le tissu cellulaire est détruite bien avant ce terme. Sans doute parce qu'il est privé de ses matières grasses, le cerveau, devenu avirulent à la suite de son séjour dans l'éther, s'émulsionne dans l'eau physiologique avec une facilité extrême. L'émulsion à $\frac{1}{80}$ et même à $\frac{1}{25}$ peut être injectée à très hautes doses, sans le moindre danger, sous la peau des animaux. Nous avons inoculé, en une seule fois, sous la peau du chien, du chat, de la chèvre, du lapin, du cobaye, un cerveau entier de lapin (7^g-9^g) émulsionné, après un séjour de 96 heures dans l'éther, dans 200^{cm^3} d'eau physiologique, sans observer consécutivement aucun phénomène cachectique ou paralytique. L'immunité, conférée au moyen de ces injections, paraît solide et durable. Il sera sans doute facile de tirer de ces faits une méthode pratique, simple et économique, de traitement préventif de la rage chez l'homme et chez les animaux. Nous nous y employons activement.

A 16 heures et quart l'Académie se forme en comité secret.

La séance est levée à 17 heures et demie.

É. P.

ACADÉMIE DES SCIENCES.

SÉANCE DU LUNDI 13 MAI 1918.

PRÉSIDENCE DE M. Léon GUIGNARD.

MÉMOIRES ET COMMUNICATIONS

DES MEMBRES ET DES CORRESPONDANTS DE L'ACADÉMIE.

THÉORIE DES NOMBRES. — *Sur les formes quadratiques indéfinies d'Hermite.*
Note ([1]) de M. G. Humbert.

1. La présente Note fait suite à celle du 8 avril dernier ([2]); j'y poursuis l'extension, aux formes indéfinies d'Hermite, de l'analyse de Dirichlet : le résultat final exprime, par une formule simple, la somme des aires non euclidiennes des domaines fondamentaux ϖ, ϖ', ..., introduits dans ma dernière Note.

Partons de la formule (2) de celle-ci :

$$(2) \qquad \sum f^{-s}(x_i, y_i) + \sum{}' f'^{-s}(x'_i, y'_i) + \ldots = 2 \sum \frac{1}{n^s} \sum \frac{1}{n^{s-1}} \quad \cdots;$$

au premier membre, f, f', ... désignent des formes d'Hermite proprement primitives de déterminant positif, D, que nous supposerons choisies *une par classe*, de manière que leurs premiers coefficients, a, a', ..., soient positifs et *premiers à* $2D$; la somme Σ porte sur les entiers complexes x_i, y_i, tels :

1° Que $f(x_i, y_i)$ soit premier à $2D$;
2° Que le point $z_i = x_i : y_i$ appartienne au domaine fondamental, ϖ, qui est celui du groupe Γ des substitutions de déterminant $+1$ changeant la

---

([1]) Séance du 6 mai 1918.
([2]) *Comptes rendus*, t. 166, 1918, p. 581.

forme $f(x, y)$ en elle-même. On suppose de plus que ω est à l'extérieur de la circonférence C, équateur de la sphère représentative de f, ce qui entraîne $f(x_i, y_i) > 0$.

Des définitions analogues s'appliquent aux sommes Σ', ..., en introduisant ω' et f', ..., au lieu de ω et f.

Au second membre de (2), les Σ portent sur les entiers réels positifs, n, premiers à $2D$.

2. On reconnaît d'abord que, dans la première somme du premier membre, les systèmes x_i, y_i qui satisfont à la condition 1° sont, *par rapport au module* $2D$, en nombre égal à

(3) $4 D^2 \Phi(2D)$,

$\Phi(2D)$ étant le nombre des entiers complexes, distincts entre eux (mod $2D$), et premiers à $2D$. On sait, par la Théorie générale des nombres quadratiques, que, si l'on désigne par $q, q_1, \ldots$ les facteurs premiers réels de D, qui sont impairs, distincts, et supérieurs à 1; par $q', q_1', \ldots$ ceux des $q, q_1, \ldots$ qui sont du type $4h + 1$; par $q'', q_1'', \ldots,$ ceux des $q, q_1, \ldots$ qui sont du type $4h + 1$, on a l'expression

(4) $\Phi(2D) = 2 D^2 \Pi_{q'} \left(1 - \frac{1}{q'} \right)^2 \Pi_{q''} \left(1 - \frac{1}{q''^2} \right).$

Cela dit, on peut poser, dans (2),

(5) $x_i = \alpha_i + 2Dv, \qquad y_i = \gamma_i + 2Dw,$

α_i, γ_i parcourant successivement $4 D^2 \Phi(2D)$ systèmes déterminés d'entiers complexes, et v, w étant des entiers complexes *quelconques*, tels cependant que x_i, y_i satisfassent à la condition 2° ci-dessus.

Faisons maintenant $s = 2 + \rho$; multiplions les deux membres de (2) par ρ, et cherchons leurs limites respectives quand ρ tend vers *zéro* par valeurs positives.

3. *Limite du premier membre.* — Prenons d'abord ceux des termes de la première somme Σ qui répondent aux valeurs (5) de x_i, y_i, où α_i, γ_i sont regardés comme fixes. *Pour cette somme partielle*, la limite cherchée, on le le voit par une extension bien facile de la méthode de Dirichlet, est celle,

pour $t = \infty$, de $2\,T : t^2$, en désignant par T le nombre des termes de la somme partielle qui sont au plus égaux à t.

En d'autres termes, T est le nombre des systèmes v, w, entiers complexes, satisfaisant d'abord à l'inégalité

$$(6) \qquad f(\alpha_i + 2\,\mathrm{D}v, \gamma_i + 2\,\mathrm{D}w) \leqq t,$$

et ensuite à la condition que le point $x_i : y_i$, défini par (5), appartienne au domaine ω.

Posons

$$(7) \qquad \xi = \frac{\alpha}{\sqrt{t}} + \frac{2\,\mathrm{D}}{\sqrt{t}}\,v, \qquad \eta = \frac{\gamma}{\sqrt{t}} + \frac{2\,\dot{\mathrm{D}}}{\sqrt{t}};$$

on aura

$$(8) \qquad f(\xi, \eta) \leqq 1$$

et le point $\xi : \eta$ du plan analytique devra appartenir à ω.

Si l'on pose

$$\xi = x_1 + i\,x_2, \qquad \eta = y_1 + i\,y_2,$$

les points ξ, η sont, d'après (7), *dans l'espace à quatre dimensions*, les sommets d'un réseau rectangulaire, dont la *maille* est un *cube* de côté $2\,\mathrm{D} : \sqrt{t}$; en vertu de (8) et de la condition relative à ω, ces points restent à l'intérieur d'un *volume* $\wp$, et il est clair que T est, à la limite $(t = \infty)$, le quotient du volume, V, de $\wp$, par celui de la *maille*, c'est-à-dire que

$$(9) \qquad T = \frac{V\,t^2}{16\,\mathrm{D}^4}, \qquad \text{d'où} \qquad \lim \frac{2\,T}{t^2} = \frac{V}{8\,\mathrm{D}^4},$$

et tout revient à évaluer V, c'est-à-dire

$$V = \int\int\int\int_{\wp} dx_1\,dx_2\,dy_1\,dy_2,$$

Prenons pour variables, au lieu de ξ, η les quantités η et $\xi : \eta$, c'est-à-dire posons

$$z = \frac{\xi}{\eta} = z_1 + i\,z_2;$$

nous aurons

$$V = \int\int\int\int dz_1\,dz_2\,dy_1\,dy_2\,(y_1^2 + y_2^2),$$

le champ étant défini par l'inégalité (8), à savoir

$$y_1^2 + y_2^2 \leqq \frac{1}{f(z, 1)}$$

et par la condition que le point de coordonnées z_1, z_2 appartienne à $\odot$. On en conclut de suite, après passage à des coordonnées polaires pour y_1, y_2,

(10)
$$V = \frac{2\pi}{4} \int \int_{\odot} dz_1 \, dz_2 \frac{1}{f^2(z, 1)},$$

le champ, en z_1, z_2, étant maintenant *l'intérieur de* $\odot$.

Nous reviendrons tout à l'heure sur le calcul de V ; observons seulement ici que, V étant, par (10), indépendant de α_i, γ_i, la limite du premier Σ, au premier membre de (2) est, en vertu de (9) et (3), égale à $V\Phi(2D) : 2D^2$, et que, dès lors, celle du premier membre tout entier sera

(11)
$$\frac{\Phi(2D)}{2D^2} \Sigma V,$$

ΣV étant la somme des valeurs de V, définies par (10), qui répondent respectivement aux formes f, f', ...

4. *Limite du second membre.* — D'après Dirichlet, la limite du produit par ρ de la *deuxième somme* qui figure au second membre de (2) est

$$\varphi(2D) : 2D,$$

étant posé, avec les notations du n° 2 ci-dessus,

$$\varphi(2D) = D \Pi_{q'} \left(1 - \frac{1}{q'}\right) \Pi_{q''} \left(1 - \frac{1}{q''}\right);$$

quant à la *première somme*, elle tend vers $\sum \frac{1}{n^2}$, et l'on trouve facilement

$$\sum \frac{1}{n^2} = \frac{\pi^2}{8} \Pi_{q'} \left(1 - \frac{1}{q'^2}\right) \Pi_{q''} \left(1 - \frac{1}{q''^2}\right);$$

de sorte que la limite cherchée du second membre est

(12)
$$\frac{\pi^2}{8} \Pi_{q'} \left(1 - \frac{1}{q'}\right)^2 \left(1 + \frac{1}{q'}\right) \Pi_{q''} \left(1 - \frac{1}{q''}\right) \left(1 - \frac{1}{q''^2}\right).$$

5. *Formule finale.* — Egalons maintenant les limites des deux membres, c'est-à-dire (11) et (12); nous trouvons, en tenant compte de l'expression (4) de $\Phi(2D)$,

$$\Sigma V = \frac{\pi^2}{8} \Pi_{q'} \left(1 + \frac{1}{q'} \right) \Pi_{q''} \left(1 - \frac{1}{q''} \right),$$

c'est-à-dire

(13)
$$\Sigma V = \frac{\pi^2}{8} \Pi_q \left[1 + \left(\frac{-1}{q} \right) \frac{1}{q} \right],$$

le produit s'étendant aux facteurs *premiers* (réels) q, de D, *impairs, distincts* et supérieurs à 1.

Nous poserons $V = \frac{\pi}{8D} A$; il restera

(14)
$$\Sigma A = \pi D \prod_q \left[1 + \left(\frac{-1}{q} \right) \frac{1}{q} \right].$$

Or, on peut donner de A une interprétation géométrique remarquable. Soit, en effet,

$$f(x, y) = a\, x x_0 + b_0\, x y_0 + b\, y x_0 + c\, y y_0;$$

on a, en vertu de (10),

(15)
$$\frac{1}{4} A = D \iint_{\textcircled{\tiny D}} dz_1\, dz_2 \frac{1}{[a(z_1^2 + z_2^2) + b_0(z_1 + iz_2) + b(z_1 - iz_2) + c]^2}.$$

Soient maintenant S la sphère représentative de la forme f, et C son intersection (équateur) par le plan analytique $\tau = 0$; faisons correspondre au point z_1, z_2 du plan de l'équateur sa projection stéréographique sur S, à partir du pôle nord de S : aux points de $\textcircled{\tiny D}$ répondent, sur S, les points d'un polygone sphérique, $\textcircled{\tiny D}_1$, dont les côtés sont des arcs de petits cercles de S, orthogonaux à C. On trouve facilement, par des considérations géométriques, que la relation (15) s'écrit

(16)
$$A = \iint_{\textcircled{\tiny D}_1} \frac{d\sigma}{\tau^2},$$

$d\sigma$ désignant l'élément d'aire euclidien sur S, et τ la distance euclidienne d'un point de l'élément $d\sigma$ au plan équateur : cette formule, remarquablement simple, montre que A est l'*aire* du polygone sphérique $\textcircled{\tiny D}_1$, *dans le demi-espace* (non euclidien) *de Poincaré*. D'ailleurs, on peut regarder $\textcircled{\tiny D}_1$

comme un domaine fondamental du groupe Γ *sur la sphère* S, d'après les idées de M. Bianchi; notre formule finale, à savoir

$$(17) \qquad \Sigma A = \pi D \prod_q \left[1 + \left(\frac{-1}{q} \right) \frac{1}{q} \right],$$

donne donc la somme des *aires* non euclidiennes des domaines fondamentaux *sphériques* des groupes Γ, Γ', ... reproducteurs des formes f, f', ..., les aires étant mesurées dans le demi-espace de Poincaré.

Cette formule est à rapprocher de celle de M. Fatou ([1]), pour les formes *définies* positives d'Hermite,

$$8 \sum \frac{1}{k^{(h)}} = D \prod_q \left[1 + \left(\frac{-1}{q} \right) \frac{1}{q} \right],$$

où Σ s'étend aux réduites proprement primitives f, f', ... de déterminant (négatif) $-D$, et où $k^{(h)}$ est le nombre des transformations, de déterminant $+1$, de la forme $f^{(h)}$ en elle-même; au second membre, q a la même signification que ci-dessus : on voit donc que ΣA joue, dans le cas des formes indéfinies, le même rôle que *la densité*, $\Sigma \frac{1}{k^{(h)}}$, dans le cas des formes positives.

Remarque. — Il est bien facile d'évaluer A géométriquement : si le polygone (convexe) $\mathfrak{D}$, a n côtés (tous, par hypothèse, orthogonaux à C) et si $\Sigma \omega$ désigne la somme de ses angles *euclidiens*, on a, pour son *aire non euclidienne*,

$$A = (n-2)\pi - \Sigma \omega;$$

d'ailleurs, les n et les ω étant les mêmes pour $\mathfrak{D}$, et pour le domaine correspondant, $\mathfrak{D}$, du plan de l'équateur, on pourra vérifier la formule (17) dans tous les cas où $\mathfrak{D}$ aura été obtenu par une méthode quelconque.

Par exemple, soit $D = 7$; il n'y a qu'une classe proprement primitive, et l'on peut prendre pour $\mathfrak{D}$, d'après MM. Fricke et Klein, un polygone de 16 côtés à angles tous droits. On a donc

$$\Sigma A = 14\pi - 8\pi = 6\pi,$$

ce qui est bien égal au second membre de (17), pour $D = 7$.
On vérifie de même (17) dans les cas de $D = 1, 2, 3, 4, 5, 6, 8$.

([1]) *Comptes rendus*, t. 142, 1906, p. 505.

MÉCANIQUE DES SEMI-FLUIDES. — *Profil de rupture d'un terre-plein sablonneux horizontal, à couches plus rugueuses dans le voisinage de son mur de soutènement vertical qui commence à se renverser.* Note de M. **J. BOUSSINESQ.**

I. Le calcul, en première approximation, de l'état ébouleux du massif dont il s'agit, à angle φ constant de frottement intérieur et extérieur, conduit à lui substituer fictivement, comme on a vu dans ma Note du 22 avril (*Comptes rendus*, t. 166, 1918, p. 625), un massif à angle de frottement intérieur φ' un peu plus élevé (et croissant) à l'approche du mur, dans le coin de sable contigu à ce dernier, avec sa pointe en haut, dont l'inclinaison a sur la verticale est $\tan\left(\frac{\pi}{4} - \frac{\varphi}{2}\right)$. Avec un axe vertical des x dirigé vers le bas, contre le mur, et un axe horizontal des y allant vers le gros du massif, on y a, en effet,

(1) (pour $y > ax$) $(-N_x, -N_y) = \Pi x(1, a^2)$, $T = 0$;

(2) (pour $y < ax$) $(-N_x, -N_y) = \dfrac{\Pi(x + y\tan\varphi)(1, a^2)}{1 + a\tan\varphi}$, $T = \dfrac{\Pi a\tan\varphi}{1 + a\tan\varphi}(ax - y)$.

Les formules (1) s'appliquent hors du *coin* sablonneux, c'est-à-dire dans le gros du massif. Les deux pressions principales *proprement dites* y sont, *la plus faible*, $\Pi a^2 x$, horizontale ou exercée sur l'élément plan vertical; la plus forte, Πx, verticale, ou s'exerçant sur l'élément plan horizontal. Et l'élément plan, normal aux xy, qui donne lieu, au-dessous de lui et de haut en bas, sur le gros du massif, à la pression la plus *oblique* (*d'obliquité* sin φ), est celui qui fait, avec la verticale ascendante, du côté des y positifs ou du gros du massif, l'angle $\frac{\pi}{4} - \frac{\varphi}{2}$. C'est donc suivant cet élément plan que le massif se rompra, si un commencement de renversement du mur détermine l'éboulement d'une masse sablonneuse, à profil issu du bas du mur et montant obliquement jusqu'à la surface libre, masse ainsi sollicitée à glisser de haut en bas sur le reste sousjacent du massif, demeuré en place. Le profil de rupture sera par conséquent, dans sa partie supérieure, c'est-à-dire hors du coin sablonneux $y < ax$ contigu au mur, une simple droite, faisant avec la verticale ascendante, du côté des y positifs, l'angle $\frac{\pi}{4} - \frac{\varphi}{2}$, à tangente a.

II. Mais ce profil de rupture se trouvera beaucoup moins simple dans sa partie inférieure voisine du mur, là où s'appliquent les formules (2). Si on le suit, en effet, en s'approchant du mur, à partir de la droite $y = ax$ de raccordement des deux régions, on y voit la pression principale la plus forte (censée produite de bas en haut) s'incliner graduellement, par rapport à la verticale ascendante et du côté des y positifs ou vers le gros du massif, d'un angle *positif* β, dont le double a pour tangente le quotient de $2T$ par la différence $N_y - N_x$, d'après les formules générales et élémentaires des pressions dans tous les corps isotropes soumis à des déformations planes.

Les formules (2) donnent ainsi, en appelant finalement θ *l'angle polaire* (fait avec les x positifs) du rayon vecteur qui joint l'origine au point (x, y),

$$(3) \qquad \tan 2\beta = \frac{2a \tan\varphi}{1 - a^2} \frac{ax - y}{x + y\tan\varphi} = \frac{a - \tan\theta}{1 + \tan\varphi \tan\theta}.$$

Et, pour $\tan\theta$ décroissant de a à zéro, $\tan 2\beta$ grandit de zéro à a, ou, 2β, de zéro à $\frac{\pi}{4} - \frac{\varphi}{2}$. Or la formule (6) de la Note citée du 22 avril donne, avec les valeurs (2), (3) ci-dessus de $-N_x$, $-N_y$, T, $\tan 2\beta$, et si l'on observe que $\sin\varphi'$, $\sin\varphi$, $\cos 2\beta$ sont essentiellement positifs,

$$(4) \quad \sin^2\varphi' = \left(\frac{N_y - N_x}{N_y + N_x}\right)^2 \left[1 + \left(\frac{2T}{N_y - N_x}\right)^2\right] = \frac{\sin^2\varphi}{\cos^2 2\beta}, \qquad \sin\varphi' = \frac{\sin\varphi}{\cos 2\beta}.$$

Les angles β et φ' croissent donc sans cesse quand θ décroît, c'est-à-dire à l'approche du mur, ou quand on suit de haut en bas le profil de rupture, pour aboutir, par exemple, au pied de la face postérieure du mur.

Mais, en chaque point de la courbe de profil, celle-ci, suivie, au contraire, de bas en haut, fait visiblement avec la pression principale la plus forte, du côté des y positifs, l'angle $\frac{\pi}{4} - \frac{\varphi'}{2}$ (car φ' est partout l'angle local de frottement intérieur); et, par suite, l'angle, que j'appellerai α, de la courbe ainsi suivie en montant, avec la verticale ascendante, sera la somme $\beta + \left(\frac{\pi}{4} - \frac{\varphi'}{2}\right)$. D'ailleurs, la tangente de cet angle total n'est autre que le coefficient angulaire changé de signe, $-\frac{dy}{dx}$, du profil de rupture dont on cherche l'équation différentielle; et l'on a ainsi

$$(5) \qquad \frac{dy}{dx} = -\tan\alpha \qquad \text{avec} \qquad \alpha = \beta + \left(\frac{\pi}{4} - \frac{\varphi'}{2}\right).$$

La dernière équation (4) montrant que le produit $\sin\varphi'\cos2\beta$ est constant, la différentiation de ce produit fait connaître la dérivée de φ' en β; après quoi, la dérivation de la seconde (5) donne

$$(6) \qquad \frac{d\alpha}{d\beta} = 1 - \tang\varphi'\tang2\beta.$$

Or le produit des deux tangentes de φ' et de 2β, qui grandissent à la fois quand on approche du mur, reçoit sa valeur la plus forte contre le mur, où, d'après (3) et (4), cette valeur a l'expression $\dfrac{1-a^2}{\sqrt{3-a^2}}$, visiblement inférieure à l'unité, comme l'est a. L'inclinaison $\tang\alpha$ du profil par rapport à la verticale ascendante se trouve donc plus forte près du mur qu'au loin, et *la courbe est concave vers le haut*.

III. Formons son équation différentielle. Exprimons, pour cela, dans le second membre de (5), la tangente de l'angle α en fonction des tangentes des deux parties de α qu'indique la deuxième formule (5), et puis, ces tangentes elles-mêmes, en fonction des cosinus des arcs doubles, cosinus dont le second est $\sin\varphi'$, défini par la dernière relation (4). Il viendra

$$(7) \qquad \frac{dy}{dx} = \frac{\sqrt{(1-\cos2\beta)(\cos2\beta+\sin\varphi)} + \sqrt{(1+\cos2\beta)(\cos2\beta-\sin\varphi)}}{\sqrt{(1-\cos2\beta)(\cos2\beta-\sin\varphi)} - \sqrt{(1+\cos2\beta)(\cos2\beta+\sin\varphi)}};$$

après quoi, il n'y aura plus qu'à substituer à $\cos2\beta$ sa valeur en x et y tirée de la première équation (3). Malheureusement, cette valeur, où j'appellerai u le rapport de y à ax,

$$(8) \qquad \cos2\beta = \frac{x+y\tang\varphi}{\sqrt{(x+y\tang\varphi)^2+(ax-y)^2}} = \frac{au\tang\varphi+1}{\sqrt{(au\tang\varphi+1)^2+a^2(1-u)^2}},$$

contient elle-même un radical du second degré portant sur un polynome homogène de ce même degré, et entraîne une grande complication du second membre de (7). L'équation étant néanmoins homogène en x et y, la séparation des variables s'y effectue par l'introduction de u. Alors les deux variables subsistant définitivement sont x et u. Appelons, pour abréger, $F(u)$, la fonction irrationnelle que devient le quotient, par a, du second membre de (7) changé de signe, après substitution à $\cos2\beta$ de sa dernière valeur (8); et l'équation donnera presque immédiatement, en appelant l la profondeur (valeur initiale de x), d'où l'on veut que parte inférieurement le profil demandé de rupture,

$$(9) \qquad \log \frac{x}{l} = -\int_0^u \frac{du}{u + \mathrm{F}(u)}.$$

IV. L'intégrale qui reste à obtenir dans le second membre est hyperelliptique, sinon même (plus probablement) abélienne. Aussi me bornerai-je au cas où le paramètre a sera censé assez petit, par rapport à l'unité, pour qu'on puisse négliger partout ses puissances supérieures à la moins élevée qui apparaîtra. Cela posé, l'expression (8) de $\cos 2\beta$, qui peut s'écrire

$$\left[1 + \frac{a^2(1-u)^2}{(1 + ua\tan\varphi)^2} \right]^{-\frac{1}{2}} = \left[1 + \frac{a^2(1-u)^2}{\left(1 + \frac{1 - a^2}{2}u \right)^2} \right]^{-\frac{1}{2}},$$

se simplifie par la suppression de a^2 devant l'unité et par une application de la formule du binome; ce qui la réduit à $1 - 2a^2\left(\frac{1-u}{2+u}\right)^2$. On trouve finalement

$$\frac{du}{u + \mathrm{F}(u)} = \frac{(2 + u)\,du}{1 + u + u^2 + \sqrt{3 + 6u}};$$

et, en faisant

$$(10) \qquad \sqrt{3 + 6u} = t,$$

il vient

$$(11) \qquad \frac{du}{u + \mathrm{F}(u)} = \frac{2(t^2 + 9)t\,dt}{(t + 3)(t^3 - 3t^2 + 9t + 9)}.$$

Or l'équation

$$t^3 - 3t^2 + 9t + 9 = 0,$$

résolue en posant d'abord, pour faire évanouir le terme du second degré, $t = \tau + 1$ (ce qui donne la transformée $\tau^3 + 6\tau + 16 = 0$) et en appliquant ensuite la méthode de Cardan, conduit à la racine réelle

$$\tau = \sqrt{2}\left(\gamma - \frac{1}{\gamma}\right),$$

où γ désigne

$$\sqrt[3]{3 - 2\sqrt{2}} = 0,5557 \text{ environ,}$$

et, par suite,

$$t = \tau + 1 = -0,759$$

à très peu près.

La décomposition du second membre de (11) en différentielles rationnelles simples s'effectue ensuite aisément; et l'équation (9), où la limite $u=0$ correspond à $t = \sqrt{3}$, prend la forme

$$(12) \qquad \begin{cases} \dfrac{x}{l} = \left(\dfrac{\sqrt{3}+3}{t+3}\right)^{1,5} \left(\dfrac{t+0,759}{\sqrt{3}+0,759}\right)^{0,887} \left(\dfrac{12\sqrt{3}}{t^3-3t^2+9t+9}\right)^{0,162} \\ \qquad \times\, e^{-0,846\left(\text{arc tang}\frac{t-1,88}{2,884}+\text{arc tang}\frac{1,88-\sqrt{3}}{2,884}\right)}. \end{cases}$$

V. Il importe surtout, dans la question, de connaître l'abscisse x du point où le profil de rupture atteint la limite $y = ax$, ou $u = 1$, du *champ d'hétérogénéité;* car, au delà de ce point où se termine la partie courbe du profil, le reste de celui-ci est la droite symétrique de la limite même $y = ax$ par rapport à la verticale ascendante qu'on y mène. Et l'ordonnée finale y du profil, sur la surface libre, vaut, par suite, le double de l'ordonnée même ax du point en question. Il suffit donc de faire $u = 1$, ou, d'après (10), $t = 3$, dans la formule (12). On trouve finalement

$$(13) \qquad \frac{x}{l} = 0,5478.$$

Par suite, l'ordonnée correspondante $y = ax$ de l'extrémité de la partie courbe du profil de rupture aura, à très peu près, la valeur $0,548\ al$; et celle de l'extrémité du profil total de rupture sur la surface libre en sera le double $(1,096)\ al$. Ce sera la distance, au mur même, de la *faille* qui se trouvera dessinée sur la surface libre, si le profil de rupture part bien de la *base* du mur, située à une profondeur donnée l. La pente moyenne du profil de rupture par rapport à la verticale ascendante, en est le quotient par l. Et l'on aura, vu qu'ici les tangentes pourront être confondues avec leurs arcs,

$$(14) \qquad \text{Moy. } \alpha = (1,096)\, a = (1,096)\left(\frac{\pi}{4} - \frac{\varphi}{2}\right).$$

VI. Cette valeur se confond presque avec l'estimation que j'en avais faite, dans deux articles de 1883 et 1884 publiés aux *Annales des Ponts et Chaussées,* en admettant que le profil de rupture avait, dans sa partie courbe, une direction moyenne assez peu différente de la direction finale, pour atteindre la limite $y = ax$ vers le milieu de la hauteur l, et, d'autre part, en assimilant à un arc de cercle cette partie courbe. On reconnaît assez facilement que, dans le cas actuel d'une petite valeur de a, l'ensemble de ces deux hypothèses donne

(15)   Moy. $\alpha = \dfrac{7 + \sqrt{3}}{8}\, a = (1,0915)\left(\dfrac{\pi}{4} - \dfrac{\varphi}{2}\right).$

Malgré leur imparfaite justification [car la première notamment est, d'après (13), erronée d'un dixième environ], la formule (15) qu'elles donnent se trouve, on le voit, assez bien confirmée, au moins quand on se limite aux petites valeurs de a (^{1}).

CHIMIE PHYSIQUE. — *De l'action de l'oxyde de fer sur la silice.*
Note de MM. **H. Le Chatelier** et **B. Bogitch.**

La question de l'emploi des briques de silice dans les fours d'aciérie est un des problèmes industriels les plus intéressants à étudier. Tandis qu'en général les produits bien fabriqués, les bonnes machines donnent régulièrement, à l'emploi, des résultats satisfaisants, les choses se passent tout autrement avec les briques de silice. Les meilleures d'entre elles occasionnent constamment des mécomptes; il y a donc là un problème très spécial.

La température nécessaire pour la coulée de l'acier est voisine de 1650°; or le point de fusion des briques de silice atteint rarement 1750°, soit une différence de 100° au plus. Les plus légers écarts de température suffisent pour occasionner, soit une mauvaise coulée de l'acier, soit la fusion du four. Le résultat final dépend autant de l'habileté du consommateur que de celle du producteur.

Cette difficulté de la conduite du feu est encore accrue par l'action des poussières du minerai de fer que l'on ajoute au lit de fusion pour accélérer

---

(^{1}) Je me suis borné ici à l'hypothèse d'un angle de frottement extérieur φ_1 du massif contre le mur égal à φ; car cette hypothèse, en même temps qu'elle est des plus voisines de la réalité, donne lieu aux calculs de beaucoup les plus simples. Aussi est-elle à peu près la seule usuelle. Je renverrai à un Mémoire étendu sur la *Mécanique des semi-fluides* (*sables et corps plastiques*), qui va paraître dans les premiers numéros de 1918 des *Annales scientifiques de l'École Normale supérieure*, pour le cas plus général où l'angle φ_1 différerait de φ, et aussi pour celui où il existerait, à quelque distance en arrière du mur, une seconde paroi (fixe ou mobile) influant sur l'état ébouleux du massif.

l'affinage. Ces poussières attaquent la voûte et en facilitent la fusion. C'est là le point particulier que nous nous proposons d'étudier dans cette Note. Nos expériences sont absolument d'accord avec celles de M. Rengade (¹) et les complètent sur quelques points.

Il n'y a rien à ajouter à sa description très exacte des différentes parties d'une brique usagée.

A. Zone grise, ayant subi une fusion plus ou moins complète et partiellement cristobalitique (*fig.* 1).

B. Zone noire brune, paraissant homogène à la vue, constituée par de gros cristaux de tridymite régulièrement disséminés au milieu d'un fondant ferrugineux noir (*fig.* 2).

C. Zone parsemée de taches blanches formées par les plus gros fragments de la roche quartzeuse employés à la fabrication de la brique, qui n'ont pas encore complètement disparu par recristallisation (*fig.* 3 et 4). Sur la figure 3 on voit l'emplacement d'un ancien grain de quartz qui s'est transformé sur place en tridymite assez fine, mais dont les contours primitifs n'ont pas encore complètement disparu. Sur la figure 4 on voit un grain semblable, dont le centre est resté à l'état de cristobalite. La transformation tridymitique n'est pas encore achevée.

M. Rengade réunit dans cette même zone des régions à pâte noire très foncée, identique à la masse de la zone B, et des régions à fond jaune clair, dans lesquelles le microscope montre entre les grains de silice un verre transparent, à peine jaunâtre, par suite très peu ferrugineux. A notre avis, il serait préférable de considérer cette partie de la brique comme formant une quatrième zone, car elle diffère tout à fait des précédentes par sa composition chimique.

Voici des exemples de composition chimique de ces zones :

	Brique fondue prématurément, imprégnée sur 9cm de hauteur.			Brique ayant fait un long usage imprégnée sur 18cm de hauteur.		
	Sulfates.	Fe^2O^3.	CaO.	Sulfates.	Fe^2O^3.	CaO.
Brique primitive.	10,5	1	2	8,5	1,5	1
Zone C..........	29,5	4,5	5	22	5,0	1,5
Zone B..........	»	»	»	26	6,5	2
Zone A	15	3,5	1,5	18	4,5	1,5

(¹) Voir plus loin, p. 779.

ACADÉMIE DES SCIENCES.

Brique de silice imprégnée d'oxyde de fer.

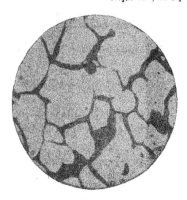

Fig. 1.

Zone A. — Gross. : 5o d.

Cristobalite irrégulièrement transformée
en tridymite.

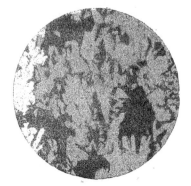

Fìg. 2.

Zone B. — Gross. : 5o d.

Tridymite avec fers de lance caractéristiques.

Fig. 3.

Zone C. — Gross. : 5o d.

Grain de quartz transformé en tridymite très fine.

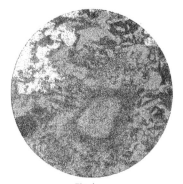

Fig. 4.

Zone D. — Gross. : 5o d.

Grain avec noyau de cristobalite et enveloppe
de tridymite très fine.

Dans la partie comptée comme Fe^2O^3, il y a environ 0,5 de Al^2O^3. Ces analyses mettent en évidence deux résultats importants également signalés par M. Rengade :

1° La zone grise, directement chauffée par la flamme et exposée à l'action des poussières ferrugineuses, est moins chargée en oxydes basiques que les couches supérieures, plus éloignées cependant de l'atmosphère du four.

2° Il y a un grand enrichissement des zones brunes et jaune clair en chaux, cet enrichissement étant relativement plus considérable dans la brique qui a fondu le plus rapidement.

Nous avons étudié expérimentalement ces deux phénomènes au laboratoire.

La pénétration de l'oxyde de fer à l'intérieur de la brique se fait par ascension capillaire. En plaçant sur un morceau de brique imprégné de fer une pâte de brique semblable, mais non ferrugineuse, et chauffant pendant une heure à 1600°, on constate que la coloration due au fer s'est élevée à une hauteur de 5^{mm} environ dans la brique neuve.

Cette pénétration de l'oxyde de fer est beaucoup plus active en milieu réducteur. Une pastille de 1^g d'oxyde de fer comprimé, posée sur une brique de silice et chauffée à 1200°, provoque la formation dans la brique d'une cavité ayant exactement le diamètre et le volume de la pastille d'oxyde. Le silicate de fer formé se diffuse au-dessous, dans le corps de la brique. La même expérience, recommencée en milieu oxydant, ne donne aucune pénétration du fer jusqu'à 1400°. La pastille reste intacte à la surface de la brique.

La diminution de la proportion d'oxyde basique, dans la partie chauffée directement par la flamme, tient à ce que la brique se contracte, diminue de porosité, en expulsant la scorie ferrugineuse qui remonte dans les régions moins chaudes. Une briquette ferrugineuse, découpée dans la région B d'une brique usagée, a pris un retrait de 0,5 pour 100 après chauffage de 1 heure à 1600°. La brique primitive, non ferrugineuse, chauffée dans les mêmes conditions, avait gonflé de 5 pour 100 par suite de la transformation du quartz en silice de plus faible densité. Ce retrait va en croissant avec le temps, en même temps que les cristaux de tridymite continuent à augmenter de dimensions.

On constate très aisément sur les briques en service ce retrait, toutes les fois au moins qu'elles n'ont pas été fondues superficiellement par un coup de feu. Elles présentent, sur leur surface extérieure, une petite plaquette dont la forme est celle de la brique, mais avec des dimensions de 10 pour 100 inférieures. Cette plaquette finit par se détacher et tomber, produisant ainsi l'usure de la brique, mais une usure très lente. Il y a seulement eu alors une demi-fusion. En cas de fusion complète par suite d'un coup de feu malencontreux, la brique coule en donnant des stalactites; ceux-ci restent suspendus à la voûte, si le chauffage a été réduit à temps; sinon la brique disparaît bientôt complètement en amenant la chute de la voûte.

Le fer métallique, placé à la surface d'une brique, y produit des trous profonds, aussi bien en atmosphère réductrice qu'en atmosphère oxydante, parce que dans tous les cas le premier degré d'oxydation du fer est le protoxyde qui se combine de suite à la silice. C'est ainsi que périssent les parois des brûleurs qui reçoivent des gouttelettes de fer fondu projetées par le bouillonnement de la masse d'acier pendant l'affinage et entraînées par le courant gazeux. Ces gouttelettes sont trop lourdes pour s'élever jusqu'à la voûte.

L'appauvrissement en chaux de la couche superficielle et l'enrichissement des couches supérieures est produit par un phénomène analogue à celui du *clairçage*. Les silicates de fer, en remontant par capillarité dans la brique, chassent devant eux les silico-aluminates de chaux préexistant dans la brique et lui servant de fondant pour la première cuisson.

Nous avons pu réaliser au laboratoire le même phénomène en prenant une baguette découpée dans une brique neuve, la plaçant verticalement sur une masse d'oxyde de fer et chauffant à 1600°. Après une heure, la répartition de la chaux était la suivante :

Pour 100.

Brique primitive....:.............................	2,07
Limite d'ascension de l'oxyde de fer....................	2,45
Partie en contact avec l'oxyde libre....................	0,88

La hauteur d'ascension de l'oxyde de fer avait été seulement de 2^{cm}. Lorsque le chauffage, au lieu de durer une heure seulement, est prolongé pendant des semaines et des mois, la distance à laquelle pénètre l'oxyde de fer est plus grande et par suite la proportion de la brique lavée par l'oxyde de fer étant plus importante, l'enrichissement en chaux des régions supérieures est plus grand.

Cet enrichissement est d'autant plus important que la destruction de la brique avance plus rapidement, parce que la largeur de chaque zone étant alors moindre, la concentration relative doit y être plus forte. Cette conclusion est bien conforme aux résultats des expériences données plus haut.

Cet enrichissement des régions moyennes en chaux présente une importance pratique très grande. Une masse renfermant 5 pour 100 de chaux, comme la zone C de la première brique étudiée, a son point de fusion voisin de 1600°, tandis que la zone A de la même brique a un point de fusion voisin de 1700°. Si par suite d'un coup de feu intempestif on dépasse momentanément 1700°, et si l'on fond la couche superficielle, la couche suivante se trouvant brusquement au contact de la flamme, avant que la capillarité ait eu le temps de l'appauvrir en oxydes basiques, va nécessairement fondre à son tour. En quelques minutes une brique pourra ainsi perdre la moitié de sa hauteur.

Une brique de silice imprégnée d'oxyde de fer se trouve donc dans une sorte d'équilibre instable; il suffit d'un coup de feu très léger pour produire un désastre. C'est là une des raisons pour lesquelles la conduite d'un four d'aciérie est une opération aussi délicate.

M. A. DE GRAMONT présente à l'Académie un *Exposé de quelques applications de l'analyse spectrale à diverses questions intéressant la défense nationale.* Il s'agit des travaux de recherches ou d'analyse accomplis par lui en 1917 soit pour des Services de la Défense nationale, principalement pour la Section technique de l'Artillerie, soit pour divers industriels travaillant pour l'Armée ou la Marine. La majeure partie de ces recherches a porté sur la vérification de la pureté des matériaux employés ou proposés, les métaux surtout, aciers spéciaux notamment ou métaux du groupe du platine.

Chez nos Alliés britanniques ou américains, des recherches d'analyse spectrale, similaires, loin d'être abandonnées à l'initiative privée, dépendent des Services de l'État et sont rattachées au *Bureau of Standards.*

CORRESPONDANCE.

M. le SECRÉTAIRE PERPÉTUEL signale, parmi les pièces imprimées de la Correspondance :

Docteur CABANÈS, *Chirurgiens et blessés à travers l'histoire. Des origines à la Croix-Rouge.* (Présenté par M. A. Laveran.)

M. Louis Breguet prie l'Académie de vouloir bien le compter au nombre des candidats à l'une des places de la Division, nouvellement créée, des *Applications de la Science à l'Industrie.*

ANALYSE MATHÉMATIQUE. — *Valeurs limites de l'intégrale de Poisson relative à la sphère, en un point de discontinuité des données.* Note de M. Gaston Julia.

On sait que les valeurs limites de l'intégrale de Poisson, en un point O de la circonférence qui porte les données : ou bien sont toutes identiques à la valeur en O de la donnée, si cette donnée est continue en O; ou bien varient linéairement avec l'angle que font les tangentes en O à la circonférence et à la courbe suivie par le point intérieur qui tend vers O. Le problème est moins simple pour la sphère : la présente Note a pour objet de l'élucider.

Les axes rectangulaires seront Ox, Oy, tangents en O à la sphère S, Oz dirigé vers le centre. M étant un point de la sphère, la donnée $V(M)$ sera supposée bornée et intégrable; $V(M)$ dépend des deux coordonnées curvilignes de M et l'on peut imaginer plusieurs modes de discontinuité en O. En voici un, très général, que j'adopterai ici. M tendant vers O sur une courbe de la sphère, on supposera que $V(M)$ tend vers une limite dépendant seulement de la tangente OU à la courbe suivie (¹); si $\psi = \widehat{Ox, OU}$, cette limite sera une fonction $f(\psi)$, supposée finie, intégrable, admettant la période 2π. Soit alors P un point intérieur à la sphère, à la distance l du centre; on a

$$V(P) = \frac{R^2 - l^2}{4\pi R} \int \int_S \frac{V(M)}{r^3} d\sigma, \qquad r = \overline{PM};$$

si M′ est le point où MP perce à nouveau la sphère S, on transforme l'intégrale en

$$V(P) = \frac{1}{4\pi R} \int \int_S \frac{V(M)}{r'} d\sigma', \qquad r' = \overline{PM'}.$$

_____

(¹) Il pourra y avoir exception pour un nombre fini de directions OU, ou pour un ensemble infini, de mesure nulle, de directions OU.

Ainsi $V(P)$ se présente sous la forme du potentiel en P d'une simple couche étalée sur S, la densité au point M' étant $\dfrac{V(M)}{4\pi R}$.

Cette densité dépend de P, c'est-à-dire qu'en un point M', fixe, de S, la densité varie quand P varie. Si P tend vers zéro suivant une courbe tangente en O à une demi-droite OT non tangente à la sphère, en considérant sur le cercle γ que découpe dans S le plan $M'OT$ le segment de base OT qui ne contient pas M', lui menant en O la demi-tangente OU qui correspondra à un certain angle ψ, il est clair que la valeur limite de la densité en M' sera $\dfrac{f(\psi)}{4\pi R}$. Il est alors facile, en s'aidant des propriétés de continuité du potentiel de simple couche, de démontrer que la valeur limite de $V(P)$ est

$$\frac{1}{4\pi R}\int\int_S \frac{f(\psi)}{r'}\,d\sigma' \qquad (r'=\overline{OM'}),$$

ψ correspondant à M' comme on vient de l'indiquer ([1]). Cette limite dépend des deux angles θ_0 et ψ_0 qui fixent la direction OT ([2]) : $\theta_0 = \widehat{Oz, OT}$, ψ_0 est l'angle du demi-plan zOT *avec le demi-plan* zOx. La transformation suivante met en évidence cette dépendance.

Du point O projetons stéréographiquement la sphère sur le plan équatorial normal à Oz. OT perce ce plan en ω; OM' le perce en M_1, $\overline{OM_1} = r_1$ ($d\sigma_1$ sera l'élément de surface du plan équatorial). On a $\dfrac{d\sigma'}{r'^2} = \dfrac{d\sigma_1}{r_1^2}$ et, comme $r'r_1 = 2R^2$, $\dfrac{d\sigma'}{r'} = 2R^2\dfrac{d\sigma_1}{r_1^3}$; l'intégrale précédente devient

$$\frac{R}{2\pi}\int\int \frac{f(\psi)\,d\sigma_1}{r_1^3},$$

l'intégrale étant étendue à tout le plan équatorial. La valeur de ψ qui

---

([1]) Pour tous les points M' du cercle γ situés d'un même côté de OT, $f(\psi)$ a la même valeur.

([2]) Si OT est tangente à la sphère, avec $\widehat{Ox, OT} = \psi$, la limite de la densité en M' sera $\dfrac{f(\psi)}{4\pi R}$ quel que soit M' sur la sphère en supposant, bien entendu, que la direction OT n'est pas une des directions exceptionnelles signalées plus haut, et la limite de l'intégrale de Poisson sera $f(\psi)$, égale à la limite de $V(M)$ quand M tend vers zéro, sur la sphère, dans la direction TO.

correspond à un point M_1, est $\psi = \psi_1 + \pi$ $\left(\psi_1 = \widehat{\omega x_1, \omega M_1} ;\ \omega x_1 \text{ parallèle} \right.$
à $Ox\big)$. On peut encore simplifier cette représentation. Soient T_1 le point
où TO perce le plan $z = -R$, m_1 un point qui décrit le plan xOy,
$d\sigma_1$ l'élément d'aire de ce plan; posant $\widehat{Ox, Om_1} = \psi_1$ et $\overline{T_1 m_1} = r_1$, il est
évident que l'intégrale précédente sera égale à

$$\frac{R}{2\pi} \int\int \frac{f(\psi_1 + \pi)\,d\sigma_1}{r_1^3}$$

étendue au plan xOy, qui représentera la limite de l'intégrale de Poisson
quand P tend vers zéro suivant une courbe tangente à OT. Cette limite
dépend en général d'une façon compliquée des deux angles θ_0, ψ_0 qui
fixent OT et par suite T_1 (ces angles entrent dans r_1).

Mais voici deux remarques:

$1°$ Si les données sont continues en O, $f(\psi)$, indépendante de ψ, est
égale à $V(O)$; dans ce cas, l'intégrale

$$\frac{R}{2\pi} \int\int \frac{f(\psi_1 + \pi)\,d\sigma_1}{r_1^3},$$

indépendante de θ_0, ψ_0, a pour valeur

$$\frac{R}{2\pi} V(O) \int\int \frac{d\sigma_1}{r_1^3} = V(O),$$

car l'intégrale élémentaire $\int\int \frac{d\sigma_1}{r_1^3} = \frac{2\pi}{R}$; la limite cherchée est $V(O)$: c'est
le résultat classique.

$2°$ Supposons les données telles qu'il y ait une ligne C de discontinuités,
passant par O, ayant en O une tangente qu'on peut supposer confondue
avec Ox. D'un côté de C, $V(M)$ tendra vers une valeur $V_1(O)$ quand M
tendra vers O, et de l'autre côté $V(M)$ tendra vers une valeur différente $V_2(O)$. Ces deux valeurs seront deux fonctions finies du point O de C,
qui peuvent n'avoir aucun rapport entre elles. On aura $f(\psi) = V_1(O)$
pour $0 < \psi < \pi$ et $f(\psi) = V_2(O)$ pour $\pi < \psi < 2\pi$. Les directions $\psi = \pm \pi$
sont exceptionnelles. Alors $\frac{R}{2\pi} \int\int \frac{f(\psi_1 + \pi)\,d\sigma_1}{r_1^3}$ ne dépend que de l'angle α
que fait le demi-plan xOy avec le demi-plan xOT. Le calcul de cette inté-

grale est, ici encore, élémentaire, et l'on trouve

$$\frac{R}{2\pi} \int \int \frac{f(\psi_1 + \pi)d\sigma_1}{r_1^3} = \frac{\alpha}{\pi} V_2(O) + \frac{\pi - \alpha}{\pi} V_1(O).$$

La limite de l'intégrale de Poisson, égale à $V_1(O)$ pour toute direction du demi-plan xOy, à $V_2(O)$ pour toute direction du demi-plan xOy' (Oy' opposé à Oy), *varie, entre ces deux valeurs, en fonction linéaire de l'angle* α. Ce résultat est en défaut si la direction OT, tangente à C, se confond avec Ox; l'indétermination de la limite est alors plus grande, comme je le montrerai dans le Mémoire qui développera cette Note.

ASTRONOMIE. — *Le rôle des forces dominant l'attraction dans l'architecture de la Terre et des Mondes : modèle mécanique de la formation du système solaire.* Note ([1]) de M. ÉMILE BELOT, présentée par M. Bigourdan.

La gravitation semble actuellement la force prépondérante dans l'Univers : mais elle n'est pas plus universelle que toutes les forces révélées par la Physique. Si la gravitation avait agi seule dans l'architecture des Mondes, toutes les masses d'un système seraient réunies en une seule. Il faut donc que des *forces dispersives dominant l'attraction* aient agi à l'origine pour empêcher cette agglomération amorphe : ce sont l'attraction moléculaire, la pression des gaz et vapeurs, la pression de radiation, les forces électriques et électromagnétiques, etc. Les chocs d'ensemble ou moléculaires entre des masses sont capables d'engendrer de la chaleur, de l'électricité et des rotations, c'est-à-dire la plupart des forces dispersives réelles ou virtuelles. La croissance des édifices cristallins comme celle d'un arbre, l'édification de cônes volcaniques ou des cratères lunaires sont dues au travail de forces agissant contre la pesanteur. L'architecture de la Terre est due au *déluge austral primitif* ([2]). De même, toute construction humaine est le résultat d'efforts dirigés contre la pesanteur.

Mais la notion d'*architecture* peut être étendue à la structure de masses en mouvement sur lesquelles des forces antagonistes réalisent un équilibre moyen et stable : ainsi pour le système solaire. Si, d'après H. Poincaré, sa stabilité ne peut être démontrée par la Mécanique céleste en raison de

([1]) Séance du 29 avril 1918.
([2]) *Comptes rendus*, t. 158, 1914, p. 647.

l'emploi de séries semi-convergentes, elle résulte pratiquement de l'existence de la loi exponentielle des distances des planètes et satellites (¹) :

Si l'effet des marées, d'après Darwin, de la résistance du milieu d'après T. See, ou de perturbations accumulées dans le même sens avait prévalu dans notre système, ces actions bien différentes sur les grosses et petites planètes, sur les astres éloignés et rapprochés du Soleil auraient détruit toute apparence de loi des distances et de loi des rotations planétaires.

Ainsi on peut généraliser une proposition que j'ai déjà énoncée :

L'architecture de masses mobiles dans l'Univers ou immobiles sur la Terre n'est pas produite par l'attraction, mais par les forces qui la dominent : l'attraction ne fait qu'en assurer la stabilité.

Ces considérations m'ont amené à chercher un modèle de mécanisme qui puisse réaliser les caractéristiques architecturales du système solaire avec un régime de stabilité relative (*fig.* 1) :

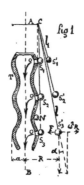

fig 1

T, tube pourvu de renflements de rayon *a* équidistants dans lequel on fait le vide; *o*, trous percés dans ces renflements; AB, axe autour duquel tourne T; S_1, S_2, S_3, sphères pesantes, obturant les trous *o*, suspendues par des fils *l* aux disques tels que AC tournant autour de l'axe AB; S_1', S_2'', S_1''', positions finales moyennes des sphères mobiles.

Le tube T en tournant donnera une impulsion de rotation aux sphères S

(¹) E. Belot, *Essai de Cosmogonie tourbillonnaire*, p. 19.

d'abord collées à sa surface par l'aspiration interne et, par suite, aux disques AC. Dans l'atmosphère tournante extérieure au tube régnera une attraction centrale $F(R - a)$ due à l'aspiration et dépendant de la distance $(R - a)$ à sa surface. Sans prétendre résoudre le problème très compliqué posé dans le cas où les disques AC tournent par l'impulsion des sphères S, on peut seulement considérer celui où les disques tournent d'un mouvement uniforme; l'équilibre moyen d'une sphère S'_s donnera alors

$$\omega^2 R - F(R - a) = g \tan\alpha \qquad \text{avec} \qquad R - a = l \sin\alpha.$$

En outre, on aura pour la $n^{\text{ième}}$ sphère :

$$l_n = n\, l_1.$$

Dès lors le système des sphères S en mouvement aura une architecture tout à fait semblable à celle du système solaire et caractérisée par les points suivants :

1° Il aura une loi des distances moyennes qui seront toujours supérieures à la distance a :

$$R_n = a + f(n, l_1) \qquad \text{(système solaire } R_n = a + C^n\text{)}.$$

2° Il aura une loi des inclinaisons d'axe :

$$\tan\alpha_n = f_1(R_n) \qquad \left(\text{système solaire } \tan\alpha_n = \frac{4,9 - R_n}{4,9 - a} \tan 28°\right).$$

Cette loi aura le même énoncé dans les deux systèmes :

A l'origine les axes planétaires sont concourants en un point de la surface du tourbillon.

3° Un tube tourbillonnaire dans un fluide est stable parce que la dépression interne balance la force centrifuge exactement comme le vide dans le tube T maintient les sphères S d'abord collées à sa surface.

4° Un choc sur un tube-tourbillon en divise la surface en ventres et nœuds, et c'est aux ventres que s'échappera la matière parce que, comme dans le modèle, la force centrifuge en S_1 est plus grande que pour une sphère N placée au nœud.

5° Les longueurs variables en progression arithmétique correspondent aux longueurs parcourues par les masses planétaires dans la nébuleuse où elles sont lancées par le tube-tourbillon T se déplaçant dans le sens BA.

6° D'après la théorie du pendule sphérique, les sphères décriraient en plan des ellipses centrées sur la projection de C en supposant ce point immobile; parmi ces ellipses qui se déplacent autour de l'axe AB, une seule pour chaque sphère sera stable, en raison de l'attraction centrale, celle dont le foyer est sur AB. Ainsi le rayon a du tourbillon, qui est la distance minima possible pour une sphère, est aussi l'*excentricité moyenne absolue* (ae) de toutes les orbites.

Appliquons ces données au système solaire où la loi des distances donne $a = 0,29$. La moyenne pondérée des excentricités absolues de Jupiter et de Saturne donne $0,31$ avec tendance à une diminution séculaire. L'excentricité maxima de Mercure, d'après Stockwell, est $0,231$: elle correspond à une distance minima du Soleil de $0,297$. Ainsi se précise, par trois procédés différents, la détermination numérique du rayon a du tourbillon solaire.

Qu'on vienne, dans le modèle mécanique, à faire disparaître le tube T, l'architecture de tous ses mouvements subsistera sans qu'on puisse soupçonner le mécanisme d'impulsion et découvrir autre chose que l'attraction centrale en équilibre moyen avec la force centrifuge : mais, là comme dans le système solaire, il serait erroné de croire que c'est l'attraction qui a produit l'impulsion dispersive primitive.

CHIMIE PHYSIQUE. — *Sur le rôle de l'oxyde de fer et de la chaux employés comme agglomérants dans la fabrication des briques de silice.* Note de M. BIED, présentée par M. H. Le Chatelier.

Au cours de l'année 1916 j'ai eu l'occasion d'étudier le rôle de différents fondants susceptibles d'être employés comme agglomérants dans la fabrication des briques de silice.

Ces essais ont mis en évidence un fait tout à fait imprévu sur lequel je voudrais attirer l'attention: Des quantités notables d'oxyde de fer n'abaissent pas sensiblement le point de fusion de la silice, même en présence de la chaux.

Les éprouvettes des mélanges essayés avaient la forme de galettes de 50^{mm} de diamètre sur 30^{mm} de hauteur. Moulées par compression dans un moule en fonte, elles étaient cuites à une température déterminée par comparaison avec des montres Seger.

Sur les conseils de M. H. Le Chatelier les premiers fondants essayés furent les sels de soude, puis les argiles alcalines, notamment la glauconie, silicate ferri-potassique. C'est en essayant de substituer à la glauconie des mélanges d'oxyde de fer et d'alcalis, puis d'oxyde de fer et de chaux, que j'ai reconnu le peu d'influence du fer sur le point de fusion des briques.

Dans une première expérience, un mélange de 75 parties de sable de Piolenc et de 25 parties de pyrites grillées donna après cuisson pendant 1 heure à 1500° des éprouvettes ayant gonflé de 4 pour 100 et parfaitement dures : le même mélange aggloméré avec une solution de silicate de soude à 43° Baumé donna dans les mêmes conditions des éprouvettes complètement fondues.

En admettant pour le sable de Piolenc à 98 pour 100 de silice un point de fusion de 1750°, on voit que cette température n'est pas abaissée en moyenne de 10° par 1 pour 100 d'oxyde de fer ajouté.

Voulant savoir si la chaux avait en présence du fer une action aussi néfaste que les alcalis, j'ai comparé les deux mélanges suivants, renfermant l'un environ 2 pour 100 de CaO et l'autre environ la même proportion de Na^2O :

Sable de Piolenc...........................	91	91
Pyrite grillée.............................	9	9
Chaux hydraulique du Teil................	4	»
Silicate de soude sirupeux.................	»	10

Après cuisson pendant 1 heure à 1500°, le premier mélange a donné une éprouvette très saine, à arête vive, présentant un gonflement de 3,8 pour 100. Le second mélange montrait un commencement de vitrification ; le gonflement était seulement de 0,8 pour 100.

Une nouvelle série fut faite avec des proportions différentes d'oxyde de fer et de chaux :

Quartz de Souvigny..........	100	100	100	100	100	100
Pyrite grillée................	3	3	4	4	5	5
Chaux du Teil................	0	2	0	2	0	4

Résultats après cuisson à 1450°.

Dureté............................	Non.	Oui.	Non.	Oui.	Non.	Oui.
Gonflement..................	3,8	3,0	4,0	2,0	4,0	3,0

Résultats après cuisson à 1700°.

Dureté........................·........	Non.	Oui.	Non.	Oui.	Non.	Oui.
Gonflement supplémentaire....	4,0	2,8	1,8	4,4	1,8	3,0

Le fer seul ne donne donc pas d'agglomération; il ne permet pas la formation du réseau de tridymite. Il est nécessaire de l'associer à la chaux.

Il restait à mesurer l'influence du mélange de fer et chaux sur le point de fusion. Les expériences ont donné les résultats suivants :

Quartz de Souvigny.....................	100	100
Pyrite de fer grillé.....................	3	»
Chaux du Teil..........................·.........	3	2
Point de fusion	1725°	1730°

Une bonne brique allemande, marque Stella, a fondu dans les mêmes conditions de chauffage à 1730°. On considérait la montre et les échantillons comme fondus lorsque la pointe de la pyramide s'était suffisamment abaissée pour arriver au niveau du plan de base.

On voit donc qu'une addition de 3 pour 100 d'oxyde de fer et 1 pour 100 de chaux n'abaisse le point de fusion que de 5°, c'est-à-dire d'une quantité ne dépassant guère les erreurs d'expérience.

Brique au fer.

Avant cuisson à 1600°.   Après cuisson à 1600°.

Une brique du mélange ferrugineux maintenue pendant plusieurs jours dans un four d'aciérie à creuset, c'est-à-dire au voisinage de 1600°, gonfla de 1,8 pour 100, mais resta complètement intacte. Les photographies ci-dessus montrent qu'après ce chauffage les grains de quartz ont complètement disparu, comme s'ils s'étaient fondus dans la masse, relevant ainsi le point de fusion par un apport de silice fraîche.

CHIMIE PHYSIQUE. — *Sur la composition des briques de silice provenant des voûtes de four Martin.* Note de M. **E. RENGADE**, présentée par M. H. Le Chatelier.

L'examen des briques de silice provenant des voûtes de four Martin montre que ces matériaux ont subi des modifications profondes. On sait que les plus importantes résultent de la transformation, sous l'influence de la température élevée, du quartz en cristobalite, puis en tridymite étudiée dès le début par M. H. Le Chatelier et sur laquelle de nouveaux et intéressants renseignements ont été tout récemment apportés (¹).

Nous étudierons ici plus spécialement les modifications chimiques qui se produisent en même temps dans la brique sous l'influence des poussières du four.

Les très nombreuses briques que nous avons examinées présentent, en général, quatre zones distinctes :

A. La partie inférieure qui a été immédiatement en contact avec les flammes est vernissée et porte parfois des protubérances ou stalactites plus ou moins prononcées indiquant une fusion pâteuse. La cassure est d'un gris clair montrant une masse d'aspect absolument homogène, parfois parsemée de soufflures.

B. Au-dessus, et séparée généralement par une ligne très nette, se trouve une zone noire ou d'un gris très foncé d'aspect également très homogène, de dureté considérable.

C. Zone de transition qui s'annonce le plus souvent par des taches blanches apparaissant au milieu de la zone noire, et représentant les gros grains de quartz initiaux non complètement absorbés. Puis le fond noir fait place à un milieu brun clair où l'on retrouve la structure hétérogène de la brique primitive, qui paraît simplement avoir été imprégnée d'une substance fondue brune.

D. Enfin le haut de la brique n'a subi aucune modification visible.

(¹) H. LE CHATELIER, *Comptes rendus*, t. 111, 1890; p. 123; t. 163, 1916, p.948. — H. LE CHATELIER et BOGITCH, *Ibid.*, t. 165, 1917, p. 218.

L'examen au microscope, en lumière polarisée, de lames minces taillées dans les quatre régions précédentes montre en B la structure souvent décrite formée de grands cristaux de tridymite, très transparents; les joints entre ces cristaux sont remplis par une matière noire opaque. Dans la région A on se rend compte que la tridymite a fondu, les gros cristaux ont fait place à des sphérules que le constituant noir opaque entoure sans s'y mélanger. Par refroidissement, la tridymite fondue a donné de la cristobalite et par place des régions biréfringentes de tridymite mal formée. Dans la région C les gros cristaux de tridymite continuent en diminuant peu à peu de taille et de fréquence à mesure qu'on se rapproche des parties moins chauffées, jusqu'à ce qu'on retrouve en D la structure normale de la brique primitive.

Voici maintenant les résultats donnés par l'analyse chimique :

Fours acides.

	N° 1.		N° 3.		N° 2.				N° 5.		
	A.	B.	A.	B.	A.	B.	C.	D.	A.	B.	C.
....	90,30	87,00	94,30	94,80	79,60	74,76	91,00	95,30	93,60	94,60	93,8
....	0,00	0,60	0,90	0,50	0,80	1,10	2,70	1,10	0,50	0,40	1,7
..........,....	1,20	2,50	1,30	1,15	0,10	0,30	3,35	1,90	0,25	0,80	3,1!
....	Tr.	Tr.	Tr.	Tr.	Tr.	Tr.	0,05	Tr.	Tr.	Tr.	0,0?
....	0,87	0,51	0,08	0,44	5,73	4,47	»	»	1,12	0,36	»
....	6,21	8,44	2,97	2,96	13,62	19,03	2,51	1,27	4,50	3,81	1,3
....	0,73	1,32	0,24	0,25	0,29	0,28	0,19	0,20	0,18	0,14	0,2
	100,21	100,37	99,79	100,10	100,14	99,94	99,80	99,67	100,15	100,11	100,2
....	5,02	6,30	2,14	2,42	14,00	16,80	1,75	0,88	4,02	2,95	0,9
e autre brique du our..............	»	»	10,61	5,20	4,35	4,35	»	»	6,43	7,18	»

Fours basiques.

	N° 6.		N° 9.				M° 10.			
	A.	B.	A.	B.	C.	D.	A.	B.	C.	D.
SiO^2..................	89,00	84,30	89,00	88,80	91,00	97,30	Manque.	88.20	83,80	95,70
Al^2O^3..................	0,70	0,90	0,80	0,70	1,80	0,70		0,60	1,30	0,50
CaO..................	2,00	3,40	3,90	3,85	4,20	1,15		1,90	6,30	2,00
MgO..................	0,20	0,20	0,65	0,72	0,10	Tr.		0,20	0,10	0,12
FeO....................	1,44	2,57	0,75	0,50	»	»		2,18	1,28	»
Fe^2O^3..................	5,30	7,65	3,59	4,39	2,56	0,48		6,43	6,29	1,71
Mn^3O^4..................	0,77	1,04	1,11	1,00	0,52	0,14		0,65	1,02	Tr.
	99,41	100,06	99,80	99,96	100,18	99,77		100,16	100,09	100,03
Fe total..............	4,84	7,35	3,09	3,47	2,02	0.38		6,20	5,40	1,20
Fe sur une autre brique du même four........	3,21	6,81	»	»	»	»		"	"	"

. On voit. que les régions A et B renferment des quantités de fer très variables,· et souvent très considérables. L'état d'oxydation est également variable, mais très voisin de Fe^2O^3. Les régions A sont souvent (mais pas toujours) plus riches en fer que la région B correspondante, ce qui peut s'expliquer en admettant que le constituant noir ferrugineux, qui n'est pas mélangé au constituant siliceux dans la partie fondue A, est aspiré par capillarité en B entre les cristaux de tridymite. Il semble également que la chaux contenue dans la brique chemine de même par capillarité à l'état de silicate fusible qui imprègne la région C, aux dépens de A ·et B qui s'appauvrissent (dans les fours acides).

L'aspect gris et noir de A et B n'est donc pas en rapport avec la teneur en fer, mais provient de ce que les grands cristaux de tridymite de B sont très transparents, tandis que la structure confuse de la silice en A la rend translucide.

Enfin, il est remarquable que la fusibilité des briques n'est pas sensiblement modifiée par de très fortes proportions d'oxyde de fer, comme nous avons pu nous en assurer directement, et comme cela résulte d'ailleurs de l'excellente tenue au four des briques les plus imprégnées.

CHIMIE MINÉRALE. ` — *Sur le nitrate neutre de zirconyle.* Note (¹)
de M. **Ed. Chauvenet** et de Mlle **L. Nicolle**, présentée par M. A. Haller.

Les combinaisons nitriques du zirconium étaient mal connues : le nitrate neutre se préparerait, disent les ouvrages didactiques, en évaporant dans le vide sec sur de la potasse caustique une dissolution azotique d'hydrate de zirconium; on obtiendrait de cette manière des cristaux incolores répondant à la composition $(NO^3)^4 Zr. 5H^2O$, fumant à l'air et très solubles dans l'eau; si la dissolution est chauffée à 75°, elle laisserait déposer $(NO^3)^2 ZrO . 2H^2O$; enfin si la liqueur est évaporée à plusieurs reprises, elle abandonnerait finalement une masse vitreuse de $[NO^3, ZrO, OH]$, laquelle serait soluble dans l'eau si on ne la dessèche pas au-dessus de 100°.

Nous avons repris cette étude et nous sommes arrivés à des résultats quelque peu différents.

Nous avons d'abord cherché à isoler le nitrate neutre de zirconium soit anhydre, soit hydraté. Dans ce but, nous avons répété l'expérience précé-

_____

(¹) Séance du 6 mai 1918.

demment signalée, sans pouvoir réussir à obtenir le nitrate de zirconium; nous l'avons alors modifiée de la manière suivante : l'évaporation de la dissolution très concentrée (presque sirupeuse) a été faite à basse température dans un courant de gaz carbonique chargé de vapeurs nitriques; même dans ces conditions, il nous a été impossible de reproduire le nitrate neutre ; le sel que nous avons eu en mains n'était autre que du nitrate de zirconyle. Nous concluons donc que l'existence du nitrate de zirconium est douteuse.

En opérant dans les conditions précédentes, on obtient toujours le nitrate neutre de zirconyle bihydraté $\mathrm{Zr}{<}^{O}_{(NO^3)^2}\cdot 2\,H^2O$; ce produit est cristallisé, il est inaltérable à l'air et dans le vide secs; il ne fume pas à l'air s'il est totalement débarrassé d'acide azotique libre. Nous avons tenté de le déshydrater, espérant isoler le nitrate neutre de zirconyle; nous avons chauffé le bihydrate à la température la plus basse possible dans un courant de CO^2 saturé de vapeurs nitriques; même avec ces précautions, le nitrate perd de l'acide nitrique : la perte d'acide nitrique accompagne toujours l'élimination d'eau. Il nous a donc été impossible d'obtenir le nitrate neutre de zirconyle anhydre.

Nous avons enfin recherché toutes les combinaisons hydratées possibles de ce produit : ayant fait des mélanges très variés de $\mathrm{Zr}{<}^{O}_{(NO^3)^2}\cdot 2\,H^2O$ avec H^2O, nous avons évalué la chaleur de fixation de ces n molécules d'eau sur le bihydrate.

$\mathrm{Zr}{<}^{O}_{(NO^3)^2}$	$2\,H^2O + aq.$	$=$	$\mathrm{Zr}{<}^{O}_{(NO^3)^2}$ diss.	$+2,17$	Cal
»	$3\,H^2O + aq.$	$=$	»	$-0,50$	
»	$3,5\,H^2O + aq.$	$=$	»	$-1,92$	
»	$4,17\,H^2O + aq.$	$=$	»	$-2,77$	
»	$4,76\,H^2O + aq.$	$=$	»	$-3,95$	
»	$6\,H^2O + aq.$	$=$	»	$-5,90$	

La courbe construite avec ces données présente un seul point anguleux correspondant à la composition $\mathrm{Zr}{<}^{O}_{(NO^3)^2}\cdot 3,5\,H^2O$; nous avons retrouvé facilement cet hydrate; il se forme à 0°, il n'est stable que jusqu'à 10° ; à la température ordinaire il s'effleurit rapidement et il donne le dérivé à 2^{mol} de H^2O.

En résumé, il résulte de cette étude :

Que le nitrate de zirconium anhydre ou hydraté n'existe pas;

Que le nitrate de zirconyle anhydre n'existe pas;

Qu'à la combinaison précédente correspondent deux hydrates, l'un à 2, l'autre à 3,5 H²O.

Dans une prochaine Note nous ferons connaître d'une part le résultat de nos expériences sur l'hydrolyse du nitrate de zirconyle, et d'autre part l'existence de nitrates basiques.

CHIMIE INDUSTRIELLE. — *Traitement des eaux de lavage dans la fabrication de la soie artificielle.* Note de **M. DE CHARDONNET**, présentée par M. Bertin.

La fabrication de la soie artificielle à base de collodion exige une dépense d'environ 4^{m}³ d'eau par kilogramme de soie produite. Les eaux provenant du lavage des pyroxyles, d'une part, et de la dénitration d'autre part, sont réunies, les secondes neutralisant les premières en partie seulement.

Les eaux d'évacuation contiennent par mètre cube : acide nitrique 0^{kg},650; acide sulfurique 1^{kg},100; soufre 0^{kg},175; calcium 0^{kg},110. Il reste 1^{kg} à 1^{kg},500 d'acide libre par mètre cube. Le soufre est précipité à l'état de poussière extrêmement ténue.

Généralement il n'est pas permis de jeter ces eaux telles quelles dans les égouts ou les rivières. Il faut alors les neutraliser économiquement en observant les précautions suivantes :

Afin d'éviter dans les conduites les dépôts de soufre, qui se produisent au moment du mélange des eaux acides venant de la nitration et des eaux alcalines venant de la dénitration, on fait écouler ces eaux séparément, par des tuyaux de grès, dans un premier petit étang de neutralisation. Par-dessus le débouché des deux tuyaux dans l'étang, on construit une baraque ou coffrage en planches jointives, pour garantir l'usine et le voisinage contre les vapeurs nitreuses qui se dégagent en abondance à la rencontre des deux liquides.

De ce premier étang, les eaux passent successivement dans leurs autres étangs fermés par des déversoirs en pilotis qui maintiennent le niveau des eaux à une profondeur de 0^m,80 à 1^m. Ces étangs reçoivent un chargement, également réparti et toujours maintenu en excès, de calcaire tendre concassé, ou, mieux, de chaux vive, si l'on en trouve à proximité (comme par exemple de la chaux de défécation des sucreries).

Les libres acides se trouvent neutralisés par leur contact avec le calcaire. Pour une production de 1000^{kg} de soie par jour, les étangs couvrent une superficie d'environ un demi-hectare, c'est-à-dire que l'eau y séjourne en moyenne environ 24 heures. La quantité d'eau est plus que suffisante pour dissoudre le sulfate de chaux formé aussi bien que le nitrate de chaux. Tout se trouve donc dissous, et il n'y a jamais à curer les étangs. Quant au soufre, la plus grande partie reste en suspension et s'écoule avec les eaux neutralisées, en leur communiquant une teinte opaline. Si l'on veut masquer cette teinte, on ajoute dans les étangs des riblons ou des sels de fer qui se combinent au soufre en lui donnant une teinte noire. C'est ce qui a dû être fait à Besançon, les eaux de l'usine se déversant dans le Doubs, immédiatement en amont de la ville.

Ces eaux neutralisées sont éminemment fertilisantes. On observe, à l'usine de Hongrie notamment, que sur le bord des étangs et le long du canal ouvert, d'environ 2^{km} de long, conduisant la vidange de l'usine à la rivière la Raabe, les herbes prennent un développement extraordinaire. Pour constater leur innocuité, en ce qui concerne les animaux, on a installé sur les étangs une troupe de canards qui y vivent grassement pendant les opérations et qui défient toute réclamation de la part des riverains ou des inspecteurs royaux de l'agriculture.

SISMOLOGIE. — *Résultats des études sur le tremblement de terre d'août et de septembre* 1912 *sur la mer de Marmara.* Note de M. Mihaïlovitch Yélénko, présentée par M. Bigourdan.

Le 9 août 1912, à 1^{h}31^{m}16^s (t. m. Gr.) se manifesta un grand tremblement de terre sur les rives de la mer de Marmara et dans les Dardanelles. De fortes secousses se sont renouvelées le 10 août, à 9^{h}24^{m}25^s et à 18^{h}32^{m}42^s. Tous ces séismes ont été enregistrés par les sismographes du monde entier. En outre, les appareils des stations plus voisines de l'épicentre marquèrent encore six secousses : le 9 août, à 5^{h}27^{m}39^s, 6^{h}10^{m}2^s, 9^{h}50^{m}10^s, 13^{h}58^{m}5^s 18^{h}58^{m}20^s et 22^{h}11^{m}15^s; le 10 août à 1^{h}22^{m}28^s et 14^{h}13^{m}10^s; et, le 11 août, à 7^{h}22^{m}8^s. Après cela, une accalmie se produisit dans cet épicentre, jusqu'au moment où l'équilibre des couches terrestres y fut de nouveau dérangé le 13 septembre suivant, moment où, vers minuit, il se produisit de nouveau un terrible choc, à $23^h 34^m 45^s$, puis encore deux autres, enregistrés dans quelques stations voisines : le 16 septembre à $21^h 8^m 12^s$ et le 17 septembre à $1^h 14^m 18^s$. A part les séismes qui viennent d'être mentionnés, il se produisit sur la même surface, parfois en des lieux isolés et sur des surfaces peu étendues, encore d'autres secousses nombreuses de faible intensité, au total 314 chocs. Tous ces mouvements constituent une période sismique nettement accentuée, dans laquelle les chocs catastrophiques se renouvelèrent durant 39 jours.

D'après la grandeur de l'énergie, cette catastrophe dépasse celle de Messine, du 28 décembre 1908. J'ai étudié ce phénomène sur place, où je suis resté 5 semaines.

En attendant une publication plus développée, voici les résultats obtenus, avec quelques considérations sur les causes des ébranlements cités.

Les recherches peuvent se résumer en général à ceci :

1° Les mouvements de la période sismique mentionnée se rattachent à trois surfaces pléistoséistes :

   a. La principale est en Thrace orientale, sur la rive ouest de la mer de Marmara, le long de la pente orientale de Tekhir-Dagh ;

   b. Dans le bassin du lac Appolonia, en Asie Mineure ;

   c. Sur les côtes de l'Asie Mineure du détroit des Dardanelles.

On dirait que ce principal mouvement de Tekhir-Dagh a suscité les chocs de relais sur le lac Appolonia et aux Dardanelles ; ceux-ci auraient chacun donné ses propres séismes autonomes d'une énergie plus faible. Les effets destructifs de cette catastrophe se sont manifestés ainsi : destruction de nombreuses habitations avec beaucoup de victimes humaines ; de grands changements sur la surface de la terre par les mouvements et l'affaissement du sol ; de grands glissements de terrain et formation de longues, larges et profondes crevasses ; apparition de nouvelles sources et desséchement des anciennes.

2° Sur le pléistosiste de Thrace, presque toutes les habitations sont détruites.

3° Les mouvements de la surface ont été compliqués sur une grande étendue. Sur les surfaces des trois pléistosistes se manifestèrent particulièrement des mouvements verticaux, mais il y a de nombreux exemples de coups de côté et surtout du nord-ouest.

Le premier choc du 9 août s'est manifesté sur le pléistosiste de Tekhir-

Dagh et des Dardanelles, le second (10 août) sur le pléistosiste de Tekhir-Dagh et dans la région de dépression du lac Appolonia; et le troisième (13 septembre) dans le golfe de Saros, sur la rive occidentale de la péninsule de Gallipoli. Le déplacement de l'épicentre s'est clairement dessiné.

Les résultats sur les causes. — D'après l'état général des circonstances sismiques de la péninsule balkanique, et suivant les faits que je viens d'étudier, je suis arrivé aux conclusions suivantes :

1° On doit considérer tous ces événements comme des mouvements tectoniques du bassin de la mer de Marmara, dont l'équilibre est loin d'être encore atteint, et de la partie nord de la mer Égée, c'est-à-dire à deux grandes failles qui séparent le bassin de Marmara à l'ouest de la masse archéenne du Rhodope et à l'est de la masse archéenne d'Anatolie. L'action sismique a été rajeunie au commencement de cette période par un fort choc du N-O, probablement par l'intermédiaire du bassin d'Andrinople.

2° La principale cause de la sismicité très accusée des terrains balkaniques est due aux rapprochements de trois systèmes différents de formations montagneuses dont chacun est accompagné de ses accidents tectoniques : les plissements alpins et surtout la branche du Sud-Est ou le système dinarique, les plissements carpatho-balkaniques et le vieux continent oriental ou la masse du Rhodope, avec tous ses fragments, qui s'insinue en coin entre les deux autres systèmes. Toutes ces formations et les dislocations résultantes donnent des circonstances favorables à une sismicité très élevée.

3° La masse du Rhodope est en partie disloquée, même démembrée. Le fractionnement de la masse se continue, et les blocs se meuvent encore. Certains fragments, par leurs mouvements, jouent un rôle sismogénique, c'est-à-dire qu'en poussant les couches disloquées, ils provoquent, le long de certaines failles et de leurs systèmes, des séismes de différentes intensités. Les mêmes phénomènes de démembrement et de percussion sont produits aussi par la masse archéenne d'Anatolie; de là les accidents sismogéniques du côté de l'Asie Mineure, comme ceux qui se produisent du côté de la Thrace. On peut, de cette manière, expliquer de fréquentes et grandes catastrophes sismiques sur la Péninsule balkanique, dans le bassin de la mer de Marmara et dans les lieux du nord-ouest de l'Asie Mineure.

BOTANIQUE. — *Sur les plantules d'une Laminaire à prothalle parasite* (Phyllaria reniformis *Rostaf.*). Note de M. **C. Sauvageau**, présentée par M. L. Guignard.

J'ai indiqué dans ce recueil, en 1915 et 1916, comment nos Laminaires de l'Océan se reproduisent sexuellement et développent leurs plantules. Je me suis proposé de compléter cette étude sur le *Phyllaria reniformis*, plante éphémère, en partie méditerranéenne, qui vit à Banyuls-sur-Mer aux environs immédiats du Laboratoire Arago, un peu au-dessous du niveau de l'eau, sur des rochers peu éclairés ou légèrement en surplomb; les circonstances ne m'ont pas permis de le rechercher dans la profondeur. D'après mes observations et celles dont je suis redevable à mon ami M. Fage, zoologiste attaché au service maritime des pêches, le *P. reniformis* y apparaît vers la fin de l'hiver et disparaît en été; on ignore comment il passe l'automne et son prothalle est inconnu.

Des nombreux envois que le Laboratoire Arago m'expédiait, en 1914, 1915, 1916, un seul m'a fourni des déhiscences; les autres se gâtèrent en route; les zoospores, munies d'un chromatophore et d'un point rouge, germèrent en tube étroit, presque aussitôt après leur transformation en embryospores, comme celles des Laminaires de l'Océan; les germinations périrent le lendemain, tuées par la chaleur de mon laboratoire. Durant un séjour en avril dernier à Banyuls, je n'ai pu recommencer les expériences de culture, car j'ai trouvé seulement de jeunes individus; en outre, la mer fut quasi constamment houleuse. J'ai donc cherché des plantules au hasard, sur des morceaux de rochers ou de *Lithophyllum* enlevés à l'aide d'un outil longuement emmanché. J'en ai ainsi obtenu une centaine dont les plus jeunes mesuraient 200^{μ}.

Les plantules monostromatiques sont toujours pilifères; les assises basilaires de la lame, aussi régulièrement concentriques que celles du *Saccorhiza bulbosa*, sont engendrées par une zone stipo-frondale aussi nettement marquée. La lame polystromatique possède des solénocystes, des cellules multiclaves, etc. du même type que chez le *S. bulbosa* ([1]). Par contre, le stipe des plantules offre de remarquables particularités. Le stipe monosi-

([1]) Cf. C. Sauvageau, *Recherches sur les Laminaires des côtes de France* (*Mémoires de l'Académie des Sciences*, t. 56, 1918; sous presse).

phonié des plus jeunes se compose de quelques cellules supérieures aplaties
et d'une longue cellule cylindrique basilaire, à parois épaisses, dressée sur
le *Lithophyllum*. Tandis que la cellule basilaire conserve ses dimensions
initiales, les cellules supérieures augmentent de nombre par la division
stipo-frondale, s'élargissent, se cloisonnent, la débordent, émettent des
prolongements corticants qui la recouvrent graduellement, descendent en
revêtement dense et épais jusque sur le support où ils forment à la plantule
une base circulaire épatée. La plantule est dès lors solidement fixée. Cependant, la cellule basilaire n'est pas entièrement inactive ; elle est très inégalement divisée vers le haut par une paroi plane, bombée ou oblique, et la
portion inférieure semble faire une poussée dans la portion supérieure. Si
cette poussée est oblique, elle peut engendrer un prolongement exsert qui
devient une plantule latérale dont la cellule basilaire continue celle de la
plantule mère. Si ce prolongement apparaît de bonne heure, les deux
plantules sont à peu près de même taille. S'il apparaît tardivement, il
traverse la cortication et la première plantule est notablement plus avancée
que la seconde ; cette différence s'atténue dans la suite et l'on distingue mal
si deux plantules contiguës, hautes de quelques millimètres, sont nées l'une
de l'autre ou côte à côte. Bien que les moins nombreuses, les plantules à
stipe ramifié ne sont pas rares. La disposition de cette cellule basilaire
vivante et à parois épaisses, par rapport à la plantule, rappelle celle de
l'oogone vidé chez les autres Laminaires étudiées.

J'ai rencontré toutes les plantules sur le *Lithophyllum lichenoides* (¹),
aucune sur le rocher, mais leur insertion épiphyte n'est qu'apparente. En
réalité, la cellule basilaire continue et surmonte une file plus ou moins
verticale de cellules aplaties et à parois minces incluses dans son épaisseur,
observable seulement après décalcification. Sur certaines files profondes, j'ai
pu compter douze cellules superposées sans arriver jusqu'à leur origine ;
toutefois, dans l'une de mes dissections, la plus inférieure d'entre elles
s'insérait sur une cellule étroite, allongée dans le sens perpendiculaire, qui
semblait le témoin d'un filament monosiphonié parallèle à la surface de
l'hôte. La file de cellules incluses persiste longtemps ; j'ai observé celle de
plantules dont l'importance de la cortication égalait plusieurs fois le
diamètre de la cellule basilaire.

En l'absence de cultures, la stratification de l'épaisse paroi de cette

---

(¹) J'en dois la détermination à l'obligeance de Mme Paul Lemoine.

curieuse cellule basilaire permet d'interpréter ce qui précède. La cellule basilaire correspond en totalité à l'oogone vidé des autres Laminaires, postérieurement rempli et renforcé par le haut et par le bas. Sa portion supérieure serait un rhizoïde interne, mais large et court ; sa portion inférieure résulterait de la prolifération et de l'invagination précoces de la cellule sous-jacente ; pareil phénomène se rencontre d'ailleurs parfois dans les cultures des autres Laminaires ; ici, il serait constant et les parois s'appliquent intimement l'une contre l'autre. Par suite, la ramification des plantules ne serait qu'une apparence due à la persistance et à la rigidité de la paroi de l'oogone renforcé, et le filament parasite dans le *Lithophyllum* représenterait le prothalle. L'apparition d'une plantule latérale sur une plantule fortement cortiquée, probablement due à une seconde invagination, indiquerait une longue survie du prothalle.

Un *Lithophyllum* ne s'accroissant pas en épaisseur, hormis quand il produit des protubérances, ne peut englober le prothalle du *P. reniformis*. On sait, en outre, que des *Lithophyllum* voisins se soudent en grandissant et emprisonnent des corps étrangers, mais pareille cause d'erreur ne peut être invoquée ici. Le prothalle traverse donc l'Algue calcaire à la manière d'un parasite (intercellulaire ou intracellulaire ?), la dissout sur son passage jusqu'au moment où, venant au jour, il forme aussitôt un oogone qui persistera comme cellule basilaire de la plantule.

On se demandera si ce mode inaccoutumé d'existence dans une Aigue calcaire est devenu une adaptation nécessaire pour le *P. reniformis*, s'il entraîne l'apogamie et comment s'y fait la première pénétration.

CHIMIE BIOLOGIQUE. — *La réaction d'Adamkiewicz est-elle due à l'acide glyoxylique ou à l'aldéhyde formique?* Note ([1]) de M. **E. Voisenet**, présentée par M. E. Roux.

Hopkins et Cole ([2]) ont montré que l'emploi de l'acide acétique dans la réaction d'Adamkiewicz introduit une substance nécessaire à la production de la coloration violette, et l'ont attribuée à de l'acide glyoxylique.

J'ai fait connaître une nouvelle réaction colorée violette des albumi-

---

([1]) Séance du 6 mai 1918.
([2]) *Proc. Roy. Soc.*, t. 68, 1901, p. 21.

noïdes (¹), obtenue par action des acides sulfurique ou chlorhydrique, très légèrement nitreux, sur la substance protéique en présence d'une trace d'aldéhyde formique.

Pour les raisons suivantes, j'estime que la matière colorante de ces réactions est la même et que le *méthanal* est le corps *nécessaire* et *suffisant* à sa production :

1° Similitude des modes de formation et de propriétés physiques et chimiques des matières colorantes.

Comme ma réaction, celles d'Adamkiewicz, d'Hopkins et Cole, peuvent être réalisées avec mon réactif acide chlorhydrique nitreux. Indépendamment de la propriété oxydante de sa molécule, l'acide sulfurique qui sert à les reproduire contient habituellement et en quantité suffisante, des traces de corps oxydants, oxydes de l'azote, de l'arsenic et du sélénium.

En concentration convenable, chacune des liqueurs violettes montre dans le spectre une bande d'absorption entre les lignes D et E de Fraunhofer.

Les matières colorantes sont également sensibles à l'action des réactifs oxydants ou réducteurs : en particulier, ma réaction effectuée avec un excès d'aldéhyde formique donne une coloration *jaune*, et l'on ne peut reproduire celle d'Adamkiewicz avec un acide sulfurique trop nitreux.

2° La réaction de l'acide glyoxylique avec les matières albuminoïdes, en présence d'un acide fort, fournit une coloration violette qui doit être attribuée à de l'aldéhyde formique résultant de sa décomposition, et pouvant même y figurer comme impureté de préparation.

D'abord, l'aldéhyde formique satisfait à la réaction d'Adamkiewicz et les expériences suivantes révèlent en outre l'extrême sensibilité de cette réaction pour cet aldéhyde, l'addition de 3 gouttes de formol à un litre d'eau fournissant une liqueur à pouvoir chromogène intense.

Si à 1$^{cm^3}$ d'une solution de blanc d'œuf dans de l'acide acétique ne donnant pas la réaction d'Adamkiewicz, on ajoute 1$^{cm^3}$ de cette eau formolée, puis 3$^{cm^3}$ d'acide sulfurique, avec les précautions opératoires connues, on obtient la coloration violette de cette réaction.

Si à 2$^{cm^3}$ de la solution d'eau formolée, on ajoute 5 gouttes de blanc d'œuf battu, puis 3$^{cm^3}$ d'acide sulfurique, on obtient une coloration violette comme avec l'acide glyoxylique.

Ensuite, l'acide glyoxylique est facilement décomposable en anhydride carbonique

---

(¹) *Bull. Soc. chim.*, t. 33, 1905, p. 1198.

et aldéhyde formique. En chauffant avec l'eau, à 140°, le glyoxylate d'isobutyle, Bou-
veault et Wahl ([1]) ont reconnu ce fait : Hopkins et Cole, eux-mêmes, l'ont admis par
ce qui suit. Cette décomposition s'effectue aisément par les acides forts, notamment
l'acide sulfurique. Les expériences suivantes, avec l'acide chlorhydrique, montrent la
transformation progressive, presque quantitative de l'acide glyoxylique en méthanal.

En ajoutant, dans deux tubes, 1 goutte d'une solution de formol à 35 pour 100 dilué
au centième, et 1 goutte d'une solution d'acide glyoxylique pur à $0^g,86$ pour 100, ce
qui réalise une équivalence de méthanal libre et latent, puis 5 gouttes et 3^{cm^3} de mes
réactifs, eau albumineuse et acide chlorhydrique nitreux; après mélange, il se produit
aussitôt dans la liqueur formolée, à température ordinaire, une coloration violette
devenant intense en une demi-heure; la liqueur glyoxylique n'a pris lentement qu'une
légère teinte violacée. : en portant au bain-marie à 50° pendant une demi-heure, la
coloration de cette dernière liqueur croît progressivement, mais en restant un peu
inférieure à celle de la première demeurée constante : à ce moment, l'ébullition établit sensiblement l'égalité de teinte. L'examen spectroscopique de chaque liqueur
montre une raie d'absorption identique par la délimitation de ses bords en longueur
d'onde.

En opérant seulement avec 2 à 3 gouttes d'eau albumineuse, la liqueur formolée
donne la coloration violette, la liqueur glyoxylique une coloration orangée, stable,
mais devenant violette après addition nouvelle de 3 à 2 gouttes d'eau albumineuse et
avec autant d'intensité que dans l'essai précédent. L'acide chlorhydrique nitreux,
agissant sur les mêmes doses d'eau albumineuse seule, donne une liqueur incolore ou
jaunâtre.

Ces deux expériences identifient, en dernière analyse, les réactions colorées de
l'acide glyoxylique et du méthanal avec les albuminoïdes, identification que j'ai
reconnue pour d'autres réactions colorées de ces aldéhydes. La première phase de la
seconde laisse entrevoir en outre, avec ces substances, la réaction colorée propre à
l'aldéhyde glyoxylique : j'espère expliquer la dérivation de la deuxième phase et
révéler ainsi le mécanisme de la réaction d'Hopkins et Cole.

Habituellement cette réaction est reproduite avec une solution d'acide glyoxylique
préparée par réduction de l'acide oxalique. La coloration violette est alors due en
partie et directement à de l'aldéhyde formique : la liqueur de réduction satisfait aux
caractères analytiques de cet aldéhyde et de l'anhydride carbonique figure dans le
dégagement gazeux.

3° Production d'aldéhyde formique par oxydation ménagée de l'acide
acétique.

Il suffit de lire le Mémoire d'Hopkins et Cole pour reconnaître que, de

---

([1]) *Bull. Soc. chim.*, t. 31, 1904, p. 682.

l'ensemble de leurs expériences même, c'est à l'aldéhyde formique plutôt qu'à l'acide glyoxylique qu'il convenait d'attribuer le pouvoir chromogène.

L'oxydation par l'eau oxygénée, en présence de sulfate ferreux, ayant communiqué un fort pouvoir chromogène à de l'acide acétique qui n'en possédait pas, les amena à étudier ce phénomène où ils reconnurent *nettement* la production, en quantité relativement notable, de l'aldéhyde formique et *vraisemblablement* celle de l'acide glyoxylique: « Mais il est certain, affirment-ils, que l'aldéhyde formique ne donne pas la réaction protéique et sa formation, quand on traite ainsi l'acide acétique, *semble* fournir par cela même la preuve qu'il s'est produit de l'acide glyoxylique pendant le processus. »

Ainsi, c'est pour avoir méconnu cette propriété de l'aldéhyde formique de donner *certainement* la réaction protéique qu'ils l'ont attribuée *vraisemblablement* à de l'acide glyoxylique. Quant à leur conviction erronée à l'égard du méthanal, il est logique d'en rapporter la cause à l'influence empêchante d'un excès de ce corps dans leur expérience de contrôle.

De l'aldéhyde formique se produit donc dans l'oxydation ménagée de l'acide acétique, même par l'oxygène de l'air, surtout à la lumière, et ce fait a été reconnu par Hopkins et Cole eux-mêmes. J'ai constaté encore la production de traces de ce corps dans la décomposition d'un acétate par l'acide sulfurique, et des acétates cuivrique ou mercurique par voie sèche. L'expérience montrant qu'une solution d'albumine dans un acide acétique ainsi altéré donne ma réaction colorée de l'aldéhyde formique, vérifie ces diverses modalités de formation et contribue par l'étude de cette réaction à l'explication définitive de celle d'Adamkiewicz.

A 15 heures trois quarts l'Académie se forme en comité secret.

La séance est levée à 17 heures et demie.

A. Lx.

ACADÉMIE DES SCIENCES.

SÉANCE DU MARDI 21 MAI 1918.

PRÉSIDENCE DE M. Léon GUIGNARD.

MÉMOIRES ET COMMUNICATIONS

DES MEMBRES ET DES CORRESPONDANTS DE L'ACADÉMIE.

GÉOLOGIE. — *Contributions à la connaissance de la tectonique des Asturies: plis hercyniens et plis pyrénéens, charriages antéstéphaniens et charriages postnummulitiques*. Note de M. Pierre Termier.

Il suffit de jeter les yeux sur la Carte géologique d'Espagne à l'échelle de $\frac{1}{400\,000}$ ou, mieux encore, sur la Carte géologique du bassin houiller asturien, à l'échelle de $\frac{1}{300\,000}$, publiée en 1914 par Luis de Adaro, pour voir qu'il y a, dans les Asturies et spécialement dans la région centrale, voisine d'Oviedo, *deux chaînes de montagnes qui se croisent* et qui sont d'âges très différents. A la chaîne *hercynienne*, d'âge certainement houiller, probablement stéphanien, appartient le faisceau de plis serrés, de direction Nord-Nord-Est ou Nord-Est, plus rarement Nord, qui accidente le bassin houiller, fait se succéder, plus à l'Ouest, une série de bandes où alternent le Cambrien, le Silurien, le Dévonien, le Carbonifère, et qui, caché partiellement sous un manteau de terrains mésozoïques, court à la mer et se poursuit, je ne sais jusqu'où, sous les flots. A la chaîne alpine, ou, pour parler d'une façon plus précise, à la chaîne *pyrénéenne*, d'âge postnummulitique, appartiennent: les plis, de direction Est ou Est-Sud-Est, qui affectent, çà et là, les terrains secondaires; la longue bande synclinale, de direction Est qui a permis la conservation du Crétacé, sur plus de 80^{km} de longueur, depuis les environs d'Oviedo jusqu'à ceux de Cangas-de-Onis; la zone anticlinale ([1]) de plis

---

([1]) *Comptes.rendus*, t. 166, 1918, p. 709.

aigus et serrés, de direction Est-10°-Sud, qui fait surgir au travers du Trias le calcaire carbonifère des Peñas de Careses et le Houiller de Fresnedo ; le faisceau des plis Ouest-Est qui, tout au Sud de la province, dans les monts de la Cordillère cantabrique et, plus loin, dans les montagnes de la province de Léon, a façonné les terrains primaires en longues bandes parallèles, parmi lesquelles il y a plusieurs chaînes de petits bassins houillers productifs ; enfin le retour du Crétacé au sud de ces bandes primaires, entre La Robla et Aguilar-de-Campoo, sous la forme d'une étroite bande Ouest-Est, violemment plissée près du bord de la région primaire *sous laquelle elle plonge*, se raplanissant bien vite au Sud et disparaissant sous le Miocène horizontal des plateaux de Castille. La chaîne pyrénéenne se prolonge à l'Est dans les provinces de Santander et de Palencia, toujours dirigée vers Est ou vers Est-Sud-Est ; c'est elle qui produit l'allure plissée des Cordillères voisines de la côte, entre Ribadesella et Santander, et l'apparition en anticlinal, à Las Caldas, dans la vallée de la Besaya, du calcaire carbonifère ; plus loin, vers l'Est, elle se prolonge encore dans la région crétacée ; on la suit, à travers la Biscaye et les provinces basques, jusqu'aux Pyrénées. L'angle sous lequel se croisent les deux chaînes, la houillère et la tertiaire, dans la région d'Oviedo, est, en moyenne, de 50° ou 60°.

Mais le faisceau hercynien des Asturies ne se prolonge pas vers le Sud sans changer de direction. Dans les montagnes de Léon, aucun pli n'a la direction Nord-Est ; les bandes de terrains primaires, cambriennes, siluriennes, dévoniennes, carbonifères, houillères, ont, dans la province de Léon, la direction Est ou la direction Est-Sud-Est. Déjà dans le Sud des Asturies, dans la haute région de la Cordillère cantabrique, on voit les plis hercyniens s'infléchir peu à peu, au fur et à mesure qu'on s'élève [1] : ils passent de la direction Nord-Nord-Est à la direction Nord, puis de celle-ci à la direction Est-Sud-Est, ou même à la direction Est. Comme les terrains secondaires ont, ici, disparu, rien ne distingue plus les plis hercyniens des plis pyrénéens. Les deux chaînes ne sont plus *croisées;* elles sont *superposées.*

La distinction des deux chaînes redevient possible à l'est de la région primaire, dans les montagnes qui séparent Cervera et Reinosa, grâce à la présence du Trias sur le Houiller. Les plis des terrains primaires, dans ces

---

[1] Ch. Barrois, *Recherches sur les terrains anciens des Asturies et de la Galice,* 1882.

montagnes, sont, le plus souvent, dirigés Nord-Ouest (Nord-40°-Ouest, à Barruelo et à Orbó), avec des sinuosités locales qui font passer la direction à Ouest-Est, et même, exceptionnellement, à Nord-Est, comme à Cervera; les plis du Trias sont dirigés vers le Nord-Ouest ou vers l'Ouest; ils sont donc parallèles, ou à peu près parallèles, aux plis hercyniens, mais comme il y a, à peu près partout, discordance, quant à l'inclinaison, entre les assises triasiques et les assises houillères, et comme les plis du Trias sont beaucoup moins aigus et beaucoup moins continus que ceux du Houiller, on arrive à démêler les deux systèmes de plis et à reconstituer l'ancien pays hercynien, tel qu'il était avant le plissement tertiaire.

Au nord de Potes et de Cabuérniga, l'intensité du plissement tertiaire rend de nouveau cette reconstitution impossible : tout se passe comme si le Primaire était resté presque horizontal jusqu'aux mouvements pyrénéens, comme si Primaire et Secondaire étaient sensiblement concordants. Mais dans tout le massif des Picos de Europa, où il n'y a guère que des terrains carbonifères, depuis Riano et Cervera, au Sud, jusqu'aux Puertos de Cangas, au Nord, de grands plis passent, dirigés vers le Nord-Ouest ou vers l'Ouest-Nord-Ouest; ils tournent, entre Pola-de-Laviana et Infiesto, pour devenir parallèles au faisceau de plis du bassin houiller asturien : ce sont donc des plis hercyniens; et nous savons ainsi que la chaîne hercynienne est continue depuis Orbó et Barruelo jusqu'à la région d'Infiesto et de Cangas-de-Onis. Ce faisceau hercynien de direction Nord-Ouest tourne de 90° ou 100° près d'Infiesto, croise la grande bande crétacée Ouest-Est, et, désormais dirigé Nord-Est, court à la mer parallèlement au chaînon du Puerto Sueve. A l'extérieur de cet arc de plis, et exécutant une rotation analogue et presque concentrique, se dessine le faisceau du bassin houiller principal des Asturies; plus loin, et courbé en arc de la même façon, et à peu près concentrique encore, le faisceau des bandes primaires qui vont, de la région côtière entre Pravia et Luarca, à la région léonaise entre Villablino et Santa-Lucia, en passant par le pays de Cangas-de-Tineo. La chaîne hercynienne est ainsi approximativement reconstituée, dans les Asturies, sur une largeur (perpendiculairement à la direction des plis) de 120^{km}, et sur une longueur (parallèlement aux plis) d'environ 160^{km}. Dans toute l'étendue de ce pays hercynien, l'influence des mouvements pyrénéens est peu visible, à cause de l'absence des terrains secondaires.

L'influence pyrénéenne redevient évidente sur les deux bords du pays paléozoïque. Au Sud, dans les montagnes de Léon, dans les petits bassins houillers de Santa-Lucia et de Matallana, dans les environs de La Vecilla, et plus à l'Est, dans la province de Palencia, aux environs de Cervera-de-Rio-Pisuerga, il est manifeste que le plissement pyrénéen, très intense, a modifié l'allure des plis hercyniens, leur a donné, presque partout, la direction Est au lieu de leur direction originelle Nord-Ouest, et *a rétréci considérablement la largeur qu'ils occupaient*, comme si les arcs extérieurs de la chaîne hercynienne s'écrasaient, ou *comme s'ils s'enfonçaient sous un recouvrement formé par les arcs intérieurs*. Au Nord, dans les vallées qui descendent des Picos, vallées de la Sella, du Carés, de la Deva, le plissement Ouest-Est, pyrénéen, prédomine sur le plissement ancien : c'est lui qui imprime l'allure générale, l'allure en bandes parallèles à la côte. Il y a parfois, près de Ribadesella et près de Llanes, composition ou interférence des plis, les deux directions composantes faisant ici un angle d'une cinquantaine de degrés.

J'ai récemment établi (¹) l'existence, dans l'histoire de la chaîne hercynienne des Asturies, d'un épisode antéstéphanien, ou peut-être d'âge stéphanien inférieur, caractérisé par des charriages et nettement antérieur à la formation des faisceaux de plis hercyniens que nous observons aujourd'hui. De ces charriages, qui ont dû s'étendre à une aire très grande, il ne reste, à ma connaissance, qu'un seul témoin : les *mylonites* d'Arnao, près d'Avilés.

Y a-t-il eu des charriages préliminaires au plissement pyrénéen? des charriages postnummulitiques? C'est la question que j'ai posée (²) en 1905 pour la partie de la Cordillère cantabrique comprise dans la province de Santander, en donnant les motifs que j'avais, dès lors, de considérer tout ce pays de plis pyrénéens comme un pays de nappes. MM. Léon Bertrand et Louis Mengaud (³) ont fait connaître, en 1912, des observations nouvelles qui confirmaient les miennes et rendaient désormais certaine l'existence, entre Santander et Llanes, de charriages postnummulitiques. Je rappellerai seulement, parmi ces observations : celle de témoins de grès paléozoïques reposant indifféremment, dans les cordillères de la côte, sur les divers terrains, primaires, secondaires, nummulitiques, et ayant à leur base, partout, une zone de mylonites; et celle, à Lebeña, dans la vallée du Rio Deva, d'un terrain crétacé apparaissant, en *fenêtre*, sous le Carbonifère

---

(¹) *Comptes rendus*, t. 166, 1918, p. 433 et 516.

(²) *Comptes rendus*, t. 141, 1905, p. 920.

(³) *Comptes rendus*, t. 155, 1912, p. 737, et *Bull. Soc. Géol. de France*, 4ᵉ série, t. 12, p. 504.

du massif des Picos. Voici, sur cette question des charriages postnummulitiques, ce que je puis dire actuellement, après les deux voyages que je
viens d'accomplir dans la Cordillère cantabrique.

Sauf à Arnao, tous les terrains visibles dans les Asturies m'ont paru liés
les uns aux autres, sans déplacements relatifs très appréciables : ce qui
revient à dire que, si les Asturies sont pays de nappes, *tous les terrains
visibles (sauf le Houiller d'Arnao)* y appartiennent à la même nappe; ou
encore, que la question du charriage de la Cordillère cantabrique ne peut
pas être résolue dans les Asturies, qu'elle ne peut être résolue qu'en dehors
de cette province.

La série sédimentaire asturienne, si on la suit dans la province de Santander, n'est autre que la nappe intermédiaire (nappe II) de MM. Bertrand
et Mengaud. Si la *fenêtre* de Lebeña est bien une *fenêtre*, si les marnes
signalées en cet endroit par les deux géologues français sont vraiment
crétacées ([1]), la conclusion qu'entraîne cette observation capitale s'étend
indubitablement à toutes les Asturies.

Mais la série sédimentaire asturienne se prolonge, au Sud dans les montagnes de Léon, au Süd-Est dans les montagnes de Palencia. Il y a donc
lieu de chercher si, dans la province de Léon, ou dans la province de
Palencia, on n'aperçoit pas quelque argument en faveur des charriages,
ou quelque raison décisive de n'y pas croire. De toute évidence, c'est par
l'observation attentive de la bande crétacée de La Robla, de La Vecilla,
de Cervera, que la question se résoudra, dans un sens ou dans l'autre.

Or, là où je l'ai vue, près de Cervera, sur les deux rives du Pisuerga,
cette bande crétacée, violemment plissée, plonge au Nord, c'est-à-dire *plonge
sous le pays paléozoïque*. Il semble donc que le pays paléozoïque tout entier
soit poussé, du Nord au Sud, sur le Crétacé de cette bande et sur les
plateaux de la Castille. Le Crétacé, encore un peu problématique, de Lebeña,
serait le prolongement, sous la nappe asturienne, du Crétacé, certain, de la
vallée du Pisuerga. L'amplitude du charriage, du Nord au Sud, serait, dans
ce profil Potes-Cervera, d'au moins 40^{km}.

Tout deviendrait alors très clair. Le resserrement apparent de la chaîne
hercynienne, dans la région où le plissement pyrénéen se superpose au
plissement ancien (entre La Vecilla et Cervera), résulterait simplement de

---

([1]) MM. Bertrand et Mengaud ont vainement cherché des fossiles dans ces marnes.
L'attribution au Crétacé, qui reste très probable, est fondée sur la similitude pétrographique avec les marnes albiennes des nappes nord-pyrénéennes.

ce fait que les plis les plus extérieurs se cacheraient sous les plis intérieurs, ceux-ci s'avançant, en recouvrement, sur ceux-là. Les anomalies que j'ai signalées en 1905 dans la structure des environs de Torrelavega deviendraient naturelles et simples, puisque le pays tout entier serait pays de nappes. La présence, sur la nappe asturienne, de lambeaux de grès paléozoïques garnis, à leur base, de mylonites, n'aurait plus rien de surprenant : ces lambeaux seraient des témoins d'une nappe supérieure, venue de la région maritime.

J'ajoute que le mouvement d'ensemble des terrains asturiens rendrait compte de certaines anomalies locales observées dans les Asturies, anomalies qui ne suffisent point, à elles seules, à nécessiter l'hypothèse du charriage, mais qui, sans cette hypothèse, s'expliquent mal et constituent des énigmes embarrassantes. Parmi ces anomalies est l'apparition (qui m'a été montrée par M. Machimbarrena) du Houiller, à Lieres, sous le Crétacé, sans interposition de Trias. C'est sur la rive gauche du Rio Nora, à 1^{km} environ au nord de la gare de Lieres, dans les tranchées du chemin de fer Lieres-Musel, que l'on voit affleurer le Houiller : il forme là, dans une déchirure du manteau crétacé, une ellipse allongée vers l'Est et longue de plusieurs centaines de mètres. Le contact du Houiller et du Crétacé n'est malheureusement pas visible; mais, à coup sûr, dans ce contact, il n'y a pas de Trias; et cependant le Trias est, tout autour et à faible distance, très développé. Nulle part, près du contact, le Crétacé n'est plissé, ni redressé. Le Trias n'a donc pas disparu par une exagération locale du plissement pyrénéen. Sa disparition par érosion antécénomanienne est une hypothèse bien peu vraisemblable. Reste l'hypothèse de sa disparition par déplacement relatif, horizontal, du Crétacé sur son substratum ; et cette hypothèse est extrêmement plausible si l'on admet le charriage de toute la série sédimentaire asturienne.

En résumé, et dans l'état actuel de nos connaissances, voici quelle est, pour moi, la succession, depuis le Houiller, des phénomènes orogéniques dans les Asturies et dans les provinces voisines, Santander, Palencia et Léon :

a. *Charriages antéstéphaniens* (ou peut-être d'âge stéphanien inférieur), provoqués par de violents efforts dans la région, aujourd'hui maritime, située au nord des Asturies; n'ayant laissé d'autres témoins que les mylonites d'Arnao; en rapport, sans doute, avec nos grands charriages antéstéphaniens du Massif central français;

b. Plissement hercynien, à l'époque stéphanienne, affectant toute la région et la façonnant en plis serrés; plis qui tournent de 90° ou 100°, passant de la direction Nord-Est (près de la côte) à la direction Ouest-Nord-Ouest (dans la haute région);

c. Charriages postnummulitiques, d'âge un peu imprécis, postérieur en tout cas au Nummulitique de San-Vicente-de-la-Barquera; ils résultent d'une violente poussée du Nord au Sud, faisant chevaucher sur la région de la côte actuelle des lambeaux venus de la région maritime, et déterminant l'avancée générale de tout le pays cantabrique sur la région tabulaire de la Castille;

d. Plissement pyrénéen postérieur à ces charriages; plis de direction Est ou Est-Sud-Est, très inégalement intenses d'un point à l'autre, souvent réduits à de larges ondulations, ailleurs assez aigus pour faire disparaître (quand ils leur sont parallèles) les plis hercyniens. Comme toujours, on observe des plis *posthumes*, au sens d'Eduard Suess, c'est-à-dire des mouvements de faible amplitude qui rappellent, après de longues séries de siècles, les mouvements intenses de jadis. A l'époque du plissement pyrénéen, quelques plis ont reparu, d'allure hercynienne : tel est le chevauchement du Silurien sur le Lias au Cabo Torres, suivant une surface dont l'horizontale est dirigée Nord-Est; telles sont encore les ondulations, dirigées de même, qui affectent le Lias près de Tazones, au nord de Villaviciosa.

THÉORIE DES FONCTIONS. — *Sur la meilleure approximation des fonctions d'une variable réelle par des expressions d'ordre donné*. Note de **M. C. DE LA VALLÉE POUSSIN.**

Soit $f(x)$ une fonction continue de période 2π. Nous nous proposons de faire connaître une nouvelle Règle pour assigner une borne inférieure à la meilleure approximation de $f(x)$ par une expression trigonométrique finie d'ordre n. M. Lebesgue a donné, dans son Mémoire *Sur les intégrales singulières* ([1]), une Règle très importante qui donne une telle borne et qui est fondée sur les propriétés des sommes de Fourier de $f(x)$. Celle que je vais indiquer sera fondée sur les propriétés des sommes de Féjér.

([1]) *Annales de la Faculté des Sciences de Toulouse*, 1910.

Soient S_0, S_1, ..., S_k, ... les sommes de Fourier d'ordres successifs de $f(x)$; la somme de Fejér d'indice n,

$$\sigma_n = \frac{S_0 + S_1 + \ldots + S_{n-1}}{n},$$

est la moyenne arithmétique des n premières sommes de Fourier. C'est une expression trigonométrique qui est généralement d'ordre $n-1$. La propriété la plus importante des sommes de Fejér est la suivante : *Toute somme de Fejér a une valeur moyenne entre les diverses valeurs de $f(x)$. En particulier, si le module de $f(x)$ est $\leqq M$, toutes les sommes de Fejér auront leur module $\leqq M$.*

Considérons maintenant une expression trigonométrique finie $T(x)$ d'ordre n. Pour les distinguer des précédentes, désignons les sommes de Fourier par $s_0, s_1, \ldots, s_k, \ldots$ et les sommes de Fejér par τ_k. Si k est $\geqq n$, s_k est identique à T. On a donc identiquement

$$(n+p)\tau_{n+p} = n\tau_n + pT,$$

d'où

(1) $$T - \frac{(n+p)\tau_{n+p} - n\tau_n}{p} = 0.$$

Supposons que T représente f avec une approximation ρ, c'est-à-dire que l'on ait

$$|f - T| \leqq \rho.$$

Remarquons que la somme de Fejér d'une différence est la différence des sommes de Fejér, et appliquons la propriété fondamentale rappelée plus haut aux sommes de Fejér de $f - T$; nous avons

$$|\sigma_n - \tau_n| \leqq \rho, \qquad |\sigma_{n+p} - \tau_{n+p}| \leqq \rho.$$

Nous voyons ainsi qu'on a, sauf une erreur $< \rho$,

$$T = f, \qquad \tau_n = \sigma_n, \qquad \tau_{n+p} = \sigma_{n+p}.$$

Faisons ces substitutions dans l'équation (1), l'erreur totale ainsi commise est inférieure à

$$\rho + \frac{(n+p)\rho + n\rho}{p} = 2\frac{n+p}{p}\rho,$$

ce qui assure l'inégalité

$$\left| f - \frac{(n+p)\sigma_{n+p} - n\sigma_n}{p} \right| \leqq 2\frac{n+p}{p}\rho.$$

Revenons aux sommes de Fourier; cette inégalité s'écrit

$$\left| f - \frac{S_n + S_{n+1} + \ldots + S_{n+p-1}}{p} \right| \lessgtr 2 \frac{n+p}{p} \rho.$$

Donc *la meilleure approximation, ρ, de f, par une expression trigonométrique d'ordre n, n'est pas inférieure au quotient par $2\frac{n+p}{p}$ de l'approximation obtenue, quand on prend comme valeur approchée de f la moyenne arithmétique de p sommes de Fourier consécutives à partir de S_n. En particulier (si $p = n$), elle n'est pas inférieure au quart de l'approximation fournie par la moyenne de n sommes de Fourier consécutives à partir de S_n.*

Désignons le terme général de la série de Fourier par

$$A_k = a_k \cos kx + b_k \sin kx,$$

et par R_k l'erreur $f - S_k$. Nous avons

$$R_k = A_{k+1} + A_{k+2} + \ldots + A_{2n} + R_{2n}.$$

L'erreur relative à la moyenne de S_n, S_{n-1}, ..., S_{2n-1} est l'erreur moyenne

$$\frac{R_n + R_{n+1} + \ldots + R_{2n-1}}{n} = \frac{A_{n+1} + 2A_{n+2} + \ldots + nA_{2n}}{n} + R_{2n}.$$

Supposons, pour simplifier, que f soit exprimable en série de Fourier. Alors, si la valeur de x qui maxime $|R_{2n}|$ donne le même signe à tous les termes A_k d'indices $> n$ (donc le même qu'à R_{2n}), le maximum absolu de l'erreur moyenne surpassera celui de R_{2n}. De là, le théorème suivant:

Si $f(x)$ est développable en série de Fourier, et si la valeur de x qui maxime $|R_{2n}|$ donne le même signe à tous les termes de cette série d'indices $> n$, la meilleure approximation de x par une expression trigonométrique d'ordre n n'est pas inférieure au quart de celle fournie par la somme de Fourier d'ordre double, $2n$.

Cette condition sera évidemment remplie si tous les termes de la série de Fourier d'indices $> n$ sont maximés et de même signe pour la même valeur $x = 0$, comme cela a lieu dans l'exemple suivant:

Soit à étudier l'approximation de la fonction $|\sin x|$. Nous avons le développement en série de Fourier

$$|\sin x| = \frac{4}{\pi}\left[\frac{1}{2} - \frac{\cos 2x}{2^2-1} - \frac{\cos 4x}{4^2-1} - \ldots - \frac{\cos 2kx}{(2k)^2-1} - \ldots\right],$$

d'où, selon que n est pair ou impair,

$$\text{max}\,|R_n| = \frac{2}{\pi(n+1)} \quad \text{ou} \quad \frac{2}{\pi n}, \qquad \frac{1}{4}\text{max}\,|R_{2n}| = \frac{1}{2\pi(2n+1)}.$$

Donc la meilleure approximation d'ordre n est comprise entre ces deux bornes. Cette conclusion s'applique à la meilleure approximation de $|\cos x|$ $\left(\text{par le changement de } x \text{ en } x + \frac{\pi}{2}\right)$. Elle s'étend à la meilleure approximation de $|x|$ dans l'intervalle $(-1, +1)$ par un polynome de degré n, en faisant la substitution $x = \cos\varphi$. On retrouve ainsi, par une méthode générale et des calculs simples, le résultat dû à M. S. Bernstein (¹) : *La meilleure approximation de $|x|$ par un polynome de degré n est de l'ordre de $\frac{1}{n}$ pour $n = \infty$.*

Cette méthode me paraît être la plus simple jusqu'ici pour répondre à la question que j'avais posée en 1908 (²) sur l'ordre de la meilleure approximation de $|x|$.

THERMODYNAMIQUE. — *Sur les tensions de la vapeur saturée des corps tétraatomiques.* Note (³) de M. É. Ariès.

Il n'existe à notre connaissance que trois corps qui aient donné lieu à des expériences permettant d'appliquer aux corps composés de quatre atomes notre formule sur la tension de vaporisation des liquides. Ces corps sont l'ammoniac, l'acétylène et le trichlorure de phosphore. Comme par le passé, c'est toujours dans le *Recueil de Constantes physiques* (p. 285, 287, 290, 295

(¹) *Sur l'ordre de la meilleure approximation des fonctions continues* (*Mémoires publiés par la classe des Sciences de l'Académie royale de Belgique.* Coll. in-4°, 2° série, t. 4, 1912.

(²) *Bulletin de l'Académie royale de Belgique* (classe des Sciences), n° 4, 1908, p. 403 (en note).

(³) Séance du 13 mai 1918.

et 296) que nous avons puisé les renseignements nécessaires à cette application.

Les tensions de vapeur de l'ammoniac liquéfié données en 1862 par Regnault méritent toute confiance parce qu'elles ont été contrôlées et confirmées en 1885 par les déterminations de Pictet; ce sont donc celles que, tout d'abord, nous avons cherché à faire exprimer par notre formule en faisant l'emploi des constantes critiques indiquées en 1905 par Jaquerod.

Il nous a paru que la valeur à adopter pour l'exposant n devait être $\frac{5}{6}$.

Nous avons pu conserver à la fonction Γ la forme générale jusqu'ici utilisée, et comme cette fonction devient égale à l'unité pour $\tau = 0,84$ comme pour $\tau = 1$, le numérateur du second terme de cette fonction est le même que pour les corps monoatomiques : son dénominateur a d'ailleurs une expression des plus simples qui est $\tau^2 + 1$, ce qui donne

$$(1) \qquad \Gamma = 1 + \frac{(1-\tau)(0,84-\tau)}{\tau^2+1},$$

et la tension de vapeur saturée de l'ammoniac est exprimée par la formule

$$(2) \qquad \Pi = \tau^{2+\frac{5}{6}}\frac{Z}{x}, \qquad x = \left[1 + \frac{(1-\tau)(0,84-\tau)}{\tau^2+1}\right]\tau^{1+\frac{5}{6}}.$$

Le Tableau ci-après montre que les tensions observées et les tensions calculées s'accordent de la façon la plus satisfaisante.

L'acétylène a été l'objet de deux séries d'expériences. La première (Ansdell, 1879) s'étend de $-23°$ C. à $36°,9$; la seconde (P. Villard, 1895) s'étend de $-81°$ à $20°,2$. Malheureusement elles accusent des écarts assez considérables dans les tensions observées, beaucoup plus faibles dans la première série que dans la seconde. A $0°$ ces tensions sont respectivement $21^{atm},53$ et $26^{atm},05$; à $20°,2$, elles sont encore de $39^{atm},76$ et de $42^{atm},80$. En prenant comme éléments critiques $35°,5$ pour la température et $61^{atm},6$ pour la pression (E. Cardoso et G. Baume, 1910), la formule (2) ne s'accorde, comme on pouvait s'y attendre, avec aucune de ces deux séries d'expériences; mais il est à remarquer, cependant, que la tension ainsi calculée pour chaque température d'observation se maintient entre celles relevées par les deux opérateurs, se rapprochant d'ailleurs très notablement de la tension obtenue par M. P. Villard, qu'elle finit par atteindre à la température la plus élevée de $20°,2$. La tension calculée est, en effet, de $25^{atm},43$ à $0°$ et de

43^{atm},10 à 20°,2 ; à la température de —23°,8 elle est de 12^{atm},48 ; M. Villard avait observé 13^{atm},20.

Ammoniac ($T_c = 405°$; $P_c = 109^{atm}$,6).

Température			$p/1$	Tension de la vapeur saturée			
				réduite		en atmosphères	
centigrade.	absolue.	réduite.	observée.	calculée.		observée.	calculée.
— 3o	243	0,6000	0,0105	0,0103		1,15	1,12
— 20	253	0,6245	0,0167	0,0164		1,83	1,80
— 10	263	0,6494	0,0257	0,0253		2,82	2,77
0	273	0,6741	0,0382	0,0375		4,19	4,11
10	283	0,6988	0,0549	0,0540		6,02	5,92
20	293	0,7235	0,0767	0,0757		8,41	8,30
30	303	0,7481	0,104	0,104		11,45	11,45
40	313	0,7728	0,139	0,139		15,26	15,26
50	323	0,7975	0,182	0,182		19,95	19,95
60	333	0,8222	0,234	0,235		25,63	25,75
70	343	0,8469	0,296	0,298		32,47	32,66
80	353	0,8716	0,370	0,373		40,59	40,88
90	363	0,8963	0,458	0,462		50,14	50,64
100	373	0,9210	0,560	0,564		61,32	61,81

Quoique aucune conclusion bien nette ne puisse se dégager de cette discussion, il est cependant permis d'espérer que des expériences ultérieures et concordantes viendront établir que les tensions de vapeur de l'acétylène, tout comme celles de l'ammoniac, sont régies par la formule (2).

Regnault a donné, encore en 1862, les tensions de vapeur saturée du trichlorure de phosphore de 0° à 70°, par conséquent à des températures très éloignées de l'état critique dont la température serait de 285°,5 (B. Pawlewski, 1883). Les tensions observées sont naturellement très faibles et n'atteignent que 34^{cm},14 à 50° ($\tau = 0,579$) et 67^{cm},42 à 70° ($\tau = 0,614$). Ces déterminations ont donc été faites dans des conditions de température et de pression peu favorables à une bonne vérification de la formule (2). La pression critique, nécessaire à cette vérification, nous est d'ailleurs encore inconnue. Mais, comme nous l'avons déjà dit, il y a toujours profit à tirer de l'examen de cas semblables. Celui-ci est particulièrement intéressant et instructif.

Connaissant la température critique, ce qui permet de calculer la température réduite à chaque température centigrade, la formule (2) donne la tension réduite Π aux deux températures réduites $0,614$ et $0,579$, c'est-à-dire aux températures centigrades $70°$ et $50°$. On trouve ainsi $\Pi = 0,01344$ et $\Pi = 0,006597$. Mais $\Pi = \dfrac{P}{P_c}$, et les valeurs de P, obtenues par Regnault, qui correspondent à ces deux valeurs de Π, sont respectivement $67,42$ et $34,14$: si donc la tension de vapeur du trichlorure de phosphore obéit à la formule (2), P_c étant la pression critique du corps, on doit avoir tout à la fois

$$P_c = \frac{67,42}{0,01344} = 5016^{cm} = 66^{atm},0 \qquad \text{et} \qquad P_c = \frac{34,14}{0,006597} = 5173^{cm} = 68^{atm},07.$$

Théoriquement les deux valeurs de P_c devraient coïncider, mais dans les conditions où elles sont obtenues, il est déjà assez suggestif qu'elles soient aussi rapprochées, ce qui conduit à penser que la pression critique du trichlorure de phosphore doit être très voisine de 67^{atm} et que la tension de sa vapeur doit être convenablement représentée par la formule (2).

En résumé, et quoique la question reste encore en suspens, il semble assez vraisemblable que les trois seuls corps tétraatomiques que nous avons pu étudier doivent avoir des tensions de vapeur saturée s'accordant pour observer la loi sur les états correspondants.

CORRESPONDANCE.

M. le SECRÉTAIRE PERPÉTUEL signale, parmi les pièces imprimées de la correspondance :

Les travaux préparatoires du CONGRÈS GÉNÉRAL DU GÉNIE CIVIL. Session nationale (mars 1918). Rapports présentés aux dix sections.

M. LOUIS ANCEL prie l'Académie de vouloir bien le compter au nombre des candidats à l'une des places de la division, nouvellement créée, des Applications de la Science à l'Industrie.

ANALYSE MATHÉMATIQUE. — *Quelques remarques sur certains développements en série.* Note de M. Joseph Pérès ([1]).

1. Il est naturel de se demander ce qui caractérise un système de fonctions

$$f_0(t), \quad f_1(t), \quad \ldots, \quad f_n(t), \quad \ldots,$$

telles que

$$f_p(t) = \frac{t^p}{p!} + \int_0^t \frac{\tau^p}{p!} \Phi(\tau, t)\, d\tau,$$

En supposant les f_p, ainsi que $\Phi(\tau, t)$, holomorphes dans un domaine de l'origine, la réponse est la suivante :

Il faut et il suffit :

1° Qu'on ait

$$f_n(t) = \frac{t^n}{n!}\left[1 + \frac{t}{n+1}\alpha_n(t)\right],$$

les $\alpha_n(t)$ étant, dans leur ensemble, holomorphes et bornés dans un domaine de l'origine ;

2° Qu'il existe des fonctions $F_n(t)$, holomorphes dans un domaine de l'origine, vérifiant les formules

$$(1) \quad \begin{cases} f_0(t) = 1 + \overset{*}{1}\overset{*}{F}_0(t), \\ \displaystyle\sum_q^p (-1)^q C_p^q \overset{*}{1}{}^q \overset{*}{f}(t) = \overset{*}{1}{}^{2p+1}\overset{*}{F}_p(t) \end{cases}$$

ou les formules équivalentes

$$(2) \quad f_p(t) = \overset{*}{1}{}^{p+1} + \sum_q^p C_p^n \overset{*}{1}{}^{n+p+1} \overset{*}{F}_n(t).$$

2. On a alors

$$(3) \quad \Phi(\tau, t) = \sum_0^\infty{}_p (-1^p \frac{\tau^p}{p!} \psi_p(t, \tau)$$

([1]) Extrait du pli cacheté n° 8403 déposé le 11 juin 1917 et ouvert le 15 avril 1918.

avec

$$\psi_p = \sum_s^{\cdot} (-1)^{p+s} C_{p+s}^s \, \overset{.}{i}^s \, \overset{..}{F}_{p+s} \qquad \text{ou} \qquad F_p = \sum_s^{\cdot} (-1)^{p+s} C_{p+s}^s \, \overset{.}{i}^s \, \overset{..}{\psi}_{p+s}.$$

On peut aussi écrire

$$(4) \qquad \Phi(\tau, t) = \sum_n^{\cdot} (-1)^n \frac{\partial^n}{\partial \tau^n} \left[\frac{\tau^n}{n!} \overset{.}{i}_n \, \overset{..}{F}_n (t - \tau) \right],$$

les séries (3) et (4) convergeant autour de l'origine.

3. On peut, dans une certaine mesure, laisser tomber l'hypothèse d'analyticité. Si les f_n vérifient les formules (1) [ou (2)], les F_n étant tels (¹) que (4) converge uniformément, le noyau Φ existera et aura l'expression (4).

4. Dans le pli précédent (²), j'ai indiqué un procédé indirect pour prouver l'existence d'un noyau $\Phi(\tau, t)$ associé à l'ensemble des fonctions de Bessel : $J_0, J_1, \ldots, J_n, \ldots$. On vérifiera sans peine que ce noyau est

$$\Phi(\tau, t) = \sum_k^{\cdot} \frac{(-1)^k}{2^{2k} k!} \frac{(t - \tau)^{k-1}}{(k-1)!} \, t^k,$$

et que l'on a, quel que soit ν [avec des conventions convenables sur le sens de l'intégrale quand elle n'en a pas (partie finie)],

$$J_\nu(t) = \frac{t^\nu}{2^\nu \Gamma(\nu+1)} + \int_0^t \frac{\tau^\nu}{2^\nu \Gamma(\nu+1)} \Phi(\tau, t) \, d\tau \quad (³).$$

On peut donner de ce noyau bien d'autres expressions; par exemple, on a

$$\Phi(\tau, t) = -\frac{1}{2} \sqrt{\frac{t}{t - \tau}} J_1(\sqrt{t(t-\tau)})$$

(¹) Par exemple bornés dans leur ensemble.

(²) Voir *Comptes rendus*, t. 166, 1918, p. 723.

(³) Le noyau Φ dont il est question ici, comme celui du n° 5, a donc une définition un peu différente de celle du n° 1. Il suffit de modifier les fonctions du système par des facteurs convenables, pour se ramener exactement au cas du n° 1.

ou aussi

$$\Phi(\tau,\ t) = -\sum_{s}^{\infty} \frac{\tau^{s}}{s!\ 2^{s+1}} J_{s+1}(t);\ \ldots$$

5. On trouvera de même un noyau Φ associé au système des fonctions

$$t^{-\nu} J_{\nu+n}(t),$$

ν étant fixé quelconque. On déduira alors des résultats du pli précédent, les résultats connus sur le développement d'une fonction arbitraire en série

$$\Sigma a_{n} t^{-\nu} J_{\nu+n}(t).$$

ANALYSE MATHÉMATIQUE. — *Sur les séries de polynomes tayloriens franchissant les domaines* W. Note de M. **A. Buhl**, présentée par M. P. Appell.

La lecture des récentes *Leçons sur les fonctions monogènes*, de M. Émile Borel, m'a suggéré un rapprochement entre les recherches de l'éminent géomètre et d'autres, publiées autrefois par moi, sur la représentation des fonctions méromorphes par des séries de polynomes [1]. Ce que j'ai dit des fonctions méromorphes s'étend sans peine aux fonctions à pôles denses le long d'une ligne singulière et, si celle-ci limite un domaine de Weierstrass (ou domaine W) infranchissable par séries entières, on peut, du moins, associer élégamment et étroitement, à ces séries, des séries de polynomes qui franchissent aisément l'obstacle. Mes conclusions n'ajoutent rien à celles de M. Borel, mais la méthode que j'emploie, liée aux propriétés de la fonction σ, me semble de quelque intérêt en elle-même.

Soit la fraction rationnelle

(1) $$F(z) = \sum_{k} \frac{A_{k}}{z - a_{k}}.$$

En posant

$$\frac{1}{z - a_{k}} = -\frac{1}{a_{k}} - \frac{1}{a_{k}^{2}} - \ldots - \frac{z^{n-1}}{a_{k}^{n}} + \frac{z^{n}}{a_{k}^{n}(z - a_{k})}$$

_____

[1] *Bull. des Sc. math.*, 1907 et 1908; *Journ. de Math.*, 1908; *Acta mathematica*, 1911.

et en considérant la somme $s_n(z)$ des n premiers termes du développement taylorien de (1), dans le voisinage de zéro, je puis écrire

$$(2) \qquad F(z) = s_n(z) + \sum_k \frac{z^n A_k}{a_k^n (z - a_k)}.$$

Soit, de plus, une fonction entière

$$f(\xi) = \gamma_0 + \gamma_1 \xi + \gamma_2 \xi^2 + \dots.$$

Multipliant (2) par $\gamma_n \xi^n$ et sommant entre zéro et l'infini, il vient

$$(3) \qquad F(z) = \sum_{n=0}^{n=\infty} \frac{\gamma_n \xi^n s_n(z)}{f(\xi)} + \sum_k \frac{f\left(\dfrac{\xi z}{a_k}\right)}{f(\xi)} \frac{A_k}{z - a_k}.$$

On peut ne conserver pour $F(z)$ que la série formée par les polynomes $s_n(z)$, car le second sigma de (3) peut être détruit par diverses méthodes. Ainsi on peut prendre pour f une fonction entière *pourvue de zéros* et toujours faire coïncider $\xi z : a_k$ avec l'un d'eux, cependant que $f(\xi) \neq 0$.

Soit $f(\xi) = \sigma^\xi$, avec les zéros $\pm 2h \pm 2il$ si h et l sont tous les entiers possibles. Couvrons maintenant le plan des z d'un quadrillage formé de parallèles aux axes et dont chaque maille carrée aura pour côté $1 : p$, p étant entier.

Imaginons que a_k, z, ξ deviennent respectivement

$$(4) \qquad a_{pk} = \frac{1}{p}(b_{pk} + i c_{pk}), \qquad z_p = \frac{1}{p}(x_p + i y_p), \qquad \xi_p = \Pi(b_{pk}^2 + c_{pk}^2),$$

avec b_{pk} et c_{pk} entiers de parité différente, x_p et y_p pairs. Alors ξ est toujours impair, d'où $\sigma^\xi \neq 0$ et $\sigma(\xi z : a_k)$ est toujours nul. Donc

$$(5) \qquad F(z_p) = \sum \frac{A_{kp}}{z_p - a_{pk}} = \sum_{n=0}^{n=\infty} \frac{\gamma_n \xi_p^n s_n(z_p)}{\sigma^{\xi_p}}.$$

On peut passer de là au cas où les pôles deviennent infiniment nombreux, $F(z)$ étant notamment méromorphe comme je l'ai montré dans les travaux susmentionnés.

On peut aussi, et c'est ici l'essentiel, imaginer que les a_k, en gardant la nature arithmétique indiquée en (4), forment un ensemble *dénombrable* partout dense sur un contour C, *de forme quelconque*, entourant l'origine

Alòrs si $F(z_p)$, pour p croissant indéfiniment, a un sens bien défini par le second membre de (5), le troisième membre a également un sens. Il ne serait pas superflu, à coup sûr, d'établir directement la convergence de ce troisième membre, surtout lorsque p croît indéfiniment, mais c'est encore un point traité, l'essentiel de la démonstration appartenant à M. G. Mittag-Leffler ([1]).

Finalement, pour des z_p appartenant à un ensemble dénombrable dense dans tout le plan, F sera développée en série de polynomes *tayloriens* s_n, sans aucune considération de la frontière C infranchissable par développement taylorien proprement dit.

L'impossibilité fondamentale de la théorie de Weierstrass disparaît donc avec des séries qui, si elles ne sont pas entières, sont du moins en connexion fort étroite avec celles-ci.

On pourrait encore tirer, de la méthode précédente, d'autres résultats analogues à ceux toujours publiés par M. Borel, notamment dans son Mémoire ([2]).

Ainsi l'expression (1), quand les a_k sont infiniment nombreux sur C, diverge non seulement aux a_k, mais dans des ensembles ayant la puissance du continu définis par

$$|z - a_k| < A_k.$$

C'est ce qu'indique M. Borèl dans les *Leçons* précitées (p. 87). Il n'en est pas forcément de même pour le dernier sigma de (3), dans les conditions ci-dessus où le coefficient en f est toujours rigoureusement nul.

Finalement, on arrive à concevoir des séries de polynomes qui non seulement représentent $F(z)$ pour des z où cette fonction existe, mais qui convergent encore là où $F(z)$ n'existe pas.

C'est le phénomène inverse du phénomène taylorien d'après lequel une série entière, représentant $F(z)$ dans un cercle, diverge au dehors bien que $F(z)$ puisse exister dans ce domaine extérieur.

Je rappelle encore que les a_k pourraient avoir O pour point limite, ce qui rendrait divergent le développement taylorien autour de O. Mais, de ce développement divergent, on pourrait encore extraire des polynomes s_n

---

([1]) *Acta mathematica*, t. 29, p. 167.

([2]) *Sur les séries de polynomes et de fractions rationnelles* (*Acta mathematica*, 1901).

avec lesquels on formerait des séries qui, sous certaines conditions concernant les A_k, pourraient converger.

Les $F(z)$ alors envisagées sont analogues aux fonctions en μ de la Mécanique céleste, comme l'a montré Henri Poincaré ([1]).

ASTRONOMIE. — *Observations de l'éclat de la Nova Licorne.*
Note de M. **Luizet**, présentée par M. Baillaud.

La dépêche-circulaire de M. Pickering annonçant la découverte de cette Nova, faite le 4 février par M. Wolf, est parvenue à l'Observatoire de Lyon le 23 février. J'ai commencé à l'observer le même soir et j'ai pu faire 22 déterminations de son éclat :

1918.		L.	L'.
	h m	°	m
Février 23............	9.30	13,6	9,2
» 26............	10.0	13,0	9,3
» 27............	9.0	12,3	9,3
Mars 4............	9.0	12,0	9,4
» 6............	8.20	11,8	9,4
» 7............	8.35	11,6	9,4
» 8............	9.10	12,0	9,4
» 9............	8.55	10,8	9,5
» 11............	7.25	10,8	9,5
» 12............	8.45	10,8	9,5
» 13............	7.20	10,8	9,5
» 21............	7.10	10,8	9,5
» 25............	8.5	9,7	9,6
» 26............	7.30	9,2	9,6
» 27............	8.30	9,0	9,6
Avril 2............	8.45	8,5	9,7
» 10............	7.50	8,7	9,7
» 24............	9.0	6,2	9,9
» 25............	7.55	4,8	10,0
» 26............	8.10	3,5	10,1
Mai 2............	8.0	1,2	10,3
» 14............	8.25	0,0	10,4

([1]) *Méthodes nouvelles*, t. 1, p. 351.

Les étoiles auxquelles je l'ai comparée sont :

★.					L.	L'.
c S.D.M. -6.2107.....	$7.18.43,6$	$-6.25,9$	$8,8$	$20,8$	$8,6$
a » -6.2108.....	$18.58,3$	$-6.17,4$	$8,8$	$16,5$	$9,0$
d » -5.2119.....	$19.41,4$	$-5.51,6$	$9,2$	$14,1$	$9,2$
b » -6.2103.....	$18.18,0$	$-6.21,9$	$9,3$	$13,8$	$9,2$
e » -5.2123.:...	$20. 4,1$	$-5.51,0$	$9,5$	$10,8$	$9,5$
g » -6.2110.....	$19.44,2$	$-6. 5,5$	$9,6$	$7,2$	$9,8$
i » -6.2109.....	$19.24,5$	$-6.24,2$	$9,8$	$4,7$	$10,0$
h Anonyme............	$19. 4$	$-6.23,5$		$3,0$	$10,2$
m » .:.....:....	19.33	$-6.23,8$		$0,0$	$10,4$

Les éclats L sont exprimés en *degrés*, et dans la colonne L' ils sont donnés en grandeurs, en adoptant la grandeur $8^m,6$ pour l'étoile S.D.M. $-6,2107$ et $0^m,087$ pour valeur de 1 degré.

La Nova a diminué de deux grandeurs environ entre le 4 février, où elle était de grandeur $8^m,5$ d'après M. Wolf, et le 14 mai; toutefois cette dernière observation, faite près de l'horizon dans la lueur du crépuscule, est peut-être erronée. D'après mes observations, la diminution d'éclat a été à peu près régulière entre le 23 février et le 23 avril, et en même temps assez lente, puisqu'elle a atteint seulement $0^m,7$ en deux mois. Elle a été un peu plus rapide ensuite.

Quant à la couleur de la Nova, je l'ai notée sensiblement égale à celle des étoiles a et c, et un peu moins jaune que celle de l'étoile b, c'est-à-dire blanc légèrement jaunâtre.

ASTRONOMIE. — *Refroidissement et évolution du Soleil.*
Note ([1]) de M. A. VÉRONNET, présentée par M. P. Puiseux.

Dans une Note précédente j'ai donné les formules de la vitesse de contraction et de la vitesse de refroidissement du Soleil en fonction de sa température T et de son rayon R ([2]). En éliminant T ou R qui sont reliés

---

([1]) Séance du 29 avril 1918.
([2]) On suppose la température uniforme ou du moins que la loi des températures intérieures reste la même au cours de l'évolution.

par la formule de dilatation cubique, on obtient les deux formules

$$(1) \qquad dt = -\frac{\alpha(1+\alpha)}{3} t_1 \frac{dT}{T^2(1+\alpha T)^2} = -\alpha^4 t_1 \frac{dR}{R^4(\delta R^3 - 1)^4};$$

t_1 serait le temps écoulé depuis l'origine en supposant T et R constants : $t_1 = 15$ millions d'années environ. En décomposant la première expression en fractions simples et en intégrant de l'infini à T on obtient pour le temps vrai écoulé depuis l'origine

$$(2) \qquad t = \frac{\alpha^4(1+\alpha)}{3} t_1 \left[4 L \frac{\alpha T}{1+\alpha T} + \frac{3}{\alpha T} - \frac{1}{\alpha^2 T^2} + \frac{1}{3\alpha^3 T^3} + \frac{1}{1+\alpha T} \right].$$

Le facteur qui précède le crochet étant très grand, il faudrait obtenir la valeur de ce crochet avec plus de 5 chiffres exacts pour avoir t avec un chiffre. Heureusement la deuxième forme de (1), développée et intégrée, donne la série suivante assez rapidement convergente :

$$(3) \qquad t = \frac{\alpha^4 t_1}{(1+\alpha)^4} \frac{1}{R^{12}}$$
$$\times \left[\frac{1}{15} + \frac{2}{9\delta R^3} + \frac{10}{21\delta^2 R^6} + \frac{5}{6\delta^3 R^9} + \cdots + \frac{(n+1)(n+2)(n+3)}{18.(n+5)} \frac{1}{\delta^n R^{3n}} + \cdots \right].$$

On a posé $1 + \alpha = \delta$ qui représente la dilatation totale actuelle du Soleil. La dilatation double probablement le rayon qu'il aurait à $0°$ et multiplie le volume par 8, c'est-à-dire $\delta = 8$. Les calculs numériques ont été faits par le professeur L. Deissard, collaborateur dévoué, pour des valeurs de R de 1 à 1,2 et de 1 à 0,8 avec les valeurs de $\delta = 2$, 4, 8, 12, ∞. Les Tableaux ci-après donnent le temps écoulé pour la contraction depuis tel rayon $R > 1$ jusqu'au rayon actuel et le temps qui s'écoulera pour la contraction jusqu'à tel rayon $R < 1$. Les temps sont exprimés en milliers d'années. Il est très remarquable que les nombres sont très voisins pour le même rayon et par conséquent dépendent assez peu du coefficient de dilatation et des conditions réalisées pratiquement par le Soleil. On a ajouté dans chaque Tableau, pour chaque valeur du rayon, la valeur de la température du Soleil correspondant à $\delta = 8$. Les autres valeurs n'en diffèrent que de quelques centièmes.

R	1,01	1,02	1,03	1,05	1,07	1,10	1,14	1,20	∞
$\delta=\infty$.....	139	257	357	519	637	760	860	935	1 000
$\delta=12$.....	137	257	357	506	618	732	822	916	943
$\delta=8$.....	137	253	350	501	607	720	804	890	914
$\delta=4$.....	131	246	334	475	571	665	734	800	816
$\delta=2$.....	130	234	310	518	484	543	577	605	611
$T(\delta=8)$..	6200	6410	6620	7060	7520	8240	9260	11 000	∞
$\lambda=1$......	180	280	400	580	730	910	980	1 220	1 450
T........	6120	6240	6360	6600	6840	7200	7680	8 400	∞

R.........	0,99	0,98	0,97	0,96	0,95	0,93	0,90	0,86	0,80
$\delta=\infty$.....	163	354	579	843	1160	1970	3860	8 600	27 000
$\delta=12$.....	164	360	589	866	1200	2080	4180	9 900	32 000
$\delta=8$.....	164	360	591	875	1220	2140	4400	11 000	43 700
$\delta=4$.....	164	371	625	935	1270	2410	5300	15 400	86 400
$\delta=2$.....	170	411	747	»	2380	3700	»	»	»
$T(\delta=8)$..	5800	5600	5410	5220	5030	4680	4170	3 490	2 530
$\lambda=1$......	150	330	570	780	1090	1730	3060	5 930	17 000
T	5880	5760	5640	5520	5400	5160	4800	4 320	3 600

On voit que le temps écoulé depuis l'origine varie pratiquement de 820 000 à 940 090 ans seulement, pour $4 \leqq \delta \leqq 12$, avec valeur probable de 910 000 ans pour $\delta = 8$. La température pour un rayon $R = 1,2$ serait de 11000°, c'est-à-dire moins du double de la température actuelle. Le temps de contraction antérieur serait seulement de 30 000 ans et négligeable.

Dans les formules ci-dessus on a relié T et R par la formule de dilatation cubique, en supposant α constant, comme c'est le cas pour les gaz et les substances au-dessus du point critique. On peut les relier par la formule de dilatation linéaire, en supposant λ constant. Cela revient à considérer α comme variable avec T. On a

$$(4) \qquad 1 + \lambda T = (1 + \lambda)R \qquad \text{ou} \qquad 1 + \alpha T = (1 + \lambda T)^3,$$

$$(5) \quad t = \lambda^1 (1 + \lambda)^3 t_1 \left[20 \, L \, \frac{\lambda' R - 1}{\lambda' R} + \frac{10}{\lambda' R} + \frac{2}{\lambda'^2 R^2} + \frac{1}{3\lambda'^3 R^3} \right.$$
$$\left. + \frac{10}{\lambda' R - 1} - \frac{2}{(\lambda' R - 1)^2} + \frac{1}{3(\lambda' R - 1)^3} \right].$$

On a posé $\lambda' = 1 + \lambda$. La variation du rayon et de la température est moins rapide que dans le cas de α constant. Les résultats sont consignés dans les deux dernières lignes des Tableaux pour $\lambda = 1$ correspondant à $\delta = 8$. On pourra les considérer comme une autre limite, peut-être applicable dans le cas des températures décroissantes.

La figure ci-dessous représente les courbes de la contraction avec la valeur

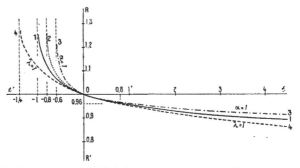

Courbe de contraction du Soleil. (Le temps t est exprimé en millions d'années).
1. Courbe limite, α constant (dilatation cubique). — 2. Courbe pour $\alpha = 3$ ou $\delta = 4$. — 3. Courbe pour $\alpha = 1$ ou $\delta = 2$. — 4. Courbe pour $\alpha = 1$ et $\delta = 8$ (dilatation linéaire).

du rayon en ordonnée et le temps en abscisse. On voit combien la contraction est excessivement rapide au début, à haute température, excessivement lente à la fin. On aurait $R = 0,86$ dans 10 millions d'années avec une température superficielle de 3500°. Cette température serait probablement au-dessous de la température critique des métaux. La masse passerait de l'état gazeux à l'état liquide. Le mécanisme du brassage intime des éléments et de la régénération de la chaleur par contraction se trouverait suspendu. La température baisserait rapidement à la surface et le Soleil s'éteindrait. Peut-être même cette hypothèse serait-elle à envisager pour $R = 0,9$ avec $T = 4200°$ dans 4 millions d'années.

CHIMIE MINÉRALE. — *Les ferrosiliciums inattaquables aux acides.*
Note de M. CAMILLE MATIGNON.

Les ferrosiliciums, à teneurs variées, sont utilisés depuis longtemps comme agents réducteurs et générateurs de silicium dans l'élaboration des fers et aciers. M. Adolphe Jouve ([1]), le premier, eut l'idée d'appliquer certains ferrosiliciums à la construction d'appareils inattaquables aux acides. Les alliages fabriqués en France d'après ses indications ont reçu le nom de métillures. Des produits analogues, préparés à l'étranger, ont été lancés dans le commerce sous des noms variés : tantiron (Angleterre), élianite (Italie), neutraleïsen (Allemagne), ironac et duriron (États-Unis), etc.

J'ai étudié vers la fin de 1913 les différents ferrosiliciums; les propriétés que je vais indiquer s'appliquent donc aux produits tels qu'ils étaient fabriqués vers cette époque. Le métal Borchers et un échantillon de ferro-bore ont été étudiés comparativement.

Les pièces d'essai se présentaient sous la forme de lames moulées d'épaisseur variable, allant de 5^{mm} à 15^{mm}. Les morceaux soumis à l'action des acides étaient obtenus par fracture de lames et les surfaces d'attaque résultaient de cassures fraîches.

Densités. — Voici les densités de quelques-uns de ces ferrosiliciums, densités prises entre 4° et 10° :

```
Métillure.............................  6,71
Elianite I............................  6,87
Elianite II...........................  7,14
Ironac................................  6,71
Duriron...............................  6,94
Borchers..............................  7,85
```

Composition. — La plupart de ces ferrosiliciums ont été analysés, ils ont donné la composition suivante :

	Métillure.	Élianite I.	Élianite II.	Ironac.	Duriron.	Ferrobore.
Silicium..................	16,92	15,07	15,13	13,16	15,51	4,9
Fer......................	81,65	82,40	80,87	83,99	82,23	69,8
Manganèse................	0,88	0,61	0,53	0,77	0,66	3,3
Nickel...................	0	»	2,23	0	0	»
Aluminium................	0,25	»	0	0	0	3,1
Carbone..................	0,592	»	0,82	1,08	0,83	»
Phosphore................	0,173	»	0,06	0,78	0,57	»
Soufre...................	0,01	»	0,03	0,05	0,01	»
Calcium et magnésium.....	0	»	0	0	0	»
Bore.....................	»	»	»	»	»	15,4

([1]) Brevet français, n° 330666, 1903.

Le métal Borchers avait été préparé à partir du mélange suivant :

Nickel.................................. 64,6
Chrome................................. 32,3
Argent................................. 0,5
Molybdène.............................. 1,8

Résistance à l'action des acides ([1]). — On a soumis les alliages à l'action de différents acides : acide nitrique à 36° B., même acide étendu de son volume d'eau, mélanges à poids égaux des acides acétique et butyrique, même mélange étendu de son volume d'eau. On a suivi progressivement l'attaque. Nous nous contentons de donner ici le résultat global de ces différents essais.

I. — Action de l'acide nitrique bouillant.

	Durée d'action.	Perte de poids par heure et par dm².
Acide à 36° B.		
Métillure................	146ʰ	0,00030
Élianite I..............	100	0,0115
Élianite II.............	172	0,000145
Ironac..................	49	0,025
Duriron.................	172	0,00198
Tantiron................	191	0,00099
Borchers................	100	0,00148
Acide à 20° B.		
Métillure................	146	0,00005
Elianite I..............	100	0,0113
Élianite II.............	172	0,000912
Ironac..................	49	0,057
Duriron.................	172	0,00412
Tantiron................	191	0,00256
Borchers................	100	0,00024

([1]) Travail effectué avec la collaboration de Mˡˡᵉ Monral.

II. — *Action du mélange à parties égales, acides acétique et butyrique,
à l'ébullition.*

	Durée d'action.	Perte de poids par heure et par dm².

Acides sans eau.

Métillure..............	145ʰ	0,00055
Élianite I.............	»	»
Élianite II............	358	0,0087
Ironac................	103	0,0177
Duriron...............	110	0,0080
Tantiron..............	191	0,0119
Borchers..............	101	0,0126
Ferrobore.............	101	0,1690

Mélanges acides avec leur volume d'eau.

Métillure..............	215	0,00077
Elianite II............	358	0,00227
Ironac................	103	0,00970
Duriron...............	110	0,00410
Tantiron..............	191	0,02620
Borchers..............	101	0,90078
Ferrobore.............	101	0,29120

Conclusions. — 1° Le ferrobore étudié ne résiste pas à l'action des acides,
il ne peut être comparé aux ferrosiliciums;

2° L'alliage Borchers résiste mieux aux acides étendus qu'aux acides
concentrés, contrairement à ce qui se produit en général;

3° En ce qui concerne l'acide nitrique seul, et les acides organiques,
l'alliage Borchers ne présente aucun avantage par rapport aux ferrosiliciums, qui sont beaucoup moins coûteux;

4° La comparaison des élianites I et II paraît indiquer que l'introduction
de quelques centièmes de nickel améliore la résistance chimique de
l'alliage;

5° Le métillure qui a fourni les meilleurs résultats était un alliage bien
homogène, à texture régulière; il semble avoir été soumis à un affinage plus
soigné;

6° Aucun de ces alliages ne résiste à l'action de l'acide chlorhydrique.

CHIMIE PHYSIQUE. — *Absorption des radiations ultraviolettes par les dérivés phénylés du méthane*. Note ([1]) de MM. Massol et Faucon, présentée par M. J. Violle.

Continuant nos recherches sur les dérivés substitués du méthane, nous avons étudié les trois dérivés phénylés connus : le toluène, le diphénylméthane et le triphénylméthane. Comme terme de comparaison nous avons dû photographier le spectre du benzène dans les mêmes conditions expérimentales.

Benzène C^6H^6. — Nous ne rappellerons pas les expériences des différents auteurs : Hartley et Huntington, Hartley, Pauer, Hartley et Dobbie, Friederichs, qui, suivant des méthodes employées, ont observé 4, 6 ou 8 bandes. Avec notre dispositif nous avons photographié quatre bandes très nettes ($\lambda = 241$ à $243,5$, 247 à 250, 252 à 256, 258 à 260) et une bande faible à $\lambda = 262$ à $263,5$.

Toluène ou phénylméthane $C^6H^5CH^3$. — Hartley et Huntington trouvent deux bandes, Pauer en observe trois qui se fondent en une seule quand l'épaisseur augmente. Sur nos spectrogrammes nous en avons photographié trois : $\lambda = 240$ à 242, 261 à 264, 265 à 267, mais elles n'ont pas la netteté et la régularité de celles du benzène, on a plutôt l'impression d'une large absorption correspondant à la région des bandes du benzène.

Diphénylméthane $C^6H^5 - CH^2 - C^6H^5$. — Ici encore les auteurs ont trouvé des résultats peu concordants (Baker, Purvis et Mac Cleland, E. Purvis), ce qui s'explique par la diversité des méthodes employées et la difficulté d'opérer avec l'épaisseur et la concentration convenables.

Les nombreux spectrogrammes que nous avons pris avec les dilutions à $0^g, 25$, 1^g, 4^g et 10^g par litre d'alcool, révèlent une absorption générale de $\lambda = 270$ à $\lambda = 230$, avec de brusques variations pour de faibles différences d'épaisseur. Ainsi le spectrogramme correspondant à 4^{mm} d'épaisseur (solut. à $\frac{1}{1000}$), présente une bande étroite à $\lambda = 261$-263 et une autre plus large à $\lambda = 240$-256; à 5^{mm}, il ne reste que la bande à $\lambda = 261$-263 et à 6^{mm} toutes les radiations sont absorbées.

([1]) Séance du 6 mai 1918.

Triphénylméthane ($C^6H^5)^3.CH$. — Hartley, Baker et nous-mêmes avons observé une large bande s'étendant de $\lambda = 390$ à 305. Hartley l'avait attribuée au triphénylméthane; Baker l'avait vue se résoudre en cinq petites bandes dont quatre analogues à celles de l'anthracène, mais la cinquième, dit-il, n'apparaît pas dans le spectre de l'anthracène. Notre échantillon a donné une large bande se résolvant en trois petites que nous avons identifiées avec les trois bandes qu'a données un échantillon d'anthracène *pur* en solution à $\frac{1}{10000}$. En fait, l'anthracène se forme en même temps que d'autres produits secondaires dans la préparation du triphénylméthane, par l'action du chlorure d'aluminium sur un mélange de benzène et de chloroforme (méthode Friedel et Crafts).

Soigneusement purifié par cristallisations fractionnées dans l'alcool, le triphénylméthane nous a donné une large bande de $\lambda = 270$ à 230 (signalée par Hartley et par Baker); mais en opérant avec la dilution à $\frac{1}{10000}$ nous avons constaté qu'elle se résolvait en deux autres : $\lambda = 240\text{-}242$ (étroite) et $\lambda = 248\text{-}258$ (très nette) apparaissant sous des épaisseurs de 7^{mm} à 10^{mm}, et en une troisième à $\lambda = 262\text{-}264$ apparaissant seulement avec 30^{mm} à 50^{mm} d'épaisseur. Ce sont là trois bandes du benzène, mais elles n'apparaissent pas en même temps, et ne rappellent que vaguement le spectre caractéristique de ce dernier. Malgré ses trois groupes phényle, le triphénylméthane se différencie nettement du benzène.

En résumé, le *benzène* et les *dérivés phénylés du méthane* présentent *tous* une transparence générale pour les radiations s'étendant depuis le spectre visible jusque vers $\lambda = 270$, et une absorption sélective pour les radiations plus courtes entre $\lambda = 270$ et $\lambda = 230$; c'est là la caractéristique de tous ces composés qui renferment des groupements C^6H^5 (ils se différencient nettement du naphtalène et de l'anthracène, qui renferment des groupements différents et dont les spectres d'absorption présentent des bandes dans les régions à plus grandes longueurs d'onde).

L'absorption sélective dans la région $\lambda = 270$ à 230 varie avec les divers composés, et le spectre caractéristique du benzène avec ses bandes étroites et son aspect ondulé ne se retrouve plus avec les dérivés phénylés du méthane. Leurs bandes sont placées, il est vrai, dans la même région, mais elles sont moins nombreuses, souvent légèrement déplacées, et n'apparaissent plus toutes en même temps. Le dérivé diphénylé est celui qui présente les bandes les moins nettes et les plus difficiles à observer. La transparence diminue à mesure que le poids moléculaire augmente.

Un autre résultat de ce travail, c'est la constatation de la sensibilité de la méthode spectrographique pour la recherche de traces d'impuretés douées d'un grand pouvoir absorbant et présentant elles aussi un spectre de bandes. C'est ainsi que nous avons pu caractériser l'*anthracène* comme impureté fréquente du triphénylméthane, puisque son spectre a été observé avec les échantillons soi-disant purs employés par Hartley, par Baker et par nous. De même antérieurement ([1]) nous avions pu signaler des traces de sulfure de carbone comme impureté fréquente du tétrachlorure de carbone.

CHIMIE MINÉRALE. — *Sur les nitrates basiques de zirconyle.* Note ([2]) de M. Ed. Chauvenet et de Mlle L. Nicole, présentée par M. A. Haller.

Nous avons l'honneur de faire connaître dans cette Note les résultats de notre étude : 1° sur l'action de l'eau sur le nitrate neutre de zirconyle; 2° sur l'action de la chaleur sur le même sel.

Action de l'eau. — Nous rappelons que l'hydrate normal du nitrate de zirconyle $Zr\diagup\!\!\!\diagdown^{O}_{(NO^3)^2}$, $2H^2O$ est très soluble dans l'eau; au phénomène de la dissolution succède immédiatement celui d'une hydrolyse : des mesures de conductibilité mettent en effet en évidence l'action désagrégeante de l'eau sur ce sel; la conductivité d'une dissolution $\frac{N}{100}$ de nitrate de zirconyle subit les variations suivantes (température $= 29°,5$) :

Quelques minutes après sa préparation........ $\lambda = 5o5,19$
Quelques heures   »   .... $\lambda = 554$
Quelques jours   .... $\lambda = 600$

Ce dernier nombre est resté stationnaire après plusieurs mois ([3]). Plusieurs

---

([1]) Massol et Faucon, *Comptes rendus*, t. 159, 1914, p. 314.

([2]) Séance du 13 mai 1918.

([3]) On constate en outre la formation lente d'un précipité ayant pour composition

$$Zr\diagup\!\!\!\diagdown^{O}_{NO^3} \qquad \text{ou} \qquad Zr\diagup\!\!\!\diagdown^{O}_{(NO^2)^2}, ZrO^2, nH^2O.$$

réactions sont possibles; nous avons cherché à déterminer celles qui se produisent, en neutralisant l'acide nitrique qui prend naissance et en suivant
la neutralisation par des mesures de résistance :

$Zr\mathord{<}^{O}_{(NO^3)^2}, 2H^2O \frac{N}{100},$	$NaOH \frac{N}{100}.$	W.
cm³		
5	o	257
5	2	302
5	4	344
5	5	373
5	6	407
5	7	437
5	8	470
5	10	545
5	12	487
5	14	411

L'examen de la courbe construite avec ces données indique la présence
de deux points anguleux correspondant aux deux réactions :

$$Zr\mathord{<}^{O}_{(NO^3)^2} + NaOH \;=\; NO^3Na + Zr\mathord{<}^{O}_{NO^3},$$

$$Zr\mathord{<}^{O}_{(NO^3)^2} + 2NaOH \;=\; 2NO^3Na + ZrO^2.$$

La première réaction semble indiquer que la constitution en dissolution
du nitrate de zirconyle serait la suivante :

$$\left[Zr\mathord{<}^{OH}_{OH}{}^{OH}_{NO^3} \right]^{NO^3}_{H}$$

$\left(\text{soit } Zr\mathord{<}^{O}_{(NO^3)^2}, 2H^2O \text{ en formule brute}\right)$. Des mesures cryoscopiques conduisent à faire la même hypothèse; en effet le poids moléculaire apparent
est 92,9 $\left(\text{le titre de la dissolution est } \frac{N}{50}\right)$; le poids moléculaire réel
étant 266,6, le nombre de particules indépendantes est 2,87 (nombre très
voisin de 3).

Si la solution est suffisamment diluée $\left(\frac{N}{100}\right)$, il y a scission de la molécule :

$$\mathrm{Zr} \!\!<\!\!\begin{array}{l}\mathrm{OH}\\\mathrm{OH}\\\mathrm{OH}\\\mathrm{NO^3}\end{array} \quad \left(\text{ou } \mathrm{Zr}\!\!<\!\!\begin{array}{l}\mathrm{O}\\(\mathrm{NO^3})^2\end{array}\!\!, \ \mathrm{ZrO^2_2}, n\,\mathrm{H^2O}\right)$$

qui précipite lentement ; d'autre part, ce produit ne paraît pas devoir s'hydrolyser plus profondément, car ni la nature du précipité, ni la conductivité de la dissolution ne varient même après plusieurs mois.

Action de la chaleur. — Contrairement à ce qu'on pourrait penser, le bihydrate ne se déshydrate pas sans perte d'acide nitrique, même si l'on opère la déshydratation dans une atmosphère azotique ; en effet, à 120° (température minima à laquelle la combinaison se décompose en présence de vapeurs nitriques), on obtient après poids constant le nitrate basique

$$\left[\mathrm{Zr}\!\!<\!\!\begin{array}{l}\mathrm{O}\\(\mathrm{NO^3})^2\end{array}\right]^3\!, \ \mathrm{ZrO^2}, 7\,\mathrm{H^2O}.$$

Nous rappelons qu'un dérivé du même type existe dans la série des sulfates

$$\left[\mathrm{Zr}\!\!<\!\!\begin{array}{l}\mathrm{O}\\\mathrm{SO^4}\end{array}\right]^3\!, \ \mathrm{ZrO^2}.$$

Si la déshydratation se fait à l'air (elle commence dans ce cas à 110°), on obtient un nitrate plus basique que le précédent, soit

$$\left[\mathrm{Zr}\!\!<\!\!\begin{array}{l}\mathrm{O}\\(\mathrm{NO^3})^2\end{array}\right]^3\!, \ \mathrm{ZrO^2}, 7\,\mathrm{H^2O}.$$

Une élévation progressive de la température détermine la formation de produits de plus en plus basiques, mais toujours hydratés, caractérisés par des arrêts brusques dans la décomposition. Ces combinaisons sont les suivantes :

$$\mathrm{Zr}\!\!<\!\!\begin{array}{l}\mathrm{O}\\(\mathrm{NO^3})^2\end{array}\!, \ 2\mathrm{ZrO^2}, 4\mathrm{H^2O} \quad \text{à} \quad 150°,$$
$$\text{»} \quad , \ 7\mathrm{ZrO^2}, 5\mathrm{H^2O} \quad \text{à} \quad 215°,$$
$$\text{»} \quad , \ 10\mathrm{ZrO^2}, 4\mathrm{H^2O} \quad \text{à} \quad 250°.$$

Au-dessus de cette température (à partir de 300°), il y a disparition complète et simultanée d'eau et d'acide nitrique avec formation de zircone.

CHIMIE VÉGÉTALE. — *Sur la teneur en sucre du Sorgho aux divers stades de sa végétation.* Note de MM. **Daniel Berthelot** et **René Trannoy**, présentée par M. Guignard.

Parmi les plantes sucrières susceptibles de prospérer sous un climat trop chaud pour la betterave et trop froid pour la canne à sucre, le Sorgho sucré (*Sorghum saccharatum*) est depuis longtemps connu en Chine et au Japon. Aux Etats-Unis, malgré des essais d'acclimatation poursuivis pendant plus de 60 ans sur une échelle industrielle, la production annuelle a rarement dépassé 500^t, alors qu'elle atteint couramment 30000^t au Japon, pays de petite culture familiale.

Il était intéressant, dans les circonstances actuelles, de reprendre en France les essais tentés d'une manière intermittente depuis 1850. Au printemps de 1917, sur les indications de M. Blaringhem, une série de cultures furent entreprises à Fourques (Hérault), à la Tour-de-Peilz (canton de Vaud), au Plessis-Macé (Maine-et-Loire), à Vernon (Seine-Inférieure), à Meudon (Seine-et-Oise) et à Locon (Pas-de-Calais). Partout le sorgho s'est bien développé, a atteint la taille de 2^m à 2^m,50 et est arrivé à maturité.

Nous avons procédé, à la Station de Chimie végétale de Meudon, à la mesure de la richesse saccharine du sorgho aux divers stades de sa végétation. Les semis ont été faits le 25 avril 1917. Le Tableau suivant donne le poids moyen en grammes d'une tige effeuillée (les analyses étaient faites sur des lots de 5 pieds); le poids de jus extrait de 100^g de tige après hachage et passage à la presse Samaïn ou au presse-fruits domestique; la densité du jus à la température de 19°; le nombre de grammes des divers sucres contenus dans 100$^{cm^3}$ de jus.

	10 août.	24 août.	7 sept.	21 sept.	5 oct.	19 oct.	16 nov.	30 nov.
Poids moyen d'une tige...	308	353	528	467	363	503	418	26.
Pourcentage de jus......	80,6	64,1	61,4	63,2	55,7	62,2	66,5	71,
Densité du jus..........	1,023	1,0395	1,046	1,070	1,079	1,080	1,0725	1,0
Glucose..............	1,21	2,75	2,12	1,41	0,80	0,85	0,87	1,4
Lévulose..............	0,93	1,91	1,25	0,62	0,23	0,29	0,44	0,8
Saccharose............	0,24	1,90	5,21	11,43	14,04	13,67	12,35	11,5
Sucre total............	2,38	6,56	8,58	13,46	15,07	14,81	13,66	13,8

Le diagramme ci-après permet de saisir d'un coup d'œil la marche des phénomènes :

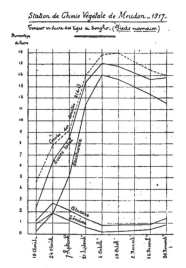

Les sucres élémentaires réducteurs (glucose et lévulose) apparaissent les premiers; leur quantité va en croissant et atteint 4 à 5 pour 100 pour l'ensemble des deux sucres vers le 24 août. Le saccharose, nul au début, apparaît vers le 10 août et se développe d'abord aux dépens du glucose et du lévulose préexistants, comme cela résulte avec une grande netteté d'analyses détaillées de cette période initiale, qui seront données plus tard. On a donc là un nouvel exemple de la synthèse du saccharose dans la plante aux dépens des monoses élémentaires, conformément au processus déjà signalé il y a longtemps par Berthelot et Buignet dans la maturation des oranges ([1]), mais qui n'a encore pu être réalisée au laboratoire, bien qu'en ces dernières années les beaux travaux de M. Bourquelot nous aient appris à reproduire nombre de bioses, analogues au saccharose au moyen des monoses générateurs.

([1]) *Comptes rendus*, t. 51, 1860, p. 1094.

La teneur en saccharose atteint 14 pour 100 le 5 octobre, puis se maintient entre 12 et 14 pour 100 pendant 6 semaines, teneur un peu inférieure à celle des betteraves sucrières ordinaires. Durant cette période la saveur de la moelle, légèrement acide et styptique au début, est devenue agréable et franchement sucrée.

Durant la seconde quinzaine de novembre, les tissus commencent à mourir; les sucs végétaux se mélangent et les diastases hydratantes qu'ils contiennent déterminent une hydrolyse du saccharose qui rétrograde partiellement à l'état de glucose et de lévulose : la teneur de ces deux sucres se relève donc en fin de végétation.

Cette rétrogradation est encore plus marquée sur le sorgho coupé, c'est-à-dire sur la plante morte; elle est particulièrement rapide après une gelée et un réchauffement consécutifs qui amènent la rupture des membranes cellulaires. C'est là une première infériorité du sorgho par rapport à la betterave et à la canne à sucre.

Une autre non moins grave est la grande difficulté de cristallisation du jus de sorgho. En projetant sur du jus évaporé à consistance de sirop épais de petits cristaux de saccharose, il nous a fallu plusieurs semaines pour voir la cristallisation s'amorcer; au bout de 6 mois, elle était encore très incomplète.

Des nombres donnés plus haut il résulte que la densité augmente régulièrement avec la teneur en sucre. Si le jus ne contenait en dissolution que des principes sucrés, l'excès $(d-1)$ de la densité sur celle de l'eau serait à peu près proportionnel à la richesse saccharine. En fait, le diagramme montre que la courbe $2(d-1)$ accompagne assez fidèlement la courbe du sucre total, tout en lui étant un peu supérieure : ce qui veut dire qu'il existe dans le jus une quantité de principes salins relativement faible par rapport à celle des principes sucrés, mais suffisante pour élever par elle-même la densité aux environs de 1,0025. La richesse saccharine s, tout au moins à partir de 8 pour 100, est assez bien représentée par la formule

$$s = 2(d - 1,0025),$$

comme cela résulte de la comparaison suivante :

s calculé.....	0,041	0,074	0,087	0,135	0,153	0,155	0,140	0,135
s observé.....	0,024	0,066	0,086	0,135	0,151	0,148	0,137	0,138

Cette constatation permet de suivre les variations de richesse saccharine par la mesure des densités, c'est-à-dire par une opération beaucoup plus simple qu'une analyse chimique volumétrique par la liqueur cupropotassique ou qu'une mesure polarimétrique.

HYGIÈNE. — *Sur la valeur antiseptique de quelques huiles essentielles.* Note de M. **Lucien Cavel**, présentée par M. A. Haller.

Dès la plus haute antiquité, chez les peuples civilisés, les anciens avaient remarqué que les plantes aromatiques jouissaient de propriétés conservatrices à l'égard des substances susceptibles de se corrompre. Ils en recherchèrent les principes et purent ainsi obtenir certaines huiles essentielles, qui jouèrent un rôle important dans ce qui était la pharmacopée de l'époque et dans l'art d'embaumer les morts.

Plusieurs savants contemporains, parmi lesquels il convient de citer Jalan de la Croix ([1]), Chamberland ([2]), Freudenreich ([3]), frappés de ces vertus, étudièrent la puissance antiseptique de quelques essences sur un microbe préalablement choisi, en l'exposant le plus souvent à leurs vapeurs dans des conditions déterminées. De sorte qu'on pourrait plutôt dire que ce qui a été étudié, c'est la résistance de tel ou tel microbe vis-à-vis de telle ou telle essence.

J'ai cherché à classer quelques huiles essentielles, suivant leur valeur antiseptique, en déterminant pour chacune d'elles la dose limite qu'il faut employer, pour rendre impossible toute végétation microbienne dans le bouillon de viande ordinaire, neutralisé puis copieusement ensemencé. Et, pour me placer dans un cas très général, j'ai fait l'ensemencement de 10^{cm^3} de ce bouillon, avec de l'eau d'une fosse septique desservant un réseau d'égouts.

On sait, en effet, la grande variété d'espèces microbiennes que renferment ces eaux. La plupart, il est vrai, sont des saprophytes, mais on y rencontre aussi des germes pathogènes. Et, comme les premiers sont plus résistants que les seconds, il est juste de penser (ce qui n'est cependant pas absolu) que ce qui est antiseptique pour des saprophytes l'est *a fortiori* pour les pathogènes.

([1]) Jalan de la Croix, 1881.

([2]) Chamberland, *Annales de l'Institut Pasteur*, t. 1, 1888, p. 153.

([3]) E. de Freudenreich, *Annales de Micrographie*, 1889, p. 497.

Je me suis donc adressé à un milieu très pollué pour faire mes essais. De nombreuses numérations m'ont en effet permis de constater que l'effluent de la fosse septique ayant servi à mes prélèvements ne renfermait pas moins de 9 à 11 millions de germes par centimètre cube, et, par anse de platine ensemencée, 35 000 à 40 000 microbes.

Voici maintenant le mode opératoire employé :

Les essences furent diluées dans des dissolvants appropriés (souvent l'alcool, parfois l'acétone) ([1]), de façon à pouvoir en introduire aisément, dans des tubes de bouillon gélatinés, préalablement stérilisés et liquéfiés. Chacun de ces tubes, disposés en séries, recevait des doses représentant en volume 0,5 pour 1000, 1 pour 1000, etc. de l'essence à essayer; ils étaient ensemencés à l'anse de platine, puis basculés dans des boîtes de Pétri, qu'on abandonnait à la température du laboratoire (15°-18° C.).

Un examen journalier, effectué sur une période de plusieurs mois, permettait d'éliminer les plaques ayant cultivé, c'est-à-dire celles où les doses d'essences étaient insuffisantes pour arrêter toute végétation. Guidé par ces indications, je rétrécissais au fur et à mesure les limites de mes expériences et j'arrivai aux résultats suivants :

Dénomination des essences.	Doses infertilisantes pour 1000.
Thym	0,7
Origan	1,0
Portugal	1,2
Verveine	1,6
Cannelle de Chine	1,7
Rose	1,8
Girofle	2,0
Eucalyptus	2,25
Menthe	2,5
Géranium (Rosa de France)	2,5
Vétyver	2,7
Amandes amères	2,80
Gaulthéria	3,0
Géranium (Inde)	3,1

([1]) On s'est assuré par un essai préalable que la quantité de dissolvant ainsi introduite n'avait aucune influence sur les résultats : en effet, dès le deuxième ou troisième jour au plus tard, les plaques témoins avec le seul dissolvant étaient infectées.

Dénomination des essences.	Doses infertilisantes pour 1000.
Wintergreen.	3,2
Reine des prés.	3,3
Aspic.	3,5
Badiane.	3,7
Iris.	3,8
Cannelle ordinaire.	4,0
Serpolet.	4,0
Bouleau.	4,8
Anis.	4,2
Moutarde.	4,2
Romarin.	4,3
Cumin.	4,5
Néroli.	4,75
Lavande.	5,0
Mélisse.	5,2
Ylang-ylang.	5,6
Genièvre (baies).	6,0
Fenouil doux.	6,4
Réséda.	6,5
Ail.	6,5
Citron.	7,0
Cajeput.	7,2
Sassafras.	7,5
Héliotrope.	8,0
Cédrat.	8,4
Térébenthine.	8,6
Persil.	8,8
Violette.	9,0
Camphre.	10,0
Angélique.	10,0
Patchouly.	>15,0

A titre de comparaison, la quantité infertilisante de phénol déterminée dans les mêmes conditions a été 5,6 pour 1000.

Avec ces doses, au bout de 7 mois après leur ensemencement, les plaques étaient encore stériles. Les événements actuels m'empêchèrent de continuer leur examen. Mais cette période est suffisamment longue pour donner quelque crédit aux chiffres mentionnés ici.

MÉDECINE. — *L'aorte dans le goitre exophtalmique*,.Note de
M. **Folley**, présentée par M. Roux.

La crosse de l'aorte n'est pas seule à subir l'augmentation de diamètre
décrite précédemment. La portion abdominale de ce gros vaisseau est dans
certains cas très augmentée de volume et généralement chez des malades
ayant des symptômes basedowiens très accusés.

En appliquant légèrement les doigts sur la région médiane de l'abdomen,
on sent nettement battre l'aorte depuis le creux épigastrique jusqu'en
dessous de l'ombilic, au niveau du promontoire. De chaque côté de la
ligne médiane on sent les pulsations sur une certaine étendue et la largeur
totale de la zone pulsatile peut atteindre 7^{cm} à 9^{cm}.

Sous l'influence d'un traitement, en même temps qu'une amélioration
des autres symptômes et une diminution notable de la crosse de l'aorte,
on constate un rétrécissement de la zone où est perceptible l'aorte abdominale. L'amélioration continuant, on n'arrive plus à sentir les battements
que sur une très petite largeur, et encore faut-il déprimer fortement la
paroi abdominale. (Il est à noter que les variations de volume aortique
sont assez rapides pour que l'épaisseur de la paroi abdominale ne soit pas
modifiée.)

En résumé, l'aorte abdominale se comporte comme la crosse de l'aorte
et subit des variations identiques, augmentant quand la maladie à Basedow
s'aggrave, diminuant quand elle s'atténue.

L'aorte paraît être lésée sur toute sa longueur dans le goitre exophtalmique, néanmoins la date et la fréquence des dilatations des divers
segments aortiques ne sont pas les mêmes. L'aorte abdominale nous paraît
intéressée la dernière, l'aorte thoracique est augmentée de diamètre préco-
cement, mais auparavant il existe déjà une dilatation constante de la
portion originelle de l'aorte, dilatation limitée à la portion ascendante de
la crosse et reconnaissable au « signe de la bascule » par opposition au
« signe de la vague » caractéristique de l'état normal. Ces deux signes
se recherchent à la radioscopie en utilisant un faisceau de rayons X horizontal et contenu dans un plan sagittal du sujet qui se tient debout; ce
faisceau est suffisamment étroit pour ne projeter sur l'écran qu'un cercle
dont une moitié, sombre, répond au côté gauche de l'ombre cardio-aortique
et une moitié, claire, correspondant au hile du poumon gauche. Normale-

ment, la limite de l'ombre est composée de trois segments qui répondent, en haut, à l'aorte, en bas au ventricule et au milieu à l'oreillette gauche. Ces segments suivent les mouvements d'expansion ou de rétraction de ces trois cavités et l'on a l'impression de voir le bord de l'ombre agitée par un mouvement compliqué comme celui des vagues, d'où le nom.

Le signe de la bascule vient de ce que la limite de l'ombre ne comprend plus que deux segments formant les deux côtés d'un angle obtus et correspondant au ventricule. Cet angle semble basculer autour de son sommet, d'où le nom, parce que l'aorte se remplit quand le ventricule se vide et l'aorte se vide à son tour pendant que le ventricule se remplit.

A 16 heures, l'Académie se forme en comité secret.

La séance est levée à 17 heures et demie.

É. P.

BULLETIN BIBLIOGRAPHIQUE.

OUVRAGES REÇUS DANS LES SÉANCES DE MARS 1918.

Cours de Mécanique professé à l'École polytechnique, par Léon Lecornu, t. III. Paris, Gauthier-Villars, 1918; 1 vol. in-8°. (Présenté par l'auteur.)

Plaies du pied et du cou-de-pied par projectiles de guerre, par E. Quénu. Paris, Alcan, 1918; 1 vol. in-8°. (Présenté par l'auteur.)

Index Filicum. Supplément préliminaire pour les années 1913, 1914, 1915, 1916, par Carl Christensen. Hafniæ, Typis Triers Bogtrikkeri, 1917; 1 fasc. in-8°. (Présenté par le prince Bonaparte.)

Le opere di Alessandro Volta. Edizione nazionale, volume primo. Milano, Ulrico Hœpli, 1918; 1 vol. in-4°.

Las estrellas del preliminary general catalogue de L. Boss, ordenadas según sus declinaciones por D. Ignacio Tarazona y Blanch. Madrid, Eduardo Arias, 1917; 1 fasc. in-8°. (Présenté par M. Bigourdan.)

A propos de la publication du tome V du Système du monde (Histoire des doctrines cosmologiques de Platon à Copernic) par feu Pierre Duhem, par E. Doublet. Extrait des Annales de Physique, 9ᵉ série, t. VIII (nov.-déc. 1917); 1 fasc. 22ᶜᵐ. (Présenté par M. Bigourdan.)

République française. Préfecture de police, 2ᵉ division, 2ᵉ bureau. Rapport sur les opérations du service d'inspection des établissements classés dans le département de la Seine pendant l'année 1916, présenté à Monsieur le Préfet de police, par M. E. Portier. Paris. Chaix, 1917; 1 fasc. in-4°.

Académie d'Agriculture de France. Année 1918. Composition de l'Académie, 1 fasc. 22ᶜᵐ.

Les allées couvertes coudées, principe de construction et époque d'édification, par Marcel Baudoin. Extrait du Bulletin de la Société préhistorique française, t. XIV, n° 10, p. 391-405; 1 fasc. in-8°.

La houille bleue. Comment la mer peut nous la donner par l'intermédiaire de l'appareil hydropneumatique, par Max-Albert Legrand. Paris, Jouve, 1918; 1 fasc. 18ᶜᵐ,5.

Report of the proceedings of the second entomological meeting held at Pusd on the 5ᵗʰ to 12ᵗʰ february 1917, edited by T. Bainbrigge Fletcher. Calcutta, Superintendent Government Printing, 1917; 1 vol. in-8°.

ACADÉMIE DES SCIENCES.

SÉANCE DU LUNDI 27 MAI 1918.

PRÉSIDENCE DE M. P. PAINLEVÉ.

MÉMOIRES ET COMMUNICATIONS
DES MEMBRES ET DES CORRESPONDANTS DE L'ACADÉMIE.

ASTRONOMIE. — *La station astronomique du Collège de Clermont* (première période) *et la mission astronomique de Siam.* Note([1]) de M. **G. Bigourdan**.

Ce Collège intéresse l'Astronomie à divers titres : d'abord comme station où il a été fait un assez grand nombre d'observations célestes ; puis parce qu'il a été comme le centre scientifique de beaucoup de missionnaires astronomes : ceux-ci, par leurs observations, contribuèrent aux progrès de la Géographie, inaugurés par les voyages de l'Académie pour là détermination des longitudes. Ce collège se rattache donc tout à la fois à l'histoire de l'Astronomie, à celle de nos colonies et au rayonnement de la France sur les pays éloignés.

Première période. — La première observation connue qu'on y ait faite est celle déjà mentionnée (I, 103 et 202 ; 52) ([2]) de l'éclipse de Soleil de 1652 avril 7-8 faite par le P. Bourdin ([3]) et Fr. Gaynot.

([1]) Séance du 21 mai 1918.

([2]) Pour les détails et les autorités sur les observations d'éclipses faites avant 1701, on pourra se reporter aux *Annales célestes de Pingré* que nous indiquons par la page et l'année ; ainsi : 202 ; 52 signifie *Ann. cél.*, p. 202, correspondant à l'année 1652.

([3]) Le P. Bourdin avait déjà observé à Paris les éclipses de Lune de 1645 février 10 (I, 102 et 175 ; 45) et de 1646 janvier 30 (I, 102 et 180 ; 46) ; mais on n'indique pas le point précis d'observation ; il est plausible de penser que c'est au Collège de Clermont.

Pour les détails biographiques et bibliographiques relatifs à divers Jésuites que nous aurons à citer, voyez P.-C. Sommervogel, *Bibliothèque de la Compagnie de Jésus* (Abrév. : *Bibl.* S. J.).

Le même P. Bourdin·y observa aussi, avec Boulliau, l'éclipse de Lune de 1653 mai 13; et l'on connaît (1, 105 et 207; 53) le Mémoire où il le publia.

D'autres jésuites, dont on ne donne pas les noms, y observèrent également les éclipses de Soleil de 1654 août 11 (I, 105 et 212; 54) et de 1659 novembre 14 (I, 106 et 239; 52).

Le Collège de Clermont fut un des centres assez nombreux (I, 107...) où se réunissaient les savants et les curieux de Paris, dans la période antérieure à la fondation de l'Académie des Sciences; et le *Journal des Savants*, alors dans sa première année, a conservé le souvenir d'une de ces réunions, tenue au commencement de 1664, à l'occasion de la comète qui brillait alors, et qui ne fut pas sans influence pour décider la fondation de l'Observatoire de Paris.

Le dixiesme de ce mois, dit-il page 41 de 1665, il y eut vne grande assemblée au College des Iesuites de cette ville, où se trouuerent Monsieur le Prince, M. le Duc, et M. le Prince de Conty, suiuis d'vn grand nombre de Prelats et de Seigneurs de la Cour. On y rechercha les causes et les effets des Cometes.

Cette conférence, dans laquelle Roberval entre autres exposa ses idées, indique trois jésuites astronomes : le P. d'Arroüis, dont nous ne savons autre chose, un P. Garnier (¹), et le P. Grandami (²); celui-ci avait déjà observé la comète de 1618.

A cette époque, la fleur de la noblesse française était élevée dans ce collège, dont les méthodes étaient en avance sur celles de l'Université; d'ailleurs on y était attentif aux phénomènes célestes, comme le prouvent les thèses astronomiques (³) soutenues par divers élèves ainsi que certains

---

(¹) Paraît être le P. *Jean* GARNIER (Paris, 1612—†1681), qui professa les humanités, la philosophie et la théologie, et qui est l'auteur d'un système bibliographique apprécié; député à Rome en 1681, il mourut pendant le voyage à Bologne, le 26 octobre 1681.

(²) *Pierre Jacques* GRANDAMI (Nantes, 1588 novembre 19— † Paris, 1672 février 12); observa à Bourges l'éclipse de Lune du 20 janvier 1628 (*Souciet*, III, 373) et composa, sur le cours de la comète de 1664-1665, un écrit qui, d'après Chapelain (*Lettres*, Paris, 1883, II, p. 390), « fit du bruit au païs latin ».

(³) Voy. *Bibl.* S. J., VI, col. 219-274, n⁰ˢ 78, 79, etc.

C'est sans doute une de ces thèses que la *Bibliographie astronomique* de Lalande (p. 263) met sous le nom du P. Tarteron; elle a pour titre : DE COMETA ANN. 1664 ET 1665. OBSERVATIONES MATHEMATICÆ. *Propagnabuntur a Ludovico* PROV *Parisino, In*

divertissements qu'on y donnait (comédies, ballets, etc.), basés sur des allégories célestes : le Ballet des *Comètes* (80), l'Empire du *Soleil* (103), la Jalousie de *Mars contre Apollon* (7), etc.

En mars 1672, le P. Pardies ([1]), averti par les Jésuites de La Flèche, observa au Collège de Clermont la comète qui paraissait alors, sans doute par alignements ([2]); et sur l'avis qui en fut donné à l'Académie, J.-D. Cassini put la suivre encore 12 jours.

Quelques années après, d'autres observations y furent faites par le P. de Fontaney, que nous avons déjà rencontré à Nantes (I, 174), qui depuis quelques années professait les mathématiques dans ce collège, et que nous retrouverons dans les missions. Il y observa notamment les éclipses suivantes : 1678 octobre 29, $\mathbb{C}$ (347; 78); — 1682 février 21, $\mathbb{C}$ (366; 82); — 1684 juillet 12, $\odot$ (386; 84) : c'est alors que le collège changea son titre primitif contre celui *Collège royal de Louis-le-Grand*.

Le P. de Fontaney y observa aussi la comète de 1680-1681 et publia les résultats dans un petit volume in-12 sous ce titre : OBSERVATIONS SUR LA COMÈTE *de l'année MDCLXXX et MDCLXXXI, faites au Collège de Clermont*. Paris, 1681, x-105 pages et planches.

Ces observations furent faites avec deux lunettes de 3 et de 12 pieds, qui sans doute ne portaient aucun organe de mesure, car les positions sont conclues de divers alignements, suivant la manière qu'employaient la plupart des astronomes de l'époque ; de petites cartes célestes indiquent la position de la comète parmi les étoiles.

Le 3 janvier 1681, avec la lunette de 3 pieds, il s'aperçut, dit-il pages 27 et 28, que son étoile *d* est double ; c'est γ Petit Cheval (gr. 4), dont le compagnon (gr. 6, 2) était éloigné d'environ 8'.

---

aula Collegii Claromontani Societatis Jesu, die Jouis 29 *Januarii anni M.DC.LXV a prima ad vesperam*. 12 pages in-4°. Louis Prou était-il élève du P. Tarteron? En tout cas, je ne vois pas que celui-ci soit cité dans cette Thèse.

Le P. *Jérôme* TARTERON, né à Paris le 7 février 1644, y mourut le 12 juin 1720; on voit qu'il aurait été bien jeune encore pour professer en 1665.

([1]) *Ignace Gaston* PARDIES (Pau, 1636 septembre 5 — † Paris, 1673 avril 12) professa avec éclat les mathématiques à Louis-le-Grand; il eut Sédileau comme élève. A l'occasion de la comète de 1664-1665, il publia une méthode pour calculer l'orbite des comètes. Il est connu aussi par son *Atlas céleste*, par divers ouvrages classiques, etc. (Voy. PINGRÉ, *Cométographie*, I, 114-115.)

([2]) *Journal des Savants*, numéro du 11 avril 1672..

Aux observations de position il joint aussi des observations physiques; et le 23 janvier 1685 il compara l'éclat de la tête de la comète à celui de la grande nébuleuse d'Andromède, dont elle se trouvait alors voisine : avec une forte lunette, dit-il page 79, « elles paroissoient d'une égale grandeur, et d'une mesme matière; et l'on n'y remarquoit aucune différence, sinon que la Comète estoit un peu plus éclairée ». Il déduit de ses observations que la comète a une parallaxe inférieure à celle de la Lune, et qu'elle ne décrit pas un grand cercle, contrairement à une opinion assez généralement admise. Pour lui, c'est un « météore céleste », c'est-à-dire plus éloigné que la Lune, dont la queue est une pure apparence, produite par les rayons solaires concentrés par la matière de la tête; aussi, conformément à l'opinion de Képler, il pense que les comètes ne reviennent pas.

Ni le P. de Fontaney, ni ceux qui avant lui avaient observé dans le même collège, ne parlent d'un lieu spécial où auraient été faites leurs observations; autrement dit, probablement le Collège n'avait pas d'Observatoire; mais dès 1674 il y existait déjà celui dont il sera question plus loin (¹). Les instruments qu'on y avait employés étaient d'ailleurs assez ordinaires et sans doute ne comportaient pas de mesures. Aussi, en présence des perfectionnements apportés aux appareils, devenus plus coûteux, cette station était-elle appelée à disparaître, comme toutes celles que nous avons vu mourir faute de ressources importantes.

D'ailleurs, le P. de Fontaney lui-même, et quelques autres de ses confrères, allaient être appelés au loin par des circonstances dont il faut d'abord indiquer la genèse.

Période des missions. — A la suite de leurs grandes découvertes géographiques, commencées à la fin du xvᵉ siècle, les Portugais établirent de nombreux comptoirs sur les côtes et dans les îles de l'Asie méridionale, jusqu'en Extrême-Orient; et ainsi tout le commerce de l'Asie avec l'Europe, qui se faisait par l'intermédiaire des Arabes et des Vénitiens, tomba entre les mains des Portugais; ce fut une véritable révolution, qui substitua le port de Lisbonne à celui de Venise, tandis que le portugais devenait la langue commerciale de l'Asie.

_____

(¹) Cela résulte du récit de la visite de Louis XIV, tel que nous le donne l'historien du Collége, p. 133 :

G. *Emont.* HISTOIRE DU COLLEGE DE LOUIS-LE-GRAND *ancien Collège des Jésuites à Paris*, depuis sa fondation jusqu'à 1830. Paris, 1845, in-8°.

Cette révolution était commencée depuis près d'un siècle, quand le passage momentané du Portugal sous la domination espagnole mit aux prises les Hollandais, révoltés contre Philippe II, avec les Portugais : ceux-ci perdirent peu à peu la plupart de leurs colonies, au profit surtout des Hollandais, puis des autres nations européennes.

A l'exemple de la Hollande, qui dès 1595 avait fondé pour le commerce une *Compagnie des pays lointains*, l'Angleterre en 1599, puis la France, etc. fondèrent des compagnies commerciales privilégiées. La première compagnie française, celle des *Indes orientales*, fut fondée par Henri IV (1604), reconstituée plusieurs fois, notamment par Richelieu en 1642, puis en 1664 par Colbert qui sut lui donner un élan remarquable : parmi les souscripteurs on trouve tous les grands noms de l'époque, y compris ceux du roi et de la reine.

Colbert aurait pensé aussi que les arts et les sciences de la Chine, encore peu connus en Europe, pouvaient fournir des lumières nouvelles et peut-être des procédés utiles aux manufactures françaises; mais il était difficile d'y introduire des correspondants, à cause de la défiance naturelle qu'y rencontrent les étrangers. On savait bien, toutefois, par l'expérience des missionnaires, que la considération n'y est accordée qu'à ceux qui cultivent les lettres et les sciences.

Enfin on désirait étendre en Orient les voyages entrepris par l'Académie des Sciences en vue de la détermination des longitudes; et pour cela on ne pouvait trouver, comme astronomes, des hommes mieux préparés que des missionnaires jésuites, admis d'ailleurs depuis près d'un siècle à s'établir en Chine.

La mort de Colbert fit ajourner pendant quelque temps ces projets, qui furent repris par Louvois, quand un roi de Siam, Phra Nàraï, appela les Français avec insistance, par crainte des Hollandais sans doute (¹).

C'est ainsi qu'en 1685 le chevalier de Chaumont, accompagné de l'abbé

(¹) Pour des détails circonstanciés à ce sujet, voir :

L. *Lanier.* ÉTUDE HISTORIQUE SUR LES RELATIONS DE LA FRANCE ET DU ROYAUME DE SIAM, de 1662 à 1703. Versailles, 1883, in-8°. (Extrait des *Mém. de la Soc. des Sc. morales, des Lettres et des Arts de Seine-et-Oise,* t. XIII, année 1883.)

Pour la Bibliographie, voir :

Henri Cordier. BIBLIOTHECA INDOSINICA. *Dictionnaire bibliographique des ouvrages relatifs à la péninsule indochinoise.* 4 vol. in-4°. Publ. de l'École fr. d'Extrême-Orient. (Abrév. : *Bibl. I-Sin.*) La partie relative au *Siam* est au Tome I, col. 713-996.

de Choisy et d'une suite, avec deux navires de guerre, fut envoyé comme ambassadeur extraordinaire auprès du roi de Siam; et, un peu subitement à ce qu'il semble, on décida de faire partir en même temps des jésuites destinés à la Chine, qui se trouvaient tous au Collège de Louis-le-Grand : ce furent les PP. Bouvet, Gerbillon, Le Comte, Tachard et Visdelou, avec le P. de Fontaney leur aîné, comme supérieur (*Tachard*₁, 6).

L'ambassade française, arrivée devant Bankok le 22 septembre 1685, fut accueillie de la manière la plus flatteuse, et Phra Naraï demanda des officiers français pour commander sa flotte et ses principales forteresses. En même temps il annonça la construction prochaine de deux observatoires « à l'imitation de ceux de Paris et de Pékin », l'un à Siam ou Juthia (aujourd'hui Ayouthia) alors capitale, et l'autre à Louvo, 15 ou 20 lieues au nord-est de Siam, sur le Meinan, où il résidait 8 ou 9 mois de l'année. Enfin, tout en accordant à la Compagnie de commerce française divers avantages, il demanda des missionnaires astronomes en vue notamment de faire la carte de ses états : ce fut l'origine de la mission astronomique de Siam.

Mission astronomique de Siam. — Pour hâter l'arrivée des missionnaires demandés par le roi, il fut décidé que le P. Tachard irait les chercher, au lieu de continuer sa route par la Chine, et il revint en effet en France avec le chevalier de Chaumont et une ambassade siamoise envoyée à Louis XIV : le départ de Siam eut lieu le 14 décembre 1685 et l'arrivée à Brest le 18 juin 1686.

Les missionnaires choisis furent les PP. de Bèze, Bouchet, de la Breuille*, Colusson*, Comilh, Dolu, Duchatz, d'Espagnac*, Leblanc, Richaud* (¹), Rochette, le Royer, de Saint-Martin* et Thionville* (*Tachard*₂, 3).

Mis en relation avec les membres de l'Académie des Sciences, ils en reçurent des instructions (*Tachard*₂, 3-4)

pour les observations Mathématiques, pour la connoissance de l'Anatomie et des Simples, pour apprendre à peindre les plantes et les animaux, pour la Navigation, et pour diverses autres remarques qu'ils avoient à faire dans les Pays étrangers.

Il n'y eut personne dans cette sçavante Academie, qui ne s'empressât de leur fournir tous les Memoires, dont ils jugeoient qu'ils pourroient avoir quelque besoin dans l'exe-

---

(¹) Nous connaissons déjà le P. Richaud (I, 178); nous manquons de renseignements sur ceux dont les noms sont marqués d'un (*); quant aux autres nous les retrouverons.

cution de leurs projets. Les instrumens leur furent fournis par la liberalité du Roy; deux quarts de Cercle, deux pendules d'Observation, un anneau Astronomique, une machine Paralactique, divers demi-Cercles, et beaucoup d'autres moindres instrumens.

Après avoir reçu leurs brevets de « Mathématiciéns du Roy » ils partirent tous de Brest, avec le P. Tachard, le 1ᵉʳ mars 1687, sur une escadre de six vaisseaux de guerre, qui ramenait l'ambassade siamoise et portait, avec des troupes, un nouvel ambassadeur extraordinaire, La Loubère, sa suite, et des présents, parmi lesquels étaient des lunettes de 6 et de 12 pieds, une machine de Römer pour la prédiction des éclipses, etc.

Pendant la première partie du voyage, les PP. Comilh et Richaud rectifièrent les cartes du ciel austral et calculèrent l'éclipse de Soleil du 11 mai 1687; ils s'assurèrent ainsi qu'elle pourrait être vue du lieu où se trouvait la flotte, ce qui eut lieu dans les conditions prévues, à la grande satisfaction des ambassadeurs siamois, qui « sont curieux de ces sortes de Phénomènes jusqu'à la superstition ».

L'arrivée au Cap eut lieu le 11 juin et l'on y séjourna jusqu'au 29; pendant les quelques jours passés à terre, les PP. Leblanc et de Bèze allèrent en excursion botanique et géologique, tandis que le P. Richaud parvenait, à travers un ciel toujours nuageux, à observer deux éclipses du premier satellite de Jupiter pour la longitude.

Entre le Cap et Batavia la petite flotte perdit beaucoup de soldats, ainsi que le P. Rochette (¹) qui contracta une maladie à leur chevet.

A Batavia les Hollandais ne se prêtèrent pas à des observations astronomiques, et l'on en repartit le 7 septembre 1687 pour arriver 20 jours après dans la rade de Bankok.

Après quelque hésitation, le commandement des places importantes du Siam fut confié aux officiers français; mais la discorde se mit parmi les membres de l'ambassade; La Loubère songea bientôt à repartir, et le roi de Siam délégua en France, comme son ambassadeur, le P. Tachard, qui revint en effet avec La Loubère le 3 janvier 1688, ramenant douze enfants de Mandarins siamois pour être élevés au Collége Louis-le-Grand. Le 21 avril on arriva au Cap où l'on séjourna 10 jours, et l'on parvint à Brest le 27 juillet 1688.

(¹) *Louis* ROCHETTE était né à Lyon le 2 avril 1646; il avait enseigné à Aix et à Marseille, et composé un *Traité des instrumens qui servent à observer en mer la hauteur des Astres....* Marseille, 1686, in-12.

Mais déjà Phra Naraï était mort : le 18 mai 1688 le mandarin révolté Pitracha s'était emparé du roi et l'avait tué. Avec l'aide des officiers français, Constance Phaulkon son favori essaya de résister, mais il fut arrêté aussi et bientôt mis à mort. C'était la ruine de l'influence française dans le pays, que les missionnaires durent quitter pour tenter de gagner les comptoirs français de l'Hindoutan ; et comme en Europe la guerre avait été déclarée entré la France et la Hollande, dans leur fuite plusieurs furent faits prisonniers par les Hollandais, dont les partisans avaient favorisé la révolte de Pitracha. Ainsi fut dispersée la mission astronomique de Siam, avant même de pouvoir commencer ses travaux.

RÉSISTANCE DES MATÉRIAUX. — *Sur l'emploi de la bille Brinell pour l'essai des matériaux de construction.* Note de MM. **H. Le Chatelier** et **B. Bogitch.**

L'emploi de la bille Brinell pour l'étude des propriétés mécaniques des métaux est devenu aujourd'hui d'un usage tout à fait général. Les résultats ne sont pas plus précis que ceux de l'essai de traction, mais l'exécution en est infiniment plus rapide et plus économique. Ce mode d'essai semblerait *a priori* devoir être plus avantageux encore pour l'étude des matériaux de construction, mortiers de ciments, produits céramiques et pour toutes les matières qui se brisent sans déformation préalable, à condition cependant qu'elles soient assez poreuses pour permettre la pénétration de la bille sans rupture complète.

Actuellement, on essaie ces matériaux à l'écrasement, au moyen de presses hydrauliques puissantes, pouvant exercer, par exemple, une pression d'une cinquantaine de tonnes pour les briques ordinaires. C'est là un premier inconvénient ; ces presses très coûteuses ne peuvent se trouver que dans un petit nombre de laboratoires richement dotés. De plus, la rupture des matériaux, qui se brisent sans déformation permanente préalable, donne des résultats très irréguliers, parce qu'il suffit d'une petite fente amorcée accidentellement en un point pour provoquer la rupture de tout l'échantillon. On tâche de remédier à cette cause d'incertitude en multipliant les essais, de façon à ne retenir que les chiffres moyens. Pour les briques, par exemple, on va jusqu'à écraser 16 briques de chaque lot. Des écarts de résistance du simple au double sont tout à fait ordinaires. L'essai à la bille, totalisant une infinité de petites ruptures partielles voisines, semble devoir donner des résultats plus concordants.

Sur le conseil de l'un de nous, M. Laborbe avait essayé d'appliquer cette méthode de la bille à l'étude des mortiers de ciment ('). Cette tentative n'aboutit pas, le contour des empreintes produites dans une masse aussi hétérogène qu'un mortier, étaient trop irrégulières pour se prêter à des mesures exactes.

Au cours de nos recherches sur les briques de silice, nous avons repris l'étude du même problème et pensons être arrivés à lever la difficulté qui s'était opposée jusqu'ici à l'emploi de la bille pour la mesure de la dureté des corps non malléables et poreux. Nous avons rendu possible la mesure précise du diamètre de l'empreinte en interposant entre la bille et la surface pressée une mince lame de clinquant qui se moule sur l'empreinte tout en gardant un contour très net. Nous employons des lames de clinquant recuit de $\frac{1}{20}$ de millimètre d'épaisseur, de 30^{mm} de largeur, noircies par l'hydrogène sulfuré au sein d'une liqueur légèrement acide. Après dessiccation, cette lame est frottée de vaseline puis fortement essuyée jusqu'à ce que sa surface prenne un aspect mat. Sous l'action de la bille, la surface ainsi préparée prend un beau poli, qui permet de mesurer très exactement le diamètre de l'enfoncement.

Nous avons opéré avec une bille de $17^{mm},5$ de diamètre, sous une pression de 500^{kg} maintenue pendant 1 minute.

Nous nous sommes d'abord assurés que l'interposition de la lame de clinquant ne modifiait pas le diamètre des empreintes; pour cela nous avons opéré sur des blocs de plomb et de cuivre. L'empreinte de la bille a été obtenue une première fois directement sur le métal, puis une seconde fois avec l'interposition de la lame de clinquant, le diamètre étant alors mesuré sur le clinquant lui-même. Voici les chiffres trouvés pour le diamètre des empreintes :

	Cuivre.	Plomb.
Empreinte directe.........................	4,5	10,1
Lame de clinquant........................	4,5	10,1

Pour juger du degré de concordance des mesures, nous avons fait des séries de prises d'empreinte aux différents points de la surface d'un même échantillon :

(¹) Revue de Métallurgie, t. 6, 1909, p. 988.

Brique réfractaire argileuse.	6,0	6,1	6,0	6,1	6,2
Brique de silice dure.......	5,1	5,0	5,1	5,0	5,0
Brique de silice tendre.....	10,4	10,7	10,6	10,6	
Plâtre..................	10,3	10,3			
Calcaire grossier..........	5,8	5,8			
Mortier de ciment..........	7,0	7,1			

En tenant compte du fait établi par Brinell que la dureté varie sensiblement en raison inverse du carré des diamètres d'empreinte, on voit que les écarts avec la dureté moyenne sont :

Pour 100.

Brique d'argile.................................	3,3
Silice dure......................................	2,0
Silice tendre....................................	3,0
Mortier de ciment...............................	1,5

Ce sont là des écarts infiniment faibles par rapport à ceux que donnent les mesures d'écrasement. Voici les résistances à l'écrasement, en kilogrammes par centimètre carré, de petits cubes de 2^{cm} de côté découpés dans les briques de silice ci-dessus :

Brique dure.....................	188	240	260
Brique tendre....................	108	132	182

Les écarts sont dix fois plus grands qu'avec l'essai à la bille.

L'emploi de ce mode d'essai nous a permis de reconnaître un fait très important : l'existence fréquente d'une différence de dureté très grande entre les deux faces opposées d'une même brique. La face qui reçoit directement la pression pendant le moulage est souvent plus dure que celle qui se trouve au fond du moule. Voici quelques exemples de ces différences :

Face dure................	4,5	5,2	8,3	6,3	8,8
Face tendre..............	8,4	6,8	10,4	8,3	12,0

On peut facilement suivre, sur les faces latérales des briques, leur variation progressive de dureté depuis le fond du moule jusqu'à la surface :

Face dure.	Face latérale.				Face tendre.
4,5	5,6	6,5	6,7	7,5	8,4

On évite cet inconvénient en donnant au moule une certaine dépouille, c'est-à-dire une largeur plus grande vers le fond que du côté du piston compresseur. Voici les résultats obtenus sur trois briques d'un même lot fabriquées dans un moule présentant une dépouille de 3^{mm} sur une épaisseur de 80^{mm} :

	Côté piston.	Côté fond du moule.
Première brique................	5,4	5,3
Deuxième brique................	5,6	5,6
Troisième brique...............	5,9	6,3

Les différences, dans tous les cas très faibles, sont de signe contraire d'une brique à l'autre; elles tiennent donc à des circonstances accidentelles.

Ces mêmes expériences donnent une idée des écarts de dureté que peuvent présenter des briques d'une même fabrication et censées identiques. Ces différences peuvent tenir à un inégal remplissage du moule ou à des irrégularités de cuisson. La première cause semble plutôt être en jeu dans le cas présent, si l'on en juge par les densités apparentes 1,87-1,83-1,81 qui décroissent dans le même sens que la dureté.

Ces essais à la bille ont le grand avantage de pouvoir être exécutés avec des appareils portatifs et peu coûteux que toutes les usines peuvent se procurer. Ils permettront un contrôle direct de la fabrication, impossible jusqu'ici.

THÉORIE DES FONCTIONS. — *Sur le maximum du module de la dérivée d'une expression trigonométrique d'ordre et de module bornés.* Note de M. C. DE LA VALLÉE POUSSIN.

Soit $S(x)$ une expression trigonométrique entière d'ordre n de la forme la plus générale

$$S(x) = \sum_{k=0}^{n} (a_k \cos kx + b_k \sin kx).$$

Nous nous proposons de démontrer le théorème général suivant :

Si le module de S ne surpasse pas L, celui de sa dérivée S′ ne surpasse pas nL.

M. S. Bernstein a énoncé ce remarquable théorème pour les deux cas particuliers où S est paire ou impaire. Il suit de ces deux cas particuliers que le module de S′ ne surpasse pas $2nL$ dans le cas général. Mais la

démonstration de M. Bernstein, qui est rigoureuse si S est paire, repose,
quand S est impaire, sur une assimilation entre les deux cas en désaccord
avec la réalité (¹). Il y a donc lieu d'y revenir. Nous allons donner une
démonstration directe, très simple, de l'énoncé général. Cette démonstration fera appel à trois propositions préliminaires, la première bien connue.

1° *Une expression trigonométrique d'ordre n, $S(x)$, ne peut pas avoir plus
de $2n$ racines non équivalentes. Chaque racine multiple est comptée pour autant
de racines simples qu'il y a d'unités dans son ordre.*

Considérons la substitution
$$e^{ix} = t.$$

Elle fait correspondre à une même valeur de t une infinité de valeurs de x
qui diffèrent d'un multiple de la période 2π et nous disons que de telles
valeurs de x sont *équivalentes*. Deux valeurs de x qui ne vérifient pas cette
condition sont *non équivalentes* et correspondent à des valeurs différentes
de t.

Cette substitution transforme S dans une fonction rationnelle

$$S(x) = \frac{1}{2} \sum_{k=0}^{n} \left[a_k \left(t^k + \frac{1}{t^k} \right) + \frac{b_k}{i} \left(t^k - \frac{1}{t^k} \right) \right] = \frac{P_{2n}(t)}{t^n},$$

où $P_{2n}(t)$ est un polynome de degré $2n$. Or les racines de $S(x)$ sont données, avec leur ordre de multiplicité, par les racines du polynome $P_{2n}(t)$,
ce qui justifie notre proposition.

Soit, en second lieu, $L' = L$. Donnons-nous un infiniment petit positif ε
et considérons la différence
$$T - (1 - \varepsilon)S.$$

Comme dans le cas précédent, cette fonction admet $2n$ racines non équivalentes, qui s'intercalent entre les termes de la suite (1) et forment une nouvelle suite

(2) $\xi_1, \ \xi_2, \ \dots, \ \xi_k, \ \dots, \ \xi_{2n}, \ \xi_1 + 2\pi$ $(x_k < \xi_k < x_{k+1})$.

Mais ces racines ξ_k dépendent maintenant de ε, de sorte que deux racines

---

(¹) *Sur l'ordre de la meilleure approximation*, etc. (Mémoires publiés par la
classe des Sciences de l'Académie royale de Belgique. Coll. in-4°, 2ᵉ série, t. IV, 1912.)
La démonstration contestée est celle du paragraphe 11 et la critique porte sur le
renvoi au paragraphe 2 à la fin de cette démonstration.

consécutives peuvent être infiniment voisines. Si l'intervalle (ξ_k, ξ_{k+1}) n'est pas infiniment petit, ξ_k et ξ_{k+1} sont, à la limite (pour $\varepsilon - o$), deux racines distinctes de T — S (*indépendant de* ε) et, entre elles, il y a une racine au moins η_k de T' — S' *à distance finie* de ξ_k et de ξ_{k+1}. Si l'intervalle (ξ_k, ξ_{k+1}) est infiniment petit, comme il contient x_{k+1}, les points ξ_k, ξ_{k+1} et la racine intermédiaire η_k de T — S se confondent avec x_{k+1}; mais les deux intervalles (ξ_{k-1}, ξ_k) et (ξ_{k+1}, ξ_{k+2}), contigus au précédent, sont finis, car ils contiennent respectivement x_k et x_{k+2}; et, par conséquent, la racine n_k est isolée de ses deux voisines η_{k-1} et η_{k+1}, en vertu de la conclusion obtenue dans la première hypothèse. Donc, à chaque intervalle de deux points ξ_k consécutifs, correspond une racine distincte de T' — S', et le nombre de ces racines est encore $2n$.

Il est maintenant aisé de démontrer le théorème suivant, dont celui du début est la conséquence immédiate :

   THÉORÈME. — *Soit* $S(x)$ *une expression trigonométrique entière dont le module ne surpasse pas* L; *si le module de sa dérivée* S' *atteint* nL, S (x) *est de la forme*
$$T(x) = L\sin(nx + C)$$
ou d'ordre supérieur à n.

   Supposons d'abord que $|S'|$ dépasse nL. Déterminons la constante C comme plus haut (2°) et choisissons une constante $\lambda < 1$ de manière que $|\lambda S'|$ ait pour maximum nL. Alors $|\lambda S|$ a son maximum $< $ L, donc T' — λS' a $2n$ racines distinctes (3°) et une racine double (2°), donc $2n + 1$ racines au moins. Cette expression (et, par conséquent, S) est d'ordre $> n$ (1°).

   Supposons que $|S'|$ ait pour maximum nL. Dans ce cas, T' — S' a $2n+1$ racines au moins comme dans le cas précédent, mais T — S peut être identiquement nulle. Donc S = T ou est d'ordre $> n$.

   2° *Si la dérivée de* $S(x)$ *admet le même module maximum* nL *que la dérivée de*
$$T(x) = L\sin(nx + C),$$
où L *et* C *sont des constantes, la seconde arbitraire, on peut choisir la constante* C *de manière que la différence de ces dérivées* T' — S' *ait une racine double.*

   Soit ξ un point où $|S'|$ atteint son maximum nL; on a, en ce point,
$$S'(\xi) = \pm n L, \qquad S''(\xi) = o.$$

Déterminons C par la condition que $\cos(n\xi + C) = \pm 1$ et ait le signe de $S'(\xi)$; on aura

$$T'(\xi) = \pm n L = S'(\xi), \qquad T''(\xi) = 0$$

et ξ est une racine double de $T' - S'$, car

$$T'(\xi) - S'(\xi) = 0, \qquad T''(\xi) - S''(\xi) = 0.$$

3° *Si le module maximum L' de S ne surpasse pas L, $T' - S'$ admet au moins $2n$ racines distinctes et non équivalentes.*

Soit d'abord $L' < L$. Alors T donne son signe à la différence $T - S$ en chacun des $2n$ points non équivalents où $T = \pm L$. Soit

(1) $x_1, \quad x_2, \quad \ldots, \quad x_k, \quad \ldots, \quad x_{2n}, \quad x_1 + 2\pi,$

la suite de ces points embrassant une période. La différence $T - S$ est de signe alterné pour cette suite de points; elle admet donc $2n$ racines distinctes, une au moins dans chaque intervalle de deux consécutifs de ces points. Mais, entre deux racines de $T - S$, il y en a au moins une de $T' - S'$, ce qui fait $2n$ racines au moins de cette dérivée, non équivalentes et distinctes.

HYGIÈNE ALIMENTAIRE. — *Sur les succédanés du blé dans le pain de munition.*
Note([1]) de M. **Balland**.

Dans une Note communiquée à l'Académie le 16 avril 1917, il était question de divers essais entrepris pour suppléer à la disette du blé qui commençait à se manifester dans les premiers mois de 1915. En raison d'événements survenus depuis, de nouvelles expériences ont été faites sur les produits suivants :

Avoine. — On a songé aux farines d'avoine consommées en divers pays. Il n'y a pas eu d'essais, les réserves d'avoine suffisant à peine à la cavalerie.

Châtaigne. — Les pains présentés n'étaient que des galettes lourdes, compactes, plus ou moins colorées, confirmant les essais infructueux de Parmentier (1780). Toutefois, étant données la valeur alimentaire des châ-

---

([1]) Séance du 21 mai 1918.

taignes et leur production annuelle en France qui atteint plusieurs millions de quintaux, il fut conseillé de les utiliser cuites à l'eau ou grillées.

Coton. — La farine provenant de tourteaux de coton avait l'aspect d'une poudre grossière très altérable formant une pâte sans cohésion. Les recherches du professeur Cornevin, de l'École vétérinaire de Lyon, ayant prouvé que les amandes des graines du cotonnier contiennent des principes susceptibles de se transformer en agents toxiques, et, d'autre part, des accidents mortels ayant été signalés à différentes époques sur des animaux de ferme nourris avec des tourteaux de coton, aucun essai n'a été fait dans l'armée.

Fénugrec. — Le fénugrec, dont la composition se rapproche de celle du pois chiche et auquel on attribue des propriétés favorables à l'engraissement, a été proposé par le service de l'intendance du nord de l'Afrique. Les essais ont été défavorables, la poudre de fénugrec, même à 1 pour 100, communiquant au pain sa saveur spéciale.

Fèves. — Les farines de fèves, notamment du Maroc, au taux d'extraction de 79 à 80, ont été utilisées sans inconvénient pour la saveur du pain, dans la proportion de 4 à 5 pour 100.

Haricots. — Des approvisionnements considérables de haricots du Brésil ont été employés dans les mêmes conditions que les fèves.

Maïs. — Les farines de maïs, extraites de 86 à 92, ont été mélangées dans les proportions de 10 à 20 pour 100.

Manioc. — Les farines de manioc sont utilisables comme le riz (10 à 20 pour 100).

Millet. — La farine du millet long d'Algérie (*Alpiste phalaris*), au taux d'extraction de 55, a été consommée dans la proportion de 3 à 4 pour 100.

Orge. — Les farines d'orge, aux taux compris entre 68 à 78, donnent des mélanges très acceptables, même à doses élevées (30 et 40).

Pois chiche. — Les pois chiches d'Algérie et d'Espagne ont donné jusqu'à 93 pour 100 de farines panifiables, utilisées dans les mêmes conditions que les farines de fèves et de haricots.

Pommes de terre. — Les essais prescrits par ordre ministériel dans plusieurs manutentions militaires n'ont pas donné de résultats avantageux. Les expériences ont été faites simultanément en pétrissant 80 de farine de blé avec 20 de pommes de terre cuites ou crues. Si la pomme de terre en purée, ajoutée en petite quantité dans des pains de fantaisie, a pu être pratiquée avec succès par quelques boulangers, il n'en a pas été de même pour une fabrication aussi intensive que celle du pain de munition. Le rendement en pains a été inférieur et le prix de revient plus élevé; l'épluchage, le râpage, le broyage et la cuisson des pommes de terre nécessitant un surcroît de personnel et l'achat d'ustensiles spéciaux.

Sarrasin. — La farine de sarrasin à 72 d'extraction, farine très altérable, peut être ajoutée à la farine de blé dans la proportion de 10 à 15. Au delà, le pain devient noir.

Dans les villages de la Bresse où la culture du sarrasin est encore assez développée, on est revenu aux gaufres dont la consommation était si importante il y a une soixantaine d'années.

Seigle. — La farine de seigle, blutée entre 67 et 78, est utilisable dans la proportion d'un tiers et au delà correspondant aux farines de méteil.

Soja. — Les essais entrepris par M. l'officier d'administration Chatelain ont été plus satisfaisants que ceux obtenus avec d'autres légumineuses (arachides, fèves, haricots, pois chiches). La farine de soja exerce sur le gluten du blé une action plus intense que celle qu'on attribue communément à la farine de fève. A 10 et 15 pour 100 et même au delà, avec des farines légèrement torréfiées, les pains, plus substantiels, ont bonne saveur et conservent plusieurs jours l'état frais.

Sorgho. — Le sorgho n'a pas été compris dans les millions de quintaux de céréales reçus du nord de l'Afrique au début de la guerre. La farine, blutée à 47, a été utilisée depuis dans le pain.

Farines de battage des sacs. — On désigne sous ce nom les résidus laissés dans les magasins par le battage des sacs ayant contenu de la farine. Ces produits plus ou moins gris, présentant des débris de sacs et des organismes de toute nature, croquent fortement sous la dent. Ils laissent à l'incinération 3 à 4 pour 100 de matières terreuses. Le gluten qu'on en retire (18 à 20 pour 100) est très défectueux. L'emploi de tels produits a été formellement exclu de l'alimentation des troupes, même pour le fleurage du pain.

Conclusions. — Les succédanés agissent différemment sur le gluten du blé. La farine de manioc à 10 et 20 pour 100 abaisse à 28 et 24 le gluten de la farine de blé en contenant 33 pour 100. Dans les mêmes conditions, les farines de maïs, orge, riz donnent approximativement 29 et 26; les farines de haricots, arachides et soja, 24, 27 et 30; dans ce dernier cas (soja), la panification se fait mieux, la mie est plus développée.

Les pains avec succédanés retiennent plus d'eau que les pains sans mélange (38 à 41 pour 100 au lieu de 36). La valeur alimentaire est parfois influencée, mais l'écart est moins sensible pour le soldat qui dispose d'une ration plus forte que le civil de 60 ans touchant 200^g d'un pain beaucoup plus hydraté que son ancien pain à 29 ou 30 pour 100 d'eau.

Par suite du contrôle exercé sur le nettoyage des grains au moulin, les taux d'extraction des moutures militaires sont généralement supérieurs aux taux des succédanés mentionnés au décret du 30 novembre 1917.

L'alimentation générale des troupes est aujourd'hui de beaucoup supérieure à celle de l'ensemble de la population. Le pain de guerre, en particulier, est exclusivement préparé, comme autrefois, avec des farines de froment blutées à 70 pour 100. De là, aux armées, un état sanitaire inconnu dans nos guerres antérieures.

ÉLECTIONS.

L'Académie procède, par la voie du scrutin, à l'élection d'un Correspondant pour la Section d'Anatomie et Zoologie, en remplacement de M. *Francotte*, décédé.

Au premier tour de scrutin, le nombre de votants étant 45,

> M. Brachet   obtient. . . . . 44 suffrages
> M. E.-E. Wilson   »   . . . . 1 suffrage

M. Brachet, ayant réuni la majorité absolue des suffrages, est élu Correspondant de l'Académie.

COMMISSIONS.

L'Académie procède, par la voie du scrutin, à l'élection de trois Membres de la division des Sciences mathématiques et de trois Membres de la division·des Sciences physiques qui, sous la présidence de M.. le Président de l'Académie, formeront la commission chargée de présenter une liste de candidats pour chacune des trois premières élections dans la division, nouvellement créée, des *Applications de la Science à l'Industrie*.

Au premier tour de scrutin, le nombre de votants étant 46, la majorité absolue des voix est réunie par :

M. Émile Picard, qui obtient . . . . . . 39 suffrages
M. P. Appell » . . . . . . 25 »

M. Henry Le Chatelier » . . . . . . 40 »
M. Haller » . . . . . . 39 »
M. Th. Schlœsing fils » . . . . . . 36 »

La désignation d'un troisième Membre de la division des Sciences mathématiques donne lieu à deux nouveaux tours de scrutin.

Au dernier tour de scrutin, le nombre de votants étant 32,

M. J. Violle obtient . . . . 23 suffrages

MM. Émile Picard, P. Appell, J. Violle; Le Chatelier, Haller, Th. Schlœsing fils, ayant réuni la majorité absolue des suffrages, sont élus membres de la commission.

CORRESPONDANCE.

M. le Secrétaire perpétuel signale, parmi les pièces imprimées de la correspondance :

1° Ernest Jovy. Quelques lettres de M. *Emery* au physicien *Georges-Louis Le Sage*, conservées à la bibliothèque de Genève.

2° Royal Ontario Nickel Commission. *Report and Appendix* 1917.

MM. Henri Fayol, Paul-Frédéric Chalon prient l'Académie de vouloir bien les compter au nombre des candidats à l'une des places de la Division, nouvellement créée, des *Applications de la Science à l'Industrie*.

CHIMIE ORGANIQUE. — *Synthèses dans la série de l'α-naphtindol.*
Note de M. **J. Martinet**, présentée par M. A. Haller.

Certaines amines primaires et secondaires aromatiques se condensent avec les éthers mésoxaliques ou leurs hydrates, les éthers dioxymaloniques, et donnent naissance à des éthers dioxindol-3-carboniques, comme M. A. Guyot et nous l'avons signalé ([1]).

Jusqu'ici, la réaction n'avait pas été étendue à d'autres amines primaires non para-substituées. Un essai de condensation de l'α-naphtylamine et du mésoxalate d'éthyle nous a permis d'arriver, de la même manière, à l'α-naphtodioxindol-3-carbonate d'éthyle :

L'opération s'effectue en quelques minutes par mélange, en proportions équimoléculaires, d'amine et d'éther mésoxalique, au sein de l'acide acétique à l'ébullition. Le rendement est de 93 pour 100. Après cristallisation dans l'alcool, l'éther α-naphtodioxindol-3-carbonique forme de beaux cristaux massifs brillants (F. 201°).

Nous obtenons de la même manière l'éther méthylique correspondant (F. 268°). Ces éthers permettent de passer facilement à l'α-naphtodioxindol et à l'α-naphtisatine.

L'un quelconque d'entre eux, traité par la potasse, dans un courant d'hydrogène, à la température du bain-marie, puis acidulé par l'acide chlorhydrique étendu, est saponifié par perte de gaz carbonique et donne l'α-naphtodioxindol (formule I). C'est une poudre cristalline rosée (F. 247°).

Traités par la potasse aqueuse, au contact de l'air, les éthers α-naphtodioxindol-3-carboniques conduisent à l'α-naphtisatate alcalin. La solution de ce sel est jaune d'or, ce qui permet de reconnaître la fin de l'opération qui se fait avec des colorations intermédiaires d'un brun verdâtre. Cette

---

([1]) A. Guyot et J. Martinet, *Comptes rendus*, t. **156**, 1913, p. 1625.

solution saline, acidulée par l'acide chlorhydrique étendu, donne un précipité jaune orangé d'acide α-naphtisatique, qui se lactamise facilement en α-naphtisatine rouge (formule II). Le rendement est de 95 pour 100 :

Formule I.   Formule II.

Cette isatine forme de belles aiguilles rouges et fond à 225°, point de fusion indiqué par Hinsberg, qui le premier a préparé ce corps à partir du produit de condensation de l'α-naphtylamine et du dérivé bisulfitique du glyoxal ([1]). Depuis C. et H. Dreyfus l'ont obtenue par action de l'acide sulfurique sur l'hydrocyancarbonimide correspondante et hydrolyse du produit formé ([2]).

Elle se dissout en vert dans l'acide sulfurique concentré. L'addition d'une goutte de solution benzénique de thiophène à 3 pour 100 fait virer au bleu la liqueur. Contrairement à l'affirmation d'Hinsberg, cette isatine donne donc bien la réaction de l'indophénine. La solution sulfurique de l'isatine absorbe les radiations rouges et violettes extrêmes; la même solution, additionnée de thiophène, présente une bande d'absorption nette pour les radiations de longueurs d'onde comprises entre $0^\mu,61$ et $0^\mu,56$. Ce spectre présente de grandes analogies avec celui de quelques indophénines examinées et obtenues à partir d'autres isatines. D'autre part, la teinte bleue est persistante alors que la solution verte (acide sulfurique sans thiophène) vire au rouge sous l'influence du temps ou de la chaleur.

Pour caractériser cette isatine nous en avons préparé la phénylhydrazone. Elle se forme, quoique lentement, par mélange des solutions alcooliques bouillantes des constituants. La présence d'une trace d'acide acétique, d'acide chlorhydrique, d'acide sulfurique, d'iode rend la réaction presque instantanée et conduit à un produit plus pur. C'est ainsi que la phénylhydrazone préparée de cette manière fond, après une cristallisation

---

([1]) Hinsberg, *Ber. d. d. ch. Ges.*, t. 21, p. 117.
([2]) C. et H. Dreyfus, Brevet allemand, Kl. 12p, Nr. 153418, et Kl. 12o, Nr. 152019.

dans l'alcool, à 286°, c'est-à-dire 16° plus haut que celle obtenue par Hinsberg.

Elle semble insoluble dans l'acide sulfurique à 55° B., l'addition de thiophène fait apparaître une belle teinte bleue. Nous n'avons pas pu obtenir
la réaction de l'indophénine avec l'acide à 66° B.

INDUSTRIE. — *La fabrication de pâtes à papier, etc. avec les feuilles mortes.*
Note de Mme **Karen Bramson**, présentée par M. Edmond Perrier.

En 1913, année moyenne, la France importait 500000 tonnes de pâte à
papier, de l'Autriche et de l'Allemagne, ce qui représentait presque la
moitié de la pâte employée en France dans cette année. Prix : 100 millions
de francs payés par la France aux pays centraux.

L'Allemagne est en train de se faire un stock considérable de pâte à papier
espérant pouvoir le jeter sur le marché de la France tout de suite après
la guerre; connaissant la pénurie de matière première en France, à cause du
déboisement, pendant la guerre, ainsi que l'énorme demande de matière
de reconstruction qui aura lieu quand la paix sera signée, l'Allemagne
espère pouvoir forcer la France à redevenir sa cliente. Il est donc important
pour la France de trouver sur son propre sol un remplaçant du bois.

Il existe une vieille idée qui dit qu'il ne faut pas enlever les feuilles mortes
des forêts. Bien entendu, à la longue, il serait nuisible d'enlever toutes les
feuilles de toutes les forêts. Cependant, les arbres des parcs et des rues se
trouvent bien, sans l'engrais des feuilles. Mais pour répondre à toute
observation à cet égard, il est peut-être utile de préciser qu'il se trouve
chaque année, en France, entre 35 et 40 millions de tonnes de feuilles mortes
(chiffres obtenus par l'étude faite, sur cette question, par le directeur de
l'école de Grignon) et que, pour fournir tout le papier dont la France
aurait besoin pendant une année moyenne, il faudrait seulement 4 millions de
tonnes. En outre, de ces 4 millions de tonnes on obtiendrait 2 millions de
tonnes de sous-produits utiles.

Le ramassage des feuilles est facile à organiser, vu l'abondance de la
matière; des femmes, des enfants, des réformés, des mutilés de la guerre
pourront trouver là une facile et nouvelle source de bénéfice. Les feuilles
sont utilisables toute l'année; on n'a donc pas besoin de s'occuper de les
emmagasiner. Elles peuvent être transportées en blocs comprimés. Mieux

vaut installer des usines aux bords des grandes forêts où la matière première peut être prise au fur et à mesure de la fabrication.

Le procédé pour en faire de la pâte à papier est simple, rapide, et peu coûteux. Les feuilles sont écrasées et après l'écrasement on les sépare en deux parties : la *nervure* et la *poudre* (le limbe tombe en poudre après l'écrasement).

La nervure forme la matière première pour la pâte à papier.

La poudre fournit un combustible.

La nervure est soumise à un lessivage assez rapide, suivi de lavage et de blanchiment, et la pâte est faite.

En ce qui concerne la *poudre* combustible, il y a deux manières de l'employer : la comprimer sans mélange ou avec un mélange de poussier de charbon pour faire des briquettes. Mais mieux vaut une distillation sèche par laquelle j'obtiens un charbon relativement pur (poreux), riche en calories (6500 à 7000) et facilement agglomérable. En même temps j'en tire un goudron (qui a toutes les qualités du goudron, dit de Norvège), de l'acétone et de l'acide pyroligneux.

La poudre peut être employée comme aliment pour les bestiaux. Comme les parties cellulosiques de la feuille sont enlevées, il reste les matières assimiliables et nutritives; la valeur nutritive de cette poudre est presque égale à celle du foin. Mélangée avec de la mélasse comprimée en plaque cette matière peut donner un tourteau aussi bon que le tourteau de foin.

Le rendement de 1000^{kg} de feuilles est :

1° 250^{kg} de pâte à papier.

2° 200^{kg} de charbon pur (ou 500^{kg} de *poudre* alimentaire).

3° 30^{kg} de goudron, 1^{kg} d'acide pyroligneux, 600^{g} d'acétone.

INDUSTRIE. — *Sur la carbonisation et la distillation des tourbes, sciures de bois, ordures ménagères et autres produits organiques légers.* Note de MM. C. GALAINE et C. HOULBERT, présentée par M. Edmond Perrier.

I. On se rend compte, de plus en plus, que l'exploitation rationnelle des tourbes ne peut se faire que par des moyens industriels; malheureusement cette exploitation exige de gros capitaux. Les Sociétés qui seraient disposées à entrer dans cette voie semblent arrêtées par cette considération que, si la tourbe doit rester à un prix élevé quelques années après la guerre, l'avenir de l'industrie tourbière n'en sera pas moins sérieusement menacé lorsque l'extraction des charbons de terre, dans tous les pays, aura repris son cours normal.

Il ne faut évidemment pas négliger ces éventualités; toutefois, il restera encore un bel avènir pour l'industrie des tourbes, parce que le rôle le plus important de ce produit ne réside pas uniquement dans l'exploitation des gisements comme combustible, mais bien dans la distillation de la tourbe elle-même ou du *tourbon* ([1]), au lieu et place du bois, pour la fabrication de l'acide acétique, de l'alcool méthylique, de l'ammoniaque et des goudrons, point de départ d'un si grand nombre de matières colorantes.

Pour les matières très denses, comme la houille, on peut employer de petites cornues rectangulaires, surbaissées, relativement étroites; mais pour les tourbes, qui sont des produits légers, il faudra, au contraire, des cornues de grande dimension, qui permettront une transmission plus facile de la chaleur de la périphérie vers le centre. A la suite de nos expériences, nous sommes arrivés à cette conclusion que c'est la cornue tournante qui donnera les meilleurs résultats. Dans l'appareil que nous avons imaginé, et dont la description suit, nous appliquons purement et simplement le principe des torréfacteurs de matières organiques : café, cacao, chicorée, etc.; nous y avons ajouté, cela va sans dire, un dispositif destiné à recueillir les gaz de la distillation, tout en nous efforçant de réaliser un appareil à marche continue.

II. Notre appareil se compose, en principe, de six cornues cylindriques, montées chacune sur un axe particulier, grâce auquel elles peuvent recevoir un mouvement régulier de rotation. Les différents axes, supportant les cornues, partent tous d'un pivot central pouvant aussi tourner, ce qui permet d'introduire successivement les cornues chargées de tourbe, à l'intérieur d'un four fixe semi-circulaire. En marche normale de l'appareil, il y a toujours trois cornues soumises à la distillation dans le four et trois à l'extérieur : l'une d'elles est en refroidissement, la deuxième en vidange et la troisième en remplissage. L'opération de carbonisation–distillation dure en moyenne 40 minutes, avec des cornues capables de contenir une tonne de tourbe, et faisant environ 10 tours à la minute; il ne nous paraît pas utile de décrire ici le mécanisme qui permet la mise en mouvement des cornues.

Pour permettre le départ des gaz provenant de la tourbe carbonisée, l'*axe creux* de chaque cornue est perforé à l'intérieur de celle-ci; les gaz peuvent alors se rendre

---

([1]) GALAINE, LENORMAND et HOULBERT, *Sur l'exploitation économique des tourbes de Châteauneuf-sur-Rance (Ille-et-Vilaine)* (*Comptes rendus,* t. 165, 1917, p. 133).

dans un collecteur central, placé dans l'axe du pivot, et, de là, passer dans des appareils appropriés où l'on en effectuera la distillation fractionnée.

Grâce au mouvement tournant dans les cornues sont animées, on obtient une transmission rapide de la chaleur du foyer; et, comme la chaleur agit sur une très grande surface, on réalise, en un temps très court, la carbonisation régulière de la tourbe, à une température aussi basse que possible, résultat difficile à obtenir par n'importe quel autre procédé.

III. Bien qu'il soit, en premier lieu et en principe, destiné à la carbonisation des tourbes séchées à l'air ou transformées en *tourbon*, notre appareil peut également servir pour la carbonisation et la distillation du bois, des lignites, des déchets de scieries, et de tous les résidus organiques plus ou moins complètement desséchés; il conviendrait notamment très bien pour la carbonisation des ordures ménagères dont la destruction serait ainsi rendue plus pratique et plus économique. Ce problème, qui doit préoccuper les services d'hygiène de toutes les grandes villes, permettrait, s'il était résolu dans ce sens, la transformation de déchets encombrants en briquettes et la récupération des nombreux produits gazeux qu'ils renferment, principalement l'ammoniaque comme engrais.

En résumé, trois caractéristiques intéressantes sont particulières à l'appareil dont nous présentons la description à l'Académie :

1° Cornues tournantes amenant successivement les substances à carboniser en contact avec la paroi chauffée ;

2° Continuité parfaite dans la marche des opérations ;

3° Facilité de vidange et de rechargement des appareils, avec séparation fractionnée des produits de la distillation.

Pendant la guerre, la tourbe doit suppléer la houille comme combustible; après la guerre, elle se substituera avantageusement au bois, par suite de sa richesse en produits de distillation.

PHYSIOLOGIE VÉGÉTALE. — *La greffe Soleil-Topinambour.*
Note ([1]) de M. H. COLIN et Mlle Y. TROUARD RIOLLE,
transmise par M. Gaston Bonnier.

Différents auteurs ont étudié les influences morphologiques exercées par le sujet sur le greffon et réciproquement, dans la greffe Soleil annuel sur Topinambour et dans la greffe inverse Topinambour sur Soleil.

([1]) Séance du 21 mai 1918.

Relativement à la migration des hydrates de carbone du Topinambour dans le Soleil et *vice versa*, on ne possède que les travaux de Vöchting établissant que l'inuline ne franchit pas le bourrelet de la greffe; encore faut-il observer que les conclusions de l'auteur s'appuient sur des recherches purement qualitatives : l'inuline étant caractérisée sur des coupes par cristallisation.

En reprenant ces expériences nous poursuivions la solution d'un double problème :

1° La tige de Topinambour est-elle capable d'opérer à tous les niveaux, la condensation à l'état d'inuline des hydrates de carbone délivrés par un greffon Soleil?

2° Deux plantes aussi voisines que l'*Helianthus annuus* et l'*Helianthus tuberosus* greffées l'une sur l'autre, en greffe totale, conservent-elles une autonomie suffisante pour que le signe optique de leur suc ne subisse pas de changement?

La greffe Soleil-Topinambour est particulièrement indiquée pour éclairer ces problèmes; en effet, d'un bout à l'autre de la tige, le pouvoir rotatoire *global* des hydrates de carbone est positif dans le Soleil annuel; il est fortement négatif tout le long de la tige de Topinambour.

Il importe, dans ces recherches, d'éliminer toute cause d'erreur provenant de l'alimentation du sujet par ses propres feuilles; on prit donc soin, pendant toute la durée de l'expérience, de supprimer les feuilles au-dessous du bourrelet; de cette façon, le greffon seul alimentait le sujet.

Les plantes, hautes de $o^m, 8o$, furent greffées, fin juin, au voisinage du sommet; à la mi-octobre, elles atteignaient $1^m, 5o$ en moyenne; les sujets Topinambours portaient quelques tubercules plus allongés que normalement. On fit la récolte en prélevant sur les tiges, de part et d'autre du bourrelet, $5o^g$ de matériel frais, immédiatement soumis à l'analyse dans le but de déterminer la nature et la proportion des hydrates de carbone; on a dosé séparément le réducteur, le saccharose, l'amidon et l'inuline ([1]).

([1]) Les tubercules avaient sensiblement la même composition que ceux des plantes non greffées : $1oo^g$ de pulpe fraîche renfermaient en moyenne $o^g, o5o$ de réducteur, 1^g de saccharose et 5^g à 6^g d'inuline.

HYDRATES DE CARBONE RAPPORTÉS A 100g DE MATÉRIEL FRAIS.

Parties analysées.	Réducteur.	Sac-charose.	Amidon.	Inuline.	Signe optique du suc.

Topinambour sur Soleil.

	Parties analysées.	Réducteur.	Sac-charose.	Amidon.	Inuline.	Signe
A.	Greffon Topinambour..	0,51	1,26	»	5,06	—
	Sujet Soleil...........	0,40	0,70	0,50	0	+
B.	Greffon Topinambour..	0,73	0,98	»	5,74	—
	Sujet Soleil..........	0,51	0,85	0,57	0	+

Soleil sur Topinambour.

	Parties analysées.	Réducteur.	Sac-charose.	Amidon.	Inuline.	Signe
A'.	Greffon Soleil........	1,47	0,70	0,32	0	+
	Sujet Topinambour....	0,42	0,33	»	2,42	—
B'.	Greffon Soleil........	1,04	0,50	0,44	0	+
	Sujet Topinambour....	0,34	0,57	0	2,36	—

Le fait essentiel qui se dégage de ces analyses est le suivant : à quelque niveau que l'on ait fixé le greffon sur la tige et quel que soit le sens de la greffe (Soleil sur Topinambour ou Topinambour sur Soleil), il existe constamment, de part et d'autre du bourrelet, une discontinuité dans le signe polarimétrique des hydrates de carbone solubles du greffon et du sujet; le pouvoir rotatoire résultant est toujours positif dans le Soleil et négatif dans le Topinambour. Deux conclusions en découlent :

1° L'inuline du Topinambour ne pénètre pas dans le sujet Soleil, ou du moins elle y est rapidement transformée.

2° Le sujet Topinambour, alimenté par un greffon Soleil, affirme de même son autonomie en élaborant de l'inuline non seulement dans les tubercules, mais à tous les niveaux de la tige aux dépens des sucres dextrogyres dans l'ensemble, qui lui sont délivrés par le greffon.

BOTANIQUE — *La trace foliaire des Chrysobalanées.*
Note (') de **M. F. Morvillez**, présentée par M. Guignard.

On a constaté, depuis longtemps, les différences qui existaient entre la trace foliaire des *Chrysobalanées* et celle de la plupart des *Rosacées*, dont cependant elles se rapprochent par la structure de leurs fleurs. Mais il ne semble pas qu'on se soit efforcé soit d'en rechercher les caractères communs, soit de rapprocher les *Chrysobalanées* d'une autre famille. De plus, les types de structure décrits, très dissemblables, semblaient tout à fait isolés les uns des autres (²); mais une étude plus approfondie révèle qu'ils sont des types extrêmes entre lesquels se placent un certain nombre de formes intermédiaires.

La trace foliaire de ces plantes est caractérisée par un anneau libéroligneux dont la face antérieure présente des variations très importantes; c'est, en effet, comme des dépendances de l'arc antérieur que doivent être considérées les masses conductrices incluses à l'intérieur de l'anneau.

Dans le pétiole, la trace foliaire comprend, outre ces éléments, deux anneaux plus petits qui s'unissent à l'anneau principal à la base du limbe. -

Les éléments ligneux de la chaîne sont des vaisseaux et surtout des fibres à lumière étroite, apparues plus tardivement et qui constituent un procédé d'adaptation à la sécheresse très répandu, dans les différents groupes, chez les feuilles persistantes et coriaces. Ces fibres n'ont donc pas de valeur taxinomique particulière. Il n'en est pas de même des aspects de la trace qui sont les suivants :

1° La trace foliaire présente au milieu de l'arc antérieur une dépression qui, à peine indiquée chez beaucoup d'espèces du genre *Hirtella*, notamment chez *H. triandra* Sw. (*fig.* I), est très nette chez *H. glandulosa* Spreng. (*fig.* II).

2° Cette dépression peut augmenter beaucoup d'importance : sa région

---

(¹) Séance du 21 mai 1918.

(²) M. Petit a décrit la trace foliaire du *Moquilea guianensis*, où elle est « constituée par un anneau libéroligneux avec un faisceau intramédullaire à bois supérieur ». Chez le *Chrysobalanus Icaco*, le *Licania pallida*, le même auteur décrit la trace foliaire comme un anneau fermé, dans lequel les bords libres de la trace foliaire se rejoignent et s'unissent bout à bout, sans s'infléchir en dedans comme chez le *Couepia rivularis.*

postérieure s'étendra horizontalement en constituant un *plateau* (*fig.* III : *Parinarium excelsum* Sabine, *p*), limité à droite et à gauche par deux *arêtes* (*fig.* III : r^d, r^g) qui se relient au reste de l'arc antérieur par deux lignes courbes en forme de *crosses* (c^d, c^g). L'aspect de la trace foliaire est celui d'un anneau profondément déformé par l'enfoncement de sa face antérieure. Le *plateau* (*p*) est tapissé sur sa face interne par des fibres ligneuses; dans la concavité des *crosses* on trouve, outre ces fibres ligneuses, des vaisseaux du bois.

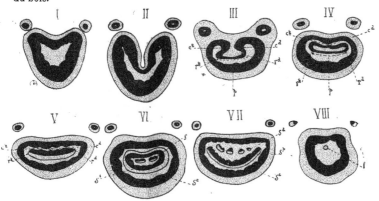

Fig. I à VIII. — Traces foliaires des Chrysobalanées.

I, *Hirtella triandra* Sw. — II, *Hirtella glandulosa* Spreng. — III, *Parinarium excelsum* Sabine: *p*, plateau : r^d, r^g, arêtes droite et gauche; c^d, c^g, crosses droite et gauche. — IV, *Licania parviflora* Benth; mêmes lettres. — V, *Moquilea guianensis* Aubl. — VI, *Moquilea sclerophylla* Mart, : s^e, système périphérique; s^i, système concentrique; *f*, faisceau intérieur. — VII, *Moquilea licanæflora* Sagot. — VIII, *Chrysobalanus Icaco* L.; *l*, ilot libérien.

Les traces figurées correspondent au sommet du pétiole. Le bois a été figuré par une teinte noire uniforme; le liber, par un pointillé.

3° Les *crosses* arrivent en contact par leurs faces convexes; la continuité de la chaîne est interrompue suivant ce point de contact, les tronçons symétriques se soudent.; d'où la fermeture de la chaîne en avant et l'inclusion à l'intérieur d'un anneau *périphérique* d'une masse libéroligneuse (*masse médullaire*) à liber central et à bois périphérique, les éléments ligneux étant d'ailleurs répartis comme dans le cas précédent (*fig.* IV, *Licania parviflora* Benth.).

4° Le massif médullaire qui se détache du reste de la chaîne par le même mécanisme que dans le troisième cas, ne présente d'éléments ligneux que sur sa face antérieure ; il a, par suite, l'allure d'un faisceau unipolaire (c'est le type que M. Petit a rencontré chez le *Moquilea guianensis* Aubl., *fig.* V).

C'est sur ce type que peuvent se produire les modifications suivantes :

α. Complication du système médullaire qui se dispose : ou suivant un anneau (*fig.* VI, *Moquilea sclerophylla* Mart. : *s*^{i}) concentrique à l'anneau périphérique (*s*^{e}) et renfermant parfois à son tour un faisceau intérieur (*f*) ; ou suivant plusieurs arcs (*s*^{a}, *s*^{p}) à bois antérieur (*fig.* VII, *Moquilea licaniæflora* Sagot).

β. Réduction du système médullaire dont la masse vasculaire se divise en un certain nombre de faisceaux parfois très réduits ; elle peut n'être représentée que par des îlots libériens (*fig.* VIII, *Chrysobalanus Icaco* L.).

Au moment de l'émission des nervures, le système périphérique fournit, en une région d'émission unique, la majeure partie ou la totalité des éléments sortants. Quand le massif intérieur est suffisamment développé, il fournit les éléments de la face interne (¹) de la nervure émise. Si le massif intérieur est plus important encore, il contribue, de plus, après l'émission de la nervure, à combler la brèche qui en résulte pour le système périphérique.

En résumé : 1° une série de types de transition permet de passer insensiblement des traces à anneau simple aux traces à faisceaux médullaires ; 2° les faisceaux médullaires peuvent atteindre un très haut degré de complexité ; 3° des types, en apparence simples, renferment parfois des vestiges de systèmes médullaires (*Chrysobalanus*).

Les affinités de la trace foliaire des *Chrysobalanées* avec celle des *Rosacées* ne paraissent pas très étroites. Certaines traces de *Rosacées* présentent pourtant des caractères que nous retrouvons chez les *Chrysobalanées* : développement de l'arc antérieur chez les *Spirées* des sections *Sorbaria* et *Aruncus* (types à fruit sec) et chez les *Eriobotrya* (types à fruit charnu) ; réduction des deux régions d'émission de la trace foliaire à une chez nombre de *Rosacées*. Cependant, c'est avec la trace foliaire des *Cæsalpiniées* que celle des *Chrysobalanées* présente les analogies les plus curieuses. Les *Chrysobalanées* semblent, sous ce rapport, à égale distance des *Rosacées* et des *Légumineuses* et méritent à nos yeux de constituer une petite famille indépendante.

(¹) Nous appelons *face interne* d'une nervure sa face latérale la plus rapprochée de la nervure qui lui a donné naissance.

BOTANIQUE. — *Mitochondries et système vacuolaire*.
Note (¹) de M. A. GUILLIERMOND, présentée par M. Gaston Bonnier.

Dans une précédente Note nous avons défini d'une manière aussi précise
que possible ce que l'on doit entendre par mitochondries et nous avons
montré que les plastides bien connues dans la cellule végétale ne sont autre
chose que des mitochondries. Le fait rigoureusement démontré ne laisse
place à aucun doute.

Telles ne sont pas cependant les idées de M. Dangeard qui, à la suite de
ses belles recherches de cytologie, vient de formuler une opinion tout à fait
différente de la nôtre sur la nature et le rôle du chondriome. L'éminent
botaniste a établi que les vacuoles de toutes les cellules végétales renferment,
en solution colloïdale, une substance qui n'était connue jusqu'ici que dans
les végétaux inférieurs, la métachromatine. En observant, sur le vivant,
l'origine des vacuoles, à l'aide de colorations au bleu de crésyl, M. Dangeard
a constaté qu'elles se présentent, au moment de leur apparition, avec les
formes qui caractérisent les mitochondries. Grâce à leur contenu métachromatique, ces vacuoles se colorent électivement par les méthodes mitochondriales. Aussi M. Dangeard admet-il que ce que l'on a décrit jusqu'ici sous
le nom de mitochondries se rattache au système vacuolaire et que c'est à
tort qu'on a confondu les éléments avec les plastides.

La question du chondriome a une importance capitale pour là physiologie cellulaire.
Aussi dans l'intérêt scientifique et afin d'éviter pour l'avenir de regrettables confusions,
il nous semble nécessaire de discuter la théorie de M. Dangeard, et de soutenir nos
idées que nous croyons reposer sur des bases très solides.

A priori la théorie de M. Dangeard soulève une grave objection. On sait, en effet,
que le chondriome n'est pas une formation transitoire, qu'il se présente sous forme
d'un élément constitutif de la cellule, persistant par conséquent pendant toute la durée
de vie de la cellule. Lorsqu'une cellule élabore un produit, si les mitochondries participent à cette élaboration, elles s'épuiseront, mais il en subsistera toujours d'autres qui
ne joueront aucun rôle dans ce phénomène et qui en se multipliant pourront régénérer
le chondriome. Or, les éléments décrits par M. Dangeard sont au contraire des éléments purement transitoires, puisque dès le début du développement ils se transforment
en grosses vacuoles. Il n'en subsiste donc pas dans la cellule adulte. Aussi l'évolution

_____

(¹) Séance du 29 avril 1918.

du chondriome telle que l'entend M. Dangeard montre que les éléments décrits par lui comme des mitochondries ne peuvent constituer tout le chondriome.

En fait, il est facile de démontrer que le système vacuolaire des cellules est nettement distinct du chondriome, du moins dans la majorité des cas, car on peut admettre que les éléments mitochondriaux peuvent se transformer en vacuoles dans certains cas.

Si nous examinons, par exemple, une coupe du méristème de la tige d'une plantule de Ricin, fixée et colorée par les méthodes mitochondriales, nous verrons que les cellules les plus jeunes renferment au sein d'un cytoplasme rempli de mitochondries un assez grand nombre de très petites vacuoles, que les méthodes mitochondriales les laissent absolument incolores. Les mitochondries, au contraire, toujours disposées dans le cytoplasme, se distinguent avec une netteté remarquable. En suivant l'évolution de ces cellules, on constate que les petites vacuoles grossissent et en se fusionnant finissent par constituer de grosses vacuoles, tandis que le chondriome poursuit une évolution tout à fait indépendante; une partie de ses éléments persiste, les autres se transforment en plastides. Il est donc démontré par cela même que les vacuoles ne sont pas colorables par les méthodes mitochondriales et que le chondriome est indépendant du système vacuolaire.

Enfin, à cette objection d'ordre morphogénique s'en ajoutent d'autres d'ordre histochimique. Les mitochondries qui sont parmi les éléments les plus vivants de la cellule ne se colorent que très difficilement par les colorants vitaux et seulement à l'aide de colorants très spéciaux (violet de Dahlia, de méthyle et vert Jañus). Or, les éléments décrits par M. Dangeard ont été mis en évidence par de simples colorations vitales au bleu de crésyl qui ne colorent jamais les mitochondries, cela aussi bien dans la cellule animale que dans la cellule végétale.

Enfin, la métachromatine que M. Dangeard assimile à la substance mitochondriale offre des réactions histo-chimiques qui ne sont en rien comparables à celles des mitochondries.

Les mitochondries sont fort difficiles à fixer; on n'arrive à les conserver dans leur forme que par les fixateurs chromo-osmiques ou le formol. Les fixateurs ordinairement employés en cytologie, renfermant de l'alcool ou de l'acide acétique, dissolvent partiellement les mitochondries et déterminent des structures artificielles du cytoplasme dans lesquelles les mitochondries ne sont plus discernables. La métachromatine est beaucoup plus facile à fixer; l'alcool et les fixateurs renfermant de l'acide acétique l'insolubilisent parfaitement tout en lui donnant parfois une forme artificielle (précipitation de la substance lorsqu'elle est en solution) comme l'a très exactement observé M. Dangeard.

Après fixation par ces mélanges, elle présente une vive affinité pour les colorants basiques bleus ou violets d'aniline ainsi que pour l'hématéine qui lui donne une teinte métachromatique rouge violacé. Le résidu de la substance mitochondriale résultant de l'action des mêmes fixateurs ne présente jamais aucune affinité pour ces colorants ni aucune coloration métachromatique. Les mitochondries, d'autre part, ne sont colorables que par l'hématoxyline ferrique, la fuchsine acide et le violet cristal. La méta-chromatine, au contraire, n'a pas d'affinité spéciale pour ces colorants qui la teignent d'une manière inconstante et peu stable. Enfin, par les méthodes mitochondriales, la métachromatine est insolubilisée, mais lorsque la préparation a été suffisamment régressée, elle n'apparaît pas colorée ou à peine.

Il ressort donc nettement de l'ensemble de ces faits que le chondriome décrit par M. Dangeard ne correspond pas, par son évolution, comme par ses caractères histo-chimiques, au chondriome. Il représente donc, ou des éléments distincts des mitochondries, ou une partie du chondriome en voie de subir, dans certaines cellules, une évolution spéciale.

La séance est levée à 16 heures trois quarts.

A. Lx.

ACADÉMIE DES SCIENCES.

SÉANCE DU LUNDI 3 JUIN 1918.

PRÉSIDENCE DE M. P. PAINLEVÉ.

MÉMOIRES ET COMMUNICATIONS
DES MEMBRES ET DES CORRESPONDANTS DE L'ACADÉMIE.

THÉORIE DES NOMBRES. — *Sur le nombre des classes de formes à indéterminées conjuguées, indéfinies, de déterminant donné.* Note ([1]) de M. **G. Humbert**.

1. A l'occasion de deux Notes publiées ici même, et en vue de vérifications numériques, j'ai pu constater, sur plusieurs exemples, que, pour les formes d'Hermite indéfinies, proprement primitives, et de déterminant *pair ou impairement pair*, il n'y avait jamais qu'*une seule* classe; j'ai reconnu depuis que c'était là un fait général et, aussi, qu'une proposition analogue s'appliquait aux formes indéfinies improprement primitives.

Les démonstrations dérivent très simplement d'une importante propriété des formes quadratiques réelles ternaires qu'a établie Arnold Meyer et qui sera énoncée plus bas; on indiquera avec quelque détail, à titre d'exemple, la marche de l'une d'elles.

2. *Déterminants impairement pairs.* — Soit F la forme *indéfinie*

(1) $$F = a\,xx_0 + b_0\,xy_0 + b\,yx_0 + c\,yy_0,$$

que nous supposerons *proprement primitive* et de déterminant $D = bb_0 - ac$, *positif et impairement pair.*

([1]) Séance du 21 mai 1918.

C. R., 1918, 1er Semestre. (T. 166, N° 22.)

Si l'on pose

$$x = z + it, \qquad y = u + iv, \qquad b = B + iB',$$

elle s'écrit

$$F = a(z^2 + t^2) + c(u^2 + v^2) + 2B(zu + tv) + 2B'(tu - zv).$$

Nous pouvons admettre, en remplaçant au besoin F par une forme équivalente, que a est impair, et $ac \leq 0$.

Dans F, remplaçons z et v par nz et $2mz$, où m, n sont des entiers; nous obtenons la forme *ternaire réelle* Φ (*indéfinie par* $ac \leq 0$)

$$(2) \qquad \Phi = (an^2 - 4B'mn + 4cm^2)z^2 + at^2 + cu^2 + 2Bnzu + 4Bmzt + 2B'tu,$$

dont le déterminant est DH, étant posé

$$H = -an^2 + 4B'mn - 4cm^2.$$

Il est aisé de voir qu'on peut déterminer m et n de telle sorte : 1° que H soit impair et positif; 2° que les coefficients de l'adjointe de Φ n'aient aucun facteur commun. Soit $\mathscr{J}$ cette adjointe *changée de signe*; $\mathscr{J}$ est dite la *réciproque* de Φ, elle est proprement primitive et les *invariants* de Φ sont dès lors $\Omega = -1$ et $\Delta = DH$, dans la notation classique de Stephen Smith; d'après les hypothèses, on a $\Delta \equiv 2 \pmod 4$.

On aura évidemment établi qu'il n'y a qu'une classe de formes F pour le déterminant D si l'on prouve que F peut représenter $+1$ (car alors F sera manifestement équivalente à $xx_0 - Dyy_0$), ou encore, si l'on prouve que Φ représente $+1$.

Observons d'abord que, Ω étant -1, les *caractères génériques principaux* de Φ sont les $\left(\frac{\mathscr{J}}{\delta}\right)$, en désignant par δ un diviseur premier impair quelconque de Δ; il y a en outre, puisque $\Omega \equiv 1 \pmod 2$ et $\Delta \equiv 2 \pmod 4$, un *caractère supplémentaire* que donnent les Tables de Stephen Smith, mais qui s'exprime à l'aide des caractères principaux et de Ω; Δ [1].

Considérons maintenant les formes quadratiques binaires, positives, proprement primitives, de déterminant $-\Delta$.

Parmi elles, il y en a une, $\varphi = (\alpha, \beta, \gamma)$, où $\beta^2 - \alpha\gamma = -\Delta$, telle que α soit premier à Δ, et dont les caractères génériques *principaux*, c'est-à-dire les $\left(\frac{\alpha}{\delta}\right)$, peuvent être choisis quelconques *a priori* : cela tient à ce qu'il y a,

---

[1] Smith, *On the orders and genera of ternary quadratic forms* (*Phil. Trans.*, t. 157) et *OEuvres*, t. 1, p. 455 (voir principalement le n° 8).

pour un déterminant $\equiv 2 \pmod 4$, un caractère générique supplémentaire, *qui figure dans la relation fondamentale classique entre les caractères*; dès lors, d'après la théorie des genres, les autres caractères, c'est-à-dire *les principaux*, peuvent être arbitrairement choisis.

Nous pouvons donc supposer φ déterminée de telle sorte que $\left(\dfrac{\alpha}{\delta}\right) = \left(\dfrac{\mathcal{F}}{\delta}\right)$, pour tous les diviseurs premiers, δ, de Δ.

Alors la forme ternaire indéfinie $\Phi' = z^2 - \varphi(t, u)$ jouit des propriétés suivantes :

1° Elle est proprement primitive, et de *déterminant* $\alpha\gamma - \beta^2$, c'est-à-dire Δ;

2° Son adjointe, $-\mathcal{F}'$, est proprement primitive, en sorte que les invariants de Φ' sont $\Omega' = -1$ et $\Delta' = DH$, c'est-à-dire Ω et Δ;

3° Φ' a les mêmes caractères génériques que Φ; car, par ce qui précède, cela revient à dire que les caractères *principaux* des deux formes coïncident ou que

$$\left(\frac{\mathcal{F}}{\delta}\right) = \left(\frac{\mathcal{F}'}{\delta}\right);$$

or un des coefficients des carrés dans $\mathcal{F}'$ étant α (nombre premier à Δ), $\left(\dfrac{\mathcal{F}'}{\delta}\right)$ est $\left(\dfrac{\alpha}{\delta}\right)$, c'est-à-dire $\left(\dfrac{\mathcal{F}}{\delta}\right)$.

Donc Φ et Φ' sont du même ordre et du même genre. C'est ici qu'intervient le théorème fondamental d'Arnold Meyer ([1]) :

Deux formes ternaires indéfinies primitives, de mêmes invariants Ω et Δ impairs ou impairement pairs et sans facteur premier commun impair, sont équivalentes si elles appartiennent au même genre.

Donc, ici, Φ équivaut à Φ' et comme Φ' représente manifestement $+1$, il en est de même de Φ.   C. Q. F. D.

3. *Déterminants impairs.* — Si, avec les mêmes notations, D est impair, on peut ne pas introduire directement la notion de genre.

Il résulte en effet d'un théorème de A. Meyer ([2]) que toute forme

---

([1]) *Crelle*, t. 108, p. 139.
([2]) *Ibid.*, t. 115, p. 179.

ternaire indéfinie, proprement primitive, pour laquelle Ω est égal à -1, et Δ impair, représente l'un, au moins, des nombres ± 1 : il en est donc ainsi de Φ, qui a pour invariants $\Omega = -1$ et $\Delta = DH$; et dès lors F, représentant ± 1, équivaut à l'une des formes $\pm (xx_0 - Dyy_0)$.

On montre ensuite que ces deux formes s'équivalent en prouvant que $-xx_0 + Dyy_0$ peut représenter $+1$. Il suffit de le faire voir pour la forme ternaire indéfinie

$$\psi = -z^2 - t^2 + D(1 + m^2)u^2,$$

m étant 2 et o selon que D est congru ou non à -1 (mod 8) ; cette forme a pour invariants $\Omega = -1$ et $\Delta = D(1 + m^2)$, et Δ est congru à 1, 3 ou 5 (mod 8); or, d'après A. Meyer (*ibid.*), une telle forme représente toujours $+1$, ce qui établit le théorème (¹).

4. *Formes improprement primitives.* — Dans F (nᵒ 2), on suppose a, b, b_0, c sans diviseur commun, mais a et c pairs, bb_0 impair : alors $D = bb_0 - ac$ est positif et $\equiv 1$ (mod 4).

On admettra ici que $a \equiv 2$ (mod 4), et $ac \leq 0$; de plus, B et B′ étant de parités contraires, on supposera B′ impair ; sinon, on permuterait les rôles de z et de t dans la formation de Φ.

La forme Φ, donnée par (2), est *improprement primitive*, et H est pair ; on reconnaît aisément qu'on peut choisir m et n de manière que $\frac{1}{2}$DH soit positif et $\equiv -1$ (mod 8), et que l'adjointe, $-\mathscr{F}$, de Φ, soit *proprement primitive*; les invariants de Φ sont alors $\Omega = -1, \Delta = DH$, avec $\Delta \equiv -2$ (mod 16).

On montre ensuite qu'on peut trouver une forme binaire quadratique, φ, positive, *improprement primitive*, de déterminant $-\frac{1}{2}\Delta$, telle que les $\left(\dfrac{\varphi}{\delta}\right)$ soient les $\left(\dfrac{\mathscr{F}}{\delta}\right)$: cela tient à ce que *la relation* fondamentale qui lie les caractères $\left(\dfrac{\varphi}{\delta}\right)$ lie ici les $\left(\dfrac{\mathscr{F}}{\delta}\right)$, d'après les formules de Smith (*loc. cit.*). On reconnaît alors que la forme indéfinie Φ',

$$\Phi' = 2z^2 - \varphi(t, u),$$

(¹) Nos notations sont celles de Bachmann dans sa *Théorie des nombres;* elles diffèrent de celles de A. Meyer par des changements de signe. Pour la dernière proposition, voir la quatrième Partie de l'Ouvrage de Bachmann, p. 255.

qui est *improprement primitive*, d'invariants — 1 et Δ, appartient au même genre que Φ, donc lui équivaut d'après le théorème de Meyer.

Dès lors Φ, et par suite aussi F, représente proprement $+2$, d'où l'on conclut sans difficulté que F équivaut à l'une des deux formes

$$2xx_0 + xy_0 + yx_0 - \frac{1}{2}(D-1)yy_0, \qquad 2xx_0 + ixy_0 - iyx_0 - \frac{1}{2}(D-1)yy_0,$$

qui ne peuvent jamais être équivalentes *dans le sens ordinaire*, mais qui se transforment l'une dans l'autre par la substitution $|x, y; ix, y|$, de déterminant $+i$.

Ainsi, pour un déterminant positif donné, il y a *deux* classes improprement primitives (indéfinies).

5. *Déterminants pairement pairs.* — Si $D \equiv 0 \pmod 4$, il y a *au moins deux* classes proprement primitives indéfinies, à savoir celles qui ont pour représentants respectifs les formes *non équivalentes* $\pm(xx_0 - Dyy_0)$. Nous ne pouvons affirmer qu'il y en ait *exactement deux*, les raisonnements précédents ne s'appliquant plus, parce que, d'une part, toute forme ternaire Φ, représentable par F, a nécessairement son déterminant divisible par D, ainsi qu'on le voit aisément, et parce que, d'autre part, pour les formes ternaires dont un invariant est $\equiv 0 \pmod 4$, le théorème de Meyer se présente, *quand il subsiste*, avec de grandes complications d'énoncé.

Des propositions analogues à celles des n°s 2 à 4 s'appliquent aux formes d'Hermite indéfinies *dans le corps quadratique* $i\sqrt{d}$, et se démontrent par les mêmes méthodes.

6. *Conclusions.* — On peut dès lors formuler les conclusions suivantes, en combinant les résultats ci-dessus avec ceux de nos deux dernières Notes ([1]) :

I. *Pour un déterminant positif donné,* D, *impair ou impairement pair, les formes d'Hermite indéfinies, proprement primitives, du corps* $\sqrt{-1}$, *appartiennent toutes à une seule et même classe.*

II. *Le nombre total des représentations de* m *impair, premier à* D, *par l'une d'elles,* $F(x, y)$, *avec la condition que le point* $x : y$ *soit dans un des domaines*

([1]) *Comptes rendus*, t. 166, 1918, p. 581 et 753.

fondamentaux, ⊙, *du sous-groupe de Picard correspondant à cette forme, est deux fois la somme des diviseurs de m.*

III. *Si n est le nombre des côtés du polygone (convexe)* ⊙, *côtés qui sont des arcs de cercle orthogonaux à l'équateur de la sphère représentative de* F, *et si* Σω *est la somme de ses angles euclidiens, on a la relation*

$$(n-2)\pi - \Sigma\omega = \pi\,\mathrm{D}\,\Pi_q\left[1 + \left(\frac{-1}{q}\right)\frac{1}{q}\right],$$

Π *s'étendant à ceux des diviseurs premiers* q, *de* D, *qui sont impairs, distincts et supérieurs à* 1.

IV. *Pour un déterminant positif donné*, D, *congru à* 1 (mod 4), *les formes d'Hermite indéfinies, improprement primitives, du champ* $\sqrt{-1}$, *appartiennent à deux classes distinctes, qui se transforment d'ailleurs l'une dans l'autre par des substitutions de déterminant* $+i$.

V. *La forme indéfinie* F(x, y) *ci-dessus représente proprement tout entier impair premier à* D; *elle représente proprement ou improprement tout entier pair sans diviseur impair commun avec* D.

VI. *Si* d *est positif, congru à* 1 *ou* 2 (mod 4), *les formes d'Hermite indéfinies du corps* $i\sqrt{d}$, *proprement primitives, de déterminant donné,* D, *impair ou impairement pair, ne forment qu'une seule classe : il faut toutefois que* D *et* d *n'aient aucun diviseur impair commun.*

Chacune de ces formes représente proprement tout entier impair premier à Dd.

Des propositions analogues à celles de nos deux dernières Notes s'appliquent aux formes quadratiques ternaires indéfinies, dans le champ réel; il faut seulement introduire, au lieu du domaine ⊙ de Picard, le domaine que Poincaré a rattaché aux transformations d'une forme ternaire en elle-même : en particulier, on obtient des résultats qui rappellent ceux II et III ci-dessus et que nous exposerons à une autre occasion.

ASTRONOMIE. — *L'observatoire du Collége Louis-le-Grand* (dernière période) *et les travaux astronomiques de la mission française de Pékin.* Note (¹) de M. **G. Bigourdan.**

Après la fin de la première période (1684), il s'écoule près de 70 années dans lesquelles nous ne rencontrons plus d'observation astronomique faite dans ce Collège.

Cependant il y avait alors un modeste mais véritable observatoire, ·auquel on donnait indifféremment ce nom ou celui de *belvédère, guérite* ou *tour.*

Les renseignements les plus circonstanciés que nous ayons sur sa composition ou disposition nous sont donnés par G. Emond en 1845, dans son Histoire de ce Collège, p. 362 :

Le Belvéder, dit-il, s'élevait entre le Plessis et Louis le Grand du côté de la cour des cuisines, sur le bâtiment neuf construit en 1660. Il se composait de deux petites chambres, l'une au-dessus de l'autre, surmontées d'une plateforme qui dominait tout Paris. C'était l'observatoire des jésuites qui y conduisaient les élèves pour les leçons d'astronomie. On l'a détruit récemment, parce qu'il menaçait ruine.

Cet emplacement est bien celui qu'indiquent les nombres donnés plus loin, et d'où nous déduirons ses coordonnées géographiques. Ses dimensions, dont nous n'avons pu retrouver la valeur exacte, étaient assez restreintes : lors du passage de Mercure du 6 mai 1753, deux observateurs, le P. de Merville (²) et Libour, purent s'y installer avec leurs lunettes de 16 et 15 pieds de long; mais ils y étaient fort resserrés.

Sa stabilité devait être suffisante, car on y prenait parfois des hauteurs correspondantes du Soleil pour régler la pendule; et l'on parle alors de ses fenêtres, trop basses pour observer ces hauteurs en été.

D'après le plan de Paris dit « de Turgot », cet observatoire était de

---

(¹) Séance du 27 mai 1918.

(²) *Jean-Nicolas Cairon de* Merville, né à Caen le 12 octobre 1714, professa plusieurs années la philosophie et les mathématiques au Collége Louis-le-Grand; il s'y trouvait encore en 1762. A la suite de l'expulsion de son ordre (1763) il dut se retirer à Fribourg, en Suisse, ainsi qu'il résulte d'une lettre de Turgot du 8 avril 1764.

forme rectangulaire et d'environ $5^m \times 4^m$, avec une seule fenêtre par étage
sur chaque face.

Quant aux instruments, de ce que dit le P. de Merville à l'occasion du
passage de Mercure de 1753 (¹), on peut conclure que c'étaient un petit quart
de cercle, un secteur de 3 pieds environ de rayon et peut-être la lunette de
16 pieds employée alors. Dans la suite, quand on y fait des observations,
la pendule et la lunette sont apportées du dehors, et ordinairement la
correction de la pendule est déduite de signaux envoyés de l'observatoire
voisin, dit de l'Hôtel de Cluny (²).

Les professeurs du collège y observaient rarement, à ce qu'il semble.
Messier dit, il est vrai, en 1760, que le P. de Merville, professeur de Mathématiques, y fait ses observations; mais celles qu'il a publiées sont bien peu
nombreuses. C'est surtout Messier qui, lorsqu'il a besoin d'un horizon
complètement dégagé, utilise de loin en loin cet observatoire, comme le
prouve la liste suivante des observations que nous avons pu relever dans la
période considérée.

1. — 1753 mai 6 (*). — Passage de Mercure (sortie), observé par le
P. de Merville et Libour, respectivement avec des lunettes de 16 et de
15 pieds. En outre le P. de Merville fit de nombreuses déterminations de la
position de Mercure par rapport aux bords du Soleil, en observant les
passages aux fils d'un sextant astronomique. (*Mém. de Trévoux*, 1753, 2084-
2097, et *Mém. Acad.*, 1753, H. 232 et M. 248.)

2. — 1759 avril 1-13. — Observations, par Messier, de la comète de
Halley, dont c'était le premier retour annoncé. Télescope newtonien
de $4\frac{1}{2}$ pieds et de 53′ de champ. (*Mém. Acad.*, 1759, H. 146, et 1760,
M., 380-465, particulièrement p. 400.)

3. — 1761 juin 6. — Passage de Vénus (sortie), observé par le P. de
Merville, avec un excellent télescope newtonien de 6 pieds, et, à côté,
par le P. Clouet (³), avec un télescope *qu'il avait construit lui-même* et de
32 pouces (ailleurs 15 pouces). (*Mém. Acad.*, 1761, H. 102, 165, M. 80-81.)

4. — 1769 juin 3 (*). — Passage de Vénus (entrée), observé par deux

(¹) *Mém. de Trévoux*, 1753, p. 2090, 2092.
(²) C'est le cas dans les observations ci-dessous, 1, 4, 6, ..., qui ont été marquées
d'un astérisque (*).
(³) *Jean-Baptiste Louis* CLOUET, né à Rennes, le 20 janvier 1730.

équipes, Messier et Baudoin à l'étage supérieur, Turgot et Zannoni à l'étage au-dessous :

Messier : lunette d'Antheaulme de 12 pieds; il fait aussi des mesures micrométriques avec un télescope grégorien d'un pied de long et de 3 pouces d'ouverture.

Baudoin : lunette à 3 verres de 39 lignes d'ouverture, appartenant au ministre Bertin.

Turgot, alors intendant de Limoges : petit télescope grégorien de 15 pouces de long.

Zannoni : télescope grégorien de Short, de 3 pieds de foyer.

On avait eu soin de maintenir autant que possible les curieux à un étage inférieur, d'où l'on pouvait également voir Vénus, au moyen d'instruments qu'on y avait apportés et qui appartenaient au président de Saron. (*Mém. Acad.*, 1771, 501-506.)

5. — 1769 juin 4 (*) au matin. — Éclipse partielle de Soleil, observée par Messier, avec le petit télescope d'un pied qui venait de lui servir pour les mesures micrométriques de Vénus sur le Soleil. (*Mém. Acad.*, 1771, 12.)

6. — 1775 juillet 23-octobre 3 (*). — Observation, par Messier, de la comète 1770 II qui est la célèbre comète de Lexell, découverte par Messier le 14-15 juin précédent. (*Mém. Acad.*, 1776, 597-581 et particulièrement p. 605.)

7. — 1773 mars 23 (*) au matin. — Éclipse de Soleil (fin), observée par Messier; il fait des mesures micrométriques avec une lunette ordinaire de $3\frac{1}{2}$ pieds et observe le dernier contact avec l'excellente lunette de 3 pieds, à objectif triple, appartenant à de Saron. (*Mém. Acad.*, 1773, 51-53.)

8. — 1781 octobre 17 (*) au matin. — Éclipse de Soleil (fin), observée par Messier, avec sa « grande lunette acromatique de 40 pouces de foyer à grande ouverture, garnie de son micromètre à fils » qui lui servait à la même époque pour l'observation des comètes. (*Mém. Acad.*, 1781, 362, et 1782, 652-657.)

9. — 1782 novembre 12. — Observation, par Lalande, du passage de Mercure, dont l'entrée et la sortie étaient visibles à Paris. (*Mém. Acad.*, 1782, 207.)

Coordonnées. — Les observateurs qui ont travaillé à la « guérite » n'ont pas pris soin de nous donner sa longitude et sa latitude. Messier dit seulement (*Mém. Acad.*, 1771, p. 501) qu'elle est 2 secondes à l'est de l'Observatoire. Fort heureusement La Caille l'avait rapportée à la méridienne et à la perpendiculaire (liste T$_2$, voir I, 76); d'ailleurs plus tard Jeaurat répéta la même opération (liste T$_1$). J'adopterai les nombres de la liste T$_2$ qui donne, sous le n° 76 : 325^T,8 à l'Est et 676^T,2 au Nord, d'où l'on conclut, d'après les éléments adoptés (I, 74-75) :

$$\Delta \xi = 0'31'',15 = 0^m 2^s,076 \, E; \qquad \Delta \varphi = + 0'42'',67; \qquad \varphi = + 48°50'53'',67.$$

Mission des jésuites français en Chine ([1]). — Nous avons vu comment fut décidé, en 1685, le départ des missionnaires astronomes destinés à la Chine.

Dès que le projet de leur voyage fut devenu public, on les exerça aux observations astronomiques, et divers membres de l'Académie des Sciences rédigèrent pour eux des Instructions, notamment « touchant les remarques qu'il seroit à propos de faire à la Chine, et touchant les choses qu'il faudroit envoyer en France, tant pour l'enrichissement de la Bibliothèque du Roy que pour la perfection des Arts ». Ils furent munis des instruments nécessaires et de lunettes dont quelques-unes devaient être offertes à l'observatoire de Pékin. En outre l'Académie des Sciences les élut comme ses *Correspondants* et, par lettres patentes, ils furent nommés *Mathématiciens du Roy* dans les Indes et à la Chine.

Embarqués à Brest avec le chevalier de Chaumont, leur départ eut lieu le 3 mars 1685. Le P. Tachard ([2]) et l'abbé de Choisy ([3]) nous ont laissé une relation détaillée du voyage; en outre les premières observations de

---

([1]) Pour la bibliographie, voir :

H. Cordier. Bibliotheca Sinica. *Dictionnaire bibliographique des ouvrages relatifs à l'empire chinois.* 2ᵉ édit. Paris, 1904-1908, 4 vol. in-4° (Abrév. : *Bibl. Sin.*).

([2]) Voyage de Siam *des Peres Jesuites envoyez par le Roy aux Indes et à la Chine. Avec leurs observations....* Paris, 1686. 1 vol. in-4° de 16-432 pages et planches (Abrév. : *Tachard*₁). Le nom de l'auteur ne se trouve qu'à la signature de la dédicace. Il y a des errata dans *Anc. Mém.*, VII₂, 3, 231. — Autre édition : Amsterdam, 1689, 1 vol. in-12.

([3]) Journal du voyage de Siam *fait en MDCLXXXV. et MDCLXXXVI.* par M. L. D. C. Paris, 1687, 1 vol. in-4° de 4-416 pages. — Autres éditions : Amsterdam, 1687, 1 vol. in-12. — Trévoux, 1741, 1 vol. in-12.

ces missionnaires, présentées à l'Académie par le P. Gouye, furent publiées aussitôt ([^1]).

Arrivés en vue du Cap à la fin de mai 1685, nos observateurs déterminèrent la longitude par une éclipse réapparition du premier satellite de Jupiter (5 juin 1685). Ils observèrent aussi la déclinaison magnétique et firent, le 3 juin, la remarque importante qui suit :

Le soir n'y ayant point d'observations particulières à faire, on considéra diverses Étoiles fixes avec la lunette de douze pieds.

Le pied du Cruzero marqué dans Bayer est une Étoile double, c'est-à-dire composée de deux belles Etoiles éloignées l'une de l'autre d'environ leur diamètre seulement, à peu près comme la plus Septentrionale des Jumeaux ; sans parler d'une troisième beaucoup plus petite qu'on y voit encore, mais plus loin de ces deux. (*Tachard*₁, p. 77.)

Cette étoile est α Croix dont la distance des composantes ne devait pas dépasser alors 6″. La même découverte fut faite la même année par le P. Feuillée.

En mer ils observèrent ensuite l'éclipse de Lune du 16 juin, mais à l'œil nu seulement, à cause du mouvement du vaisseau.

On essayait alors de déterminer les longitudes en mer au moyen de chronomètres, qu'on appelait des *pendules à spiral et à secondes*. Un de ces instruments, construit par Thuret, fut mis en essai entre le Cap et Batavia ; on le réglait journellement par les levers et couchers de Soleil : il donna des résultats contradictoires, d'où l'on conclut que sa marche n'était pas assez régulière pour donner les longitudes aux navigateurs.

A Batavia, l'accueil des Hollandais fut assez réservé ; le ciel couvert empêcha d'ailleurs les observations des satellites de Jupiter.

Enfin, le 22 septembre 1685 on mouilla devant la barre du Meinan, six mois et demi après avoir quitté la France.

En attendant leur départ pour la Chine, le P. de Fontaney et ses confrères, chaudement accueillis par le roi et surtout par son tout-puissant ministre Constance Phaulkon, firent des déterminations de latitude, de

[^1]: OBSERVATIONS PHYSIQUES ET MATHEMATIQUES *pour servir à l'Histoire naturelle, et à la Perfection de l'Astronomie et de la Géographie :* envoyées de Siam... *avec les réflexions de Messieurs de l'Académie, et quelques Notes du P.* Goüye.... Paris, 1688, 1 vol. in-8° de 8-280 pages et planches (Abrév. : *Gouye*₁). — Reproduit dans *Anc. Mém.*, VII₂, 3, p. 1-127, sauf les observations d'Histoire naturelle, p. 1-60, qui sont dans *Anc. Mém.*, III₃, p. 641-670.

longitude, de déclinaison magnétique, de la longueur du pendule à seconde et des observations d'histoire naturelle ([1]).

Pour la longitude notamment, ils observèrent l'éclipse de Lune du 11 décembre 1685, en présence du roi, dans son château de Tlée-Poussonne, une lieue à l'Est de Louvo : le résultat fut de diminuer de 24° la longitude de Siam par rapport à celle qu'adoptaient de bonnes cartes de l'époque ([2]).

Ils y observèrent aussi, mais dans des circonstances assez dramatiques, la brillante comète d'août 1686 : ils n'étaient restés à Siam qu'en attendant la première occasion de passer à Macao, pour entrer en Chine par Canton. C'est ainsi qu'ils quittèrent ([3]) la barre du Meinan le 10 juillet 1686, sur un mauvais navire portugais qui bientôt fit eau de toutes parts ; et enfin il s'échoua au nord de Chantaboun, près de la baie de Cassonet ; de là, au milieu de bien des difficultés et dangers, ils regagnèrent Siam en septembre 1686 : c'est dans ces conditions que le P. de Fontaney observa la comète, dont il ne put prendre que des alignements (*Anc. Mém.*, VII$_2$, 3, 33).

Leur départ définitif eut lieu en juin 1687 ; et comme ils avaient appris que les Portugais empêchaient les missionnaires de passer de Macao à Canton, ils entrèrent en Chine par Ning-po, sur la côte Est, où ils arrivèrent le 23 juillet 1687, puis à Pékin le 7 février 1688.

Longtemps il n'y avait eu à Pékin que la mission portugaise, à laquelle appartenaient ainsi tous les jésuites de Chine, portugais ou assimilés. Cette mission perdit graduellement de son influence, et l'arrivée des jésuites

---

([1]) Toutes ses observations, à partir du Cap, sont publiées dans *Gouye*$_1$, p. 61-106, ou dans *Anc. Mém.*, VII$_2$, 3, p. 7-34.

([2]) Cette longitude aurait pu être corrigée depuis trois ans, car le 22 février 1682 le P. A. Thomas avait observé une éclipse de Lune à Juthia. Il fit là aussi, avec des moyens un peu grossiers, la détermination, alors très nécessaire, de quelques belles étoiles australes. Ces observations se trouvent dans *Gouye*$_1$, p. 129-194, ou dans *Anc. Mém.*, VII$_2$, 3, 46-85, suivies de celles du même observateur faites en 1683 à Macao et aux environs.

Antoine THOMAS, né à Namur le 25 janvier 1644, enseigna deux ans la philosophie à Douai, s'embarqua pour la Chine à Lisbonne le 10 avril 1680, et y arriva en 1685. Il succéda au P. Verbiest comme président du Tribunal de Mathématiques de Pékin et mourut dans cette ville le 29 juillet 1709.

([3]) A l'exception du P. Le Comte, qui devait attendre le retour de P. Tachard, venu en Europe ; mais il quitta le Siam lors du départ définitif, avec le P. de Fontaney et les quatre autres missionnaires.

français l'amoindrissait encore ; aussi nos missionnaires ne furent-ils reçus à Pékin qu'après avoir éprouvé bien de l'opposition.

Ils obtinrent néanmoins la liberté de se répandre dans les provinces ; même l'empereur régnant, Kang-hi, le Louis XIV de la Chine, employa dans les affaires les PP. Bouvet et Gerbillon ; le 4 juillet 1693, il leur fit don d'une maison et en 1699 d'un grand terrain, dans l'enceinte du palais, pour y bâtir église et résidence. Enfin, en 1700 la mission française fut séparée complètement de la mission portugaise, par la nomination du P. Gerbillon comme vice-provincial de tous les jésuites français de Chine.

Tels furent les débuts de la première mission française de Pékin, dont les cinq membres fondateurs furent tous illustres par leurs talents et leurs ouvrages.

Cette mission s'accrut rapidement, car en 1697 Kang-hi chargea le P. Bouvet de revenir en France pour demander d'autres missionnaires ; et en effet en 1699 il fut de retour à la Chine avec dix nouveaux, parmi lesquels certains, comme les PP. Parrenin, de Prémare, Régis, etc., sont également devenus célèbres. Et ainsi se perpétua pendant plus de 100 ans cette mission dont les membres ont tant contribué à faire connaître les régions orientales de l'Asie.

Pour l'Astronomie il serait intéressant de relever leurs très nombreuses observations publiées et de chercher celles qui sont restées inédites (¹) ; mais nous devons nous borner à rappeler qu'un de leurs premiers grands travaux fut une carte générale de Chine, en plusieurs feuilles, appuyée sur des déterminations précises de coordonnées géographiques : on pourra voir, dans un tableau donné par M. H. Cordier (*Bibl. Sin.*, I, col. 183...), les noms des missionnaires qui en sont les auteurs.

Il faut citer aussi les remarquables travaux du P. Gaubil, qui sont encore la base de nos connaissances sur l'Astronomie chinoise.

(¹) On pourrait s'étonner qu'aucun jésuite français n'ait été jamais président du *Tribunal des Mathématiques*, si l'on ne savait que ce président était toujours choisi parmi les Portugais ou assimilés.

Tels furent successivement les PP. Schreck († 1630), Schall († 1666), Verbiest († 1688), A. Thomas († 1709), Grimaldi († 1712), Kögler († 1746), Hallerstein († 1774), de Rocha († 1781). Après la destruction de la Société, un lazariste français, le P. Raux († 1801), élève de Lalande, fut président du Tribunal (voir H. CORDIER, *T'oung Pao*, 1916, p. 281).

ASTRONOMIE. — *Sur la diffraction des images solaires.*
Note de M. **Maurice Hamy.**

J'ai étudié, dans diverses Communications antérieures ([1]), l'intensité
lumineuse en divers points de l'image d'un astre circulaire de diamètre 2ε,
visible au foyer d'une lunette dont l'objectif est diaphragmé par une fente
étroite de longueur l. Les formules établies en fournissent la valeur le long
de l'axe de symétrie disposé, dans le champ, parallèlement à la fente. Elles
montrent que l'intensité varie très rapidement, dans le voisinage du bord
géométrique, c'est-à-dire de la circonférence qui limiterait l'image du
disque, s'il n'y avait pas de diffraction.

On peut tracer la courbe figurant les variations de l'intensité, en fonction de
la distance angulaire au centre de l'image et en prenant, comme unité, celle
qui se manifeste au bord géométrique. Le coefficient angulaire de la tangente,
au point de la courbe qui correspond à ce bord, a alors pour expres-
sion $-\frac{2}{3}\pi\frac{l}{\lambda}$, en appelant l la longueur de la fente et λ la longueur d'onde
de la lumière pénétrant dans l'œil de l'observateur. Sa valeur absolue croît
avec l. L'intensité variant d'autant plus rapidement, dans le voisinage
immédiat du bord géométrique, que la valeur de la tangente est plus considérable, en valeur absolue, le bord optique, c'est-à-dire la limite apparente
du disque telle qu'on la voit dans une lunette, est donc d'autant plus
tranché que l est plus considérable. Est-il possible d'exagérer cette qualité,
pour une fente de longueur donnée, en masquant plus ou moins la partie
centrale de la fente? C'est ce que je me suis demandé, étant donné que
le pouvoir optique d'un objectif augmente, sous certaines conditions, quand
on dispose un écran opaque sur sa partie centrale. Pour traiter cette
question, il convient tout d'abord de rappeler quelques formules établies
antérieurement (*loc. cit.*), dont la connaissance est indispensable.

Si l'on pose

$$m = \pi l \frac{\varepsilon}{\lambda}, \qquad \alpha = \frac{\varphi}{\varepsilon},$$

φ représentant la distance angulaire, au centre de l'image, d'un point
placé sur l'axe de symétrie parallèle à la fente, l'intensité en ce point, dans

---

([1]) *Comptes rendus*, t. 165, 1917, p. 1082, et t. 166, 1918, p. 240.

le cas d'une fente libre dans toute sa longueur, est proportionnelle à l'intégrale

$$I = \int_{-1}^{+1} \sqrt{1-u^2}\left[\frac{\sin m(u-\alpha)}{m(u-\alpha)}\right]^2 du,$$

dont la valeur au bord géométrique ($\alpha = 1$), en tenant compte de ce que m est un nombre considérable, se réduit à

$$I_B = -\frac{\pi}{2m^2} + \frac{\sqrt{2\pi}}{m^{\frac{3}{2}}}\left[1 + \frac{1}{16m} + \dots\right],$$

le produit par m^2 des termes négligés, entre crochets, restant fini lorsque m augmente indéfiniment.

D'autre part, au bord géométrique, la dérivée $\frac{dI}{d\varphi}$ a pour valeur

$$\left(\frac{dI}{d\varphi}\right)_B = \frac{2}{3}\frac{1}{\varepsilon}\frac{\sqrt{2\pi}}{m^{\frac{1}{2}}}\left[-1 + \frac{9}{16m} + \dots\right],$$

le produit par m^2 des termes négligés, entre crochets, restant également fini lorsque m augmente indéfiniment.

Considérons maintenant une fente très étroite dont la partie centrale est masquée. Désignons par a la longueur commune des deux fractions restantes et par h la distance de leurs centres. Posant

$$\frac{\pi h}{\lambda}\sin\varepsilon = n,$$

on trouve que l'intensité à la distance angulaire φ du centre de l'image, sur l'axe de symétrie parallèle à la fente, est proportionnelle à l'expression

$$J = \int_{-1}^{+1}\left[\cos n(u-\alpha)\right]^2\left[\frac{\sin n\rho(u-\alpha)}{n\rho(u-\alpha)}\right]^2\sqrt{1-u^2}\,du,$$

ρ représentant le rapport $\frac{a}{l}$. Or on a l'identité

$$(\sin A\cos B)^2 = \frac{\sin^2(A+B)+\sin^2(A-B)+2\sin^2 A - 2\sin^2 B}{4}.$$

On peut donc écrire

$$4J = \int_{-1}^{+1}\frac{\left\{[\sin^2 n(\rho+1)(u-\alpha)+\sin^2 n(\rho-1)(u-\alpha) +2\sin^2 n\rho(u-\alpha)-2\sin^2 n(u-\alpha)]\sqrt{1-u^2}\right\}}{[n\rho(u-\alpha)]^2}\,du$$

ou

$$4J = \left(\frac{\rho+1}{\rho}\right)^2 \int_{-1}^{+1} \sqrt{1-u^2}\left[\frac{\sin n(\rho+1)(u-\alpha)}{n(\rho+1)(u-\alpha)}\right]^2 du$$

$$+ \left(\frac{1-\rho}{\rho}\right)^2 \int_{-1}^{+1} \sqrt{1-u^2}\left[\frac{\sin n(1-\rho)(u-\alpha)}{n(1-\rho)(u-\alpha)}\right]^2 du$$

$$+ 2 \int_{-1}^{+1} \sqrt{1-u^2}\left[\frac{\sin n\rho(u-\alpha)}{n\rho(u-\alpha)}\right]^2 du$$

$$- \frac{2}{\rho^2} \int_{-1}^{+1} \sqrt{1-u^2}\left[\frac{\sin n(u-\alpha)}{n(u-\alpha)}\right]^2 du.$$

Les intégrales figurant dans cette formule sont de même forme que I. Il en résulte, en faisant $\alpha = 1$, qu'on a au bord géométrique $\Big[$en conservant seulement le terme le plus important des expressions de I_B et de $\left(\frac{dI}{d\varphi}\right)_B$ données ci-dessus$\Big]$

$$\cdot 4J_B = \sqrt{\frac{2\pi}{n^3}}\left[\left(\frac{\rho+1}{\rho}\right)^2 \frac{1}{(\rho+1)^{\frac{3}{2}}} + \left(\frac{1-\rho}{\rho}\right)^2 \frac{1}{(1-\rho)^{\frac{3}{2}}} + \frac{2}{\rho^{\frac{3}{2}}} - \frac{2}{\rho^2}\right]$$

et

$$4\left(\frac{dJ}{d\varphi}\right)_B = -\frac{2}{3\varepsilon}\sqrt{\frac{2\pi}{n}}\left[\left(\frac{\rho+1}{\rho}\right)^2 \frac{1}{\sqrt{\rho+1}} + \left(\frac{1-\rho}{\rho}\right)^2 \frac{1}{\sqrt{1-\rho}} + \frac{2}{\sqrt{\rho}} - \frac{2}{\rho^2}\right].$$

On en tire

$$\left(\frac{\frac{dJ}{d\varphi}}{J}\right)_B = -\frac{2n}{3\varepsilon}\frac{(1+\rho)^{\frac{3}{2}} + (1-\rho)^{\frac{3}{2}} + 2\rho^{\frac{3}{2}} - 2}{\sqrt{1+\rho} + \sqrt{1-\rho} + 2\sqrt{\rho} - 2}.$$

La valeur du second membre fournit le coefficient angulaire de la tangente à la courbe, figurant les variations de J_B, au point correspondant au bord géométrique, quand on prend comme unité l'intensité en ce point.

Or la fonction de ρ qui accompagne le facteur $-\frac{2n}{3\varepsilon}$ croît de o à 2, lorsque ρ croît de o à 1. La plus grande valeur absolue de $\left(\frac{\frac{dJ}{d\varphi}}{J}\right)_B$ correspond donc à $\rho = 1$, c'est-à-dire au cas où la fente est libre dans sa partie centrale, et l'on a alors

$$\left(\frac{\frac{d\mathrm{J}}{d\varphi}}{\mathrm{J}}\right)_{\mathrm{B}} = -\frac{4n}{3\varepsilon} = -\frac{4\pi h}{3\lambda}.$$

Comme h représente alors la moitié de la longueur de la fente, on retombe sur la valeur de la tangente, trouvée dans le cas d'une fente entièrement libre. La conclusion de la présente Note est donc que le bord optique de l'image est moins tranché, quand on masque la partie centrale de la fente, qu'en l'utilisant dans toute sa longueur.

MÉDECINE. — *La saignée lymphatique comme moyen de désintoxication.* Note de M. Yves Delage.

Dans un grand nombre de maladies, la vie du patient est mise en danger par des toxines très actives circulant dans l'organisme et qui sont engendrées plus vite qu'elles ne peuvent être éliminées par les émonctoires naturels. C'est le cas pour les maladies microbiennes. mais le procédé curatif dont il va être ici question ne s'applique pas à elles, parce que dans ce cas la source des toxines est illimitée et ne peut être épuisée que par la suppression des microbes responsables. Ce procédé n'a de valeur que dans les cas où la source des toxines est finie et peut être épuisée par des soustractions partielles continues jusqu'à effet total.

Tel est le cas, par exemple, pour les brûlures étendues et pour certains grands traumatismes où il y a grande abondance de tissus contus et mortifiés ; on sait que dans ces cas le malade meurt véritablement empoisonné par la résorption des toxalbumines résultant de la désintégration des tissus atteints ; la preuve en est que l'on supprime les accidents par une large exérèse des parties mortifiées ; mais cette exérèse n'est pas toujours possible en raison soit de l'étendue excessive des lésions, soit de leur situation profonde.

Il en est de même aussi dans beaucoup de cancers ; ici on est placé entre deux écueils : si l'on abandonne le malade à lui-même ou si les moyens mis en œuvre échouent, on assiste au développement progressif des tumeurs, puis à leur généralisation, et le malade meurt de cachexie lente ou par suite de la suppression des fonctions de quelque organe essentiel. Ici aussi l'exérèse chirurgical peut supprimer, ou plus souvent retarder, l'évolution fatale, mais ici encore l'opération est souvent rendue

impossible par la généralisation ou par la situation profonde des néoplasmes.

Le médecin peut alors avoir recours à des procédés de destruction
physiques, chimiques ou physiologiques, tels que le radium, les rayons X,
la diathermie, ou l'injection de substances médicamenteuses ou de sérums
immunisants. On arrive ainsi assez souvent à mortifier des néoplasmes
profonds et à soustraire le malade aux dangers les plus imminents de
l'extension ou de la généralisation; mais des tissus morbides restant en
place se détruisent par autolyse et libèrent dans l'organisme des toxines qui
tuent le malade au moment où on le croyait sauvé. C'est ainsi que meurent
les souris cancéreuses dont les néoplasmes ont été détruits par le sélénium.

Ces toxines sont en quantités finies et leur source se trouvera tarie dès
que sera complète la régression des tissus cancéreux; mais elles tuent le
malade parce qu'il n'y a pas pour elles d'émonctoires naturels assez actifs,
vu qu'étant de nature colloïdale, elles ne traversent que peu ou point le
filtre de ces émonctoires. Le médecin est donc à peu près désarmé et voit
clairement le mal sans pouvoir lui opposer autre chose que des moyens
dont l'insuffisance est notoire : diurétiques, purgatifs, sérums artificiels,
antitoxiques chimiques.

Ce qu'il faudrait pouvoir faire, c'est changer les humeurs, ou tout au
moins les drainer et les renouveler pendant toute la durée de la période
critique.

Théoriquement, un moyen simple se présente à l'esprit : c'est la saignée
très large suivie de la transfusion d'une quantité de sang égale à la quantité
soustraite; mais on sait les dangers d'une telle opération, susceptible de
sauver un malade une fois à la suite d'une grande hémorragie, mais tout à
fait inapplicable quand il faut la renouveler plusieurs fois dans un court
espace de temps.

C'est que la saignée, en même temps qu'elle évacue les toxines, soustrait
à l'organisme des substances précieuses : hématies, leucocytes, protéines du
plasma sanguin.

Il faudrait pouvoir faire une *saignée filtrante* qui évacuerait du plasma en
laissant les globules; mieux encore, une *saignée sélective* qui, laissant en
place les globules et le plasma, évacuerait seulement les toxines, avec une
certaine quantité de sérum aisément remplaçable par des liquides artificiels.
Un appareil capable d'opérer cette saignée filtrante ne paraît pas aisé à
imaginer; pour moi, j'ai eu beau y concentrer mon attention, je n'y suis
point parvenu.

Mais cette filtration, impossible à faire par des moyens artificiels, l'organisme l'opère lui-même par la fabrication de la lymphe. Réduits à leurs éléments histologiques, tous les tissus sont extra-vasculaires : nulle part le sang n'aborde directement les éléments anatomiques pour les nourrir ou les débarrasser de leurs déchets ; pour accomplir cette fonction il doit laisser exsuder des capillaires un liquide privé de globules (sauf quelques rares leucocytes issus par diapédèse) et riche en éléments nutritifs dissous qu'il abandonne aux éléments anatomiques, tandis qu'il se charge des excrétas pour les réintroduire dans le système sanguin par la voie des vaisseaux blancs ; ce liquide c'est la lymphe.

Il est indiscutable que, chez les grands brûlés et les cancéreux, les toxines résorbées sont déversées d'abord dans les réseaux d'origine des lymphatiques et n'arrivent au sang que de façon médiate par l'intermédiaire du canal thoracique et de la grande veine lymphatique, et c'est le sang qui ensuite les charrie dans tout l'organisme et les met en mesure d'exercer leur influence néfaste sur les tissus sains, en particulier ceux du système nerveux central.

Il est donc hors de doute que les toxines sont à un moment donné dans la lymphe puisqu'elles sont déversées immédiatement dans la lymphe et retournent ensuite à la lymphe après avoir emprunté les voies de la circulation sanguine. Or la lymphe ne contient point d'hématies ; elle est pauvre en leucocytes et pauvre en protéines plasmatiques ; outre les substances de déchet et éventuellement les toxines résultant de la désintégration des tissus morbides, elle ne contient guère que de l'eau et des sels facilement remplaçables.

On conçoit donc qu'une saignée lymphatique réaliserait pleinement cette *saignée filtrante*, cette saignée sélective qui nous apparaissait impossible par des moyens artificiels.

Voici comment je conçois l'opération : introduire soit dans de gros troncs lymphatiques, tels que ceux du haut de la cuisse, ou peut-être dans la grande veine lymphatique ou le canal thoracique, ou encore dans les sinus périphériques de gros ganglions, une très fine canule qui, prolongée par un mince tube de caoutchouc, établirait une *saignée lymphatique permanente* dont le produit, recueilli dans un vase gradué, serait remplacé journellement par une quantité suffisante de sérum artificiel introduit par injection hypodermique.

Il me paraît peu contestable qu'une pareille saignée serait très peu nocive et travaillerait efficacement à la désintoxication de l'organisme ; la grosse incertitude réside dans la difficulté de l'opération et je dois avouer que les quelques chirurgiens que j'ai consultés ne l'ont pas trouvée aisément réalisable en raison de la finesse des vaisseaux lymphatiques, de la minceur et de la friabilité de leurs parois, du fait qu'ils sont difficiles à voir, sans compter qu'une obstruction assez précoce serait à craindre, en sorte qu'il faudrait peut-être changer de temps à autre le lieu de la saignée ; mais combien d'autres choses qui paraissaient irréalisables tant qu'on ne les avait point tentées ont fini par passer même dans la pratique courante. En tout cas il y a moins d'inconvénients à suggérer une idée irréalisable qu'à s'abstenir par la crainte qu'elle soit au-dessus de nos moyens, alors que peut-être elle ne l'était pas (¹).

On pensera, non sans raison, qu'au lieu de présenter cette idée sous la forme d'une simple suggestion, il eût été préférable de la soumettre au contrôle de l'expérience et cela eût été, en outre, plus conforme aux traditions de l'Académie. Peut-être les circonstances difficiles que nous traversons paraîtront-elles fournir une excuse à cette dérogation à des habitudes d'ailleurs excellentes.

GÉOLOGIE. — *Essai de coordination chronologique générale des temps quaternaires.* Note (²) de M. **Ch. Depéret.**

· Après avoir étudié (*Comptes rendus*, t. 166, 1918, p. 636), le classement du Quaternaire marin des côtes atlantiques africaines et ibériques, je poursuis cette étude sur les côtes atlantiques françaises.

B. *Côtes atlantiques françaises.* — Les côtes françaises, des Pyrénées au Cotentin, sont pauvres en gisements quaternaires coquilliers. La cause en est climatérique : sur ces côtes pluvieuses, la faiblesse de l'évaporation a empêché la cimentation calcaire des dépôts littoraux, à l'inverse des contrées méridionales, et favorisé la dissolution des coquilles par les eaux de circulation.

· Je ne connais sur ces côtes que les gisements fossilifères suivants : 1° *Le*

(¹) Peut-être pouvait-on songer aussi, si les lymphatiques sont inabordables, au liquide céphalo-rachidien auquel on pourrait faire des soustractions quotidiennes raisonnables, ou à de larges vésicatoires superficiels. Mais ce ne sont là que des pis aller.

(²) Séance du 27 mai 1918.

cordon littoral de sables et graviers du Marais poitevin, suivi par Boisselier (*Feuille géologique de Fontenay*) sur 40^{km}, de Villedoux à la Gravelle, près Angle, où Vasseur a recueilli (*Feuille des Sables-d'Olonne*), des espèces actuelles : *Cardium edule, Nassa reticulata, Littorina rudis, Ostrea edulis* ; ce cordon ne dépasse pas 6^m au-dessus du niveau moyen de la mer et répond à une ligne de rivage très basse.

2° Dans ce même Marais poitevin, les buttes de Saint-Michel-en-Lherm, composées d'*Ostrea edulis* entières, parfois couvertes de Balanes, associées à des espèces actuelles de *Pecten*, d'*Anomia* et de *Mytilus*. Leur altitude atteint 12^m. Si, comme l'ont pensé MM. Boisselier, Douvillé (¹) et Pervinquière, ces buttes sont d'origine naturelle, elles témoigneraient d'un ancien rivage de 18^m-20^m, en tenant compte de la tranche d'eau superposée; mais d'autres géologues les ont regardées comme de construction artificielle.

3° Le gisement de Quimiac, au nord du Croisic, où M. Chevalier (²) décrit des sables marins avec 17 espèces du littoral actuel. Ils s'élèvent à 3^m,50 au-dessus des hautes mers (soit 6^m à 7^m au-dessus du niveau moyen), mais le niveau de la ligne de rivage correspondante n'est pas précisé.

4° Le gisement d'Hennebont, sur le Blavet, signalé par M. Barrois (*Feuille de Lorient*). Le général de Lamothe y a observé des *Ostrea edulis* dans des marnes à 5^m-6^m d'altitude, mais des galets roulés se montrent au-dessus jusqu'à environ 15^m-20^m.

5° Le gisement du Mont-Dol, dans la baie du Mont-Saint-Michel, où Sirodot (³) a fait connaître une plate-forme littorale inclinée de sables avec blocs de falaise, contenant *Cardium edule*, des Littorines et des Foraminifères. L'altitude maximum des sables est de 14^m, ce qui répond à une ligne de rivage un peu plus élevée, 17^m à 18^m.

Mais d'autres dépôts, sans être fossilifères, témoignent avec netteté de l'existence d'anciens rivages. Sur les falaises du Croisic, M. Ferronnière (⁴) a indiqué, à l'altitude de 15^m, une plate-forme littorale couverte de galets,

(¹) Douvillé, *Les buttes de Saint-Michel-en-Lherm* (*Bull. Soc. géol. France*, 4ᵉ série, t. 8, 1908, p. 545).

(²) Chevalier, *Note sur les oscillations du rivage de la Loire-Inférieure* (*Bull. Soc. géol.*, 4ᵉ série, t. 9, p. 326).

(³) Sirodot, *De l'âge relatif du gisement quaternaire du Mont-Dol* (*Comptes rendus*, t. 112, 1891, p. 1180).

(⁴) Ferronnière, *Les terrasses fluviales et les terrasses marines à l'embouchure de la Loire* (*Bull. Soc. Sc. nat. ouest de la France*, t. 3, 1913, p. 169).

au-dessus de laquelle les rochers du sémaphore de la Ru-Men sont creusés de cavités produites par le choc des vagues, à une époque où la mer était à un peu plus de 15^m au-dessus du niveau actuel.

De même au sud de la Loire, à Saint-Brévin, M. Chaput ([1]), dans son beau Mémoire sur la vallée de la Loire, décrit, sur une falaise de micaschistes, une surface d'abrasion marine couverte de galets de quartz, à l'altitude de 15^m-18^m.

M. Barrois ([2]) a énuméré en Bretagne une série d'anciennes plages, sous formes de levées de galets, parfois cimentés en conglomérat ferrugineux, s'échelonnant depuis 2^m au-dessus des plus hautes mers (*Feuille géologique de Lannion*), jusqu'à 5^m-6^m (*Feuilles de Quimper et de Dinan*), à 10^m à Quiberon et sur la côte brestoise (*Feuilles de Quiberon et de Brest*), et atteignant 20^m sur la côte de Tréguier (*Feuille de Tréguier*).

Sur d'autres points de la Bretagne, M. de Lamothe a bien voulu m'indiquer des plates-formes d'abrasion, parfois couvertes de sables et de galets roulés, entre 15^m et 20^m d'altitude, notamment à l'est de Lorient près Rusto et Kerviniec, à l'île de Groix (Locmaria) et à Belle–Ile (fortin de Bigueul).

Le même observateur a constaté des replats de même altitude bien plus au Sud, au nord-ouest de la Rochelle, à Rochefort (Soubise, Fouras) et à la pointe de Suzac, à l'embouchure de la Gironde. On doit peut-être y rapporter le dépôt de galets siliceux mentionné par M. Douvillé ([3]) sur la pointe de Vallières (20^m environ) au sud de Royan, et à l'île d'Oléron.

Il faut enfin mentionner les anciennes lignes de rivage décrites aux îles anglo-normandes ([4]), à Aurigny par Ansted, et à Guernesey, où Collenette distingue deux lignes de plates-formes littorales couvertes de galets, l'une à 8^m,3o *faisant le tour de l'île*, l'autre entre 17^m et 22^m. Ces faits et d'autres décrits à Jersey attestent une géographie de cet archipel identique à la géographie actuelle.

L'ensemble de ces dépôts nettement marins montre l'existence, sur la

---

([1]) CHAPUT, *Recherches sur les terrasses alluviales de la Loire et de ses principaux affluents* (*Thèse de doctorat*, Lyon, 1917).

([2]) CH. BARROIS, *Sur les plages soulevées de la côte occidentale du Finistère* (*Ann. Soc. géol. du Nord*, t. 9, 1883, p. 239).

([3]) DOUVILLÉ, *Compte rendu sommaire de la Société géologique de France*, 4 février 1918.

([4]) GEIKIE, *The great ice age*, p. 392.

côte atlantique française, d'une et peut-être de deux anciennes lignes de rivage, l'inférieure de 7^m à 10^m d'altitude, la plus haute ne dépassant pas 20^m.

Au-dessus de la ligne de 20^m, il n'y a plus sur cette côte de dépôt marin caractérisé par des fossiles. Mais des changements importants du niveau de la mer sont attestés par de nombreux replats faiblement inclinés et souvent couverts de galets roulés, qui s'échelonnent aux altitudes de 30^m-35^m, de 55^m-60^m et de 90^m-100^m.

1° *Niveau de 30^m*. — Ce niveau est fréquent dans la Basse-Loire. M. Ferronnière a décrit, entre le lac de Grandlieu et la mer, trois dépressions sablo-caillouteuses qu'il considère comme des chenaux marins séparés par des îles, et M. Chaput signale, entre la Grande-Brière et la mer, un chenal analogue isolant l'île de Guérande. Tous ces chenaux, compris entre 30^m et 40^m, sont regardés par M. Chaput comme des digitations de la plaine littorale du niveau de 30^m, et ces observations s'accordent avec l'indication donnée par M. Barrois d'un ancien estuaire de la Vilaine à l'altitude de 35^m (altitude de la plaine correspondante d'après Chaput).

A Belle-Ile s'observent des faits importants : le socle primaire de l'île est arasé suivant une surface subhorizontale couverte de galets de quartz, qui constitue la majeure partie de l'île, entre 57^m et 63^m, mais au Nord-Ouest existe un plateau étendu à 30^m-40^m. M. Barrois a interprété ce nivellement de Belle-Ile (*feuille de Quiberon*) comme une surface d'abrasion marine attribuée sans preuve à l'époque pliocène. Après avoir observé moi-même les galets du niveau de 35^m au-dessus de la grotte de l'Apothicairerie, j'avais d'abord pensé à une plage quaternaire. Mais l'horizontalité de ces plateaux de cailloutis m'engage plutôt aujourd'hui à les considérer comme des restes de plaines côtières formées à peu près au niveau de la mer, aux altitudes respectives de 30^m et de 60^m.

M. de Lamothe m'a indiqué en Bretagne une série de plates-formes, souvent avec galets, à l'altitude de 30^m-35^m, notamment à Lessay, à Ploubalay, à l'île d'Ouessant, à l'île de Groix (Kerland), à l'est de Lorient (Kervant, Kermorvant), etc.

Enfin le plateau d'alluvions cailouteuses signalé par M. Blayac ([1]), dans le Médoc, sous le sable des Landes, à l'altitude de 30^m-40^m, ne peut

---

([1]) BLAYAC, *Relations des sables des Landes avec les terrasses de la Garonne* (*Comptes rendus*, t. 157, 1913, p. 1483).

s'expliquer aussi près de la mer que par son raccordement tangentiel à une
mer à l'altitude d'environ 30ᵐ.

2° *Niveau de* 55ᵐ-60ᵐ. — A ce niveau appartiennent : le ressaut supérieur
de Belle-Ile (Locmaria, 63ᵐ) et les plaines caillouteuses subhorizontales
décrites par Chaput dans le pays de Retz et des deux côtés du sillon de
Bretagne. M. de Lamothe a noté des plates-formes de cette même altitude
à l'ouest de Cherbourg (Querqueville) et autour de Saint-Brieuc, de Brest
et de Vannes.

3° *Niveau de* 90ᵐ-100ᵐ. — L'existence d'une ligne de rivage d'environ 100ᵐ est décelée par les vastes surfaces d'aplanissement dont Chaput
a montré l'importance sur les deux rives de la Loire, autour d'Ancenis et
de Cholet, ainsi que sur le plateau vendéen entre La Roche-sur-Yon et
Chantonnay (90ᵐ-105ᵐ). M. de Lamothe m'a indiqué des plates-formes
semblables à Brest (99ᵐ-103ᵐ), à Cherbourg (Le Capelain 95ᵐ-110ᵐ) et au
nord de Lorient (plateau de Plouay 95ᵐ-100ᵐ).

Si la généralité de ces surfaces d'aplanissement ne permet pas de douter
de l'existence des anciennes lignes de rivage de 30ᵐ-35ᵐ, 55ᵐ-60ᵐ et
90ᵐ-100ᵐ, leur interprétation précise peut prêter à deux hypothèses : pour
le général de Lamothe, il s'agit de plates-formes littorales sur lesquelles
la mer s'est avancée largement sur le continent actuel. Je suis, avec
M. Chaput, plus disposé à admettre que la majeure partie de ces surfaces
sont d'anciennes *plaines côtières* qui prolongent tangentiellement l'ancien
niveau de la mer, en se raccordant peu à peu à des terrasses alluviales.
Cette interprétation permet d'expliquer l'absence des coquilles marines
dans tous ces dépôts. On pourrait même la compléter en remarquant que
le littoral atlantique français est bordé, d'Oléron aux îles anglo-normandes,
par une chaîne d'îles séparées de la terre ferme par des bras de mer très peu
profonds. J'admets volontiers qu'aux époques antérieures à la ligne de
rivage de 18ᵐ-20ᵐ, ces îles étaient réunies au continent en une bande
continue, et que le rivage était alors refoulé à l'Ouest, de sorte que les
dépôts quaternaires anciens auraient été démantelés par ce recul récent de
la côte. Quelle que soit d'ailleurs l'hypothèse adoptée, la conclusion reste
la même : la mer quaternaire a occupé successivement les lignes de rivage
de 90ᵐ-100ᵐ, de 55ᵐ-60ᵐ, de 30ᵐ-35ᵐ et enfin de 18ᵐ-20ᵐ au-dessus du
rivage actuel.

Coordination. — La côte atlantique française montre des traces d'anciens rivages caractérisés par des coquilles à des niveaux assez bas : le premier à 7ᵐ-10ᵐ, le second à 18ᵐ-20ᵐ au-dessus du niveau moyen actuel. Il paraîtra naturel de rattacher le niveau de 20ᵐ à l'étage *monastirien*. A ce moment, la géographie de nos côtes était presque identique à la géographie actuelle.

Des indications certaines d'anciens niveaux de la mer plus élevés sont fournies par des surfaces d'aplanissement subhorizontales, souvent couvertes de sables et de galets, qui s'observent sur tout le parcours de ces côtes, et qu'on peut interpréter soit comme des plates-formes littorales, soit plutôt comme d'anciennes plaines côtières à peu près au niveau de la mer. Elles dénotent l'existence de trois anciennes lignes de rivage à 30ᵐ-35ᵐ, 55ᵐ-60ᵐ, 90ᵐ-100ᵐ qui coïncident exactement avec les lignes de rivage *tyrrhénienne*, *milazzienne* et *sicilienne*.

PALÉONTOLOGIE. — *Les Lézards Hélodermatides de l'Éocène supérieur de la France.* Note ([1]) de M. G.-A. BOULENGER.

Dans une Note précédente ([2]), j'ai mentionné la présence de Lézards de la famille des Hélodermatides dans l'Éocène supérieur de l'Europe, et il convient de fournir quelques explications à ce sujet, encore fort embrouillé, qui concerne la Paléontologie française en particulier.

La famille en question ne comprend que deux genres dans la nature actuelle : *Heloderma* Wiegmann, le fameux lézard venimeux, représenté par une espèce du Mexique et une autre de l'Arizona, du Nouveau-Mexique et du Sonora, et *Lanthanotus* Steindachner, dont l'espèce unique est de Bornéo ([3]).

Parmi les Lacertiliens pleurodontes, trois familles se rapprochent par le mode de remplacement dentaire, qui s'opère, comme chez les Ophidiens, à la base des dents en fonction sans les entamer et sans leur correspondre avec cette régularité parfaite propre aux autres Pleurodontes, où nous voyons la base de chaque dent se creuser ou présenter une fossette pour abriter celle qui doit lui succéder et qui se développe, ainsi enchâssée, dans la position qu'elle conservera par la suite. Ces trois familles, qui

---

([1]) Séance du 6 mai 1918.

([2]) *Comptes rendus*, t. 166, 1918, p. 595.

([3]) Voir BOULENGER, *Proc. Zool. Soc. Lond.*, 1899, p. 596.

s'accordent encore dans plusieurs autres caractères importants, sont les Anguides, les Hélodermatides et les Varanides.

La première, la plus généralisée, se distingue surtout par la présence simultanée des arcades osseuses sur-temporale (postfronto-squamosale) et postorbitaire (postfronto-jugale), propres à la plupart des Lacertiliens, tandis que le squamosal est rudimentaire (situé entre le surtemporal et le quadratum) chez la seconde et que le jugal n'est relié au postfrontal que par un ligament chez la troisième. La première diffère encore par la présence de grandes plaques symétriques osseuses sur le crâne, auquel, comme les tubercules de l'Héloderme, elles sont moins intimement unies que chez les Lacertides.

A l'époque où l'on n'en connaissait que les caractères externes, on a rapproché l'Héloderme des Varans, et cette idée a été reprise depuis par Baur (¹). Pour ma part j'ai toujours insisté sur l'affinité beaucoup plus grande qui le rattache aux Anguides (²) et sur ce point je me suis rencontré avec la plupart des paléontologistes modernes, puisque ceux-ci ont placé dans cette famille les fossiles décrits sous les noms de *Placosaurus* et de *Palæovaranus*, qui font le sujet de la présente Note.

C'est à Gervais que nous devons les premiers documents sur ces Lézards : *Placosaurus rugosus* (³), de l'Éocène supérieur de Sainte-Aldegonde près d'Apt, et *Varanus* (?) *margariticeps* (⁴), de l'Éocène supérieur également, mais des phosphorites du Quercy, entre Villefranche et Montauban ; documents restreints à des fragments de crânes couverts de tubercules osseux. Filhol ayant découvert plus tard (⁵), dans ces mêmes phosphorites, une mâchoire inférieure incomplète, dont les dents ressemblent à celles des Varans, en fit le type du *Palæovaranus Cayluxi*, tout en exprimant l'opinion que cette pièce, ainsi que d'autres os décrits en même temps, pourrait bien avoir appartenu au *Varanus margariticeps* de Gervais.

La question a été reprise depuis par Lydekker (⁶), à l'occasion de l'étude d'ossements provenant de l'Éocène supérieur de Hordwell, en

---

(¹) *Science* (New-York), t. 16, 1890, p. 262, et *Journ. of Morphol.*, t. 7, 1892, p. 1.

(²) Voir *Proc. Zool. Soc. Lond.*, 1891, p. 116.

(³) *Zoologie et Paléontologie françaises*, t. 2, 1852, p. 260, pl. 64, fig. 3; 2ᵉ édition, 1859, p. 457; *Journ. de Zool.*, t. 2, 1873, p. 457, pl. 12, fig. 9.

(⁴) *Zoologie et Paléontologie générales*, 2ᵉ série, 1876, p. 60.

(⁵) *Ann. Sc. Géol.*, t. 8, 1877, p. 268.

(⁶) *Geol. Mag.*, dec. 3, t. 5, 1888, p. 110.

Angleterre, associés à des vertèbres rapportées à l'Iguanide décrit par
Filhol des phosphorites du Quercy (*Proiguana europœa*). La concordance
de certaines vertèbres provenant du Quercy et de Hordwell et leur comparaison avec celles des Anguides vivants (*Diploglossus, Ophisaurus*) le
conduisirent à les attribuer au genre *Placosaurus*, qu'il pensait être un
Anguide, à cause des plaques ostéodermiques, et dans lequel il
faisait rentrer le *Varanus margariticeps;* tout en considérant, d'accord
avec Filhol, la mâchoire inférieure type du *Palæovaranus Cayluxi* comme
d'un Varan, il rapportait le fémur décrit par cet auteur sous le même nom
au *Placosaurus margariticeps* Gervais, dont le *Plestiodon cadurcensis* Filhol
représenterait la mâchoire inférieure.

Les vues de Lydekker étaient en somme un petit progrès sur celles de ses
devanciers, mais pour tomber juste il aurait fallu comparer ces vertèbres et
ce fémur à ceux de l'Héloderme, dont ils se rapprochent tout autant que des
Diploglosses, et être mieux renseigné sur la diversité des dents selon les
genres et les espèces parmi les Anguides vivants. Dans le courant de la
même année ([1]), le paléontologiste anglais modifiait un peu sa manière de
voir, attribuait la mâchoire à dents coniques et acérées de *Palæovaranus* à
Placosaurus, qui comprendrait peut-être deux espèces (*P. rugosus* Gerv. et
P. margariticeps Gerv. = *Cayluxi* Filhol), et reléguait le *Plestiodon cadurcensis* Filhol dans un genre indéterminé, mais rapporté à la même famille.

Enfin Filhol ([2]) a encore décrit comme d'un Tatou, *Necrodasypus Galliœ*,
un fragment de bouclier composé de tubercules juxtaposés, polygones et
semés de granulations, qui a donné lieu à beaucoup de discussions ([3]). Il
est surprenant que, dans sa description, Filhol n'ait fait allusion ni à *Placosaurus* ni à *Heloderma*, quoiqu'il dise s'être « occupé en premier lieu de
savoir s'il n'existait pas de Reptiles dont le crâne ou une partie du corps
fussent protégés par de semblables plaques » ([4]). Il est certain cependant
que les plaques osseuses de *Necrodasypus* présentent une ressemblance
frappante à celles du *Placosaurus* et surtout à celles recouvrant un crâne
complet mentionné par M. Leenhardt ([5]), qui a eu la gracieuseté de m'en

([1]) *Cat. Foss. Rept. Brit. Mus.*, t. 1, 1888, p. 278.

([2]) *Ann. Sc. nat.*, t. 16, 1894, p. 136.

([3]) AMEGHINO, *Ann. Mus. Buenos-Ayres*, 3ᵉ série, t. 6, 1905, p. 194, et t. 10, 1909,
p. 93.

([4]) Plus tard cependant, L. Vaillant ayant examiné ce fossile « ne doute pas que
ce soit un Lacertien, voisin de l'Héloderme », et M. Boule l'a rapporté au *Placosaurus*
de Gervais (GAUDRY, *Ann. de Paléont.*, t. 1, 1906, p. 111).

([5]) *Bull. Soc. Géol. France*, 4ᵉ série, t. 6, 1906, p. 176.

communiquer des photographies, accompagnées de quelques renseignements dont je le remercie vivement.

L'examen de ces photographies a été pour moi d'un grand intérêt. Ce
crâne, de forme et de dimensions pareilles à celui de *Heloderma horridum*
(76^{mm} de longueur et 60^{mm} de largeur), semble assez complet pour qu'on
puisse enfin constater le caractère essentiel qui confirme les conclusions
tirées des tubercules qui le recouvrent. La région temporale droite est
exposée et fournit la preuve de l'absence de l'arcade postfronto-squamosale,
car un crâne d'Anguide vu dans la même position montrerait celle-ci ;
M. Leénhardt me signale d'ailleurs un os terminé en languette qui correspond parfaitement au surtemporal de *Heloderma* et il a pu s'assurer de
l'absence d'un squamosal bien développé. Les gros tubercules osseux s'accordent assez bien avec la figure du *Placosaurus rugosus* dans l'Ouvrage de
Gervais et mieux encore avec celle donnée par De Stefano ([1]). La
mâchoire inférieure, à laquelle M. Leenhardt a déjà fait allusion, fournit
un renseignement précieux : elle nous montre les dents du côté interne et du
côté externe et vient confirmer la première suggestion de Lydekker, car la
dentition se rapproche de celle du *Plestiodon cadurcensis*. Il y a une vingtaine de dents à chaque dentaire ; les antérieures sont petites, à pointe
aiguë, les suivantes croissent en hauteur et en largeur, en même temps que
leur couronne s'émousse, puis se modifient assez brusquement, les cinq
dernières étant fortes, à couronne arrondie, très semblables à celles de
Diploglossus occiduus ou de *Ophisaurus apus*. On peut dire de cette dentition
qu'elle est intermédiaire entre celles de *Varanus margariticeps* et de
Plestiodon cadurcensis, quoique plus rapprochée de celle-ci.

Si cette diversité de dentitions, entre espèces d'un même genre, n'est pas
de nature à surprendre ceux qui se sont livrés à l'étude des Reptiles vivants,
puisqu'elle ne dépasse pas la mesure de ce que nous connaissons chez les
Anguides ([2]) et chez les Varans ([3]), elle indique toutefois plusieurs

---

([1]) *Ann. Soc. ital. Sc. nat.*, t. 42, 1904, pl. 10, fig. 2.

([2]) *Ophisaurus apus* Pall. a les dents latérales à couronnes arrondies, *O. ven-
tralis* L. les a coniques, tandis que *O. Harti* Blgr. ressemble à *Anguis* par ses deuts
acérées, courbées, à faible rainure antérieure, indication du sillon qui caractérise
Heloderma (voir *Proc. Zool. Soc. Lond.*, 1899, p. 161, fig. 1).

([3]) Dents latérales à couronne arrondie chez *Varanus niloticus* L., obtuse, subco-
nique chez *V. albigularis* Daud. et *flavescens* Gray, comprimée et à pointe aiguë
chez les autres espèces, qui ressemblent sous ce rapport à *Placosaurus margariticeps*.

espèces de *Placosaurus*, qu'il serait prématuré de vouloir débrouiller tant qu'on n'aura trouvé, pour chacune d'elles, le bouclier cranien associé aux mâchoires.

MM. W. Kilian et J. Révil font hommage à l'Académie, par l'organe de M. P. Termier, d'un fascicule de leur *Description des terrains qui prennent part à la constitution géologique des zones intra-alpines françaises.*

MÉMOIRES PRÉSENTÉS. ·

M. Jean Rey adresse un Mémoire sur la recherche des avions.

(Renvoi à la Commission de Mécanique.)

CORRESPONDANCE.

M. Albert Brachet, élu correspondant pour la section d'Anatomie et Zoologie, adresse des remercîments à l'Académie.

ANALYSE MATHÉMATIQUE. — *Sur une équation aux dérivées partielles, non linéaire, du second ordre, se rattachant à la théorie des fonctions hyperfuchsiennes.* Note de M. Georges Giraud.

1. Considérons un des groupes automorphes G, nommés *hyperfuchsiens* par M. Picard, et qui transforment en elle-même l'hypersphère

$$(1) \qquad\qquad XX_0 + YY_0 = 1;$$

dans cette équation, et dans toute la suite de cette Note, l'indice zéro sert à distinguer les imaginaires conjuguées. Nous supposons que ce groupe soit un de ceux que nous avons déjà considérés [1], et qui sont tels que toutes

---

[1] *Comptes rendus*, t. 164, 1917, p. 386 et 487.

les fonctions hyperfuchsienne's correspondantes s'expriment en fonctions rationnelles de trois .d'entre elles, ξ, η, ζ, liées elles-mêmes par une relation algébrique

$$(2) \qquad\qquad f(\xi, \eta, \zeta) = 0.$$

Considérons la fonction

$$u = \log\left[144 \left| \frac{\partial(X, Y)}{\partial(\xi, \eta)} \right|^2 (1 - XX_0 - YY_0)^{-3} \right],$$

regardée comme fonction de ξ et de η. *Elle satisfait à l'équation*

$$\frac{\partial\left(\dfrac{\partial u}{\partial \xi}, \dfrac{\partial u}{\partial \eta} \right)}{\partial(\xi_0, \eta_0)} = \frac{e^u}{16},$$

ou, en posant

$$\xi = x + iy, \qquad \eta = z + it,$$

x, y, z, t étant réels, *à l'équation*

$$(3) \quad \left(\frac{\partial^2 u}{\partial x^2} + \frac{\partial^2 u}{\partial y^2} \right)\left(\frac{\partial^2 u}{\partial z^2} + \frac{\partial^2 u}{\partial t^2} \right) - \left(\frac{\partial^2 u}{\partial x \partial z} + \frac{\partial^2 u}{\partial y \partial t} \right)^2 - \left(\frac{\partial^2 u}{\partial x \partial t} - \frac{\partial^2 u}{\partial y \partial z} \right)^2 = e^u,$$

et en outre aux inégalités

$$(4) \qquad\qquad \frac{\partial^2 u}{\partial x^2} + \frac{\partial^2 u}{\partial y^2} > 0, \qquad \frac{\partial^2 u}{\partial z^2} + \frac{\partial^2 u}{\partial t^2} > 0,$$

dont l'une entraîne l'autre. De plus, u est uniforme sur la surface (2).

2. Cherchons les singularités de la fonction u. En dehors des points de $f'_\xi = 0$ et des points à l'infini, cette fonction est encore singulière pour les courbes de l'espace (ξ, η) qui correspondent aux points et aux plans doubles des substitutions elliptiques de G. Soit

$$(5) \qquad\qquad \varphi(\xi, \eta) = 0, \qquad \zeta = \psi(\xi, \eta),$$

une de ces courbes, φ étant un polynome indécomposable, et ψ une fonction rationnelle : il existe un nombre β, supérieur à -2, tel que $u - \beta \log|\varphi(\xi, \eta)|$ reste fini au voisinage de la courbe.

Si (5) est la courbe, de genre *un* au maximum, qui correspond à un point double de substitution parabolique,

$$u + 2 \log |\varphi(\xi, \eta)| + 3 \log \log \frac{1}{|\varphi(\xi, \eta)|}$$

reste fini au voisinage de la courbe.

3. Inversement, on peut se donner la surface (2) et les courbes singulières (5), avec les coefficients β correspondants s'il y a lieu, et chercher une fonction u, uniforme sur (2), satisfaisant aux conditions (3) et (4), et présentant les singularités données. C'est là un problème rappelant beaucoup celui que M. Picard a résolu pour l'équation

$$(6) \qquad \frac{\partial^2 u}{\partial x^2} + \frac{\partial^2 u}{\partial y^2} = e^u \quad (^1).$$

On peut espérer que la solution de ce problème, dont l'énoncé a d'ailleurs besoin d'être précisé sur certains points (notamment parce que les coefficients β ne suffisent pas toujours à caractériser les singularités), serait, comme celui qui concerne l'équation (6) pour les équations différentielles, un premier pas vers l'intégration des équations linéaires simultanées aux dérivées partielles dont l'intégrale dépend seulement de constantes arbitraires.

L'équation (3) a d'ailleurs un certain nombre de propriétés qui la rapprochent de l'équation (6). C'est ainsi que le problème de Dirichlet généralisé pour l'équation (3) et les inégalités (4) admet au plus une solution. C'est ainsi encore que, si l'on sait résoudre ce problème de Dirichlet pour deux contours se coupant sous un angle non nul, on saura le résoudre pour le contour formé de leurs parties extérieures, au moyen d'une généralisation immédiate de la méthode du balancement de Schwarz. Cependant quelques difficultés subsistent encore pour la solution du problème posé plus haut.

(¹) Voir en particulier *Bulletin des Sciences mathématiques*, 2ᵉ série, t. 24.

GÉOMÉTRIE. — *Sur les volumes engendrés par la rotation d'un contour sphérique.* Note de M. **A. Buhl**, présentée par M. G. Kœnigs.

On sait que la question des volumes engendrés par le mouvement d'un contour formé quelconque a été traitée d'une manière absolument générale, par M. G. Kœnigs, dans un Mémoire publié au *Journal de Mathématiques*, en 1889. Il peut rester cependant à obtenir des résultats particulièrement intéressants pour le cas où le contour Σ est tracé sur une surface donnée S particulièrement simple ou remarquable.

Quant aux volumes tournants, j'ai déjà pu passer du cas où S est un plan au cas où S est une quadrique ([1]), et il est probable que des résultats de même nature subsistent pour le cas où S serait une cyclide.

Je tiens à signaler, pour l'instant, un théorème d'une simplicité inattendue pour le cas où S est une sphère; il provient d'une combinaison de la méthode de M. G. Kœnigs avec des résultats relatifs aux aires sphériques donnés également par M. G. Humbert dans le *Journal de Mathématiques*, en 1888. Ainsi se trouve établi un lien entre des travaux dus à ces deux éminents géomètres et publiés sensiblement à la mêmeépoque.

Soit une sphère S, de rayon R et de centre O, portant un contour fermé Σ que l'on peut en détacher de manière à le faire tourner, dans l'espace, autour d'un axe quelconque AB passant par A(a, b, c) avec les cosinus directeurs λ, μ, ν, axe dont la distance à O sera ρ.

Considérant un élément de la cloison en mouvement, on exprime aisément un volume annulaire élémentaire qui, intégré pour toute la cloison et transformé par la formule de Stokes, donne définitivement pour le volume tournant total

(1)
$$V = \pi R^2 \int_\Sigma \frac{1}{x^2 + y^2 + z^2} \begin{vmatrix} dx & dy & dz \\ a' & b' & c' \\ x & y & z \end{vmatrix}$$

en posant

$$a' = \nu b - \mu c, \qquad b' = \lambda c - \nu a, \qquad c' = \mu a - \lambda b.$$

([1]) *Bulletin des Sciences mathématiques*, 1915-1916.

Le point $D(a', b', c')$ est l'extrémité d'un segment OD égal à ρ et perpendiculaire au plan OAB.

Soit maintenant, sur OD, un point D_1 centre d'une sphère S_1 de rayon R_1 et $OD_1 = \rho_1$. Le cône de sommet O et de directrice Σ découpe sur S_1 deux aires dont la différence est

$$(2) \qquad \sigma_2 - \sigma_1 = 2R_1 \frac{\rho_1}{\rho} \int_\Sigma \frac{1}{x^2 + y^2 + z^2} \begin{vmatrix} dx & dy & dz \\ a' & b' & c' \\ x & y & z \end{vmatrix},$$

le contour Σ, tracé sur S, jouant le rôle d'une directrice quelconque du cône et n'ayant nullement besoin d'être tracé sur S_1. C'est cette formule (2) qui est due à M. G. Humbert.

La comparaison de (1) et (2) donne l'égalité

$$(3) \qquad 2R_1\rho_1 V = \pi R^2 \rho (\sigma_2 - \sigma_1)$$

qui constitue la forme générale du théorème en vue.

On peut lui donner des formes particulières diverses et d'une réalisation géométrique plus immédiate. Ainsi, pour $2\rho_1 = 2R_1 = R$, on a $\sigma_1 = 0$ et

$$(4) \qquad V = 2\pi\rho\sigma_2.$$

On a ainsi un théorème presque aussi simple et tout aussi géométrique que le théorème de Guldin ordinaire; de plus, on pourrait l'établir directement par de faciles comparaisons infinitésimales.

L'égalité (4) montre que le volume tournant V est le produit de deux facteurs qui sont : 1° le chemin $2\pi\rho$ décrit par le centre O de la sphère mobile; 2° l'aire sphérique σ_2 obtenue en projetant, coniquement, vers O, la cloison contenue dans Σ sur une sphère associée à la sphère mobile et ayant pour diamètre un rayon de celle-ci normal au plan contenant O et l'axe de rotation.

Cette interprétation pourrait être remplacée par plusieurs autres à peu près aussi simples, et déduites aussi aisément de l'égalité (3) dont un cas particulier a déjà été donné dans les *Annales de la Faculté des Sciences de Toulouse*, 1914.

ASTRONOMIE. — *Sur les grandes vitesses dans les Novæ et la Cosmogonie tourbillonnaire.* Note de M. Émile BELOT, présentée par M. Bigourdan.

Plusieurs astronomes et tout d'abord Henri Poincaré (*Hypothèses cosmo-goniques*, p. 273) ont considéré comme « un peu arbitraire » la valeur (75 000 km : sec) que le calcul m'a donnée pour la vitesse dans le choc initial de la Nova solaire. Il importe de montrer que l'incertitude pouvant exister sur cette vitesse n'affecte en rien les résultats obtenus par la Cosmogonie tourbillonnaire, parce qu'ils dépendent non de *vitesses absolues*, mais de *vitesses relatives*; et que d'autre part une grande vitesse de l'ordre indiqué plus haut aurait pu exister dans les Novæ observées sans avoir pu être mesurée.

Soient W la vitesse initiale du tourbillon dirigé vers l'apex et heurtant la nébuleuse solaire; λ la longueur d'onde, intervalle de deux ventres de vibration consécutifs du tourbillon; V_0 la vitesse de translation du tourbillon arrivé à l'écliptique primitive. En admettant une résistance dans la nébuleuse proportionnelle à sa densité $\frac{1}{K}$ et au carré de la vitesse V, le chemin parcouru Z dans la direction de l'apex sera

$$(1) \qquad Z = KL \frac{W}{V}, \qquad\qquad (\lambda = KLC = 6,228); \qquad (1')$$

on a pour le temps t, depuis le choc initial jusqu'à l'instant où la vitesse W est réduite à V,

$$(2) \qquad\qquad t = K \left(\frac{1}{V} - \frac{1}{W} \right).$$

La vitesse W est liée à V_0 par l'équation

$$(3) \qquad\qquad W = V_0 e^{13\frac{\lambda}{K}},$$

car il y a 13 nappes planétaires ou 13λ entre le point de choc initial et l'écliptique primitive d'après la loi des distances planétaires

$$(4) \qquad\qquad R_n = a + C^n = 0,28 + 1,883^n.$$

L'équation (3) donne bien $W = 74\,830^{km}$ *si l'on remplace* V_0 *par* 20^{km},

vitesse actuelle de translation du système solaire. Mais les formules (1) et (3) ne renferment que *les rapports de la vitesse* W *à* V *et* V_0; et cette vitesse W ne figure ni dans la loi des distances, ni dans la loi des rotations planétaires, ni dans celle des inclinaisons d'axe qui sert à déterminer $K = 9,8407$; elle n'intervient ni dans leur recherche empirique ni dans leur démonstration. C'est donc à tort qu'on a pu croire que la valeur numérique $W = 75000^{km}$ était une condition nécessaire de la Cosmogonie tourbillonnaire. S'il est naturel de supposer que la vitesse V_0 actuelle ($V_0 = 20^{km}$) est le résidu de la vitesse du tourbillon après amortissement dans la nébuleuse solaire, on peut admettre aussi que la vitesse actuelle V_0 est pour une part le résultat ultérieur de l'attraction de tout le système stellaire de la Voie lactée. Des recherches récentes ont d'ailleurs montré que les vitesses moyennes des étoiles semblent être en relation avec leur âge et leur type spectral. Dès lors on pourrait aussi bien supposer dans la formule (3) $V_0 = 1^{km}$ que $V_0 = 20^{km}$, ce qui donnerait $W = 3740^{km}$, valeur assez rapprochée des vitesses constatées (environ 2000^{km}) dans la Nova de Persée 1901: L'hypothèse $V_0 = 1^{km}$ ne changerait rien aux formules capitales de la Cosmogonie tourbillonnaire ni aux valeurs numériques de a, c, λ, K.

Mais, si en théorie rien ne s'oppose à l'admission d'une vitesse W assez modérée, il n'en est pas de même au point de vue physique : il faut que la vitesse W soit assez grande pour donner lieu à un choc sur une masse nébuleuse et pour permettre de négliger l'attraction jusqu'à ce que V soit de l'ordre des vitesses planétaires dans le système solaire.

Examinons ces divers points. Le volume de la nébuleuse solaire était beaucoup moindre qu'on ne l'imagine souvent en l'étendant jusqu'à la moitié de la distance des étoiles voisines. En effet, entre le point de choc du tourbillon et la zone de maximum de densité de la nébuleuse où s'est formée l'écliptique primitive, il y avait une distance $13\lambda = 81$ U. A., ce qui donne une épaisseur probable dans la direction de l'apex de 162 U. A. Et cette détermination est indépendante de W comme on le voit par (1′). On peut calculer le volume U de la nébuleuse qui a produit par condensation toutes les planètes directes : c'est le volume compris entre le tourbillon, l'écliptique et la surface dont la méridienne est

$$R = a + \varepsilon e^{\frac{z}{k}} \quad \left(\varepsilon = \frac{1}{215} \text{ U. A.} = \text{rayon du soleil}\right),$$

$$U = \int_0^{81} \pi(R^2 - a^2)\, dz = 4999.$$

Le Soleil ayant une masse 800 fois plus grande que celle des planètes directes a dû résulter de la condensation d'un volume 800 U de la nébuleuse, si celle-ci avait la même densité moyenne que dans la région où se sont formées ces planètes. Admettons pour la nébuleuse une forme ellipsoïdale de révolution : elle aurait pour rayon équatorial 109 U. A. et pour petit axe 81 U. A. Ces dimensions relativement faibles assurent à la nébuleuse une densité assez forte pour qu'un choc résulte de sa rencontre avec une masse cosmique animée d'une vitesse notablement inférieure à $75\,000^{km}$.

Expliquons maintenant comment une vitesse de l'ordre de $75\,000^{km}$ aurait pu exister à l'origine des Novæ observées sans avoir pu jusqu'ici être mesurée. De (1) et (1)′ on conclut qu'en progressant de λ dans la nébuleuse la vitesse V se réduit dans le rapport $C = 1,883$ à 1. Dès lors par (2) on peut calculer avec quelle rapidité la vitesse initiale tombe aux vitesses réellement mesurées dans les Novæ :

				Parcours				
	0.	λ.	2λ.	3λ.	4λ.	5λ.	6λ.	...	13λ.
Nappes.	Choc initial.	♄.	♃.	Petites planètes.	♂.	☋.	♀.	...	Écliptique.
V....	75	39,9	21,1	11,2	5,9	3,1	1,7	...	0,020
t.....	0	$0^{j},42$	$0^{j},81$	$1^{j},52$	$2^{j},87$	$5^{j},43$	$10^{j},17$	...	$2^{ans},3$

Observations. — V en milliers de kilomètres depuis le choc.

En raison de la soudaineté de l'apparition des Novæ et des intempéries, il se passe plusieurs jours avant que des photographies de leur spectre permettent la mesure des vitesses radiales. En outre, l'obliquité de l'axe du tourbillon sur le rayon visuel peut diminuer beaucoup les vitesses radiales mesurées. Enfin, on a le droit de supposer que l'évolution des nébuleuses comme celle des soleils augmente leur densité : K pour les Novæ actuelles doit donc être plus faible que la valeur trouvée pour la nébuleuse solaire originelle ; et dans ce cas l'amortissement augmente et t diminue avec K d'après (1).

Pour toutes ces raisons, le fait qu'on n'a jamais observé dans les Novæ de vitesses de plus de 2000^{km} ne peut être objecté à la théorie tourbillonnaire : on voit aussi tout l'intérêt qu'il y aurait à photographier leurs spectres dès les premières heures de leur apparition.

En résumé, en admettant la valeur $W = 75\,000^{km}$, la Cosmogonie tourbillonnaire a l'avantage de mieux justifier l'effet de choc sur une nébuleuse et l'élimination initiale dans la théorie de toute action imputable à la gravitation.

ASTRONOMIE. — *Contraction des étoiles et équilibre des nébuleuses.*
Note (¹) de M. **A. Véronnet**, présentée par M. P. Puiseux.

Le principe de l'équivalence de la chaleur et du travail, appliqué à un astre qui rayonne, se refroidit et se contracte, ou inversement, donne l'équation fondamentale

$$(1) \qquad dQ + dU = dW,$$

qui relie la chaleur rayonnée, $dQ = Q'dt$, par la surface ou une couche intérieure quelconque, à la variation d'énergie interne dU et au travail de contraction dW, de la masse intérieure à cette couche. On a avec les notations usuelles

$$(2) \qquad U = McET,$$

$$(3) \qquad W = \alpha f \frac{M^2}{r}.$$

En dérivant par rapport aux seules variables T et r, température et rayon, l'équation fondamentale (1) devient alors

$$(4) \qquad U \frac{dT}{T} + W \frac{dr}{r} + Q'dt = 0.$$

1. Dans l'hypothèse d'Helmholtz, pour expliquer la conservation du rayonnement du Soleil, on suppose qu'il se comporte comme un *liquide* ordinaire, c'est-à-dire qu'il se contracte en se refroidissant, ce qui est vrai encore dans le cas d'un gaz réel, pour tous les astres *condensés en étoiles* (²).

En désignant par λ le coefficient de dilatation linéaire supposé constant on a

$$(5) \qquad 1 + \lambda T = (1 + \lambda) r, \qquad \frac{dr}{r} = \frac{\lambda T}{1 + \lambda T} \frac{dT}{T} = k \frac{dT}{T}.$$

Pour T variant de 0 à l'infini le coefficient k varie de 0 à 1. Il doit être voisin de $0,5$ pour les conditions réalisées par le Soleil. Si l'on considérait comme constante la dilatation cubique, ou une dilatation quelconque, le

---

(¹) Séance du 21 mai 1918.

(²) *Comptes rendus*, t. 165, 1917, p. 1035.

coefficient k resterait toujours étroitement limité. On voit que T peut représenter également une température moyenne à l'intérieur d'une couche quelconque. L'équation (4) donne alors en tenant compte de (5)

$$(6) \qquad \frac{1}{T}\frac{dT}{dt} = \frac{-Q'}{U + kW}, \qquad \frac{1}{r}\frac{dr}{dt} = \frac{-kQ'}{U + kW}.$$

On voit que dT et dr sont négatifs. Il y a refroidissement et contraction. Le temps employé pour un refroidissement élémentaire de $1°$, par exemple, devient

$$(7) \qquad T\frac{dt}{dT} = \frac{U + kW}{-Q'} = -\frac{U}{Q'}\left(1 + k\frac{W}{U}\right).$$

Il serait égal à $U : Q'$ si la régénération par contraction n'existait pas. Il est augmenté par la contraction de la quantité K

$$(8) \qquad K = k\frac{W}{U} = \frac{\alpha k}{cE}f\frac{M}{rT} = \frac{\alpha k}{c}\frac{Gr}{ET}.$$

$E = 4,16 \times 10^7$, G est la valeur de la pesanteur à la surface de l'astre. Les coefficients α, k, c sont de l'ordre de l'unité. Pour le Soleil avec $T = 6000°$, $G = 28 \times 981$ et $r = 7 \times 10^{10}$ cm, on obtient $K = 7700$. La contraction augmente le temps du refroidissement d'une quantité qui est de l'ordre de 1000 à 10000, dans les conditions actuelles. Le refroidissement, au lieu d'exiger des milliers d'années, en exige des millions.

Pour Jupiter, G et r sont 10 fois plus petits que pour le Soleil, K est encore de l'ordre des centaines. Pour la Terre il est de l'ordre des unités, et comme l'intérieur de la planète est liquide et non gazeux, il n'y a pas eu brassage des éléments. Le refroidissement est resté superficiel et le travail dû à la contraction est resté négligeable.

2. Pour une *masse gazeuse*, qui suit la loi des gaz réels, on a obtenu dans le cas d'une contraction ou d'une dilatation uniforme [1]

$$(9) \qquad \frac{dT}{T} = \frac{4\rho - \rho_0}{\rho_0 - \rho}\frac{dr}{r} = \frac{1}{k}\frac{dr}{r},$$

ρ_0 étant la densité limite du gaz, ρ sa densité sur la couche de rayon r et T la

---

[1] *Comptes rendus*, t. 166, 1918, p. 286. On aurait des résultats analogues avec une contraction un peu différente.

température, que l'on peut considérer d'abord comme uniforme. Cette expression (9) portée dans (4) donne la même expression (6), mais k aura la valeur définie par (9), c'est-à-dire que pour ρ très faible et négligeable devant ρ_0, on aura d'abord $k = -1$. Puis la densité augmentant, la valeur de k passe par $-\infty$ pour $\rho = \frac{1}{4} \rho_0$, devient positive, diminue et est donnée par l'expression (5') quand ρ tend vers ρ_0 pour les astres fortement condensés.

Pour un astre diffus, on aura donc $k = -1$ (gaz parfait), d'où

$$(10) \qquad \frac{dT}{T} = -\frac{dr}{r} \quad \text{et} \quad \frac{1}{T}\frac{dT}{dt} = \frac{-Q'}{U-W}.$$

Si $W > U$, on a $dT > 0$ et $dr < 0$. Il y a réchauffement et contraction. La température de chaque couche augmente et le rayon diminue. La densité augmente donc jusqu'à $\rho = \frac{1}{4} \rho_0$. Alors $k = -\infty$, on a $dT = 0$ d'après (6). Puis dT devient négatif et dr a le même signe d'après (9). Il y a, à partir de ce moment-là, refroidissement et contraction pour toutes les couches intérieures. La température a passé par un maximum pour $\rho = \frac{1}{4} \rho_0$.

3. Si au contraire on a à un certain moment $W < U$, on a aussi $dT < 0$ et $dr > 0$. Il y a refroidissement et dilatation. Alors ρ diminue et ne tend pas vers $\frac{1}{4} \rho_0$. La formule (10') reste applicable. Or on a

$$(11) \qquad U - W = McET - \alpha f \frac{M^2}{r} = MET\left(c - \frac{\alpha f M}{ETr}\right) = Mc'ET,$$

c' étant une nouvelle constante, car Tr est constant (gaz parfait). Tout se passe comme si la capacité calorifique, ou la quantité de chaleur possédée par la masse avait diminué dans le rapport $c' : c$.

CHIMIE ORGANIQUE. — *Sur l'α-oxycinchonine.* Note de M. E. Léger, présentée par M. Charles Moureu.

En chauffant, à reflux, pendant 48 heures, une solution de sulfate basique de cinchonine dans quatre fois son poids d'un mélange à poids égaux d'eau et de SO^4H^2, Jungfleisch et moi [1] avons obtenu, en même temps que plusieurs isomères de la cinchonine, deux bases que nous avons considérées

---

[1] *Comptes rendus*, t. 105, 1887, p. 1255; t. 106, 1888, p. 68; t. 108, 1889, p. 952.

comme .des produits d'oxydation de cet alcaloïde. A ces deux bases, qui ont même composition, nous avons donné les noms d'α et de β-oxycincho-nine.

A l'époque à laquelle remonte notre travail (1887) l'étude de la consti-tution de la cinchonine était à peine ébauchée, tandis qu'aujourd'hui cette constitution est établie avec une quasi certitude. Nous pensions que l'OH de la cinchonine était de nature phénolique et que l'oxygène des oxycin-chonines devait faire partie d'un second OH également phénolique, intro-duit dans la molécule par le moyen d'un dérivé sulfoné formé transitoire-ment.

Mon étude récente concernant l'action de HBr sur la cinchonine (¹) m'a fait songer à soumettre les oxycinchonines α et β à l'action du même réactif. Je pensais que si l'opinion émise par Jungfleisch et moi était exacte, je devais obtenir des bases hydrobromées différentes de l'hydrobromocincho-nine, renfermant notamment un oxygène en plus que cette dernière. J'ai songé également à soumettre les oxycinchonines à l'action de SO^4H^2 étendu de son poids d'eau, selon la méthode employée autrefois par Jung-fleisch et moi (*loc. cit.*). J'espérais obtenir ainsi de nouvelles oxycincho-nines. La première partie de ces études a porté sur l'α-oxycinchonine.

L'étude de l'action de HBr sur l'α-oxycinchonine m'a montré que ce composé se comporte comme la cinchonine et ses isomères; il y a produc-tion d'hydrobromocinchonine. D'autre part, il n'y a pas isomérisation de l'α-oxycinchonine; les bases qui accompagnent l'hydrobromocinchonine sont des isomères de la cinchonine et ces isomères sont les mêmes que ceux qui se forment dans l'action de HBr sur cette dernière base.

L'acide SO^4H^2 agit sur l'α-oxycinchonine comme sur la cinchonine en donnant les mêmes isomères.

A quel endroit de la molécule se fixe l'atome d'oxygène surajouté à la cinchonine? Pour répondre à cette question, considérons la formule de constitution de la cinchonine (formule I) :

(¹) *Comptes rendus*, t. 166, 1918, p. 76.

Cet atome d'oxygène pourrait se fixer : soit sur le noyau quinoléique, soit sur la chaîne centrale — CH^2 — CH^2 — du noyau quinuclidique. Dans le premier cas, il y aurait production d'un composé nettement phénolique, soluble dans les alcalis. L'α-oxycinchonine, étant insoluble dans les alcalis, ne peut avoir cette origine. Dans le second cas, il y aurait production d'un alcool secondaire cyclique (formule II) qui, par perte de H^2O, pourrait fournir une base renfermant le groupement de la formule III. Un tel composé ne saurait être semblable aux produits fournis par l'α-oxycinchonine; il renfermerait H^2 en moins, ce serait une déhydrocinchonine.

Le seul endroit de la molécule de la cinchonine où puisse se faire une fixation de O est la chaîne latérale vinylique. Dans ces conditions, ce n'est plus la fixation de O qu'il faut envisager, mais bien une fixation de H^2O sur la double liaison vinylique, ce qui donne le groupement CH^3 — $CHOH$ — pour le composé engendré. Ce composé n'est donc plus une oxycinchonine, je propose de lui donner le nom d'*α-oxydihydrocinchonine*.

Deux faits plaident en faveur de l'existence, dans sa molécule, du groupement CH^3 — $CHOH$ — et non point du groupement isomère CH^2OH — CH^2 —; ce sont : 1° l'action de $NaOH + I$ qui donne de l'iodoforme, 2° l'action de $BrOH$ qui se traduit par la production de CBr^4.

En exposant le mécanisme de la formation de l'apocinchonine, de la cinchoniline et de la cinchonigine, j'ai fait intervenir la production intermédiaire d'une oxydihydrocinchonine. Ce que nous venons de voir indique que la soi-disant α-oxycinchonine est bien le composé intermédiaire générateur des isomères en question ([1]).

Dans l'action de SO^4H^2 sur la cinchonine, il se forme d'abord le composé suivant :

$$CH^3 \text{---} CH - [C^{16}H^{17}(CHOH)N^2]$$
$$OH \diagdown \diagup O$$
$$SO^2$$

qui est l'éther sulfurique acide d'une oxydihydrocinchonine susceptible de fournir, par saponification, ce composé ou ses produits de déshydratation qui ne sont autres que les isomères de la cinchonine que Jungfleisch et moi avons obtenus, il y a plus de 30 ans, mais dont le mode de formation n'avait pas encore été élucidé.

([1]) *Comptes rendus*, t. 166, 1918, p. 255.

Ainsi dans l'action de HBr ou de SO^4H^2 sur la cinchonine, ce sont les mémés isomères qui se forment. Une différence importante mérite cependant d'être signalée.

Dans le premier cas, on n'observe pas la formation de produit d'hydratation, comme il arrive dans le second. Ceci s'explique par ce fait que ce produit d'hydratation, c'est-à-diré l'α-oxydihydrocinchonine, est plus stable en présence de SO^4H^2 qu'en présence de HBr et qu'il peut, par conséquent, en subsister une partie dans les produits de la réaction effectuée avec SO^4H^2.

MÉTÉOROLOGIE. — *Sur une trombe dans le Gharb.* Note de **M. J. Peyriguey**, présentée par M. J. Violle.

En mission dans la plaine du Sebou, je partis le 8 mai courant de Sidi Allal Tazi pour Mechra Bel Ksiri en remontant le cours du fleuve; le ciel était couvert de cumulo-nimbus orageux du Nord à l'Est et de stratus épars dans le secteur allant de l'Est au Nord-Nord-Ouest en passant par le Sud, lorsqu'à 8^h25^m j'aperçus au loin et à l'Est-Nord-Est, vers le djebel Dbibane, un appendice conique descendant d'un cumulo-nimbus. Ce cône très noir paraissait mesurer plusieurs centaines de mètres de longueur et donnait l'illusion d'un long drapeau flottant dans un vent de tempête. Le sommet du cône resta toujours à une assez grande hauteur au-dessus du sol et sembla à plusieurs reprises remonter dans la masse floconneuse.

Les nuages devinrent de plus en plus noirs, lorsqu'à 8^h55^m se forma l'immense écran strié que Brewster a nommé « bande de pluie ». A travers cette bande, je vis nettement la trombe animée de furieux claquements remonter lentement dans le nuage générateur. A ce moment l'intensité de la « bande de pluie » devint de plus en plus forte, masquant de son opacité d'abord les premières pentes des contreforts du Riff et ensuite la masse nuageuse qui occupait le ciel dans cette région. Cet écran se déplaça rapidement vers le Sud-Sud-Est, tout en conservant sa couleur noire, jusque vers 10^h50^m; il devint alors de plus en plus transparent, laissant apercevoir les premières pentes des contreforts du Moyen Atlas, pour disparaître enfin à 11^h.

J'ai remarqué ensuite, pendant tout le reste de la journée, la *grande* transparence de l'air ainsi que l'absence *totale* du trouble optique habituel au Maroc où, en temps normal et aux heures chaudes de la journée, il rend absolument confuse la vision d'objets placés seulement à quelques centaines de mètres.

Des renseignements que j'ai recueillis, il résulte que la trombe ne fut précédée ni d'éclairs ni de tonnerre, et qu'une pluie torrentielle tomba à El Had Kourt et à Mechra Bel Ksiri de 9^h à $9^h 40^m$ et à Petitjean d'environ $10^h 10^m$ à 11^h.

Ces indications permettent de conclure que la trombe a longé les premières pentes des régions montagneuses comprises entre El Had Kourt et Petitjean en suivant une direction nord-quart-nord-ouest-sud-quart-sud-est, sans causer de dégâts et en ne donnant lieu qu'à des précipitations aqueuses.

CHIMIE VÉGÉTALE. — *Sur l'évolution des principes sucrés du sorgho et l'influence de la castration.* Note de MM. DANIEL BERTHELOT et RENÉ TRANNOY, présentée par M. Guignard.

Il nous a paru intéressant, en raison de la netteté avec laquelle l'évolution des principes sucrés peut être suivie dans le sorgho ([1]), de procéder à un examen détaillé de la période initiale d'apparition du saccharose.

A cet effet des sorghos furent semés le 11 avril 1917 en châssis sur une couche de terreau et éclaircis quinze jours après. Une partie des pieds repiqués en pleine terre, à un endroit bien éclairé, s'y développèrent vigoureusement; une autre partie des pieds laissés dans le châssis, à l'ombre, restèrent chétifs et n'atteignirent pas le développement des premiers; mais, comme d'habitude en cas de nanisme, leur évolution fut plus précoce; c'est à ces derniers que se rapportent les nombres suivants :

	6 juillet.	20 juillet.	3 août.	17 août.	31 août.	14 sept.	28 sept.
Poids moyen d'une tige.	$40,8$	$94,8$	$176,7$	155	$96,6$	$113,7$	156
Pourcentage du jus....	69,4	67,4	70,0	60,0	57,8	56,7	55,0
Glucose.............	1,34	1,33	2,48	4,01	0,83	1,02	0,90
Lévulose............	0,60	0,58	0,74	3,44	0,42	0,50	0,41
Saccharose..........	0	0	0	0,10	7,29	8,55	7,83
Sucre total..........	1,94	1,91	3,22	7,55	8,54	10,07	9,14

([1]) *Comptes rendus*, t. 166, 1918, p. 824.

Au début de la végétation, il n'y a que des sucres réducteurs (glucose et lévulose); leur proportion croît jusqu'au moment où le saccharose se forme à leurs dépens. On remarquera la brusquerie avec laquelle le saccharose, qui le 17 août n'existait qu'à la dose de 0,10 pour 100, est passé quinze jours plus tard à 7,3 pour 100; tandis qu'inversement le glucose et le lévulose, qui représentaient 7,4 pour 100 le 17 août, sont tombés le 31 août à 1,2 pour 100.

Influence de la castration. — La suppression des épis a été préconisée, il y a longtemps déjà, dans l'idée qu'elle permettrait d'augmenter la richesse saccharine en évitant la perte d'une partie du sucre qui se transforme en amidon dans la graine. Quelques essais ont été faits sur le sorgho, avec des résultats divers, en 1883 et 1906 aux Etats-Unis et, en 1912, en France.

Pour voir ce qui en était, nous avons procédé, le 22 juillet 1917, à l'étêtage d'un certain nombre des pieds cultivés en châssis, et du 10 au 20 août à l'étêtage de pieds cultivés en pleine terre.

Les résultats de nos essais ont été négatifs dans les deux cas; la castration n'a pas augmenté la richesse saccharine.

Voici les analyses relatives aux sorghos des châssis :

	3 août.	17 août.	31 août.	14 sept.	28 sept.
Poids moyen d'une tige..	65g,5	136g	198g	147g	124g
Pourcentage de jus.......	60,4	75,4	68,5	77,7	68,5
Glucose...............	0,82	2,19	0,99	1,12	1,22
Lévulose..............	0,58	1,62	0,49	0,64	0,71
Saccharose............	1,33	3,59	7,24	6,66	7,29
Sucre total... ...:....	2,73	7,40	8,72	8,42	9,22

La comparaison de ces nombres avec ceux donnés plus haut ne révèle aucun accroissement de la teneur en sucre.

La même conclusion se dégage des nombres suivants relatifs aux sorghos étêtés cultivés en pleine terre :

	24 août.	7 sept.	21 sept.	5 oct.	2 nov.	16 nov.	30 nov.
Poids moyen d'une tige.	355g	370g	368g	239g	565g	399g	268g
Pourcentage de jus....	67,2	73,4	76,1	73,1	78,6	75,4	74,9
Densité..............	1,040	1,042	1,054	1,076	1,068	1,063	1,070
Glucose.............	2,74	1,14	2,25	0,66	0,62	0,76	0,73
Lévulose............	1,81	0,63	1,34	0,02	0,33	0,23	0,25
Saccharose..........	2,27	5,98	7,17	13,97	11,95	11,17	12,60
Sucre total..........	6,82	7,75	10,76	14,65	12,90	12,16	13,58

En rapprochant ces nombres, ainsi que le graphique qui les traduit aux yeux, des nombres et du diagramme donnés dans une Communication

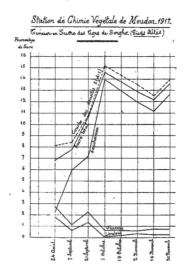

précédente (*loc. cit.*), on ne constate pas de différence notable entre les sorghos étêtés ou non étêtés.

Dans les deux cas, la teneur maxima en saccharose est de 14 pour 100, est atteinte au même moment (5 octobre), puis diminue légèrement ensuite.

Comme pour les pieds non étêtés, la richesse saccharine s est liée à la densité d par la relation $s = 2(d - 1,0025)$, comme le montre le Tableau de comparaison suivant :

s calculé.....	0,075	0,079	0,103	0,147	0,130	0,120	0,135
s observé.....	0,068	0,078	0,108	0,147	0,129	0,122	0,136

Conclusions. — Il ne semble pas qu'en temps normal le sorgho puisse concurrencer industriellement la betterave ou la canne à sucre.

Les jus sucrés du sorgho offrent deux graves infériorités : en premier lieu ils cristallisent difficilement tant en raison de la forte proportion de sucres dits *incristallisables* (glucose et lévulose) que de la présence de matières gommeuses ; en second lieu, dès que la plante est coupée et que les tissus meurent, le saccharose rétrograde en notable proportion à l'état de glucose et de lévulose : ce phénomène s'observe même avec la plante sur pied en fin de végétation. Le sorgho coupé peut donc plus difficilement être gardé en silo que la betterave ou la canne à sucre et le traitement ne doit pas être trop longtemps différé.

Au point de vue botanique, on doit noter que le sorgho se reproduisant annuellement et par graines n'offre la même régularité végétative, ni que la canne à sucre qui se reproduit d'une manière asexuée, ni que la betterave qui est bisannuelle.

Cependant le sorgho est une plante rustique, facile à cultiver, qui prospère jusque dans le nord de la France et son jus sucré, que l'on peut extraire au presse-fruits domestique, est susceptible d'être employé en nature comme sirop, et de rendre des services à l'économie ménagère dans les circonstances que nous traversons.

CHIMIE BIOLOGIQUE. — *De l'influence que la fonction végétale de la levure exerce sur le rendement en alcool; nouvelle interprétation du pouvoir-ferment.* Note de M. **L. LINDET**, présentée par M. Schlœsing fils.

Dans une Note précédente j'ai signalé que la levure, au cours d'une fermentation alcoolique, fait deux parts du sucre qu'elle détruit, l'une qui correspond à la formation des cellules, à la production de la glycérine, de l'acide succinique, de l'acide carbonique correspondant à la respiration de ces cellules, etc., part que j'ai appelée « déchet de fermentation », et que j'appellerai dorénavant « part de la fonction végétale », et l'autre, qui donne naissance à l'alcool et à l'acide carbonique correspondant au dédoublement du sucre (formule de Gay-Lussac) et qui est la « part de la fonction zymasique ». Ces deux parts sont complémentaires, en sorte que le poids d'alcool formé, qui correspond à la moitié environ de la part zymasique, est d'autant plus faible que la part végétale est prépondérante.

Les expériences dont je présente les résultats ont été faites dans des fioles, surmontées d'un tube absorbeur, pour retenir les traces d'alcool dégagées, par conséquent en soumettant la levure à la vie anaérobie ([1]).

_____

([1]) Une Note plus détaillée paraîtra dans un autre recueil.

L'alcool était dosé en prenant sa densité au flacon ; on calculait la quantité d'acide carbonique correspondant (formule de Gay-Lussac); le tout était rapporté à 100 de sucre consommé, et l'on en déduisait par différence la part de la fonction végétale. J'ai eu soin de ne pas arrêter trop tôt, ni de pousser trop loin les fermentations, et de choisir celles dont le sucre consommé représentait de 45 à 70 pour 100 de sucre mis en œuvre, de façon à ne pas faire état des liquides dans lesquels les levures, bien nourries au début, multiplient leurs cellules et exagèrent la quantité de sucre prélevé au titre végétal, et ceux au contraire dans lesquels, en fin de fermentation, elles dépérissent, perdent de leur poids et n'empruntent plus rien au sucre.

I. Le fonctionnement de la vie végétale, c'est-à-dire la difficulté plus ou moins grande que la levure éprouve à vivre, et dont dépend, en sens inverse, la quantité d'alcool produite, peut être mesuré soit par le rendement en levure pour 100 du sucre consommé, soit par le nombre de jours que dure la fermentation, nombre d'autant plus plus grand que la levure se forme en plus petite quantité. D'autre part, chaque journée de fermentation amène pour la levure, qui entretient ses cellules et respire, une consommation supplémentaire de sucre; la part de la fonction végétale sera donc d'autant plus importante, et celle de la fonction zymasique d'autant plus faible, que la fermentation aura été plus lente. Pour les fermentations anaérobies tout au moins, le rendement en levure assure le rendement en alcool.

Le problème du rendement en alcool revient donc à rechercher les conditions qui favorisent ou qui gênent le développement de la levure, prolongent ou raccourcissent la durée de la fermentation.

J'ai étudié, dans cet ordre d'idées, l'influence de la valeur alimentaire du bouillon (A), celle de la concentration en sucre (B), celle de la vigueur des globules plus ou moins plasmolysés (C), celle de la température de fermentation (D). Les chiffres des Tableaux montrent que, moins il y a de levure, plus la fermentation se prolonge, plus la proportion de sucre consommé par la fonction végétale s'élève, et plus s'abaisse le rendement en alcool; dans le dernier cas seulement (D), l'abaissement de la température a agi plus sur la durée de la fermentation que sur la diminution du poids de levure. La règle précédente subsiste quand on augmente la quantité de levure ensemencée; quand on dépasse une certaine limite (1 pour 1000 de levure supposée sèche), on obtient une fermentation très rapide, mais

Levure pour 100 du sucre consommé.	Nombre des journées de fermentation.	Pour 100 du sucre consommé		Alcool pour 100 du sucre consommé.	Pouvoir-ferm	
		Part de la fonction végétale.	Part de la fonction zymasique.		Pouvoir-végétal.	Po zy

A. *Influence de la valeur alimentaire du bouillon.*

Touraillons......	3,2	2,5	5,5	94,5	48,4	1,7	2
Jus de raisins....	2,9	3	6,9	93,1	47,7	2,4	3
Milieu minéral...	0,9	11	10,6	89,4	45,8	11,8	9

B. *Influence de la concentration en sucre.*

Saccharose :

2 pour 100....	7,7	1	6,3	93,7	48,0	0,8	1
4 pour 100....	5,5	1,5	6,3	93,7	48,0	1,2	1
8 pour 100....	3,4	2	6,9	93,1	47,7	2,0	2
10 pour 100. ..	2,9	3	7,3	92,7	47,5	2,5	3
15 pour 100....	1,8	4	7,5	92,5	47,4	4,2	5

C. *Influence de la vigueur de la levure.*

Non plasmolysée..	3,6	2	4,9	95,1	48,7	1,4	2
Peu plasmolysée..	2,7	3	6,7	93,3	47,8	2,5	3
Plus plasmolysée.	2,6	4	9,2	90,8	46,5	3,5	2

D. *Influence de la température de fermentation.*

Température :

28°-30°........	2,0	4	6,7	93,3	47,8	3,4	4
15°-18°........	1,9	8	9,2	90,8	46,5	4,8	4
10°-12°........	2,2	12	10,0	90,0	46,1	4,5	4

E. *Influence de l'ensemencement en masse.*

Levure sèche :

0,6 pour 1000..	4,6	2	11,2	88,8	45,5	2,4	1
1,0 pour 1000..	4,7	2	11,0	89,0	45,6	2,3	1
2,8 pour 1000..	8,4	2	11,4	88,6	45,4	1,4	1

F. *Influence de l'origine des levures.*

Levure de vin....	2,0	4	6,7	93,3	47,8	3,4	4
Levure de cidre..	2,7	2,5	7,3	92,7	47,5	2,7	3
Levure de bière..	2,9	3	6,9	93,1	47,7	2,4	3

l'entretien et la respiration d'un nombre excessif de cellules déterminent une consommation trop forte de sucre, au titre végétal. L'origine des levures ne semble pas avoir une influence sur les rendements.

II. La notion du pouvoir-ferment doit être considérée dans les deux fonctions de la levure; la quantité de sucre que l'unité de levure consomme pour sa vie végétale doit porter le nom de *pouvoir végétal*, et celle que consomme cette même unité de levure pour accomplir sa fonction zymasique, porter celui de *pouvoir zymase*, leur somme représentant le pouvoir ferment de Pasteur. Dans les expériences que j'ai faites (A, B, C), ces deux pouvoirs se sont montrés d'autant plus élevés que la récolte de levure a été moins abondante, et que la fermentation s'est prolongée davantage. Cette prolongation de la vie végétale, accumulant plus de déchets, a créé une plus forte quantité de zymase.

Si l'on rapporte ces deux pouvoirs, et spécialement le pouvoir végétal à l'unité de temps (24 heures), on constate que, sauf en D, où l'abaissement de température a gêné la respiration, le poids de sucre que la levure utilise pour former un poids de levure donné, en un temps donné, a été sensiblement le même quand on a fait varier les différentes conditions de l'expérience.

HISTOLOGIE. — *Sur la valeur de l'ultramicroscope dans l'investigation histologique.* Note de M. **J. Nageotte**, présentée par M. Yves Delage.

Deux tendances opposées se font jour actuellement dans les travaux concernant le protoplasma.

Les histologistes décrivent avec une précision de plus en plus grande des formations multiples dans l'édifice cellulaire. Pour eux il existe, entre les structures moléculaires et les structures anatomiques, une série continue de systèmes d'organisation qui s'emboîtent les uns dans les autres et dont les caractères diffèrent pour chaque ordre de grandeur.

Par contre, les physiciens voudraient réduire la substance protoplasmique aux seules lois de la physique moléculaire, telles qu'ils peuvent les étudier *in vitro*, sur des colloïdes ou des lipoïdes non organisés. Les détails observés dans l'intérieur de la cellule seraient, pour la plupart, d'origine artificielle et résulteraient de l'action coagulante des fixateurs.

A cette manière de voir on peut objecter qu'il est possible de distinguer certaines structures, dans des éléments en état de survie, avec une netteté suffisante pour conclure à la sincérité des images plus complètes et plus claires, données par la technique histologique, par exemple la chromatine du noyau quiescent, les détails de la caryokinèse, les mitochondries.

Par contre, certaines structures, parmi les plus importantes, échappent complètement à tout examen pratiqué sur les éléments vivants : telles sont les neurofibrilles.

Lorsqu'on dissocie avec soin un nerf survivant de lapin, on peut obtenir des fibres nerveuses intactes complètement isolées. Le cylindraxe se présente sous la forme d'un espace large de plus de 15$^\mu$, limité de chaque côté par deux bandes réfringentes, qui dessinent la coupe optique de la gaine de myéline. Cet espace est optiquement vide. A l'ultramicroscope, comme à l'éclairage par transparence, on n'y observe que des mitochondries très fines, immobiles, disséminées en très petit nombre. Une telle apparence peut suggérer l'idée que le protoplasma du cylindraxe est un « gel » et que sa substance est homogène.

Si l'on fixe le nerf dans un liquide approprié, on constate que la forme générale des fibres nerveuses est respectée; la gaine de myéline et ses incisures n'ont pas subi de déformations graves; les mitochondries sont restées semblables à ce qu'elles étaient avant la fixation. Mais la préparation montre dans le cylindraxe un réticulum ou spongioplasme très délicat et des neurofibrilles dont l'ultramicroscope ne permettait pas de soupçonner l'existence.

Il semble donc qu'il faille choisir entre deux alternatives : ou bien ces structures, à l'état vivant, ont toutes les deux exactement le même indice de réfraction que la sérosité intracellulaire, ce qui est peu vraisemblable ; ou bien elles ne préexistent pas à l'action des fixateurs.

L'argument est d'autant plus troublant que les conditions optiques sont excellentes dans l'exemple choisi. Mais avant de l'accepter, il convient de mettre à l'épreuve la valeur de l'ultramicroscope pour cet ordre d'études en particulier.

C'est ce que j'ai cherché à faire en m'adressant à un objet sur la structure duquel aucune incertitude ne peut exister.

Un tendon placé dans un acide très dilué subit, comme l'a montré Zachariadès, un gonflement considérable. Son tissu devient transparent; lorsqu'on l'examine dans l'eau, il paraît légèrement opalescent. Cette gelée, portée sous le microscope après dissociation légère et coloration au bleu de méthyle, se montre formée de fibrilles collagènes gonflées et tassées les unes contre les autres; sur les bords des faisceaux il existe de nombreuses fibrilles complètement isolées, ce qui permet de les étudier parfaitement; les plus volumineuses atteignent un diàmètre de 1ᵘ, mais il en est de beaucoup plus grêles. Tous ces faits, et d'autres plus délicats, concernant la structure intime des fibrilles tendineuses, ont été parfaitement observés et décrits par Zachariadès ([1]).

Si, au lieu de colorer la préparation, on l'examine telle quelle par transparence, on distingue nettement, même avec un grossissement moyen (obj. apochr. de 8ᵐᵐ, oc. 12), la structure fibrillaire de cette gelée. Par conséquent, il existe des variations de l'indice de réfraction soit à la périphérie, soit dans l'épaisseur même des fibrilles collagènes gonflées.

On substitue alors un miroir parabolique au condensateur ordinaire, sans bouger la préparation, et l'on s'éclaire avec une source lumineuse puissante (lampe Nernst). Dans ces conditions, un réseau lâche et délicat de fibres élastiques, qu'on voyait déjà fort bien par transparence, s'illumine vivement et brille sur le fond noir de la préparation : la striation due aux fibrilles collagènes, facile à distinguer dans l'image négative (par transparence), a complètement disparu dans l'image positive (par éclairage sur fond noir). L'ultramicroscope ne permettrait donc pas de distinguer la substance collagène d'un tendon, encore organisée malgré sa déformation par l'acide, de la même substance qui aurait été transformée par la chaleur en gélatine amorphe.

C'est là le point sur lequel je désirais attirer l'attention. Il est facile de vérifier le phénomène que je viens de décrire, à la condition toutefois d'observer certaines précautions, sans quoi on voit apparaître un autre phénomène, dont l'étude m'entraînerait bien loin au delà des limites de cette Note, mais que je dois néanmoins signaler en raison des confusions auxquelles il pourrait donner lieu.

Pour obtenir, dans les régions de la préparation occupées par des fibrilles collagènes, un fond noir, il faut que le tissu n'ait pas été écrasé. Une mince couche de tendon gonflé, détachée avec des ciseaux bien tranchants, doit être étalée et légèrement dissociée sur une lame, puis recouverte d'une lamelle sur laquelle on appuie doucement.

Si l'on appuie trop fort et à plus forte raison si l'on écrase intentionnellement, il apparaît dans la substance collagène des bâtonnets rectilignes, qui s'illuminent plus vivement encore que les fibres élastiques. Ces bâtonnets peuvent être rares et courts

([1]) ZACHARIADÈS, Comptes rendus de la Société de Biologie, 1900-1902; Comptes rendus de l'Académie des Sciences, 1903; Comptes rendus de l'Association des anatomistes, 1903.

si la pression n'a pas été forte ; mais, à un degré plus avancé, ils se multiplient et
s'allongent en filaments extrêmement grêles, qui présentent successivement, mais sans
aucune régularité, des portions très éclairées et des portions très pâles, à peine
visibles. Il peut s'y mélanger des nébuleuses et des granulations indépendantes, et le
tout remplit certains faisceaux collagènes dont les limites se trouvent ainsi mises en
évidence. Ailleurs la distribution irrégulière de ces filaments indique que les faisceaux
collagènes sont écrasés complètement.

De ce qui précède il me paraît résulter que, si l'ultramicroscope peut
rendre de grands services dans la recherche histologique, il peut aussi
donner des résultats négatifs, même dans des cas où l'examen par transparence laisse apercevoir des structures à l'intérieur de la substance étudiée
sans coloration. Comme d'autre part l'examen à la lumière transmise ne
permet plus de rien voir, dans les mêmes conditions, au-dessous d'un certain
degré de finesse lorsque les différences de réfringence ne sont pas très
considérables, on peut conclure que l'invisibilité d'une structure histologique à l'état vivant ne crée absolument aucune présomption contre la
réalité de son existence.

PHYSIOLOGIE. — *Le psychographe et ses applications.*
Note (¹) de M. Jules Amar, présentée par M. Laveran.

J'ai donné le nom de *psychographe* à un dispositif expérimental qui
permet *l'enregistrement graphique du temps de réaction simple ou délibérée.*
A vrai dire, c'est le perfectionnement de mon premier modèle (²), décrit
en 1916, mais rendu plus maniable et d'une exactitude très satisfaisante.
On sait que le temps de réaction simple mesure la durée entre l'instant
marqué par un signal (*visuel, auditif ou tactile*) et l'instant où, par un *acte
moteur déterminé* (cri, ou pression du doigt), on accuse la perception de ce
signal. Le phénomène est, ici, réduit à ses éléments essentiels, et en quelque
sorte *réflexes.*

Au contraire, le temps de réaction délibérée est un phénomène complexe;
on y introduit le *discernement,* le choix, le jugement, l'attention, c'est-
à-dire des *éléments psychiques.* Entre le signal et la réaction motrice se place
ce *travail* des centres nerveux dont l'évaluation intéresse l'étude de l'homme

(¹) Séance du 27 mai 1918.
(²) Jules Amar, *Organisation physiologique du travail,* p. 54.

normal, en vue des conditions d'aptitude professionnelle, et l'invalide, soit dans le même but, soit pour l'analyse des fonctions nerveuses dans les différents états pathologiques.

Voici d'abord l'économie du psychographe :

Tous les organes sont disposés sur une planche de $70^{cm} \times 50^{cm}$ formant un tout portatif.

1° *Partie graphique.* — Elle comprend un cylindre enregistreur C (voir

Aspect général du psychographe.

la figure) d'un mécanisme pratique et nouveau, ne faisant en une seconde qu'un *seul tour* pour l'expérience. On obtient ce résultat en armant le barillet B grâce au levier L; celui-ci, d'abord abaissé à fond, est ensuite ramené à la position debout (celle de la figure); pour la mise en marche, il suffit d'appuyer le doigt sur le déclencheur automatique D, analogue aux déclencheurs des photographes. L'entraînement du cylindre s'effectue au moyen d'un toc X rabattu sur une roue dentée R. C'est uniquement pour noircir le papier que l'on relève le doigt du toc et libère le cylindre; mais il ne faut pas oublier de le rabattre au moment de l'expérience. Ajoutons un petit détail qui a son importance : la vis V permet, après plusieurs années d'usage de l'appareil, de régler la pression du ressort contenu dans le barillet et elle assure donc un mouvement toujours régulier, la butée se produisant exactement à la fin du tour.

La partie graphique est encore constituée par deux tambours inscripteurs T et T' conjugués avec deux capsules manométriques spéciales M et M', dont on va voir le rôle. Enfin un double signal de Deprez S inscrit, d'une part les vibrations d'un diapason P, d'autre part l'instant de l'ouverture du diaphragme d'un obturateur photographique O; c'est le diaphragme lui-même qui fournit le contact électrique et actionne le signal; on règle avec une petite vis latérale et une lame élastique E.

On notera que le diapason (entretenu par une pile) fait 100 vibrations doubles, c'est-à-dire qu'il donne le $\frac{1}{100}$ de seconde; mais la vitesse du cylindre débite 6^{mm} de papier par $\frac{1}{100}$ de seconde, et permet ainsi de lire le $\frac{1}{600}$ de seconde. Une précision supérieure à celle-là n'existe pas et ne serait qu'un leurre.

2° *Partie signalétique.* — Elle est conçue pour produire des signaux visuels, auditifs et tactiles.

a. Signal lumineux. — L'obturateur O fait partie d'une boîte H qui contient une lampe électrique de 4 volts, réunie à deux accumulateurs à travers la planche. Des écrans colorés, *bleu*, *rouge*, s'insèrent derrière le diaphragme, qui est du modèle iris avec déclencheur instantané D'.

Ce dispositif découvre la lumière au moment même où le signal Deprez l'enregistre; la source est colorée ou non, avec variations du temps de pose et de la surface visible. On peut aussi faire de l'instantané au $\frac{1}{100}$ de seconde. Le sujet réagit en appuyant le doigt sur les capsules M ou M' suivant qu'il voit bleu ou rouge, celles-ci portant un disque à la couleur correspondante. Il y a donc là *choix*, *discernement*, *acte psychique*. S'il réagit toujours sur la même capsule, il y a *réaction simple*. On ferme la lumière en tournant l'interrupteur I, et l'on place l'obturateur au niveau des yeux en faisant coulisser son support A.

b. Signal auditif. — Il est produit par la chute d'un petit marteau Z sur un timbre adhérent à la membrane de la capsule M'. Le sujet, ayant les yeux bandés, réagit sur la capsule M; d'où deux encoches *successives* sur le papier. La hauteur de chute du marteau se règle à volonté.

c. Signal tactile. — Toujours les yeux couverts, le sujet place un doigt sur chaque capsule. L'observateur le touche vivement sur l'un, et sa pression est enregistrée, *suivie* de la pression de réaction de l'autre doigt.

Avant de passer aux applications psychographiques, on insistera pour que toutes les pointes inscrivantes soient rigoureusement sur une même génératrice du cylindre; le charriot F sert à cette vérification. Et l'on habituera le patient à ce genre d'observations par *au moins* trois essais non enregistrés, faute de quoi les *psychogrammes*, malgré leur fidélité et leur caractère objectif, seront sans valeur.

PHYSIOLOGIE. — *Recherches sur la toxicité de l'albumine d'œuf. Influence des saisons sur la sensibilité de l'organisme à l'intoxication azotée.* Note ([1]) de M. **F. Maignon**, présentée par M. E. Leclainche.

Magendie démontra, en 1816, que les aliments azotés sont indispensables à la vie des animaux; il conclut également à leur insuffisance, car, ayant cherché à nourrir des chiens avec de la gélatine pure, les animaux moururent dans le marasme.

Nous avons repris les expériences de Magendie en alimentant nos animaux (rats blancs, chiens) avec des albumines vraies (albumine d'œuf, fibrine, caséine), employées aussi pures qu'il est possible de se les procurer.

Nous donnons, dans cette Note, les résultats obtenus sur le rat blanc avec l'albumine d'œuf.

Cet animal offre l'avantage d'ingérer spontanément les protéines présentées sous forme de boulettes.

Ces dernières, dosées à 1ᵍ de substance, sont préparées avec l'albumine d'œuf du commerce, finement pulvérisée, agglutinée à l'aide d'une solution légère de gélatine.

Afin d'éviter la déminéralisation des sujets soumis à cette alimentation exclusive, on ajoute aux boulettes des sels minéraux en petites quantités (poudre d'os, chlorure de sodium, carbonate de fer) et du bicarbonate de soude, dans le but de maintenir l'urine légèrement alcaline et de prévenir l'acidose. Les sujets d'expérience, placés dans des cages métalliques individuelles, ne sont soumis à aucun rationnement, les boulettes leur sont données à discrétion. Chaque jour on procède à l'évaluation des ingesta et, tous les deux jours, les animaux sont pesés à jeun.

([1]) Séance du 27 mai 1918.

Date de l'expérience.	Survie en jours.		Perte de poids pour 100.	
1913.		Moyennes.		Moyennes.
Mai (1ʳᵉ quinzaine)...........	3		21	
»	2 ½	3	20	23
»	3		23	
»	4 ½		28	
(2ᵉ quinzaine)	4	4	30	32
»	4		34	
Juin....................	6	7	35	32
»	8		29	
Août...................	20	20	43	43
Octobre (1ʳᵉ quinzaine)......	4 ½	/	22	20
»	4		18	
(2ᵉ quinzaine)......	6	6	33	34
»	6 ½		35	
Novembre.................	7	-	37	32
»	7 ½		26	
Décembre.................	6	9	30	32
»	12		33	
1914.				
Janvier....................	18	22	39	41
»	26		43	
Mars.....................	12	13	30	37
»	14		43	
Avril	8		25	
»	11	9	33	30
»	7		32	
Mai 5....................	5	-	31	34
»	9		38	
Mai 14...................	4 ½	5	29	31
»	5		33	
Mai 21...................	6	6 ½	35	31
»	7		27	
Juin.....................	5		29	
»	5	6	37	33
»	7		32	
Juillet....................	10	..	42	38
»	12		35	

Dans le Tableau ci-contre, nous donnons, pour chaque expérience, la durée de la survie et la perte de poids au moment de la mort. L'étude anatomo-pathologique des organes est due à la collaboration de M. Maurice Roquet.

ANALYSE DES RÉSULTATS.

INFLUENCE DES SAISONS. — *Durée de la survie.* — Très courte au printemps et à l'automne, où les animaux meurent dans un délai de 3 à 5 jours, elle augmente considérablement en été et en hiver, où elle atteint 20 à 26 jours. Ses variations, au cours d'une année, s'effectuent suivant une courbe régulière qui passe par deux minima en mai et octobre, et par deux maxima en août et janvier.

Perte de poids. — A aucun moment, la fixité du poids n'est obtenue, bien que l'ingestion d'albumine atteigne souvent 10^g et 12^g par jour. La perte de poids augmente donc avec la durée de la survie : de 20 à 30 pour 100 qu'elle est au printemps et à l'automne, elle atteint et dépasse 40 pour 100 en été et en hiver.

CAUSE DE LA MORT. — Elle varie avec la saison.

Intoxication aiguë du système nerveux central. — Au printemps et à l'automne, l'énorme réduction de la survie écarte toute explication de la mort par insuffisance alimentaire et fait songer à l'intoxication. La symptomatologie confirme d'ailleurs cette manière de voir. Vers la fin de la survie, les sujets entrent dans une période de vive excitabilité, à laquelle succède brusquement le coma. L'action de la toxicité albuminique s'exerce donc sur le système nerveux central.

Épuisement des réserves. — En août et janvier, la survie est d'une vingtaine de jours et la perte de poids dépasse 40 pour 100 ; l'amaigrissement est extrême et les animaux meurent dans le marasme, par épuisement des réserves.

Intoxication subaiguë. — Celle-ci s'observe aux époques intermédiaires, alors que la mort survient au bout de 6 à 10 jours, avec des pertes de poids de 30 à 35 pour 100. La mort est précédée d'une période d'excitation suivie de coma.

1° L'albumine d'œuf est impuissante, chez le rat blanc, à entretenir la vie et à maintenir la fixité du poids.

2° Les rats blancs nourris à l'albumine d'œuf meurent rapidement d'intoxication aiguë du système nerveux central en mai et octobre, tandis qu'ils succombent lentement dans le marasme en août et janvier.

Ces faits permettent de comprendre le caractère saisonnier des manifestations de certaines maladies de la nutrition rattachées à l'intoxication azotée : eczéma, affections rhumatismales, etc.

3° L'intoxication albuminique aiguë produit le coma.

Cette constatation plaide en faveur de la théorie de MM. Hugounenq et Morel, d'après laquelle le coma diabétique serait dû non pas à l'acidose, mais à l'accumulation de peptides dérivés des protéiques et engendrés par la dénutrition azotée.

BIOLOGIE. — *Sur l'action qu'exercent, chez les chenilles d'*Agrotis ripæ, *les piqûres venimeuses de l'Ammophile hérissée.* Note de M. LÉCAILLON, présentée par M. Henneguy.

Ayant recueilli et conservé des chenilles d'*Agrotis ripæ*, piquées par l'Ammophile hérissée, les 7, 9 et 10 septembre 1917 ([1]), j'ai pu étudier avec quelques détails l'effet produit sur elles par le venin de cet Hyménoptère. J.-H. Fabre croyait à une harmonie préétablie entre la durée de la paralysie dont sont atteintes les chenilles piquées, d'une part, et la nécessité de se nourrir de chair fraîche à laquelle auraient été soumises les larves d'Ammophile, d'autre part. Mais E. Maigre vit que, dès le sixième jour de leur développement, ces larves n'ont plus à leur disposition que de la chair corrompue. Le corps des chenilles nourricières, dès qu'il est entamé par les larves d'Ammophile, ne peut manquer, en effet, d'entrer en décomposition.

En 1909, Ch. Ferton fit une nouvelle observation intéressante. Il conserva vivantes, pendant plus de trois semaines, des chenilles arpenteuses

---

([1]) Voir *Comptes rendus*, t. 166, 1918, p. 530.

retirées d'un nid d'*Ammophila Heydeni*. Et il vit que leur corps était ridé, mais qu'elles étaient capables d'exécuter encore de petits mouvements.

Les faits principaux que j'ai constatés au cours de mon étude sont les suivants :

1° La longévité des chenilles paralysées par le venin d'*A. hirsuta* peut être considérable. Je possède encore actuellement (25 mai 1918) deux sujets vivants et toujours dans un état de paralysie complète. Deux autres ne moururent qu'à la fin de mars. Un cinquième exemplaire, toujours paralysé, fut sacrifié à la fin de février, et un sixième en avril.

2° Sept chenilles, dont chacune contenait une larve d'Hyménoptère non déterminé vivant chez elle en parasite interne, moururent une huitaine de jours après avoir été piquées par l'Ammophile hérissée; mais les parasites s'y étaient entièrement développés malgré le venin inoculé. La mort fut occasionnée, dans ces cas, non par la substance venimeuse, mais par les désordres résultant de la présence de parasites dans l'organisme.

3° Pendant les deux jours qui suivent le moment où elles sont piquées, les chenilles ne présentent pas de paralysie du tube intestinal, car la digestion continue à s'opérer dans celui-ci, et les résidus en sont rejetés dans les délais ordinaires.

4° Les muscles dont dépendent les mouvements des anneaux et des appendices locomoteurs perdent toute activité et tombent dans un état de relâchement complet. Le corps devient flasque, aplati et considérablement ridé sur toute sa surface. Dès le deuxième jour qui suit l'instant des piqûres, ce phénomène se produit.

5° Dans la région de la tête et dans celle des deux derniers anneaux de l'abdomen, de faibles mouvements peuvent s'observer. C'est ainsi qu'on voit parfois l'animal remuer quelque peu ses fausses pattes anales, ses appendices buccaux ou ses antennes.

6° L'excitation, au moyen d'une aiguille, des deux régions dont il vient d'être question, provoque également l'apparition de mouvements semblables à ceux qui peuvent se manifester spontanément. En tout autre point de la surface du corps, l'excitation dont il s'agit ne produit, au contraire, aucun effet.

7° Le cœur des chenilles paralysées continue à se contracter périodiquement, à intervalles éloignés et irréguliers. Au moment des grands froids de l'hiver, on pouvait compter en moyenne quatre contractions par minute. En élevant de quelques degrés la température du milieu où étaient placées les chenilles, on pouvait constater que les contractions cardiaques devenaient un peu plus fréquentes.

8° Dans aucun cas je n'ai vu de chenille recouvrer progressivement tant soit peu de son activité; quand la mort survient, elle succède insensiblement à l'état de torpeur où tombent les Insectes peu de temps après que le venin leur a été inoculé.

La séance est levée à 16 heures et demie.

                                                        É. P.

ACADÉMIE DES SCIENCES.

SÉANCE DU LUNDI 10 JUIN 1918.

PRÉSIDENCE DE M. P. PAINLEVÉ.

MÉMOIRES ET COMMUNICATIONS

DES MEMBRES ET DES CORRESPONDANTS DE L'ACADÉMIE.

THÉORIE DES NOMBRES. — *Sur les représentations d'un entier par les formes quadratiques ternaires, indéfinies.* Note ([1]) de M. G. HUMBERT.

1. *Objet de la Note.* — Les représentations d'un entier par les formes quadratiques ternaires *positives* ont été très étudiées. On sait, par exemple, que le nombre des décompositions de N en une somme de trois carrés est en relation simple avec celui des classes de formes quadratiques binaires, positives, de discriminant N, et Stephen Smith a étendu la proposition au nombre des représentations de N par l'ensemble des classes ternaires, positives, appartenant à un même genre.

Pour les formes ternaires *indéfinies*, un exemple analogue est bien connu. Considérons, en effet, l'équation $N = xz - y^2$, où x, y, z sont assujettis aux conditions suivantes : $1°$ ils sont entiers, sans facteur commun ; $2°$ x et z, positifs, ne sont pas pairs à la fois ; $3°$ ils vérifient les *inégalités de restriction* $2|y| \leq x \leq z$; alors le nombre des solutions x, y, z, de l'équation proposée est évidemment égal à celui des classes de formes binaires, positives, proprement primitives, de discriminant N.

On a dû introduire des *inégalités de restriction*, parce que, les transformations linéaires de la forme $xz - y^2$ en elle-même étant en nombre infini, il en est de même du nombre *total* des solutions de la proposée.

Existe-t-il un théorème analogue pour une *forme ternaire indéfinie*

([1]) Séance du 3 juin 1918.

quelconque? Cette question, qui semble n'avoir pas été encore abordée, à ma connaissance du moins,.se traite aisément, si on lui applique les raisonnements usités dans la théorie des formes positives : il suffit de *restreindre* les solutions par des inégalités convenables.

Cette restriction peut se faire comme il suit. On sait que, $\mathfrak{f}(x, y, z)$ étant une forme ternaire indéfinie à coefficients entiers, ses *transformations semblables* en elle-même forment un groupé Γ, et l'on dit que deux *points* x, y, z et x', y', z' sont équivalents dans Γ si l'on passe de l'un à l'autre par une des substitutions de Γ. Or, d'après Poincaré, l'*intérieur* de la conique $\mathfrak{f}(x, y, z) = o$ peut se décomposer en une infinité de *domaines*, $\mathfrak{O}$, $\mathfrak{O}'$, ..., limités par des droites, et tels que, dans chacun d'eux, il y ait un et un seul point équivalent à un point donné, intérieur à la conique.

Il est donc naturel de considérer, parmi les solutions de l'équation $\mathfrak{f}(x, y, z) = N$, celles pour lesquelles le point x, y, z est dans $\mathfrak{O}$; on suppose x, y, z entiers et *sans facteur commun*, c'est-à-dire qu'on ne s'occupe que des représentations *propres* de N par $\mathfrak{f}$.

Cela posé, il suffit de reprendre, *mutatis mutandis*, les raisonnements que fait Smith dans le cas des formes positives, pour obtenir des résultats analogues aux siens, dans le cas des formes indéfinies; l'extension ne présente aucune difficulté; aussi nous bornerons-nous à énoncer les résultats définitifs, avec les notations de M. Bachmann, dans sa Théorie des nombres.

2. *Formes d'invariants* Ω, Δ *impairs.* — Soient $f_1, f_2, f_3, \ldots$ des formes ternaires indéfinies, *proprement primitives*, de mêmes invariants Ω, Δ impairs, et de déterminant $\Omega^2 \Delta$ positif ($\Delta > o$, $\Omega < o$), choisies, *une par classe, dans un même genre donné*; et soient $\mathfrak{f}_1, \mathfrak{f}_2, \mathfrak{f}_3, \ldots$ leurs *réciproques*, supposées *proprement* primitives.

Désignons par $\mathfrak{O}_1, \mathfrak{O}_2, \ldots$ des domaines de Poincaré correspondant respectivement à $\mathfrak{f}_1, \mathfrak{f}_2, \ldots$; par v le nombre des facteurs premiers distincts (supérieurs à 1) de $|\Omega|$; par M un entier positif, premier à $\Omega \Delta$ et > 1.

Comme nous allons parler des représentations propres de —M par $\mathfrak{f}_1, \mathfrak{f}_2, \ldots$, il est d'abord *nécessaire*, pour que de telles représentations soient possibles, qu'on ait

$$(1) \qquad \left(\frac{-M}{\delta} \right) = \left(\frac{\mathfrak{f}}{\delta} \right),$$

δ désignant tout diviseur premier de Δ, supérieur à 1.

I. *Soit* $|\Omega M| \equiv 1$ *ou* $2 \pmod 4$. — *Le nombre des représentations propres* restreintes de $- M$ par l'ensemble des $\mathfrak{f}_1$, $\mathfrak{f}_2$, ..., c'est-à-dire celui total des solutions propres de

$$- \mathfrak{f}_i(x, y, z) = M, \qquad (i = 1, 2, \ldots)$$

sous la condition restrictive que le point x, y, z appartienne au domaine ω_i, est égal à $2^{-\nu} H\left(\overline{\Omega M}\right)$, où $H\left(\overline{A}\right)$ désigne le nombre des classes de formes binaires, positives, proprement primitives, de discriminant $|A|$.

II. Soit $|\Omega M| \equiv 3 (\bmod 8)$. — Introduisons l'unité ± 1 classique, E, définie par

$$(2) \qquad\qquad E = \left(\frac{f}{\overline{\Omega}}\right)\left(\frac{\mathfrak{f}}{\Delta}\right)(-1)^{\frac{\Omega+1}{2}\frac{\Delta+1}{2}}.$$

Si $E = +1$, le nombre total des représentations propres, restreintes, de $- M$ par les $\mathfrak{f}_i$ est $2^{-\nu+1} H(\overline{\Omega M})$; si $E = -1$, il est $2^{-\nu+1} H'(\overline{\Omega M})$, en désignant par $H'(\overline{A})$ le nombre des classes binaires, positives, improprement primitives, de discriminant $\overline{A}$.

III. Soit $|\Omega M| \equiv 7 (\bmod 8)$. — Si $E = -1$, il n'y a aucune représentation propre de $- M$ par les $\mathfrak{f}_i$.

Si $E = +1$, le nombre total des représentations propres, restreintes, de $- M$ par les $\mathfrak{f}_i$ est $2^{-\nu+1}\left[H(\overline{\Omega M}) + H'(\overline{\Omega M})\right]$.

On peut résumer en disant que, dans les cas I, II, III, le nombre des représentations propres, restreintes, de $- M$ par les $\mathfrak{f}_i$ est

$$2^{-\nu}\left[H(\overline{\Omega M}) + (2E + 1)H'(\overline{\Omega M})\right].$$

3. *Formes d'invariants Ω impair et Δ pair.* — Mêmes hypothèses sur les f et $\mathfrak{f}$, ainsi que sur M; seulement, δ désigne tout diviseur premier *impair* de Δ.

IV. Soit $|\Omega M| \equiv 1 (\bmod 4)$. — *Le nombre total des représentations propres, restreintes, de $- M$ par les $\mathfrak{f}_i$ est $2^{-\nu} H(\overline{\Omega M})$.*

V. Soient $|\Omega M| \equiv 2 (\bmod 4)$ et $\Delta \equiv 2 (\bmod 4)$. — *Le nombre en question a encore la même expression.*

Dans IV, M est supposé premier à $\Omega\Delta$; dans V, à $\frac{1}{2}\Omega\Delta$.

4. *Exemples.* — Voici maintenant des exemples dans lesquels Ω et Δ sont

premiers entre eux, en sorte que, d'après un théorème d'Arnold Meyer, il n'y aura qu'*une* classe par genre, c'est-à-dire qu'il n'y aura qu'une forme f et une forme $\mathfrak{F}$ à considérer.

1° *Soient*

$$f = 3x^2 - y^2 - z^2; \qquad \mathfrak{F} = 3z^2 + 3y^2 - x^2.$$

On a

$$\Omega = -1, \quad \Delta = 3, \quad \mathfrak{d} = 3, \quad \left(\frac{\mathfrak{F}}{\mathfrak{d}}\right) = \left(\frac{\mathfrak{F}}{\Delta}\right) = -1, \quad \nu = 0, \quad E = -1.$$

M est positif, tel que $\left(\dfrac{M}{3}\right) = +1$; les représentations sont

$$M = x^2 - 3y^2 - 3z^2,$$

avec les inégalités de restriction, déduites de la forme indiquée par M. Fricke pour le $\odot$ de f,

(3) $$|x| \gtrless 3|y| \gtrless 3|z|; \quad xy > 0.$$

2° *Soient*

$$f = x^2 - 3y^2 - 3z^2; \qquad \mathfrak{F} = z^2 + y^2 - 3x^2.$$

On a

$$\Omega = -3; \quad \Delta = 1; \quad \delta = 1; \quad \nu = 1; \quad E = -1.$$

M est positif, premier à 3; les représentations sont

$$M = 3x^2 - y^2 - z^2,$$

avec les restrictions, déduites de (3),

(4) $$|x| \gtrless |y| \gtrless |z|; \quad xy > 0.$$

3° *Soient*

$$f = x^2 - 3y^2 - z^2; \qquad \mathfrak{F} = 3z^2 + y^2 - 3x^2.$$

On a

$$\Omega = -1, \quad \Delta = 3, \quad \left(\frac{\mathfrak{F}}{\mathfrak{d}}\right) = +1, \quad \nu = 0, \quad E = +1.$$

M est positif, tel que $\left(\dfrac{M}{3}\right) = -1$; les représentations sont

$$M = 3x^2 - y^2 - 3z^2,$$

avec les restrictions

(5) $$|x| \gtrless |y|; \quad |y| \lessgtr 3|x - z|; \quad xz > 0.$$

Si une représentation x, y, z, de M, donne, dans les inégalités de restriction correspondantes (3), (4) ou (5), un signe $=$, elle ne compte que pour $\frac{1}{2}$.

Vérifications. — Dans 2°, soit M $= 10$; on est dans le cas I : le nombre des représentations $10 = 3x^2 - y^2 - z^2$, satisfaisant à (4), doit être 2^{-1} H(30), c'est-à-dire $\frac{1}{2}4$, ou *deux*. On trouve en effet, $\varepsilon, \varepsilon'$ désignant ± 1,

$$10 = 3(2\varepsilon)^2 - (\varepsilon)^2 - (\varepsilon')^2,$$

d'où quatre représentations, ne comptant que pour moitié, soit *deux*, parce que, par $|\varepsilon| = |\varepsilon'|$, on a un signe $=$ dans (4).

Dans 3°, *soit* M $= 23$; cas III, avec E $= +1$. Le nombre des représentations $23 = 3x^2 - y^2 - 3z^2$, satisfaisant à (5), doit être

$$2[H(23) + H'(23)],$$

soit *douze*, et l'on trouve pour x, y, z les solutions restreintes

$$3\varepsilon,\ 2\varepsilon',\ 0;\quad 3\varepsilon,\ \varepsilon',\ \varepsilon;\quad 5\varepsilon,\ 5\varepsilon',\ 3\varepsilon;\quad 5\varepsilon,\ 2\varepsilon',\ 4\varepsilon \qquad (\varepsilon, \varepsilon' = \pm 1),$$

qui comptent pour $\frac{1}{2}4 + 4 + \frac{1}{2}4 + 4$, ou *douze*.

5. *Aire non euclidienne de* ⊚. — Je me bornerai au cas particulier de $\Omega = -1$ et Δ impair; il n'y a, pour un genre, qu'une f et une $\mathfrak{f}$. En reprenant les calculs de Smith pour la détermination de la *densité* d'un genre de formes *positives*, on arrive à ce résultat :

f et $\mathfrak{f}$ étant proprement primitives, Ω égal à -1 et Δ impair, l'aire non euclidienne du domaine ⊚ de Poincaré pour *f*, la conique *f* $= 0$ étant prise comme absolu (¹), *a pour expression*

$$(6) \qquad ⊚ = \pi \frac{2 + E}{12} \frac{\Delta}{2^{k-1}} \prod_{\varepsilon} \left[1 + \left(\frac{\mathfrak{f}}{\delta} \right) \frac{1}{\delta} \right];$$

les notations ci-dessus sont conservées, k désigne le nombre des δ distincts.

Cette formule, avec son second membre complété conformément à celle

---

(¹) L'élément d'aire par rapport à la conique de premier membre $f(x, y, 1)$, et de déterminant D, est $dx\,dy\sqrt{\dfrac{D}{f^3}}$.

de Smith pour la densité, donnerait la somme des *aires* des domaines qui correspondent aux *f d'un même genre*.

Dans le cas particulier auquel je me borne ici, j'ai pu la vérifier sur tous les exemples de domaines qu'ont fait connaître M. Fricke (*Fonctions automorphes*) et M. Got dans son intéressante Thèse. En effet, quand, avec ces auteurs, on transforme ⟨ω en le regardant comme domaine d'un groupe fuchsien, d'après les idées de Poincaré, on trouve un polygone convexe de *n* côtés circulaires et dont les angles *euclidiens* ont une somme $\Sigma\omega$, et l'aire *non euclidienne* considérée est aussi

$$(7) \qquad\qquad ⟨ω = (n - 2)\pi - \Sigma\omega;$$

tout revient donc à comparer les seconds membres de (6) et de (7). *Par exemple*, soit

$$f = z^2 - 5x^2 + 4xy - 5y^2, \qquad \text{d'où} \qquad \vec{f} = 5x^2 + \ldots;$$

on a

$$\Omega = -1, \quad \Delta = 2i, \quad k = 2, \quad \left(\frac{\vec{f}}{3}\right) = -1, \quad \left(\frac{\vec{f}}{7}\right) = -1, \quad \left(\frac{\vec{f}}{21}\right) = +1, \quad E = +1,$$

et, par (6),

$$⟨ω = \pi \frac{3}{12} \frac{21}{2} \left[1 - \frac{1}{3}\right]\left[1 - \frac{1}{7}\right] = \frac{3}{2}\pi.$$

D'autre part, M. Got a trouvé pour *f* un domaine à sept côtés, et dont les sept angles sont droits, c'est-à-dire que $n = 7$, $\Sigma\omega = 7\frac{\pi}{2}$, et l'on a bien

$$5\pi - 7\frac{\pi}{2} = \frac{3\pi}{2}.$$

MÉCANIQUE DES SEMI-FLUIDES. — *Intégration graphique pour le problème de l'état ébouleux, dans le cas d'un terre-plein à surface libre ondulée, indéfini à l'arrière et maintenu à l'avant par un mur courbe.* Note de M. **J. BOUSSINESQ.**

I. Abordons l'étude d'un terre-plein dont la surface libre a son profil $O\beta_2 B'_2 B_1 B_2 C \ldots$ (*fig.* 1) affecté d'ondulations assez longues ou à pentes modérées, de part et d'autre de l'axe horizontal des *y*, et dont le mur de soutènement est également courbe. Pour simplifier et aussi pour fixer les idées, nous supposerons que le profil $O\beta M$ de ce mur s'éloigne de plus en plus, à partir du haut, de la droite OQ du massif inclinée de

$$a = \tang\left(\frac{\pi}{4} - \frac{\varphi}{2}\right)$$

par rapport à la verticale descendante Ox; en sorte que toute parallèle à OQ, telle que $\beta B'$, issue d'un point du mur, ne rencontre ce dernier en aucun autre point.

Les équations (10) et (11) de ma Note du 22 avril 1918 (*Comptes rendus,*

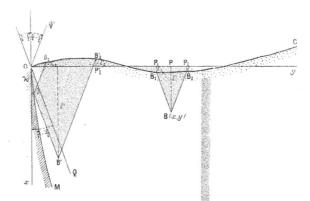

t. 166, p. 625) ont été établies pour ce cas assez général d'un massif à profils courbes et y donneront, d'une part, comme pressions (ou plutôt *tensions*) principales N_x, N_y, T relatives aux axes, avec deux fonctions arbitraires $f''(y - ax)$, $f_1'(y + ax)$,

$$(1) \quad \begin{cases} N_x = -\Pi \quad [x + f''(y - ax) + f_1'(y + ax)], \\ T = \Pi a \quad [\quad -f''(y - ax) + f_1'(y + ax)], \\ N_y = -\Pi a^2 [x + f''(y - ax) + f_1'(y + ax)]; \end{cases}$$

d'autre part, comme formule définissant l'*obliquité maxima* $\sin \varphi'$ des pressions, en chaque point (x, y),

$$(2) \quad \frac{\sin^2 \varphi'}{\sin^2 \varphi} = 1 + \frac{1}{\tang^2 \varphi} \left[\frac{f''(y - ax) - f_1'(y + ax)}{x + f''(y - ax) + f_1'(y + ax)} \right]^2.$$

Soit OQ′ la symétrique de OQ par rapport à l'horizontale Oy, ou la droite d'inclinaison $-a$ quand on la suit en descendant de Q′ vers O ; et imaginons que, d'un point quelconque B(x, y) du massif, on mène deux parallèles, BB$_1$, BB$_2$, à QO et à OQ′, jusqu'à la rencontre ou de la surface libre, en B$_1$ et B$_2$, si le point B est pris au-dessus de OQ, ou de la surface libre, pour BB$_2$, et du mur, pour BB$_1$, si le point B est pris, au contraire, dans l'angle QOM. En d'autres termes, BB$_1$ et BB$_2$ sont les chemins ascendants des deux familles de droites $y - ax = $ const. et $y + ax = $ const. qui conduisent du point intérieur quelconque B à la frontière du massif. Nous appellerons respectivement l, l_1, l_2 les ordonnées verticales x des trois points B, B$_1$ et B$_2$, ordonnées se terminant en P, P$_1$, P$_2$ sur l'axe des y et positives quand elles sont menées ainsi de bas en haut, comme dans la figure, négatives dans le cas contraire.

II. Cela posé, nos intégrales (1) s'appliqueront à l'équilibre-limite provoqué, chez un tel massif, par un commencement de renversement du mur, pourvu que les deux fonctions $f''(y - ax)$, $f_1''(y + ax)$ aient leurs carrés négligeables ou que, s'il n'en est pas ainsi, le massif présente, quant à son angle φ' de frottement intérieur, précisément les degrés d'hétérogénéité exigés aux divers points par l'équation (2).

Admettons que cela soit. Alors l'annulation de N$_x$, N$_y$, T à la surface libre y exigera, d'après la seconde (1), l'égalité partout des deux fonctions f'', f_1'', tandis que la première et la troisième (1) demanderont leur égalité commune à $-\frac{1}{2}x$, si x désigne l'ordonnée verticale du point considéré quelconque de la surface libre.

III. On aura, dès lors, évidemment, pour notre point intérieur B, quand il appartient à l'espace principal QOC,

$$(3) \qquad x = l, \qquad f''(y - ax) = -\frac{l_1}{2}, \qquad f_1''(y + ax) = -\frac{l_2}{2};$$

et, par suite, d'après (1),

$$(4) \quad (-N_x) = \Pi\left(l - \frac{l_1 + l_2}{2}\right), \quad T = \Pi a\frac{l_1 - l_2}{2}, \quad (-N_y) = \Pi a^2\left(l - \frac{l_1 + l_2}{2}\right).$$

Quand le point B est pris, au contraire, dans l'angle QOM contigu au mur, en B″ (par exemple), les valeurs de x et de $f_1''(y + ax)$ sont encore (3), ou représentées sur notre figure par l' et par $-\dfrac{l'_2}{2}$. Mais il n'en est plus de même pour $f''(y - ax)$, qui reçoit, en B', sa valeur relative au point du mur β où aboutit la parallèle à QO issue de B'; et cette valeur de f'' en β reste justement disponible pour permettre de satisfaire à la condition de glissement du sable contre le mur.

A cet effet, supposons, pour simplifier, le mur vertical en β, de sorte que la poussée, par unité d'aire, du massif contre le mur ait la composante tangentielle T et la composante normale $(- N_y)$. Nous devrons avoir, si φ_1 est l'angle donné de frottement extérieur,

(en β) $T = (- N_y)\tang\varphi_1$ ou $-f'' + f''_1 = a(x + f'' + f''_1)\tang\varphi_1,$

c'est-à-dire, en appelant λ, λ_2 les deux ordonnées verticales x des points β et β_2, puis substituant à x, f''_1 leurs valeurs (3) et multipliant par 2,

$$- 2 f'' - \lambda_2 = a(2\lambda + 2 f'' - \lambda_2)\tang\varphi_1;$$

d'où

(5)   (en β) $f'' = -\dfrac{a\tang\varphi_1}{1 + a\tang\varphi_1} - \dfrac{1 - a\tang\varphi_1}{1 + a\tang\varphi_1}\dfrac{\lambda_2}{2}.$

On voit comment, une fois dessinés, ou définis *graphiquement*, les deux profils de la surface libre $OB_1 B_2 C$ et de la face postérieure OM du mur, des constructions géométriques extrêmement simples feront connaître les pressions d'équilibre-limite existant en tous les points du massif.

Celui-ci sera homogène à très peu près (avec φ pour angle de frottement intérieur) dans sa partie principale QOC, pourvu que les pentes de la surface libre et, par suite, des sécantes comme $B_1 B_2$ joignant ses divers points, n'aient partout que de très petites valeurs. Car, s'il en est ainsi, la différence des deux ordonnées l_1, l_2 sera toujours faible comparativement à leur distance, qui est de l'ordre de la distance même, $l - \dfrac{l_1 + l_2}{2}$ sensiblement, du point intérieur considéré B à la surface libre. Le rapport $\dfrac{f'' - f''_1}{x + f'' + f''_1}$ sera donc petit dans ces conditions; et l'on pourra négliger son carré au second membre de l'équation (2) ou réduire φ'_1 à φ.

IV. Évaluons maintenant la composante normale $(- N_y) = P$ de la poussée sur le mur par unité d'aire de sa face postérieure, en nous bornant au cas simple où cette face, verticale, a son profil OM suivant l'axe des x.

Donnons-nous l'équation de la surface libre sous la forme $x = \mathrm{F}(y)$. Et observons qu'ici, pour les divers points β du mur, à abscisse verticale $x = \lambda$, la seule ordonnée verticale à considérer de la surface libre sera celle, λ_2, du point β_2 correspondant, dont la distance y à l'axe des x est sensiblement $\mathrm{O}\beta \times a$ ou $a\lambda$. On aura donc, pour les points β_2,

$$\lambda_2 = \mathrm{F}(a\lambda).$$

Par suite, la première et la troisième des équations (3), complétées par (5), donneront ensemble, pour tous ces points β,

(6) $\quad x = \lambda, \quad f'' = -\dfrac{a\,\mathrm{tang}\,\varphi_1}{1 + a\,\mathrm{tang}\,\varphi_1}\lambda - \dfrac{1 - a\,\mathrm{tang}\,\varphi_1}{1 + a\,\mathrm{tang}\,\varphi_1}\dfrac{\mathrm{F}(a\lambda)}{2}, \quad f''_1 = -\dfrac{\lambda_2}{2} = -\dfrac{\mathrm{F}(a\lambda)}{2}.$

Enfin, la composante normale cherchée, P ou $(-\mathrm{N}_y)$, de la poussée par unité d'aire en β, sera, d'après la troisième formule (1), toutes réductions faites,

(7) $$\mathrm{P} = \Pi\,\frac{a^2}{1 + a\,\mathrm{tang}\,\varphi_1}[\lambda - \mathrm{F}(a\lambda)].$$

Aux diverses profondeurs λ, elle est en raison directe du facteur $\lambda - \mathrm{F}(a\lambda)$, projection verticale de la distance $\beta\beta_2$ qu'il y a du point considéré β du mur au point correspondant β_2 de la surface libre. Comme toutes les droites $\beta\beta_2$ sont parallèles, c'est, en définitive, *la distance même à la surface libre, estimée suivant la direction des droites de la famille $y + ax = $ const., qui mesure proportionnellement la poussée par unité d'aire aux divers points β du mur*, comme si le massif était divisé en longs filets prismatiques infiniment minces, tous orientés suivant cette direction unique, et que chaque élément superficiel du mur dût porter une fraction déterminée du poids de la colonne sablonneuse qui s'y appuie ou dont il est la base oblique. Et l'on trouve naturel qu'il en soit bien ainsi; car c'est suivant les directions $\pm a$ des deux familles $y \mp ax = $ const., directions se réduisant à la seconde pour les points du mur, que paraissent se transmettre intégralement efforts ou influences dans les questions abordées ici.

V. Il viendra pour la composante normale tout entière,

$$\Phi\cos\varphi_1 = \int \mathrm{P}\,d\lambda,$$

de la poussée par unité de longueur du mur, depuis $\lambda = 0$ jusqu'à une profondeur donnée H, et pour son moment total

$$\mathfrak{M} = \int P(H - \lambda)\, d\lambda,$$

les expressions suivantes :

$$(8) \quad \begin{cases} \mathfrak{P}\cos\varphi_1 = \Pi\dfrac{a^2}{1 + a\tan\varphi_1}\left[\dfrac{H^2}{2} - \displaystyle\int_0^H F(a\lambda)\,d\lambda\right], \\[3mm] \mathfrak{M} = \Pi\dfrac{a^2}{1 + a\tan\varphi_1}\left[\dfrac{H^3}{6} - \displaystyle\int_0^H (H - \lambda)F(a\lambda)\,d\lambda\right]. \end{cases}$$

Si, par exemple, le profil OC est la sinusoïde

$$x = -A\sin\frac{\pi y}{L},$$

à ondulations de période 2L, débutant par une convexité et d'une demi-amplitude verticale A petite en comparaison de L, on aura

$$(9) \quad \begin{cases} \mathfrak{P}\cos\varphi_1 = \Pi\dfrac{a^2}{1 + a\tan\varphi_1}\left[\dfrac{H^2}{2} + \dfrac{AL}{\pi a}\left(1 - \cos\dfrac{\pi a H}{L}\right)\right], \\[3mm] \mathfrak{M} = \Pi\dfrac{a^2}{1 + a\tan\varphi_1}\left[\dfrac{H^3}{6} + \dfrac{AL}{\pi a}\left(H - \dfrac{L}{\pi a}\sin\dfrac{\pi a H}{L}\right)\right]. \end{cases}$$

La poussée est accrue en moyenne par le fait de la première convexité, comme on pouvait le prévoir, tandis qu'elle serait diminuée si A changeait de signe ou si la convexité était remplacée par un creux.

THERMODYNAMIQUE. — *Sur les tensions de la vapeur saturée des corps pentaatomiques.* Note [1] de M. **E. ARIÈS**.

On trouve dans le *Recueil de Constantes physiques* les données expérimentales qui permettent d'appliquer à six corps pentaatomiques notre formule sur la tension de vaporisation des liquides. Ces corps sont le chlorure stannique, le fluorure de méthyle, le chloroforme, le méthane, le chlorure de méthyle et le tétrachlorure de carbone.

Sur ces seules données de l'expérience, les trois derniers corps se pré-

[1] Séance du 3 juin 1918.

sentent bien vite comme à écarter de tout examen plus approfondi, parce que leurs tensions de vaporisation ne s'accordent ni entre elles ni avec les tensions des autres corps pour observer la loi sur les états correspondants. On le voit sans peine en comparant les tensions réduites relevées à des températures réduites à peu près en correspondance; ces tensions variables d'un corps à l'autre sont très notablement supérieures à celles observées sur les trois premiers corps.

Parmi ceux-ci, le chlorure stannique est le seul qui ait donné lieu à une série d'expériences exécutées sur toute l'étendue désirable et par un seul opérateur. Cet opérateur, dont l'habileté n'est plus à signaler, est M. Sydney Young. Les tensions de la vapeur saturée du chlorure stannique relevées par lui progressent régulièrement depuis 1^{cm} de mercure jusqu'à la pression critique qui serait de $2808^{cm},2\,(36^{atm},95)$. C'est donc aux résultats obtenus par M. Sydney Young que nous nous rapporterons pour déterminer les constantes de notre formule, en ce qui concerne les corps pentaatomiques.

Nous avons cru devoir fixer à $\frac{6}{7}$ la valeur de l'exposant n. La valeur de la fonction Γ passant par l'unité à la température réduite $\tau = 0,84$, que nous retrouvons pour la troisième fois, le numérateur du second terme de cette fonction sera $(1-\tau)(0,84-\tau)$ comme pour les corps monoatomiques et les corps tétraatomiques; mais le dénominateur, qui avait été jusqu'ici de la forme $A\tau^2 + B$, doit être modifié, parce que ce dénominateur, au lieu de croître, doit décroître quand τ augmente. L'essai de la forme $A(1-\tau)^2 + B$ nous a parfaitement réussi, ce qui nous a conduit à poser

$$(1) \qquad \Gamma = 1 + \frac{(1-\tau)(0,84-\tau)}{1,8(1-\tau)^2 + 0,9}.$$

Et notre formule devient

$$(2) \qquad \Pi = \tau^{2+\frac{6}{7}}\frac{Z}{x}, \qquad x = \left[1 + \frac{(1-\tau)(0,84-\tau)}{1,8(1-\tau)^2 + 0,9}\right]\tau^{1+\frac{6}{7}}.$$

Elle représente avec une exactitude vraiment remarquable les tensions observées de la vapeur saturée du chlorure stannique, comme le montre le Tableau ci-après.

Les données qu'on possède sur le fluorure de méthyle sont aussi d'un seul observateur (Collie, 1883-1899), mais elles n'embrassent qu'un assez faible intervalle des températures les plus proches de l'état critique. Sauf pour la température la plus basse (— 5° C.), l'accord est assez satisfaisant

	Température		Tension de la vapeur saturée,			
			réduite		en cent. de mercure	
	centigrade.	réduite.	observée.	calculée.	observée.	calculée.
Chlorure stannique ($T_c=591,7$; $P_c=2808^{cm},2$). Sydney-Young (1892).	8,8	0,4763	0,0004	0,0003	1	0,75
	39,6	0,5283	0,0018	0,0017	5	4,72
	55,35	0,5549	0,0036	0,0035	10	9,72
	73,0	0,5848	0,0072	0,0072	20	20,00
	93,0	0,6186	0,0142	0,0146	40	40,84
	144,2	0,6544	0,0271	0,0274	76	76,56
	124,25	0,6714	0,0356	0,0361	100	101,40
	152,55	0,7192	0,0712	0,0716	200	201,12
	186,0	0,7757	0,1424	0,1420	400	398,88
	217,75	0,8294	0,2493	0,2481	700	696,63
	240,55	0,8679	0,3561	0,3547	1000	996,07
	269,1	0,9162	0,5341	0,5344	1500	1500,84
	290,9	9,9530	0,7122	0,7122	2000	2000,00
	309,1	0,9838	0,8903	0,8924	2500	2505,90
Fluorure de méthyle ($T_c=318$; $P_c=4601^{cm},0$). Collie (1899).	−5,0	0,8428	0,2469	0,2820	1136,0	1297,0
	5,0	0,8742	0,3856	0,3753	1774,0	1726,0
	15,0	0,9007	0,4999	0,4906	2300,1	2257,3
	25,0	0,9352	0,6268	0,6213	2884,0	2858,8
	35,0	0,9686	0,7869	0,7996	3620,4	3678,9
Chloroforme ($T_c=536$; $P_c=4089^{cm},0$). Regnault (1862).	20	0,5467	0,0039	0,0028	16,05	11,55
	40	0,5841	0,0090	0,0071	36,93	29,03
	60	0,6214	0,0185	0,0153	75,57	62,56
	80	0,6587	0,0344	0,0295	140,76	120,63
	100	0,6960	0,0594	0,0521	242,85	213,04
	120	0,7333	0,0960	0,0859	392,60	351,25
	140	0,7707	0,1467	0,1343	600,00	533,33
	160	0,8080	0,2136	0,2005	873,40	819,85
Chloroforme ($T_c=520$; $P_c=3440^{cm},0$). Regnault (1862).	20	0,5633	0,0047	0,0043	16,05	14,79
	40	0,6040	0,0107	0,0108	36,93	37,15
	60	0,6404	0,0220	0,0217	75,57	74,65
	80	0,6788	0,0409	0,0413	140,76	142,07
	100	0,7173	0,0706	0,0698	242,85	240,11
	120	0,7558	0,1141	0,1131	392,60	389,06
	140	0,7943	0,1744	0,1738	600,00	597,87
	160	0,8327	0,2539	0,2562	873,40	881,33

entre les tensions observées et les tensions calculées par la formule (2). Il y aurait intérêt à étendre ces expériences et à constater si l'écart que nous venons de signaler à la température — 5° C. n'est qu'accidentelle, ou si, au contraire, il persiste aux températures inférieures : et, dans ce dernier cas, à rechercher si ces écarts n'auraient pas leur origine dans une association des molécules de ce gaz liquéfié aux basses températures.

Si les tensions de la vapeur du fluorure de méthyle n'ont été observées qu'aux températures les plus élevées, celles du chloroforme, au contraire, n'ont été observées qu'à des températures assez modérées. Les expériences sont de Regnault, et s'arrêtent à 160° C., alors que la température critique de ce corps serait de 100°, environ, plus élevée, d'après les déterminations les plus récentes qui ont fixé ses constantes critiques à 262°,9 pour la température et à 53^{atm},8 pour la pression (Kuenen et Robson, 1902).

L'application de la formule (2) aux expériences de Regnault ne donne pas des résultats satisfaisants. Nous avons cru, cependant, devoir les consigner sur notre Tableau, parce qu'ils nous ont amené à certaines réflexions qui nous paraissent mériter l'attention. Les tensions réduites calculées sont, toutes, inférieures aux tensions observées, et dans une proportion qui, en moyenne, ne. s'écarte pas trop de $\frac{1}{6}$; en sorte qu'il suffirait de modifier la pression critique pour diminuer assez notablement les divergences constatées. Cette remarque a été le point de départ de nos réflexions.

De même qu'il nous a paru naturel de formuler plus haut l'hypothèse que le fluorure de méthyle pourrait bien, aux basses températures, subir une altération partielle dans sa constitution chimique, de même il nous semble naturel d'envisager l'hypothèse que le chloroforme pourrait bien, lui aussi, subir aux hautes températures un commencement d'altération; et, dans ce cas, les déterminations de MM. Kuenen et Robson, qui nous inspirent d'ailleurs toute confiance, ne se rapporteraient plus au corps pur étudié par Regnault à des températures beaucoup plus basses. On peut donc se demander s'il ne serait pas possible d'assigner aux constantes critiques du chloroforme des valeurs qui mettraient la formule (2) en accord avec les observations de Regnault.

Par la méthode que nous avons déjà employée pour le mercure, nous avons trouvé, comme on le voit sur la dernière partie de notre Tableau, que ce but était atteint d'une façon très satisfaisante en fixant les constantes critiques du chloroforme à 247° C. pour la température et à 45^{atm},26 pour la pression. La température critique ainsi calculée est de 15°,9 inférieure à celle indiquée par MM. Kuenen et Robson : cette différence, sans être excessive, dépasse les simples erreurs d'observation, mais elle n'est pas faite pour nous étonner d'après les considérations qui précèdent.

La seule conclusion que nous voulions tirer de cette première étude des corps pentaatomiques, c'est qu'il est assez plausible d'admettre que le chlorure stannique, le fluorure de méthyle et le chloroforme, en tant que pris à l'état de pureté, doivent avoir des tensions de vapeur saturée qui satisfont à la loi sur les états correspondants.

CORRESPONDANCE.

M. le Secrétaire perpétuel donne lecture de la dépêche suivante :

Cherbourg, 10 juin, 8ʰ 20ᵐ.

Étoile nouvelle, plus brillante que Véga, éclatante blancheur, scintillation.

CAMILLE FLAMMARION.

THÉORIE DES FONCTIONS. — *Sur certaines transformations fonctionnelles.* Note de M. **Joseph Pérès** ([1]).

1. On sait que toutes les fonctions permutables avec une fonction donnée $F(x, y)$ (du premier ordre et mise sous forme canonique) sont données par la formule (Volterra)

$$(a) \qquad \lambda(y - x) + \int_0^{y-x} \lambda(\xi) \Phi(\xi; x - y) \, d\xi;$$

λ étant arbitraire, Φ dépendant de F. Nommons Φ *fonction génératrice* du corps des fonctions permutables avec F. M. Volterra a donné un procédé pour former Φ à partir de F. Mais il est aisé de voir que, F étant donnée, Φ est en partie arbitraire. Si Φ_0 est l'une des fonctions génératrices du

---

([1]) Extrait d'un pli cacheté accepté par l'Académie le 11 juin 1917, enregistré sous le nᵒ 8403 et ouvert, à la demande de l'auteur, en la séance du 15 avril 1918.

çorps, toutes les autres sont données par la formule

$$(\text{I}) \qquad \Phi = \text{K}(\xi, y - x) + \Phi_0(\xi; x, y) + \int_\xi^{y-x} d\sigma\, \text{K}(\xi, \sigma)\, \Phi_0(\sigma; x, y),$$

où K est tout à fait arbitraire.

2. D'après les résultats de mon dernier « pli cacheté » ([1]), il est naturel de chercher à déterminer la fonction Φ par la condition suivante :

$$(\text{II}) \qquad \overset{*}{\Omega}(\lambda)\,\overset{*}{\Omega}(\mu) = \Omega(\overset{*}{\lambda}\overset{*}{\mu}),$$

λ et μ étant arbitraires, $\Omega(\lambda)$ désignant l'expression (a) ([2]). J'ai, dans mon précédent « pli », traité cette question pour les fonctions permutables avec l'unité. La méthode que j'ai donnée se généralise difficilement, à moins d'admettre l'analyticité de F. Aussi je reprends ici la question d'un point de vue général.

3. Pour que (II) ait lieu, on démontre qu'il faut et suffit que Φ vérifie l'équation fonctionnelle

$$(\text{III}) \quad \Phi(\tau + \eta; x, y) = \Phi(\tau; \eta + x, y) + \Phi(\eta; x, y - \tau) + \int_{x+\eta}^{y-\tau} \Phi(\eta; x, \zeta)\, \Phi(\tau; \zeta, y)\, d\zeta.$$

En posant

$$\Phi(\tau; x, y) = \Psi(\tau; x, y - \tau)$$

et après quelques transformations, il vient enfin, pour déterminer Ψ, l'équation

$$(\text{IV}) \quad \Psi(\eta; x, y) = \int_0^\eta f(x + \eta', y + \eta')\, d\eta' + \int_0^\eta d\eta' \int_x^y d\zeta\, \Psi(\eta'; x, \zeta)\, f(\eta' + \zeta, y + \eta').$$

On la résout par approximations successives. On trouve

$$(\text{V}) \qquad \Psi = \Psi_1 + \Psi_2 + \ldots + \Psi_p + \ldots$$

([1]) Sur certains développements en série. Pli cacheté n° 8356, inséré aux *Comptes rendus* du 6 mai 1918.

([2]) On pourra alors, sans qu'il y ait un mot à changer aux raisonnements, appliquer à un corps quelconque de fonctions permutables tout ce qui est dit, dans mon précédent pli, à propos des fonctions permutables avec l'unité.

avec

$$\Psi_p = \int_0^\eta d\eta_p \int_0^{\eta_p} d\eta_{p-1} \ldots \int_0^{\eta_2} d\eta_1 \, \mathring{G}_{\eta_1} \mathring{G}_{\eta_2} \ldots \mathring{G}_{\eta_p}(x, y)$$

en posant

$$f(x + \eta, y + \eta) = G_{\eta_1}(x, y).$$

4. Nous avons ainsi obtenu les *fonctions génératrices de tous les corps de fonctions permutables*. Elles dépendent d'une arbitraire $f(x, y)$. Il est facile de la choisir de façon que la fonction précédente Ψ ou Φ (V) engendre le corps des fonctions permutables avec $F(x, y)$. Il suffit de faire en sorte que (par exemple)

$$F(x, y) = 1 + \int_0^{y-x} \Phi(\xi; x, y) \, d\xi.$$

On se rendra compte que le second membre de cette formule est

$$1 + \mathring{i}\mathring{f}\mathring{i}(x, y) + \mathring{i}\mathring{f}\mathring{i}\mathring{f}\mathring{i}(x, y) + \mathring{i}\mathring{f}\mathring{i}\mathring{f}\mathring{i}\mathring{f}\mathring{i}(x, y) + \ldots$$

Il suffit donc qu'on ait, en nommant H la dérivée seconde de F par rapport à x et y,

$$f = - H - \mathring{H}\mathring{i}\mathring{H} - \mathring{H}\mathring{i}\mathring{H}\mathring{i}\mathring{H} - \ldots.$$

5. On peut conclure qu'un corps quelconque de fonctions permutables correspond, par une transformation Ω, *au corps du cycle fermé*([1]) *et que toutes les propriétés des deux corps se correspondent*. On pourra donc se horner à l'étude, particulièrement simple, du corps du cycle fermé.

GÉOMÉTRIE. — *Sur la quadrature approchée du cercle.*
Note ([2]) de M. de PULLIGNY, présentée par M. Ch. Lallemand.

Si, comme je l'ai indiqué dans des Communications précédentes ([3]), on considère la surface des carrés construits sur une corde d'un cercle qui tourne autour du milieu d'un rayon, le nombre qui exprime cette aire dans

([1]) C'est-à-dire à l'ensemble des fonctions d'une variable (Cf. ma Thèse, p. 5).

([2]) Séance du 27 mai 1918.

([3]) *Comptes rendus*, t. 166, 1918, p. 489 et 608.

un cercle de rayon égal à l'unité varie de 4 à 3 et de 3 à 4 en passant deux fois par la valeur de la quadrature du cercle, et l'on peut mettre en évidence sa partie fractionnaire sur la figure même, en AQ.

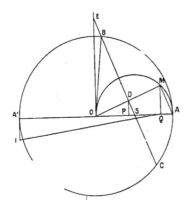

Soient BC une corde passant par le milieu S du rayon OA, et OD la perpendiculaire abaissée du centre O, qui coupe en D la corde et en M le cercle de diamètre $OA = 1$ $\left(\text{avec } OS = \frac{1}{2}\right)$.

Soient P et Q les projections de D et M sur OA. Je dis qu'on a

$$\overline{BC}^2 = 3 + AQ.$$

Dans les triangles rectangles ODS, DSP, MAQ, OBD, on a

$$\overline{DS}^2 = \frac{SP}{2} = \frac{AQ}{4} \quad \text{et} \quad \overline{BD}^2 = \frac{\overline{BC}^2}{4},$$

$$\overline{OD}^2 = \frac{1}{4} - \overline{DS}^2 = 1 - \frac{\overline{BC}^2}{4}, \quad \text{d'où} \quad \overline{BC}^2 = 3 + AQ;$$

cette valeur de $\overline{BC}^2$ peut aussi se déduire de celle qui a été indiquée dans la première des Communications précitées, savoir

$$\overline{BC}^2 = \frac{4 + 12\,\overline{OE}^2}{1 + 4\,\overline{OE}^2} = 3 + \frac{1}{1 + 4\,\overline{OE}^2}.$$

En effet, dans les triangles rectangles et semblables ODS et EOS, on a

$$\overline{DS}^2 = \frac{SP}{2} = \frac{AQ}{4},$$

$$\frac{\frac{1}{4}}{\frac{1}{4} + \overline{OE}^2} = \frac{1}{1 + 4\overline{OE}^2} = \frac{\overline{DS}^2}{\frac{1}{4}} = AQ.$$

La relation

$$\overline{BC}^2 = 3 + AQ$$

résout théoriquement le problème qui consiste à construire $\overline{BC}^2 = \varpi$ pour une valeur approchée du nombre ϖ. Car étant donnée la partie fractionnaire de cette approximation, fraction ordinaire ou fraction décimale, on peut la construire à l'aide de la règle et du compas. On peut d'ailleurs construire de même les valeurs approchées de l'expression $x = \sqrt{\varpi}$ sans passer par les solutions que j'ai indiquées.

Toutefois, si l'application des constructions classiques à ce cas ne présente aucune difficulté en théorie, en pratique elle peut conduire à des épures encombrantes. Si pour construire un segment de droite dont la longueur égale 3,14159292 (approximation de Metius), on attribue à chaque partie aliquote de l'unité une longueur d'un demi-millimètre seulement, la longueur du segment en question dépasse 150^{km}. Les artifices que j'ai indiqués précédemment ont donc leur raison d'être.

On peut en adopter un de ce genre pour construire une valeur très approchée de $AQ = \varpi - 3$. Si en effet on construit le triangle rectangle $A'IQ$ avec $A'I = \frac{1}{4}$ et $IQ = 2 - \frac{1}{8}$, on a

$$A'Q = 1,85826 \text{ (par excès)}, \qquad AQ = 0,14175\ldots, \qquad \overline{BC}^2 = 3,14175\ldots$$

L'erreur relative est

$$\varepsilon = \frac{3,14175 - 3,14159}{3,14} = 0,00005.$$

ASTRONOMIE. — *Éclat intrinsèque du ciel étoilé.*
Note de M. **Henry Bourget.**

1. La subvention que l'Académie a bien voulu m'accorder sur la Fondation Loutreuil m'a permis d'appliquer à la mesure de l'éclat du ciel une

remarquable méthode exposée par M. Charles Fabry au Tome 31 de l'*Astrophysical Journal*, en 1910.

Ces recherches ont été effectuées durant les nuits sans lune des mois d'août et septembre 1917, dans les environs de Sanary, les lumières étrangères du ciel de Marseille ne permettant pas de telles études.

2. L'instrument employé a été monté dans l'atelier de l'Observatoire par les soins de M. Carrère.

Un objectif A (Prazmowski, diamètre $= 65^{mm}$ et distance focale $= 460^{mm}$) reçoit la lumière des étoiles et un objectif de microscope (Zeiss, distance focale $= 8^{mm}$, o.et ouverture numér. $= 0,65$.) donne sur une plaque photographique (Lumière Σ) une image de A.

On obtient sur la plaque un cercle de 1^{mm} de diamètre environ, uniformément éclairé par la lumière du ciel étoilé dont l'image se forme dans le plan focal de A à l'intérieur d'un diaphragme de 10^{mm} de diamètre, placé dans ce plan, ce qui correspond à une aire du ciel de $1,22$ degrés carrés. Des diaphragmes plus petits, permettant d'isoler au besoin la lumière d'une seule étoile, peuvent être substitués au diaphragme de 10^{mm}.

L'appareil est monté sur un équatorial de 108^{mm} d'ouverture servant de pointeur durant les poses.

3. La méthode consistait à poser 3 minutes sur la région à étudier, puis à faire sur la même plaque trois poses de 3, 4 et 5 minutes sur une étoile de comparaison de grandeur connue, environ 4,9.

La mesure du cliché au microphotomètre permet de construire en partie la courbe de noircissement de l'étoile de comparaison et de déterminer, par une interpolation faite dans la portion rectiligne de cette courbe, la durée de pose sur l'étoile qui donnerait la même densité de noir que celle obtenue pour la région étudiée. Un calcul facile permet d'en conclure, en éclat d'une étoile de grandeur 5, l'éclat par degré carré de la région.

4. La mise au point sur la plaque ayant la précision d'une mise au point microscopique, j'ai constaté, dès le début des observations, qu'il était difficile et pénible, sans risquer de changer cette mise au point, de substituer les petits diaphragmes au diaphragme de 10^{mm}. J'ai donc dans cette première campagne comparé diverses régions du ciel, non à une même étoile, mais à une même région du ciel, celle qui entoure ε Petite Ourse, y compris cette étoile de grandeur 5,05 (*Yerkes photometry*).

J'ai obtenu 23 plaques comprenant une quarantaine de régions. Après examen, 16 de ces photographies ont été jugées utilisables. Le Tableau suivant donne l'indication des régions et leur éclat déduit, par degré carré, en éclat de la région ε Petite Ourse :

Plaque.	Région.	Éclat.
1.	Anse de la Voie lactée au sud de γ Cygne.............	0,8
2.	ω Poissons..................................:........	0,7
3.	Région 1...	0,8
4.	Région 1...	0,8
5.	Région 2..............................:............	0,7
6.	Voie lactée un peu au sud de δ Persée...............	0,9
7.	Voie lactée un peu au sud de δ Flèche...............	1,1
8.	Voie lactée entre α et γ Cygne.....................	1,1
9.	Milieu du grand carré de Pégase....................	0,7
10.	Région 2...	0,7
11.	Voie lactée entre δ et λ Aigle......................	1,3
12.	Région entre α et δ Triangle.......................	0,7
13.	Région un peu au sud de α Bélier...................	0,7
14.	Région entre α et τ Pégase......:.................	1,0
15.	Voie lactée entre γ et η Cygne.....................	1,2
16.	Région de κ Persée en dehors de la Voie lactée.......	1,6

Si l'on compare l'éclat moyen des régions 2, 5, 9, 10, 12, 13 et 16 nettement en dehors de la Voie lactée avec l'éclat moyen des régions 6, 7, 8, 11 et 15 appartenant à la Voie lactée, on trouve que *l'éclat par degré carré de la Voie lactée est 1, 7 celui des régions en dehors de la Voie lactée*, en laissant toutefois de côté la plaque 14 qui paraît anormale. M. Ch. Fabry, dans le travail cité, avait trouvé 1,9. Les régions 1, 3 et 4, très voisines de la Voie lactée, donnent un rapport moindre : 1,4.

5. J'ai l'intention, si les circonstances actuelles le permettent cette année, de continuer ces recherches, en apportant à l'instrument les perfectionnements que m'a indiqués cette première campagne. J'ai pensé cependant que les premiers résultats obtenus étaient de nature à intéresser l'Académie des Sciences.

ASTRONOMIE. — *Apparition d'une Nova.* Télégrammes de Sir **W. Dyson**, de M. **Luizet**, de M. **Moye**, de M. **Comas Sola**, présentés par M. B. Baillaud.

J'ai reçu, le 9 juin, quatre télégrammes annonçant une Nova brillante. Les voici, dans l'ordre dans lequel ils m'ont été remis :

Observatoire de Paris, de Londres : 9 à 10ʰ0 matin. Nouvelle étoile dans l'Aigle, première grandeur, découverte par Steavenson. Signé : Dyson.

Directeur Observatoire Lyon à Directeur Observatoire Paris : Nova Ophiuchi Luizet, Lyon, 8 juin 8ʰ40ᵐ. Greenwich, grandeur 1,5; $\alpha = 281°10'$; $P = 89°30'$, blanche.

De Montpellier à Directeur Observatoire Paris : Le 9 à 9ʰ30ᵐ. Brillante Nova sud-ouest θ Serpent. Signé : Moye, Professeur Université, Montpellier.

Barcelone 9, 2ʰ25ᵐ. Étoilé nouvelle, première grandeur Ophiuchus. Signé : Comas Sola.

A Paris, le ciel était couvert dans la première partie des soirées du 8 et du 9 juin.

Deux télégrammes ont été reçus à l'Observatoire le 10 juin; l'un de E.-C. Pickering à Harvard College Observatory rapporte que Parkhurst trouve le spectre de la Nova lignes sombres premier type; l'autre de Sir W. Dyson dit que Jonckheere a établi que la nouvelle étoile paraît identique au numéro 108 de la plaque 1003 d'Alger.

PHYSIQUE MATHÉMATIQUE. — *Milieux biaxes. Recherche des sources. Les amplitudes.* Note de M. **Marcel Brillouin**.

I. Dans une précédente Note (¹), j'ai montré comment la recherche des amplitudes φ_1, φ_2 de la source ponctuelle auxiliaire, se ramène à l'intégration des équations.

(1) $\Box \Delta (\varphi_1 + \varphi_2) = 0,$

(2) $\Box \Delta (\varphi_1 \tau_1 + \varphi_2 \tau_2) = 0,$

_____

(¹) *Comptes rendus*, t. 166, 1918, p. 412.

où τ_1, τ_2 sont les retards définis par l'onde de Fresnel, qu'on peut écrire

$$(\text{IV}) \qquad \tau_1 = \sqrt{\frac{\sigma + \varpi}{2}} - \sqrt{\frac{\sigma - \varpi}{2}}, \qquad \tau_2 = \sqrt{\frac{\sigma + \varpi}{2}} + \sqrt{\frac{\sigma - \varpi}{2}}$$

en posant

$$(\text{V}) \qquad \begin{cases} \sigma = \dfrac{b^2 + c^2}{b^2 c^2} x^2 + \dfrac{c^2 + a^2}{a^2 c^2} y^2 + \dfrac{a^2 + b^2}{a^2 b^2} z^2; \\[2mm] \varpi = \dfrac{r\,\text{R}}{b^2}, \qquad r^2 = x^2 + y^2 + z^2, \qquad \text{R}^2 = \dfrac{a^2 x^2 + b^2 y^2 + c^2 z^2}{a^2 c^2} b^2. \end{cases}$$

Les amplitudes ainsi obtenues doivent en outre satisfaire aux deux autres équations aux dérivées partielles

$$(3) \qquad \Box\,\Delta(\varphi_1 \tau_1^3 + \varphi_2 \tau_2^3) - \nabla(\varphi_1 + \varphi_2) = 0,$$

$$(4) \qquad \Box\,\Delta(\varphi_1 \tau_1^3 + \varphi_2 \tau_2^3) - \nabla(\varphi_1 \tau_1 + \varphi_2 \tau_2) = 0,$$

pour qu'il existe une source ponctuelle ayant l'ensemble des caractères dont j'ai admis l'existence. Je m'occuperai seulement des deux premières équations (1), (2).

II. *Intégrales homogènes de l'équation.* — Je rappellerai d'abord une propriété, connue je crois, mais trop peu, au moins de la plupart des physiciens ([1]), de l'équation de Laplace

$$\Delta \Phi = 0.$$

Posons, en coordonnées rectangulaires quelconques, $\pm \xi, y, w$

$$(r^2 = \xi^2 + y^2 + w^2),$$

$$(\text{VI}) \qquad \lambda = \frac{\xi + y i}{r + w}, \qquad \nu = \frac{\xi + y i}{r - w}.$$

L'intégrale générale homogène de degré entier positif ou négatif de cette équation est

$$(\text{VII}) \qquad r^{n+1}\,\Phi_{-(n+1)} = \frac{\Phi_n}{r^n} = (\lambda + \nu)^{n+1} \frac{\partial^{2n}}{\partial \lambda^n\,\partial \nu^n}\left(\frac{f(\lambda) + g(\nu)}{\lambda + \nu}\right),$$

([1]) A vrai dire, je ne l'ai trouvée nulle part écrite sous la forme (VII) que j'utilise; mais cette forme résulte si directement de l'emploi des coordonnées de projection stéréographique et de l'étude générale faite par Darboux (1882) d'une autre équation de Laplace, que j'hésite à m'en attribuer la paternité.

f et g sont deux fonctions arbitraires, aux restrictions près de continuité et d'existence des dérivées.

En particulier, on a

(5) $\Phi_0 = f_0(\lambda) + g_0(\nu),$ $\Phi_{-1} = \dfrac{1}{r}[f_{-1}(\lambda) + g_{-1}(\nu)].$

III. Il existe une infinité de transformations qui ramènent l'équation $\square = 0$ à la forme de Laplace. Soient ξ, y, W, trois telles coordonnées; $(R^2 = \xi^2 + y^2 + W^2)$; posant

(VI') $\Lambda = \dfrac{\xi + yi}{R + W},$ $N = \dfrac{\xi + yi}{R - W},$

les intégrales générales homogènes ont en R, Λ, N, la forme analogue à (VII). Écrivons seulement celles dont nous aurons besoin

(6) $\Psi_0 = F_0(\Lambda) + G_0(N),$ $\Psi_{-1} = \dfrac{1}{R}[F_{-1}(\Lambda) + G_{-1}(N)].$

IV. On montre sans difficulté que l'intégrale générale de l'équation (1) homogène de degré -1, et celle de l'équation (2) homogène de degré zéro, sont

(VIII) $\begin{cases} \varphi_1 + \varphi_2 = \Phi_{-1} + \Psi_{-1}, \\ \varphi_1 \tau_1 + \varphi_2 \tau_2 = \Phi_0 + \Psi_0. \end{cases}$

Je fais choix des coordonnées suivantes : ξ est perpendiculaire au premier axe optique; w est dirigé suivant cet axe; W est conjugué du plan ξy dans l'ellipsoïde $R = $ const. Ce sont les coordonnées employées dans mon étude des éléments de courant dans les biaxes ([1]).

V. *Amplitudes.* — Résolvons les équations (VIII) par rapport à φ_1, φ_2, nous évitons les infinis le long des axes ([2]) provenant du dénominateur $\tau_2 - \tau_1$ en prenant les mêmes fonctions f, ..., G, dans les deux équations (VIII), et nous obtenons

(IX) $\begin{cases} \varphi_1 = \dfrac{b\tau_2 - r}{\tau_2 - \tau_1}\, \dfrac{f_0(\lambda) + g_0(\nu)}{r} + \dfrac{ac\tau_2 - bR}{\tau_2 - \tau_1}\, \dfrac{F_0(\Lambda) + G_0(N)}{R}, \\ \varphi_2 = \dfrac{b\tau_1 - r}{\tau_1 - \tau_2}\, \dfrac{f_0(\lambda) + g_0(\nu)}{r} + \dfrac{ac\tau_1 - bR}{\tau_2 - \tau_1}\, \dfrac{F_0(\Lambda) + G_0(N)}{R}. \end{cases}$

([1]) *Comptes rendus*, t. 165, 1917, p. 555; *Revue générale de l'Électricité*, 16-23 février 1918.

([2]) Ce sont ces infinis qui subsistent dans les amplitudes de Lamé.

On choisira les quatre fonctions arbitraires de manière que les amplitudes soient réelles, et partout finies ; *mais cela n'implique pas que les* f_0, g_0, *restent séparément finies et aussi les* F_0, G_0. Il faut seulement (comme dans les uniaxes, et comme pour l'élément de courant dans les biaxes) que *les fonctions* f_0, g_0, *et les fonctions* F_0, G_0 *deviennent infinies ou discontinues de la même manière, et dans les mêmes régions*, de sorte que la compensation s'établisse entre elles :

$$F_0 + G_0 = \frac{1}{b} f_0 \left(\frac{ac}{b^2} \Lambda \right) + \frac{1}{b} g_0 \left(\frac{b^2}{ac} N \right).$$

On mettra, en outre, en évidence, dans le premier terme de φ_1 et φ_2, un facteur $\frac{\mathcal{A}_0}{r}$ et dans le second $\frac{\mathfrak{W}}{R}$ dont les constantes $\mathcal{A}_0$, $\mathfrak{W}$ sont arbitraires.

On donne facilement à ces formules un aspect où les deux axes jouent le même rôle. Ce sont les équations (3), (4), qui achèveront de déterminer les fonctions f_0, g_0.

MAGNÉTISME. — *État magnétique de quelques terres cuites préhistoriques.* Note de M. P.-L. MERCANTON.

J'ai pu compléter l'étude qui a fait l'objet d'une précédente Note ([1]) par l'examen de cinq autres lests de filet conservés au Musée de Lausanne et provenant de palafittes du lac de Neuchâtel, datant de l'âge du bronze (fin).

De forme conique ou en tronc de pyramide carrée ces masses d'argile n'ont pu être cuites que debout sur leurs bases, bien planes. Le magnétomètre a décelé chez quatre d'entre elles une aimantation sensiblement parallèle à leur base avec cependant une légère composante dans la direction sommet-base. L'aimantation était franchement oblique chez la cinquième, mais la distribution magnétique y était irrégulière.

L'examen de ce nouveau matériel confirme la conclusion de ma Note précédente : *l'inclinaison magnétique terrestre* a dû être presque *nulle* en Suisse à la fin de l'âge du bronze, avec une *légère tendance boréale*.

([1]) *Comptes rendus*, t. 166, 1918, p. 681.

CHIMIE ANALYTIQUE. — *Sur un nouveau procédé de dosage du mercure par le zinc en limaille*. Note (¹) de M. **Maurice François**, présentée par M. Charles Moureu.

Les procédés de dosage du mercure ne me semblant pas entièrement satisfaisants, j'ai cherché une nouvelle méthode qui fût assez rigoureuse pour permettre d'établir avec certitude la formule de corps dont la teneur en mercure ne diffère que par quelques centièmes. Après un certain nombre d'essais, je me suis arrêté à un procédé très simple qui repose sur le principe suivant.

Il est évidemment possible de déplacer le mercure de ses solutions salines par un métal sur lequel il se dépose. Le mercure étant amené tout entier à l'état métallique, si l'on pouvait dissoudre le métal étranger sans dissoudre le mercure, on obtiendrait sous forme métallique tout le mercure à doser. Si, en plus, on réussissait à grouper le mercure formé en gros globules faciles à peser, on aboutirait à un procédé très satisfaisant de dosage du mercure.

Cette conception est facile à réaliser par l'emploi du zinc, qui, en liqueur acide, précipite le mercure de ses sels et est soluble dans l'acide chlorhydrique tandis que le mercure y est insoluble. Par une circonstance heureuse, le mercure libéré de l'amalgame de zinc primitivement formé se réunit toujours, sous l'influence de l'acide chlorhydrique agissant comme décapant, en un globule unique, facile à peser.

L'expérience suivante montre la succession des phénomènes qui se produisent jusqu'à l'obtention du globule final, elle montre qu'aucune trace de mercure n'échappe au cours des diverses réactions et elle constitue le procédé de dosage avec cette seule modification que, pour rendre le procédé tout à fait général, il convient d'ajouter dès le début $0^g,500$ d'iodure de potassium à la prise d'essai des sels de mercure, ce qui transforme tous ces sels en iodure de mercure, corps se prêtant particulièrement bien au déplacement par le zinc.

On a pesé, dans une fiole conique de 125^{cm^3}, $0^g,744$ de chlorure mercurique pulvérisé; on y ajoute 1^g de zinc pur en limaille fine, puis 10^{cm^3} d'une solution

---

(¹) Séance du 3 juin 1918.

d'acide sulfurique contenant 98ᵍ d'acide pur par litre et que j'appellerai 2N ; après une demi-heure, on fait une seconde addition de 1ᵍ de limaille de zinc et de 10ᶜᵐ³ d'acide sulfurique 2N; après une nouvelle demi-heure, une troisième addition de 1ᵍ de zinc et de 10ᶜᵐ³ d'acide 2N. Le mélange est abandonné 24 heures.

Après ce temps, on décante le liquide surnageant sur un petit filtre sans plis, sans s'inquiéter si quelques parcelles de zinc sont entraînées et on lave ce zinc à l'eau quatre fois par décantation,

Le liquide filtré, additionné de solution d'hydrogène sulfuré, ne précipite pas et reste même parfaitement incolore, ce qui prouve que le mercure a été précipité en totalité par le zinc.

On reporte l'entonnoir sur la fiole conique, on perce le filtre et l'on fait tomber sur ses parois, d'un peu haut, en cinq fois, au moyen d'une pipette de 5ᶜᵐ³, 25ᶜᵐ³ d'acide chlorhydrique étendu de son volume d'eau. Ces cinq affusions détachent les parcelles de zinc adhérentes au filtre et les font retomber dans la fiole conique. On dépose cette fiole dans un verre à expérience en l'inclinant de 45° par rapport à l'horizontale et on l'abandonne 24 heures. Un vif dégagement d'hydrogène se produit, la majeure partie du zinc se dissout et il reste une éponge métallique blanche constituée par un amalgame de zinc riche en mercure. Fait curieux, cette éponge constitue un ensemble indivisible, toutes ses parties sont soudées entre elles.

Après les 24 heures, on décante, sans se servir d'un filtre, le liquide surnageant. On constate que ce liquide ne prend aucune coloration par addition de solution d'hydrogène sulfuré, ce qui établit que l'acide chlorhydrique au demi dissout le zinc à l'exclusion du mercure.

On verse immédiatement sur l'éponge métallique 25ᶜᵐ³ d'acide chlorhydrique pur fumant et l'on replace la fiole inclinée à 45° sur le verre à pied. Un violent dégagement d'hydrogène se produit de nouveau; l'éponge métallique se soulève sous l'influence des bulles gazeuses, puis retombe sans se diviser; elle se rétracte rapidement à mesure que le zinc se dissout et finalement, après 1 heure environ, elle se transforme en un gros globule de mercure sphérique, toujours unique, d'où partent encore de fines bulles d'hydrogène.

On abandonne encore 24 heures pour parfaire la dissolution du zinc.

Au bout de ce temps, l'acide chlorhydrique est décanté avec la précaution de ne pas entraîner le globule; il est remplacé par de l'eau qu'on décante sans agiter pour ne pas briser le globule de mercure. Ce globule est transvasé dans une petite capsule de porcelaine à fond vernissé préalablement tarée. L'eau qui accompagne le globule est enlevée au moyen d'un tube effilé, puis au moyen de bandes de papier à filtrer de 1ᶜᵐ environ de largeur, à section nette, qui le prennent par capillarité. La capsule est finalement séchée à froid sur l'acide sulfurique et pesée.

Dans cette expérience, le globule pesait 0ᵍ,518, ce qui conduit à 73,57 pour 100 de mercure, alors que la teneur théorique du chlorure en mercure est 73,80.

La méthode s'applique à tous les sels de mercure, qu'ils soient solubles ou insolubles, sauf au sulfure et il n'est nullement besoin de faire entrer le composé du mercure en dissolution avant de le soumettre à l'action du zinc; il faut simplement que la prise d'essai soit finement pulvérisée.

Les résultats obtenus sont rigoureusement exacts.

Si la méthode n'est pas applicable directement à l'analyse du cinabre, elle s'y applique, après qu'on a transformé le sulfure de mercure en sulfate par action d'une solution de brome dans l'acide bromhydrique. Cette solution contient 50^{cm^3} de brome, 50^{cm^3} d'acide bromhydrique fumant et 50^{cm^3} d'eau. On en verse 10^{cm^3} sur la prise d'essai de cinabre placée dans une fiole conique et abandonnée 24 heures. Après ce temps, l'oxydation est terminée, le cinabre est transformé en sulfate mercurique sans dépôt de soufre. On ajoute 30^{cm^3} d'eau et l'on obtient une solution limpide contenant en quantité importante du brome libre dont on se débarrasse par trois additions de 1^g de limaille de zinc espacées d'une demi-heure avant de faire le traitement ordinaire par la limaille de zinc et l'acide sulfurique, etc.

Il est manifeste que le zinc employé doit être pur. On doit réduire en limaille du zinc pur en cylindres répondant à la condition de se dissoudre sans aucun résidu dans l'acide sulfurique étendu et dans l'acide chlorhydrique étendu.

CHIMIE ORGANIQUE. — *Sur les acides isatiques.*
Note ([1]) de M. **J. Martinet**, présentée par M. A. Haller.

Les isatines peuvent être considérées comme les lactames des acides ortho-amidoarylglyoxyliques ou acides isatiques. Le groupe aminogène se trouvant en γ vis-à-vis du groupe carboxyle, on peut s'attendre à une cyclisation facile; si nous considérons les acides isatiques au point de vue de leur faculté de lactamisation nous pouvons *a priori* les ranger en trois classes : 1° les acides non substitués sur l'azote; 2° ceux substitués à l'azote par un groupe acylé; 3° ceux substitués à l'azote par un groupe alcoylé, et prévoir la stabilité des acides de la deuxième classe et une stabilité beaucoup moins grande pour ceux de la première classe et surtout ceux de la troisième. En fait, l'acide acétylisatique par exemple a été isolé par

---

([1]) Séance du 3 juin 1918.

Suida ([1]). Laurent déclare ne pouvoir obtenir l'acide isatique à l'état libre ([2]); Erdmann l'isola sous forme d'une poudre blanche par action de l'acide sulfhydrique sur l'isatate de plomb, il n'en donne pas de point de fusion ([3]). Bæyer déclare que l'acide N-éthylisatique est encore beaucoup moins stable que l'acide isatique lui-même ([4]). Nos recherches sur les isatines nous ont amené à étudier la stabilité des acides qui correspondent à certaines d'entre elles. Il nous a été possible d'isoler trois acides isatiques tous non substitués à l'azote. Les isatines employées toutes connues [α-naphtisatine ([5]), 5-méthylisatine ([6]), 5.7-diméthylisatine ([7])] sont obtenues par acidulation du produit de saponification à l'air des éthers dioxindol-3-carboniques correspondants ([8]). On prépare une solution alcaline de ces isatines à l'aide d'une liqueur titrée de potasse. La solution d'abord violet intense vire rapidement au jaune franc. On la refroidit dans la glace et on l'additionne d'une quantité calculée d'acide chlorhydrique; il faut éviter l'excès d'acide avec le plus grand soin. Pour une concentration convenable les acides isatiques donnent un précipité volumineux que l'on essore et dessèche rapidement en présence d'anhydride phosphorique. Nous avons ainsi isolé :

L'acide 5-méthylisatique ou ortho-amido-paraméthylphénylglyoxylique (I) jaune pâle (F. 132°) par projection sur le bloc Maquenne; le liquide rouge se resolidifie, le solide formé fond vers 187°. Il est soluble dans l'eau, l'alcool, la benzine. Les solutions jaunes chauffées ou acidulées deviennent orangées par formation d'isatine. La solution benzénique est plus stable.

L'acide 5.7-diméthylisatique ou 2-amino-4.6-diméthylphényl-1-glyoxylique (II) est une poudre cristalline jaune orangé, un peu soluble dans l'eau et l'éther, bien

---

([1]) Suida, *D. ch. Ges.*, 1878, p. 584.

([2]) Laurent, *Ann. de Chim. et de Phys.*, 3ᵉ série, t. 3, p. 371.

([3]) Erdmann, *Journ. für prakt. Chem.*, t. 24, p. 11.

([4]) Bæyer, *D. ch. Ges.*, t. 16, p. 2188.

([5]) Hinsberg, *D. ch. Ges.*, t. 21, p. 117. — C. et H. Dreyfus, Kl. 12 *p*, Nr. 153418, et Kl. 120, Nr. 152019.

([6]) Meyer, *D. ch. Ges.*, t. 16, p. 2261. — Duisberg, *D. ch. Ges.*, t. 18, p. 190. — Heller, *Ann. der Chem.*, t. 332, p. 247. — Bauer, *D. ch. Ges.*, t. 40, p. 2650. — Ostromysslenski, *D. ch. Ges.*, t. 40. p. 4972, et t. 41, p. 3029. — Reitzenstein et Breuning, *Ann. d. Chem.*, t. 372, p. 25. — Panaotovic, *J. f. pr. Chem.*, t. 2, p. 33.

([7]) Heller, *Ann. d. chem.*, t. 358, p. 349.

([8]) A. Guyot et J. Martinet, *Comptes rendus*, t. 156, 1913, p. 1625.

soluble dans l'alcool. La solution alcoolique peut être portée quelques minutes à l'ébullition sans altération; elle est plus sensible à l'action des acides. L'acide diméthyl-isatique fond vers 215° avec un petit bruissement dû au départ.d'eau. Le liquïde rouge de fusion se resolidifie, et le solide formé fond à 242°, point de fusion de la diméthyl-isatine.

Analyse. — Poids de substance, 0ᵍ,25t8; poids de gaz carbonique, 0ᵍ,5742; poids d'eau, 0ᵍ,1295.

	Calculé pour C¹⁰H¹¹O³N.	Trouvé.
C pour 100.........	62,17	62,21
H » ......:......	5,69	5,7t

L'acide α-naphtisatique ou 1-aminonaphtyl-2-glyoxylique (formule III). Cet acide est jaune orangé. Il est soluble dans l'alcool et l'éther, la solution éthérée laisse déposer des cristaux par évaporation. Comme avec les acides précédents, nous avons obtenu un premier point de fusion avec bruissement à 187° environ, puis un second à 255°, point de fusion de l'α-naphtisatine. L'acide sec est relativement stable vis-à-vis de la chaleur. Il peut être chauffé plusieurs heures à 140°-150° sans que la transformation en isatine soit totale.

En solution alcoolique, quelques secondes d'ébullition suffisent; il en est de même à froid en présence d'acide chlorhydrique, la lactamisation peut être suivie au spectroscope.

Analyse. — Poids de substance, 0ᵍ,2184; poids de gaz carbonique, 0ᵍ,5338; poids d'eau, 0ᵍ,0842.

	Calculé pour C¹²H⁹O³N.	Trouvé.
C pour 100....................	66,97	66,66
H »	4,18	4,28

(I).   (II).   (III).

Ces acides se dissolvent immédiatement en jaune dans les alcalis, sans passer par la coloration intermédiaire violette des isatines correspondantes non substituées sur l'azote.

Ils donnent des sels de potassium et de baryum jaune citron, des sels de plomb jaune orangé, des sels de cuivre rouges, des sels d'argent jaune très pâle et qui rougissent au contact du nickel métallique.

CHIMIE ORGANIQUE. — *Sur la fonction amide.* Note de M. **J. Bougault**, présentée par M. Ch. Moureu.

Mes recherches récemment publiées ([1]) sur les acidylsemicarbazides et les acidylhydroxamides ont apporté la preuve expérimentale de l'existence, pour chaque groupe, des deux séries de composés que la théorie faisait prévoir :

$$R.C\underset{N.NH.CO.NH^2}{\overset{OH}{\diagup}} \qquad R.CO.NH.NH.CO.NH^2.$$

(I). — Acides acidylsemicarbaziques   (II). — Acidylsemicarbazides
(type acide).   (type basique).

$$R.C\underset{NOH}{\overset{OH}{\diagup}} \qquad R.COH.NOH.$$

(III). — Acides acidylhydroxamiques   (IV). — Acidylhydroxamides
(type acide).   (type basique).

J'ai en effet réussi à obtenir des composés appartenant aux séries basiques, tandis que jusqu'ici on ne connaissait que des représentants des séries acides. La comparaison des deux séries a permis d'établir les différences très nettes qui les distinguent, différences particulièrement tranchées chez les acidylsemicarbazides, un peu atténuées chez les acidylhydroxamides, mais toujours suffisamment accusées pour que la distinction des deux séries (acide et basique) soit des plus aisées. J'ai montré en outre que les deux séries isomères ne se transforment pas l'une dans l'autre par des réactions simples : elles ne sont pas tautomères.

I. Les amides, eux aussi, peuvent théoriquement exister, sous deux formes isomères, qu'on a même supposées tautomères

$$R.C\underset{NH}{\overset{OH}{\diagup}} \qquad R.CO.NH^2.$$

(V). — Type acide.   (VI). — Type basique.

([1]) *Comptes rendus*, t. 163, 1916, p. 237; 305; t. 164, 1917, p. 820, et t. 165, 1917, p. 592.

Jusqu'ici on n'a pas, que je sache, obtenu des composés appartenant aux
deux séries, du moins n'ont-ils pas été distingués. Tous les amides décrits
sont représentés par le même schéma : c'est le schéma basique (VI) qui a
été adopté ; la raison de ce choix m'est d'ailleurs inconnue.

Cependant les propriétés de certains dérivés d'amides n'ont pu être
expliquées qu'en faisant intervenir le type acide ; tels sont les imino-éthers
de Pinner (VII) et les sels des sulfamides chlorés (VIII) :

$$\text{R.C}\begin{cases}\text{OR'}\\ \text{NH}\end{cases}. \qquad\qquad \text{R.SO}\begin{cases}\text{ONa}\\ \text{NCl}\end{cases}.$$

$$\text{(VII).} \qquad\qquad\qquad \text{(VIII).}$$

On a admis alors que les amides prenaient, dans ces composés, la forme
acide, pour revenir à la forme basique, dès que l'amide lui-même repassait
à l'état libre par une réaction appropriée.

II. En présence des faits nouveaux apportés par mes recherches, je me
suis demandé s'il n'était pas possible de trouver dans l'étude des acidylsemicarbazides et des acidylhydroxamides, les raisons suffisantes, qui manquaient jusqu'ici, pour décider de la constitution à attribuer aux amides
connus.

En effet, étant donné que les acidylsemicarbazides et les acidylhydroxamides ne sont que des amides, où la semicarbazide et l'hydroxylamine
jouent le rôle de l'ammoniaque, on est autorisé à conclure, par analogie,
de ce qu'on sait exister chez les premiers à ce qui doit exister chez les
derniers.

Or, si nous remarquons que les acides acidylsemicarbaziques et les
acides acidylhydroxamiques sont obtenus par l'action des bases (semicarbazide et hydroxylamine) sur les anhydrides d'acides, les chlorures
d'acides, les éthers-sels, tandis que les dérivés de la série basique n'ont pu
être préparés que par un procédé détourné qui n'a pas d'équivalent dans les
modes de préparation des amides connus ; on doit conclure que les amides,
qui sont le résultat de l'action de l'ammoniaque sur les anhydrides d'acides,
sur les chlorures d'acides, sur les éthers-sels, doivent être construits sur le
type acide et représentés par le schéma (V) qui y correspond, au lieu du
schéma basique (VI), adopté jusqu'à ce jour.

Comme on le voit, cette conclusion découle tout naturellement de mes
recherches ; d'autre part, elle semble plutôt appuyée que contredite par
l'examen des propriétés générales des amides.

Tous les amides ont des propriétés acides, faibles il est vrai, mais caractérisées cependant par l'existence de dérivés métalliques (sodés, mercuriques, etc.), que je n'ai pas à rappeler ici.

Les imino-éthers de Pinner ont même obligé les chimistes à envisager l'existence du type acide, regardé d'ailleurs comme instable (labile). Avec la nouvelle représentation que je, propose, les composés de Pinner deviennent les dérivés normaux des amides, auxquels ils donnent naissance par saponification ménagée, sans qu'il soit besoin de faire intervenir l'hypothèse d'une tautomérisation.

La même observation s'applique aux dérivés halogénés des sulfamides.

J'ajouterai encore que les résultats expérimentaux, que j'ai obtenus ([1]) dans l'étude de la saponification des nitriles par l'acide sulfurique, parlent aussi dans le même sens.

L'adoption du nouveau mode de représentation entraînera nécessairement quelques modifications faciles à prévoir dans les formules développées des dérivés des amides.

III. Quant aux amides du type basique, il est difficile d'en parler avant de les avoir obtenus. On peut cependant prévoir, par raison d'analogie avec les acidylsemicarbazides et les acidylhydroxamides, qu'ils ne seront pas tautomères avec les amides du type acide; et, de plus, que la personnalité de chaque série sera suffisamment caractérisée pour que leur distinction ne souffre aucune difficulté.

En ce qui concerne leur obtention, on serait tenté de la rechercher, par analogie, dans l'action de l'iode et du carbonate de soude sur les cétimines des acides α-cétoniques

$$R - \overset{\underset{\|}{\text{NH}}}{C} - CO^2H$$

Malheureusement, ce qu'on sait des cétimines, et, en particulier, ce que nous ont appris les travaux de MM. Moureu et Mignonac ([2]), laisse prévoir que leur instabilité sera un gros obstacle dans leur emploi au but cherché. Il n'en est pas moins vrai que leur préparation doit être tentée, car l'obtention des amides du type basique présente, tout au moins au point de vue théorique, un incontestable intérêt.

([1]) Comptes rendus, t. 158, 1914, p. 1424 et avec plus de détails Journ. de Pharm. et Chim., 7ᵉ série, t. 10, 1914, p. 297.

([2]) Comptes rendus, t. 156, 1913, p. 1801.

BOTANIQUE. — *Sur la métachromatine et les composés phénoliques de la cellule végétale.* Note (¹) de M. **A. Guilliermond**, présentée par M. Gaston Bonnier.

Lorsqu'on examine sur le vivant les cellules épidermiques d'un pétale d'une variété blanche de *Pelargonium*, on observe dans la vacuole la présence d'un certain nombre de corpuscules arrondis et très réfringents.

En colorant vitalement ces mêmes cellules par le rouge neutre, on constate que la vacuole prend une teinte rouge diffuse et que les corpuscules se colorent en rouge foncé. Au cours de la coloration, il arrive qu'on assiste à la formation au sein de la vacuole par une sorte de précipitation de nouveaux corpuscules analogues à ceux qui préexistaient. Les fixateurs déterminent également la précipitation du contenu de la vacuole sous forme de corpuscules. Il existe donc dans la vacuole une substance en partie à l'état de corpuscules, en partie à l'état de solution et susceptible de précipiter sous l'influence de certains réactifs, comme l'a très bien mis en évidence M. Dangeard dans ses belles recherches de cytologie. Cette substance possède également le pouvoir de fixer la plupart des colorants vitaux (bleu de méthylène, crésyl, Nil, violet de gentiane, dahlia, méthyle, vert Janus). C'est cette substance qu'on retrouve dans les pétales de la variété blanche des Tulipe, Rose, etc., que M. Dangeard a récemment décrite dans les fleurs de Tulipe et de *Geranium* et assimilée à la métachromatine des Champignons. L'éminent botaniste admet que la présence de la métachromatine est générale dans la vacuole de toutes les cellules végétales, elle aurait le rôle d'osmotine et d'électivine. C'est elle qui accumule l'anthocyane dans les cellules pigmentées : elle fixe cette substance élaborée par le cytoplasme de la même manière qu'elle fixe les colorants vitaux. Par sa localisation dans la vacuole et par son pouvoir de fixer les colorants vitaux, cette substance rappelle évidemment la métachromatine des Champignons. Mais ce sont là des caractères qui ne sont nullement spécifiques de la métachromatine. L'étude des caractères histo-chimiques de cette substance montre qu'elle n'a rien de commun avec la métachromatine et permet de la définir chimiquement. Elle est soluble dans l'alcool qui insolubilise la métachromatine et n'est insolubilisée que par les fixateurs chromo-osmiques ou le formol. Une fois fixée, elle ne présente aucune réaction métachromatique avec les teintures basiques bleues ou violettes d'aniline, ni avec l'hématéine, qui colorent au contraire électivement en rouge violacé la métachromatine. Elle se colore comme les mitochondries, mais d'une manière moins stable par les méthodes mitochondriales, qui se différencient ordinairement par la métachromatine. Enfin elle possède des réactions caractéristiques : elle réduit fortement l'acide osmique, noircit par les sels ferriques, donne avec le bichromate de K et la

(¹) Séance du 27 mai 1918.

liqueur de Courtonne un précipité jaune. Il s'agit donc d'un tannoïde, ce qui explique la coloration de cette substance par le bleu de méthylène. On sait, en effet, depuis les expériences classiques de Pfeffer, que les tannoïdes ont la propriété de fixer énergiquement le bleu de méthylène et de former avec ce colorant une combinaison insoluble. La propriété de former avec le réactif de Courtonne un précipité jaune indique en outre que cette substance est un composé phénolique voisin de l'anthocyane. Ce pigment présente d'ailleurs les mêmes réactions histo-chimiques et ne s'en distingue que par le fait qu'en présence de la liqueur de Courtonne, il donne un précipité vert et non jaune. Ce composé phénolique est bien connu depuis les recherches de R. Combes et les nôtres qui ont établi que les pigments anthocyaniques peuvent naître, soit de toutes pièces au sein des mitochondries, soit de la transformation d'un composé phénolique incolore formé préalablement dans les mitochondries.

Des composés phénoliques de même nature, colorés ou non, se rencontrent dans la plupart des cellules épidermiques des végétaux supérieurs. Ils constituent donc une sécrétion normale de ces cellules. Par contre, ce serait une erreur de croire que ces produits se rencontrent dans les vacuoles de toutes les cellules végétales. S'ils semblent constants dans les cellules épidermiques, on ne les retrouve que beaucoup plus rarement dans les autres tissus. Il suffit pour s'en assurer d'observer les divers cellules d'une plantule de Ricin. Examinée sur le vivant la majorité des cellules des méristèmes montrent de petites vacuoles qui ne fixent pas les colorants vitaux. Sur coupes fixées et colorées par les méthodes mitochondriales, ces vacuoles apparaissent très distinctement sous forme de nombreux petits îlots toujours incolores au sein d'un cytoplasme rempli de mitochondries. Ce n'est que dans certaines régions du méristème destinées à se différencier en épiderme et dans quelques cellules parenchymateuses spéciales que l'on observe des composés phénoliques dans les vacuoles.

Il est facile de suivre dans l'épiderme des pétales de la fleur de *Pelargonium* observée par M. Dangeard, la formation des composés phénoliques. Ceux-ci apparaissent dans les premiers stades du développement, tout autour du noyau, sous forme de filaments allongés et onduleux, tout à fait semblables à des chondriocontes; mais se distinguent des chondriocontes ordinaires par une réfringence plus accusée, ainsi que par le fait qu'ils fixent facilement la plupart des colorants vitaux qui ne teignent pas les mitochondries ordinaires. Ils présentent en outre des réactions histo-chimiques des composés phénoliquées. Nous admettons donc que ces filaments représentent des chondriocontes imprégnés de composés phénoliques et ayant acquis par suite des propriétés spéciales inhérentes à ces composés, notamment celle de fixer les colorants vitaux, comme les chondriocontes imprégnés de pigment xanthophyllien de la fleur de Tulipe prennent une coloration verte caractéristique de la xanthophylle sous l'action du réactif iodo-ioduré.

Sans insister sur cette question que les importantes recherches de M. Dangeard nous obligeront à reprendre, bornons-nous pour l'instant aux conclusions suivantes :

1° La substance décrite par M. Dangeard dans les végétaux supérieurs sous le nom de *métachromatine* ne peut être assimilée à la métachromatine des champignons. C'est un composé phénolique, susceptible de se transformer en anthocyane. Ce pigment, quand il ne naît pas de toutes pièces, résulte donc de la transformation chimique directe de cette substance, et non de sa fixation sur cette substance.

2° La présence de ce composé phénolique dans la vacuole est loin d'être générale; elle n'est localisée que dans des tissus spéciaux. Les mitochondries au contraire existent dans toutes les cellules, même celles qui n'élaborent pas de composés phénoliques et dans lesquelles les vacuoles se montrent dépourvues de tout contenu chromatique. Il ne peut donc être question de rattacher le chondriome au système vacuolaire.

3° Ce que M. Dangeard décrit, en s'appuyant surtout sur des colorations vitales au bleu de crésyl, qui ne colore pas les mitochondries ordinaires, ne correspond donc qu'à une partie du chondriome en voie de subir une évolution spéciale dans certaines cellules élaborant des composés phénoliques.

BOTANIQUE. — *Sur le* Botrydiùm granulatum. Note (¹) de **M. Charles Janet**, présentée par M. Gaston Bonnier.

Le *Botrydium granulatum* se présente sous la forme de vésicules (E, F, K, L) provenant du développement d'une cellule qui est suivant les cas :

1. Une cellule végétative (A) qui commence à se développer sur l'individu dont elle provient (F), puis se dissémine comme un propagule (G).

2. Une zoospore asexuée (J) qui s'immobilise et s'entoure d'une membrane.

3. Un zygote non encore observé, mais dont l'existence n'est plus douteuse.

Ces cellules se développent d'abord en une vésicule consistant en un feuillet sphérique du protoplasme pourvu d'une strate de noyaux accompagnés de chromatophores. Ce feuillet est revêtu d'une cuticule cellulosique et il entoure une cavité remplie d'un liquide clair. Une telle vésicule

(¹) Séance du 13 mai 1918.

doit être considérée comme une blastéa syncytiale. Cette blastéa (B, K), parfaite,·tant par sa forme sphérique initiale que par la·disposition, en une seule assise, de ses noyaux, est la répétition d'un stade ancestral primitif.

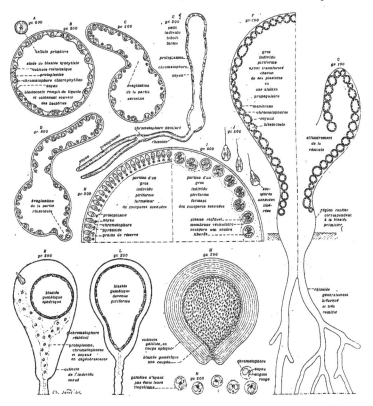

La blastéa évagine d'abord, à sa partie supérieure, vers la lumière, un tube de 16ᵖ à 20ᵖ de diamètre, riché, surtout à son sommet, en chromatophores bien verts (C). Elle évagine ensuite, à·sa partie·inférieure, un rhizoïde contenant des noyaux et quelques chromatophores qui ne tardent pas à se décolorer (D); quelquefois le rhizoïde se développe avant le tube aérien.

Suivant les circonstances le tube aérien donne une vésicule allongée de forme plus ou moins irrégulière (E), souvent ramifiée, ou une vésicule piriforme (F, K).

Nous avons dit qu'il y a trois sortes de cellules formatrices de vésicules. De même, il y a trois sortes de vésicules. Elles se distinguent par la nature des cellules qu'elles produisent.

Premier cas. — La vésicule transforme sa strate de protoplasme pariétal en une couche de petites blastéas juxtaposées dont chacune est un propagule (F) pourvu d'une cuticule cellulosique, puis elle se déchire à sa partie supérieure et s'affaisse (G) et s'étale sur le sol. La pluie disloque et dissémine les propagules qui ne tardent pas à germer.

Deuxième cas. — Dans certaines circonstances, les noyaux et les chromatophores se multiplient considérablement. Ces derniers prennent une forme allongée et se disposent perpendiculairement à la membrane de la vésicule. Chacun d'eux est accompagné d'un noyau placé à son extrémité proximale (H).

Ensuite chaque noyau rassemble, autour de lui et autour de son chromatophore, la portion du protoplasme syncytial qui est sous sa dépendance et la strate protoplasmique se trouve divisée en une ou plusieurs strates de plastides nus bien distincts (I). A un moment où la vésicule est largement mouillée, chaque plastide émet un flagellum et devient une zoospore asexuée qui commence à s'agiter. La vésicule se gonfle par l'absorption d'eau, éclate et lance ses zoospores sur la terre mouillée (J). Chacune de ces zoospores se meut pendant un temps très court et, sans s'éloigner notablement, se fixe au substratum, perd ses flagellums, s'arrondit, s'entoure d'une membrane très mince et se développe en une petite blastéa sphérique qui, évaginant un tube chlorophyllien et un tube rhizoïdal, germe exactement comme le propagule dont il a été question ci-dessus.

Troisième cas. — Vers la fin de l'été, on voit, dans la strate pariétale syncytiale, nucléée d'un très petit nombre d'individus, une portion de protoplasme pourvue d'un noyau et de chromatophores s'isoler du reste de la strate, s'entourer d'une membrane et devenir une cellule semblable à une cellule mère de zoospores, mais cette cellule se développe immédiatement et, *in situ*, en une blastéa syncytiale dont chaque noyau donnera un gamète (K). Cette blastéa gamétique se développe dans l'intérieur de la vésicule mère aux dépens de tout le reste de la strate pariétale de protoplasme nucléé et chlorophyllien, strate qui dégénère et disparaît peu à peu. Bientôt la blastéa gamétique remplit, à elle seule, toute la vésicule mère (L).

Cette blastéa gamétique pourrait être appelée un *gamétange* si cette dénomination ne devait être réservée à une autre formation, non homologue, des Végétaux d'ordre plus élevé. La blastéa est comparable, non pas au gamétange (archégone et anthéridie) des Cryptogames vasculaires, mais seulement au contenu reproducteur de ces gamétanges. Elle est homologue à l'oogone et au spermogone du Fucus.

Lorsque les gamètes sont sur le point d'être mûrs, la blastéa gamétique est d'un vert beaucoup plus foncé que celui des vésicules végétatives. La vésicule qui contient cette blastéa disparaît et la blastéa piriforme, vert foncé, mise en liberté, attend les circonstances favorables à la gélification de sa propre membrane, et à l'émission et à la copulation des gamètes (M).

Dans mes récoltes et dans mes élevages, j'ai obtenu la disparition de l'individu mère, la coloration vert foncé et la maturation de la blastéa gamétique, la gélification de la membrane propre de cette blastéa et sa résolution en gamètes pourvus, chacun, d'un beau stigma rouge de forme allongée (N); mais, jusqu'ici, je n'ai pu voir ces gamètes émettre leurs flagellums, nager et copuler.

BIOLOGIE GÉNÉRALE. — *Vitamines et symbiotes*. Note de MM. **Henri Bierry** et **Paul Portier**, présentée par M. Y. Delage.

Des travaux déjà anciens (Eykman, 1897), mais qui n'ont retenu l'attention des physiologistes que depuis quelques années, ont introduit un facteur nouveau dans les exigences du métabolisme.

Le minimum d'azote étant satisfait, les dépenses énergétiques étant complétées soit par les hydrates de carbone, soit par les graisses, ou par un mélange des deux substances, on admettait que le métabolisme de l'animal pouvait être assuré d'une manière permanente.

Nous savons aujourd'hui que la nourriture doit apporter de plus des principes particuliers de constitution chimique encore énigmatique qui existent dans les téguments des graines, dans certaines graisses animales (beurre, jaune d'œuf, huile de foie de morue), et qui sont détruits

vers 120° (Gryns, 1909). On a donné le nom de *vitamines* à ces composés
(Funk).

La nourriture doit en apporter chaque jour une quantité pondéralement
très faible, mais cependant *indispensable*.

Si ces vitamines font défaut, l'animal épuise peu à peu celles de ses
tissus. Lorsque l'épuisement est avancé, lorsque les vitamines de réserve
du système nerveux sont largement entamées, on voit éclater une série
d'accidents (troubles trophiques, paralysies, etc.) qu'on englobe sous le
nom de maladies de la *sous-nutrition*, de *carence*, d'*avitaminose*.

Le béribéri, le scorbut des marins et des prisonniers, le scorbut infantile
de Barlow ne seraient que des aspects particuliers de cette maladie.

Au cours de recherches sur les symbiotes (bactéries isolées des tissus
des animaux normaux), nous avons été amenés à envisager une hypothèse
très hardie et à la soumettre au contrôle de l'expérience.

Remarquant que, comme les vitamines, ces symbiotes étaient abondants
dans les téguments des graines, dans beaucoup de graisses animales (lait);
que, d'autre part, leur température de destruction était très voisine de la
température d'altération des vitamines (environ 120°); et qu'enfin ces
microorganismes présentaient nombre de réactions biochimiques. analogues
à celles dont l'organisme est le siège, nous nous sommes demandé s'il n'y
avait pas quelque rapport entre les vitamines et les symbiotes.

Une première série de recherches nous a montré que les symbiotes
introduits dans le milieu intérieur des Vertébrés étaient parfaitement
tolérés, ne produisaient aucun désordre, aucune suppuration et semblaient
disparaître rapidement du système circulatoire, des tissus ou des séreuses.

L'innocuité de ces microorganismes étant établie, il restait à prouver
leur intervention possible dans les phénomènes du métabolisme.

Expériences. — Elles ont porté sur des rats blancs jeunes, mais ayant presque
achevé leur croissance, sur des rats adultes, enfin sur des pigeons.

Ces divers animaux étaient soumis à un régime qui devait entraîner des désordres
de sous-nutrition au bout d'un temps plus ou moins long (graines décortiquées ou
stérilisées à haute température pour les pigeons; lard ou graisse de lard stérilisés à
haute température, blanc d'œuf coagulé, sels et eau pour les rats).

Des témoins recevaient une nourriture composée des mêmes produits alimentaires,
mais ne devant pas entraîner de désordres du métabolisme (graines pourvues de leurs
téguments, lard ou graisse non stérilisés).

Résultats. — 1° Dans toutes ces expériences, nous avons retrouvé les principaux résultats des expérimentateurs qui nous ont précédé dans cette voie (Eykman, Gryns, Funk, etc.) : inappétence, amaigrissement des animaux, troubles de la station et de la locomotion, phénomènes paralytiques, etc. La prolongation de l'expérience aboutit à la mort précédée d'un état adynamique très intense et de troubles trophiques chez les rats.

L'animal carencé remis à un régime normal continue à maigrir pendant quelques jours, mais, sous l'influence des vitamines de la ration alimentaire, les symptômes morbides qu'il présente rétrocèdent peu à peu et il se rétablit.

2° A un animal carencé, présentant déjà, d'une manière intense, les phénomènes pathologiques précédemment décrits, on injecte une culture de symbiotes vivants (¹) sous la peau ou dans le péritoine.

On assiste alors, au bout de 24 à 48 heures, à une transformation extrêmement frappante. Les troubles de la station ou de la locomotion s'amendent avec une rapidité extrême; l'animal recouvre bientôt toute son agilité, il présente une appétence remarquable, notamment pour les graisses; la perte de poids s'arrête bientôt pour faire place à une augmentation pondérale nette.

Ces phénomènes sont des plus frappants chez les pigeons qui passent en quelques heures d'un état d'adynamie complète à une apparence presque normale : course et vol.

Ces injections de cultures vivantes, répétées à plusieurs reprises à la même dose (1^{cm^3}), produisent chaque fois les mêmes résultats favorables.

En résumé, l'introduction, dans le milieu intérieur, de symbiotes d'origine appropriée et sous une forme convenable, élimine les accidents de carence amenés par un régime privé de vitamines.

L'hypothèse initiale est donc très nettement vérifiée par des expériences répétées et de longue durée (plusieurs mois).

Objection. — La seule objection qu'on pourrait élever, semble-t-il, contre notre interprétation est que les microorganismes injectés agissent *en tant qu'éléments vivants* par les vitamines qu'ils contiennent et que toute bactérie inoffensive pourrait produire les mêmes effets favorables.

Il semble bien, en effet, que certains microorganismes (levure) contiennent des vitamines, mais il faut remarquer que les bactéries intesti-

---

(¹) En milieu chimiquement défini.

nales ne paraissent pas capables dé fournir des vitamines puisqu'au cours des expériences de carence on voit les accidents éclater malgré l'abondance et la variété de la flore intestinale.

Il nous semble donc remarquable que les symbiotes, hôtes normaux de l'organisme, puissent jouer le rôle de vitamines.

Après avoir présenté cette Note sur la demande de leurs auteurs, M. Y. DELAGE fait les remarques suivantes :

L'existence des symbiotes, parasites normaux des organismes, paraît en contradiction avec certaines données de la conception pasteurienne établie sur un nombre presque infini d'expériences. Il n'en est rien cependant, l'existence des symbiotes dans l'organisme résultant d'une infection de celui-ci d'une manière parfaitement banale par des germes contenus dans les aliments et qui traversent la paroi digestive pour se répandre dans les tissus.

La haute thermo-stabilité des symbiotes, vérifiée par les auteurs jusqu'à près de 120°, pour exceptionnelle qu'elle soit, ne saurait être rejetée d'après des considérations *a priori*. Tout ce que l'on peut dire c'est que des expériences d'un caractère paradoxal doivent être plusieurs fois répétées dans des conditions rigoureuses, avant de prendre pied dans la science.

Mais l'interprétation proposée par les auteurs motive certaines remarques d'un caractère moins général et plus précis.

Si les symbiotes sont le substratum des propriétés attribuées à l'hypothétique vitamine, ils doivent être (et les auteurs semblent bien l'admettre) universellement répandus dans les tissus des êtres pouvant présenter les symptômes de carence. S'il en est ainsi, comment se fait-il que ce pigeon, ce rat, dont les tissus sont riches en symbiotes, puissent souffrir de la carence et avoir besoin, pour s'en guérir, de l'introduction dans leurs tissus d'un minime appoint de ces mêmes symbiotes.

S'il en est ainsi, il faut admettre que l'organisme consomme (sous une forme quelconque) ses symbiotes et a besoin qu'ils soient constamment renouvelés par l'alimentation. Pour vérifier cette hypothèse, une expérience s'impose. Les symbiotes injectés proviennent en dernière analyse de tissus animaux cultivés sur des milieux appropriés et dans des conditions convenables. Il conviendrait dès lors d'emprunter ces tissus, origine des cultures, à des animaux carencés. De deux choses l'une : ou bien ces tissus ne fourniront pas de symbiotes, ou ne fourniront que des symbiotes inactifs, et la conception des auteurs se trouvera confirmée ; ou bien ils fourniront des cultures actives contre la carence et l'explication par les symbiotes ne pourra être maintenue (¹).

Dans le premier cas, si les symbiotes (je préférerais dire le substratum X des propriétés de la prétendue vitamine) sont consommés, détruits ou rendus inactifs dans l'organisme animal et doivent être incessamment renouvelés par l'alimentation, ils ne peuvent l'être qu'indirectement et non de façon indéfinie par l'alimentation animale, et il faut qu'ils existent chez les végétaux sous une forme ou dans des conditions telles qu'ils soient chez eux susceptibles de conservation et de reproduction indéfinies. Il y aurait lieu de rechercher comment se multiplient et se propagent les symbiotes des végétaux, et si ceux-ci pourraient être eux-mêmes carencés et subir pour leur propre compte des effets de carence, ou tout au moins se montrer inaptes à guérir la carence chez les animaux qui en sont nourris.

Si j'ai présenté ces remarques, ce n'est nullement pour contredire la très intéressante expérience des auteurs de la Note que je viens de présenter, mais pour montrer combien cette question reste encore mystérieuse et réclame, pour être élucidée, des expériences nombreuses, variées et conduites de façon irréprochable.

PSYCHOPHYSIOLOGIE COMPARÉE. — *Les perceptions sensorielles chez le Pagure* (Eupagurus Bernhardus). Note de Mlle **MARIE GOLDSMITH**, présentée par M. Yves Delage.

Au cours d'expériences sur l'acquisition des habitudes chez les Crustacés, j'ai été amenée à observer les mouvements du Pagure lorsque, poussé hors de la coquille qu'il habitait, il est à la recherche d'un nouvel abri, et à examiner quelles sont les perceptions sensorielles qui le guident dans ses recherches. On constate facilement que c'est le sens du tact qui est en jeu : privé de son abri, le Pagure explore avec ses pinces et ses pattes tous

---

(¹) On pourrait aussi imaginer que les symbiotes de chaque espèce animale sont rendus inactifs pour ces espèces animales, mais restent actifs pour une espèce animale différente. Cette suggestion est loin d'ailleurs d'épuiser toutes les hypothèses que l'on pourrait émettre, mais ce n'est pas ici le lieu de le faire.

les objets qu'il rencontre. Le mode d'exploration des coquilles a été décrit avec soin par M. G. Bohn (¹) et je n'y reviendrai pas ; je ne m'arrêterai que sur la question des perceptions sensorielles que cette exploration procure à l'animal. Les perceptions tactiles, unies aux sensations musculaires, peuvent fournir au Pagure des données de trois sortes : 1° sur la forme de l'objet; 2° sur ses dimensions, et 3° sur l'état de sa surface.

1° Les abris des Pagures étant toujours des objets d'une forme très définie, il semble de prime abord que c'est la reconnaissance de la forme qui doive jouer le rôle principal.

Après avoir fait sortir l'animal de sa coquille, je plaçais sur son chemin des objets fabriqués avec une même matière (de la cire à modeler), de même couleur (rouge), de dimensions comparables (telles que le Pagure puisse facilement les explorer de la façon habituelle), mais de forme différente : cônes droits ou obliques, pyramide, sphère, cube, cylindre, cylindre terminé par des surfaces arrondies. Je partais de cette idée que l'animal explorera un objet d'autant plus attentivement qu'il lui paraîtra se rapprocher davantage, par sa forme, de sa demeure normale. Le nombre de visites aux objets de forme différente ne me paraissait pas concluant, car, le Pagure ne cherchant pas les objets, ce nombre tient surtout au hasard de la rencontre. Je n'utilisais donc ce nombre qu'à titre d'indications permettant de juger de la valeur d'une autre donnée, seule utile par elle-même : *le temps passé à l'exploration de chaque objet.* Ce temps a varié dans mes expériences de 15 secondes à presque 10 minutes, avec un nombre de visites de 8 à 30 pour chaque objet et pour chaque expérience.

Observé à l'aide de ce critérium, voici le comportement de l'animal. Entre un cône droit et un cône oblique (ce dernier imitant davantage une coquille de Buccin), pas de différence, pas plus qu'entre un cylindre ordinaire et un cylindre terminé par des surfaces arrondies, ni entre un cône et une pyramide, ni entre un cône creux et une cupule arrondie creuse, qui, l'un comme l'autre, sont utilisés comme abris. La comparaison entre la sphère et le cube, entre la sphère et le cylindre, donne des résultats tantôt dans un sens, tantôt dans l'autre. Dans trois expériences seulement, le cône était exploré plus longuement que la sphère et que le cylindre à bouts arrondis et ce dernier plus longuement que le cube. Mais vu le nombre beaucoup plus grand d'expériences à résultats négatifs ou contradictoires, j'attribue ces trois cas au hasard. Dans une autre série d'expériences, où j'utilisais des objets de formes diverses, recouverts d'une couche de plâtre, je n'ai observé aucune différence dans le

---

(¹) G. Bohn, *De l'évolution des connaissances chez les animaux marins littoraux* (1903).

comportement de l'animal, bien que parmi ces objets figurât la coquille qui avait été sa propre demeure.

Ces résultats, obtenus sur 10 individus d'âge différent, m'amènent à conclure que, contrairement à l'attente, *ce n'est pas la forme* des objets que l'animal perçoit lors de ses explorations.

2° Les dimensions de l'objet semblent jouer un rôle plus important. Des sensations musculaires liées à certaines altitudes et à certains mouvements lors du séjour du Pagure dans sa coquille le renseignent sur l'aptitude de l'objet rencontré à servir d'abri. Ses dimensions doivent être telles qu'il puisse être facilement enserré entre les pattes; il doit, de plus, être suffisamment facile à rouler pour que le Pagure puisse le retourner, comme il le fait d'une coquille. Voici deux expériences que je choisis entre plusieurs:

1. Deux sphères de grandeur différente sont offertes à un jeune Pagure; celle qui correspond le mieux à la taille de l'animal donne une moyenne de durée d'exploration de 23^s avec un maximum de 50^s; l'autre, de 10^s seulement, avec un maximum de 17^s; en même temps on constate que les explorations sont beaucoup plus complètes pour la première que pour la seconde. — 2. A un autre individu j'offre deux cônes de même hauteur, mais de bases différentes; celui qui correspond le mieux à la taille de l'animal est nettement préféré (moyennes : 52^s et 17^s). D'autres observations, faites au cours d'expériences sur la discrimination de la forme et des états de surface, suggèrent la même conclusion.

3° L'habitat naturel du Pagure étant un objet à surface rugueuse, il était à prévoir que celle-ci attirerait plus qu'une surface lisse.

Un objet rugueux est exploré par le Pagure aussitôt que ses antennes le touchent, tandis qu'un objet lisse, surtout après une certaine fatigue, n'est souvent exploré qu'après hésitation. Avec le critérium déjà employé, j'ai obtenu les résultats suivants: entre un caillou rugueux et un objet en cire molle, imitant sa forme et de mêmes dimensions, la préférence est nette, pour le caillou rugueux (moyennes : 44^s pour l'objet rugueux, 10^s pour l'objet lisse, avec les maximums respectifs de 2^m20^s et de 48^s, et avec des explorations nettement plus attentives du premier objet). — Entre une coquille lisse et une coquille rugueuse, la différence porte surtout sur le caractère des explorations : la coquille rugueuse est complètement et soigneusement explorée, tandis que la coquille lisse est souvent simplement touchée. Les durées respectives sont : 32^s en moyenne, avec un maximum de 2^m33^s pour la coquille rugueuse et de 29^s en moyenne, avec un maximum de 2^m12^s, pour la coquille lisse. Des expériences analogues, répétées un grand nombre de fois, m'ont toujours donné, avec une netteté variable, des résultats parlant dans le même sens.

Cette discrimination entre les surfaces lisses et rugueuses ne va d'ailleurs pas très loin; ainsi, entre les objets en cire molle et les objets en verre, je n'ai pas pu observer de discrimination notable, bien que le verre soit beaucoup plus lisse. Les surfaces rugueuses excitent de préférence la réaction spéciale de l'animal, mais les surfaces lisses sont loin d'être sans action; la réaction n'est donc pas aussi strictement adaptée à un excitant spécial que le croient certains auteurs (Washburn, d'après les expériences de G. Bohn).

Perceptions visuelles. — Ces perceptions ne paraissent jouer aucun rôle dans la recherche des abris. Les yeux du Pagure, adaptés à percevoir des objets en mouvement, ne lui permettent pas de voir sa coquille et de se diriger vers elle. Il peut passer à côté ou rester longtemps dans son voisinage sans y faire la moindre attention; pour l'y attirer, il faut remuer l'objet : l'agitation de l'eau provoque alors, de la part de l'animal, des mouvements qui peuvent l'amener à toucher la coquille; alors seulement l'exploration est déclenchée. — Les yeux du Pagure perçoivent les alternances de lumière et d'obscurité; un changement d'éclairement peut arrêter un animal en marche ou, au contraire, le mettre en mouvement s'il se tenait immobile; il provoque en tout cas un changement d'état. En déplaçant un écran au-dessus d'un bassin habité par plusieurs Pagures, à un moment ou tous se tiennent immobiles, on peut les mettre en mouvement les uns après les autres. — Le phototropisme que certains auteurs ont cru constater chez le Pagure m'a paru peu marqué. Pendant fort longtemps et dans des aquariums divers j'ai observé la distribution des animaux entre une partie éclairée et une partie ombragée, et toujours cette distribution m'a paru irrégulière. Il serait donc imprudent, à mon avis, de fonder sur un supposé phototropisme des expériences destinées à montrer *l'aptitude de ces animaux à apprendre* (comme l'expérience de Spaulding qui, les supposant positivement phototropiques, a cru leur inculquer une habitude nouvelle en les habituant à venir dans un coin sombre). Les différences de couleurs (si elles sont perçues, ce qui me paraît douteux) ne produisent pas d'effet. Les fonds colorés (rouge, jaune, blanc, noir, moitié rouge, moitié jaune, moitié blanc, moitié noir) ne provoquent aucune réaction spéciale, ni ne modifient les mouvements d'un animal déjà en marche.

A 16 heures, l'Académie se forme en comité secret.

La séance est levée à 16 heures trois quarts.

A. Lx.

OUVRAGES REÇUS DANS LES SÉANCES D'AVRIL 1918.

Cours de Géométrie pure et appliquée de l'École polytechnique, par MAURICE D'OCAGNE, t. II. Paris, Gauthier-Villars, 1918; 1 vol. in-8°. (Présenté par M. Humbert.)

Flore forestière de l'Algérie, par G. LAPIE et A. MAIRE. Paris, Orlhac, 1914; 1 vol. 22^{cm}. (Présenté par M. Gaston Bonnier.)

Practical guide to control internal steam-wastes in the reciprocating engine, by EDOUARD TOURNIER. Paris, Challamel, 1918; 1 fasc. 25^{cm}.

Nouvelles tables trigonométriques fondamentales (valeurs naturelles), par H. ANDOYER, t. III. Paris, Hermann, 1918; 1 vol. 33^{cm}.

République française. Préfecture du département de la Seine. Ville de Paris. Services généraux d'éclairage. *Instruction pratique pour la détermination du pouvoir calorifique du gaz* [par LAURIOL et GIRARD]. 1 fasc. 22^{cm}. (Présenté par M. Violle.)

Le Bas-Maine. Étude géographique, par RENÉ MUSSET. Paris, Armand Colin, 1917; 1 vol. in-8°. (Présenté par M. Haug.)

Ministère de l'Instruction publique. *Mission du service géographique de l'armée pour la mesure d'un arc de méridien équatorial en Amérique du Sud, sous le contrôle scientifique de l'Académie des Sciences* (1899-1906), t. II, fasc. 1 : *Introduction générale aux travaux géodésiques et astronomiques primordiaux de la mission; notices sur les stations. Appendice à l'atlas : origine, notation et sens des noms géographiques de l'atlas, vocabulaires espagnol-français et quichua-français*, par G. PERRIER. Paris, Gauthier-Villars, 1918; 1 fasc. 28^{cm},5.

L'évolution des plantes, par NOEL BERNARD; préface de J. COSTANTIN. Paris, Alcan, 1916; 1 vol. 19^{cm}. (Présenté par M. Costantin.)

Ministère de l'armement et des fabrications de guerre. Direction des inventions, des études et des expériences techniques. *Quelques principes physiologiques pour une politique de ravitaillement*, par LOUIS LAPICQUE. Paris, Masson, 1918; 1 fasc. 21^{cm},5.

La géologie biologique, par STANISLAS MEUNIER. Paris, Félix Alcan, 1914; 1 vol. 22^{cm},5.

La structure des planètes, par A. SOULEVRE. Bone, Émile Thomas, 1917; 1 fasc. 25^{cm}.

Tables nautiques des triangles rectangles rectilignes et sphériques, par ÉRICK et MICHEL DE CATALANO. Bordeaux, G. Fraÿssé, 1918; 1 vol. 31^{cm}.

Ministère de l'Agriculture. Direction générale des eaux et forêts (2e partie). Service des grandes forces hydrauliques (région du sud-ouest). *Résultats obtenus pour* les bassins de l'Agly, de la Têt, du Tech et de la Sègre pendant les années 1911 et 1912, t. III et IV, fasc. F; — *Résultats obtenus pour les bassins de l'Ariège et de l'Aude pendant les années 1911 et 1912*, t. III et IV, fasc. E; — *Id. pendant les années 1915 et 1916*, t. IV, fasc. E; — *Résultats obtenus pour le bassin de la Garonne pendant les années 1915 et 1916*, t. VI, fasc. C. 4 cartonniers 28^{cm}.

Dix ans de classes entomologiques aux colonies (Sénégal, Côte d'Ivoire, Madagascar). Industrialisation de la chasse aux hétérocères, par G. Melou. Tananarive, imprimérie de l'Imerina, 1918; 1 fasc. 24^{cm}.

La défense intellectuelle et la guerre, par Maurice Mignon. Extrait de la *Revue politique et parlementaire*, 1917; 1 fasc. 24^{cm}.

Necrologia. El ilustrisimo señor D. Eduardo Mier y Miura, por Rafael Alvarez Sereix. Madrid, Instituto geografico y estadistico, 1918; 1 fasc. 25^{cm}.

Pantosynthèse, par L. Mirinny. Paris, Pommereau, 1918; 1 fasc. 16^{cm},5.

Tratado elemental de goniometria, por J. de Mendizabal Tamborrel. Mexico, Secretaria de Fomento, 1917 (2e édition); 1 vol. 22^{cm}.

Report on the progress of agriculture in India for 1916-1917. Calcutta, Superintendent Government Printing, 1918; 1 fasc. 25^{cm}.

El cuerpo de ingenieros de minas y aguas del Peru. Lima, Torres Agüirre-Lartiga, 1917; 1 fasc. 18^{cm},5.

Anuario de la real Academia de Ciencias exactas, físicas y naturales, 1918. Madrid, Fortanet; 1 vol. 11^{cm},5.

La real Societad geografica en enero de 1918. Madrid, imp. del Patronato de Huérfanos de Intendencia é Intervención militares, 1918; 1 fasc. 12^{cm}.

ACADÉMIE DES SCIENCES.

SÉANCE DU LUNDI 17 JUIN 1918.

PRÉSIDENCE DE M. Léon GUIGNARD.

MÉMOIRES ET COMMUNICATIONS
DES MEMBRES ET DES CORRESPONDANTS DE L'ACADÉMIE.

MÉCANIQUE DES SEMI-FLUIDES. — *Uniformité de l'écoulement dans les sabliers : le débit y paraît indépendant de la hauteur de charge.* Note ([1]) de M. **J. Boussinesq**.

I. Un exemple important, mais sans doute difficile à calculer, d'état ébouleux, est fourni par l'écoulement du sable dans un de ces *sabliers* dont se servaient les anciens pour mesurer le temps, vase de révolution à axe vertical et à paroi latérale polie convergeant inférieurement, sous d'assez fortes pentes, vers un *orifice* horizontal d'un diamètre très faible par rapport à celui des parties supérieures du vase même. On remplit celui-ci, du moins jusqu'à une certaine hauteur h au-dessus de l'orifice, d'un sable homogène dont les grains aient leur diamètre un peu comparable au diamètre de l'orifice, de manière à permettre la sortie simultanée de plusieurs grains, tout en rendant insignifiantes leurs vitesses de chute à travers les sections horizontales, bien plus grandes que l'orifice, situées au-dessus de celui-ci à des hauteurs très faibles par rapport à h, mais supérieures au diamètre de l'orifice même.

Dans ces conditions, on peut admettre que presque tout le sable du vase, à l'exception de celui que contient le bas du *goulot*, est à l'état ébouleux en ce sens que les accélérations y sont négligeables tout en maintenant l'*équilibre-limite*, ou que les pressions y neutralisent à très peu près la pesanteur.

([1]) Séance du 10 juin 1918.

C. R., 1918, 1ᵉʳ *Semestre.* (T. 166, N° 24.)

L'expérience a montré depuis longtemps (sans quoi l'usage des sabliers n'aurait pu s'établir) que la vitesse verticale moyenne à travers l'orifice y devient vite *quasi permanente*, et qu'elle se règle ainsi, pour un sable d'une finesse donnée, d'après la figure et les dimensions du vase au voisinage de l'orifice, *mais non, sensiblement, d'après la hauteur h du sable dans le vase*, tant que celle-ci reste un peu grande par rapport au diamètre de l'orifice. L'écoulement se trouve donc assez uniforme, pour que cet orifice débite des volumes de sable à très peu près proportionnels aux temps et susceptibles de les mesurer.

II. Il y a lieu, dès lors, de penser que nulle pression appréciable n'est exercée par la masse pulvérulente sur les *filets semi-fluides* du sable, à leur naissance un peu plus haut que l'orifice, ou, en d'autres termes, à la traversée de la surface inférieurement concave, en forme de calotte intérieure au vase avec contour appuyé sur le contour même de l'orifice, où les vitesses, insensibles *à l'amont*, cessent de l'être *à l'aval*. Car une telle pression intérieure, qui serait transmise sur la calotte, par la masse pulvérulente, aux grains de sable libérés, et leur imprimerait une vitesse *initiale* perceptible, ne pourrait qu'être en rapport de grandeur avec les pressions générales s'exerçant sur les couches inférieures mais encore étendues de cette masse, pressions de l'ordre des poids superposés ou des hauteurs h de charge.

Appelons σ, pour abréger, la calotte fixe en question, convexe vers le vase, au-dessus et autour de laquelle il y a équilibre-limite sans vitesses appréciables; et admettons que l'orifice, d'abord fermé, avec repos partout dans le vase et son goulot, soit ouvert à un moment donné. Cette surface σ deviendra évidemment, à l'instant où passage sera livré au sable sous-jacent, le siège de pressions décroissantes provoquant, dans les parties du vase qui entourent le goulot depuis et sous un certain plan horizontal fixe, l'établissement d'une série d'états d'équilibre où le poids des couches pulvérulentes supérieures à ce plan, poids représenté sur celui-ci par des pressions verticales $_p$ proportionnelles à h, sera transmis de plus en plus aux parois entourant la calotte et de moins en moins à la calotte même, de manière à la décharger tout à fait dès que l'écoulement est réglé.

Malheureusement, l'expression analytique de ces équilibres-limite doit excéder nos moyens d'intégration de leurs équations aux dérivées partielles; et il est difficile de savoir si quelqu'un de ces équilibres-limite permettrait à la pression sur σ de s'annuler tout à fait.

III. S'il en était un qui fût dans ce cas, il resterait utilisable pour des hauteurs de charge h quelconques, ne dépassant pas toutefois les limites au-dessus desquelles se trouveraient modifiées les propriétés de la matière pulvérulente. En effet, le poids du sable entourant le goulot est insignifiant, eu égard à la grandeur des pressions $_p$ exercées sur le plan horizontal qui limite supérieurement la région considérée ici. On peut donc le négliger; ce qui rend homogènes les équations de l'équilibre-limite pour cette région, soit *indéfinies*, soit *définies* ou relatives tant aux parois, où il y a glissement, qu'à la calotte σ supposée sans aucune pression. Dès lors, elles ne cessent pas d'être satisfaites quand on accroît dans un même rapport, proportionnel à h, toutes les composantes des pressions exercées aux divers points (x, y, z), à commencer par celles, $_p$, existant à la base supérieure (¹).

IV. Toutefois, l'impossibilité à la fois pratique et théorique, pour un *talus* sablonneux censé indéfini en longueur, de se soutenir sous des pentes supérieures au coefficient de frottement, rendrait fortement improbable l'existence d'un tel mode d'équilibre-limite, s'il s'agissait d'orifices d'un diamètre comme infini par rapport à celui des grains de sable. Mais il faut justement observer que, dans les sabliers, l'orifice et même la calotte σ qui le recouvre ne sont pas d'une étendue telle qu'il faille, pour les occuper, beaucoup de grains de sable; et l'on conçoit que ceux-ci, se présentant à la fois pour sortir, *s'arc-boutent* mutuellement, à la manière de voûtes capables, par leur résistance momentanée, de neutraliser la petite fraction, encore subsistante peut-être jusque-là, de la *poussée intérieure*. Ce rôle doit leur être puissamment facilité par le fait que les déformations de la masse sont, ici, *de révolution*, et non pas *planes* comme dans nos calculs; en sorte que les grains n'ont, pour se dégager, qu'*une* dimension sur *trois* (la dimension verticale) et non plus *une* sur *deux*. D'où une bien plus grande difficulté (de l'écoulement) qui suffirait peut-être, à elle seule, pour permettre l'annulation des pressions sur l'orifice, sans faire intervenir l'étroitesse de celui-ci.

Les grains de sable semblent donc ne devoir, à la surface σ, se détacher ou tomber, qu'*isolément* (en quelque sorte), faute d'un enduit léger pour les unir; et la petite vitesse sensible qui les anime à la traversée de l'orifice serait uniquement due à leur hauteur de chute depuis le point de σ d'où elles descendraient.

(¹) On voit combien est marqué le contraste de l'écoulement du sable par un orifice avec l'écoulement d'un liquide et avec la loi de Torricelli régissant celui-ci.

V. Le raisonnement suivant permet de se rendre compte, presque sans calculs, de la différence profonde qui existe, à ce point de vue de la transmission des pressions, entre un fluide en équilibre, où la pression se transmet intégralement dans les sens horizontaux, malgré des parois verticales quelconques interposées, mais laissant toutefois subsister dans le milieu des *trajets de niveau* continus, et une masse sablonneuse où, au contraire, de telles parois verticales, même infiniment polies, permettent de réduire autant qu'on veut la pression.

Pour ne pas sortir du cas simple de déformations planes, imaginons une longue auge rectangulaire, à parois latérales infiniment polies, comme son fond horizontal; et, après avoir enlevé une de ses deux plus petites faces verticales, divisons-la par des cloisons également polies rectangulaires, parallèles à l'autre petite face, mais n'atteignant pas tout à fait le fond, en un certain nombre n d'auges partielles, dont chacune communiquera avec la suivante par l'orifice vertical de fond que présentera, sur toute la largeur, le bas de la cloison intermédiaire. Nous admettrons que le fond commun se prolonge encore un peu après le $n^{ième}$ orifice, de manière à y former, sur toute la largeur, un rebord extérieur horizontal, capable de porter une couche sablonneuse de faible épaisseur.

Cela posé, appelons h, h', h'', h''', ... les hauteurs uniformes de sable que nous déposerons dans ces auges respectives; et cherchons comment devront être réglées ces hauteurs, à part la première h qui sera arbitraire, pour que l'écoulement soit sur le point de s'y faire de la première auge à la la seconde, de la seconde à la troisième; et ainsi de suite, jusqu'à la $n^{ième}$ auge, où le sable intérieur sera, de même, tenu juste en équilibre par une épaisseur, $h^{(n)}$, de sable déposé contre le $n^{ième}$ orifice sur le prolongement extérieur du fond.

Les pressions verticales uniformes exercées, par unité d'aire, sur la plus basse couche sablonneuse de ces auges seront, évidemment, Πh pour la première, $\Pi h'$ pour la seconde, $\Pi h''$ pour la troisième, etc. Si donc nous considérons le prisme élémentaire (ou mince bouchon) de sable occupant, par exemple, le premier orifice, avec ses deux *bases matérielles* verticales d'*amont* et d'*aval*, légères couches superficielles pulvérulentes donnant respectivement dans la première et la seconde auges, et sollicitées (vu l'équilibre) par deux pressions horizontales F égales et contraires, qui sont *pressions principales* en corrélation avec Πh et $\Pi h'$ dans les deux auges, la première de ces bases tendra à sortir de la première auge et, la deuxième, à entrer dans la seconde.

La matière sablonneuse se trouvera donc, à l'arrière de la première base, localement dilatée suivant le sens horizontal, mais contractée verticalement; et le rapport

$$\frac{1 - \sin\varphi}{1 + \sin\varphi} = \tan^2\left(\frac{\pi}{4} - \frac{\varphi}{2}\right) = a^2,$$

de la plus petite de ces pressions principales proprement dites, à la plus grande, sera celui de la force horizontale F à la force verticale Πh. On aura donc

$$F = \Pi h a^2.$$

Mais au contraire, la seconde base, qui tend à pénétrer dans la deuxième auge, y comprime localement devant elle le sable, qui se détend dès lors verticalement; en sorte que F y est la plus forte pression et $\Pi h'$ la plus faible, ou qu'on y a

$$F = \frac{\Pi h'}{a^2}.$$

Par suite, les deux valeurs de F, égalées, donnent

$$h' = a^4 h.$$

On aura de même, en considérant les orifices suivants et la tendance, qui s'y produit, à l'écoulement vers le dernier orifice,

$$h'' = a^4 h' = a^8 h, \qquad h''' = a^4 h'' = a^{12} h, \qquad \ldots, \qquad h^{(n)} = a^{4n} h.$$

Comme a est moindre que 1, les hauteurs successives de sable maintenant l'équilibre-limite tendent vers zéro et, pour n assez grand, une légère couche pulvérulente, obstruant le dernier orifice sur le rebord extérieur du fond, suffira pour empêcher partout l'écoulement.

Par exemple, s'il s'agit de sable ordinaire, où

$$\varphi = 34°, \qquad a = \tan 28° = 0,5317 \qquad \text{et} \qquad a^4 = 0,08 \text{ (environ)},$$

il suffira de deux auges ou deux orifices pour donner

$$a^{4n} = a^8 = 0,006388,$$

c'est-à-dire pas beaucoup plus qu'un demi-centième.

M. D'ARSONVAL s'exprime en ces termes :

Je dépose sur le bureau de l'Académie les *Comptes rendus du premier Congrès de l'Association internationale de Thalassothérapie*, qui s'est tenu à Cannes, en avril 1914.

Des deux Volumes qui composent cette publication, le premier, qui est exclusivement consacré aux *Rapports*, avait paru en 1914, quelques semaines à peine avant la déclaration de guerre; le second, qui comprend le compte rendu du Congrès, les communications et présentations faites aux séances et les discussions, n'a pu être achevé que récemment. Sa publication, interrompue par les événements, a rencontré les plus grandes difficultés qui n'ont été surmontées qu'au prix d'efforts et de sacrifices considérables.

Ce qui fait d'abord le grand intérêt de ce Congrès, c'est que, conformément à un principe adopté par ses organisateurs, il a été consacré exclusivement à l'étude d'une seule et unique question : l'*Héliothérapie marine*.

De là est résulté que les *Rapports seuls* qui, au nombre de 15, ont donné lieu déjà à la publication d'un Volume de plus de 600 pages, constituent une véritable mise au point de cette branche si importante de la Thérapeutique par les agents physiques.

Confiés, en effet, aux savants et aux médecins les plus qualifiés pour ces sortes d'études, ils contiennent l'exposé le plus complet qui ait été fait jusqu'ici de nos connaissances sur *la nature des radiations solaires au niveau de la mer et les moyens de la mesurer, l'actinométrie dans ses rapports avec l'héliothérapie et la climatologie marines, la climatologie du littoral méditerranéen français dans ses rapports avec l'héliothérapie; la biologie de l'Héliothérapie; la posologie de l'Héliothérapie marine, ses applications dans le traitement des tuberculoses chirurgicales, des tuberculoses abdominales, génito-urinaires, adénomédiastines, pleuropulmonaires, cutanées et dans le traitement des affections chirurgicales et médicales non tuberculeuses.*

Les communications et discussions publiées dans le second Volume ajoutent à ces travaux l'appoint des observations et des expériences individuelles recueillies en France et à l'étranger par la plupart des hommes qui se sont occupés le plus directement de ces questions.

Malgré les quatre années écoulées depuis le Congrès de Cannes, nous pouvons considérer l'ensemble des travaux auxquels il a donné lieu comme représentant complètement, non seulement en 1914, mais encore aujourd'hui, l'état de nos connaissances relativement à l'*Héliothérapie marine;*

nous ajouterons même qu'il a apporté une participation importante, et peut-être la plus importante de toutes, aux progrès de l'*Héliothérapie en général*.

A un autre point de vue, au point de vue français, le Congrès de Cannes, bien qu'il fût *international*, a présenté un intérêt particulier, mais non moins considérable, que doublent à nos yeux les événements qui se sont accomplis depuis 1914.

Les *Congrès de Thalassothérapie*, en effet, œuvre essentiellement française d'origine et désintéressée au profit de la Science, avaient, quelques années avant la guerre, été dépouillés de leur caractère et détournés de leur but véritable par les Allemands qui, non contents de les enlever à notre pays, en avaient fait une entreprise de germanisation scientifique et surtout de réclame en faveur de leurs stations marines.

Organisé en moins d'une année, par un Comité international désireux de marquer son indépendance vis-à-vis de nos adversaires, le Congrès de Cannes, par son succès qui a dépassé toutes les espérances, a été la plus éloquente protestation, et une des premières assurément, contre la prétention de l'Allemagne à étendre son hégémonie sur une des branches les plus pacifiques de l'activité humaine.

M. Yves-Delage présente un Volume qui vient de paraître de l'*Année biologique* ([1]). Ce Volume, relatif à la littérature de 1916, est le vingt et unième de la série, et par là s'affirme la solidité de cette publication. Ce résultat est intéressant en présence des efforts faits dans les pays de langue allemande pour accaparer le monopole de ce genre de publications. Ce Tome est un peu moins volumineux que les précédents, non parce que la matière a été moins fouillée, mais par suite de la réduction des travaux originaux pendant la troisième année de guerre.

Le programme de cette publication est de présenter non pas des analyses intégrales de tous les travaux de Zoologie, de Botanique, de Physiologie, d'Embryogénie, etc., pour lesquels il existe des périodiques spéciaux, mais, laissant de côté les faits purement descriptifs, de sélectionner dans les publications relatives à tous ces ordres de sciences tout ce qui intéresse la Biologie générale et en particulier tout ce qui vise, directement ou indirectement, l'explication des phénomènes.

([1]) Édité chez Lhomme, 3, rue Corneille, Paris.

Rien mieux que la liste des vingt Chapitres ne saurait donner une idée de l'ampleur et de l'étendue de ce programme :

1. La cellule; 2. Les produits sexuels et la fécondation; 3. La parthéno-génèse; 4. La reproduction asexuelle; 5. L'ontogénèse.; 6. La tératogénèse; 7. La régénération; 8. La greffe; 9. Le sexe et les caractères sexuels secon-daires; le polymorphisme ergatogénique; 10. Le polymorphisme métagé-nique, la métamorphose et l'alternance des générations; 11. La corrélation; 12. La mort. Le plasma germinatif; 13. Morphologie générale et Chimie biologique; 14. Physiologie générale; 15. L'hérédité; 16. La variation; 17. L'origine des espèces et de leurs caractères; 18. La distribution géogra-phique des êtres; 19. Système nerveux et fonctions mentales; 20. Théories générales. Généralités.

ÉLECTIONS.

L'Académie procède, par la voie du scrutin, à l'élection d'un Correspon-dant pour la Section d'Économie rurale, en remplacement de M. *Heckel*, décédé.

Au premier tour de scrutin, le nombre de votants étant 31,

M. G. Neumann obtient. . . . . 28 suffrages
M. Trabut   »   2   »
M. Fabre   »   . . . .   1 suffrage

M. G. NEUMANN, ayant réuni la majorité absolue des suffrages, est élu Correspondant de l'Académie."

L'Académie procède, par la voie du scrutin, à l'élection d'un Correspon-dant pour la Section d'Anatomie et Zoologie, en remplacement de M. *Yung*, décédé.

Au premier tour de scrutin, le nombre de votants étant 30, .

M. A. Lameere obtient . . . . 28 suffrages
M. Wilson   »   2   »

M. LAMEERE, ayant réuni la majorité absolue des suffrages, est élu Correspondant de l'Académie.

RAPPORTS.

Rapport sommaire de la Commission de Mécanique,
par M. **P. Appell.**

La Commission de Mécanique a reçu une Note de MM. B. Jekhowsky et
J.-H. Delattre, intitulée : *Sur une méthode rapide et suffisamment précise
pour le calcul de la puissance absorbée* P_m, *de la puissance utile* P_u *et du rendement des hélices.* (Séance du 6 mai 1918.)

CORRESPONDANCE.

M. **Marcel Deprez** adresse un rapport sur les recherches qu'il a poursuivies à l'aide de la subvention qui lui a été accordée sur la *Fondation
Loutreuil* en 1915.

M. le **Secrétaire perpétuel** signale, parmi les pièces imprimées de la
correspondance :

Le fascicule XV des *Études de Lépidoptérologie comparée*, par Charles
Oberthür. (Présenté par M. E.-L. Bouvier.)

ANALYSE MATHÉMATIQUE. — *Sur certaines équations de Fredholm singulières
de première espèce.* Note (¹) de M. **Henri Villat.**

On connaît les propriétés des deux équations intégrales

$$(1) \quad \begin{cases} f(x) = -\dfrac{1}{2\pi} \displaystyle\int_0^{2\pi} \dfrac{g(y)\,dy}{\tan\dfrac{x-y}{2}} + C_1, \\[3mm] g(y) = \dfrac{1}{2\pi} \displaystyle\int_0^{2\pi} \dfrac{f(z)\,dz}{\tan\dfrac{y-z}{2}} + C_2, \end{cases}$$

(¹) Séance du 3 juin 1918.

dans lesquelles les seconds membres doivent être entendus comme égaux à leurs valeurs principales au sens de Cauchy. Henri Poincaré a tiré de la première de ces équations d'importants résultats (*Comptes rendus*, t. 96, p. 1134); plus récemment M. Fatou, dans sa thèse (*Acta mathematica*, 1906, p. 335), a précisé à ce sujet divers points essentiels, et j'ai aussi étudié ces équations (*Acta mathematica*, t. 40, 1916, p. 108).

Je considérerai maintenant les deux équations

$$
.)\quad f(x) = \frac{i}{\pi}\int_0^{\frac{\omega_3}{2i}} g(y)\big\{ -\zeta(ix-iy)-\zeta(ix+iy)+\zeta_1(ix-iy)+\zeta_1(ix+iy)
$$
$$
-\zeta_2(ix-iy)-\zeta_2(ix+iy)+\zeta_3(ix-iy)+\zeta_3(ix+iy)\big\}\,dy,
$$

$$
)\quad g(y) = -\frac{i}{\pi}\int_0^{\frac{\omega_3}{2i}} f(z)\big\{ -\zeta(iy-iz)+\zeta(iy+iz)-\zeta_1(iy-iz)+\zeta_1(iy+iz)
$$
$$
+\zeta_2(iy-iz)-\zeta_2(iy+iz)+\zeta_3(iy-iz)-\zeta_3(iy+iz)\big\}\,dz,
$$

dans lesquelles les fonctions ζ, ζ_1, ζ_2, ζ_3 sont les fonctions elliptiques construites avec les périodes $2\omega_1$, $2\omega_3$. Ces deux équations, *où il n'intervient nulle constante additive*, et où il faut envisager les seconds membres comme remplacés par leurs valeurs principales, sont réciproques et *donnent la solution l'une de l'autre*, ce qui n'était pas entièrement le cas pour les équations (1), à cause de la présence des constantes C_1 et C_2. Comme les équations (1), ces dernières sont des équations de Fredholm, de première espèce, mais singulières, les noyaux devenant infinis comme $\frac{1}{x-y}$ ou $\frac{1}{y-z}$ pour $y = x$ ou $z = y$ respectivement.

Chacune de ces équations ne peut admettre, par rapport à la fonction qui entre sous le signe intégral, qu'une seule solution au plus. Pour prouver que (3) par exemple donne la solution de (2), transportons la valeur de $g(y)$ dans l'équation (2), après avoir isolé dans les intervalles d'intégration les deux petits intervalles partiels $x-\varepsilon$, $x+\varepsilon$, concernant l'équation (2) et $y-\eta$, $y+\eta$, concernant l'équation (3). On est ainsi conduit à considérer l'expression

$$
(4)\qquad \frac{1}{\pi^2}\lim_{\varepsilon,\eta\to 0}\int_0^{y-\eta}+\int_{y+\eta}^{\frac{\omega_3}{2i}} f(z)\,dz\left[\int_0^{x-\varepsilon}\cdot+\int_{x+\varepsilon}^{\frac{\omega_3}{2i}} U(iy)\,dy\right]
$$

en posant

$$
U(t) = \begin{bmatrix} -\zeta(ix-t)-\zeta(ix+t)+\zeta_1(ix-t)+\zeta_1(ix+t)\\ -\zeta_2(ix-t)-\zeta_2(ix+t)+\zeta_3(ix-t)+\zeta_3(ix+t)\end{bmatrix}
$$
$$
\times\begin{bmatrix} -\zeta(t-iz)+\zeta(t+iz)-\zeta_1(t-iz)+\zeta_1(t+iz)\\ +\zeta_2(t-iz)-\zeta_2(t+iz)+\zeta_3(t-iz)-\zeta_3(t+iz)\end{bmatrix}.
$$

Or $U(t)$ est une fonction doublement périodique, aux périodes $2\omega_1, 2\omega_3$. Dans le rectangle fondamental construit sur ces deux périodes (ou plutôt dans le rectangle déduit de celui-ci par une légère translation qui amène l'origine à l'intérieur) elle admet, tant qu'on suppose $z \neq x$, 16 pôles simples dont les résidus sont 8 par 8 égaux, au signe près, aux nombres

$$\rho_1 = -\zeta(ix-iz) + \zeta(ix+iz) - \zeta_1(ix-iz) + \zeta_1(ix+iz)$$
$$+ \zeta_2(ix-iz) - \zeta_2(ix+iz) + \zeta_3(ix-iz) - \zeta_3(ix+iz),$$
$$\rho_2 = \zeta(ix-iz) + \zeta(ix+iz) - \zeta_1(ix-iz) - \zeta_1(ix+iz)$$
$$+ \zeta_2(ix-iz) + \zeta_2(ix+iz) - \zeta_3(ix-iz) - \zeta_3(ix+iz).$$

On peut faire voir que la quantité

$$\int_0^{x-\varepsilon} + \int_{x+z}^{\frac{\omega_3}{2i}} U(iy)\,dy$$

est égale à

$$v, z) = -i\rho_1 \log \frac{\sigma(2ix+i\varepsilon)\,\sigma_1(2ix-i\varepsilon)\,\sigma_2(2ix-i\varepsilon)\,\sigma_3(2ix+i\varepsilon)}{\sigma(2ix-i\varepsilon)\,\sigma_1(2ix+i\varepsilon)\,\sigma_2(2ix+i\varepsilon)\,\sigma_3(2ix-i\varepsilon)}$$

$$-i\rho_2 \log \left\{ \begin{array}{l} \sigma(-ix+iz+i\varepsilon)\,\sigma_1(ix+iz-i\varepsilon)\,\sigma_2(ix+iz-i\varepsilon)\,\sigma_3(ix-iz-i\varepsilon) \\ \times\sigma(\ ix+iz+i\varepsilon)\,\sigma_1(ix-iz+i\varepsilon)\,\sigma_2(ix-iz+i\varepsilon)\,\sigma_3(ix+iz+i\varepsilon) \\ \sigma(\ ix-iz+i\varepsilon)\,\sigma_1(ix-iz-i\varepsilon)\,\sigma_2(ix-iz-i\varepsilon)\,\sigma_3(ix+iz-i\varepsilon) \\ \times\sigma(\ ix+iz-i\varepsilon)\,\sigma_1(ix+iz+i\varepsilon)\,\sigma_2(ix+iz+i\varepsilon)\,\sigma_3(ix-iz+i\varepsilon) \end{array} \right.$$

En transportant dans (4) on voit que la valeur $z = y$ n'introduit plus aucune difficulté, mais il faut au contraire isoler la valeur $z = x$, pour laquelle le calcul précédent n'est plus valable. On est ainsi ramené à l'étude de l'expression

$$\lim_{\varepsilon=0} \int_0^{x-\varepsilon} + \int_{x+\varepsilon}^{\frac{\omega_3}{2i}} V(x,z)f(z)\,dz.$$

Ainsi préparée, la démonstration de la formule voulue reste encore délicate, car on se trouve ramené à une intégrale singulière, pour laquelle un seul élément donne la valeur de l'intégrale à la limite; *or cet élément est précisément celui qui correspond à $z = x$, valeur pour laquelle les calculs ci-dessus n'ont plus de sens.* On lève la difficulté en utilisant un artifice employé par M. E. Picard (*Annales de l'École Normale*, 1911, p. 459) à propos des équations intégrales de troisième espèce, qui, malgré des différences essentielles, ne sont pas sans présenter quelques analogies avec celles qui nous occupent.

Parmi les applications que j'ai été conduit à faire du théorème précédent, je citerai l'équation suivante en $g(y)$, rencontrée dans un problème de Physique mathématique :

$$(5) \quad \int_0^{\frac{\omega_3}{2i}} g(y) \begin{bmatrix} \zeta(ix-iy) + \zeta(ix+iy) - \zeta_1(ix-iy) - \zeta_1(ix+iy) \\ +\zeta_2(ix-iy) + \zeta_2(ix+iy) - \zeta_3(ix-iy) - \zeta_3(ix+iy) \end{bmatrix} dy$$

$$=\frac{1}{2}\int_0^{\omega_1} h(z) \begin{bmatrix} \zeta(ix-z) + \zeta(ix+z) - \zeta_1(ix-z) - \zeta_1(ix+z) \\ +\zeta_2(ix-z) + \zeta_2(ix+z) - \zeta_3(ix-z) - \zeta_3(ix+z) \end{bmatrix} dz - i\pi^2,$$

et qui se ramène à l'équation (2). Dans un cas étendu on peut mettre la solution de (5) sous la forme :

$$g(x) = \frac{2\pi}{\omega_1}\left(x - \frac{\omega_3}{2i}\right)$$

$$+\frac{2}{\pi}\int_0^{\omega_1}\left[h(z) - \frac{2\pi}{\omega_1}\left(z - \frac{\omega_3}{2i}\right)\right]$$

$$\times \begin{bmatrix} \zeta(ix-z) - \zeta(ix+z) + \zeta_1(ix-z) - \zeta_1(ix+z) \\ -\zeta_2(ix-z) + \zeta_2(ix+z) - \zeta_3(ix-z) + \zeta_3(ix+z) \end{bmatrix} dz.$$

Cette transformation peut être rattachée à la question suivante : la fonction donnée $h(z)$ et la fonction $g(y)$ qui en résulte satisfont-elles à la condition transcendante

$$\int_0^{\omega_1} du\, e \begin{cases} -\frac{1}{\pi}\int_0^{\omega_1} h(z)\left[\zeta\left(u - z + \frac{\omega_3}{2}\right) - \zeta\left(u - z - \frac{\omega_3}{2}\right) - \zeta_3\left(u - z + \frac{\omega_3}{2}\right) + \zeta_3\left(u - z - \frac{\omega_3}{2}\right)\right] dz \\ -\frac{1}{\pi}\int_0^{\frac{\omega_3}{2i}} g(z)\left[\zeta\left(u - iz + \frac{\omega_3}{2}\right) - \zeta\left(u + iz - \frac{\omega_3}{2}\right) - \zeta_1\left(u - iz + \frac{\omega_3}{2}\right) + \zeta_1\left(u + iz - \frac{\omega_3}{2}\right) \right. \\ \left. +\zeta_2\left(u - iz + \frac{\omega_3}{2}\right) - \zeta_3\left(u + iz - \frac{\omega_3}{2}\right) - \zeta_3\left(u - iz + \frac{\omega_3}{2}\right) + \zeta_3\left(u + iz - \frac{\omega_3}{2}\right)\right] dz \end{cases} = 0.$$

ANALYSE MATHÉMATIQUE. — *Démonstration du théorème d'après lequel tout ensemble peut être bien ordonné.* Note de M. PHILIP-E.-B. JOURDAIN.

Dans ma « démonstration du théorème d'après lequel tout ensemble peut être bien ordonné » (*Comptes rendus*, t. 166, 1918, p. 520-523) j'ai fait reposer la démonstration du théorème dont il s'agit sur ce fait (p. 522), « qu'il n'est pas vrai que, étant donné un nombre ordinal γ aussi grand qu'on veut, une chaîne quelconque de M et une série quelconque de continuations directes de cette chaîne sont toujours telles qu'il y a, dans la chaîne définie par cette série, un segment de type γ». «Et une série $S_κ$ de continuations directes d'une chaîne (K) de M est une série de *toutes les continuations possibles* (dont K est un segment) de K telle que, si K′ (de type γ′) est un membre de cette série $S_κ$, tous les membres de $S_κ$ qui sont des types moindres que γ′ sont des segments de K′».

Il convient maintenant de nommer « série *complète* de continuations directes » toute série de l'espèce que j'ai nommée ci-dessus «série de continuations directes ». Une « série de continuations directes » n'est pas nécessairement (dans la présente Note) une série *complète*, c'est-à-dire telle que, de toutes les chaînes de M, il n'y en a pas une qui soit une continuation de tous les membres de ladite série. S'il y a une telle chaîne, naturellement elle est en dehors de ladite série.

Si les membres d'une série sont des chaînes dont l'ensemble donne tous les types moindres que le nombre ordinal γ, on ne peut pas conclure, en général, que la série a un membre du type γ. Mais si la série est une série de continuations directes, on peut évidemment faire cette conclusion si γ n'a pas un prédécesseur immédiat.

On peut penser qu'on obtient toutes les séries complètes de continuations directes en négligeant toutes les chaînes de M qui sont des segments d'autres chaînes de M. Ceci est vrai, mais pour rendre évident qu'il y a actuellement de telles séries complètes, on se servira de la méthode suivante, qui apprend de construire avec les chaînes de M, d'une marche toute définie et uniforme et sans en négliger aucune, des séries complètes de continuations directes.

A cet effet, employons l'induction mathématique généralisée; démontrons qu'on peut former des séries de continuations directes avec les chaînes de M des types 1 et 2, et, si l'on peut procéder ainsi pour toutes les chaînes de M des types moindres que α, où α est un nombre ordinal quelconque fini ou transfini, qu'on peut le faire aussi pour les chaînes de M (s'il y en a) du type α.

Prenons toutes les chaînes de M dont les types sont 1 et formons-en une classe u_1 de série, dont chacune a comme seul membre une de ces chaînes. Avec chacune de ces chaînes de type 1 rangeons, pour le moment, toutes les chaînes de M qui sont à la fois de type 2 et telles que cette chaîne de type 1 en est segment. Imaginons qu'on met une chaîne identique avec cette chaîne de type 1 dans une même série que chacune des chaînes de type 2 ci-dessus mentionnées. Si l'on fait ainsi pour toutes les chaînes de M des types 1 et 2, on obtient une classe u_2 telle que, si x est un membre de u_2, x est une série de continuations directes dont ces chaînes sont des types 1 et 2.

Supposons qu'on a rangé les chaînes de M dont les types sont tous les nombres ordinaux moindres que α, où α a un prédécesseur immédiat $\alpha - 1$, dans des séries de continuations directes; la classe $u_{\alpha-1}$ de ces classes étant telle que, si x est un membre de $u_{\alpha-1}$, x est une série de continuations directes des types 1, 2, ..., $\alpha - 1$. Des chaînes de M de type α (s'il y en a), mettons dans chaque x toutes celles qui continuent toutes celles de x. Imaginons des classes identiques à x de sorte que chacune de ces dernières chaînes de M de type α forme, avec sa propre série identique à x, une série de continuations directes des types 1, 2, ..., α. Nous dénotons par u_α la classe de toutes ces séries. Notons que nous ne choisissons pas, par un usage plus ou moins explicite de l'axiome de M. Zermelo, un membre *spécial* de $u_{\alpha-1}$ ou une classe *spéciale* identique à $u_{\alpha-1}$. En effet, tous les membres de $u_{\alpha-1}$ sont traités de la même façon, et, quoique nous parlons de plusieurs chaînes identiques, nous ne faisons ainsi que pour ce que me semble facilité de visualisation.

Si α n'a pas un prédécesseur immédiat, nous pouvons évidemment former une chaîne de type α avec une série de continuations directes de tous les types moindres que α. La conclusion ne vaut pas évidemment, si l'on n'emploie pas l'axiome de M. Zermelo, si la série des chaînes de tous les types moindres que α n'est pas de continuations directes.

Nous pouvons maintenant démontrer, par le raisonnement donné dans ma Communication antérieure, que, étant donné un nombre ordinal γ aussi grand qu'on veut, une série complète quelconque de continuations directes est toujours telle qu'il y a, dans la chaîne définie par cette série, un segment du type γ.

En somme, j'ai démontré qu'on peut former, d'une manière uniquement définie par la classe de toutes les chaînes de M, une chaîne qui épuise M. Cette classe a évidemment des membres, si seulement M n'est pas nul; mais que cette classe a des membres qui épuisent M n'est pas présupposé ici, mais démontré.

ANALYSE MATHÉMATIQUE. — *Sur les séries de Dirichlet.*
Note de **M. E. Cahen**, présentée par M. Hadamard.

On connaît l'importance, dans la théorie des nombres, des théorèmes suivants relatifs aux séries de Dirichlet $\sum_{1}^{\infty} \frac{a_n}{n^s}$:

Supposons $\sum_{1}^{\infty} \frac{a_n}{n^s}$ convergente pour $s > 1$. Soit $\sum^{n} a_n = A_n$. Supposons que s tende vers 1 par valeurs réelles > 1. Alors

$$\overline{\lim_{s \to 1}} (s - 1) \sum_{1}^{\infty} \frac{a_n}{n^s} \leq \overline{\lim_{n \to \infty}} \frac{A_n}{n},$$

$$\underline{\lim_{s \to 1}} (s - 1) \sum_{1}^{\infty} \frac{a_n}{n^s} \geq \underline{\lim_{n \to \infty}} \frac{A_n}{n}.$$

Si $\frac{A_n}{n}$ a une limite l, la série est convergente pour $s > 1$, et l'on a

$$\lim_{s \to 1} (s - 1) \sum_{1}^{\infty} \frac{a_n}{n^s} = l.$$

En particulier, $\lim_{s \to 1} (s - 1) \zeta(s) = 1$. Ce cas particulier s'établit directement et sert à traiter le cas général.

J'ai cherché à étendre ceci aux séries générales de Dirichlet

$$\sum_{1}^{\infty} \frac{a_n}{\mu_n^s} \qquad (0 < \mu_1 < \mu_2 < \ldots, \mu_\infty = \infty).$$

Dans tout ce qui suit s ne prend que des valeurs réelles > 1.

La série qui remplace $\sum_{1}^{\infty} \frac{1}{n^s}$ est $\sum_{1}^{\infty} \frac{\mu_n - \mu_{n-1}}{\mu_n^s}$ ($\mu_0 = 0$).

L'abscisse de convergence de cette série est égale à 1. En effet, pour $\sum_{1}^{\infty} \frac{a_n}{\mu_n^s}$, l'abscisse de convergence est $\overline{\lim_{n \to \infty}} \frac{\log \left| \sum_{1}^{n} a_n \right|}{\log \mu_n}$, lorsque cette limite est positive. Or, ici, elle est égale à 1.

On peut voir de plus que la série est divergente pour $s = 1$. En effet, elle s'écrit dans ce cas $\sum \left(1 - \frac{\mu_{n-1}}{\mu_n} \right)$. Posons $1 - \frac{\mu_{n-1}}{\mu_n} = u_n$, on a

$$\frac{\mu_1}{\mu_n} = \prod_2^n (1 - u_n).$$

Puisque μ_n croît indéfiniment avec n, le produit $\prod_2^\infty (1 - u_n)$ est égal à zéro. Donc la série $\sum u_n$ est divergente.

Il faut voir ensuite si $(s - 1) \sum_1^\infty \frac{\mu_n - \mu_{n-1}}{\mu_n^s}$ a une limite L lorsque s tend vers 1. On a les résultats suivants :

1°
$$\lim_{s \to 1} (s - 1) \sum_1^\infty \frac{\mu_n - \mu_{n-1}}{\mu_n^s} \geqq 0,$$

évident, car l'expression est > 0 ;

2°
$$\overline{\lim_{s \to 1}} (s - 1) \sum_1^\infty \frac{\mu_n - \mu_{n-1}}{\mu_n^s} \leqq 1.$$

En effet

$$\sum_2^\infty \frac{\mu_n - \mu_{n-1}}{\mu_n^s} < \int_{\mu_1}^\infty \frac{dx}{x^s} = \frac{1}{(s-1)\mu_1^{s-1}}.$$

Donc

$$(s - 1) \sum_1^\infty \frac{\mu_n - \mu_{n-1}}{\mu_n^s} < \frac{s-1}{\mu_1^s} + \frac{1}{\mu_1^{s-1}}.$$

Le second membre tend vers 1 lorsque s tend vers 1.

Ainsi la limite L, si elle existe, est entre 0 et 1, limites incluses.

Mais cette limite existe-t-elle ? Je démontre qu'il en est ainsi lorsque μ_n est un polynome entier en n; plus généralement lorsque la série $\sum \frac{(\mu_n - \mu_{n-1})^2}{\mu_n \mu_{n-1}}$ est convergente.

Pour $\mu_n = a^n$, $a > 1$ (cas de la série de Maclaurin), L existe et peut, suivant les valeurs de a, prendre toute valeur entre 0 et 1.

Je n'ai pu décider si $(s - 1) \sum \frac{\mu_n - \mu_{n-1}}{\mu_n^s}$ a toujours une limite quelle que soit la loi de croissance des μ_n. Mais on voit que cette circonstance se présente dans des cas assez étendus.

Ceci posé on a les théorèmes suivants, généralisations de ceux rappelés au commencement de cet article :

Supposons $\sum_1^\infty \dfrac{a_n}{\mu_n^s}$ *convergente pour* $s > 1$. *Alors*

$$\overline{\lim_{s \to 1}} (s-1) \sum_1^\infty \frac{a_n}{\mu_n^s} \leq \overline{\lim_{s \to 1}} (s-1) \sum_1^\infty \frac{\mu_0 - \mu_{n-1}}{\mu_n^s} \, \overline{\lim_{s \to \infty}} \frac{A_n}{\mu_n},$$

$$\lim_{s \to 1} (s-1) \sum_1^\infty \frac{a_n}{\mu_n^s} \leq \lim_{s \to 1} (s-1) \sum_1^\infty \frac{\mu_n - \mu_{n-1}}{\mu_n^s} \, \lim_{n \to \infty} \frac{A_n}{\mu_n}.$$

Si $\dfrac{A_n}{\mu_n}$ *a une limite* l, *la série* $\sum_1^\infty \dfrac{a_n}{\mu_n^s}$ *est convergente pour* $s > 1$. *Si de plus*

$(s > 1) \sum_1^\infty \dfrac{\mu_n - \mu_{n-1}}{\mu_n^s}$ *a une limite* a, *alors*

$$\lim_{s \to 1} (s-1) \sum_1^\infty \frac{a_n}{\mu_n^s} = al.$$

Si l'on revient à la limite de $(s-1) \sum_1^\infty \dfrac{\mu_n - \mu_{n-1}}{\mu_n^s}$ on voit que cette limite dépend de la loi de croissance des μ_n. Pour les μ_n croissant plus vite ou moins vite qu'une exponentielle il faudrait, pour établir des distinctions, avoir recours à d'autres expressions que $(s-1) \sum_1^\infty \dfrac{\mu_n - \mu_{n-1}}{\mu_n^s}$, par exemple

$$(s-1)^\alpha \sum_1^\infty \frac{\mu_n - \mu_{n-1}}{\mu_n^s}.$$

MÉCANIQUE. — *Étude théorique et expérimentale sur les aubages de turbines*, Note ([1]) de M. **Poincet**, présentée par M. Bertin.

Après avoir montré par quelques exemples empruntés à la technique courante des turbines à vapeur le rôle considérable des pertes dans les

_____

([1]) Séance du 3 juin 1918.

aubages récepteurs, j'ai étudié théoriquement l'influence des différents facteurs qui paraissent influer sur ces pertes.

J'ai ensuite exécuté les vérifications expérimentales nécessaires pour confirmer les formules proposées dans la première partie de mon étude.

Les conclusions qui se dégagent de cet ensemble sont :

1° *Frottements sur les parois; vitesse de la vapeur; surchauffe; jeux entre aubages.* Tous ces facteurs n'ont qu'une influence très faible.

2° Au contraire les éléments ci-après influent notablement sur les pertes ou le fonctionnement des aubages. Ce sont :

a. La *largeur du secteur d'injection* : Les pertes augmentent très vite dès que cette dimension descend au-dessous de 3 à 5 fois le pas de l'ailetage.

b. La *hauteur des aubes* : Les pertes augmentent très vite dès que cet élément est inférieur à 2,5 fois le pas environ.

c. Forme du canal de l'aubage : Même en supposant des aubages d'action, la veine de vapeur n'en subit pas moins une compression importante au cours de sa traversée de l'aubage, et par suite sa section droite varie. Il est à supposer que le vide qui peut exister entre la veine et la paroi est rempli de tourbillons dissipateurs d'énergie. J'ai vérifié expérimentalement, qu'en donnant au canal une section variable, on peut diminuer très sensiblement les pertes.

d. Angle d'attaque : L'expérience vérifie que la perte à l'entrée des aubages due à l'angle d'attaque a pour valeur principale relative le carré du sinus de cet angle, conformément au théorème des quantités de mouvement.

Elle montre en outre que la valeur absolue de cet angle peut modifier profondément le régime d'écoulement, dans le cas d'aubages placés à la suite les uns des autres, comme c'est le cas pour les étages des turbines à plusieurs chutes de vitesse.

Dès que l'angle d'attaque dépasse 10° à 15°, il devient impossible de réaliser un régime d'écoulement par *action*. Les premiers aubages rencontrés par le fluide à la sortie des distributeurs travaillent alors en diffuseurs et les derniers en détendeurs.

Je crois pouvoir assimiler le fonctionnement complexe de l'ensemble à celui d'une tuyère convergente-divergente à portion divergente prolongée, pour lesquelles des expériences classiques ont mis en évidence des phénomènes analogues.

L'ensemble de ce travail peut constituer à la technique des turbines à vapeur une contribution intéressante. La documentation sur ce sujet est en effet restreinte, les constructeurs étant portés tout naturellement à ne pas publier les recherches qu'ils ont pu entreprendre dans cette voie.

Au moment où les plus grands efforts sont faits pour la construction des bâtiments de commerce, et où la turbine à engrenages est appelée à de nombreuses applications pour l'équipement rapide de ces bâtiments, une pareille étude, qui vise surtout à simplifier les machines en réalisant le même coefficient économique avec un nombre d'étages très réduit, présente un caractère tout particulier d'actualité.

ASTRONOMIE. — *Observations de la Nova de l'Aigle.*
Note de M. CAMILLE FLAMMARION.

Les observations faites à Cherbourg par Mlle Renaudot et par moi, depuis le 8 juin, indiquent des variations considérables dans la lumière et la coloration de cette étoile.

Le 8, au soir, nous ne l'avions aperçue que par surprise, dans une éclaircie qui n'a pas duré assez longtemps pour nous permettre de déterminer ni sa position ni son éclat précis. Les comparaisons avec d'autres étoiles étaient impossibles. Elle paraissait de première grandeur.

Le 9, à 21^{h}30^m (t. m. G.), par une transparence atmosphérique satisfaisante. nous avons constaté que l'étoile inconnue était beaucoup plus brillante que Véga, dont la grandeur est estimée 0,14, et pouvait être évaluée à — 0,50. *Blancheur éclatante :* radiation d'aspect électrique; forte scintillation.

Le 10, ciel couvert pendant toute la nuit.

Le 11, ciel couvert durant la soirée.

Le 12, à 1^h (t. m. G.), l'étoile se montrait sensiblement affaiblie, descendue au-dessous de Véga, et presque égale à Altaïr (0,88).

Le 13, à 22^h (t. m. G.), sa décroissance l'avait amenée au-dessous d'Altaïr; elle était sensiblement égale à l'Épi de la Vierge (1,20); coloration blanc terne, nuance étain, tirant sur le jaune, moins jaune qu'Antarès et moins blanche que l'Épi.

Le 14, couvert et pluie.

Le 15, à 1^h (t. m. G.), l'éclat et la couleur ne diffèrent pas de l'état de la veille.

Le même jour, à 23^h (t. m. G.), la Nova est terne et de teinte plombée de 2e grandeur, à peu près égale à γ Grande Ourse (1,95), plus faible que ε (1,68) et que η (1,91), un peu supérieure à ζ (2,09) et β (2,44). Aucune scintillation.

ASTRONOMIE. — *Premières observations de la Nova Ophiuchi.*
Note de M. **Luizet**, présentée par M. B. Baillaud.

Le 8 juin à 8 *heures* 40 *minutes*, t. m. Greenwich, j'ai constaté, et fait remarquer à quelques personnes, une étoile brillante nouvelle, dans la région ESE, à quelques degrés de l'horizon. A ce moment, le crépuscule ne laissait voir que quelques étoiles brillantes dans cette partie du ciel : Véga, α Cygne, α Ophiuchus, etc.; on soupçonnait la présence de ζ Aigle (3^m,0) et Altaïr n'était pas encore visible. Il y avait, d'ailleurs, à l'Est une brume assez forte, surtout près de l'horizon.

La Nova avait alors un éclat que j'ai estimé $\frac{1}{2}$ (α Cygne — α Ophiuchus), c'est-à-dire 1^m,7. Mais pour tenir compte grossièrement de l'influence de la brume et de l'absorption atmosphérique, j'ai indiqué la grandeur 1^m,5 dans la dépêche signalant la découverte.

Voici les observations de l'éclat de cette Nova que j'ai faites jusqu'ici par rapport aux étoiles Véga, Acturus, Altaïr, Épi de la Vierge, Antarès, α Cygne et α Ophiuchus. Les éclats adoptés pour ces étoiles de comparaison sont ceux de l'*Annuaire du Bureau des Longitudes.*

1918.	Temps moyen de Greenwich.		
	h m	m	
Juin 8...............	8.40	1,7	Brumes, crépuscule
8...............	10.15	1,5	Brumes
8...............	10.45	1,4	
8...............	11.20	1,3	
8...............	12.20	1,1	
9...............	9.20	0,7	
9...............	9.35	0,4	Ciel se couvre
12...............	9.20	0,7	
12...............	9.50	0,65	
12...............	11.15	0,75	
12...............	11. 5	0,8	
13...............	9.30	1,1	
13...............	9.52	1,2	
13...............	10.13	1,3	
13...............	11. 0	1,2	
14...............	10. 0	1,4	Cirrus
14...............	10.40	1,4	

Les 12 et 13 juin j'ai rapporté la position de la Nova à celle de l'étoile voisine 4023 B. D. + 0°, = A. G. Nicolajew, 1875,0 n° 4685 ($8^m, 5$); j'ai obtenu :

	Temps moyen de Greenwich.	α.	δ.
Juin 12............	$10^h 58^m 16^s$	$18^h 44^m 47^s, 09$	$+0° 29' 34'', 2$
13....!......	$9^h 7^m 25^s$	$18^h 44^m 47^s, 20$	$+0° 29' 34'', 2$

Cette position, reportée sur l'Atlas de Dien après l'avoir ramenée à 1860, place la Nova dans la constellation d'*Ophiuchus*, très près de l'Aigle.

A l'œil nu, la nouvelle étoile est blanche, légèrement jaunâtre, et elle scintille davantage qu'Altaïr. Dans l'équatorial coudé elle a l'aspect de la flamme d'une torche, ce qui rend les mesures micrométriques difficiles et peu précises.

J'ajouterai que la veille, le 7 juin entre 10^h et 11^h, j'ai observé à la jumelle les étoiles variables R Écu, Y Ophiuchus, U Aigle, RX Hercule, U Ophiuchus, U Petit Renard qui sont tout autour de la nouvelle étoile, et que je n'ai rien remarqué d'anormal.

CHIMIE PHYSIQUE. — *Chaleur de formation des borates de calcium anhydres.* Note de **M. R. Griveau**, présentée par M. H. Le Chatelier.

La constitution des différents borates métalliques a donné lieu à de nombreuses recherches. D'après M. Le Chatelier ([1]) les seuls borates métalliques dont la composition doive être considérée comme établie correspondent à l'un des quatre types suivants : $B^2O^3.3MO$; $B^2O^3.2MO$; $B^2O^3.MO$; $B^2O^3.0,5MO$.

D'autre part W. Guertler ([2]) a montré, par la méthode des courbes de refroidissement, que les combinaisons du calcium correspondent à $2B^2O^3.CaO$, $B^2O^3.CaO$, $B^2O^3.2CaO$. Le composé $B^2O^3.3CaO$ n'a pu rentrer dans le cadre de ses études à cause de son point de fusion trop élevé.

Le rôle joué par les borates dans la fabrication des verres et des émaux céramiques nous a conduits à déterminer leurs chaleurs de formation.

([1]) Le Chatelier, *Comptes rendus*, t. 113, 1891, p. 1034.
([2]) W. Guertler, *Zeits. f. anorg. Chemie*, t. 40, 1904, p. 337.

Nous avons préparé les différents borates de calcium par fusion directe de l'anhydride borique avec le carbonate de calcium. La fusion a été effectuée au creuset de platine dans le four Méker. L'acide fondu jusqu'à cessation de mousse et de bulles était pesé. On y dissolvait ensuite le carbonate en quantité calculée pour obtenir la composition voulue. La masse maintenue longtemps au-dessus de son point de fusion était coulée sur une lame de platine. La matière pulvérisée et au besoin refondue dans les mêmes conditions pour en assurer l'homogénéité était gardée à l'abri de l'air et analysée.

L'analyse des produits a été faite : 1° en poids, en dosant le calcium à l'état de chaux, transformée ensuite en sulfate; on avait, au préalable, éliminé l'acide borique par évaporation avec l'alcool et l'acide chlorhydrique; 2° en volume, en neutralisant par la soude exempte de carbonate la dissolution du borate dans l'acide chlorhydrique demi-normal; un premier virage à l'hélianthine comme indicateur donnait la chaux; un second virage en présence de la glycérine, avec la phtaléine comme indicateur, donnait l'acide borique.

Les corps préparés étaient exempts de carbonates.

La méthode calorimétrique employée a consisté à dissoudre les borates dans l'acide chlorhydrique étendu, demi-normal ou binormal, et à mesurer la chaleur dégagée dans cette dissolution.

Métaborate de calcium, $B^2O^3.CaO$. — Ce corps fusible vers 1100° est très stable. La chaleur moléculaire de dissolution dans l'acide chlorhydrique étendu a été trouvée égale à $22^{cal},5$.

On peut alors écrire la réaction :

$$B^2O^3.CaO \text{ sol.} + 2HCl \text{ diss.} = CaCl^2 \text{ diss.} + H^2O \text{ liq.} + B^2O^3 \text{ diss.} + 22^{cal},5.$$

De cette équation nous déduisons la chaleur de formation du sel à partir de ses constituants : anhydride d'acide et base :

$$B^2O^3 \text{ sol.} + CaO \text{ sol.} = B^2O^3.CaO \text{ sol.} + 30^{cal},9.$$

Biborate de calcium, $2B^2O^3.CaO$. — Ce corps, qui fond dans le voisinage de 1025°, reste facilement en surfusion. Par refroidissement rapide, il donne un verre dur; par refroidissement lent, des cristaux se broyant facilement.

La chaleur moléculaire de dissolution a été trouvée égale à $20^{cal},9$. La relation

$$2B^2O^3.CaO \text{ sol.} + 2HCl \text{ diss.} = CaCl^2 \text{ diss.} + 2B^2O^3 \text{ diss.} + H^2O \text{ liq.} + 20^{cal},9$$

conduit à la chaleur de formation

$$2B^2O^3 \text{ sol.} + CaO \text{ sol.} = 2B^2O^3.CaO \text{ sol.} + 39^{cal},8.$$

De cette chaleur de formation et de la précédente nous pouvons déduire la quantité de chaleur dégagée par la fixation d'une seconde molécule d'anhydride borique sur le métaborate :

$$B^2O^3 . CaO + B^2O^3 = 2B^2O^3 . CaO + 8^{cal},9,$$

ce qui confirme l'existence du composé $2B^2O^3 . CaO$, déjà indiquée par Guertler.

Pyroborate de calcium, $B^2O^3 . 2CaO$. — Il fond vers 1215°; sa chaleur de dissolution dans l'acide a été trouvée égale à 51^{cal} :

$$B^2O^3 . 2CaO \ sol. + 4HCl \ diss. = 2CaCl^2 \ diss. + B^2O^3 \ diss. + 2H^2O \ liq. + 51^{cal},$$

ce qui donne comme chaleur de formation :

$$B^2O^3 \ sol. + 2CaO \ sol. = B^2O^3 . 2CaO \ sol. + 48^{cal},5.$$

Orthoborate de calcium $B^2O^3 . 3CaO$. — Il fond difficilement; sa chaleur moléculaire de dissolution a été trouvée égale à $83^{cal},35$,

$$B^2O^3 . 3CaO \ sol. + 6HCl \ diss. = B^2O^3 \ diss. + 3CaCl^2 \ diss. + 3H^2O \ liq. + 83^{cal},35;$$

d'où l'on tire :

$$B^2O^3 \ sol. + 3CaO \ sol. = B^2O^3 . 3CaO \ sol. + 62^{cal},2.$$

En résumé, nous pouvons dresser le Tableau suivant des chaleurs de formation des quatre borates de calcium correspondant aux acides $B^4O^7H^2$, BO^2H, $B^2O^5H^4$, BO^3H^3 :

Biborate	$2B^2O^3 \ sol. + CaO \ sol.$	$=$	$2B^2O^3 . CaO \ sol. + 39^{cal},8$
Métaborate	$B^2O^3 \ sol. + CaO \ sol.$	$=$	$B^2O^3 . CaO \ sol. + 30,9$
Pyroborate	$B^2O^3 \ sol. + 2CaO \ sol.$	$=$	$B^2O^3 . 2CaO \ sol. + 48,5$
Orthoborate	$B^2O^3 \ sol. + 3CaO \ sol.$	$=$	$B^2O^3 . 3CaO \ sol. + 62,2$

Nous pouvons déduire de ces nombres les conséquences thermiques suivantes :

$$2B^2O^3 \ sol. + CaO \ sol. = 2B^2O^3 . CaO \ sol. + 39^{cal},8$$
$$2B^2O^3 . CaO \ sol. + CaO \ sol. = 2(B^2O^3 . CaO) \ sol. + 22,0$$
$$B^2O^3 . CaO \ sol. + CaO \ sol. = B^2O^3 . 2CaO \ sol. + 17,6$$
$$B^2O^3 . 2CaO \ sol. + CaO \ sol. = B^2O^3 . 3CaO \ sol. + 13,7$$

Si donc nous ajoutons à 2^{mol} d'anhydride borique des quantités de chaux croissantes, l'énergie de combinaison de la molécule de chaux va en décroissant constamment depuis $39^{cal},8$ jusqu'à $13^{cal},7$.

CHIMIE ORGANIQUE. — *Transformation directe des amines secondaires et tertiaires en nitriles.* Note de M. **Alphonse Mailhe**.

Dans une précédente Communication ([1]) j'ai montré, avec M. de Godon, qu'il était possible de transformer la diisoamylamine et la triisoamylamine en nitrile isoamylique, en les dirigeant en vapeurs sur du nickel divisé chauffé entre 350° et 380°. La réaction a lieu avec départ d'hydrogène et d'isoamylène

$$(C^5H^{11})^2NH = C^5H^{10} + 2H^2 + (CH^3)^2.CH.CH^2.CN,$$
$$(C^5H^{11})^3NH = 2C^5H^{10} + 2H^2 + (CH^3)^2.CH.CH^2.CN.$$

Il était intéressant de voir si cette réaction pouvait être généralisée et s'il était possible de transformer les autres amines secondaires et tertiaires aliphatiques en nitriles.

Ayant eu à ma disposition un certain nombre de ces amines préparées par hydrogénation des nitriles que j'avais obtenus par l'action directe de l'ammoniac sur les éthers-sels en présence d'alumine ou de thorine ([2]), j'ai essayé l'action catalytique du nickel sur ces bases secondaires et tertiaires.

La *dicaproylamine* [$CH^3(CH^2)^4CH^2$]^2NH, bouillant à 192°-195°, dirigée en vapeurs sur le nickel divisé, chauffé vers 350°-360°, fournit un abondant dégagement de gaz, formé principalement par 90 pour 100 d'hydrogène. Le reste est constitué par 8 pour 100 de carbures absorbables par le brome et 2 pour 100 d'hydrocarbures saturés. Le liquide recueilli, soumis à la distillation fractionnée, se scinde nettement en deux parties, l'une qui bout entre 60°-80°, à peu près totalement absorbable par le brome : c'est de l'hexylène contenant des traces d'hexane. La seconde portion passe entre 159°-165° : c'est le capronitrile, $CH^3(CH^2)^4CN$. Au-dessus, il reste une petite quantité d'amine non transformée, accompagnée d'une faible dose d'amine tertiaire formée. Le capronitrile, après avoir été débarrassé de ces bases par un traitement à l'acide chlorhydrique dilué, a été identifié par sa transformation en caproylamines en l'hydrogénant sur le même nickel divisé à 200°-210°. Il s'est dégagé de l'ammoniac et l'on a recueilli un mélange des trois caproylamines primaire, secondaire et tertiaire.

La tricaproylamine, [$CH^3(CH^2)^4CH^2$]^3N, bouillant à 263°-265°, fournit également en présence de nickel divisé, chauffé à 360°-380°, un dégagement permanent de gaz,

([1]) A. Mailhe et de Godon, *Comptes rendus*, t. 165, 1917, p. 557.
([2]) A. Mailhe, *Comptes rendus*, t. 166, 1918, p. 121.

constitué en majeure partie par de l'hydrogène, et le liquide recueilli est formé d'hexy-lène accompagné d'un peu d'hexane, distillant entre 70°-80°, et de capronitrile. Il reste au-dessus de 165°, un peu d'amine inchangée.

Les amines valériques, normales, subissent comme les précédentes une réaction de dédoublement semblable. D'abord, la *diamylamine* $[CH^3(CH^2)^3CH^2]^2NH$ conduit, avec dégagement d'hydrogène et d'un peu de carbures éthyléniques, à du pentène, accompagné d'un peu de pentane, et au pentane nitrile, $CH^3(CH^2)^3CN$, bouillant à 141°. La *triamylamine* $[CH^3(CH^2)^3CH^2]^3N$, bouillant à 240°-245°, dirigée en vapeurs sur le nickel chauffé à 360°-370°, est également scindée en hydrogène, pentène mélangé à un peu de pentane, et pentane nitrile. Dans les deux cas, une petite quantité d'amine n'a pas subi le dédoublement.

La *dibutylamine* $(CH^3CH^2CH^2CH^2)^2NH$, qui bout à 160°, et la *tributylamine* $(CH^3CH^2CH^2CH^2)^3N$, se dédoublent normalement lorsqu'on les dirige en vapeurs sur le nickel divisé, chauffé à 360°-380°, en carbure éthylénique, le butylène, hydro-gène, et butane-nitrile, bouillant à 118°. Le dégagement gazeux est d'autant plus abondant que la température du catalyseur est plus élevée. Non seulement le dédou-blement des amines est plus actif, mais en même temps le carbure éthylénique qui prend naissance se détruit plus profondément en hydrogène, carbures de rang infé-rieur et charbon qui se dépose sur le nickel. 30ᵍ de dibutylamine et 25ᵍ de tributyl-amine ont été changés ainsi en nitrile butyrique.

La *dipropylamine* $(CH^3CH^2CH^2)^2NH$, bouillant à 109°, et la tripropylamine $(CH^3CH^2CH^2)^3N$, qui distille à 156°, subissent à 350°-370° la destruction ordinaire en propane nitrile. Avec l'amine secondaire, le dégagement de gaz commence déjà à 300°-320°. A la température normale de la réaction 340°-350°, il est constitué par 80 pour 100 d'hydrogène, et 20 pour 100 de carbures absorbables par le brome. Le liquide recueilli commence à bouillir à 90° et les trois quarts environ distillent entre 90°-103°. Le reste est formé par un peu d'amine non décomposée et une faible quan-tité d'amine tertiaire produite pendant la réaction, car le thermomètre a monté jusqu'à 145°.

On voit que la méthode de dédoublement des amines secondaires et tertiaires aliphatiques en nitriles est tout à fait générale. Elle a lieu sui-vant les équations

$$(C^nH^{2n+1})^2NH \;=\; 2H^2 + C^nH^{2n} + C^nH^{2n-1}N,$$
$$(C^nH^{2n+1})^3N \;=\; 2H^2 + 2C^nH^n + C^nH^{3n-1}N.$$

CHIMIE ORGANIQUE. — *Sur des isatines qui contiennent un noyau quinoléique.*
Note (¹) de M. **J. Martinet**, présentée par M. A. Haller.

Les éthers dioxindol-3-carboniques, corps du type.

peuvent s'obtenir par action des éthers mésoxaliques sur les amines primaires et secondaires (²). Avec les bases tétrahydroquinoléiques, il est
donc possible d'obtenir des corps qui possèdent à la fois un noyau indo-
lique et un noyau quinoléique,

Nous avons ainsi préparé avec la tétrahydroquinoléine (²) le *1.7-trimé-
thylène dioxindol-3-carbonate d'éthyle*, petits cristaux blancs (F. 174°) dont
le dérivé acétylé forme des cristaux également blancs (F. 95°).

La 5-méthyltétrahydroquinoléine conduit au *1.7-triméthylène-5-méthyl-
dioxindol-3-carbonate d'éthyle* (form. I); il constitue des cristaux incolores
qui fondent à 162°· Avec la 5-méthyltétrahydroquinoléine nous obtenons le *1.7-(α-méthyltriméthylène)-5-méthyldioxindol-3-carbonate d'éthyle*
(form. II) sous forme de gros cristaux bien solubles dans l'éther et qui
fondent à 108°.

La saponification alcaline de ces éthers, à l'air, conduit aux isatates
correspondants. Les acides isatiques dont ils dérivent ne sont pas stables.
Le précipité orangé qui se forme par acidulation se lactamise facilement
et donne l'isatine de couleur rouge.

La *1.7-triméthylène isatine* (form. III) constitue des aiguilles rouges
brillantes (F. 195°) peu solubles dans l'eau et l'éther, bien solubles dans
l'alcool, la benzine et l'acide acétique. Sa *phénylhydrazone* est en aiguilles
jaunes, brillantes (F. 150°).

La *5-méthyl-1.7-triméthylène isatine* (form. IV) cristallisée dans l'alcool

---

(¹) Séance du 10 juin 1918.
(²) A. Guyot et J. Martinet, *Comptes rendus*, t. 156, 1913, p. 1625.

forme de petites paillettes rouges, brillantes, qui fondent à 185°. Elle donne une *phénylhydrazone* qui se présente en fines aiguilles feutrées jaune orangé; recristallisée dans l'acide acétique, elle fond à 177°.

La 1.7-(α.*méthyl-triméthylène*)-5-*méthylisatine* (form. V) forme par cristallisation dans l'alcool de jolis cristaux, rouge foncé, fusibles à 165°.

Sa *phénylhydrazone* fond à 141°, par cristallisation dans l'acide acétique à 75 pour 100, elle donne des aiguilles brillantes jaune orangé.

Ces isatines donnent la réaction de l'indophénine; elles se dissolvent immédiatement en jaune dans les alcalis, leurs phénylhydrazones se dissolvent en rouge intense dans l'acide sulfurique.

Nous avons préparé à partir de ces isatines un certain nombre d'isatates métalliques. Les sels de potassium ou de baryum sont jaunes, ceux de plomb jaune plus ou moins orangé, ceux de cuivre rouges. Ils ont la même couleur que d'autres isatates des mêmes métaux.

Avec la 1.7-triméthylène isatine : le 1.7-*triméthylène isatate de potassium* $C^{11}H^{10}O^3NK$, H^2O, qui constitue des paillettes d'un jaune franc et cristallise avec 1^{mol} d'eau.

Le *sel de cuivre* présente un point de décomposition vers 155°.

Le *sel de plomb* $(C^{11}H^{10}O^3N)^2Pb$ se transforme vers 158° et donne un liquide rouge.

La 5-méthyl-1.7-triméthylène isatine donne le 5-*méthyl*-1.7-*triméthylène-isatate de potassium* $C^{12}H^{12}O^3NK$, H^2O, qui se présente en paillettes jaunes brillantes et cristallise avec 1^{mol} d'eau.

Le *sel de cuivre* $(C^{12}H^{12}O^3N)^2Cu$ offre un point de transformation vers 160°.

Le 1.7-(α-*méthyltriméthylène*)-5-*méthylisatate de baryum* s'obtient par dissolution de l'isatine dans la baryte, on se débarrasse de l'excès de baryte par un courant d'anhydride carbonique :

(I).   (II).   (III).

et

(IV).   (V).

Ces isatines permettent de reproduire les dioxindol-3-carbonate d'éthyle. On applique la méthode générale de synthèse des éthers-α-alcool : action de l'acide cyanhydrique sur les cétones. La 1.7-triméthylène isatine s'additionne l'acide cyanhydrique et donne le 1.7-triméthylène-3-cyanodioxindol (form. VI) :

VI.

Ce corps est fort instable, mais néanmoins il peut être isolé et transformé en triméthylène-1.7-dioxindol-3 carbonate d'éthyle par action d'une solution à 20 pour 100 de gaz chlorhydrique dans l'alcool absolu.

Puisque les isatines ne possèdent qu'un carbonyle cétonique, cette synthèse des éthers dioxindol-3-carboniques confirme la constitution des produits de condensation des éthers mésoxaliques et des amines aromatiques.

CHIMIE ANALYTIQUE. — *Méthode de dosage des halogènes, du soufre et de l'azote en présence du mercure.* Note de M. **Maurice François**, présentée par M. Charles Moureu.

La méthode de dosage du mercure par le zinc en limaille que j'ai exposée récemment (¹) conduit à un dosage exact des halogènes dans les composés

_____

(¹) *Comptes rendus*, t. 166, 1918, p. 950.

du mercure, du soufre dans le cinabre et de l'azote dans les composés
ammoniés du mercure, dosages qui sont particulièrement difficiles en présence du mercure.

Dosage des halogènes. — La chlorure d'argent et vraisemblablement les autres
sels halogénés d'argent étant notablement solubles dans les solutions d'azotate mercurique, le dosage des halogènes dans les sels de mercure est inexact quand on n'a pas
éliminé le mercure.

Or, précisément, dans le procédé par la limaille de zinc, le zinc déplace et précipite
le mercure pendant que l'halogène se combine au zinc et entre en solution sous forme
de sel de zinc, c'est-à-dire sous une forme qui se prête très bien à un dosage par
pesée.

Si l'on prend le chlorure mercurique comme exemple, la réaction est représentée
ainsi :

$$Hg\,Cl^2 + Zn \; = \; Hg + Zn\,Cl^2.$$

Il suffira donc de pratiquer la méthode telle qu'elle a été donnée pour le dosage du
mercure, mais sans faire d'addition d'iodure de potassium, de recueillir avec soin
l'acide sulfurique contenant le sel halogéné du zinc et de précipiter par l'azotate
d'argent pour aboutir à un dosage par pesée.

Du fait de la suppression de l'iodure de potassium, le traitement par le zinc demandera simplement un peu plus de surveillance dans le cas des sels de mercure nettement
insolubles tels que le chlorure mercureux ou l'iodure de dimercurammonium et les
composés de ce groupe.

Le procédé est applicable au chlorure mercurique, au bromure mercurique, aux
iodures mercurique et mercureux, aux iodomercurates, aux chloriodomercurates, aux
iodures de mercurammonium, etc.

Il donne des résultats exacts.

Dosage du soufre dans les sulfures de mercure et le cinabre. — La solution
bromhydrique de brome, dont j'ai parlé dans la précédente Note, transformant intégralement le sulfure de mercure en sulfate mercurique, il s'ensuit évidemment que
l'acide sulfurique de ce sulfate peut être précipité à l'état de sulfate de baryte que l'on
peut recueillir et peser et du poids duquel on déduira le soufre.

Qu'il s'agisse de sulfure artificiel ou de cinabre naturel avec gangue, on en pèse
dans une fiole conique une prise d'essai correspondant grossièrement à 1 g de sulfure;
on y ajoute 10 cm³ de la solution bromhydrique de brome, on agite fréquemment
pendant une heure et l'on abandonne 24 heures.

On ajoute alors 20 cm³ d'eau, ce qui produit un liquide homogène, puis on fait, tant
pour le débarrasser du mercure que pour faire disparaître le brome demeuré libre, de
demi-heure en demi-heure, une addition de 1 g de zinc pur en limaille jusqu'à en avoir

employé 5^g. On décante alors le liquide sur un filtre sans plis placé sur une fiole conique de 250$^{cm^3}$ et l'on procède à cinq lavages du zinc par décantation.

Le liquide filtré est prêt pour un dosage d'acide sulfurique par pesée du sulfate de baryte.

Les résultats sont rigoureusement exacts.

Dosage de l'azote dans les composés ammoniacaux et ammoniés du mercure. — Quand on applique le procédé de dosage du mercure par la limaille de zinc à des composés ammoniacaux du mercure, par exemple au composé $HgI^2.2AzH^3$ ou à l'iodo-mercurate d'ammoniaque $HgI^2.2AzH^4I$, l'ammoniaque subsiste et entre en combinaison avec l'acide sulfurique; si l'on applique le procédé aux sels de mercurammonium du type de l'iodure de dimercurammonium, l'azote passe en entier à l'état d'ammoniaque à moins que ces sels ne dérivent des amines, auquel cas ces amines sont régénérées. Mais, en même temps, le mercure se trouvant être précipité, on se trouve dans les meilleures conditions possibles pour un dosage de l'azote par distillation de l'ammoniaque ou de l'amine.

On sait, en effet, que tous les composés du mercure qui contiennent de l'ammoniaque sous une forme quelconque passent sous l'influence des alcalis fixes à l'état de dérivés ammoniés et que, ces derniers ne dégageant pas leur ammoniaque sous l'influence des alcalis bouillants, la précipitation préalable du mercure s'impose dans le dosage de l'azote.

La prise d'essai doit être forte et ne pas être inférieure à 1^g. Elle est placée dans une fiole conique. On y ajoute 10$^{cm^3}$ d'acide sulfurique au dixième et 1^g d'iodure de potassium, tous deux bien exempts d'ammoniaque et l'on abandonne le mélange pendant 24 heures.

Cette opération préliminaire transforme partiellement les substances peu attaquables, comme l'iodure de dimercurammonium, en sulfate d'ammoniaque et iodure mercurique cristallin et rend plus facile la suite des opérations.

Après les 24 heures, sans faire aucune nouvelle addition d'acide, on ajoute 1^g de zinc pur en limaille, après une demi-heure un nouveau gramme, et après une troisième demi-heure un troisième gramme. On abandonne 24 heures.

Les additions de zinc n'ayant pas été accompagnées d'addition d'acide, il entre peu de zinc en solution.

On ajoute alors 50$^{cm^3}$ d'eau et l'on décante le liquide sur un filtre sans plis disposé sur le ballon même d'un appareil à distillation d'ammoniaque. On écrase, à ce moment, au moyen d'une baguette de verre coiffée d'un doigt de caoutchouc, le zinc qui s'est en général aggloméré et on le lave cinq fois par décantation.

Le liquide filtré, contenant tout l'azote à l'état de sulfate d'ammoniaque mélangé à un excès d'acide sulfurique et à une petite quantité de sel de zinc, peut être traité par toute méthode de dosage de l'ammoniaque par distillation.

Si l'on recueille l'ammoniaque dans l'acide chlorhydrique dilué et si l'on poursuit le dosage en pesant le chlorhydrate d'ammoniaque produit suivant la méthode de Villiers et Dumesnil, on obtient des résultats rigoureusement exacts.

Il en est encore de même si les sels de mercure analysés dérivent des méthylamines et éthylamines et s'ils régénèrent non de l'ammoniaque, mais des méthylamines ou éthylamines qu'on pèse sous forme de chlorhydrate.

GÉOLOGIE. — *Sur l'existence de grandes nappes de recouvrement dans la province de Cadix (Espagne méridionale)*. Note de M. **Louis Gentil**, présentée par M. Émile Haug.

Une remarquable étude de René Nicklès, publiée en 1902-1904, a révélé, dans la partie orientale de l'avant-pays de la Cordillère bétique, l'existence de « lambeaux de recouvrement devant appartenir à une ou plusieurs nappes de charriage de grande allure » ([1]). Robert Douvillé a montré que le même régime s'étendait à la partie centrale ([2]), tandis que la partie occidentale de la zone subbétique n'a jamais été, jusqu'ici, l'objet d'une interprétation tectonique d'ensemble.

Mon attention a été depuis longtemps retenue par certaines singularités des cartes géologiques de la vallée du Guadalquivir. On est frappé, par exemple, d'y voir de nombreux lambeaux de Trias disséminés parmi de vastes affleurements d'Éocène et de Miocène, en particulier dans la province de Cadix ([3]).

J'ai saisi l'occasion récente d'un voyage à travers l'Espagne pour parcourir en plusieurs sens l'étendue de pays comprise entre Gibraltar, Cadix, Séville, Cordoue et Grenade. Je me bornerai, dans cette Note, à signaler mes observations dans la province de Cadix.

Le Flysch nummulitique, qui forme la presqu'île qui s'avance vers le détroit de Gibraltar, apparaît en couches tantôt normales, tantôt renversées, ainsi qu'en témoignent les fréquentes traces de Vers dans les lits de grès qui prennent part à la composition de cette épaisse formation ; on peut s'en rendre compte aux environs d'Algésiras. De plus, le pendage général des couches est vers l'est : ce Flysch est visiblement poussé vers l'ouest.

([1]) *Comptes rendus*, t. 134, 1902, p. 493, et *Bull. Soc. géol. Fr.* 4ᵉ série, t. 4, 1904, p. 211-247.

([2]) *Esquisse géologique des Préalpes subbétiques* (Partie centrale). Thèse de doctorat, Paris, 1906.

([3]) Voir à ce sujet la Carte géologique internationale de l'Europe [feuille 36 (A.VI)].

Des masses triasiques se montrent très fréquemment, en situation anormale, en relation avec ces terrains nummulitiques.

Partout où je l'ai rencontré, le Trias se présente avec son faciès lagunaire. Il est formé de marnes bariolées, de gypses salifères, de cargneules, de dolomies, de calcaires compacts, qui n'apparaissent jamais en assises régulières : *ce Trias n'est pas en place*. Des pointements d'ophites, qui se montrent fréquemment en amas de blocs anguleux, trahissent encore l'importance des dislocations subies par ce terrain.

L'analogie est complète entre le Trias à faciès germanique de la province de Cadix et celui de nos possessions de l'Afrique du Nord.

Or les dépôts triasiques du Sud de l'Espagne sont fréquemment *en recouvrement* sur le Flysch. Ils apparaissent parfois, à la faveur de fenêtres, *au-dessous* du même Flysch, ainsi qu'on peut le constater entre Trafalgar, Cadix et la Sierra de Cabras; mais *ce Trias n'est jamais enraciné.*

Entre Jerez de la Frontera et la Sierra del Pinar, les superpositions anormales du Trias sont encore plus manifestes.

Un récent travail de l'ingénieur Juan Gavala (¹) devait m'en faciliter l'étude. La belle Carte géologique au 100000ᵉ qui accompagne son important Mémoire est remarquable par la diversité des terrains qui y sont figurés : le Trias, du Jurassique, du Crétacé, le Nummulitique et le Néogène. On est surpris d'y voir de vastes lambeaux triasiques interrompre l'affleurement des autres terrains dont l'apparition est, le plus souvent, caractérisée par de brusques suppressions de séries stratigraphiques puissantes.

Je ne suis pas d'accord avec l'auteur au sujet de la classification des terrains miocènes qu'il a adoptée, mais ce qui importe, pour le moment, ce sont les relations tectoniques de ces dépôts tertiaires avec le Trias lagunaire.

Le trajet de la route de Jerez de la Frontera à Villamartin est très instructif à cet égard. En quittant la plaine de Jerez pour franchir la série des collines qui la séparent d'Arcos de la Frontera, on traverse d'abord une bande de Trias surmonté par les argiles helvétiennes (Burdigalien de la Carte). A 3ᵏᵐ plus loin on voit le même Trias *en recouvrement* sur les mêmes argiles miocènes.

Cette superposition anormale est encore plus nette au Cerro del Guijo, où les argiles miocènes s'enfoncent visiblement sous un grand lambeau de Trias, lui-même recouvert, d'après M. Gavala, par du Crétacé inférieur et du Nummulitique. Un peu plus loin encore, les argiles miocènes recouvrent cet affleurement inattendu de terrains

---

(¹) *Regiones petrolíferas de Andalucía* (*Bol. Instituto geologico de España*, t. 17, 1916, 211 pages, 2 cartes en couleurs, 1 planche de coupes).

secondaires. Entre Arcos, Bornos et Esperase montre un grand développement de mol-
lasse tortonienne (Helvétien de l'auteur), qui est toujours en situation stratigraphique
normale. A Villamartin, on peut faire les mêmes observations; le Trias, avec pointements d'ophites, *recouvre* l'Helvétien de la vallée du Rio Guadalete, tandis que la ville
est bâtie sur les argiles et les grès vindoboniens qui reposent sur ce Trias. La route
de Villamartin à Las Cabezas de San Juan coupe dans sa largeur, sur 15^{km}, une
grande bande triasique longue de plus de 30^{km}. Ici, le Trias, très disloqué, a entraîné
des paquets de Jurassique; il est recouvert par des lambeaux de Nummulitique et il
est en *recouvrement sur l'Éocène* de Las Cabezas, qui rappelle le Suessonien de
l'Afrique du Nord.

En reliant entre elles mes observations dans la province de Cadix, on est
frappé de la continuité tectonique dans cette partie de l'Espagne. Dans le
Sud de la province, une grande nappe de recouvrement a cheminé de
l'ouest vers l'est; plus au nord, elle a été déviée vers le nord-ouest et ses
replis dessinent les grandes lignes orographiques du pays. *Cette nappe est
formée de Nummulitique;* elle se poursuit sans interruption depuis La Linea
(Gibraltar) jusqu'aux environs de Cadix, où elle disparaît sous une couverture récente, pliocène.

Dans le Nord de la province, les témoins du Jurassique en recouvrement
sont fréquents : la Sierra de Gibaldin, la Sierra de Pajerete et, probablement aussi, les calcaires secondaires de la Sierra del Pinar, ne sont pas en
place. *Ce Jurassique, qui est souvent associé au Crétacé inférieur, forme une
seconde nappe.*

Enfin *une troisième nappe indépendante est représentée par le Trias lagunaire.* Ainsi que nous venons de le voir, ce Trias se montre fréquemment en recouvrement sur le Flysch; il apparaît parfois au-dessous, à la
faveur de fenêtres, *mais il n'est jamais enraciné.*

Tandis que dans le Sud de la province de Cadix les affleurements triasiques prennent des alignements à peu près méridiens, on les voit s'incurver
vers le nord-est dans la zone néogène du Nord. Là ils se montrent en relation
anormale avec l'Helvétien, dessinant les replis des nappes jurassique et
nummulitique, encapuchonnant leurs fronts et pénétrant en noyaux synclinaux dans les marnes miocènes.

BOTANIQUE. — *Action nocive du carbonate de magnésium sur les végétaux.*
Note (¹) de M. Henri Coupin, présentée par M. Gaston Bonnier.

Le carbonate de magnésium, si répandu dans le sol, est, vu son insolubi-
lité dans l'eau, considéré, généralement, comme incapable d'agir nocive-
ment sur les plantes et, par suite, d'avoir aucune action sur la vie des végétaux et leur répartition géographique. On peut, cependant, remarquer que
le carbonate de magnésium est susceptible de se dissoudre en petite quantité
dans l'eau lorsque celle-ci renferme de l'acide carbonique, cas qui doit,
précisément, se produire au voisinage des racines, lesquelles exhalent sans
cesse du gaz carbonique par leur respiration. Et l'on est ainsi amené à se
demander quel peut être l'effet de ce carbonate ainsi dissous et si, sous
cette forme, il est utile ou nuisible aux plantes. Dans le but de le savoir, j'ai
effectué de nombreuses germinations, les unes dans de l'eau de source
(eau de la Vanne), les autres dans la même eau additionnée d'un large
excès de carbonate de magnésie, et les ai comparées après les avoir
maintenues pendant quelques jours dans un milieu toujours le même, à
savoir : obscurité et température constante de 24°.

A titre d'exemples résumant les principaux cas qu'on peut rencontrer,
j'indiquerai, sommairement, ici, les résultats obtenus avec huit espèces de
semences choisies assez différentes les unes des autres (les chiffres cités ci-
dessous sont relatifs à des cas moyens, tout à fait indépendants des variations
individuelles si fréquentes dans les germinations).

Lupin blanc. — Durée de l'expérience : 12 jours.

Eau seule. — Axe hypocotylé : 15^{cm}. Racine : 25^{cm}. Radicelles : 36 radicelles s'étageant sur 12^{cm} de longueur à partir du collet, les plus grandes ayant 2^{cm} de long. Pas
de poils absorbants. Les racines et les radicelles sont blanches.

Eau + Mg CO³. — Axe hypocotylé : 6^{cm}. Racine : 2^{cm}. Radicelles à peine représentées par de petits pointements. Pas de poils absorbants. Les racines et les
bosses de radicelles sont fortement brunes.

Fève. — Durée de l'expérience : 10 jours.

Eau seule. — Tige : 20^{cm}. Racine : 15^{cm}. Radicelles : 30 radicelles de 7^{cm}, 36 de 7^{cm}

(¹) Séance du 10 juin 1918.

à $1^{cm}, 5$. De nombreux fins poils absorbants. Les racines et les radicelles sont blanches.

Eau + $Mg\,CO^3$. — Tige : 17^{cm}. Racine : 15^{cm}. Radicelles : 5 radicelles de 3^{cm} à 4^{cm}, 24 de 2^{cm} à $0^{cm}, 10$. Pas de poils absorbants. Les racines et les radicelles sont fortement brunâtres.

MAïS SUCRÉ DEMI-PRÉCOCE. — Durée de l'expérience : 9 jours.

Eau seule. — Partie aérienne : 27^{cm}. Racines adventives : 2 de 7^{cm} et 1 de 14^{cm}. Racine principale : 31^{cm}. Radicelles très nombreuses, s'étageant sur 16^{cm} de longueur à partir du collet, les plus longues ayant 7^{cm}; les plus longues ayant 7^{cm}, les autres (les plus abondantes) de 1^{cm} à 2^{cm}. Pas de poils absorbants. Racines et radicelles blanches.

Eau + $Mg\,CO^3$. — Partie aérienne : 25^{cm}. Pas de racines adventives. Racine principale : 18^{cm}. Radicelles s'étageant sur 14^{cm} à partir du collet, une dizaine d'environ 7^{cm} de long, les autres (les plus nombreuses) ne dépassant pas de $0^{cm}, 3$ à $0^{cm}, 1$. Pas de poils absorbants. Racines et radicelles blanches.

RICIN SANGUIN. — Durée de l'expérience : 6 jours.

Eau seule. — Axe hypocotylé : 9^{cm}. 15 racines adventives de 8^{cm} à 9^{cm}. Racine principale : 14^{cm}. Radicelles très nombreuses, s'étageant sur 7^{cm} de longueur à partir du collet, les plus grandes ayant 2^{cm}. Pas de poils absorbants. Racines et radicelles sont parfaitement blanches.

Eau + $Mg\,CO^3$. — Axe hypocotylé : $4^{cm}, 5$. 20 racines adventives d'environ $1^{cm}, 2$, à pointe noire et manifestement mortes. Racine principale légèrement brune, de 7^{cm}. Radicelles brunes s'étageant sur 3^{cm} à partir du collet, les plus longues ayant $0^{cm}, 2$. Pas de poils absorbants.

POIS. — Durée de l'expérience : 13 jours.

Eau seule. — Tige : 17^{cm}. Racine : 22^{cm}. 16 radicelles de 3^{cm} à 5^{cm}; 10 de moins de 3^{cm}. Pas de poils absorbants.

Eau + $Mg\,CO^3$. — Tige : 14^{cm}. Racine : 14^{cm}. 6 radicelles de 2^{cm}; 20 de $0^{cm}, 5$ à $0^{cm}, 1$. Pas de poils absorbants.

POTIRON. — Durée de l'expérience : 6 jours.

Eau seule. — Tige : 15^{cm}. Racine : $13^{cm}, 5$. Radicelles très nombreuses, d'environ $20^{cm}, 5$, avec elles-mêmes des radicelles de deuxième ordre de $0^{cm}, 2$ à $0^{cm}, 1$. Des poils absorbants fugaces. Racines et radicelles sont blanches.

Eau + $Mg\,CO^3$. — Tige de 9^{cm}. Racine : 8^{cm}. 2 radicelles de 6^{cm}, 16 de 2^{cm} à 1^{cm}; toutes les autres seulement représentées par des bosses. Pas de poils absorbants. Racines et radicelles sont brunâtres.

CRESSON ALÉNOIS. — Durée de l'expérience : 14 jours.

Eau seule. — Axe hypocotylé : 6^{cm}. Racine, blanche, de 6^{cm},5, couverte, du collet jusqu'au voisinage du point. végétatif de poils absorbants de 1^{mm} à 2^{mm} (soit 1000$^\mu$ à 2000$^\mu$) de long, qui la rendent plumeuse. Pas de radicelles.

Eau + Mg CO^3. — Axe hypocotylé : 6^{cm}. Racine, blanche, de 6^{cm},5, avec des poils absorbants d'environ 60$^\mu$ de long. Pas de radicelles.

PIN PIGNON. — Développement identique dans l'eau seule et dans l'eau additionnée de carbonate de magnésium, sauf que, dans cette dernière, la racine est plus brune que dans la première (du moins durant les dix premiers jours).

Par ces quelques exemples, confirmés par bien d'autres qu'il serait trop long de développer ici, on voit que, à part quelques cas exceptionnels (Pin pignon), le carbonate de magnésium s'est montré nettement nocif pour les plantes, mais avec une intensité et une modalité un peu variables suivant les espèces considérées. Cette nocivité se manifeste : 1° par la diminution de la longueur de la racine principale; 2° par la réduction considérable du nombre et de la dimension des radicelles; 3° par la teinte brune ou noire des racines et des radicelles; 4° par la réduction des poils absorbants (lorsque ceux-ci, ce qui est plutôt l'exception, se forment dans un milieu aquatique); 5° par la moins grande longueur (sauf dans le cas du Cresson alénois) de la partie aérienne.

En aucun cas, le carbonate de magnésium ne paraît avoir eu d'effet utile, du moins dans les conditions où ont été établies ces expériences.

PHYSIOLOGIE. — *Étude comparative de la toxicité et du pouvoir nutritif des protéines alimentaires employées à l'état pur.* Note ([1]) de M. **F. MAIGNON**, présentée par M. E. Leclainche.

Dans une précédente Note, nous avons étudié la toxicité de l'albumine d'œuf chez le rat blanc. Nous donnons aujourd'hui les résultats de recherches analogues, effectuées sur le même animal, concernant la fibrine, la caséine et la poudre de viande, cette dernière substance épuisée au préalable par l'eau, l'alcool et l'éther bouillants. Nous rappellerons que, malgré ces opérations, cette poudre renferme encore une quantité appré-

---

([1]) Séance du 10 juin 1918.

ciable de graisse sous forme de combinaisons adipo-protéiques. La fibrine pure est employée directement, tandis que la caséine en poudre du commerce est épuisée auparavant à l'éther. Ces protéines sont données à discrétion, sous forme de boulettes dosées à 1^g, auxquelles on ajoute, comme précédemment, des sels minéraux et du bicarbonate de soude en vue d'éviter la déminéralisation et l'acidose.

Nous résumons dans le Tableau suivant les résultats obtenus concernant la durée de la survie et la perte de poids au moment de la mort. Nous y faisons figurer les moyennes mensuelles obtenues avec l'albumine d'œuf, pour servir de termes de comparaison.

Date des expériences.	Albumine d'œuf.		Fibrine.		Caséine.		Poudre de via	
	Survie en jours.	Perte de poids p. 100.	Survie en jours.	Perte de poids p. 100.	Survie en jours.	Perte de poids p. 100.	Survie en jours.	Pei de p p. 1
1913.								
Mai (1re quinzaine)	3	23	36	50	68	35		
» ...			20	43	60	44		
(2e quinzaine)........	4	32						
uin	7	32						
oût...................	20	43						
ctobre (1re quinzaine)....	4	20	20	42	46	39	16	4
»			21	43	23	20	25	4
(2e quinzaine)....	6	34						
ovembre	7	32						
écembre	9	32						
1914.								
anvier.................	22	41	10		25	32	15	3
»			14	32	21	33	18	3
évrier................,....			29	43			21	4
»			17	31				
lars..................	13	37	19	42	23	39	17	3
»					56			
vril..................	9	30	26	46			21	3
lai 5.................	7	34						
» 14................ ...	5	31						
» 21.................	$6\frac{1}{2}$	31					18	4
»							20	4

Il résulte de ces recherches que toutes les protéines expérimentées sont impuissantes, à elles seules, à entretenir la vie, chez le rat blanc, et à

assurer la fixité du poids, même pour de courtes périodes. L'examen de
ces résultats montre en outre que l'influence saisonnière, si marquée avec
l'albumine d'œuf, fait complètement défaut avec les autres protéines.

Le Tableau suivant donne, pour chacune des substances, la moyenne des
résultats de toutes les expériences :

	Durée moyenne de la survie, en jours.	Perte de poids à la mort, pour 100.
Albumine d'œuf.......................	8	31
Fibrine.............................	21	41
Caséine............................	41	35
Poudre de viande....................	19	40

La toxicité peut être appréciée d'après la durée de la survie. A ce point
de vue, les protéines envisagées se classent, pour le rat blanc, dans l'ordre
suivant : albumine d'œuf, fibrine, caséine, cette dernière étant de beaucoup
la moins toxique. La poudre de viande se range à côté de la fibrine.

Cause de la mort. — Pour la fibrine, la caséine et la poudre de viande, la
mort est, en toute saison, la conséquence de l'épuisement des réserves et
non de l'intoxication chronique. Les animaux meurent dans le marasme,
avec des pertes de poids très importantes. Les lésions dues à l'intoxication
alimentaire sont insuffisantes pour expliquer la mort.

Surcharge graisseuse du foie pour la caséine et la fibrine. — Les rats alimentés avec la caséine ou la fibrine possèdent, au bout d'un certain temps,
un véritable foie gras, reconnaissable à sa teinte jaunâtre et à ses bords
épais et arrondis. Le microscope révèle une surcharge graisseuse intense.

Cette graisse hépatique que nous avons vue coexister, au moment de la
mort sur des animaux ainsi alimentés, avec un état cachectique très prononcé, ne peut provenir que de la transformation des produits de la digestion, apportés au foie par le sang porte, c'est-à-dire de la caséine et de la
fibrine. Tandis que la surcharge est extrêmement intense avec la caséine,
elle est moitié moindre environ avec la fibrine. Elle est en outre moins
précoce avec cette dernière substance : des rats sacrifiés après cinq jours
d'alimentation à la caséine présentent déjà une légère surcharge du foie,
tandis qu'avec la fibrine il n'y a pas encore trace de graisse dans les cellules.
Avec l'albumine d'œuf et la poudre de viande, on n'observe, à aucun
moment, de dépôt de graisse dans les cellules hépatiques.

Il existe donc pour l'albumine d'œuf, la fibrine et la caséine, une relation étroite entre la durée de la survie et la facilité avec laquelle les albumines ingérées se transforment en graisse. Tout se passe comme si la graisse formée prolongeait la survie en rendant moins rapide l'épuisement des réserves. Les animaux ne meurent, en effet, que lorsque les réserves de graisse ont à peu près disparu, comme si cette substance était indispensable à l'utilisation des protéines ingérées.

Nous ferons remarquer en outre que l'influence saisonnière sur la toxicité, si étonnante avec l'albumine d'œuf, n'existe pas avec la caséine et la fibrine, susceptibles toutes deux de se transformer facilement en graisse dans le foie. Il semble que la présence de graisse rend l'organisme moins sensible aux poisons azotés, au printemps et à l'automne.

La séance est levée à 16 heures et quart.

E. P.

BULLETIN BIBLIOGRAPHIQUE.

OUVRAGES REÇUS DANS LES SÉANCES DE FÉVRIER 1918 (*suite et fin*) ([1]).

Banque de France. *Assemblée générale des actionnaires de la Banque de France du 31 janvier 1918. Compte rendu au nom du conseil général de la Banque et rapport de MM. les Censeurs.* Paris, Paul Dupont, 1918; 1 fasc. 24×31,5.

Canada. Ministère des Mines. Division des mines. *Rapport annuel de la production minérale au Canada durant l'année civile* 1915, par JOHN MC LEISH. Ottawa, Imprimerie du Gouvernement, 1917; 1 vol. in-8°.

Electrodynamic Wave-Theory of Physical Forces. Discovery of the Cause of Magnetism, Electrodynamic Action, by T.-J.-J. SEE. Lyon, Mass., Nichols et fils, 1917; 1 vol. 23×31.

([1]) Complément des Ouvrages reçus en février, à ajouter au n° 20 (21 mai 1918), p. 832.

Résumé météorologique de l'année 1916 pour Genève et le Grand Saint-Bernard, par Raoul Gautier. Extrait des *Archives des sciences de la bibliothèque universelle*, août et septembre 1917. Genève, Société générale d'imprimerie, 1917 ; 1 fasc. 14,5×22,5.

Observations météorologiques faites aux fortifications de Saint-Maurice, pendant l'année 1916. Résumé par Raoul Gautier et Ernest Rod. Extrait des *Archives des sciences physiques et naturelles*, juin et août 1916, mars et octobre 1917. Genève, Société générale d'imprimerie, 1917; 1 fasc. 14,5×22,5.

La loi des luminosités dans l'amas globulaire Messier 3; — *Sur la stabilité des solutions périodiques de la première sorte dans le problème des petites planètes;* — *Étoiles et molécules*, par H. v. Zeipel. Trois Notes extraites, les deux premières des *Arkiv för Matematik, Astronomi och Fysik utgifvet af K. Svenska Vetenskapsakademien*, la troisième de *Scientia*.

. La Odóstica. Teoria fisica de los olores, par O.-L. Trespailhie. Buenos-Aires, Imp. Suiza, 1917; 1 fasc. 17,5×25,5.

Reseña y memorias del primer congreso nacional de comerciantes y de la assamblea general de camaras de comercio de la Republica, reunidos en la ciudad de Mexico bajo el patrocinio de la secretaria de industria y comercio. Mexico, Talleres graficos de la secretaria de communicaciones, 1917; 1 vol. 19,5×28.

———

ERRATA.

(Séance du 28 janvier 1918.)

Note de M. *F.-G. Valle Miranda*, Recherches biochimiques sur le *Proteus vulgaris* Hauser :

Page 185, ligne 6, *au lieu de* L'étude qualitative, *lire* L'étude quantitative.

ACADÉMIE DES SCIENCES.

SÉANCE DU LUNDI 24 JUIN 1918.

PRÉSIDENCE DE M. Léon GUIGNARD.

MÉMOIRES ET COMMUNICATIONS

DES MEMBRES ET DES CORRESPONDANTS DE L'ACADÉMIE.

CHIMIE. — *Sur la constitution d'un sel de plantes provenant du Cameroun.*
Note de **M. A. Lacroix.**

De nombreux voyageurs ont signalé que, dans les régions africaines où il n'existe pas de gisements salifères et dans lesquelles le sel d'exportation ne parvient que difficilement, les indigènes se servent pour leur alimentation d'un sel extrait par lixiviation des cendres de divers végétaux aquatiques ou de terrains marécageux; ce sel est essentiellement constitué par du chlorure de potassium, accompagné de quantités variables de sulfate et parfois de carbonate de potassium. Les premières analyses qui aient été données de ces produits semblent être celles que M. Demoussy a effectuées sur les récoltes faites par M. Dybowski dans le Haut Oubangui et le Chari ([1]).

---

[1] Dybowski et Demoussy, *Comptes rendus*, t. 116, 1893, p. 398.
Ces sels sont fort différents de celui analysé ci-contre.
a. Sel des Bonjos (Oubangui); *b.* Sel des Tokbos (riv. Kemo); *c.* Sel des N'Gapous (Chari).

	a.	*b.*	*c.*
KCl	67,98	64,26	53,96
SO⁴K²	28,73	29,28	36,87
CO³K²	1,17	4,26	7,35
Insol.	1,65	0,75	1,25

Le sel de l'Oubangui est extrait des cendres de Graminées, d'Aroïdées, de Polygonacées; celui des Tokbos, des cendres de Fougères et d'Aroïdées.

M. le gouverneur des colonies, Lucien Fourneau, commissaire de la République française au Cameroun, vient de m'envoyer un échantillon d'un sel de ce genre, fabriqué par les indigènes de cette colonie à l'aide d'une graminée qui, d'après la détermination de mon confrère, M. Lecomte, est une forme du *Panicum crus Galli* L. (*P. Burgu.* A. Chevalier, 1900), autant qu'il est possible d'en juger d'après des spécimens dépourvus d'inflorescences. Je me suis assuré, en lavant les cendres de cette plante, que le sel qu'elles fournissent est bien identique à celui qui fait l'objet de cette Note.

Le sel de fabrication indigène est d'un gris jaunâtre, à grain grossier ; il m'est arrivé légèrement humide. L'analyse suivante a été effectuée par M. Raoult :

Cl.	42,81
SO³.	5,24
K²O.	56,73
Na²O.	1,63
CaO.	1,19
MgO.	0,55
SiO².	0,14
Perte à 105°.	0,37
Perte au rouge.	1,51
	110,17
— O	9,67
	100,50

Le brome, l'iode, le fluor, l'acide phosphorique, l'alumine ont été recherchés sans succès ; il existe des traces de Fe^2O^3. La petite quantité de chlorure de magnésium observée explique l'humidité de l'échantillon qui a voyagé dans un récipient mal fermé.

L'intérêt que présente ce sel réside dans sa teneur en chaux, dans son manque de carbonates qui le distinguent de tous ceux d'autres localités que j'ai eu l'occasion d'étudier jusqu'ici. Son examen minéralogique permet d'interpréter avec sûreté la composition chimique fournie par l'analyse.

Quand ce sel est traité par l'eau, le chlorure de potassium se dissout rapidement, donnant une liqueur trouble qui, au microscope, montre en suspension de très nombreux cristaux monocliniques, allongés suivant l'axe vertical, aplatis suivant $h^1(100)$; les cristaux qui sont couchés suivant cette face d'aplatissement sont presque sans action sur la lumière polarisée parallèle, mais ils laissent voir en lumière convergente les images d'une section sensiblement perpendiculaire à une bissectrice aiguë avec un angle $2V$ très petit; le signe optique est négatif, le plan des axes optiques perpendiculaire à $g'(010)$. Les cristaux, vus à travers cette dernière face, s'éteignent sous un angle voisin de 2° par rapport à l'axe vertical dont la trace est de signe positif; les indices de réfraction, déterminés par la méthode d'immersion, sont compris entre 1,518 et 1,500.

Toutes ces propriétés sont celles du sel double $(SO^4)^2 CaK^2.H^2O$, connu dans la nature sous le nom de *syngénite*.

L'examen microscopique du sel brut montre beaucoup de ces petits cristaux de syngénite inclus dans les cubes à faces planes ou courbes de KCl (sylvine), d'autres leur sont accolés; ils ne constituent pas le seul minéral biréfringent, en effet il existe aussi des cristaux plus gros, d'un indice moyen un peu plus faible (voisin de 1,49); ils sont rhombiques, peu biréfringents, biaxes et optiquement positifs; il est possible de déduire de ces propriétés et de la composition chimique donnée plus haut qu'ils appartiennent au sulfate SO^4K^2 (glasérite) et de prouver ainsi que la soude n'existe pas à l'état de sulfate, car dans ce cas le composé sulfaté eût été l'arcanite $(SO^4)^2K^3Na$ qui est rhomboédrique.

La composition minéralogique du sel étudié est donc la suivante :

KCl (sylvine)	83,46
$NaCl$	3,09
$MgCl^2$	1,30
$(SO^4)^2CaK^2.H^2O$ (syngénite)	7,12
SO^4K^2	3,94
SiO^2	0,14
Matières organiques, etc.	1,51
	100,56

Il est intéressant de retrouver dans ce produit du lessivage de cendres de végétaux, l'association de deux minéraux (sylvine et syngénite) qui, dans la nature, se rencontrent ensemble dans des gisements salifères. On sait que la glasérite n'a pas été trouvée sûrement à l'état de pureté dans les gisements naturels.

Aux voyageurs qui auront l'occasion d'explorer les régions où se pratique la fabrication du sel de plantes, je signale l'intérêt qu'il y aurait à préparer séparément une petite quantité de ce sel à l'aide de chacune des espèces de plantes utilisées dans ce but par les indigènes afin d'étudier les variations qualitatives et quantitatives, sans doute considérables, de composition des sels que renferme chacune d'entre elles.

MÉCANIQUE DES SEMI-FLUIDES. — *Équations générales régissant les lents écoulements des matières semi-fluides, soit plastiques, soit pulvérulentes.* Note de M. **J. Boussinesq**.

I. Comme les écoulements dont il s'agit se produisent presque toujours avec des accélérations négligeables, les trois composantes X, Y, Z du poids de l'unité de volume y sont neutralisées par les pressions intérieures, dont nous appellerons N_x, N_y, N_z, T_x, T_y, T_z, en chaque point (x, y, z) de l'espace, les six composantes principales relatives aux axes fixes choisis de coordonnées rectangulaires; et l'on aura d'abord, entre ces six composantes N, T, fonctions inconnues de x, y, z, les trois équations indéfinies ordinaires de l'équilibre :

$$(1) \quad \begin{cases} \dfrac{dN_x}{dx} + \dfrac{dT_z}{dy} + \dfrac{dT_y}{dz} + X = 0, \quad \dfrac{dT_z}{dx} + \dfrac{dN_y}{dy} + \dfrac{dT_x}{dz} + Y = 0, \\[2mm] \dfrac{dT_y}{dx} + \dfrac{dT_x}{dy} + \dfrac{dN_z}{dz} + Z = 0. \end{cases}$$

Les trois petites composantes u, v, w de la vitesse du corps seront trois autres fonctions inconnues de x, y, z, entre lesquelles se vérifiera la relation usuelle exprimant la conservation des volumes matériels, très sensiblement réalisée dans les phénomènes en question. Donc aux équations (1) se joindra la quatrième équation indéfinie, entre les *neuf* inconnues du problème qui sont, d'une part, les *six* forces N, T, d'autre part, les trois vitesses u, v, w,

$$(2) \quad \frac{du}{dx} + \frac{dv}{dy} + \frac{dw}{dz} = 0.$$

II. De plus, si P_1, P_2, P_3 désignent les trois *pressions* (ou plutôt *tractions*) *principales* en (x, y, z), racines d'une équation du troisième degré dont les coefficients (pris alternativement avec signes contraires ou avec leurs signes)

$$(3) \quad P_1 + P_2 + P_3, \quad P_2 P_3 + P_3 P_1 + P_1 P_2, \quad P_1 P_2 P_3,$$

sont trois fonctions entières homogènes connues, respectivement des premier, second et troisième degrés, des six quantités N, T, le fait de l'état ou *plastique*, ou *ébouleux*, offert par la matière étudiée dans les endroits où elle coule, s'exprimera, quand il s'agit d'un corps plastique, en écrivant que la plus grande (en valeur absolue) des trois demi-différences $\frac{1}{2}(P_2 - P_3)$, $\frac{1}{2}(P_3 - P_1)$, $\frac{1}{2}(P_1 - P_2)$ y a une valeur spécifique constante K (200^{kg} environ par centimètre carré pour le plomb, d'après les observations de Tresca); et, dans le cas contraire d'une masse pulvérulente, en exprimant que le plus grand, en valeur absolue, des trois rapports

$$\frac{P_2 - P_3}{P_2 + P_3}, \qquad \frac{P_3 - P_1}{P_3 + P_1}, \qquad \frac{P_1 - P_2}{P_1 + P_2},$$

y égale partout le sinus de l'angle *donné* φ de frottement intérieur. D'ailleurs, dans ce second cas, P_1, P_2, P_3 sont essentiellement négatifs, et le plus grand des trois rapports en question est celui qui a pour numérateur la plus grande différence ([1]).

Si, par exemple, les déformations étant planes et effectuées parallèlement aux xy, les deux pressions principales extrêmes sont normales à l'axe des z, leur différence a l'expression $\sqrt{(N_x - N_y)^2 + 4T_z^2}$, tandis que leur somme est $N_x + N_y$. L'équation propre à l'état plastique, mise sous forme rationnelle, sera donc

$$(4) \qquad\qquad (N_x - N_y)^2 + 4T_z^2 = 4K^2,$$

tandis que celle de l'état ébouleux, également sous forme rationnelle, sera

$$(4\ bis) \qquad\qquad (N_x - N_y)^2 + 4T_z^2 - (N_x + N_y)^2 \sin^2\varphi = 0.$$

III. Mais supposons les forces P_1, P_2, P_3 orientées suivant trois directions rectangulaires quelconques. Leurs trois fonctions symétriques élémentaires (3), seules, se trouveront donc connues ou exprimées au moyen des six pressions N, T. Alors on considérera, et réduira à une fraction rationnelle unique, l'une ou l'autre des deux sommes de trois carrés,

$$(5) \quad \left(\frac{P_2 - P_3}{P_2 + P_3}\right)^2 + \left(\frac{P_3 - P_1}{P_3 + P_1}\right)^2 + \left(\frac{P_1 - P_2}{P_1 + P_2}\right)^2, \qquad (P_2 - P_3)^2 + (P_3 - P_1)^2 + (P_1 - P_2)^2,$$

fonctions *rationnelles* et *symétriques*, qui *doivent* être exprimables au moyen

---

([1]) On verra à l'article VIII d'un Mémoire sur les semi-fluides, actuellement à l'impression dans les *Annales scientifiques de l'École Normale supérieure*, les raisons qui rendent plausibles ces deux équations caractéristiques, même dans des cas où les déformations ne sont pas planes.

des trois (3). Et l'on fera de même pour les deux sommes des produits deux
à deux, et pour les deux produits trois à trois, des mêmes carrés respectifs.
Ainsi l'on pourra (sauf la longueur des calculs) former assez aisément,
en N_x, N_y, N_z, T_x, T_y, T_z, les coefficients des deux équations du troisième
degré qui ont pour racines soit les trois premiers carrés, soit les trois
derniers. Il suffira donc, finalement, de substituer à l'inconnue, dans ces
deux équations respectives du troisième degré, les valeurs $\sin^2\varphi$ ou $4K^2$,
qui sont l'un de ces carrés d'après le principe admis pour les deux états
ébouleux et plastique.

Il ne serait, d'ailleurs, pas facile d'utiliser ces équations générales du
troisième degré. Nous n'en ferons aucun usage; car, dans les questions
abordables, des raisons de symétrie rendront les forces P_1, P_2, P_3 soit
normales, soit parallèles à un plan donné, horizontal, par exemple, et, dans
le second cas, parallèles ou perpendiculaires à un autre plan également
donné (vertical); de sorte que, leurs directions se trouvant connues à
l'avance, une équation au plus du second degré, comme (4) ou (4 bis),
achèvera de les déterminer.

IV. Même après l'adjonction de l'équation caractéristique, comme (4)
ou (4 bis), aux quatre relations précédentes (1) et (2), il manque encore
quatre équations indéfinies pour en égaler le nombre à celui des neuf fonctions inconnues N, T et u, v, w. On les formera en essayant de rattacher
les déformations effectives ou totales de chaque particule, indéfinies en
grandeur et jamais terminées quoique opérées lentement, à ses presque
imperceptibles déformations élastiques actuelles, productrices des six pressions ou mieux tensions N, T, et qui distinguent la configuration interne
présente de la particule, de ce qu'elle serait si l'on y supprimait actuellement
ces six forces. Sa situation même ne changerait alors que peu, pourvu que
son centre de gravité restât en place et que les trois fibres rectangulaires
principales actuelles, à dilatations élastiques ∂_1, ∂_2, ∂_3, y conservassent leurs
directions effectives.

Les six déformations élastiques relatives aux axes coordonnés, lesquelles
comprennent les dilatations ∂_x, ∂_y, ∂_z des trois fibres qui sont parallèles
aux x, y, z dans l'état naturel ainsi considéré, et leurs glissements relatifs
(ou petites obliquités présentes) g_x, g_y, g_z, se trouvent, comme on sait,
reliées aux six forces N, T par les deux formules triples d'isotropie,

(6) $\begin{cases} (N_x, N_y, N_z) = \lambda(\partial_x + \partial_y + \partial_z) + 2\mu(\partial_x, \partial_y, \partial_z), \\ (T_x, T_y, T_z) = \mu(g_x, g_y, g_z), \end{cases}$

qui donnent, notamment,

$$(7) \qquad \frac{\partial_y - \partial_z}{N_y - N_z} = \frac{\partial_z - \partial_x}{N_z - N_x} = \frac{g_x}{2\,T_x} = \frac{g_y}{2\,T_y} = \frac{g_z}{2\,T_z}.$$

D'autre part, si l'on appelle ∂ la dilatation élastique de tout élément rectiligne matériel de la particule, émané de (x, y, z) suivant le sens dont les cosinus directeurs (actuels, par exemple) sont α, β, γ, on a aussi la formule connue

$$(8) \qquad \partial = \partial_x \alpha^2 + \partial_y \beta^2 + \partial_z \gamma^2 + g_x \beta\gamma + g_y \gamma\alpha + g_z \alpha\beta.$$

Enfin, la vitesse effective ou totale, D, avec laquelle s'écartent, durant l'instant dt, les deux extrémités matérielles de cette fibre (ou élément rectiligne), est, comme on le sait aussi,

$$(9) \qquad D = \frac{du}{dx}\alpha^2 + \frac{dv}{dy}\beta^2 + \frac{dw}{dz}\gamma^2 + \left(\frac{dv}{dz} + \frac{dw}{dy}\right)\beta\gamma + \left(\frac{dw}{dx} + \frac{du}{dz}\right)\gamma\alpha + \left(\frac{du}{dy} + \frac{dv}{dx}\right)\alpha\beta.$$

Cela posé, il est naturel d'admettre que, *des diverses fibres émanant du centre de gravité de notre particule isotrope, les plus étirées élastiquement sont aussi celles qui, actuellement, s'allongent le plus vite;* en sorte qu'il y ait proportionnalité, quels que soient α, β, γ, du sextinome (D), ou (9), au sextinome ∂, ou (8). Il vient ainsi, en faisant successivement les doubles hypothèses $(\beta, \gamma) = 0$, $(\gamma, \alpha) = 0$, $(\alpha, \beta) = 0$, et puis les hypothèses simples $\alpha = 0$, $\beta = 0$, $\gamma = 0$, six rapports égaux, dont se tirent immédiatement les cinq suivants :

$$(10) \qquad \frac{\dfrac{dv}{dy} - \dfrac{dw}{dz}}{\partial_y - \partial_z} = \frac{\dfrac{dw}{dz} - \dfrac{du}{dx}}{\partial_z - \partial_x} = \frac{\dfrac{dv}{dz} + \dfrac{dw}{dy}}{g_x} = \frac{\dfrac{dw}{dx} + \dfrac{du}{dz}}{g_y} = \frac{\dfrac{du}{dy} + \dfrac{dv}{dx}}{g_z}.$$

Or il suffira de substituer dans ceux-ci, aux dénominateurs, les dénominateurs proportionnels des cinq fractions (7), pour obtenir, entre les vitesses u, v, w et les six forces N, T, les quatre équations indéfinies du problème qui manquaient encore :

$$(11) \qquad \frac{\dfrac{dv}{dy} - \dfrac{dw}{dz}}{N_y - N_z} = \frac{\dfrac{dw}{dz} - \dfrac{du}{dx}}{N_z - N_x} = \frac{\dfrac{dv}{dz} + \dfrac{dw}{dy}}{2\,T_x} = \frac{\dfrac{dw}{dx} + \dfrac{du}{dz}}{2\,T_y} = \frac{\dfrac{du}{dy} + \dfrac{dv}{dx}}{2\,T_z}.$$

C'est Barré de Saint-Venant qui a posé le premier ces quatre relations remarquables. Il y arrivait en admettant que la pression exercée sur chaque élément plan matériel, dans un corps plastique en train de se déformer, a sa composante tangentielle suivant la direction même où glissent actuellement, sur cet élément plan, les couches contiguës qui lui sont parallèles.

V. Les *conditions définies*, spéciales à la surface du corps, consisteront :

1° Pour les points où la pression extérieure sera connue, à égaler les composantes respectives des forces que supporteront les deux faces d'une couche superficielle;

2° Contre une paroi fixe où glissera la matière semi-fluide, à y supposer la vitesse de même sens que la composante tangentielle de la poussée exercée sur l'élément de paroi contigu et à égaler à un coefficient constant, censé connu, de frottement extérieur, le rapport de cette composante tangentielle à la composante normale de la poussée;

3° Pour les autres points, à s'y donner à chaque époque les petites vitesses u, v, w. Ces derniers seront notamment les points d'application des organes rigides opérant la déformation ou le pétrissage d'une matière plastique, tels qu'un piston ou un poinçon qui refouleraient cette matière, des tenailles ou l'étau qui l'étireraient, etc.

On remarquera l'absolue nécessité de ces troisièmes conditions pour le calcul des grandeurs absolues de u, v, w et des déplacements; car les équations indéfinies (2) et (11), homogènes par rapport à u, v, w ou, plutôt, aux dérivées premières de u, v, w en x, y, z, sont propres à déterminer tout au plus les rapports mutuels de ces composantes de vitesse, entre elles ou aux divers points de la masse.

Enfin, le corps reste généralement à l'état stable, ou de contexture persistante, dans une région plus ou moins grande. On obtient l'équation de la surface variable qui sépare cette région de celle de semi-fluidité, en exprimant que la limite d'élasticité Δ commence à y être atteinte, qu'elle l'est presque un peu à côté, là où la matière ne coule pas. Il faut remarquer, en effet, que les déformations, soit persistantes, soit élastiques, varient, comme je viens de dire, avec continuité dans toute l'étendue du corps, dont l'état se transforme graduellement d'un point aux points voisins, pourvu qu'il n'y ait pas de rupture : seulement, les secondes sont insensibles, ou peu s'en faut, tandis que les premières peuvent, à raison de leur durée indéfinie, dépasser des limites quelconques.

On voit d'ailleurs que nous négligeons, dans nos corps plastiques, la région intermédiaire, si étendue chez certains métaux, où la matière, à l'état d'élasticité imparfaite, serait en voie ou de *s'écrouir*, ou de *s'énerver*, c'est-à-dire de modifier ses limites d'élasticité incessamment atteintes.

Quelques Notes ultérieures seront consacrées à démontrer, dans la mesure où il semble possible de le faire, les formules par lesquelles Tresca a essayé de représenter les résultats de ses nombreuses expériences de poinçonnage et d'écoulement sur les métaux, principalement sur le plomb.

ASTRONOMIE. — *Les observatoires dits de la rue des Postes à Paris : situation et coordonnées.* Note ([1]) de M. G. BIGOURDAN.

Dans la région de la rue des Postes, aujourd'hui rue Lhomond, il a existé à Paris deux observatoires astronomiques, ordinairement confondus l'un avec l'autre à cause de leur dénomination habituelle, mais qui ont occupé deux emplacements bien distincts.

Le doute à ce sujet provient aussi du vague des indications laissées par les astronomes qui les ont occupés, car ils nous en ont donné les coordonnées d'une manière très imparfaite, surtout pour l'un d'eux.

Des recherches faites dans divers manuscrits m'ont permis de mieux préciser ces emplacements, et peut-être de les fixer d'une manière définitive.

Observatoire de Picard. — Pendant les premiers mois de 1677, et pour des raisons inconnues, l'abbé Picard abandonna momentanément l'Observatoire de l'Académie, où il observait depuis juillet 1673; et il continua ses observations dans la rue des Postes. L'*Histoire céleste* de Le Monnier indique ainsi ce changement (p. 228) :

Les observations astronomiques ont été continuées à Paris *par M. Picard*, dans sa maison située au bas de rue des Postes; ce lieu est $2''\frac{1}{2}$ de temps plus *oriental* que l'*Observatoire*, et *la hauteur du Pole* y est plus grande de $0'20''$.

On voit que ces données en nombres ronds sont vagues, d'autant qu'elles n'indiquent pas à quel point de l'Observatoire elles se rapportent.

Le registre original de Picard (D. 1, 15), à la date du 4 janvier 1677, porte simplement :

([1]) Séance du 17 juin 1918.

C. R., 1918, 1ᵉʳ *Semestre.* (T. 166, N° 25.) 133

Au bas de la rue des Postes, plus sept. de 20″, et plus oriental de 2″ ½ de temps que·
l'Observatoire.

Mais une feuille détachée, placée en tête du registre D.1, 14, et qui
paraît en avoir été la première, donne plus explicitement des détails, écrits
de la main de Picard.

Ce sont d'abord des « Distances entre le centre de l'Observatoire et
plusieurs Lieux d'alentour, prises sur la nouvelle carte géographique »,
données à la toise ronde près, et dont certaines sont indiquées comme
vérifiées par le calcul. Puis il ajoute :

La distance entre le milieu de l'Observatoire et ma maison de la rue des postes est
de 530 Toises. la diff. des haut. de pole est de 20″ ½ et la différence de longitude
est de 2″ ½ de temps.

Par *milieu* de l'Observatoire Picard entend-il ici le *centre*, comme plus
haut? Cela paraît probable; mais le doute sur ce point, joint au vague de la
longitude (donnée à la demi-seconde de temps près, ce qui correspond à
plus de 140^m), ne permet pas de préciser l'emplacement.

Fort heureusement J.-N. Delisle nous donne une indication beaucoup
plus précise. Il avait fait copier sur les registres originaux (D. 1, 14, 15, 16)
les observations de Picard, et le manuscrit ainsi obtenu (D. 1, 22) qui a
259 pages, porte à la fin :

La maison où M. Picard a observé dans la rue des Postes est précisément à l'angle
aigu fait par la rencontre de la rüe neuve Sᵗᵉ Geneviève et de la rüe des Postes; ce
lieu est 19″ ½ plus septentrional que l'Observatoire et 43″ de degré à l'orient de
l'Observatoire, ce que jay reconnu par le plan de Paris de mon frère qui est orienté.
V. ce qu'il en dit lui mesme à la p. 230. V. aussi page 53.

La rue Neuve Sainte-Geneviève est aujourd'hui la rue Tournefort; et
l'examen des plans successifs de Paris, de 1652 (Gomboust) à aujourd'hui,
montre que cette rue et celle des Postes n'ont subi dans l'intervalle aucun
déplacement sensible.

L'angle aigu, dont parle Delisle et dont nous désignerons le sommet
par A, est formé par le côté Est A$P_1$$P_2$... de la rue des Postes et le côté
Ouest A$T_1$$T_2$... de la rue Tournefort; il est très sensiblement de 30° à 31°,
donc trop aigu pour que, à l'origine surtout et comme en plein champ, on
ait construit jusqu'au sommet; d'ailleurs le plan de Gomboust y montre
déjà un pan coupé, qui ne doit pas être confondu avec celui d'aujourd'hui,
situé à 25^m plus au Nord, et qui remonte à 1844.

L'état des lieux antérieur à cette date de 1844 est figuré sur un plan ([1]) V_2 à grande échelle (5^{mm} par mètre) qui paraît remonter à Verniquet (1790 env.) et sur lequel la ligne $A P_1 P_2 \ldots$, empiète sur la rue actuelle de $0^m,80$.

Pour traduire les indications de ce plan V_2, prenons, à partir du sommet, sur les côtés de l'angle A, les longueurs suivantes :

R. des *Postes*.... $A P_1 = 11,0$ $A P_2 = 15,5$ $A P_3 = 34,2$ $A P_4 = 37,6$ $A P_5 = 59$

R. *Tournefort*... $A T_1 = 12,4$ $A T_2 = 18,8$ $A T_3 = 33,6$ $A T_4 = 37,3$

La ligne $P_1 T_1$ figure le pan coupé ancien, dont nous désignerons le milieu par M_1, — et $P_1 T_1 T_2 P_2$ est une maison qui est donc ou celle de Picard ou une autre bâtie sur son emplacement. Nous appellerons M son milieu approximatif ([2]).

A la suite se trouve figuré un jardin $P_2 P_3 T_3 T_2$, clos de murs sur les deux rues, et dont la limite nord est formée par une ligne brisée dont les deux segments sont perpendiculaires aux rues, respectivement en P_3 et T_3.

Enfin la ligne $P_4 T_4$ est la grande face du pan coupé actuel, un peu rabattue aux extrémités. Nous désignerons par M_4 le milieu de cette grande face; et voici, en mètres, les coordonnées des points M_1 et M_4 :

	M_1.		M_4.	
Verniquet (reprod.)...	855 E	609 N	»	»
Plan V_2	853,2	604,5	848,0 E	628,7 N
Plan de 1880.........	»	»	847	630

Picard installait donc son quart de cercle au voisinage immédiat soit du point M dans sa maison, soit plutôt dans le jardin attenant, comme on faisait rue Vivienne, car il observait pour la détermination des réfractions; et là il avait en effet l'horizon libre, tant dans le méridien que dans les azimuts qu'il désigne par A, H, K (Lem., *H. C.*, p. 231...), où il observait aussi.

On peut donc admettre pour coordonnées du point d'observation de Picard soit celles du point M, soit celles du point J milieu approximatif de son petit jardin, et qui sont, d'après le plan V_2 :

([1]) Ce plan m'a été très obligeamment communiqué par M. Petit, géomètre en chef du plan de Paris.

([2]) L'emplacement de cette maison se trouve sur le prolongement projeté de la rue de l'Abbé-de-l'Épée.

Coord. et Dist. à l'origine.			Dist. centre Obs^{re}.	ΔL.	Δφ.	γ'
852,5 E	607,2 N	1046,6 = 537,0	1037 = 532	41",82 = 2,787	+19",66	48.50.
849	617	1050 = 539.	1040 = 533	41,66 = 2,773	+19,98	48.50.

Il y a lieu de signaler une particularité qui d'abord tendrait à faire reporter plus au Nord le lieu d'observation de Picard. C'est que dans un petit jardin formant cour du n° 45 actuel de la rue Lhomond, en face le point P_s, il existe un petit monument sans inscription qui pourrait être d'origine astronomique : c'est une colonne cylindrique de $0^m,36$ de diamètre et de $0^m,90$ de haut, placée sur un soubassement-cubique de $0^m,50$ d'arête, le tout en pierre assez rongée par le temps, et qu'on ne s'attendrait pas à trouver au milieu de constructions la plupart fort modestes. Les coordonnées de cette colonne sont, d'après le plan V_2, qui ne l'indique pas : 836 E et 637 N.

Observatoire de Godin ([1]), *de Fouchy* ([2]) *et de Bouguer* ([3]). — Cet observatoire, dit aussi de la rue des Postes, fut établi en 1731 ou un peu avant, et son emplacement est encore plus incertain que celui de la station de Picard.

([1]) *Louis* Godin (Paris, 1704 février 28 — † Cadix, 1760, septembre 11) fut assez longtemps l'élève de J.-N. Delisle, et c'est ainsi qu'au début de 1723 il travaillait à l'observatoire du Luxembourg (De L., *Corr.*, II, 42, 52). Entré à l'Académie des Sciences comme adjoint-géomètre le 29 août 1725, il passa adjoint-astronome le 13 août 1727, associé-astronome le 12 juillet 1730 et pensionnaire-astronome le 22 août 1733. Parti le 16 mai 1735 pour la mesure de l'arc du Pérou, il prolongea outre mesure son absence, car il ne revint qu'à la fin de 1751, et sa place à l'Académie avait été déclarée vacante le 13 décembre 1749; mais il obtint enfin sa réintégration, ayant été nommé pensionnaire vétéran le 16 juin 1756.

([2]) *Jean-Paul Grandjean* de Fouchy (Paris, 1707 — † Paris, 1788 avril 25) entra à l'Académie des Sciences comme adjoint-astronome le 14 avril 1731, et changea cette place contre celle d'adjoint-mécanicien le 18 avril 1733, mais revint à la première le 16 décembre suivant. Il devint associé astronome le 8 février 1741, puis secrétaire, le 2 septembre 1743, pour entrer en fonctions le 8 janvier 1744 à la place de de Mairan, démissionnaire. Condorcet lui fut adjoint le 10 mars 1773.

([3]) *Pierre* Bouguer (Le Croisic, 1698 février 10 — † Paris, 1758 août 15) entra à l'Académie des Sciences comme associé géomètre le 5 septembre 1731 et devint pensionnaire-astronome le 25 janvier 1735. Parti pour le Pérou le 16 mai 1735 il en revint en 1745. La fin de sa vie fut empoisonnée par ses discussions avec La Condamine.

Godin ne donne qu'indirectement sa longitude (*Mém. Acad.*, 1732, p. 492-493) : 30″ ou 2ˢ de temps à l'est de celui de l'Académie; et Le Monnier (*Mém. Acad.*, 1785, p. 369) dit incidemment qu'il est 26″ plus au Nord, ce qui le placerait 612^m E — 802^m N, sur l'emplacement actuel de la rue d'Ulm, à 80^m au sud de la rue Lhomond, point où il n'était certainement pas.

Les adresses indiquées pour Godin et de Fouchy (¹) [Adr., *C. des T.*] sont « rüe des Postes, *près* de l'Estrapade », tandis que J.-N. Delisle (A. 2, 4) place leur observatoire au « *bas* de la rue des Postes »; ce qui est assez discordant, et reporterait vers la station de Picard.

Mais la Note suivante, que j'ai trouvée dans un manuscrit de Le Monnier (C. 4, 1 sous la date du 25 mars 1735), est beaucoup plus précise : « *La maison de M. Grandjean est précisément à la communication des culs-de-sac des Vignes et de la Poterie Saint-Séverin.* »

Le cul-de-sac ou impasse des Vignes est devenu la partie Nord-Est de la rue Rataud actuelle. Sur le *côté* Nord-Ouest de cette rue Rataud nous distinguerons plusieurs points A, B, C, D, E, en partant de la rue Lhomond, le point A étant à l'angle du Séminaire du Saint-Esprit; les points A, B, C, D sont en ligne droite, mais le point D est à 1^m,20 du bord de la rue, dans les maisons. Les longueurs des segments ainsi formés sont respectivement les suivantes :

$$AB = 72^m,5, \qquad BC = 19^m,5, \qquad CD = 35^m,0, \qquad DE = 57^m,$$

de sorte que le point D, auquel se limite souvent ce qu'on appelle *cul-de-sac des Vignes*, est à 127^m de la rue Lhomond en A.

Le cul-de-sac ou rue de la Poterie Saint-Séverin, aujourd'hui disparu, partait de la rue des Postes, à l'angle actuel de la rue d'Ulm, et, par deux branches en équerre FG et GHIKD, allait aboutir au point D ci-dessus; la branche FG, longue de 150^m, était droite, et l'autre brisée en H, de manière à former un angle de 160° environ, s'ouvrant vers le Sud-Ouest; la longueur totale de FGHIKD était de 168 toises (327^m), et KD = 18^m,8. L'angle CDK est très sensiblement de 80°.

A la demande des aboutissants, et en raison des excès qui s'y commettaient, ce cul-de-sac fut supprimé par arrêt du Conseil du Roi

---

(¹) *Noms et demeures de Messieurs de l'Académie royale des Sciences*, donnés annuellement dans la *Connaissance des Temps*, à partir de celle de 1728 (Abrév. ; Adr., *C. des T.*).

du 28 août 1759 (*Archives nationales*, Z^{1F} 628, f°s 187-193), arrêt qui lui donne le nom significatif de « cul-de-sac de la Potterie Saint-Séverin et Coupe-gorge »; mais certains plans de Paris appliquent le nom de *coupe-gorge* à la partie DE de la rue Rataud.

Antérieurement, une ordonnance du 21 août 1693 en avait décidé la clôture aux extrémités, en F et D, ce qui fut exécuté, comme le montre le plan Turgot (1734-1739), au moins en D.

La branche GHIKD séparait le jardin des Ursulines (sur lequel a été bâtie l'École Normale supérieure) des terrains où s'élevèrent le Séminaire anglais, celui du Saint-Esprit, etc.; et en face le point D, de l'autre côté de l'impasse des Vignes, se trouvait un couvent contemporain de l'observatoire de Godin. Ce point étant exclu, d'après l'indication de Le Monnier, l'observatoire se trouvait donc dans l'un des deux angles adjacents KDC, KDE; or ce dernier doit être exclu également, car tous les plans y figurent les jardins des Ursulines, sans aucune construction. Ainsi l'observatoire se trouvait dans l'angle KDC; et en effet les plans de l'époque y indiquent des constructions, avec un jardin qui est comme emprunté au séminaire du Saint-Esprit; mais celui-ci est un peu postérieur. Pour avoir les limites de ce terrain il suffit de mener en B la ligne BB′ perpendiculaire à AB vers le Nord-Ouest, de prendre BB′ = 25^m et joindre B′K : l'Observatoire se trouvait sur l'emplacement BB′KD.

THÉRAPEUTIQUE. — *L'anesthésie générale par le chloralose, dans les cas de choc traumatique et d'hémorragie.* Note([1]) de M. CHARLES RICHET([2]).

I. Si, chez un blessé qu'on veut anesthésier pour une opération, on injecte dans une veine (du bras ou du pied) une solution isotonique (7^g par

_____

([1]) Séance du 17 juin 1918.

([2]) En 1893, M. Hanriot et moi nous montrâmes que le glycose peut se combiner au chloral anhydre pour donner le chloral-glycose (C^{8}H^{11}Cl^{3}O^6). Nous dénommâmes *chloralose* ce nouveau corps, et nous établîmes qu'il a des propriétés hypnotiques spéciales, étant actif à une dose qui est à peu près douze fois plus faible que la quantité également active de chloral contenu dans sa molécule.

Nous vîmes aussi que, sur l'animal, on peut provoquer par des injections intraveineuses de chloralose une anesthésie générale prolongée. Ainsi fut inauguré l'usage de cette substance dans l'expérimentation physiologique, de sorte que l'anesthésie par le

litre de NaCl) de chloralose à 6^g. par litre, on peut introduire sans inconvénient dans le système circulatoire 350^{cm^3} environ du liquide, soit $2^g,10$
de chloralose.

Même nous en avons pu donner dans un cas 3^g et, dans d'autres cas,
$2^g,75$; $2^g,70$; souvent $2^g,50$. De fait, la dose de 3^g paraît être la dose
limite, dose qu'il serait imprudent de dépasser et qu'il vaut mieux ne pas
atteindre.

Faisons remarquer d'ailleurs que cette quantité doit être proportionnée
au poids du blessé. Il semble que par kilogramme de poids vif la dose

---

chloralose est devenue le procédé classique, employé aujourd'hui dans tous les
laboratoires pour anesthésier les animaux *sans abolir les réflexes, sans diminuer la
force du cœur et sans abaisser la pression artérielle.*

Le chloralose semblait donc pouvoir être recommandé comme anesthésique aux
chirurgiens et aux accoucheurs. En 1894, A. Pinard en donna à quelques-unes de ses
malades pour leur éviter les douleurs de l'accouchement, tout en respectant la contrac-
tilité utérine. Mais à cette époque on ne faisait que rarement des injections intra-
veineuses, considérées à tort comme dangereuses, et le chloralose ne fut donné qu'en
ingestion, *per os*, et non en injection. Or l'absorption par les voies digestives est
lente, irrégulière. Aussi les résultats furent-ils peu satisfaisants.

Il y a quelques mois, je fus, par M. Gautrelet et M. Costantini, incité à en tenter
l'emploi dans l'anesthésie générale : ce sont les résultats de cet essai thérapeutique
portant sur une cinquantaine de cas, chez l'homme, que je viens brièvement exposer
ici.

Toutes ces anesthésies ont été faites sous ma direction par mes deux zélés
collaborateurs P. Brodin et Fr. Saint-Girons. D'habiles chirurgiens aux armées,
M. Rigal, M. Okinczyc, M. Lambert, m'ont tout d'abord, pour ces premières et
émouvantes tentatives, apporté l'appui de leur grande expérience chirurgicale. Plus
récemment, M. A. Bréchot, chef d'une automobile chirurgicale, et ses aides, m'ont
autorisé à faire plus d'une trentaine d'anesthésies, qui ont réussi.

Il est bien entendu que j'assume seul la responsabilité de ce qui est dit dans cette
Note; mais d'autre part je tiens à en rapporter tout l'honneur à ces chirurgiens
éminents et à ces aides dévoués.

Il est bien évident enfin que ceci n'est qu'un exposé préliminaire : car je me
réserve de poursuivre bien des questions obscures, et je fais appel, pour m'aider, à
toutes les collaborations. Personne ne comprend mieux que moi à quel point, dans une
question si complexe et si difficile, ce n'est encore qu'une ébauche, un sujet de
recherches à entreprendre plutôt qu'un travail achevé.

convenable doive être de 0ᵍ,03, peût-être un peu supérieure à 0ᵍ,03 (¹).

L'injection se fait selon les procédés classiques. L'ampoule contenant la solution stérilisée (350ᶜᵐ³) est élevée à 1ᵐ au-dessus du bras du blessé, et le liquide s'écoule lentement par un tube de caoutchouc stérilisé, muni à son extrémité d'une fine aiguille métallique introduite dans la veine. La durée de l'injection est de 6 à 10 minutes environ. Nulle douleur. Nulle réaction. Nulle sensation de mal-être. Le blessé s'endort sans en avoir conscience, et à la fin de l'injection l'anesthésie est complète.

Anesthésie, mais non immobilité. On observe toujours en effet dans les membres et dans le tronc des mouvements automatiques, choréiformes, rythmiques, caractéristiques de l'action du chloralose. Ces mouvements vont en s'atténuant pendant une demi-heure environ à partir du moment où l'injection a été terminée : il convient donc d'attendre près d'une demi-heure avant de commencer l'opération.

Pourtant le plus souvent, même au bout d'une demi-heure, les mouvements rythmiques n'ont pas cessé. Cependant l'anesthésie est absolue. Au réveil, le blessé ne se souvient de rien, si longue et sanglante qu'ait été l'opération.

Cette agitation est très gênante pour le chirurgien. Or on peut sinon la faire disparaître tout à fait, au moins l'atténuer notablement.

II. Il faut toutefois se dire qu'en abolissant l'activité de la moelle, — ce qui est très facile par maintes substances, — on se prive du précieux avantage que le chloralose possède sur tous les autres anesthésiques, c'est-à-dire la conservation de la tonicité médullaire. A rendre la moelle inerte, on paralyse toutes les fonctions réflexes que le chloralose respecte, alors qu'il supprime la sensibilité à la douleur, la conscience, et la mémoire.

Toutefois les mouvements trop violents doivent être, pour la facilité de l'opération, supprimés.

On les atténue beaucoup en ajoutant, à un litre de la solution de chloralose, 6ᵍ d'hydrate de chloral et 24ᵍ de bromure de sodium (sec) (²).

(¹) Chez le chien, en injection intraveineuse, la dose anesthésique, *jamais mortelle*, est de 0ᵍ,11 par kilo; c'est-à-dire à peu près quatre fois plus forte que la dose injectée chez l'homme.

(²) Je me suis assuré de l'innocuité absolue du bromure de sodium. J'ai pu injecter de ce sel 1ᵍ,5 par kilogramme dans les veines, soit des lapins, soit des chiens, en solution concentrée, même à 10 pour 100, sans déterminer le moindre accident, sans

Avec cette solution de chloral, chloralose, bromure de sodium, chez l'homme, les mouvements automatiques, choréiformes, sont beaucoup moins intenses qu'après injection de chloralose simple. Toutefois, dans quelques cas, il y a encore un peu d'agitation, ce qui rend l'opération plus difficile. D'ailleurs en une demi-heure ou trois quarts d'heure, le

même pouvoir constater le moindre effet de ce sel sur l'organisme, qui paraît être à peu près aussi inactif que le chlorure de sodium : si j'ai cependant ajouté du bromure de sodium à la solution de chloralose, c'est que sur des chiens chloralosés le bromure de sodium, à forte dose, diminue beaucoup l'excitabilité médullaire.

Quant au chloral, la dose de 0^g,25 par kilogramme, si elle est lentement injectée, est anesthésique et inoffensive. Chez l'homme, dans certains cas de tétanos, on a injecté dans les veines jusqu'à 15^g d'hydrate de chloral, et l'on a pu en faire ingérer par la bouche jusqu'à 24^g.

Voici les résultats sur le chien des injections intraveineuses de cette solution de chloral, chloralose et NaBr :

Dose par kilogramme		
de chloral (ou de chloralose).	de NaBr.	
^{g}	^{g}	
0,051	0,204	Survie.
0,066	0,264	»
0,077	0,308	»
0,080	0,320	
0,081	0,324	
0,090	0,360	..
0,090	0,360	
0,091	0,364	»
0,095	0,380	»
0,098	0,392	"
0,100	0,400	"..
0,105	0,420	
0,109	0,436	»
0,124	0,496	Mort en 2 heures.
0,137	0,548	Mort en 1 demi-heure.
0,155	0,620	Mort en 1 heure.

La limite toxique est donc tout à fait la même pour cette solution mixte que quand on injecte du chloralose pur, soit de 0^g,115 environ de chloralose par kilogramme. Le chloral et le bromure de sodium sont à des doses trop faibles, par rapport au chloralose, pour que leur toxicité entre en ligne de compte.

chloral s'éliminant beaucoup plus vite que le chloralose, l'agitation reparaît.

Le réveil est très lent. Ce n'est guère qu'au bout de 5, 6, 7, parfois 8 heures, que l'opéré reprend conscience et mémoire. Pendant ce long sommeil, il dort profondément, ronflant avec sonorité. Son sommeil est si profond que rien ne peut l'interrompre.

Quand l'opéré reprend ses sens, il se trouve dans un état d'euphorie qui contraste singulièrement avec l'état de mal-être des opérés ayant inhalé de l'éther et surtout du chloroforme. Jamais de vomissements. Jamais de céphalées. L'appétit est conservé.

Quelquefois on observe une sueur profuse d'une abondance extraordinaire.

Quant à la sécrétion urinaire, elle est normale. Il m'a semblé, sans que j'aie assez de chiffres pour me permettre une conclusion ferme, qu'on n'observe pas, après le chloralose, la même décharge exagérée de matières azotées dans l'urine qu'après la chloroformisation.

III. Comme tout anesthésique, le chloralose a des avantages et des inconvénients.

α. Le principal inconvénient est la variabilité de ses effets selon les individus. Je l'avais déjà constaté, pour l'ingestion par la voie gastrique : (c'est le cas d'ailleurs de tous les médicaments agissant sur les centres nerveux supérieurs). On a même pu dire qu'il était un détecteur des maladies nerveuses latentes. Dans certains cas il y a une énorme agitation; dans d'autres cas il y a calme absolu. Les sujets âgés le supportent beaucoup moins bien que les sujets jeunes. Ces idiosyncrasies sont d'autant plus troublantes qu'on ne peut, comme pour les inhalations anesthésiques, suspendre ou continuer l'injection intraveineuse, vu que les accidents, s'il y en a, apparaissent parfois une demi-heure et (quoique très rarement) une heure après le début de l'injection.

β. Le second inconvénient, non moins grave, c'est la production, dans 10 à 15 pour 100 des cas observés (et surtout chez les sujets de plus de 30 ans), d'une sécrétion, à la fois trachéo-bronchique et naso-pharyngienne, exagérée. Alors des mucosités obstruent l'arrière-gorge, rendent la respiration difficile, en même temps qu'il y a un certain degré de spasme glottique, et que la langue, comme dans toute anesthésie profonde, tend à retomber sur l'orifice du larynx et à l'oblitérer. La respiration est bruyante, gênée, convulsive, avec rhonchus et stertor. L'opéré tend à se cyanoser, devient bleu, et l'on serait tenté d'en être effrayé si l'on ne savait pas que ces troubles respiratoires (de cause mécanique) peuvent être toujours efficacement combattus. Il suffit de tirer la langue en avant, comme on le fait d'ailleurs dans les autres anesthésies, et de déterger l'arrière-gorge avec un tampon d'ouate.

γ. Quoique le chloral et le bromure de sodium aient diminué beaucoup l'intensité des mouvements, il y a toujours plus d'agitation que dans l'anesthésie générale, accompagnée de résolution complète, qu'on obtient avec le chloroforme et l'éther. A la dose de $0^g,03$, et même de $0^g,035$ par kilogramme, chez beaucoup de sujets les mouvements choréiformes ne furent pas complètement abolis pendant l'opération, surtout quand elle durait plus d'une demi-heure.

δ. Malgré ces trois très sérieux désavantages, le chloralose a une propriété remarquable qui le met tout à fait à part des autres anesthésiques.

Non seulement il n'a pas d'action toxique sur le cœur, mais encore il n'abaisse pas la pression artérielle, et il augmente la tonicité du cœur, alors que tous les anesthésiques connus affaiblissent les systoles cardiaques et diminuent énormément la pression artérielle.

Dans l'anesthésie chloralosique, même poussée très loin, on n'a jamais à se préoccuper du pouls, qui reste plein, bien frappé, et, si nul phénomène asphyxique n'intervient, sans accélération et sans ralentissement notables. La seule action nocive du chloralose, c'est la gêne de la respiration, déterminée par les mucosités bronchiques. (Il est curieux de constater que ce phénomène ne s'observe jamais sur le chien; car la mort par des doses fortes de chloralose sur le chien est due uniquement à la paralysie du centre nerveux bulbaire de la respiration qui graduellement s'affaiblit.)

Remarquons qu'au point de vue de la sécurité nulle comparaison n'est à faire entre l'atteinte portée à la respiration et l'atteinte portée au cœur. On peut toujours remédier aux troubles respiratoires (par les divers modes de respiration artificielle, par les inhalations d'oxygène, par les tractions de la langue) et l'on a toujours, pour intervenir utilement, quelques minutes devant soi; car les phénomènes asphyxiques mettent plusieurs minutes à se développer, tandis que, contre la syncope cardiaque, qui est brutale, soudaine et inopinée, on est absolument désarmé. En quelques secondes la mort du cœur survient, irrévocable, irréparable, sans qu'aucun secours ait la moindre efficacité (¹).

Tout de même il me paraît, sans que j'aie la prétention de donner aux chirurgiens autre chose que de sommaires indications, que, si l'anesthésie par l'éther ou surtout le chlorure d'éthyle est possible, cette anesthésie est, somme toute, préférable à l'anesthésie par le chloralose.

IV. Mais il y a des cas dans lesquels l'anesthésie par les anesthésiques habituels est dangereuse, sinon impossible. Chez les blessés sous le coup d'un choc traumatique ou ayant perdu beaucoup de sang, le cœur est tellement affaibli, la pression artérielle est tellement basse que toute intoxication du système nerveux peut être mortelle. Souvent dans ces cas-là le chirurgien hésite à intervenir; car le blessé n'est en état de supporter ni l'anesthésie, ni le choc opératoire, lequel se surajoute au choc traumatique.

C'est dans ces conditions à demi désespérées que l'injection de chloralose a des effets vraiment surprenants.

Le chloralose est alors extrêmement actif même à toute petite dose (dans un cas la dose absolue de $0^g,4$ a suffi), et il n'y a pas ou presque pas de mouvements automatiques. La pression artérielle ne baisse pas, et même elle tend parfois à se relever, de sorte que l'opération peut être résolument tentée, alors qu'avec un autre anesthésique elle eût été ou périlleuse ou impossible.

Sans ici en donner le détail, nous avons pu faire une douzaine d'anesthésies dans ces conditions chez de grands blessés. Assurément leurs blessures étaient tellement graves que la mortalité dans ces douze cas a été très forte; mais il s'agissait de mourants, et chez aucun d'eux la mort ne fut due à l'anesthésie; elle est survenue plus tardivement, par des complications diverses.

En un mot, grâce au chloralose, *l'opération sous anesthésie avait été rendue possible.* Quelques-uns des opérés ont survécu; d'autres ont succombé. Mais,

---

(¹) A côté de cette supériorité remarquable du chloralose sur les autres anesthésiques, tous les autres avantages sont de moindre importance; absence de vomissement; euphorie du réveil (car au bout de 4 ou 5 heures la douleur aiguë du traumatisme opératoire a disparu); intégrité du foie et du rein.

Ajoutons qu'il y a des opérations sur la face et la bouche, dans lesquelles toute inhalation par les voies respiratoires est d'une pratique difficile.

même chez ceux-là, l'injection de chloralose, qui tonifiait le cœur et relevait la pression artérielle, a retardé le moment de la mort.

D'ailleurs il faudrait se garder de croire que le chloralose ne doit être employé que dans ces cas presque désespérés. Au contraire, il paraît que dans toutes les très graves blessures (et surtout les blessures multiples) accompagnées d'une dépression générale du système nerveux, *le chloralose est l'anesthésique de choix.*

Mais alors on doit se bien garder d'additionner de chloral et de bromure de sodium la solution chloralosique, car la première indication est de ne pas accroître l'épuisement du système nerveux.

Nous n'avons injecté que la solution de chloralose à 6 pour 1000 avec 7,91 pour 1000 de NaCl.

Je crois bien que chez les grands blessés, atteints de choc traumatique, il faudra ménager les doses de chloralose injecté, et se contenter d'injecter $1^g,5o$ de chloralose, ou même moins : c'est-à-dire faire lentement l'injection et l'arrêter dès que l'insensibilité sera obtenue ([1]).

V. Pour me résumer, je dirai qu'on peut sans danger, mais non sans inconvénient, faire toutes les anesthésies générales avec la solution de chloralose-chloral; mais qu'il vaut mieux réserver le chloralose pour les cas très graves. Alors on injectera la solution de chloralose simple ; et l'on pourra en constater les remarquables effets, car *l'anesthésie et l'opération, au lieu d'augmenter la dépression du blessé, comme font tous les autres anesthésiques, tendent à combattre les symptômes du choc traumatique et de l'hémorragie.*

CHIMIE ORGANIQUE. — *Sur le dédoublement de la glycérine en présence de divers catalyseurs : formation des alcools éthylique et allylique.* Note([2]) de MM. Paul Sabatier et Georges Gaudion.

La simple distillation de la glycérine, effectuée sous la pression ordinaire à 290°, y détermine par déshydratation une certaine formation d'*acroléine* $CH^2:CH.COH$. L'addition au liquide de matières déshydratantes [bi-

---

([1]) Il va de soi que le chloralose doit être très pur, tout à fait incolore en solution aqueuse. Le dernier produit que j'ai employé était loin d'être ainsi, et il m'a paru qu'alors les phénomènes toxiques étaient notablement plus marqués.

([2]) Séance du 10 juin 1918.

sulfate de potassium ([1]), alumine ou sulfate d'aluminium ([2])] facilite beaucoup ce dédoublement, déjà important à 100°. D'autre part la glycérine distillée avec de la poudre de zinc se scinde, avec dégagement d'hydrogène, de propylène, etc., en acroléine et autres produits tels que l'alcool allylique ([3]). Distillée avec du chlorure de calcium, elle donne en outre de la propanone et un éther glycérique $(C^3H^5)^3O^2$.([4]).

Nous avons étudié l'action sur les vapeurs de glycérine de trois catalyseurs reconnus actifs vis-à-vis des alcools, l'un déshydratant, *alumine;* l'autre déshydrogénant, *cuivre divisé;* le troisième, catalyseur mixte capable d'exercer les deux effets, *oxyde uraneux.*

Action de l'alumine. — L'adduction des vapeurs de glycérine sur l'alumine vers 360° procure un dégagement régulier de gaz à odeur irritante d'acroléine; c'est un mélange d'oxyde de carbone et de méthane avec une faible proportion d'anhydride carbonique. Les produits condensés, d'odeur très acre, se séparent en un liquide aqueux jaunâtre et une mince couche surnageante très foncée. Fractionnés tous ensemble, ils ont donné au-dessous de 75° environ 10 pour 100 de liquide contenant beaucoup d'acroléine; 3 pour 100 seulement ont passé de 75° à 95° : la plus grande partie, qui distille de 95° à 105°, est une liqueur aqueuse que surnage une mince couche représentant 5 pour 100 du liquide total. Quelques centièmes passent de 105° à 110°, et laissent un résidu noirâtre renfermant des produits de molécules condensées, semblables à ceux, non miscibles à l'eau, que la vapeur d'eau a entraînés dans la portion principale.

La grande quantité d'eau recueillie montre que, conformément à nos prévisions, la réaction déterminée par l'alumine a été presque exclusivement une déshydratation en acroléine. De cette dernière une partie a été recueillie, une autre partie a été entraînée par les gaz où sa présence était facile à caractériser; le reste a subi au contact de l'alumine une crotonisation en produits aldéhydiques supérieurs tels que serait

$$CH^2 : CH.CH : C : CH.COH,$$

ou a été détruite en oxyde de carbone et *éthylène*, disloqué lui-même sous

([1]) ROMBURGH, *Bull. Soc. chim.*, t. 36, 1881, p. 550.

([2]) SENDERENS, *Bull. Soc. chim.*, 4ᵉ série, t. 3, 1908, p. 828.

([3]) CLAUS, *Ber. chem. Ges.*, t. 18, 1885, p. 2931.

([4]) ZOTTA, *Ann. Chem. Pharm.*, t. 174, 1874, p. 87.

l'action du catalyseur en hydrogène, méthane et charbon déposé sur l'alumine. Les petites doses d'anhydride carbonique qui existent dans les gaz proviennent d'une certaine intervention de la réaction de déshydrogénation qui prédominera dans le cas du cuivre.

Action du cuivre divisé. — Le cuivre très léger, issu de la réduction du carbonate cuivrique, étant chauffé vers 330°, provoque un dédoublement très différent de celui de l'alumine et déterminé par l'aptitude déshydrogénante du métal. Le gaz dégagé est bien plus abondant et se distingue par une forte proportion d'*hydrogène* mêlé de méthane et d'oxyde de carbone, ainsi que par sa teneur en *anhydride carbonique*, qui atteint le tiers du volume. On condense un liquide aqueux jaune, avec une couche surnageante brune, dégageant une odeur irritante un peu alcoolique. La proportion de la liqueur brune croît, ainsi que le volume des gaz, lorsqu'on élève la température du cuivre.

1° Dans un premier essai, le liquide tout entier a été fractionné. On a recueilli au-dessous de 85° environ 12 pour 100 d'un liquide à forte réaction aldéhydique et éthylénique, qui contient beaucoup d'acroléine (qui bout à 52°) associée à de l'*alcool éthylique* (qui bout à 78°) et sans doute à une certaine dose d'*aldéhyde propylique* (qui bout à 49°).

Une fraction importante, environ 40 pour 100, passe de 85° à 100°; c'est un mélange d'*alcool éthylique*, d'*alcool allylique* (qui bout à 97°) et d'eau.

De 100° à 110° passent environ 12 pour 100 d'eau, entraînant des produits supérieurs qui surnagent : ils donnent de fortes réactions aldéhydiques.

De 110° à 230°, on recueille 15 pour 100 de liquides moins fluides, d'odeur âcre, où existent aussi des aldéhydes. Il reste dans le ballon un résidu goudronneux très foncé.

2° Dans un autre essai, on a tout d'abord séparé la couche liquide brune surnageante à odeur irritante d'acroléine, et on l'a immédiatement soumise à deux hydrogénations successives sur le nickel réduit. Elle a été ainsi transformée en un liquide incolore, moins dense que l'eau, d'odeur assez agréable, qui ne colore plus le réactif de Caro et n'absorbe plus le brome : c'est un mélange d'alcools forméniques, qui distillent de 80° à 235°. Un fractionnement attentif permet d'y reconnaître l'*alcool éthylique*, l'*alcool propylique* issu de l'hydrogénation complète de l'acroléine, puis des alcools à 5, 6, etc. atomes de carbone, provenant de l'hydrogénation d'aldéhydes incomplètes ou d'alcools incomplets qui existaient dans le liquide brun.

La couche aqueuse jaunâtre a été fractionnée, et l'on y a isolé spécialement deux fractions, l'une α passant au-dessous de 85°, l'autre β, beaucoup plus abondante, passant de 85° à 100°.

La portion α a été hydrogénée sur le nickel vers 180°; le produit obtenu fournit, au-dessous de 75°, environ 13 pour 100 d'un mélange d'alcool éthylique et d'aldéhydes éthylique et propylique qui ont échappé à une hydrogénation complète. 75 pour 100 passent de 75° à 98° et sont formés d'*alcool éthylique* et d'alcool propylique avec un peu d'eau. Enfin, environ 10 pour 100, formés surtout d'eau entraînant des alcools supérieurs, passent de 98° à 105°.

La fraction β (85° à 100°), qui est très aqueuse, a été additionnée d'un excès de carbonate de potassium pour insolubiliser les alcools. Après 24 heures de repos, la couche supérieure, qui contient ces derniers et renferme encore des aldéhydes, a été décantée et a fourni par fractionnement :

20 pour 100..........................	de 75° à 80°
50 »	de 80 à 90
30 »	de 90 à 98

avec une queue de distillation de produits noirâtres visqueux issus de la condensation de l'acroléine. Ces trois fractions ont été abandonnées trois jours au contact de potasse solide, afin de réaliser la polymérisation des aldéhydes qui y restaient. Après décantation, elles ont été réunies et distillées; il ne s'y trouve plus d'aldéhydes. La majeure partie passe de 77° à 95° : c'est un mélange d'*alcool éthylique* et d'*alcool allylique*, ce dernier formant presque seul la fraction qui passe de 95° à 98°. Un nouveau fractionnement permet une séparation plus avancée.

L'alcool éthylique, qui constitue la portion principale des alcools issus de la fraction β, a été aisément caractérisé par ses propriétés physiques, par la réaction de l'iodoforme et par la production de benzoate d'éthyle.

L'alcool allylique est facile à définir par son point d'ébullition, son odeur piquante à persistance spéciale, et par son caractère incomplet vis-à-vis du brome.

Les résultats qui précèdent permettent de dégager nettement le mécanisme de la réaction. L'effet prépondérant et initial du cuivre divisé est une déshydrogénation des vapeurs de glycérine en aldéhyde glycérique

$$CH^2OH.CHOH.CH^2OH = H^2 + CH^2OH.CHOH.COH,$$

Aussitôt engendrée, l'aldéhyde glycérique subit un dédoublement identique à celui que procure sa fermentation alcoolique sous l'influence de la levure de bière ([1]) en alcool éthylique et anhydride carbonique.

$$CH^2OH.CH OH.COH = CH^3.CH^2OH + CO^2.$$

Une partie de cet alcool est recueillie dans les liquides condensés ; une autre partie subit à son tour l'action déshydrogénante limitée du cuivre et fournit de l'*aldéhyde éthylique*

$$CH^3.CH^2OH = H^2 + CH^3.COH,$$

et l'aldéhyde elle-même, d'autant plus complètement que la température est plus haute, se scinde en méthane et oxyde de carbone

$$CH^3.COH = CH^4 + CO.$$

Les gaz dégagés seront donc, ainsi qu'on l'a constaté, un mélange d'anhydride carbonique, d'hydrogène, de méthane et d'oxyde de carbone.

D'autre part, à la température de la réaction, une partie de la glycérine subit, quoique bien moins énergiquement qu'au contact d'alumine, une déshydratation en *acroléine* $CH^2 : CH.COH$.

Une portion de celle-ci se dégage, mais une autre partie est hydrogénée plus ou moins complètement sur le cuivre par l'hydrogène issu de la réaction principale et fournit de la sorte :

De l'aldéhyde propylique, $CH^3.CH^2.COH$;

De l'alcool allylique, $CH^2 : CH.CH^2OH$;

De l'alcool propylique, $CH^3.CH^2.CH^2OH$.

Une troisième partie de l'acroléine donne lieu, soit avec elle-même, soit avec les autres aldéhydes présentes dans le système (éthylique, propylique), des réactions de crotonisation analogues à celles que nous avons définies récemment dans le cas de l'aldéhyde éthylique ([2]) : il en résulte des aldéhydes incomplètes dont une portion est recueillie, le reste étant hydrogéné sur le cuivre par l'hydrogène libre en donnant des alcools complets ou incomplets, que l'hydrogénation ultérieure sur le nickel nous a permis de changer totalement en alcools forméniques. Mais le cuivre étant un déshydrogénant actif, tandis qu'il ne possède guère d'activité déshydratante propre, la réaction principale est celle qui conduit à l'*alcool éthylique*,

---

([1]) GRIMAUX, *Bull. Soc. chim.*, t. 49, 1888, p. 251.

([2]) PAUL SABATIER et GEORGES GAUDION, *Comptes rendus*, t. 166, 1918, p. 632.

grâce à l'intervention assez inattendue d'un dédoublement semblable à celui que la levure exerce sur l'aldéhyde glycérique.

Action de l'oxyde uraneux. — L'oxyde noir uraneux UO^2 est, vis-à-vis des alcools primaires, un catalyseur mixte provoquant à la fois la déshydratation et la déshydrogénation, mais avec prédominance marquée de cette dernière, qui, dans le cas de l'alcool éthylique à 35o°, est à peu près trois fois plus active ([1]). On peut donc s'attendre à ce que son action sur la glycérine sera voisine de celle du cuivre, mais avec une proportion supérieure d'acroléine et des dérivés issus de sa condensation. D'ailleurs, l'aptitude hydrogénante de l'oxyde uraneux étant bien inférieure à celle du cuivre, on aura moins d'alcool allylique, la proportion d'alcool éthylique dans le mélange d'alcools se trouvant accrue, et il y aura plus d'hydrogène dans les gaz dégagés. La proportion d'anhydride carbonique sera également augmentée; car à celle qui provient du dédoublement de l'aldéhyde glycérique se joint une certaine dose due à l'action que l'oxyde uraneux exerce sur l'oxyde de carbone issu de la scission de l'éthanal, selon l'équation

$$2\,CO = CO^2 + C,$$

ainsi que l'un de nous l'avait signalé antérieurement ([2]). Effectivement nous avons trouvé que les gaz renferment jusqu'à 4o pour 1oo d'anhydride carbonique, à côté de méthane et de beaucoup d'hydrogène.

Le liquide condensé est distribué en deux couches superposées, l'une jaunâtre aqueuse, l'autre plus légère, noirâtre et huileuse, plus abondante qu'avec le cuivre et pouvant atteindre le sixième du volume total : cette dernière est constituée surtout par les produits de condensation de l'acroléine. Par addition de carbonate de potassium à la couche aqueuse, on libère les alcools qui s'incorporent à la couche surnageante. La distillation fractionnée de celle-ci ainsi accrue a fourni environ 1o pour 1oo d'acroléine contenant de l'éthanal. 8o pour 1oo passent de 7o° à 1oo° et renferment environ la moitié d'*alcool éthylique*, le reste étant de l'eau avec de l'alcool allylique.

Les queues assez abondantes contiennent une proportion notable de résine d'acroléine, issue de la polymérisation de cette dernière au contact du carbonate alcalin.

([1]) Paul Sabatier et Mailhe, *Ann. Chim. Phys.*, 8° série, t. 20, 1910, p. 341.
([2]) Paul Sabatier et Mailhe, *Ibid.*, p. 33o.

Hydrogénation directe sur le nickel des vapeurs de glycérine. — Il était permis d'espérer que, par hydrogénation directe de la glycérine sur le nickel, on pourrait atteindre immédiatement les alcools forméniques qu'a fournis, dans les essais qui précèdent, l'hydrogénation consécutive des produits de la réaction. Bien que la température du nickel ait été maintenue entre 295° et 310°, valeurs très voisines du point d'ébullition de la glycérine, et que le métal employé eût été réduit au-dessus de 400° pour éviter une activité excessive, les résultats ont été négatifs. Le nickel a réalisé un émiettement total de la molécule, donnant lieu à un dégagement très rapide de gaz, mélange d'hydrogène et de méthane avec une faible proportion d'oxyde de carbone et d'anhydride carbonique. Le liquide condensé est de l'eau, contenant un peu de glycérine entraînée et une dose minime d'un liquide sirupeux d'odeur alcoolique qui distille de 215° à 240° et nous a paru être du glycol propylénique.

La réaction est facile à interpréter. Au contact du nickel, la déshydrogénation de la glycérine se produit en fournissant, au lieu d'alcool et d'aldéhyde éthyliques, leurs matériaux gazeux de dédoublement, hydrogène, méthane, oxyde de carbone.

L'acroléine, issue de la déshydratation simultanée d'une portion de la glycérine, est de suite scindée par le nickel en oxyde de carbone et éthylène

$$CH^2:CH.COH = CO + CH^2:CH^2.$$

Mais l'éthylène ainsi engendré est, au contact du nickel à 300°, totalement détruit en charbon, hydrogène, éthane et méthane [1].

Il n'y a donc d'autre production normale que de l'eau et des gaz, hydrogène, méthane, éthane, anhydride carbonique et oxyde de carbone, ce dernier étant d'ailleurs partiellement changé par le nickel en anhydride carbonique avec dépôt de charbon [2].

$$2CO = CO^2 + C.$$

Une autre partie de l'oxyde de carbone, et une portion de l'anhydride carbonique subissent d'autre part sur le nickel une hydrogénation directe qui procure une nouvelle proportion de méthane [3].

---

[1] PAUL SABATIER et SENDERENS, *Comptes rendus*, t. 124, 1897, p. 616.
[2] ID., *Bull. Soc. chim.*, 3ᵉ série, t. 29, 1903, p. 294.
[3] ID., *Comptes rendus*, t. 134, 1902, p. 514 et 680.

HYGIÊNE ALIMENTAIRE. — *Sur la panification du blé sans mouture.*
Note de M. **BALLAND**.

Depuis longtemps on a cherché à utiliser pour l'alimentation de l'homme
toutes les matières nutritives du grain de blé. Cette question, qui intéresse
à un si haut point l'administration de la guerre, a été, de sa part, l'objet de
nombreuses études.

En 1789, Parmentier, reprenant un ancien procédé de La Jutais ([1]),
proposa d'augmenter le rendement des farines en pains en y associant toute
la partie alimentaire du son. Le son, mis à tremper dans l'eau froide
pendant 24 heures, était exprimé sur un tamis et l'eau, séparée du son, était
portée directement au pétrin pour la préparation du pain. Ce procédé,
tombé dans l'oubli, fut repris en 1833 par le Dr Herpin de Metz, puis par
Rollet qui lui apporta quelques modifications ([2]). L'un et l'autre n'eurent
pas plus de succès que Parmentier.

L'ingénieur Desgoffe, il y a plus de 50 ans, avait proposé un appareil où
le blé nettoyé et lavé était réduit en pâte à laquelle on ajoutait le levain et
le sel nécessaires à la panification : la pâte répartie dans des corbeilles était
mise au four dès que la fermentation panaire s'était produite.

Une proposition semblable fut faite, en 1896, par l'intervention de notre
attaché militaire à Bruxelles, à la suite d'expériences pratiquées en Belgique. Le pain complet ainsi obtenu ne fut pas accepté par notre armée.
De nouvelles tentatives, reprises en 1900, par une société spéciale de panification, furent également écartées.

Il a été aussi proposé plusieurs modes de décortication du blé qui devaient
donner en farine panifiable un rendement de 95 pour 100 : procédés
Sibille (1855), Sézille (1871), Huard (1879). Les expériences entreprises
à la manutention militaire de Paris n'ont pas donné de résultats satisfaisants. Il en a été de même pour un système de panification du blé sans
mouture examiné en 1916. Ce procédé, qui aurait reçu un commencement
d'application en Italie où il a été breveté, consiste essentiellement à faire

---

([1]) Voir, *Comptes rendus* du 26 mars 1855 (t. 40), une Note du maréchal Vaillant
au sujet d'un travail présenté par Millon.

([2]) Mémoire sur la meunerie, la boulangerie et la conservation des grains et des
farines, par Augustin Rollet, ancien directeur des subsistances de la Marine. Paris,
1845, p. 505-520.

absorber au grain entier, par une macération préalable, la quantité d'eau que l'on ajoute habituellement à la farine pour la panifier, puis à séparer de l'écorce, par un tamisage approprié, toute la pâte destinée au pain.

Les essais faits dans le gouvernement militaire de Paris n'ont pas été encourageants. Les pains, mous, lourds, de saveur peu appétissante, s'altèrent rapidement.

Le rendement est plus élevé, mais il y a plus d'eau dans le pain.

Un pain de munition préparé depuis 48 heures a donné à l'analyse :

Eau..	41,91
Matières azotées............................	7,04
» grasses............................	0,37
» amylacées et cellulose............	47,09
Cendres......................................	3,59
	100 »

ÉLECTIONS.

L'Académie procède, par la voie du scrutin, à la formation d'une liste de trois de ses Membres à présenter à M. le Ministre du Commerce en vue de la désignation d'un membre de la *Commission permanente de Standardisation* instituée par décret en date du 10 juin 1918.

Le scrutin donne la majorité à MM. H. LE CHATELIER, L. LECORNU et J. CARPENTIER, qui seront présentés dans cet ordre à M. le Ministre du Commerce.

CORRESPONDANCE.

M. G. NEUMANN, élu Correspondant pour la Section d'Économie rurale, adresse des remercîments à l'Académie.

M. PIERRE LESAGE adresse un Rapport relatif aux travaux qu'il a exécutés à l'aide de la subvention qui lui a été accordée sur le *Fonds Bonaparte* en 1916.

M. le Secrétaire perpétuel signale, parmi les pièces imprimées de la correspondance :

1° *Instructions météorologiques*, par Alfred Angot, 6ᵉ édition.

2° Henry Hubert. *Carte géologique de l'Afrique occidentale française* à $\frac{1}{1000000}$. Feuille 10 (Bingerville).

3° A. Fauchère. *Guide pratique d'Agriculture tropicale :* I. Principes généraux.

4° Un lot de fascicules destiné à compléter la collection; que possède la bibliothèque de l'Institut, des publications de l'Institut international d'agriculture. (Transmis par M. le Ministre des Affaires étrangères.)

ASTRONOMIE PHYSIQUE. — *Sur le spectre de la nouvelle étoile de l'Aigle.*
Note de M. **J. Bosler**, présentée par M. H. Deslandres.

Nous nous sommes proposé, M. Idrac et moi, d'étudier, notamment dans le rouge, le spectre de la nouvelle étoile de l'Aigle en utilisant le prisme objectif à miroir de l'Observatoire de Meudon (ouverture : 0ᵐ,25 ; distance focale : 0ᵐ,75).

Trois clichés ont été pris par moi le 12 juin et huit le 15, soit sur des plaques Wratten, soit sur des plaques ordinaires orthochromatisées spécialement. Véga ou Altaïr servaient de spectres de comparaison. Les radiations brillantes suivantes ont été reconnues; les plus importantes sont en chiffres gras : ce sont, pour la plupart, des raies chromosphériques, observées dans les Novæ antérieures, les nébuleuses gazeuses, ou les étoiles de Wolf-Rayet :

$\lambda\lambda$ 0ᵘ,657 (?), **6563** (H_α), 648, 638, **592**, 588, **569**, 555, 532, 518, **502**, 493, **4861** (H_β), bande 465, 454, **4341** (H_γ), **4101** (H_δ)·

et toute la série ordinaire de l'hydrogène.

Ces raies (surtout celles dues à l'hydrogène) ont présenté dans l'ensemble la structure déjà observée au début de l'évolution des plus belles Novæ de ces derniers temps (N. Persei, N. Aurigæ, N. Cygni, par exemple). Chaque raie brillante, large de 30 à 60 U.Å environ ([1]), est bordée d'une

---

([1]) Cette largeur des raies diminue malheureusement les avantages des spectrographes à fente, en ce qui touche la mesure des raies *inconnues*. Voir par exemple les spectres de Novæ, obtenus à Lick et reproduits par M. Campbell (*Stellar Motions*, p. 191),

et parfois de plusieurs raies d'absorption, très fortement décalées vers le violet. Toutefois, contrairement à ce qui a lieu d'habitude, les raies brillantes de l'hydrogène n'ont pas paru sur nos clichés déplacées vers le rouge.

A la liste précédente s'ajoutent quelques raies sombres dénuées, semble-t-il, de compagne brillante : telles sont $\lambda\lambda\, 0^\mu, 461, 421, 389$ et surtout la raie K bien connue, $\lambda\, 3934$, généralement attribuée au calcium.

Du 12 au 15 juin, le spectre de l'étoile s'est quelque peu modifié. Les raies sombres paraissaient, le 12, formées de doublets dont il ne restait plus, le 15, qu'une des composantes, l'autre ayant fait place à un groupe plus compliqué. Les distances (en U.Å) entre les positions normales des raies et leurs correspondantes sombres sont indiquées dans le Tableau ci-dessous :

Raies.......	H_β.	H_γ.	H_δ.	H_ε.	K.	H_ζ.	H_η.	H_θ.	H_ι.
12 juin......	37	34	31	30	30	29	29	29	28
	»	24	23	22	21	22	21	19	19
15 juin......	»	»	21	20	20	20	20	20	20

Ces chiffres varient avec la longueur d'onde à peu près comme l'exigerait l'effet Doppler, si le gaz absorbant se rapprochait de nous. Mais, par contre, la vitesse radiale qu'il faudrait admettre atteindrait 2300 km : sec, soit de deux à quatre fois celles suggérées par les précédentes Novæ, vitesses qui avaient pourtant paru si excessives que beaucoup d'astronomes préféraient renoncer à ce mode d'explication. La nouvelle étoile, on le voit, vient donc, par deux arguments opposés, accentuer la difficulté. Il se peut d'ailleurs que celle-ci — sans préjuger en rien le fond de la question — soit rendue un jour moins insurmontable grâce aux vitesses, déjà considérables, récemment manifestées par certains corps célestes, tels que les nébuleuses spirales.

Nous bornerons là ces quelques indications : nous espérons en effet, avec l'aide de notre collaborateur déjà cité, pouvoir compléter prochainement les premiers résultats que nous venons de résumer.

ASTRONOMIE. — *Découverte et observations de Novà Aquilæ n° 3.*
Note de M. FÉLIX DE ROY, présentée par M. Bigourdan.

J'ai découvert cette étoile indépendamment à Thornton Heath le 8 juin 1918, à $22^h 45^m$, temps moyen de Greenwich, en pointant l'étoile variable R Scuti au cours de mes observations régulières.

J'avais estimé l'éclat de cette dernière variable les 3, 5 et 6 juin et j'avais en outre observé R Aquilæ, en partant de θ Serpentis, le 7-juin à 11^h22^m t. m. G., sans rien remarquer d'anormal dans la région, ce qui me conduit à croire que l'augmentation d'éclat de la Nova a dû être extrêmement rapide, probablement comme dans le cas de Nova Persei n° 2 (1901) qui, d'une grandeur inférieure à 10,9, passa à la deuxième en moins de 24 heures.

Malgré le temps assez peu favorable, j'ai pu estimer l'éclat de Nova Aquilæ chaque soir depuis le 8, et observer notamment la phase de plus grand éclat qui paraît s'être produite dans la journée (astronomique) du 9 juin.

La Nova a été comparée aux étoiles suivantes dont les numéros, grandeur et type spectral, sont extraits de la *Revised Harvard Photometry* (*Annals of the Harvard College Observatory*, vol. 50) :

α *Lyræ* (Vega)......	n° 7001	gr.: 0,14	sp.: A
α *Aquilæ* (Altaïr)...	7557	0,89	A.5
α *Cygni* (Déneb)....	7924	1,33	A.2

A cause de la grande influence de l'absorption atmosphérique dans des observations de cette espèce, où la Nova a dû être comparée à des étoiles très distantes, à des altitudes fort inégales, j'ai abandonné la méthode des degrés et employé la méthode fractionnelle, dans laquelle l'observateur essaye simplement d'établir un rapport arithmétique simple entre l'éclat apparent des objets comparés.

Pour la même raison, j'ai réduit au zénith toutes les observations. Il paraît évident que des estimations de cette nature, surtout celles effectuées à l'aide d'étoiles brillantes à de faibles altitudes, ne peuvent être réduites en tablant seulement sur les grandeurs extraites des catalogues et qui sont d'ailleurs réduites au zénith. Altaïr, par exemple, donnée comme de grandeur 0,9 dans le Catalogue d'Harvard, n'atteint que la grandeur 1,0, au maximum, sous le 50ᵉ parallèle nord, alors que Véga atteint sa pleine valeur de 0,1.

Les grandeurs ci-dessus ont donc été réduites à la grandeur apparente au moment de l'estimation, d'après l'altitude de l'étoile; la méthode fractionnelle a été alors appliquée, et l'éclat apparent de la Nova a été de même réduit au zénith pour le rendre comparable à l'échelle photométrique, en appliquant l'extinction correspondante.

Voici le résultat de ces réductions :

1918.	T. M. G.	Dist. zénith.	Magnitude apparente.	Magnitude corrigée.	Poids (1 — 3).	Remarques.
Juin 8......	h m. 10.45	° 63	1,37	1,09	3	
	12.25	53	1,28	1,13	3	
	14. 2	51	1,15	1,02	2	Crépuscule.
				1,08		
Juin 9......	9.35	71	—0,16	—0,64	2	Crépuscule.
	10.20	65	—0,25	—0,57	2	
	11.40	56	—0,45	—0,63	2	Plus tard, couvert.
				—0,61		
Juin 10.....	9.35	71	0,74	0,26	2	Crépuscule.
	11.23	58	0,56	0,36	3	
	13.10	51	0,50	0,37	3	
	13.45	51	0,56	0,43	2	Crépuscule.
				0,35		
Juin 11.....	10.33	63	0,85	0,53	1	Nuages.
	11.10	58	0,69	0,49	2	
	12. 9	54	0,69	0,53	3	Bonne.
				0,51		
Juin 12.....	9.42	69	1,03	0,61	2	Nuages, crépuscule.
	11. 1	59	0,76	0,54	3	Bonne.
	13.14	51	0,77	0,64	3	
				0,60		
Juin 13.....	10. 5	65	1,28	0,96	2	Crépuscule.
	12. 8	53	1,13	0,98	2	Nuages.
				0,97		

Les estimations du 9 juin ont été obtenues en extrapolant la différence d'éclat apparente Véga-Altaïr, opération délicate, et, à la lumière des résultats obtenus à Harvard en comparant des estimations à l'œil nu et des mesures photométriques d'étoiles brillantes, elles peuvent être *sous*-évaluées.

Il ressort de ces observations que Nova Aquilæ n° 3 a atteint un éclat maximum fort supérieur à celui de Nova Persei n° 2 (1901) et qu'elle n'est probablement dépassée que par la Nova de Tycho-Brahé, dans Cassiopée, en 1572.

La couleur de la Nova a éprouvé des variations sensibles que j'ai estimées comme suit à l'aide d'un petit réfracteur de 89^{mm} d'objectif (grossissement, 30) :

Juin 8..... Blanc pur, brillant.
  »   9..... Blanc bleuâtre, plus bleu que Véga.
  » 10..... Blanc brillant avec, peut-être, un faible soupçon de jaune.
  » 11..... Blanc toujours, mais avec légère nuance jaunâtre.
  » 12..... Blanc ; légèrement, mais nettement jaunâtre.
  » 13.....: Jaunâtre.

ASTRONOMIE. — *Observations de la Nova d'Ophiuchus.* Note de MM. **P. Brück** et **P. Chofardet**, transmise par M. B. Baillaud.

M. Brück à la lunette méridienne, M. Chofardet à l'équatorial coudé ont déterminé les coordonnées de la nouvelle étoile. M. Brück a trouvé, pour le passage au méridien réduit à 1918,0 :

1918.	$\mathcal{R}$.	$\mathcal{D}$.
Juin 14................	$18^h 44^m 43^s,49$	$+0°29'30'',1$
» 18................:	$18^h 44^m 43^s,57$	$+0°29'30'',7$

Par la méthode différentielle, M. Chofardet a trouvé :

8.	$\Delta\mathcal{R}$.	$\Delta\mathcal{D}$.	Nombre de compar.	$\mathcal{R}$.	$\mathcal{D}$.	Réduction au jour.
18..	$-1^m 1^s,10$	$+2'55'',7$	12:12	$18^h 44^m 47^s,33$	$+0°29'33'',7$	$-3^s,77$ —

Positions de l'étoile de comparaison pour 1918,0.

$\mathcal{R}$.	$\mathcal{D}$.	Autorités.
$18^h 45^m 44^s,66$	$+0°26'33'',6$	$\frac{1}{10}[8(10288\ \text{Abbadia})+2(4692\ \text{A.G., Nice})]$

Remarques. — A l'œil nu, la Nova nous apparaît blanche, son éclat est estimé :

Le 11 juin, de grandeur 0,3, comparé à α Lyre
Le 13 juin, de grandeur 1,0, comparé à α Aigle
Le 14 juin, de grandeur 1,3, comparé à α Cygne
Le 18 juin, de grandeur 2,5, comparé à γ Gr. Ourse

CHALEUR. — *Phénomènes catathermiques à* 1000°. Note de M. **J.-A. Le Bel**, présentée par M. L. Maquenne.

Pour que le système cosmique soit en équilibre, il est nécessaire que la chaleur perdue par les astres leur soit restituée. On a fait diverses hypothèses à ce sujet; la plus probable est celle de Tissot qui admet que le rayonnement des étoiles se transforme dans l'espace en rayons centripètes qui leur ramène l'énergie perdue. Cette hypothèse était difficile à admettre tant qu'on n'avait rien observé de semblable expérimentalement, mais j'ai montré qu'il en est bien ainsi et que si, dans un milieu matériel, on organise un flux de chaleur du centre vers la périphérie, l'énergie peut revenir en arrière sur un détecteur placé dans la partie centrale et produire de la chaleur ou un courant. C'est ce phénomène que j'ai appelé *catathermique*. L'hypothèse de Tissot revient alors à admettre que l'espace céleste qui, d'après Tickoff et Nordmann transmet les rayons bleus et rouges avec des vitesses inégales, c'est-à-dire possède le pouvoir réfringent, est aussi doué de la faculté d'engendrer le phénomène catathermique. Il restait néanmoins à expliquer pourquoi la chaleur apportée ainsi par unité de volume au Soleil est 100000 fois plus forte que celle gagnée par la Terre : on n'y voit guère d'autre raison que l'énorme écart des pressions et des températures qui règnent sur les deux astres, et, si le phénomène céleste est de même nature que celui qu'on observe au laboratoire, celui-ci doit être influencé par les mêmes causes, ce qui est accessible à l'expérience. Les variations de pression que nous pouvons réaliser artificiellement sont insignifiantes par rapport aux différences de celles du Soleil et de la Terre, mais il est facile de produire un accroissement de température de 1000°, qui est une fraction importante de la différence des températures solaire et terrestre. Dans ces conditions le phénomène catathermique doit être modifié; j'ai reconnu qu'il est considérablement plus intense.

Pour l'observer j'ai mis à profit l'effet catathermique qui se produisait cet hiver dans mon laboratoire sous l'influence d'un mur mitoyen en meulière chauffé de mon côté seulement. La substance employée comme détecteur était placée dans un vase poreux de pile de 80$^{cm^3}$ et chauffée à 1000° par une résistance en platine à 20 pour 100 d'iridium de 8^m de longueur sur 0^{mm},25 de diamètre ; le tout était protégé par de l'alumine calcinée, renfermée dans un autre vase poreux et isolée par du kieselguhr lavé à HCl, remplissant un cylindre de laiton étanche de 16^{cm} sur 21^{cm}. Les fils conducteurs amenant le courant, ainsi que ceux du pyromètre Le Chatelier, passaient par un tube soudé au haut du cylindre, et tout le système était plongé dans un calorimètre de 10¹, plein d'eau recouverte d'huile de vaseline, muni d'un anneau pour agiter et d'un thermomètre indiquant les dixièmes de degré. Un autre calorimètre tout semblable, qu'on pouvait interchanger avec le précédent pour le contrôle, renfermait une résistance en manganin, réglable au moyen d'une tige pénétrant par le tube du haut et plongée dans l'huile de vaseline contenue dans un vase de laiton pareil au premier. Les deux courants étaient empruntés à une résistance variable qui sert à porter le détecteur à 1000°; leur égalité était obtenue en agissant sur la résistance en manganin.

Après 24 heures, l'équilibre étant établi, le second calorimètre marque sur l'ambiance un excès de température T et le premier T + ΔT; la différence ΔT mesure l'apport du phénomène catathermique et si W est le chiffre de watts employés, cet apport est $\Delta T \dfrac{W}{T}$.

Avec la thorine on a trouvé ΔT = 3°, ce qui correspond à 7 watts, grandeur qui a dépassé mon attente.

Les résultats dépendent de la matière du détecteur, de celle des murs et du flux de calorique; on les a retrouvés cet hiver presque pareils à tous les étages de la maison, mais ils se sont réduits en mai à 1°. Dans une autre maison dont les murs mitoyens, également en meulière, étaient chauffés des deux côtés on n'observait plus rien, et enfin, dans des conditions spéciales que je me réserve d'étudier, il m'est arrivé de voir l'inverse. Néanmoins on réalise un phénomène à peu près constant en chauffant à 10° au-dessus de l'ambiance une petite pièce attenant au mur de meulière; la thorine y a donné 2°,4 et 80ᶜᵐ³ d'alumine calcinés avec 8ᵍ de chlorure d'or, produit qui me sert de type, 2°. L'alumine seule ou platinée est presque inactive; une ampoule Philips consommant 1 ampère donnait 1°,2, malgré le faible poids du filament, et l'alumine dorée, à 20ᵐ sous terre, 0°,6.

La matière sidérale par excellence, le fer, en bloc massif, donne 2°,4; on avait autrefois constaté qu'un cylindre de sable de 9 litres s'échauffe au centre de 0°,02 au-dessus de la température ambiante, tandis que 80ᶜᵐ³ de sable portés à 1000° échauffent de 1°,2 un calorimètre d'un volume cent fois supérieur. Cet énorme accroissement d'activité justifie la différence observée entre celles du Soleil et de la Terre, indépendamment des différences de pressions qui doivent aussi jouer un rôle.

Un fait très remarquable est que l'apport de calories est indépendant de la position dans la même enceinte : on a pu, en effet, faire varier de 0ᵐ,50 à 8ᵐ la distance des appareils au mur de meulière sans changer le résultat.

Le phénomène catathermique paraît donc dû à une tension de l'éther qui resterait constante dans l'intérieur du local, plutôt qu'à un rayon comme le supposait Tissot. Si la même chose se produit dans l'espace céleste, on conçoit que l'énergie renvoyée au Soleil se fixe sur lui malgré son déplacement, tandis que des rayons rectilignes centripètes viendraient en retard couper sa trajectoire en un point où il ne serait plus.

CHIMIE ORGANIQUE. — *Sur le bornylènecamphre et sur un nouveau dicamphre, l'isodicamphre.* Note de M. **Marcel Guerbet**, présentée par M. A. Haller.

Dans toute une série de recherches ([1]), M. Haller a montré que le camphre sodé se condense avec les acétones ou avec les aldéhydes aromatiques en donnant des composés auxquels le diphénylcamphométhylène .

$$C^8H^{14}\diagdown\underset{\underset{CO}{|}}{C}=C\diagup\overset{C^6H^5}{\underset{C^6H^5}{}},$$

issu de la benzophénone, peut servir de type.

Or, le camphre, mis en présence d'une solution de méthylate de sodium dans l'alcool méthylique, se transforme partiellement en camphre sodé; je pouvais donc espérer qu'en chauffant à une température convenable un tel mélange, je réaliserais la condensation du camphre avec son propre dérivé sodé suivant la relation

$$C^8H^{14}\diagdown\overset{CHNa}{\underset{CO}{|}} + \overset{CO}{\underset{CH^2}{|}}\diagdown C^8H^{14} = NaOH + C^8H^{14}\diagdown\overset{C=C}{\underset{CO\ \ CH^2}{|\ \ \ \ |}}\diagdown C^8H^{14}$$

Camphre sodé.   Camphre.   Bornylènecamphre.

La réaction devait me donner le bornylènecamphre, que j'ai isolé antérieurement ([2]) des résidus de la préparation de l'acide campholique par le procédé de Montgolfier.

Le bornylènecamphre prend bien, en effet, naissance dans ces condi-

---

([1]) Haller, *Comptes rendus*, t. 113, 1891, p. 22; t. 121, 1895, p. 35; t. 130, 1900, p. 1362. — Haller et Bauer, t. 142, 1906, p. 971.

([2]) Guerbet, *Ibid.*, t. 149, 1909, p. 934.

tions; mais il ne s'en fait qu'une très petite quantité et le principal produit de la réaction est un composé de formule $C^{20}H^{30}O^2$, que l'on peut considérer comme un dicamphre, l'isodicamphre

$$C^8H^{14}\Big\langle \begin{array}{cc} CH - CH \\ | \quad\ | \\ CO \quad CO \end{array} \Big\rangle C^8H^{14},$$

ainsi que nous le verrons plus loin.

J'ai fait un grand nombre d'essais en variant la température de chauffe depuis 100° jusqu'à 180° et ce n'est qu'à cette haute température que j'ai pu observer la formation du bornylènecamphre; au contraire, l'isodicamphre se produit dès 100°.

Ce dicamphre est un stéréoisomère de celui obtenu par M. Oddo ([1]) dans l'action du sodium sur le camphre monobromé.

Pour le préparer, on prend une bouteille à bière, dont le mode de bouchage à ressort peut être rendu hermétique à l'aide d'un anneau de caoutchouc; on y verse 250$^{cm^3}$ d'alcool méthylique absolu, puis peu à peu 25^g de sodium coupé en morceaux, en ayant soin de condenser les vapeurs d'alcool à l'aide d'un réfrigérant disposé à reflux. On chauffe au bain-marie pour achever la dissolution du sodium, puis on ajoute 100^g de camphre. On bouche la bouteille et on la chauffe au bain-marie bouillant pendant trois fois vingt-quatre heures. Le liquide brunâtre obtenu est alors distillé dans un courant de vapeur d'eau, qui entraîne l'alcool et le camphre inaltéré. Le dicamphre impur reste dans le ballon distillatoire. On le purifie par cristallisation dans l'alcool à 95°. Avec les proportions ci-dessus, on obtient ainsi 25^g de dicamphre. Les eaux mères alcooliques renferment un autre composé que je n'ai pu encore obtenir à l'état de pureté et dont je poursuis l'étude.

L'isodicamphre répond à la formule $C^{20}H^{30}O^2$, comme le montrent son analyse et la détermination de son poids moléculaire par la cryoscopie.

Par refroidissement de sa solution alcoolique, il se dépose en petits cristaux qui forment, en se groupant, des rhomboèdres. Par évaporation lente de sa solution, on obtient soit des rhomboèdres aigus plus ou moins modifiés, soit des tablettes aplaties en forme d'hexagones réguliers.

L'odeur de l'isodicamphre est faible et rappelle celle du camphre. Insoluble dans l'eau, il se dissout en abondance dans l'alcool, l'éther, le chloroforme, la benzine.

([1]) Oddo, *Gazzetta chimica italiana*, t. XXVII, I, p. 159.

Il. fond à 196°. Son pouvoir rotatoire à 18° est $[\alpha_D] = +64°54'$ ($0^{mol},5$ dans 1! d'alcool absolu).

Chauffé au-dessous de 200°, il se sublime sans presque subir d'altération; vers 250°, il se transforme lentement en camphre, qui se condense sur les parties froides de l'appareil.

Chauffé en solution alcoolique avec le chlorhydrate d'hydroxylamine et la quantité correspondante de potasse, il donne d'abord une monoxime, puis une dioxime. La *monoxime de l'isodicamphre* $C^{20}H^{30}O = NOH$ cristallise dans l'alcool à 80° en fines aiguilles incolores; elle fond à 159°-160°. La *dioxime de l'isodicamphre* $C^{20}H^{30} \Big\langle \begin{smallmatrix} N\ OH \\ N\ OH \end{smallmatrix}$ est beaucoup moins soluble dans l'alcool que la monoxime et se dépose de sa solution chaude en prismes courts orthorhombiques. Elle fond à 235°.

Le brome agit sur l'isodicamphre comme il le fait sur le camphre. En solution dans le sulfure de carbone, il donne d'abord un produit d'addition cristallisé rougeâtre, fort instable, qui, perdant du brome et de l'acide bromhydrique, donne un mélange de dicamphre monobromé et de dicamphre bibromé. L'*isodicamphre monobromé* $C^{20}H^{29}BrO^2$ peut être isolé du mélange en le faisant cristalliser dans l'alcool à 90°, qui retient le dérivé bibromé. Il se présente en petites aiguilles incolores et fond à 161°. L'*isodicamphre bibromé* $C^{20}H^{28}Br^2O^2$ s'obtient en chauffant à 100° pendant quelques instants, en tube scellé, le dicamphre avec la quantité théorique de brome. Le produit de la réaction, lavé à l'eau, est purifié par cristallisation dans l'alcool à 90°. Il forme de petites paillettes incolores et fond à 132°.

Chauffé avec l'anhydride acétique, le dicamphre ne donne pas de dérivé acétylé.

Il ne décolore pas la solution de permanganate de potassium.

Oxydé par l'acide azotique étendu, le dicamphre donne de l'acide camphorique.

Toutes ces propriétés concordent parfaitement avec la constitution que nous avons adoptée pour l'isodicamphre. Ce composé se serait formé par la réunion de deux molécules de camphre perdant chacune un atome d'hydrogène.

$$C^8H^{14} \Big\langle \begin{smallmatrix} CH^2 \\ CO \end{smallmatrix} + \begin{smallmatrix} H^2C \\ OC \end{smallmatrix} \Big\rangle C^8H^{14} = H^2 + C^8H^{14} \Big\langle \begin{smallmatrix} CH - CH \\ CO\ \ \ CO \end{smallmatrix} \Big\rangle C^8H^{14}.$$

L'enlèvement d'hydrogène en ce point de la molécule du camphre, en présence d'un alcoolate alcalin, n'est pas un fait isolé et particulier à l'action du méthylate de sodium. Par les travaux de M. Haller [1], on peut voir, en effet, que le cas est général. En chauffant le camphre avec le propylate, l'isobutylate ou le benzylate de sodium, ce savant a toujours obtenu, à côté des alcoylcamphres $C^8H^{14}\begin{subarray}{l}\diagup CH - CH^2 - R\\ \diagdown CO\end{subarray}$ et des alcoylbor-

néols $C^8H^{14}\begin{subarray}{l}\diagup CH - CH^2 - R\\ \diagdown CH\,OH\end{subarray}$, les alcoylidènecamphres correspondants

$C^8H^{14}\begin{subarray}{l}\diagup C = CH - R\\ \diagdown CO\end{subarray}$, issus des alcoylcamphres par enlèvement d'hydrogène.

PHYSIOLOGIE. — *Observations psychographiques.* Note [2] de M. **Jules Amar**, présentée par M. Laveran.

Trois ans d'observations, faites au psychographe [3], nous ont donné une statistique d'environ 450 personnes, dont 180 blessés de guerre, ceux-ci comprenant des mutilés, des malades et, notamment, des trépanés et commotionnés.

De là un double classement :

Celui des *normaux*, par âge, profession, pays d'origine ;

Celui des *invalides*, pour lesquels on tient compte, en outre, de la nature de la blessure et des organes atteints.

On produira, dans un Mémoire complet, toutes indications utiles et les Tableaux de chiffres résultant des mesures; quelques-uns de ceux-ci expriment la moyenne de nombreuses déterminations sur la même personne. Les documents graphiques, dont la figure ci-contre est un exemple, témoignent de l'intérêt de ces observations répétées.

Si nous négligeons les millièmes de seconde, les valeurs obtenues sur personnes valides sont :

	$0^s,21$	$0^s,16$	et	$0^s,15$
pour les réactions	*visuelles,*	*auditives*	et	*tactiles.*

---

[1] HALLER, *Comptes rendus,* t. 112, 1891, p. 1490; t. 113, 1891, p. 22; t. 121, 1895, p. 35; t. 130, 1900, p. 1362 — HALLER et MINGUIN, *Ibid.,* t. 142, 1906, p. 1309.

[2] Séance du 10 juin 1918.

[3] *Comptes rendus,* t. 166, 1918, p. 916.

Donders (¹) avait trouvé :

$$0^s,200, \quad 0^s,166 \quad \text{et} \quad 0^s,143$$

et Richet

$$0^s,195, \quad 0^s,150 \quad \text{et} \quad 0^s,145,$$

celui-ci attachant, à l'encontre de celui-là, une certaine importance à la

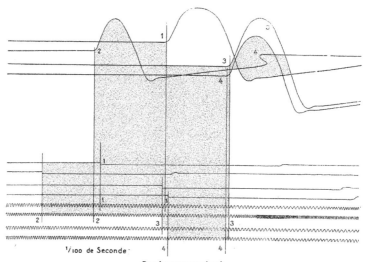

¹/₁₀₀ de Seconde

Psychogramme visuel.

Les courbes 1 à 4 sont les réponses du doigt aux signaux 1 à 4 correspondants.
Les temps se lisent 1-1, 2-2, 3-3, 4-4.

troisième décimale. Sur trépanés et commotionnés, nos moyennes sont :

$$0^s,32, \quad 0^s,24 \quad \text{et} \quad 0^s,21.$$

Et l'on remarque :

1° Que l'âge, du moins entre 18 et 45 ans, ne modifie pas sensiblement les temps de réactions;

2° Que le *lieu d'origine* semble exercer quelque influence, en ce sens que les

---

(¹) DONDERS, *Arch. néerl.*, t. 2, 1867, p. 247; t. 3, 1868, p. 296. — CH. RICHET, *Dictionnaire de Physiologie*, t. 3, 1898, p. 17.

réactions sont légèrement *plus lentes* dans les provinces du Nord. Cela n'est manifeste que pour les tisseurs flamands et les cultivateurs. On ne le constate pas sur personnes instruites, comme les médecins anglais et américains comparés à ceux d'Italie, Portugal, Canada, pas plus qu'en France et aux Colonies;

3° Que la *profession*, au contraire, a des effets visibles sur la vitesse des réactions. Les métiers qui exigent adresse ou rapidité (dessinateurs, photographes, dactylographes), mouvements réguliers (mécaniciens), ou bonne instruction (mais ceci non absolument), favorisent les réactions. Il y a toujours un retard, d'au moins $0^s,02$, chez les cultivateurs;

4° Les *états pathologiques* susceptibles de modifier les réactions sensitivo-motrices sont ceux qui affectent les centres nerveux supérieurs et correspondent à des lésions ou ébranlements du cerveau. Les maladies intéressant le système nerveux périphérique, ou des organes autres que le cerveau, ne changent presque pas la vitesse rationnelle.

Nous retiendrons spécialement la série des trépanés et commotionnés, avec ou sans crises jacksoniennes. Leurs « équations personnelles » sont accrues de 40 à 50 pour 100. Ils souffrent d'une *inertie nerveuse centrale*, plus apparente dans les opérations psychiques.

Influence de l'acte psychique. — Bornons-nous à l'acte du *discernement*, du choix entre couleurs bleue et rouge.

La moyenne des résultats, pour cette réaction délibérée, fournit $0^s,35$ sur sujets valides. En déduisant $0^s,21$, valeur de la réaction simple, il reste $0^s,14$ comme temps de discernement, mesure de l'acte psychique.

Trépanés et commotionnés donnent $0^s,19$, soit un retard représentant près de 30 pour 100 de la durée normale. Pas de retard sensible, en ce qui concerne les ouvrières, la moyenne est $0^s,15$.

Toutes ces valeurs sont des limites; au delà on est plus ou moins lent; en deçà, on est rapide. Il ne m'a pas été donné de constater des réactions qui réduisent les valeurs normales de plus de $0^s,02$. Par contre, les retards s'accentuent, sans loi apparente, dans les cas de mutilations cérébrales.

L'analyse des *cycles sensitivo-moteurs* éclaire le mécanisme physiologique de ces réactions et précise les fonctions du cerveau, notamment de la zone rolandique. L'exposé n'en peut être fait dans cette Note.

Aspect des réactions musculaires. — Enfin, l'acte moteur du sujet appuyant sur une capsule manométrique se traduit par une courbe qui a la forme d'une courbe de contraction des muscles. L'aspect est caractéristique de la personne examinée. Tantôt c'est une courbe étalée, paresseuse; tantôt elle est énergique et brusque.

L'allure ainsi définie est toujours conforme au caractère lent ou rapide de l'équation personnelle. Mieux que cette dernière, elle rappelle le genre de profession du sujet.

Dans tous les métiers de fatigue, spécialement ceux des ruraux, les courbes durent de $0^s,30$ à $0^s,40$, au lieu de $0^s,15$ à $0^s,20$ que l'on a dans la moyenne des cas.

Mais, fait remarquable, *les courbes motrices des trépanés sont brèves*, alors que le cycle nerveux préparatoire est long. Ils ont une contraction brusque. De sorte que les blessés de la tête, surtout les commotionnés, semblent agir par *actes réflexes*, automatiques et prompts.

En songeant aux occupations dont ces estropiés seraient capables, il est permis de conclure que peu de métiers leur sont ouverts. Ni fatigue cérébrale, ni attention, ni *travail varié* ne leur conviennent. A peine pourrait-on les utiliser dans des ateliers où il ne s'agirait que de répéter automatiquement le même geste, soit pour déclencher un mécanisme, soit pour en rythmer le fonctionnement. De toutes façons, il importe que l'attention n'y ait aucune part. Mais vu le délabrement physiologique qui suit les blessures du cerveau, c'est le *travail agricole* qui répond le mieux à leur condition; il faut les y pousser.

La Psychographie, ainsi comprise, conduit à une parfaite adaptation professionnelle des sujets valides et invalides, en se guidant sur des documents d'impartialité rigoureuse.

PHYSIOLOGIE. — *Action des symbiotes sur les constituants des graisses.* Note de MM. Henri Bierry et Paul Portier, présentée par M. Charles Richet.

Par une série de travaux antérieurs, il a été établi que les *symbiotes*, bactéries extraites des tissus des animaux normaux, présentaient un ensemble de caractères qui sont bien ceux qu'on devait s'attendre à rencontrer chez des microorganismes qui vivent en symbiose avec les animaux qui les ont fournis.

Nous avons démontré leur innocuité. Nous avons prouvé qu'ils pouvaient jouer le rôle de vitamines. Nous essayons aujourd'hui de démontrer qu'ils sont capables de reproduire les phénomènes normaux du métabolisme.

Parmi ces phénomènes, un des mieux connus et des plus caractéristiques est le mode de combustion des acides gras à faible poids moléculaire. Nous savons, en effet, d'après les travaux de Knoop et de Dakin, que la combustion s'opère d'après la loi de la β-*oxydation;* c'est-à-dire que l'acide butyrique est successivement transformé en acide β-oxybutyrique, puis en acide acétylacétique, enfin en aldéhyde acétique et acétone. Seuls, d'ailleurs, sont *cétogènes* les acides gras possédant un nombre pair d'atomes de carbone dans leur molécule.

Quant à la glycérine qui forme des éthers avec les acides gras de l'organisme, les recherches physiologiques montrent qu'elle est utilisée et il semble prouvé qu'elle constitue une source de sucre, mais on connaît mal le mécanisme de cette utilisation.

Dans les expériences qui font l'objet du présent travail, nous avons donc été amenés à envisager successivement l'action des symbiotes sur la glycérine, puis sur les acides gras.

1° *Action des symbiotes sur la glycérine.* — Les symbiotes récemment isolés du testicule du pigeon sont ensemencés sur bouillon de levure renfermant 4 à 5 pour 100 de glycérine et placés à 40°. Au bout de 15 à 20 jours, le liquide est distillé dans le vide à une température ne dépassant pas 50°, jusqu'à consistance sirupeuse. Le sirop est repris par un mélange d'alcool et d'éther.

Le filtrat est redistillé.

Le sirop obtenu réduit énergiquement à froid la liqueur de Fehling. On traite par la phénylhydrazine à la température du laboratoire. On obtient au bout de 3 à 4 jours un précipité cristallin qui, après purification et dessication, fond à + 142° (fusion instantanée au bloc Maquenne) et présente les différentes réactions caractéristiques de la glycérosazone.

Pour établir que nous sommes bien en présence de dioxyacétone, on isole le corps en nature et l'on constate qu'il donne avec intensité les réactions colorées de Denigès caractéristiques des polyalcools α-cétoniques auxquels appartient la dioxyacétone ; que, de plus, à chaud, en présence d'acide sulfurique, il donne du méthylglyoxal (Pinkus) qu'on peut caractériser par son osazone et son osotétrazone.

Il est donc prouvé que, dans les conditions énoncées, les symbiotes transforment la glycérine en dioxyacétone ([1]).

Les mêmes symbiotes ensemencés sur milieu chimiquement défini (asparagine, glycérine, nitrate, etc.), bien que donnant une culture prospère, ne fournissent, même au bout d'un mois, pas de quantité dosable de dioxyacétone. Les symbiotes présentent une très grande malléabilité morphologique et physiologique en fonction du milieu, le fait précédent en constitue un exemple.

([1]) Nous avons été précédés dans cette voie par M. Gabriel Bertrand : *Sur une ancienne expérience de Berthelot* (*Comptes rendus*, t. 133, 1901, p. 887).

A la suite des intéressants travaux de Bailly ([1]), il était tout indiqué de rechercher si l'acide α-glycéro-phosphorique était attaqué par les symbiotes. Nos expériences sur ce point ne sont pas encore terminées, mais nos premiers résultats nous donnent à penser que les symbiotes oxydent bien les sels de cet acide pour donner de l'acide dioxyacétonephosphorique. C'est là un point que nous comptons préciser prochainement.

2° *Action des symbiotes sur les acides gras.* — Nous avons successivement fait agir les symbiotes sur les sels alcalins de l'acide β-oxybutyrique, puis de l'acide butyrique.

a. Les symbiotes sont ensemencés sur un bouillon stérile et neutre renfermant 1 pour 100 d'acide β-oxybutyrique (Kahlbaum), des protéiques et des nitrates. Au bout de 3 semaines à 40°, on constate dans le distillat la présence de substances donnant la réaction de Lieben, celle de Legal, celle de Penzoldt. Ce distillat, traité par la *p*-nitro-phénylhydrazine, donne une hydrazone. Ces caractères donnaient à penser qu'on se trouvait en présence d'acétone, d'aldéhyde acétique ou de corps voisins.

Par les réactions de Rimini et de Simon, nous avons pu en effet démontrer la présence de l'aldéhyde acétique. La réaction de Denigès au sulfate mercurique et les réactions colorées du même auteur nous ont démontré la présence de l'acétone (par transformation en acétol).

b. En partant de l'acide butyrique et en utilisant un milieu analogue au précédent, nous avons pu caractériser dans le liquide de culture la présence de l'acétone. Les autres corps n'ont pas été recherchés dans ce dernier cas. La présence de l'acétone témoigne de la production, à un moment donné, de l'acide β-cétonique correspondant et celle de l'aldéhyde acétique indique une dégradation profonde de la molécule d'acide gras ([2]).

Conclusion. — Les symbiotes oxydent la glycérine pour donner un véritable sucre en C^3.

Ils réalisent d'autre part le processus de la β-oxydation qui a été obtenu chimiquement *in vitro* par Dakin et réalisé *in vivo* par la perfusion des organes. C'est la première fois, à notre connaissance, que ce mécanisme physiologique si caractéristique est effectué par voie biochimique, et cela par une bactérie extraite des tissus des animaux normaux.

([1]) *Recherches sur la constitution des éthers phosphoriques de la glycérine* (Thèse de la Faculté des Sciences de Paris, 1916). M. Bailly nous a aimablement fourni ses acides glycéro-phosphoriques.

([2]) Dans divers liquides de culture, nous avons pu constater la présence d'acide valérianique. Il ne semble pas, dans ces conditions, se former d'acétone.

HYGIÈNE ALIMENTAIRE. — *Préparations alimentaires de sangs et de viandes à la levure.* Note de M. **A. GAUDUCHEAU**, présentée par M. Roux.

La plus grande partie du sang et quelques viscères des animaux de boucherie sont actuellement inutilisés par les industries de l'alimentation humaine. Dans les circonstances présentes il serait utile d'augmenter nos ressources par un plus large emploi de ces produits.

Nous avons proposé dans ce but une nouvelle méthode de préparation de ces matières, destinée à en améliorer les qualités alimentaires. Notre technique appliquée au sang est la suivante :

Prélevé à l'abattoir le plus tôt possible après la saignée, sans précautions d'asepsie particulières, le sang du porc, du bœuf et du cheval est traité successivement par chauffage pour coagulation des albumines et désinfection, puis par broyage et par fermentation au moyen d'une culture pure de levure de bière. Cette fermentation est conduite dans le milieu très légèrement acidifié, en présence d'une petite quantité d'un sucre obtenu en traitant une substance amylacée (riz, pomme de terre, cosse de pois, etc.) par l'acide chlorhydrique dilué à chaud.

Au bout de quelques heures, à l'optimum de 20° à 25°, les masses pâteuses entrent en fermentation. Observées au microscope, elles montrent des cultures pures de levure.

Les pâtes ainsi obtenues ne sont plus compactes et lourdes comme celles des boudins et autres produits similaires de la charcuterie usuelle : elles ont été profondément modifiées par le travail de la levure. La fermentation, accompagnée d'un dégagement gazeux, développe dans la masse des pâtes une multitude de petits alvéoles ; les produits deviennent alors poreux et faciles à imprégner par les sucs digestifs. En même temps des arômes délicats se dégagent qui font disparaître et remplacent l'odeur *sui generis* du sang.

Au lieu de se putréfier, comme il arrive si facilement pendant l'été, les substances traitées de cette manière se conservent mieux, parce que leur préparation comporte trois actions purificatrices : un chauffage, une acidification et une concurrence vitale de la levure.

On opère de la même façon pour les tissus viscéraux, à condition de les traiter préalablement par de fins broyages.

L'application de la fermentation panaire au traitement des viandes et du sang a déjà fait l'objet de travaux antérieurs.

Scheurer-Kestner ([1]) et Chardin ([2]) ont préparé des pains mixtes de farine, de levain, de hachis de viande et de sang. Les matières employées dans ces anciennes expériences étaient, au point de vue bactériologique, impures. Les farines et les viandes n'étant pas chauffées avant la fermentation et les levains étant formés d'associations de bactéries et de levures, il se produisait des « digestions » au moins incertaines. Le même inconvénient se retrouve dans les méthodes asiatiques employant les pâtes mixtes de viandes et de haricots. Il faut donc disposer d'une technique moderne plus rigoureuse et notamment de cultures pures, lorsqu'on pratique ces fermentations de matières albuminoïdes alimentaires.

Nous n'avons pas connaissance que des essais antérieurs aient été publiés sur la production de fermentations semblables dans les milieux formés de substances purement animales, comme celles que nous employons.

La pâte de sang qui a « levé » se prête bien aux divers mélanges et aux manipulations de la charcuterie et de la pâtisserie. On en fait notamment des pâtés et des biscuits salés ou sucrés, qui sont d'un goût irréprochable.

Un biscuit au sang et à la farine constitue un aliment complet sous faible volume.

Au point de vue économique, la récupération totale du sang des abattoirs pour l'alimentation des villes pourrait devenir, le cas échant, intéressante.

MÉDECINE. — *Le sang dans le goitre exophtalmique*. Note de MM. FOLLEY et LEPRAT, présentée par M. Roux.

Les résultats que nous apportons dans cette Note ont trait exclusivement aux éléments figurés du sang. Nos observations portent sur un nombre assez élevé de malades ayant une maladie de Basedow typique, avec tous les symptômes connus. Le sang a toujours été prélevé au moyen d'un vaccinostyle dans la pulpe digitale; la goutte de sang sortait d'elle-même sans aucune pression sur les veines collatérales du doigt piqué. L'heure à laquelle était fait le prélèvement était toujours la même, dans le courant de l'après-midi et de 4^h à 5^h après le repas.

Deux examens étaient pratiqués sur le sang :

1° Une numération globulaire pour se renseigner sur le nombre exact

([1]) SCHEURER-KESTNER, *Comptes rendus*, t. 90, 1880, p. 369.
([2]) CHARDIN, *Comptes rendus de la Société de Biologie*, 1890, p. 671.

des globules rouges et des globules blancs. Cette numération était faite au moyen d'une cellule de Malassez, le sang était dilué à $\frac{1}{100}$ avec une solution de sulfate de soude à 5 pour 100 additionnée de quelques gouttes de formol. Dans un premier temps on comptait les hématies, dans un deuxième on comptait les leucocytes, dans un troisième on vérifiait l'absence d'hématies nucléées.

2° Un pourcentage fait sur une couche très mince de sang que l'on a obtenue en desséchant une goutte étalée sur une lame de verre; la coloration a été faite suivant les méthodes classiques : Hématéine-éosine, Giemsa, triacide d'Ehrlich. Nous avons catalogué les diverses sortes de globules blancs dans les cinq groupes suivants : lymphocytes, gros mononucléaires, polynucléaires, éosinophiles et myélocytes.

Le nombre relatif des différentes sortes de globules ainsi mis en relief par ces méthodes de coloration était déterminé au moyen d'un oculaire numérateur.

Nous avons constaté, dans tous les cas de goitre exophtalmique, que le nombre des globules rouges est normal, que le nombre des globules blancs est normal et qu'il n'existe jamais d'hématies nucléées. La formule leucocytaire est normale; il n'y a pas de myélocytes. Dans tous les cas où nous avons constaté une modification de la formule leucocytaire, nous avons pu rapporter ces modifications portant sur les éléments figurés du sang à des lésions complètement indépendantes de la maladie de Basedow. Nous avons pu faire disparaître ces lésions sans influencer le goitre exophtalmique et cependant ramener la formule leucocytaire à la normale.

En résumé, les éléments figurés du sang, hématies, globules blancs ne subissent aucune modification au cours de la maladie de Basedow; il n'y a pas de polynucléose à n'importe quel stade de la maladie; il n'y a pas de lymphocytose; il n'y a pas d'éosinophilie.

Ces résultats vont à l'encontre des travaux déjà publiés sur cette question, en particulier par Kocher et différents auteurs allemands.

A 16 heures et quart l'Académie se forme en comité secret.

La séance est levée à 16 heures et demie.

A. Lx.

FIN DU TOME CENT-SOIXANTE-SIXIÈME.

COMPTES RENDUS

DES SÉANCES DE L'ACADÉMIE DES SCIENCES.

TABLES ALPHABÉTIQUES.

JANVIER — JUIN 1918.

TABLE DES MATIÈRES DU TOME 166.

A

B

C

F

G

H

I

L

M

N

O

P

R

S

T

U

URINE. — Voir *Chimie physiologique.*

V

Z

ZOOLOGIE.

TABLE DES AUTEURS.

A

D

E

F

H

J

K

L

M

N

Q

R

S

T

V

W

Y

Z

GAUTHIER-VILLARS, IMPRIMEUR-LIBRAIRE DES COMPTES RENDUS DES SÉANCES DE L'ACADÉMIE DES SCIENCES.

59992-19   Paris. — Quai des Grands-Augustins, 55.

Lightning Source UK Ltd.
Milton Keynes UK
UKHW010348120219
337137UK00004B/153/P